Handbuch der Reptilien
und Amphibien Europas

Handbuch der Reptilien und Amphibien Europas

Begründet von Wolfgang Böhme

Band 1: Echsen (Sauria) I

Band 2/I: Echsen (Sauria) II

Band 2/II: Echsen (Sauria) III

Band 3/I: Schlangen (Serpentes) I

Band 3/IIA: Schlangen (Serpentes) II
Jeweils herausgegeben von Wolfgang Böhme

Band 3/IIB: Schlangen (Serpentes) III
Herausgegeben von Ulrich Joger und Nikolaus Stümpel

Band 3/IIIA: Schildkröten (Testudines) I

Band 3/IIIB: Schildkröten (Testudines) II
Herausgegeben von Uwe Fritz

Band 4/I: Schwanzlurche (Urodela) I

Band 4/IIA und B: Schwanzlurche (Urodela) II und III
Herausgegeben von K. Grossenbacher und B. Thiesmeier

Band 5/I und 5/II: Froschlurche (Anura) I und II
Herausgegeben von K. Grossenbacher

Band 5/III A und 5/III B: Froschlurche (Anura) III A und III B
Herausgegeben von K. Grossenbacher und J. Plötner

Band 6: Die Reptilien der Kanarischen Inseln, der Selvagens-Inseln und des Madeira-Archipels
Herausgegeben von Wolfgang Bischoff

Ergänzungsband: R. E. Honegger

Threatened Amphibians and Reptiles in Europe
Herausgegeben vom Europarat in Straßburg

Ergänzungsband: Suzette E. Stumpel-Rienks
Nomina Herpetofaunae Europaeae
Herausgegeben von der Societas Europaea Herpetologica (SEH)

Handbuch der Reptilien und Amphibien Europas

Band 5/III B
Froschlurche (Anura) III B
(Ranidae II)

Herausgegeben von Jörg Plötner

unter Mitarbeit von

Cigdem Akin Pekşen, Felix Baier, Leo Borkin, Gaston-Denis Guex, Daniel Jablonski, Spartak N. Litvinchuk, Petros Lymberakis, Kristin Mahlow-Tillack, Rudolf Malkmus, Peter Mikulíček, Marcela Plötner, Mariusz Rybacki, Dirk Schmeller

AULA-Verlag

Dr. Jörg Plötner
Museum für Naturkunde
Leibniz-Institut für Evolutions- und Biodiversitätsforschung
Invalidenstraße 43
10115 Berlin

Bibliografische Information der Deutschen Nationalbibliothek
Die Deutsche Nationalbibliothek verzeichnet diese Publikation in der Deutschen Nationalbibliografie; detaillierte bibliografische Daten sind im Internet über *http://dnb.d-nb.de* abrufbar.

1. Auflage 2025

Printed in Germany/Imprimé en Allemagne

Umschlaggestaltung: Klaus Neumann
Umschlagzeichnung: *Pelophylax grafi* (AULA-Verlag GmbH)
Druck und Verarbeitung: AZ Druck und Datentechnik GmbH, Kempten
ISBN 978-3-89104-790-3

Inhalt

Im Text verwendete Abkürzungen

AWK	anatolischer Wasserfroschkomplex
bp	Basenpaar
CIH	Callus internus-Höhe
CIL	Callus internus-Länge
DPL	Digitus primus-Länge
EAK	Evolutionäres Artkonzept
FL	Femurlänge
IC	interchoanale Distanz
IG	Impulsgruppe
IGD	Dauer der Impulsgruppen
IGI	Intervalle zwischen den Impulsgruppen
IGP	Impulsgruppenperiode
IMP	Zahl der Impulse
IV	intervomerale Distanz
k. A.	keine Angaben
KB	Kopfbreite
KRL	Kopf-Rumpf-Länge
KRS	Kopf-Rumpf-Schwanz-Länge
LM	Lebendmasse
LT	Lufttemperatur
mt	mitochondrial
NA	Abstand zwischen den Nasenlöchern
NHN	Normalhöhennull
NL-P	Abstand Nasenloch-Pinealorgan
P-P	Pupillenabstand
RD	Rufdauer
SINE	short interspersed nuclear element
TL	Tibialänge
VRL	Länge der Vomerleisten
WT	Wassertemperatur

Vorwort

Das Wahre ist gottähnlich: es erscheint nicht unmittelbar,
wir müssen es aus seinen Manifestationen erraten.
Johann Wolfgang Goethe 1829

Wasserfrösche, oft auch Grünfrösche genannt, verkörpern das Sinnbild des Frosches schlechthin. Ihre lautstarken, im Frühjahr aus vielen Teichen und Weihern erklingenden Konzerte wurden von Dichtern besungen, bis in die heutige Zeit gelten ihre muskulösen Schenkel vielerorts als Delikatesse. Bereits der für den wohl prominentesten Vertreter dieser Zunft, den Teichfrosch, von dem schwedischen Naturforscher Carl von Linné (1707–1778) vergebene wissenschaftliche Artname *„esculenta"* weist darauf hin, dass Wasserfrösche schon im 18. Jahrhundert als Nahrungsmittel Verwendung fanden. Darüber hinaus dienten die in nahezu jedem Teich und Weiher lebenden Frösche Generationen von Medizinern und Biologen als Studienobjekte, insbesondere der Anatomie und Physiologie. In seinem 1864 erschienenen Lehrbuch „Anatomie des Frosches" schreibt der deutsche Anatom Alexander Ecker: *„Es bedarf wohl heutzutage keiner ausführlichen Begründung mehr, wenn der Anatomie des Frosches ein eigenes Lehrbuch gewidmet wird. Geniesst doch derselbe die zweifelhafte Ehre, das physiologische Hausthier zu sein, das in jedem physiologischen Laboratorium gehalten und auf dem Altar der Wissenschaft alltäglich in Menge geschlachtet wird. Die wichtigsten Lehrsätze der Physiologie lassen sich leicht und schnell nur durch Experimente am Frosch beweisen und bei jeder Frage greifen wir, um eine Antwort zu erhalten, nach diesem Thiere, das uns immer in Menge zu Gebote steht, durch seine Lebenstenacität sich ganz besonders zu Versuchen eignet und, weil dem Menschen in der Thierreihe ferner stehend als die Säugethiere, auch den mit einer empfindlicheren Gemüthsseite begabten Physiologen zugänglich ist."*

Umso überraschender waren die Mitte des 20. Jahrhunderts veröffentlichten Befunde des polnischen Zoologen Leszek Berger (*1925, †2012), die „dem Wasserfrosch" zu einer wahren Renaissance als Forschungsobjekt verhalfen. Basierend auf morphologischen Daten postulierte Berger bereits 1964, dass der Kleine Wasserfrosch (*Pelophylax lessonae*) keine „Unterart" oder „ökologische Variante" des Teichfroschs (*Pelophylax esculentus*), sondern eine eigenständige biologische Art ist. Um seine Hypothese zu verifizieren, führte Berger zwischen 1963 und 1965 eine große Zahl an Kreuzungsexperimenten durch, die spektakuläre Ergebnisse lieferten: Während aus Kreuzungen zwischen *P. lessonae* und *P. esculentus* wieder *esculentus*-Phänotypen hervorgingen, starben die Nachkommen homotypischer Teichfroschkreuzungen (*esculentus* × *esculentus*) in den meisten

Fällen schon während der Larvalentwicklung. Die Überlebenden entsprachen phänotypisch Seefröschen (*Pelophylax ridibundus*) und wiesen zudem unerwartete Geschlechterverhältnisse auf. Berger schlussfolgerte deshalb, dass *P. esculentus* keine Art, sondern eine Hybridform ist, ohne die ungewöhnlichen Ergebnisse seiner Kreuzungen erklären zu können.

Anfang der 1970er-Jahre konnten der österreichische Zoologe Heinz-Georg Tunner und die schweizerischen Zoologen Hans-Jörg Blankenhorn, Hans Heusser und Peter Vogel die anfänglich mit großer Skepsis aufgenommene Hybridhypothese Bergers bestätigen. Bald darauf gelang Tunner der Nachweis, dass sich bei österreichischen Teichfröschen die elterlichen Erbanlagen während der Reduktionsteilung (Meiose) nicht nach den Mendelschen Regeln zufällig verteilen, sondern dass das *lessonae*-Genom aus der Keimbahn ausgeschlossen und nur das *ridibundus*-Genom klonal vererbt wird. Damit fanden die Ergebnisse von Bergers Kreuzungsexperimenten eine wissenschaftliche Erklärung. Gleichzeitig etablierten sich in Europa und den USA neue Arbeitsgruppen, die sich u. a. die Aufklärung dieser ungewöhnlichen, als Hybridogenese bezeichneten Reproduktionsmodi zum Ziel setzten. Obwohl in den vergangenen Jahrzehnten große Anstrengungen unternommen wurden, um die molekularen Mechanismen der klonalen Gametenbildung hybridogenetischer Wasserfrösche aufzuklären, ist noch immer unklar, durch welche Faktoren und Prozesse diese gesteuert werden. Inzwischen stehen neue molekulargenetische Techniken und Methoden zur Verfügung, mit deren Hilfe das „Geheimnis der grünen Frösche“, wie es die Berliner Zoologen Rainer Günther und Konrad Senglaub einmal formulierten, nach meiner Überzeugung in naher Zukunft gelüftet werden wird.

Vom großen wissenschaftlichen Interesse, das den Wasserfröschen noch immer entgegengebracht wird, zeugt u. a. die Vielzahl der im letzten Jahrzehnt erschienenen Veröffentlichungen, die im Wesentlichen die bereits in den 1970er-Jahren gewonnenen Erkenntnisse bestätigten. Beim Studium der Literatur wurde auch sichtbar, dass Wasserfrösche zwar einerseits zu den am besten untersuchten Amphibien zählen, andererseits aber auch bei dieser Tiergruppe noch große Wissensdefizite bestehen. Die enormen methodisch-technischen Fortschritte in der Biologie werden sicher dazu beitragen, diese schrittweise zu beheben. Aber selbst mit einfachen technischen Mitteln und ohne größeren finanziellen Aufwand ist es schon heute möglich, offene Fragen zu beantworten. In diesem Sinne möchten wir mit dem letzten Band des „Handbuchs der Reptilien und Amphibien Europas“ nicht nur den aktuellen Wissensstand über europäische Wasserfrösche zusammenfassen, sondern auch auf Kenntnislücken hinweisen und zu weiterführenden Untersuchungen anregen. Darüber hinaus ist es uns ein Bedürfnis, mit diesem Buch die wissenschaftlichen Leistungen der Pioniere der Wasserfroschforschung zu würdigen. Neben dem bereits erwähnten polnischen Zoologen Prof. Leszek Berger sei an dieser Stelle insbesondere der Entdecker der hybridogenetischen Reproduktionsweise des Teichfroschs, der Österreicher

Prof. Heinz-Georg Tunner genannt. Grundlegende Beiträge zur Populationsgenetik, Systematik und Evolutionsbiologie westpaläarktischer Wasserfrösche leisteten weiterhin Dr. Rainer Günther (Berlin), Prof. Thomas Uzzell (Philadelphia) und Dr. Hansjürg Hotz (Zürich).

Aufgrund der Fülle der vorliegenden Publikationen war es leider nicht möglich, im Rahmen dieses Buches allen Themen die ihnen gebührende Aufmerksamkeit zu widmen. Vielmehr ist es unser Anliegen, eine möglichst umfassende Übersicht zum Erscheinungsbild, zur Lebensweise und zur Verbreitung der in Europa heimischen Arten und hybridogenetischen Hybridformen zu vermitteln. Befunde zur Physiologie werden in der Regel nur dann erwähnt, wenn sie aus ökoethologischen, reproduktionsbiologischen oder naturschutzrelevanten Aspekten von Interesse sind. Da die zum Taxon *Pelophylax* zählenden Spezies aus anatomisch-morphologischer Sicht weitgehende Übereinstimmungen zeigen, wird die Anatomie des „Wasserfroschs“ in einem eigenen Kapitel artübergreifend abgehandelt. Ein separates Kapitel ist auch der Systematik, den Artbildungsmechanismen und phylogenetischen Beziehungen gewidmet. Die hybridogenetischen Reproduktionsmodi bestimmter Hybridformen und die verschiedenen Populationssysteme werden ebenfalls gesondert unter der Überschrift „Hybridogenetische Hybriden“ behandelt.

An dieser Stelle möchte ich, auch im Namen aller Koautoren, all jenen danken, die zum Gelingen dieses Buches beigetragen haben, sei es durch Bildmaterial, kritische Hinweise, oder Diskussionen zu speziellen biologischen Fragen, deren Inhalte an verschiedenen Stellen Eingang in den Text gefunden haben. Stellvertretend für viele Kolleginnen und Kollegen seien hier genannt: Prof. Peter Beerli (Tallahassee), Dr. Rainer Günther (Berlin), Dr. Hansjürg Hotz (Zürich), Prof. Hans Schneider (Bonn), Dr. Burkhard Thiesmeier (Bielefeld), Benny Trapp (Wuppertal) und Prof. Thomas Uzzell (Philadelphia). Prof. Annemarie Ohler (Paris), Prof. Maria Ogielska (Wrocław), Frank Tillack (Berlin) und Dr. Birger Neuhaus (Berlin) haben Teile des Manuskripts gelesen, für ihre konstruktiven Hinweise danke ich ihnen im Namen aller Autoren ebenfalls herzlich.

Weiterhin möchte ich die Gelegenheit nutzen, um mich bei meinem Kollegen und Mentor Rainer Günther noch einmal für die seit 1985 bestehende, konstruktive Zusammenarbeit zu bedanken. Rainer war zu jeder Zeit ein angenehmer, aber auch kritischer Gesprächspartner, er hatte immer ein offenes Ohr sowohl für fachliche Probleme als auch private Sorgen und Nöte. Meinem Mitarbeiter Robert Schreiber danke ich für seine langjährige technische und logistische Hilfe. Bei der Feldarbeit standen mir meine Frau, Marcela Plötner, und mein Freund, Alexander Stöcklein, oft hilfreich zur Seite, auch ihnen gebührt mein herzlicher Dank.

Herrn Lars Wilker (Wittmoldt) bin ich für das zeitaufwendige Korrekturlesen und Lektorieren des Manuskripts zu Dank verpflichtet. Stellvertretend für den Quelle & Meyer Verlag möchte ich Frau Katharina Johann, Herrn Fabian Kaschinski und Herrn Gerhard Stahl für die langjährige, konstruktive Zusammenarbeit und ihre große Geduld während der (viel zu langen) Entstehungsperiode dieses Buches meinen herzlichen Dank aussprechen.

Besonderer Dank gebührt nicht zuletzt der Deutschen Forschungsgemeinschaft (Bonn) für die großzügigen finanziellen Zuwendungen, die ich für meine Forschungsarbeiten seit 1990 erhalten habe.

Jörg Plötner Rehfelde, Januar 2025

Gattung *Pelophylax* Fitzinger, 1843

Von

JÖRG PLÖTNER

Aufgrund verschiedener, taxonomisch relevanter Merkmalsunterschiede, unterbreitete DUBOIS (1992) den Vorschlag, die einst in der Gattung *Rana* Linné, 1758 zusammengefassten Arten verschiedenen Untergattungen zuzuordnen und alle Wasser- oder Grünfrösche in die Untergattung *Pelophylax* Fitzinger, 1843 zu stellen (siehe auch DUBOIS und OHLER 1994a, b). Inzwischen auf Gattungsebene erhoben (FROST et al. 2006), weisen molekulare Daten darauf hin, dass *Pelophylax* wahrscheinlich im Schwestergruppenverhältnis zur Gattung *Amolops* Cope, 1865 (Kaskadenfrösche) steht (siehe FROST et al. 2006, CHE et al. 2007). Nach FROST (2021) umfasst die Gattung *Pelophylax* gegenwärtig 22 Arten, namentlich *Pelophylax bedriagae* (Camerano, 1882); *Pelophylax bergeri* (Günther, 1985); *Pelophylax caralitanus* (Arikan, 1988); *Pelophylax cerigensis* (Beerli, Hotz, Tunner, Heppich und Uzzell, 1994); *Pelophylax chosenicus* (Okada, 1931); *Pelophylax cretensis* (Beerli, Hotz, Tunner, Heppich und Uzzell, 1994); *Pelophylax cypriensis* Plötner, Baier, Akin, Mazepa, Schreiber, Beerli, Litvinchuk, Bilgin, Borkin und Uzzell, 2012; *Pelophylax demarchii* (Scortecci, 1929); *Pelophylax epeiroticus* (Schneider, Sofianidou und Kyriakopoulou-Sklavounou, 1984); *Pelophylax fukienensis* (Pope, 1929); *Pelophylax hubeiensis* (Fei und Ye, 1982); *Pelophylax kurtmuelleri* (Gayda, 1940); *Pelophylax lessonae* (Camerano, 1882); *Pelophylax nigromaculatus* (Hallowell, 1861); *Pelophylax perezi* (López-Seoane, 1885); *Pelophylax plancyi* (Lataste, 1880); *Pelophylax porosus* (Cope, 1868); *Pelophylax ridibundus* (Pallas, 1771); *Pelophylax saharicus* (Boulenger, 1913); *Pelophylax shqipericus* (Hotz, Uzzell, Günther, Tunner und Heppich, 1987); *Pelophylax tenggerensis* (Zhao, Macey und Papenfuss, 1988) und *Pelophylax terentievi* (Mezhzherin, 1992).

Charakteristika: Grundfarbe der Oberseite überwiegend grün, häufig braun oder seltener grau. Haut relativ glatt und weich, mitunter auch mit kleinen Warzen besetzt („granuliert"). Muskulöse Ober- und Unterschenkel, gut entwickeltes Sprung- und Schwimmvermögen, letzteres auch dank der stark ausgeprägten, bis an die Endglieder der Zehen reichenden Schwimmhäute.

Männchen mit zwei äußeren, ausstülpbaren Schallblasen, die sich in den hinteren Mundwinkeln befinden und mit deren Hilfe laute, weithin hörbare Rufe erzeugt werden. Ausgeprägte Gewässerbindung, alle Arten bevorzugen sonnenexponierte Laich- und Wohngewässer. Die Reproduktion findet gewöhnlich im

Frühjahr statt und erstreckt sich über mehrere Wochen, Wasserfrösche gehören damit zu den „prolonged breeders“. Axillarer Amplexus, Männchen zur Paarungszeit mit deutlich ausgeprägten, gräulichen bis schwärzlichen Daumenschwielen.

Larven (soweit bekannt) mit 2 Reihen Hornzähnchen auf der Oberlippe und 3 Reihen auf der Unterlippe.

Der westpaläarktische Wasserfroschkomplex – Artbildung, Arten und verwandtschaftliche Beziehungen

Von

JÖRG PLÖTNER und SPARTAK N. LITVINCHUK

Der westpaläarktische Wasserfroschkomplex umfasst evolutionsbiologisch relativ junge, geno- und phänotypisch sehr ähnliche Arten, von denen sich viele erst zwischen dem Ende des Miozäns und dem mittleren Pleistozän, d.h. vor ca. 6–2 Mio. Jahren herausgebildet haben. Aufgrund der Vielzahl genetisch differenzierbarer Linien, die in paarweisen Vergleichen unterschiedliche Grade an molekularer und phänotypischer Divergenz offenbaren, sowie diverser Hybridformen, erweist sich der westpaläarktische Wasserfroschkomplex als ideales Modell zum Studium von Artbildungsprozessen und -mechanismen, einschließlich der Artbildung durch Hybridisation (Hybridspeziation, HOFFMANN et al. 2015).

Hypothesen zur biologischen Systematik sind prinzipiell an ein Artkonzept gebunden. Für den westpaläarktischen Wasserfroschkomplex hat sich das Evolutionäre Artkonzept (EAK) sensu WILEY (1978) als praktikabel erwiesen (PLÖTNER et al. 2010). Nach diesem Konzept ist eine Art eine einzelne Abstammungslinie aufeinanderfolgender Vorfahren-Nachkommen-Populationen, die ihre Identität gegenüber anderen derartigen Linien aufrechterhält, eigene evolutionäre Tendenzen aufweist und ein eigenes historisches Schicksal hat. Wasserfrosch-Linien, die die Kriterien des EAK erfüllen, werden im Folgenden als Arten behandelt, ansonsten wird von innerartlicher oder geografischer Variabilität gesprochen. Auf eine Definition von „Unterarten" wird bewusst verzichtet, da diese taxonomische Kategorie nicht objektivierbar ist.

Die Entstehung von Arten setzt in der Regel Ereignisse voraus, die zu einer geografischen Isolation (Separation) von Populationen führen, was oft mit einer erheblichen bis vollständigen Einschränkung des Individuen- und somit auch Genaustausches in Teilen des Populationsnetzwerks verbunden ist. Mit anhaltender Isolation nimmt, bedingt durch Mutationen, Selektion und Drift, die genetische Divergenz zwischen den ursprünglich zur gleichen Art gehörenden Populationen zu, dadurch können sich neue, genetisch klar differenzierbare (distinkte) Linien bzw. Evolutionäre Arten entwickeln (allopatrische Speziation). Ein Beispiel für allopatrische Speziation als Folge geodynamischer und klimatischer Prozesse sind die im Bereich des östlichen Mittelmeers verbreiteten

Wasserfrösche. Hier führten tektonische Vorgänge und Klimaveränderungen zur Bildung effektiver Isolationsbarrieren in Form von Gebirgen, trockenen Hochebenen und Salzwasserbarrieren, wodurch der Genfluss zwischen den auf diese Weise separierten Populationen eingeschränkt bzw. verhindert wurde (AKIN et al. 2010b, PLÖTNER et al. 2010).

Wann der „point of no return" im Speziationsprozess eintritt, d. h. der Genfluss zwischen Evolutionären Arten auch bei sekundärem Kontakt unterbunden bleibt und diese somit dauerhaft reproduktiv isoliert sind, hängt maßgeblich von genomischen und epigenetischen Innovationen ab. Sofern unter Speziation nicht das Hervorbringen von Isolationsmechanismen, sondern die Entstehung von Kohäsionsmechanismen verstanden wird (TEMPLETON 1989), können selbst Linien als distinkte Arten angesehen werden, die noch mit anderen Linien kreuzbar sind und mit diesen in mehr oder weniger großen Teilen ihrer Areale fertile Hybride hervorbringen. Das Kriterium der reproduktiven Isolation beinhaltet also lediglich die endgültige evolutive und genomische Eigenständigkeit einer Evolutionären Art und spielt folglich im Rahmen des EAK nur eine zweitrangige Rolle.

Welche genetischen bzw. genomischen Veränderungen zur reproduktiven Isolation von Populationen führen, ist in den meisten Fällen unbekannt. Diskutiert werden sowohl eine schrittweise Akkumulation von Mutationen in unterschiedlichen Bereichen des Genoms als auch sprunghafte Veränderungen, wie Gentranspositionen oder -duplikationen (Übersicht bei ORR et al. 2007, SEEHAUSEN et al. 2014). Genetische Inkompatibilitäten zwischen Genomen können in einer ausbleibenden Befruchtung der Eizellen, geringen Befruchtungsraten, hohen Missbildungsraten bis hin zu einer erhöhten Sterblichkeit der Nachkommen und einer vollständigen Sterilität der F_1-Hybriden zum Ausdruck kommen.

Neben strukturell bedingten genetischen Dysbalancen kann auch die Entwicklung spezifischer Arterkennungs- bzw. Antihybridisierungsmechanismen (Rufe, Balzverhalten etc.) und spezifischer Konkurrenz verhindernder Mechanismen (Einnischung) reproduktive (präzygote) Isolation bewirken (REMINGTON 1968), wodurch selbst nach Wegfall geografischer Isolationsbarrieren die evolutive Eigenständigkeit divergenter Linien weiter gewährleistet und eine vollständige Durchmischung der linienspezifischen Genpools verhindert wird. Die dann sympatrisch oder parapatrisch koexistierenden Linien sind experimentell zwar oft noch kreuzbar, in natürlichen Lebensräumen finden aber kaum oder keine interspezifischen Paarungen statt, der Divergenzprozess kann somit weiter voranschreiten. Unter Sympatriebedingungen können sich Antihybridisierungsmechanismen dann weiter verfestigen (COYNE und ORR 1997).

Innerhalb der westpaläarktischen Wasserfrösche sind Antihybridisierungsmechanismen offenbar nur schwach ausgeprägt (KAWAMURA und NISHIOKA 1979, 1986, GÜNTHER 1982, BERGER et al. 1982, 1994), was am Beispiel der im mediterranen Raum verbreiteten Spezies deutlich zum Ausdruck kommt (PLÖT-

NER et al. 2010). Im Gegensatz zu anderen Anurenarten, wo die Weibchen vor allem über die Paarungsrufe zwischen kon- und heterospezifischen Männchen diskriminieren (Übersicht bei SCHNEIDER und SINSCH 2007), scheinen bei Wasserfröschen die Paarungsrufe nur bedingt zur Vermeidung interspezifischer „Fehlpaarungen" beizutragen. So zeigten Weibchen der genetisch klar differenzierbaren Arten *Pelophylax kurtmuelleri* und *Pelophylax cretensis* im Experiment keine Präferenzen für die Rufe konspezifischer Männchen (HAEFELI 2005). Auch in der Natur finden häufig Paarungen zwischen Arten statt, die deutlich verschiedene Paarungsrufe aufweisen, so z. B. im östlichen Griechenland, wo *P. kurtmuelleri* und die anatolisch-westasiatische Seefroschlinie (*Pelophylax* cf. *bedriagae* sensu lato) aufeinandertreffen (HOTZ et al. 2013) oder in mitteleuropäischen *ridibundus-esculentus*-Männchen-Populationen, in denen sich hybridogenetische *Pelophylax esculentus*-Männchen regelmäßig mit *Pelophylax ridibundus*-Weibchen paaren (UZZELL et al. 1977, GÜNTHER und PLÖTNER 1988). Andererseits sind Beispiele bekannt, wo trotz Syntopie nur wenige Hybriden auftreten, z. B. in West-Griechenland, wo sich *P. kurtmuelleri* und *Pelophylax epeiroticus* den gleichen Lebensraum teilen (HOTZ und UZZELL 1982, SCHNEIDER et al. 1984) oder im Skutari-See (Montenegro), in dem sowohl *P. kurtmuelleri* als auch *Pelophylax shqipericus* vorkommen (GÜNTHER 1982).

Auch postzygote Isolationsmechanismen scheinen bei westpaläarktischen Wasserfröschen nur schwach ausgeprägt zu sein, da aus experimentellen Kreuzungen zwischen genetisch klar differenzierbaren Arten oft lebens- und auch fortpflanzungsfähige Nachkommen hervorgehen (BERGER et al. 1994). Allerdings zeigten diese Experimente auch, dass sich mit zunehmender genetischer Distanz der gekreuzten Arten der Reproduktionserfolg (Schlupfrate) kontinuierlich verringerte (PLÖTNER et al. 2010), was auf genomische Inkompatibilitäten hinweist

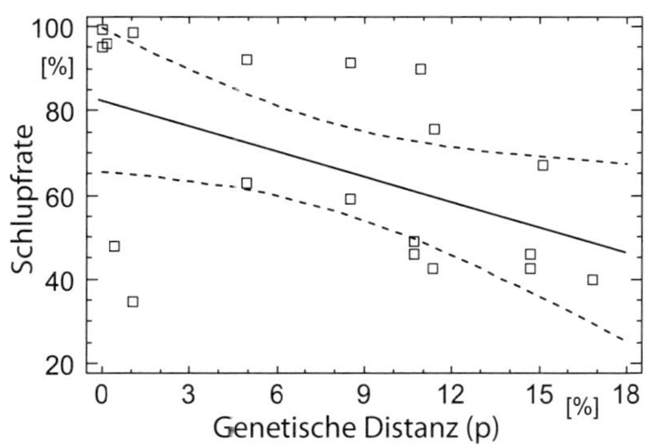

Abb. 1: Korrelation zwischen Schlupfrate und genetischer Distanz (unkorrigierte p-Distanz), die auf der Grundlage der mitochondrialen Gene *nd2* und *nd3* berechnet wurde (aus PLÖTNER et al. 2010, verändert).

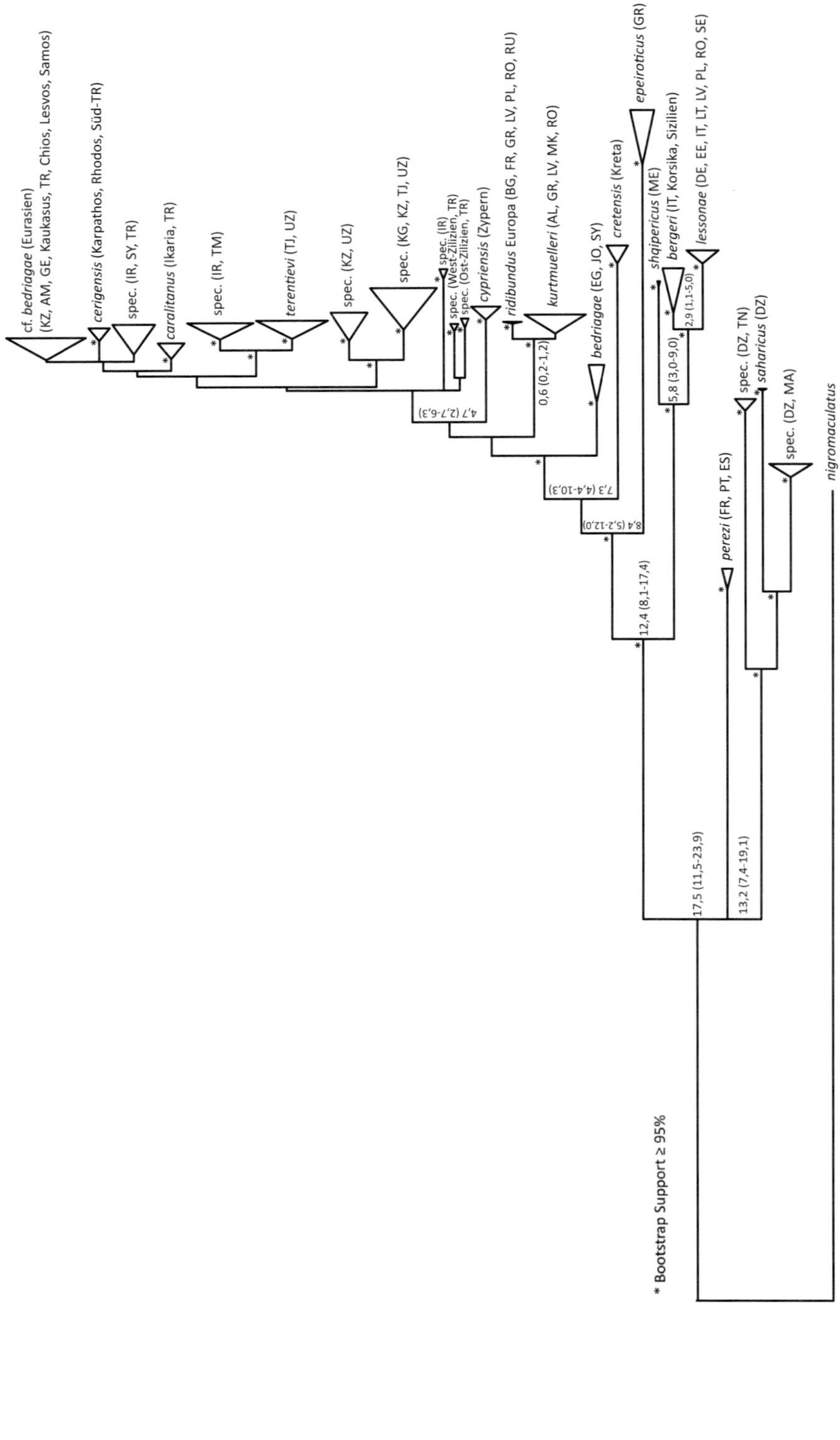
cf. bedriagae (Eurasien)
(KZ, AM, GE, Kaukasus, TR, Chios, Lesvos, Samos)
cerigensis (Karpathos, Rhodos, Süd-TR)
spec. (IR, SY, TR)
caralitanus (Ikaria, TR)
spec. (IR, TM)
terentievi (TJ, UZ)
spec. (KZ, UZ)
spec. (KG, KZ, TJ, UZ)
spec. (IR)
spec. (West-Zilizien, TR)
spec. (Ost-Zilizien, TR)
cypriensis (Zypern)
ridibundus Europa (BG, FR, GR, LV, PL, RO, RU)
kurtmuelleri (AL, GR, LV, MK, RO)
bedriagae (EG, JO, SY)
cretensis (Kreta)
epeiroticus (GR)
shqipericus (ME)
bergeri (IT, Korsika, Sizilien)
lessonae (DE, EE, IT, LT, LV, PL, RO, SE)
perezi (FR, PT, ES)
spec. (DZ, TN)
saharicus (DZ)
spec. (DZ, MA)
nigromaculatus
4,7 (2,7-6,3)
0,6 (0,2-1,2)
7,3 (4,4-10,3)
8,4 (5,2-12,0)
5,8 (3,0-9,0)
2,9 (1,1-5,0)
12,4 (8,1-17,4)
17,5 (11,5-23,9)
13,2 (7,4-19,1)
* Bootstrap Support ≥ 95%

(Abb. 1). Die Entwicklung und Ausprägung sowohl prä- als auch postzygoter Isolationsmechanismen wird bei Wasserfröschen mit hoher Wahrscheinlichkeit auch durch hemiklonale Hybridformen beeinflusst, die im europäischen Raum weit verbreitet sind und sich kontinuierlich durch Rückkreuzungen mit ihren Elternarten reproduzieren (Übersicht bei PLÖTNER 2005, siehe Kapitel „Hybridogenetische Hybridformen").

Derzeit können in der westlichen Paläarktis mindestens 24 Wasserfroschformen genetisch differenziert werden, davon besiedeln neun den europäischen Raum (Abb. 2). Aufgrund einer unzureichenden Datenbasis ist es gegenwärtig nicht möglich, den systematischen Status bestimmter Formen objektiv zu beurteilen. Besonders diffizil ist die Systematik der im anatolisch-asiatischen Raum verbreiteten Wasserfroschformen (AKIN et al. 2010b, MAZEPA 2013), die ursprünglich alle zum Taxon *P. ridibundus* gezählt wurden (GÜNTHER 1990). Die vorliegenden genetischen Daten (speziell mtDNA-Sequenzen) sprechen dafür, dass neben der unter dem provisorischen Namen *P.* cf. *bedriagae* geführten anatolischen Linie (AKIN et al. 2010a, b), Bedriagas Wasserfrosch (*Pelophylax bedriagae*), dem Zypernwasserfrosch (*Pelophylax cypriensis*) und Terentjews Wasserfrosch (*Pelophylax terentievi*), weitere Linien (z. B. *Pelophylax caralitanus* und *Pelophylax cerigensis*) die Kriterien des EAK erfüllen.

Die verwandtschaftlichen Beziehungen der zum westpaläarktischen Wasserfroschkomplex zählenden Arten und Formen wurden auf der Grundlage proteinelektrophoretischer Daten (HOTZ und UZZELL 1982, BEERLI 1994, BEERLI et al. 1996), immunologischer Vergleiche (UZZELL 1982a, b), mitochondrialer Gene

---

Abb. 2: Maximum-Likelihood-Phylogenie (Log-Likelihood = –13 635,87) des westpaläarktischen Wasserfroschkomplexes, basierend auf 306 vollständigen Sequenzen der mitochondrialen Gene *nd2* und *nd3* (1 378 bp). Die Berechnungen erfolgten mit dem Programm MEGA-X (KUMAR et al. 2018) auf der Grundlage des Tamura-Nei-Sequenzevolutionsmodels (TN93, TAMURA et al. 2012) unter der Annahme, dass die Substitutionsraten einer Gamma-Verteilung (G = 0,59) unterliegen und im Sequenzalignment ein Teil der Positionen invariabel ist (I = 41,7 %). Die an den Knoten stehenden Zahlen geben die von EHL et al. (2019) geschätzten mittleren Divergenzzeiten (in Mio. Jahren) wieder. (In Klammern: obere und untere Grenze des 95%-Konfidenzintervalls). Die statistische Sicherheit der Verzweigungen wurden auf der Grundlage des in MEGA-X implementierten Bootstrap-Tests (FELSENSTEIN 1985) berechnet (*: Bootstrap-Werte ≥ 95 %, 500 Replikationen). Länderkürzel (nach ISO 3166): AL: Albanien, AM: Armenien, BG: Bulgarien, DE: Deutschland, DZ: Algerien, EE: Estland, EG: Ägypten, ES: Spanien, FR: Frankreich, GE: Georgien, GR: Griechenland, IR: Iran, IT: Italien, JO: Jordanien, KG: Kirgistan, KZ: Kasachstan (gleichzeitig Typus-Lokalität von *P. ridibundus*), LT: Litauen, LV: Lettland, MA: Marokko, ME: Montenegro, MK: Mazedonien, PL: Polen, PT: Portugal, RO: Rumänien, RU: Russische Föderation, SE: Schweden, SY: Syrien, TJ: Tadschikistan, TM: Turkmenistan, TN: Tunesien, TR: Türkei, UZ: Usbekistan.

(Plötner 1998, 2005, Plötner und Ohst 2001, Plötner et al. 2001, 2010, 2012, Ohst 2001, 2008, Lymberakis et al. 2007, Akin et al. 2010b), kompletter mitochondrialer Genome (Hofman et al. 2016b) und einzelner Kerngene (Ohst 2008, Plötner et al. 2009, 2012, 2016) analysiert. Dabei kristallisierte sich heraus, dass die in Nordafrika lebenden Formen der *Pelophylax saharicus*-Gruppe und der Iberische Wasserfrosch (*Pelophylax perezi*) basale Taxa darstellen (Abb. 2), die wahrscheinlich im Schwestergruppenverhältnis stehen (Plötner 2005, Plötner et al. 2007, 2009, 2012, Lymberakis et al. 2007, Holsbeek et al. 2008, Akin et al. 2010b, Ehl et al. 2019, Mazepa, unveröff.). Nach Ehl et al. (2019) dürfte die Trennung beider Linien ihren Anfang im Seravallian (vor ca. 13,2 Mio. Jahren) genommen haben, vor ca. 12,4 Mio. Jahren spaltete sich dann der zur *lessonae*-Klade (*P. shqipericus* + (*P. lessonae/Pelophylax bergeri*)) führende Ast ab, danach folgten die *epeiroticus*-Linie (vor ca. 8,4 Mio. Jahren) und die *cretensis*-Linie (vor ca. 7,3 Mio. Jahren).

Verschiedene, auf mtDNA basierende Analysen zeigten, dass der im Nahen Osten (Levante) verbreitete *P. bedriagae* im Schwestergruppenverhältnis zu einem Monophylum steht, das den Europäischen Seefrosch (*P. ridibundus* sensu stricto), den Balkan-Wasserfrosch (*P. kurtmuelleri*), den Zypern-Wasserfrosch (*P. cypriensis*), Terentjews Wasserfrosch (*P. terentievi*) und weitere, anatolisch-asiatische Linien mit z. T. ungeklärtem systematischen Status umfasst (Akin et al. 2010b, Plötner et al. 2010. 2012, Mazepa, unveröff., Abb. 2). Diese Linien, zu denen auch *P. caralitanus* und *P. cerigensis* gehören, dürften ihren Ursprung im Plio- oder Pleistozän vor ca. 1–3 Mio. Jahren haben (siehe auch Akin et al. 2010b), ihre verwandtschaftlichen Beziehungen sind im Detail noch ungeklärt. Die zum Zypern-Wasserfrosch (*P. cypriensis*) führende Linie hat sich wahrscheinlich im Ergebnis der Messinischen Salinitätskrise (MSC) vor ca. 5,3 Mio. Jahren herausgebildet (Akin et al. 2010b, Plötner et al. 2010), allerdings kann auch eine jüngere Entstehung nicht ausgeschlossen werden, wie die von Ehl et al. (2019) berechnete untere Grenze des 95%-Konfidenzintervalls von 2,7 Mio. Jahren zeigt.

Die bislang publizierten Hypothesen zur Verwandtschaft der in der westlichen Paläarktis lebenden Wasserfrösche basieren nur auf einem Bruchteil der potenziell nutzbaren genetischen Informationen. Inzwischen sind Techniken verfügbar, mittels derer in relativ kurzer Zeit und mit vertretbarem materiellem Aufwand große Teile des Kerngenoms analysiert werden können; das haploide Genom umfasst bei Wasserfröschen mehr als 6 Gigabasen, d. h. 10^9 Basen (Grau 2016). Insofern steht die Aufklärung der Systematik und Phylogenie des westpaläarktischen Wasserfroschkomplexes erst am Anfang.

Anatomie europäischer Wasserfrösche (Schädel und Postcranialskelett)

Von

KRISTIN MAHLOW-TILLACK

Einführung. Das Skelett europäischer Wasserfrösche der Gattung *Pelophylax* besteht aus 3 Komplexen: dem Kopf mit 20 Einzelelementen, dem Stützapparat mit neun Wirbeln, Becken- sowie Schultergürtel und den vier Extremitäten. In diesem Kapitel wurden beispielhaft für die Gattung *Pelophylax* mikrocomputertomografische Aufnahmen der Arten *Pelophylax lessonae* Camerano, 1882, *Pelophylax perezi* López-Seoane, 1885 und *Pelophylax ridibundus* Pallas, 1771 analysiert. Da die Beschreibungen der einzelnen Merkmale auf jeweils einem Exemplar der genannten Arten basieren, sind Aussagen zur intraspezifischen Variabilität nicht möglich.

Untersuchtes Material: *P. lessonae*, ZMB 59621, Toter See bei Mühlenbeck, Brandenburg, Deutschland; *P. perezi*, ZMB 47640, Spanien; *P. ridibundus*, ZMB 60029, Alte Oder bei Lebus, Brandenburg, Deutschland.

Die Terminologie folgt vorrangig GAUPP (1896), BÖHME und GÜNTHER (1979) sowie GÜNTHER (1990). In den Kapiteln Frontoparietale, Occipitale und Squamosum wurden außerdem aktuelle Erkenntnisse von ALCALDE und BASSO (2013) berücksichtigt.

Schädel. Der Schädel besteht aus 20 Einzelelementen und zeichnet sich durch große Orbitalöffnungen und das dorsoventral abgeflachte Erscheinungsbild aus. Mit Ausnahme des Parasphenoids und des Ethmoids liegen alle Knochen paarig vor (Abb. 3). Der Schädel lässt sich in Schädeldach (Nasalia, Ethmoid, Frontoparietalia), Gehirnschädel (Occipitalia, Prootica, Squamosum), Gaumendach (Parasphenoid, Pterygoid, Palatina, Vomeres) und Kieferapparat (Intermaxillaria, Maxillaria, Quadratomaxillaria, Quadrata und Unterkieferelemente) gliedern.

Schädeldach: Alle Elemente des Schädeldaches sind stark miteinander verwachsen und bilden somit eine starre Struktur, welche das Gehirn schützt.

Nasale: Das Schädeldach beginnt vorn mit zwei paarig angelegten flachen, mehr oder weniger dreieckigen Knochen, den Nasalia. Sie liegen weit hinter den dorsalen Auswüchsen der Intermaxillaria und bieten daher viel Platz für die Nasenlöcher. Die vordere äußere Kante ist posterolateral gebogen und fällt dabei steil nach außen ab. Lateral bildet sie einen schmalen langen Auswuchs zur Artikulation mit dem Processus frontalis des Maxillare und weiterhin über eine knorpelige Verbindung mit dem Pterygoid. Diese Artikulation kann unterschiedlich stark ausgeprägt sein (Abb. 3).

Bei einem weiteren Vergleich wird außerdem deutlich, dass die dorsalen Nasenblätter bei *P. ridibundus* deutlich dreieckig ausgeprägt sind, während sie bei *P. lessonae* und *P. perezi* eine eher spatelförmige Gestalt haben (Abb. 3A). Daher zeigt sich auch nur bei *P. ridibundus* eine knöcherne Verbindung der Nasalia zum Ethmoid, die bei den anderen Arten nur schwach knorpelig ausgebildet ist.

Ethmoid: Das Ethmoid ist ein unpaariger, lateral konkaver, röhrenförmiger Knochen des Schädeldaches. Er wird dorsoposterior von den Frontoparietalia begrenzt und kann dorsoanterior an die Nasalia grenzen (z. B. bei *P. ridibundus*). Ventral verschmilzt es mit dem Parasphenoid und den Palatina, zu den vor ihm liegenden Vomeres hat es jedoch keine knöchrige Verbindung. Ab der Mitte des Ethmoids bildet sich eine anterior gerichtete Mittelscheidewand aus, welche die Geruchsnerven voneinander trennt (GAUPP 1896). Gleichzeitig wächst es auf das Doppelte seiner Breite an, bis eine lateral abfallende anteriore Kante den Knochen begrenzt. Die Länge das Ethmoids kann stark variieren, so ist es bei *P. ridibundus* deutlich länger als breit, bei *P. lessonae* nur wenig länger als breit und bei *P. perezi* so lang wie breit. Da seine Länge jedoch stark vom Verknöcherungsgrad abhängig ist, kann das Ethmoid nur bedingt zur Artenabgrenzung innerhalb der Wasserfrösche verwendet werden (BÖHME 1977).

Frontoparietale: Die Frontoparietalia sind paarige, langgestreckte Knochen, die anterior bis auf das Ethmoid reichen und posterior den dorsalen Teil des Hirnschädels bilden. Sie formen somit den größten Teil des Schädeldaches und entstehen durch die Verschmelzung von Frontale und Parietale (GÜNTHER 1985). Im Unterschied dazu zählen ALCALDE und BASSO (2013) auch das Supratemporale dazu. Zwischen den Frontoparietalia verläuft eine knorpelige Pfeilnaht, welche sehr variabel ausgebildet sein kann. So erscheint sie breit bei *P. lessonae* und *P. perezi*, jedoch sehr schmal bei *P. ridibundus*. Im Hirnschädel grenzen beide Frontoparietalia lateral an die Prootica und posterior an die Occipitalia.

Dorsal sind auf den Frontoparietalia unterschiedlich ausgeprägte Reliefs zu erkennen, welche zur Artunterscheidung herangezogen werden können (BÖHME 1977, ROČEK 1980, GÜNTHER 1990). Insbesondere zeigt sich, dass die Frontoparietalia bei *P. ridibundus* deutlicher strukturiert sind als die der anderen betrachteten Arten. So zeichnen sich zwei Kanäle des Innenohres auf dem posterioren Ende der Frontoparietalia zwar bei allen Arten ab, jedoch nur bei *P. ridibundus* ist neben dem nach anteromedial ziehenden Kanal auch der posterolateral ausgerichtete Kanal sehr deutlich zu erkennen. Beide Kanäle werden im Prooticum, letzterer außerdem im Occipitale weitergeführt.

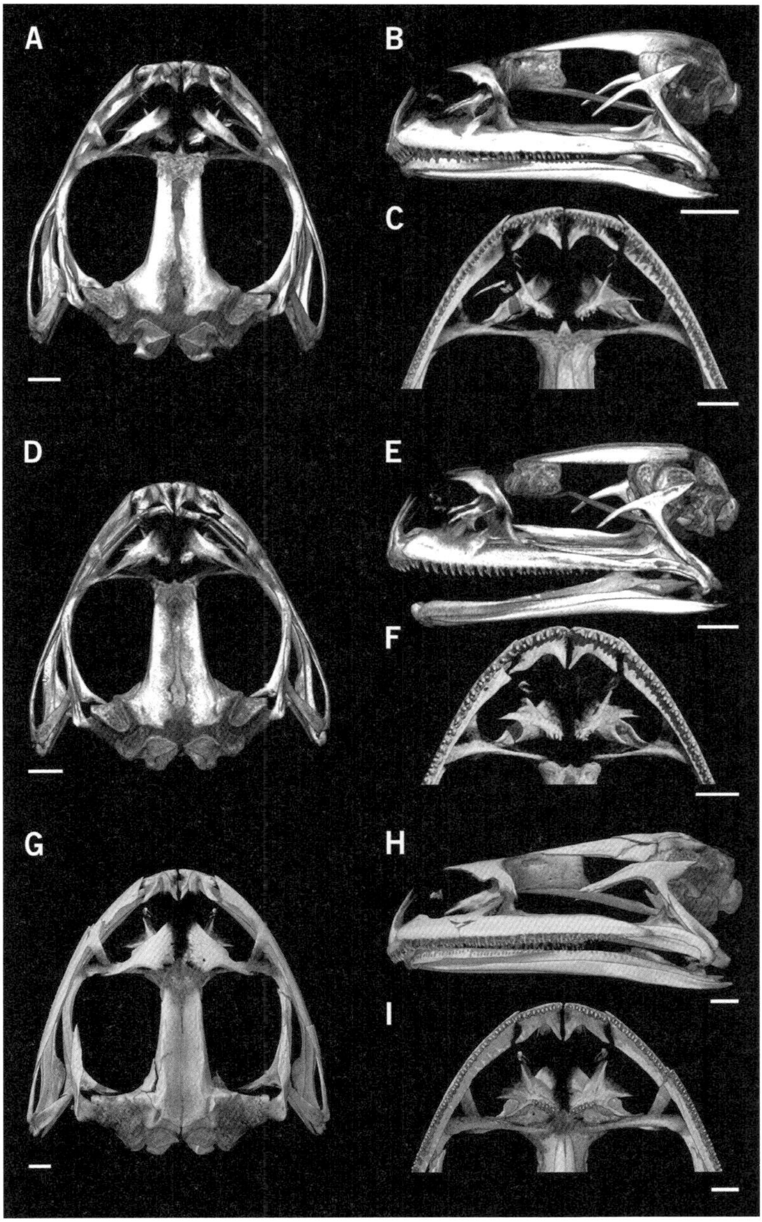

Abb. 3: Schädelskelett. *Pelophylax lessonae* (ZMB 59621), A: dorsal, B: lateral, C: ventral; *Pelophylax perezi* (ZMB 47640), D: dorsal, E: lateral, F: ventral; *Pelophylax ridibundus* (ZMB 60029), G: dorsal, H: lateral, I: ventral. Maßstab = 2 mm.

Der schmale äußere Rand der Frontoparietalia deckt nur den oberen Teil der knorpeligen Schädelseitenwand ab. Detailliertere Beschreibungen der Frontoparietalia und deren Merkmale zur Artunterscheidung finden sich auch bei BOLKAY (1919), BÖHME und GÜNTHER (1979) und GÜNTHER (1990). Siehe auch Kapitel „*P. lessonae*".

Gehirnschädel: Die Elemente des Hirnschädels können durch knorpelige oder knöcherne Nähte miteinander verbunden sein und bilden insgesamt eine stabile Kapsel. Die Abgrenzung der einzelnen Schädelknochen ist daher manchmal sehr schwierig. Abbildung 3 zeigt jedoch deutlich, dass die Verknöcherungsstufen des Hirnschädels innerhalb der Wasserfrösche sehr unterschiedlich ausfallen.

Occipitale: Diese paarig angelegten Knochen bilden den posterioren Teil des Hirnschädels. Sie beinhalten neben einigen Nervenausgängen auch das Innenohr und stellen über die Condyli occipitales eine gelenkige Verbindung zur Wirbelsäule her. Nach ALCALDE und BASSO (2013) wird dieser Knochen aus der Fusion des Exoccipitale mit dem Opistotic gebildet, weshalb er auch Oto-Occipitale genannt werden sollte. Die Exoccipitalia bilden nach der Fusion die Condyli occipitales aus. Die Condyli occipitales sind zwei posteroventral gelegene, ovale, dorsolateral konvex gebogene Facetten, die durch den Atlas voneinander getrennt sind. Die restliche ventrale Sutur der Occipitalia ist knorpelig verschlossen.

Auch dorsal sind die Occipitalia nur knorpelig verbunden, wobei die posterioren Enden der Knochen spitz aufeinander zulaufen. Die Occipitalia sind somit allein an der Bildung des Foramen magnum beteiligt. Dorsal stoßen die Occipitalia mit einer konvexen Sutur an die Parietalia, lateral an das Prooticum und ventral an das Parasphenoid. Die lateralen Fossa condyloidea sind in der Gattung *Pelophylax* sehr groß und die Occipitalia bilden nur den posterioren Rand des Foramen ovale.

Prooticum: Neben der anterioren Begrenzung des Foramen ovale beherbergen die paarig angelegten Prootica auch den jeweiligen anterioren Teil des Innenohres und die knöchernen Ausgänge der Nerven V–VII, welche als ein anterior im Knochen gelegenes, ventral geöffnetes Foramen charakterisiert sind.

In dorsaler Sicht wird deutlich, dass die Prootica den lateralen Abschluss des Hirnschädels bilden, wobei die dorsale Fläche lateral einen knöchernen, dorsoventral abgeflachten Auswuchs bildet, der das Foramen ovale komplett überspannt und somit den schallleitenden Apparat schützt. Das bei Wasserfröschen relativ große Foramen ovale liegt am posteroventralen Ende des Knochens und ist erst in der Lateralsicht gut sichtbar. Durch den anteroventralen Einschnitt des Nervenforamens und den posteroventralen Einschnitt des Foramen ovale besteht jedes Prooticum ventral aus einem sehr dünnen Knochenstreifen, der ventral auswächst und anterodorsal auf das Parasphenoid aufsetzt. Die Prootica werden dorsal von den Frontoparietalia und posterior von den Occipitalia begrenzt.

Squamosum: Die paarigen Squamosa sind T-förmig und weisen jeweils einen langen ventralen, einen kürzeren anterioren und einen kurzen posterioren Arm auf. Nach neueren Erkenntnissen handelt es sich dabei um einen zusammengesetzten Knochen, der aus dem eigentlichen Squamosum (ventraler Arm) und dem Tabular (posteriorer Arm) besteht, wobei noch immer nicht abschließend geklärt ist, aus welchem Ossifikationszentrum der anteriore Arm entspringt (ALCALDE und BASSO 2013).

Der ventrale Arm verbreitert sich spatelförmig bis auf das Quadratum, dem er außen aufliegt. Die anteriore Fläche bildet auf der gesamten Länge eine Lamina aus. Dadurch erscheint dieser Arm im Querschnitt dreieckig. Der anteriore Arm ist leicht lateral ausgerichtet und endet dadurch frei im Gewebe.

Die größten Unterschiede innerhalb der besprochenen Arten weist der posteriore Arm des Squamosums auf. Bei *P. lessonae* bildet sich zum posterioren Ende eine spatelförmige, dorsoventral abgeflachte Artikulation zum Prooticum. Im Unterschied dazu zeigt *P. perezi* eine eher dreieckige und *P. ridibundus* eine sehr breite, schaufelförmige Form (Abb. 3).

Schallleitender Apparat: Der Gehörapparat besteht aus drei Teilen: dem Tympanum als äußerer Abschluss der Paukenhöhle, der Columella auris, einem stäbchen- bis keulenförmigen Knochen, und dem Operculum, einer knorpligen, ovalen Scheibe, die der Fenestra ovalis aufsitzt.

Bei europäischen *Pelophylax*-Arten ist das Operculum ohne Anfärbung computertomografisch sehr schwer zu erfassen, da es sehr dünn und nicht verknöchert ist. Die Columella auris setzt mit einem deutlich verdickten, konkaven proximalen Ende am Operculum an und zieht lateral zum oberen Kopf des Tympanums, wobei sich der runde Querschnitt kontinuierlich verjüngt.

Andere Strukturen in diesem Bereich sind computertomografisch ohne Anfärbung nicht darstellbar. Eine detailreiche Übersicht über Aufbau und Funktionsweise des Gehörapparates geben WILCZYNSKI und CAPRANICA (1984), SMOTHERMAN und NARINS (2004) und FRITZSCH et al. (2013).

Gaumendach: Das Gaumendach besteht zum größten Teil aus knorpeligen oder weichteiligen Abschnitten, die hier nicht besprochen werden, da auch dieser Bereich computertomografisch ohne Anfärbung nicht darstellbar ist. Eine Übersicht hierzu bietet GAUPP (1896). Die knöchernen Teile bestehen aus dem Parasphenoid, welches den größten Teil des Gaumens medial überspannt, den Pterygoidea im lateralen Bereich und anterior aus den Vomeres und den Palatina.

Parasphenoid: Das Parasphenoid ist ein unpaariger, kreuzförmiger, dorsoventral abgeflachter Knochen, welcher die hauptsächliche ventrale Begrenzung des Hirnschädels bildet.

Der anteriore longitudinale Arm reicht bis auf das Ethmoid und verschmilzt mit diesem in verschieden starken Abstufungen. Bei besonders deutlicher Ausprägung kann das Parasphenoid bis an die Palatina heranreichen. Der posteriore longitudinale Arm ist wesentlich kürzer und schiebt sich leicht zwischen die vordere Begrenzung der Occipitalia.

Die lateralen Arme des Parasphenoids verbreitern sich distal schaufelförmig, bis sie ungefähr das Doppelte ihrer ursprünglichen Breite aufweisen. Sie bilden die ventrale Begrenzung des Foramen ovale und verschmelzen anterodorsal mit dem jeweiligen Prooticum und ventral mit den Occipitalia.

Pterygoid: Die Pterygoidea sind paarige dreiarmige Knochen, welche jeweils eine Verbindung zwischen Maxillare, Prooticum und Quadratum herstellen.

Der lange anteriore Arm zieht bogenförmig bis etwa zur Hälfte des Maxillare und dann medial am Maxillare weiter bis zum Palatinum. Dabei bildet sich lateral eine tiefe Rinne aus. Diese Rinne wird auch auf dem posterioren Arm weitergeführt, wobei sie hier jedoch weniger tief ausgeprägt ist. Der posteriore Arm artikuliert an seinem Ende mit dem Quadratum. Der dorsale Fortsatz zeigt keine Rinne, ist kurz und reicht bis an das Prooticum.

Palatinum: Die paarigen Palatina überspannen das Gaumendach quer, wobei sie medial dem Ethmoid aufliegen und lateral bis zur Höhe des Processus frontalis des Maxillare reichen. Der distale Abschnitt des Palatinums zieht posterior am Maxillare entlang und verbindet sich über eine Knorpelbrücke mit dem anterioren Ende des Pterygoids. Die Palatina verbreitern sich am äußeren Ende spatelförmig und bilden auf der dorsalen Fläche eine rinnenförmige Vertiefung.

Vomer: Vor den Palatina liegen zwei unregelmäßig kreuzförmige, dorsoventral abgeflachte Knochen deren Verknöcherungsgrad sehr unterschiedlich ausgeprägt sein kann (Abb. 3C, 3F u. 3I). Der anteriore und posteriore Arm ist jeweils nach außen gebogen. Der laterale Arm bildet nach GAUPP (1896) die mediale Begrenzung des inneren Nasenloches und der mediale Arm ist ventral verdickt und trägt eine variable Anzahl winziger Zähnchen (2–3 bei *P. lessonae* und *P. perezi*, 5–8 bei *P. ridibundus*).

Kieferapparat: Der Kieferapparat besteht aus den Intermaxillaria, Maxillaria, Quadratomaxillaria, Quadrata und den Unterkieferteilen (Meckelscher Knorpel, Dentale und Angulare).

Intermaxillare: Die paarigen Intermaxillaria bilden den vorderen Abschluss des Oberkiefers. Jeder Knochen lässt sich in drei Abschnitte gliedern: Pars facialis, Pars dentalis und Pars palatina.

Der obere Teil, die Pars facialis, ist ein langer Auswuchs, der sich leicht in Richtung Nasalia biegt. Er ist innen tief gehöhlt und artikuliert mit der knorpeligen Nasenkapsel, welche in den computertomografischen Scans nicht dargestellt werden kann. An die Pars facialis schließt sich ventral die Pars dentalis an, welche eine Reihe von 9–11 nahezu gleich großen Zähnen trägt. Dorsal der Pars dentalis setzt die Pars palatina an, welche posterior hufeisenförmig auswächst und auf dem jeweiligen Maxillare medial weitergeführt wird.

Maxillare: Die Maxillaria sind zwei langgezogene bogenförmige Knochen, welche den Schädel lateral auf fast der gesamten Länge begrenzen. Sie stoßen jeweils anterior an das Intermaxillare, posterior an das Quadratomaxillare und artikulieren über einen dorsalen Fortsatz im vorderen Drittel, dem Processus facialis, extern mit dem Nasale und intern mit dem Palatinum. Man unterscheidet wie beim Intermaxillare drei Lamellen entlang des Maxillare: Pars facialis, Pars dentalis und Pars palatina.

Die dorsal gerichtete Pars facialis, welche von anterior nach posterior flacher wird, bildet im vorderen Drittel einen Auswuchs, der mit dem lateralen Ende des Nasale und mit dem Palatinum artikuliert. Unterhalb davon schließt sich die Pars dentalis an. Sie nimmt bei *P. lessonae* und *P. perezi* ca. 60 % und bei *P. ridibundus* ca. 90 % der Gesamtlänge des Maxillare ein. Die Anzahl der Maxillarzähne beträgt bei *P. lessonae* und *P. perezi* 33–40 und bei *P. ridibundus* 53–55.

Quadratomaxillare: Die Quadratomaxillaria sind zwei kleine, dünne Knochenstäbchen, die sich posterior an die Maxillaria anschließen und am hinteren Ende ventral jeweils zu einem kopfförmigen Gelenk gebogen sind. Dieses Gelenk bildet den lateralen Gelenkhöcker des Quadratum. Dorsal an dieses Gelenk setzt das Squamosum an, ventral hierzu artikuliert der Unterkiefer.

Quadratum: Nach GAUPP (1896) bleiben die zwei Quadrata mit allen Fortsätzen, bis auf eine kreisförmige Struktur im lateralen Gelenkhöcker, knorpelig. Daher sind sie nicht mittels der computertomografischen Analyse zu erfassen. Das Quadratum bildet die Verbindung von Ober- und Unterkiefer sowie die Ansatzstelle für Squamosum und Pterygoid.

Unterkiefer: Ein großer Teil der Unterkiefer bleibt zeitlebens knorpelig und wird nach GAUPP (1896) Meckelscher Knorpel genannt. Letzterer ist auf computertomografischen Abbildungen ohne Anfärbung nicht sichtbar. Nach GAUPP (1896) bildet er am posterioren Ende das Gelenk mit dem Quadratum und wird anterior und ventral überwiegend von zwei Deckknochen ummantelt, die als Dentale und Angulare bezeichnet werden.

Das Dentale wird in zwei Abschnitte unterteilt: die anteriore Pars mentalis und eine posteriore Knochenplatte. Die Pars mentalis ist ein kurzes, nach medial abgeklapptes hohlzylindriges Knochenstück, welches die beiden Unterkieferhälften miteinander verbindet. Posterior befindet sich eine dem Meckelschen Knorpel anliegende Knochenplatte, welche diesen in etwa entlang der Hälfte des Unterkiefers nach außen abschirmt.

Das Angulare begrenzt den Meckelschen Knorpel ventral. Von der Ansatzstelle der Pars mentalis zieht es bis nach hinten zum Gelenk des Quadratum. Auf seiner Oberseite befindet sich eine lange Rinne, welche den Meckelschen

Knorpel aufnimmt. Im hinteren Drittel bildet sich auf der dorsalen Kante eine Muskelansatzstelle, nach GAUPP (1896) der Processus coronoideus, heraus.

Stützskelett. Das Stützskelett der Wasserfrösche besteht aus Wirbeln, Urostyl (Steißbein), Schultergürtel und Beckengürtel (Abb. 4).

Wirbel: Die Wirbelsäule besteht aus neun Wirbeln, die sich untereinander – bis auf die Wirbel 1 (Atlas) und 9 (Sakralwirbel oder Sacrum) – sehr ähnlich sind. Man unterscheidet folgende Wirbelteile: Zentrum, Neuralbogen, Neuralkanal, Querfortsätze und Dornfortsatz. Die Zentren aller Wirbel sind dorsoventral abgeflacht, was sich vor allem in oval ausgebildeten Condylen und Cotylen widerspiegelt.

Der erste Wirbel, der Atlas, zeigt an seiner vorderen Fläche rechts und links je eine Einbuchtung, welche mit den Hinterhauptshöckern (Condyli occipitales) des Hirnschädels artikulieren. Posterior bildet er einen Wirbelkopf. Die anschließenden sechs Wirbel sind procoel, der achte Wirbel amphicoel und der neunte Wirbel, der Sakralwirbel, weist anterior einen und posterior zwei Gelenkköpfe auf.

Der Neuralbogen setzt bei allen Wirbeln dorsal stelzig auf den Zentren auf und ist kürzer als das jeweilige Zentrum des Wirbels, weswegen sich die Wirbel nur an den Zygapophysen berühren (Abb. 4). Die Präzygapophysen zeigen nach oben und sind beim Atlas nicht vorhanden. Die Postzygapophysen weisen nach unten und fehlen beim Sakralwirbel. Die anteriore Kante des Neuralbogens ist in unterschiedlichen Abstufungen konkav, wobei die tiefsten Einbuchtungen vom vierten bis sechsten Wirbel zu finden sind. Die posteriore Kante ist im Gegensatz dazu bei allen Wirbeln leicht konvex.

Am dorsalen Ende jeder Neuralbogenstelze befinden sich, mit Ausnahme vom Atlas, lateral die Querfortsätze der Wirbel mit knorpeligen Epiphysen. Die ersten drei Fortsätze (Wirbel zwei bis vier) sind massiv, im Querschnitt oval und am lateralen Ende verdickt. Der Fortsatz des zweiten Wirbels ist nach vorn gebogen, der des dritten zeigt gerade zur Seite und der des vierten Wirbels ist nach hinten gebogen. Die Fortsätze des fünften bis achten Wirbels sind kürzer und dünner als die vorderen und verjüngen sich bis zum lateralen Ende. Bis auf den Fortsatz des fünften Wirbels, welcher ebenfalls nach hinten gebogen ist, verlaufen die anderen gerade zur Seite. Die Fortsätze des neunten Wirbels (auch Sakraldiapophysen genannt) zeigen die größten Unterschiede, da sie sehr massiv sind, einen ovalen Querschnitt haben, leicht posterodorsal gebogen sind und eine lose Verbindung zu den Beckenkochen eingehen. Nach BÖHME (1977) und GÜNTHER (1985) können sie zwar zur Gattungsunterscheidung, jedoch nicht zur Differenzierung zwischen den mitteleuropäischen Wasserfroschformen herangezogen werden.

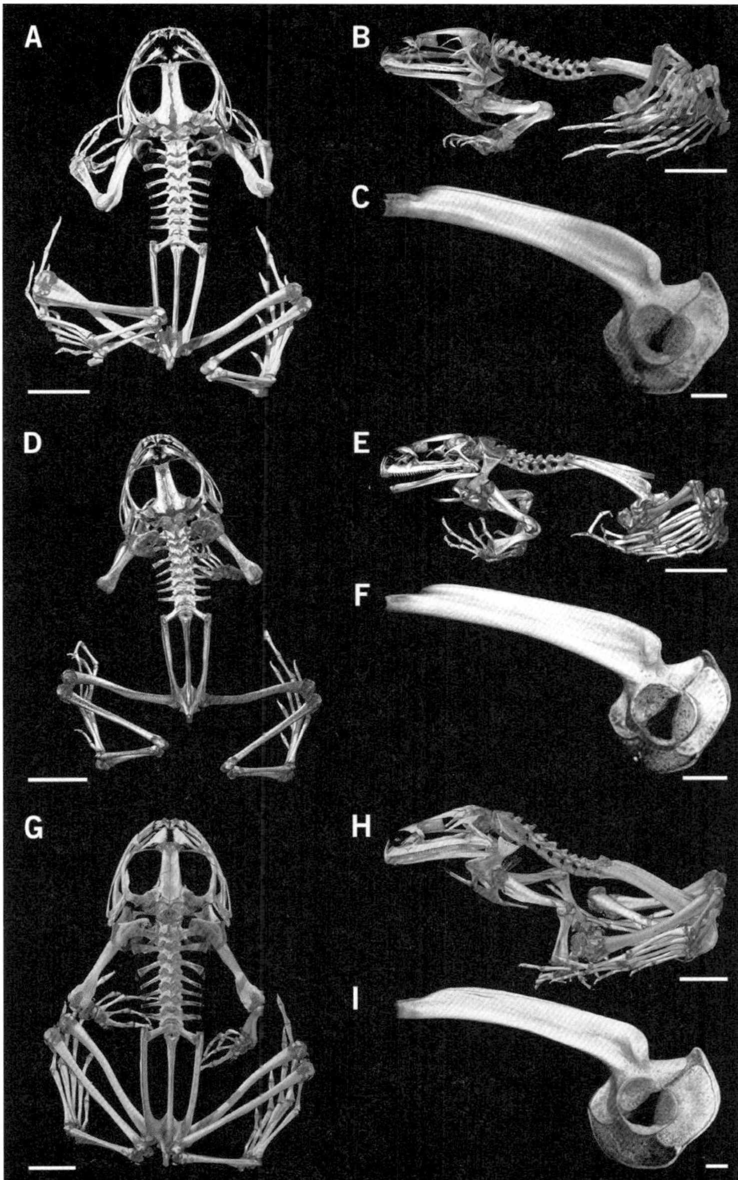

Abb. 4: Körperskelett. *Pelophylax lessonae* (ZMB 59621), A: dorsal, B: lateral, C: Ilium lateral links; *Pelophylax perezi* (ZMB 47640), D: dorsal, E: lateral, F: Ilium lateral links; *Pelophylax ridibundus* (ZMB 60029), G: dorsal, H: lateral, I: Ilium lateral links. Maßstab A, B, D, E, G, H = 10 mm; Maßstab C, F, I = 2 mm.

Mit Ausnahme von Atlas und Sakralwirbel bilden sich dorsomedial jedes Neuralbogens Dornfortsätze unterschiedlicher Gestalt aus, welche posterior ausgerichtet sind, den nachfolgenden Wirbel jedoch nie berühren. Der zweite bis vierte Wirbel zeigt deutliche Dornfortsätze, diese überspannen den posterioren Rand des Neuralbogens. Die Wirbel fünf bis acht weisen hingegen kürzere Fortsätze auf, die den posterioren Rand nicht erreichen.

Urostyl: Das Steißbein oder Urostyl ist ein langer, am Sakralwirbel ansetzender, nach hinten gerichteter, hohler Knochen mit rundem Querschnitt, der über der Kloake endet und 40–50 % der Gesamtlänge der Wirbelsäule ausmachen kann. Die anteriore Artikulation findet über zwei ovale Gelenkpfannen statt. Posteriad verjüngt sich der Knochen und endet in einer knorpeligen Epiphyse. Dorsal sitzt dem Knochen ein Kamm auf, der kurz hinter der anterioren Artikulation beginnt, hier am höchsten ist und zwei nebeneinanderliegende Höcker trägt. Posteriad wird dieser Kamm kontinuierlich niedriger, bis er ganz verschwindet. Beim untersuchten Material überspannte der Kamm bei *P. ridibundus* 63 %, bei *P. perezi* und *P. lessonae* 85 % des Urostyls (ohne Epiphyse) (Abb. 5D).

Brustbein und Schultergürtel: Bei Wasserfröschen sind die Teile des Brustbeines (Episternum und Sternum) sowie die Teile des starren Schultergürtels (Epicoracoid, Clavicula mit Procoracoidknorpel, Coracoid, Scapula und Suprascapula) stark verknöchert und durch kalkige Knorpel miteinander verbunden (Abb. 5A und B).

Episternum: Das Episternum bildet den vorderen Teil des Brustbeines und besteht aus (a) einem knöchernen Schaft, der einen ovalen Querschnitt aufweist und posterior zur Artikulation mit dem Schultergürtel um das Dreifache spatelförmig verbreitert ist, und (b) einem knorpeligen scheibenförmigen Teil. Der Schaft des Episternums kann einen ventralen Kiel aufweisen, welcher bei *P. lessonae* besonders deutlich und bei *P. ridibundus* schwächer ausgeprägt ist, bei *P. perezi* jedoch fehlt. Der knöcherne Teil des Episternums geht anterior in eine knorpelige Scheibe über, welche mit einem kurzen Stiel ansetzt. Dieser Teil ist ohne Anfärbung computertomografisch nicht zu erfassen und daher in Abb. 5 nicht dargestellt.

Sternum: Das Sternum bildet den posterioren Teil des Brustbeines und besteht ebenfalls aus einem knöchernen Schaft und einem knorpeligen Anteil. Der Schaft ist dorsoventral abgeflacht und die seitlichen Kanten sind konkav. Am posterioren Ende des Schaftes setzt der knorpelige Anteil als flache, rundliche Scheibe an (in Abb. 5 nicht dargestellt).

Epicoracoid: Das Epicoracoid ist ein entlang der Mittellinie des Schultergürtels ausgebildeter Kalkknorpel, welcher das knöcherne Episternum mit dem knöchernen Sternum verbindet. An seinen Seiten setzen jeweils im vorderen Bereich die Clavicula mit dem Procoracoidknorpel und dahinter die Coracoidea

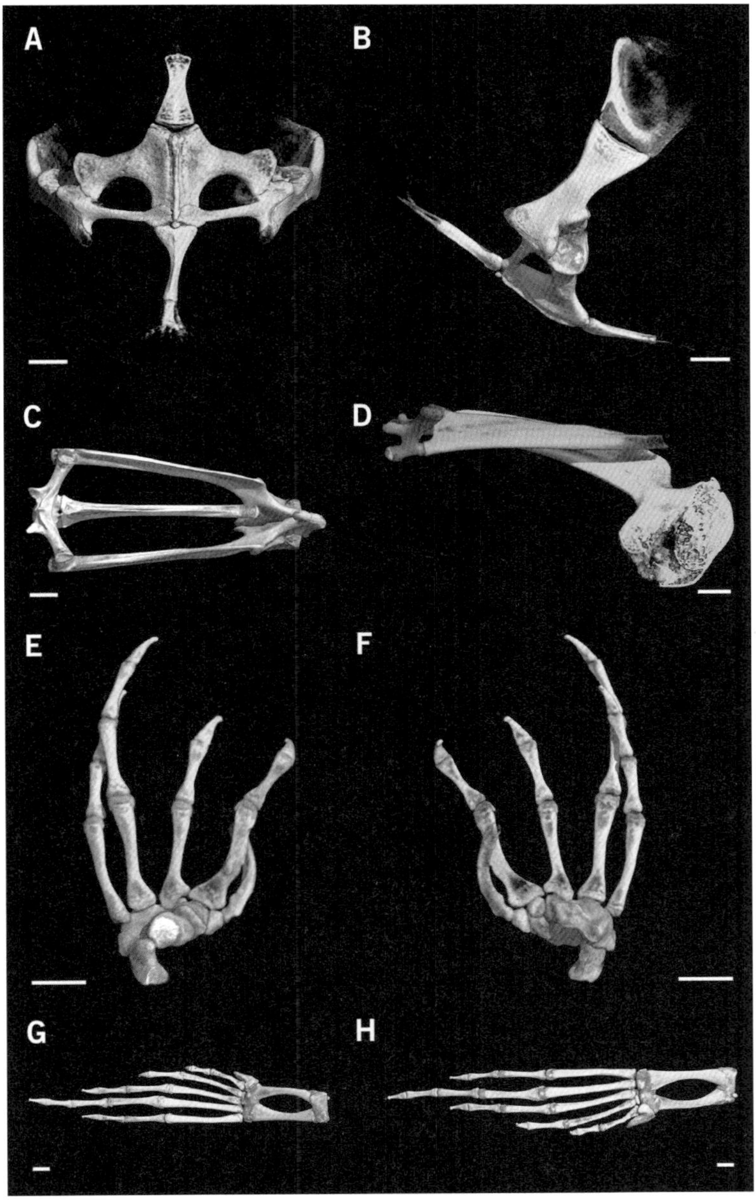

Abb. 5: *Pelophylax lessonae* (ZMB 59621), A: Schultergürtel ventral, B: Schultergürtel lateral links, C: Beckenknochen dorsal, D: Sakralwirbel, Urostyl und rechtes Ilium (linkes Ilium virtuell entfernt), E: Linker Handrücken, F: Linke Handfläche, G: Linker Fußrücken, H: Linke Fußsohle. Maßstab = 2 mm.

an. Diese „Verbindung gestattet einen geringen Grad der Beweglichkeit beider Schultergürtelhälften gegeneinander" (GAUPP 1896).

Clavicula und Procoracoidknorpel: Die paarig angelegten Claviculae sind zwei von medial nach lateral ziehende, dünne Knochen, welche vor dem jeweiligen Coracoid liegen. Das proximale Ende ist zugespitzt und verschmilzt mit dem Epicoracoid. Nach lateral verbreitert sich der Knochen deutlich und bildet an seinem distalen Ende einen anterioren und einen posterioren Fortsatz aus. Der anteriore Fortsatz ist länger und spitz zulaufend, der posteriore kurz und stumpf. Mit beiden Strukturen verschmilzt der Knochen mit dem Paraglenoidknorpel, welcher zur Artikulation mit der Scapula und dem distalen Ende des Coracoids dient.

Nach GAUPP (1896) umschließt jede Clavicula einen weiteren, hinten angelagerten, dünnen Knorpelstreifen, den Procoracoidknorpel. Dieser ist in mikrotomografischen Scans ohne Anfärbung nicht von der Clavicula zu unterscheiden und daher in Abb. 5A nicht dargestellt.

Coracoid: Die Coracoidea sind paarige, von medial nach lateral ziehende Knochen, welche mit ihrem distalen Ende an der Bildung der Oberarmgelenkpfanne beteiligt sind. Das jeweilige proximale Ende ist stark dorsoventral abgeflacht und verschmilzt mit dem Epicoracoid. Von dieser langen Artikulationsfläche ausgehend verjüngt sich der Knochen stark, bis er in etwa seiner Mitte einen runden Querschnitt annimmt, wobei die anteriore Kante deutlich tiefer eingebogen ist als die posteriore. Von da an verbreitert sich der Knochen nach außen keulenförmig, bis er etwa die Hälfte seiner proximalen Breite erreicht hat. Der vordere Rand des distalen Endes artikuliert über den Paraglenoidknorpel mit dem posteriolateralen Ende der Clavicula (nach GAUPP 1896). Der hintere Teil des lateralen Endes bildet mit einer knöchernen Einbuchtung den ventralen Teil der Oberarmgelenkpfanne.

Scapula: Die Scapulae sind paarig angelegte plattenförmige Knochen, welche vom ventralen Paraglenoidknorpel leicht gebogen die jeweilige Körperseite zur dorsolateral gelegenen Suprascapula überspannen, mit der sie über hyalinen Knorpel flexibel verbunden sind (GAUPP 1896). Die anteriore und posteriore Kante jedes Knochens ist stark konkav, wodurch sich der Knochen in der Mitte verjüngt.

Im unteren Drittel bilden sich zwei Strukturen heraus: ein ventromedial gebogener Auswuchs und eine nach posterior gerichtete Facette. Der Auswuchs zieht von seiner Abspaltungsstelle bis zum innenliegenden lateralen Ende des Coracoids. Die Facette überspannt sowohl den hinteren Rand der Scapula selbst als auch den hinteren Rand des Auswuchses und dient als dorsale Fläche der Oberarmgelenkpfanne.

Suprascapula: Die paarigen Suprascapulae bilden den dorsalen Abschluss des Schultergürtels. Sie bestehen aus einem glockenförmigen sehr dünnen Knochen mit einer glatten vorderen und einer unregelmäßig in Knorpel übergehenden hinteren Kante. Der schmalste und gleichzeitig am stärksten verknöcherte Teil befindet sich an der Artikulation zur Scapula, mit der die Suprascapula über einen dünnen Streifen hyalinen Knorpels verbunden ist.

Beckengürtel: Der Beckengürtel besitzt die froschtypische V-förmige Gestalt, welche durch die posteriore Verwachsung der drei Beckenelemente (Ilium, Ischium und Cartilago remaneus) zustande kommt. Im Unterschied zum dünnen hyalinen Knorpel des Schädels können hier die kalkknorpeligen Strukturen ohne Anfärbung in den mikrotomografischen Scans dargestellt werden.

Ilium: Die Ilia sind paarig angelegte Knochen, welche von den lateralen Epiphysen des Sakralwirbels posteromedial nach hinten ziehen, bis sie sich auf der Körperachse treffen, um hier miteinander zu verschmelzen. Sie sind maßgeblich für die V-förmige Gestalt des Beckengürtels verantwortlich. Dorsal jedes Iliums bildet sich eine hohe Lamelle aus, welche Margo dorsalis genannt wird (GAUPP 1896) und die von anterior nach posterior gleichmäßig ansteigt (Abb. 5C u. 5D). Am posterioren Ende wächst das Ilium dorsoventral stark aus und bildet zusammen mit Ischium und Cartilago remaneus das Acetabulum, die Gelenkpfanne für den Oberschenkelknochen. Innerhalb der Froschlurche kann das Ilium zur Gattungsbestimmung rezenter und fossiler Exemplare, aber auch zur Artabgrenzung innerhalb der Wasserfrösche verwendet werden (BÖHME 1977, BÖHME und GÜNTHER 1979, BLAIN et al. 2015, siehe auch Abb. 16).

Ischium: Das Ischium ist ein plattenförmiger Knochen, welcher hinter den Ilia liegt und nur einen kleinen Anteil an der Bildung der posterioren Begrenzung des Acetabulums hat (Abb. 4C, F und I). Nach GAUPP (1896) ist dieser Knochen nur im Larvenstadium paarig angelegt, verknöchert aber während der Entwicklung zum Adultus zu einem Element.

Entlang des posterioren dorsoventralen Randes existiert eine Rinne, welche mit Kalkknorpel gefüllt ist (GAUPP 1896) und deshalb in den mikrotomografischen Aufnahmen nicht zu erkennen ist.

Cartilago remaneus: Die Cartilago remaneus, auch Restknorpel genannt, bildet den ventralen Teil des Acetabulums und ist somit zwischen den Ilia und dem Ischium eingekeilt. Sie bildet den Hauptteil der Gelenkpfanne und hat eine Verbindung mit dem knorpeligen Überzug der Ilia und des Ischiums sowie mit dem Randknorpel (Abb. 4C, F und I).

Extremitäten. Vorderbein: *Humerus:* Der Humerus ist ein langgestreckter röhrenförmiger Knochen, welcher am distalen Ende abflacht und in einem nach unten abgeknickten Kugelgelenk endet.

Das proximale knorpelige Gelenk ist keulenförmig und bildet ventral eine Einbuchtung, welche am medialen Rand von einer scharfen Leiste begrenzt wird. Diese Leiste wird auf dem Humerus weitergeführt und hier Christa ventralis genannt (GAUPP 1896). Sie kann unterschiedlich hoch und breit sein und reicht maximal bis zur Mitte des Humerus.

Im distalen Drittel des Humerus bildet sich medial eine weitere deutliche Leiste, die Christa medialis, heraus, die bis auf den Epicondylus medialis reicht. Sie kann nach GAUPP (1896) als geschlechtsspezifisches Merkmal herangezogen werden, denn sie ist bei Weibchen deutlich schwächer ausgeprägt oder fehlt.

Eine dritte Leiste, die Christa lateralis, befindet sich auf der äußeren Seite im unteren Bereich und endet auf dem Epicondylus lateralis (Abb. 4).

Das distale Gelenk des Humerus besteht aus dem kugelförmigen Eminentia capitata und dem medialen, eingebuchteten Epicondylus ulnaris. Beide Strukturen sind am Gelenk zum Unterarm beteiligt (Abb. 4).

Radioulna: Ähnlich wie bei der Tibiofibula sind auch die Unterarmknochen Radius und Ulna bei Wasserfröschen zu einem Element verschmolzen. Die auf der gesamten Länge dieses Elements verlaufende mediale Rinne (Sulcus intermedius) lässt jedoch noch immer die Unterteilung der ursprünglichen Knochen erkennen. Beide Knochen bilden zusammen das proximale pfannenartige Gelenk, wobei der Anteil der Ulna länger ist und Olecranon genannt wird. Das davor gelegene Capitulum ist kürzer und am Gelenkanteil des Radius beteiligt. Das distale Ende wird von einer kalkknorpeligen Epiphyse gebildet, an der Radius und Ulna noch deutlich differenziert werden können.

Hand (Manus): Im Folgenden wird nur ein kurzer Überblick über die Elemente der Hand gegeben. Weiterführende detaillierte Beschreibungen finden sich beispielsweise bei GAUPP (1896).

Carpus: Die ursprünglich acht Handwurzelknochen bestehen aus Kalkknorpel (GAUPP 1896) und sind zu sechs Elementen verschmolzen, welche – wie bei den Tarsen – in zwei Reihen angeordnet sind. Die proximale Reihe wird von außen nach innen aus Ulnare, Radiale und Centrale gebildet, wobei Radiale und Ulnare an der Bildung des Gelenks zum Unterarm (Radioulna) beteiligt sind, das Centrale jedoch nicht. Die distale Reihe besteht aus fünf Carpalia, wobei die Carpalia III–V zu einem Element verschmolzen sind. Die Carpalia I und II liegen distal vor dem Centrale, lateral hierzu liegt das Element aus Carpalia III–V, dieses ist somit distal zu Radiale und Ulnare positioniert (Abb. 5E u. 5F).

Auf der Volarfläche bildet sich das Ulnare, eine Aufwölbung mit einer planaren Leiste, heraus. Diese Leiste wird auf dem Carpale III–V fast rechtwinkelig weitergeführt und dient zur Bildung der Hohlhand, an welcher zahlreiche Muskeln ansetzen (GAUPP 1896).

Metacarpus: Die Metacarpalia II–V liegen distal zu den Carpalelementen. Ein fünftes Knochenelement, welches nach GAUPP (1896) einen „rudimentären Daumen darstellt“ liegt medial, volar versetzt, dem Carpale I auf. Bei *P. lessonae* und *P. perezi* kann dieses Knochenstück die Länge der Metacarpalia erreichen, bei *P. ridibundus* hingegen nur noch ein Drittel dieser Länge. Nach GAUPP (1896) zeigt sich auch hier ein Geschlechtsdimorphismus, welcher bei Männchen in einem längeren und krallenartigen Knochen resultiert, während er bei Weibchen kürzer und stiftartig erscheint. Bei den hier besprochenen Arten bildet er proximal kein echtes Gelenk aus und zeigt eine leichte volare Biegung.

Der Metacarpale II liegt distal zum Carpale II und artikuliert medial zusätzlich mit dem Carpale I. Die Metacarpalia III–V liegen distal zu den Carpalia III–V. Alle Metacarpalia II–V bilden proximal und distal Gelenke zu den jeweiligen Carpalia und den Phalangen mittels knorpeliger Epiphysen aus. Das proximale Gelenk ist konkav, die distalen sind kugelförmig.

Phalanx: Phalangen bilden den distalen Abschluss der Fingerknochen, sind jedoch beim Metacarpale I nicht vorhanden. Am 2. und 3. Finger existieren je zwei, am 4. und 5. je drei Phalangen. Wie auch beim Fuß unterscheidet man zwischen mittleren und Endphalangen. Die mittleren Phalangen sind ähnlich aufgebaut und bestehen aus einem dünnen Röhrenknochen. Über ein sattelförmiges Gelenk sind sie mit den Endphalangen verbunden. Diese tragen nur ein Sattelgelenk am proximalen Ende und verjüngen sich distal bis sie einen kurzen Haken ausbilden.

Hinterbein: *Femur:* Die Femora sind langestreckte zylindrisch geformte Knochen, welche auf der gesamten Länge eine leichte S-förmige Biegung aufweisen. Diese Knochen zeigen keinerlei besondere Strukturierung und bilden sowohl am proximalen als auch am distalen Ende einen knöchernen, mit Knorpel überzogenen Gelenkkopf aus.

Tibiofibula: Die bei den meisten anderen Tetrapoden vorkommenden paarigen Unterschenkelknochen, bestehend aus Tibia und Fibula, sind bei Anuren zur Tibiofibula oder auch Os cruris verschmolzen, wobei die ursprüngliche Aufteilung anhand einer medialen, auf der gesamten Länge verlaufenden Rinne sichtbar ist. Das proximale Gelenk bildet eine Rolle, auf der nach GAUPP (1896) verschiedene, für die Gelenkbewegung notwendige Muskeln und Fasern verlaufen. Das distale Gelenk artikuliert nur auf der Vorderfläche. Auf der Rückseite befindet sich eine Auflagefläche, welche der hier entlanggleitenden Achillessehne Halt gibt (GAUPP 1896).

Fuß (Pes): Im Folgenden wird nur ein kurzer Überblick über die Elemente des Fußes gegeben. Weiterführende detaillierte Beschreibungen finden sich beispielsweise bei GAUPP (1896).

Tarsus: Der Tarsus besteht aus zwei Reihen sehr unterschiedlicher Fußwurzelknochen. Die proximale Reihe wird aus zwei relativ langen Röhrenknochen gebildet, dem Fibulare und Tibiale. Diese sind an beiden Enden durch Kalkknorpel verbunden, wodurch das ganze Gebilde wie eine Spange geformt ist. Am distalen Ende der Tibiale bildet der Kalkknorpel ventral einen deutlichen Auswuchs.

Die distalen Fußwurzelknochen (Centrale, Tarsale I, Tarsale II + III) bestehen aus Kalkknorpel (GAUPP 1896), sind im Vergleich zu Fibulare und Tibiale stark reduziert und größtenteils miteinander verschmolzen. Das Centrale liegt lateral zum Metatarsale I und kann unterschiedlich ausgeprägt sein. Es ist bei *P. ridibundus* fast gleichförmig kugelig, bei *P. lessonae* und *P. perezi* an den Gelenkflächen zum Tibiofibulare und Prähallux abgeflacht (Abb. 5G u. 5H).

Metatarsus: Die Metatarsalia der fünf Zehen sind lange, dünne Röhrenknochen, die zu den Tarsalia flache Gelenkköpfe ausbilden. Im Unterschied dazu sind ihre distalen Gelenkköpfe rund. Die Metatarsalia werden von innen nach außen nummeriert. Die relative Länge staffelt sich absteigend von IV > III > V > II > I (Abb. 5G u. 5H).

Phalangen: Als Phalangen werden die distal der Metatarsalia liegenden Knochen bezeichnet. Sie folgen dem Größenverhältnis der Metatarsi, können jedoch in unterschiedlicher Anzahl pro Zeh auftreten. So trägt der 1. und 2. Zeh jeweils zwei, der 3. und 5. jeweils drei und der 4. Zeh vier Phalangen. Man unterscheidet zwischen den mittleren und den Endphalangen. Die mittleren Phalangen sind ähnlich aufgebaut und bestehen aus einem dünnen Röhrenknochen mit sattelförmigen Gelenken an den Enden. Die Endphalangen weisen nur proximal ein Sattelgelenk auf. Sie verjüngen sich distal, am Ende bilden sie einen kurzen Haken aus.

Prähallux: Die knöcherne Stützstruktur des Fersenhöckers wird Prähallux genannt und sitzt lateral am Centrale. Er ist bei Wasserfröschen sehr unterschiedlich ausgebildet. So zeigt *P. ridibundus* einen distal gebogenen, kurzen hakenförmigen Prähallux, *P. lessonae* und *P. perezi* jedoch eine lateromedial abgeflachte prominente Scheibe, die am distalen Ende einen gebogenen Fortsatz aufweist (Abb. 5G u. 5H). GAUPP (1896) beschreibt weitere Formen des Prähallux, beispielsweise einen dreigliedrigen Aufbau bei *Pelophylax esculentus.*

Danksagung. Rainer Günther und Frank Tillack (beide Museum für Naturkunde Berlin) danke ich für die großzügige Unterstützung, Literaturhinweise und die kritische Durchsicht des Manuskriptes.

Europäische Wasserfroscharten

Pelophylax perezi (López-Seoane, 1885) – Iberischer Wasserfrosch

Von

JÖRG PLÖTNER und RUDOLF MALKMUS

Einführung. *Pelophylax perezi* galt noch bis Anfang der 1970er-Jahre als „Unterart" des Seefroschs (*Pelophylax ridibundus*). Erst die Ergebnisse serologischer, enzymologischer und immunologischer Untersuchungen zeigten, dass *P. perezi* eine eigenständige Art ist (HEMMER 1973, TUNNER und UZZELL 1974, HOTZ 1974, GRAF et al. 1977, KONRAD und BACHMANN 1980, UZZELL 1982a, UZZELL und TUNNER 1983), was später durch DNA-Analysen (z. B. PLÖTNER 1998, PLÖTNER und OHST 2001, PLÖTNER et al. 2009) untermauert werden konnte. Innerhalb der westpaläarktischen Wasserfrösche repräsentiert *P. perezi* eine basale Linie und ist eng mit den in Nordafrika beheimateten Wasserfröschen aus der *saharicus*-Gruppe verwandt (vgl. PLÖTNER 2005). Da *P. perezi* nicht zur Seefroschgruppe (*ridibundus*-Gruppe) gehört, sollte er nicht als „Iberischer Seefrosch", sondern als „Iberischer Wasserfrosch" bezeichnet werden (GÜNTHER 1990).

Diagnose. Mittelgroße Wasserfroschart. Männchen mit äußeren, grauen Schallblasen und auch außerhalb der Paarungszeit deutlich sichtbaren Daumenschwielen. Kopf etwas länger als breit, Schnauze abgerundet. Distanz zwischen Nasenloch und Auge etwas geringer als zwischen Nasenloch und Schnauzenspitze. Trommelfell vorhanden, Durchmesser des Trommelfells größer als der halbe Durchmesser des Auges; der Abstand des Trommelfells zum Auge beträgt ca. ein Drittel des Trommelfelldurchmessers. Zunge oval verlängert, granuliert. Die Vomerzähne sind zwischen den Choanen in zwei Kämmen im Winkel von 140° angeordnet. Arm kurz, Unterarm kürzer als Hand; Fingerlänge (kürzester bis längster Finger): I < II < IV < III. Fingerspitzen spitz zulaufend, Metacarpalhöcker nicht ausgeprägt, Subarticularhöcker abgerundet, moderat entwickelt. Hinterextremitäten relativ kurz, Unterschenkel etwas kürzer als Oberschenkel. Der Fersenhöcker ist flach und relativ kurz (siehe auch CROCHET et al. 1995).

Synonyme. Die hier aufgeführte Liste enthält sowohl echte Synonyme als auch eine Kombination von Art-Epitheta mit verschiedenen Gattungs- und Untergattungsnamen. Eine detaillierte nomenklatorische Analyse findet sich bei DUBOIS und OHLER (1994a) und FROST (2021).

Rana hispanica – FITZINGER, 1826: 64. Nomen nudum.
Rana calcarata Tschudi, 1838: 40. Holotypus: dargestellt auf Tafel 1, Abb. 1 der Originalveröffentlichung. Irrtümlich auf *Rana calcarata* Michahelles, 1830: 807 (= *Pelobates fuscus*) verwiesen. – Terra typica: Spanien.
Rana perezi López-Seoane, 1885: 171. Syntypen: ohne Angabe, das gilt auch für MNHNP 1889.596 und MCZ 6832 (Lataste-Sammlung), nach BARBOUR und LOVERIDGE (1929: 327). Lektotypus: MCZ 6832, adultes Weibchen, festgelegt durch CROCHET et al. (1995: 22) und DUBOIS und OHLER (1994a: 170). – Terra typica: Nord-West Spanien und Portugal (bis zu einer Höhe von 1424 Fuß); eingegrenzt auf „bei La Coruña, Spanien" (43°22'N, 8°23'W, Galizien) durch Festlegung eines Lektotypus (DUBOIS und OHLER 1994a: 170).
Rana esculenta perezi – BOULENGER (1886: 23).
Rana ridibunda perezi – MERTENS (1925: 54).

Englische Namen. Iberian water frog, Iberian green frog, Perez's water frog, Perez's green frog.

Beschreibung. Maße und Lebendmassen: Männchen sind im Mittel kleiner und leichter als Weibchen. Die Kopf-Rumpf-Länge (KRL) geschlechtsreifer Männchen variiert von ca. 42–85 mm (GONZÁLEZ DE LA VEGA 1988), die Lebendmasse (LM) von ca. 9–58 g. Bei Weibchen liegen die entsprechenden Werte zwischen 50 und 110 mm sowie 17 und 140 g (MASÓ und PIJOAN 2011). SÁNCHEZ-MONTES und MARTÍNEZ-SOLANO (2011) geben für zentralspanische Individuen KRL ($\bar{x} \pm \sigma$) von 63,3 ± 8,4 mm (Männchen, N = 73) und 82,0 ± 10,02 mm (Weibchen, N = 42) an; die geschlechtsspezifischen Mediane der LM betrugen 19,0 g (Männchen) und 50,2 g (Weibchen). Im País Vasco (Baskenland) ermittelten DOCAMPO und MILAGROSA-VEGA (1988) für Männchen KRL von 50–76 mm (Mittelwert 60 mm), für Weibchen von 50–110 mm (Mittelwert 65,7 mm). SPIGONARDI et al. (2012) untersuchten 30 Männchen und 15 Weibchen von der Insel São Jorge (Azoren), hier waren die Männchen im arithmetischen Mittel ± Standardabweichung 52,6 ± 1,57 mm lang und 24,9 ± 1,66 g schwer; für die Weibchen betrugen die entsprechenden Werte 58,1 ± 3,85 mm und 30,1 ± 5,85 g. Die Maximalwerte dieser Stichprobe werden für Weibchen mit 86 mm und 79 g angegeben.

Ein im Freilandterrarium gehaltenes Weibchen, das ursprünglich aus dem Ebro-Delta stammte, erreichte nach 8 Jahren eine KRL von ca. 78 mm (HOTZ et al. 1994). Das bisher größte Weibchen hatte eine KRL von 150 mm (SALVADOR 1985, SERRA 1985). Im Vergleich zum südlichen Teil der Iberischen Halbinsel werden die im Norden lebenden Tiere offensichtlich größer und schwerer (Übersicht bei EGEA-SERRANO 2014).

Äußere Merkmale: Äußerlich sichtbare, *perezi*-spezifische Merkmale wurden bisher nicht beschrieben. Differenzierungen zwischen *P. perezi* und einzelnen Wasserfroscharten bzw. -formen sind jedoch auf der Grundlage morphometrischer Indizes möglich. So eignen sich bestimmte der in Tab. 1 aufgeführten Parameter zur Differenzierung zwischen *P. perezi* und dem in Südwesten Frankreichs und Nordosten Spaniens sympatrisch verbreiteten *Pelophylax grafi* (vgl. CROCHET et al. 1995). Die höchste Trennschärfe liefern Indizes, die auf Messungen am Munddach (Abb. 6) zurückgehen, insbesondere die Indizes IV/IC, IV/KRL und IV/VRL. Solche Messungen sind am lebenden Tier nicht durchführbar, bei den anderen Indizes treten mehr oder weniger große Überlappungen zwischen den *perezi*- und *grafi*-spezifischen Werten auf, sodass ihr diagnostischer Wert eingeschränkt ist. Das Gleiche gilt für die von LODÉ und PAGANO (2000) berechneten morphometrischen Indizes, die für *P. perezi*-Männchen (N = 18) folgende Werte aufwiesen: KRL/TL = 1,79 (TL: Länge der Tibia); KRL/CIL = 17,51 (CIL: Länge des Callus internus); TL/CIL = 9,80; TL/CIH = 28,31 (CIH: Höhe des CI); DPL/CIL = 2,59 (DPL: Länge des Digitus primus) und DPL/CIH = 7,71.

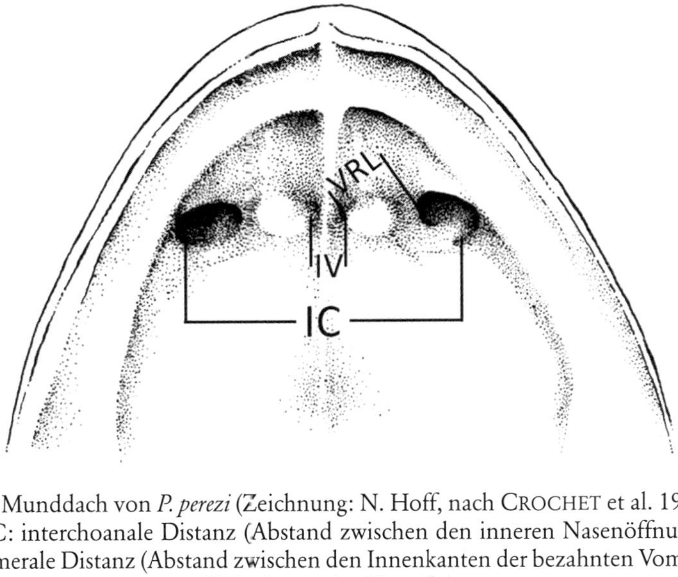

Abb. 6: Munddach von *P. perezi* (Zeichnung: N. Hoff, nach CROCHET et al. 1995, verändert). IC: interchoanale Distanz (Abstand zwischen den inneren Nasenöffnungen), IV: intervomerale Distanz (Abstand zwischen den Innenkanten der bezahnten Vomerleisten), VRL Länge der Vomerleisten.

Tab. 1: Morphometrische Parameter (arithmetisches Mittel ± Standardabweichung, Minimum–Maximum), die zur Differenzierung zwischen *P. perezi* und *P. grafi* genutzt werden können (nach CROCHET et al. 1995). AA: Abstand zwischen den hinteren Augenrändern, ATA: Abstand zwischen Trommelfell und hinterem Augenrand, IC: interchoanale Distanz (Abstand zwischen den inneren Nasenöffnungen), IV: intervomerale Distanz (Abstand zwischen den Innenkanten der bezahnten Vomerleisten), KRL: Kopf-Rumpf-Länge, NA: Abstand zwischen den Nasenlöchern, TD: Durchmesser des Trommelfells, VRL: Länge der Vomerleisten, N: Stichprobenumfang.

Parameter	***P. perezi*** **(N = 13)**	***P. grafi*** **(N = 8)**
AA/KRL	0,236 ± 0,021 0,192 – 0,268	0,314 ± 0,017 0,179 – 0,230
ATA/KRL	0,034 ± 0,011 0,021 – 0,049	0,050 ± 0,006 0,044 – 0,059
IC/KRL	0,099 ± 0,010 0,082 – 0,115	0,086 ± 0,007 0,071 – 0,097
IV/IC	0,11 ± 0,03 0,066 – 0,171	0,03 ± 0,02 0,013 – 0,060
IV/KRL	0,011 ± 0,004 0,006 – 0,018	0,008 ± 0,004 0,003 – 0,016
IV/VRL	0,346 ± 0,139 0,192 – 0,692	0,008 ± 0,004 0,003 – 0,016
NA/KRL	0,069 ± 0,009 0,053 – 0,084	0,058 ± 0,007 0,046 – 0,069
TD/ATA	2,86 ± 0,71 1,79 – 4,25	2,16 ± 0,21 1,83 – 2,39
TD/KRL	0,091 ± 0,008 0,081 – 0,108	0,106 ± 0,005 0,099 – 0,111
TD/NA	1,34 ± 0,30 1,0 – 2,0	1,86 ± 0,19 1,61 – 2,22
VRL/IC	0,34 ± 0,07 0,246 – 0,480	0,43 ± 0,04 0,365 – 0,482
VRL/KRL	0,047 ± 0,018 0,026 – 0,073	0,080 ± 0,023 0,057 – 0,132

Färbung: Die Färbung des Iberischen Wasserfroschs ist sehr variabel. Die Oberseite ist in der Regel grün, kann aber auch grau oder braun gefärbt sein. Häufig sind unregelmäßig geformte, dunkelbraune oder schwärzliche Pigmentflecken von unterschiedlicher Größe sichtbar (Farbtafel 1). Ein hellgrüner, gelblicher oder weißer Dorsalstreifen ist bei einem großen Teil der Tiere ausgeprägt (vgl. DUBOIS 1979). Die Flanken sind schwarz gesprenkelt, die Unterseite ist weißlich gefärbt und oft von grauen, in Ausdehnung und Form sehr variablen Flecken durchsetzt, die mitunter netzförmig miteinander verbunden sind. Exemplare mit rein weißen Unterseiten treten ebenfalls auf. Die Iris ist gold- bis bronzefarben und von schwarzer Äderung durchzogen. Das Trommelfell ist braun gefärbt, ebenfalls die dorsolateralen Hautfalten. Die Schallblasen der Männchen sind grau (EGEA-SERRANO 2014 und darin zitierte Literatur).

Schädel und Postcranialskelett: siehe Kapitel „Anatomie europäischer Wasserfrösche (Schädel und Postcranialskelett)".

Molekulare Merkmale: Auf der Basis molekularer Marker kann *P. perezi* eindeutig von den anderen westpaläarktischen Wasserfroscharten und Hybridformen unterschieden werden. Artspezifische Charakteristika wurden sowohl in der DNA (PLÖTNER 1998, PLÖTNER und OHST 2001, OHST 2008, PLÖTNER et al. 2009, 2012, AKIN et al. 2010b) als auch bei bestimmten Enzymen gefunden (GRAF et al. 1977, ARANO et al 1994, BEERLI 1994, BUCKLEY et al. 1994, ARANO und LLORENTE 1995, BEERLI et al. 1996, SCHMELLER 1999, LODÉ und PAGANO 2000).

Bereits die erste Untersuchung der Serumalbumine von *P. perezi*, *P. ridibundus* und *Pelophylax lessonae* ergab klare artspezifische Differenzen in der elektrophoretischen Mobilität der Allelprodukte des Serumalbumingens (TUNNER und UZZELL 1974). Später konnte UZZELL (1982a) auf der Grundlage von Mikrokomplementfixationstests zeigen, dass zwischen den Serumalbuminen von *P. perezi* und *Pelophylax saharicus* eine geringere immunologische Distanz besteht als zwischen denen von *P. perezi* und *P. ridibundus* bzw. *P. perezi* und *P. lessonae*. Darüber hinaus sprachen die Ergebnisse dieser Untersuchung für ein Schwestergruppenverhältnis von *P. perezi* und den in Nordafrika lebenden Wasserfröschen der *P. saharicus*-Gruppe. Diese Hypothese wurde später durch DNA-Sequenzanalysen verschiedener mitochondrialer Gene und des 1. Introns des Serumalbumingens unterstützt (LYMBERAKIS et al. 2007, PLÖTNER et al. 2009, 2012, AKIN et al. 2010b), erste Ergebnisse von Restriction-Site-Associated-DNA-Analysen (MAZEPA, unveröff.) sprechen ebenfalls für ein Schwestergruppenverhältnis zwischen *P. perezi* und den Formen der *saharicus*-Gruppe (siehe Kapitel „Der westpaläarktische Wasserfroschkomplex – Artbildung, Arten und verwandtschaftliche Beziehungen").

Pelophylax perezi weist eine vergleichsweise große genetische Variabilität auf, nördlich der Pyrenäen ist diese geringer als auf der Iberischen Halbinsel (HOTZ et al. 1994). Auch die von ROSA (1995) durchgeführten elektrophoretischen Untersuchungen an portugiesischen Fröschen deckten eine sehr hohe genetische Vielfalt auf: besonders ausgeprägt waren die Unterschiede zwischen Populationen nördlich und südlich des Rio Tejo.

Karyotyp: 2n = 26 Chromosomen (HERRERO et al. 1995).

Wie bei allen westpaläarktischen Wasserfröschen sind die mitotischen Metaphasechromosomen zweiarmig, Chromosomenpaar X besitzt an den langen Armen eine sekundäre Einschnürung (HERRERO et al. 1995).

Mittels DNase I/In-situ-Nick-Translation, einer Methode zur internen Markierung von DNA, konnten HERRERO et al. (l. c.) zeigen, dass DNase I-hypersensitive Orte nicht gleichmäßig über die Chromosomen verteilt, sondern in den distalen Regionen konzentriert sind. Neben diesen Regionen waren auch die Nucleolus-organisierenden Regionen (NOR) von Chromosomenpaar X hypersensitiv gegenüber DNase I.

Kurze, sich tandemartig wiederholende repetitive Sequenzen aus der *Rana*/Pol III-Familie repräsentieren nach BUCCI et al. (1999) lediglich 1 % des *perezi*-Genoms. Neben *Rana*/Pol III-Elementen konnten CASOLA et al. (2004) disperse repetitive Elemente aus der *RlBam*HI-Familie nachweisen, die Sequenzähnlichkeiten zur Transposase von hAT-DNA-Transposons zeigten. *RlBam*HI-Elemente sind ungleichmäßig über die Chromosomen verteilt und nehmen nach Schätzungen, die auf der Grundlage von Dot-Blot-Hybridisierungen erfolgten, etwas 10 % des *perezi*-Genoms ein.

Merkmalsvariation. Geschlechts- und Altersdimorphismus: Ein Geschlechtsdimorphismus ist deutlich ausgeprägt: Die Männchen sind kleiner als die Weibchen (s. o.), besitzen Schallblasen und haben während der Paarungszeit schwärzliche Schwielen an der Innenseite des ersten Fingers (DOCAMPO und MILAGROSA-VEGA 1988, REAL und ANTÚNEZ 1991, SALVADOR und GARCÍA-PARÍS 2001, GARCÍA-PARÍS et al. 2004, DÍAZ-PANIAGUA et al. 2005).

Geografische und ökologische Variation: *Pelophylax perezi* ist bezüglich seiner Zeichnung und Färbung ausgesprochen variabel (BARBADILLO et al. 1999, GARCÍA-PARÍS et al. 2004, MALKMUS 2004a, CALDAS 2010). Einen ausgeprägten Farbpolymorphismus konnte MALKMUS (1985) in der Serra da Estrela (Portugal) beobachten. Während im Lagoa dos Cântaros (1 640 m ü. NHN) sehr dunkle Individuen vorkamen, fand der Autor in einem kleinen Stauteich oberhalb des Vale de Rossim (1 550 m ü. NHN) lichtbraune, fast zeichnungslose Exemplare. In den Comprida-Seen (1 650 m ü. NHN) traten dagegen vor allem meist sehr dunkle Exemplare mit hellgrünem Dorsalstreifen auf. Auf Mallorca besaßen je nach Population zwischen 20 und 30 % der Frösche einen Dorsalstreifen (HEMMER und KADEL 1980). Über lavagraue Individuen, die keinerlei Grünanteil besaßen und farblich optimal an das vulkanische Substrat angepasst waren, auf dem sie saßen, berichtet MALKMUS (2009). Bei drei Tieren war eine weißliche Dorsallinie erkennbar, bei einem vierten Tier fehlte diese.

Morphologische (selektive) Anpassungen unter dem Einfluss von Fressfeinden, wie Veränderungen bestimmter Körperproportionen und breitere Flossensäume, wurden bei Kaulquappen beobachtet (GÓMEZ-MESTRE und DÍAZ-PANIAGUA 2011, NUNES et al. 2014). BURGHELEA et al. (2013) konnten nachweisen, dass die fluktuierende Asymmetrie bestimmter Knochen sowohl bei juvenilen als auch bei adulten Fröschen, die in Reisfeldern lebten, signifikant größer war als bei Tieren, die weitgehend unbelastete Wasserspeicher besiedelten.

Anomalien: LUIS und BÁEZ (1987) fanden auf den Kanarischen Inseln ein männliches Tier mit drei linken Vorderextremitäten. GARCÍA und MATEOS (2010) berichten über Polydaktylie (im konkreten Fall einen zusätzlichen Finger an der rechten Hand) bei einem Tier aus Zentralspanien (Provinz Salamanca). Fehlbildungen des Skeletts als Folge experimenteller Insektizidbehandlungen beschreiben ÁLVAREZ et al. (1995). Bei Metamorphoslingen, die als Larven in 20-l-Fiberglastanks gehalten wurden, beobachteten MARTÍNEZ et al. (1992) verschiedene Malformationen, z.B. S-förmige Verkrümmungen des Schwanzes, Fehlbildungen der Wirbelsäule (vor allem Skoliose) und Versteifungen eines oder beider Hinterbeine. Sowohl die Temperatur, unter der die Larven im Labor aufgezogen wurden, als auch die Art und Zusammensetzung der verabreichten Nahrung während der Larvalentwicklung beeinflussten die Häufigkeit skelettaler Missbildungen. So war bei Verwendung eines handelsüblichen Forellenfutters ein signifikanter Anstieg deformierter Individuen von 10,7 % bei 19/22 °C auf 44,2 % bei 22/25 °C zu verzeichnen. Bei Verabreichung von Frischfutter, wie verschiedenen Mischungen aus gekochtem Gemüse (Salat, Möhren) und Kalbsleber, wurden dagegen keine Malformationen festgestellt. MARTÍNEZ et al. (1996) beobachteten, dass bei geringeren Larvendichten deutlich mehr Missbildungen auftraten als bei höheren. Da Larven bei geringen Dichten auch schneller wachsen, besteht offensichtlich ein direkter Zusammenhang zwischen Wachstums- und Missbildungsrate.

Farbanomalien, insbesondere Albinismus, wurden mehrfach dokumentiert und betrafen sowohl Larven als auch metamorphosierte Tiere (RENOM 1995, RIVERA et al. 2001, PABIJAN et al. 2004, AGUILAR et al. 2011, JIMÉNEZ-CAZALLA 2011). Blau gefärbte Frösche sind aus der Region Barcelona (MARTINEZ-SILVESTRE et al. 2016), der Provinz Huelva (GONZÁLEZ DE LA VEGA 1994) und von der Laguna de Cospeito (Lugo) (RIVERA et al. 2001) bekannt. Über atypisch gefärbte Individuen von Madeira berichtet MALKMUS (1997a). Diese waren in der Leistengegend und auf der Rückseite der Oberschenkel gelb gefleckt, ein Merkmal, das für *P. lessonae* und *Pelophylax esculentus* charakteristisch ist.

Verbreitung. Terra typica: bei La Coruña (43°22'N, 08°23'W), Galizien, Spanien.

Verbreitungsgebiet: Dank seiner hohen ökologischen Potenz besiedelt *P. perezi* die Iberische Halbinsel in Abhängigkeit von der Präsenz geeigneter Gewässer nahezu lückenlos (Übersicht bei EGEA-SERRANO 2014, Abb. 7). Neben Portugal und Spanien, wo die Art mit Ausnahme der Hochgebirge und einiger Regionen in Santander und Asturien flächendeckend verbreitet ist, kommt sie auch in Südfrankreich vor. Die östlichsten Vorkommen befinden sich in der Camargue am Golf von Lyon. An der französischen Atlantikküste dringt *P. perezi* bis in Höhe des 47. Breitengrades vor (HOTZ et al. 1994, GARCÍA-PARÍS 1997, SCHMELLER 1999, PAGANO et al. 2001a, b, GENIEZ et al. 2012). Die Verbreitung in Südfrankreich scheint ein Ergebnis der Sensitivität gegenüber kalter Winter zu sein und fällt mit den Grenzen der mediterranen und ozeanischen Klimate zusammen (PAGANO et al. 2001a, b). In Portugal erreicht die Art die ozeannahen Bereiche nur an wenigen Stellen (MALKMUS 1991, 1995, 2004a). Bereits BOETTGER (1879) erwähnt ihr Vorkommen bei Tavira (Algarve) „in einer Wiese nur 2 m über dem Meer" und MALKMUS (2011) fand Larven in einem Quelltopf, nur wenige Meter über der Flutlinie des Ozeans, 100 m vom Litoral entfernt bei Praia de Monte Clérigo (SW-Portugal).

Ursprünglich wurde vermutet, dass *P. perezi* auch in Nordafrika vorkommt (UZZELL 1978, STEINWARZ und SCHNEIDER 1991). Alle bisher gewonnenen genetischen Daten (BEERLI 1994, BUCKLEY et al. 1994, ARANO et al. 1998, PLÖTNER 1998, PLÖTNER und OHST 2001, OHST 2001, HARRIS et al. 2003, PLÖTNER et

Abb. 7: Verbreitungsgebiet des Iberischen Wasserfroschs (*Pelophylax perezi*). Karte: D. Jablonski.

al. 2009, 2012, NICOLAS et al. 2015) sprechen jedoch zweifelsfrei gegen *P. perezi*-Vorkommen in Nordafrika.

Höhenverbreitung: Die Grenze der Vertikalverbreitung von *P. perezi* liegt bei ca. 2000 m ü. NHN (vgl. PARIS und MARTIN 1987), die meisten Vorkommen liegen jedoch deutlich unter 1000 m ü. NHN. MALKMUS (1995) gibt für Portugal den höchsten Fundort in der Serra da Estrela mit 1860 m ü. NHN an. In Spanien wurde die Art in der Sierra de Guadarrama in einer Höhe von 1990 m (MORALES et al. 2002), in der Sierra de Gredos in 2150 m Höhe (LIZANA et al. 1988) und in den Alberquillas de Pórtugos (Sierra Nevada, Provinz Granada) in einer Höhe von 2380 m ü. NHN gefunden (FERNÁNDEZ-CARDENETE et al. 2000). Auf Tenerife ist *P. perezi* bis auf 1600 m ü. NHN verbreitet (VOGGENREITER 1985); auf Madeira wurden Tiere auf dem Plateau Paúl da Serra bis in eine Höhe von 1500 m ü. NHN gefunden (MALKMUS 2009). In Frankreich erreicht die Art wahrscheinlich nur 600 m ü. NHN (GENIEZ et al. 2012).

Allochthone Populationen: Allochthone Populationen des Iberischen Wasserfroschs wurden auf den zur makaronesischen Region gehörenden atlantischen Inselgruppen der Kanaren und Azoren (São Miguel, Faial, Terceira, Flores, Pico, São Jorge und Santa Maria) sowie auf dem Madeira-Archipel (Madeira, Porto Santo) gefunden (BERTIN 1946, SARMENTO 1948, MALKMUS 1984, 1995, 1997a, 2011, RIBEIRO 2008). Auf den Felseilanden der Desertas und den zwischen Madeira und den Kanaren liegenden Selvagens fehlt die Art (vgl. MALKMUS 1997a).

Von den Kanarischen Inseln besiedelt *P. perezi* Gran Canaria, Tenerife, Gomera, El Hierro und La Palma. Historische Nachweise existieren von Lanzarote und Fuerteventura (KLEMMER 1976, MALKMUS 1997a), auf diesen Inseln kommt *P. perezi* offensichtlich nicht mehr vor. Fraglich ist ebenfalls, ob gegenwärtig noch *P. perezi*-Populationen auf Gomera und El Hierro existieren (vgl. BISCHOFF 1985, MATEO et al. 2011). Die auf den Balearen und Pityusen lebenden Individuen sollen ebenfalls eingebürgert worden sein (HEMMER und KADEL 1980, SERRA 1985, GARCÍA-PARÍS et al. 2004, MATEO et al. 2011, EGEA-SERRANO 2015), es ist jedoch keineswegs sicher, ob diese Populationen tatsächlich allochthonen Ursprungs sind (vgl. MALKMUS 2002). Jungen Datums dürfte die Etablierung einiger *P. perezi*-Populationen in RSPR-Reservaten (Royal Society for the Protection of Birds) im Süden Englands sein, z. B. im Sheppey Reserve (North Kent) und Newdigate Reserve (Surrey) (WYCHERLEY et al. 2003).

Ökologie. Habitat: *Pelophylax perezi* hält sich ganzjährig in oder an Gewässern auf, in der Regel entfernt sich die Art nicht weiter als ca. 5 m vom Gewässerrand (LIZANA et al. 1989). Bezüglich seiner Umweltansprüche und speziell seines Habitats weist *P. perezi* eine enorme Plastizität auf und zählt zu den Erstbesiedlern von Lebensräumen, die erst durch menschliche Aktivitäten geschaffen wurden (GALÁN 1997a). In Spanien besiedelt er die unterschiedlichsten Gewässertypen wie Seen, Tümpel und Teiche, Flussufer, Kanäle, Sümpfe und langsam fließende Bäche. Selbst temporäre Gewässer und „künstliche" Habitate wie Viehtränken, Brunnen oder Wasserspeicher werden als Lebensraum genutzt (HEMMER und KADEL 1980, GONZÁLEZ DE LA VEGA 1988, BARBADILLO et al. 1999, SCHMELLER 1999, JAKOB et al. 2003, GARCÍA-PARÍS et al. 2004). In der Region Murcia (Südost-Spanien) konnte *P. perezi* beispielsweise in temporären Gewässern nachgewiesen werden, die sich auf Farmland befanden; in ca. 30 % der untersuchten Gewässer lebten hier Iberische Wasserfrösche (VERDIELL-CUBEDO 2012).

Stark eutrophierte Gewässer werden ebenfalls besiedelt (LACOMBA und SANCHO 1999, LLORENTE et al. 2002, MERCHAN et al. 2002). In Zentral-Monegros (Nordost-Spanien) dienen u. a. überflutete Reisfelder von Mai bis September als Lebensraum und Reproduktionsstätte, mit dem Trockenfallen der Felder suchen die Tiere Bewässerungskanäle und Gräben auf, wo sie die restliche Jahreszeit verbringen (BURGHELEA et al. 2013). Experimentell konnte gezeigt werden, dass selbst Metamorphoslinge eine hohe Toleranz gegenüber stickstoffhaltigen Verbindungen aufweisen, wie sie in Kunstdüngern verwendet werden (EGEA-SERRANO et al. 2008).

Bewässerungstanks und -bassins werden ebenfalls zur Fortpflanzung genutzt (KLEMMER 1976, HEMMER und KADEL 1980). Auf den Balearen wiesen Becken mit individuenstarken Populationen in der Regel ausgedehnte schwimmende Algenmatten und -filze auf, die als Ruhe- und Lauerplätze dienten (HEMMER und KADEL 1980). Leitfähigkeitsmessungen in einigen mit Fröschen besetzten Becken ergaben Salzgehalte zwischen 1,1 und 1,3 ‰ (1,3 g/l). Offensichtlich toleriert *P. perezi* auch Salzgehalte >3 ‰ und kann sich in Brackwasser sogar fortpflanzen (SILLERO und RIBEIRO 2010). Anpassungen an ein Leben in Habitaten mit höheren Salzgehalten spiegeln sich im Mikrobiom der Haut wider (COSTA et al. 2016).

Auch in Portugal besiedelt *P. perezi* nahezu alle Gewässertypen (s. o.), er meidet lediglich schnellfließende kolkfreie Bäche und Gewässer innerhalb geschlossener Hochmacchien, dichter Wälder, Galeriewaldstreifen entlang von Bächen und Flüssen und Eukalyptus-Monokulturen. Temporäre Pfützen und Felsküvetten werden ebenso besiedelt wie großflächige Talsperren. Selbst in anthropogen erheblich belasteten Gewässern und denaturierten Flusssegmenten innerhalb von Städten kommt die Art vor (MALKMUS 1995, 1997a, b, 1999, 2002, 2004a, MALKMUS und SCHWARZER 2000). Individuenstarke Populationen besiedeln die Bewässerungssysteme von Reisfeldern, die Uferbereiche von Fließgewässern (besonders buchtenreiche und langsam fließende Abschnitte), glaziale Kleinseen, Tümpel, Gewässer in Lehm-, Sand- und Kiesgruben sowie Steinbrüche, Kraterseen auf den Azoren, Quelltöpfe in Karstgewässern sowie unterschiedliche

Nutzgewässer in der Kulturlandschaft wie Dorfteiche, Brunnen, Viehtränken und Bewässerungsgräben (MALKMUS 1982a, 1995, 2002, 2004a, b, 2005, RIBEIRO 2008, MALKMUS und LOUREIRO 2012, MALKMUS et al. 2015). In 65 % von 1 500 untersuchten Ziehbrunnen (Cegonhas) war *P. perezi* präsent (MALKMUS 1982b).

Auf den Azoren (Ribeira Quente bei Furnas/São Miguel) fand MALKMUS (2002) Iberische Wasserfrösche in warmen Quellen bei Wassertemperaturen bis 32,5 °C. Auf Madeira und den felsigen Hochwasserterrassen des Rio Guadiana, Rio Beça und Rio Alviela werden auch vegetationslose Felsenbecken und Strudeltöpfe zum Laichen genutzt (MALKMUS 2002, 2005, 2009). Erwähnenswert ist das Vorkommen einer kleinen Population bei den Schwefelquellen „Furnas do Enxofre" auf Terceira (SCHIELZETH 1991).

Im Gegensatz zu anderen Amphibienarten tritt *P. perezi* auch in Gewässern auf, in denen Fische leben (MARTÍNEZ-SOLANO et al. 2003). Experimentell konnten GONZALO et al. (2006) zeigen, dass juvenile Individuen in der Lage sind, die Anwesenheit von Fressfeinden (im konkreten Fall *Natrix maura*) über im Wasser gelöste Stoffe festzustellen. Die Tiere verbrachten signifikant weniger Zeit in Behältern, die Wasser mit Prädator-spezifischen Geruchsstoffen enthielten, im Vergleich zu Behältern, die mit „sauberem" Wasser gefüllt waren.

Da sich Iberische Wasserfrösche immer an Gewässerufern oder in der Nähe von Gewässern aufhalten, spielen terrestrische Habitate nur eine untergeordnete Rolle im Lebenszyklus von *P. perezi*. Auf landwirtschaftlich genutzten Flächen ist die Art zu finden, sofern geeignete Gewässer vorhanden sind.

Winterquartiere: Über die Winterquartiere ist nichts bekannt. Aufgrund seiner engen Gewässerbindung kann davon ausgegangen werden, dass *P. perezi* im Gewässer überwintert (DUGUET und MELKI 2003).

Nahrung: Die Nahrungsaufnahme erfolgt sowohl am Land als auch im Wasser. Bezüglich des Nahrungsspektrums ist *P. perezi* ein Generalist, gefressen wird alles, was überwältigt werden kann (BURGHELEA et al. 2010). Die Größe der Beutetiere korreliert mit der Körpergröße der Frösche, der gebietsspezifischen Präsenz und dem jahreszeitlichen Aktivitätsrhythmus der Beute (ANASTÁCIO und FERRAND D' ALMEIDA 1995). Insekten, insbesondere Dipteren, Coleopteren, Heteropteren und Hymenopteren (darunter auch Ameisen), bilden den Hauptbestandteil der Nahrung (Tab. 2). Darüber hinaus werden Asseln, Wanzen, Spinnentiere, Schmetterlinge und deren Larven, Zweiflügler (z. B. Fliegen und deren Maden), Ohrwürmer, Schnecken (Stylommatophora) und Tausendfüßer gefressen (HERNÁNDEZ und SEVA 1985, LIZANA et al. 1986, DOCAMPO und MILAGROSA-VEGA 1990, HODAR et al. 1990, BEA et al. 1994, ANASTÁCIO und FERRAND D' ALMEIDA 1995, GARCÍA-PARÍS et al. 2004, BURGHELEA et al. 2010). Als Lauerjäger hält sich *P. perezi* häufig auf dichten Schwimmblattpolstern des Wasserhahnenfußes (*Ranunculus peltatus*) auf, um Kleinlibellen (*Calopteryx haemorrhoidalis, Pyrrhosoma nymphula, Erythromma lindenii*) zu erbeuten (MALKMUS et al. 2015). Auch Wirbeltiere gehören zum Beutespektrum; Fische (z. B. *Squalius cephalus*, HODAR et al. 1990) ebenso wie Amphibien (*Rana iberica*, LIZANA et al. 1986; *Discoglossus pictus*, BARRIO 1991; *Alytes muletensis*, ROMÁN und MAYOL 1995, *Hyla meridionalis*, DÍAZ-PANIAGUA et al. 2005, PUJOL-BUXÓ 2014), Reptilien (*Timon lepidus*, LIZANA et al. 1986; *Gallotia galloti*, NOGALES et al. 1989) und Vögel (*Passer domesticus, Melanocorypha calandra*, BARRIO 1991, EGEA-SERRANO 2014). Vom Verzehr einer toten Fledermaus (*Pipistrellus* sp.) berichten CAMPRODON et al. (1999). Kannibalismus wurde ebenfalls beobachtet (GALÁN und FERNÁNDEZ-ARIAS 1993, SALVADOR und GARCÍA-PARÍS 2001, KREMER 2010). Mitunter werden mit der Beute auch Pflanzen (z. B. Fadenalgen) und kleine (<10 mm) Steine aufgenommen (DOCAMPO und MILAGROSA-VEGA 1990, HODAR et al. 1990). In vier untersuchten Froschmägen fanden HODAR et al. (1990) Froschhautreste, die offensichtlich von der letzten Häutung stammten.

Pelophylax perezi-Larven ernähren sich überwiegend von Algen und Detritus, sie nehmen ihre Nahrung hauptsächlich vom Gewässerboden auf (DÍAZ-PANIAGUA 1985). In temporären Gewässern zeigte der größte Teil der Individuen (ca. 80 %) eine Präferenz für Bereiche mit submerser Vegetation (DÍAZ-PANIAGUA 1987). Experimentell konnte gezeigt werden, dass Kaulquappen bei Anwesenheit

Tab. 2: Anteile dreier Insektengruppen in der Nahrung von *P. perezi* in verschiedenen Gebieten Spaniens. k. A.: keine Angaben.

Gebiet	Untersuchungs-zeitraum	Nahrung (%)			Referenz
		Formicidae	Diptera	Coleoptera	
Bizkaia	Herbst	1,0	16,0	1,8	DOCAMPO und MILAGROSA-VEGA (1990)
Monegros	Juli–September	7,3	71,3	9,8	BURGHELEA et al. (2010)
Girona	k. A.	k. A.	6,7	49,2	BEA et al. (1994)
Salamanca	Juli–September	14,0	31,0	18,3	LIZANA et al. (1986)
Aveiro	Februar–April	28,5	9,2	7,5	ANASTÁCIO und FERRAND D‘ ALMEIDA (1995)
Alicante	Sommer, Herbst	17,4	–	–	HERNÁNDEZ und SEVA (1985)
Granada	März–Oktober	19,0	17,0	21,4	HODAR et al. (1990)

von *Procambarus clarkii* weniger Detritus, dafür aber mehr Makrophyten konsumieren (CAUT et al. 2013).

Herpetozönose: Aufgrund seiner hohen ökologischen Plastizität kann *P. perezi* mit fast allen sympatrisch verbreiteten Schwanz- und Froschlurchen vergesellschaftet sein, so z. B. mit *Pleurodeles waltl*, *Lissotriton boscai*, *Lissotriton helveticus*, *Triturus marmoratus*, *Triturus pygmaeus*, *Salamandra salamandra*, *Alytes cisternasii*, *Alytes dickhilleni*, *Alytes obstetricans*, *Bufo spinosus*, *Epidalea calamita*, *Discoglossus jeanneae*, *Discoglossus pictus*, *Pelobates cultripes*, *Pelodytes ibericus*, *Pelodytes punctatus*, *Hyla moelleri* und *Hyla meridionalis* (MALKMUS 1995, 2004a, MALKMUS und LOUREIRO 2012, MALKMUS und SCHWARZER 2000, SCHOUTEN 1985, JAKOB et al. 1998, 2003; Übersicht bei EGEA-SERRANO 2014). Auf den Kanarischen Inseln kommt die Art häufig mit *H. meridionalis* im gleichen Lebensraum vor (BÁEZ und LUIS 1994). In portugiesischen Brunnen war *P. perezi* mit folgenden Arten vergesellschaftet: *Lissotriton boscai*, *T. marmoratus*, *S. salamandra*, *A. cisternasii*, *A. obstetricans*, *Chioglossa lusitanica*, *B. spinosus* und *Rana iberica* (MALKMUS 1982b). Herpetozönosen mit *P. waltl*, *E. calamita* und *H. meridionalis* wurden aus dem Transguadianaland (Portugal) beschrieben (MALKMUS 1997b).

Im Norden der Iberischen Halbinsel und in Südfrankreich bildet *P. perezi* oft Mischpopulationen mit Grafs Hybridfrosch, *Pelophylax grafi* (HOTZ et al. 1994, ARANO und LLORENTE 1995, PAGANO et al. 2001a, b). Im Garonne-Becken (Südwest-Frankreich) überlappen die Verbreitungsgebiete von *P. perezi*, *P. lessonae* und *P. esculentus* (PAGANO et al. 2001a, b). In der Camargue (Süd-Frankreich) fand SCHMELLER (1999) ein Gewässer, in dem *P. perezi* gemeinsam mit *P. ridibundus*, *P. lessonae*, *P. grafi* und *P. esculentus* vorkam, in 45 % der untersuchten Gewässer konnte neben *P. perezi* jedoch nur die Hybridform *P. grafi* nachgewiesen werden.

Feinde, Parasiten und Krankheiten: Der Iberische Wasserfrosch gehört zum Beutespektrum von Amphibien, u. a. der eigenen Art (RIVAS 1982, HODAR et al. 1990, DÍAZ-PANIAGUA et al. 2007), Reptilien, insbesondere *Natrix maura* (HEMMER und KADEL 1980, PLEGUEZUELOS und MORENO 1989, SANTOS und LLORENTE 1998, SANTOS et al. 2000), Vögeln (*Ardea purpurea*, *Ardea cinerea*, SCHOUTEN 1985; *Athene noctua*, MÁÑEZ 1983; *Bubulcus ibis*, MATEOS und LÁZARO 1986; *Gelochelidon nilotica*, COSTA 1984; *Ciconia ciconia*, *Elanius caeruleus*, *Falco naumanni*, *Milvus milvus*, DÍAZ-PANIAGUA et al. 2007; *Milvus migrans*, DELIBES 1975; *Plegadis falcinellus*, *Rallus aquaticus*, DÍAZ-PANIAGUA et al. 2007; *Tyto alba*, CALDERÓN und COLLADO 1976) und Säugetieren (*Vulpes vulpes*, *Lutra lutra*, *Mustela vison*, *Herpestes ichneumon*, DELIBES et al. 1984, ADRIAN und DELIBES 1987, BUENO-TENA 1994, CLAVERO et al. 2005; *Rattus norvegicus*, VALVERDE 1967; *Sus scrofa*, GARZÓN et al. 1984; *Meles meles*, MARTÍN FRANQUELO 1984; *Genetta genetta*, PALOMARES und DELIBES 1991).

Auch Wirbellosen dient *P. perezi* als Nahrung, neben Eiern und Larven fallen mitunter auch Jungtiere Invertebraten zum Opfer. So berichtet GONZÁLEZ DE LA VEGA (2007), dass ein juveniler *P. perezi* von einem Feldskorpion (*Buthus occitanus*) erbeutet wurde. TORRALBA BURRIAL und OCHARAN (2004) beobachteten, wie *Anax imperator*-Larven junge *P. perezi* erbeuteten bzw. deren Gliedmaßen abbissen.

Die Larven des Iberischen Wasserfroschs werden gern von Spanischen Rippenmolchen (*P. waltl*) erbeutet (SANTOS et al. 1986) und von verschiedenen Reptilienarten (*Natrix maura*, *Mauremys* spp., *Emys orbicularis*) gefressen (SANTOS und LLORENTE 1998, SANTOS et al. 2000, GÓMEZ-MESTRE und KELLER 2003). Als Prädatoren der Larven wurden in madeirensischen Bächen auch Schwimmkäfer (Dytiscidae, Hydrophilidae) und Larven der Heidelibelle (*Sympetrum nigrifemur*) beobachtet. In Aquarienhaltung bewältigten diese Libellenlarven nur Quappen früher Gosner-Stadien (<25); ältere Quappen wurden zwar attackiert, ihnen aber nur gelegentlich Teile aus der Schwanzflosse gebissen (MALKMUS 2009).

Ein erheblicher Prädationsdruck geht von eingeschleppten Fischen (*Gambusia affinis*, *Gambusia holbrooki*, *Cichlasoma facetum*, *Lepomis gibbosus*, *Micropterus salmoides*, *Carassius auratus*) und besonders dem Sumpfkrebs *Procambarus clarkii* aus (GALÁN 1997b, REBELO et al. 2002, MALKMUS 2006, CRUZ und REBELO 2005, CRUZ et al. 2008, ARRIBAS et al. 2014). GALÁN (1997b) beobachtete durch *Gambusia*, *Carassius* und *Procambarus* ausgelöste beträchtliche Bestandsreduktionen in Gewässern Galiziens. In Zisternen auf den Balearen, die mit *Gambusia* besetzt waren, erreichten nur wenige Larven die Metamorphose (VIDAL 1966). Die Möglichkeit einer Koexistenz mit Fischen besteht in Gewässern mit hohem Strukturenreichtum. Unter allen endemischen Amphibienlarven behaupten sich die von *P. perezi* am nachhaltigsten gegen Prädationsdruck durch Fische, wie die Untersuchungen von MARTÍNEZ-SOLANO et al. (2003) nahelegen.

Die Endo- und Epizoenfauna des Iberischen Wasserfroschs ist durch eine hohe Diversität gekennzeichnet, das Spektrum reicht von Protozoen über Fadenwürmer (Nematoda), Bandwürmer (Cestodes) bis hin zu Saugwürmern (Trematoda) (Tab. 3). Endozoennachweise gelangen im Dickdarm, in der Lunge, der Harnblase und in den Muskeln. Im Ergebnis einer Untersuchung, in die 352 adulte Frösche, 39 Jungtiere und 41 Kaulquappen einbezogen wurden, konnten bei allen Tieren Protozoen nachgewiesen werden. Die Prävalenzrate der Nematoden betrug 69,0 %, die der Trematoden 27,1 %. Im Mittel war jeder Frosch mit ca. 4 Trematoden und 3 Nematoden infiziert (JIMÉNEZ et al. 2001).

Über Infektionen mit dem amphibienpathogenen Hautpilz *Batrachochytrium dendrobatidis* berichten WALKER et al. (2010) und HIDALGO-VILA et al. (2012).

Tab. 3: Spektrum der Endo- und Epizoen, die bisher bei *P. perezi* nachgewiesen wurden.

Protozoa	
Balantidium duodeni, Balantidium elongatum, Balantidium entozoon, Blastocystis enterocola, Brugerolleia algonquinensis, Cepedea dimidiata, Chilomastix caulleryi, Eimeria prevoti, Dactylosoma ranarum, Entamoeba ranarum, Giardia agilis, Hexamita intestinalis, Lankesterella minima, Monocercomonas maculatus, Nyctotheroides cordiformis, Octomitus neglectus, Opalina obtrigona, Opalina ranarum, Spironucleus elegans, Retortamonas dobelli, Rhizomastix gracilis, Tetratrichomonas prowazekii, Trichodina ranae, Trichomitus batrachorum, Tritrichomonas augusta, Tritrichomonas batrachorum, Trypanosoma loricatum, Trypanosoma rotatorium	
Cestoda	
Dipylidiidae	*Diplopylidium acanthotetra*
Nematoda	
Capillariidae	*Amphibiocapillaria costacruzi*
Cosmocericidae	*Aplectoma macintosi, Cosmocerca commutata, Cosmocerca ornata*
Onchocericidae	*Icosiella neglecta, Seuratascaris numidica*
Oxyuridae	*Neyraplectana mauritanicus*
Rhabdiasidae	*Rabhdias bufonis*
Strongyloididae	*Strongyloides mascomai*
Trichostrongylidae	*Oswaldocruzia filiformis*
Trematoda	
Capillariidae	*Capillaria costacruzi*
Cladorchiidae	*Opisthodiscus nigrivasis*
Cephalogonimidae	*Cephalogonimus europaeus, Cephalogonimus retusus*
Cosmocercidae	*Cosmocerca ornata*
Cyathocotylidae	*Szidatia joyeuxi*
Dorylaimidae	*Dorylaimus parasiticus*
Diplodiscidae	*Diplodiscus subclavatus*
Gorgoderidae	*Gorgodera amplicava, Gorgodera uzeti, Gorgodera granatensis, Gorgodera microovata, Gogoderina vitelliloba*
Haematolochidae	*Haematoloechus variegatus*
Hemiuridae	*Halipegus kessleri, Halipegus ovocaudatus*
Heterophyidae	*Massaliatrema gyrinicola*
Lecithodendriidae	*Pleurogenes claviger, Pleurogenes hepaticota, Pleurogenoides mediane, Pleurogenoides stromi, Pleurogenoides punicus, Sonsinotrema tacapense, Sonsinotrema calloti, Prosotocus fuelleborni, Prosotocus sigalasi*
Opisthorchiidae	*Ratzia parva*
Trematoda (Fortsetzung)	

Forts. der Tab. auf S. 40

Plagiorchiidae	*Haplometra cylindracea, Haematoloechus variegatus, Opisthioglyphe endoloba, Opisthioglyphe ranae, Paralepoderma brumpti, Skrjabinoeces similis, Leptophallus nigrovenosus*
Telorchiidae	*Dolichosaccus rastellus*

Quellen: CARRERA-MORO et al. (1987), HASSL und HASSL (1988), HERNÁNDEZ NEVADO et al. (1996), JIMÉNEZ et al. (2001), LLUCH et al. (1985, 1986a, b, c, d), NAVARRO und LLUCH (1991), NAVARRO et al. (1988, 1989, 1995), ROCA et al. (1984), VOJTKOVÁ und ROCA (1993, 1994, 1996).

Populationsökologie: Die Populationsdichten können in Abhängigkeit von den ökologischen Gegebenheiten (Habitattyp, Nahrungsangebot etc.) stark schwanken. Hohe Abundanzen wurden in Wasserbassins und Brunnen beobachtet. In einer sogenannten „Cegonha" mit einem Durchmesser von 3 m fand MALKMUS (1982b) 80–100 Individuen. In der sommerlichen Trockenperiode versiegen in Portugal häufig Bäche und Flüsse. In Felsbecken bleiben dann oft persistente Wasserreste (Fuamare) zurück. In einem solchen, 3 × 3 m großen Fuamarebecken in der Serra de Grândola (Alentejo) wurden 112 Individuen gezählt (MALKMUS 1995). In einem Weidetümpel (3 × 4 m) auf Santa Maria (Azoren) ermittelte MALKMUS (1984) 230 Exemplare. Auf den Balearen beherbergten Bassins mit einem Wasservolumen von 250 m² ca. 100 Individuen aller Altersstufen (HEMMER und KADEL 1980).

Das Geschlechterverhältnis ist in manchen Populationen deutlich zugunsten der Männchen verschoben und weicht damit vom Erwartungswert (1 : 1) ab. Sowohl in südfranzösischen als auch zentralspanischen *P. perezi*-Populationen wurden Werte von 4 Männchen zu 1 Weibchen ermittelt (SCHMELLER 1999, SÁNCHEZ-MONTES und MARTÍNEZ-SOLANO 2011); in León 2,6 : 1, in Galizien 1,4 : 1 (SALVADOR und GARCÍA-PARÍS 2001). Ein Vergleich der Geschlechterverhältnisse zwischen südfranzösischen Proben, die im Frühjahr und Sommer genommen wurden, ergab keine signifikanten Unterschiede, obwohl im Sommer 11 % mehr Weibchen auftraten (SCHMELLER 1999).

Iberische Wasserfrösche, die im Küstengebiet am Golf von Lyon leben, erreichen ein Alter von durchschnittlich 1,3 Jahren (SCHMELLER 1999). Die mittels Skelettochronologie durchgeführten Altersbestimmungen ergaben, dass hier nur wenige Tiere das 2. Lebensjahr vollendeten. Der überwiegende Anteil (68,6 %) der untersuchten Tiere befand sich im 1. Lebensjahr, 29,4 % der Individuen hatten das 2. und nur 2 % das 3. Lebensjahr erreicht.

Offensichtlich haben Männchen und Weibchen unterschiedliche Lebenserwartungen. In einer südwestspanischen *P. perezi*-Population (Provinz Extremadura) wurde für männliche Tiere ein Höchstalter von 4 Jahren und für weibliche von 6 Jahren ermittelt (ESTEBAN et al. 1996). In nordspanischen Populationen können Männchen 5 Jahre und Weibchen 6 Jahre alt werden (PATÓN et al. 1991). Wahrscheinlich resultiert die geringere Lebenserwartung der Männchen aus ihrem Paarungsverhalten, durch welches sie für Prädatoren leichter lokalisierbar sind als weibliche Individuen.

Reproduktion und Ontogenese. Reproduktionsperiode: Die Reproduktionsperiode des Iberischen Wasserfroschs erstreckt sich über einen relativ langen Zeitraum. Ihr Beginn und ihre Dauer sind wie bei anderen poikilothermen Organismen von klimatischen Faktoren abhängig. In Südwest-Spanien und auf den Balearen dauert sie in der Regel von Februar bis Juni, die ersten Larven können schon im April auftreten (HEMMER und KADEL 1980, DÍAZ-PANIAGUA 1988). In einzelnen Jahren kann sich die Reproduktionsperiode von März bis November erstrecken (ESTEBAN et al. 1996), entsprechend ist im ganzen Jahr mit dem Auftreten von Kaulquappen zu rechnen. Auf Madeira, den Azoren und den Kanarischen Inseln ist die Art ganzjährig aktiv (MALKMUS 1997a). In den nördlichen Verbreitungsgebieten in Frankreich ist *P. perezi* ein Spätlaicher, der sich erst im Monat Mai fortpflanzt (PAGES 1984), wobei die Reproduktionsperiode in trockenen Frühsommern noch später beginnen kann (JAKOB et al. 2003). Unbekannt ist, ob hier auch mehrere Laichperioden stattfinden.

Das Vorhandensein unterschiedlicher larvaler Entwicklungsstadien in den Bächen Madeiras weist auf eine weite zeitliche Spanne der Eiablage hin. Vermutlich handelt es sich um eine Strategie der Risikovermeidung gegenüber Verdriftung. Bei den häufigen Hochwasserereignissen finden die Larven keinen Schutz mehr im Lückensystem der Geschiebefracht, da diese in Rotation gerät. Verdriftete Larven sterben dann spätestens am nächstgelegenen Wasserfall (MALKMUS 2009).

Die auf die LM bezogene durchschnittliche Masse der Gonaden ist bei Weibchen im März am höchsten und im August am niedrigsten. Bei Männchen konnten dagegen im Jahresverlauf keine signifikanten Schwankungen der Hodenmasse verzeichnet werden, lediglich die Masse des Fettkörpers veränderte sich signifikant (CALDERON et al. 1982, DELGADO et al. 1989). Der Testosteronspiegel war mit <0,5 ng/ml Plasma im Sommer am niedrigsten, nahm dann kontinuierlich zu und erreichte seinen Höchstwert mit 3,4 ng/ml im Frühjahr des nächsten Jahres (DELGADO et al. 1989).

Den zirkannualen Ovarialzyklus untersuchten DELGADO et al. (1990). Auch bei weiblichen *P. perezi* verändert sich die Masse der Gonaden (Ovarien) signifikant im Jahresverlauf. Die höchsten Werte wurden erwartungsgemäß im zeitigen Frühjahr (März/April) vor der Reproduktionsperiode registriert, die niedrigsten im August. Bezogen auf die LM haben die Ovarien vor dem Laichen einen Anteil von ca. 14 %, danach fällt dieser auf ca. 1–2 % ab. Mit dem beginnenden Wachstum der Ovarien im Sommer konnten neben atresischen Follikeln auch wieder previtellogenetische Follikel beobachtet werden. Die Vitellogenese setzte sich im Herbst fort, die Ovarien enthielten in dieser Zeit Follikel verschiedener Größe, von kleinen prävitellogenetischen bis hin zu großen reifen Follikeln. Während der Herbst- und Wintermonate nahm die Anzahl vitellogenetischer und reifer Follikel signifikant zu. Zwischen der relativen Zahl reifer Follikel und der Ovarialmasse konnte eine signifikant positive Korrelation ermittelt werden, folglich kann von der Ovarialmasse indirekt auf die Intensität der Vitellogenese geschlossen werden.

Eier und Embryonalentwicklung: Weibchen legen in mehreren Portionen zwischen ca. 1900 und 7200 Eier (GONZÁLEZ DE LA VEGA 1988, SALVADOR und GARCÍA-PARÍS 2001). HOTZ et al. (1994) ermittelten für *P. perezi* aus dem Ebro-Delta (Spanien) eine durchschnittliche Eizahl von 2309 ± 934 ($\bar{x} \pm \sigma$) pro Jahr. Nach BERGER (1994) laichen *P. perezi*-Weibchen bis zu dreimal pro Reproduktionsperiode. Im Freilandterrarium wurden die Eier in 6–10 Ballen abgelegt, in der Summe enthielten die Ballen eines Weibchens zwischen 1108 und 3501 (1814 ± 655) Eier. Ein einzelner Ballen umfasste 150–300 Eier. Die Eier weisen einen Durchmesser von 1,2–1,8 mm, mit Gallerte von 7–8 mm auf (CURT und GALÁN 1982).

Der Laich wird in stehenden oder sehr langsam fließenden Bach- und Flussbereichen an submersen Wasserpflanzen abgesetzt (BARBADILLO 1987, GALÁN und FERNÁNDEZ-ARIAS 1993), in Portugal vor allem an *Fontinalis-*, *Callitriche-*, *Ceratophyllum-*, *Elodea-*, *Myriophyllum-*, *Potamogeton-* und *Ranunculus*-Arten (MALKMUS 2002), an Uferrändern und auf dem Grund von Gewässern in 3–10 cm Tiefe (GONZÁLEZ DE LE VEGA 1988) oder flottierend an der Wasseroberfläche (VIDAL 1966), zwischen Torfmoosen und Algenwatten (z. B. in Moorschlenken in der Serra de Montemuro und Serra do Alvão (MALKMUS 1995, 2004a). Seltener werden völlig vegetationslose Habitate wie Felsbecken, Strudellöcher oder flache Kolke zur Eiablage genutzt (MALKMUS 2002), wo die Eier an Steine angeheftet werden und mitunter auch frei an der Wasseroberfläche treiben.

HOTZ et al. (1994) differenzierten je nach Weibchen zwischen zwei bis drei diskrete Größenklassen, die als klein, mittel und groß bezeichnet wurden (genaue Maße werden nicht genannt), wobei die Eier der mittleren Größenklasse quantitativ deutlich dominierten. In Kreuzungsexperimenten betrugen die Befruchtungsraten der kleinen Eier 100 %, die der mittleren 96,5–100 % und die der großen 94,4–100 %. Der Entwicklungserfolg der kleinen Eier war nur gering, möglicherweise aufgrund des vergleichsweise geringen Dottergehalts. Weiterhin wurden diploide Eier gefunden, aus denen nach der Befruchtung triploide Nachkommen hervorgingen (HOTZ et al. 1994). Der Schlupf der Larven erfolgt je nach Wassertemperatur nach 5–8 Tagen (GONZÁLEZ DE LA VEGA 1988).

Larvalentwicklung und Metamorphose: Zum Zeitpunkt des Schlupfes sind die Larven ca. 6 mm lang (Galán und Fernández-Arias 1993). Ihre Grundfärbung ist braun oder grau, oft sind über den gesamten Körper, einschließlich des Schwanzes und der Flossensäume, dunkelbraune, irregulär oder linienförmig angeordnete, zum Teil vernetzte Fleckenmuster ausgebildet (Abb. 8). Diese können auch weitgehend fehlen oder durch weißliche Flecken ersetzt werden (Galán und Fernández-Arias 1993, Salvador und García-París 2001, Malkmus 2004a, Caldas 2010). Die Bauchseite ist weiß. Die Mundfeldmorphologie (Abb. 9) ist in allen Entwicklungsstadien sehr variabel (Llorente et al. 1995).

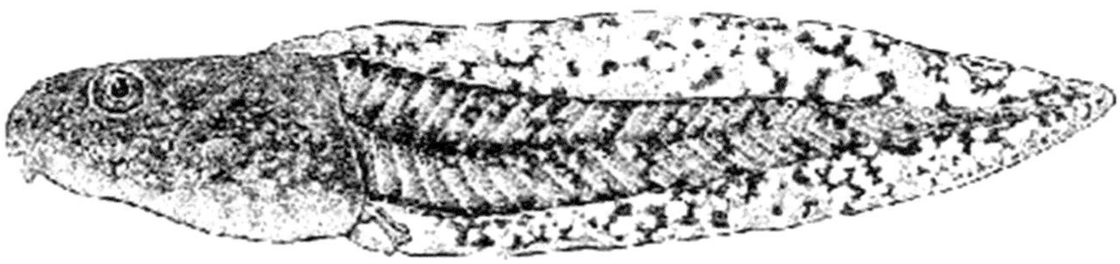

Abb. 8: Larve des Iberischen Wasserfroschs (*P. perezi*). Aus García-París et al. (2004).

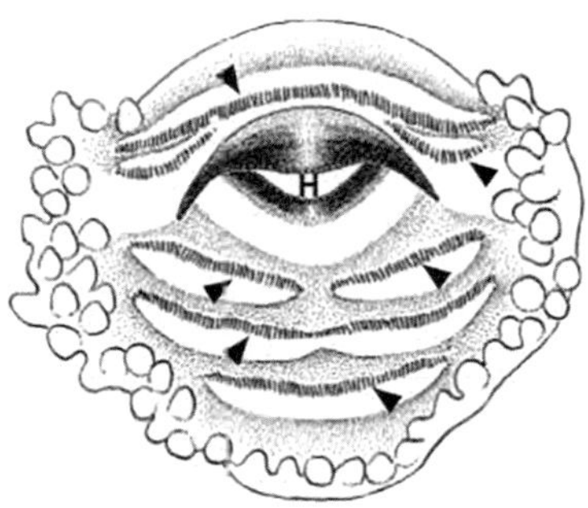

Abb. 9: Mundfeld einer *P. perezi*-Larve. Nach García-París et al. (2004), verändert. H: Hornkiefer, schwarze Pfeile: Lippenzähne.

Die Larvalentwicklung erstreckt sich in Abhängigkeit von den Umweltbedingungen (insbesondere der Wassertemperatur und des Nahrungsangebots) über 7–13 Wochen, manche Kaulquappen überwintern im Gewässer (Vidal 1966,

HEMMER und KADEL 1980, GONZÁLEZ DE LA VEGA 1988, MARTÍNEZ et al. 1994, RICHTER-BOIX et al. 2006a). In Südwest-Spanien dauert die Larvalperiode ca. 2 Monate, Kaulquappen treten hier von Mitte April bis Ende Juli auf (DÍAZ-PANIAGUA 1988, 1992).

Die Dichte der Larven im Gewässer beeinflusst sowohl deren Entwicklungsgeschwindigkeit als auch die Größe und Lebendmasse der Individuen zum Zeitpunkt der Metamorphose. In Experimenten benötigten *P. perezi*-Larven, die bei Dichten von 20 Tieren/l und Temperaturen von 17–22 °C gehalten wurden, im Mittel 11,3 Wochen bis zur Metamorphose, während Tiere aus Gruppen mit einer Dichte von 1 Tier/l bereits nach 11 Wochen metamorphosierten. Die entsprechenden mittleren LM lagen zum Zeitpunkt der Metamorphose bei 0,49 g bzw. 1,07 g (MARTÍNEZ et al. 1996). Solche hohen Dichten dürften unter natürlichen Bedingungen aber nur selten erreicht werden.

Experimentell konnte gezeigt werden, dass fallende Wasserstände die Larvenmortalität signifikant erhöhen können, die überlebenden Individuen metamorphosierten allerdings wesentlich früher (RICHTER-BOIX et al. 2006b). Die Wassertemperatur spielt für die Larvalentwicklung ebenfalls eine wichtige Rolle. Bei höheren Temperaturen (20–25 °C) entwickelten sich die Larven schneller, waren aber zum Zeitpunkt der Metamorphose (Gosner-Stadium 42) oft kleiner als Larven, die unter kühleren Bedingungen (17–22 °C) aufwuchsen. Bei Letzteren war jedoch die Mortalität höher (MARTÍNEZ et al. 1996).

Pelophylax perezi-Larven können Körperlängen (gemessen von der Schnauze bis zur Kloake) von ca. 24 mm erreichen (LIZANA et al. 1989). Die maximale Gesamtlänge (Kopf-Rumpf-Schwanz) wird mit 90 mm angegeben, in der Regel liegt diese aber zwischen 61 mm und 87 mm (GALÁN und FERNÁNDEZ-ARIAS 1993, GONZÁLEZ DE LA VEGA 1988, ÁLVAREZ et al. 1991, BARBADILLO et al. 1999, SALVADOR und GARCÍA-PARÍS 2001). Unter Laborbedingungen erreichten die Kaulquappen einer experimentellen Kreuzung Längen von 50–58 mm, die Metamorphose erfolgte 56–67 Tage nach der Befruchtung der Eier, die metamorphosierten Tiere hatten KRL von ca. 16–23 mm (HOTZ et al. 1994). Diploide Tiere waren zum Zeitpunkt der Metamorphose in der Regel größer als triploide und wuchsen danach schneller. Kaulquappen, die im Labor unter verschiedenen Umweltbedingungen (WT 18–25 °C, unterschiedliche Futtermischungen) aufgezogen wurden, wogen zum Zeitpunkt der Metamorphose zwischen 0,324 und 1,923 g (MARTÍNEZ et al. 1994).

HEMMER und KADEL (1980) geben für metamorphosierte Jungfrösche, die in einem Bewässerungsbasin gefangen wurden, KRL von 23–28 mm an. Metamorphlinge aus der Provinz Huelva maßen 16–22 mm (GONZÁLEZ DE LA VEGA 1988), von den Balearen 28–30 mm (VIDAL 1966). In nordspanischen Gewässern wurden Werte bis 24,5 mm ermittelt (ÁLVAREZ et al. 1991).

Entwicklung nach der Metamorphose: Auch nach Abschluss der Metamorphose wird die Entwicklung entscheidend vom Nahrungsangebot und der Nahrungsqualität beeinflusst. Experimentell konnten MARTÍNEZ et al. (2004) zeigen, dass durch protein- und fettreiche Nahrung das Wachstum der Juvenilen beschleunigt wird. Im Freilandterrarium erreichten juvenile *P. perezi*, die aus Kreuzungsexperimenten stammten, im Herbst vor ihrer ersten Überwinterung KRL von ca. 21–47 mm (HOTZ et al. 1994). SCHMELLER (1999) ermittelte für 1-jährige Tiere eine mittlere KRL von 35,5 mm, für 2- und 3-jährige Tiere betrugen die Werte 43,1 bzw. 49,2 mm. In ihrem 1. Lebensjahr können die Tiere bereits KRL von 56 mm aufweisen (SCHMELLER 1999).

Die Geschlechtsreife tritt beim Iberischen Wasserfrosch in der Regel im 2. Lebensjahr ein, unter günstigen Entwicklungsbedingungen auch schon im 1. (HEMMER und KADEL 1980, PATÓN et al. 1991, HOTZ et al. 1994, ESTEBAN et al. 1996, SCHMELLER 1999, SALVADOR und GARCÍA-PARÍS 2001). Vor allem männliche Individuen, die auf jahreszeitlich frühe Paarungen zurückgehen, können bereits im 1. Lebensjahr geschlechtsreif werden (ESTEBAN et al. 1996, SCHMELLER 1999). In den von PATÓN et al. (1991) untersuchten Populationen waren beim überwiegenden Teil der 1-jährigen Männchen bereits sekundäre Geschlechtsmerkmale ausgeprägt, weibliche Tiere erreichten die sexuelle Reife dagegen erst im 2. Lebensjahr. Experimentell erzeugte *P. perezi* (Männchen und Weibchen) erlangten die Geschlechtsreife gegen Ende des 2. Lebensjahres mit KRL von 48–54 mm (Männchen) und 44–59 mm (Weibchen) (HOTZ et al. 1994). Angaben, nach denen Iberische Wasserfrösche erst mit 4 Jahren geschlechtsreif werden (SERRA und ALBUQUERQUE 1963, GARCÍA-PARÍS 1985, GALÁN und FERNÁNDEZ-ARIAS 1993, BARBADILLO et al. 1999), sind folglich kritisch zu hinterfragen und keinesfalls allgemeingültig.

Verhalten. Tages- und Jahresaktivität: *Pelophylax perezi* ist sowohl tag- als auch nachtaktiv (DÍAZ-PANIAGUA et al. 2005) mit Aktivitätsmaxima während der Nacht und am frühen Morgen (7:00–9:00). Im Sommer nimmt die nächtliche Aktivität zu (LIZANA et al. 1989).

Iberische Wasserfrösche können ganzjährig beobachtet werden (GARCÍA-PARÍS 1985, SALVADOR und GARCÍA-PARÍS 2001), in Abhängigkeit von der Temperatur sind allerdings Phasen eingeschränkter Aktivität zu verzeichnen (MALKMUS 1985, POLLO et al. 1998). In höheren Lagen (>800 m ü. NHN) hält *P. perezi* zwischen November und März Winterruhe. Auch in tieferen Regionen ist die Aktivität in den Wintermonaten stark reduziert und meist auf semiadulte und juvenile Tiere beschränkt (MALKMUS 1995).

Orientierung und Wanderverhalten: Iberische Wasserfrösche sind relativ standorttreu. Tagsüber halten sich die Frösche im Gewässer bzw. in seiner unmittelbaren Nähe auf, um sich ausgiebig zu sonnen: auf Ansandungen,

Schlamm- und Kiesbänken, felsigen Strukturen, Ufermauern, auf im Wasser liegenden Baumstämmen, angeschwemmten Brettern und Kunststoffteilen, auf Genisten und an kurzgrasigen Uferabschnitten ebenso wie auf Schwimmblättern, schwimmenden Algenwatten, auf Rindenstücken oder Spanischem Rohr (*Arundo donax*); gerne lassen sie sich auch an der Wasseroberfläche treiben. Zwar halten sich die Frösche zum Sonnen meistens in unmittelbarer Wassernähe auf; in tief eingeschnittenen Tälern, wo die Hangflanken oft bis in den späten Vormittag im Schatten liegen, wurden einzelne Tiere aber auch bis zu 50 m (maximal 80 m) vom Gewässer entfernt beobachtet (MALKMUS 1990). Bei Gefahr bewegen sie sich in bis zu 2 m weiten Sprüngen, teilweise überschlagend hangabwärts. Beim Sprung ins Wasser emittieren sie häufig einen kurzen Quiekton (MALKMUS 1995) und schießen gelegentlich einen Urinstrahl aus der Kloake ab.

Auch während einer Reproduktionsperiode legt *P. perezi* nur geringe Wegstrecken zurück. SÁNCHES-MONTES und MARTÍNEZ-SOLANO (2011) ermittelten für männliche Tiere Werte von 49 ± 41 m ($\bar{x} \pm \sigma$), der Maximalwert betrug 273 m. Allerdings kann *P. perezi* mitunter in regnerischen Nächten auf Landwanderungen beobachtet werden, oft auch weitab von Gewässern. Daran beteiligen sich zu einem hohen Anteil Jungtiere. Dies erklärt auch ihre Allgegenwart selbst in kleinsten Pfützen und Wagenspuren ohne Bezug zu einem größeren Gewässer. Unter den Amphibien zählt *P. perezi* daher zu den Erstbesiedlern neu entstandener Gewässer (MALKMUS 1995, 2004a).

Kaulquappen nutzen das geomagnetische Feld zur Orientierung im Gewässer (DIEGO-RASILLA und PHILLIPS 2007), Licht kann die magnetische Orientierung beeinflussen (DIEGO-RASILLA et al. 2010).

Territorial- und agonistisches Verhalten: Die Männchen bilden während der Paarungszeit Rufgemeinschaften, vor allem in offenen Bereichen stehender und langsam fließender Gewässer, die mit Schwimmblattvegetation und *Ranunculus*-Ranken bedeckt sind. Innerhalb solcher Rufgemeinschaften, die hohe Individuendichten erreichen können, besetzen viele Männchen individuelle Territorien, die sie gegen Artgenossen verteidigen. Dabei kommt es oft zu ausgeprägten lokomotorischen und akustischen Aktivitäten, die einzelnen Frösche bewegen sich schwimmend und springend, dabei häufig rufend hin und her. Nähern sich zwei Männchen einander, kommt es regelmäßig zu aggressiven Verhaltensweisen: meistens springt das kräftigere Männchen, nachdem es seine Rufintensität maximal steigerte, seinen Nebenbuhler an, drückt ihn durch Umklammerung unter Wasser und hindert ihn so am Rufen. Unklar ist, ob durch diese agonistischen Verhaltensweisen Männchen über längere Zeit hinweg ein bestimmtes Territorium erfolgreich verteidigen, oder ein solches in beständigem Wechsel immer wieder neu mit nur kurzzeitiger Persistenz aufbauen (siehe dazu auch Kapitel „*Pelophylax ridibundus* – Seefrosch“).

S c h u t z v e r h a l t e n : Bei Gefahr springen die Tiere ins Wasser und verstecken sich dort in Wasserpflanzen oder unter Algenteppichen. Juvenile und subadulte Tiere tauchen schneller wieder auf als adulte. Manche Individuen verweilen an der Wasseroberfläche ohne abzutauchen, kleinere Tiere zeigen dieses Verhalten häufiger als größere (MARTÍN et al. 2005).

Die Fluchtdistanz (minimale Distanz zwischen Frosch und potenziellem Prädator, bevor die Fluchtreaktion ausgelöst wird) liegt je nach Habitatbeschaffenheit (Ufervegetation vorhanden oder fehlend) bei ca. 1–2 m (MARTÍN et al. 2006). Wenn eine Flucht nicht mehr möglich ist, wölben manche Tiere reflexartig den Rücken, drücken mit geschlossenen Augen den Kopf nach unten, pumpen sich mit Luft auf und spreizen die Hinterbeine, um so größer zu erscheinen (GALÁN und FERNÁNDEZ-ARIAS 1993, GARCÍA-PARÍS et al. 2004). Um Wassernattern (*Natrix maura*) abzuwehren, werden mitunter auch „quietschende" Schreckrufe ausgestoßen (DÍAZ-PANIAGUA et al. 2005).

Das Fluchtverhalten von Kaulquappen beschreibt MALKMUS (2009). Kaulquappen, die in Felsbecken auf Madeira lebten, flüchteten bei Störungen mit hoher Geschwindigkeit in tiefere Bereiche unter Felsspalten, Felsvorsprünge und in das Lückensystem von Geröll. Oft unterbrachen die Quappen schlagartig ihre Flucht und verharrten in exponierter Position, nicht selten in Seitenlage.

Pelophylax perezi-Kaulquappen erkennen potenzielle Prädatoren (z. B. Schlangen, Libellenlarven) am Geruch und reagieren mit einer Verringerung der Bewegungsaktivität (GONZALO et al. 2007, 2010, 2013, GÓMEZ-MESTRE und DÍAZ-PANIAGUA 2011). Diese individuelle Schutzreaktion wird durch Alarmstoffe verstärkt, die von mehreren Individuen simultan abgegeben werden (GONZALO et al. 2007). Im Gegensatz zu Libellenlarven erfolgte bei Anwesenheit von *Procambarus clarkii*, einer invasiven, aus Nordamerika stammenden Krebsart, keine signifikante Verringerung der Bewegungsaktivität (GÓMEZ-MESTRE und DÍAZ-PANIAGUA 2011). Dagegen konnten NUNES et al. (2014) zeigen, dass Kaulquappen aus Gewässern, in denen auch *P. clarkii* seit fast 3 Jahrzehnten lebt, ein geringeres Aktivitätsniveau haben als Tiere, die aus krebsfreien Populationen stammten, ein Indiz für eine verhaltensökologische Adaptation an diese im Jahr 1974 eingeführte Krebsart.

GONZALO et al. (2009) konditionierten *P. perezi*-Kaulquappen mit artspezifischen Alarmstoffen in Kombination mit chemischen Reizen, die von Zebrabärblingen (*Danio rerio*) stammten. Auf diese Weise lernten die Kaulquappen, dass von Zebrabärblingen eine potenzielle Gefahr ausgeht und reagierten mit einer Verringerung ihrer Aktivität. Wurden die Tiere in der Folgezeit nur den Fischaromen ausgesetzt, assoziierten sie diese immer noch mit einer potenziellen Gefahr und zeigten reduzierte Aktivitätsmuster. Nach dem 9. Tag war dieser Effekt nicht mehr messbar, d. h. die Tiere hatten das Erlernte wieder vergessen.

Experimentell konnten ARAÚJO et al. (2014) zeigen, dass *P. perezi*-Larven (Stadium 25, GOSNER 1960) in der Lage sind, subletale Kupfer-Konzentrationen (35 bis ca. 200 µg/l) zu perzipieren und aktiv zu vermeiden.

P a a r u n g s v e r h a l t e n u n d a k u s t i s c h e K o m m u n i k a t i o n : Das Paarungsverhalten des Iberischen Wasserfroschs gleicht dem der anderen Wasserfroscharten. Die Männchen bilden Territorien, die sie gegen gleichgeschlechtige Artgenossen verteidigen (s. o.). Das Männchen umklammert das Weibchen in der Achselgegend (axillarer Amplexus). Bei Tourém im nordportugiesischen Parque Nacional Peneda-Gerês wurde ein Pärchen beobachtet, bei dem das Männchen invers auf dem Rücken seiner Partnerin saß und diese inguinal klammerte (CRESPO et al. 1989).

R u f e : SCHNEIDER und STEINWARZ (1990) unterscheiden neben Paarungsrufen (Abb. 10) drei Typen von Territorialrufen und sogenannte Übergangsrufe (transitional calls, Abb. 11). Die folgenden Ausführungen und Daten (Tab. 4) basieren auf dieser Arbeit.

Der Paarungsruf des Iberischen Wasserfroschs setzt sich aus einzelnen Impulsgruppen zusammen, die durch sehr kurze Intervalle voneinander getrennt sind

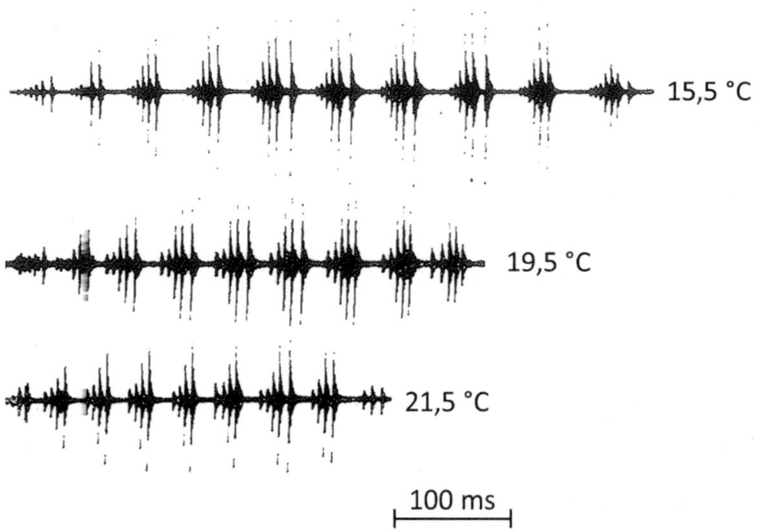

Abb. 10: Oszillogramme des Paarungsrufes spanischer *P. perezi*, aufgenommen bei verschiedenen Wassertemperaturen. Aus SCHNEIDER und STEINWARZ (1990),verändert.

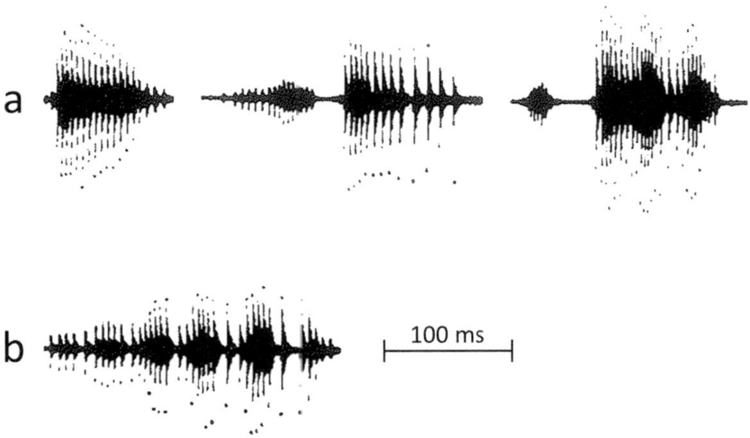

Abb. 11: Oszillogramme des Territorialrufes (a) und Übergangrufes (b) von spanischen *P. perezi*. Aus SCHNEIDER und STEINWARZ (1990), verändert.

(Abb. 10). Er wird als Einzelruf oder in Serien abgegeben. Rufserien spanischer *P. perezi*, die bei einer Wassertemperatur (WT) von 19 °C aufgenommen wurden, bestanden aus 3,8 ± 3,69 ($\bar{x} \pm \sigma$) Rufen. Mit steigender WT nahm die Rufdauer ab, da sich die Dauer der Impulsgruppen, die Dauer der Intervalle zwischen den Impulsgruppen und die Anzahl der Impulse pro Impulsgruppe verringerten. Dagegen erhöhte sich die Anzahl der Impulsgruppen pro Ruf geringfügig. Die Intervalle zwischen den Rufen waren sehr variabel (694,5 ± 522,14 ms) und korrelierten nicht mit der WT.

Nach SCHNEIDER und STEINWARZ (l. c.) deckt der Paarungsruf einen Frequenzbereich von 800–3 500 Hz ab und weist zwei Energiemaxima auf. Das dominante Frequenzband umfasst einen Bereich von ca. 500 Hz und liegt zwischen 2 000 und 3 000 Hz (Tab. 4). Die zweite Energiekonzentration liegt zwischen 800 und ca. 1 300 Hz. Zwischen dominanter Frequenz und WT konnte ebenfalls eine signifikant positive Korrelation ermittelt werden.

Territorialrufe vom Typ I hatten eine mittlere Dauer von 93,2 ± 25,40 ms und bestanden aus 28,0 ± 7,90 Impulsen, die sich in der Regel auf 2–6 Impulsgruppen verteilten (Tab. 4). Im Gegensatz zu den Paarungsrufen waren die Impulsgruppen jedoch nicht durch Intervalle getrennt. Auch bei den Typ-I-Territorialrufen nahm die Rufdauer mit steigender WT signifikant ab. Im Vergleich zu den Territorialrufen vom Typ I waren die Typ-II-Rufe ca. zwei Drittel kürzer und umfassten 9,1 ± 2,40 Impulse, eine Unterteilung in Impulsgruppen war nicht erkennbar. Die dominante Frequenz lag im gleichen Bereich wie die der Typ-

Tab. 4: Parameter (arithmetische Mittel, gerundet) verschiedener Ruftypen von *P. perezi* bei einer Wassertemperatur von 19 °C. Nach SCHNEIDER und STEINWARZ (1990). I: Anzahl der Impulse, IG: Anzahl der Impulsgruppen (IG), IGD: Impulsgruppendauer, IGI: Impulsgruppenintervall, DF: dominante Frequenz, RD: Rufdauer, k. A.: keine Angabe bzw. Berechnung möglich.

Ruftyp	**Parameter**					
	RD (ms)	**IG/Ruf**	**I/IG**	**IGD** (ms)	**IGI** (ms)	**DF** (Hz)
Paarungsruf	499	12	5,8	31,3	13,3	2272,7
Territorialruf I	93	2–6	k. A.	k. A.	–	1980,0
Territorialruf II	31	–	–	–	–	1993,6
Territorialruf III	451	–	–	–	–	743,0
Übergangsruf	168	3–8	k. A.	k. A.	k. A.	k. A.

I-Rufe (Tab. 4). Die wie ein „Knurren" klingenden Typ-III-Territorialrufe sind vergleichsweise lang (450,9 ± 137,0 ms) und tief, die dominante Frequenz beträgt 743 ± 82,90 Hz und ist nur leicht moduliert. Typ-III-Rufe bestehen aus stark gedämpften Impulsen, pro Ruf wurden 21,7 ± 9,70 Impulse gezählt. Solche Rufe standen häufig am Ende einer Serie von Territorialrufen, mitunter folgten auf Typ-III-Rufe sofort Paarungsrufe ohne intervenierende Übergangsrufe.

Als Übergangsrufe werden Rufe bezeichnet, die sowohl Strukturelemente von Typ-I-Territorialrufen als auch von Paarungsrufen enthalten (Abb. 11). Sie bestehen aus Impulsgruppen, die im Gegensatz zu den Typ-I-Rufen durch klare Intervalle getrennt sind. Die Übergangsrufe leiten oft typische Paarungsrufe ein, ohne dass eine deutliche Pause zwischen beiden Ruftypen erkennbar ist.

Gefährdung und Schutz. Schutzstatus: IUCN Welt (2008): Least Concern – nicht gefährdet (BOSCH et al. 2009). IUCN Spanien (2002): Least Concern (LLORENTE et al. 2002). INPN Frankreich (2015): Near Threatened – Vorwarnliste. FFH-EU (1992): Anhang V (Art von gemeinschaftlichem Interesse).

Anthropogene Gefährdungsfaktoren: Der Iberische Wasserfrosch ist die häufigste und am weitesten verbreitete Amphibienart der Iberischen Halbinsel (BARBADILLO et al. 1999, LLORENTE et al. 2002). Trotz ihrer großen ökologischen Plastizität ist die Art bereits in vielen Regionen gefährdet. Bestandsrückgänge und Extinktionen stehen vor allem im Zusammenhang mit der anthropogenen Belastung und Zerstörung aquatischer und terrestrischer Lebensräume durch die industrialisierte Land- und Forstwirtschaft, durch Urbanisierung und infrastrukturelle Verdichtung (MALKMUS 1999, 2004a, 2011,

PLEGUEZUELOS et al. 2002). Besonders gravierende Gefährdungsfaktoren stellen die Verschmutzung der Gewässer durch Einleitung von Abwässern (Kommunen, Industrie), Müllablagerungen und den Eintrag agrochemischer Stoffe dar (MALKMUS 1995, PLEGUEZUELOS 2002, MALKMUS et al. 2015). EGEA-SERRANO et al. (2009) wiesen im Flusssystem des Segura (Nordost-Spanien) negative Auswirkungen auf *P. perezi*-Larven durch die Einleitung von Wasser nach, das mit Stickstoffverbindungen belastet war.

In Gewässern, die sich in Eukalyptus-Monokulturen befinden, sind aufgrund von Sauerstoffmangel, niedrigen pH-Werten und unzureichendem Nahrungsangebot einer erfolgreichen Reproduktion offenbar enge Grenzen gesetzt (MALKMUS 2004b). Der großflächige Einsatz von Pestiziden (insbesondere in Olivenhainen und Orangenplantagen) dürfte sich ebenfalls negativ auf die Populationsdynamik des Iberischen Wasserfroschs auswirken, wie die Ergebnisse experimenteller Untersuchungen an Kaulquappen nahelegen (vgl. ÁLVAREZ et al. 1995, MESLÉARD et al. 2016)

MARQUES et al. (2009) konnten in der Leber von Individuen, die einen durch Wasser aus einer Uranmine gespeisten Tümpel besiedelten, signifikant erhöhte Konzentrationen bestimmter Metalle (Uran, Beryllium, Aluminium, Mangan, Eisen) nachweisen. In den Nieren wurden erhöhte Uran- und Blei-Werte festgestellt. Die histopathologische Analyse ergab zudem eine Erweiterung der Nierentubuli, verbunden mit tubulären Nekrosen. Im Vergleich zu Tieren aus einem unbelasteten Habitat wiesen die Frösche aus dem Minengewässer eine höhere Anzahl an Erythrozytenanomalien und eine geringere Zahl unreifer Erythrozyten auf. Umweltbelastungen bzw. Expositionen gegenüber bestimmten Noxen können u. a. Enzym- und Genaktivitäten beeinflussen (SALVATERRA et al. 2013, MARQUES et al. 2013) und das Mikrobiom der Haut verändern (COSTA et al. 2016), was zu einer erhöhten Anfälligkeit gegenüber Krankheitserregern führen kann.

ORTIZ-SANTALIESTRA et al. (2010) untersuchten den Einfluss von Ammoniumnitrat (NO_3NH_4), einem Hauptbestandteil vieler Düngemittel, auf Wachstum und Mortalität von *P. perezi*-Larven. Konzentrationen von 90,3 mg/l führten zu einem signifikanten Anstieg der Mortalität, allerdings war dieser Effekt bei Versuchstieren, die aus einem Gewässer mit einer höheren Salinität (ca. 2 ‰) stammten, wesentlich schwächer ausgeprägt als bei Larven, die in einem Gewässer mit einem Salzgehalt von 0,4 ‰ lebten. Larven (Gosner-Stadium 25), die Nitrit-Anionen(NO_{2}^{-})-Konzentrationen von 5 mg/l ausgesetzt waren, starben innerhalb von 8 Tagen, wobei Individuen aus einer Gebirgspopulation sensitiver auf diese Noxe reagierten als Tiere, die aus einer an der Atlantikküste lebenden Population stammten (SHINN et al. 2008).

In bestimmten Gebieten tragen auch Neozoen, z. B. die Fischarten *Gambusia holbrooki* und *Carassius auratus* oder der aus Nordamerika stammende Sumpfkrebs *Procambarus clarkii*, als Prädatoren zum Rückgang der Art bei (GALÁN

1997b, REBELO et al. 2002, MARTINEZ-SOLANO et al. 2003, RODRIGUEZ et al. 2005, MALKMUS 2006, CRUZ et al. 2008). Die Einführung gebietsfremder (allochthoner) Froscharten stellt ebenfalls einen potenziellen Gefährdungsfaktor für *P. perezi* dar. Ein solcher Fall konnte in der Sierra de Gata (West-Spanien) dokumentiert werden, wo neben Ochsenfröschen (*Lithobates catesbeianus*) auch *P. lessonae*, *P. ridibundus* und *P. esculentus* sowie hybridogenetische Hybriden (*P. grafi*) nachgewiesen wurden (GARCÍA-PARÍS 1991, ARANO et al. 1995). Solche Hybriden können sich durch Rückkreuzungen mit *P. perezi* reproduzieren (siehe Kapitel „*Pelophylax grafi* – Grafs Hybridfrosch") und damit die Struktur und Dynamik von *P. perezi*-Populationen entscheidend beeinflussen. Ob sich die o. g. allochthonen Formen in der Sierra de Gata dauerhaft etablieren konnten, war leider nicht in Erfahrung zu bringen.

Die Arten der *lessonae*-Gruppe

Diese Gruppe umfasst neben der namensgebenden Art (*Pelopylax lessonae*) auch deren Schwesterart, den Italienischen Wasserfrosch (*Pelopylax bergeri*), und den auf der Balkanhalbinsel vorkommenden Skutari-Wasserfrosch (*Pelopylax shqipericus*). Der letzte gemeinsame Vorfahre dieser Arten dürfte im Miozän, vor ca. 12 Mio. Jahren, gelebt haben. Das Alter der *shqipericus*-Linie wird auf ca. 6 Mio. Jahre datiert, die Separation zwischen *P. lessonae* und *P. bergeri* begann wahrscheinlich im Pliozän vor ca. 3 Mio. Jahren (EHL et al. 2019, siehe Kapitel „Der westpaläarktische Wasserfroschkomplex – Artbildung, Arten und verwandtschaftliche Beziehungen“).

Pelophylax shqipericus (Hotz, Uzzell, Günther, Tunner und Heppich, 1987) – Skutari-Wasserfrosch

Von

JÖRG PLÖTNER, PETER MIKULÍČEK und DANIEL JABLONSKI

Einführung. Im Jahr 1982 publizierte R. GÜNTHER seine bereits aus dem Jahr 1972 stammenden Beobachtungen, wonach am Skutari-See, an der jugoslawisch-albanischen Grenze, neben großwüchsigen Wasserfröschen, die morphologisch wie Seefrösche aussahen und wie diese Art riefen, auch kleinwüchsige Tiere lebten, deren Paarungsrufe denen von *Pelophylax lessonae* bzw. *Pelophylax esculentus* ähnelten. Darüber hinaus unterschieden sich beide Formen im Rufverhalten und in der Rufaktivität (GÜNTHER 1982). Im gleichen Jahr erbrachten HOTZ und UZZELL auf der Grundlage von proteinelektrophoretischen Untersuchungen den Nachweis, dass es sich bei dieser fraglichen Wasserfroschform tatsächlich um ein eigenständiges Taxon handelt, welches bis zu seiner formalen Beschreibung durch HOTZ et al. (1987) als „New Yugoslavian Taxon“ bezeichnet wurde (HOTZ und UZZELL 1982). In der Folgezeit konnte die evolutive Eigenständigkeit dieses Taxons durch elektrophoretische Untersuchungen verschiedener Enzyme (HOTZ 1983, BEERLI 1994, BEERLI et al. 1996) und DNA-Analysen (PLÖTNER 1998, PLÖTNER und OHST 2001, AKIN et al. 2010b, PLÖTNER et al. 2012, PLÖTNER, unveröff. Daten) bestätigt werden, sodass heute keine Zweifel mehr am Artstatus des Skutari-Wasserfroschs bestehen.

Diagnose. Mittelgroße Wasserfroschart, KRL von 70 mm (Männchen) bzw. 80 mm (Weibchen) werden nur selten überschritten. Die Femurlänge (FL) und Tibialänge (TL) entsprechen jeweils etwa der halben KRL, die Tibia ist ca. 8,5-mal länger als der Fersenhöcker (Callus internus), der relativ lang und hochgewölbt ist. Sein höchster Punkt befindet sich in der distalen Hälfte, nicht in der proximalen, wie in der Originalbeschreibung angegeben (HOTZ et al. 1987). Die 1. Zehe (Digitus primus) ist ca. 2,5-mal länger als der Fersenhöcker. Die Oberseite ist grün oder braun gefärbt und mit größeren, unregelmäßig geformten Flecken besetzt. Die lateral beidseitig ausgebildeten Drüsenleisten treten deutlich hervor und heben sich von der Grundfärbung ab. Charakteristisch ist ferner eine Gelbpigmentierung der Leistengegend und an den lateralen und ventralen Seiten der Oberschenkel, die sich bis auf die cremefarbene Bauchseite, die Unterschenkel und Fußwurzeln erstrecken kann. Männchen sind während der Paarungszeit dorsal oft grasgrün oder gelboliv gefärbt, sie besitzen äußere, olivgrüne oder hellgraue Schallblasen und deutlich ausgeprägte Daumenschwielen.

Synonyme.

Rana shqiperica Hotz, Uzzell, Günther, Tunner und Heppich, 1987: 1. Holotypus: ANSP [The Academy of Natural Sciences of Philadelphia, USA] 30211, adultes Männchen. – Terra typica: Skadarsko Jezero [Skutari-See] (42°14'N, 19°05'O) bei Virpazar, Crna Gora, Montenegro [ehemaliges Jugoslawien].

Rana (Pelophylax) shqiperica – DUBOIS (1992: 332).

Englische Namen. Skutari water frog, Albanian water frog.

Beschreibung. Maße: Auch bei dieser Wasserfroschart sind die Männchen im Mittel kleiner als die Weibchen, HOTZ und UZZELL (1982) geben die mittleren KRL ($\bar{x} \pm \sigma$) für Weibchen (N = 20) mit 73,8 ± 8,1 mm und für Männchen (N = 11) mit 70,6 ± 7,4 mm an. Nach BERGER (2008) variierten die KRL adulter, in Gefangenschaft gehaltener *P. shqipericus*-Weibchen zwischen 70 und 100 mm, adulte Männchen wiesen Werte zwischen 59 und 85 mm auf, die Mittelwerte betrugen 82,1 mm (Weibchen) und 76,2 mm (Männchen). Geringere Werte wurden für eine 19 Individuen umfassenden Stichprobe von Nishaj (NW-Albanien) ermittelt, hier variierten die KRL der Männchen (N = 13) zwischen 46 und 64 mm und die der Weibchen (N = 6) zwischen 45 und 66 mm. Für die gesamte Stichprobe betrug die mittlere KRL 52,8 ± 5,97 mm (eigene Daten).

Äußere Merkmale: Bisher wurde die äußere Morphologie des Skutari-Wasserfroschs nur an wenigen Exemplaren untersucht (Tab. 5). Aussagen zur geografischen Variabilität morphometrischer Indizes sind auf der Grundlage der vorliegenden Daten nicht möglich. Die vergleichsweise hohen Werte der Parameter KRL/CIL, TL/CIL und DPL/CIL von Fröschen aus der Population Nishaj sind wahrscheinlich methodisch bedingt, da die Messungen am lebenden Tier erfolgten und nicht an alkoholkonserviertem Material.

Tab. 5: Morphometrische Indizes (arithmetisches Mittel ± Standardabweichung) von Individuen aus Virpazar und Nishaj. Während die Tiere aus Virpazar im konservierten Zustand vermessen wurden, erfolgten die Messungen an der Stichprobe Nishaj am lebenden Tier. Siehe auch Tab. 14. KRL: Kopf-Rumpf-Länge, FL: Femurlänge, TL: Tibialänge, DPL: Länge der 1. Zehe (Digitus primus), CIL: Länge des Fersenhöckers (Callus internus). Stichproben: [1] HOTZ und UZZELL (1982), [2] PLÖTNER, unveröff., [3] MIKULÍČEK und JABLONSKI, unveröff.

Parameter	**Virpazar**		**Nishaj**
	N = 50[1]	**N = 4[2]**	**N = 19[3]**
KRL/FL	1,99 ± 0,10	k. A.	2,1 ± 0,09
KRL/TL	2,0 ± 0,83	1,9 ± 0,05	2,0 ± 0,06
KRL/CIL	17,1 ± 1,60	16,1 ± 1,73	22,2 ± 2,62
KRL/DPL	7,0 ± 0,38	6,9 ± 0,37	6,5 ± 0,42
TL/CIL	8,6 ± 0,72	8,3 ± 0,95	11,3 ± 1,29
DPL/CIL	2,5 ± 0,24	2,3 ± 0,36	3,4 ± 0,48

Färbung: Die Männchen des Skutari-Wasserfroschs haben grün oder hellbraun gefärbte Oberseiten mit relativ großen, unregelmäßig geformten braunen oder schwarzen Flecken. Bei manchen Exemplaren werden die Flecken durch grünes Pigment weitgehend verdeckt. Die Weibchen sind dorsal hellbraun oder olivgrün gefärbt, die Farbe der Flecken ist schokoladenbraun oder schwarz. Die lateral deutlich hervortretenden Drüsenleisten sind oft hellbraun oder ockerfarben, manchmal auch dunkelbraun. Im Vergleich zur Oberseite sind die Flanken oft heller, was manche Tiere sehr farbenfroh erscheinen lässt. Eine hell- oder gelbgrüne Vertebrallinie, die sich vom Anfang des Kopfes, d. h. von der Schnauzenspitze oder den Nares bis zum Os coccygis hinzieht, ist nicht bei allen Tieren ausgeprägt (GÜNTHER 1982, HOTZ und UZZELL 1982, HOTZ et al. 1987). Charakteristisch ist ferner die markante Gelbpigmentierung der Leistengegend und der

Unterseite der Oberschenkel, die sich bis auf die Bauchseite, die Unterschenkel und Fußwurzeln erstrecken kann und ein wichtiges Merkmal zur Unterscheidung von dem syntop vorkommenden *Pelophylax kurtmuelleri* darstellt. Die Bauchseite ist cremefarben und kaum gepunktet, im Kehlbereich ist mitunter eine stärkere graubraune Pigmentierung sichtbar. Die Schallblasen der Männchen sind schwach pigmentiert, olivgrün oder grau gefärbt. Während der Laichperiode zeigen die männlichen Tiere auf der Oberseite oft eine grasgrüne bis olivgelbe Färbung, dadurch ist das Fleckenmuster während dieser Zeit reduziert oder nicht sichtbar.

Schädel und Postcranialskelett: siehe Kapitel „Anatomie europäischer Wasserfrösche (Schädel und Postcranialskelett)".

Molekulare Merkmale: Der Skutari-Wasserfrosch kann auf der Grundlage molekularer Merkmale (z. B. spezifische Enzyme und DNA-Sequenzen) eindeutig von *P. lessonae* und *Pelophylax bergeri* sowie dem syntop vorkommenden *P. kurtmuelleri* abgegrenzt werden (HOTZ und UZZELL 1982, HOTZ 1983, HOTZ et al. 1987, 1997, BEERLI 1994, BEERLI et al. 1996, PLÖTNER 1998, PLÖTNER und OHST 2001, OHST 2001, 2008, PLÖTNER et al. 2012).

Enzyme: Deutliche genetische Differenzen zwischen *P. shqipericus* und *P. lessonae* werden im Vergleich verschiedener Protein- bzw. Enzymsysteme sichtbar (HOTZ 1983, BEERLI 1994, BEERLI et al. 1996). Von 29 elektrophoretisch analysierten Loci wiesen neun (ca. 31 %) keine gemeinsamen Allele auf. Bei acht weiteren Loci (ca. 28 %) wurden segregierende Allele gefunden (Übersicht bei PLÖTNER und OHST 2001).

Mitochondriale DNA: Sequenzen des mitochondrialen (mt) *12Sr-RNA*-Gens zeigten in paarweisen Vergleichen zwischen *P. shqipericus* und *P. lessonae*/*P. bergeri* Transitionen in 4–5 von 374 analysierten Positionen, das entspricht einer prozentualen Sequenzdivergenz von ca. 1,1–1,3 %. Die auf den ersten Blick gering erscheinenden Differenzen können auf die relativ niedrige Evolutionsrate dieses Gens zurückgeführt werden. Eine wesentlich höhere genetische Divergenz ist beim mitochondrialen Cytochrom-B-Gen (*cytB*) zu verzeichnen. In einem 293 bp langen Segment dieses Gens differierten im Vergleich mit homologen Sequenzen von *P. lessonae* 30 Positionen (10,2 %), wobei das Verhältnis Transitionen zu Transversionen 9,0 betrug (PLÖTNER, unveröff.). Analysen der proteincodierenden Gene *nd2* (1 038 bp) und *nd3* (340 bp) ergaben für den Vergleich *P. shqipericus* – *P. lessonae* mittlere genetische Distanzen von 8,3 % und für den Vergleich *P. shqipericus* – *Pelophylax ridibundus*/*P. kurtmuelleri* von 14,7 % (PLÖTNER, unveröff.). Bezogen auf die Anzahl der Aminosäuresubstitutionen betrugen die mittleren Divergenzen 23,1 % (*P. shqipericus* – *P. lessonae*) und 34,9 % (*P. shqipericus* – *P. ridibundus*/*P. kurtmuelleri*).

Nukleäre DNA: Ein artspezifisches (autapomorphes) Merkmal des Skutari-Wasserfroschs ist die Insertion eines DNA-Transposons (352 bp) im 1. Intron des Serumalbumingens (unveröff. Daten). Dadurch erreicht dieses Intron eine Länge von 1382 bp und ist damit ca. 25 % länger als die homologen Intronsequenzen der anderen westpaläarktischen Wasserfroscharten. CASOLA et al. (2004) konnten im Genom des Skutari-Wasserfroschs repetitive Elemente aus der hAT-Transposon-Superfamilie nachweisen. Weiterhin wurden repetitive, tandemartig angeordnete Sequenzen aus der *Rana*/Pol-III-Familie beschrieben, die über das gesamte nukleäre Genom verteilt sind (BUCCI et al. 1999, RAGGHIANTI et al. 1999). Eine Repeat-Einheit ist ca. 250 bp lang und enthält ein SINE (short interspersed nuclear element)-ähnliches Retrotransposon, das eine Sequenzhomologie von 54 % zum $tRNA_{leu}$-Gen von *Xenopus* aufweist, von zwei kurzen, direkten Repeats flankiert wird und intern noch zwei weitere Repeats enthält.

Karyotyp: 2n = 26 Chromosomen (GUERRINI et al. 1997).

Der diploide Chromosomensatz besteht aus 5 größeren und 8 kleineren Chromosomenpaaren (Tab. 6). Nach „C-Banding“ zeigten alle Chromosomen ein Signal im Zentromerbereich (im Gegensatz zu *Pelophylax epeiroticus*, bei dem nur einige Chromosomen dieses Signal zeigten), die Nukleus-Organisator-Region (NOR) war als sekundäre Einschnürung am langen Arm von Chromosom 10 sichtbar (GUERRINI et al. 1997).

Tab. 6: Zentromerindizes (Länge des kurzen Armes zur Gesamtlänge des Chromosoms) und relative Längen der Chromosomenpaare, bezogen auf die Gesamtlänge des Genoms nach GUERRINI et al. (1997; A) und SPASIC-BOSKOVIC et al. (1999; B).

Chromosom	**Zentromerindex**		**Relative Länge**
	A	B	B
1	0,437	0,46 ± 0,01	16,5 ± 0,7
2	0,300	0,34 ± 0,03	13,3 ± 0,3
3	0,385	0,32 ± 0,02	12,4 ± 0,6
4	0,440	0,40 ± 0,02	11,6 ± 0,5
5	0,398	0,42 ± 0,02	9,6 ± 0,7
6	0,444	0,41 ± 0,03	5,9 ± 0,4
7	0,473	0,24 ± 0,02	4,8 ± 0,3
8	0,266	0,40 ± 0,03	5,4 ± 0,4
9	0,250	0,41 ± 0,02	4,1 ± 0,3
10	0,307	0,32 ± 0,03	5,0 ± 0,4
11	0,447	0,26 ± 0,03	4,3 ± 0,2
12	0,414	0,33 ± 0,03	3,8 ± 0,3
13	0,363	0,32 ± 0,02	3,0 ± 0,3

Die Lampenbürstenchromosomen des Skutari-Wasserfroschs wurden von GUERRINI et al. (1997) beschrieben. Die Autoren beobachteten ein Paar großer Schleifen („giant loops") am kurzen Arm des Bivalents 5 in interkalarer Position, oft fand sich ein weiteres Paar ebenfalls am langen Arm. Weitere „giant loops" traten an den langen Armen der Bivalente 7 und 10, mitunter auch an den Bivalenten 6 und 11 auf.

Merkmalsvariation. Daten zur Merkmalsvariation sind uns nicht bekannt, über Anomalien liegen ebenfalls keine Berichte vor.

Verbreitung. Terra typica: Skutari-See (Skadarsko Jezero) (42°14'N, 19°05'O), bei Virpazar, Crna Gora, Montenegro.

Verbreitungsgebiet: *Pelophylax shqipericus* besiedelt die Küstentiefländer Albaniens und des südwestlichen Montenegros (Abb. 12, Tab. 7). Der nördlichste Fundort liegt bei Kujava (42.605°N, 19.049°O) in Montenegro (HOTZ und UZZELL 1982). Im Süden dringt die Art bis an die nordwestlichen Ausläufer des Ceraunischen Gebirges vor, der bisher bekannte südlichste Fundort befindet sich bei der albanischen Ortschaft Orikum (40.346°N, 19.484°O) (HAXHIU 1994).

Da *P. lessonae* nicht in Albanien vorkommt, handelt es sich bei den von HAXHIU (1986, 1994) publizierten Daten um *P. shqipericus*-Nachweise. Hinweise auf *shqipericus*-Vorkommen im südwestalbanischen und nordwestgriechischen Küstentiefland (HAXHIU 1986, SCHNEIDER und SOFIANIDOU 1986) konnten bisher nicht verifiziert werden.

Die Ergebnisse genetischer Untersuchungen legen die Vermutung nahe, dass *P. shqipericus* auch in Kroatien vorkommen könnte (KOSKA 2016). Ob es sich hier um autochthone oder allochthone Individuen handelt, kann zum gegenwärtigen Zeitpunkt nicht gesagt werden, zumal lediglich Tiere von einer Lokalität (Crna Mlaka ca. 60 km südwestlich von Zagreb) und nur der Längenpolymorphismus des 1. Introns des Serumalbumin-Gens (PLÖTNER et al. 2009) untersucht wurden.

Höhenverbreitung: *Pelophylax shqipericus* besiedelt Habitate in Höhenlagen unter 200 m ü. NHN.

Allochthone Populationen: Auf der Grundlage des mitochondrialen *nd3*-Gens konnten DOMENEGHETTI et al. (2013) in Zentralitalien, in der Nähe des Flusses Resina (Umbrien, Provinz Perugia, 43.2468°N, 12.4882°O) neben Tieren mit *ridibundus*- oder *kurtmuelleri*-spezifischen Basensequenzen auch ein adultes Weibchen mit *shqipericus*-spezifischem Sequenzmuster nachweisen.

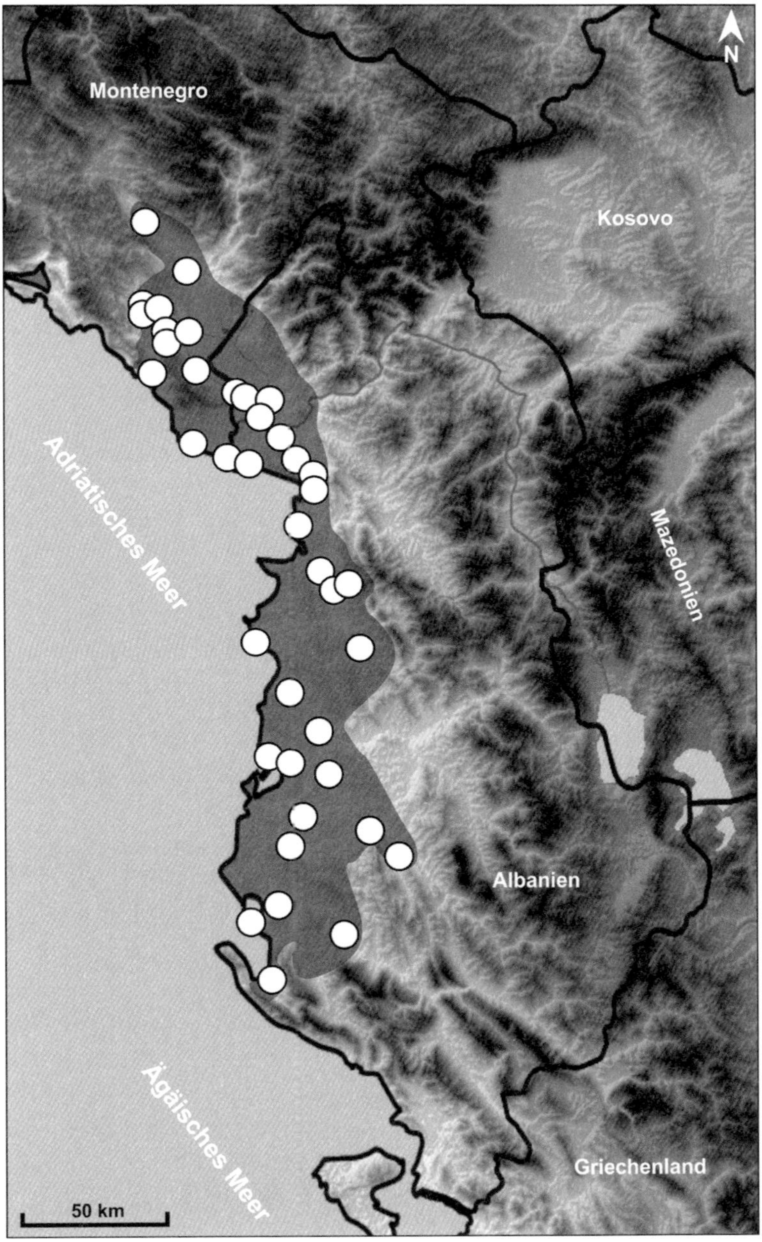

Abb. 12: Verbreitungsgebiet und Fundorte des Skutari-Wasserfroschs (*Pelophylax shqipericus*). Die Fundortdaten können Tab. 7 entnommen werden.

Tab. 7: Fundorte des Skutari-Wasserfroschs (*P. shqipericus*). AL: Albanien, ME: Montenegro.

Land	Lokalität	Nord	Ost	Quelle
ME	Kujava	42.605	19.049	HOTZ und UZZELL (1982)
ME	Mareza	42.45	19.2	VUCIČ et al. (2018)
ME	Rijeka Crnojevića	42.35	19.04	VUCIČ et al. (2018), JABLONSKI (unveröff.)
ME	Skutari-See	42.33	19.09	VUCIČ et al. (2018)
ME	Donja Sela	42.317	19.050	JABLONSKI, MIKULÍČEK, CHOLEVA, DOLEŽÁLKOVÁ-KAŠTÁNKOVÁ (unveröff.)
ME	Plavnica	42.271	19.199	HOTZ und UZZELL (1982)
ME	Vranjina	42.266	19.132	HOTZ et al. (1985)
ME	Godinje	42.228	19.118	JABLONSKI und MIKULÍČEK (unveröff.)
ME	Besa	42.149	19.233	JABLONSKI, MIKULÍČEK, CHOLEVA, DOLEŽÁLKOVÁ-KAŠTÁNKOVÁ (unveröff.)
ME	Virpazar	42.14	19.06	HOTZ und UZZELL (1983), HOTZ et al. (1987), GUERRINI et al. (1997), HOTZ et al. (1997), PLÖTNER (1998), SPASIC-BOSKOVIC et al. (1999), HOFMAN et al. (2016b, JABLONSKI, MIKULÍČEK, CHOLEVA, DOLEŽÁLKOVÁ-KAŠTÁNKOVÁ (unveröff.)
ME	Ckla	42.085	19.377	JABLONSKI, GEŽOVÁ, PAPEŽÍK (unveröff.)
AL	Zogaj	42.071	19.4	JABLONSKI (2011), JABLONSKI, MIKULÍČEK, CHOLEVA, DOLEŽÁLKOVÁ-KAŠTÁNKOVÁ (unveröff.)
AL	Shkodër	42.068	19.495	SCHNEIDER und HAXHIU (1994)
AL	Oblikë	42.018	19.455	JABLONSKI, MIKULÍČEK, CHOLEVA, DOLEŽÁLKOVÁ-KAŠTÁNKOVÁ (unveröff.)
AL	Bushat	41.959	19.534	BUCCI et al. (1999), RAGGHIANTI et al. (1999, 2004)
ME	Ulcinj	41.931	19.214	HOTZ und UZZELL (1982), RADOJIČIĆ et al. (2015)
ME	Lokalität 12	41.882	19.347	POLOVIĆ und ČAĐENOVIĆ (2014)
AL	Gjadër	41.878	19.589	CHOLEVA, DOLEŽÁLKOVÁ-KAŠTÁNKOVÁ (unveröff.)

AL	Velipojë	41.862	19.409	JABLONSKI, MIKULÍČEK, CHOLEVA, DOLEŽÁLKOVÁ-KAŠTÁNKOVÁ (unveröff.)
AL	Drini	41.840	19.643	CHOLEVA, DOLEŽÁLKOVÁ-KAŠTÁNKOVÁ (unveröff.)
AL	Lezhë	41.785	19.646	HAXHIU (1994), CHOLEVA, DOLEŽÁLKOVÁ-KAŠTÁNKOVÁ (unveröff.)
AL	Nishaj	41.685	19.588	JABLONSKI, MIKULÍČEK, CHOLEVA, DOLEŽÁLKOVÁ-KAŠTÁNKOVÁ (unveröff.)
AL	Thumanë	41.551	19.683	SCHNEIDER und HAXHIU (1994)
AL	Bezirk Krujë	41.509	19.771	HAXHIU (1994)
AL	Fushë-Krujë	41.491	19.722	SCHNEIDER und HAXHIU (1994), CHOLEVA, DOLEŽÁLKOVÁ-KAŠTÁNKOVÁ (unveröff.)
AL	Durrës	41.335	19.429	HAXHIU (1994), SCHNEIDER und HAXHIU (1994), SINSCH und SCHNEIDER (1996)
AL	bei Tirana	41.312	19.817	HAXHIU (1994)
AL	Kavajë	41.184	19.562	HAXHIU (1994)
AL	Rrogozhinë	41.07	19.666	HAXHIU (1994)
AL	Divjakë-Karavastë	40.990	19.497	JABLONSKI (unveröff.)
AL	Divjakë	40.979	19.556	JABLONSKI (unveröff.)
AL	Lushnjë	40.941	19.699	HAXHIU (1994)
AL	Ardenice	40.816	19.605	JABLONSKI (2011)
AL	Poshnjë	40.778	19.843	SCHNEIDER und HAXHIU (1994)
AL	Fier bei Ballsh	40.727	19.562	HAXHIU (1994)
AL	bei Berat	40.708	19.943	HAXHIU (1994)
AL	Vlorë	40.556	19.513	HAXHIU (1994), JABLONSKI (unveröff.)
AL	Zvërnec	40.512	19.406	JABLONSKI, MIKULÍČEK, CHOLEVA DOLEŽÁLKOVÁ-KAŠTÁNKOVÁ (unveröff.)
AL	Kuta	40.47	19.75	FRANK et al. (2018)
AL	Orikum	40.346	19.484	HAXHIU (1994)

Ökologie. Habitat: *Pelophylax shqipericus* besiedelt neben vegetationsreichen Seeufern auch Sümpfe, Gräben, Kanäle und langsam fließende vegetationsreiche Flüsse. Er kommt ebenfalls in ausgesprochenen Agrargebieten vor, sofern genügend Gewässer (z. B. wasserführende Gräben) vorhanden sind (HAXHIU 1994).

Über Winterquartiere, Nahrung und die Populationsökologie des Skutari-Wasserfroschs liegen keine Informationen vor.

Feinde, Parasiten und Krankheiten: Über das Feindspektrum von *P. shqipericus* ist bisher nichts bekannt, es dürfte aber dem anderer Wasserfroscharten entsprechen. Zu den Parasiten und Krankheiten des Skutari-Wasserfroschs erschienen bislang nur wenige Arbeiten. JABLONSKI et al. (2018) fanden ein Exemplar des parasitischen Wurms *Acanthocephalus ranae* in einem männlichen Individuum von Nishaj (Albanien). Über Infektionen mit dem parasitischen Nematoden *Icosiella neglecta* (Spirurida, Onchocercidae) berichten MIKULÍČEK et al. (2021). VOJAR et al. (2017) untersuchten die Verbreitung und Prävalenz des amphibienpathogenen Hautpilzes *Batrachochytrium dendrobatidis* auf dem Balkan. Obwohl in dieser Studie nicht zwischen den hier lebenden *Pelophylax*-Arten differenziert wurde, sprechen die für Wasserfrösche ermittelten, vergleichsweise hohen Prävalenzraten von ca. 26 % dafür, dass auch der Skutari-Wasserfrosch zu den Wirten dieses Chytridpilzes gehört.

Herpetozönose: In vielen Habitaten kommt *P. shqipericus* zusammen mit *P. kurtmuelleri* vor, der in früheren Publikationen mit *P. ridibundus* synonymisiert wurde (GÜNTHER 1982, SCHNEIDER und JOERMANN 1988, PLÖTNER 2005). Bastarde zwischen *P. shqipericus* × *P. kurtmuelleri* treten regelmäßig auf, ihr Anteil ist jedoch gering (ca. 5–14 %, vgl. SCHNEIDER und JOERMANN 1988, BERGER et al. 1994, VUCIĆ et al. 2018), möglicherweise aufgrund einer räumlichen Separation beider Arten während der Laichzeit (SCHNEIDER und JOERMANN 1988). Die Beobachtungen von GÜNTHER (1982) deuten darauf hin, dass auch die Hauptlaichzeiten von *P. shqipericus* und *P. kurtmuelleri* verschieden sind und es somit nur zu einer zeitlich begrenzten Überlappung der Reproduktionsperioden beider Arten kommt.

Reproduktion und Ontogenese. Daten zur Reproduktionsbiologie und Ontogenese des Skutari-Wasserfroschs liegen nicht vor. Lediglich TURANI und ALIKO (2017) untersuchte den Einfluss der Temperatur auf die Entwicklung von Kaulquappen, die in vitro erzeugt wurden (Gosner-Stadium 14–16); Temperaturen von 19–20 °C werden als optimal für die Larvalentwicklung von *P. shqipericus* angegeben.

Verhalten. Paarungsverhalten und akustische Kommunikation: Das Paarungsverhalten des Skutari-Wasserfroschs entspricht dem anderer Wasserfroscharten. Während der Hauptlaichzeit bilden die Männchen Rufgruppen, die sich im Skutari-See im Vergleich zu dem hier syntop vorkommenden *P. kurtmuelleri* näher am Ufer befanden; die Individualdistanzen betrugen ca. 0,5–1,5 m (SCHNEIDER und JOERMANN 1988).

Rufe: Der Paarungsruf des Skutari-Wasserfroschs (Abb. 13) besteht aus einer Serie klar unterscheidbarer, kurzer Impulse, deren Amplitude am Anfang sehr gering ist, während des ersten Drittels oder der ersten Hälfte des Rufes ansteigt und danach bis zum Ende des Rufes weitgehend konstant bleibt. Aufgrund einer periodisch wiederkehrenden Amplitudenmodulation können Impulsgruppen differenziert werden, die nur wenige Impulse enthalten und die nicht durch Intervalle voneinander getrennt sind (SCHNEIDER und JOERMANN 1988, SCHNEIDER und HAXHIU 1994, SINSCH und SCHNEIDER 1996). Im Sonagramm sind zwei Energiemaxima sichtbar (ca. 0,5 und 1,4 kHz bei ca. 15 °C), mit zunehmender Wassertemperatur (WT) ist eine Zunahme der Energiemaxima zu verzeichnen. Die Dauer der Rufe (RD) ist sehr variabel, mit steigender WT werden die Rufe kürzer. Aus den publizierten Regressionsmodellen ergeben sich für eine WT von 14 °C Werte von ca. 1650 ms und für eine WT von 23 °C von ca. 1100 ms. Die WT beeinflusst auch die Zahl der Impulse (I) und Impulsgruppen (IG) pro Zeiteinheit entsprechend der Gleichungen $I/s = 6{,}76 \times WT + 44{,}6$ bzw. $IG/s = 1{,}18 \times WT + 0{,}37$ (SCHNEIDER und JOERMANN 1988), d.h. mit steigender WT nimmt auch die Zahl der Impulse und Impulsgruppen pro Zeiteinheit zu. Dagegen ist die Anzahl der Impulsgruppen in einem Ruf und die Anzahl der Impulse pro Impulsgruppe offensichtlich nicht von der Temperatur abhängig, SCHNEIDER und HAXHIU (1994) geben für diese Parameter Werte ($\bar{x} \pm \sigma$) von 29,3 ± 10,89 bzw. 3,4 ± 0,61 an.

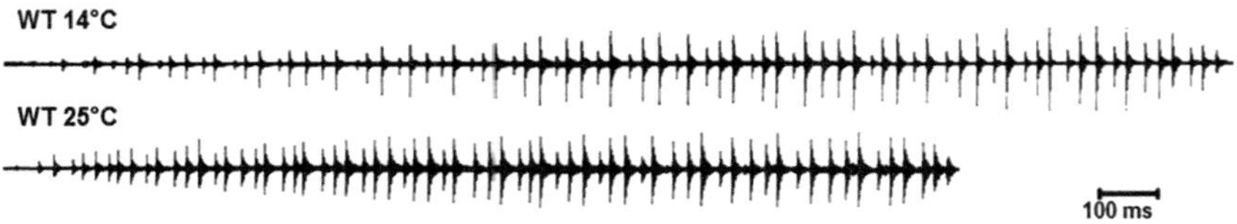

Abb. 13: Oszillogramme zweier Paarungsrufe des Skutari-Wasserfroschs, aufgenommen bei Wassertemperaturen von 14 °C und 25 °C. Aus SCHNEIDER und HAXHIU (1994).

Im Vergleich zu den Paarungsrufen von *P. lessonae* und *P. bergeri* sind Unterschiede in der RD und den Intervallen zwischen den Rufen sichtbar (Tab. 8).

Tab. 8: Werte verschiedener Parameter der Paarungsrufe von *P. lessonae*, *P. bergeri* und *P. shqipericus*, berechnet für eine Wassertemperatur von 20 °C. I: Anzahl der Impulse, IG: Anzahl der Impulsgruppen pro Sekunde (s), RD: Rufdauer, RI: Intervalle zwischen den Rufen, k. A.: keine Angabe bzw. Berechnung möglich.
*: temperaturunabhängig (arithmetisches Mittel)

Art	**RD** (ms)	**IG/Ruf**	**I/IG**	**IG/s**	**RI** (ms)	**Quelle**
P. lessonae	1506	41,8	k. A.	k. A.	1860	SCHNEIDER et al. (1979)
	1228	34,5	2,0–5,3	k. A.	1325	RADWAN und SCHNEIDER (1988)
	1489	39,8 ± 1,9*	3,4 ± 0,1*	25,9	1326	SINSCH und SCHNEIDER (1996)
	1504	36,7	3,6*	25,1	1707	SCHNEIDER (1996)
P. bergeri	1553	45,3–58,6*	3,0–4,4*	30,6	1615	SINSCH und SCHNEIDER (1996)
P. shqipericus	1277	29,0 ± 8,0*	k. A.	24,0	1991 ± 782*	SCHNEIDER und JOERMANN (1988)
	1318	29,3 ± 10,9*	3,4 ± 0,6*	22,4	2020	SCHNEIDER und HAXHIU (1994)
	k. A.	25,7–33,0*	3,2–3,8*	k. A.	k. A.	SINSCH und SCHNEIDER (1996)

Gefährdung und Schutz. Schutzstatus: IUCN Welt: Endangered – gefährdet (UZZELL und CRNOBRNJA-ISALOVIC 2009). Der Gefährdungsstatus ergibt sich vor allem aus dem relativ kleinen Areal der Art.

Anthropogene Gefährdungsfaktoren: Die Trockenlegung von Feuchtgebieten und die Verschmutzung von Laichgewässern mit industriellen und landwirtschaftlichen Abwässern gelten als die Hauptgefährdungsfaktoren für die Populationen des Skutari-Wasserfroschs. Der bis Ende des 20. Jahrhunderts (und wahrscheinlich auch heute noch) praktizierte Fang von Wasserfröschen zur Gewinnung von Froschschenkeln dürfte zumindest für regionale Bestandsrückgänge verantwortlich sein (LJUBISAVLJEVIC et al. 2004, UZZELL und CRNOBRNJA-ISALOVIC 2009).

LJUBISAVLJEVIC et al. (2004) berichten, dass wiederholt auch allochthone Wasserfrösche nach Serbien und Montenegro eingeführt wurden, allein im Jahr 1980 11,7 t (etwa 293 000 Individuen bei einer angenommenen mittleren LM von ca. 40 g, PLÖTNER 2005), die vom Territorium der ehemaligen UdSSR stammten. Unklar ist, ob in bestimmten Regionen allochthone Individuen einen Einfluss auf den Genpool des Skutari-Wasserfroschs hatten.

Eine Gefährdung durch den amphibienpathogenen Pilz *Batrachochytrium dendrobatidis* (VOJAR et al. 2017) ist zum gegenwärtigen Zeitpunkt nicht auszuschließen.

Pelophylax lessonae (Camerano, 1882) – Kleiner Wasserfrosch

Von

JÖRG PLÖTNER, SPARTAK N. LITVINCHUK und LEO BORKIN

Einführung. *Pelophylax lessonae* wurde von CAMERANO (1882) als kurzbeinige Variante des Teichfroschs (*Pelophylax esculentus* var. *lessonae*) aus dem Piemont in Oberitalien beschrieben und später von KARAMAN (1921) als eigenständige Art behandelt. Diese Hypothese konnte jedoch erst in den 1960er-Jahren durch die Arbeiten des polnischen Zoologen Lezek Berger verifiziert werden (BERGER 1964, 1967, 1968). Obwohl *P. lessonae* im Vergleich zu anderen Wasserfroscharten wesentlich intensiver untersucht wurde, besteht auch bei dieser Art noch erheblicher Forschungsbedarf, z. B. zur innerartlichen (genetischen) Variabilität, Phylogeografie und Populationsökologie. So sprechen neben den Ergebnissen von Kreuzungsexperimenten mit österreichischen und polnischen *P. lessonae* (TUNNER 1980) auch genetische und karyologische Daten (z. B. BUCCI et al. 1990, PLÖTNER, unveröff.) für die Existenz kryptischer, genetisch klar differenzierbarer Linien. Inzwischen stehen umfangreiche genomische Daten zur Verfügung (GRAU et al. 2014, GRAU 2016), die eine solide Basis für weiterführende Untersuchungen bilden. In diesem Kontext soll nicht unerwähnt bleiben, dass *P. lessonae* für die Aufklärung der hybridogenetischen Reproduktionsmodi des Teichfroschs (*Pelophylax esculentus*) als dessen Elternart eine Schlüsselrolle spielt (vgl. Kapitel „*Pelophylax esculentus*“). Darüber hinaus sollten dringend die Kenntnislücken zur Verbreitung und Bestandssituation der Art geschlossen und Maßnahmen ergriffen werden, um den bereits vielerorts zu verzeichnenden Bestandsrückgängen (BONK und PABIJAN 2010, PLÖTNER 2018) entgegenwirken zu können.

Diagnose. Kleinste westpaläarktische Wasserfroschart, Männchen werden selten größer als 60 mm und Weibchen als 70 mm. Die Haut ist im Vergleich zu anderen Wasserfroscharten relativ weich. Männliche Tiere sind zur Paarungszeit auf der Oberseite (Kopf und Rücken) oft „zitronengelb“ gefärbt, ebenso an den Oberschenkeln und im Lendenbereich. Die Bauchseite ist meist weiß, selten schwach dunkel pigmentiert. Die Schallblasen sind generell unpigmentiert und wirken deshalb im aufgeblasenen Zustand weißlich, mitunter fast durchsichtig. Die lateralen, gut sichtbaren Drüsenleisten sind wie die Dorsallinie in der Regel farblich von der Grundfärbung abgesetzt, z. B. sind sie bei grün gefärbten Tieren häufig bräunlich oder weißlich.

Das wichtigste diagnostische Merkmal ist die Form des inneren Fersenhöckers (Metatarsaltuberkel, Callus internus), der hochgewölbt und gewöhnlich halbkreisförmig ausgeprägt ist. Die Unterschenkel (Tibia) sind durchgängig kürzer als die halbe Kopf-Rumpf-Länge, das Längenverhältnis Tibia/Callus internus ist in der Regel <7,0; der Quotient aus Länge der 1. Zehe (Digitus primus) und Länge des Fersenhöckers ist <2,0. Mittels molekularer Marker (Enzyme, DNA- und Aminosäuresequenzen) kann *P. lessonae* eindeutig bestimmt und von nahe verwandten Arten (*Pelophylax bergeri*, *Pelophylax shqipericus*) und Hybridformen (*P. esculentus*, *Pelophylax hispanicus*) differenziert werden.

Synonyme. Die hier aufgeführte Liste enthält sowohl echte Synonyme als auch eine Kombination von Art-Epitheta mit verschiedenen Gattungs- und Untergattungsnamen. Weitere nomenklatorische Details können den Veröffentlichungen von Dubois und Ohler (1994a, b) entnommen werden. In der von Frost (2019) vorgelegten Synonymieliste wird *P. esculentus* als Synonym von *P. lessonae* und *Pelophylax ridibundus* geführt, d. h. es wird leider nicht zwischen *P. lessonae* und der Hybridform unterschieden.

Rana esculenta var. *sylvaticus* Koch, 1872: 150. Namensgebender Typus: unbekannt, möglicherweise befindet sich Typusmaterial im SMF. Boulenger (1891: 376) berichtete, dass er das Typusexemplar untersucht habe, was allerdings im Typenkatalog von Mertens (1967) keine Erwähnung findet. Name belegt durch *Rana sylvatica* Le Conte, 1825: 282. – Terra typica restricta: Grastränkweiher bei Frankfurt am Main (50°07'N, 08°40'O nach Dubois und Ohler 1994a), Deutschland; eingegrenzt als Typuslokalität ohne Angabe eines namensgebenden Typusexemplars durch Mertens und Wermuth (1960: 55).

Rana meridionalis Lataste, 1876: 13. Namensgebender Typus: unbekannt, möglicherweise in der Privatsammlung von Lataste, die sich im BMNH befindet. Subjektives Seniorsynonym von *Rana lessonae* nach Dubois und Ohler (1994a: 162). Name nicht verfügbar, da als Synonym publiziert. – Terra typica: Bondy (48°54'N, 02°28'O nach Dubois und Ohler 1994a), Seine-Saint-Denis, Frankreich.

Rana esculenta acutirostris Lessona, 1877: 1061. Namensgebender Typus: unbekannt. Name durch *Rana temporaria* var. *acutirostris* Fatio, 1872: 328 (= *Rana temporaria*) belegt. – Terra typica: mezzogiorno del Piemonte, ad esempio di Saluzzo (44°39'N, 07°29'O nach Dubois und Ohler 1994a), di Mondovi, di Cuneo (44°23'N, 07°32'O), südliches Piemont, Italien.

Rana esculenta obtusirostris Lessona, 1877: 1061. Namensgebender Typus: Nicht festgelegt. Name belegt durch *Rana temporaria* var. *obtusirostris*

Fatio, 1872: 329 (= *Rana temporaria*). – Terra typica: vermutlich Nord-Piemont, Italien, nach DUBOIS und OHLER (1994a: 166).

Rana esculenta var. *lessonae* Camerano, 1882: 686. Namensgebender Typus: Lektotypus, festgelegt durch BALLETTO et al. (1986: 107): MSNT An718-1, adultes Weibchen. – Terra typica restricta (festgelegt durch Lektotypus): Testona, östlich von Moncalieri (45°00'N, 07°41'O nach DUBOIS und OHLER 1994a), Torini, Italien. Die Festlegung des Lektotypus ist nicht unumstritten (siehe GAVETTI und ANDREONE 1993: 95), nach Mazepa (mündl. Mitt.) handelt es sich bei diesem Exemplar um *P. esculentus*; Paralektotypen befinden sich im MZUT.

Rana esculenta lessonae var. *immaculata* Camerano, 1884: 250. Name aufgrund der quadrinominalen Nomenklatur nicht verfügbar.

Rana esculenta lessonae var. *maculata* Camerano, 1884: 250; nec *Rana maculata* Brocchi, 1877: 178; nec *Rana arvalis* var. *maculata* Schreiber, 1912: 255. Name aufgrund der quadrinominalen Nomenklatur nicht verfügbar.

Rana esculenta subsp. *lessonae* var. *nigrovittata* Camerano, 1884: 250; nec *Limnodytes nigrovittata* Blyth, 1855: 718. Name aufgrund der quadrinominalen Nomenklatur nicht verfügbar.

Rana esculenta subsp. *lessonae* var. *punctata* Camerano, 1884: 250; nec *Rana punctata* Daudin, 1802: 51; nec *Rana temporaria* var. *punctata* Mertens, 1917: 42. Name aufgrund der quadrinominalen Nomenklatur nicht verfügbar.

Rana esculenta var. *lessonai* – DÜRIGEN (1897: 427). Inkorrekte Schreibweise.

Rana esculenta lessonae var. *castanea* Prazák, 1898: 209. Name aufgrund der quadrinominalen Nomenklatur nicht verfügbar.

Rana esculenta lessonae var. *meridionalis* Prazák, 1898: 210. Name aufgrund der quadrinominalen Nomenklatur nicht verfügbar.

Rana esculenta var. *bolkayi* Fejérváry, 1909: 20. Namensgebender Typus: unbekannt. – Terra typica: In den Sümpfen der Rhône-Mündung und im Genfer See, bei Villeneuve (46°24'N, 06°55'O), Noville (46°23'N, 06°54'O), Roche (46°23'N, 06°56'O), Bex (46°16'N, 07°01'O), Bouveret (46°23'N, 06°52'O) und Collombey (46°17'N, 06°56'O), Kanton Wallis, Schweiz. Koordinaten nach DUBOIS und OHLER (1994a).

Rana lessonae pannonica Karaman, 1948: 62. Namensgebender Typus: unbekannt. – Terra typica: (1) Obedska bara (44°42'N, 18°00'O) und Beoćin (45°13'N, 19°43'O), Vojvodina, Serbien [ehemaliges Jugoslawien]; (2) Smederevo [deutsch: Semendria] (44°40'N, 20°56'O), Serbien; (3) Vukovar (45°21'N, 19°00'O), Ilok (45°13'N, 19°23'O), Ludina-Vidrenjak (45°36'N, 16°35'O) und Zagreb (45°48'N, 15°58'O), Kroatien; (4) Prud (45°04'N, 18°27'O), Bosnien und Herzegowina. Koordinaten nach DUBOIS und OHLER (1994a).

Rana lessonae – BERGER (1966: 321).

Rana (*Pelophylax*) *lessonae* – DUBOIS (1992: 332).

Englischer Name. Pool frog.

Beschreibung. Maße und Lebendmassen: Männchen können Kopf-Rumpf-Längen (KRL) von maximal 75 mm und Lebendmassen (LM) von ca. 40 g erreichen, Weibchen von 80 mm und ca. 60 g (JUSZCZYK 1971, 1987, SZCZERBAK und SZCZERBAN 1980, GÜNTHER 1990, LADA et al. 1995, KUZMIN 1999, DROBENKOV et al. 2006, CZARNIEWSKA et al. 2011). Für Deutschland gibt GÜNTHER (1996b) folgende Maximalwerte an: 65 mm und 30 g für männliche Tiere, 75 mm und 50 g für weibliche. Solche Werte werden allerdings nur selten erreicht, in der Regel variiert die KRL der Männchen zwischen ca. 40 und 60 mm und die der Weibchen zwischen ca. 50 und 70 mm (SCHULZ 1973, BORKIN et al. 1979, BERGER und GÜNTHER 1988, LADA et al. 1995, CHERNYSHOV 2005, KARAICA et al. 2016).

Auch beim Kleinen Wasserfrosch besteht eine positive Korrelation zwischen der KRL und dem Lebensalter (BORKIN et al. 1979, OKULOVA et al. 1997, OKULOVA und BOGDANOV 2002). Die LM korreliert wiederum signifikant mit der KRL und hängt darüber hinaus vom Ernährungszustand der Tiere, der Masse der im Verdauungstrakt enthaltenen Nahrung, dem Wassergehalt des Organismus und bei Weibchen auch wesentlich von der Masse der Ovarien ab (BORKIN und TIKHENKO 1979, eigene Daten). In einer polnischen Population waren Weibchen (KRL >48 mm) nach der Eiablage im Mittel 28 % leichter als vor dieser. Männliche Tiere verloren während der Paarungszeit 7–22 % (im Mittel 14 %) ihrer LM (RYBACKI 1994f).

Zwischen (etwa gleichaltrigen) Männchen und Weibchen bestehen signifikante Unterschiede sowohl in der KRL als auch in der LM, letztere sind im Mittel größer und folglich auch schwerer (LADA et al. 1995, OKULOVA et al. 1997, RUCHIN et al. 2005a, KORSHUNOV 2010, REMINNYI 2010, PESKOV et al. 2012, PESKOV und PETRENKO 2014). Nach GÜNTHER (1996b) liegt die mittlere Größendifferenz zwischen Männchen und Weibchen bei deutschen *P. lessonae* gewöhnlich bei 5–8 mm. In Lettland und den ukrainischen Karpaten wurden jedoch Populationen gefunden, in denen beide Geschlechter im Mittel annähernd die gleichen KRL hatten (SZCZERBAK und SZCZERBAN 1980, CAUNE und BORKIN 1993). So betrug die mittlere KRL der lettischen Männchen 64,4 mm und die der Weibchen 63,9 mm, die größten Tiere waren 70 mm (Männchen) bzw. 80 mm (Weibchen) lang (CAUNE und BORKIN 1993).

Äußere Merkmale: Die Form und Größe des inneren Fersenhöckers (Callus internus, CI) sind die wichtigsten artspezifischen äußeren Merkmale. Bei vielen Tieren ist der CI annähernd halbkreisförmig gewölbt (GÜNTHER 1990, PLÖTNER 2005, Abb. 14). Charakteristisch sind auch die kurzen Unterschenkel, deren Länge bei fast allen Tieren die siebenfache Höckerlänge nicht überschreitet. Als wichtigste morphometrische Parameter zur Differenzierung der mitteleuropäischen Wasserfrösche gelten deshalb die Quotienten aus Länge der 1. Zehe (Digitus primus) zu Länge des Fersenhöckers (DPL/CIL) und Länge des Unterschenkels (Tibia) zu Länge des Fersenhöckers (TL/CIL). Diese sind in der Regel <2,0 (DPL/CIL) und <7,0 (TL/CIL) (BERGER 1966, SCHULZ 1973,

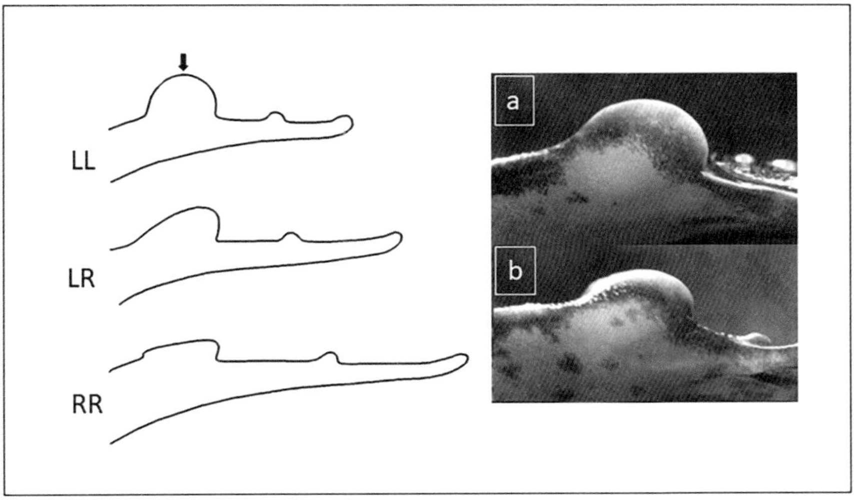

Abb. 14: Links: Idealisierte Form des Fersenhöckers (Callus internus) von *P. lessonae* (LL) im Vergleich zu *P. esculentus* (LR) und *P. ridibundus* (RR). Rechts: Neben der arttypischen halbkreisförmigen Ausprägung (a) ist bei manchen Tieren der Höcker flacher (b) oder der höchste Punkt (Pfeil) geringfügig in Richtung Zehenspitze (distal) verschoben.

GÜNTHER 1975b, 1990, LADA et al. 1995, PLÖTNER 1987, 2005, 2010, MUTZ 2009, HOOGESTEGER et al. 2013, PENELL und KUPFER 2018).

Auf der Grundlage der äußeren Morphologie ist es möglich, ca. 90 % der in *lessonae-esculentus*-Populationen lebenden Wasserfrösche sicher zu bestimmen (WIJNANDS und VAN GELDER 1976, PLÖTNER 2010). Allerdings ermöglicht die äußere Morphologie nicht in jedem Fall eine Differenzierung zwischen *P. lessonae* und der Hybridform, da mitunter auch Tiere vorkommen, die nicht den für die Art charakteristischen halbkreisförmigen Fersenhöcker aufweisen (Abb. 14, Bild b) und/oder morphometrische Merkmale zeigen, die im *esculentus*-spezifischen Bereich liegen (GREVEN et al. 1988, GÜNTHER et al. 1991, TECKER et al. 2017). Andererseits können vor allem bei triploiden Hybriden mit zwei *lessonae*-Genomen und einem *ridibundus*-Genom (sogenannte LLR-Genotypen, siehe Kapitel „Populationssysteme und Populationsgenetik“) bestimmte morphometrische Indizes *lessonae*-spezifische Werte aufweisen (TECKER et al. 2017).

BORKIN et al. (1979) geben für russische Individuen von Luga (Oblast Leningrad) Quotienten von 1,4–2,5 (DPL/CIL) und 4,9–7,9 (TL/CIL) an; auch andere Autoren (z. B. LADA et al. 1995, KRIZMANIĆ 2008a) publizierten Werte, die z. T. deutlich oberhalb der o. g. Grenzwerte liegen. Fraglich ist, ob solche Extremwerte genetische oder umweltbedingte Abnormitäten darstellen, wie offensichtlich bei den von GÜNTHER et al. (1991) untersuchten Individuen, auf Verwechslungen mit *P. esculentus* beruhen oder auf Messfehler zurückzuführen sind.

Die Larven des Kleinen Wasserfroschs ähneln denen des Teich- und Seefroschs und können im Freiland nicht von diesen unterschieden werden. Die folgenden Ausführungen zur vergleichenden Larvenmorphologie basieren auf den Arbeiten von GÜNTHER (1978, 1990), die dort dargestellten Merkmale können allerdings nur an konservierten Larven ermittelt werden.

Die beste Differenzierung zwischen *P. lessonae*- und *P. ridibundus*-Larven gelang auf der Grundlage des Quotienten Abstand zwischen den Pupillen (P-P, gemessen vom Zentrum der Pupillen) und Abstand zwischen einem Nasenloch und dem Pinealorgan (NL-PI) (Tab. 9), eine Differenzierung zwischen Larven von *P. lessonae* und *P. esculentus* (bzw. *P. ridibundus* und *P. esculentus*) ist aufgrund der starken Merkmalsüberlappungen jedoch nicht möglich.

Tab. 9: Morphometrische Parameter von *P. lessonae*-Larven (LL) im Vergleich zu *P. ridibundus*-Larven (RR). Aus GÜNTHER (1990). RL: Rumpflänge, P-P/NL-PI: Quotient aus Pupillenabstand und Abstand Nasenloch-Pinealorgan, NLD: Nasenlochdurchmesser, DPL/CIL: Quotient aus Länge der 1. Zehe u. Länge des Fersenhöckers (nur bei Larven mit weit entwickelten Hinterextremitäten).

RL (mm)	**P-P/NL-PI**			**NLD** (mm)			**DPL/CIL**	
	LL		**RR**	**LL**		**RR**	**LL**	**RR**
4,0–5,9	>	2,50	>	<	0,14	<		
6,0–7,9	>	2,60	>	<	0,16	<		
8,0–9,9	>	2,70	>	<	0,19	<		
10,0–11,9	>	2,80	>	<	0,22	<		
12,00–13,9	>	2,85	>	<	0,25	<		
14,00–15,9	>	2,90	>	<	0,27	<		
16,00–17,9	>	2,95	>	<	0,28	<		
18,00–19,9	>	3,00	>	<	0,29	<	<2,3	>2,6
20,00–21,9	>	3,05	>	<	0,30	<	<2,3	>2,6
22,0–23,9	>	3,10	>	<	0,31	<	<2,3	>2,6

Der Durchmesser des Nasenlochs eignet sich ebenfalls zur Differenzierung zwischen *P. lessonae-* und *P. ridibundus*-Larven, da Larven des Kleinen Wasserfroschs wesentlich kleinere Nasenlöcher haben als Seefroschlarven. Allerdings lassen sich Larven, bei denen die Vorderbeine schon durchgebrochen sind oder kurz vor dem Durchbruch stehen, nicht anhand des Nasenlochdurchmessers bestimmen, da während der Klimax der Metamorphose die Öffnungen der Nasenlöcher kleiner werden und ihre Form verändern. Entgegen einer in der älteren Bestimmungsliteratur verbreiteten Auffassung (z. B. FREYTAG 1974) hat die Körperform der Larven keinen diagnostischen Wert (GÜNTHER l. c.).

Mitteleuropäische Wasserfroschlarven besitzen auf der Oberlippe zwei Zahnreihen – wovon die den Hornkiefern näher gelegene Reihe weit unterbrochen ist – und auf der Unterlippe drei Zahnreihen. Die von den Kiefern her gesehene 1. Zahnreihe der Unterlippe zeigt in der Regel einen schmalen Spalt in der Mitte, dessen Breite von Tier zu Tier erheblich schwanken kann. Gerade bei sehr jungen Larven kommt es häufig vor, dass die zweite Zahnreihe der Oberlippe völlig fehlt oder nur auf einer Seite vorhanden ist. Im Vergleich zu *P. ridibundus* weist *P. lessonae* in allen Größenklassen mehr Einzelzähnchen auf, aufgrund der hohen Überschneidung ist die diagnostische Eignung dieses Merkmal allerdings stark eingeschränkt. Die Zahnformel ist 1 : 1+1/1+1 : 2 (KUZMIN 1999, 2013).

Bei Larven mit ausgebildeten Hinterbeinen kann der Fersenhöcker (CI) als diagnostisches Merkmal zur Differenzierung zwischen *P. lessonae*, *P. ridibundus* und diploiden *P. esculentus* verwendet werden (s. o.). *P. lessonae*-Larven haben einen relativ großen, oft halbkreisförmigen Fersenhöcker während dieser bei *P. ridibundus*-Larven vergleichsweise flach und kurz ist, bei diploiden *esculentus*-Larven ist der höchste Punkt – wie auch bei adulten Tieren – in Richtung Zehenspitze verschoben (Abb. 14).

Lebende Wasserfroschlarven können durch ein helles, aber oft unscharfes Band, das sich von den Augen nach vorn zum Mund zieht, in vielen Fällen von den Larven anderer Anuren unterschieden werden. Dieses Merkmal scheint in Populationen mit einem hohen *P. lessonae*-Anteil stärker ausgeprägt zu sein (BÜHLER et al. 2007, THIESMEIER und FRANZEN 2018). Um die Larven der mitteleuropäischen Wasserfroschformen exakt bestimmen zu können, muss immer auf molekulare oder karyologische Methoden zurückgegriffen werden.

F ä r b u n g : Die Oberseite des Körpers ist bei den meisten Tieren hell- oder grasgrün gefärbt, seltener auch blaugrün oder teilweise braun. Nur bei wenigen Individuen ist die gesamte Oberseite einschließlich der Flanken braun, in der Regel sind zumindest mehr oder weniger große Bereiche des Kopfes und der Flanken grün oder gelblich. SAS (2009) fand in einer rumänischen Population Tiere, die oberseits graubraun bis fast vollständig grau gefärbt waren.

Männliche Tiere sind zur Paarungszeit auf der Oberseite (Kopf und Rücken) oft zitronengelb gefärbt, ebenso an den Oberschenkeln und im Lendenbereich.

Charakteristisch für den Kleinen Wasserfrosch ist weiterhin die gelbe bis orangefarbene Grundfärbung an den Innenseiten der Oberschenkel und den Flanken. Tibia und Femur sind häufig grau oder bräunlich gefleckt oder marmoriert, manchmal verlaufen die Flecken zu transversalen Bändern, die oft unterbrochen sind, nach SURYADNA (2005) trifft das für 72 % der Individuen zu. Nach NEKRASOVA (2002a, b) beläuft sich die Gesamtzahl der Bänder auf den hinteren Extremitäten (einschließlich Femur, Tibia, Tarsus und 5. Finger) auf acht.

Bei vielen Tieren sind kleine, regelmäßig geformte schwärzliche Pigmentflecke ausgebildet, die scharfrandig gegen die Grundfarbe abgesetzt sind. Manche Tiere besitzen größere, bräunliche und unregelmäßig geformte Flecken. Bei männlichen Tieren sind diese Pigmentflecke während der Paarungszeit (Mai/Juni) aufgrund der intensiven Gelbfärbung oft nicht mehr sichtbar, vor allem die vordere Rückenhälfte erscheint dann ungefleckt. Auf den Extremitäten sind die Flecken dunkelbraun, größer als auf dem Rücken und manchmal miteinander verschmolzen. Eine hellgrüne oder gelbliche Dorsallinie (Vertebralstreifen), die gewöhnlich auf Höhe der Nasenöffnungen beginnt und sich bis zum Ende des Os coccygis erstreckt, ist bei vielen Tieren vorhanden; bei braun gefärbten Tieren kann diese auch olivgrün sein. Die Expression der Vertebrallinie wird bei *P. lessonae* und allen anderen Wasserfroscharten wahrscheinlich durch ein dominantes Allel gesteuert, das möglicherweise mit geschlechtsspezifischen Faktoren assoziiert ist (BERGER und ŚMIEŁOWSKI 1982).

Die lateralen, deutlich hervortretenden Drüsenleisten sind wie die Dorsallinie in der Regel farblich von der Grundfärbung abgesetzt, z. B. bei grün gefärbten Tieren bräunlich, bronzefarben oder weißlich. Bei Tieren mit einer intensiven dunkelbraunen Grundfärbung treten sowohl die Drüsenleisten als auch die hellen Vertebrallinien besonders markant hervor (TUNNER und DOBROWSKY 1976).

Die weißlich gefärbte Unterseite (Bauch, Brust, Kehle) ist meist unpigmentiert oder weist nur einzelne graue Flecken auf (GÜNTHER 1990, BORKIN und TIKHENKO 1979). Nur selten kommen Tiere mit grau gefleckten oder marmorierten Unterseiten vor (SURYADNAYA 2001, SURYADNA 2005, eigene Daten). Allerdings zeigen Tiere, die ursprünglich ungefleckt waren, nach längerer Haltung bei niedrigen Temperaturen mitunter auch deutlich marmorierte Ventralseiten (eigene Beobachtungen).

Die Schallblasen der Männchen sind unpigmentiert und wirken deshalb im aufgeblasenen Zustand weißlich, mitunter fast durchsichtig, die Daumenschwielen sind hellgrau. Das Trommelfell ist gut sichtbar, stets kleiner als das Auge und braun, grau, grün oder gelb gefärbt (Übersicht bei GÜNTHER 1990, 1996b, SOWIG et al. 2007a).

Schädel und Postcranialskelett: Die ersten vergleichend-osteologischen Analysen an Wasserfröschen, einschließlich *P. lessonae*, wurden von BÖHME und GÜNTHER (1979) durchgeführt. Danach eignet sich das Frontoparietale

(Abb. 15) am besten zur Differenzierung zwischen *P. lessonae*, *P. ridibundus* und *P. esculentus*. Dieses zeigt ein dorsales Relief, dessen Kanten (Lineae) wesentlich

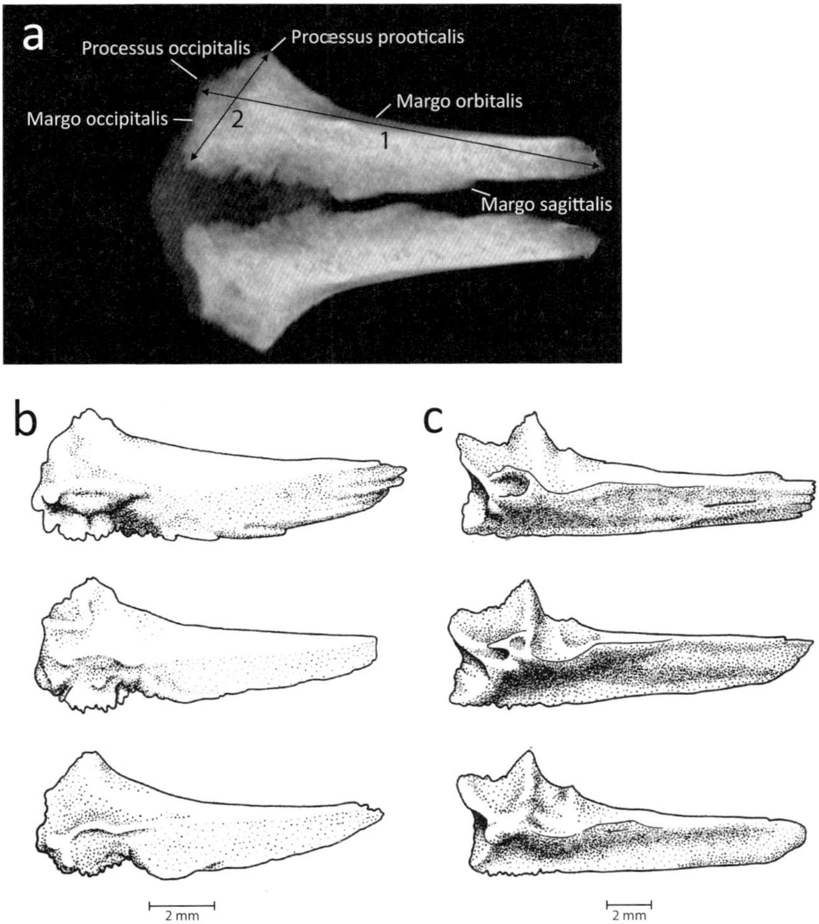

Abb. 15: MRT-Scan der Frontoparietalia von *P. lessonae* (a) und Dorsalansichten verschiedener linker Frontoparietalia von *P. lessonae* (b) und *P. ridibundus* (c). Der Processus occipitalis ist bei *P. lessonae* nur schwach ausgeprägt und zeigt ein undeutliches Relief. 1: Länge zwischen dem P. occipitalis und der distalen Spitze des Pars frontalis, 2: Transektion der Margo sagittalis mit der M. occipitalis. MRT-Scan (a): Kristin Mahlow-Tillack. Zeichnungen (b, c) aus BÖHME und GÜNTHER (1979).

undeutlicher entwickelt sind als bei *P. ridibundus* (Abb. 15 a u. b). Lediglich die Linea medialis und die L. transversalis sind als deutliche Anschwellungen im parietalen Sektor erkennbar. Die Margo saggitalis verläuft bogenförmig, im Gegensatz zu *P. ridibundus*, wo sie gerade verläuft. Der Processus prooticalis und besonders der P. occipitalis sind schwächer ausgeprägt, wodurch der Übergang zwischen Margo orbitalis und P. prooticalis nicht winklig, sondern leicht gebogen erscheint. BÖHME und GÜNTHER (1979) ermittelten die maximale Länge zwischen dem P. occipitalis und der distalen Spitze des Pars frontalis sowie den Abstand des P. prooticalis und der Transektion der M. sagittalis mit der M. occipitalis (Abb. 15a). Der Quotient aus dem Verhältnis beider Maße lag bei den meisten *P. lessonae* über 2,5 und erreichte besonders bei großen Exemplaren Werte ≥3,0. Weiterhin zeigten Querschnitte der Frontoparietale, dass dieses Knochenelement bei *P. lessonae* wesentlich graziler gebaut ist als bei *P. ridibundus* und *P. esculentus*.

Auch ROČEK (1980) untersuchte die Frontoparietalia von *P. lessonae* und anderen europäischen Arten der Gattungen *Pelophylax* und *Rana*. Während im

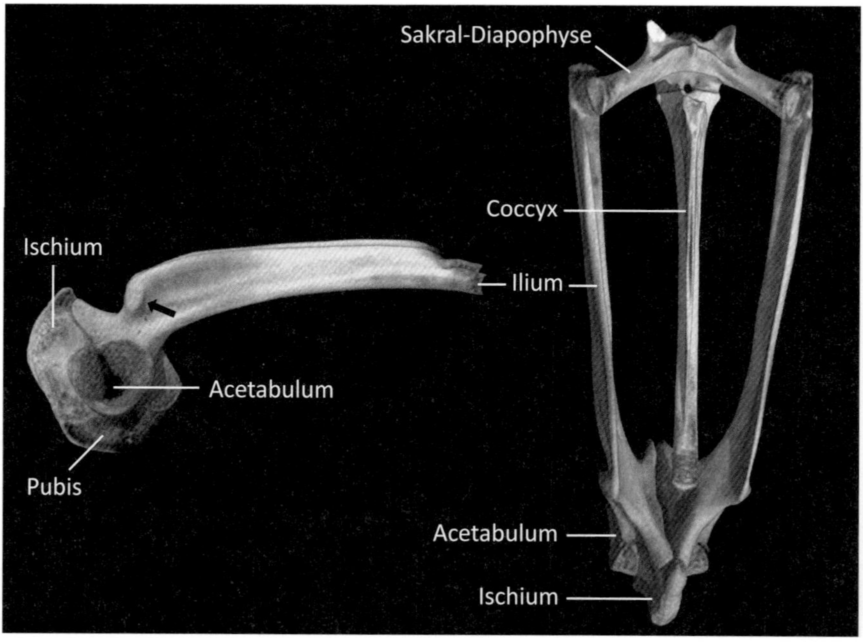

Abb. 16: Dorsalansicht (rechts) und Lateralansicht (links) des Beckengürtels von *P. lessonae*. Der rechts über dem Acetabulum gelegene, wulstförmige Vorsprung (Pfeil) ist gut erkennbar. MRT-Scans: Kristin Mahlow-Tillack.

Vergleich zu *P. esculentus* keine Unterschiede zu Tage traten, differierte im Vergleich zu *P. ridibundus* die Gestaltung der Facies cerebralis anterior und posterior.

Das Darmbein (Os ilium) ist durch einen wulstförmigen Vorsprung über dem Acetabulum charakterisiert (Abb. 16), im Vergleich zum Frontoparietale ist sein diagnostischer Wert geringer (BÖHME und GÜNTHER 1979, GÜNTHER 1990, BLAIN et al. 2015). RATNIKOV (2001) verglich die Form verschiedener Knochen (Relief auf Frontoparietale, Processus occipitalis und P. prooticalis, Ramus zygomaticus ossis squamosi, laterale Parasphenoidprocessoren, Caput scapulae, Crista medialis des Humerus und Crista dorsalis des Ilium) zwischen *P. lessonae* und *P. ridibundus* aus der osteuropäischen Tiefebene und beschrieb zahlreiche Unterschiede, die hier nicht weiter erwähnt werden sollen.

Zytomorphologische Merkmale: Die kernhaltigen Erythrozyten haben eine ellipsoide Form. Basierend auf Messungen an luftgetrockneten Blutausstrichen liegt ihre mittlere Länge (lange Achse) zwischen 20 und 25 µm, ihre mittlere Breite (kurze Achse) zwischen 12 und 16 µm, und ihre mittlere Fläche zwischen 203 und 290 µm² (Übersicht bei PLÖTNER 2005). Nach GÜNTHER (1977) variiert die mittlere Erythrozytenlänge bei *P. lessonae* zwischen 23,7 und 26,2 µm und die mittlere Fläche zwischen 265 und 296 µm². GREVEN et al. (1988) geben folgende Extremwerte und arithmetische Mittel an: Länge: 22,7–26,6 µm, $\bar{x}$ = 24,9 µm (Männchen), 23,7–26,4 µm, $\bar{x}$ = 25,6 µm (Weibchen), Fläche: 254–328 µm², $\bar{x}$ = 304 µm² (Männchen), 270–337 µm, $\bar{x}$ = 312 µm² (Weibchen). In einer Stichprobe von der Ostseeküste Polens variierte die Erythrozytenlänge zwischen 23,4 und 26,5 µm, das arithmetische Mittel betrug 24,9 µm (KIERZKOWSKI et al. 2011).

Neben methodisch bedingten Faktoren, die mit dem angewandten Mess- und Konservierungsverfahren in Zusammenhang stehen, korrelieren die Erythrozytenmaße bei Wasserfröschen offensichtlich auch mit dem Alter der Tiere und verschiedenen ökologischen Faktoren (SCHMELLER et al. 2001a). Vor diesem Hintergrund sollten Ploidiebestimmungen, die ausschließlich auf der Basis zytomorphologischer Parameter erfolgten (z.B. OKULOVA et al. 1997), kritisch hinterfragt werden, da mitunter diploide Tiere Werte zeigen, die im Bereich triploider liegen (PLÖTNER und KLINKHARDT 1992, SCHMELLER et al. 2001a). Die von UZZELL und BERGER (1975) publizierten, wesentlich höheren Flächenwerte von 385,8 µm² (Männchen) und 377,5 µm² (Weibchen) können darauf zurückgeführt werden, dass das entnommene Blut in einer isotonischen Salzlösung konserviert wurde.

Molekulare Merkmale: *Immunologische Tests:* Auf der Grundlage von Hämagglutinationstests untersuchten KOTHBAUER und SCHENKEL-BRUNNER (1978) die immunochemischen Eigenschaften der Eier österreichischer *P. lessonae*. UZZELL (1982) nutzte Mikrokomplementfixationstests, um den antigenen Verwandtschaftsgrad zwischen *P. lessonae* und europäischen *P. ridibundus* zu bestimmen. Weiterhin analysierten PLÖTNER et al. (1988) die antigenen Verwandtschaftsgrade zwischen Wasserfröschen (einschließlich *P. lessonae*) und anderen Anuren-Taxa mittels Kreuzimmunelektrophorese. Erwartungsgemäß war der antigene Verwandtschaftsgrad zwischen Wasserfröschen und den getesteten Vertretern des Taxons Ranidae am höchsten, die stärksten Reaktionen mit dem Wasserfroschantiserum zeigte das Plasma von *Lithobates* (*Rana*) *clamitans*, gefolgt von *Rana arvalis*, *Rana temporaria* und *Pyxicephalus adspersus*.

Enzyme und Serumproteine: Die ersten elektrophoretischen Untersuchungen der Eiweiße des Blutplasmas wurden von STRAUTMAN et al. (1964) an Wasserfröschen (wahrscheinlich *P. lessonae*) aus der Ukraine durchgeführt. Später stellte sich das Serumalbumin als ein wichtiger Marker heraus, der zur Differenzierung der europäischen Wasserfroschformen im Rahmen genetischer, systematischer und biogeografischer Studien genutzt wurde (TUNNER 1970, 1972, 1973, 1979, 1980, ENGELMANN 1973, TUNNER und UZZELL 1974, WIJNANDS 1976, 1978, WIJNANDS und VAN GELDER 1976, EBENDAL 1977, HEMMER 1977, 1979, GÜNTHER und LÜBCKE 1979, KOREF-SANTIBAÑEZ und GÜNTHER 1980, BORKIN et al. 1986, GREVEN et al. 1988). Neben dem Serumalbumin wurden noch weitere Proteine als diagnostische Marker identifiziert (Übersicht bei PLÖTNER und OHST 2001). Insbesondere die Laktatdehydrogenase (*Ldh*), die bei Wasserfröschen sowohl im somatischen Gewebe als auch in den Oozyten exprimiert wird, ermöglicht eine eindeutige Differenzierung zwischen *P. lessonae* und anderen Wasserfroscharten sowie Hybridformen (ENGELMANN 1974, UZZELL und Berger 1975, GRAF et al. 1977, KAWAMURA und NISHIOKA 1979, TUNNER 1979, 1980, UZZELL und HOTZ 1979, BINKERT et al. 1982, HEPPICH et al. 1982, HOTZ und UZZELL 1983, HOTZ et al. 1985, BALLETTO et al. 1986, GÜNTHER et al. 1991, SJÖGREN 1991b, MEZHZHERIN und PESKOV 1992, NISHIOKA und SUMIDA 1992, KOTLIK und SULOVA 1994, MOROZOV-LEONOV und MEZHZHERIN 1995, BEERLI et al. 1996, MEZHZHERIN und MOROZOV-LEONOV 1996, MOROZOV-LEONOV 1998, SCHMELLER 1999, SJÖGREN-GULVE und BERG 1999, SPASIC-BOSKOVIC et al. 1999, PAGANO et al. 2001a, b, MOROZOV-LEONOV et al. 2003, MEZHZHERIN et al. 2005, MEZHZHERIN et al. 2009a, KRIZMANIC und IVANOVIC 2010, ROSTOVSKAYA 2011, MIKULÍČEK et al. 2015, LITVINCHUK et al. 2015b, BIRIUK et al. 2016).

Proteinelektrophoretisch konnten bei *P. lessonae* zwei Allele des *ldhB*-Locus nachgewiesen werden, die entsprechend der Wanderungsgeschwindigkeit ihrer Produkte im elektrischen Feld häufig mit den Buchstaben *b* (schnell laufendes Allelprodukt) und *e* (langsam laufendes Allelprodukt) bezeichnet wurden (z.B. HOTZ 1983, HOTZ und UZZELL 1983). HOTZ und SEMLITSCH (2000) analysierten mittels sogenannter Artificial-Pond-Experimente die Beziehungen zwischen der Kombination dieser Allele (*b*/*b*, *b*/*e*, *e*/*e*) und zwei Fitnessparametern:

(1) Entwicklungszeit bis zum Erreichen der Metamorphose und (2) Masse zum Zeitpunkt der Metamorphose. Homozygote *e*/*e*-Individuen schnitten in diesen Experimenten am besten ab, der Anteil der Tiere, die die Metamorphose erreichten, war unter ihnen am höchsten, die Entwicklungszeit am geringsten und die Lebendmasse wiederum am höchsten. Die schlechtesten Ergebnisse erzielten *b*/*b*-Individuen, heterozygote *b*/*e*-Kaulquappen zeigten intermediäre Werte.

SCHMIDT et al. (1998) untersuchten den Einfluss der Temperatur (19 °C und 24 °C), der zur Verfügung stehenden Nahrungsmenge (gering und hoch) und der Nahrungsqualität auf die Entwicklung von Kaulquappen der o. g. *ldhB*-Genotypen. Zwar war auch in diesem Experiment der Anteil der *e*/*e*-Genotypen unter den Metamorphoslingen mit 27,8 % am höchsten und die Mortalität während der Larvalentwicklung mit 52,8 % am geringsten (zum Vergleich: für *b*/*b*-Genotypen wurden Werte von 14,5 % bzw. 71,0 % ermittelt, für *b*/*e*-Genotypen betrugen die korrespondierenden Werte 22,5 % und 55,5 %), dagegen waren die LM-Zunahmen bei den *b*/*e*-Heterozygoten mit 6,0 ± 0,29 mg/Tag (arithmetisches Mittel ± Standardabweichung) im Vergleich zu den *b*/*b*- und *e*/*e*-Homozygoten größer (*b*/*b*: 5,2 ± 0,36 mg/Tag, *e*/*e*: 5,4 ± 0,31 mg/Tag). Während bei einem hohen Nahrungsangebot die LM-Zunahmen von *b*/*e*-Heterozygoten höher waren als bei den Homozygoten, wurden bei geringem Nahrungsangebot keine signifikanten Unterschiede zwischen den drei Genotypen beobachtet. Auch die Lebendmasse zum Zeitpunkt der Metamorphose war bei *b*/*e*-Heterozygoten am höchsten (889 ± 34 mg), jedoch waren die Unterschiede im Vergleich zu den *b*/*b*- und *e*/*e*-Homozygoten nicht signifikant. Mit 99,1 ± 7,34 Tagen hatten *e*/*e*-Genotypen die kürzeste Larvalperiode, die für *b*/*b*- und *e*/*b*-Genotypen ermittelten Werte betrugen 103,0 ± 9,69 Tage bzw. 103,7 ± 5,87 Tage. Wurden die Kaulquappen in Gruppen gehalten, erreichten die *e*/*e*-Genotypen die größte LM (741 ± 48 mg), die *b*/*e*-Heterozygoten lagen mit 666 ± 37 mg im intermediären Bereich und die *b*/*b*-Genotypen waren mit 513 ± 40 mg am leichtesten.

Ob die in diesen Experimenten beobachteten Differenzen im kausalen Zusammenhang mit dem *ldhB*-Gen oder weiteren (unbekannten) Genen stehen, die lediglich mit diesem Locus gekoppelt sind, muss offenbleiben. Aufgrund der komplexen Interaktionen zwischen Genotyp und Umwelt können aus experimentell gewonnenen Ergebnissen nur bedingt Schlussfolgerungen zu den in natürlichen Lebensräumen herrschenden Verhältnissen und Prozessen gezogen werden. Die in nativen *P. lessonae*-Populationen beobachteten Allelfrequenzen (HOTZ 1983, BEERLI 1994, GÜNTHER und PLÖTNER 1994, HOTZ et al. 1997 u. a.) sprechen im Kontext der oben erwähnten experimentellen Befunde jedoch dafür, dass Träger des *e*-Allels selektiv bevorteilt sind (HOTZ et al. 1997).

KASHIWAGI (1994) untersuchte das Serumtransferrin von vier *P. lessonae* mittels Acrylamid-Gelelektrophorese. Das beobachtete Bandenmuster stand im Einklang mit einem monogenen Erbgang dieses Serumproteins, das Gleiche gilt für Hämoglobin (NISHIOKA und SUMIDA 1992).

CHEN und STUMM-ZOLLINGER (1986) analysierten Proteinsynthesemuster in Oozyten und frühen Embryonalstadien schweizerischer Wasserfrösche mittels Isotopenmarkierung in Kombination mit elektrophoretischen Methoden. Die beobachteten Proteinmuster unterschieden sich deutlich zwischen *P. lessonae* einerseits und *P. ridibundus*/*P. esculentus* andererseits, was mit den hybridogenetischen Reproduktionsmodi von *P. esculentus* (Kapitel „Hybridogenetische Hybridformen") erklärt werden kann.

DNA: Mitochondriale DNA: Erste Sequenzen des *12SrRNA*-Gens veröffentlichten BERSCHICK (1997) und PLÖTNER (1998), danach folgten weitere Gene, z. B. das Cytochrom-B-Gen (SUMIDA et al. 2000) und die 3. Untereinheit des NADH-Dehydrogenase-Gens (PLÖTNER und OHST 2001). HOFMAN et al. (2012) sequenzierten erstmalig das komplette mitochondriale (mt) Genom eines polnischen *P. lessonae*. Die darauf lokalisierten proteincodierten Gene (*atp6*, *atp8*, *coI-III*, *nd1-6*, *nd4L*, *cytB*) umfassen 11 299 Basenpaare (bp). Weiterhin liegen auf dem mt-Genom noch 22 tRNA-Gene, mit Längen zwischen 65 und 74 bp, das *12SrRNA*- und *16SrRNA*-Gen (930 bzw. 1588 bp) sowie eine Kontrollregion unbekannter Länge, die zwischen dem *cytB*-Gen und einem tRNA-Cluster lokalisiert ist. Neun Regionen des Genoms enthalten insgesamt 43 intergenische Spacer, die 1–32 bp lang sind.

Auch auf der Basis von Restriktionsfragmentanalysen mitochondrialer DNA bzw. mitochondrialer Amplifikate ist es möglich, *lessonae*-spezifische mtDNA zu identifizieren (SPOLSKY und UZZELL 1984, 1986, MONNEROT et al. 1985, PLÖTNER et al. 2008). Während diese Methode für genetische Analysen heute keine Rolle mehr spielt, stellt der Restriktionsverdau von PCR-Produkten (PCR-RFLP) eine einfache und zeitsparende Alternative zur Sequenzanalyse dar, um die Artspezifität einer mtDNA zu bestimmen (PLÖTNER et al. 2007, 2008).

Im Vergleich zu anderen Wasserfroscharten zeigt die mtDNA des Kleinen Wasserfroschs eine relativ geringe intraspezifische Variabilität (PLÖTNER und OHST 2001, ZEISSET und BEEBEE 2007, OHST 2008, ZAKS 2013, DUBEY et al. 2014, LEUENBERGER et al. 2014, HOFFMANN et al. 2015, RADOJIČIĆ et al. 2015, ERMAKOV et al. 2019). In verschiedenen Regionen wurden *P. lessonae* gefunden, die die mtDNA des Italienischen Wasserfroschs (*P. bergeri*) besaßen (PLÖTNER 2005, OHST 2008). Vor allem in der Schweiz, aber auch in Belgien und Deutschland (nördlichste Nachweise bei Güldenholm und Lankau, Schleswig-Holstein, Deutschland) konnten solche Individuen nachgewiesen werden (WESSELING, pers. Mitt., eigene Daten). Wahrscheinlich kam der Italienische Wasserfrosch in historischer Zeit auch nördlich der Alpen vor und teilte sich hier seinen Lebensraum mit *P. lessonae*. Als Alternativhypothese kommt in Betracht, dass Italienische Wasserfrösche durch menschliche Aktivitäten (z. B. durch den Handel mit Fischbrut und Fröschen) aus ihrem natürlichen Verbreitungsgebiet verbracht und in neuen Lebensräumen ausgesetzt wurden, wo sie dann mit autochthonen

Wasserfröschen bastardierten. Gegenwärtig kann nicht gesagt werden, welche von beiden Hypothesen die wahrscheinlichere ist, möglicherweise waren sowohl natürliche als auch anthropogen bedingte Prozesse für die Introgression *bergeri*-spezifischer mtDNA in den *lessonae*-Genpool verantwortlich.

Nukleäre DNA: *Pelophylax lessonae* ist die einzige Wasserfroschart, von der große Bereiche des nukleären Genoms sequenziert wurden (GRAU 2016). Das verfügbare Genom-Assembly umfasst ca. 4,9 Gigabasen, die sich auf ca. 2,45 Mio. Scaffolds verteilen (unveröff. Daten). Darüber hinaus liegen Transkriptomdaten von 11 verschiedenen Geweben vor (GRAU et al. 2014). Das gepoolte Transkriptom-Assembly enthält 99,2 % der bekannten Haupt- oder Core-Proteine (sogenannte CEGMA-Proteine, PARRA et al. 2007), das längste Transkript umfasst 94 519 bp und enthält ein funktionelles Leseraster (open reading frame) von 93 336 bp (31 122 Aminosäuren) für ein *titin*-Ortholog, das nach dem gegenwärtigen Wissensstand für Wirbeltiere größte Protein (MARUYAMA et al. 1984).

Auf der Grundlage von mikrodensitometrischen Analysen des DNA-Gehalts roter Blutkörperchen russischer und ukrainischer Individuen (N = 22) wurden mittlere Genomgrößen von 12,4–13,2 pg geschätzt (MAZIN und BORKIN 1979). Genauere Bestimmungen der Genomgröße sind mittels DNA-Durchflusszytometrie möglich. Bei Tieren, die aus verschiedenen Teilen Russlands stammten, variierte die mittlere Genomgröße zwischen 13,7 und 14,1 pg, die Daten ergaben weder Hinweise für eine geografische Variation noch für einen Sexualdimorphismus (LITVINCHUK et al. 2007, 2008).

Basierend auf durchflusszytometrischen Messungen schätzten VINOGRADOV und BORKIN (1993) die relativen AT- und GC-Gehalte (C_{AT} bzw. C_{GC}) der DNA von Blutzellen des Kleinen Wasserfroschs. Als Bezugsbasis wurden Blutzellen des Grasfroschs (*Rana temporaria*) verwendet. Die ermittelten Werte betrugen 1,32 (C_{AT}) und 1,28 (C_{GC}), für das Verhältnis C_{AT}/C_{GC} wurde ein Wert von 1,03 berechnet. Neue und wesentlich präzisere Bestimmungen der Nukleotidzusammensetzung des Genoms, die auf der Grundlage des o. g. Genom-Assembly erfolgten, ergaben einen GC-Anteil von 42,8 % (POUSTKA und PLÖTNER, unveröff.), das entspricht einem C_{AT}/C_{GC}-Verhältnis von 1,34.

Repetitive Elemente nehmen große Teile des Kerngenoms ein (GRAU 2016). Eines dieser, in der Zentromerregion tandemartig angeordneten AT-reichen Elemente mit der Bezeichnung *Rr*S1 ist 200 oder 300 bp lang und umfasst ca. 0,2 % des *P. lessonae*-Genoms (RAGGHIANTI et al. 1995, MARRACCI et al. 2011b). DEDUKH et al. (2013) konnten durch Untersuchungen an Lampenbürstenchromosomen erstmalig zeigen, dass dieses Element in Oozyten transkribiert wird.

Eine zweite, strukturell an SINE (short interspersed nuclear elements) erinnernde Gruppe repetitiver Elemente, *Rana*/Pol III, ist mit ca. 10 % im Genom vertreten, diese Elemente bestehen aus ca. 250, 500, 1 400, 1 650 und 2 050 bp langen, sich tandemartig wiederholenden Sequenzmotiven (BUCCI et al. 1999,

RAGGHIANTI et al. 1999). Ebenfalls ca. 10 % des Genoms wird von repetitiven, jedoch nicht tandemartig angeordneten, 572 bp langen *RlBam*HI-Elementen eingenommen, die eine gewisse Ähnlichkeit zu hAT-DNA-Transposons aufweisen, auf allen Chromosomen vertreten sind, jedoch keine gleichförmige Verteilung im Genom zeigen (CASOLA et al. 2004, RAGGHIANTI et al. 2004). Als diagnostisch geeigneter (artspezifischer) Marker erwies sich das 1. Intron des Serumalbumin-Gens (PLÖTNER et al. 2009, 2012, 2015, HAUSWALD et al. 2012). Der ausgeprägte Längenpolymorphismus dieses Introns (SAI1) kann auf Selektionsprozesse gegen Insertionen eines zur Gruppe der CR1-Elemente zählenden Retrotransposons (*Rana*CR1) zurückgeführt werden (PLÖTNER et al. 2009). Neben einer kurzen, 518 bp umfassenden Variante dieses Introns (L1), wurde bei *P. lessonae* inzwischen noch eine 1 033–1 040 bp lange Sequenz (L2) gefunden (PLÖTNER und DOLEŽÁLKOVÁ-KAŠTÁNKOVÁ, unveröff.). L1 und L2 unterscheiden sich in ca. 2,4 % der homologen Nukleotidpositionen. Bemerkenswert ist, dass die kürzeren L1-Sequenzen ein 12 bp langes Motiv enthalten, das ursprünglich von einem DNA-Transposon stammt (PLÖTNER, unveröff.). Da L2-Sequenzen nur etwa 10–20 bp kürzer sind als *ridibundus*-spezifische SAI1-Sequenzen (PLÖTNER et al. 2009), können L2-Amplifikate nach elektrophoretischer Trennung im Agarosegel nicht von *ridibundus*-spezifischen Amplifikaten unterschieden werden. Eindeutige Aussagen zur Artspezifität dieses Albuminintrons können deshalb nur auf der Basis von Sequenzdaten oder unter Verwendung hochauflösender Gele (z. B. Polyacrylamid) getroffen werden. Befunde, die ausschließlich auf Längenpolymorphismen des 1. Introns beruhen und mittels Agarosegelelektrophorese erhoben wurden (z. B. LEUENBERGER 2013, MAYER et al. 2013), sollten deshalb kritisch beurteilt werden.

Verschiedene Autoren (ZAMALETDINOV et al. 2015, SVININ et al. 2015) analysierten Restriktionspolymorphismen von Serumalbumin-1-Amplifikaten, zu deren Herstellung das von HAUSWALD et al. (2012) veröffentlichte PCR-Protokoll modifiziert wurde. Auch diese, unter der Bezeichnung PCR-RFLP bekannte Methode (vgl. PLÖTNER et al. 2007) eignet sich zur Differenzierung von Wasserfroscharten und speziell zur Determination von *P. lessonae*.

Bereits PATRELLE et al. (2011) analysierten ein 271 bp langes Segment des „Internal Transcribed Spacers 2" (ITS2) mittels PCR-RFLP, für den Restriktionsverdau wurden die Enzyme *Hae*II, *Sma*I und *Kpn*I verwendet. Die nach elektrophoretischer Trennung der amplifizierten DNA-Fragmente im Agarosegel sichtbaren Bandenmuster ermöglichten eine klare Differenzierung zwischen *P. lessonae*, *P. ridibundus* und *P. esculentus*, nicht aber zwischen *P. lessonae* und seiner auf der Apenninen-Halbinsel verbreiteten Schwesterart *P. bergeri*. Die gleiche Methode (ITS2-Analyse mittels PCR-RFLP) kam auch im Rahmen von Studien zur Verbreitung der Wasserfrösche in Weißrussland zur Anwendung (KULIKOVA et al. 2012, 2013, 2015).

PLÖTNER et al. (1994) verglichen die nukleäre DNA von *P. lessonae*, *P. ridibundus* und *P. esculentus* mittels DNA-Fingerprinting. Bei dieser Methode wird die DNA zuerst mit einem Restriktionsenzym geschnitten, danach werden die entstandenen Fragmente entsprechen ihrer Länge elektrophoretisch getrennt und anschließend mit einer Sonde (die spezifische Sequenzmotive abbildet) hybridisiert (vgl. PLÖTNER et al. 2007). TEGELSTRÖM und SJÖGREN-GULVE (2004) nutzten ebenfalls die Fingerprint-Methode für genetische Vergleiche innerhalb und zwischen schwedischen *P. lessonae*-Populationen unter Einbeziehung weiterer europäischer Populationen (Russland, Lettland, Polen). Im Vergleich zu proteinelektrophoretischen Daten (SJÖGREN 1991b) zeigten die ermittelten Bandsharing-Raten eine wesentlich größere genetische Variabilität sowohl innerhalb einer Population als auch zwischen den Populationen.

SNELL et al. (2005) analysierten die genetischen Beziehungen verschiedener *P. lessonae*-Populationen auf der Grundlage der sogenannten RAPD-Methode (Random Amplified Polymorphic DNA). Diese Methode ist wegen ihrer begrenzten Reproduzierbarkeit umstritten und wird inzwischen nicht mehr angewendet.

Die Analyse der artspezifischen Variabilität erfolgte vor allem auf der Basis von Mikrosatelliten, die auch als Short Tandem Repeats (STR) bezeichnet werden. Aufgrund ausgeprägter Längenpolymorphismen eignen sich bestimmte STR-Marker u.a. zur Genotypisierung (Determination von Arten und genetischen Linien) sowie zur Analyse von Populationsstrukturen, Vererbungsmustern und genealogischen Beziehungen (CHRISTIANSEN 2005, 2009, HOLSBEEK et al. 2008, 2009, USMANOVA et al. 2010, ARIOLI et al. 2010, BOGOMYAKOVA et al. 2013, LEUENBERGER 2013, PRUVOST et al. 2013a, 2015, LEUENBERGER et al. 2014, STAKH et al. 2013, 2014, HOFFMANN et al. 2015, MIKULÍČEK et al. 2015, RADOJIČIĆ et al. 2015, DOLEŽÁLKOVÁ-KAŠTÁNKOVÁ et al. 2018, ZEISSET und HOOGESTEGER 2018). Die ersten STR-Marker wurden von GARNER et al. (2000) und ZEISSET et al. (2000) entwickelt und für genetische Vergleiche zwischen britischen *P. lessonae* und Tieren vom europäischen Festland verwendet (ZEISSET und BEEBEE 2001). Weitere, *lessonae*-spezifische Mikrosatelliten oder Modifikationen bekannter STR-Marker wurden von HOTZ et al. (2001), CHRISTIANSEN (2005, 2009), CHRISTIANSEN und REYER (2009) und ARIOLI et al. (2010) publiziert.

MARRACCI et al. (2007, 2008, 2011a) analysierten die Expressionsmuster verschiedener, an der Gametogenese von Wasserfröschen beteiligter Gene. Mittels RT-PCR konnte gezeigt werden, dass Messenger-RNA (mRNA) der mutmaßlich ATP-abhängigen RNA-Helikasen kodierenden Gene *Rlvlg* (2 333 bp) und *Rlpl10* (2 353 bp) in den Ovarien und im Hoden von *P. lessonae* exprimiert werden; im Gegensatz zu *Rlvlg* ist *Rlpl10* auch in somatischen Zellen aktiv (MARRACCI et al. 2007). Keimzellspezifische Expressionsmuster wurden auch für das Y-Box-Gen *Rlyb2* nachgewiesen (MARRACCI et al. 2008). Über räumlich asymmetrische Expressionsmuster zweier den Genfamilien DAZL und Pumilio 1 zuzuordnender Gene (*Rldazl* und *Rlpum1*) berichten MARRACCI et al. (2011a). Beide Gene werden in Keimzellengewebe exprimiert, *Rlpum1* darüber hinaus auch in somatischem Gewebe. Ein Vergleich der gewebsspezifischen Expressionsprofile beider Gene ergab, dass *Rldazl*-Transkripte in späteren Oogenesestadien in der subkortikalen Region des vegetativen Pols akkumuliert werden, während eine Konzentration von *Rlpum1*-mRNA am animalen Pol erfolgt. Während der Spermatogenese werden beide Gene in einzelnen primären Spermatogonien und Gruppen primärer Spermatozyten exprimiert, nicht jedoch in sekundären Spermatozyten, Spermatiden oder Spermatozoen.

CZARNIEWSKA und PLEWA (2009) untersuchten die Expressionsmuster des in mehreren Kopien vorkommenden *5SrRNA*-Gens in Eiern von *P. lessonae*, *P. ridibundus* und *P. esculentus* und fanden bei *P. lessonae* im Vergleich zu *P. ridibundus* eine ca. 6-fach geringere relative Expression.

Karyotyp: 2n = 26 Chromosomen.

Der diploide Chromosomensatz besteht bei *P. lessonae*, wie bei allen bisher karyologisch untersuchten Wasserfroscharten, aus 5 größeren und 8 kleineren Paaren (MORESCALCHI 1962, 1967, 1971, ULLERICH 1967, GÜNTHER 1970, MÉSZÁROS 1973, IVANOV und MEDYANOV 1973, KNUDSEN und SCHEEL 1975, ALEKSANDROVSKAYA 1976, EBENDAL 1977, HEPPICH 1978, MÉSZÁROS und BARTOS 1978, HEPPICH und TUNNER 1979, KOREF-SANTIBAÑEZ 1979, KOREF-SANTIBAÑEZ und GÜNTHER 1980, BIRSHTEIN 1981, HEPPICH et al. 1982, CAUNE 1987, BUCCI et al. 1990, TUNNER und HEPPICH-TUNNER 1991, MIURA et al. 1997, SPASIC-BOSKOVIC et al. 1999, SURYADNAYA 2003, 2005, OGIELSKA et al. 2004, MANILO und RADCHENKO 2008, REMINNYI 2010, ZALEŚNA et al. 2011). Nach BERGER, zitiert in GÜNTHER (1996b), sollen ausnahmsweise auch triploide Tiere vorkommen.

Bezogen auf die Gesamtlänge des haploiden Genoms konnten für die relativen Längen der 5 größeren Chromosomen (1–5) Mittelwerte von 15,2 %, 12,6 %, 12,6 %, 12,0 % und 9,6 % berechnet werden, für die 8 kleineren (6–13) wurden Werte von 6,0 %, 5,4 %, 5,2 %, 5,0 %, 5,0 %, 4,2 %, 3,8 % und 3,8 % ermittelt (HEPPICH 1978). Ähnliche Werte gibt KOREF-SANTIBAÑEZ (1979) für 5 ostdeutsche Individuen aus einer *lessonae-esculentus*-Population an, von denen 55 Metaphaseplatten ausgewertet wurden. Hier variierten die größeren Chromosomen zwischen 15,5 % und 9,3 % und die kleineren zwischen 6,3 % und 3,8 %, bezogen auf die Länge des haploiden Satzes. Von den größeren Chromosomen sind nach HEPPICH (1978) Nr. 1 und 5 metazentrisch (m), Nr. 2 ist submetazentrisch (sm) während Nr. 3 und 4 metazentrisch bis submetazentrisch (m-sm) sind. Unter den kleineren Chromosomen werden Nr. 6 und 7 als m, Nr. 11 und 12 als m-sm, Nr. 10 und 13 als sm und Nr. 8 und 9 als sm-subtelozentrisch beschrieben. Abweichend davon stuft KOREF-SANTIBAÑEZ (1979) die Chromosomen Nr. 2, 4, 11 und 12 als m und Nr. 3, 8 und 9 als sm ein, was im Fall der kleinsten Chromosomenpaare 11 und 12 im Einklang mit den Befunden von Bucci et al. (1990) steht.

Chromosom 11 zeigte bei österreichischen *P. lessonae* nach Behandlung mit Salzsäure und anschließender Giemsa-Färbung (C-Banding) eine heterochromatische Bande, die die Zentromerregion und ca. zwei Drittel des kurzen Armes einnahm (Heppich 1978). Den Gesamtanteil an Heterochromatin gibt Heppich (l. c.) für das *P. lessonae*-Genom mit 11,2 % an, wobei 6 % auf die Zentromere und 3 % auf die Telomere entfielen, der Rest war über die Chromosomen (interkalar) verteilt. In späteren, auf C-Banding und AMD-DAPI (Actinomycin D-4',6-Diamidin-2-phenylindol) oder Hoechst-33258-Färbungen basierenden Studien, konnte das von Heppich (1978) beschriebene C-Bandenmuster nicht verifiziert werden (Birshtein 1981, Heppich et al. 1982, Bucci et al. 1990, Miura et al. 1997, Ogielska et al. 2004).

Mittels verschiedener Techniken (Fluoreszenz-in-situ-Hybridisierung unter Verwendung von 28S-rDNA-Sonden, $AgNO_{3-}$, Chromomyzin-A3- und Propidiumiodid-Färbungen, genomische in-situ-Hybridisierung) konnten an den langen Armen des Chromosomenpaares 10 (je nach Beurteilung der relativen Länge mitunter auch 9 oder 11) interstitielle Nukleolus-Organisator-Regionen (NOR) oder sekundäre Einschnürungen beobachtet werden (Günther 1970, Ebendal 1977, Heppich 1978, Koref-Santibañez 1979, Koref-Santibanez und Günther 1980, Bucci et al. 1990, Birshtein 1981, Suryadnaya 2003, Ogielska et al. 2004, Biriuk et al. 2015, Zaleśna et al. 2017), was mit den Beobachtungen an Lampenbürstenchromosomen im Einklang steht (Bucci et al. 1990, Dedukh et al. 2013). 9,6 % der von Zaleśna et al. (2017) untersuchten Individuen zeigten nur an einem Chromosom des Paares 10 eine NOR. Skorinov et al. (2019) analysierten die individuelle und geschlechtsspezifische Variation von NOR und fanden heraus, dass beide Geschlechter heteromorphe, NOR-tragende Chromosomen besitzen.

Quinacrine-Färbungen ergaben keine Bandenmuster, lediglich in den NOR-Bereichen war eine dunkle Bande sichtbar (Birshtein 1981). Für die Existenz heteromorpher Geschlechtschromosomen liegen keine Anhaltspunkte vor (Heppich 1978, Koref-Santibañez 1979).

Eine detaillierte und vollständige Arbeitsmappe aller (1–13) Lampenbürstenchromosomen, die aus Oozyten ostukrainischer (Charkiw-Region) *P. lessonae* isoliert wurden, veröffentlichten Dedukh et al. (2013). Die Autoren geben die mittlere Anzahl der zwischen den homologen Bivalenten ausgebildeten Chiasmata mit 51,9 ± 1,37 an. Im Vergleich zu den von Bucci et al. (1990) untersuchten polnischen Tieren konnten bei den Lampenbürstenchromosomen der ukrainischen *P. lessonae* die Zentromerregionen klar identifiziert werden. Das Ergebnis ist wahrscheinlich auf unterschiedliche Häufigkeiten repetitiver Sequenzen, z. B. des *Rr*S1-Repeats, in den Zentromerbereichen zurückzuführen.

Merkmalsvariation. Geschlechts- und Altersdimorphismus: Im Gegensatz zu den Weibchen verfügen die Männchen des Kleinen Wasserfroschs über äußere Schallblasen, die sich in den Mundwinkeln hinter den Kieferknochen befinden. Weiterhin haben männliche Tiere grau oder graubraun gefärbte Brunstschwielen an den Innenseiten der Daumen, die zur Paarungszeit besonders deutlich ausgeprägt sind und dem Männchen einen festeren Halt auf dem Weibchen während des Amplexus axillaris ermöglichen. Die Arme der Männchen sind muskulöser als die der Weibchen, auch dieses Merkmal dürfte im Zusammenhang mit dem Paarungsverhalten stehen. Zur Paarungszeit sind die Oberseiten der Männchen oft zitronengelb gefärbt, ein Merkmal, dass auch zur Differenzierung zwischen *P. lessonae* und *P. esculentus* geeignet ist. Nach FORSELIUS (1962) ist in Schweden das Braun der Oberseite bei weiblichen Tieren dunkler. Wie oben bereits erwähnt, sind Weibchen in der Regel größer und schwerer als gleichaltrige Männchen. Auch bei bestimmten Körperproportionen wurden geschlechtsspezifische Unterschiede festgestellt, z. B. der relativen Länge der Hinterbeine, die bei Weibchen geringer war, oder dem Verhältnis zwischen Höhe und Länge des inneren Fersenhöckers, das bei Männchen größere Werte zeigte (CAUNE 1987, CAUNE und VILNITIS 1989, LADA et al. 1995, OKULOVA et al. 1997, NEKRASOVA und MOROZOV-LEONOV 2001, NEKRASOVA 2002b, RUCHIN et al. 2005a, SURYADNA 2005, PESKOV et al. 2009, 2012, KORSHUNOV 2010, REMINNYI 2010, LADA 2012, PESKOV und PETRENKO 2014).

Eine alters- und damit KRL-abhängige Variabilität morphometrischer Merkmale konnte für verschiedene *P. lessonae*-Populationen aus unterschiedlichen Teilen des Verbreitungsgebiets gezeigt werden (BORKIN und TIKHENKO 1979, OKULOVA et al. 1997, OKULOVA und BOGDANOV 2002, SAVCHUK 2009). Die größten Tiere sind jedoch nicht immer auch die ältesten. Skelettochronologische Untersuchungen zeigten darüber hinaus, dass die KRL unterschiedlicher Altersklassen innerhalb einer Population überlappen können (BORKIN und TIKHENKO 1979, BORKIN et al. 1979, SAVCHUK 2009). Auch die Häufigkeit von Tieren mit einem Vertebralstreifen scheint in verschiedenen Altersgruppen zu differieren (BORKIN und TIKHENKO 1979, BORKIN et al. 1979, PISANETS 2007). Nach der ersten Überwinterung verzeichneten BORKIN et al. (1979) eine prozentuale Zunahme von Tieren mit einem solchen, durch ein dominantes Allel gesteuerten Merkmal (KAWAMURA et al. 1972, BERGER und ŚMIEŁOWSKI 1982), danach nahm die Häufigkeit gestreifter Phänotypen wieder ab. Die Ursachen für dieses, wahrscheinlich auf Selektionsprozessen basierende Phänomen, liegen im Dunklen. Für einen Geschlechtsdimorphismus dieses Merkmals spricht, dass 93 % der Weibchen einen deutlich ausgeprägten Vertebralstreifen besaßen, aber nur 61 % der Männchen, bei denen auch der Anteil der streifenlosen Tiere mit 23 % höher war (SURYADNA 2005).

Hinweise auf altersbedingte Farbdimorphismen beschreiben BORKIN und TIKHENKO (1979). So waren im Oblast Leningrad (Russland) 57–85 % der juvenilen

Tiere auf der Oberseite grün gefärbt, bei 5–6 Jahre alten Individuen betrug der Anteil dieser Farbvariante 100 %. Auch diese Beobachtung dürfte im kausalen Zusammenhang mit Selektionsprozessen stehen.

Geografische und ökologische Variation: Diskrete geografische Unterschiede zeigen sich vor allem in molekularen Merkmalen, z. B. den Häufigkeiten bestimmter Allele, als Beispiel sei hier der bereits erwähnte *ldhB*-Locus genannt. Während das Allel *e* in westeuropäischen *P. lessonae*-Populationen dominierte und in Osteuropa und Schweden eine Häufigkeit von 100 % aufwies, konnte in verschiedenen westukrainischen Populationen nur das Allel *b* nachgewiesen werden (MEZHZHERIN et al. 2010, 2012). Auf der Basis des *ldhB*-Gens konnten MEZHZHERIN et al. (2009a, b, 2010, 2012) auch zwischen west- und ostukrainischen Populationen differenzieren.

Geografische Polymorphismen kommen auch in der mitochondrialen und nukleären DNA zum Ausdruck (SNELL et al. 2005, ZEISSET und BEEBEE 2007, PLÖTNER et al. 2008, HOFFMANN et al. 2015, ZEISSET und HOOGESTEGER 2018, unveröff. Daten). So konnte mittels 5 polymorpher Mikrosatelliten eine nordöstliche Populationsgruppe, die Populationen aus dem Vereinigten Königreich, Schweden, Norwegen, Estland, Finnland, Ungarn Polen und Italien umfasste, von einer westlichen Gruppe (Schweiz, Niederlande, Frankreich) abgegrenzt werden (ZEISSET und HOOGESTEGER 2018). Auch die o. g. diskreten Sequenz- und Längenpolymorphismen des 1. Introns des Serumalbumingens spiegeln offenbar ein räumliches Muster wieder: in norddeutschen Populationen wurde bisher ausschließlich das kürzere Segment (L1) gefunden, während im süddeutschen Raum, Tschechien und der Slowakei L1 und das längere L2-Segment syntop vorkommen (unveröff. Daten).

Im Gegensatz zu morphometrischen Parametern, bei denen bisher keine klaren geografischen Muster nachgewiesen werden konnten (z. B. LADA 2007, 2012), offenbaren sich geografische Polymorphismen bei bestimmten Färbungs- und Zeichnungsmerkmalen. So waren in der Ukraine 62 % der Weibchen, 39 % der Männchen und 40 % der juvenilen Tiere auf der Oberseite grünbraun gefärbt (NEKRASOVA 2002a), in Lettland wiesen dagegen nur 8 % der Tiere eine braune Dorsalfärbung auf, im Oblast Leningrad (Russland) betrug ihr Anteil 18 % und in Schweden, Norwegen und Großbritannien sogar 100 % (FORSELIUS 1962, CAUNE 1981, BEEBEE et al. 2005). Die Braunfärbung ist möglicherweise eine Anpassung an die klimatischen Bedingungen in den nördlichen Teilen des Verbreitungsgebiets, da braune Tiere die Sonnenstrahlung besser absorbieren und sich somit bei kühleren Temperaturen schneller „aufheizen“ können (GIBBSON und FALLS 1979).

Die meisten von NEKRASOVA (2002a, b) untersuchten, aus der Umgebung Kiews (Ukraine) stammenden *lessonae*-Individuen hatten auf ihrer Oberseite etwa 10 dunkle Punkte, manche Tiere wiesen allerdings größere Flecken auf, wie sie für Seefrösche (*P. ridibundus*) charakteristisch sind, andere waren fleckenlos. SURYADNA (2005) gibt für ukrainische *P. lessonae* folgende Werte an: 12–13 % der Tiere besaßen mehrere große Flecken, 8–22 % wenige große Flecken, 20–47 % viele kleine Flecken, 30–40 % wenige kleine Flecken und 3–4 % waren ungefleckt. Im Oblast Leningrad (NW-Russland) waren 80 % der Tiere auf der Oberseite gefleckt, wobei Unterschiede zwischen den einzelnen Altersgruppen bestanden. 20 % der Individuen waren fleckenlos und besaßen auch keinen Dorsalstreifen (BORKIN und TIKHENKO 1979). In Zentralrussland (Oblast Iwanowo) hatten im Mittel 77 % der Individuen größere, rundliche Flecken, ca. 18 % kleinere Flecken und etwa 5 % waren fleckenlos (OKULOVA et al. 1997). In der autonomen russischen Republik Mari El wiesen 65 % der von KAMAEV und SVININ (2010) untersuchten Tiere keine Flecken oder Punkte auf der Dorsalseite auf. Ob diese Zeichnungsmuster geografischen Gradienten folgen, ist nicht bekannt.

Obwohl die Unterseite einschließlich der Kehle bei *P. lessonae* gewöhnlich weißlich oder cremefarben und ungefleckt ist (BORKIN et al. 1979, GÜNTHER 1990, PLÖTNER 2005, KUZMIN 2013), betrug in der südlichen Ukraine der Anteil weiblicher Tiere mit gefleckten Bauchseiten 1,8 % und der männlicher Tiere 3,4 % (SURYADNAYA 2001, SURYADNA 2005). Gefleckte Kehlen wurden bei ca. 21 % der untersuchten Tiere festgestellt. In der zentralen Ukraine besaßen zwischen 12 und 26 % der Individuen gefleckte Bäuche und Kehlen (NEKRASOVA 2002a, b, SURYADNA 2005, PISANETS 2007).

Auch beim Vertebralstreifen ist eine geografische Variabilität offensichtlich. In Lettland wiesen alle Weibchen und 71 % der Männchen solch einen Streifen auf (CAUNE 1981), in Weißrussland war dieser bei ca. 90 % und in Russland bei 75–100 % der Tiere vorhanden (TERENTJEV 1935, BORKIN und TIKHENKO 1979, BORKIN et al. 1979, OKULOVA et al. 1997, USTYUZHINA und STRELTSOV 2005, DROBENKOV et al. 2006, KAMAEV und SVININ 2010), wobei die Häufigkeit von Tieren mit Vertebralstreifen in verschiedenen Altersklassen zu differieren scheint (BORKIN und TIKHENKO 1979, BORKIN et al. 1979, PISANETS 2007). In der Ukraine war der Anteil solcher Tiere ebenfalls hoch. So besaßen im nördlichen, bewaldeten Teil des Landes 97–99 % der Tiere einen Vertebralstreifen, der jedoch bei der Mehrzahl nicht bis zur Schnauzenspitze reichte. Zudem wiesen 14 % der untersuchten Tiere einen asymmetrischen, zick-zack-ähnlich verlaufenden Streifen auf (NEKRASOVA 2002a, b). In Zonen mit Wäldern und Steppenwäldern war der Vertebralstreifen bei den meisten Tieren (ca. 80 %) sehr deutlich ausgeprägt, in den Steppengebieten der südlichen Ukraine zeigten zwischen 75–77 % der untersuchten Tiere einen klar sichtbaren Streifen und 5–10 % eine eher schwache und unterbrochene Linie, 15–19 % waren streifenlos, bei 16 % der Tiere war der Streifen unterbrochen (SURYADNA 2005). Wahrscheinlich besteht auch ein Zusammenhang zwischen der Häufigkeit dieses Merkmals und Umwelteinflüssen, wie ein Beispiel aus der Wolga-Region nahelegt. Hier betrug der Anteil gestreifter

Individuen in Siedlungsgebieten ca. 50 %, während außerhalb urbaner Bereiche Werte von mindestens 94 % ermittelt wurden (FAYZULIN et al. 2013a).

Kleine Wasserfrösche, die urbane Lebensräume in der Umgebung der Stadt Kiew besiedelten, zeigten signifikante morphologische und morphometrische Unterschiede im Vergleich zu Tieren, die aus Agrozönosen stammten (NEKRASOVA 2002b). Unter den Tieren der urbanen Lebensräume war die Zahl der Färbungsvarianten und deformierten Vertebrallinien größer, ebenfalls die Zahl der dorsalen Flecken und Bänder an den Vorder- und Hinterextremitäten. Darüber hinaus zeigten die Indizes DPL/CIL und TL/CIL eine höhere Variabilität. Im Vergleich zu Kontrollpopulationen waren sowohl die Weibchen als auch die Männchen aus den urbanen Lebensräumen signifikant kleiner.

Abschließend soll noch erwähnt werden, dass in der Umgebung der Stadt Gauya (Lettland) lebende Kleine Wasserfrösche eine größere morphometrische Ähnlichkeit zu lokalen Teichfröschen (*P. esculentus*) zeigten als zu konspezifischen Individuen anderer lettischer Populationen (CAUNE 1987).

Eine geografische Variation der Wärmeresistenz der Skelettmuskulatur (Unterbrechung der elektrischen Erregung des isolierten, in Ringer-Lösung verbrachten Musculus gastrocnemius nach Erwärmung von 18–22 °C auf 39–42 °C, gemessen in Zeiteinheiten) wurde von LITVINCHUK et al. (2007) beschrieben. Danach zeigten Tiere aus den Regionen Moskau und Kaliningrad bei einer Versuchstemperatur von 39–40 °C im Mittel geringere Werte als Tiere aus weiter östlich gelegenen Regionen: bei den aus westlichen Populationen stammenden Tieren war die Erregungsleitung im Mittel bereits nach 33,8 min unterbrochen, bei den östlichen Tieren erst nach 43,5 min.

Zur ökologisch bedingten Variabilität liegen nur wenige Daten vor. Experimentell konnten ORIZAOLA und LAURILA (2009a) zeigen, dass die Länge des Schwanzes und der Tibiofibula zum Zeitpunkt der Metamorphose durch die während der Larvalperiode herrschende Temperatur beeinflusst werden und als Folge dessen auch das häufig als Fitnessparameter gemessene Sprungvermögen juveniler Individuen. Ob solche Effekte auch unter natürlichen Bedingungen zum Tragen kommen, muss offenbleiben, zumal in der Natur keine konstanten Temperaturen herrschen und phänotypische Merkmale durch eine Reihe weiterer Faktoren (u. a. Nahrungsangebot, Wasserchemismus, Prädatorendichte, intra- und interspezifische Konkurrenz) beeinflusst werden.

Anomalien: In russischen, ukrainischen und lettischen Populationen wurden verschiedene Anomalien beobachtet, z. B. Aniridie, Polymelie, Polydaktylie, Brachydaktylie und Klinodaktylie (BORKIN und PIKULIK 1986, NEKRASOVA 2002b, ZAKS 2013, SVININ 2014, 2016). In manchen Populationen erreichten solche anatomischen Aberrationen Anteile von 7,4–11 %. Darüber hinaus fand NEKRASOVA (2002b) in der nördlichen Ukraine bei 6,7 % der untersuchten Individuen abnormal ausgebildete innere Organe. REMINNYI (2005) berichtet von einem Tier, bei dem beide Hoden in der gleichen Körperhälfte lagen, also nicht bilateralsymmetrisch angeordnet waren. Nach LITVINCHUK (2018) weisen in osteuropäischen Populationen ca. 5 % der Männchen stark verkleinerte und ca. 3 % asymmetrisch geformte Hoden auf. Darüber hinaus war bei ca. 11 % der Männchen mindestens ein Hoden abnormal geformt. Über eine riesenwüchsige, 124 mm lange Kaulquappe, die in Mittelböhmen (Tschechische Republik) gefangen wurde, berichten SOUČEK et al. (1993).

Neben anatomisch-morphologischen Anomalien wurden auch diverse Farbanomalien beobachtet. Über albinotische Tiere (ein adultes Männchen, drei Jährlinge) aus dem Choperskij-Naturschutzgebiet (Oblast Woronesch, Russland) berichten LADA et al. (2008). Hierbei handelte es sich um sogenannte leukistische Albinos, d. h. teilalbinotische Tiere mit geringfügiger dunkler Pigmentierung der Oberseite und dunkel pigmentierten Augen. MARÍK (1995) beschreibt ein albinotisches Exemplar, das in Westböhmen an der Grenze zu Bayern als Kaulquappe gefangen wurde und 3 Wochen nach Abschluss der Metamorphose verstarb. Das Tier war weiß gefärbt und auf dem Rücken gelb pigmentiert, seine Pupillen waren hellrot und die Iris goldgelb. An der gleichen Lokalität wurde auch ein adultes Männchen gefunden, das einen schwarzen Rücken mit dunkelgrüner Vertebrallinie, schwarzgraue Schallblasen und zahlreiche schwarze Flecken auf der Bauchseite aufwies. SURYADNA (2001) fand ein goldgelb gefärbtes Jungtier im Oblast Tschernihiw (NO-Ukraine); grünlich bis leuchtend gelb gefärbte Exemplare (vor allem Juvenile, selten Jährlinge) wurden mehrfach in der Umgebung der Siedlung Vostryakovo (Oblast Moskau, Russland) angetroffen (KUZMIN 1999). In bestimmten Jahren traten solche Tiere häufiger auf (KUZMIN 2013). Oberseits bläulich oder türkis gefärbte Tiere wurden ebenfalls beschrieben, z. B. aus den Oblasten Poltawa und Kiew (Ukraine) sowie Kaliningrad (W-Russland) (NEKRASOVA 2014, LITVINCHUK et al. 2015b).

Verbreitung: Terra typica restricta: Testona, östlich von Moncalieri (45°00'N, 07°41'O), Torino, Italien (festgelegt auf der Grundlage eines Lektotypus, BALLETTO et al. 1986: 107). Nach BALLETTO et al. (1986) liegt die Typuslokalität am Stadtrand von Torino, wo heute keine Wasserfrösche mehr vorkommen.

Verbreitungsgebiet: Das Verbreitungsgebiet von *P. lessonae* ist auf Europa beschränkt (Abb. 17). Abgesehen von zwei isolierten Populationen in Norwegen bei Oslo (DOLMEN 1997) und ca. 100 Populationen in Uppland (Schweden), ca. 100–150 km nördlich von Stockholm (SJÖGREN 1988, 1991a, b), verläuft die nördliche Arealgrenze mehr oder weniger entlang der Küstenbereiche von Nord- und Ostsee, beginnend in Frankreich in Höhe des 48. Breitengrades, über Estland in die nordwestlichen und nördlichen Regionen Russlands und von dort weiter in östlicher und südöstlicher Richtung nach Udmurtien und Baschkortostan. Im Osten endet das Verbreitungsgebiet in der Wolga-Kama-Region

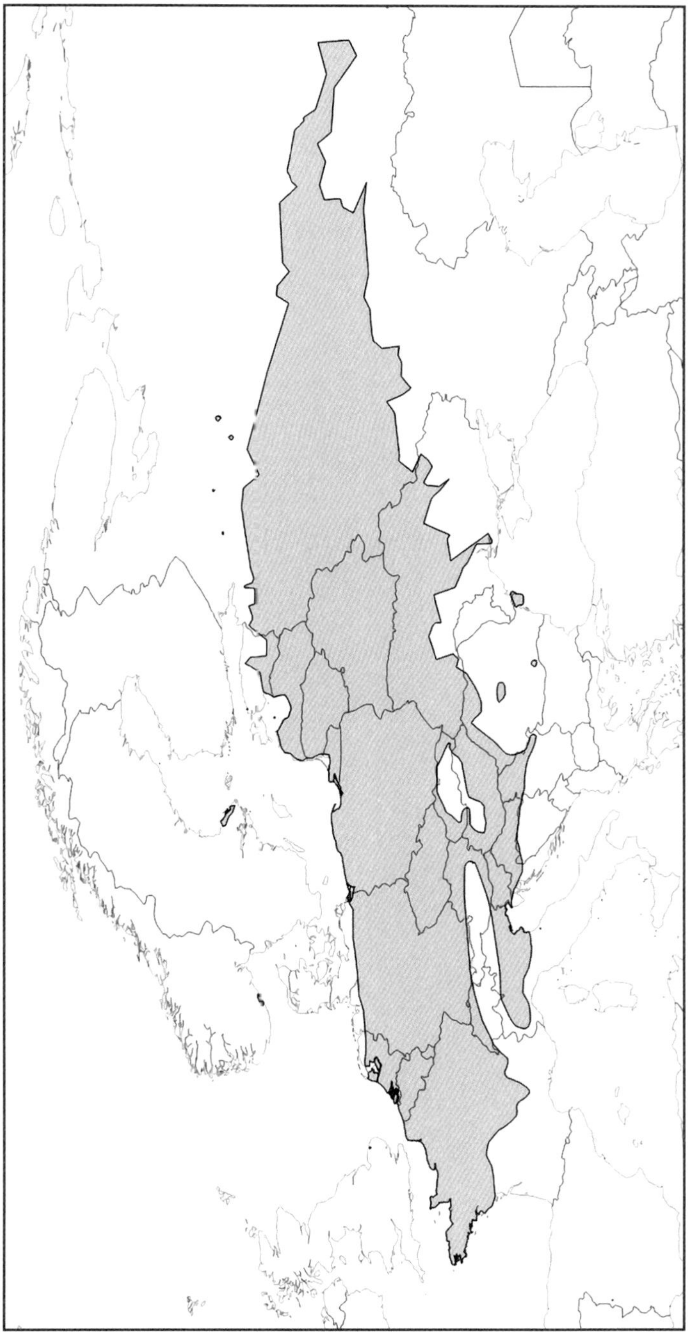

Abb. 17: Verbreitungsgebiet von *P. lessonae*. Karte: Daniel Jablonski.

im Bereich des 50. Längengrades. Angaben, wonach *P. lessonae* in der Republik Chakassien (südliches Sibirien) vorkommen soll (USTINOVICH 2004), beruhen auf Fehlbestimmungen von Larven.

Die südliche Arealgrenze stimmt, zumindest partiell, mit dem Grenzverlauf der Wald- und Waldsteppenzonen überein, sie verläuft im Westen von Nord-Italien entlang der Alpen durch Slowenien, Kroatien, Bosnien-Herzegowina und Serbien und folgt dann dem Lauf von Save und Donau bis an die Schwarzmeerküste, wobei es sich bei den im Donau-Delta (Rumänien, Ukraine) lebenden Tieren (GÜNTHER et al. 1991) um ein isoliertes Vorkommen handelt (LUKANOV et al. 2017). Von dort aus verläuft sie über die südliche bis in die zentrale Ukraine (durch die Oblaste Tscherniwzi (Tschernowitz), Chmelnyzkyj, Winnyzja, Odessa, Mykolajiw, Cherson, Kirowohrad, Dnipropetrowsk, Poltawa und Charkiw) und erreicht dann weiter östlich die Südausläufer des Urals.

Verbreitungslücken bestehen in weiten Teilen des Pannonischen Beckens (Ungarn) und der Walachei in Rumänien (GÜNTHER 1997b, COGĂLNICEANU et al. 2013). Bei der Beurteilung des Grenzverlaufs in Norditalien ist zu beachten, dass in der älteren Literatur nicht zwischen *P. lessonae* und *P. bergeri* differenziert wurde (z. B. NISHIOKA und OHTANI 1984, SANTUCCI et al. 1996, CANESTRELLI und NASCETTI 2008 und darin zitierte Literatur) und hier wahrscheinlich auch eine mehr oder weniger breite Transitionszone zwischen beiden Arten besteht.

Die westliche Arealgrenze verläuft in Frankreich von der Garonne-Mündung im Westen und dem Lot im Süden bis zur Höhe von Grenoble im Osten (PARENT 1981). Nachweise isolierter Populationen bei Bayonne und in der Camargue (GÜNTHER 1997b, SCHMELLER 1999, PAGANO et al. 2001b) sprechen dafür, dass *P. lessonae* ursprünglich weiter westlich verbreitet war.

Höhenverbreitung: Der Kleine Wasserfrosch bevorzugt Lebensräume bis ca. 600 m ü. NHN, kommt aber auch in höheren Lagen vor (GÜNTHER 1996b, 1997b, ZAHN 2019). In der Schweiz konnte *P. lessonae* bei Saicourt (Kanton Bern) in einer Höhe von 1 125 m ü. NHN nachgewiesen werden (MEYER et al. 2009). Auch in Österreich gelangen Nachweise in Höhen von ca. 800 m ü. NHN (CABELA et al. 2001), der höchste bekannt gewordene Fundort liegt hier auf einer Höhe von 1 550 m ü. NHN (CABELA und TIEDEMANN 1985). ZAVADIL (1994) gibt für die Tschechische Republik einen Maximalwert von 734 m ü. NHN an, RYBACKI und BERGER (1994) nennen für die polnischen Karpaten 700 m ü. NHN. In den ukrainischen Karpaten wurde die Art in Höhen bis 600 m ü. NHN gefunden (SZCZERBAK und SZCZERBAN 1980).

Auch in Deutschland besiedelt *P. lessonae* das Hügel- und Bergland (GÜNTHER 1996b). In Bayern befinden sich ca. 78 % der Fundorte in mittleren Höhenlagen zwischen 300 und 600 m ü. NHN, die höchsten Funde gelangen am Alpenrand in den Landkreisen Oberallgäu (925 und 908 m ü. NHN), Miesbach (906 m ü. NHN) und Weilheim-Schongau (902 m ü. NHN). Außerhalb der Alpen und des Alpenvorlandes wurden keine Nachweise oberhalb von 650 m ü. NHN gemeldet (ZAHN 2019). In Baden-Württemberg bevorzugt *P. lessonae* die tieferen Lagen unter 500 m ü. NHN, der höchste Fundort wurde von der Schwäbischen Alb in 780 m ü. NHN gemeldet (SOWIG et al. 2007a). In den östlichen Bundesländern (Gebiet der ehemaligen DDR) befinden sich die höchstgelegenen Vorkommen im Harz auf 530 m ü. NHN, im Thüringer Wald auf 550 m ü. NHN und im Erzgebirge auf 400 m ü. NHN (SCHIEMENZ und GÜNTHER 1994).

Allochthone Populationen: Allochthone Populationen sind aus Spanien, Großbritannien (GB) und Finnland bekannt (ZEISSET und BEEBEE 2001, 2007, KUZMIN et al. 2009a, HOOGESTEGER et al. 2013). Auf der Iberischen Halbinsel wurde *P. lessonae* in Cáceres (Villasbuenas de Gata) und an nicht näher bezeichneten Orten in Galizien, Katalonien und im Valenzianischen Land ausgesetzt (KUZMIN et al. 2009a). Die einzige in Finnland nachgewiesene allochthone Population lebt im südwestlichen Teil des Landes, in der Region Kaarina (HOOGESTEGER et al. 2013).

In GB lebte *P. lessonae* im frühen 20. Jahrhunderts in der Grafschaft Norfolk (SO-England). Aufgrund bestimmter genetischer und phänotypischer Merkmale wurde vermutet, dass diese Tiere nicht, wie ursprünglich angenommen, aus Italien eingeführt wurden, sondern autochthonen Ursprungs waren (ZEISSET und BEEBEE 2001). Das letzte Norfolker Individuum verstarb 1999 (WYCHERLEY et al. 2001, ZEISSET und BEEBEE 2001, BEEBEE et al. 2005, SNELL et al. 2005). In den Jahren 2005–2008 wurde *P. lessonae* wieder in Norfolk eingeführt, die ausgesetzten Tiere stammten aus Uppland (Schweden), was dem Faktum Rechnung trägt, dass die Norfolker Individuen am engsten mit nordischen (Schweden, Norwegen) *P. lessonae* verwandt waren (SNELL et al. 2005). Ausgesetzt wurden ca. 90 adulte Tiere, etwas weniger Juvenile und über 3 000 Larven. Basierend auf Larven, die aus der ersten neu gegründeten Population stammten, wurde 2015 eine zweite Population etabliert (ZEISSET, schriftl. Mitt., www.norfolkwildlifetrust.org.uk/news-and-articles/news/all-news/2015-08-18-england-s-rarest-frog-returns).

Arealdynamik: Über Veränderungen des Areals von *P. lessonae* ist nur wenig bekannt, nicht zuletzt, weil kaum fossiles und subfossiles Material existiert (BÖHME und ILG 2003, RATNIKOV 2009). Pliozänes Material liegt nur aus dem russischen Oblast Worenesch vor, während pleistozänes Material in Russland, Deutschland, Frankreich und Großbritannien gefunden wurde. Auch in Aserbaidschan, wo *P. lessonae* heute nicht mehr vorkommt, wurde fossiles Material aus dem Holo- und Pleistozän entdeckt. Zweifelsfrei hatten die glazialen Zyklen einen signifikanten Einfluss auf die Verbreitung der Art und auch in Zukunft sind klimatisch bedingte Arealveränderungen zu erwarten. So dürften sich in den kommenden Jahrzehnten die Lebensbedingungen für *P. lessonae* in bestimmten

Regionen (vor allem in Nordeuropa) verbessern. Andererseits wurden in der jüngeren Vergangenheit (ab ca. 1990) z. T. deutliche Bestandsrückgänge registriert (z. B. in Ostdeutschland), die auf Gewässerverluste als Folge zunehmender Trockenperioden zurückzuführen sind (PLÖTNER 2018).

Die innerartliche Differenzierung von *P. lessonae* in zwei deutlich unterschiedliche Linien (DUFRESNES et al. 2017b, eigene Daten) spricht für die Existenz mehrerer pleistozäner Refugien und gegen die verschiedentlich postulierte Hypothese, wonach die nacheiszeitliche Besiedlung Europas von Italien aus erfolgt sein soll (ZEISSET und BEEBEE 2001, SNELL et al. 2005). Wir vertreten die Ansicht, dass sich die glazialen Refugien von *P. lessonae* während der letzten Kaltzeit (bis vor ca. 11 700 Jahren) in den nördlichen Ausläufern des Balkangebirges und den südlichen Ausläufern der Karpaten befanden. Diese Refugien sind auch für einige andere europäische Amphibien postuliert worden (GARCIA-PORTA et al. 2012, LITVINCHUK et al. 2013, VENCES et al. 2013, WIELSTRA et al. 2013, SKORINOV und LITVINCHUK 2016). Einige Autoren (z. B. MEZHZHERIN et al. 2010) haben die Existenz eines zusätzlichen Refugiums im Südural in Erwägung gezogen, was durch die vorliegenden Daten jedoch nicht hinreichend unterstützt wird.

Ökologie. H a b i t a t : Der Kleine Wasserfrosch besiedelt stehende oder langsam fließende, pflanzenreiche Gewässer verschiedener Art und Größe, vor allem Weiher, Tümpel, Sümpfe, Seen und flache (bis ca. 1 m tiefe) Gräben. Solche Habitate befinden sich oft in Laub- und Mischwäldern oder extensiv genutztem Offenland, z. B. auf feuchten Wiesen (PTUSHENKO 1934, SCHULZ 1973, GÜNTHER 1974, 1990, 1996b, LADA et al. 1995, OKULOVA et al. 1997, BORKIN 1998, KLIMOV et al. 2000, ALEKSEEV und SIONOVA 2002, KOTSERZHINSKAYA 2003, SOBOLENKO 2004, PLÖTNER 2005, SURYADNA 2005, RUCHIN und RYZHOV 2006, RYABOV 2006, PISANETS 2007, RYZHOV 2008, RUCHIN et al. 2009, KORSHUNOV 2010, MAXIMOV 2010, REMINNYI 2010, KUZMIN 2013 u. a.). Stark schwankende Wasserstände werden toleriert, selbst in temporären Gewässern kann sich *P. lessonae* reproduzieren, sofern diese während der Reproduktionsperiode genügend Wasser führen (KUZMIN et al. 1996, ZAMALETDINOV et al. 2005, eigene Beobachtungen).

Populationen, in denen ausschließlich Kleine Wasserfrösche leben, d. h. keine Teichfrösche (*P. esculentus*) oder Seefrösche (*P. ridibundus*) vorkommen, sind vergleichsweise selten. Nachweise solcher Populationen gelangen in Norwegen (ZEISSET und HOOGESTEGER 2018), Schweden (SJÖGREN 1988, 1991a, b), Belgien (BURNY und PARENT 1985), in der Schweiz (DUFRESNES et al. 2020), Weißrussland (KULIKOVA et al. 2012), Lettland (CAUNE 1987) und Russland (BORKIN und TIKHENKO 1979, LADA et al. 1995, ORLOV und ANANJEVA 1995, BORKIN et al. 2002, RUCHIN et al. 2005b, 2010, ZAMALETDINOV et al. 2005, SVININ et al. 2013, LITVINCHUK et al. 2015b, FAYZULIN et al. 2018), vor allem in Wald- und

Sumpfgebieten, die sich in größerer Entfernung zu Flüssen befanden (NEKRASOVA et al. 2004, RUCHIN et al. 2005a, KORSHUNOV 2008, MILTO et al. 2022).

Größere Seen (>1000 m²) oder weitgehend vegetationslose Grubengewässer werden nur selten besiedelt, ebenfalls Kanäle und Flüsse (SCHIEMENZ und GÜNTHER 1994, RYBACKI und BERGER 1994, LADA et al. 1995, GÜNTHER 1996b, KAUFMANN et al. 2015, ZUPKE und SEYRING 2015), jedoch beherbergen Flussauen bzw. Auengewässer mitunter mehr oder weniger individuenstarke *P. lessonae*-Populationen (KLEWEN 1988, GÜNTHER 1990, GÜNTHER et al. 1991, GUBÁNYI und CREEMERS 1994, LAUFER 2001). In manchen Flusstälern scheint die Art allerdings zu fehlen, z. B. in der Oderaue (DOLEŽÁLKOVÁ-KAŠTÁNKOVÁ et al. 2018, eigene Daten) sowie in den Flusstälern der russischen Republik Udmurtien (BORISSOVSKY et al. 2001). Auch im Einzugsgebiet der Wolga erreicht *P. lessonae* seine höchsten Abundanzen in Gewässern, die außerhalb des eigentlichen Flusstales liegen (RUCHIN et al. 2009). Die Abundanz korreliert hier negativ mit der Größe der Gewässer und deren Tiefe, d. h. in kleineren und flacheren Gewässern leben mehr Individuen als in größeren und tieferen (OKULOVA et al. 1997, RUCHIN et al. 2009). Neben der Auendynamik (periodische Überflutungen) dürfte als Ursache für das weitgehende Fehlen des Kleinen Wasserfroschs in Flussauen auch die Konkurrenz durch andere, hier in z. T. hohen Dichten lebende Wasserfroschformen (insbesondere *P. ridibundus*) infrage kommen. In der Regel leben in größeren Auengewässern auch Fische, die zum Prädatorenspektrum des Kleinen Wasserfroschs gehören. Ein starker Fischbesatz dürfte sich negativ auf die Populationsdichte auswirken und ein weiterer Grund dafür sein, dass *P. lessonae* in größeren Gewässern nicht oder nur in geringen Populationsdichten vorkommt (SJÖGREN-GULVE 1994). In Wäldern kann *P. lessonae* gelegentlich auch im Bereich kleinerer Flüsse und Bäche beobachtet werden (SZCZERBAK und SZCZERBAN 1980, LADA 1995, eigene Daten).

In Mitteleuropa zählen pflanzenreiche Moorgewässer, kleinere Wald-, Wiesen- und Feldweiher sowie Wiesengräben zu den bevorzugten Lebensräumen des Kleinen Wasserfroschs (GÜNTHER 1990, 1996b, ZAHN 1996a). In der mittleren und nördlichen Niederlausitz (Bundesland Brandenburg, Deutschland) besiedelt *P. lessonae* vor allem saure bis schwach saure, oligotrophe bis mesotrophe Gewässer mit moorigem Einzugsbereich, Wiesengräben, Wiesenweiher, Verlandungshochmoore und vereinzelt auch Fischteiche (HEYM 1974). In Bayern dominieren unter den Laichgewässern Teiche und Weiher mit ca. 54,8 % (viele davon liegen im Umfeld von Mooren), gefolgt von Tümpeln und Lachen (19,3 %) und ausgesprochenen Moorgewässern, deren Anteil 8,6 % beträgt (ZAHN 2019). Auf der Schwäbischen Alb lebt die Art u. a. in vegetationsreichen Hülben und ist häufiger als der Teichfrosch auch in temporären Kleingewässern zu finden. Auch hier werden große Seen, vegetationsarme Teiche und Fließgewässer eher gemieden (KWET 1993). In Österreich wurde *P. lessonae* vor allem in Altwässern, Teichen, Tümpeln und auf Überschwemmungsflächen gefunden, der Anteil dieser Habitate am Lebensraumspektrum betrug 80 % (Cabela und Grillitsch 2001). Im Salzburger Land hatten Teiche mit 37,8 %, naturnahe Teiche mit 27 % und Moorgewässer mit 16,2 % die größten Anteile an dem für *P. lessonae* ermittelten Gewässerspektrum (Kaufmann et al. 2015). In der West-Slowakei fanden Mikulíček et al. (2015) *P. lessonae* vor allem in Sandgruben und kleinen, flachen und schlammigen Gewässern mit reicher Submersvegetation. Nachweise gelangen hier auch in Altarmen, Fischteichen und Kiesgruben. Am Oberrhein sind Tümpel, Schluten (schlammige Rinnen) und kleine Altwässer im und in der Nähe des Auwalds typische Lebensräume. In den Flussauen werden heterogene, vegetationsreiche Kies- und Tongrubengewässer besiedelt. Im Hügelland sind es Kleingewässer auf staunassen Standorten, in Oberschwaben und am Bodensee Flach- und Übergangsmoore (Sowig et al. 2007a).

Ein hoher Besonnungsgrad und eine dichte, schutzbietende Submers- und Ufervegetation sind entscheidende Qualitätskriterien für die Laichgewässer des Kleinen Wasserfroschs. Holenweg Peter et al. (2002) konnten im Rahmen einer Feldstudie in der Schweiz zeigen, dass sich der *lessonae*-Anteil im Gewässer mit abnehmender Vegetation und zunehmender Gewässergröße verringert. In Baden-Württemberg waren 46 % der erfassten *P. lessonae*-Gewässer voll besonnt, 47 % überwiegend besonnt und lediglich 7 % etwa zur Hälfte beschattet, 68 % wiesen Unterwasservegetation, 73 % Schwimmblattvegetation und 88 % Röhrichtbewuchs auf (Sowig et al. 2007a). Nach Eikhorst (1984) sind in Niedersachsen folgende Pflanzenarten für die Laichgewässer des Kleinen Wasserfroschs einschließlich des Uferbereichs charakteristisch: Schmalblättriges Wollgras (*Eriophorum angustifolium*), Flatterbinse (*Juncus effusus*), Pfeifengras (*Molinia caerulea*), Torfmoos (*Sphagnum* sp.), Breitblättriger Rohrkolben (*Typha latifolia*), Geschnäbelte Segge (*Carex rostrata*), Echte Glockenheide (*Erica tetralix*), Sumpfblutauge (*Comarum palustre*), Wassernabel (*Hydrocotyle vulgaris*), Kleine Wasserlinse (*Lemna minor*) und Schilf (*Phragmites communis*). In der näheren Umgebung der Gewässer finden sich häufig Waldkiefer (*Pinus sylvestris*), Weide (*Salix* sp.) und Schwarzerle (*Alnus glutinosa*). In der Niederlausitz gehören die häufigsten Pflanzen der Wasserflächen und Uferbereiche zu folgenden Gesellschaften: Oxycocco-Sphagnetea, Litorelletea, Potametea, Phragmitetea, Scheuchzerio-Caricetea fuscae und Molinio-Arrhenatheretea (Heym 1974).

Schulz (1973) fand *P. lessonae* im nördlichen Harz (Ostdeutschland) in kleinen, meist flachen und isoliert gelegenen Bergbauteichen. Mit einer Ausnahme zeichneten sich die Gewässer durch reichlichen, Deckung bietenden Pflanzenbewuchs aus. Zum überwiegenden Teil handelte es sich hier um relativ niedrige Teichschachtelhalm-Bestände (*Equisetum fluviatile*) und *Eleocharis*- oder *Carex*-Zonen. Der Autor weist darauf hin, dass nicht nur eine ausreichende Besonnung, sondern auch schützendes Buschwerk zum Schutz vor kalten NW-Winden vorhanden sein muss, damit die Gewässer besiedelt werden.

Pelophylax lessonae ist oft in Gewässern mit pH-Werten im sauren Bereich (<5,5) anzutreffen (HEYM und PAEPKE 1978, EIKHORST 1984), offensichtlich werden selbst pH-Werte von 3,5 noch toleriert (ZIER 1985). Eine Reproduktion ist bei Werten <4 jedoch unwahrscheinlich, wie Untersuchungen an anderen europäischen Raniden gezeigt haben (ANDRÉN et al. 1988, GLOS et al. 2003). Unter Laborbedingungen metamorphosierten *P. lessonae*-Kaulquappen bei einem pH-Wert von 6,4 bereits nach 45–46 Tagen, bei einem pH-Wert von 8,1 benötigten sie 2–3 Tage länger. Auch die Überlebensrate und die Lebendmasse am 30. Lebenstag waren bei einem pH-Wert von 6,4 deutlich höher (FIORAMONTI et al. 1997).

Mitunter werden auch nährstoffreichere Gewässer mit höheren pH-Werten besiedelt, wenn diese sonnenexponierte, vegetationsreiche Flachwasserbereiche aufweisen (HEYM 1974, TWELBECK et al. 1996). HEYM (l. c.) fand *P. lessonae* beispielsweise in Fischteichen mit pH-Werten von 7,3–8,8 und auch in den ukrainischen Karpaten wurden in den Laichgewässern des Kleinen Wasserfroschs pH-Werte von 5,8–7,4 gemessen (SZCZERBAK und SZCZERBAN 1980).

Im Gegensatz zu anderen Wasserfroscharten (z. B. *Pelophylax epeiroticus*) werden Gewässer mit höheren Salzgehalten gemieden, im Oblast Kaliningrad (Russland) betrug der Salzgehalt der Laichgewässer ca. 0,3 ‰ (KORSHUNOV 2008, LITVINCHUK et al. 2015b).

In stark anthropogen beeinflussten (eu- und metahemeroben) bzw. von Menschenhand geschaffenen Habitaten fehlt die Art (KAUFMANN et al. 2015, eigene Daten), u. a. in künstlichen Wasserreservoirs (ALEKSANDROVSKAYA und BYKOV 1980) und Folienteichen (RUCHIN et al. 2009). Auch Meliorationsgräben und Feldsölle in intensiv landwirtschaftlich genutzten Gebieten werden nicht besiedelt (eigene Daten).

Im Gegensatz zu den meisten anderen europäischen Wasserfroscharten sucht *P. lessonae* außerhalb der Paarungszeit häufig terrestrische Lebensräume wie feuchte Wiesen oder Wälder auf, um dort nach Beute zu jagen (KARAMAN 1948, siehe auch BERGER 1973b). Trockene Habitate werden gemieden (KORSHUNOV 2010), ebenfalls stark anthropogen beeinflusste Lebensräume (PLÖTNER 2018). In Steppengebieten ist die Art nur an Gewässern zu finden (KUZMIN 1999, 2013).

Winterquartiere: Entgegen früherer Auffassungen (BORKIN et al. 1979, SZCZERBAK und SZCZERBAN 1980, SHLYAKHTIN et al. 2005, BULAKHOV et al. 2007, KRIVOSHEEV 2008, KORSHUNOV 2010, KUZMIN 2013) verbringen die meisten Kleinen Wasserfrösche das Winterhalbjahr an Land (BERGER 1970, 1982, BLAB 1982, GÜNTHER 1990, BORKIN in ANANJEWA et al. 1998, HOLENWEG und REYER 2000). Das Winterquartier kann relativ weit vom Gewässer entfernt liegen. So ermittelte TUNNER (1992) im Gebiet des Neusiedler Sees (Österreich) eine Distanz zwischen Laichgewässer und Winterquartier von 15 km. Häufig werden Waldgebiete zur Überwinterung aufgesucht (HOLENWEG und REYER 2000). Als Anpassung an die terrestrische Überwinterung ist der vergrößerte Fersenhöcker zu sehen, der quasi als Schaufel zum Eingraben ins Erdreich dient.

Über die Winterquartiere selbst ist nur wenig bekannt, u. a. werden Gruben und Nagetierbaue genutzt, die manchmal mit anderen Amphibienarten (z. B. *Lissotriton vulgaris* und *Bombina bombina*) geteilt werden (SZCZERBAK und SZCZERBAN 1980, SHLYAKHTIN et al. 2005, BULAKHOV et al. 2007, KORSHUNOV 2010). Überwinternde *P. lessonae* wurden auch in oberen Bodenschichten unter Holzstücken gefunden (SOUČEK et al. 1993, ZAVADIL 1994). Radiotelemetrische Untersuchungen schweizerischer *P. lessonae* ergaben, dass alle besenderten Tiere in einem mikroklimatisch günstigen Waldgebiet in sandigem Boden in einer Tiefe von nur 3–7 cm unter Moos, Blättern und kleinen Ästen überwinterten (HOLENWEG und REYER 2000). Viele Tiere wechselten während der Überwinterung ihr Versteck, oft mehrfach. Das Überwintern in terrestrischen Habitaten hat im Vergleich zu aquatischen den Vorteil, dass stets genügend Sauerstoff vorhanden ist (*P. lessonae* hat die höchste Sauerstoffaffinität und gleichzeitig die geringste Toleranz gegenüber niedrigen Partialdrucken, LUTSCHINGER 1988), birgt jedoch die Gefahr des Kältetodes bei Temperaturen unterhalb des Gefrierpunkts. BERGER (1982) vermutete, dass *P. lessonae* eine vergleichsweise hohe Toleranz gegenüber niedrigen Temperaturen besitzt, was experimentell bisher jedoch nicht belegt werden konnte. Bei Temperaturen von –2,5 °C starben alle Versuchstiere nach ca. 9 Stunden, als letal wird ein Eisgehalt (bezogen auf den totalen Wassergehalt des Organismus) von 54–61 % angegeben (VOITURON et al. 2005). Zwar dürften nach diesen Befunden Kleine Wasserfrösche durchaus in der Lage sein, moderate Frostperioden von wenigen Stunden zu überstehen, nicht jedoch langanhaltende mit sehr niedrigen Temperaturen wie andere, als frostresistent geltenden Arten (z. B. *Lithobates sylvaticus*).

Auch bei *P. lessonae* konnte im Verlauf des Gefrierprozesses eine signifikante Erhöhung des Glukosegehalts in Leber und Muskel sowie im Blutplasma nachgewiesen werden, gleichzeitig war eine signifikante Abnahme des Glykogengehalts in der Leber zu verzeichnen (VOITURON et al. 2005, VALBONA 2013). Die Effizienz des „Kryoschutzsystems" ist jedoch bei *P. lessonae* wesentlich geringer als bei frostresistenten Amphibienarten, so akkumulierte *P. lessonae* während der ersten 7 Stunden des Gefrierprozesses etwa 74 µmol Glukose pro Gramm Lebermasse während für *L. sylvaticus* ein Wert von 140 µmol/g berechnet wurde (VOITURON et al. 2005).

Ungeklärt ist, ob die Temperatur- bzw. Frosttoleranz einer gewissen geografischen Variabilität unterliegt. Folgender Zufallsbefund (LITVINCHUK, unveröff.) kann als Indiz dafür gelten, dass Kleine Wasserfrösche aus nördlicher gelegenen Gebieten auch länger andauernde Frostperioden unbeschadet überstehen können: Tiere, die zur Überwinterung in einen Kühlschrank gebracht wurden und dort versehentlich einfroren, überlebten und zeigten nach dem Auftauen keine offensichtlichen Schädigungen im Gegensatz zu See- und Teichfröschen, die sich zeitgleich im selben Kühlschrank befanden und allesamt starben. Obwohl die während der 14-tägigen Kühlschrankhaltung herrschende Temperatur nicht genau benannt werden kann (wahrscheinlich lag die Minimaltemperatur bei ca. –5 °C), spricht allein die Tatsache, dass alle Tiere vollständig gefroren waren (in den Lymphsäcken wurden größeren Eisstücke gefunden), für eine gewisse Frosttoleranz osteuropäischer *P. lessonae*. Auch BERGER (1982) berichtet von zwei polnischen Individuen, die mit weiteren sechs Teichfröschen in einem Eisblock eingefroren waren, aber im Gegensatz zu diesen nach dem Auftauen noch lebten.

Nahrung: Die Kaulquappen des Kleinen Wasserfroschs ernähren sich vorwiegend von Algen und Rotiferen (DUSHIN 1974). Abgestorbene Pflanzenteile dürften ebenfalls eine wichtige Nahrungsquelle darstellen. Im Labor können *P. lessonae*-Larven mit gekochtem Blattsalat und handelsüblichem (nicht zu eiweißreichem) Fischfutter ernährt werden.

Nach der Metamorphose fressen die Jungtiere große Mengen Mücken, Fliegen und deren Larven, die im Gewässer oder in dessen unmittelbarer Umgebung erbeutet werden (SZCZERBAK und SZCZERBAN 1980, KUZMIN 2013). Die Hauptnahrung adulter Tiere bilden Insekten, Spinnentiere und Gastropoden, wobei das Nahrungsspektrum maßgeblich vom Angebot bestimmt wird und folglich lokal und saisonal bedingte Differenzen aufweist (SZCZERBAK und SZCZERBAN 1980, KUZMIN et al. 1996, KLIMOV et al. 2000, SHLYAKHTIN et al. 2005, SAS et al. 2007, BALDAEV 2008, KULAKOVA et al. 2009, 2011, PAUNOVIĆ et al. 2010, KAMAEV und SVININ 2010, FAYZULIN et al. 2012, KUZMIN 2013, KUZOVENKO und FAYZULIN 2013, ALEKSEEV et al. 2015, KOLODINA et al. 2016).

Gefressen wird alles, was überwältigt werden kann, eine Präferenz für bestimmte Beutetiere scheint nicht zu bestehen. Die Nahrung wird visuell ausgewählt und mit der klebrigen Zunge gefangen, wobei die Größe der Beutetiere mit der KRL der Frösche korreliert. Auch während der Reproduktionsperiode wird die Nahrungsaufnahme nicht eingestellt (KUZMIN 2013). Nach DUSHIN (1974) wird der größte Teil der Nahrung in den frühen Morgenstunden erbeutet. Die gelegentliche Aufnahme von Pflanzen bzw. Pflanzenteilen dürfte „versehentlich“ beim Verschlingen der eigentlichen (tierischen) Nahrung erfolgen (KULAKOVA et al. 2009).

Mageninhaltsuntersuchungen, die an 85 Individuen aus der Umgebung von Moskau (Russland) vorgenommen wurden, ergaben folgendes Nahrungsspektrum (vgl. KUZMIN et al. 1996): 80 % der Nahrung bestand aus Insekten, davon waren fast 1/4 Zweiflügler (Diptera). 10 % entfielen auf Spinnen, 3,5 % auf frisch metamorphosierte Frösche und 2 % auf Kaulquappen. In einer serbischen Population, in denen *P. lessonae* gemeinsam mit *P. ridibundus* und *P. esculentus* vorkam, waren Gastropoden vor allem im Frühjahr mit einem relativ hohen Anteil (ca.

41 %) in der Nahrung vertreten (PAUNOVIĆ et al. 2010). Im Frühjahr werden vermehrt auch Anneliden gefressen (KAMAEV und SVININ 2010), während ALEKSEEV et al. (2015) im Herbst eine Zunahme des Anteils von Spinnentieren, kleineren Würmern und Gastropoden verzeichneten. Aquatische Invertebraten wie Egel oder Wasserkäfer können 15–40 % des Nahrungsspektrums ausmachen (SZCZERBAK und SZCZERBAN 1980, KUZMIN et al. 1996, KAMAEV und SVININ 2010, FAYZULIN et al. 2012, KOLODINA et al. 2016). In städtischen Gewässern kann der Anteil des Gemeinen Wasserläufers (*Gerris lacustris*) bis zu 58 % betragen (FAYZULIN et al. 2012).

Eine ökologische Klassifikation des Nahrungsspektrums zeigt, dass vor allem tagaktive, sich schreitend oder rennend fortbewegende, phytophage Chortobionten (Arten, die innerhalb der Krautschicht leben) erbeutet werden, während auf der Wasseroberfläche lebende Arten einen Anteil von ca. 15 % gewöhnlich nicht überschreiten. Ein geringer Teil der Nahrung besteht aus Edaphobionten und Herpetobionten. Abgesehen von Fischembryonen, kleinen Fischen und Kaulquappen (s. u.), fehlen „echte" Hydrobionten, d. h. im Wasser oder auf dem Gewässergrund lebende Arten, im Nahrungsspektrum von *P. lessonae* (SZCZERBAK und SZCZERBAN 1980, KULAKOVA et al. 2011, KOLODINA et al. 2016). Daraus kann abgeleitet werden, dass Kleine Wasserfrösche ihre Beute vor allem an den Gewässerufern jagen.

Regelmäßig werden auch Wirbeltiere verzehrt. In Fischteichen können Fischembryonen (die sich bereits bewegen) und Jungfische einen Nahrungsanteil von 10–12 % einnehmen (DUSHIN 1974, BALDAEV 2008, KULAKOVA et al. 2009, KUZMIN 2013). KUZMIN (2013) analysierte den Mageninhalt von Tieren aus Karpfenaufzuchtteichen; weniger als 2 % der untersuchten Mägen enthielten Karpfenbrut.

Neben Fischen gehören auch Amphibien regelmäßig zum Beutespektrum des Kleinen Wasserfroschs, vor allem Kaulquappen, Metamorphoslinge und Juvenile. Kaulquappen und juvenile Anuren können 9–29 % der Nahrungsmasse umfassen (DUSHIN 1974). Folgende Arten sind als Beute von *P. lessonae* belegt: *Bombina bombina*, *Bufo bufo*, *Bufotes viridis*, *Lissotriton vulgaris*, *Pelobates* spp., *P. ridibundus*, *Rana arvalis* und *Rana temporaria* (DUSHIN 1974, SZCZERBAK und SZCZERBAN 1980, KUZMIN et al. 1996, SHLYAKHTIN et al. 2005, KULAKOVA et al. 2009, KAMAEV und SVININ 2010, KUZMIN 2013, ALEKSEEV et al. 2015, KOLODINA et al. 2016). Auch Individuen der eigenen Art, selbst größere Exemplare, werden gefressen. GÜNTHER (1990) berichtet von einem im Zimmerterrarium gehaltenem 70 mm großen Weibchen, das ein subadultes Individuum mit einer KRL von 42 mm verschlang. Vereinzelt werden auch juvenile Reptilien (*Natrix natrix* und *Lacerta agilis*) gefressen (KULAKOVA et al. 2009, KUZMIN 2013, KOLODINA et al. 2016).

Herpetozönose: Der Kleine Wasserfrosch teilt seine Laichgewässer mit einer Vielzahl an Amphibienarten, darunter befinden sich Geburtshelferkröte (*Alytes obstetricans*), Braunfrösche (*R. arvalis*, *Rana dalmatina*, *R. temporaria*), verschiedene Krötenarten (*B. bufo*, *Bufo spinosus*, *B. viridis*, *Epidalea calamita*), Krötenfrösche (*Pelobates fuscus*, *Pelobates syriacus*, *Pelobates vespertinus*), Laubfrösche (*Hyla arborea*, *Hyla orientalis*), Unken (*B. bombina*, *Bombina variegata*), Molche (*Ichthyosaura alpestris*, *Lissotriton helveticus*, *Lissotriton montandoni*, *L. vulgaris*, *Triturus carnifex*, *Triturus cristatus*, *Triturus dobrogicus*, *Triturus marmoratus*) und der Feuersalamander (*Salamandra salamandra*) (ZAVADIL 1994, DANDOVA et al. 1995, GÜNTHER 1996b, CABELA und GRILLITSCH 2001, SOBOLENKO 2004, ARTAEV und PERYAEVA 2015, ZAHN 2019, eigene Daten). Von den europäischen Wasserfröschen ist *P. lessonae* am häufigsten mit *P. esculentus* vergesellschaftet, mit *P. ridibundus* kommt er vergleichsweise selten vor. Nach ZAHN (1996a) war im Alpenvorland (Landkreise Mühldorf am Inn und Rosenheim, Deutschland) der Anteil des Kleinen Wasserfroschs im Verhältnis zum Teichfrosch in Moorgewässern und flachen, pflanzenreichen Gewässern mit ausgeprägter submerser Vegetation besonders hoch (im Mittel 58 %, maximal 88 %), für vegetationsarme, tiefere Gewässer werden die korrespondierenden Werte mit 15 % und 30 % angegeben. In Süd- und Südwestfrankreich (Camargue, Garonne-Becken) teilt sich *P. lessonae* die Laichgewässer mitunter auch mit *Pelophylax perezi* (SCHMELLER 1999, PAGANO et al. 2001a, b).

Der Vergesellschaftungsgrad mit einzelnen Amphibienarten kann regional sehr unterschiedlich sein. In Baden-Württemberg (Deutschland) ist nach dem Teichfrosch der Grasfrosch mit 54 % die häufigste mit *P. lessonae* vergesellschaftete Art, gefolgt von der Erdkröte (52 %) und dem Bergmolch (44 %). Syntopie mit dem Springfrosch weist auf die gemeinsame Bevorzugung von Kleingewässern in der bewaldeten Ebene hin (SOWIG et al. 2007a). In Österreich sind *Triturus*-Arten nur selten gemeinsam mit *P. lessonae* anzutreffen (CABELA et al. 2001).

Feinde, Parasiten und Krankheiten: *Pelophylax lessonae* gehört zum Beutespektrum verschiedener Fischarten (*Esox lucius*, *Perca fluviatilis*, *Perccottus glenii*), Amphibien (*B. bufo*, *P. lessonae*, *P. ridibundus*), Reptilien (*Emys orbicularis*, *Natrix natrix*, *Natrix tessellata*), Wasser-, Greifvögel und Eulen (*Ardea cinerea*, *Anas platyrhynchos*, *Aquila pomarina*, *Botaurus stellaris*, *Bubo bubo*, *Butastur indicus*, *Buteo buteo*, *Chlidonias leucoptera*, *Ciconia ciconia*, *Crex crex*, *Egretta garzetta*, *Ixobrychus minutus*, *Lanius cristatus*, *Larus ridibundus*, *Milvus korschun*, *Tyto alba*) und Säugetiere (*Desmana moschata*, *Lutra lutra*, *Martes foina*, *Mustela lutreola*, *Mustela putorius*, *Mustela vison*, *Nyctereutes procyonoides*, *Ondatra zibethica*) (SZCZERBAK und SZCZERBAN 1980, KUZMIN et al. 1996, KUZMIN 1999, 2013, RESHETNIKOV 2001, SHLYAKHTIN et al. 2005, DROBENKOV et al. 2006, BULAKHOV et al. 2007, PISANETS 2007, ROULIN und DUBEY 2013). In der Nahrung ukrainischer Stockenten (*A. platyrhynchos*) betrug der Anteil des Kleinen Wasserfroschs 25 %

(Bulakhov et al. 2007). Als Fressfeinde des Laichs und der Kaulquappen spielen neben Molchen (*T. cristatus*, *L. vulgaris*) auch Libellenlarven sowie Wasserkäfer und deren Larven eine größere Rolle (Kwet 1993, Zahn 2019).

Von den zahlreichen Parasiten haben Plattwürmer (Plathelminthes) den größten Anteil. Darunter sind Trematoden mit 33 Arten vertreten: *Alaria alata* (Larven), *Brandesia turgida*, *Cathaemasia hians* (Larven), *Codonocephalus urnigerus* (Larven), *Diplodiscus subclavatus*, *Encyclometra colubrimurorum* (Larven), *Gorgodera cygnoides*, *Gorgodera loossi*, *Gorgodera microovata*, *Gorgodera pagenstecheri*, *Gorgodera varsoviensis*, *Gorgoderina vitelliloba*, *Halipegus kessleri*, *Halipegus ovocaudatus*, *Haplometra cylindracea*, *Neodiplostomum major* (Larven), *Neodiplostomum spathoides* (Larven), *Opistoglyphe ranae*, *Paralepoderma cloacicola* (Larven), *Pharyngostomum cordatum* (Larven), *Pleurogenes claviger*, *Pleurogenes loossi*, *Pleurogenoides medians*, *Pleurogenoides stromi*, *Pneumonoeces asper*, *Pneumonoeces variegates*, *Prosotocus confusus*, *Skrjabinoeces breviansa*, *Skrjabinoeces similis*, *Strigea falconis* (Larven), *Strigea sphaerula* (Larven), *Strigea strigis* (Larven) und *Tylodelphys excavata* (Larven) (Borisova 1988, Shimalov 2002, 2009, Bulakhov et al. 2007, Kirillova et al. 2008, Chikhlyaev 2009, Chikhlyaev et al. 2009, 2012a, b, 2015, Rezvantseva et al. 2010, 2011, Kirillov et al. 2012a, b, Rezvantseva 2012, Kolodina et al. 2016, Ruchin et al. 2016). Weiterhin wurden *Polystoma integerrimum* und *Spirometra erinaceieuropaei* als einzige Vertreter der Hakensaugwürmer (Monogenea) bzw. Bandwürmer (Cestoda) als Parasiten des Kleinen Wasserfroschs beschrieben (Shimalov 2002, 2009). Kratzwürmer (Acanthocephala) waren nur durch eine Art (*Acanthocephalus ranae*) vertreten (Shimalov 2002, 2009, Bulakhov et al. 2007), während bisher 15 zu den Fadenwürmern (Nematoda) zählende Arten als Parasiten des Kleinen Wasserfroschs nachgewiesen werden konnten: *Agamospirura* sp., *Aplectana acuminata*, *Ascarops strongylina*, *Cosmocerca commutata*, *Cosmocerca icosiella*, *Cosmocerca neglecta*, *Cosmocerca ornata*, *Icosiella neglecta*, *Neoxysomatium brevicaudatum*, *Neoraillietnema praeputiale*, *Oswaldocruzia filiformis*, *Oxysomatium longispiculum*, *Rhabdias bufonis*, *Spiroxys contortus* und *Thelandros tba* (Shimalov 2002, 2009, Bulakhov et al. 2007, Chikhlyaev 2009, Rezvantseva et al. 2010a, b, 2011, Rezvantseva 2012a, b, Chikhlyaev et al. 2015, Kolodina et al. 2016, Ruchin et al. 2016, Mikulíček et al. 2021). Kuzmin (1999) und Bulakhov et al. (2007) berichten von Fröschen, die von Egeln (Hirudinea) befallen waren.

Zum Parasitenspektrum von *P. lessonae* gehören weiterhin verschiedene Protozoen, z. B. Arten der Gattungen *Balantidium*, *Cepedea*, *Cytamoeba*, *Dactylosoma*, *Dermosporidium*, *Hexamita*, *Isospora*, *Lankesterella*, *Nyctotherus*, *Octomitus*, *Opalina*, *Protopalina*, *Rhabdoctyla*, *Spironucleus*, *Trichodina*, *Tritrichomonas* und *Trypanosoma* (Edwards et al. 1982).

Angaben zu artspezifischen Prävalenzraten liegen u. a. für *Alaria alata* vor. Von dieser zur Familie Diplostomatidae zählenden Spezies waren in bestimmten Populationen 63 % der Individuen befallen. *Alaria alata* kann als Metazerkarie (Duncker-Muskelegel) neben den hundeartigen Endwirten (Hunde, Füchse, Marder) auch sogenannte Transportwirte befallen, darunter fallen alle fleisch- und allesfressenden Wirbeltiere einschließlich *Homo sapiens*. *Spirometra erinaceieuropaei* gehört ebenfalls zu den Arten mit humanpathogener Bedeutung (KIRILLOV et al. 2012b, 2014).

In Tieren aus Kasan (Tatarstan, Russland) konnte das als Verursacher von Atemwegsinfektionen bekannte Bakterium *Chlamydia pneumoniae* nachgewiesen werden (BURAKOVA et al. 2008). Infektionen mit dem amphibienpathogenen Hautpilz *Batrachochytrium dendrobatidis* (*Bd*) wurden bei Kleinen Wasserfröschen aus Estland und Polen beobachtet (BALAŻ et al. 2013, KOLENDA et al. 2017b). Offen ist, ob die in den polnischen Populationen festgestellten Fitnessdefizite, wie z. B. geringere KRL (KOLENDA et al. 2017b), im direkten Zusammenhang mit *Bd*-Infektionen standen.

Populationsökologie: Unter den westpaläarktischen Amphibienarten kann *P. lessonae* vergleichsweise hohe Populationsdichten erreichen (KUZMIN 2013). Als Maß für die Abundanz kann die Anzahl der Individuen auf die Uferlänge eines Gewässers oder dessen Fläche bezogen werden. In Weißrussland wurden auf diese Weise Werte von 50–800 Individuen pro Kilometer Uferlinie ermittelt, in der Ukraine von 25–30 und in Russland von 2–158 (DINESMAN und KALETSKAYA 1952, PIKULIK 1985, OKULOVA et al. 1997, KUZMIN 1999, 2013, KURTYAK 2004a, DROBENKOV et al. 2006, SOBOLENKO 2010). Für die Ukraine werden maximale Abundanzen von 480–4 000 Individuen pro Kilometer Uferlinie genannt, für Russland bis ca. 1 000 Individuen/km (SZCZERBAK und SZCZERBAN 1980, GUSEVA 1992, OKULOVA et al. 1997, KUZMIN 1999, 2013, ALEKSEEV und SIONOVA 2002, KOTSERZHINSKAYA 2003, SOBOLENKO 2004, ERMAKOV 2005, RUCHIN und RYZHOV 2006, BULAKHOV et al. 2007), wobei diese Zahlen neben adulten und subadulten *P. lessonae* wahrscheinlich auch *P. esculentus* verschiedener Altersklassen beinhalten. Nach PANCHENKO (1983) erreicht *P. lessonae* im Biosphärenreservat Oka (Russland) Populationsdichten von 9 000 Individuen/km. KUZMIN (1999, 2013) zählte im Oblast Moskau ca. 10 000 Metamorphoslinge auf 1 km Uferlinie.

In Litauen werden Dichten von 210–410 Individuen/ha in Hochmooren und 126 Individuen/ha an Flussufern erreicht (BALCIAUSKAS et al. 1999). In Weißrussland wurden in Flussauen mittlere Abundanzen von 5–15 Tieren und in Eichenwäldern von 40–50 Individuen/ha festgestellt (PIKULIK 1985, KUZMIN 1999, 2013), im Oblast Rjasan (Russland) lebten auf einem Hektar bis zu 158 Individuen, bezogen auf die Wasserfläche betrug die mittlere Dichte 0,29 Tiere/m^2, in trockenen Jahren sogar bis zu 0,9 Individuen/m^2 (PANCHENKO 1983). In den Ukrainischen Karpaten wurden im Mittel 0,18 Individuen pro Quadratmeter Wasserfläche beobachtet, das Maximum lag bei 0,5 Tieren/m² (SZCZERBAK und SZCZERBAN 1980).

In den stärker anthropogen beeinflussten (insbesondere intensiv landwirtschaftlich genutzten) Landschaften Europas zählen Populationen von mehreren Hundert Individuen inzwischen zu den Ausnahmen. In einer bereits erloschenen *lessonae-esculentus*-Population (Toter See bei Mühlenbeck, Bundesland Brandenburg, Deutschland) lebten bis Ende der 1970er-Jahre noch ca. 1 000 adulte Tiere (GÜNTHER 1996b). Derselbe Autor fand 1985 etwa 500 adulte Individuen in einem ca. 1 000 m² großen Feldweiher östlich Berlins. Die aktuell für Deutschland vorliegenden Daten weisen darauf hin, dass in vielen *lessonae-esculentus*-Populationen weniger als 50 Kleine Wasserfrösche leben (ZAHN 1990, 2019, PLÖTNER 2018).

Das Geschlechterverhältnis ist in den meisten Populationen nahezu ausgeglichen (SJÖGREN 1991b, OKULOVA et al. 1997, TUNNER und KÁRPÁTI 1997, HOLENWEG PETER et al. 2002, NEKRASOVA et al. 2004, SURYADNA 2005, MAXIMOV 2010). In einigen Populationen wichen die beobachteten Verhältnisse allerdings vom Erwartungswert (1 : 1) ab. So überwogen in einer von SJÖGREN (1988) untersuchten Population die Männchen um den Faktor 1,5. Über Verschiebungen des Geschlechterverhältnisses zugunsten der Männchen oder Weibchen berichten auch BORKIN et al. (1979), SZCZERBAK und SZCZERBAN (1980) sowie BERGER und GÜNTHER (1988). Ein deutlicher Männchenüberschuss wurde ebenfalls unter den Nachkommen homotypischer Kreuzungen zwischen österreichischen und polnischen *P. lessonae* beobachtet (TUNNER 1980). PLÖTNER (2005) postuliert, dass mit zunehmendem Anteil triploider Teichfrösche auch der prozentuale Anteil männlicher *P. lessonae* in *lessonae-esculentus*-Populationen zunimmt, da aus Paarungen zwischen LLR-Männchen (die im Vergleich zu LLR-Weibchen zahlenmäßig dominieren) und LL-Weibchen sowie aus homotypischen LLR-Paarungen potenziell wieder LL-Männchen hervorgehen können (BERGER und GÜNTHER 1988, siehe „Kapitel Populationssysteme und Populationsgenetik“). Wie häufig solche hybridolytisch entstandenen LL-Männchen tatsächlich sind und ob sie sich genetisch und/oder epigenetisch von „reinen“ *lessonae*-Männchen unterscheiden, ist unbekannt.

Bei der Ermittlung des Geschlechterverhältnisses ist zu beachten, dass im Frühjahr, während der Fortpflanzungsperiode, augenscheinlich die Männchen zahlenmäßig dominieren, während danach die Anteile beider Geschlechter wieder ausgeglichen sind (KULIKOVA et al. 2015). Die Ursache dafür liegt in physiologisch bedingten, geschlechtsspezifischen Verhaltensunterschieden. Während die Männchen sich nahezu zeitgleich im Laichgewässer einfinden und dort durch lautstarkes Rufen auf sich aufmerksam machen, treffen die Weibchen entsprechend ihres hormonellen Status erst nach und nach am Gewässer ein und halten sich dort bis zur eigentlichen Paarung vorwiegend im Uferbereich auf, wo sie sich unauffällig verhalten (oft ragt nur der Kopf aus dem Wasser) und deshalb nur schwer zu finden sind. Darüber hinaus kann das gemeinhin sichtbare Geschlechterverhältnis auch zwischen verschiedenen Altersklassen differieren, bei älteren Jahrgängen ist es in der Regel nahezu ausgeglichen (BORKIN und TIKHENKO 1979).

Reproduktion und Ontogenese. Reproduktionsperiode: Die Reproduktionsperiode von *P. lessonae* kann – wie auch bei anderen Wasserfroschformen – in drei Phasen unterteilt werden: eine Vorlaichphase, die eigentliche Laichphase und eine Nachlaichphase (RADWAN und SCHNEIDER 1988, SCHNEIDER 1996), wobei oft keine klare Abgrenzung der einzelnen Phasen möglich ist und ihr Beginn durch klimatische Faktoren, insbesondere die Temperatur, bestimmt wird. In Mitteleuropa beginnt die Reproduktionsperiode des Kleinen Wasserfroschs gewöhnlich in der zweiten Aprilhälfte und endet Mitte Juni, spätestens Ende Juni (SCHNEIDER 1996, GÜNTHER 1996b). Ausnahmsweise können auch noch im Juli laichende Tiere angetroffen werden (GÜNTHER 1996b). In warmen Frühjahren sind schon Ende März erste Paarungsaktivitäten zu verzeichnen, einzelne Rufe sind bei Wassertemperaturen (WT) um ca. 11 °C zu hören (ZALEZHSKIY 1938, BANNIKOV 1957, DUSHIN 1974, SZCZERBAK und SZCZERBAN 1980, BASTAKOV 1986, GÜNTHER 1996b, KUZMIN et al. 1996, KLIMOV et al. 2000, KOTSERZHINSKAYA 2003, SHLYAKHTIN et al. 2005, SURYADNA 2005, BULAKHOV et al. 2007, KORSHUNOV 2010, PAVLOV et al. 2013).

Die Laichabgabe beginnt bei WT > 10 °C und Lufttemperaturen > 15 °C (KUZMIN et al. 1996, SHLYAKHTIN et al. 2005, KRIVOSHEEV 2008). In den Ukrainischen Karpaten beobachteten SZCZERBAK und SZCZERBAN (1980) Eiablagen und Larven bei WT zwischen 16 °C und 27 °C, die meisten Laichballen wurden bei WT von 19–23 °C gefunden. An der nördlichen Arealgrenze (Schweden) trifft *P. lessonae* Anfang Mai an den Laichgewässern ein, die ersten Paarungsrufe sind ab Mitte Mai zu vernehmen, zur selben Zeit werden auch erste Rufgemeinschaften gebildet (FORSELIUS 1962, SJÖGREN et al. 1988). In einer von SJÖGREN et al. (1988) untersuchten Population begann die Laichabgabe bei einer WT von 16 °C.

Eier und Embryonalentwicklung: Je nach Körpergröße setzen Weibchen in einer Reproduktionsperiode zwischen ca. 400–4 500 Eier (im Mittel ca. 2 500) in seichten (< 1,5 m), besonnten und vegetationsreichen Zonen ihrer Laichgewässer ab (SZCZERBAK und SZCZERBAN 1980, BULAKHOV et al. 2007, KRIVOSHEEV 2008). REYER et al. (1999) ermittelten Eizahlen von ca. 30–50 pro Gramm Lebendmasse. SJÖGREN (1988) gibt für schwedische Tiere die mittlere Anzahl der pro Weibchen abgelegten Eier mit ca. 850 ± 290 an, die einzelnen Laichballen enthielten 110–464 Eier. Auch bei *P. lessonae* korreliert die Eizahl signifikant mit der KRL der Weibchen (BERGER und UZZELL 1980, SJÖGREN 1988, Abb. 18).

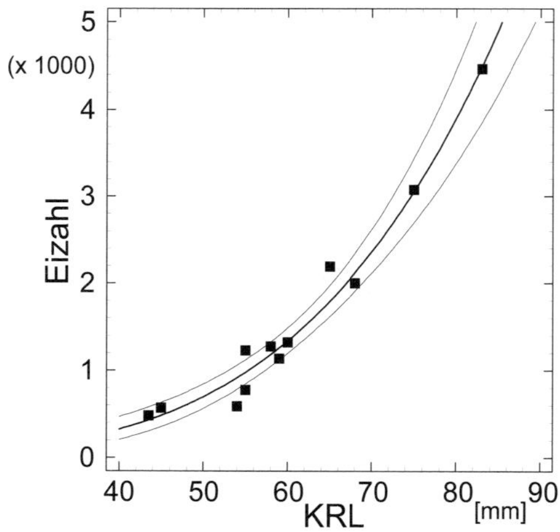

Abb. 18: Beziehungen zwischen der Kopf-Rumpf-Länge (KRL) von *P. lessonae*-Weibchen und der Anzahl gelegter Eier. Daten aus BERGER und UZZELL (1980) und SJÖGREN (1991b). Funktionsgleichung: Eizahl = $(3{,}24 + 0{,}00925 \times KRL^2)^2$; $R^2 = 95{,}4$ %, $p < 0{,}001$.

Die Laichabgabe erfolgt als einzelne Portion oder in mehreren (bei schwedischen Tieren 2–5, SJÖGREN 1988), ca. 50–300 Eier umfassenden Klümpchen (ZALEZHSKIY 1938, DUSHIN 1974, BERGER und UZZELL 1980, TUNNER 1980, SZCZERBAK und SZCZERBAN 1980, JUSZCZYK 1987, GÜNTHER 1996b, KUZMIN et al. 1996, BULAKHOV et al. 2007, PISANETS 2007, KRIVOSHEEV 2008, KUZMIN 2013), aus denen nach 5–10 Tagen 7–10 mm lange Larven schlüpfen. Der Durchmesser der braungelblichen Eier variiert zwischen 1,4 und 1,9 mm (SZCZERBAK und SZCZERBAN 1980), nach GÜNTHER (1990) zwischen 1,5 und 2,0 mm, wobei Eidurchmesser von 1,6–1,8 mm am häufigsten waren. Die Durchmesser der von BERGER (1979) vermessenen, von 61 Weibchen stammenden Eier variierten von 1,2–2,1 mm, die laichballenspezifischen Mittelwerte lagen zwischen 1,31 und 1,88 mm. CZARNIEWSKA et al. (2011) untersuchten 2020 Eier eines aus Deutschland stammenden Weibchens, hier betrug die mittlere Eigröße 1,48 mm, das Minimum 1,42 mm und das Maximum 1,60 mm. Neben diesen legte das Tier noch zwei weitere, deutlich größere Eier mit einem Durchmesser von 1,70 und 1,72 mm. Möglicherweise handelte es sich hier um diploide Gameten.

Die Dauer der Embryonalentwicklung ist maßgeblich von der Temperatur abhängig. Unter natürlichen Bedingungen schlüpfen die Larven nach 4–12 Tagen (SZCZERBAK und SZCZERBAN 1980, SHLYAKHTIN et al. 2005, BULAKHOV et al. 2007, KUZMIN 2013). Nach MAzin und DETLAF (1985) entwickeln sich die frühen Embryonalstadien am optimalsten bei Temperaturen zwischen 12,0 und

25,5 °C. GÜNTHER (1974) gibt den Temperaturbereich, in dem sich Embryonen bis zum Schlupf entwickeln können, mit ca. 10–34 °C an. Bei 11,5 °C lagen die Schlupfraten zwischen 8,0 und 19,5 %, bei 33 °C zwischen 0 und 19,8 %.

Larvalentwicklung und Metamorphose: Frisch geschlüpfte Larven sind 7–10 mm lang (GÜNTHER 1996b). Die Larvalphase dauert in Abhängigkeit von den Umweltbedingungen, insbesondere der Temperatur und dem Nahrungsangebot, 2–4 Monate (GÜNTHER 1996b). Erwartungsgemäß korreliert die Entwicklungsdauer negativ mit der Wassertemperatur (z. B. ORIZAOLA et al. 2010). In der nördlichen Ukraine können Kaulquappen ab der ersten Maihälfte beobachtet werden (KOTSERZHINSKAYA 2003). In russischen und ukrainischen Populationen ist die Larvalentwicklung, in Abhängigkeit von den jeweils herrschenden Umweltbedingungen, nach 45–135 Tagen abgeschlossen (DUSHIN 1974, SZCZERBAK und SZCZERBAN 1980, BORKIN 1998, SHLYAKHTIN et al. 2005, BULAKHOV et al. 2007, PISANETS 2007, KUZMIN 2013).

Für Individuen, die unter Laborbedingungen aufgezogen wurden, geben SCHMIDT et al. (1998) die mittlere Dauer der Larvalperiode mit ca. 99–104 Tagen an, bei einer Raumtemperatur von 20 °C benötigten einzeln aufgezogene Larven (1 Kaulquappe pro Becken, das 1 l abgestandenes Leitungswasser enthielt) ca. 130 Tage bis zur Metamorphose (HOTZ et al. 1999). Nach SHLYAKHTIN et al. (2005) wachsen *P. lessonae*-Larven etwa 0,8–0,9 mm pro Tag. SCHMIDT et al. (1998) ermittelten tägliche mittlere Zunahmen von ca. 4,2 mg bei einem geringen Nahrungsangebot und ca. 5,6–7,8 mg bei einem hohen. NEGOVETIC et al. (2001) geben für die ersten 30 Lebenstage und eine WT von 18 °C Zuwachsraten von 4,3 mg/d (niedriges Nahrungsangebot) und 9,6 mg/d (hohes Nahrungsangebot) an. Gleichzeitig konnte gezeigt werden, dass die Zuwachsrate bei geringeren WT stärker durch das Nahrungsangebot beeinflusst wird. Deutlich höhere Werte ermittelte SEMLITSCH (1993b) in einem Laborexperiment: bei geringem Nahrungsangebot nahmen die Versuchstiere im Mittel 7,8 ± 3,00 bis 13,7 ± 9,06 mg/d zu, bei hohem 18,5 ± 6,89 bis 31,2 ± 3,26 mg/d. Die Raumtemperatur schwankte während des Experiments zwischen 23 und 25 °C.

Vor Eintritt in die Metamorphose variiert die Gesamtlänge der Larven zwischen ca. 45 und 95 mm (BERGER 1964, SZCZERBAK und SZCZERBAN 1980, BORKIN et al. 1981, KUZMIN 1999, 2013, BULAKHOV et al. 2007), nach GÜNTHER (1996b) zwischen 50 und 70 mm. Kaulquappen, die im Labor aufgezogen wurden, wiesen zum Zeitpunkt der Metamorphose mittlere Lebendmassen (LM) von ca. 811–889 mg auf (SCHMIDT et al. 1998), einen ähnlichen Wert publizierten HOTZ et al. (1999). SEMLITSCH (1993b) gibt für experimentell aufgezogene *P. lessonae*-Larven Werte von 266 ± 13,2 bis 557 ± 166,0 mg an, wobei ein signifikanter Zusammenhang zwischen Nahrungsangebot und LM bestand: die mittlere LM erhöhte sich von 390 mg bei geringem auf 480 mg bei hohem Nahrungsangebot. Schwedische *P. lessonae*, die bei 20 °C aufgezogen wurden, waren zum Zeitpunkt der Metamorphose im Mittel größer (>210 mm) und schwerer (>1,35 g) als Larven, die sich bei 25 °C entwickelten (<200 mm, <1,1 g) (ORIZAOLA und LAURILA 2009a, b).

Auch intra- und interspezifische Konkurrenz können die Entwicklung der Kaulquappen maßgeblich beeinflussen. So konnte SEMLITSCH (1993a) experimentell zeigen, dass mit zunehmender Larvendichte (20, 40 und 80 Individuen pro 1 000 l) die LM signifikant von 1 663 ± 139 mg (20 Individuen) auf 607 ± 15 mg (80 Individuen) abnahm. Unter interspezifischen Konkurrenzbedingungen, d. h., wenn *P. lessonae*-Larven gemeinsam mit *H. arborea*- und *E. calamita*-Larven aufgezogen wurden, waren die Metamorphoslinge nur etwa halb so schwer wie Tiere, die solchen Bedingungen nicht ausgesetzt worden waren, und benötigten mehr Zeit (im Mittel ca. 7 Tage) bis zum Erreichen der Metamorphose (SEMLITSCH und REYER 1992b). Darüber hinaus kann auch der Wasserstand die Entwicklung von Kaulquappen beeinflussen. Im Experiment war eine kontinuierliche Absenkung des Wasserstandes von etwa 67 cm auf 5 cm mit einer Verringerung der LM der Metamorphoslinge um ca. 60 % verbunden (SEMLITSCH und REYER 1992a).

Nach ORIZAOLA et al. (2010) ist die Larvalperiode bei schwedischen *P. lessonae* im Vergleich zu lettischen und polnischen Individuen unter gleichen experimentellen Bedingungen signifikant kürzer, was als Anpassung an die im Norden (am Arealrand) herrschenden klimatischen Bedingungen (geringere Durchschnittstemperaturen) interpretiert werden kann. Allerdings galt dieser Befund nur für ein relativ hohes Temperaturniveau von 26 °C, bei 19 °C konnten keine potenziell geografisch bedingten Unterschiede festgestellt werden.

Die Metamorphose selbst (Stadium 42–46, GOSNER 1960) ist im Freiland nach ca. 5 Tagen abgeschlossen (SHLYAKHTIN et al. 2005). Während dieser Zeit verlieren die Tiere ca. 40 % ihrer Masse als Folge der Resorption des Larvenschwanzes (ORIZAOLA und LAURILA 2009c). Experimentell konnten ORIZAOLA und LAURILA (2009c) zeigen, dass die Dauer der Metamorphose durch die Temperatur beeinflusst wird, bei ca. 20 °C benötigten die Tiere im Mittel ca. 9–10 Tage, bei 25 °C etwa 5,5–6,5 Tage.

Metamorphoslinge können von Juni bis Oktober beobachtet werden, in der Regel metamorphosieren die meisten Larven in den Monaten Juli und August. Tiere, die aus späten Gelegen (Juli) stammen oder unter ungünstigen ökologischen Bedingungen aufwuchsen, wandeln sich erst im September um (ZALEZHSKIY 1938, BORKIN und TIKHENKO 1979, SZCZERBAK und SZCZERBAN 1980, BASTAKOV 1986, GÜNTHER 1996b, KLIMOV et al. 2000, KOTSERZHINSKAYA 2003, KRIVOSHEEV 2008, KORSHUNOV 2010). Nach GÜNTHER (1996b) dürften solche Tiere kaum in der Lage sein, noch genügend Energiereserven für eine erfolgreiche Überwinterung anzulegen. Auch Kaulquappen, die vereinzelt im Herbst angetroffen werden, überleben wahrscheinlich nicht (FORSELIUS 1962, BASTAKOV 1986, SJÖGREN et al. 1988).

Die Keimdrüsen sind zum Zeitpunkt der Metamorphose bereits soweit differenziert, dass eine makroskopische Bestimmung als Testes oder Ovarien eindeutig möglich ist (TUNNER 1980).

Entwicklung nach der Metamorphose: Nach der Metamorphose (vor der 1. Überwinterung) liegt die KRL zwischen 15 und 39 mm und die LM bei 1–6 g (TUNNER 1978b, SZCZERBAK und SZCZERBAN 1980, BORKIN et al. 1981, GÜNTHER 1996b, KUZMIN 1999, 2013, KLIMOV et al. 2000, KRIVOSHEEV 2008). In einer inzwischen erloschenen ostdeutschen Population (Toter See bei Mühlenbeck, nördlich von Berlin) variierten die KRL juveniler *P. lessonae* Mitte August zwischen 23,3 und 35,4 mm (GÜNTHER 1974). In einer sächsischen Population (Dübener Heide, Deutschland) war der größte Teil der Jungtiere nach der 1. Überwinterung 25–35 mm lang und 2–5 g schwer (GÜNTHER 1968, 1996b).

Nach TUNNER (1978a) nimmt die KRL in dem Zeitraum zwischen Metamorphose und dem Ende der ersten Winterruhe um ungefähr ein Drittel zu. In einer polnischen *lessonae-esculentus*-Population ermittelte RYBACKI (1994f) zwischen April und Anfang September 1990 an Jungtieren, die aus dem Vorjahr stammten, eine Zunahme der KRL um 56 % und der LM um 258 %. Die tägliche Zunahme der KRL lag im Mittel bei 0,18 mm und die der LM bei 0,11 g. Von Mai bis Juni wuchsen die Tiere schneller (0,35 mm = 1 % pro Tag) als im Zeitraum Juli bis September (0,14 mm = 0,3 % pro Tag), wobei kleinere Individuen schneller wuchsen als größere (kompensatorisches Wachstum). Während Mitte Juni die KRL noch zwischen 30 und 44 mm variierte, lagen die Extreme im September lediglich zwischen 50 und 54 mm. Ein ähnliches Bild ergab sich für die LM. Auch hier war der Zuwachs zwischen Mai und Juni mit 0,12 g pro Tag (2,7 %) höher als zwischen Juli und September (0,11 g = 1,3 % pro Tag). Im September betrug die mittlere LM der Männchen 14,5 g und die der Weibchen 16,5 g.

Kleine Wasserfrösche erreichen die Geschlechtsreife in der Regel nach der 1. oder spätestens 2. Überwinterung (BERGER 1970, 1973a, BORKIN et al. 1979, BORKIN und TIKHENKO 1979, SZCZERBAK und SZCZERBAN 1980, PANCHENKO 1983, RYBACKI 1994e, GÜNTHER 1996b, REMINNYI 2010, ZAMALETDINOV et al. 2011). Am nördlichen Arealrand (Schweden) werden die meisten Individuen dagegen erst mit 2 Jahren geschlechtsreif und nehmen nach der 3. Überwinterung erstmalig am Reproduktionsgeschehen teil (SJÖGREN 1988). Nach GÜNTHER (1996b) können *P. lessonae*-Männchen bereits mit KRL von 35 mm und LM von ca. 5 g geschlechtsreif sein und damit voll entwickelte Schallblasen und Daumenschwielen besitzen. REMINNYI (2010) und PESKOV et al. (2012) nennen 38 mm als Minimum für die KRL zeugungsfähiger Individuen, allerdings für beide Geschlechter. Sekundäre Geschlechtsmerkmale (Schallblasen, Daumenschwielen) können bei männlichen Tieren bereits am 58. Tag nach Abschluss der Metamorphose ausgeprägt sein, bewegungsfähige Spermien (Spermatozoen) schon am 27. Tag (BERGER 1973a). Nach OGIELSKA und BARTMAŃSKA (1999) enthielten die Lobuli testes experimentell erzeugter *P. lessonae* im September vor der ersten Überwinterung Zysten aller Meiosestadien und die Lumen der Hodenkanälchen (Tubuli seminiferi) waren bereits mit Spermatozoen gefüllt.

Pelophylax lessonae kann ein Höchstalter von 12 Jahren erreichen (SHALDYBIN 1976). Unter Freilandbedingungen dürften die meisten Individuen allerdings nicht älter als 4–7 Jahre werden (BORKIN und TIKHENKO 1979, OKULOVA et al. 1997, LAZAREVA 2005, 2006, REMINNYI 2010, ZAMALETDINOV et al. 2011). Skelettochronologische Untersuchungen an Tieren osteuropäischer Populationen ergaben ein mittleres Alter von 2,4–4,5 Jahren (BORKIN und TIKHENKO 1979, OKULOVA et al. 1997, OKULOVA und BOGDANOV 2002, LAZAREVA 2006). Nach LAZAREVA (2006) waren die meisten der sich reproduzierenden Individuen 3 oder 4 Jahre alt. Im Oblast Winnyzja (Ukraine) dominierten unter den Männchen 2 Jahre alte Tiere und unter den Weibchen 3 Jahre alte (REMINNYI 2010). Im Oblast Iwanowo (Russland) trafen OKULOVA und BOGDANOV (2002) am häufigsten 4-jährige Tiere an. In einer 20 Individuen umfassenden kroatischen Stichprobe (die Tiere stammten aus der Nähe des Flusses Ilova) betrug das mittels Skelettochronologie bestimmte mittlere Alter 4,8 ± 0,40 Jahre (ČAVLOVIĆ et al. 2018).

HOLENWEG PETER (2001) stellte für eine schweizerische *lessonae-esculentus*-Population auf der Basis von Fang-Wiederfang-Daten jährliche Überlebensraten zwischen 72 und 84 % fest. LAZAREVA (2006) beobachtete bei Weibchen eine im Vergleich zu Männchen im Mittel um 0,7 Jahre höhere Lebenserwartung. Möglicherweise resultiert dieser Befund aus dem Paarungsverhalten der auch farblich auffälligen (leuchtend gelben) Männchen und dem damit verbundenen erhöhten Risiko, während der Reproduktionsperiode Prädatoren zum Opfer zu fallen.

Verhalten. Tages- und Jahresaktivität: Die Tagesaktivität wird maßgeblich durch die Wetterbedingungen, insbesondere durch die Temperatur bestimmt (BORKIN und TIKHENKO 1979). Darüber hinaus verändern sich die zirkadianen Aktivitätsmuster im Jahresverlauf. Während die Tiere im zeitigen Frühjahr (März bis Anfang April) und im Herbst in der Regel nur tagaktiv sind (USHAKOV und GARANIN 1980, KUZMIN 1999), treten in den Sommermonaten zwei Aktivitätsmaxima von 12:00–16:00 Uhr und 20:00–22:00 Uhr auf (SZCZERBAK und SZCZERBAN 1980, SHLYAKHTIN et al. 2005). Während das erste Maximum mit dem Nahrungserwerb im Zusammenhang zu stehen scheint, ist der zweite Peak möglicherweise auf eine verstärkte Paarungsaktivität während der frühen Abendstunden zurückzuführen. Dafür spricht, dass die Mägen der Tiere, die während des ersten Aktivitätsmaximums untersucht wurden, eine wesentlich größere Füllung hatten. Bei diesen Tieren betrug die Masse der Mägen durchschnittlich 19,7 % der LM, bei den Tieren, die Ende Mai/Anfang Juni zwischen 20:00 und 22:00 gefangen wurden, lediglich 3,8 % (SZCZERBAK und SZCZERBAN 1980).

Nach BORKIN und TIKHENKO (1979) liegt die Hauptaktivitätsphase im Oblast Leningrad (NW-Russland) im Monat Juli zwischen 16:00 und 17:00, im Oblast Moskau dagegen zwischen 12:00 und 14:00. Nach KUZMIN (2013) finden terrestrische Aktivitäten außerhalb der Paarungszeit (wahrscheinlich im Zusammenhang mit der Nahrungssuche) hauptsächlich in der ersten Tageshälfte statt, in der zweiten halten sich die Tiere vorwiegend im Wasser auf.

Im Herbst (Ende September bis Oktober) lässt die Aktivität nach (SZCZERBAK und SZCZERBAN 1980). Schon im Spätsommer (August) können Kleine Wasserfrösche regelmäßig in Wäldern angetroffen werden, die sie zur Überwinterung aufsuchen (ARTAEV und PERYAEVA 2015). Die Wanderung zu den Winterquartieren kann bis einschließlich November andauern. Der überwiegende Teil der Tiere begibt sich von September bis Oktober in die Winterquartiere (PTUSHENKO 1934, ZALEZHSKIY 1938, USHAKOV und GARANIN 1980, GÜNTHER 1996b, KUZMIN et al. 1996, KUZMIN 1999, KLIMOV et al. 2000, SHLYAKHTIN et al. 2005, BULAKHOV et al. 2007, KORSHUNOV 2010), die Adulten in der Regel vor den Juvenilen (SJÖGREN et al. 1988, SHLYAKHTIN et al. 2005). Fällt die Umgebungstemperatur unter ca. 10 °C, stellen die Frösche ihre lokomotorische Aktivität weitgehend ein (SURYADNA 2005, KUZMIN 1999, 2013). Über (oft mehrfache) Ortswechsel während der Überwinterung berichten HOLENWEG und REYER (2000), einzelne Tiere zeigten selbst an Tagen mit mittleren Temperaturen unter 1 °C noch Bewegungsaktivität. In den Karpaten wurden aktive Frösche in den Winterquartieren bei Lufttemperaturen von 2,5–4,5 °C beobachtet (SZCZERBAK und SZCZERBAN 1980).

Die Jahresaktivität variiert in Abhängigkeit von der geografischen Länge des Lebensraums und damit auch von der jeweiligen Klimazone. Je nach Witterung werden die Winterquartiere im Frühjahr (März/April, seltener auch schon Ende Februar) verlassen und die Laichgewässer aufgesucht (ZALEZHSKIY 1938, GÜNTHER 1990, KUZMIN et al. 1996, KUZMIN 1999, SHLYAKHTIN et al. 2005, BULAKHOV et al. 2007, KORSHUNOV 2010, SOBOLENKO 2010). Im Gewässer können die ersten aktiven Tiere bei WT von 8–12 °C beobachtet werden (SZCZERBAK und SZCZERBAN 1980, KUZMIN 2013). Die Dauer der Überwinterung hängt von den jeweiligen klimatischen Bedingungen und folglich auch von der geografischen Lage des Lebensraums ab. So betrug sie z. B. in der südlichen Ukraine 174–183 Tage (SURYADNA 2005) und im Oblast Woronesch (West-Russland) 197–223 Tage (MASALYKIN 1993, zitiert in KLIMOV et al. 2000).

Orientierung und Wanderverhalten: Kleine Wasserfrösche sind in der Lage, Gewässer anhand des Geruchs zu unterscheiden. Diese olfaktorische Fähigkeit wird wahrscheinlich schon während der Larvalphase entwickelt, wie die Befunde von OGURTSOV und BASTAKOV (2001) und OGURTSOV (2005, 2007) nahelegen. Danach präferieren *P. lessonae*-Larven das Wasser des Gewässers, in dem sie gezeugt wurden. Auch nach der Metamorphose (bis zu 7 Monate) konnte bei einigen Tieren noch eine Präferenz für gewässerspezifische chemische Marker festgestellt werden (OGURTSOV und BASTAKOV 2001). Für eine olfaktorisch gesteuerte, räumliche Orientierung spricht auch das von BASTAKOV (1986) bei juvenilen Tieren beobachtete „home feeling", offensichtlich können sich die Tiere an den Geruch des Gewässers erinnern, in dem sich auch ihre Embryonal- und Larvalentwicklung vollzog. Nach LYALYUSHKO (1972) sind adulte Frösche in der Lage, ihr angestammtes Laichgewässer aus einer Entfernung von max. 150 m wiederzufinden, dabei orientieren sie sich ebenfalls am Geruch des Gewässers in Verbindung mit einem Feuchtigkeitsgradienten.

Nach Abschluss der Metamorphose halten sich die Jungtiere gewöhnlich im Uferbereich ihres Geburtsgewässers und/oder in submersen Pflanzenteppichen auf (BASTAKOV 1986, GÜNTHER 1996b, OGURTSOV 2004). Bei feuchtem Wetter, insbesondere nach Regenfällen, verlassen viele Tiere den unmittelbaren Umgebungsbereich der Gewässer zum Zweck der Nahrungssuche, dabei werden mitunter Entfernungen von mehreren Hundert Metern zurückgelegt (KUZMIN 2013). Auf ihren Wanderungen sind Zwischenaufenthalte in kleineren Gewässern und feuchten Senken nicht selten, hier sammeln sich zuweilen Dutzende juveniler Tiere (GÜNTHER 1996b). Im Herbst werden dann die Winterquartiere aufgesucht, die z. T. mehrere Kilometer weit vom Gewässer bzw. Sommerlebensraum entfernt liegen (TUNNER 1992).

TUNNER (1976) berichtet von einem Weibchen, das sich im Freilandterrarium bevorzugt unter einem großen Stein versteckt hielt und diesen Platz nur zum Nahrungserwerb verließ. Dieses Tier wurde für 4 Tage aus dem Terrarium entnommen und im Labor gehältert. Nachdem es zurück in das Terrarium gebracht worden war, bezog es nach wenigen Stunden wieder seinen angestammten Platz unter dem Stein.

Territorial- und agonistisches Verhalten: Nach TUNNER (1976, 1978b) halten Wasserfrösche an Land Individualdistanzen von ca. 30–50 cm und im Wasser von 20–30 cm ein, wobei Umweltfaktoren wie Sonneneinstrahlung und Temperatur diesen Verhaltensparameter stark beeinflussen können. Nach der Paarungszeit sitzen adulte Tiere gern auf Algenteppichen, Blättern von Schwimmblattpflanzen oder an der Wasseroberfläche treibenden Objekten wie Ästen oder Baumstämmen (BORKIN und TIKHENKO 1979, RYABOV 2006).

Das nur im Wasser stattfindende Kampfverhalten kann sowohl bei *P. lessonae* als auch bei *P. ridibundus* und *P. esculentus* in drei Phasen unterteilt werden (TUNNER 1976, 1978b). In der 1. Phase, die von TEMBROCK (1983) auch als agonistisches Nahfeldverhalten bezeichnet wird, reagieren Wasserfrösche auf sich annähernde, die o. g. Distanz unterschreitende Tiere zunächst mit abruptem Zuwenden, wobei die Kehlhaut aufgebläht und mehrmals hintereinander kurze Laute ausgestoßen werden, die den von WAHL (1969) beschriebenen Revierrufen 1 und 2 entsprechen. Dieses Drohverhalten wird sowohl von Männchen als auch

Weibchen gezeigt, männliche Tiere stülpen zusätzlich ihre Schallblasen aus. Schwächere und weniger aggressive Individuen regieren auf diese Drohungen gewöhnlich mit Fluchtverhalten, in seltenen Fällen mit kurzen Sprüngen, die sie an der Wasseroberfläche vollführen, um so schneller den „Gefahrenbereich" verlassen zu können. Erfolgen keine Reaktionen auf die gesendeten akustischen oder optischen Signale, schwimmt in Phase 2 meist ein Tier bis zur Berührung an das andere heran, dabei werden von beiden in kurzen Intervallen Revierrufe ausgestoßen. Wenn dieses Verhalten nicht zum Zurückweichen eines der beiden Kontrahenten führt, kommt es zum Anspringen (Phase 3). Dabei wird meist von der Seite her versucht, mit einem kurzen Sprung die Vorderextremitäten auf den Rücken des Rivalen zu setzen, um diesen unter die Wasseroberfläche zu drücken. Gelingt diese Aktion, ergreift der Untergetauchte die Flucht, indem er schnell davon schwimmt oder abtaucht. Springen sich die Gegner gleichzeitig an, können sogenannte „Brust-an-Brust"-Stellungen beobachtet werden. Häufig werden auch die Hinterbeine eingesetzt, mit denen die Rivalen versuchen, einander wegzustoßen.

Während der hier beschriebenen agonistischen Interaktionen kann des Öfteren – meist während der 1. Phase (Androhen) – das Abspritzen von Harn beobachtet werden. Nicht immer verlaufen die Kämpfe in der genannten zeitlichen Abfolge (Phase 1–3). Wenn der Gegner unvermittelt auftaucht, d. h. sich nicht langsam seinem Kontrahenten nähert, wird er mitunter sofort angesprungen. Weiterhin waren auch deutliche individuelle Verhaltensunterschiede zu verzeichnen, die offenbar nicht mit der Körpergröße im Zusammenhang stehen.

Schutzverhalten: In Versuchsbecken von 1000 l, in die 20 *P. lessonae*-Kaulquappen eingesetzt wurden, analysierte SEMLITSCH (1993c) die durch Hechte, Bergmolche und Libellenlarven bedingten Prädationsraten. In Becken mit je 3 juvenilen Hechten überlebte nur eine einzige Kaulquappe, am geringsten war die durch Libellenlarven (6 pro Versuchsbecken) verursachte Mortalität. Im Vergleich zu *P. esculentus*-Kaulquappen war die Überlebensrate in den Versuchen mit Libellenlarven 24 % geringer; dieser Befund wird im Kontext mit einer höheren Aktivität der *lessonae*-Kaulquappen diskutiert. HORAT und SEMLITSCH (1994) konnten experimentell zeigen, dass Kaulquappen mit steigendem Prädationsrisiko (simuliert mittels Fischaromen) ihre Aktivität verringern, allerdings war die Aktivität im Kontext der Nahrungsaufnahme davon nicht betroffen, d. h. die für den Nahrungserwerb verwendete Zeit verringerte sich nicht.

KREFFER (2007) beobachtete im Naturschutzgebiet Kopački Rit (Kroatien) ca. 600 *P. lessonae*, die sich gemeinsam mit *P. ridibundus*- und *P. esculentus*-Individuen auf Bäumen in Höhen von 1–5 m aufhielten. Als mögliche Erklärung für dieses ungewöhnliche Verhalten diskutiert der Autor neben der Auendynamik (Schwankungen des Wasserstands) auch eine mögliche Feindvermeidung im

Zusammenhang mit der in diesem Sumpfgebiet lebenden individuenstarken Ringelnatterpopulation.

Paarungsverhalten und akustische Kommunikation: In einer im Kottenforst bei Bonn (Deutschland) lebenden *lessonae-esculentus*-Population hielten sich die Männchen am Beginn der Laichzeit (Vorlaichzeit sensu WAHL 1969) vorwiegend in den Uferbereichen auf und äußerten fast ausschließlich Revierrufe, während sich die Weibchen bereits im Zentrum des Untersuchungsgewässers befanden (RADWAN und SCHNEIDER 1988, SCHNEIDER 1996). Mit steigender Wassertemperatur (ab ca. 14–16 °C) nahm die Rufaktivität zu, neben Revierrufen wurden nun vermehrt auch Paarungsrufe abgegeben. Gleichzeitig begann die Bildung von Rufgruppen und viele geschlechtsreife Männchen besetzten individuelle, ca. 0,5–1,0 m² große Territorien, die sie gegenüber Eindringlingen verteidigten (RADWAN und SCHNEIDER 1988). Fortpflanzungswillige Weibchen schwammen nun auf die rufenden Männchen zu, um sich zu verpaaren. Nach erfolgter Umklammerung (Amplexus axillaris) gaben die Männchen nur noch vereinzelt Paarungsrufe oder Revierrufe ab, wenn ein anderes Männchen in die unmittelbare Nähe des Paares kam. Die Eiablage erfolgte häufig schon 30 min nach Beginn der Umklammerung (SCHNEIDER 1996).

Offenbar bilden *P. lessonae*-Männchen aber nicht in allen Populationen individuelle Territorien aus, wie die Beobachtungen von SJÖGREN et al. (1988) in einer schwedischen *P. lessonae*-Population zeigten. Hier waren agonistische Verhaltensweisen auf rufende Männchen beschränkt, Territorien wurden nicht verteidigt.

In einer ca. 220 Individuen umfassende *lessonae-esculentus*-Population, die in einer Kiesgrube bei Zürich (Schweiz) lebte, beobachtete BLANKENHORN (1977) während der Paarungszeit regelmäßig bis zu 25 Wasserfrosch-Männchen pro Quadratmeter Wasserfläche, wobei die *P. lessonae*-Männchen wie auch die jüngeren *P. esculentus*-Männchen die Peripherie der Rufgruppe bevorzugten, während sich die mittelgroßen und großen Teichfrösche vor allem im Zentrum aufhielten. Das Verhältnis zwischen *P. lessonae* und *P. esculentus* betrug hier ca. 1 : 10. Die räumliche Struktur von Rufgemeinschaften kann sich witterungsbedingt innerhalb einer Reproduktionsperiode verändern (LARSSON, zitiert in SJÖGREN et al. 1988).

Während der Hauptlaichzeit rufen die Männchen nahezu ganztägig, wobei die Rufintensität an trüben und wolkigen Tagen geringer ist und bei extremen Temperaturstürzen nahezu ganz zum Erliegen kommt. Temperaturabhängige (polymodale) Schwankungen der Rufaktivität beschreiben auch SJÖGREN et al. (1988). Nach SCHNEIDER (2005) liegt die untere Schwelle für die Abgabe von Paarungsrufen bei einer WT von 12 °C und die obere bei 30–32 °C. In der bereits erwähnten nordrhein-westfälischen *lessonae-esculentus*-Population Kottenforst war die Rufaktivität zwischen 17 und 22–23 °C am intensivsten (SCHNEIDER 1996).

Experimentell konnte BLANKENHORN (1977) zeigen, dass *P. lessonae*-Männchen bei Anwesenheit konspezifischer Weibchen deutlicher fortpflanzungsorientiert reagierten als *P. esculentus*-Männchen und im Gegensatz zu diesen, größere Männchen aktiver waren als kleinere. Generell wurden Weibchen bevorzugt, die größer als das jeweilige Männchen waren. Während kleinere Männchen größere Weibchen der eigenen Art präferierten, paarten sich größere *P. lessonae*-Männchen vorzugsweise mit *P. esculentus*-Weibchen. Im Gegensatz zu den experimentellen Befunden von ENGELER und REYER (2001) konnte BLANKENHORN (l. c.) nicht beobachten, dass Weibchen ihren Paarungspartner aktiv auswählen, im Gegenteil, bei Annäherung eines Männchens ergriffen diese regelmäßig die Flucht.

Der Amplexus ist axial, mitunter klammern die Männchen auch andere Froscharten (z. B. *R. temporaria*) oder sogar Fische (SZCZERBAK und SZCZERBAN 1980, KUZMIN et al. 1996). SJÖGREN (1988) berichtet von einem Männchen, das innerhalb einer Reproduktionsperiode mit zwei Weibchen kopulierte. „Übernahmen" eines bereits verpaarten Weibchens durch ein anderes Männchen konnte der Autor nicht beobachten.

Die Eiablage erfolgt an sonnenexponierten Plätzen, die Eier werden an Pflanzen fixiert oder schwimmen an der Wasseroberfläche (RADWAN und SCHNEIDER 1988). In der von SJÖGREN et al. (1988) untersuchten Population erfolgte die Eiablage innerhalb der Rufgemeinschaften, 10–20 cm unterhalb der Wasseroberfläche an Schilfhalmen. Die Wassertemperatur war hier signifikant höher als in anderen Bereichen des Gewässers, was eine schnellere Embryonalentwicklung ermöglicht und nach Ansicht der Autoren eine Anpassung an die am nördlichen Arealrand herrschenden klimatischen Verhältnisse und die daraus resultierende, vergleichsweise kurze Reproduktionsperiode darstellen könnte.

In Gewässern, in denen *P. lessonae* syntop mit *P. ridibundus und P. esculentus* vorkommt, hielten *P. lessonae*-Männchen einen Abstand zu *P. ridibundus*-Männchen von etwa 5–10 m. Mit abnehmender sexueller Aktivität der *P. ridibundus*-Männchen konnten *P. lessonae*-Männchen in gemeinsamen Aggregationen mit diesen und *esculentus*-Männchen beobachtet werden (LADA et al. 1995).

Rufe: RADWAN und SCHNEIDER (1988) differenzieren Paarungs- und zwei Revier- oder Territorialrufe (Typ I und Typ III). Der von *P. esculentus* bekannte Territorialruf Typ II dürfte auch vorkommen (SCHNEIDER 2005), konnte bei *P. lessonae* bisher aber nicht nachgewiesen werden. Weiterhin wurden zwei Arten von Transitional- oder Übergangsrufen beschrieben, und zwar zwischen dem Territorialruf Typ I und dem Paarungsruf und zwischen Territorialruf Typ I und Typ III. Außerdem sind sowohl Männchen als auch Weibchen in der Lage, Befreiungsrufe zu erzeugen (SCHNEIDER und BRZOSKA 1981, SCHNEIDER 1990).

Paarungsrufe: Die Paarungsrufe des Kleinen Wasserfroschs (Abb. 19) ähneln denen des Italienischen Wasserfroschs und Skutari-Wasserfroschs (Tab. 8, Abb. 13 u. 22). Sie werden in Serien abgegeben, eine Serie umfasst in der Regel 4–7 Rufe (RADWAN und SCHNEIDER 1988), die sich aus kurzen, regelmäßig und nahezu gleichmäßig aufeinanderfolgenden Einzelimpulsen zusammensetzen und deshalb als „Schnarren" wahrgenommen werden. Die Rufe beginnen sehr leise, die Intensität des Schalldruckpegels nimmt kontinuierlich zu und erreicht nach etwa einem Drittel oder in der Mitte den höchsten Wert, der gewöhnlich bis zum Ende beibehalten wird (SCHNEIDER 2005).

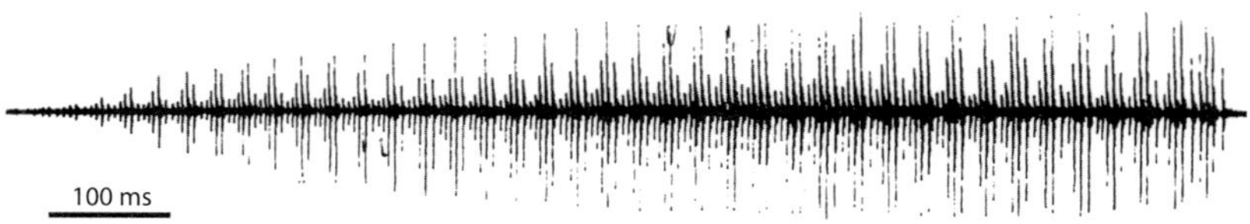

Abb. 19: Oszillogramm eines Paarungsrufs von *P. lessonae*, der bei einer Wassertemperatur von 25,5 °C aufgenommen wurde. Aus SCHNEIDER und JOERMANN (1988).

Im Verlauf eines Rufes ändert sich die maximale Amplitude der Impulse periodisch, wodurch es zu einer Strukturierung in Impulsgruppen (IG) kommt (SCHNEIDER 2005). Bei einer Wassertemperatur (WT) von 20 °C untergliedert sich ein Ruf im Mittel in 35–42 solcher Impulsgruppen, von denen jede einzelne zwischen 2 und 6 Impulse enthalten kann, am häufigsten sind Impulsgruppen mit 3 und 4 Impulsen vertreten (SCHNEIDER et al. 1979, SCHNEIDER 1996). Bei größeren Männchen enthalten die Impulsgruppen mehr Impulse als bei kleineren (SCHNEIDER 1990). In jeder Impulsgruppe hat der erste Impuls die geringste Amplitude, danach erhöht sich diese sukzessiv und erreicht beim letzten oder vorletzten Impuls ihr Maximum (SCHNEIDER et al. 1979).

Das Frequenzspektrum weist eine durchgehende Komponente bei 400 Hz auf und reicht zu Beginn eines Rufes bis ca. 1200 Hz. Im weiteren Verlauf ist zwischen 1500 und 2200 Hz ein dominantes Frequenzband sichtbar. Nach dem ersten Drittel beginnt bei ca. 4000 Hz ein schmales Band, das bis 3500 Hz fällt und bis zum Ende des Rufes wieder bis zu seinem ursprünglichen Wert ansteigt (SCHNEIDER 2005).

Auch bei *P. lessonae* sind viele Rufparameter von der WT abhängig, z. B. verkürzen sich mit steigender WT die Rufdauer, die Intervalle zwischen den Rufen und die IG-Dauer, wohingegen die Anzahl der IG pro Zeiteinheit linear zunimmt (SCHNEIDER et al. 1979, RADWAN und SCHNEIDER 1988). Neben der WT sind bestimmte Rufparameter auch von der Größe der Tiere abhängig. So nimmt mit zunehmender KRL und LM die Anzahl der Impulse pro IG zu, die Tonhöhe hingegen ab (SCHNEIDER 2005).

Auf mögliche intraspezifische (geografische) Differenzen bei verschiedenen Rufparametern weisen RADWAN und SCHNEIDER (1988) hin. Im Vergleich zu deutschen Individuen hatten die Rufe eines polnischen Tieres eine längere Dauer und ein breiteres Frequenzspektrum (300–3 000 Hz). Die Intervalle zwischen den Rufen waren bei diesem Tier ebenfalls länger (SCHNEIDER et al. 1979). Nach ZAKS (2008) bestanden die Rufe russischer *P. lessonae*-Männchen bei WT von 23,5–24,0 °C im Mittel aus 25,3–35,7 IG und die Rufdauer variierte zwischen 512 und 1 432 ms.

Territorialrufe: Diese werden spontan oder als Reaktion auf die Rufe anderer Männchen geäußert. Territorialrufe vom Typ I sind während der gesamten Paarungsperiode zu hören, die Dauer der Rufe und die Tonhöhe sind von der Temperatur und der Größe des Tieres abhängig (SCHNEIDER 2005). Territorialrufe vom Typ III werden in Anschluss an Rufe vom Typ I abgegeben, in der Regel als Einzelruf, nur sehr selten folgen zwei oder drei Rufe aufeinander. Sie bestehen aus 11–14 Impulsen, die bei einer WT von 18–23 °C im Mittel 671 ms dauern (SCHNEIDER 2005).

Transitionalrufe: Sie beginnen entweder als Territorialruf Typ I und gehen in einen kurzen Paarungsruf über oder setzen als Territorialruf Typ I ein und werden als Territorialruf Typ III fortgeführt. Übergangsrufe zwischen Territorial- und Paarungsrufen werden vornehmlich von kleineren Männchen am Ende der Hauptlaichzeit geäußert (SCHNEIDER 2005).

Befreiungsrufe: Diese Rufe werden sowohl von Weibchen als auch Männchen erzeugt. Weibchen, die noch nicht paarungsbereit sind oder bereits abgelaicht haben, nutzen diese, um Klammerversuche von Männchen abzuwehren. Befreiungsrufe bestehen aus sehr kurzen Impulsen, deren Amplitude am Anfang des Rufes gering ist, dann aber rapide ansteigt. Die Impulsfolge ist langsam, die Intervalle zwischen den Impulsen sind unregelmäßig. Das Frequenzspektrum umfasst bis 4 kHz, bei den meisten Rufen verteilt sich die Energie auf alle Frequenzen (SCHNEIDER und BRZOSKA 1981, SCHNEIDER 1990). Auch beim Befreiungsruf besteht eine Abhängigkeit zwischen bestimmten Rufparametern und der Temperatur (SCHNEIDER und BROZKA 1981, CHERNYSHOV 2005), beispielsweise verringert sich mit steigender Temperatur die Rufdauer, während die Zahl der Impulse pro Zeiteinheit beträchtlich ansteigt (SCHNEIDER und BRZOSKA 1981).

Gefährdung und Schutz. Schutzstatus: IUCN Welt (2008): nicht gefährdet (KUZMIN et al. 2009a), FFH-EU (1992): Anhang IV (streng zu schützende Art von gemeinschaftlichem Interesse).

Trotz seiner weiten Verbreitung gilt *P. lessonae* inzwischen in mehreren Ländern als gefährdet, da in den vergangenen Jahrzehnten vielerorts z. T. deutliche Bestandsrückgänge zu verzeichnen waren. So ging in den ukrainischen Karpaten zwischen 1971 und 2004 die Abundanz um den Faktor 5,8 zurück (KURTYAK 2004a). Auch in Deutschland, Österreich, der Schweiz und in Polen ist die Art (zumindest regional) im Rückgang begriffen und in manchen Regionen bereits stark gefährdet oder vom Aussterben bedroht (BONK und PABIJAN 2010, KAUFMANN et al. 2015, PLÖTNER 2018). Ein hohes Gefährdungspotenzial besteht vor allem in Gebieten, in denen nur wenige, oft isolierte, Populationen mit geringen Individuendichten leben, z. B. in den Delten der Flüsse Donau und Dnjepr (SURYADNA 2005). In der aktuellen Roten Liste der Amphibien Deutschlands wurde *P. lessonae* in die Kategorie „Gefährdung unbekannten Ausmaßes" eingestuft, da einerseits die Datenlage in allen Bundesländern defizitär ist, *P. lessonae* aber andererseits zu den seltenen Amphibienarten zählt und deutliche Anhaltspunkte für z. T. massive Bestandsrückgänge infolge von von Biotopverlusten vorliegen (PLÖTNER und ZAHN 2020). Im Nachbarland Österreich gilt der Kleine Wasserfrosch als „gefährdet"; in der Schweiz wird lediglich eine Einstufung des Wasserfrosch-Komplexes (*esculentus-lessonae*-Komplex) als „potenziell gefährdet" vorgenommen, während die Art für Luxemburg gemeinsam mit dem Teichfrosch (*P. esculentus*) als „ungefährdet" kategorisiert wurde (SCHMIDT und ZUMBACH 2005, GOLLMANN 2007, PROESS et al. 2016). Als seltene Art wurde *P. lessonae* in die Roten Listen der russischen Oblaste Penza und Tula und der Republiken Udmurtien und Baschkortostan aufgenommen (KUCHEROV et al. 1984, ERMAKOV 2005, BORISSOVSKY 2012, SHIRYAEV 2013, SAMOYLOVA 2014).

Anthropogene Gefährdungsfaktoren: Wie die meisten europäischen Amphibienarten ist auch *P. lessonae* vor allem durch den Verlust und die Verschmutzung seiner Laichgewässer gefährdet (PLÖTNER 2005, 2018). Ein hoher Fischbesatz und eine intensiv betriebene Fischwirtschaft werden ebenfalls als Gefährdungsfaktoren angesehen (TWELBECK et al. 1996). Darüber hinaus dürften diverse anthropogene Einflüsse in den Landlebensräumen zum Rückgang der Art beitragen, so z. B. der Einsatz von Dünge- und Pflanzenschutzmitteln, die über die Nahrungskette direkt (Aufnahme von Toxinen über Beutetiere) oder indirekt (Verlust von Nahrungsressourcen) wirken, weiterhin der Umbruch von Grünland, die Bepflanzung von Gewässerufern und eine damit verbundene Verringerung der besonnten Wasserfläche (vor allem im Uferbereich) sowie eine Erhöhung der Schnitthäufigkeit von Wiesen (KUZMIN 1999, 2013, ZAYTSEV 2006, BULAKHOV et al. 2007, PLÖTNER 2018 und darin zitierte Literatur, PLÖTNER und ZAHN 2020).

Obwohl *P. lessonae* im Vergleich zum Teichfrosch (*P. esculentus*) und auch zum Seefrosch (*P. ridibundus*) wesentlich empfindlicher auf bestimmte anthropogene Einflüsse reagiert, findet die Art selbst in der Peripherie größerer Metropolen wie Moskau und Kiew noch geeignete Lebensbedingungen, z. B. in naturbelassenen Parkanlagen (NEKRASOVA et al. 2004, BOBROV und SEMENOV 2013). Die Vernichtung solcher Lebensräume als Folge einer sogenannten Nachverdichtung (Nutzung freier Flächen innerhalb bereits bestehender Bebauung) und der Neuerschließung von Bauland hat in der Vergangenheit in vielen Städten zu einem drastischen Rückgang der Wasserfroschpopulationen geführt. So gingen beispielsweise im Ostteil Berlins (ehemalige Hauptstadt der DDR) in den 1970er- und 1980er-Jahren dutzende Gewässer im Zuge von Erschließungsmaßnahmen für den Bau neuer Wohngebiete verloren (NABROWSKY 1982).

Gewässerverluste als Folge fallender Grundwasserspiegel und von Niederschlagsdefiziten wurden bereits in den 1990er-Jahren verzeichnet (KÜHNEL et al. 1991, 2017, PLÖTNER 2018). Selbst große Populationen sind inzwischen erloschen, z. B. die in der Literatur mehrfach erwähnte und in den 1980er-Jahren noch mehrere Hundert Individuen umfassende Population „Toter See" bei Oranienburg nördlich Berlins (GÜNTHER 1975b). Weiterhin wurden (und werden wahrscheinlich noch immer) in einzelnen Ländern Wasserfrösche (darunter auch *P. lessonae*) zu Ausbildungszwecken gefangen und als Versuchsobjekte verwendet (SZCZERBAK und SZCZERBAN 1980, BULAKHOV et al. 2007, KUZMIN 2013).

Schutzmaßnahmen: Der konsequente Schutz *lessonae*-typischer Lebensräume, insbesondere der Moore und Moorgewässer, hat zweifellos die höchste Priorität für die Erhaltung der Populationen des Kleinen Wasserfroschs. Entsprechend der örtlichen Gegebenheiten sollten alle Möglichkeiten zur Verbesserung der Wasserbilanz genutzt werden, keinesfalls dürfen die Gewässer über mehrere Jahre vollständig austrocknen. Verlandungstendenzen sind durch gezielte Maßnahmen entgegenzuwirken, z. B. durch die Anstauung von Entwässerungsgräben, eine partielle Entschlammung und die Entfernung von Ufergehölzen. Eine hohe Dichte geeigneter Laichgewässer, die nicht mehr als ca. 1 km voneinander entfernt liegen sollten, trägt nach SJÖGREN-GULVE (1994) zur Stabilisierung von Metapopulationen bei und wirkt Prozessen entgegen, die zu lokalen Extinktionen führen können. In diesem Kontext ist auch die Schaffung neuer Laichgewässer in Betracht zu ziehen (KAUFMANN et al. 2015).

Die Einrichtung von Pufferzonen um die Laichgewässer, in denen keinerlei Einsatz von Agrochemikalien (Biozide, Düngemittel) erfolgen darf, und die Umwandlung von Acker in artenreiches, extensiv bewirtschaftetes Grünland, sind weitere Maßnahmen zur Verbesserung der Habitatqualität (FRIELINGHAUS und HEIM 1997, HAACKE 1999), die nicht nur dem Kleinen Wasserfrosch, sondern auch vielen anderen Pflanzen- und Tierarten zugutekommen.

Pelophylax bergeri (Günther, 1985) – Italienischer Wasserfrosch

Von

Jörg Plötner und Gaston-Denis Guex

Einführung. Mittels proteinelektrophoretischer Untersuchungen konnten Uzzell und Hotz (1979) zeigen, dass auf der Apenninenhalbinsel einschließlich Sizilien zwei genetisch klar diffferenzierbare Wasserfroschformen leben. Während die eine Form eine Vielzahl molekularer Übereinstimmungen mit dem Kleinen Wasserfrosch (*Pelophylax lessonae*) aufwies, ähnelte die andere dem in Europa weit verbreiteten Teichfrosch (*Pelophylax esculentus*) und wurde wie dieser als Hybridform charakterisiert. Aufgrund des zu dieser Zeit noch unklearen systematischen Status beider Formen wurden diese von Uzzell und Hotz (l. c.) provisorisch als „Italian-Nonhybrid" und „Italien-Hybrid bezeichnet.

Ursprünglich sollte der Italienische Wasserfrosch (Italian-Nonhybrid) zu Ehren des polnischen Zoologen Leszek Berger als „Unterart" des Kleinen Wasserfroschs (*P. lessonae*) beschrieben werden. In der Annahme, dass die formale Beschreibung im Jahr 1984 veröffentlicht werden würde, verwendete der am Berliner Museum für Naturkunde tätige Zoologe Rainer Günther den Namen „*bergeri*" bereits in einem Buchkapitel (Anura) des Feldführers „Lurche und Kriechtiere Europas", der 1985 in 1. Auflage erschien und neben Angaben zur äußeren Morphologie auch eine Zeichnung eines Italienischen Wasserfroschs enthält (Engelmann et al. 1985). Damit waren alle Bedingungen für eine formale Beschreibung des Taxons *bergeri* erfüllt, die ursprünglich geplante Beschreibung (s. o.) wurde nie veröffentlicht.

Zum systematischen Status des Italienischen Wasserfroschs gibt es nach wie vor unterschiedliche Auffassungen; manche Wissenschaftler erkennen ihn nicht als distinkte Art an, obwohl eine Reihe autapomorpher Merkmale seine evolutive Eigenständigkeit deutlich dokumentieren und sowohl auf genetischer (einschließlich immunologischer) als auch morphologisch-morphometrischer Basis ein klare Trennung zwischen *P. bergeri* und seiner Schwesterart *P. lessonae* möglich ist (u. a. Hotz 1974, Uzzell 1979, Uzzell und Hotz 1979, Hotz und Bruno 1979–80, Günther und Plötner 1994, Canestrelli und Nascetti 2008). Darüber hinaus unterstützen auch die auf der Grundlage genetischer Marker berechneten Divergenzzeiten zwischen *P. bergeri* (Italien) und *P. lessonae* (Mitteleuropa) von ca. 3 Mio. Jahren (siehe Kapitel „Der westpaläarktische Wasserfroschkomplex – Artbildung, Arten und verwandtschaftliche Beziehungen") den Artstatus des Italienischen Wasserfroschs.

Diagnose. Mittelgroße Wasserfroschart, KRL von 70 mm (Männchen) bzw. 80 mm (Weibchen) werden nur selten überschritten. Die Femurlänge (FL) und Tibialänge (TL) entsprechen jeweils etwa der halben KRL, die Tibia ist ca. 8,5-mal länger als der Fersenhöcker (Callus internus), der relativ lang und hochgewölbt ist. Sein höchster Punkt befindet sich in der distalen Hälfte. Die 1. Zehe (Digitus primus) ist ca. 2,5-mal länger als der Fersenhöcker. Die Oberseite ist grün oder braun gefärbt und von kleineren Flecken durchsetzt. Die lateral beidseitig ausgebildeten Drüsenleisten treten deutlich hervor und heben sich von der Grundfärbung ab. Charakteristisch ist ferner eine Gelbpigmentierung der Leistengegend und an den lateralen und ventralen Seiten der Oberschenkel, die sich bis auf die cremefarbene Bauchseite, die Unterschenkel und Fußwurzeln erstrecken kann. Männchen sind während der Paarungszeit dorsal oft grasgrün oder gelboliv gefärbt, sie besitzen weißliche Schallblasen und deutlich ausgeprägte Daumenschwielen.

Synonyme. *Rana lessonae bergeri* Günther, 1985: 181. Lektotypus: adultes Männchen, dargestellt auf Abb. 55, S. 180, in „Lurche und Kriechtiere Europas" (ENGELMANN et al. 1986), festgelegt durch DUBOIS und OHLER (1994a).
Rana lessonae bergeri Günther, 1986: 180. – DUBOIS und OHLER (1994a: 177).
Rana (*Pelophylax*) *bergeri* Günther, 1986 – DUBOIS und OHLER (1994a: 177, 184).

Der Name *Rana lessonae bergeri* wurde erstmalig in der 1985 im Neumann Verlag, Leipzig-Radebeul erschienenen 1. Auflage des Buches „Lurche und Kriechtiere Europas" erwähnt (Autoren: ENGELMANN, W.-E., FRITZSCHE, J., GÜNTHER, R. und F. J. OBST). Folglich ist diese Publikation als Originalbeschreibung zu werten und nicht ENGELMANN et al. (1986), wie verschiedentlich angegeben (z. B. DUBOIS und OHLER 1994a, FROST 2021).

Englische Namen. Berger's water frog, Italian pool frog (FROST 2021), in älteren, englischsprachigen Arbeiten oft auch als "Italian non-hybrid" oder "southern non-hybrid" bezeichnet.

Beschreibung. Maße und Lebendmassen: Nach BERGER (2008) variieren die KRL männlicher *P. bergeri* zwischen 43 und 65 mm und die weiblicher zwischen 49 und 80 mm, die Mittelwerte werden mit 52,6 mm bzw. 63,1 mm angegeben. Für eine aus 15 Männchen und 11 Weibchen bestehenden Stichprobe aus der Toskana wurden folgende Extremwerte ermittelt: 37,8–57,0 mm (Männchen) und 43,0–61,7 mm (Weibchen). Die korrespondierenden arithmetischen Mittel und Standardabweichungen betrugen 48,2 ± 5,36 mm und 51,7

± 6,54 mm (TOGNARELLI et al. 2014). PAOLUCCI et al. (1987) geben für sizilianische Individuen (Non-Hybrid) die mittlere KRL mit 56,9 ± 1,33 mm an, wobei nicht zwischen den Geschlechtern differenziert wurde. Die LM der oben erwähnten toskanischen Frösche variierten zwischen 6,4–19,7 g (Männchen) und 9,4–24,8 g (Weibchen), die arithmetischen Mittel betrugen 12,0 ± 4,33 g und 14,7 ± 5,37 g (TOGNARELLI et al. 2014).

Äußere Merkmale: Obwohl *P. bergeri* viele geno- und phänotypische Übereinstimmungen mit seiner Schwesterart *P. lessonae* aufweist, können beide Arten problemlos unterschieden werden. Beispielsweise bestehen deutliche Unterschiede in Form und Größe des Fersenhöckers, der beim Italienischen Wasserfrosch wesentlich kürzer, flacher und nie halbkreisförmig ist (HOTZ und BRUNO 1979–80), außerdem ist die Tibia bei *P. bergeri* länger (GÜNTHER und PLÖTNER 1994). Von den in Tab. 10 aufgeführten morphometrischen Indizes eignen sich vor allem die Quotienten Tibialänge/Fersenhöckerlänge (TL/CIL) und Länge der 1. Zehe/Fersenhöckerlänge (DPL/CIL) zur Differenzierung zwischen *P. lessonae* und *P. bergeri*. Während der Quotient TL/CIL bei *P. lessonae* in der Regel unter 7,0 liegt (siehe Kapitel „*Pelophylax lessonae*“), weist er bei *P. bergeri* Werte > 8,0 auf. Für den Quotienten DPL/CIL sind die *bergeri*-spezifischen Werte in der Regel > 2,2 während die *lessonae*-spezifischen – von wenigen Ausnahmen abgesehen – unter 2,1 liegen (GÜNTHER und PLÖTNER 1994, PLÖTNER 2005, 2010). Werden die Quotienten DPL/CIL und TL/CIL gegeneinander abgetragen, ergeben sich zwei Punktwolken, die durch artspezifische Regressionsmodelle characterisiert werden können (Abb. 20).

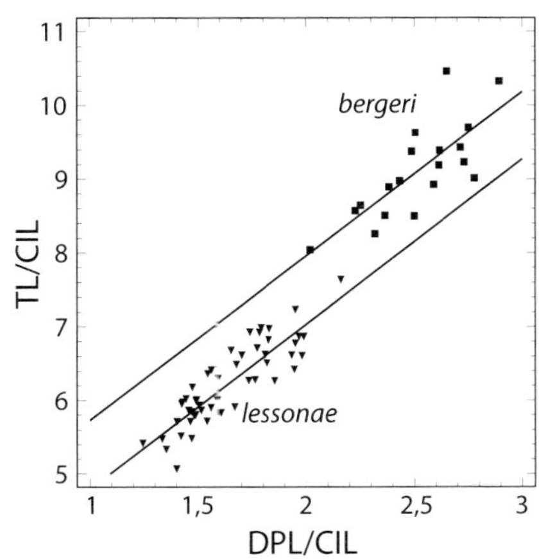

Abb. 20: Beziehung zwischen den morphometrischen Indizes DPL/CIL und TL/CIL für *P. bergeri* (Quadrate) und *P. lessonae* (Dreiecke).

Weit schwieriger ist es, *P. bergeri* von dem syntop vorkommenden Italienischen Hybridfrosch (*Pelophylax hispanicus*) zu trennen. Nach UZZELL und HOTZ (1979) eignet sich vor allem der Quotient aus der Länge der 1. Zehe und der Höhe des Fersenhöckers (DPL/CIH) zur Differenzierung zwischen *P. bergeri* und *P. hispanicus*, die arithmetischen Mittel dieses Quotienten betrugen ca. 7,5 (*P. bergeri*) und 9,4 (*P. hispanicus*). Dagegen ergaben die von PAOLUCCI et al. (1987) durch-

Tab. 10: Morphometrische Indizes (Mittelwert ± Standardabweichung, Minimum–Maximum) von *P. bergeri* im Vergleich zu *P. hispanicus* und *P. lessonae*. Nach UZZELL und HOTZ (1979) [I], GÜNTHER und PLÖTNER (1994) [II], PAOLUCCI et al. (1987) [III], PLÖTNER (2005, 2010) [IV]. CIH: Höhe des Fersenhöckers (Callus internus), CIL: Länge des Fersenhöckers, DPL: Länge der 1. Zehe (Digitus primus), KB: Kopfbreite (gemessen hinter der proximalen Augenbegrenzung), KRL: Kopf-Rumpf-Länge, NA: Abstand zwischen den Nasenlöchern, TL: Länge des Unterschenkels (Tibia).

Parameter	Studie	*P. bergeri*	*P. hispanicus*	*P. lessonae*
KRL/KB	I	3,6 ± 0,14	3,4 ± 0,18	-
	III	3,2 ± 0,03	3,2 ± 0,03	3,3 ± 0,33
	IV	2,4–3,2	2,5–2,8	2,6–3,1
KRL/TL	I	2,1 ± 0,07	2,0 ± 0,05	-
	III	2,0 ± 0,02	2,0 ± 0,02	2,3 ± 0,03
	IV	1,6–2,0	1,7–1,9	2,0–2,5
KRL/CIL	II	19,0 ± 2,01	19,2 ± 3,04	13,6 ± 1,72
	IV	15,4–22,4	16,3–26,7	11,3–18,1
KB/CIL	II	6,8 ± 0,72	7,0 ± 1,09	4,9 ± 0,59
	IV	5,8–8,2	5,8–9,4	4,1–6,6
KB/NA	I	4,2 ± 0,32	4,4 ± 0,32	-
	III	4,6 ± 0,09	4,7 ± 0,06	4,2 ± 0,10
TL/CIL	I	7,7 ± 0,77	8,8 ± 0,80	-
	II	10,2 ± 1,02	10,6 ± 1,60	6,4 ± 0,71
	III	7,7 ± 0,14	8,1 ± 0,16	5,2 ± 0,11
	IV	8,5–12,0	8,7–14,0	< 7,0
DPL/CIL	I	2,3 ± 0,26	2,6 ± 0,29	-
	II	2,7 ± 0,26	2,8 ± 0,56	1,7 ± 0,27
	IV	2,2–3,2	2,6–3,9	< 2,1
DPL/CIH	I	7,5 ± 1,22	9,4 ± 1,59	-
	III	8,4 ± 0,49	8,4 ± 0,20	6,0 ± 0,22
CIL/CIH	I	3,2 ± 0,48	3,6 ± 0,49	-
	III	2,70 ± 0,13	2,6 ± 0,39	3,3 ± 0.09

geführten Analysen keine Unterschiede zwischen den *bergeri-* und *hispanicus*-spezifischen Mittelwerten dieses Quotienten (Tab. 10). Um Fehlbestimmungen auszuschließen, sollten zur Determination italienischer Wasserfrösche in jedem Fall auch molekulare Marker verwendet werden (s. u.).

Färbung: Färbung und Zeichnung sind bei *P. bergeri* sehr variabel. Neben Tieren mit grasgrünen Oberseiten wurden auch braun gefärbte Individuen angetroffen. Braune Tier haben oft einen gelblich braunen Vertebralstreifen, grüne Tiere einen schwach hellen, gelbgrünen (NISHIOKA und OHTANI 1984). Die dorsal sichtbaren, dunklen Flecken sind bei *P. bergeri* tendenziell größer und unregelmäßiger geformt als bei seiner Schwesterart *P. lessonae* (GÜNTHER und PLÖTNER 1994, SCHNEIDER 2005). Ähnlich wie *P. lessonae* ist auch *P. bergeri* während der Paarungszeit auf der Oberseite einschließlich der Oberschenkel intensiv gelb gefärbt (SCHNEIDER 2005).

Die Färbung der Unterseiten ist weißlich, gelblich oder hellgrau, oft auch grau marmoriert oder gefleckt (NÖLLERT und NÖLLERT 1992). Die Innenseiten der Oberschenkel und die Leistengegend sind gelb oder orange gefärbt. Die Schallblasen der Männchen sind weißlich und nur schwach pigmentiert (UZZELL und HOTZ 1979, ENGELMANN et al. 1985).

Schädel und Postcranialskelett: siehe Kapitel „Anatomie europäischer Wasserfrösche (Schädel und Postcranialskelett)".

Zytomorphologie: UZZELL und HOTZ (1979) geben für die Erythrozytenlängen von *P. bergeri* Werte zwischen 21,4 und 24,4 µm an, die populationsspezifischen Mittelwerte variierten zwischen 22,06 und 23,30 µm.

Molekulare Merkmale: Der Italienische Wasserfrosch kann auf der Grundlage molekularer Merkmale (z. B. spezifischer Enzyme und DNA-Sequenzen) von *P. lessonae* und *Pelophylax shqipericus* abgegrenzt werden (UZZELL und HOTZ 1979, HOTZ 1983, PAOLUCCI et al. 1987, GÜNTHER und PLÖTNER 1994, PLÖTNER 1998, 2005, PLÖTNER und OHST 2001, OHST 2001, 2008, CANESTRELLI und NASCETTI 2008, PLÖTNER et al. 2009, 2012). Unterschiede zwischen *P. bergeri* und *P. lessonae* traten beispielsweise in der elektrophoretischen Wanderungsgeschwindigkeit verschiedener Enzyme auf (NISHIOKA und SUMIDA 1992, GÜNTHER und PLÖTNER 1994). Die auf der Grundlage proteinelektrophoretischer Marker nach den Formeln von NEI (1972, 1975) berechneten genetischen Distanzen variierten für den Vergleich *P. bergeri* – *P. lessonae* zwischen 0,163 und 0,166 (NISHIOKA und SUMIDA 1992) bzw. 0,20 und 0,37 (GÜNTHER und PLÖTNER 1994).

Uzzell (1979) konnte mittels immunologischer Untersuchungen des Serumalbumins zeigen, dass die mittlere immunologische Distanz zwischen *P. bergeri* und *P. lessonae* dem Wert entspricht, der für den Vergleich zwischen *P. lessonae* und einem nach seiner elektrophoretischen Wanderungsgeschwindigkeit als „fast" bezeichneten, *ridibundus*-spezifischen Allel berechnet wurde.

Auch die mtDNA ermöglicht eine klare Differenzierung zwischen allen zur *lessonae*-Gruppe zählenden Arten, d. h. *P. bergeri*, *P. lessonae* und *P. shqipericus*. Wird beispielsweise eine aus den mitochondrialen Genen *nd2* und *nd3* zusammengesetzte, 1 378 bp umfassende Sequenz betrachtet, unterscheidet sich *P. bergeri* in 3,8–4,9 % der Sequenzpositionen von seiner Schwesterart *P. lessonae* (Plötner unveröff.). Dagegen wurde für einen Abschnitt des stark konservierten *12SrRNA*-Gens (378 bp) eine Jukes-Cantor-Distanz von nur 0,55 % ermittelt (Plötner 1998).

Unterschiede zwischen *P. bergeri* und *P. lessonae* wurden nicht nur in der mt-DNA, sondern auch in der Kern-DNA festgestellt. Ohst (2008) analysierte einen Abschnitt des ITS2 (ca. 270 bp) und fand nur geringe Differenzen (lediglich zwei Synapomorphien) zwischen wahrscheinlich *bergeri*- und *lessonae*-spezifischen Allelen. Auch im 1. Intron des Serumalbumingens unterscheiden sich beide Arten. Beim Italienischen Wasserfrosch ist dieses Intron nach den bisher vorliegenden Daten 510 bp lang; das darin integrierte CR1-Element (*Rana*CR1) enthält nur ein oktameres AACTATGT-Sequenzmotiv und nicht zwei, wie bei der kurzen *lessonae*-spezifischen L1-Intronsequenz üblich (Plötner et al. 2009, unveröff.).

Auch im Genom des Italienischen Wasserfroschs konnten repetitive Elemente aus der hAT-Transposon-Superfamilie nachgewiesen werden. Diese als *RlBam*HI bezeichneten Elemente stimmten bis auf ein Nukleotid mit dem bei *P. lessonae* gefundenen Element *RlBam*HI.2 überein (Casola et al. 2004). SINE(short interspersed nuclear element)-ähnliche Sequenzen aus der *Rana*/Pol-III-Familie wurden ebenfalls für das *bergeri*-Genom beschrieben (Bucci et al. 1999, Ragghianti et al. 1999).

Eine molekulare Differenzierung zwischen *P. bergeri* und der sympatrisch verbreiteten Hybridform *P. hispanicus* ist nur mittels nukleärer Marker möglich, da die mtDNA beider Formen identisch ist (Ohst 2008). Neben bestimmten Enzymen und DNA-Sequenzen konnten Tognarelli et al. (2014) diese Formen auch auf der Grundlage des Markers *Rr*S1 (Ragghianti et al. 1995, 2004) differenzieren. Während die Elektropherogramme der Hybriden nach dem Verdau genomischer DNA mittels der Restriktase *Stu*I, anschließender Hybridisation mit einer Digoxigenin-markierten Sonde und Southern-Blot-Hybridisierung im Bereich zwischen 200 und 800 bp ein leiterähnliches Bandenmuster zeigten (die Länge der einzelnen Banden differierte um ca. 100 bp), waren bei *P. bergeri* erst ab 800 bp schwach ausgeprägte Banden sichtbar.

Karyotyp: 2n = 26 Chromosomen (MIURA 1995, MIURA et al. 1997).

Bei den bisher an Italienischen Wasserfröschen erhobenen karyologischen Befunden (z. B. MORESCALCHI 1966, 1971, MORESCALCHI und GALGANO 1973) ist oft nicht klar, ob *P. bergeri* oder *P. hispanicus* untersucht wurden. MIURA (1995) und MIURA et al. (1997) nutzten für ihre Analysen die Nachkommen von Tieren, die bereits KAWAMURA und NISHIOKA (1979) für Kreuzungsexperimente verwendet hatten. Diese Tiere stammten aus Florenz und wurden als *P. esculentus/P. lessonae* bestimmt. Auch NISHIOKA und OHTANI (1984) geben an, ihre karyologischen Untersuchungen an florentinischen *P. lessonae* durchgeführt zu haben, die sich nach den Elektropherogrammen der Serumproteine, des Hämoglobins und bestimmter Muskelproteine nicht von luxemburgischen Individuen unterschieden. Allerdings finden sich in dieser Arbeit weder konkrete Daten zu den elektrophoretischen Befunden noch zur Morphologie, sodass die Artzugehörigkeit der untersuchten Individuen im Nachhinein nicht evaluiert werden kann. Bei den von Miura und Mitarbeitern untersuchten Tieren handelte es sich vermutlich um die Nachfahren der Individuen, die von B. Lanzer gesammelt und im Jahre 1977 Nishioka und Mitarbeitern zur Verfügung gestellt wurden. Im Gegensatz zu den Angaben von NISHIOKA und OHTANi (1984) zeigen die von NISHIOKA und SUMIDA (1992) publizierten elektrophoretischen Daten deutliche Unterschiede zwischen florentinischen Individuen auf der einen und polnischen und luxemburgischen *P. lessonae* auf der anderen Seite, ein klarer Hinweis, dass es sich bei den aus Florenz stammenden Tieren nicht um *P. lessonae*, sondern um *P. bergeri* gehandelt haben dürfte. Dafür sprechen neben der bekannten Verbreitung des Italienischen Wasserfroschs (UZZELL und HOTZ 1979, CANESTRELLI und NASCETTI 2008, TOGNARELLI et al. 2014) auch die von MIURA et al. (1997) nach Fluoreszenzfärbung (Actinomycin D in Kombination mit DAPI [4',6-Diamidin-2-phenylindol]) beobachteten Unterschiede in der Zentromerregion von Chromosom 13 zwischen den florentinischen Individuen (*P. bergeri*) und luxemburgischen *P. lessonae.*

Merkmalsvariation. Zum Geschlechts- und Altersdimorphismus liegen keine Daten vor.

Geografische und ökologische Variation: SANTUCCI et al. (1996) konnten mittels proteinelektrophoretischer Untersuchungen in Süditalien (Kalabrien) zwei Populationsgruppen differenzieren, die sich nach Schätzungen der Autoren bereits im späten Pliozän, d. h. vor ca. 2–3 Mio. Jahren getrennt haben. Während die eine Gruppe Italien bis ins nördliche Kalabrien besiedelt, ist die andere in Süd-Kalabrien und auf Sizilien verbreitet. In Zentral-Kalabrien besteht eine ca. 120 km breite Hybridzone. Im Gegensatz zu den proteincodierenden Loci erlaubt die mtDNA lediglich eine Differenzierung zwischen sizilianischen Individuen und Tieren, die das italienische Festland besiedeln, nicht jedoch zwischen süd- und nordkalabrischen *P. bergeri*, was im Kontext einer bei Wasserfröschen weit verbreiteten selektiven Introgression mitochondrialer Genome (PLÖTNER et al. 2008) diskutiert wird (CANESTRELLI und NASCETTI 2008).

Vergleichsweise hohe intraspezifische Distanzwerte (2,6–2,7 %) bestehen zwischen den kombinierten *nd2*/*nd3*-Sequenzen sizilianischer *P. bergeri* und den homologen Sequenzen der bisher als konspezifisch betrachteten Individuen vom italienischen Festland (OHST 2008, PLÖTNER unveröff.). Nach den Berechnungen von CANESTRELLI und NASCETTI (2008), die auf der Grundlage eines 620 bp langen Segments des Cytochrom-B-Gens erfolgten, dürften diese Linien erst seit ca. 0,72 ± 0,19 Mio. Jahren separiert sein. Die Frage, ob die auf Sizilien und in Süd-Kalabrien vorkommenden Wasserfrösche ein separates Taxon sensu WILEY (1978) repräsentieren, kann auf der Grundlage der bisher analysierten Daten nicht beantwortet werden.

Anomalien: unbekannt.

Verbreitung. Terra typica: Lazio (41°54'N, 12°29'O), Region Rom, Italien.

Verbreitungsgebiet: *Pelophylax bergeri* besiedelt Italien südlich der Poebene (südlich einer gedachten Linie von Genua nach Rimini), weiterhin Elba, Sizilien und Korsika (Abb. 21, ANDREONE et al. 2009). Wahrscheinlich kommt die Art auch in der Poebene vor (HOTZ und GUEX, mündl. Mitt., zitiert in PLÖTNER 2005, DUFRESNES et al. 2017b).

Höhenverbreitung: HOTZ und BRUNO (1979–80) fanden *P. bergeri* auf Sizilien bis 1200 m ü. NHN, nach ANDREONE et al. (2009) dringt die Art in Höhen von mindestens 1800 m ü. NHN vor. Eine fast identische Höhenangabe (1818 m ü. NHN im Lago Pantaniello auf dem Monte Greco, Abruzzen-Nationalpark) findet sich bei HOTZ und BRUNO (1979–80). Die Autoren weisen aber darauf hin, dass die in den südzentralen Apenninen in Höhenlagen von 900–1800 m ü. NHN gefundenen Tiere vollständig von den Populationen im Flachland isoliert sind und möglicherweise nicht zum Taxon *bergeri* gehören.

Allochthone Populationen: Auf Sardinien wurden mehrfach Tiere ausgesetzt, die vom italienischen Festland stammten (LANZA 1963, zitiert in BELLATI et al. 2019, Übersicht bei MUTZ 2002). Bei allen von BELLATI et al. (2019) genetisch untersuchten sardischen Tieren handelte es sich um Anatolische Wasserfrösche (*Pelophylax* cf. *bedriagae*) oder Balkan-Wasserfrösche (*Pelophylax kurtmuelleri*). MUTZ (2002) fand im Norden der Insel Tiere, die „seefroschähnlich" riefen. Möglicherweise handelte es sich auch bei diesen um *P.* cf. *bedriagae* und nicht, wie von MUTZ (l. c.) vermutet, um *Pelophylax ridibundus*. Ob die von LI VIGNI et al. (2011) im südlichen Teil der Insel (bei Domusnovas) gefundenen

Abb. 21: Verbreitung des Italienischen Wasserfroschs (*P. bergeri*). Karte: Daniel Jablonski.

Tieren *P. bergeri* waren, muss aufgrund fehlender genetischer Daten ebenfalls offenbleiben, dagegen konnten BELLATI et al. (2019) mittels mitochondrialer und nukleärer Marker zwei (wahrscheinlich allochthone) *P. bergeri*-Vorkommen in Nord-Sardinien verifizieren.

Die Nachweise *bergeri*-spezifischer genetischer Marker in der Schweiz (PLÖTNER 2005, DUBEY et al. 2014), Südfrankreich (DUBEY et al. 2014), Belgien (HOLSBEEK et al. 2008) und Deutschland (OHST 2008, HOFFMANN et al. 2015) sprechen dafür, dass die Art in mehreren Ländern Westeuropas eingeführt wurde. Im Raum Karlsruhe (Deutschland) wiesen 95,8 % der von OHST (2008) untersuchten Wasserfroschproben (N = 118) *bergeri*-spezifische mtDNA auf. Weitere Nachweise gelangen nördlich des Bodensees bei Eriskirch (47.62°N, 9.53°O), in Untermaßfeld (50.5392°N, 10.4079°O), bei Herzberg (51.6268°N, 10.3542°O) und Güldenholm (54.5791°N, 9.5462°O) (OHST 2008, HOFFMANN et al. 2015, DREWS und PLÖTNER unveröff.).

Die große Häufigkeit *bergeri*-spezifischer mitochondrialer Haplotypen in der Schweiz und die häufig beobachtete Kombination von *lessonae*- und *bergeri*-spezifischen genetischen Merkmalen veranlassten DUFRESNES et al. (2017b) zu der rein spekulativen Annahme, dass *P. lessonae* in Westeuropa durch allochthone *P. bergeri* verdrängt werden könnte. Nachweise *bergeri*-spezifischer Marker außerhalb des eigentlichen Verbreitungsgebietes der Art müssen nicht zwangsläufig mit menschlichen Aktivitäten (Aussetzungen) in Zusammenhang stehen, sondern können auch natürliche (historische) Verbreitungsmuster widerspiegeln. Sofern *P. bergeri* in früheren Epochen auch nördlich der Alpen syntop mit *P. lessonae* vorgekommen wäre, könnten über Primärbastardierungen und wiederholte Rückkreuzungen zwischen Primärbastarden und parentalen Individuen die mitochondrialen Genome der einen Elternart (*bergeri*) in den Genpool der anderen (*lessonae*) gelangt sein, da beide Arten genetisch kompatibel sind und fertile Hybriden hervorbringen (KAWAMURA und NISHIOKA 1979, GÜNTHER und PLÖTNER 1994, BERGER et al. 1994). Innerhalb des westpaläarktischen Wasserfroschkomplexes gibt es mehrere Beispiele für einen solchen weiträumig-horizontalen (interspezifischen) Transfer mitochondrialer Genome (PLÖTNER et al. 2008) und Transitionszonen, in denen eng verwandte und genomisch ähnliche Arten oder Linien hybridisieren und wo auch Genfluss (bidirektional oder unidirektional) stattfindet, z. B. in der Türkei (AKIN et al. 2010b) und in Ost-Griechenland (HOTZ et al. 2013).

Nicht auszuschließen ist, dass die in Nord-Deutschland (Güldenholm) erbrachten Nachweise *bergeri*-spezifischer Allele (PLÖTNER und DREWS, unveröff.) auf Aussetzungen allochthoner Individuen zurückgehen. In diesem Kontext soll nicht unerwähnt bleiben, dass sich zum Anfang des 13. Jahrhunderts in unmittelbarer Nähe des Fundortes ein Zisterzienserkloster (Kloster Guldholm) befand, was die generelle Frage aufwirft, in welchem Ausmaß Wasserfrösche bereits im

Mittelalter als Nahrungsmittel aus Italien (und anderen Ländern Süd- und Südosteuropas) nach Mitteleuropa importiert und dort auch kultiviert wurden und/oder unbeabsichtigt mit importierter Fischbrut in Teichanlagen gelangten.

Ökologie. Habitat: Neben Seen, Teichen, Weihern und Wasserlöchern werden auch Fließgewässer wie Flüsse, Kanäle und Bäche als Lebensraum genutzt (HOTZ und BRUNO 1979–80). SCHNEIDER (2005) nennt weiterhin langsam fließende Entwässerungsgräben mit dichtem und abwechslungsreichem Pflanzenbewuchs.

Nahrung: Das Nahrungsspektrum des Italienischen Wasserfroschs dürfte weitgehend dem seiner Schwesterart, *P. lessonae*, entsprechen. Neben Insekten und deren Larven (vor allem Dipteren), Arachniden, Crustaceen und Anneliden werden mitunter auch kleinere Wirbeltiere gefressen (CHIMINELLO und GENERANI 1992, GUIDALLI et al. 2000, CAPULA et al. 2007)[1]. BISCONTI et al. (2014) berichten von einem 9,1 cm langen Frosch (wahrscheinlich ein Weibchen), der mehrere Valais-Spitzmäuse (*Sorex antinorii*) verzehrt hatte, darunter ein 5 cm langes, adultes Exemplar. Möglicherweise handelte es sich um ein Muttertier, das zum Zeitpunkt der Prädation mit seinen Jungen eine Karawane bildete.

Über die Winterquartiere liegen keine Informationen vor. Gleiches gilt für die Populationsökologie (Abundanzen, Geschlechterverhältnisse, Altersstruktur etc.).

Feinde, Parasiten und Krankheiten: In einer zentralitalienischen Wasserfroschpopulation konnten SIMONCELLI et al. (2005) den amphibienpathogenen Hautpilz *Batrachochytrium dendrobatidis* nachweisen. Unter 80 getesteten Tieren befanden sich vier infizierte *P. bergeri* (5 %), ohne dass diese Symptome der Infektion zeigten.

Herpetozönose: *P. bergeri* ist in der Regel mit dem Italienischen Hybridfrosch (*P. hispanicus*) vergesellschaftet (UZZELL und HOTZ 1979). Die von CANESTRELLI und NASCETTI (2008) veröffentlichten mtDNA-Daten implizieren, dass in den nördlichen Apenninen *P. bergeri* und *P. lessonae* syntop vorkommen. SEBASTI und CARPANETO (2004) fanden entlang der Tyrrhenischen Küstenregion Gewässer, in denen Wasserfrösche gemeinsam mit *Triturus carnifex*, *Lissotriton vulgaris*, *Bufo bufo* und *Hyla intermedia* lebten.

1 Weder CHIMINELLO und GENERANI (1992) noch GUIDALLI et al. (2000) machen Angaben zur Artzugehörigkeit der untersuchten Frösche. Da die beprobten Tiere aus norditalienischen Populationen stammten (von Cameri, Piemont und aus einer 18 km nordöstlich von Bergamo gelegenen Population), könnte es sich auch um *P. hispanicus*, *P. lessonae* oder *P. esculentus* gehandelt haben.

Reproduktion und Ontogenese. Zur Reproduktionsbiologie und Ontogenese des Italienischen Wasserfroschs existieren kaum Daten, aufgrund der engen Verwandtschaft zu *P. lessonae* sind keine wesentlichen Unterschiede zum Kleinen Wasserfrosch zu erwarten. Offensichtlich können sich sowohl Männchen als auch Weibchen mehrfach pro Jahr fortpflanzen. So erwähnt BERGER (1994) ein 65 mm langes, in Gefangenschaft gehaltenes, von Sizilien stammendes Weibchen, das sich mit einem *P. esculentus*-Männchen verpaarte und spontan 642 Eier abgab. Nachdem weitere Eier (822) manipulativ entfernt worden waren, verpaarte sich dieses Tier ein zweites Mal und gab weitere 1 072 Eier ab. Unter nicht näher spezifizierten Laborbedingung vergingen 46–50 Tage (im Mittel 47,5 Tage) von der Befruchtung der Eier bis zum Abschluss der Metamorphose (NISHIOKA und OHTANI 1984).

Verhalten. Auch zum Verhalten des Italienischen Wasserfroschs gibt es nur wenige Daten, es dürfte aber weitgehend dem seiner Schwesteart, *P. lessonae*, entsprechen (siehe Kapitel „*Pelophylax lessonae*“). MORI et al. (2013) beobachteten in der Toskana subadulte und adulte Wasserfrösche (leider wurde nicht zwischen *P. bergeri* und *P. hispanicus* differenziert), die sich Anfang September, zwischen 19:00 und 19:30, regelmäßig auf einem Olivenbaum in einer Höhe von 170 cm aufhielten. Auf diesen kletterten sie über zwei 1,12 m hohe, in unmittelbarer Nähe stehende Wassertanks, die wiederum über ein im 30° Winkel angestelltes Holzbrett erklommen wurden. Bemerkenswert ist, dass die Tiere augenscheinlich lernten, die Äste des Baums, auf denen sie sich sonnten und Nahrung erbeuteten, über „Hilfsstrukturen“ (Brett, Wassertank) zu erreichen und dieses Verhalten nur in einem sehr engen Zeitfenster zeigten.

Paarungsverhalten und akustische Kommunikation: *Rufe:* Der Paarungsruf des Italienischen Wasserfroschs (Abb. 22A) unterscheidet sich nur geringfügig von denen der beiden anderen zur *lessonae*-Gruppe zählenden Arten *P. shqipericus* und *P. lessonae*. Die Rufe bestehen aus einer Folge von kurzen Impulsen, die durch periodische Modulation der Amplitude in Impulsgruppen gegliedert sind und wie ein schnelles Schnarren klingen (SCHNEIDER 2005). Für eine Wassertemperatur von 21 °C gibt SCHNEIDER (l. c.) folgende Werte an: Rufdauer 1424,4 ms, Rufintervall 1530 ms, Rufperiode 3041,5 ms, Impulsgruppen 32,54 s^{-1}, Impulsgruppen/Ruf 45,3 ± 2,0 und Impulse/Impulsgruppe 4,4 ± 0,1. Das Frequenzspektrum erstreckt sich von ca. 400–4000 Hz mit einem dominanten Band zwischen ca. 2200 und 3000 Hz.

Unterschiede zwischen den zur *lessonae*-Gruppe zählenden Arten traten in drei von sechs Rufparametern zutage (vgl. Tab. 8). Ein wichtiger Parameter zur Differenzierung zwischen *P. bergeri*, *P. lessonae* und *P. shqipericus* ist die Zahl der Impulsgruppen pro Ruf, die beim Italienischen Wasserfrosch im Mittel höher ist als bei den anderen Arten (GÜNTHER und PLÖTNER 1994, SINSCH und

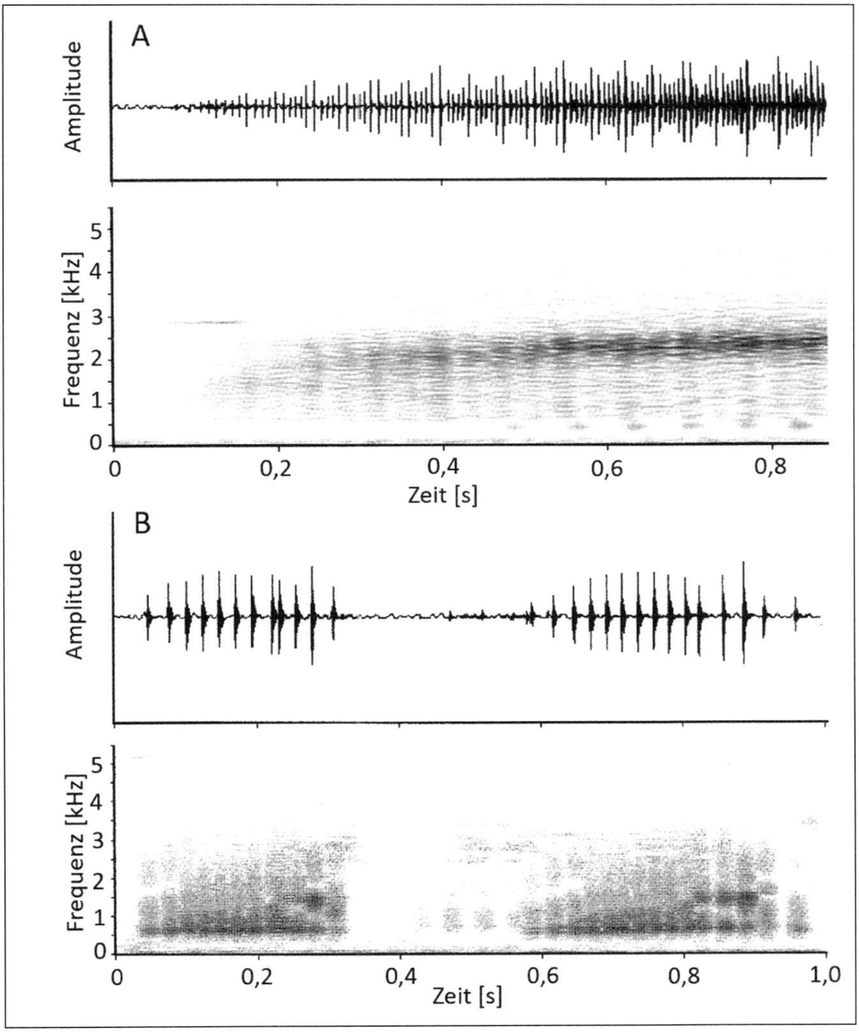

Abb. 22: Oszillogramm und Spektrogramm des Anfangsteiles eines Paarungsrufes (A) und von zwei Befreiungsrufen (B) des Italienischen Wasserfroschs (*P. bergeri*), die bei einer Wassertemperatur von 18°C aufgenommen wurden. Aus SCHNEIDER (2005).

SCHNEIDER 1996). Neben diesem Parameter unterscheidet sich *P. bergeri* auch in der Anzahl der Impulse pro Impulsgruppe und dem temperaturunabhängigen Parameter Impulsgruppen pro Sekunde von *P. lessonae* (SCHNEIDER 2005).
Die als Folge von Umklammerungen zwischen Männchen geäußerten Befreiungsrufe (Abb. 22B) bestehen aus kurzen Impulsen, deren Anzahl variiert. Das

Spektrum reicht bis 3 500 Hz und besitzt eine energiereiche Komponente zwischen 500 und 600 Hz. Bei hoher Intensität ist eine weitere kräftige Komponente zwischen 1 200 und 1 600 Hz ausgebildet (SCHNEIDER 2005).

Gefährdung und Schutz. Schutzstatus: IUCN Welt (2009): endangered (gefährdet) (ANDREONE et al. 2009).

Pelophylax bergeri wird in Anhang III der Berner Konvention gelistet und steht in Italien unter Schutz. In der Richtlinie 92/43/EWG des Rates vom 21. Mai 1992 zur Erhaltung der natürlichen Lebensräume sowie der wildlebenden Tiere und Pflanzen (FFH-Richtlinie) wird *P. bergeri* nicht explizit aufgeführt, da der Italienische Wasserfrosch zum Zeitpunkt des Entstehens der Richtlinie noch von vielen Systematikern nicht als eigenständiges Taxon, sondern als „Unterart" von *P. lessonae* angesehen wurde. Da *P. lessonae* in Anhang IV der FFH-Richtlinie gelistet ist und somit als streng zu schützende Art von gemeinschaftlichem Interesse gilt, für deren Erhalt besondere Schutzgebiete auszuweisen sind, galt dieser Status ursprünglich auch für *P. bergeri*. Unabhängig von den Ansichten zum systematischen Status des Italienischen Wasserfroschs wäre aus Sicht der Autoren eine Einstufung in die gleiche Gefährdungskategorie wie *P. lessonae* durchaus sinnvoll, nicht zuletzt auch aufgrund seines relativ kleinen Areals.

Anthropogene Gefährdungsfaktoren: *Pelophylax bergeri* ist durch den lokalen Verlust geeigneter Lebensräume als Folge landwirtschaftlicher Nutzung und Urbanisierung gefährdet. Offensichtlich reagiert *P. bergeri* empfindlicher auf den Einfluss negativer Umweltfaktoren als die Hybridform *P. hispanicus* (BUCCI et al. 2000). Auch allochthone Wasserfroscharten stellen einen potenziellen Gefährdungsfaktor dar, da über interspezifische Kreuzungen (*P. bergeri* × allochthone Form) der endemische Genpool und das darauf basierende Populationssystem (*bergeri-hispanicus*) genetisch modifiziert werden kann.

Pelophylax epeiroticus (Schneider, Sofianidou und Kyriakopoulou-Sklavounou, 1984) – Epirus-Wasserfrosch

Von

Jörg Plötner, Daniel Jablonski, Peter Mikulíček und Petros Lymberakis

Einführung. *Pelophylax epeiroticus* wurde 1982 nahezu zeitgleich von zwei Arbeitsgruppen auf der Grundlage proteinelektrophoretischer Untersuchungen entdeckt (Hotz und Uzzell 1982, Tunner und Heppich 1982) und später von Schneider et al. (1984) wissenschaftlich beschrieben. Zur Biologie dieser Wasserfroschart, insbesondere zu ihrer Ökologie und Ethologie, bestehen noch große Wissenslücken.

Diagnose. Mittelgroße Wasserfroschart, KRL von 70 mm (Männchen) bzw. 90 mm (Weibchen) werden nur selten überschritten. Männchen mit äußeren, dunkelgrau bis schwarz oder olivgrün gefärbten Schallblasen und auch außerhalb der Paarungszeit deutlich sichtbaren Daumenschwielen. Artcharakteristisch sind die orangegelb gefärbten Schwimmhäute zwischen den Zehen der hinteren Extremitäten. Während der Paarungszeit sind auch die Flanken gelblich, insbesondere die Hüften. Die Oberseite ist bei beiden Geschlechtern olivgrün oder bräunlich und weist größere, unregelmäßig geformte, dunkelgrüne oder schwärzliche Flecken auf. Der Fersenhöcker (Callus internus, CI) ist sehr klein, flach und dreieckförmig. Das Längenverhältnis zwischen 1. Zehe (Digitus primus, DP) und CI beträgt ca. 3. Die Quotienten von KRL zu Tibialänge (KRL/TL) und KRL zu CI-Länge (KRL/CIL) betragen im arithmetischen Mittel 2,2 bzw. 21,2. Die „rasselnden", in Serien abgegebenen Paarungsrufe bestehen aus sehr kurzen Impulsen, die mit geringer Geschwindigkeit wiederholt werden.

Synonyme.

Rana epeirotica Schneider, Sofianidou und Kyriakopoulou-Sklavounou, 1984: 363. Holotypus: ZFMK 41679, adultes Männchen, dargestellt in Abb. 22 der Originalveröffentlichung. – Terra typica: „östliches Ufer des Sees Ioannina ca. 5 km südlich von Amfithea" (39°40'N, 20°50'O nach Dubois und Ohler 1994a), Griechenland.

Rana (*Pelophylax*) *epeirotica* - DUBOIS (1992: 332).

Englische Namen. Epirus water frog, Epeirus frog.

Beschreibung. Maße und Lebendmassen: Männchen sind im Mittel signifikant kleiner und leichter als Weibchen (HOTZ und UZZELL 1982, TSIORA und KYRIAKOPOULOU-SKLAVOUNOU 2001, 2002a, b). Die KRL geschlechtsreifer Männchen (N = 145) von Ioannina (NW-Griechenland) variierten von 45–92 mm, im arithmetischen Mittel ± Standardabweichung waren die Tiere 72,3 ± 7,96 mm lang (TSIORA und KYRIAKOPOULOU-SKLAVOUNOU 2002a). Für die Weibchen (N = 173) geben dieselben Autoren folgende Werte an: 57–115 mm (Minimum–Maximum) und 83,6 ± 11,73 mm. In anderen Populationen waren sowohl die Männchen als auch die Weibchen ca. 20 % kleiner, die populationsspezifischen Werte variierten bei den Männchen von 54,2–64,0 mm und bei den Weibchen zwischen 54,4 und 81,0 mm. Auch die ermittelten Maxima der KRL waren geringer, sie betrugen für die Männchen 71 mm und für die Weibchen 89 mm (Tab. 11). Die Analyse der KRL von 103 Männchen und 137 Weibchen (unter Einbeziehung der in Tab. 11 eingegangenen Daten) ergaben Werte von 57,1 ± 5,91 mm (Männchen, N = 103) und 68,1 ± 9,71 mm (Weibchen, N = 137). Diese Werte entsprechen in etwa den Angaben von HOTZ und UZZELL (1982), die für Männchen (N = 6) mittlere KRL von 55,7 ± 4,1 mm und für Weibchen (N = 23) Werte von 63,0 ± 7,6 mm berechneten.

Die LM kann in Abhängigkeit von der Jahreszeit variieren, insbesondere trifft das für weibliche Tiere zu und steht im direkten Zusammenhang mit deren Reproduktionszyklus. So lagen in Ioannina (Epirus, NW-Griechenland) die mittleren LM geschlechtsreifer Weibchen je nach Jahreszeit zwischen 42,1 ± 19,22 und 77,4 ± 17,51 g (TSIORA und KYRIAKOPOULOU-SKLAVOUNOU 2002b), während bei männlichen Tieren die stichprobenspezifischen Mittelwerte zwischen 33,7 ± 21,08 und 45,4 ± 9,33 g variierten (TSIORA und KYRIAKOPOULOU-SKLAVOUNOU 2001).

Äußere Merkmale: Auf der Grundlage der äußeren Morphologie, einschließlich verschiedener morphometrischer Indizes, kann *P. epeiroticus* von dem syntop vorkommenden *Pelophylax kurtmuelleri* problemlos differenziert werden (HOTZ und UZZELL 1982, TUNNER und HEPPICH 1982, SCHNEIDER et al. 1984). So liegt der Quotient aus KRL und Tibialänge bei *P. epeiroticus* im Mittel über 2,0; bei einem großen Teil der Balkan-Wasserfrösche (*P. kurtmuelleri*) dagegen unter 2,0. Für den Quotienten DPL/CIL (Länge der 1. Zehe/Länge des Fersenhöckers) geben HOTZ und UZZELL (1982) Werte von 2,94 ± 0,26 für *P. epeiroticus* und 2,53 ± 0,34 für griechische *P. kurtmuelleri* an, zu vergleichbaren Werten (2,96 ± 0,25 für *P. epeiroticus* und 2,21 ± 0,21 für *P. kurtmuelleri*) gelangten SCHNEIDER et al. (1984). Regelmäßig auftretende F_1-Hybriden, die auf Paarun-

Tab. 11: Kopf-Rumpf-Längen (Minimum, arithmetisches Mittel ± Standardabweichung, Maximum) männlicher (M) und weiblicher (W) Epirus-Wasserfrösche aus griechischen Populationen (HOTZ, GUEX und PLÖTNER, unveröff. Daten).

Population	Jahr	Geschlecht	N	Minimum (mm)	$\bar{x} \pm \sigma$ (mm)	Maximum (mm)
Igoumenitsa	2002	M	19	45,0	54,7 ± 4,69	63,0
		W	19	51,0	68,3 ± 9,39	88,0
	2003	M	4	61,0	64,0 ± 2,94	68,0
		W	11	47,0	67,1 ± 11,97	88,0
	2004	M	9	49,0	58,3 ± 7,21	71,0
		W	11	51,0	68,6 ± 10,25	82,0
Kerkyra	2002	M	14	50,0	56,4 ± 4,16	64,0
		W	12	54,0	68,0 ± 8,28	79,0
	2003	M	5	52,0	55,6 ± 3,91	62,0
		W	7	44,0	54,4 ± 7,52	63,0
	2004	M	14	47,0	55,0 ± 5,05	63,0
		W	11	62,0	68,9 ± 5,01	76,0
Kilini	2004	W	11	68,0	75,0 ± 4,50	83,0
See Kaiafas	2004	M	9	43,0	54,2 ± 6,67	63,0
		W	30	51,0	67,2 ± 7,85	79,0
Lechena	2002	M	8	50,0	61,1 ± 5,14	67,0
		W	9	48,0	62,8 ± 10,96	80,0
	2003	M	2	60,0	62,5 ± 3,54	65,0
		W	3	79,0	81,0 ± 3,46	85,0
	2004	M	6	52,0	60,5 ± 5,75	67,0
		W	11	58,0	75,6 ± 8,82	89,0

gen zwischen *P. epeiroticus* und *P. kurtmuelleri* zurückgehen, zeigen intermediäre Merkmalsausprägungen und können nur mittels molekularer Marker oder in vielen Fällen auch anhand des Paarungsrufes (Abb. 26) sicher bestimmt werden (HOTZ und UZZELL 1982, SCHNEIDER et al. 1984, SCHNEIDER und SOFIANIDOU 1986, 1987, SOFIANIDOU 1996).

Färbung: Die Oberseite der meisten Epirus-Frösche ist olivgrün gefärbt und mit vielen, oft größeren, dunkelgrünen oder bräunlichen und unregelmäßig geformten Flecken besetzt. Neben olivgrünen kommen auch braun gefärbte Exemplare vor. Von der Oberseite der Schenkel ziehen sich schwarze oder dunkelgrüne, bogenförmige Streifen bis auf die weiß gefärbten Schenkelunterseiten. Bei vielen Tiere ist ein hell- bis gelbgrüner Dorsalstreifen erkennbar. Die Farbe der Trommelfelle ist grün- oder bräunlich. Die Schallblasen der Männchen sind während der Fortpflanzungsperiode dunkelgrau bis schwarz gefärbt (SCHNEIDER et al. 1984, KORDGES 1988b).

Im Unterschied zum syntop vorkommenden Balkan-Wasserfrosch (*P. kurtmuelleri*) weisen die Flanken beim Epirus-Wasserfrosch auch gelbe Farbpigmente auf, im Bereich der Hüften ist die Gelbfärbung am intensivsten ausgeprägt. Charakteristisch ist auch die orangegelbe Färbung der Schwimmhäute, die bei *P. kurtmuelleri* nicht auftritt.

Schädel und Postcranialskelett: Siehe Kapitel „Anatomie europäischer Wasserfrösche (Schädel und Postcranialskelett)".

Molekulare Merkmale: *Pelophylax epeiroticus* zeigt sowohl in der Wanderungsgeschwindigkeit bestimmter Enzyme im elektrischen Feld als auch in den Basensequenzen mitochondrialer (mt) und nukleärer Gene klare Differenzen zu anderen Wasserfroscharten (HOTZ und UZZELL 1982, TUNNER und HEPPICH 1982, BEERLI 1994, Beerli 1994, BEERLI et al. 1996, PLÖTNER 1998, OHST 2008, PLÖTNER et al. 2009, 2012, AKIN et al. 2010b). Beispielsweise ist bei *P. epeiroticus* die Aminosäuresequenz der im mt-Genom codierten zweiten Untereinheit der NADH-Dehydrogenease (*nd2*) durch fünf spezifische Positionen charakterisiert (Position 85: Glycin, 148: Alanin, 151: Histidin, 198: Asparaginsäure, 229: Valin, 333: Valin), d. h. in diesen Positionen unterscheidet sich *P. epeiroticus* eindeutig von allen anderen, bisher untersuchten Wasserfroscharten und Formen (PLÖTNER, unveröff.).

Karyotyp: 2n = 26 Chromosomen (TUNNER und HEPPICH 1982, BELCHEVA et al. 1985).

Nach Actinimycin-D/33258-Hoechst-Färbung zeigten die Mitosechromosomen von Epirus-Fröschen in ihren Zentromerbereichen kein Fluoreszenzsignal, im Gegensatz zu griechischen *P. kurtmuelleri*, bei denen alle Chromosomen dieses Signal aufwiesen (TUNNER und HEPPICH 1982). RAGGHIANTI et al. (2004) konnten in den Zentromerregionen von *P. epeiroticus*-Chromosomen repetitive Elemente aus der *Rr*S1-Familie (RAGGHIANTI et al. 1995) nachweisen, die genomische DNA zeigte nach Restriktionsverdau und Southern-Blot-Hybridisierung mit einer Digoxigenin-markierten Sonde ein ähnliches Bandenmuster wie *Pelophylax ridibundus*-spezifische DNA, allerdings war bei *P. epeiroticus* die Intensität bestimmter Banden geringer.

SOFIANIDOU (1996) berichtet von triploiden Hybriden, die vereinzelt in Populationen auftreten, in denen der Anteil an F_1-Hybriden (*epeiroticus* × *kurtmuelleri*) vergleichsweise hoch ist.

Merkmalsvariation. Geschlechts- und Altersdimorphismus: Wie bei allen Wasserfröschen ist auch bei *P. epeiroticus* ein deutlicher Geschlechtsdimorphismus ausgeprägt: In allen Altersgruppen sind adulte Männchen kleiner als Weibchen (TSIORA und KYRIAKOPOULOU-SKLAVOUNOU 2001, 2002a, b), besitzen äußere Schallblasen und Schwielen an der Innenseite des ersten Fingers der Hand, die aus verschiedenen epidermalen Zellschichten und linearen Clustern großer Schleimdrüsen dermalen Ursprungs bestehen (KYRIAKOPOULOU-SKLAVOUNOU et al. 2012).

Während die KRL weiblicher Tiere auch nach dem Erreichen der Geschlechtsreife kontinuierlich zunimmt, verringert sich das Wachstum der Männchen ab etwa dem dritten Lebensjahr deutlich, d. h., die Wachstumskurve erreicht schneller die stationäre bzw. Sättigungsphase (TSIORA und KYRIAKOPOULOU-SKLAVOUNOU 2002a).

Geografische und ökologische Variation: Daten zur geografischen und ökologischen Variabilität des Epirus-Wasserfroschs liegen nicht vor.

Jahreszeitlich bedingte Variation: Jahreszeitlich bedingte Unterschiede in der äußeren Morphologie (Färbung, Zeichnung) sind uns ebenfalls nicht bekannt. Schwankungen der Lebendmasse, der Masse verschiedener Organe (Leber, Hoden) und des Fettkörpers stehen im Zusammenhang mit der Reproduktionsbiologie (Reifestadium der Eier bei Weibchen, s. u.) und dem zirkannualen Rhythmus der Art (TSIORA und KYRIAKOPOULOU-SKLAVOUNOU 2001, 2002b).

Anomalien: Albinotische Tiere wurden von PABIJAN et al. (2004) beschrieben. Weitere Anomalien sind bisher nicht bekannt geworden.

Verbreitung. Terra typica: Ostufer des Ioannina-Sees, ca. 5 km südlich von Amfithea, östlich von Ioannina (39°40‘N, 20°50‘O nach DUBOIS und OHLER 1994a), Epirus-Region, West-Griechenland.

Verbreitungsgebiet: *Pelophylax epeiroticus* besiedelt die Küstenebene westlich des Pindos-Gebirges, Korfu, den nordwestlichen Peloponnes (HOTZ und UZZELL 1982, TUNNER und HEPPICH 1982, SCHNEIDER et al. 1984, BRINGSØE 1985, SOFIANIDOU et al. 1987, KORDGES 1988b, SOFIANIDOU und SCHNEIDER 1989) und kommt auch im äußersten Süden Albaniens in der Vrina- und Vurgu-Ebene vor (SCHNEIDER und HAXHIU 1994, ORUÇI 2008; Abb. 23). Der südlichste Fundpunkt liegt nach SOFIANIDOU und SCHNEIDER (1989) am Fluss Neda zwischen den Dörfern Janitsochori und Elaia (~37.3847°N, ~21.6919°O), der nördlichste nach ORUÇI (2008) am Fluss Kalasa zwischen den Dörfern Vane und Bajkaj (~39.9367°N, ~20.0286°O). Ungeklärt ist, ob auch die dem Festland

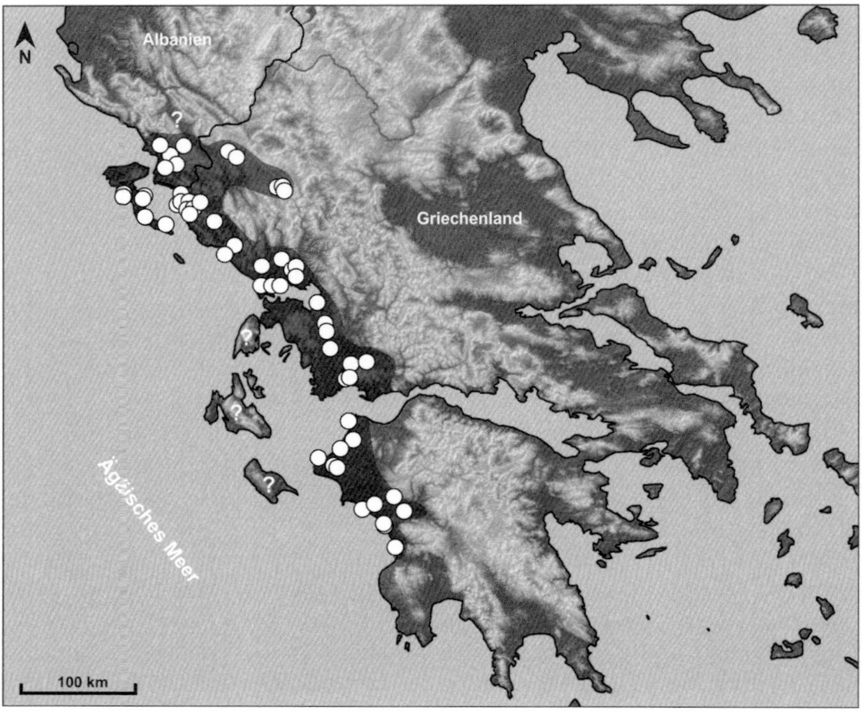

Abb. 23: Verbreitungsgebiet von *P. epeiroticus* (nach SCHNEIDER und HAXHIU 1992 und eigenen Daten).

vorgelagerten Inseln Lefkos und Kefallinia besiedelt werden. Auf Zakynthos wurde die Art bisher nicht gefunden (SOFIANIDOU und SCHNEIDER 1989, PLÖTNER, unveröff. Daten).

Höhenverbreitung: In Griechenland besiedelt *P. epeiroticus* in der Regel Habitate in Höhenlagen <100 m ü. NHN; der höchste, bisher bekannte Fundpunkt ist der Ioannina-See mit 480 m ü. NHN (SOFIANIDOU et al. 1987, SOFIANIDOU und SCHNEIDER 1989).

Allochthone Populationen: Allochthone *P. epeiroticus*-Populationen sind nicht bekannt.

Ökologie. Habitat: *Pelophylax epeiroticus* ist eine weitgehend aquatische Art, die das Gewässer nur selten verlässt (SOFIANIDOU 1996). Zum Habitatspektrum gehören langsam fließende Flüsse, Kanäle und Gräben, Seen, verschiedene Typen kleinerer Gewässer und Sümpfe (SOFIANIDOU et al. 1987, SOFIANIDOU und SCHNEIDER 1989, ORUÇI 2008, PLÖTNER, unveröff. Daten). KORDGES (1988b, mündl. Mitt.) fand *P. epeiroticus* in Ufer- und Flachwasserbereichen von Flüssen, die eine gut entwickelte submerse Flora und Ufervegetation aufwiesen, weiterhin auf überschwemmten Wiesen am Louros, in einem Grabensystem am Lagunenrand im Louros-Delta und in einem Auwald in Mesolonghi, in dem sich Quelltümpel und ein verlandeter Altarm befanden. Selbst in Brackwasser konnte *P. epeiroticus* nachgewiesen werden, wo sich die Art vorwiegend von Fischen ernährte (SOFIANIDOU 1996) und nach SOFIANIDOU und SCHNEIDER (1989) höhere Individuendichten erreichte als der syntop vorkommende *P. kurtmuelleri*.

Winterquartiere: Zu den Winterquartieren liegen keine Daten vor. Aufgrund der engen Gewässerbindung wird vermutet, dass *P. epeiroticus* im Gewässer überwintert.

Nahrung: Zum Nahrungsspektrum von *P. epeiroticus* wurden bisher keine Untersuchungen veröffentlicht, prinzipiell dürfte es aber dem anderer Wasserfroscharten entsprechen.

Herpetozönose: *Pelophylax epeiroticus* kommt in vielen Gewässern gemeinsam mit *P. kurtmuelleri* vor. Hybridisierungen zwischen *P. epeiroticus* und *P. kurtmuelleri* scheinen ein seltenes Ereignis zu sein und in den meisten Fällen nicht über die F_1-Generation hinauszugehen (HOTZ und UZZELL 1982, BERGER et al. 1994, SOFIANIDOU 1996). In den bisher untersuchten Populationen variierte der Hybridanteil zwischen ca. 4 % und 15 % (HOTZ und UZZELL 1982, SCHNEIDER und SOFIANIDOU 1986, 1987).

Die quantitative Zusammensetzung „gemischter" *P. epeiroticus*/*P. kurtmuelleri*-Populationen und damit auch die Wahrscheinlichkeit für die Entstehung von Hybriden hängt nach SOFIANIDOU und SCHNEIDER (1989) vom Habitattyp ab und kann sich im Jahresverlauf ändern. Zu Hybridisierungen soll es vorzugsweise in Zeiten kommen, in denen die Fortpflanzungsaktivität der beiden Elternarten gering ist.

KORDGES (1988b) beobachtete, dass *P. epeiroticus* in Gewässern, in denen auch *P. kurtmuelleri* lebt, homospezifische Rufgemeinschaften bildete, in deren Peripherie sich nur vereinzelte *P. kurtmuelleri* aufhielten. Dagegen kam es an unmittelbar benachbarten Gewässerabschnitten zu Aggregationen von *P. kurtmuelleri*-Individuen. Über eine weitgehende räumliche Isolation der beiden Arten trotz Syntopie berichten auch SOFIANIDOU und SCHNEIDER (1989). KORDGES (l. c.) erwähnt weiterhin, dass eine hohe Rufaktivität der *P. epeiroticus*-Gemeinschaften keine stimulierende Wirkung auf die Rufaktivität der *P. kurtmuelleri*-Gruppen hatte. Diese Beobachtungen sprechen neben den deutlich verschiedenen Paarungsrufen, der offensichtlich öko-ethologisch bedingten räumlichen Isolation und zeitlichen Unterschieden zwischen den Hauptlaichzeiten (SCHNEIDER und SOFIANIDOU 1989) für effektive präzygote Isolationsmechanismen, die jedoch nicht im gesamten Gebiet in der gleichen Intensität ausgeprägt sein müssen.

Feinde, Parasiten und Krankheiten: BENOVIC et al. (2022) konnten *Diplodiscus subclavatus* (Trematoda) in griechischen *P. epeiroticus* nachweisen. Weitere Daten liegen zu dieser Thematik nicht vor.

Populationsökologie: Skelettochronologische Untersuchungen zur Altersstruktur einer bei Ioannina (nordwestliches Griechenland) lebenden *P. epeiroticus*-Population ergaben, dass sowohl Männchen als auch Weibchen nicht älter als 5 Jahre wurden. Die meisten Tiere befanden sich im 3. Lebensjahr (Abb. 24).

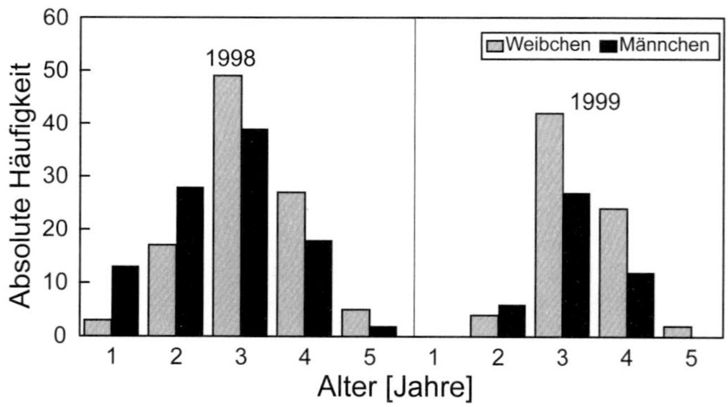

Abb. 24: Altersstruktur einer *P. epeiroticus*-Population von Ioannina (NW-Griechenland) in den Jahren 1998 und 1999 (nach TSIORA und KYRIAKOPOULOU-SKLAVOUNOU 2002a, verändert).

In den höheren Altersklassen dominierten die Weibchen quantitativ (TSIORA und KYRIAKOPOULOU-SKLAVOUNOU 2002a).

Reproduktion und Ontogenese. Reproduktionsperiode: Die Reproduktionsperiode von *P. epeiroticus* erstreckt sich von März bis Ende Juni, Beginn und Dauer sind maßgeblich von den klimatischen Bedingungen, insbesondere der Temperatur abhängig. TSIORA und KYRIAKOPOULOU-SKLAVOUNOU (2001, 2002b) untersuchten die Reproduktionszyklen von männlichen und weiblichen

Epirus-Wasserfröschen mittels histologischer Methoden. Bei männlichen Tieren waren nach der Reproduktionsperiode (Juli bis September) im Hodengewebe hauptsächlich primäre und sekundäre Spermatogonien erkennbar, Spermatozoen traten nur vereinzelt auf. Von Oktober bis Anfang Dezember war eine beschleunigte Entwicklung aller spermatogenetischen Stadien zu verzeichnen, in dieser Periode konnten primäre Spermatogonien, viele sekundäre Spermatogonien, Spermatozyten, Spermatiden sowie gebündelte Spermien beobachtet werden. In den Wintermonaten nahm die Anzahl mitotischer Spermatogonien und Spermatozyten ab, in dieser Periode erfolgte die Transformation von Spermatiden zu Spermatozoen, die quantitativ dominierten. In der Paarungsperiode (März bis Ende Juni) konnten neben wenigen Keimzysten der Spermatogonien hauptsächlich freie Spermien in den Lumen der Samenkanälchen beobachtet werden. Keimzysten im Samenepithel und freie Spermien in den Samenkanälchen waren das ganze Jahr über vorhanden.

Der prozentuale Anteil der Hodenmasse, bezogen auf die LM, war in den Monaten Juli bis November signifikant höher als in den Monaten Dezember bis Juni, im Mittel waren die Werte im Dezember am geringsten und im Juli am höchsten (Abb. 25A). Die Beziehung zwischen jahreszeitlicher Variation der Hodenmasse und spermatogenetischer Aktivität war nur schwach ausgeprägt. Die Zunahme der Hodenmasse nach der Reproduktionsperiode könnte mit der Entwicklung von zahlreichen primären und sekundären Spermatozytenzysten im Zusammenhang stehen und der deutliche Abfall von November bis Dezember durch eine massive Transformation von Spermatozyten zu Spermatozoen bedingt sein (TSIORA und KYRIAKOPOULOU-SKLAVOUNOU 2001).

Bei *P. epeiroticus*-Weibchen veränderte sich sowohl die Anzahl als auch die Größe der Follikel im Jahresverlauf. Im März und April dominierten reife Eier in den Ovarien, nach der Ovulation waren viele sich teilende Oogonien sichtbar, aus denen Oozyten hervorgingen. In den Sommermonaten herrschten prävitellogenetische Follikel vor, die eigentliche Vitellogenese (Dotterbildung) beginnt wahrscheinlich im Juni. Von September bis November befanden sich die meisten Follikel in frühen oder fortgeschrittenen vitellogenetischen Stadien, letztere erreichten ihr Maximum im Oktober. Während der Überwinterung nahm das Zytoplasma kontinuierlich zu und die Ovarien füllten sich mit späten vitellogenetischen Follikeln, deren Anzahl im März ihren höchsten Wert erreichte.

In den Sommermonaten (Juni bis August) besaß nur ein geringer Anteil (<11 %) der von TSIORA et al. (2002b) untersuchten Weibchen späte vitellogenetische Follikel, in den Wintermonaten (Dezember bis Januar) und im zeitigen Frühjahr (März/April) lag der Anteil dagegen bei 85–100 %. In den Monaten Februar, März und April korrelierte die Anzahl später vitellogenetischer Follikel signifikant positiv mit der LM, zwischen der Ovarienmasse und der Anzahl später vitellogenetischer Follikel bestand ebenfalls eine signifikant positive Korrelation. Die Masse der Ovarien variierte erwartungsgemäß im Jahresverlauf,

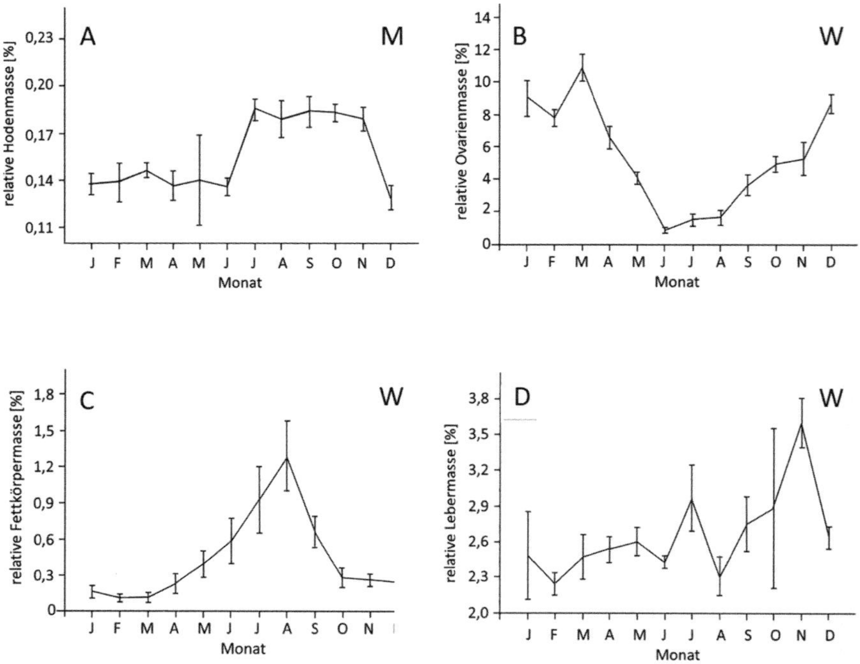

Abb. 25: Relative Massen (bezogen auf die LM) der Hoden (A), Ovarien (B), des Fettkörpers (C) und der Leber (D) von *P. epeiroticus* im Jahresverlauf. Nach TSIORA und KYRIAKOPOULOU-SKLAVOUNOU (2001, 2002b), verändert. A: Männchen, B–D: Weibchen.

bezogen auf die LM wurde der geringste Wert im Juni ermittelt, danach war eine kontinuierliche Zunahme zu verzeichnen, im März wurde der höchste Wert erreicht (Abb. 25B).

Bezüglich der relativen Fettkörper- und Lebermassen (bezogen auf die LM) ähnelten sich die zirkannualen Zyklen von Männchen und Weibchen (TSIORA und KYRIAKOPOULOU-SKLAVOUNOU 2001, 2002b). Bei Männchen variierte die Masse des Fettkörpers sowohl innerhalb eines Monats als auch im Monatsvergleich. Die geringste relative Fettkörpermasse wurde im Mai beobachtet, die höchste im Juli. Von Januar bis Mai kam es zu einer rapiden Reduktion des Fettkörpers, eine Folge des Energieverbrauchs während der Überwinterung und der nachfolgenden Paarungsperiode. Ab Mai stieg dann das Fettkörpervolumen wieder an. Auch die Lebermasse erreichte im Mai ihr Minimum, im Gegensatz zur Fettkörpermasse kam es danach jedoch zu einer nahezu kontinuierlichen Zunahme mit einem Maximum im November, bedingt durch die Nahrungsaufnahme und die damit verbundene Einlagerung von Glykogen und Fetten.

Vor der Winterruhe, von August bis November, stieg die Lebermasse besonders stark an, was darauf hinweist, dass in diesen Monaten besonders viel Nahrung aufgenommen wird.

Bei den Weibchen war die relative Masse des Fettkörpers im Februar am geringsten, danach erfolgte eine kontinuierliche Zunahme, bis im August das Maximum erreicht wurde (Abb. 25C). Die relative Lebermasse war ebenfalls im Februar am niedrigsten, ihr Maximum lag im November (Abb. 25D). Die allmähliche Abnahme der Fettkörpermasse von Juli bis November bei gleichzeitiger Zunahme der Lebermasse von August bis November kann mit der Umwandlung der Lipide des Fettkörpers in andere Metaboliten, wie Glykogen oder Proteine, erklärt werden.

Eier und Embryonalentwicklung: *Pelophylax epeiroticus*-Weibchen von Ioannina (Epirus, NW-Griechenland) legten einmal jährlich bis 2 900 Eier mit einem Durchmesser von 1,3–1,6 mm (TSIORA und KYRIAKOPOULOU-SKLAVOUNOU 2002b). Daten zur Embryonalentwicklung liegen nicht vor. Auch zur Larvalentwicklung und Metamorphose wurden bisher keine Daten veröffentlicht.

Entwicklung nach der Metamorphose: Die Wachstumskurven von Männchen und Weibchen zeigen einen ähnlichen Verlauf, wobei die Männchen früher in die stationäre Wachstumsphase eintreten (s. o.). Nach TSIORA und KYRIAKOPOULOU-SKLAVOUNOU (2002a) erreichen Männchen die Geschlechtsreife mit 2 Jahren und Weibchen mit 3 Jahren. Die von TSIORA und KYRIAKOPOULOU-SKLAVOUNOU (2002b) untersuchten Weibchen waren bei Eintritt der Geschlechtsreife ca. 67 mm lang und wogen ca. 26–29 g, die Masse ihrer Ovarien betrug ca. 5,8 % der LM.

Verhalten. Das Verhalten von *P. epeiroticus* ist noch weitgehend unbekannt, wissenschaftlich fundierte Daten existieren nur zum Paarungs- und Kommunikationsverhalten.

Jahresaktivität: Je nach den klimatischen Verhältnissen überwintert *P. epeiroticus* von November bis Ende Februar/Anfang März (TSIORA und KYRIAKOPOULOU-SKLAVOUNOU 2002b).

Schutzverhalten: Über das Schutzverhalten eines subadulten Individuums berichten JABLONSKI und TZORAS (2019). Während mehrminütiger Manipulationen für fotografische Arbeiten nahm dieses Tier plötzlich eine Haltung ein, die an einen „Katzenbuckel“ erinnert. Dabei senkte es seinen Kopf in Richtung Boden und hob den Beckengürtel durch vertikale Streckung der Hinterbeine, um möglichst groß zu erscheinen.

Paarungsverhalten und akustische Kommunikation: *Pelophylax epeiroticus*-Männchen rufen in einem weiten Temperaturbereich, nach SCHNEIDER et al. (1984) bei Wassertemperaturen (WT) zwischen 13 °C und 24,5 °C. Phasen mit hoher Rufaktivität wechseln sich mit Phasen niedriger Aktivität ab. Während des Rufens befindet sich der größte Teil des Körpers unterhalb der Wasseroberfläche, im Vergleich zu rufenden *P. kurtmuelleri*-Männchen, die nahezu flach auf dem Wasser liegen (SCHNEIDER et al. 1984).

Die an ein „Rasseln“ erinnernden Rufe (Abb. 26) werden in Serien abgegeben. Eine Serie kann bis zu 30 Rufe mit gleichbleibender oder zunehmender Intensität enthalten. Der rasselnde Klang wird durch die sehr kurzen Einzelimpulse und die geringe Wiederholungsrate dieser Impulse hervorgerufen. Am Beginn eines jeden Rufes ist die Amplitude der Impulse sehr gering, mit zunehmender Dauer nimmt sie allmählich zu. Die Zeit, die bis zum Erreichen des Maximums benötigt wird, hängt von der WT ab. Bei WT zwischen 17 und 24 °C wird das Maximum nach einem Viertel oder einem Drittel der Zeit erreicht, bei geringeren Temperaturen erst in der zweiten Hälfte des Rufes. Wenn das Maximum erreicht ist, wird es bis kurz vor Rufende mit nur geringen Schwankungen gehalten. Während der letzten vier bis sechs Impulse fällt die Amplitude rapide ab. Das Frequenzspektrum der Impulse umfasst einen breiten Bereich mit Minima von 500–800 Hz und Maxima von 2 500–3 000 Hz. Innerhalb dieses Bandes

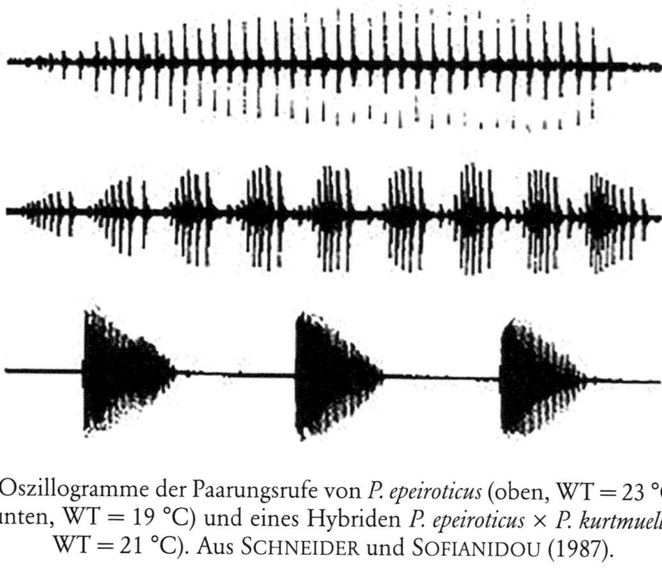

Abb. 26: Oszillogramme der Paarungsrufe von *P. epeiroticus* (oben, WT = 23 °C), *P. kurtmuelleri* (unten, WT = 19 °C) und eines Hybriden *P. epeiroticus* × *P. kurtmuelleri* (Mitte, WT = 21 °C). Aus SCHNEIDER und SOFIANIDOU (1987).

konzentriert sich die Energie in einem Bereich zwischen 1 800 und 2 500 Hz. Die Rufdauer, die Intervalle zwischen den Rufen und die Impulse/Ruf korrelieren mit der WT. Für eine WT von 13 °C geben Schneider et al. (1984) die mittlere Rufdauer mit 642 ms an, für 24,5 °C wurde ein Wert von 493 ms ermittelt, die Werte für die Intervalle zwischen den Rufen betrugen 851 ms (13 °C) bzw. 533 ms (24,5 °C).

Gefährdung und Schutz. Schutzstatus: IUCN Welt (2008): vulnerable (gefährdet) (Uzzell et al. 2009), FFH-EU (1992): –.

Anthropogene Gefährdungsfaktoren: Die Art ist lokal durch Habitatverluste gefährdet, die vor allem durch die Intensivierung der Landwirtschaft, Gewässerverschmutzung und den Klimawandel verursacht werden (Oruçi 2008, Uzzell et al. 2009). In Albanien wird *P. epeiroticus* auch zur Froschschenkelgewinnung gefangen (Oruçi 2008, Valakos et al. 2008). Aufgrund der Tatsache, dass *P. epeiroticus* nur ein relativ kleines Areal besiedelt, sollten die Anstrengungen zum Schutz dieser Art verstärkt werden, was auch weitere Untersuchungen zur Ökologie und Verbreitung einschließt.

Pelophylax cretensis (Beerli, Hotz, Tunner, Heppich & Uzzell, 1994) – Kreta-Wasserfrosch

Von

JÖRG PLÖTNER, DANIEL JABLONSKI und PETROS LYMBERAKIS

Einführung. Der Kreta-Wasserfrosch wurde von BEERLI (1994) auf der Grundlage proteinelektrophoretischer Untersuchungen entdeckt, davor wurde die Art unter den wissenschaftlichen Namen *Rana esculenta* (REBEL und STURANY 1905), *Rana esculenta* var. *ridibunda* (BOETTGER 1888) oder *Rana ridibunda* geführt (z. B. WERNER 1930, WETTSTEIN 1931, GÜNTHER 1990). Für *P. cretensis* sind nur wenige Daten verfügbar, Forschungsbedarf besteht faktisch für alle biologische Disziplinen.

Diagnose. Mittelgroße Wasserfroschart, die nur auf Kreta vorkommt. Fersenhöcker leicht gerundet, bei jüngeren Tieren auch flach und dreieckförmig. Tibia etwa halb so lang wie Kopf und Rumpf zusammen und ca. 9,5-mal so lang wie der Fersenhöcker (Callus internus). Die Oberseite ist graubraun, graugrün oder grün gefärbt und oft mit großen braunen oder olivgrünen, unregelmäßig geformten Flecken durchsetzt. *Pelophylax cretensis* kann auf der Grundlage verschiedener molekularer Merkmale zweifelsfrei von den anderen westpaläarktischen Wasserfroscharten abgegrenzt werden.

Synonyme.
Rana cretensis Beerli, Hotz, Tunner, Heppich und Uzzell, 1994: 2. Holotypus: MHNG 2543.90, adultes Männchen – Terra typica: Kastelli (35°30'N, 23°43'O) [Nopigia, 35.500167°N, 23.714432°O], West-Kreta, 5 m ü. NHN.

Englische Namen. Cretan water frog.

Beschreibung. Maße und Lebendmassen: BEERLI et al. (1994) geben für adulte Tiere (N = 8) eine mittlere KRL ($\bar{x} \pm \sigma$) von 64,6 ± 9,5 mm an. In einer bei Skinias (SO-Kreta) lebenden Population variierten die KRL geschlechtsreifer Männchen (N = 25) zwischen 40,5 mm und 61 mm, die der Weibchen (N = 8) zwischen 52 mm und 86 mm. Für die KRL der Männchen wurden ein arithmetisches Mittel von 53,2 ± 4,73 mm und für die der Weibchen von 67,6 ± 13,47 mm berechnet. Die LM variierten zwischen 8 g und 31 g (Männchen) bzw. 20 g und 96 g (Weibchen), die entsprechenden arithmetischen Mittel und Standardabweichungen betrugen 19,4 ± 5,54 g bzw. 51,0 ± 31,07 g (PLÖTNER 2005).

Äußere Merkmale: BEERLI et al. (1994) geben für die Art folgende morphometrische Parameter ($\bar{x} \pm \sigma$) an: KRL/TL = 1,97 ± 0,15 (N = 37), KRL/DPL = 7,3 ± 0,8 (N = 37), KRL/CIL = 18,8 ± 2,7 (N = 31), DPL/CIL = 2,4 ± 0,3 (N = 37). Das Verhältnis zwischen Länge und Höhe des Fersenhöckers (CIL/CIH) betrug 2,4 ± 0,3 (N = 37). Ähnliche Werte wurden für die bereits erwähnte Stichprobe von Skinias ermittelt (Tab. 12).

Tab. 12: Morphometrische Parameter (Minimum–Maximum, arithmetisches Mittel ± Standardabweichung), ermittelt an einer *P. cretensis*-Stichprobe von Skinias (PLÖTNER, unveröff.). KRL: Kopf-Rumpf-Länge, TL: Tibialänge, DPL: Länge der 1. Zehe (Digitus primus), CIL: Länge des Fersenhöckers (Callus internus).

Parameter	**Männchen** N = 25	**Weibchen** N = 8
KRL/TL	1,7–2,1 1,94 ± 0,073	1,8–2,0 1,92 ± 0,062
KRL/DPL	6,4–8,0 7,05 ± 0,361	6,6–7,8 7,15 ± 0,373
KRL/CIL	15,4–24,1 18,62 ± 2,043	16,2–19,0 17,82 ± 1,097
TL/CIL	8,0–11,9 9,58 ± 0,883	8,3–10,4 9,28 ± 0,720
DPL/CIL	1,9–3,5 2,65 ± 0,211	2,2–2,7 2,50 ± 0,210

Färbung: Die Oberseite des Kreta-Wasserfroschs ist sandfarben mit einem olivgrünen Schimmer oder graubraun, seltener auch graugrün oder grün gefärbt und oft mit großen braunen oder olivgrünen, unregelmäßig geformten Flecken gemustert (BEERLI et al. 1994, PLÖTNER 2005). In der oben erwähnten Stichprobe von Skinias hatten 24 % der Männchen und 10 % der Weibchen grüne Dorsalseiten. Bei einigen Tieren waren Ansätze einer schwach ausgeprägten gelblichen Vertebrallinie erkennbar, die sich jedoch nie wie bei anderen Wasserfroscharten durchgängig über den gesamten Rücken, d. h. vom Kopf bis zum Steiß, hinzog. Bauch und Kehle waren weißlich oder elfenbeinfarben, bei manchen Tieren wies die Unterseite eine schwache Graupigmentierung auf, insbesondere im Kehlbereich. Flanken und Innenseiten von Ober- und Unterschenkeln, mitunter auch der Fuß, waren mit gelben Pigmenten durchsetzt. Auffallend war die z. T. intensive Gelbfärbung der Axilarregion. Dorsolateral sind beidseitig deutlich hervortretende Drüsenleisten sichtbar. Die Schallblasen der Männchen sind dunkelgrau, dunkelgrün oder fast schwarz gefärbt.

Schädel und Postcranialskelett: keine Angaben, für allgemeine Informationen siehe Kapitel „Anatomie europäischer Wasserfrösche (Schädel und Postcranialskelett)“.

Molekulare Merkmale: Auf molekularer Ebene besitzt *P. cretensis* eine Reihe spezifischer Merkmale, die als Autapomorphien zu werten sind und eine klare Abgrenzung gegenüber allen anderen Vertretern des westpaläarktischen Wasserfroschkomplexes ermöglichen.

Enzyme: Artspezifische („private“) Allele wurden auf der Basis proteinelektrophoretischer Untersuchungen für die Loci *aat, aco, alb, est5, est6, gpi* und *idh* beschrieben (Beerli 1994, Beerli et al. 1994, 1996).

Mitochondriale DNA: Die mtDNA des Kreta-Wasserfroschs weist eine Reihe diagnostischer Positionen auf. Ihre Sequenz zeigt klare Unterschiede zu homologen mt-Sequenzen der anderen westpaläarktischen Wasserfroscharten (Plötner und Ohst 2001, Plötner et al. 2001, Plötner 2005, Lymberakis et al. 2007, Ohst 2008, Plötner et al. 2010, Akin et al. 2010b, Plötner et al. 2012, Hofman et al. 2016a), z. B. beträgt in der 2. Untereinheit des NADH-Dehydrogenease-Gens (*nd2*) die mittlere Sequenzdivergenz (p-Distanz) zwischen *P. cretensis* und türkischen Wasserfröschen (*P.* cf. *bedriagae*) ca. 10,71 ± 0,135 % (Plötner et al. 2010). Das bisher einzige, vollständig sequenzierte mt-Genom umfasste 17 829 Nukleotidbasen, der H-Strang bestand zu 27,81 % aus Adenin; 15,12 % Guanin; 27,15 % Cytosin und 29,93 % Thymin (Hofman et al. 2016a).

Nukleäre DNA: Die Größe des nukleären Genoms wird mit 16,26 pg angegeben (Litvinchuk et al. 2015a). Dieselben Autoren erwähnen einen Fall von spontaner Autotriploidie bei einer *P. cretensis*-Larve, die in der Nähe des Dorfes Avdou gefangen wurde. Der DNA-Gehalt dieses Tieres betrug 24,46 pg.

Bucci et al. (1999) beschreiben repetitive, tandemartig angeordnete Sequenzen der *Rana*/Pol-III-Familie, die über das gesamte nukleäre Genom verteilt sind. Eine Repeat-Einheit ist ca. 250 bp lang und enthält ein SINE(short-interspersed-nuclear-element)-ähnliches Retrotransposon, das eine Sequenzhomologie von 54 % zum $tRNA_{leu}$-Gen von *Xenopus* aufweist, von zwei kurzen, direkten Repeats flankiert wird und intern noch zwei weitere Repeats enthält. Weiterhin konnten disperse repetitive Elemente aus der *RlBam*HI-Familie nachgewiesen werden (Casola et al. 2004).

Auch bei *P. cretensis* weist das 1. Intron des Serumalbumin-Gens die Insertion eines unvollständigen CR1-Retroelements (*Rana*CR1) auf (PLÖTNER et al. 2009). Im Vergleich mit anderen Wasserfroscharten enthielten die analysierten *Rana*CR1-Sequenzen von *P. cretensis* eine wahrscheinlich artspezifische, 13 bp umfassende Deletion (PLÖTNER et al. 2012).

Karyotyp: 2n = 26 Chromosomen (BEERLI et al. 1994).
Nach Actinomycin-D/33258-Höchst-Doppel-Färbung zeigten die Zentromere aller Chromosomen ein auffälliges Fluoreszenzsignal (BEERLI et al. 1994). MARRACCI et al. (2011b) konnten in den Zentromerregionen der vier größten und von weiteren vier kleinen Chromosomen mittels Fluoreszenz-in-situ-Hybridisierung (FISH) repetitive Elemente aus der *Rr*S1-Familie (vgl. RAGGHIANTI et al. 1995) nachweisen.

Merkmalsvariation. Zum Geschlechts- und Altersdimorphismus liegen keine Daten vor.

Verbreitung. Terra typica: Kastelli, West-Kreta (35°30'N, 23°43'O) [Nopigia, 35.5002°N, 23.7144°O], Höhe 5 m ü. NHN.

Verbreitungsgebiet: *Pelophylax cretensis* kommt ausschließlich auf Kreta vor. Die meisten Nachweise erfolgten in den Küstenbereichen im zentralen Teil der Insel (Abb. 27).

Höhenverbreitung: *Pelophylax cretensis* besiedelt gewöhnlich Gewässer in Höhenlagen unter 300 m ü. NHN. Der höchste, bekannt gewordene Fundort liegt auf ca. 1 100 m ü. NHN im Bereich der Ortschaft Selakano im südöstlichen Teil Kretas (NAOM e.V. 2014).

Abb. 27: Nachweise des Kreta-Wasserfroschs (*P. cretensis*). 1*: Elafonisi (~35.2696°N, ~23.5304°O), 2: Kaloudiana (35.4931°N, 23.6798°O), 3: Drapanias b. Kissamos (35.4923°N, 23.7042°O), 4: Nopigia (Typus-Lokalität: 35.5002°N, 23.7144°O), 5*: Souda (~35.4875°N, ~24.0742°O), 6*: Georgioupolis (~35.3611°N, ~24.2590°O), 7: Kourna-See (35.3299°N, 24.2769°O), 8: Dramia (~35.3435°N, ~24.3105°O), 9: Episkopi b. Rethimno (35.3261°N, 24.3223°O), 10: Fluss Petre, Mündungsbereich (35.3503°N, 24.3583°O), 11: Gerani, Fluss Petres (35.3501°N, 24.3585°O), 12: Koxare (35.2285°N, 24.4709°O), 13: Patsos (35.2475°N, 24.5833°O), 14: Potamon-Damm Amari (35.2828°N, 24.5860°O), 15: Kloster Arsaniou (~35.3738°N, ~24.5938°O), 16: Lavris, Fluss Geropotamos (35.4133°N, 24.6468°O; 35.4108°N, 24.6475°O), 17: Fluss Geropotamos, Quellbereich (35.3909°N, 24.6906°O), 18: Fluss Geropotamos b. Perama (35.3688°N, 24.7033°O; 35.3705°N, 24.7050°O), 19*: Agia Paraskevi (~35.1553°N, ~24.7143°O), 20: Messara, Flussmündung

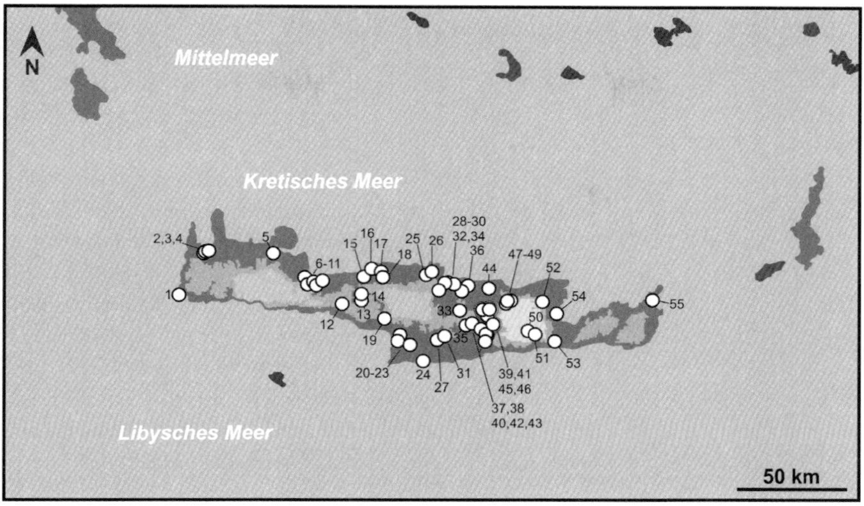

Jeres (35.0581°N, 24.7558°O), 21: Kamilari (35.0357°N, 24.7932°O), 22: Vori (35.0685°N, 24.8097°O), 23: Pompia, Messara-Ebene (35.0169°N, 24.8662°O), 24: Lentas (34.9371°N, 24.9408°O), 25: Fodele (35.3800°N, 24.9595°O), 26: Achlada (~35.3954°N, ~24.9919°O), 27: Gortyn (35.0490°N, 25.0229°O), 28: Tylissos (35.3005°N, 25.0363°O), 29: Fluss Almyros (35.3349°N, 25.0546°O), 30: Bach Gazi, Mündung (35.3373°N, 25.0588°O), 31: Pirgos (~35.0621°N, ~25.0621°O), 32: Heraklion (35.3184°N, 25.1071°O; 35.3182°N, 25.1073°O; 35.3359°N, 25.1264°O); Finikia, Fluss Giofyros (35.2883°N, 25.1133°O), 33: Vathypetro (35.1957°N, 25.1510°O), 34*: Knossos (~35.2965°N, ~25.1564°O), 35: Amourgeles Damm (35.1206°N, 25.1873°O), 36: Fluss Karteros (35.3242°N, 25.1974°O), 37: Partira Wasserreservoir (35.1323°N, 25.2155°O), 38: Inio Stausee/Brunnen (35.0960°N, 25.2751°O), 39: Thrapsano Damm (35.1771°N, 25.2874°O), 40: Demati, Fluss Anapodiaris (35.0360°N, 25.2916°O), 41: Kyperas, Weiher (35.1754°N, 25.3046°O), 42: Skinias Stausee (35.0653°N, 25.30690°O), 43: Skinias, Fluss Parissa (35.0632°N, 25.3084°O), 44: Gouves (~35.3086°N, ~25.3119°O), 45: Archaggelos (35.1997°N, 25.3210°O), 46: Panagia (35.1284°N, 25.3395°O), 47: Avdou (35.2342°N, 25.4183°O), 48: Fluss Aposelemis (35.2362°N, 25.4201°O), 49: Mochos, Lassithi Hochebene (35.2471°N, 25.4417°O), 50: bei Selakano (~35.0924°N, 25.5452°O), 51*: Males (~35.0804°N, ~25.5849°O), 52: Nikithianos (~35.2506°N, ~25.6235°O), 53: Bramiana Damm (35.,0389°N, 25.6987°O), 54: Almiros Fluss südlich Agios Nikolaos (35.1761°N, 25.7088°O), 55: Vai (35.2551°N, 26.2605°O). Die der Karte zugrunde liegenden Daten stammen von BOETTGER (1888), REBEL und STURANY (1905), WETTSTEIN (1931), ŠTĚPÁNEK (1934, 1944), WETTSTEIN (1953), WETTSTEIN-WESTERSHEIMB (1968), KLOCKENHOFF und KRAPP (1977), SOWIG (1985), IRELAND (1989), BEERLI (1994), BEERLI et al. (1994, 1996), PÉREZ-MELLADO et al. (1999), HAEFELI (2005), PLÖTNER et al. (2009), AKIN et al. (2010b), LITVINCHUK et al. (2015a), VASILOPOULOU-KAMPITSI (2012), PABIJAN, schriftl. Mitt., GUEX, mündl. Mitt. und aus Datenbanken von Lymberakis, Hotz und Plötner. Fraglich ist, ob an den mit einem Stern (*) gekennzeichneten Lokalitäten gegenwärtig noch Populationen existieren.

Allochthone Populationen: Sind nicht bekannt.

Ökologie. Habitat: Die Art lebt vor allem in sauerstoffreichen Bächen und Flüssen. Darüber hinaus wurde sie auch in Stauseen, künstlich angelegten Wasserbecken und Brunnenschächten gefunden (SOWIG 1985, PLÖTNER 2005). Jungtiere halten sich vorzugsweise in flachen Abschnitten oder überschwemmten Uferbereichen auf, wo sie in temporären Wasseransammlungen und kleinen Pfützen zu finden sind. In schadstoffbelasteten und vermüllten Gewässern, von denen es auf Kreta sehr viele gibt, kommt die Art nach PLÖTNER (2005) nicht vor. Ihre Nahrung dürfte der anderer Wasserfroscharten entsprechen, Daten zum Nahrungsspektrum konnten nicht in Erfahrung gebracht werden. Zu den natürlichen Feinden gehören vor allem Vögel (insbesondere Zugvögel), Wasserschildkröten (*Mauremys rivulata*) und nordamerikanische Buchstaben-Schmuckschildkröten der Gattung *Trachemys*, die auf Kreta ausgesetzt wurden und als invasiv gelten, sowie Süßwasserkrabben (*Potamon potamios*).

Herpetozönose: In vielen Habitaten lebt *P. cretensis* zusammen mit Laubfröschen (*Hyla arborea*) und Wechselkröten (*Bufo viridis*; STÖCK, mündl. Mitt.) (SOWIG 1985, eigene Daten).

Reproduktion und Ontogenese. Reproduktionsperiode: Die Reproduktionsperiode beginnt unter günstigen klimatischen Bedingungen bereits im Februar (VASILOPOULOU-KAMPITSI 2012). Im Jahr 2002 konnten rufende Männchen in der ersten Märzwoche bei Lufttemperaturen von 18–22 °C und Wassertemperaturen von 14–16 °C verhört werden. Zur gleichen Zeit wurden im Fluss Parissa nördlich von Skinias juvenile Individuen (KRL = 20–25 mm) in großer Zahl gefunden (PLÖTNER 2005). PLÖTNER (l. c.) vermutete, dass diese Tiere auf Paarungen im Spätsommer oder Herbst des Vorjahres zurückgingen, konkrete Belege für eine zweite Reproduktionsperiode liegen jedoch nicht vor.

Eier und Embryonalentwicklung sowie Larvalentwicklung und Metamorphose von *P. cretensis* wurden bisher nicht untersucht.

Entwicklung nach der Metamorphose: Unter Gefangenschaftsbedingungen können *P. cretensis*-Männchen die Geschlechtsreife bereits im ersten Jahr nach der Metamorphose erreichen (PLÖTNER, unveröff.). Bei einem 40,5 mm langen und 8 g schweren, zur Paarungszeit (30.03.2003) im Feld gefangenen Männchen waren die sekundären Geschlechtsmerkmale (Schallblasen, Daumenschwielen) bereits deutlich ausgeprägt.

Verhalten. Untersuchungen zur Tages- und Jahresaktivität, zur Orientierung und zum Wanderverhalten sowie zum Territorial- und agonistischen Verhalten wurden bislang nicht durchgeführt. Beobachtungen im Feld zeigen, dass *P. cretensis* ganzjährig aktiv ist. Möglicherweise stellt die Art während langanhaltender heißer Trockenperioden ihre Aktivität weitgehend ein.

Schutzverhalten: Der Kreta-Wasserfrosch ist äußerst scheu und flüchtet bei Gefahr sofort ins Wasser, wo er sich im Grund einwühlt oder unter Steinen versteckt.

Paarungsverhalten und akustische Kommunikation: Die Rufaktivität konzentriert sich auf die späten Abend- und Nachtstunden, am Tage sind nur vereinzelt Tiere zu hören.

Rufe: Der Paarungsruf (Abb. 28) besteht aus einer Serie relativ kurzer Impulsgruppen (IG). BEERLI et al. (1994) geben für eine Wassertemperatur (WT) von 20 °C und eine Lufttemperatur von 26 °C folgende Parameter ($\bar{x} \pm \sigma$) an: Ruf-

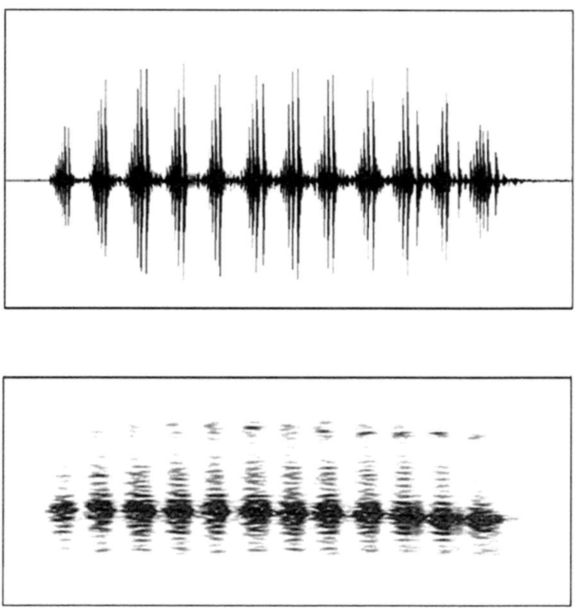

Abb. 28: Oszillogramm (oben) und Spektrogramm (unten) des Paarungsrufes von *P. cretensis*. Der Ruf wurde bei einer Wassertemperatur von 26 °C aufgenommen (aus HAEFELI 2005).

dauer (RD): 646 ± 30 ms; Zahl der IG pro Ruf: 12,3 ± 1,5; Länge der Intervalle zwischen den Impulsgruppen (IGI): 19,0 ± 5,0 ms. Basierend auf Rufaufnahmen, die in fünf Populationen (Almyros, Thrapsano, Kipera, Tylissos und Vathypetro, vgl. Abb. 27) durchgeführt wurden, ermittelte VASILOPOULOU-KAMPITSI (2012) für einen Temperaturbereich von 20,3 ± 2,86 °C folgende Rufparameter: RD = 732,2 ± 155,31 ms; IG/Ruf = 12,6 ± 2,91; IGD = 40,5 ± 13,78 ms; IGI = 23,5 ± 7,55 ms und Impulse/IG = 41,7 ± 17,01.

HAEFELI (2005) nennt für die mittlere RD (gemessen unter Laborbedingungen, Temperaturbereich 14,0–29,5 °C) einen Wert von 912 ms, die mittlere Zahl der Impulse pro IG wird mit 10,6 angegeben. Zwischen RD und WT besteht eine negative Korrelation, die nach HAEFELI (2005) mit der Formel RD [s] = –0,0246 × WT + 1,4725 beschrieben werden kann. Für eine WT von 20 °C würde die RD folglich ca. 980 ms betragen, was deutlich über den von BEERLI et al. (l. c.) und VASILOPOULOU-KAMPITSI (l. c.) angegebenen Werten (646 ms bzw. ca. 780 ms) liegt. Mit steigender WT nimmt auch die Anzahl der Impulse pro IG ab (HAEFELI 2005, VASILOPOULOU-KAMPITSI 2012).

Gefährdung und Schutz. Schutzstatus: IUCN Welt (2008): endangered (gefährdet) (BEERLI et al. 2009). FFH-EU (1992): –.

Der Gefährdungsstatus ergibt sich vor allem aus dem relativ kleinen Areal der Art und der geringen Zahl ökologisch intakter Laichgewässer.

Anthropogene Gefährdungsfaktoren: Die Verschmutzung und Zerstörung der Laichgewässer werden als Hauptgefährdungsfaktoren angesehen. In den Sommermonaten leiden viele Gewässer unter Wassermangel, der oft durch die Entnahme großer Wassermengen zur Bewässerung pflanzlicher Kulturen noch verstärkt wird. Auch der Ochsenfrosch (*Lithobates catesbeianus*), der 1994 bei Chania ausgesetzt wurde und im See Agia seit 2000 eine stabile Population bildet, stellt einen potenziellen Gefährdungsfaktor für *P. cretensis* dar (PLÖTNER 2005, ADAMOPOULOU und LEGAKIS 2016).

Pelophylax cypriensis Plötner, Baier, Akin, Mazepa, Schreiber, Beerli, Litvinchuk, Bilgin, Borkin & Uzzell, 2012 – Zypern-Wasserfrosch

von

JÖRG PLÖTNER und FELIX BAIER

Einführung. Erste Hinweise, dass auf der Mittelmeerinsel Zypern eine endemische Wasserfroschart lebt, ergaben sich aus den Ergebnissen einer vergleichenden Untersuchung mitochondrialer Gene (PLÖTNER und OHST 2001, PLÖTNER et al. 2001). Bis zu ihrer Beschreibung als eigenständige (evolutionäre) Art durch PLÖTNER et al. (2012) wurden zypriotische Wasserfrösche erst dem Taxon *Pelophylax ridibundus* (*Rana ridibunda*) zugerechnet (GÜNTHER 1990) und später unter den Namen *Rana levantina* (BÖHME und WIEDL 1994), *Pelophylax* (*Rana*) *bedriagae* (LYMBERAKIS et al. 2007) oder *Pelophylax* cf. *bedriagae* (PLÖTNER et al. 2001, 2010, AKIN et al. 2010b) geführt. Auf mitochondrialer DNA (mtDNA) basierende Phylogenien sprechen dafür, dass *P. cypriensis* im Schwestergruppenverhältnis zu verschiedenen, im anatolisch-asiatischen Raum verbreiteten Wasserfroscharten und -formen steht, u. a. *Pelophylax terentievi* Mezhzherin, 1992, *P.* cf. *bedriagae*, *Pelophylax caralitanus* und *Pelophylax cerigensis* (siehe Kapitel „Der westpaläarktische Wasserfroschkomplex – Artbildung, Arten und verwandtschaftliche Beziehungen“ und „Anatolische Wasserfrösche“). Die Populationen des Zypern-Wasserfroschs wurden wahrscheinlich vor circa 5 Mio. Jahren, am Ende der sogenannten Messinischen Salinitätskrise, von den Festlandpopulationen getrennt, als mit steigendem Meeresspiegel die letzte Landverbindung zwischen Zypern und dem Festland unterbrochen wurde. Amphibien können Salzwasserbarrieren nicht überqueren, da ihre dünne Haut für Salzionen durchlässig ist und eine zu hohe Salzkonzentration in den Zellen schnell deren Tod bewirkt (PLÖTNER et al. 2010).

Über die Biologie des Zypern-Wasserfroschs ist nur wenig bekannt, insbesondere zur Ökologie, Reproduktionsbiologie und zum Verhalten besteht noch enormer Forschungsbedarf.

Diagnose. Große Wasserfroschart mit warziger Haut. Männchen mit äußeren Schallblasen, Brunstschwielen und Schwimmhäuten zwischen allen Zehen der hinteren Extremitäten. Das Verhältnis zwischen Kopf-Rumpf-Länge und Kopfbreite variiert zwischen ca. 2,5–2,8; der Quotient KRL/Tibialänge beträgt ca. 1,8–2,2. Die 1. Zehe (Digitus primus) ist im Mittel ca. 2,3–2,5-mal größer als der Fersenhöcker (Callus internus). Oberseite oliv- bis hellgrün, braun oder grau, einfarbig oder mit großen Flecken besetzt. Eine beige oder hellgrüne Vertebrallinie ist nur selten vorhanden. Die Farbe der Trommelfelle gleicht dem Grundton der Oberseite. Unterseite schmutzig weiß, gräulich oder cremefarben, oft gesprenkelt. Die Farbe der Schallblasen variiert von cremeweiß bis gräulich. Die Paarungsrufe bestehen aus 6 bis 7 deutlich hörbaren Impulsgruppen. *Pelophylax cypriensis* unterscheidet sich von den anderen westpaläarktischen *Pelophylax*-Arten durch spezifische Substitutionen in seiner mitochondrialen und Kern-DNA.

Synonyme. Keine.

Englische Namen. Cyprus water frog, Cypriot water frog.

Beschreibung. Maße und Lebendmassen: *Pelophylax cypriensis* zählt zu den großwüchsigeren Wasserfroscharten, auch hier sind die Weibchen im Mittel größer als die Männchen (Plötner et al. 2012, Tab. 13). Das größte bisher vermessene Männchen hatte eine KRL von ca. 81 mm, das größte Weibchen war ca. 82 mm lang. Da jedoch nur wenige Daten vorliegen, ist anzunehmen, dass sowohl Männchen als auch Weibchen noch wesentlich höhere Werte erreichen können (siehe Farquhar und Downie 1999) . Daten zur Lebendmasse waren nicht verfügbar.

Äußere Merkmale: Die äußere Morphologie des Zypern-Wasserfroschs wurde nur an wenigen Exemplaren untersucht. Nach Plötner et al. (2012) ist bei *P. cypriensis* der relative Abstand zwischen den Nasenlöchern im Vergleich zu anatolischen Wasserfröschen (Kapitel „Anatolische Wasserfrösche“) im Mittel größer, verglichen mit levantinischen *P. bedriagae* weist *P. cypriensis* einen im Mittel längeren Metatarsaltuberkel und einen breiteren Kopf auf. Eine Übersicht über ausgewählte morphometrische Parameter gibt Tab. 13.

Färbung: Zypern-Wasserfrösche haben hellgrün, olivgrün, grau, hellbraun oder grünbraun gefärbte Oberseiten, bei manchen Exemplaren sind dorsal relativ große, unregelmäßig geformte, bräunliche oder schwärzliche Flecken ausgebildet, die mitunter auch die Oberschenkel zieren. Die Unterseite ist weißlich, cremefarben oder gräulich. Die Schallblasen der Männchen sind gräulich bis schwärzlich gefärbt. Eine hellere (beige oder hellgrüne), sich von der Grundfarbe abhebende Vertebrallinie tritt im Vergleich zu anderen Wasserfroscharten nur selten auf. Dorsolaterale Drüsenleisten sind nicht bei allen Tieren ausgebildet (Baier et al. 2013).

Tab. 13: Morphometrische Parameter (Min.–Max., x̄ ± σ) des Zypern-Wasserfroschs. M: Männchen, W: Weibchen, CIL: Länge des Fersenhöckers (Callus internus), DPL: Länge der 1. Zehe (Digitus primus), KB: Breite des Kopfes (Caput), KRL: Kopf-Rumpf-Länge, NA: Abstand zwischen den Nasenlöchern (Nares), TD: Durchmesser des Trommelfells (Tympanum), TL: Länge des Unterschenkels (Tibia).

Parameter	**W** **N = 11**	**M** **N = 8**
KRL (mm)	44,0–82,5 64,9 ± 10,54	48,6–81,3 59,4 ± 10,25
KRL/KB	2,5–2,8 2,6 ± 0,09	2,5–2,8 2,6 ± 0,13
KRL/TL	2,0–2,2 2,1 ± 0,08	1,8–2,2 2,0 ± 0,12
KRL/TD	11,1–15,1 13,3 ± 1,25	11,6–14,3 12,9 ± 0,95
TL/CIL	7,4–10,4 8,5 ± 1,04	7,8–9.1 8,3 ± 0,48
DPL/CIL	2,0–3,4 2,5 ± 0,38	2,0–2,6 2,3 ± 0,20
KB/NA	4,0–5,6 5,0 ± 0,44	4,6–6,2 5,4 ± 0,54

Schädel und Postcranialskelett: siehe Kapitel „Anatomie europäischer Wasserfrösche“.

Molekulare Merkmale: HOFMAN et al. (2016b) sequenzierten das vollständige Mitogenom eines Zypern-Wasserfroschs (GenBank Nr. KP814009). Dieses umfasste 17 978 Basenpaare (bp). Mit Ausnahme des *nd6*-Gens und von 8 tRNA-Genen werden alle Gene auf dem H-Strang codiert, die Positionen und Orientierungen der tRNA-Gene entsprachen denen anderer Wasserfrosch-Mitogenome. *Pelophylax cypriensis* kann auf der Grundlage molekularer Merkmale (mitochondriale und nukleäre DNA-Sequenzen) von den bisher bekannten *Pelophylax*-Arten abgegrenzt werden, einschließlich der im mediterranen Raum lebenden Wasserfroschformen (PLÖTNER und OHST 2001, PLÖTNER et al. 2001, 2010, 2012, AKIN et al. 2010b). Beispielsweise betragen im *nd2*-Gen die Sequenzunterschiede zwischen *P. cypriensis* und dem im Nahen Osten vorkommenden *P. bedriagae* 74–82 bp (7,1–7,9 %), im Vergleich mit anatolischen Wasserfröschen wurden Werte von 61–73 bp (5,9–7,0 %) ermittelt (Tab. 14). Darüber hinaus ergaben Sequenzvergleiche mit anderen westpaläarktischen Wasserfroscharten, dass *P. cypriensis* in sieben Positionen des *nd2*-Gens spezifische Merkmale (Nu-

Tab. 14: Anzahl nachgewiesener Nukleotidsubstitutionen und daraus resultierender Aminosäureaustausche (in Klammern) im Ergebnis von Vergleichen *P. cypriensis*-spezifischer Gensequenzen mit homologen Motiven anderer, im Nahen Osten und in Anatolien vorkommender Wasserfroschformen.

Gen	*P. bedriagae*	Anatolische Wasserfrösche	Referenz
12S [378 bp*]	4–6	6–9	PLÖTNER und OHST (2001)
16S [539 bp*]	8–11	8–9[1)]	LYMBERAKIS et al. (2007)
nd2 [1038 bp]	74–82 (11–13)	61–73 (9–14)	PLÖTNER, unveröff. Daten
nd3 [340 bp]	15–18	18–26	PLÖTNER und OHST (2001)
	15–18 (1–3)	18–22 (2–5)	PLÖTNER, unveröff. Daten
cytB [514 bp]	14–22 (2–3)	14–15[1)] (2–3)	LYMBERAKIS et al. (2007)

[1)] einschließlich der griechischen Inseln Chios und Lesbos. In eckigen Klammern: Länge in Basenpaaren (bp) des untersuchten Gens, Gensegments oder Alignments einschließlich Indels (*).

kleotidbasen) aufweist, die als Autapomorphien gewertet werden können; auch die durch dieses Gen codierte Untereinheit der NADH-Dehydrogenase zeigte in interspezifischen Vergleichen drei artspezifische Aminosäuresubstitutionen (PLÖTNER et al. 2012). Die bisher intensiver untersuchten Kernmarker (1. Intron des Serumalbumingens, Gen für die 1. Untereinheit der Ubiquinol-Cytochrom-c-Reduktase) weisen ebenfalls artspezifische Merkmale auf und ermöglichen eine Differenzierung zwischen *P. cypriensis, P. bedriagae* und den in Anatolien (einschließlich der dem Festland vorgelagerten Inseln) lebenden Wasserfroschformen (PLÖTNER et al. 2012, 2015). Der DNA-Gehalt des Zellkerns variiert zwischen 15,84 und 16,20 pg (LITVINCHUK, unveröff.).

Karyotyp: unbekannt, wahrscheinlich 2n = 26 Chromosomen.

Merkmalsvariation. Daten zur Merkmalsvariation wurden bisher nicht veröffentlicht, über Anomalien liegen ebenfalls keine Berichte vor.

Verbreitung. Terra typica: Zypern, südöstlich von Troodos (34.91611111°N, 32.90027778°O), 1383 m ü. NHN.

Verbreitungsgebiet: Wie der wissenschaftliche Name bereits sagt, kommt *P. cypriensis* nur auf Zypern vor. Die meisten Nachweise konnten im westlichen Teil in der Gegend um Troodos erbracht werden (BAIER et al. 2013). Nachweise fehlen für weite Teile der trockenen Mesaoria-Ebene im mittleren, östlichen und südöstlichen Teil der Insel, einzelne Populationen sind hier jedoch im Bereich künstlicher Wasserreservoirs und in der Nähe einiger Bäche zu finden, vor allem im Bachsystem des Pediaios. In bestimmten Gegenden (z. B. Nordzypern) dürften neben einem Mangel an geeigneten Habitaten (SPARROW und BAIER, unveröff.) auch Untersuchungsdefizite für fehlende Nachweise verantwortlich sein (Abb. 29).

Höhenverbreitung: Der höchste bisher bekannte Fundort ist mit 1383 m ü. NHN die Typuslokalität.

Allochthone Populationen: *Pelophylax cypriensis*-Nachweise außerhalb Zyperns sind bisher nicht bekanntgeworden.

Ökologie. Habitat: *Pelophylax cypriensis* besiedelt kleinere stehende Gewässer, ebenso Bäche, wasserführende Gräben und künstliche Wasserreservoire (BAIER et al. 2013). Gegenüber Brackwasser scheint die Art tolerant zu sein (BAIER et al. 2013). In einem von FARQUHAR und DOWNIE (1999) untersuchten Was-

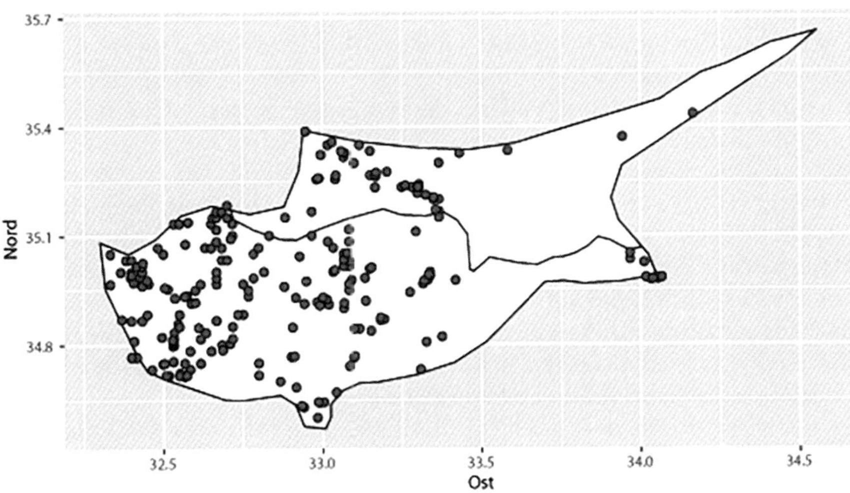

Abb. 29: Nachweise des Zypern-Wasserfroschs (*P. cypriensis*). Nach BAIER et al. (2013) und BAIER und SPARROW (unveröff. Daten).

serspeicher hielten sich größere (30–90 mm) Tiere vor allem zwischen Steinen auf, während kleinere (20–33 mm) offensichtlich vegetationsreiche Abschnitte an den Gewässerrändern bevorzugten. Nach dem gegenwärtigen Kenntnisstand ist *P. cypriensis* ganzjährig aktiv und hält keine Winterruhe (SCHÄTTI und SIGG 1989, BAIER et al. 2013).

Nahrung: Die Nahrung des Zypern-Wasserfroschs besteht vor allem aus terrestrischen und aquatischen Evertebraten, weiterhin wurde der Verzehr von Koboldkärpflingen (*Gambusia affinis*) und in einem Fall eines Vogelnestlings beobachtet (BAIER et al. 2013). NICOLAOU et al. (2014) beobachteten einen männlichen Frosch, der eine Troodos-Eidechse (*Phoenicolacerta troodica*) erbeutet hatte. FARQUHAR und DOWNIE (1999) fanden Ameisen, Käfer, Fliegen, Spinnen und eine Heuschrecke in den Mägen von 28 Individuen. Die Larven des Zypern-Wasserfroschs ernähren sich von Algen, Pflanzenteilen und Detritus.

Feinde, Parasiten und Krankheiten: Zu den natürlichen Feinden zählen vor allem die Zypern-Ringelnatter (*Natrix natrix cypriaca*), weiterhin die Zypern-Zornnatter (*Hierophis cypriensis*), die Westkaspische Schildkröte (*Mauremys rivulata*) und verschiedene Fisch- und Vogelarten (BAIER et al. 2013, BAIER und WIEDL 2010). Systematische Studien zur Parasitenfauna des Zypern-Wasserfroschs wurden bisher nicht durchgeführt, lediglich die parasische Wurmart *Icosiella neglecta* (Spirurida, Onchocercidae) konnte bei Fröschen von Episkopi nachgewiesen werden (MIKULÍČEK et al. (2021)). Über Krankheiten liegen keine Daten vor.

Populationsökologie: Über die Populationsökologie der Art ist bisher nichts bekannt.

Herpetozönose: In vielen Habitaten ist *P. cypriensis* mit Wechselkröten (*Bufotes cypriensis*) und Laubfröschen (*Hyla savignyi*) vergesellschaftet. In allen Habitaten, in denen *M. rivulata*, *N. natrix cypriaca* und *H. cypriensis* leben, kommt auch *P. cypriensis* vor. Ansonsten ist die Troodos-Eidechse als schattenliebende Art oft in den Randbereichen von *P. cypriensis*-Gewässern anzutreffen (mit Ausnahme von trockenen, heißen Gegenden, in denen die Eidechsen nicht vorkommen, z. B. im äußersten Südosten der Insel).

Reproduktion und Ontogenese. Zur Reproduktionsbiologie und Ontogenese des Zypern-Wasserfroschs liegen keine wissenschaftlich fundierten Daten vor. Nach SCHMIDTLER (1984) erreichen männliche Tiere die Geschlechtsreife mit einer KRL von ca. 50 mm, mitunter auch schon mit 37 mm. Die Eiablage findet von Mitte März bis Ende Mai statt, Ende Juni erscheinen die ersten metamorphosierten Jungtiere, deren KRL etwa 10–12 mm beträgt (BAIER et al. 2013).

Verhalten. Auch zum Verhalten des Zypern-Wasserfroschs gibt es nur wenige empirische Beobachtungen, systematische Untersuchungen wurden bisher nicht durchgeführt. In der Regel halten sich Zypern-Wasserfrösche im Wasser oder im unmittelbaren Uferbereich der Gewässer auf, oft sind sie in größeren Gruppen vergesellschaftet (BAIER et al. 2013). FARQUHAR und DOWNIE (1999) beschreiben, dass im Juli und August die Tiere zwischen 18:00 und 19:00 das Wasser verlassen, um an Land nach Beute zu jagen. Wanderungen wurden in den Sommermonaten im Zusammenhang mit der Wasserdynamik von Fließgewässern beobachtet. Trocknen die Unterläufe der Gewässer aus, wandern die Tiere stromaufwärts in Bereiche, die noch Restwasser führen (BAIER et al. 2013). Das Paarungsverhalten des Zypern-Wasserfroschs dürfte weitgehend dem der anderen Wasserfroscharten entsprechen.

Rufe: Die in Serien abgegebenen Paarungsrufe männlicher *P. cypriensis* sind in Impulsgruppen strukturiert, die durch Intervalle voneinander getrennt sind (Abb. 30). Nach den vorliegenden Befunden dauern die Rufe bei einer Wassertemperatur (WT) von 20 °C im Mittel 489 ± 144,8 ms und enthalten 6–7 Impulsgruppen, deren mittlere Dauer 26–27 ms beträgt. Für die Länge der Intervalle zwischen den Impulsgruppen wurden je nach Methode Mittelwerte von ca. 59–65 ms berechnet (PLÖTNER et al. 2012). Damit ist die Zahl der Impulsgruppen im Vergleich zu den Rufen anatolischer und levantinischer Wasserfrösche (*P. bedriagae*) geringer und die Impulsgruppenperiode kürzer; die Rufe anatolischer Frösche bestehen bei einer WT von 20 °C im Mittel aus 9–13 Impulsgruppen mit einer Impulsgruppendauer von 38–50 ms, die entsprechenden Werte

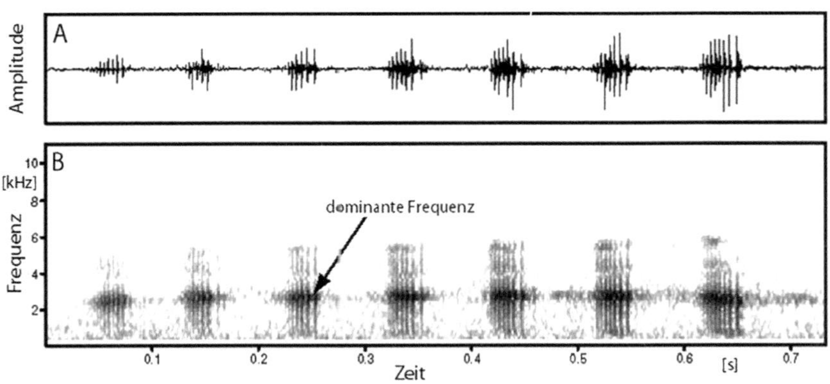

Abb. 30: Oszillogramm (A) und Sonagramm (B) eines Paarungsrufes des Zypern-Wasserfroschs, aufgenommen bei einer Wassertemperatur von 20 °C. Deutlich zu erkennen sind die Strukturierung in Impulsgruppen und das bei ca. 2,5 kHz liegende dominante Frequenzband.

Tab. 15: Temperaturabhängige Parameter der Paarungsrufe von P. *cypriensis*. Die in Spalte A dargestellten Werte ($\bar{x} \pm \sigma$) basieren auf Rufen, die bei einer Wassertemperatur (WT) von ca. 20 °C aufgenommen wurden. In Spalte B sind die auf der Grundlage spezifischer Regressionsmodelle für WT=20 °C berechneten Werte einschließlich der 95% Vertrauensintervalle (in Klammern) aufgeführt. Nach PLÖTNER et al. (2012). IG: Impulsgruppen pro Ruf, IGD: Dauer der Impulsgruppen, IIG: Intervalle zwischen den Impulsgruppen, RD: Rufdauer. R^2: Bestimmtheitsmaß, r_s: Regressionskoeffizient, p: Signifikanzwert.

Parameter (Y)	A N = 30	B N = 130	Regressionsmodell	R^2 (%)	r_s	p
RD (ms)	489,2 ± 144,78	476,5 (425–528)	$Y = 0{,}65 - 8{,}61 \cdot 10^{-3} \cdot WT$	2,2	–0,18	0,04
IG	6,2 ± 1,63	6,1 (5,8–6,7)	$Y = e^{2{,}92-22{,}35/WT}$	11,3	0,32	< 0,001
IGD (ms)	27,3 ± 3,52	26,4 (25,6–27,2)	$Y = -9{,}4 \cdot 10^{-4} + 0{,}55/WT$	56,4	–0,74	< 0,0001
IIG (ms)	68,6 ± 6,81	61,9 (59,3–64,6)	$Y = e^{-5{,}18+47{,}96/WT}$	78,0	–0,81	< 0,0001

für *P. bedriagae* betragen 10–12 Impulsgruppen und 39–46 ms (SCHNEIDER und SINSCH 2001, Übersicht bei PLÖTNER 2005).

Basierend auf einer Serie von 130 Paarungsrufen, die bei WT zwischen 19,8 °C und 28,4 °C aufgezeichnet wurden, konnte eine signifikante Temperaturabhängigkeit für die Rufdauer, die Anzahl der Impulsgruppen pro Ruf, die Dauer der Impulsgruppen und das Intervall zwischen den Impulsgruppen gezeigt werden. Mit zunehmender WT erhöht sich die Zahl der Impulsgruppen, gleichzeitig werden diese kürzer wie auch ihre Intervalle; die Rufdauer nimmt mit steigender Temperatur ebenfalls leicht ab (PLÖTNER et al. 2012, Tab. 15).

Gefährdung und Schutz. Schutzstatus: IUCN Welt (2008): nicht gelistet.

Anthropogene Gefährdungsfaktoren: Nach BAIER et al. (2013) ist *P. cypriensis* gegenwärtig nicht gefährdet. Allerdings dürften sich die mit dem globalen Klimawandel verbundenen Folgen, insbesondere Verluste von Laichgewässern aufgrund steigender Temperaturen und abnehmender Niederschläge, negativ auf die Populationsdynamik der Art auswirken. Auf eine zunehmende Versteppung Zyperns wies bereits HADJIOANNOU (1998) hin.

Eine potenzielle Gefährdung dürfte auch von allochthonen Tieren ausgehen, die vom anatolischen Festland stammten und nach dem gegenwärtigen Kenntnisstand im Nordteil der Insel eingeführt wurden. So konnten PLÖTNER et al. (2015) nachweisen, dass bereits allochthone Allele in den Genpool von *P. cypriensis* introgrediert worden sind. Das Ausmaß solcher Introgressionen ist nicht bekannt.

Pelophylax kurtmuelleri (Gayda, 1940) – Balkan-Wasserfrosch

Von

JÖRG PLÖTNER, PETER MIKULÍČEK, DANIEL JABLONSKI und
SPARTAK N. LITVINCHUK

Einführung. Noch bis Anfang der 1990er-Jahre wurden die auf dem Balkan vorkommenden Seefrösche dem Taxon *Pelophylax ridibundus* zugerechnet. Erste Hinweise, dass diese ein eigenständiges Taxon repräsentieren, lieferten die Kreuzungsexperimente von HOTZ et al. (1985) und die bioakustischen Untersuchungen von SCHNEIDER und Mitarbeitern (z. B. SCHNEIDER et al. 1993). Da der Balkan-Wasserfrosch in vielen morphologischen und auch genetischen Merkmalen eine hohe Ähnlichkeit zum Eurasischen Seefrosch (*P. ridibundus*) aufweist, wurde *P. kurtmuelleri* lange Zeit nicht als eigenständige Art anerkannt, sondern mit *P. ridibundus* synonymisiert (z. B. PLÖTNER 2005). Durch weitere genetische Analysen (PLÖTNER et al. 2009, MAZEPA, unveröff.) konnte der von SCHNEIDER et al. (l. c.) postulierte Artstatus des Balkan-Wasserfroschs inzwischen validiert werden. Darüber hinaus wurde gezeigt, dass *P. kurtmuelleri* im Schwestergruppenverhältnis zu *P. ridibundus* steht (LYMBERAKIS et al. 2007, PLÖTNER et al. 2009, 2012, HOFMAN et al. 2016b).

Über die Lebensweise des Balkan-Wasserfroschs ist nur wenig bekannt. Aufgrund der engen Verwandtschaft zu *P. ridibundus* kann davon ausgegangen werden, dass sich *P. kurtmuelleri* bezüglich seiner Ökologie, Reproduktionsbiologie und seines Verhaltens nur unwesentlich von seiner Schwesterart unterscheidet.

Diagnose. Große Wasserfroschart, etwa so groß wie eurasische Seefrösche (*P. ridibundus*), beide Geschlechter können über 100 mm lang werden. Das Verhältnis Kopf-Rumpf-Länge (KRL) zu Femurlänge beträgt etwa 2,0; der Quotient KRL zu Tibialänge liegt bei 1,8. Die 1. Zehe ist ca. 2- bis 3-mal größer als der Fersenhöcker. Oberseite meistens grün oder braun mit unregelmäßigen größeren dunkelgrünen Flecken (bei grüner Oberseite) oder dunkelbraunen Flecken (bei brauner Oberseite). Auf der Rückenmitte verläuft oft eine grüne Vertebrallinie. Unterseite oft schmutzig weiß und ungefleckt. Trommelfelle im Zentrum bronzefarben oder grün, an der Peripherie dunkel. Schallblasen der Männchen hell- bis dunkelgrau. Die Rufe der Männchen bestehen aus 3 bis maximal 5 deutlich hörbaren Impulsgruppen. *Pelophylax kurtmuelleri* kann auf der Grundlage seiner mtDNA und bestimmter Kernmarker (z. B. dem 1. Intron des Serumalbumingens) von eurasischen *P. ridibundus* und anatolischen Seefröschen sowie den syntop vorkommenden Arten *Pelophylax epeiroticus* und *Pelophylax shqipericus* unterschieden werden.

Synonyme

Rana ridibunda kurt-mülleri Gayda, 1940: 267. Holotypus: ZMB 56970 (Abb. 31), adultes Männchen (KRL = 70 mm), dargestellt in Abb. 2 in GAYDA (1940). – Terra typica: Arsen presso Petrelli [Erzen-Fluss bei Petrela], Region Tirana, Albanien, leg. 1938–39 durch Kurt Müller.

Rana balcanica Schneider und Sinsch, 1992: 297; nec *Rana balcanica* Schneider, Sinsch und Sofianidou, 1993: 47. Namensgebender Typus: Lektotypus, festgelegt von DUBOIS und OHLER (1994a: 179): „das Männchen, das den in Abb. 2c der Arbeit von SCHNEIDER und SINSCH (1992) in Form eines Oszillogramms dargestellten Paarungsruf produzierte". – Terra typica (festgelegt durch Lektotypus): Fluss Gallikos (40°35'N, 22°55'O) bei Thessaloniki, Mazedonien, Griechenland.

Rana balcanica Schneider, Sinsch und Sofianidou, 1993: 47. Holotypus: adultes Männchen (KRL = 75,5 mm), ZFMK 52825. – Terra typica: Teich am Ostufer des Flusses Axios (40°35'N, 22°50'O), ca. 2 km westlich von Géfira nahe Thessaloniki, Mazedonien, Griechenland.

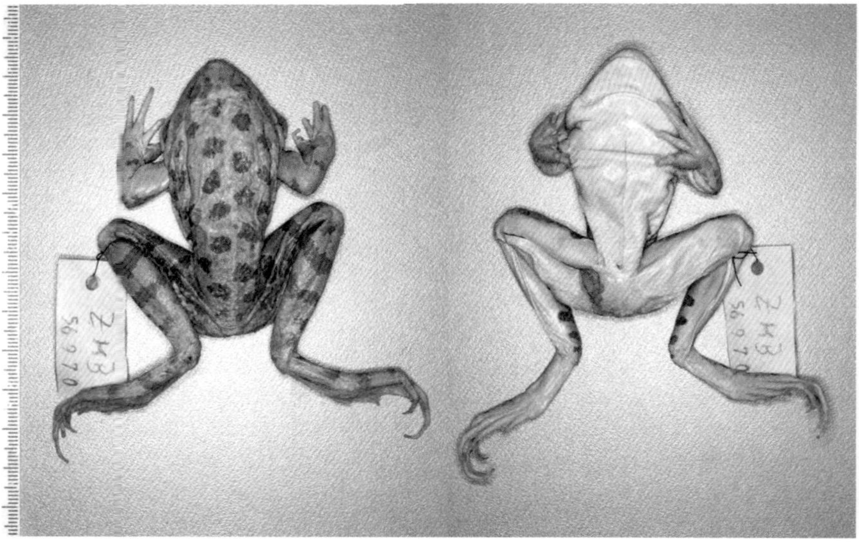

Abb. 31: Holotypus des Balkan-Wasserfroschs (*Pelophylax kurtmuelleri*). Foto: Frank Tillack.

Im Gegensatz zu Dubois und Ohler (1994a) vertritt Frost (2021) nicht die Auffassung, dass *Rana balcanica* Schneider und Sinsch, 1992, und *Rana balcanica* Schneider, Sinsch und Sofianidou, 1993, verschiedene Nominaltaxa darstellen.

Rana (*Pelophylax*) *kurtmuelleri* – Dubois und Ohler (1994a).

Englischer Name. Balkan water frog.

Beschreibung. Maße und Lebendmassen: Haxhiu (1986) gibt für albanische *P. kurtmuelleri* die KRL mit 75–130 mm an. Gavrilović et al. (1999) nennen für mazedonische Tiere Maximalwerte von 102 mm (Männchen) und 112 mm (Weibchen). Die mittleren KRL der Männchen variieren zwischen 63 und 92 mm, die der Weibchen zwischen 65 und 98 mm (Stugren et al. 1986, Gavrilović et al. 1999, Schneider et al. 1993, Džukić et al. 2003). Diese Werte entsprechen den Maßen west- und mitteleuropäischer Seefrösche. Die KRL von Tieren aus acht griechischen Populationen (140 Männchen, 99 Weibchen) betrugen im arithmetischen Mittel 69 mm (Männchen) und 72 mm (Weibchen), die entsprechenden Extreme (Min.–Max.) 47–91 mm und 47–104 mm (Tab. 16). Vergleichbare Werte publizierten Papežík et al. (2021) für eine gemischte Stichprobe, die neben überwiegend albanischen Individuen auch einzelne Tiere aus Griechenland enthielt. Die Autoren geben den Variationsbereich der KRL für männliche Tiere (N = 57) mit 52,2–85,0 mm und für weibliche (N = 43) mit 54,7–104,2 mm an, die entsprechenden arithmetischen Mittel und Standardabweichungen betrugen 67,7 ± 9,42 mm bzw. 71,7 ± 10,81 mm. Kyriakopoulou-Sklavounou et al. (1991) ermittelten für griechische Populationen vom Fluss Gallikos und vom Pamvotida-See mittlere KRL von 72,1 ± 9,0 mm (N = 39) bzw. 81,7 ± 13,6 mm (N = 28), wobei nicht zwischen den Geschlechtern differenziert wurde.

In Mazedonien können sowohl männliche als auch weibliche Balkan-Wasserfrösche KRL von >100 mm erreichen (Džukić et al. 2003). So variierte die KRL männlicher Tiere aus Bitola zwischen 54,1 und 102,0 mm ($\bar{x} \pm \sigma$ = 79,0 ± 2,0 mm), die Maße der Weibchen lagen zwischen 53,8 und 112,1 mm (85,6 ± 3,7 mm). Männchen aus Dojran und Gevgelija waren zwischen 49,1 und 79,9 mm lang (62,7 ± 1,5 mm), Weibchen zwischen 44,8 und 87,0 mm (64,6 ± 2,3 mm). Für Frösche aus Montenegro (Crmnica und Virpazar) betrug der Variationsbereich der KRL 50,2–102,0 mm und das arithmetische Mittel 86,6 ± 1,4 mm (Džukić et al., l. c.).

Lanza (1962) erwähnt ein 97 mm großes Männchen und ein 96 mm großes Weibchen, die in einer auf albanische Individuen zurückgehende N-W-italienischen Population gefunden wurden. Unter Gefangenschaftsbedingungen kann *P. kurtmuelleri*, ähnlich wie im Freiland, KRL > 100 mm erreichen; für Männchen gibt Berger (2008) das Maximum mit 103 mm und für Weibchen mit 116 mm an.

Die LM griechischer Individuen (38 Männchen, 22 Weibchen), die aus drei Populationen stammten, variierten zwischen 12–56 g (Männchen) und 12–96 g (Weibchen) mit arithmetischen Mitteln von 31,6 ± 11,19 g bzw. 45,9 ± 20,36 g (Tab. 16). Für 14 Stichproben, die zwischen 6 und 25 Weibchen aus der weiteren Umgebung (25–50 km) von Thessaloniki umfassten und zwischen 1986 und 1988 gesammelt worden waren, berechneten KYRIAKOPOULOU-SKLAVOUNOU und LOUMBOURDIS (1990) mittlere LM zwischen 40,6 ± 4,11 g und 119,0 ± 21,46 g, die stichprobenspezifischen Mittel der KRL variierten zwischen 80 mm und 160 mm. In kosovarischen Stichproben (Janjevo, Uroševac) lagen die LM

Tab. 16: Kopf-Rumpf-Längen (KRL) und Lebendmassen (LM) griechischer Balkan-Wasserfrösche (*P. kurtmuelleri*). Für jede Population werden Stichprobenumfang (N), Minimum–Maximum und arithmetisches Mittel ± Standardabweichung angegeben. Die in der Tabelle enthaltenen Daten basieren auf Untersuchungen von HOTZ, GUEX und PLÖTNER (unveröff.). M: Männchen, W: Weibchen, k. A.: keine Angaben.

Population	**Koordinaten**		**KRL** (mm)		**LM** (g)	
	Nord	Ost	M	W	M	W
Aliartos	38.3688	23.0841	N = 5 78–86 82,2 ± 3,77	N = 2 92–93 92,5 ± 0,71	k. A.	k. A.
Kavasilas	37.8762	21.2854	N = 16 48–78 66,7 ± 8,45	N = 3 56–76 65,3 ± 10,07	k. A.	k. A.
Kilini	37.9352	21.1458	N = 33 59–79 69,0 ± 4,93	N = 13 67–93 80,2 ± 7,34	k. A.	k. A.
Lechena	37.9216	21.2049	N = 8 61–77 67,9 ± 5,54	N = 15 48–87 70,0 ± 10,90	N = 8 24–52 35,5 ± 9,52	N = 15 12,0–71,0 37,3 ± 16,99
Nea Manolada	38.0316	21.3611	N = 13 52–82 62,8 ± 8,80	N = 4 55–61 59,2 ± 2,87	k. A.	k. A.
Skala	38.6675	23.0712	N = 38 47–91 71,3 ± 9,05	N = 48 47–104 71,3 ± 11,98	N = 10 22–53 36,2 ± 10,61	N = 13 23–96 57,5 ± 21,55
Zakynthos	37.8052	20.8627	N = 26 54–85 67,4 ± 8,29	N = 6 60–79 74 ± 7,10	N = 20 12–56 27,8 ± 11,13	N = 5 21,0–58,0 41,8 ± 13,48
Gesamt			N = 139 47–91 68,9 ± 8,32	N = 91 47–104 72,3 ± 11,61	N = 38 12–56 31,6 ± 11,19	N = 33 12–96 45,9 ± 20,36

männlicher Tiere zwischen 13 und 53 g (31,6 ± 3,4 g) bzw. 30,0 und 64,5 g (43,7 ± 6,0 g), weibliche Tiere von Janjevo waren 22–41 g schwer (30,8 ± 3,2 g); Weibchen von Uroševac wogen 13–82 g, das arithmetische Mittel betrug (35,9 ± 15,9 g) (DŽUKIĆ et al. 2003).

Wie bei anderen Wasserfroscharten besteht auch bei *P. kurtmuelleri* eine positive Korrelation zwischen der LM und der KRL (Abb. 32), darüber hinaus ist die LM saisonalen Schwankungen unterworfen. Bei weiblichen Tieren wird die LM u.a. maßgeblich von der Ovarialmasse beeinflusst und fällt nach der Laichzeit signifikant ab. Der Minimalwert wird im August erreicht. Danach erfolgt ein linearer Anstieg bis November, dem Beginn der Winterruhe. Nach einem erneuten leichten Abfall im Dezember nimmt die LM ab Januar/Februar wieder zu bis im März das Maximum erreicht wird (KYRIAKOPOULOU-SKLAVOUNOU und LOUMBOURDIS 1990).

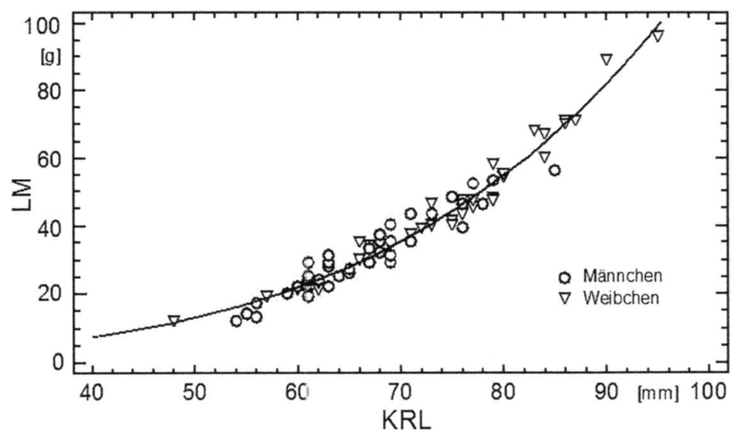

Abb. 32: Beziehung zwischen Kopf-Rumpf-Länge (KRL) und Lebendmasse (LM), ermittelt an geschlechtsreifen männlichen und weiblichen Individuen des Balkan-Wasserfroschs (*P. kurtmuelleri*).

Äußere Merkmale: Nach seiner äußeren Morphologie ist der Balkan-Wasserfrosch ein typischer Vertreter der Seefrosch-Gruppe. Die Schnauze adulter Exemplare ist abgerundet, die weit oben auf dem Kopf sitzenden Augen treten deutlich hervor. Direkt am distalen Augenrand beginnt eine Drüsenleiste, die sich über dem Trommelfell gabelt. Ein Ast zieht nach unten bis auf Höhe des Mundwinkels, der andere verläuft entlang der Rückenseite und reicht nach einem auffälligen Knick (bzw. einer Unterbrechung) fast bis zum Körperende.

An allen Fingern und Zehen finden sich ein oder mehrere deutlich ausgeprägte Subartikularhöckerchen. Die Haut ist insbesondere auf dem Rücken und den Seiten von rundlichen, ovalen oder birnenförmigen Drüsen durchsetzt, die ihr ein warziges Aussehen verleihen.

Morphometrie: Obwohl die arithmetischen Mittel verschiedener morphometrischer Indizes signifikante Unterschiede zwischen *P. kurtmuelleri* und *P. ridibundus* zeigen (PAPEŽÍK et al. 2021), eignen sich diese aufgrund ihrer hohen Variabilität nur bedingt zur Differenzierung zwischen beiden Arten (siehe Tab. 17). Dagegen kann *P. kurtmuelleri* auf der Basis morphometrischer Daten klar von den syntop vorkommenden Arten *P. shqipericus* und *P. epeiroticus* differenziert werden.

Tab. 17: Statistische Parameter morphometrischer Indizes des Balkan-Wasserfroschs (*P. kurtmuelleri*) im Vergleich zu mitteleuropäischen Seefröschen (*P. ridibundus*) und zum ebenfalls auf dem südwestlichen Balkan lebenden Epirus-Wasserfrosch (*P. epeiroticus*) sowie zum Skutari-Wasserfrosch (*P. shqipericus*). Aus PAPEŽÍK et al. (2021), verändert. KRL: Kopf-Rumpf-Länge, FL: Länges des Oberschenkels (Femur), TL: Länge des Unterschenkels (Tibia), DPL: Länge der 1. Zehe (Digitus primus), CIL: Länge des Fersenhöckers (Callus internus). x̄: arithmetisches Mittel, Min: Minimum, Max: Maximum, σ: Standardabweichung.

Index	***P. epeiroticus***		***P. kurtmuelleri***		***P. ridibundus***		***P. shqipericus***	
	M	**W**	**M**	**W**	**M**	**W**	**M**	**W**
	N = 25	**N = 26**	**N = 57**	**N = 43**	**N = 57**	**N = 32**	**N = 36**	**N = 24**
KRL/FL								
x̄	2,05	2,12	1,98	1,98	2,00	2,01	2,05	2,12
Min	1,91	1,99	1,80	1,82	1,88	1,86	1,89	1,94
Max	2,19	2,29	2,17	2,00	2,21	2,15	2,21	2,28
Median	2,05	2,11	1,97	2,00	2,00	2,02	2,04	2,12
σ	0,07	0,08	0,07	0,07	0,07	0,07	0,07	0,08
KRL/TL								
x̄	1,95	2,05	1,80	1,79	1,86	1,86	1,95	2,00
Min	1,86	1,91	1,68	1,67	1,71	1,75	1,85	1,84
Max	2,03	2,12	1,93	1,96	2,07	2,09	2,14	2,11
Median	1,96	2,05	1,81	1,80	1,86	1,84	1,94	1,99
σ	0,05	0,05	0,06	0,06	0,07	0,08	0,06	0,07

Index	*P. epeiroticus*		*P. kurtmuelleri*		*P. ridibundus*		*P. shqipericus*	
KRL/DPL								
x̄	6,32	6,50	7,14	7,13	6,90	6,81	6,60	6,67
Min	5,57	6,04	6,01	5,78	5,89	5,99	5,77	5,89
Max	7,39	7,05	7,91	8,10	8,35	7,91	7,27	7,40
Median	6,33	6,43	7,16	7,20	6,83	6,72	6,52	6,64
σ	0,40	0,27	0,46	0,49	0,56	0,61	0,40	0,37
KRL/CIL								
x̄	19,83	24,53	18,64	18,74	21,61	22,12	21,00	22,08
Min	15,82	19,32	14,76	14,98	16,90	16,70	15,36	17,71
Max	24,62	32,74	24,83	23,67	28,66	28,15	28,17	25,45
Median	19,64	24,42	18,28	18,71	21,38	22,04	21,31	22,34
σ	2,09	3,20	2,26	2,15	2,76	2,88	2,90	2,36
FL/TL								
x̄	0,95	0,97	0,91	0,90	0,93	0,92	0,95	0,95
Min	0,89	0,92	0,85	0,86	0,86	0,86	0,89	0,90
Max	1,03	1,04	0,97	0,96	0,99	0,99	1,00	1,00
Median	0,95	0,96	0,91	0,90	0,93	0,92	0,95	0,94
σ	0,04	0,03	0,03	0,02	0,03	0,03	0,02	0,02
TL/CIL								
x̄	10,16	11,99	10,34	10,46	11,68	11,94	10,77	11,02
Min	8,12	9,35	7,82	8,15	8,89	8,66	8,19	8,78
Max	13,02	15,65	13,40	12,48	15,46	15,51	14,44	13,33
Median	10,12	11,97	10,33	10,36	11,37	11,49	10,78	11,14
σ	1,17	1,50	1,22	1,16	1,67	1,77	1,41	1,22
DPL/CIL								
x̄	3,15	3,78	2,63	2,64	3,16	3,28	3,21	3,32
Min	2,55	2,87	1,97	2,04	2,26	2,17	2,19	2,44
Max	4,03	5,13	3,53	3,48	4,62	4,43	4,56	4,24
Median	3,11	3,63	2,60	2,57	2,93	3,18	3,20	3,30
σ	0,39	0,49	0,38	0,39	0,55	0,59	0,50	0,41

Färbung: Die Oberseite des Balkan-Wasserfroschs ist meistens gras- oder olivgrün gefärbt und mit größeren, unregelmäßig geformten, dunkelgrünen oder bräunlichen Flecken durchsetzt. Beigefarbene, braune und graue Exemplare wurden ebenfalls beschrieben. Die Fleckung kann auch weitgehend fehlen, sodass manche Exemplare eher monochrom erscheinen (TRAPP 2007, VALAKOS et al. 2008, PAPEŽÍK et al. 2021). Viele Tiere besitzen eine hellgrüne, gelbe oder weißliche Dorsallinie. Im Gegensatz zu west- und mitteleuropäischen Seefröschen (*P. ridibundus*) sind die Unterseiten in der Regel weiß und ungefleckt (vgl. PLÖTNER 2005, Farbtafel 1, S. 33–34), nur selten treten braune oder dunkelgraue Flecken auf (PAPEŽÍK et al. 2021). Die Hinterbeine sind in der Regel olivgrün oder braun gefärbt und anterior mit dunkleren Flecken besetzt, die im posterioren Teil zu einem netzartigen Muster verschmelzen (PAPEŽÍK et al. 2021). Die Trommelfelle sind bräunlich oder bronzefarben, seltener grünlich, und in der Peripherie meistens dunkler als im Zentrum. Die Schallblasen der Männchen variieren von hell- bis dunkelgrau (TRAPP 2007, VALAKOS et al. 2008), mitunter sind sie auch olivgrün gefärbt (PAPEŽÍK et al. 2021).

Schädel und Postcranialskelett: siehe Kapitel „Anatomie europäischer Wasserfrösche (Schädel und Postcranialskelett)".

Molekulare Merkmale: Im Ergebnis proteinelektrophoretischer Untersuchungen konnten im Vergleich zu *P. ridibundus* geringe Differenzen in den Häufigkeiten (Frequenzen) bestimmter Alleleprodukte (Alloenzyme) festgestellt werden, artspezifische Marker wurden nach unserem Kenntnisstand – mit einer möglichen Ausnahme – bisher nicht gefunden (SINSCH und EBLENKAMP 1994, PLÖTNER und OHST 2001). Diese Ausnahme betrifft das Enzym Adenosin-Desaminase (Ada), das nach SOFIANIDOU et al. (1994) eine klare Differenzierung zwischen griechischen *P. kurtmuelleri* und *Pelophylax* cf. *bedriagae*/*P. ridibundus* aus Thrakien ermöglichen soll, was bisher jedoch nicht verifiziert werden konnte (HOTZ, mündl. Mitt.). Auf enzymelektrophoretischer Basis ist allerdings eine klare Trennung zwischen *P. kurtmuelleri* von den sympatrisch verbreiteten Arten

Abb. 33: Die mitochondrialen Gene *nd2* und *nd3* im Vergleich zwischen *P. kurtmuelleri* (A), europäischen *P. ridibundus* (B) und Seefröschen von Atyrau, der Typuslokalität von *P. ridibundus* (C). Letztere repräsentieren nach ihrem Mitogenom anatolisch-westasiatische *P.* cf. *bedriagae*, nukleäre Daten sprechen jedoch dafür, dass am Nordufer des Kaspischen Meeres sowohl *P. ridibundus* als auch *P.* cf. *bedriagae* vorkommen und hier hybridisieren (PLÖTNER et al. 2009, AKIN et al. 2010b). Dargestellt sind nur die variablen Positionen, fixierte Unterschiede zwischen *P. kurtmuelleri* und *P. ridibundus* sind grau unterlegt. *Aminosäuresubstitution. Länderkürzel: AL – Albanien, BU – Bulgarien, GR – Griechenland, KZ – Kasachstan, PL – Polen, RO – Rumänien, RS – Serbien, SK – Slowakei.

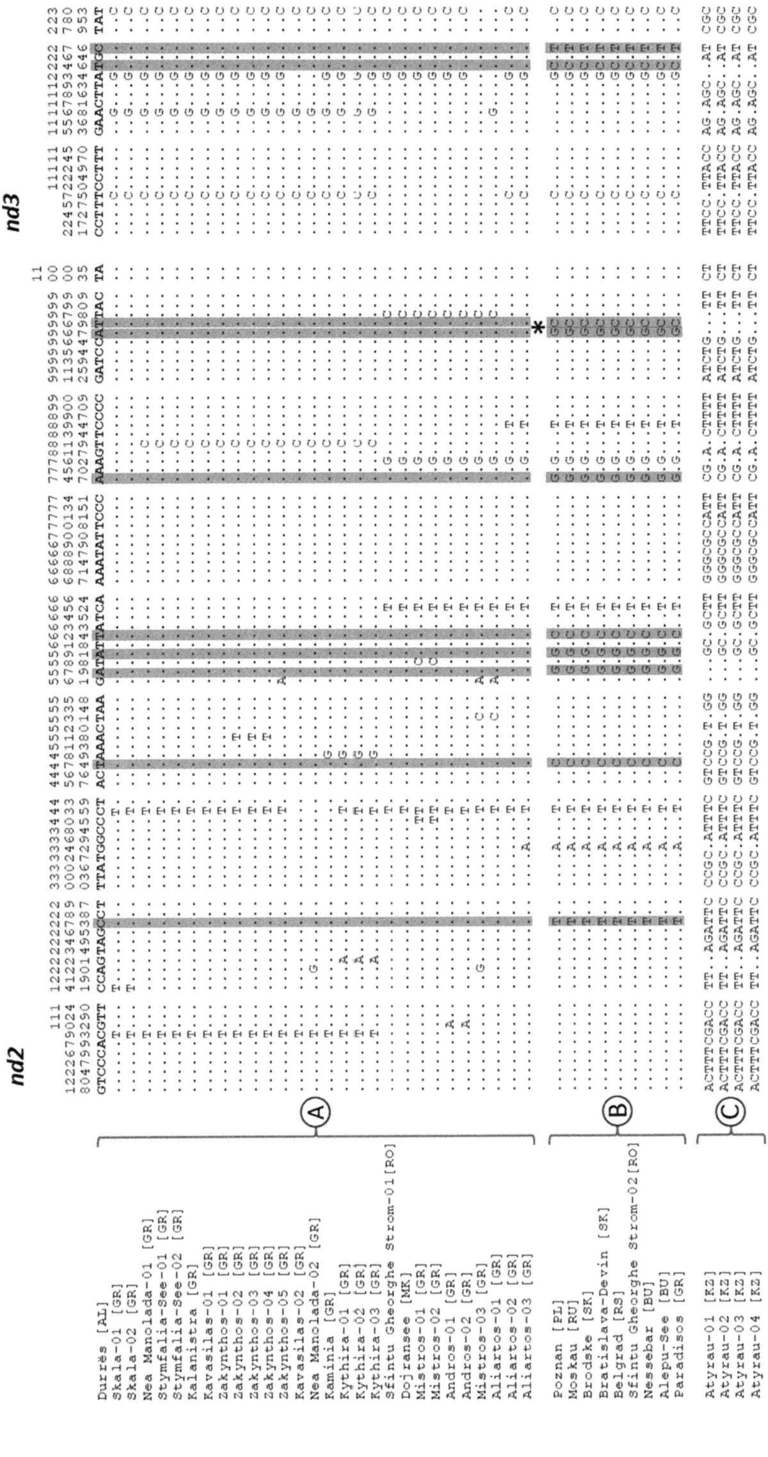
nd2
nd3
A
B
C
Durrës [AL]
Skala-01 [GR]
Skala-02 [GR]
Nea Manolada-01 [GR]
Stymfalia-See-01 [GR]
Stymfalia-See-02 [GR]
Kalanistra [GR]
Kavasilas-01 [GR]
Zakynthos-01 [GR]
Zakynthos-02 [GR]
Zakynthos-03 [GR]
Zakynthos-04 [GR]
Zakynthos-05 [GR]
Kavasilas-02 [GR]
Nea Manolada-02 [GR]
Kaminia [GR]
Kythira-01 [GR]
Kythira-02 [GR]
Kythira-03 [GR]
Sfintu Gheorghe Strom-01[RO]
Dojransee [MK]
Mistros-01 [GR]
Mistros-02 [GR]
Andros-01 [GR]
Andros-02 [GR]
Mistros-03 [GR]
Aliartos-01 [GR]
Aliartos-02 [GR]
Aliartos-03 [GR]
Poznan [PL]
Moskau [RU]
Brodske [SK]
Bratislava-Devin [SK]
Belgrad [RS]
Sfintu Gheorghe Strom-02[RO]
Nessebar [BU]
Alepu-See [BU]
Paradisos [GR]
Atyrau-01 [KZ]
Atyrau-02 [KZ]
Atyrau-03 [KZ]
Atyrau-04 [KZ]

P. epeiroticus und *P. shqipericus* möglich, darüber hinaus können auch Hybriden identifiziert werden, die auf Kreuzungen zwischen diesen Spezies und *P. kurtmuelleri* zurückgehen (Kyriakopoulou-Sklavounou et al. 1991, Sofianidou 1996, Hotz et al. 2013).

Das mitochondriale (mt) Genom des Balkan-Wasserfroschs weist nur geringe Unterschiede zum mt-Genom eurasischer Seefrösche auf, die Sequenzdivergenz zwischen beiden Genomen (unter Vernachlässigung der Kontrollregion) beträgt lediglich 1,1 % (Hofman et al. 2016b). Für die mitochondrialen Gene *cytB* und *16SrRNA* ermittelten Lymberakis et al. (2007) auf der Grundlage eines HKY+I+G-Models (Hasegawa et al. 1985) interspezifische Distanzwerte von 2,5 % (*cytB*) und 0,4 % (*16SrRNA*), wobei neben einem ukrainischen und einem nicht näher spezifizierten osteuropäischen *ridibundus*-Individuum vier thrakische Seefrösche in die Untersuchungen einbezogen wurden, bei denen es sich wahrscheinlich nicht um eurasische Seefrösche (*P. ridibundus* sensu stricto), sondern *P.* cf. *bedriagae* gehandelt haben könnte (siehe Hotz et al. 2013). Werden nur die mitochondrialen Gene *nd2* und *nd3* betrachtet (Abb. 33), ergeben Sequenzvergleiche zwischen Balkan-Wasserfröschen und europäischen Seefröschen (*P. ridibundus*) Divergenzwerte von 0,7–1,5 %, allerdings liegt auch die für *P. kurtmuelleri* ermittelte intraspezifische Divergenz im Mittel bei 0,5 % und kann im Extremfall Werte von 0,9 % annehmen (eigene Daten).

Deutlichere Unterschiede zwischen *P. kurtmuelleri* und *P. ridibundus* zeigten Analysen nukleärer Genomsequenzen, z. B. des 1. Introns des Serumalbumingens (SAI1). Im Vergleich zu *P. ridibundus*, wo SAI1 ca. 1 050 bp umfasst, fehlt bei *kurtmuelleri* ein 126 bp langes Sequenzmotiv; dadurch ist dieses Intron beim Balkan-Wasserfrosch nur 927 bp lang (Plötner et al. 2009, 2012).

Der DNA-Gehalt diploider Zellen variiert zwischen 16,0 und 16,7 pg ($\bar{x} \pm \sigma = 16{,}4 \pm 0{,}2$ pg, Litvinchuk und Rosanov, unveröff.).

Karyotyp: 2n = 26 (Heppich et al. 1982).

Alle mitotischen Metaphasechromosomen sind als Bivalente ausgebildet. Der diploide Chromosomensatz umfasst 5 größere und 8 kleinere Chromosomenpaare (Schempp und Schmid 1981). Nach Belcheva et al. (1985) sind 3 der größeren Paare meta- und 2 submetazentrisch. Von den kleineren Paaren wurden 3 als meta- und 5 als submetazentrisch beschrieben. Die Nukleus-Organisator-Region ist auf Chromosom Nr. 10 lokalisiert. Mittels Quinacrin-Färbung (Q-Bänderung) konnte bei allen Chromosomen ein deutliches Fluoreszenzsignal im Zentromerbereich beobachtet werden (Belcheva et al. 1985).

Die Analyse von *Rr*S1-Satelliten-Repeats mittels In-situ-Hybridisierung mitotischer Chromosomen zeigte ein deutliches Signal an den großen Chromosomen bei griechischen *P. kurtmuelleri* von Skala (Peloponnes). Unter den mittleren bis kleinen Chromosomen wies nur Nr. 10 ein solches Signal auf (Ragghianti et al. 1995, Marracci et al. 2011b).

Merkmalsvariation. Mit Ausnahme der oben erwähnten Unterschiede in den KRL und LM sowie den nur bei Männchen vorhandenen Brunstschwielen und Schallblasen sind keine Geschlechts- und Altersdimorphismen belegt.

Geografische und ökologische Variation: VERVUST et al. (2013) verglichen Frösche von Milos (N = 15) mit Tieren von Serifos (N = 45) und fanden Unterschiede in der Färbung und der KRL. Da die Stichprobenumfänge nur gering waren und nicht zwischen den Geschlechtern unterschieden wurde, sollten diese Befunde kritisch hinterfragt werden. Gleiches gilt für die bioakustischen Befunde, wonach die Intervalle zwischen den Rufserien bei Tieren von Milos „substanziell" länger sein sollen. Unklar ist, ob aus diesen Daten Rückschlüsse auf geografische Unterschiede gezogen werden können, oder diese doch eher eine hohe interindividuelle, populationsspezifische und auch methodisch bedingte Variabilität widerspiegeln. Offen ist ebenfalls, ob bzw. inwieweit die beobachtete intraspezifische genetische Variabilität (Abb. 33) geografischen Mustern folgt; die vorliegenden Daten reichen nicht aus, um diese Frage zu beantworten.

Anomalien: nicht bekannt.

Verbreitung. Terra typica restricta: Erzen Fluss bei Petrela (41°14'N, 19°51'O), Region Tirana, Albanien.

Verbreitungsgebiet: *Pelophylax kurtmuelleri* besiedelt die Balkanhalbinsel. Im Süden und Westen bildet das Mittelmeer die natürliche Verbreitungsgrenze, im Osten verläuft sie nach den vorliegenden mtDNA-Daten wahrscheinlich zwischen dem 23. und 24. Längengrad bis in den südwestlichsten Zipfel Bulgariens (LUKANOV et al. 2013) und von dort in Richtung Nordwesten über Mazedonien, den Südwesten des Kosovo, große Teile Montenegros bis in die südlichsten Zipfel Bosnien-Herzegowinas und Kroatiens (SZABOLCS et al. 2017, Abb. 34). Nach den verfügbaren genetischen Daten dürfte im westlichen Teil Bulgariens (hier ist die Datenlage allerdings defizitär) eine Transitionszone verlaufen, in der *P. kurtmuelleri* auf den Eurasischen Seefrosch (*P. ridibundus*) trifft. Syntope Vorkommen beider Arten existieren wahrscheinlich auch im Süden Rumäniens (COGĂLNICEANU et al. 2013, MAROSI et al. 2014) und im Donau-Delta, wo *kurtmuelleri*-spezifische mtDNA nachgewiesen werden konnte (eigene Daten). In Thrakien wiederum überlappen sich die Areale von *P. kurtmuelleri* und *P.* cf. *bedriagae*. Nach dem gegenwärtigen Kenntnisstand (HOTZ et al. 2013, unveröff. Daten) erstreckt sich diese Transitionszone über ca. 140 km von Ivira (40,9°N/23,6°O) bis nach Pagouria (40,9°N/25,3°O). Die hier erhobenen genetischen Daten (HOTZ et al. 2013) widerlegen die von SCHNEIDER et al. (1993)

und SINSCH und EBLENKAMP (1994) vertretene Auffassung, wonach zwischen *P. kurtmuelleri* und *P.* cf. *bedriagae* reproduktive Isolation bestehen soll, sondern sprechen eindeutig für Panmixie, da sich die analysierten Loci in allen untersuchten Populationen im Hardy-Weinberg-Gleichgewicht befanden, d. h. die Allelhäufigkeiten uneingeschränkt den Erwartungswerten für panmiktische Populationen entsprachen.

Nach dem gegenwärtigen Kenntnisstand lebt *P. kurtmuelleri* auch auf den Kykladischen Inseln Amorgos, Andros, Kithnos, Milos, Mykonos, Naxos, Paros, Serifos, Sifnos, Tinos und Kythira, den Thrakischen Inseln Samothraki und Thasos, auf der zu den nördliche Sporaden zählenden Insel Skyros und auf den im Ionischen Meer liegenden Inseln Korfu, Lefkada und Zakynthos (BROGGI 1996, 2000, 2007, 2011, TÓTH et al. 2002, PLÖTNER 2005, SPEYBROECK 2006, VALAKOS et al. 2008, PAFILIS 2010, VERVUST et al. 2013, CHEKE und ASHCROFT 2017, STILLE und STILLE 2017, SINDACO und ROSSI 2020, eigene Daten). *Pelophylax kurtmuelleri* wurde ebenfalls auf der zu Montenegro gehörenden Insel Ada Bojana gefunden (BRUNO 1988).

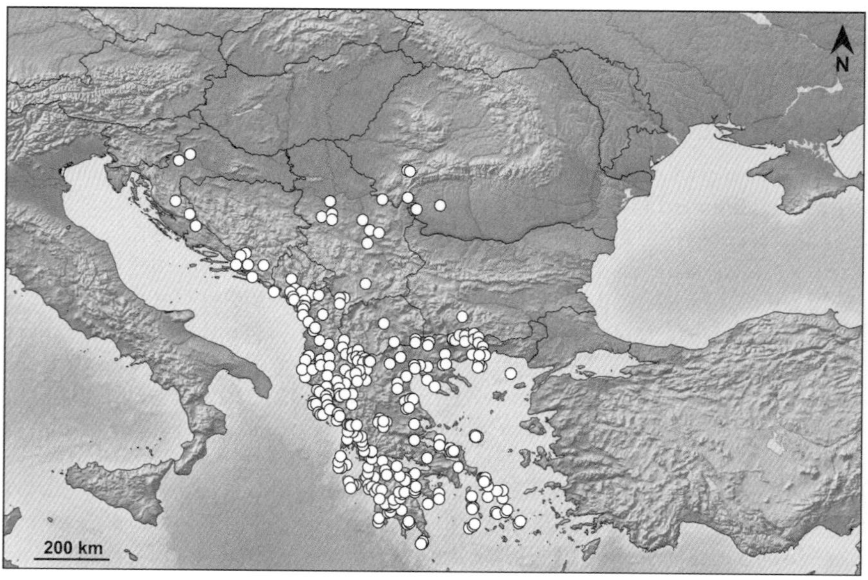

Abb. 34: Natürliches Verbreitungsgebiet von *P. kurtmuelleri*. Aufgrund unzureichender genetischer Daten ist der nördliche Grenzverlauf nicht eindeutig bestimmbar. Da *kurtmuelleri*-spezifische genetische Marker auch in Mitteleuropa gefunden wurden, ist von einer breiten Transitionszone zwischen *P. kurtmuelleri* und *P. ridibundus* auszugehen.

Der Nachweis *kurtmuelleri*-spezifischer genetischer Marker in Deutschland (eigene Daten), der Tschechischen Republik (eigene Daten), Polen (KOLENDA et al. 2017b), Russland (LITVINCHUK et al. 2020) und Lettland (eigene Daten) könnte dafür sprechen, dass in der Vergangenheit die Areale von *P. kurtmuelleri* und *P. ridibundus* partiell überlappten und als Folge von Hybridisierungs- und Rückkreuzungsprozessen *kurtmuelleri*-spezifische Gene in den Genpool von *P. ridibundus* gelangten. Unklar ist, ob *P. kurtmuelleri* ursprünglich weiter nördlich verbreitet war oder *P. ridibundus* in früheren Epochen auch Teile des Balkans gemeinsam mit *P. kurtmuelleri* besiedelte, sich dann postglazial in nördliche Richtung ausbreitete und dadurch introgredierte *kurtmuelleri*-spezifische Allele und mitochondriale Genome in nördliche Bereiche außerhalb des heutigen Areals von *P. kurtmuelleri* gelangten. Als weitere Erklärungsmöglichkeit wird „Incomplete Lineage Sorting" diskutiert, d. h. das Vorhandensein von Polymorphismen, die bereits bei der letzten gemeinsamen Stammart von *P. kurtmuelleri* und *P. ridibundus* ausgeprägt waren. Darüber hinaus kann nicht ausgeschlossen werden, dass Balkan-Wasserfrösche in verschiedenen Teilen Europas durch den Menschen eingeführt wurden, sich hier mit autochthonen Seefröschen kreuzten und auf diese Weise *kurtmuelleri*-spezifische Allele in *P. ridibundus*-Populationen gelangten.

Höhenverbreitung: Die Art besiedelt Höhenlagen bis 1 000 m ü. NHN; in Lebensräumen, die höher als 600 m ü. NHN liegen, sind die Abundanzen vergleichsweise gering (GASC et al. 1997, SOFIANIDOU 1997). In Montenegro und Albanien wurden Wasserfrosch-Populationen auf Höhen von 1 500 m ü. NHN gefunden (BRUNO 1989, DŽUKIĆ 1991), ob es sich hier aber tatsächlich um *P. kurtmuelleri* handelt, muss offen bleiben. Nach JABLONSKI (unveröff.) dringt die Art in Albanien bis auf Höhen >2 000 m ü. NHN vor (siehe auch SZABOLCS et al. 2017).

Allochthone Populationen: Durch den zunehmenden Einsatz DNA-analytischer Methoden stieg in den letzten Jahren auch die Zahl der Hinweise auf allochthone Vorkommen des Balkan-Wasserfroschs, insbesondere im westeuropäischen Raum. Das enorme Ausbreitungspotenzials des Balkan-Wasserfroschs, der als invasive Art gilt, wird vor allem in Italien deutlich. Bereits 1941 wurden hier sieben, aus Albanien stammende Paare im Fluss Impero bei Borgomaro (Ligurien, Provinz Imperia) ausgesetzt (LANZA 1962, LANZA und CORTI 1993). Von dort breitete sich die Art entlang des Flusstals rasch bis in den Mündungsbereich aus (LANZA 1962, LANZA und CORTI 1993). Inzwischen hat *P. kurtmuelleri* offensichtlich auch die Lombardei erreicht (RAZZETTI et al. 2020), wobei nicht gesagt werden kann, ob diese Tiere auch Nachfahren der in Ligurien ausgesetzten Individuen sind. Weitere Nachweise *P. kurtmuelleri*-spezifischer DNA-Marker gelangen im östlichen Teil der Region Romagna (LAGHI et al. 2013) und im Aspromonte-Nationalpark in Süd-Italien (BISCONTI et al. 2019).

DOMENEGHETTI et al. (2013) fanden in Umbrien neben der mtDNA des Skutari-Wasserfroschs (*P. shqipericus*) die einer weiteren allochthonen Wasserfroschform aus der Seefrosch-Gruppe, die später von VUCIĆ et al. (2018) *P. kurtmuelleri* zugeordnet werden konnte.. Auch auf Sardinien gelangen Nachweise des Balkan-Wasserfroschs auf der Grundlage von DNA-Analysen (BELLATI et al. 2019).

Neben Italien liegen Berichte über Vorkommen allochthoner Individuen bzw. Nachweise *kurtmuelleri*-spezifischer DNA aus Dänemark (JØRGENSEN 1999), Polen (KOLENDA et al. 2017b), Lettland (eigene Daten), Deutschland (OHST 2008, eigene Daten), der Tschechischen Republik (eigene Daten), der Schweiz (DUFRESNES et al. 2018), der Ukraine (AKIN PEKŞEN 2015), dem baltischen und europäischen Teil Russlands (LITVINCHUK et al. 2020, AKIN PEKŞEN 2015), dem Ural (VERSHININ et al. 2019), Südfrankreich (DUFRESNES et al. 2017a) und Italien (BELATTI et al. 2023) vor. Da zwischen *P. kurtmuelleri* und *P. ridibundus* offensichtlich keine reproduktiven Isolationsbarrieren bestehen und aus interspezifischen Kreuzungen *kurtmuelleri* × *ridibundus* fertile Nachkommen hervorgehen (CHOLEVA, mündl. Mitt.), können Rückkreuzungen zwischen F_1-Hybriden und parentalen Individuen mit Introgressionsprozessen einhergehen, deren Ergebnisse über viele Generationen nachweisbar sind. Wie bereits erwähnt, bieten diese Daten unterschiedliche Interpretationsmöglichkeiten (vgl. KOLENDA et al. 2017a) und es ist keinesfalls sicher, dass es sich bei Tieren mit *kurtmuelleri*-spezifischen Merkmalen tatsächlich um allochthone Balkan-Wasserfrösche handelt.

Pelophylax kurtmuelleri-spezifische mtDNA wurde ebenfalls bei Fröschen aus NO-Libyen (Shahhat) gefunden (PLÖTNER 2005). Da zwischen diesem Fundort und dem natürlichen Verbreitungsgebiet des Balkan-Wasserfroschs eine ca. 400 km breite, durch das Mittelmeer gebildete Isolationsbarriere besteht und in Nordafrika nur die Arten der *saharicus*-Gruppe verbreitet sind (PLÖTNER 2005), ist davon auszugehen, dass es sich hier um allochthone, durch den Menschen eingeführte Tiere handelt.

Ökologie. Habitat: Ähnlich wie *P. ridibundus* weist auch *P. kurtmuelleri* eine enge Gewässerbindung auf. Besiedelt werden nahezu alle Gewässertypen: Seen, Teiche, Tümpel und Sümpfe ebenso Flüsse, Kanäle, Gräben, Brunnen und Quellen (HEMMER und KORDGES 1987, KYRIAKOPOULOU-SKLAVOUNOU und KATTOULAS 1990, TRAPP 2007, PLITSI et al. 2016). Auch auf überschwemmten Ackerflächen konnten Individuen in größerer Zahl beobachtet werden (PLÖTNER, unveröff.). Auf Milos werden selbst Pfützen als Habitat genutzt (VERVUST et al. 2013). Auf dem Peloponnes bildet *P. kurtmuelleri* in oft pestizidbelasteten Orangen- und Olivenplantagen individuenstarke Populationen und reproduziert sich hier in Bewässerungsgräben und -kanälen (eigene Daten).

Pelophylax kurtmuelleri toleriert offenbar auch Gewässer mit höheren Salzgehalten. HEMMER und KORDGES (1987) beobachteten Balkan-Wasserfrösche im Louros-Arachtos-Delta im Brackwasser von Lagunen. VERVUST et al. (2013)

fanden die Art auf Milos in Halophyten-Gesellschaften meernaher Sümpfe, die Messung des Salzgehalts ergab einen Wert von ca. 5,3 mS/cm (≙ 3,1 ‰; WT = 21,5 °C). Auf der griechischen Insel Korfu wurden Larven und adulte *P. kurtmuelleri* in Gewässern mit Salzgehalten von 0,3–0,8 ‰ und pH-Werten von 7,8–7,9 gefunden (eigene Daten).

W i n t e r q u a r t i e r e : Beobachtungen zur Überwinterung liegen nicht vor, wahrscheinlich überwintert *P. kurtmuelleri*, wie seine Schwesterart *P. ridibundus*, auf dem Gewässergrund.

N a h r u n g : Das Nahrungsspektrum des Balkan-Wasserfroschs ermittelten Plitsi et al. (2016) auf der Grundlage von Mageninhaltsuntersuchungen an 75 Individuen von zwei Populationen aus der Umgebung Athens. Den Hauptanteil der Nahrung bildeten mit 61 % Insekten, darunter befanden sich vor allem Coleopteren, Hymenopteren und Dipteren. Größere Anteile nahmen auch Isopoden und Arachniden ein. Neben Amphipoden, Myriapoden, Doppelschwänzen (Diplura), Gastropoden und Anneliden gehören auch Fische zum Nahrungsspektrum des Balkan-Wasserfroschs. Kaulquappen der eigenen Art fanden sich in drei der untersuchten Mägen. Katsiyiannis und Tzoras (2020) beobachteten im Kotychi-Strophylia-Nationalpark auf dem nordwestlichen Peloponnes (38.132°N, 21.385°O) einen Balkan-Wasserfrosch, der einen adulten Laubfrosch (*Hyla arborea*) erbeutet hatte. Für den Verzehr seiner Beute benötigte das Tier ca. 1 h.

P r ä d a t o r e n : Als Prädatoren kommen vor allem Vögel, Schlangen (z. B. *Natrix natrix*, *Natrix tessellata*), Schildkröten (*Emys orbicularis*, *Mauremys rivulata*) und Säugetiere infrage. *P. kurtmuelleri*-Kaulquappen dienen u. a. Molchen (*Triturus macedonicus*) als Nahrung (eigene Daten).

H e r p e t o z ö n o s e : Auf dem Peloponnes und in Süd-Albanien teilt sich *P. kurtmuelleri* die Laichgewässer häufig mit *P. epeiroticus*, wobei sich die Rufgemeinschaften der beiden Arten offenbar kaum durchmischen (Kordges 1988b, Szabolcs et al. 2017). Mischpopulationen mit *P. shqipericus*, in denen auch Hybridisierung stattfindet, wurden aus Montenegro und Albanien beschrieben (Hotz und Uzzell 1983, Hotz et al. 1985, Jablonski 2011, Vucić et al. 2018, Papežík et al. 2021). In Albanien wurden Vergesellschaftungen mit *Lissotriton graecus, Triturus macedonicus, Salamandra salamandra, Bombina variegata, Pelobates balcanicus, Hyla arborea, Bufo bufo, Bufotes viridis, Rana graeca* und *Rana dalmatina* beobachtet (Jablonski 2011, eigene Daten), in Bosnien-Herzegowina kommt *P. kurtmuelleri* syntop mit *Lissotriton vulgaris* und *L. graecus, H. arborea, R. dalmatina, B. bufo* und *B. viridis* vor (Jablonski et al. 2012). In Montenegro besiedeln *B. variegata, L. graecus* und *T. macedonicus* dieselben Gewässer wie *P. kurtmuelleri* (eigene Daten). In griechischen Flussdelten kann *P. kurtmuelleri* zusammen mit *L. graecus, T. macedonicus, H. arborea, P. balcanicus, R. dalmatina, B. bufo* und *B. viridis* angetroffen werden (HEMMER und KORDGES 1987) und auf Korfu mit *L. graecus, B. bufo* und *B. viridis*.

Feinde, Parasiten und Krankheiten: Balkan-Wasserfrösche sind oft mit Hautparasiten, vor allem Trematoden infiziert (vgl. PLÖTNER 2005). Hohe Prävalenzen diverser Blutparasiten (*Trypanosoma*, Apicomplexa, Nematoda) wurden bei albanischen und montenegrinischen Tieren festgestellt (eigene Daten). BENOVICS et al. (2022) konnten bei albanischen *P. kurtmuelleri* den Saugwurm *Diplodiscus subclavatus* (Digenea, Paramphistomoidea) nachweisen. VOJAR et al. (2017) berichten über Infektionen mit dem amphibienpathogenen Pilz *Batrachochytrium dendrobatidis*, die Autoren geben die Prävalenz für balkanische Wasserfrösche (*Pelophylax* sp.) mit 26,1 % (20,6–32,5 %) an.

Daten zur Populationsökologie liegen nicht vor.

Reproduktion und Ontogenese. Reproduktionsperiode: In Griechenland kann die Reproduktionsperiode bei günstigen klimatischen Verhältnissen bereits im Februar beginnen (SCHNEIDER 2005, TRAPP 2007). Feldbiologische Untersuchungen von KYRIAKOPOULOU-SKLAVOUNOU und KATTOULAS (1990) im Bereich des Flusses Gallikos bei Thessaloniki (40°40'N, 23°O) ergaben, dass Balkan-Wasserfrösche bei Wassertemperaturen (WT) zwischen 9 und 11 °C ihre Winterquartiere verlassen.

Beginn und Dauer der Reproduktionsperiode hängen auch bei *P. kurtmuelleri* von der Temperatur ab, für die o. g. Region wurde eine Dauer von 113–165 Tagen ermittelt (KYRIAKOPOULOU-SKLAVOUNOU und KATTOULAS 1990, KYRIAKOPOULOU-SKLAVOUNOU 1992). Die eigentliche Laichperiode, d. h. der Zeitraum, in dem die Laichballen abgesetzt werden, erstreckt sich über 77–113 Tage. Die Laichabgabe erfolgte bei Wassertemperaturen zwischen ca. 15 und 25 °C, als optimaler Temperaturbereich werden 18–22 °C angegeben. Erste Laichabgaben können schon im März erfolgen, Häufungen wurden zwischen Ende März und Mitte April, Mitte Mai und Anfang Juni und in einzelnen Jahren auch Anfang Juli beobachtet. Jüngere Weibchen laichen offenbar später als ältere, letztere offensichtlich zweimal pro Saison (KYRIAKOPOULOU-SKLAVOUNOU und LOUMBOURDIS 1990).

Eier und Embryonalentwicklung: Die Eier werden in kleinen Klümpchen (5–11), ca. 5–10 cm unter der Wasseroberfläche an Pflanzen (u. a. *Myriophyllum verticillatum, Cynodon dactylon, Chara fragilis, Ranunculus trichophillus*) abgelegt (KYRIAKOPOULOU-SKLAVOUNOU und KATTOULAS 1990). Die Anzahl der gelegten Eier variierte bei den Weibchen vom Fluss Gallikos zwischen

500 und 7000 und korrelierte mit der KRL, wobei sich diese Zahl auf die erste Laichabgabe (März/April) bezieht (KYRIAKOPOULOU-SKLAVOUNOU und LOUMBOURDIS 1990).

Larvalentwicklung und Metamorphose: Die meisten Kaulquappen schließen die Metamorphose zwischen Anfang Juni und Ende August ab, neben der Wassertemperatur (WT) wird die Dauer der Larvalentwicklung auch vom Nahrungsangebot bestimmt (vgl. Kapitel „*Pelophylax ridibundus*"). Nach KYRIAKOPOULOU-SKLAVOUNOU und KATTOULAS (1990) vergingen am Fluss Gallikos von der ersten Laichablage bis zum Erscheinen der ersten Jungfrösche 82–96 Tage, die meisten Tiere beendeten die Metamorphose im Juli oder August. Anfang November fanden die Autoren noch einzelne Kaulquappen. Im Labor metamorphosierte die erste Kaulquappe unter konstanten Temperaturbedingungen von 29 °C nach 30 Tagen.

Entwicklung nach der Metamorphose: Nach den in Abb. 30 dargestellten Daten dürfte das Gros der Männchen mit ca. 55 mm und die meisten Weibchen mit ca. 60 mm geschlechtsreif werden. Diese Schätzung stimmt für weibliche Tiere gut mit den Angaben von KYRIAKOPOULOU-SKLAVOUNOU und LOUMBOURDIS (1990) überein, wonach Weibchen die Geschlechtsreife mit KRL von 62–66 mm und LM von 22–25g erreichen. Nach PAPEŽÍK et al. (2021) sind bei Männchen mit KRL >52 mm deutlich sichtbare Schallblasen als sekundäres Geschlechtsmerkmal ausgebildet. Dagegen dürfte das von DŽUKIĆ et al. (2003) für geschlechtsreife Tiere angegebene Minimum (ca. 45 mm) weder für Weibchen noch für Männchen verallgemeinerbar sein.

Verhalten. Über das Verhalten des Balkan-Wasserfroschs ist vergleichsweise wenig bekannt, es dürfte weitgehend dem seiner Schwesterart *P. ridibundus* entsprechen. Beobachtungen zum Abwehrverhalten veröffentlichten JABLONSKI und TZORAS (2019). Bei einer vermeintlichen Gefahr versuchen manche Tiere größer zu erscheinen, indem sie die Schnauzenspitze zwischen den Händen an den Boden drücken und gleichzeitig den Rücken nach oben wölben.

Paarungsverhalten und akustische Kommunikation: Nach SCHNEIDER (2005) beginnt die Rufperiode des Balkan-Wasserfroschs je nach Wetterbedingungen Ende Februar oder in der ersten Märzhälfte und endet gewöhnlich Ende Juni, kann sich aber auch bis in den Juli hinein erstrecken. Die folgenden Angaben zum Paarungsverhalten basieren auf den Beobachtungen von KYRIAKOPOULOU-SKLAVOUNOU und KATTOULAS (1990). Die ersten Tage nach dem Verlassen der Winterquartiere halten sich Balkan-Wasserfrösche im Uferbereich der Gewässer auf, wo sie sich sonnen. Nach und nach begeben sie sich in das Gewässer. Dort nimmt mit steigender WT (ab ca. 13 °C) die Rufaktivität zu und es kommt zur Bildung von Rufgruppen, in denen agonistische Interaktionen um Territorien stattfinden. Die Rufgruppen befinden sich in Gewässerbereichen mit dichter Vegetation, sie können sowohl im Zentrum als auch in der Peripherie der Gewässer lokalisiert oder auch über das gesamte Gewässer verteilt sein. Nähert sich ein Weibchen einer Rufgruppe, wird dieses augenblicklich von einem Männchen geklammert, der Amplexus kann wenige Stunden bis über einen Tag anhalten. KYRIAKOPOULOU-SKLAVOUNOU und KATTOULAS (l.c.) ermittelten Abundanzen von 25–30 Männchen pro m², die Individualabstände lagen zwischen 10 und 20 cm.

Rufe: Die Paarungsrufe (Abb. 35) werden in Serien abgegeben. Die Rufdauer (RD) variiert je nach WT; bei 20 °C liegt sie im Mittel bei ca. 560 ms (SCHNEIDER et al. 1993, SCHNEIDER und HAXHIU 1994). Charakteristisch für den Paarungsruf des Balkan-Wasserfroschs ist die Anzahl der Impulsgruppen (IG) pro Ruf, die mit 3–5 im Vergleich zu *P. ridibundus* und *P.* cf. *bedriagae* (ca. 6–12) wesentlich geringer ausfällt (vgl. JOERMANN et al. 1988, LENNÉ und SCHNEIDER 1995). Bei griechischen Balkan-Wasserfröschen variierte die mittlere Zahl der IG/Ruf zwischen 3,7 ± 0,9 und 4,4 ± 0,5, die arithmetischen Mittel der Einzelimpulse/IG lagen zwischen 26,3 ± 4,2 und 31,8 ± 3,5 (SCHNEIDER und SINSCH 1992). Die Rufe albanischer Individuen umfassen im Mittel 3,6 IG und eine IG

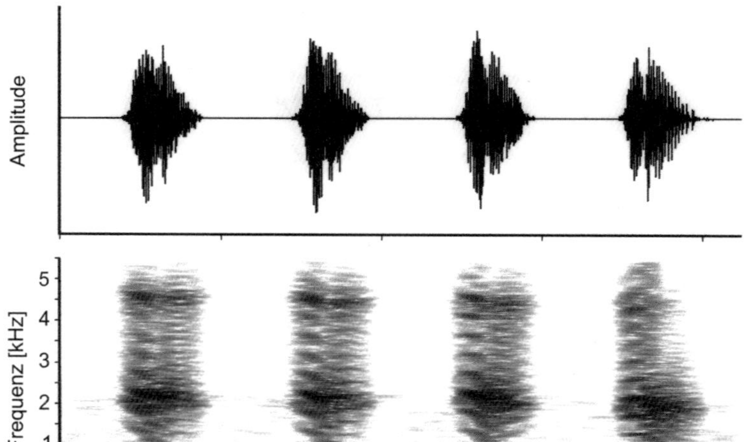

Abb. 35: Oszillogramm und Sonagramm eines Paarungsrufs von *P. kurtmuelleri*. Die vier Impulsgruppen sind klar voneinander abgesetzt. Aus SCHNEIDER (2005).

Tab. 18: Arithmetische Mittel ± Standardabweichungen der temperaturunabhängigen Parameter Rufdauer (RD) und Impulsgruppen (IG) pro Ruf für Paarungsrufe von *P. kurtmuelleri* und *P. ridibundus/P.* cf. *bedriagae*.

Taxon	Ursprung	RD (ms)	IG/Ruf	Referenz
P. kurtmuelleri	Albanien	555 ± 164	3,6 ± 0,70	SCHNEIDER u. HAXHIU (1994)
	Montenegro	593*	3,6 ± 0,48	SCHNEIDER u. JOERMANN (1988)
		602 ± 123	3,6 ± 0,50	SCHNEIDER u. SINSCH (1992)
	Griechenland	552*	4,0 ± 0,64	SCHNEIDER u. SOFIANIDOU (1985)
	Milos	774 ± 31	3,85 ± 0,14	VERVUST et al. (2013)
	Serifos	644 ± 73	3,18 ± 0,35	VERVUST et al. (2013)
P. ridibundus/ P. cf. *bedriagae*[1)]	NO-Griechenland	624 ± 149	6,8 ± 1,40	SCHNEIDER u. SINSCH (1992)
	Deutschland	679 ± 187	7,2[3)]	LENNÉ u. SCHNEIDER (1995)
	Armenien[2)]	522 ± 151	6,2 ± 1,30	SCHNEIDER u. SINSCH (1992)
	Kasachstan	745 ± 190	7,3 ± 2,10	SCHNEIDER u. SINSCH (1992)

[1)] Wie genetische Untersuchungen zeigten, kommen in Kasachstan neben *P. ridibundus* auch *P.* cf. *bedriagae* und Hybriden (*ridibundus* × cf. *bedriagae*) vor (PLÖTNER et al. 2009, AKIN et al. 2010b). In NO-Griechenland überlappen die Verbreitungsgebiete von *P. kurtmuelleri* und *P.* cf. *bedriagae* (AKIN et al. 2010b, HOTZ et al. 2013). Da zwischen beiden Arten keine Antihybridisationsmechanismen ausgebildet sind, kommt es auch hier regelmäßig zu interspezifischen Hybridisationsereignissen (HOTZ et al. 2013). Es ist deshalb davon auszugehen, dass in einzelne Stichproben nicht nur die Rufe einer Art, sondern die mehrerer Formen eingingen.

[2)] Die bisher vorliegenden genetischen Daten sprechen dafür, dass in Armenien ebenfalls *P.* cf. *bedriagae* vorkommt.

[3)] Nach LENNÉ und SCHNEIDER (1995) war bei südhessischen Seefröschen die Anzahl der Impulsgruppen pro Ruf temperaturabhängig und folgte der Regressionsgleichung $IG/Ruf = -4{,}42 + 0{,}58 \times WT$; der in der Tab. aufgeführte Wert wurde für eine Wassertemperatur von 20 °C berechnet.

bestand aus 29,3 ± 5,2 Einzelimpulsen (SCHNEIDER und HAXHIU 1994). Im Skutari-See (Montenegro) variierte die Zahl der IG zwischen 3 und 5 ($\bar{x} \pm \sigma$ = 3,6 ± 0,48; N = 15), pro IG wurden 30–35 Impulse registriert (SCHNEIDER und JOERMANN 1988). Ähnlich strukturierte Rufe sind für Wasserfrösche charakteristisch, die auf den Inseln Milos und Sifnos leben; bei diesen Tieren dürfte es sich folglich auch um *P. kurtmuelleri* handeln (VERVUST et al. 2013, Tab. 18). Die Rufe von Individuen, die im Fluss Gallikos bei Thessaloniki aufgenommen wurden, umfassten 3–7 IG, die mittlere Zahl betrug 5,2 ± 1,39 (KYRIAKOPOULOU-SKLAVOUNOU 1992), dagegen ermittelten SCHNEIDER und SINSCH (1992) für dieselbe Lokalität einen Wert von 4,1 ± 0,6 IG/Ruf.

Im Gegensatz zur RD und Zahl der IG sind die Dauer der Impulsgruppen (IGD), die Anzahl der IG pro Sekunde, die Intervalle zwischen den Impulsgruppen (IGI) und die Impulsgruppenperiode (IGP) bei *P. kurtmuelleri* negativ mit der WT korreliert (SCHNEIDER und JOERMANN 1988, SCHNEIDER und SINSCH 1992). So beträgt nach den von SCHNEIDER et al. (1993) veröffentlichten Regressionsmodellen die IGP bei griechischen *P. kurtmuelleri* für eine WT von 15 °C ca. 216 ms und für 20 °C ca. 174 ms (Abb. 36). Für albanische Frösche berechnete PLÖTNER (2005) auf der Grundlage der von SCHNEIDER und HAXHIU (1994) publizierten linearen Regressionsmodelle für 20 °C eine IGD von ca. 90 ms,

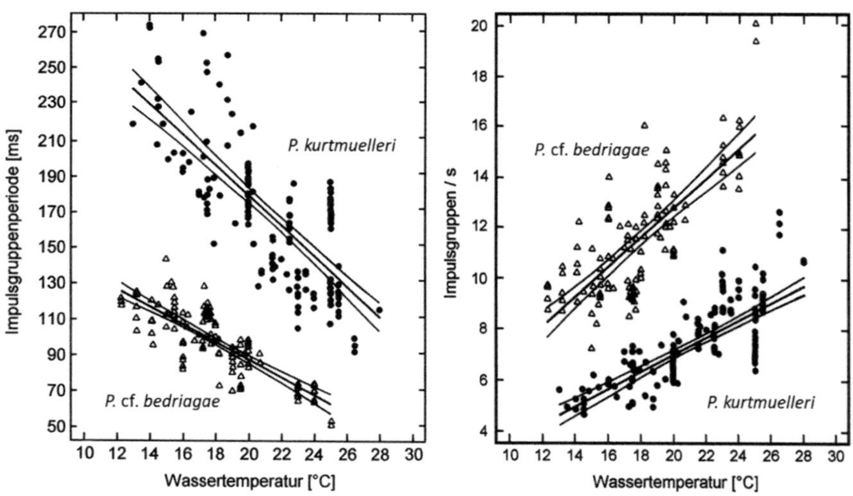

Abb. 36: Einfluss der Wassertemperatur auf die Impulsgruppenperiode (Zeitspanne vom Beginn einer Impulsgruppe bis zum Beginn der nächsten) und auf die Anzahl der Impulsgruppen pro Sekunde bei griechischen *P. kurtmuelleri* im Vergleich zu ostgriechischen (thrakischen) *P.* cf. *bedriagae*. Aus SCHNEIDER (2005), nach SCHNEIDER et al. (1993).

eine IGP von 199 ms und ein IGI von 107 ms. Deutliche Unterschiede bestehen zwischen den für *P. kurtmuelleri* und *P.* cf. *bedriagae* ermittelten Regressionsmodellen (Abb. 36).

Die Frequenzspektrogramme der Paarungsrufe zeigen zwei Energiebänder, ein schmaleres im Bereich zwischen 4,5 und 5,0 kHz und ein breiteres bei ca. 2,0 kHz (Abb. 35).

Gefährdung und Schutz. Schutzstatus: nicht gefährdet (Least Concern) (UZZELL et al. 2009).

Anthropogene Gefährdungsfaktoren: *Pelophylax kurtmuelleri* ist vielerorts zwar noch häufig, empirische Daten weisen jedoch darauf hin, dass auch diese Wasserfroschart bereits in großen Teilen ihres Areals durch die Zerstörung und Verschmutzung ihres natürlichen Lebensraums gefährdet ist. Neben der Entwässerung und Verschmutzung von Feuchtgebieten (z. B. bei Limni Keriou auf Zakynthos, PLÖTNER 2005) dürfte auch der intensive Einsatz von Agrochemikalien, insbesondere Pestiziden, zur Dezimierung der Populationen beitragen. Der illegale Fang von Tieren für kulinarische Zwecke wird ebenfalls als Gefährdungsfaktor angesehen (KYRIAKOPOULOU-SKLAVOUNOU et al. 1991, SOFIANIDOU 1997). Die intensive Fangtätigkeit führte z. B. in Albanien, einem der Hauptexportländer für Wasserfrösche in Europa, zu deutlichen Bestandsabnahmen. In einer Online-Veröffentlichung von WELT N24 aus dem Jahr 2008 unter der Überschrift „Leckere Schnecken und Frösche werden knapp“, werden Frösche auch als das „quakende Gold Albaniens“ bezeichnet (WÜPPER 2008), was nicht nur die wirtschaftliche Bedeutung dieser Tiere hervorhebt, sondern auch das mit der Vermarktung verbundene Gefährdungspotenzial verdeutlicht.

Pelophylax ridibundus (Pallas, 1771) – Eurasischer Seefrosch

Von

SPARTAK N. LITVINCHUK, LEO BORKIN, MARIUSZ RYBACKI
und JÖRG PLÖTNER

Einführung. Noch bis in die 1990er-Jahre wurde angenommen, dass *Pelophylax ridibundus* von der Oberrheinischen Tiefebene im Westen bis nach Mittelasien verbreitet ist und auch den Balkan und Kleinasien besiedelt (GÜNTHER 1990). Inzwischen konnten vor allem auf der Grundlage molekularer und bioakustischer Daten mehrere evolutionäre Arten abgegrenzt werden, die ursprünglich dem Taxon *ridibundus* zugerechnet wurden (MEZHZHERIN 1992, SCHNEIDER et al. 1993, BEERLI et al. 1994, PLÖTNER et al. 2012). Gleichzeitig traten eine Reihe nomenklatorischer Fragen zutage, die bis heute einer Antwort harren, darunter auch eine der Kernfragen, ob der wissenschaftliche Name „*ridibundus*“ für die eurasische oder die gegenwärtig noch unter dem provisorischen Namen *Pelophylax* cf. *bedriagae* geführte, anatolisch-westasiatische Seefroschlinie zu verwenden ist. Eine in solchen Fällen übliche Untersuchung von Typusmaterial ist bedauerlicherweise nicht möglich, da die von Peter Simon Pallas während seiner Reise 1769 entlang der Flüsse Wolga und Jaik (Ural) gesammelten Exemplare verschollen sind und bisher kein Neotypus für das Taxon *ridibundus* festgelegt wurde (DUBOIS und OHLER 1994a). Auch Untersuchungen von Material aus dem Bereich der durch MERTENS und MÜLLER (1928) nach Ansicht von DUBOIS und OHLER (1994a) unberechtigterweise eingegrenzten Typuslokalität (Gurjev, Kasachstan) konnten keine Klarheit schaffen, da dort genetische Merkmale eurasischer und anatolisch-westasiatischer Seefrösche nachgewiesen wurden (PLÖTNER et al. 2009, 2012, AKIN et al. 2010b) und mit hoher Wahrscheinlichkeit auch interspezifische Hybriden (*ridibundus* x cf. *bedriagae*) vorkommen.

Bis zur Klärung der noch offenen taxonomisch-nomenklatorischen Fragen werden im Einklang mit AKIN et al. (2010b) die eurasische Seefroschlinie auch weiterhin als *Pelophylax ridibundus* und die anatolisch-westasiatische als *Pelophylax* cf. *bedriagae* bezeichnet. Für die auf der Balkanhalbinsel lebenden und bis nach Ost-Griechenland verbreiteten Seefrösche verwenden wir den Namen *Pelophylax kurtmuelleri* (Gayda, 1940) und betrachten diese als distinkte Spezies.

Als Alternative wird gegenwärtig diskutiert, für die anatolisch-westasiatische Linie den Namen *Pelophylax ridibundus* und für die europäische den Namen

Pelophylax fortis zu vergeben (DUFRESNES und MAZEPA 2020). Ob dieser, bisher nicht begründete Vorschlag von der wissenschaftlichen Gemeinschaft akzeptiert werden wird, bleibt abzuwarten, zumal die Typuslokalität von *fortis* in einer Region liegt, in der viele Seefrösche *Pelophylax lessonae*-spezifische mtDNA besitzen (PLÖTNER et al. 2008) und wo auch im Kerngenom einzelner Individuen *lessonae*-spezifische Allele nachgewiesen werden konnten (UZZELL et al. 1977, unveröff. Daten). Solche Introgressionen deuten darauf hin, dass diese Seefrösche durch Hybridolyse (GÜNTHER und PLÖTNER 1988) entstanden sind, d. h. aus homotypischen Kreuzungen zwischen hybridogenetischen Teichfröschen (*Pelophylax esculentus* × *P. esculentus*) oder aus heterotypischen Kreuzungen zwischen Seefröschen und Teichfröschen (*ridibundus* × *esculentus*) (HOTZ et al. 1992, PLÖTNER et al. 2008, MIKULÍČEK et al. 2014). Die Verwendung des Namens *Pelophylax fortis* ist deshalb äußerst fraglich und setzt zumindest eine genetische Analyse des entsprechenden Typusmaterials voraus, was bisher nicht geschehen ist.

Darüber hinaus wurden in verschiedenen mitteleuropäischen Seefrosch-Populationen inzwischen auch Allele gefunden, die als spezifisch für *P. kurtmuelleri*, die Schwesterart von *P. ridibundus*, angesehen werden (KOLENDA et al. 2017b, LITVINCHUK et al. 2020, eigene Daten). Insbesondere im Bereich von Transitionszonen kann oft nicht gesagt werden, um welche Form (*ridibundus*, *kurtmuelleri*, cf. *bedriagae*) es sich im konkreten Fall handelt bzw. wie hoch der Introgressionsgrad artfremder Allele in den einzelnen Linien ist. Dieses Faktum ist vor allem bei der Beurteilung älterer Publikationen zu berücksichtigen.

Diagnose. *Pelophylax ridibundus* weist eine hohe phäno- und genotypische Variabilität auf. Der vergleichsweise kleine und flache Fersenhöcker (Callus internus) ist oft dreieckig oder walzenförmig, die 1. Zehe 2- bis 4-mal größer als der Höcker, die Tibia genauso lang oder wenig kürzer als der Fuß (gemessen vom äußeren Fersenhöcker). Haut mehr oder weniger warzig, olivgrün, braun oder bronzefarben, selten hellgrün, mit dunkel olivfarbenen bis schwarzen Flecken oder Sprenkeln überzogen; die Flecken verschmelzen nie zu Streifen oder Bändern. Im Gegensatz zu anderen Wasserfroschformen sind die Oberseiten der Oberschenkel und der Lendenbereich nicht gelb pigmentiert, die Schallblasen der Männchen sind dunkelgrau oder schwärzlich. Eurasische Seefrösche können auf der Grundlage verschiedener molekularer Merkmale klar von *P. kurtmuelleri* und anatolisch-westasiatischen Seefröschen (*P.* cf. *bedriagae*) sowie eng verwandten Arten, z. B. *Pelophylax bedriagae* und *Pelophylax terentievi*, abgegrenzt werden.

Synonyme. Die hier aufgeführte Liste enthält sowohl echte Synonyme als auch eine Kombination von Art-Epitheta mit verschiedenen Gattungs- und Untergattungsnamen. Eine detaillierte nomenklatorische Analyse findet sich bei DUBOIS und OHLER (1994a) und FROST (2021).

Rana ridibunda Pallas, 1771: 428. Syntypen: Verbleib unbekannt. – Terra typica: versus mare Caspium; Volgae et Iaico (gegenüber dem Kaspischen Meer, Wolga und Fluss Yaik [Ural]), Russland und Kasachstan; ungerechtfertigt eingegrenzt von Mertens und Müller (1928: 20) auf „Gurjew Gorodok <...> Jaik und alle Nebenwasser <...>" [= Stadt Atyrau und Fluss Ural, NW Kasachstan] ohne Angabe namensgebender Typen.

Rana ridibunda caspica Falk, 1785: 412. Syntypen: unbekannt. – Terra typica: An der unteren Wolga, Russland. Nomen nudum.

Rana ridibunda wolgensis Falk, 1785: 412. Syntypen: unbekannt. – Terra typica: An der unteren Wolga, Russland. Nomen nudum.

Bufo ridibundus – Bonnaterre (1789: 15).

Rana aquatica viridis Doengink, 1857: 250. Syntypen: unbekannt. – Terra typica: Umgebung Kischinaus [jetzt Chişinău, Moldawien]. Nomen nudum.

Rana fortis Boulenger, 1884: 221. Syntypen: MCZ.6822–30 (nach Barbour und Loveridge 1929: 327), ZISP.1397.1-2 (nach Milto und Barabanov 2011: 146), MNHNP.84.254–256 (nach Guibé 1950: 36) und MNHNP.1884.255 (ausgewählt als Lectotypus durch Dubois und Ohler 1994a: 170). – Terra typica: seeartige Ausbuchtung des Flusses Spree, bei Berlin, Norddeutschland.

Rana esculenta var. *ridibunda* – Boulenger (1885: 666).

Rana esculenta var. *hungarica* Nussbaum, 1886: 68. Nomen nudum.

Rana (*Baliopygus*) *ridibunda* – Schulze (1891: 177).

Rana esculenta var. *maxima* Prazák, 1898: 207. Syntypen: unbekannt. – Terra typica: Elbebene (Elbeniederung).

Rana esculenta ridibunda – Lindholm (1902: 390).

Rana florinskii Kastschenko und Šipaćev, 1914: 233. Syntypen: vermutlich im ZMTSU (Fominykh und Chernyak 2012: 129). – Terra typica: Großer Wilder See bei Tomsk, Russland.

Rana mangischlakensis Ahl, 1925: 19. Holotypus: ZMB 7723. – Terra typica: Mangischlak [Mangyschlak, Halbinsel am Ostufer des Kaspisees, Kasachstan].

Rana ridibunda ridibunda – Terentjev (1923: 35).

Rana (*Pelophylax*) *ridibunda* – Dubois (1992: 332).

Pelophylax ridibundus – Frost et al. (2006: 369).

In früheren Veröffentlichungen wurde der Seefrosch auch unter dem wissenschaftlichen Namen „*Rana esculenta*" (Eichwald 1831, Boettger 1880) und „*Rana viridis*" (Czernay 1851) geführt.

Um die Stabilität des Namens „*ridibundus*" zu gewährleisten, sollte ein Neotypus festgelegt werden. Dieser sollte nicht aus dem Bereich der von Mertens und Müller (1928) vorgeschlagenen Typuslokalität stammen, da hier die eurasische Linie mit der anatolisch-westasiatischen überlappt (s. o.). Da sich die meisten Publikationen, in denen der Name „*ridibundus*“ Verwendung findet, auf europäische Seefrösche beziehen und anatolische Frösche gewöhnlich unter den Namen „*bedriagae*“ oder „cf. *bedriagae*“ geführt werden (z.B. AKIN et al. 2010b, PLÖTNER et al. 2010, 2012), sollte der Name „*ridibundus*“ auch weiterhin eurasischen Seefröschen vorbehalten bleiben.

Beschreibung. Maße und Lebendmassen: PALLAS (1771) beschreibt *P. ridibundus* als „handgroßen“, meist ein halbes Pfund schweren Frosch. Männliche Seefrösche erreichen in seltenen Fällen maximale Kopf-Rumpf-Länge (KRL) von ca. 128 mm (SAVCHUK 2009), Weibchen von 165–170 mm (LINDHOLM 1902). Solche ungewöhnlich großen Exemplare wurden im westlichen und östlichen Teil der Osteuropäischen Ebene gefunden, u. a. bei Czernowitz, Belgorod und in Kasachstan. Hier scheinen Seefrösche sehr alt und folglich auch sehr groß zu werden, da die KRL mit dem Alter der Tiere korreliert (OKULOVA et al. 1997, IVANOVA 2002, FOMINYKH und LYAPKOV, 2010, 2011, SOCHA und OGIELSKA 2010). Auch aus anderen zur Osteuropäischen Ebene gehörenden Gebieten wurden ungewöhnlich große Exemplare beschrieben. So fanden KLIMOV et al. (2000) im Oblast Lipezk (Russland) Männchen mit KRL von 115 mm und Weibchen von 154 mm. Im Oblast Moskau (Russland) hatte das größte, je gefangene Weibchen eine KRL von 150 mm (CHERNYSHOV 2005).

Mitteleuropäische Seefrösche können vergleichbare Werte erreichen (SCHREIBER 1912, JUSZCZYK 1974, GÜNTHER 1990, SCHRÖER 1997, KACZMARSKI und KNIOŁA 2016), allerdings überschreiten Männchen nur selten KRL von ca. 100 mm und Weibchen von 140 mm (GÜNTHER 1990). Über ein 182 mm großes Tier (wahrscheinlich ein Weibchen) aus den Paretzer Tonstichen (Brandenburg, Deutschland) berichten STRECK und WISNIEWSKI (1961). Damit lag die KRL dieses Tieres noch über dem von SCHREIBER (1912) angegebenen Maximalwert von 170 mm. SCHRÖER (1997) gibt die Maximallängen westfälischer Seefrösche mit 118 mm für männliche Tiere und 126 mm für weibliche an. In Polen beträgt der Längenrekord eines weiblichen Tiers 135 mm (BERGER 2000), Männchen können hier KRL von 110 mm erreichen (JUSZCZYK 1987, BERGER 2000). In einer 522 Weibchen umfassenden Stichprobe waren 13 (2,5 %) mehr als 120 mm lang, das größte Tier wies eine KRL von 130 mm auf (SKRZYPIEC 1964, JUSZCZYK 1987). Weibchen mit KRL von 123 und 130 mm wurden in Nordpolen gefunden (BERGER 2000, KACZMARSKI und KNIOŁA 2016, RYBACKI 2018).

Auf der dänischen Insel Bornholm erreichen Weibchen KRL von 117 mm und Männchen von 95 mm, wobei die mittlere, populationsspezifische KRL offensichtlich in Beziehung zur Gewässermorphologie steht. Seefrösche, die in größeren und tieferen Gewässern lebten, wiesen mittlere KRL von 87,9 mm (Weibchen) und 80,0 mm (Männchen auf), für Individuen, die kleine und flache Gewässer besiedelten, betrugen die entsprechenden Werte 83,1 mm und

77,0 mm (RYBACKI und FOG, unveröff.). Wahrscheinlich erreichen Seefrösche, die größere und ökologisch stabilere Gewässer bewohnen, auch ein höheres Lebensalter, was sich in der KRL widerspiegelt (s. o.).

Seefrösche, die in Regionen außerhalb ihres natürlichen Verbreitungsgebiets eingeführt wurden, können ebenfalls stattliche KRL erreichen (Tab. 19). So gibt YAKOVLEV (1990) für die Republik Altai (Russland) Maximalwerte von 105 mm für Männchen und 119 mm für Weibchen an. Eine KRL von 151 mm ermittelte GORODILOVA (2008) bei einem chakassischen (sibirischen) Seefrosch, wahrscheinlich einem Weibchen. Im Ural (Reftinski-Stausee) wurde ein 132 mm langes Weibchen gefangen (IVANOVA und ZHIGALSKIY 2011).

In Tab. 19 sind geschlechtsspezifische mittlere KRL für Seefroschpopulationen aus verschiedenen europäischen Regionen zusammengefasst. Weibchen sind im Mittel größer als Männchen (BERGER 1976, 2008, BRZOSKA 1980, SZCZERBAK und SZCZERBAN 1980, ALEKSANDROVSKAYA 1981, KUBANTSEV und ZHUKOVA 1982, KRATOCHVIL 1984, JUSZCZYK 1987, RYBACKI 1994a, LADA et al. 1995, GAVRILOVIĆ et al. 1999, KLIMOV et al. 2000, DŽUKIĆ et al. 2003, KHLUS und

Tab. 19: Mittlere Kopf-Rumpf-Längen (KRL) von *P. ridibundus* in verschiedenen Teilen seines natürlichen Areals und in einigen Regionen, in denen die Art eingeführt wurde (*). Alle Werte gerundet.

Region/Gebiet	KRL (mm)		Referenz
	Männchen	Weibchen	
Nordwesteuropa	77–84	77–99	RYBACKI (1994a), RYBACKI und FOG (unveröff. Daten)
West- u. Mitteleuropa	62–88	64–90	KRATOCHVIL (1984), RYBACKI (1986), SCHRÖER (1997), BURA et al. (2007), TRYJANOSKI et al. (2006), BERGER (2008), MAYER et al. (2013), KARAICA et al. (2016)
Osteuropäische Tiefebene (westlicher Teil)	64–87	71–96	SMIRNOV und KHLUS (2005), MIKITINEZ und SURYADNA (2007), VYACHINA (2013)
Osteuropäische Tiefebene (östlicher Teil), westliches Kasachstan	68–97	76–98	KUBANTSEV und ZHUKOVA (1982), LADA et al. (1995), FAYZULIN et al. (2013b), YERMOKHIN et al. (2017), eigene Daten
Ural (Russland)*	54–55	60–113	FOMINYKH und LYAPKOV (2010), IVANOVA und ZHIGALSKIY (2011), BOLSHAKOV und IVANOVA (2013)
Kamtschatka (Russland)*	63–79	54–87	ROMANOVA et al. (2020), eigene Daten

SMIRNOV 2004, PESKOV und KOTSERZHINSKAYA 2004, SMIRNOV und KHLUS 2005, TRYJANOSKI et al. 2006, BURA et al. 2007, MIKITINEZ und SURYADNA 2007, NIKASHIN 2007, GORODILOVA 2008, FOMINYKH und LYAPKOV 2010, REMINNYI 2010, SOCHA und OGIELSKA 2010, PESKOV et al. 2012, MAYER et al. 2013, VYACHINA 2013, ZHELEV et al. 2013a, PESKOV und PETRENKO 2014). Diese generelle Regel scheint allerdings nicht für alle Populationen gültig zu sein, da in einigen Populationen die untersuchten Männchen größer als die Weibchen waren (ALEKSANDROVSKAYA 1981, KUBANTSEV und ZHUKOVA 1982, OKULOVA et al. 1997, RUCHIN et al. 2005a, ROMANOVA et al. 2020).

Populationen, in denen eingeführte (allochthone) Seefrösche leben (speziell *P. kurtmuelleri* und *P.* cf. *bedriagae*), sind gesondert zu betrachten, da hier nicht nur verschiedene Arten oder Linien, sondern auch Hybriden vorkommen können, die einen hohen Heterozygotiegrad und damit u. U. größere KRL aufweisen. So fand BRZOSKA (1980) ungewöhnlich große Exemplare im Botanischen Garten der Universität Bonn (Deutschland), wo 1972 Frösche ausgesetzt wurden, die wahrscheinlich vom Balkan und aus der Türkei stammten. Die Männchen waren hier im Mittel 87 mm und die Weibchen 112 mm groß, die Extremwerte betrugen 97 mm (Männchen) bzw. 120 mm (Weibchen). Auch in der Umgebung von Saint Petersburg (NW-Russland) wurden Seefrosch-Populationen gefunden, die auf Aussetzungen zurückgehen. Die aus diesen Populationen stammenden Männchen wiesen mittlere KRL von 79 mm auf, das größte Tier maß 95 mm. Für die Weibchen betrugen die korrespondierenden Werte 91 mm und 110 mm (MILTO et al. 2022). In verschiedenen sibirischen Populationen, die ausschließlich aus allochthonen Tieren bestehen, wurden mittlere KRL von 76–91 mm (Männchen) bzw. 79–95 mm (Weibchen) berechnet (YAKOVLEV 1990, GORODILOVA 2008). Auch auf der Halbinsel Kamtschatka, im ostasiatischen Teil Russlands, wurden Seefrösche (Männchen) ausgesetzt, die hier ermittelten KRL variierten zwischen 66 und 87 mm, die Mittelwerte betrugen 63–79 mm für die männlichen und 54–87 mm für die weiblichen Tiere (ROMANOVA et al. 2020, eigene Daten). ESINA (2006) gibt für kamtschadalische Seefrösche (Männchen und Weibchen) die mittlere KRL mit 86 mm und die Extremwerte der KRL mit 60–106 mm an.

Die Lebendmasse (LM) hängt maßgeblich von der Körpergröße, dem Ernährungszustand (im Spätsommer sind die Tiere schwerer als im zeitigen Frühjahr) und bei Weibchen auch von der Masse der Ovarien ab (diese ist im Mai und Juni höher als im Zeitraum August bis September). Nach SCHREIBER (1912: 268) kann *P. ridibundus* (Weibchen) ca. 300 g schwer werden. Das nachweislich schwerste Weibchen stammte aus dem Wisła-Fluss (Toruń in Polen) und wog 270 g (ANDRZEJEWSKI et al. 1962, BERGER 1982).

In der Regel sind Weibchen schwerer als gleichaltrige Männchen (BERGER 1977, MIKITINEZ und SURYADNA 2007, MAYER et al. 2013, YERMOKHIN et al. 2017). In manchen Gebieten scheint dieser Geschlechtsdimorphismus allerdings nicht oder nur geringfügig ausgeprägt zu sein. So wiesen in der unteren Wolgaregion (Oblast Wolgograd, Russland) beide Geschlechter annähernd die gleichen LM auf (KUBANTSEV und ZHUKOVA 1982).

Die LM kann auch regional stark variieren. In der südlichen Ukraine wogen männliche Tiere im Mittel 30,5 g und weibliche 38,3 g (MIKITINEZ und SURYADNA 2007). Im Wolga-Delta waren die von DINH et al. (2013) untersuchten Frösche (Hybriden zwischen *P. ridibundus* und *P.* cf. *bedriagae*) im Mittel 92,7 g schwer, IDELSON und Vonyukov (1938) ermittelten hier LM zwischen 15 und 245 g. Im südlichen Bereich der Wolga (Oblast Samara, Russland) erreichten Männchen LM von 152 g und Weibchen von 181 g, die Mittelwerte variierten bei den Männchen zwischen 35,1 und 47,6 g und bei den Weibchen zwischen 47,4 und 79,4 g (YERMOKHIN et al. 2017). Die mittlere LM der von IVANOVA (2002) untersuchten, aus dem Reftinski-Stausee (Ural) stammenden Weibchen betrug 174,4 g, das schwerste Tier wog 268 g.

MAYER et al. (2013) geben für Männchen aus Bayern (Deutschland) Werte von 36–138 g ($\bar{x}$ = 85,3 g) und für Weibchen von 33–175 g ($\bar{x}$ = 97,3 g) an. In einer aus 152 Männchen und 80 Weibchen bestehenden westfälischen Stichprobe (Deutschland) variierten die LM von 19–135 g (Männchen) und 13–240 g (Weibchen), die arithmetischen Mittel und Standardabweichungen betrugen 67,6 ± 26,80 g (Männchen) und 75,8 ± 56,70 g (Weibchen) (SCHRÖER 1997). In Wielkopolska (Polen) variierten die LM geschlechtsreifer Weibchen (KRL 74–117 mm) zwischen 39,2 und 171,8 g ($\bar{x}$ = 85,8 g), für männliche Tiere (KRL 62–97 mm) wurden Werte von 20,5–84,5 g ($\bar{x}$ = 55,7 g) ermittelt (BERGER 2008). Seefrosch-Weibchen (KRL 82–130 mm) aus südostpolnischen Populationen wogen 50–252 g und Männchen (KRL 68–110 mm) 30–103 g (SKRZYPIEC 1964, JUSZCZYK 1987). Die größten Weibchen (KRL 120-130 mm) erreichten hier vor der Eiablage LM von 185–252 g (SKRZYPIEC 1964, JUSZCZYK 1987).

Wie eine Studie aus Kamtschatka zeigte, können die LM auch zwischen dicht beieinander liegenden Populationen stark differieren. So hatten Männchen aus dem Khalaktyrsky-See eine mittlere LM von 51 g und Weibchen von 76 g während im ca. 32 km entfernten Fluss Paratunka die Männchen im Mittel 30 g und die Weibchen 24 g wogen (ROMANOVA et al. 2020). Diese extremen Unterschiede (vor allem bei den Weibchen) hängen mit dem Alter der Tiere zusammen: Im Khalaktyrsky-See waren die Männchen im Mittel 4,2 Jahre und die Weibchen 4,5 Jahre alt, für den Fluss Paratunka betrugen die korrespondierenden Werte 3,0 und 2,1 Jahre.

Äußere Merkmale: Der Kopf ist konvex, in den meisten Fällen etwas breiter als lang (Kopflänge/Kopfbreite: 0,76–1,04) und dreieckig mit ovalem Maul. Die dorsal angeordneten Augen sind relativ groß und vorstehend. Das Trommelfeld ist rund bis leicht birnenförmig, sein Durchmesser ist um den Faktor 0,63 kleiner als der Augendurchmesser (Min.–Max.: 0,50–0,88).

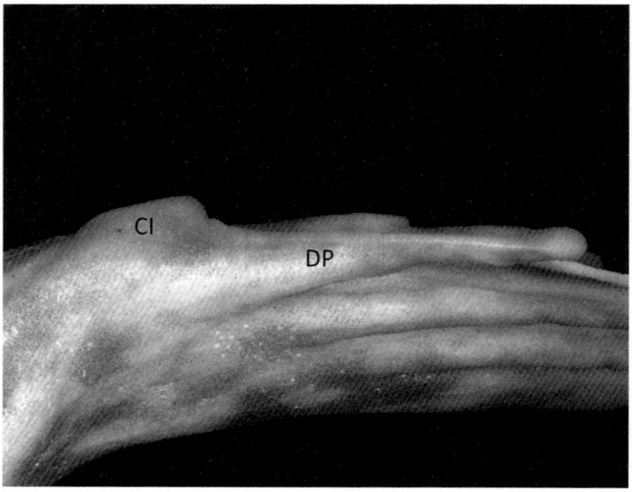

Abb. 37: Charakteristisch geformter Fersenhöcker (Callus internus, CI) und 1. Zehe (Digitus primus, DP) von *P. ridibundus*. Aus PLÖTNER (2010).

Tab. 20: Minima und Maxima (gerundet) verschiedener morphomtrischer Indizes von *P. ridibundus* nach PLÖTNER (2005)[a], LADA (2012)[b] und GÜNTHER (1990)[c]. AL: Augenlänge (Augendurchmesser, horizontal zwischen den knöchernen Orbitalrändern gemessen), ANA: Abstand zwischen Auge (Oculus) und Nasenloch (Naris), CIL: Länge des Fersenhöckers (Callus internus), KB: Kopfbreite, KL: Kopflänge, KRL: Kopf-Rumpf-Länge, TD: Durchmesser des Trommelfells (Tympanum), TL: Länge des Unterschenkels (Tibia), DPL: Länge der 1. Zehe (Digitus primus).

Index	Min.–Max.
KRL/KB	2,5–3,7[a, b]
KL/KB	0,76–1,04[b]
KL/AL	2,9–4,4[b]
KL/TD	3,6–6,6[b]
KRL/TL	1,7–2,4[a, b]
KRL/CIL	17,4–25,4[a]
DPL/CIL	2,3–3,9[a]
TL/CIL	7,6–14,4[a, b, c]
KB/CIL	6,3–9,3[a]
ANA/CIL	3,1–4,7[a]

Die Finger sind spitz und besitzen markante subartikulare Tuberkel. Die Hinterextremitäten sind gut entwickelt, ihre Länge entspricht in etwa der KRL (Verhältnis Extremitätenlänge/KRL: 0,91–1,32; $\bar{x} = 1,00$). Der Fuß ist etwa halb so lang wie der Unterschenkel. Der Fersenhöcker (Callus internus) ist flach-zylindrisch und eher unscheinbar, in der Seitenansicht dreieck- oder walzenförmig (HOTZ 1974, GÜNTHER 1990, Abb. 37). Das quantitative Verhältnis zwischen 1. Zehe (Digitus primus) und Fersenhöcker übersteigt einen Wert von 2,3 und das Verhältnis zwischen Tibialänge und Höckerlänge liegt in der Regel über 8,5 (BLANKENHORN et al. 1971, PLÖTNER 2005, Tab. 20). Zwischen den Zehen sind Schwimmhäute ausgeprägt. Die Haut ist glänzend, auf der Dorsalseite etwas warzig, auf der Bauchseite glatt. Die dorsolateralen Drüsenleisten sind deutlich sichtbar (GÜNTHER 1990, PLÖTNER 2005, LADA 2012, eigene Daten). Deutliche Unterschiede in bestimmten Körperproportionen können sowohl zwischen Tieren einer Population als auch zwischen Individuen verschiedener Populationen beobachtet werden.

Färbung: Die Färbung ist sehr variabel. Die Grundfarbe der Dorsalseite ist meist grün oder braun, mitunter auch eine Mischung aus beiden Farbtönen. Manche Tiere sind auch olivgrün oder grau gefärbt. In verschiedenen ukrainischen Populationen lag der Anteil grün gefärbter Tiere zwischen 7 und 60 %, der der braun gefärbten zwischen 13 und 70 %, 14–44 % der Tiere wiesen einen „gemischten" grünbraunen Farbton auf (NEKRASOVA 2002b, 2013). In der autonomen Republik Mari El (Russland) dominierten grün gefärbte Männchen (47 %), während unter den Weibchen braun gefärbte Tiere mit 42 % in der Mehrheit waren (SVININ 2016).

Mitteleuropäische Seefrösche sind nach GÜNTHER (1990) größtenteils olivbraun gefärbt, wobei der Rücken nicht selten dunkler ist als die Körperseiten und der Kopf und besonders bei den Männchen während der Fortpflanzungszeit oftmals heller erscheint. Die Grundfarbe der Oberseite kann auch bräunlich oder gelblich ohne Grünanteil sein oder ins Gräuliche spielen. Grasgrüne Tiere, wie sie für *P. lessonae* und *P. esculentus* typisch sind, kommen bei mitteleuropäischen Seefröschen kaum vor und noch seltener sind bläulich gefärbte Tiere (GÜNTHER l. c.).

Viele Tiere haben eine schmutzig weiße, hellgelbe, blass- oder hellgrün gefärbte Vertebrallinie (Linea vertebralis, auch als Dorsallinie, Dorsal- oder Vertebralstreifen bezeichnet), die auf Höhe der Nasenlöcher beginnt und bis zum Körperende (Os coccygis) reicht. Wahrscheinlich wird diese von einem autosomalen Gen codiert, wobei das für die Ausprägung dieser Linie verantwortliche Allel dominant vererbt wird (BERGER und ŚMIEŁOWSKI 1982). Mitunter ist die Linie unterbrochen oder weist Krümmungen auf (NEKRASOVA 2002b, SVININ 2012, 2016, eigene Daten). So verlief im Donaudelta bei 22–56 % der untersuchten Seefrösche die Vertebrallinie nicht geradlinig (NEKRASOVA 2013) und in Weißrussland wiesen 0,3–0,5 % der Individuen eine „Zick-Zack-Linie" auf (PIKULIK 1985). Nach ZHELEV et al. (2014b) haben Frösche mit einer Dorsallinie im Vergleich zu linienlosen Tieren mehr Erythrozyten und einen höheren Hämoglobingehalt im Blut. Die Überlebenswahrscheinlichkeit während der Überwinterung soll ebenfalls höher sein. Darüber hinaus sind gestreifte Tiere vorsichtiger, reagieren schneller auf Störungen und jagen erfolgreicher (AYTBAEVA und ATAKHANOVA 1989), auch war bei diesen die Infektionsrate mit dem parasitischen Nematoden *Cosmocerca ornata* geringer (KIRILLOVA und KIRILLOV 2015). Daher verwundert es nicht, dass nur ausnahmsweise Tiere ohne Vertebrallinie auftreten. So befand sich in einer 200 Individuen umfassenden Stichprobe, die von der Insel Bornholm stammte, nur ein Tier ohne Vertebrallinie (RYBACKI, unveröff.) und lediglich 2 von 65 untersuchten Tieren aus einer polnischen Population (Poznań) waren ungestreift (Berger, unveröff.). Auch im Südwesten des europäischen Teils Russlands, in der Wolga-Region (Republik Mari El und im Wolga-Delta), Bulgarien, Weißrussland sowie in der zentralen und östlichen Ukraine dominierten Frösche mit Dorsalstreifen (BORKIN et al. 1979, PIKULIK 1985, NEKRASOVA 2002a, b, USTYUZHINA und STRELTSOV 2005, DROBENKOV et al. 2006, BELOVA 2009, SVININ 2012, 2016, FAYZULIN et al. 2013c, ZADOROZHNJAJA 2013, ZHELEV et al. 2014c, eigene Daten). Dagegen war im westlichen und zentralen Kasachstan, südlichen Ural, in der südlichen Ukraine sowie im mittleren und nördlichen Bereich der Wolga das Verhältnis gestreifter und ungestreifter Tiere nahezu ausgeglichen (BORKIN et al. 1979, FAYZULIN und CHIKHLYAEV 2001, SURYADNA 2001, 2005, CHIBILYOV 2003, SPIRINA 2007, BELOVA 2009, ZARIPOVA et al. 2009, FAYZULIN und KUZOVENKO 2012). Westlich des Urals, in den Baltischen Republiken, Moldawien und der westlichen Ukraine kommen gestreifte Frösche seltener vor als ungestreifte (BORKIN et al. 1979, SMIRNOV und KHLUS 2005, FAYZULIN et al. 2013c).

Auf Kamtschatka, wo die Art eingeführt wurde, besaßen 57–58 % der Individuen einen hellen Dorsalstreifen (BELOUSOVA 2013, ROMANOVA et al. 2020). Auch in Jekaterinburg (Uralgebirge) überwog der Anteil gestreifter Individuen (89–93 %), allerdings nur innerhalb der Stadt, außerhalb dominierten ungestreifte Exemplare, im Mittel mit 67 % (VERSHININ 2008). Im Werchni-Tagil-Stausee besaßen im Jahr 1976 66 % der Individuen einen Dorsalstreifen, 1982 (7 Jahre nachdem Frösche im Stausee ausgesetzt wurden) waren es nur noch 35 % (TOPORKOVA 1985). In der Republik Chakassien (südliches Sibirien, Russland) hatten alle von KALUGINA (2010) untersuchten Individuen einen Dorsalstreifen, dagegen fehlte dieser bei sämtlichen Tieren im westsibirischen Oblast Omsk (IVASHECHKINA und KOLPAKOVA 2015, eigene Daten).

Signifikante geschlechtsspezifische Unterschiede konnten bei diesem Merkmal nicht beobachtet werden (SURYADNA 2001, USTYUZHINA und STRELTSOV 2005), es besteht jedoch eine Korrelation zur Körpergröße. Bei größeren Tieren ist der Anteil gestreifter Exemplare am höchsten (TERENTJEV 1962), was ebenfalls für eine positive Selektion dieses Merkmals (Allels) spricht. Zum Beispiel fand TOFAN (1966) in Moldawien unter den Juvenilen nur 5 % gestreifte Tiere, dagegen lag der Anteil bei den Adulten zwischen 24 und 57 %. Erhöhte Anteile (50–100 %) gestreifter Tiere wurden auch in Gewässern beobachtet, die durch Pestizide, industrielle und kommunale Abwässer oder Minenabwässer verunreinigt waren (SPIRINA 2007, BELOVA 2009, FAYZULIN und KUZOVENKO 2012, BARKHATOV und YUSUPOV 2019).

Die meisten Seefrösche haben große braune oder dunkle Flecken an Kopf und Körper (BORKIN et al. 1979). In der Zentral-Ukraine wiesen 80 % der Tiere große oder mittelgroße Flecken auf, die Anzahl dorsaler Flecken variierte von 4–31, in der Regel besaßen die Tiere zwischen 8 und 13 solcher Flecken (NEKRASOVA 2002a, b). In Moldawien und der südöstlichen Ukraine hatten lediglich 2–9 % der Seefrösche keine Dorsalflecken (TOFAN 1967, SURYADNA 2005). Tiere aus der Republik Mari El (Wolga-Region) besaßen im Mittel 16 Flecken (SVININ 2016). In Sibirien, in der autonomen Republik Chakassien, waren 60–61 % der Seefrösche gefleckt (KALUGINA 2010). Die Gliedmaßen weisen mehrere breite, dunkle Bänder auf. Bei ukrainischen Fröschen betrug die mittlere Zahl solcher Bänder 3,4 pro Vorderextremität und 10,5 pro Hinterbein (NEKRASOVA 2002a, b).

Die Kehle ist weiß oder hellgrau. Während Seefrosch-Männchen im Oblast Moskau nach unseren Beobachtungen keine Kehlzeichnung besitzen, zeigten Weibchen mitunter hell- bis dunkelgraue Punkte und Flecken. Oft sind Kehle und Bauchseite ähnlich gefärbt (SVININ 2016). In manchen Gebieten kann allerdings die Kehle gefleckt sein, während der Bauch ungefleckt ist. So waren in Chakassien 50 % der untersuchten Männchen, 22 % der Weibchen und alle juvenilen Tiere am Bauch ungefleckt, während 80–83 % der Individuen dunkel gefleckte Kehlen besaßen (KALUGINA 2010).

Im nördlichen Kasachstan hatten 40 % der Individuen vollständig und 59 % teilweise pigmentierte Kehlen; bei nur 1 % der Tiere war die Kehle unpigmentiert (PRUS und SMOLYANINOVA 1989). In der autonomen russischen Republik Mari El überwogen Frösche mit ungefleckten Kehlen und Ventralseiten geringfügig (SVININ 2012, 2016). Im südlichen Ural betrug der Anteil solcher Tiere 35 %, während 40 % der Tiere einen weißen Bauch und gefleckte Kehlen zeigten (YULDASHEVA 2015). In der Zentral-Ukraine beobachtete NEKRASOVA (2002a, b) bei 95 % der untersuchten Seefrösche gefleckte Kehlen und Bauchseiten, von diesen Tieren waren 50 % stark pigmentiert. Im Mittel wiesen 26,4 % der Ventralseiten dunkle Punkte auf. In verschiedenen westukrainischen Populationen besaßen 57–100 % der Frösche gefleckte Kehlen und 50–97 % gefleckte Bauchseiten (SMIRNOV und KHLUS 2005), für Frösche aus dem Südosten der Ukraine betrugen die entsprechenden Werte 43 % und 34–37 % (SURYADNA 2001, 2005).

Die Iris ist gelblich-kupferfarben oder metallisch gelblich-grün gefärbt (OKULOVA et al. 1997). DUBOIS (1979) erwähnt einen schwarzäugigen Seefrosch, der aus den nördlichen Niederlanden (Provinz Friesland) stammte.

Das Trommelfell ist in der Regel hellbraun, manchmal auch grün. Die Schallblasen der Männchen sind dunkelgrau bis schwarz gefärbt (BOULENGER 1920, GÜNTHER 1990), im aufgeblasenen Zustand erscheinen sie hellgrau (BORKIN 1998). In der südlichen Ukraine besaßen 89 % der von SURYADNA (2005) untersuchten Tiere einen dunklen Gesichtsstreifen.

Schädel und Postcranialskelett: Die erste Beschreibung des Schädels und der Wirbel geht auf BOLKAY (1908) zurück, der ungarische Frösche untersuchte. Eine vergleichende osteologische Analyse mitteleuropäischer Wasserfrösche einschließlich *P. ridibundus* wurde von BÖHME und GÜNTHER (1979) durchgeführt. Nach diesen Autoren stellen das dorsale Relief der Frontoparietalia zusammen mit der Form der Ilia geeignete Merkmale zur Differenzierung der mitteleuropäischen Wasserfroschformen *P. ridibundus*, *P. lessonae* und *P. esculentus* dar. ROČEK (1980) verglich die Frontoparietalia europäischer Raniden, die heute den Gattungen *Rana* und *Pelophylax* angehören. Die Variation osteologischer Merkmale (Frontoparietalia, Ilia, Ossis squamosa, Parasphenoid, Scapula und Humerus) untersuchte RATNIKOV (2001) an Seefröschen aus der osteuropäischen Tiefebene. Einen Vergleich der Schädel männlicher und weiblicher Tiere aus dem Oblast Saporischschja (Ukraine) führten PYSANETS and KUKUSHKIN (2016) durch. Weitere Angaben können dem Kapitel „Anatomie europäischer Wasserfrösche“ entnommen werden.

Molekulare Merkmale. Serologie und Immunologie: Mittels Hämagluttinationstests untersuchten KOTHBAUER und SCHENKEL-BRUNNER (1978) die immunologischen Eigenschaften von Eiern österreichischer Seefrösche. Gegenüber verschiedenen Antiseren zeigte der Laich von *P. ridibundus* und *P. lessonae* spezifische Reaktionen. Die bei *P. esculentus* beobachteten Reaktionen stimmten entweder mit denen einer Elternart (*P. lessonae* oder *P. ridibundus*) oder mit denen beider Arten überein, was als Beweis für den Hybridcharakter des Teichfroschs gewertet wurde.

Auf der Grundlage von Mikrokomplementfixationstests wurden in den 1980er-Jahren die immunologischen Beziehungen zwischen *P. ridibundus* und anderen Wasserfroscharten analysiert (UZZELL 1978, HOTZ und UZZELL 1982, UZZELL 1982a, UZZELL und TUNNER 1983); u. a. konnte gezeigt werden, dass die immunologischen Distanzen zwischen *P. ridibundus* und *P. lessonae* geringer waren als die zwischen *P. ridibundus* und *Pelophylax perezi* (UZZELL 1982a).

Proteine und Enzyme: Bereits PAULOV und KMETOVA (1964) sowie STRAUTMAN et al. (1964) untersuchten Proteine des Blutplasmas von Seefröschen aus der Slowakei bzw. der Ukraine. Nachdem sich herausstellte, dass die Formen des mitteleuropäischen Wasserfroschkomplexes (*P. esculentus*-Komplex) auf der Basis von Elektrophoresen des Serumalbumins differenziert werden können, fand diese Technik in vielen Studien zur Struktur von Wasserfroschpopulationen und Verbreitung der einzelnen Formen Verwendung (FLINDT et al. 1968, TUNNER 1970, 1972, 1973, ENGELMANN 1973, HEMMER 1973, 1977, 1979, TUNNER und UZZELL 1974, WIJNANDS und VAN GELDER 1976, WIJNANDS 1976, 1977, 1978, EBENDAL 1977, GÜNTHER und LÜBCKE 1979, KOREF-SANTIBAÑEZ und GÜNTHER 1980, BORKIN et al. 1986).

Auch andere Proteine bzw. Enzyme wurden und werden z. T. immer noch routinemäßig zur Genotypisierung von Wasserfröschen verwendet (u. a. ENGELMANN 1974, UZZELL und BERGER 1975, KAWAMURA und NISHIOKA 1979, UZZELL und HOTZ 1979, BALLETTO et al. 1986, GÜNTHER et al. 1991, KOTLÍK und ŠULOVÀ 1994, SINSCH und EBLENKAMP 1994, MOROZOV-LEONOV und MEZHZHERIN 1995, MEZHZHERIN und MOROZOV-LEONOV 1996, PAGANO et al. 1997, 2001a, b, 2003, MOROZOV-LEONOV 1998, SCHMELLER 1999, SPASIC-BOSKOVIC et al. 1999, MOROZOV-LEONOV et al. 2003, SCHMELLER et al. 2007, MEZHZHERIN et al. 2009b, KRIZMANIĆ und IVANOVIĆ 2010, HOTZ et al. 2013). Insbesondere das Enzym Laktatdehydrogenase (*Ldh*) ermöglicht eine nahezu fehlerfreie Differenzierung zwischen *P. ridibundus* und den anderen mitteleuropäischen Wasserfroschformen. So konnten bei *P. ridibundus* für den *ldhB*-Locus zwei Allelprodukte nachgewiesen werden, die sich in ihrer Wanderungsgeschwindigkeit im elektrischen Feld deutlich von *lessonae*-spezifischen Allelprodukten unterscheiden und dadurch eine Differenzierung zwischen *P. ridibundus*, *P. lessonae* und der Hybridform *P. esculentus* ermöglichen (GÜNTHER und HÄHNEL 1976, VOGEL und CHEN 1976, 1977, GÜNTHER und KOREF-SANTIBAÑEZ 1983, MEZHZHERIN und MOROZOV-LEONOV 1994, LODÉ und PAGANO 2000, MEZHZHERIN et al. 2012). Darüber hinaus wurde gezeigt, dass der *ldhB*-Locus sowohl in somatischen als auch in weiblichen Keimzellen (primäre Oozyten) exprimiert wird; dieses Enzym diente deshalb auch als Marker zur Bestimmung der Genomkomposition von Wasserfroscheiern (GRAF et al. 1977, HEPPICH et al. 1982, HOTZ und UZZELL 1983, HOTZ et al. 1985, SCHMELLER et al. 2001b, MIKULÍČEK et al. 2015, LITVINCHUK et al. 2015b, BIRIUK et al. 2016, ČAVLOVIĆ et al. 2018, SVININ et al. 2021).

CHEN und STUMM-ZOLLINGER (1986) analysierten Proteinsynthesemuster in Oozyten und frühen Embryonalstadien schweizerischer Wasserfrösche mittels Isotopenmarkierung in Kombination mit elektrophoretischen Methoden. Die bei *P. ridibundus* beobachteten Muster unterschieden sich deutlich von denen des Kleinen Wasserfroschs (*P. lessonae*), stimmten aber mit den Mustern überein, die beim Teichfrosch (*P. esculentus*) gefunden wurden, was sich aus den hybridogenetischen Reproduktionsmodi der Hybridform ergibt (siehe Kapitel „Vererbungsmodi hybridogenetischer Hybriden“).

MEZHZHERIN und PESKOV (1992) untersuchten die genetische Variabilität von Seefrosch-Populationen aus dem Kaukasus und Mittelasien auf der Grundlage von 31 proteincodierenden Loci. Danach gehören die in Tadschikistan lebenden Wasserfrösche nicht zum Taxon *ridibundus*, sondern repräsentieren zwei eigenständige Arten: *P. terentievi* und eine noch unbeschriebene Art, die am Fluss Syrdarja gefunden wurde. Genetische Unterschiede waren auch innerhalb des Taxons *ridibundus* sichtbar. So betrugen die genetischen Distanzen (NEI 1975) zwischen östlichen und westlichen Populationen (*ridibundus* sensu stricto) 0,08–0,10. Eine klare Differenzierung zwischen diesen Gruppen ermöglichen die für die Enzyme Malatenzym-S und Esterase-1 codierenden Loci (MEZHZHERIN und PESKOV 1992, vgl. auch MEZHZHERIN 1997).

DNA. *Mitochondriale DNA:* Die ersten Studien mitochondrialer DNA (mtDNA) basierten auf Restriktionsfragmentlängenpolymorphismen (RFLP) (SPOLSKY und UZZELL 1984, 1986, MONNEROT et al. 1985). Ab Ende der 1990er-Jahre wurden RFLP-Analysen durch Sequenzierungen abgelöst. BERSCHICK (1997) entwickelte Universalprimer und verwendete diese zur Amplifikation eines Segments des mitochondrialen *12SrRNA*-Gens von *P. ridibundus*. Mittels der von KOCHER et al. (1989) publizierten Universalprimer sequenzierte PLÖTNER (1998) ein 378 Basenpaare (bp) langes Segment des *12SrRNA*-Gens verschiedener westpaläarktischer Wasserfroscharten, u. a. von Seefröschen und verwandten Formen aus Deutschland, Serbien, Mazedonien, Griechenland, Georgien, Turkmenistan und Usbekistan. Im Ergebnis von Sequenzvergleichen wurden deutliche Unterschiede zwischen den europäischen Arten (*P. ridibundus*, *P. kurtmuelleri*) und Fröschen vom Kaukasus und aus Mittelasien sichtbar. Dieser Befund konnte in der Folgezeit durch weitere Untersuchungen bestätigt werden (PLÖTNER et al. 2001, 2010, 2012, PLÖTNER und OHST 2001, LYMBERAKIS et al. 2007, HOLSBEEK et al. 2008, OHST 2008, AKIN et al. 2010a, b, BÜLBÜL et al. 2011, HOTZ et al. 2013, ERMAKOV et al. 2013, ZAKS 2013, DUBEY et al. 2014, LEUENBERGER et al. 2014, RADOJIČIĆ et al. 2015, HOFMAN et al. 2016b). Dabei wurde auch sichtbar, dass zwischen mitteleuropäischen Seefröschen (*P. ridibundus* sensu strictu) und vom Balkan stammenden Individuen (*P. kurtmuelleri*) nur geringe Sequenzdivergenzen bestehen (PLÖTNER 1998, PLÖTNER et al. 2001, PLÖTNER und OHST 2001, LYMBERAKIS et al. 2007, AKIN et al. 2010b, HOFMAN et al. 2016b). Über alle mitochondrialen Gene mit Ausnahme der Kontrollregion gemittelt, beträgt der Sequenzunterschied ca. 1,1 % (HOFMAN et al. 2016b; siehe auch Abb. 35, Kapitel „*Pelophylax kurtmuelleri*“), was von PLÖTNER (2005) u. a. als Indiz für die Konspezifität von *P. ridibundus* und *P. kurtmuelleri* gewertet wurde. Dieser Auffassung wird heute nicht mehr gefolgt, nicht zuletzt, weil sich bei Wasserfröschen mitochondriale Daten aufgrund weit verbreiteter Hybridisierungsprozesse und des damit einhergehenden horizontalen (interspezifischen)

Transfers mitochondrialer Genome (PLÖTNER et al. 2008, AKIN et al. 2010a) nur bedingt zur Klärung phylogenetisch-systematischer Fragen eignen. So besitzt in Mitteleuropa ein großer Teil der Seefrösche mtDNA des Kleinen Wasserfroschs (*P. lessonae*), in manchen Populationen sind davon mehr als 90 % der Individuen betroffen (SPOLSKY und UZZELL 1986, PLÖTNER 1998, OHST 2008, PLÖTNER et al. 2008, HOFMAN et al. 2012, MIKULIĆEK et al. 2014, HAWLITSCHEK et al. 2015, HOFFMANN et al. 2015, LITVINCHUK et al. 2020, ZANGL et al. 2020). Diese Introgression verläuft nach den bisherigen Erkenntnissen unidirektional, d. h. vom *P. lessonae*- in den *P. ridibundus*-Genpool (PLÖTNER et al. 2008). Der umgekehrte Fall, nämlich die Introgression *ridibundus*-spezifischer mtDNA in den *lessonae*-Genpool, scheint nicht vorzukommen (PLÖTNER et al. 2008). Lediglich ZANGL et al. (2020) berichten über je ein *lessonae*-Individuum aus Deutschland und Österreich mit angeblich *ridibundus*-spezifischer mtDNA. Da diese Tiere nur auf morphologischer Basis bestimmt wurden, ist eine Verwechslung mit *P. esculentus* nicht auszuschließen.

Eine nahezu vollständige, von einem polnischen Seefrosch stammende Sequenz eines mt-Genoms (15 378 bp, ohne Kontrollregion) wurde erstmalig von HOFMAN et al. (2012) publiziert. Die darauf lokalisierten proteincodierten Gene (*atp6*, *atp8*, *co1-3*, *nd1-6*, *nd4L*, *cytB*) umfassen 11 302 bp. Weiterhin liegen auf diesem mt-Genom noch 22 *tRNA*-Gene mit Längen zwischen 65 und 74 bp, das *12SrRNA*-Gen (932 bp) und das *16SrRNA*-Gen (1 587 bp) sowie eine Kontrollregion unbekannter Länge, die zwischen dem *cytB*-Gen und einem *tRNA*-Cluster lokalisiert ist. Neun Regionen des Genoms enthielten insgesamt 43 intergenische Spacer, die 1–32 bp lang waren.

Vergleiche zwischen west- und ostpaläarktischen Wasserfröschen führten SUMIDA et al. (2000) auf der Grundlage von *cytB*- und *12SrRNA*-Sequenzen durch, in diese Studie wurden auch zwei russische Seefrösche einbezogen.

N u k l e ä r e D N A : Die erste Untersuchung nukleärer DNA mitteleuropäischer Wasserfrösche erfolgte mittels Fingerprinting unter Verwendung der Restriktionsendonuklease *Hae*III (PLÖTNER et al. 1994), später folgten RAPD(random amplified polymorphic DNA)-Analysen an Fröschen aus Deutschland, Ungarn, Polen und Großbritannien (FISCHER 1996, ZEISSET und BEEBEE 1998, 2003, SNELL und EVANS 2006). AFLP(amplified fragment length polymorphism)-Analysen wurden von MIKULIĆEK et al. (2014) durchgeführt, u. a. um individuelle *ridibundus*-Genome zu identifizieren und die Introgressionsrate *lessonae*-spezifischer nukleärer Gene im *ridibundus*-Genpool zu bestimmen.

Zirka 60 % des Seefrosch-Genoms bestehen aus Retroelementen und sich wiederholenden Sequenzmotiven (sogenannten Repeats) (GRAU 2016). Repetitive Sequenzen waren verschiedentlich Gegenstand von Untersuchungen, auch im Zusammenhang mit den hemiklonalen Reproduktionsmodi des Teichfroschs (siehe Kapitel „Vererbungsmodi hybridogenetischer Hybriden"). Mittels der Restriktionsendonuklease *Stu*I konnte AT-reiche (68 %), 200 oder 300 bp lange, sich tandemähnlich wiederholende Satelliten-DNA isoliert werden. Dieses als *Rr*S1 bezeichnete DNA-Element ist in den Zentromeren der fünf größten Chromosomen lokalisiert und hat einen Anteil am *ridibundus*-Genom von ca. 2,5 % (RAGGHIANTI et al. 1995, MARRACCI et al. 2011b).

Neben *Rr*S1-Elementen wurden eine Reihe weiterer repetitiver Elemente gefunden, z. B. SINE(short interspersed nuclear element)-ähnliche, über das gesamte Genom verteilte und hintereinander (tandemähnlich) angeordnete, ca. 250, 500 oder 2 050 bp lange *Rana*/*Pol* III-Elemente, die ca. 10 % des *ridibundus*-Genoms ausmachen (BUCCI et al. 1999, RAGGHIANTI et al. 1999). Ebenfalls ca. 10 % des Genoms nehmen *RlBam*HI-Elemente ein, deren Sequenz Ähnlichkeiten zu den Transposase-Sequenzen von hAT-DNA-Transposons aufweist. *RlBam*HI sind ca. 572 bp lang und ungleichmäßig über das Genom verteilt (CASOLA et al. 2004, RAGGHIANTI et al. 2004).

Ein an seinem 5'-Ende verkürztes non-LTR(long terminal repeat)-Retroelement wurde u. a. im 1. Intron des Serumalbumin-Gens (SAI1) westpaläarktischer Wasserfrösche gefunden und aufgrund seiner Homologie zu Elementen aus dem Hühnergenom als *Rana*CR1 (CR: chicken repeat) benannt (PLÖTNER et al. 2009). Durch seinen ausgeprägten Längen- und Sequenzpolymorphismus eignet sich dieser Marker zur Differenzierung westpaläarktischer Wasserfrösche und charakterisiert *P. ridibundus* als evolutionär eigenständige Linie (PLÖTNER et al. 2009, 2012, 2015). Auf der Grundlage dieser Längenpolymorphismen entwickelten HAUSWALD et al. (2012) eine einfache PCR-Methode, die es ermöglichen sollte, bestimmte Wasserfroscharten schnell und kostengünstig zu determinie-

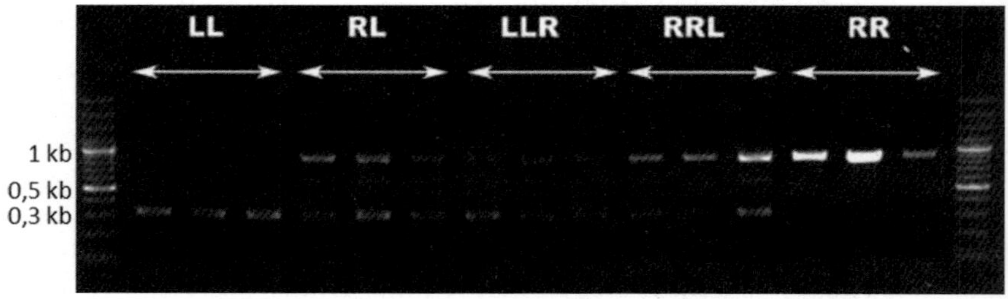

Abb. 38: Gelbild von PCR-Produkten des SAI1, die elktrophoretische Trennung erfolgte in einem 1,5%igen Agarosegel (aus HAUSWALD et al. 2012). Bei *P. lessonae* (LL) ist eine ca. 0,3 kb große Bande sichtbar, bei *P. ridibundus* (RR) umfasst das Amplifikat ca. 0,85 kb. Entsprechend seines Hybridcharakters treten sowohl bei diploiden (LR) als auch triploiden (LLR, RRL) *P. esculentus* beide Banden auf, wobei deren Farbintensität oft einen Dosiseffekt widerspiegelt, d. h. bei LLR-Individuen die L-Bande und bei RRL-Individuen die R-Bande ein intensiveres Signal zeigt.

ren. So waren die nach dieser Methode erzeugten SAI1-Amplifikate bei den untersuchten europäischen *ridibundus*-Individuen 839–843 bp lang, während sie bei griechischen Seefröschen (*P. kurtmuelleri*) 717 bp und bei *P. lessonae* nur 306 bp umfassten (Abb. 38). Verschiedene Autoren modifizierten diese Methode, indem sie die SAI1-Amplifikate einem Restriktionsverdau unterzogen (ZAKS et al. 2013, ERMAKOV et al. 2014, 2016a, b, IVANOV et al. 2015, ZAMALETDINOV et al. 2015, SVININ et al. 2015), d. h., die PCR-Produkte wurden mit Restriktasen behandelt, die die DNA an spezifischen Stellen schneiden. Da die Positionen dieser Schnittstellen artspezifisch variieren, können die „Schnittmuster" (Längenpolymorphismen der einzelnen Fragmente) für die Artdiagnose verwendet werden. So ist es mittels der von ERMAKOV et al. (2019) entwickelten, auf SAI1-Polymorphismen basierenden Multiplex-PCR-Methode möglich, zwischen *P. ridibundus*, *P.* cf. *bedriagae*, *P. lessonae* und deren Hybriden zu differenzieren.

Bei genetischen Typisierungen, die auf der Basis von SAI1-Längenpolymorphismen vorgenommen werden, ist zu berücksichtigen, dass bei *P. lessonae* neben der von PLÖTNER et al. (2009) beschriebenen, ca. 90 bp langen *Rana*CR1-Insertion weitere, ca. 480 bp lange Insertionen dieses Elements auftreten können (PLÖTNER, unveröff. Daten) und damit *lessonae*-spezifische SAI1-Amplifikate etwa die gleiche Länge wie *ridibundus*-spezifische erreichen, die eine ca. 490 bp lange *Rana*CR1-Insertion aufweisen. In solchen Fällen sollten für eine elektrophoretische Differenzierung zwischen *lessonae*- und *ridibundus*-spezifischen Amplifikaten hochauflösende Gele zum Einsatz kommen. Mittels der üblicher-

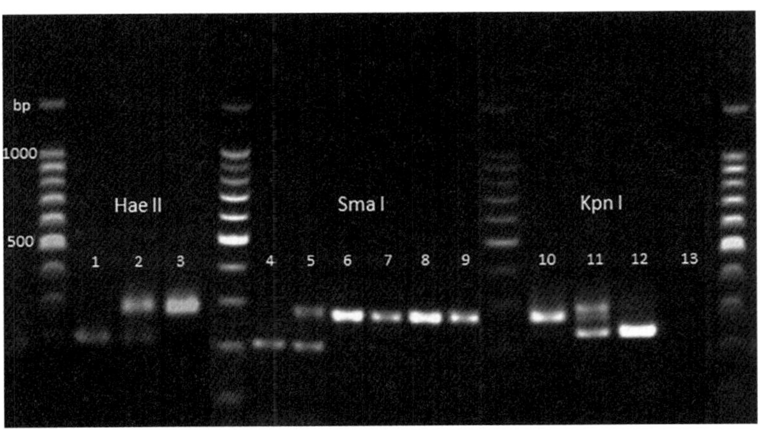

Abb. 39: Restriktionsmuster von ITS2-Amplifikaten, die mit den Restriktionsenzymen *Kpn*I, *Hae*II und *Sma*I geschnitten wurden. Spur 1, 4 und 10: *P. lessonae*; Spur 2 und 11: *P. esculentus*; Spur 3, 6 und 12: *P. ridibundus*; Spur 7–9: ungeschnittene ITS2-Segmente von *P. lessonae*, *P. esculentus* und *P. ridibundus*. Aus PATRELLE et al. (2011).

weise verwendeten 1,5–2,0%igen Agarosegele können solche geringen Längenunterschiede nicht eindeutig dargestellt werden. Wahrscheinlich liegt hier die Ursache für vermeintliche Diskrepanzen zwischen Genotypisierungen, die auf der Grundlage von SAI1-Analysen erfolgten, und den auf anderen Markersystemen bzw. morphologisch-morphometrischen Untersuchungen basierenden Befunden (MAYER et al. 2013, LEUENBERGER 2013).

Eine Kombination zwischen PCR und anschließendem Restriktionsverdau ist prinzipiell bei allen nukleären Markern möglich. PATRELLE et al. (2011) amplifizierten ein Segment des sogenannten internal transcribed spacers 2 (ITS2) und schnitten es anschließend mit den Restriktionsenzymen *Kpn*I, *Hae*II und *Sma*I. Nach den Restriktionsmustern war es möglich, zwischen *P. ridibundus*, *P. lessonae* und der Hybridform *P. esculentus* zu differenzieren (Abb. 39). Bereits OHST (2008) konnte zeigen, dass sich die ITS2-Sequenzen der meisten westpaläarktischen Wasserfroscharten unterscheiden.

Mikrosatelliten (auch STR-Marker genannt) eignen sich u. a. für populationsgenetische Untersuchungen, die ersten Wasserfrosch-spezifischen Mikrosatelliten wurden von ZEISSET et al. (2000) und HOTZ et al. (2001) analysiert. Im Vergleich zu proteinelektrophoretischen Markern sind bestimmte Mikrosatelliten polymorpher, d. h., sie weisen eine höhere Zahl lokusspezifischer Allele auf. Dadurch können die interindividuelle genetische Variabilität und genetische Unterschiede zwischen Populationen feiner aufgelöst werden (ZEISSET und BEEBEE 2003, CHRISTIANSEN 2005, HOLSBEEK et al. 2008, 2009, USMANOVA et al. 2010, ARIOLI et al. 2010, MIKULÍČEK und PIŠUT 2012, BOGOMYAKOVA et al. 2013, LEUENBERGER 2013, LEUENBERGER et al. 2014, PRUVOST et al. 2013a, 2015, STAKH et al. 2014, HOFFMANN et al. 2015, MIKULÍČEK et al. 2015, RADOJIČIĆ et al. 2015, SÁNCHEZ-MONTES et al. 2016, DUFRESNES et al. 2018, SNEGIN et al. 2019). So konnten HOFFMANN et al. (2015) auf der Grundlage von 10 polymorphen Mikrosatelliten zeigen, dass zwischen ost- und westukrainischen Seefrosch-Populationen größere genetische Unterschiede bestehen als zwischen westukrainischen Tieren und Individuen aus West- und Mitteleuropa. Weiterhin ermöglichen bestimmte Mikrosatelliten eine Differenzierung zwischen verschiedenen evolutionären Linien und Arten der westpaläarktischen Wasserfroschgruppe (HOLSBEEK et al. 2008, 2009, ARIOLI et al. 2010, PRUVOST et al. 2013a, 2015, STAKH et al. 2014, RADOJIČIĆ et al. 2015, SÁNCHEZ-MONTES et al. 2016, DUBEY et al. 2019).

Befunde zur Expression einzelner nukleärer Gene wurden von TURQUIER et al. (1999), MARRACCI et al. (2007, 2008, 2011a), MARRACCI und RAGGHIANTI (2008) und CZARNIEWSKA und PLEWA (2009) veröffentlicht.

G e n o m g r ö ß e (G e h a l t n u k l e ä r e r D N A): Basierend auf mikrodensitometrischen Messungen des DNA-Gehalts von Erythrozyten russischer und ukrainischer Seefrösche (N = 40) berechneten MAZIN und BORKIN (1979)

Genomgrößen von 14,2–16,0 pg, das entspricht einem prozentualen Unterschied von 11,9 %. Das ermittelte Minimum von 14,2 pg deutet allerdings darauf hin, dass sich möglicherweise auch Teichfrösche (*P. esculentus*) in der Stichprobe befanden. Nach OGIELSKA et al. (2004) ist das Genom polnischer Seefrösche (N = 12) im Mittel ca. 9,5 % größer als das polnischer *P. lessonae*.

Eine genauere Bestimmung der Genomgröße ist durch DNA-Durchflusszytometrie (flow cytometry) möglich. Mit dieser Methode werden seit den 1980er-Jahren am Institut für Zytologie der Russischen Akademie der Wissenschaften die DNA-Gehalte von somatischen Zellen und Spermien westpaläarktischer Wasserfrösche ermittelt. Mit dieser Methode können auch die Genomkomposition einschließlich der Ploidie und Formzugehörigkeit europäischer Wasserfrösche des *P. esculentus*-Komplexes sicher bestimmt werden (BORKIN et al. 1987, 2002, 2004, 2005a, b, 2006, VINOGRADOV et al. 1988, 1990, 1991, LADA et al. 1995, 2009, 2011a, b, 2016, OKULOVA et al. 1997, BORISSOVSKY et al. 2001, LITVINCHUK et al. 2005, 2007, 2008, 2015b, RUCHIN et al. 2005a, 2010, SVININ et al. 2013, 2021, BIRIUK et al. 2016). So analysierten LITVINCHUK et al. (2007, 2008) die Variation der Genomgröße von *P. ridibundus* aus verschiedenen Teilen Russlands, der Ukraine und Kasachstans. Im Mittel lagen die Genomgrößen zwischen 15,9 und 16,3 pg (prozentuale Spannweite = 2,5 %), der nukleäre DNA-Gehalt diploider Zellen variierte zwischen 15,7 und 16,4 pg. Unterschiede zwischen Männchen und Weibchen konnten nicht festgestellt werden, es waren jedoch Differenzen zwischen Tieren aus Russland (Oblaste Kaliningrad, Moskau, Tula, Rjasan) und Individuen aus dem östlichen Teil des Verbreitungsgebietes (westliches Kasachstan) sichtbar. Während bei den russischen Tieren mittlere Werte von 15,9–16,0 pg gemessen wurden, lagen die Werte der kasachischen Tiere bei 16,3 pg. Für Populationen aus der östlichen Ukraine und der Wolga-Region betrug die individuelle Genomgröße ca. 16,1 pg. Die höheren Werte stehen offenbar im Zusammenhang mit dem größeren Anteil *P.* cf. *bedriagae*-spezifischer Genome in den süd- und östlichen Seefroschpopulationen (eigene Daten).

Karyotyp: 2n = 26, alle mitotischen Metaphasechromosomen sind als Bivalente ausgebildet.

Das Karyogramm somatischer Zellen besteht bei Seefröschen (wie bei allen westpaläarktischen Wasserfroscharten) aus 5 größeren (I–V) und 8 kleineren (VI–XIII) Chromosomenpaaren (GÜNTHER 1970, MÉSZÁROS 1973, IVANOV und MEDYANOV 1973, POPOV 1973, KNUDSEN und SCHEEL 1975, ALEKSANDROVSKAYA 1976, RAICU und GEORMKNEANU 1977, HEPPICH 1978, SCHMID 1978, KOREF-SANTIBAÑEZ 1979, KOREF-SANTIBAÑEZ und GÜNTHER 1980, BUCCI et al. 1990, TUNNER 1996, SPASIC-BOSKOVIC et al. 1999, SURYADNAYA 2003, KAYBELEVA et al. 2004, 2009, 2010, MANILO 2005, SURYADNA 2005, MÎNDRESCU und GHIORGHIŢĂ 2008). Vergleiche chromosomenspezifischer Zentromerindizes und der relativen Chromosomenlängen ergaben signifikante Unterschiede zwischen Individuen, sowohl innerhalb einer Population und als auch zwischen Populationen. Knudsen und Scheel (1975) beschrieben, dass bei Seefröschen aus Dänemark und Österreich unter den 16 (diploiden) kleineren Chromosomen 6 symmetrisch und 10 asymmetrisch waren, dieser Befund konnte durch andere Studien jedoch nicht verifiziert werden.

Nach Ag-NOR-, Chromomycin-A3-Färbungen oder Methylenblau(Methylthioniniumchlorid)-Färbungen waren sekundäre Einschnürungen (interstitielle Nukleolusorganisatorregion [NOR]) auf den langen Armen eines der kleineren Chromosomenpaare erkennbar, das entsprechend seiner relativen Länge (methodisch bedingt) die Position 8, 9, 10 oder 11 im Karyogramm einnimmt (Ivanov und Medyanov 1973, Mészáros und Bartos 1978, Heppich 1978, Schmid 1978, Koref-Santibañez und Günther 1980, Birshtein 1981, Schempp und Schmid 1981, Suryadnaya 2003, Kaybeleva et al. 2004, Manilo 2005, Manilo und Radchenko 2008, 2010, Kaybeleva et al. 2010, Biriuk et al. 2015, Zaleśna et al. 2017). Einige Individuen zeigten einen Heteromorphismus in den langen Armen der NOR-tragenden Chromosomen, dieser tritt bei männlichen und weiblichen Tieren auf und beruht auf Größenunterschieden der mittels Ag-NOR gefärbten Regionen (Schempp und Schmid 1981, Skorinov et al. 2019). Bezogen auf die Gesamtlänge des NOR-tragenden Chromosoms kann die relative Länge der Ag-NOR-Region bei *P. ridibundus* 6–13 % betragen (Biriuk et al. 2015). Dieselben Autoren fanden bei einen Seefrosch von Charkiw (Ukraine) eine deutlich ausgeprägte Ag-NOR-Duplikation auf einem Homologen des Chromosomenpaars IX, während das zweite Homologe nur eine NOR-Region aufwies (Abb. 40).

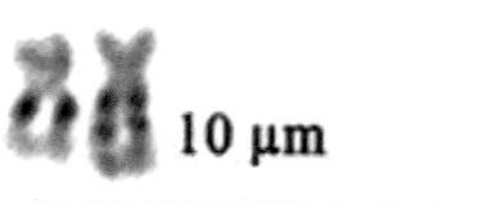

Abb. 40: Ag-NOR-Duplikation auf Chromosom IX eines Seefroschs aus Charkiw (Ukraine). Aus Biriuk et al. (2015).

Untersuchungen von Zaleśna et al. (2017) an polnischen Seefröschen ergaben, dass 2,4 % der adulten Individuen und 50 % der Juvenilen (letztere stammten aus Kreuzungsexperimenten) NOR auf nur einem Chromosom des X. Paares besaßen. Weiterhin beobachteten die Autoren bei einem adulten *P. ridibundus* in der distalen Position des langen Arms von Chromosom IX zusätzliche NOR (normalerweise befinden sich diese auf Chromosom X). Bei einem Tier aus Olewsk (Ukraine) befand sich die sekundäre Einschnürung am kurzen Arm des II. Chromosomenpaars (Manilo und Radchenko 2008, 2010).

Mittels C-Bänderung und DAPI (oder Hoechst 33258)-Färbungen konnte gezeigt werden, dass alle Seefrosch-Chromosomen AT-reiche, aus konstitutivem Heterochromatin bestehende Zentromerregionen besitzen (SCHMID 1978, BIRSHTEIN 1981, SCHEMPP und SCHMID 1981, HEPPICH et al. 1982, TUNNER und HEPPICH 1982, MANCINO et al. 1987, BUCCI et al. 1990, TUNNER 1996, OGIELSKA et al. 2004, RAGGHIANTI et al. 2007). Außerhalb der Zentromerregion können die Positionen der C-Bänder im interindividuellen Vergleich deutlich unterschiedlich sein (HEPPICH 1978, SCHEMPP und SCHMID 1981, TUNNER 1996, SPASIC-BOSKOVIC et al. 1999). Quinacrine(Q)-Färbungen ergaben keine Bandenmuster mit Ausnahme eines dunklen Bandes in der NOR-Region (SCHMID 1978, BIRSHTEIN 1981, HEPPICH et al. 1982).

Sogenannte *Rr*S1-Satelliten-Repeats zeigten nach In-situ-Hybridisation der Mitosechromosomen starke optische Signale auf den großen Chromosomen polnischer und serbischer Seefrösche, von den kleineren Chromosomen wies nur Nr. VIII ein *Rr*S1-spezifisches Signal auf (RAGGHIANTI et al. 1995, MARRACCI et al. 2011b). Dagegen waren bei russischen Fröschen deutliche Signale der Satelliten-Repeats bei den meisten der kleinen Chromosomen sichtbar (DEDUKH et al. 2019).

Heterosomen konnten trotz intensiver Untersuchungen bisher nicht identifiziert werden (POPOV 1973, HEPPICH 1978, KOREF-SANTIBAÑEZ 1979, MÎNDRESCU und GHIORGHIŢĂ 2008, KAYBELEVA et al. 2009). Lediglich die an mazedonischen Fröschen (möglicherweise *P. kurtmuelleri*) erzielten Befunde (SCHEMPP und SCHMID 1981) implizieren eine Geschlechtsspezifität des Chromosomenpaars Nr. IV vom Typ XX/XY, d. h., das männliche Geschlecht wäre heterogametisch. Alle untersuchten Männchen wiesen eine extrem spät replizierende Region auf dem potenziellen Y-Chromosom auf, nicht jedoch auf dem zu diesem Chromosom homologen, mutmaßlichen X-Chromosom. Dagegen lief bei Weibchen die Replikation beider Chromosomen des IV. Paares synchron ab. Die bei Wasserfröschen experimentell nachgewiesenen Vererbungsmuster (siehe Kapitel „Vererbungsmodi hybridogenetischer Hybriden") sprechen ebenfalls für einen dem XX/XY-System von Säugetieren homologen Mechanismus der Geschlechtsdetermination (BERGER et al. 1988) und stimmen gut mit den Befunden überein, die an anderen Vertretern der Gattung *Pelophylax* gewonnen wurden (JEFFRIES et al. 2018).

Die Lampenbürstenchromosomen von Seefröschen wurden von BUCCI et al. (1990) and DEDUKH et al. (2013, 2019) eingehend untersucht. Die mittlere Zahl der Chiasmata pro Satz Bivalente betrug 54,6–59,8. Interstitielle Blöcke, die Telomer-Repeat-Segmente enthielten, wurden in zwei Chromosomenpaaren gefunden (DEDUKH et al. 2013, 2019). Darüber hinaus zeigte in den meisten, mittels C-Bänderung und Fluoreszenzfärbung behandelten Präparaten der kurze Arm eines mit dem Buchstaben „H" bezeichneten Chromosoms eine kleine, interkalierende Bande. Die NOR befindet sich auf dem langen Arm eines Chromosoms mit der Bezeichnung „X“ (BUCCI et al. 1990).

Einige Autoren (MANILO 2005, MANILO und RADCHENKO 2008, 2010, VEGERINA et al. 2014, BIRIUK et al. 2016) registrierten eine ungewöhnliche Mischung aus aneuploiden und polyploiden Zellen in den Hoden ukrainischer *P. ridibundus*. In einzelnen Populationen war die mittlere Prävalenz solcher abnormalen Zellen sehr hoch und erreichte im Maximum 20 % (MANILO 2005).

Kürzlich beschrieben SURIADNA et al. (2020) ein tetraploides (4n = 52) *P. ridibundus*-Individuum, das auf der Insel Welyki Kuchuhury im Kachowkaer Stausee (Oblast Saporischschja, Ukraine) gefunden wurde.

Merkmalsvariation. Geschlechtsdimorphismus: Weibchen gleicher Altersstadien sind in der Regel länger und schwerer als Männchen. Männliche Seefrösche besitzen paarige äußere Schallblasen, die sich in den Mundwinkeln hinter dem Kiefer befinden und braun bis schwärzlich gefärbte Brunstschwielen am ersten Finger beider Vorderextremitäten. Diese sind während der Reproduktionsperiode besonders stark ausgeprägt und gewährleisten während der Paarung (Amplexus) einen festen Halt des Männchens auf dem Weibchen. Männchen haben weiterhin dickere Arme, was ebenfalls mit dem axillaren Amplexus im Zusammenhang steht.

Basierend auf 12 Körpermaßen und 10 Körperproportionen untersuchte TERENTJEV (1931, 1943) die Variabilität von Seefröschen (N = 196) aus der Umgebung der Stadt Kasan (Russland). Zwar zeigten bestimmte Indizes (Kopflänge/Augendurchmesser, Breite des Augenlids/Abstand zwischen den Augenlidern) statistisch signifikante Unterschiede zwischen Männchen und Weibchen, die Differenzen waren aber nur gering und sind damit ohne praktische Relevanz. Deutlichere geschlechtsspezifische Differenzen wiesen die Indizes KRL/Länge der Vorderbeine, KRL/Länge der Hinterextremität, KRL/Tibialänge, und Femurlänge/Tibialänge auf (TERENTJEV 1943).

ALEKSANDROVSKAYA (1981) evaluierte auf der Basis von 20 Körpermaßen und 19 Indizes Geschlechtsdimorphismen von Seefröschen aus Brandenburg (Oder bei Frankfurt, Deutschland), den russischen Oblasten Tula und Wolgograd und der autonomen Republik Kalmückien. Während keine Unterschiede im Quotienten Femurlänge/Tibialänge zu verzeichnen waren, zeigten andere Indizes einen mehr oder weniger deutlichen Geschlechtsdimorphismus. So war bei weiblichen Fröschen von der Oder der innere Metatarsaltuberkel relativ (bezogen auf die KRL) länger als bei männlichen Tieren, bei Weibchen aus Kalmückien war der Quotient Kopflänge/KRL größer als bei den Männchen, die wiederum größere Werte für den Quotienten Abstand zwischen den Augenlidern/KRL aufwiesen. Weiterhin hatten männliche Tiere aus den Oblasten Tula und Wolgograd längere Vorderbeine als Weibchen, dieser Geschlechtsdimorphismus wird bereits von DÜRIGEN (1897: 424) erwähnt.

NEKRASOVA und MOROZOV-LEONOV (2001) analysierten die morphologische Variabilität von ukrainischen Seefröschen vom Dnjepr (sieben Populationen aus der Umgebung Kiews und eine Population aus dem Oblast Tscherkassy). Geschlechtsspezifische Unterschiede wurden für die Indizes Femurlänge/Tibialänge, Länge der 1. Zehe/Länge des Fersenhöckers, Tibialänge/Fersenhöckerlänge und Tarsuslänge/Abstand zwischen distalem und zweitem Artikulartuberkel der IV. Zehe gefunden. PESKOV und KOTSERZHYNSKAYA (2004) konnten an ukrainischen Seefröschen (70 Männchen, 51 Weibchen) zeigen, dass Geschlechtsdimorphismen mit zunehmender KRL (und damit auch altersbedingt) stärker ausgeprägt sind. Die von LADA (2012) an 12 Populationen der osteuropäischen Tiefebene erhobenen Daten weisen allerdings darauf hin, dass Geschlechtsdimorphismen morphometrischer Indizes nicht in allen Populationen gleichermaßen sichtbar sind. Auch die von SVININ et al. (2021) analysierten morphometrischen Indizes, die von einer aus dem nordosteuropäischen Teil Russlands stammenden Stichprobe (32 Männchen, 25 Weibchen) gewonnen wurden, zeigten keine geschlechtsspezifischen Unterschiede.

Neben Körperproportionen kann auch die Färbung geschlechtsspezifisch variieren. So besaßen 50 % der Männchen chakassischer Seefrösche dunkel gefleckte Bauchseiten, während der Anteil solcher Weibchen bei nur 22 % lag (KALUGINA 2010).

Altersbedingte Variation: Generell besteht eine signifikante Beziehung zwischen dem Alter von Seefröschen und der KRL (TERENTJEV 1931, 1943, 1962, OPATRNÝ 1966, SZCZERBAK 1966, PESKOV und KOTSERZHYNSKAYA 2004), obwohl die größten Tiere nicht unbedingt auch die ältesten sein müssen bzw. gleich große Tiere unterschiedlichen Altersgruppen angehören können (NEVEU 2009). Darüber hinaus konnte mittels skelettochronologischer Untersuchungen gezeigt werden, dass die Verteilungen der KRL verschiedener Altersgruppen innerhalb einer Population überlappen können (SHALDYBIN 1976, ALEKSANDROVSKAYA und KOTOVA 1986, OKULOVA et al. 1997, IVANOVA 2002, OKULOVA und BOGDANOV 2002, REMINNYI 2007, SAVCHUK 2009, 2012, SOCHA und OGIELSKA 2010, MIKHAILOVA et al. 2011, USOVA 2014). Nach TERENTJEV (1943, 1962) korreliert der überwiegende Teil der morphometrischen Indizes mit der KRL (z. B. KRL/Länge der Hinterextremität [Gesamtlänge von Femur, Tibia und Tarsus], Kopflänge/Augendurchmesser, obere Augenlidbreite/Abstand zwischen den Augenlidern, Femurlänge/Tibialänge, und Länge der 1. Zehe/Länge des Metatarsaltuberkels), eine Ausnahme bildetet lediglich das Verhältnis Tibialänge/Länge des Fersenhöckers.

OKULOVA und BOGDANOV (2002) beschreiben die Variation von 16 Körpermaßen und 19 Indizes, die von Seefröschen aus dem Oblast Ivanovo (Russland) gewonnen wurden. Das schnelle Wachstum im ersten Lebensjahr kann durch eine hyperbolische Funktion beschrieben werden, mit zunehmendem Lebensalter verlangsamt sich dann das Wachstum deutlich. Im Einklang mit TERENTJEV (1943) und OPATRNÝ (1966) beobachteten auch diese Autoren verschiedene Veränderungen morphometrischer Indizes im Verlauf der Individualentwicklung. Die meisten Körperproportionen nehmen mit dem Alter ab, lediglich vier mit den Hinterextremitäten assoziierte Indizes (Femurlänge/KRL, Tibialänge/KRL, Femurlänge/Tibialänge, Abstand zwischen Nasenloch und Auge/Schnauzenlänge) waren nicht vom Alter abhängig und zwei (Kopfbreite/KRL und Schnauzenlänge/Kopflänge) korrelierten positiv mit dem Lebensalter.

Jahreszeitlicher Wandel: AKULENKO (1998) untersuchte die saisonale Dynamik von Makrophagen und Pigmentzellen in der Leber von Seefröschen. Die Anzahl der Pigmentzellen erreichte das Maximum im Juni mit 11fach höheren Werten als in den Herbst- und Wintermonaten. Dagegen nahm die Anzahl der Makrophagen im Herbst und Winter im Vergleich zum Sommer nur um das Dreifache ab.

Ökologisch bedingter Wandel (Ökotypen): nicht bekannt.

Geografische Variation: Daten zur Variation der LM und KRL von *P. ridibundus* werden unter Maße und Lebendmassen ausführlich besprochen. Basierend auf drei morphometrischen Indizes verglich TERENTJEV (1943) Seefrösche aus dem europäischen Teil der früheren UdSSR. Während Tiere von Charkiw (Ukraine), Kasan (Republik Tatarstan, Russland) und der Republik Tschuwaschien (Russland) keine signifikanten Unterschiede in den Indizes Tibialänge/Länge des Metatarsaltuberkels (TL/CIL) und Länge der 1. Zehe/Länge des Metatarsaltuberkels (DPL/CIL) zeigten, war die relative Tibialänge (KRL/TL) zwischen allen drei Stichproben signifikant unterschiedlich.

SZCZERBAK und SZCZERBAN (1980) analysierten auf der Grundlage von acht Körperproportionen ukrainische Seefrösche aus Populationen, die durch die Karpaten isoliert sind, und stellten fest, dass Frösche aus dem Karpatenvorland (Oblaste Lwiw, Iwano-Frankiwsk und Czernowitz) im Vergleich zu Tieren aus Transkarpatien (östlichster Teil der Pannonischen Tiefebene) im Mittel signifikant längere Oberschenkel hatten. LADA (2012) analysierte 13 Körperproportionen von Tieren aus 13 Seefroschpopulationen der osteuropäischen Tiefebene, die einen Bereich von der Ukraine bis zur Wolga abdeckten. Ein geografisches Muster der Variabilität konnte nicht beobachtet werden, lediglich die Frösche aus dem Oblast Astrachan (untere Wolga) zeigten bei drei Indizes (KRL/Kopflänge, TL/CIL und Kopflänge/Kopfbreite) deutlich abweichende Werte, z. B. betrug der Quotient TL/CIL im Mittel nur 8,94 im Vergleich zu den anderen Populationen, für die Werte zwischen 9,13 und 10,90 ermittelt wurden. Bei der Interpretation und Bewertung solcher Daten ist allerdings zu beachten, dass in älteren Studien (z. B. TERENTJEV 1943, OPATRNÝ 1966, SZCZERBAK und SZCZER-

BAN 1980) möglicherweise auch andere Arten und insbesondere Hybridformen fälschlicherweise als Seefrösche (*P. ridibundus*) angesehen wurden.

USHAKOV (1963) untersuchte die Hitzebeständigkeit der Skelettmuskulatur an Individuen aus 32 Seefroschpopulationen. Im Ergebnis dieser Untersuchungen kristallisierten sich Unterschiede zwischen den Populationen der russischen Tiefebene und westkasachischen Populationen heraus. Diese Ergebnisse konnten später durch LITVINCHUK et al. (2007) bestätigt werden. So zeigten Tiere aus westlichen Populationen (Oblaste Kaliningrad und Tula, Russland) bei 40 °C eine geringere Temperaturtoleranz als Tiere aus östlichen (östliche Ukraine, westliches Kasachstan).

Anomalien: *Farbanomalien:* Abnormal gefärbte Kaulquappen und adulte Frösche wurden in verschiedenen Teilen des Verbreitungsgebiets gefunden. Die häufigste Farbanomalie ist Albinismus. PABIJAN et al. (2004) beschrieben sieben albinotische Kaulquappen aus Poznań-Naramowice (Polen), bezogen auf die Zahl der untersuchten Individuen betrug ihr Anteil 3,3 %. Alle Kaulquappen wandelten sich zu Weibchen um, die alle augenlos waren. Über eine leuzistische Kaulquappe, die zudem riesenwüchsig war, berichten BORKIN et al. (1981). Dieses Tier stammte aus Liepāja (Lettland). Zwei leuzistische adulte Männchen (0,07 %) wurden 1974 in Fabianowo (Polen) gefunden (DUBOIS 1979, PABIJAN et al. 2004). Aus den niederländischen Dörfern Akkrum und Opeide liegen Nachweise zweier flavistischer subadulter Tiere mit roten Augen vor (HOFSTRA und ZUIDERWIJK 1997, ZUIDERWIJK 1997). Von drei leuzistisch und flavistischen subadulten Weibchen berichten MIKULÍČEK et al. (2001) aus der Slowakischen Republik (Vel'ke Kapusany-Veskovce). Flavistisch-leuzistische Larven wurden auch in Mayorskoe (Oblast Orenburg, Russland) nachgewiesen (eigene Daten), ihr Anteil an der untersuchten Stichprobe betrug 0,7 %. Zwei flavistische Weibchen (Stichprobenanteil 1,0 %) fanden KURTYAK und KRUL'KO (2007) bei Uschgorod (Ukraine). Partiell albinotische Männchen wurden in einer allochthonen Seefrosch-Population in Tscheljabinsk (Ural, Russland) gefunden (CHIBILYOV 2003). TUNNER (1979) beschreibt ebenfalls ein leuzistisches Tier mit *ridibundus*-Phänotyp, das aus experimentellen *esculentus*-Kreuzungen hervorging. Immer wieder wurden auch blau oder partiell blau gefärbte Individuen beobachtet, so z. B. in den Niederlanden (ZUIDERWIJK 1997) und in der Ukraine (NEKRASOVA 2002c, 2014, MARUSHCHAK et al. 2016). DUBOIS (1979) berichtet von einem melanotischen Weibchen, das 1975 in Het Oudhof (Niederlande) entdeckt wurde.

Anatomisch-morphologische Anomalien: Morphologische Aberrationen können regelmäßig bei *P. ridibundus* beobachtet werden, in der Regel sind davon aber nur Einzeltiere betroffen, ein massenhaftes Auftreten ist sehr selten.

Als Hauptursachen gelten Umweltstressoren (Gifte, ionisierende Strahlung) und Infektionskrankheiten (FLYAKS und BORKIN 2004).

Verschiedene Fälle von Polymelie bei juvenilen Tieren (2001: 42 %, 2002: 18 %) wurden in Kiew (Ukraine) beobachtet (NEKRASOVA et al. 2007). Aus der mittleren Wolgaregion beschreibt FAYZULIN (2012, 2014) 10 Typen morphologischer Anomalien, u. a. Polymelie, Polydaktylie, Ektromelie, Ektrodaktylie, das Fehlen von Augenlidern und Augen sowie aberrant pigmentierte Irides. Hohe Anteile morphologischer Aberrationen (vor allem der Gliedmaßen) und tumorähnliche Dysplasien fanden FLYAKS und BORKIN (2004) im ukrainischen Oblast Dnepropetrowsk. BEZMAN-MOSEYKO et al. (2014) berichten über das massenhafte Auftreten abnormer Hinterextremitäten bei Tieren aus Pridnestrowje (Transnistrien), bei einzelnen Tieren konnten bis zu sieben solcher Abnormitäten registriert werden.

GARANIN, zitiert in BORKIN und PIKULIK (1986), fand in der Umgebung der russischen Stadt Kasan einen ca. 2-jährigen Seefrosch mit einer überzähligen Extremität (Polymelie) in einer mehrere Tausend Individuen umfassenden Stichprobe. In der Stadt Tscheljabinsk (Ural, Russland) zeigten einige juvenile Seefrösche Polydaktylie, Oligodaktylie, Anophthalmie und mandibulare Hypoplasie (CHIBILYOV 2003). KOZHEVNIKOVA und LADA (2016) registrierten bei 13 % der im Oblast Tambow (Russland) gefangenen Seefrösche eine symmetrische Polydaktylie (Polydaktylie sowohl an den rechten als auch den linken Extremitäten) der Vorder- und/oder Hintergliedmaßen.

SPIRINA (2009) beschreibt zwölf verschiedene Typen morphologischer Aberrationen bei Seefröschen aus dem Oblast Uljanowsk (Russland), u. a. Ektromelie, Polydaktylie, Ektrodaktylie, Brachydaktylie, Klinodaktylie und Zyklopie. Von 55 Seefröschen, die im russischen Oblast Pensa gefangen wurden, wiesen 9,1 % der Tiere Ektromelie, Polydaktylie, Mikrodaktylie und Zyklopie auf (ZAKS 2008). SVININ (2014, 2016) beschreibt Fälle von Polyphalangie, Polydaktylie, Brachydaktylie, Hemimelie und abnormalen Pupillen auf der Grundlage von Untersuchungen an Fröschen aus der autonomen Republik Mari El (europäischer Teil Russlands). In einer im Altai-Gebirge lebenden, allochthonen Population konnte YAKOVLEV (1990) bei 2,4–3,2 % der inspizierten Kaulquappen überzählige Zehen an den Hinterbeinen feststellen. Sechs Zehen an einer der beiden oder beiden Hinterextremitäten registrierte DUBOIS (1979) bei 5–8 % adulter Seefrösche aus Weißrussland. Eine mit Brachymelie assoziierte Polydaktylie fand OHLER (1991) bei den Nachkommen einer Seefrosch-Kreuzung.

Neben Verdickungen der Phalangen des Fußes wurden bei Fröschen aus Jekaterinburg (Russland) auch Skelettanomalien beschrieben, z. B. Lücken zwischen den Wirbelkörpern, Asymmetrie der Wirbelkörper und Wirbelverschmelzungen (NEUSTROEVA 2011). Ein massenhaftes Auftreten (9–72 % der Individuen) mit verschiedenen morphologischen Anomalien (Haut, Augen, Extremitäten, unresorbierte Schwänze und Urostyli) wurde bei drei in Parkanlagen der ukrainischen

Hauptstadt Kiew lebenden Seefrosch-Populationen beobachtet (MARUSHCHAK et al. 2017). In einer anderen Studie an einer Population aus dem Gebiet Tscherkassy (Ukraine) zeigten 13,3 % der untersuchten Individuen morphologische Anomalien wie Phokomelie, Gliedmaßenrotation, Ektrodaktylie, Brachydaktylie kombiniert mit Ektrodaktylie, Polymelie und Polyphalangie (NEKRASOVA und KUIBIDA 2018). Ein ungewöhnlich hohes Auftreten von Polydaktylie (Anomalie P) wurde bei Kaulquappen in drei *P. ridibundus*-Populationen im russischen Oblast Penzenskaya (Penza) beobachtet, die über alle Populationen gemittelte Prävalenz (N = 432) betrug 22,9% (18,3 % der Tiere hatten Polydaktylie und 4,6 % schwere Formen der Anomalie) (Svinin et al. 2019a, b, c, 2020). Laborexperimente lieferten Hinweise, dass die Trematode *Strigea robusta* diese Anomalie verursachte.

Auch die Gonaden können verschiedene Abnormitäten aufweisen. Ein hermaphroditisches Individuum wurde in der Stadt Jekaterinburg (Russland) gefunden (BAYTIMIROVA 2013, BAYTIMIROVA und VERSHININ 2014). Gonadenlose adulte Frösche (Männchen und/oder Weibchen) sind aus dem Oblast Rostow (Russland) bekannt geworden (MELIKHOVA 1938). In einer moldawischen Stichprobe betrug der Anteil der Männchen, denen beide Hoden fehlten, 2,4 % (LITVINCHUK 2018). Unterschiedliche Hodenanomalien wurden bei 20 % der von LITVINCHUK (2018) untersuchten osteuropäischen Seefrösche beobachtet, darunter befanden sich Tiere mit stark reduziertem Hoden (11 %), 7 % wiesen asymmetrische Hoden auf und bei 6 % war eine abnormale Form der Hoden zu verzeichnen. Tiere mit fehlenden oder ungewöhnlich positionierten Hoden wurden aus der Ukraine beschrieben (REMINNYI 2005). Im Oblast Charkiw (Ukraine) zeigten 29 % der von BOBROVA et al. (2014) untersuchten Frösche Fertilitätsstörungen.

Verbreitung: Terra typica restricta: Gurjew (heute Atyrau), am Nordufer des Kaspischen Meeres, nahe der Ural-Mündung (MERTENS und MÜLLER 1928: 20), Kasachstan (DUBOIS und OHLER 1994a: 149); eine namensgebende Typuslokalität sollte aufgrund der eingangs beschriebenen Problematik neu bestimmt werden.

Nach ERMAKOV et al. (2014) und unveröffentlichten Daten desselben Autors überschneiden sich die Verbreitungsgebiete der eurasischen und anatolisch-westasiatischen Seefroschlinie im Bereich der Flüsse Wolga und Ural. So betrug der Anteil eurasischer Seefrösche (*P. ridibundus*) in Ulyanovsk 67 %, in Samara 85 % und lag in Toljatti zwischen 30–86 %. Populationen, die ausschließlich aus eurasischen Seefröschen bestanden, wurden nur im Distrikt Sysran gefunden.

Verbreitungsgebiet: *Pelophylax ridibundus* ist in der westlichen Paläarktis weit verbreitet (Abb. 41). Nach den vorläufigen Ergebnissen GIS-basierter Modellierungen wird das Verbreitungsmuster wesentlich durch die Niederschlagsmenge im trockensten Quartal des Jahres beeinflusst (eigene Daten). Der Seefrosch bevorzugt offene Landschaften, im Gegensatz zum sympatrisch verbreiteten Kleinen Wasserfrosch (*P. lessonae*) meidet *P. ridibundus* bewaldete Gebiete, obwohl er entlang von Flussläufen auch in solche vordringen kann (GARANIN 1983, LADA et al. 1995, BORKIN et al. 2002). In Nordost- und Osteuropa ist *P. ridibundus* weiter nördlich verbreitet als *P. lessonae* was mit der extensiven Abholzung vom 18. bis Anfang des 20. Jahrhunderts in Zusammenhang stehen könnte (BORKIN et al. 2002). Die Autoren diskutieren, dass die abgeholzten Flächen, wie zuvor auch lichte Kiefernwälder, eine Barriere für *P. lessonae* dargestellt haben könnten (*P. lessonae* meidet offenen Landschaften), während *P. ridibundus* diese als Wanderkorridore nutzte und sich entlang von Wasserläufen nordwärts ausbreitete. Sofern diese Annahme korrekt ist, besiedelte *P. ridibundus* die nördlichsten Bereiche seines Areals (das nördlichen Einzugsgebiet der Wolga) erst relativ spät.

Ein alternatives Szenario basiert auf klimatisch bedingten Verschiebungen der Vegetationszonen. Vor etwa 5 000 Jahren, im xerothermen Subboreal, wurden im nordosteuropäischen Teil Russlands Kiefernwälder durch Steppen verdrängt, die sich bis etwa zum 59. Breitengrad (nördlich der Stadt Wologda) ausdehnten. Mit kälterem und feuchterem Klima wurde das Grasland wieder nach Süden zurückgedrängt und der nördliche Teil des Wolgabeckens durch Taiga eingenommen. Folglich könnte es sich bei den nördlichsten *P. ridibundus*-Populationen auch um Relikte einer trocken-warmen Klimaperiode handeln.

Einige isolierte Populationen am nördlichen Arealrand wurden zweifelsfrei, versehentlich oder bewusst, durch Menschen angesiedelt, z.B. in den Baltischen Staaten oder im Raum St. Petersburg (MILTO et al. 2022). Allopatrische Populationen leben auch in den Steppen östlich der Wolga (DUYSEBAEVA et al. 2005) und in der autonomen Republik Kalmückien, wo sich die Art über künstlich angelegte Kanäle ausbreitet (KIREEV 1983). An der nordöstlichen Verbreitungsgrenze sind die Abundanzen in der Regel nur gering, im Gegensatz zu südlicheren Gefilden oder zum Unterlauf der Wolga.

Nach dem gegenwärtigen Kenntnisstand folgt die nördliche Verbreitungsgrenze des Eurasischen Seefroschs in Deutschland dem 54. Breitengrad, weiter östlich erreicht sie den 55. Breitengrad auf der dänischen Insel Bornholm, ebenso in Litauen, im südwestlichen Lettland und in Weißrussland. Im europäischen Teil Russlands liegt die Arealgrenze zwischen dem 57. und 59. Breitengrad (Abb. 41, GÜNTHER 1990, 1997c, BALČIAUSKAS et al. 1999, GARANIN 2000, BORKIN et al. 2002, PESTOV et al. 2002, KUZMIN 2012, LITVINCHUK et al. 2015b). Im Osten verläuft sie zwischen dem 58. und 60. Längengrad vom Ural über das westliche Kasachstan und weiter südlich entlang des Flusses Emba, dem nördlichen Ufer des Kaspischen Meeres bis zur kasachischen Halbinsel Mangischlak am Ostufer des Kaspischen Meeres (DUYSEBAEVA et al. 2005, FOMINYKH 2009, FOMINYKH et al. 2010, KUZMIN 2012, BORKIN und LITVINCHUK 2015). Nach

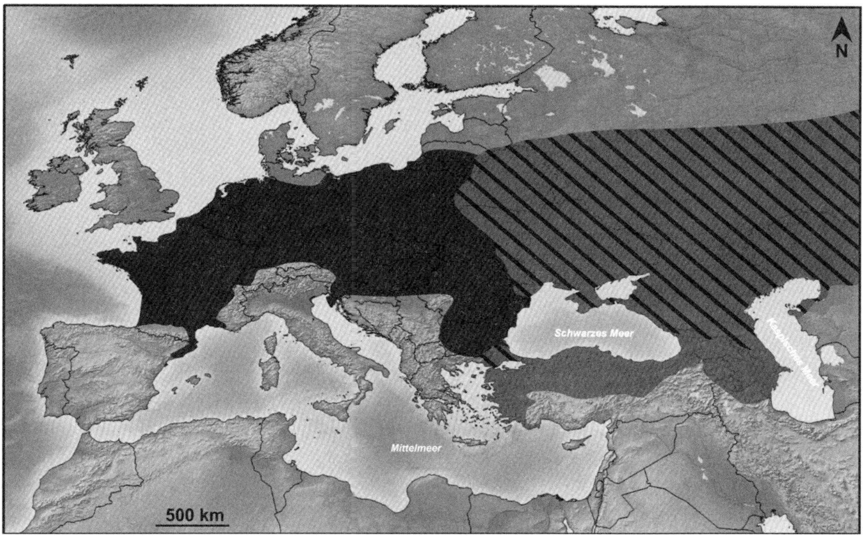

Abb. 41: Verbreitungsgebiete von *P. ridibundus* (dunkelgrau) und anatolischen *P.* cf. *bedriagae* (hellgrau). In der schraffierten Fläche kommen beide Formen vor. Karte: Daniel Jablonski.

GEORGI (1801: 1872) kam „*Rana esculenta*" auch in der Stadt Tobolsk (58°12'N, 68°15'O, Oblast Tjumen) vor, wahrscheinlich entspricht diese Angabe aber nicht der Realität.

Möglicherweise fällt die östliche Verbreitungsgrenze von „reinen" *P. ridibundus*-Populationen, d. h. in denen wahrscheinlich keine *P.* cf. *bedriagae*-spezifischen Allele vorkommen, mit der östlichen Verbreitungsgrenze von *P. esculentus* zusammen (LITVINCHUK et al. 2020). Die gleiche Situation konnte auf dem Balkan beobachtet werden, wo die südliche Verbreitungsgrenze von *P. ridibundus* (und die nördliche von *P. kurtmuelleri*) weitgehend mit der Verbreitungsgrenze von *P. esculentus* identisch ist.

Der südöstliche Verlauf der Verbreitungsgrenze des Eurasischen Seefroschs ist unbekannt. Vermutlich liegt diese im südlichen Bereich der Kuma-Manytsch-Niederung (südöstliche Begrenzung der osteuropäischen Ebene) und der Landenge von Perekop, die das Schwarze Meer vom Asowschen Meer und dem Siwasch trennt, in der Grenzregion zwischen der Halbinsel Krim und der Ukraine. In den weiter südlich gelegenen Gebieten kommt der mitochondrialen DNA zufolge *P.* cf. *bedriagae* vor, cf. *bedriagae*-spezifische Haplotypen dominieren auch im nordwestlichen Kaukasus und auf der Krim, wo eurasische und anatolisch-westasiatische Seefrösche offensichtlich sympatrisch verbreitet sind (ERMAKOV et al. 2016a, FAYZULIN et al. 2017, KUKUSHKIN et al. 2018). Im Gegensatz dazu überwogen im Einzugsbereich der Wolga *ridibundus*-spezifische Allele quantitativ (ERMAKOV et al. 2013, 2014, SVININ et al. 2015, ZAMALETDINOV et al. 2015, eigene Daten).

OHST (2008) und AKIN PEKŞEN (2015) untersuchten die genetische Variabilität von Seefröschen in der Türkei auf der Grundlage nukleärer Gene, u. a. des Markers SAI1. In 123 von 278 untersuchten Lokalitäten (44 %) wurden *ridibundus*-spezifische SAI1-Allele gefunden, in fünf ostanatolischen Populationen war eine starke Dominanz (83–100 %) solcher Allele zu verzeichnen. Letzterer Befund dürfte auf „incomplete lineage sorting" zurückzuführen sein, da die hier lebenden Seefrösche nicht *P. ridibundus*, sondern mit hoher Wahrscheinlichkeit ein eigenständiges Taxon repräsentieren, das bisher provisorisch als „Euphrat Linie" bezeichnet wird (AKIN et al. 2010b).

Von der Krim aus, in westliche Richtung betrachtet, folgt die Arealgrenze dem Küstenbereich des Schwarzen Meeres. Im Osten der Balkanhalbinsel treffen sich die Areale von *P. ridibundus* und *P.* cf. *bedriagae*, der große Teile Anatoliens besiedelt (siehe Kapitel „Anatolische Wasserfrösche"). Eine Kontaktzone zwischen beiden Arten verläuft im östlichen Thrakien (Demirköy, Şeytandere, Yagcili und Eriklice fließen nordwestlich nach Kirklareli) und im Südosten Bulgariens (Sozopol) (OHST 2008, HOTZ et al. 2013, AKIN PEKŞEN 2015, eigene Daten). Weiter westlich folgt der Grenzverlauf des Verbreitungsgebiets von *P. ridibundus* den nördlichen Ausläufern der Rhodopen bzw. den Südausläufern des Balkangebirges. Basierend auf einer Analyse von Paarungsrufen vermuten LUKANOV et al. (2013), dass im Südwesten Bulgariens (Kresna, Damianitsa und Rupite) *P. ridibundus* und *P. kurtmuelleri* syntop vorkommen. Auch auf dem nördlichen Balkan dürfte eine mehr oder weniger breite Transitionszone existieren, die sich wahrscheinlich mindestens bis zum 46. Breitengrad erstreckt. Dafür sprechen die von JELIC et al. (2015) publizierten Daten, wonach in einer 55 Individuen umfassenden Stichprobe aus den Crna-Mlaka-Fischteichen bei Zagreb (Kroatien) 56 % der Tiere *ridibundus*-spezifische Allele und 44 % *kurtmuelleri*-spezifische Allele aufwiesen. In der nördlichen Tieflandregion von Bosnien und Herzegowina herrschen *ridibundus*-spezifische Allele vor (ZIMIĆ et al. 2020), die anderen Landesteile werden von *P. kurtmuelleri* und Hybriden *kurtmuelleri* × *ridibundus* besiedelt.

In Italien wurden Seefrosch-Populationen nur im äußersten Nordwesten gefunden (KAURI 1954, LANZA 1962), wobei nicht klar ist, ob es sich hier um *P. ridibundus* oder *P. kurtmuelleri* handelte. DUBEY et al. (2019) berichten von Seefröschen aus dem südlichen Tessin (Schweiz), diese Tiere gingen möglicherweise auf homotypische *esculentus*-Kreuzungen (Hybridolyse) zurück. In Slowenien, Österreich, Deutschland, der Schweiz und Frankreich dringt *P. ridibundus* bis in die Ausläufer der Alpen vor (PAGANO et al. 2001b, VORBURGER und REYER 2003, DUBEY et al. 2014, HAWLITSCHEK et al. 2015, DUFRESNES et al. 2018).

Eine Rekonstruktion der westlichen Verbreitungsgrenze ist aufgrund fehlender Daten nur bedingt möglich. Erschwerend kommt hinzu, dass in den Niederlanden, Frankreich, Belgien und Luxemburg wiederholt allochthone, aus der Türkei und vom Balkan stammende Individuen ausgesetzt wurden, die hier inzwischen reproduktionsfähige Populationen (z. T. gemeinsam mit indigenen Individuen) etabliert haben (HOOGMOED 1975, PAGANO et al. 1997, 2001a, SCHMELLER et al. 2007, HOLSBEEK et al. 2008) und nur mittels genetischer Marker von autochthonen Seefröschen differenziert werden können. Nach dem gegenwärtigen Kenntnisstand endet das Areal von *P. ridibundus* an der Nordseeküste im Bereich des 52. Längengrades (WIJNANDS 1977), in Richtung Süden folgt die Grenze dem Verlauf von Rhein und Rhone und endet im Rhone-Tal am Golf von Lion (SCHMELLER et al. 2005, vgl. auch GÜNTHER 1990). Nach DUFRESNES et al. (2017a) wird auch die nordwestlich der Rhone-Mündung gelegene Larzac-Hochebene (Causse du Larzac) besiedelt. Bei den weiter westlich liegenden Vorkommen dürfte es sich um isolierte Populationen handeln, die möglicherweise auf Aussetzungen beruhen (PAGANO et al. 2001b). Gleiches gilt für die im äußersten Nordosten Spaniens nachgewiesenen Seefroschpopulationen (SÁNCHEZ-MONTES et al. 2016). In jüngerer Zeit breiten sich offenbar indigene Seefrösche im Osten Frankreichs aus (PAGANO et al. 2003), was die Befunde von DUFRESNES et al. (2017a) erklärt.

Da ein großer Teil der mitteleuropäischen Seefrösche *lessonae*-spezifische mt-DNA aufweist (PLÖTNER et al. 2008), wird vermutet, dass reproduktionsfähige Seefrosch-Populationen auch auf hybridolytisch entstandene Individuen zurückgehen können, d. h. auf *ridibundus*-Genotypen, die aus homotypischen *esculentus*-Kreuzungen hervorgegangen sind (siehe Kapitel „Vererbungsmodi hybridogenetischer Hybriden“). Indizien dafür liefern u. a. Daten aus dem Schweizer Kanton Tessin (Dubey et al. 2019) und dem russischen Oblast Kaliningrad (LITVINCHUK et al. 2020). So wurden im August 2018 in der Umgebung der Siedlung Otradnoje (Oblast Kaliningrad, Russland) nur wenige *ridibundus*-Larven und -Metamorphoslinge in einer sehr individuenreichen, „reinen“, d. h. nur aus diploiden Teichfröschen (*P. esculentus*) bestehenden Population gefunden. Auch in west- und mitteleuropäischen Wasserfroschpopulationen können vitale *ridibundus*-Genotypen gelegentlich durch Hybridolyse entstehen (TUNNER 1978a, GÜNTHER und PLÖTNER 1988, KOTLÍK et al. 1997, VORBURGER 2001b, eigene Daten).

A l l o c h t h o n e P o p u l a t i o n e n : Seefrösche unterschiedlicher Herkünfte wurden in jüngerer Zeit in verschiedenen Gebieten Eurasiens ausgesetzt, so z. B. in Frankreich, Belgien, den Niederlanden, Deutschland, Italien (einschließlich Sardinien), Großbritannien, Island, Spanien, dem Ural, im mittleren und nordwestlichen Kasachstan, in Sibirien, und im östlichen Kamtschatka (HOOGMOED 1975, YAKOVLEV 1987, KORDGES 1988a, PAGANO et al. 1997, MUTZ 2002, DUY-

SEBAEVA et al. 2005, GORODILOVA 2008, HOLSBEEK et al. 2008, 2010, MILTO 2007, OHST 2008, VOZNIYCHUK und KURANOVA 2008, FOMINYKH 2009, FOMINYKH et al. 2010, KUZMIN 2012, LEUENBERGER 2013, DUBEY et al. 2014, LEUENBERGER et al. 2014, LYAPKOV 2014a, b, DUFRESNES et al. 2017a, siehe auch PLÖTNER 2005, eigene Daten). Wie eine Studie aus dem südwestdeutschen Raum zeigte, handelte es sich bei allochthonen Tieren nicht nur um *ridibundus*, sondern auch um andere, eng verwandte Arten und Formen (*kurtmuelleri*, cf. *bedriagae*) (OHST 2008). Aufgrund der großen morphologischen Ähnlichkeit der zur *ridibundus*-Gruppe gehörenden Arten und Linien kann die Formzugehörigkeit nur auf der Grundlage genetischer Marker geklärt werden, sofern keine verlässlichen Informationen zur Herkunft der Tiere vorliegen. Nur unzureichend ausgebildete prä- und postzygote Reproduktionsbarrieren (PLÖTNER et al. 2010) führen darüber hinaus oft zur Entstehung fertiler Hybriden zwischen autochthonen und allochthonen Formen, die sich wiederum mit den Elternformen rückkreuzen können (z. B. LITVINCHUK et al. 2020). Solche Tiere sind in der Regel nur durch aufwendige genetische Analysen zu identifizieren.

In mehreren Regionen kam es in den letzten Jahrzehnten zu einer deutlich sichtbaren Expansion allochthoner Seefrösche. In Großbritannien ist *P. ridibundus*, gemessen an seiner Verbreitung, die erfolgreichste allochthone Amphibienart. Hier breitete er sich u. a. in verschiedenen Feuchtgebieten der Grafschaften Kent und Sussex aus, wo die Art seit dem Ende des 20. Jahrhunderts z. T. individuenstarke Populationen bildet (TAYLOR 1948, 1963, ZEISSET und BEEBEE 2003). Seefrösche kommen auch auf den britischen Inseln Wight und Sheppy vor (SNELL 1983, ZEISSET und BEEBEE 2003). Der genaue Ursprung dieser Populationen ist nur in wenigen Fällen bekannt. So wurden in den 1930er-Jahren 12 aus Ungarn stammende Frösche in einem im Osten der Grafschaft Kent in der Marschlandschaft Romney Marsh (Stone-in-Oxney) gelegenen Garten ausgesetzt (SMITH 1939, MENZIES 1962, ZEISSET und BEEBEE 2003). Offenbar gelangten in Großbritannien nicht nur Seefrösche, sondern auch andere, morphologisch ähnliche Wasserfroscharten und -formen (*P. perezi* und *Pelophylax grafi*) in natürliche Lebensräume (WYCHERLEY et al. 2003).

Die Verbreitung von *P. ridibundus* in Spanien ist weniger gut untersucht. Einige Autoren erwähnen eingeführte Populationen aus dem Dorf Villasbuenas de Gata und der Stadt Cáceres in Zentralspanien (ARANO et al. 1995, KUZMIN et al. 2009b), diese Angaben sollten jedoch überprüft werden.

Auch in den Baltischen Staaten (Estland und Lettland) kommen vereinzelt allochthone Seefrosch-Populationen vor, deren Herkunft allerdings in vielen Fällen noch nicht geklärt worden ist (KAURI 1946, BORKIN et al. 1979, 1986, CAUNE 1981, 1987, CAUNE und VILNITIS 1989, PLÖTNER et al. 2008, KUZMIN 2012, LAANETU 2012). In Finnland lebten Seefrösche in den 1930er- bis 1950er-Jahren in den Mündungsbereichen der Flüsse Vantaa und Porvoo, in den 1960er-Jahren verschwanden diese Populationen wieder (TERHIVUO 1993).

Im Jahr 2008 wurde auf der Grundlage von Rufaufzeichnungen ein Seefrosch-Vorkommen für die Insel Ruissalo (Region Turku) postuliert, bis 2012 konnten ca. 50 weitere Lokalitäten mit dem Verdacht auf Seefroschvorkommen ermittelt werden. Bei allen an diesen Orten gefangenen Tieren handelte es sich allerdings um Teichfrösche (*P. esculentus*), sodass offen bleibt, ob Seefrösche gegenwärtig in Finnland vorkommen (HOOGESTEGER et al. 2013).

Bereits PORTSCHINSKY (1872) erwähnt, dass „*Rana esculenta*“ in den Gräben auf der Insel Kretowski vorkommt, die heute im Zentrum von St. Petersburg liegt. Kurioserweise wurden bereits im frühen 19. Jahrhundert Seefrösche auf Wunsch der Ehefrau von Zar Alexander auf der Insel Jelagin in der Nähe der damaligen Hauptstadt des russischen Reichs ausgesetzt (GERD 1925). Von dort breitete sich die Art möglicherweise entlang der in großer Zahl vorhandenen Bäche und Kanäle aus und wurde in Wasserbehältern mit Fischen und Fischbrut verschleppt. Die gegenwärtige Verbreitung von *P. ridibundus* (und *P.* cf. *bedriagae*) in der Provinz St. Petersburg ist mit anthropogen beeinflussten Landschaften und Fischereibetrieben aussoziiert (Ropscha, Sosnowy Bor und Iwangorod), die über tiefe, gut durchlüftete Gewässer verfügen, was eine wesentliche Voraussetzung für eine erfolgreiche Überwinterung der Frösche ist (MILTO 2007, MILTO et al. 2022).

Im westlichen und südlichen Teil des Urals, in Jakutsk und sogar Kamtschatka leben Seefrösche in natürlichen Gewässern oder in künstlichen Gewässern von Thermalbädern, ihr Vorkommen ist hier immer an permanent höhere Wassertemperaturen gebunden.

Erste Informationen über die Einführung von Seefröschen in die Transural(Zaural'e)-Region wurden in der zweiten Hälfte des 19. Jahrhundert publik (SABANEEV 1874), permanent existierende Populationen sind jedoch erst seit den späten 1960er-Jahren bekannt (FOMINYKH 2009). Zum Beispiel wurden 1969 und Anfang der 1970er-Jahre vereinzelt Seefrösche in die Refta- und Werchni-Tagil-Stauseen mit Fischen von Fischereien aus dem Oblast Odessa (Ukraine), Gorjatschi Kljutsch (Region Krasnodar, Russland) und aus der Chetuk-Fischfarm (autonome Republik Adygeja, Russland) eingebracht (TOPORKOVA 1985, IVANOVA 1995, FOMINYKH 2009). Es wird vermutet, dass auch andere Seefrosch-Vorkommen im Ural auf solche Ereignisse zurückgehen. Analysen der DNA von Fröschen aus den Städten Jekaterinburg und Suchoi Log (Ural) weisen darauf hin, dass hier neben *P. ridibundus* auch *P.* cf. *bedriagae* und sogar *P. kurtmuelleri* vorkommen (VERSHININ et al. 2019).

Die Verbreitung des Seefroschs in Kasachstan bedarf weiterer Untersuchungen, vor allem vor dem Hintergrund, dass im Syrdarja-Becken (oder Ferghanatal) eine weitere kryptische Wasserfroschform vorkommt (MEZHZHERIN und PESKOV 1992). In jüngster Zeit breitete sich diese Form aktiv aus und erreichte Flüsse, die in Kasachstan in den Balchasch-See münden sowie weitere, westlich der chinesischen Grenze gelegene Flüsse (DUYSEBAEVA et al. 2005). Ursprünglich war *P. ridibundus* (und *P.* cf. *bedriagae*) nur im westlichen Kasachstan verbreitet, wahrscheinlich wurden im frühen 20. Jahrhundert Seefrösche im südöstlichen Kasachstan ausgesetzt (DUYSEBAEVA et al. 2005), ebenso im westlichen Xinjiang (China) (ZHAO und ADLER 1993, FE und YE 2016), wobei offen bleiben muss, ob es sich dabei tatsächlich um *P. ridibundus* oder eng verwandte Formen handelte.

Im östlichen Kasachstan (Alma-Ata und in der Siedlung Üscharal) konnten in allochthonen Seefrosch-Populationen neben *ridibundus*-spezifischen Allelen auch Allele mittelasiatischer Seefrösche der Syrdarja-Linie nachgewiesen werden (MEZHZHERIN 1997, eigene Daten). Im Jahr 1961 wurden in Öskemen (ebenfalls östliches Kasachstan) ursprünglich für Laborexperimente bestimmte Frösche (*P. ridibundus*, *P.* cf. *bedriagae* oder Tiere der Syrdarja-Linie) in natürliche Lebensräume verbracht, weitere Aussetzungen fanden zwischen 1974 und 1975 statt. Die Tiere konnten sich in der Folgezeit erfolgreich auf den Überschwemmungsflächen des Flusses Irtysch ansiedeln, erreichten in den 1980er-Jahren die Stadt Pawlodar (DUYSEBAEVA et al. 2005) und breiteten sich in den frühen 2000er-Jahren nach Norden entlang des Irtysch bis unterhalb der Stadt Omsk aus (ODINTSEV et al. 2011, NIKONOVA 2016, eigene Daten). Nördlich von Omsk konnten bisher keine Seefrösche nachgewiesen werden.

Für West-Sibirien werden Wasserfrösche seit dem späten 19. Jahrhunderts erwähnt, z.B. durch MARTYANOV (1881) für den heutigen Verwaltungsbezirk (Krai) Krasnojarsk. Wasserfrösche, die 1910 in der Umgebung der Stadt Tomsk beobachtet und als „neue" Art *Rana florinskii* beschrieben wurden (KASTSCHENKO und SIPAČEV 1914), konnten später als *P. ridibundus* identifiziert werden und stammten aus Universitätslaboratorien (NIKOLSKY 1918, LARIONOV 1924, KUZMIN 2012). In den späten 1970er-Jahren wurden Seefrösche (neben *P. ridibundus* auch *P.* cf. *bedriagae* und möglicherweise auch Individuen der Syrdarja-Linie) in Wasserbecken der Stadt Gorno-Altaisk und des Dorfes Altaiskoje eingebracht. Die Tiere stammten aus Laboratorien und waren für die Ausbildung von Studenten vorgesehen bzw. kamen aus der Region Krasnodar zusammen mit kleinen Fischen, die für Besatzteiche bestimmt waren (YAKOVLEV und MALKOV 1985, YAKOVLEV 1990, PSARYOV und SAPRYGIN 2001, BORISOVICH et al. 2002). Von dort breitete sich die Population graduell entlang von Flüssen bis Nowosibirsk und in das im Oblast Tomsk gelegene Dorf Koschewnikowo aus (VOZNIYCHUK und KURANOVA 2008). Noch bis 2013 gelangen Nachweise solcher Tiere in Tomsk, heute leben hier keine Seefrosch-Populationen mehr (VOZNIYCHUK und KURANOVA 2008, V. N. KURANOVA, pers. Mittlg.).

Im Jahr 1983 wurden Seefrösche erstmalig in der Region Krasnojarsk gefunden (GORODILOVA 2008, ZHUKOV 2013) und 2003 in Chakassien (GORODILOVA 2008), möglicherweise wurden sie hier mit Karpfenbrut eingeschleppt (CHUPROV 2013). Erste Seefrosch-Nachweise aus Ost-Sibirien datieren zurück auf das Jahr 1972, hier wurden ursprünglich aus Laboratorien stammende Tiere zuerst im See Saisar im Zentrum der Stadt Jakutsk nachgewiesen (BELIMOV und SEDALISCHEV 1980). In den späten 1980er-Jahren gelangen Seefrosch-Beobachtungen auch in Kamtschatka (SHEIKO und NIKANOROV 2000). Ein Teil des Sees Khalaktyrskoje in der Nähe der Wärmekraftanlage im Flusstal des Paratunka konnte als individuenreichste Ansiedlungslokalität ausgemacht werden (LYAPKOV 2014b). Gegenwärtig sind in Kamtschatka ca. 15 von Seefröschen besiedelte Lokalitäten bekannt, die alle mit Thermalquellen assoziiert sind (LYAPKOV 2014b). Die von LYAPKOV et al. (2018) erhobenen genetischen Daten zeigen, dass in Kamtschatka Hybriden eingeführt wurden, die auf Kreuzungen zwischen *P. ridibundus* und *P.* cf. *bedriagae* zurückgehen.

Höhenverbreitung: Die Art präferiert niedere und mittlere Höhenlagen (< 500 m ü. NHN), die meisten Lokalitäten liegen im Flachland unter 300 m ü. NHN (GÜNTHER 1990, SOWIG et al. 2007b, ZAHN et al. 2019). Die niedrigste Lokalität ist mit –29 m u. NHN das Ufer des Kaspischen Meeres (DUYSEBAEVA et al. 2005, BORKIN und LITVINCHUK 2015).

Im Westen seines Verbreitungsgebiets dringt *P. ridibundus* in der Regel nicht in Gebirgslagen vor. So werden in den polnischen und ukrainischen Karpaten nur die Gebirgsausläufer bis in Höhen von ca. 400 m ü. NHN besiedelt (KOLYUSHEV 1959, SZCZERBAK und SZCZERBAN 1980, JUSZCZYK 1987). In Rumänien erreicht *P. ridibundus* Höhen von 430 m ü. NHN (BOGDAN et al. 2013), in der Tschechischen Republik von 515 m ü. NHN (VITÁČEK et al. 1994), in Deutschland liegt der höchste Fundpunkt im Ostallgäu (Bayern) auf einer Höhe von 875 m ü. NHN (ZAHN et al. 2019), für Österreich nennen CABELA und TIEDEMANN (1985) 570 m ü. NHN und für Bulgarien werden 589 m ü. NHN angegeben (LUKANOV et al. 2014).

Im Ural werden Höhen >400 m ü. NHN nicht überschritten (FOMINYKH et al. 2010). In Sibirien befinden sich die höchsten Lokalitäten in der Altai-Region im Dorf Ulus-Cherga (ca. 475 m ü. NHN) und im Weißen See (Beloe Lake) in der Nähe des Dorfes Bugryshikha (V. N. KURANOVA, mündl. Mitt.).

Arealdynamik: Klimatisch bedingte, signifikante Arealveränderungen, ähnlich den auch gegenwärtig zu beobachtenden Prozessen, fanden in der Vergangenheit wahrscheinlich mehrfach statt. Ihre Rekonstruktion ist – zumindest in Ansätzen – auf der Grundlage von Fossilienfunden möglich. Bei Wasserfröschen ist allerdings zu berücksichtigen, dass Artbestimmungen anhand von Knochen oder Knochenresten selbst bei rezenten Spezies mit einer hohen Fehlerquote einhergehen und Differenzierungen zwischen bestimmten Formen bzw. Arten nicht möglich sind. Das gilt auch und insbesondere für Fossilmaterial, zumal hier die Problematik dazu kommt, dass solches Material auch von bereits ausgestorbenen Arten stammen kann, die morphologisch nicht von rezenten differenzierbar sind. Folglich ist es nur möglich, Ähnlichkeiten mit heute lebenden Arten herzustellen, also beispielsweise von *ridibundus*-ähnlichen Formen zu sprechen.

Mitteleuropa wurde schon im frühen Oligozän (vor 33,0–31,5 Mio. Jahren) von Wasserfröschen besiedelt (BÖHME und ILG 2003), um welche Art bzw. Arten es sich dabei handelte, entzieht sich unserer Kenntnis. Sofern die berechneten Divergenzzeiten (Abb. 2, Kapitel „Der westpaläarktische Wasserfroschkomplex – Artbildung, Arten und verwandtschaftliche Beziehungen") der Realität entsprechen, dürfte die Stammlinie der *ridibundus*-Gruppe vor ca. 9 Mio. Jahren entstanden sein. Fossilfunde belegen, dass im späten Miozän (vor 7,6–5,3 Mio. Jahren) *ridibundus*-ähnliche Frösche in Ungarn, Griechenland, der Ukraine, Kasachstan, im nordöstlichen China und im Pliozän in den Niederlanden, Polen, der Slowakei, Ungarn, Griechenland, der Ukraine, im europäischen Teil Russlands sowie in West-Sibirien, Kasachstan, Armenien und in der Türkei vorkamen (CHKHIKVADZE 1984, BÖHME und ILG 2003, RATNIKOV 2009, VASILYAN et al. 2017, SYROMYATNIKOVA et al. 2019).

Im mittleren und späten Pleistozän (0,70–0,01 Mio. Jahre vor heute) war *P. ridibundus* in Südengland weit verbreitet, hier starb die Art wahrscheinlich erst während der letzten Eiszeit aus (BÖHME und ILG 2003). Vom späten Miozän (6,0–5,3 Mio. Jahre vor heute) bis zum späten Pleistozän besiedelten *ridibundus*-ähnliche Frösche die Apenninen-Halbinsel, in der Umgebung von Venedig (Lova di Campagna Lupia) kam *P. ridibundus* noch im Holozän vor. Auf der Iberischen Halbinsel gefundenes fossiles Material deutet darauf hin, dass *ridibundus*-ähnliche Formen hier vom frühen Miozän (16,6–16,4 Mio. Jahre vor heute) bis zum späten Pleistozän (0,13–0,01 Mio. Jahre vor heute) lebten. Weiterhin dürften in Nordost-Spanien Reliktvorkommen der Art bzw. *ridibundus*-ähnlicher Formen noch bis ins Holozän existiert haben (BÖHME und ILG 2003).

Es wird vermutet, dass Arealverschiebungen im Pleistozän und Holozän hauptsächlich mit Änderungen des Klimas im Zusammenhang standen. Die große genetische Diversität (AKIN et al. 2010b), zugleich aber enge Verwandtschaft der zur *ridibundus*-Gruppe zählenden Linien spricht für wiederholte (klimatisch bedingte) Unterbrechungen des Genflusses zwischen einzelnen Populationen bzw. Populationsgruppen.

Während der Eiszeiten konnten Wasserfrösche nur in Refugialräumen überleben. Nach den vorläufigen Ergebnissen der von uns durchgeführten GIS-Modellierungen waren im letzten glazialen Maximum (vor ca. 22 000 Jahren) entlang der Küsten des Asowschen Meeres und im Küstenbereich Bulgariens (einschließlich der hier ausgetrockneten, ursprünglich durch Meerwasser bedeckten Bereiche), auf dem Südbalkan (Refugium der Schwesterart *P. kurtmuelleri*), in Italien sowie im Südosten Belgiens, Frankreichs und Spaniens Ökosysteme vorhanden, die *P. ridibundus* geeignete Lebensbedingungen boten. Vermutet wird, dass am Ende des Pleistozäns und im Holozän der größte Teil des Areals vom bulgarischen Refugium aus entlang der Flussniederungen von Donau, Bug,

Dnister, Dnjepr und ihrer Zuflüsse wiederbesiedelt worden ist. Diese Hypothese wird durch die Tatsache gestützt, dass nur wenige Allele (und mitochondriale Haplotypen) von *P. kurtmuelleri* (die vom Balkan stammten) in Mittel- und Osteuropa gefunden wurden (KOLENDA et al. 2017b, LUKONINA et al. 2019, VERSHININ et al. 2019, LITVINCHUK et al. 2020, eigene Daten).

Unklar ist, ob solche Refugialräume auch in Westeuropa existierten, ebenso warum *P. ridibundus* heute auf der Apenninen-Halbinsel (Italien) fehlt. Sofern westeuropäische Refugien existiert haben sollten, leisteten diese vermutlich nur einen geringen Beitrag zur postglazialen Wiederbesiedlung Europas, da für den Seefrosch geeignete, unbewaldete Wanderkorridore gefehlt haben dürften.

Offensichtlich sind sowohl eurasische (*ridibundus*) als auch anatolisch-westasiatische (cf. *bedriagae*) Seefrösche sehr anpassungsfähig und können neue, z. T. weit von den natürlichen Arealen gelegene Gebiete schnell kolonisieren (FOMINYKH 2009, FOMINYKH et al. 2010, KUZMIN 2012, LYAPKOV 2014a, b). Große Arealerweiterungen wurden sowohl im südlichen und östlichen Teil Kasachstans als auch in West-Sibirien (Altai und Region Krasnojarsk) registriert (YAKOVLEV 1987, DUYSEBAEVA et al. 2005, GORODILOVA 2008, VOZNIYCHUK und KURANOVA 2008, eigene Daten). Auch in verschiedenen Teilen West- und Mitteleuropas breiteten sich Seefrösche in den vergangenen Dekaden aus (SCHUBERT 1995, PLÖTNER 2005, SOWIG et al. 2007b, KAUFMANN et al. 2015, ZAHN et al. 2019), wahrscheinlich infolge des Klimawandels (höhere Temperaturen während der Wintermonate) und darüber hinaus wohl auch begünstigt durch mehrfaches Aussetzen allochthoner Individuen (OHST 2008). In manchen Regionen sind Seefrösche allerdings wieder verschwunden, z. B. in bestimmten Gebieten NW-Deutschlands, wo gegenwärtig nur noch Teichfrösche (*P. esculentus*) leben (NETTMANN, mündl. Mitt.) oder in Finnland, das heute als „seefroschfrei" gilt (HOOGESTEGER et al. 2013).

Ökologie. Habitat: Die ökologisch sehr plastische Art besiedelt diverse Habitate in unterschiedlichen Ökosystemen wie Laub- und Mischwäldern, Waldsteppen, Halbwüsten und Wüsten (KUZMIN 2013, eigene Daten). Während *P. ridibundus* im östlichen Teil seines Verbreitungsgebiets in Gewässern unterschiedlicher Größe, Genese und Struktur vorkommt (RUCHIN et al. 2009, eigene Daten), finden sich in Mitteleuropa natürliche Seefrosch-Populationen vor allem in den Einzugsbereichen größerer Flüsse (GÜNTHER 1990, 1996c, PLÖTNER 2005, SOWIG et al 2007b, REUSCH 2015, ZAHN et al. 2019). Dieses Verbreitungsmuster spiegelt wahrscheinlich keine Habitatpräferenzen wider, sondern dürfte maßgeblich mit dem Migrationsverhalten der Art in Zusammenhang stehen (lineare Ausbreitung entlang von Flussauen und Niederungen, kaum Wanderungen über Land). Darüber hinaus bieten Fließgewässer auch während der Wintermonate einen im Vergleich zu geringvolumigen, eutrophen Stillgewässern kontinuierlich hohen Sauerstoffgehalt, was sich im Kontext des Überwinterungsverhaltens (*P. ridibun-*

dus überwintert im Wasser, BERGER 1982) positiv auf die Populationsdynamik (speziell die Überlebensrate während der Winterruhe) auswirken dürfte (PLÖTNER 2005).

Fortpflanzungsgewässer: Seefrösche sind eng an Gewässer gebunden, sie verbringen ihr ganzes Leben im oder am Wasser und wandern nur selten über Land. Besiedelt werden sowohl stehende als auch langsam fließende Gewässer, darunter Teiche, Weiher, Gräben und Kanäle bis hin zu größeren Seen und Flüssen (Übersicht bei GÜNTHER 1990, 1996c, PLÖTNER 2005, RUCHIN et al. 2009). In Osteuropa (Wolga-Becken) bewohnt die Art fließende und stehende Gewässer, von Bächen und kleinen Tümpeln bis hin zu großen Flüssen und Seen. In den Waldlandschaften Osteuropas bevölkert der Seefrosch u. a. Teiche und Sandgruben; kleine, tief im Waldesinneren gelegene Gewässer werden gemieden (RUCHIN et al. 2009, eigene Daten).

Optimale Seefrosch-Gewässer sind pflanzenreich, oft auch verschilft, stark besonnt und besitzen ausgedehnte Flachwasserzonen (SOWIG et al. 2007b, BISERKOV und NAUMOV 2012, eigene Daten). Eutrophe und warme Gewässer werden kühlen und nährstoffarmen vorgezogen (SOWIG et al. 2007b). Hohe Individuendichten können in Altarmen von Flüssen, Stauseen, Kanälen, Auenweihern und Kiesgruben erreicht werden (ALEKSANDROVSKAYA und BYKOV 1980, BERGER und BERGER 1992, MIKULÍČEK et al. 2015). In bewaldeten Gebieten bewohnt *P. ridibundus* u. a. Tümpel und Sandgruben, allerdings besteht eine klare Präferenz für Gewässer des Offenlandes (SCHRÖER und GREVEN 1998, SOWIG et al. 2007b, ZAHN et al. 2019).

Seefrösche besiedeln auch Gewässer, die durch menschliche Aktivitäten geschaffen wurden, wie Fischteiche oder Kiesgrubengewässer, oft dominiert die Art hier zahlenmäßig im Vergleich zum Teichfrosch oder zum Kleinen Wasserfrosch (MIKULÍČEK und PIŠUT 2012, RUCHIN et al. 2009, eigene Daten). Wenn in den Flussauen nur wenige stehende Gewässer vorhanden sind, ist *P. ridibundus* auch in Flussabschnitten zu finden, was eine gewisse Toleranz der Art gegenüber strömendem Wasser und Wellengang anzeigt (LADA et al. 1995).

Die Habitatansprüche mitteleuropäischer Seefrösche werden u. a. durch die im Rahmen herpetologischer Kartierungen erhobenen ökologischen Daten verdeutlicht. Im Bundesland Baden-Württemberg (Deutschland) handelte es sich bei 88 % aller erfassten Seefroschhabitate um stehende Gewässer. Davon entfielen 60 % auf Teiche, Weiher und größere Gewässerkomplexe, 16 % waren Seen, vor allem Baggerseen, und 12 % größere Kiesgrubengewässer. 12 % der Nachweise wurden in Fließgewässern erbracht, vor allem in größeren Flüssen mit pflanzenreichen Stillwasserzonen oder schwach durchströmten Buchten. Seltener ist die Art an Bächen und Kanälen zu finden. In der Rheinebene um den Kaiserstuhl bewohnt der Seefrosch auffallend häufig auch kleinere Gewässer wie Kleinteiche, Gräben und Baustellentümpel (SOWIG et al. 2007b). Ähnlich stellt sich die Situation in Bayern dar. Hier sind Weiher und Teiche mit 33,2 % aller Seefrosch-Nachweise, die unmittelbar an Gewässern erfolgten, Gewässer in Abbaustellen (20,3 %; oft Nassbaggerungen) und Stillgewässer in Auen (15,3 %) die wichtigsten Seefrosch-Lebensräume. Deutlich seltener besiedelt die Art in Bayern Kleingewässer (13,4 %) oder Fließgewässer (14 %) (ZAHN et al. 2019).

Seefrösche leben auch in Brackwasser in Meeresbuchten und in den Mündungsbereichen von Flüssen, z. B. am Kaspischen Meer, Asowschen Meer, Schwarzen Meer und an der Ostsee (MENZIES 1962, KUZMIN 2012, LITVINCHUK et al. 2015b). In der Frischen Nehrung (Baltijsk, Oblast Kaliningrad, Russland) fanden LITVINCHUK et al. (2015b) eine kleine Seefrosch-Population in einem Wassergraben einer alten Festung, der Salzgehalt betrug hier 6,7 ‰ (LITVINCHUK et al. 2015b). Ob sich die Tiere hier auch fortpflanzten, ist nicht bekannt. In der nahe gelegenen Weichsel-Lagune (Ladygino, Oblast Kaliningrad, Russland) und in Kanälen der Stadt Baltijsk (Piliava) wurden jedoch frisch metamorphosierte Jungtiere gefunden, das Wasser wies hier einen Salzgehalt von 3,5–4,9 ‰ auf.

In den Ukrainischen Karpaten besiedeln Seefrösche Gewässer mit Salzgehalten von 0,9–8,3 ‰ (SZCZERBAK und SZCZERBAN 1980). Von einer kleinen *P. ridibundus*-Population im Khadzhibeyskyi Liman (südliche Ukraine, nördlicher Bereich des Schwarzen Meeres, Salzgehalt 4,7 ‰) berichtet DOTSENKO (2006). Reproduktionsnachweise liegen auch aus der Shablenska-Tuzla-Lagune (westlicher Teil des Schwarzen Meeres) vor, deren Salzgehalt zwischen 2,2 und 2,9 ‰ liegt (NATCHEV et al. 2011).

IFTIME und IFTIME (2012) fanden in Südwest-Rumänien Seefrösche in einem schwefelhaltigen (H_2S-Konzentration bis 100,2 mg/l) und stark mineralisierten (Mineraliengehalt 2,2–4,6 g/l) Gewässer. Fraglich ist, ob bzw. in welchem Maße Seefrösche sich unter solchen, auch für Menschen toxischen Bedingungen, fortpflanzen können.

Im nördlichen Ural, in Sibirien (Jakutsk und Tomsk) und auf der Halbinsel Kamtschatka kann sich die Art nur in Gewässern fortpflanzen, die von natürlichen oder künstlichen Thermalquellen gespeist werden (BELIMOV und SEDALISCHEV 1980, FOMINYKH und LYAPKOV 2012, LYAPKOV 2014a, b, V. F. KURANOVA, mündl. Mitt.). Auch anderenorts werden Thermalquellen zur Reproduktion genutzt, Wassertemperaturen über 40 °C werden allerdings nicht toleriert (SVINKIN 1962). Die Temperaturen in verschiedenen, von Fröschen besiedelten Thermalquellen auf Kamtschatka, in denen auch Kaulquappen lebten, variierten zwischen 26 und 35 °C (BUKHALOVA und VELIGURA 2007). An derselben Lokalität untersuchte LYAPKOV (2014b) eine kleine Quelle, in der Temperaturen zwischen 34 und 40 °C herrschten, allerdings kamen hier keine Kaulquappen vor.

Der pH-Wert typischer Seefrosch-Laichgewässer ist in der Regel neutral oder schwach alkalisch (6,6–10,7; SZCZERBAK und SZCZERBAN 1980, AYTBAEVA und

ATAKHANOVA 1989, BUKHALOVA und VELIGURA 2007, ZHELEV 2012, KORZIKOV et al. 2014, eigene Daten). Eine anthropogen bedingte Versauerung der Gewässer kann dazu führen, dass keine Reproduktion mehr stattfindet, wie die Untersuchungen von ZARIPOVA et al. (2009) verdeutlichen (siehe auch HAIDACHER und FACHBACH 1991).

Terrestrischer Lebensraum: Außerhalb der Reproduktionsperiode hält sich *P. ridibundus* bevorzugt an offenen, sonnigen und warmen Uferabschnitten mit dichter Vegetation auf (KORSHUNOV 2008, eigene Daten). Nur selten werden längere Wegstrecken über Land zurückgelegt (HEYM 1974, HOLENWEG PETER 2001, KOVAR et al. 2009, MIKULÍČEK und PIŠUT 2012). Der Umgebungsbereich der Laichgewässer wird oft von Feuchtbiotopen oder extensiv bewirtschaftetem Grasland geprägt. Kleine Inseln und Sandbänke innerhalb der Gewässer dienen ebenfalls als Landlebensraum. Vereinzelt können Seefrösche auch in bewässerten Kulturen sowie in feuchten Parkanlagen und Gärten beobachtet werden (BADMAEVA und MARMAKOVA 1990, ALEKSEEV und ROGULENKO 2004). Um größere Distanzen überwinden zu können, vor allem während langanhaltender Trockenperioden, benötigen Seefrösche aquatische oder feuchte Lebensräume als „Trittsteine", z. B. kleinere Gewässer, Schluchten oder Entwässerungsgräben (KIREEV 1973, KORSHUNOV 2008).

Winterquartiere: Die Überwinterung erfolgt in der Regel im Gewässer, gewöhnlich an tieferen Stellen entlang der Uferkanten von Seen und Flüssen, manchmal auch in Nagerbauen, zwischen Baumwurzeln (an Land) oder in Quellen, wo sich oft mehrere Frösche versammeln (IDELSON und VONYUKOV 1938, KUSHNIRUK 1964, TOFAN 1967, DENISOVA 1969, ALEKSANDROVSKAYA und BYKOV 1980, SZCZERBAK und SZCZERBAN 1980, KIREEV 1983, PRUS und SMOLYANINOVA 1989, YAKOVLEV 1990, ZAVADIL 1994, KLIMOV et al. 2000, BELOVA 2006, GORODILOVA 2008).

Temperaturmessungen in den Winterquartieren, konkret im Schlamm des Gewässergrunds in einem größeren, in der Stadt Kamarno (Oblast Lwiw, Ukraine) gelegenen Weiher, ergaben Werte von 2,5–4,5 °C (KUSHNIRUK in SZCZERBAK und SZCZERBAN 1980). Sauerstoffmangel während der Überwinterung kann zu hohen Mortalitäten bis hin zum vollständigen Erlöschen der Population führen (BERGER 1982). GORBUNOV et al. (1991) fanden im Januar im Wolga-Delta vereinzelt Tiere in eisfreien Löchern. Nach VOITURON et al. (2003) sterben Seefrösche, wenn mehr als 58 % ihres Körperwassers gefriert, wobei die Überlebenszeit während des Einfrierungsprozesses von der Körpermasse und der Körpertemperatur abhängig ist. Da *P. ridibundus* in der Regel am Gewässergrund überwintert (BERGER 1982), ist die Gefahr eines Kältetods allerdings irreal.

N a h r u n g : Da sich Seefrosch-Kaulquappen vor allem in der Nähe des Gewässergrunds aufhalten (WARINGER-LÖSCHENKOHL 1986), dominieren benthische Organismen in ihrer Nahrung, während Plankton nur eine untergeordnete Rolle spielt (BELOVA 1964c). Benthische Grün- und Kieselalgen (Diatomeen) gehören zu den Hauptbestandteilen der Nahrung. Dagegen werden tierische Organismen (Protozoen, Nematoden, Rädertierchen, Ringelwürmer, Mollusken, Kleinkrebse, Insekten, Bryozoen) nur ausnahmsweise gefressen. Auch niedere Pilze und Bakterien haben für die Ernährung der Kaulquappen nur eine relativ geringe Bedeutung (BELOVA 1964a, b, c, d, 1965, DUSHIN 1974).

Untersuchungen an Kaulquappen aus dem Wolga-Delta zeigten, dass während der larvalen Wachstumsphase ein hoher Nahrungsbedarf besteht, der mit fortschreitender Entwicklung geringer wird (DENISOVA 1969). So betrug die tägliche Nahrungsaufnahme 17 mm langer Individuen im Mittel 5,9 % der Körpermasse, bei Tieren mit Kopf-Rumpf-Schwanz-Längen (KRSL) von 35 mm entsprach die Nahrungsmenge 5,4 % ihrer Masse und bei 63 mm langen Individuen nur noch 2,3 %.

Nach Abschluss der Metamorphose jagen Seefrösche vor allem im Uferbereich der Gewässer oder im Wasser. Als Karnivore fressen sie alles, was überwältigt und verschlungen werden kann. Das Nahrungsspektrum richtet sich nach dem entsprechenden Angebot, eine gezielte Auswahl der Beutetiere findet offensichtlich nicht statt. Potenzielle Beute wird visuell geortet, mit der Zunge gefangen und mit dieser ins Maul befördert.

In den Nahrungsspektren von Seefröschen dominieren phytophage, tagaktive, sich laufend, springend oder auch fliegend fortbewegende atmobionte Evertebraten (SHLYAKHTIN und NOSOVA 1988, DUBROVSKIY und BUDAK 2009, SHLYAKHTIN und TABACHISHIN 2010, KULAKOVA et al. 2011). Terrestrische Tiere nehmen einen Anteil von >40 % an der Nahrung ein (KOSAREVA 1970, BELIMOV und SEDALISCHEV 1980, GHIRA et al. 1997, IL'INA 2003, VERSHININ und IVANOVA 2006, BALINT et al. 2008, GORODILOVA 2008, DUBROVSKIY und BUDAK 2009, FAYZULIN et al. 2010, CICORT-LUCACIU et al. 2011, 2013). Unter den Insekten waren am häufigsten Dipteren, Coleopteren, Lepidopteren, Odonaten, Hymenopteren und Orthopteren vertreten (BANNIKOV 1954, BELOVA 1964b, MAKRUZE 1964b, DUSHIN 1974, CAVACIU-MARCOV et al. 2000, KLIMOV et al. 2000, BUTOV und HICHOVA 2003, FAYZULIN 2008a, MOLLOV 2008, FAYZULIN et al. 2010, GORODILOVA 2010, BOGDAN et al. 2012, KARAICA et al. 2016).

Neben Insekten besteht ein großer Teil des Beutespektrums aus Regenwürmern, Egeln, Spinnen, Hundertfüßern, Kiemenfußkrebsen, Asseln und Mollusken (DINESMAN 1952, MENZIES 1962, STRAUTMAN et al. 1964, TOFAN 1966, OPATRNÝ 1968a, BELIMOV und SEDALISCHEV 1980, SHLYAKHTIN und NOSOVA 1988, GORBUNOV et al. 1991, KOLYAKIN 1994, DUBROVSKIY und PETRUSENKO 1996, KLIMOV et al. 2000, RUCHIN und RYZHOV 2002, 2003, SAS et al. 2004, MOLLOV et al. 2006, 2010, VERSHININ und IVANOVA 2006, BALINT et al. 2008,

DAVID et al. 2008, BOBYLYOV 2009, FERENTI et al. 2009a, FOMINYKH 2009, KULAKOVA et al. 2009, PAUNOVIĆ et al. 2010, KUZOVENKO und FAYZULIN 2012, 2013, LADA et al. 2018). Die in den Thermalgewässern in Nischni Tagil (Ural, Russland) lebenden Tiere ernähren sich hauptsächlich von der invasiven terrestrischen Schneckenart *Physa fontinalis* (FOMINYKH 2008). Für juvenile Frösche stellen Mücken, Fliegen und Spinnen eine wichtige Nahrungsquelle dar (BALINT et al. 2008).

Der Anteil von Fischen am Nahrungsspektrum ist mit 7 % relativ gering (IDELSON und VONYUKOV 1938, BANNIKOV 1954, BELOVA 1964b, STRELKOV 1964, TOFAN 1966, OPATRNÝ 1968a, DUSHIN 1974, SZCZERBAK und SZCZERBAN 1980, CAVACIU-MARCOV et al. 2000, KLIMOV et al. 2000, RUCHIN und RYZHOV 2002, IL'INA 2003, VERSHININ und IVANOVA 2006, MOLLOV 2008, DUBROVSKIY und BUDAK 2009, GORODILOVA 2010, CICORT-LUCACIU et al. 2011). Allerdings enthielten im Wolga-Delta 91 % der untersuchten Seefrosch-Mägen Fische, pro Magen wurden bis zu 90 kleinere Fische gezählt (MAKRUZE 1964d, STRELKOV 1964, Kosareva 1970). RUCHIN und RYZHOV (2002) fanden im Magen eines 82 mm großen Tieres zehn 18–20 mm lange Goldfische (*Carassius auratus*).

Auch andere Amphibienarten (z. B. *Lissotriton vulgaris*, *Rana arvalis*, *Rana temporaria*, *Pelobates vespertinus*) werden gelegentlich gefressen, ihr Anteil am Nahrungsspektrum kann bis zu 3 % betragen (MENZIES 1962, OPATRNÝ 1968a, KLIMOV et al. 2000, RUCHIN und RYZHOV 2002, RYABOV 2006, BULAKHOV et al. 2007, FAYZULIN 2008a, FERENTI et al. 2009a, BALINT et al. 2010, PAUNOVIĆ et al. 2010). Selbst kleinere Reptilien (*Lacerta agilis*, *Podarcis tauricus*, Schlangen), Vögel (Nestlinge von *Vanellus vanellus*, *Tachybaptus ruficollis* und *Chlidonias hybrida*, weiterhin *Hirundo rustica*, *Ficedula parva*, *Passer montanus*, *Acrocephalus* spp., *Hippolais caligata*) und Säugetiere (*Apodemus* spp., *Microtus arvalis*, *Mus* spp., *Myotis* spp., *Sorex minutes*) werden nicht verschont (TARASCHUK 1959, VOROBYOV 1966, OPATRNÝ 1968a, SZCZERBAK und SZCZERBAN 1980, RUCHIN und RYZHOV 2002, KULAKOVA et al. 2009, MOLLOV et al. 2010, PAUNOVIĆ et al. 2010).

Kannibalismus tritt bei Seefröschen regelmäßig auf: Kaulquappen fressen mitunter auch Kaulquappen der eigenen Art, wenn diese bereits geschädigt oder krank sind. Adulte Seefrösche fressen neben Kaulquappen auch Eier, Juvenile und subadulte Artgenossen (DINESMAN 1952, TARASCHUK 1959, BELOVA 1964b, MAKRUZE 1964d, DUSHIN 1974, PISARENKO 1980, 1981, SZCZERBAK und SZCZERBAN 1980, KLIMOV et al. 2000, RUCHIN und RYZHOV 2002, 2003, SAS et al. 2004, BELOVA 2006, DOTSENKO 2006, GHIURCA und ZAHARIA 2006, VERSHININ und IVANOVA 2006, GORODILOVA 2008, MOLLOV 2008, FERENTI et al. 2009b, KALUGINA 2010, BOGDAN et al. 2012, CICORT-LUCACIU et al. 2013). YARYOMENKO (1959) erwähnt, dass ein Frosch mit einer KRL von 85 mm problemlos ein 55 mm langes conspezifische Individuum verschlingen kann.

Adulte Frösche jagen Kaulquappen selbst unter Wasser (GORBUNOV et al. 1991). Untersuchungen im Wolga-Delta zeigten, dass Kaulquappen und Metamorphoslinge zu bestimmten Jahreszeiten die Ernährungsbasis darstellen. Während im Mai und den ersten 10 Tagen im Juni vor allem terrestrische Insekten am Ufer gejagt und gefressen wurden, kam es ab Mitte Juni zu einer Nahrungsumstellung auf die dann in großer Zahl verfügbaren Kaulquappen und später auf frisch metamorphosierte Tiere; in 10–80 % der untersuchten Seefrosch-Mägen wurden Kaulquappen und/oder Jungtiere gefunden (DENISMAN 1952, STRELKOV 1964, GORBUNOV et al. 1991).

Pflanzenreste, Federn, die eigene, während der Häutung abgestoßene Haut und mineralische Komponenten wurden ebenfalls in den Mägen von Seefröschen gefunden (IDELSON und VONYUKOV 1938, MENZIES 1962, DUSHIN 1974, DUBROVSKIY und PETRUSENKO 1996, CAVACIU-MARCOV et al. 2000, GHIURCA und ZAHARIA 2006, MOLLOV et al. 2006, 2010, DAVID et al. 2008, GORODILOVA 2008, FERENTI et al. 2009a, PAUNOVIĆ et al. 2010, CICORT-LUCACIU et al. 2011, BOGDAN et al. 2012, LADA und TEPLYAKOV 2014). In Gefangenschaft bzw. Aquakultur können Seefrösche auch mit Pellets ernährt werden (NEVEU 2004, 2009, 2011).

Art und Menge der aufgenommenen Nahrung hängen von der Jahreszeit, dem Habitat, dem Geschlecht und dem Alter der Frösche ab (BALINT et al. 2008, MOLLOV 2008, SHLYAKHTIN und TABACHISHIN 2010, KUZMIN 2012). Die im Mittel täglich aufgenommene Nahrungsmenge adulter Tiere kann zwischen 0,6 und 1,2 g variieren (SHLYAKHTIN und TABACHISHIN 2010), größere Exemplare können bis zu 16 g Nahrung pro Tag aufnehmen (IDELSON und VONYUKOV 1938, KOSAREVA 1970). Die Intensität der Nahrungsaufnahme ist temperaturabhängig, bei Temperaturen zwischen 18 und 20 °C wird am meisten gefressen, mit sinkenden Temperaturen nimmt die Nahrungsaufnahme ab (IDELSON und VONYUKOV 1938).

Herpetozönose: In Europa kommt *P. ridibundus* mit den meisten hier lebenden, sympatrisch verbreiteten Amphibienarten vor, konkret mit *Ichtyosaura alpestris, L. vulgaris, Lissotriton helveticus, Triturus carnifex, Triturus cristatus, Triturus dobrogicus, Triturus ivanbureschi, Triturus marmoratus, Salamandra salamandra, Bombina bombina, Bombina variegata, Alytes obstetricans, Pelodytes punctatus, Pelobates balcanicus, Pelobates fuscus, Pelobates cultripes, P. vespertinus, Bufo bufo, Bufo spinosus, Bufotes viridis, Bufotes sitibundus, Epidalea calamita, Hyla arborea, Hyla orientalis, Hyla meridionalis, R. arvalis, R. temporaria, Rana dalmatina, P. lessonae, P. grafi, P. perezi, P.* cf. *bedriagae* und *P. esculentus* (ZAVADIL 1994, LEMAN et al. 1995, PAGANO et al. 1997, SCHMELLER 1999, SOBOLENKO 2004, SCHER und THIÈRY 2005, BRESSI 2006, DAF et al. 2006, TATIN 2010, BISERKOV und NAUMOV 2012, CAYUELA et al. 2012, IFTIME und IFTIME 2012, BEZMAN-MOSEYKO et al. 2014, BORKIN und LITVINCHUK 2015, ZAHN et al. 2019 u. a., eigene Daten).

Im östlichen Ural wurden Seefrösche in Gewässern beobachtet, in denen auch *Salamandrella keyserlingii, T. cristatus, L. vulgaris, P. vespertinus, R. temporaria* und *R. arvalis* vorkamen (CHIBILYOV 2003, BOLSHAKOV und IVANOVA 2013, eigene Daten). Im nördlichen Kasachstan und in Sibirien koexistiert *P. ridibundus* nur mit *R. arvalis* (eigene Daten). Auf der Halbinsel Kamtschatka wurden in Gewässern, in denen Seefrösche vorkamen, keine weiteren Amphibienarten gefunden (BUKHALOVA und VELIGURA 2007). In der Umgebung von St. Petersburg (Russland) teilen sich Seefrösche mitunter das Laichgewässer mit *R. arvalis* und *R. temporaria* fort (K. D. MILTO, pers. Mitt.).

Feinde: Seefrösche gehören zum Beutespektrum von Fischen (z. B. *Abramis brama, Aspius aspius, Esox lucius, Lota lota, Pelecus cultratus, Perca fluviatilis, Sander lucioperca, Silurus glanis*), Reptilien (*Emys orbicularis, Natrix natrix, Natrix tessellata*), Vögeln (*Alcedo atthis, Anas platyrhynchos, Ardea alba* (?), *Ardea cinerea, Ardeola ralloides, Athene noctua, Botaurus stellaris, Bubo bubo, Buteo buteo, Chlidonias niger, Ciconia nigra, Circus aeruginosus, Coracias garrulus, Corvus corax, Corvus frugilegus, Ixobrychus minutus, Lanius excubitor, Mergus albesslus, Mergus merganser* (?), *Platalea leucorodia, Podiceps cristatus, Rallus aquaticus, Sterna albifions, Tringa ochropus* und *Tyto alba*), und Säugetieren (*Arvicola terrestris, Canis lupus, Felis silvestris, Mustela putorius, Nyctereutes procyonoides, Lutra lutra, Ondatra zibethicus, Vulpes vulpes*) (GARANIN 1964, TARASCHUK 1959, SZCZERBAK und SZCZERBAN 1980, BESHKOV und DUSHKOV 1981, GÜNTHER 1990, YAKOVLEV 1990, RUCHIN und RYZHOV 2003, GEORGIEV 2008, GROSSMANN und KNÜWER 2011, ROULIN und DUBEY 2013, BRANDT 2019). Im Wolga-Delta wurden Seefrösche in 87–100 % der Mägen von Ringelnattern (*N. natrix*), 3 % der von Würfelnattern (*N. tessellata*) und 55 % der Mägen von Rallenreihern (*A. ralloides*) gefunden (DOBROKHOTOV 1961, MAKRUZE 1964a, c).

Auch während der Winterruhe können Seefrösche zur Beute von Vögeln werden (GROSSMANN und KNÜWER 2011, BRANDT 2019). So gelangen dem Tierfotografen Wilhelm Plötz am 13. Februar 2018 an der Weser bei Minden-Lübbecke (Deutschland) Aufnahmen eines Zwergsäger-Männchens (*M. albellus*) und eines Silberreihers (*A. alba*), die jeweils einen Wasserfrosch (mit hoher Wahrscheinlichkeit handelte es sich um *P. ridibundus*) im Schnabel trugen (BRANDT, l. c.).

Oft besiedeln Seefrösche auch Gewässer, in denen Fische in größerer Dichte leben bzw. die fischereiwirtschaftlich genutzt werden (TEPLITSKY et al. 2003, ZAHN et al. 2019, eigene Daten). Die Kaulquappen halten sich hier in Flachwasserbereichen auf, wo sie in der Ufervegetation Zuflucht vor Prädatoren (insbesondere Fischen) suchen. Seefrosch-Kaulquappen werden auch von Egeln, Libellenlarven, Wasserkäfern (Dytiscidae) und bestimmten Wasserwanzen (*Notonecta*) gefressen (TARASCHUK 1959, BELOVA 2006, BULAKHOV et al. 2007, GORODILOVA 2008).

P a r a s i t e n u n d K r a n k h e i t e n : Seefrösche gehören zu den Amphibienarten mit den größten Parasitenspektren, wobei Plattwürmer (Plathelminthes) quantitativ dominieren. Allein die Saugwürmer (Trematoda) umfassen mindestens 48 Arten: *Alaria alata* (Larven), *Astiotrema monticelli* (Larven), *Brandesia turgida, Cathaemasia hians* (Larven), *Cephalogonimus retusus, Codonocephalus urnigerus* (Larven), *Diplodiscus subclavatus, Diplostomum spathaceum* (Larven), *Dolichosaccus rastellus, Encyclometra colubrimurorum* (Larven), *Glypthelmis diana, Gorgodera asiatica, Gorgodera cygnoides, Gorgodera loossi, Gorgodera microovata, Gorgodera pagenstecheri, Gorgodera pawlowskyi, Gorgodera varsoviensis, Gorgoderina skrjabini, Gorgoderina vitelliloba, Halipegus kessleri, Halipegus ovocaudatus, Haplometra cylindracea, Holostephanus volgensis* (Larven), *Neodiplostomum major* (Larven), *Neodiplostomum spathoides* (Larven), *Opistoglyphe ranae, Opisthodiscus diplodiscoides, Opisthodiscus nigrivasis, Paralepoderma cloacicola* (Larven), *Pharyngostomum cordatum* (Larven), *Phyllodistomum angulatum, Pleurogenes claviger, Pleurogenes intermedius, Pleuregenes loossi, Pleurogenoides medians, Pleurogenoides stromi, Pneumonoeces asper, Pneumonoeces odeningi, Pneumonoeces schulzei, Pneumonoeces variegates, Prosotocus confusus, Prosotocus fuelleborni, Skrjabinoeces breviansa, Skrjabinoeces similis, Strigea falconis* (Larven), *Strigea sphaerula* (Larven), *Strigea strigis* (Larven), *Strigea robusta* und *Tylodelphys excavata* (Larven) (WALTON 1949, DUBININA 1950, MAZURMOVICH 1951, DUBININ 1952, KRICHEVSKAYA 1961, BOSCHKOW 1965, MICHEV et al. 1998, KIRIN und BUCHVAROV 2002, SHIMALOV 2002, 2009, CHIKHLYAEV 2010a, b, INDIRYAKOVA 2011, CHIKHLYAEV et al. 2012a, b, 2018, KIRILLOV et al. 2012a, ROMANOVA et al. 2013a, BURAKOVA et al. 2014, HERCZEG et al. 2016b, MARUSHCHAK et al. 2017, ZARIPOVA und FAYZULIN 2017, LADA et al. 2018, KUZMIN et al. 2020, BENOVICS et al. 2022, siehe auch MICHEV et al. 1998, SVININ 2020). Im Wolga-Delta waren nahezu alle untersuchten Individuen einer jeden Population mit *A. alata, C. urnigerus, D. subclavatus, N. major, O. ranae, P. medians, P. variegates* und *S. strigis* infiziert (DUBININA 1950). Von den ebenfalls zu den Plathelminthes zählenden Monogenea (Hakensaugwürmer) und Cestoda (Bandwürmer) konnten nur wenige Arten in Seefröschen nachgewiesen werden, bisher wurden *Mesocestoides* sp., *Nematotaenia dispar, Polystoma integerrimum, Schistocephalus solidus* und *Spirometra erinaceieuropaei* gefunden (WALTON 1949, DUBININA 1950, MAZURMOVICH 1951, DUBININ 1952, SHIMALOV 2002, 2009, ROMANOVA et al. 2013a).

Einige dieser Parasiten besitzen eine gewisse Bedeutung als Pathogene für Wasserfrösche und wie *A. alata* und *S. erinaceieuropaei* auch für andere Wirte, im konkreten Fall für karnivore Säugetiere einschließlich des Menschen (KIRILLOV et al. 2012a, 2014). Bei Seefröschen können Infektionen mit *S. robusta* zu skelettalen Missbildungen führen (SVININ et al. 2020).

Besondere Aufmerksamkeit verdient *C. urnigerus*. Ein intensiver Befall mit Metazerkarien dieser Art kann bei Amphibien zur teilweisen oder vollständigen Kastration (dabei wird germinales Gewebe durch Zysten verdrängt) bis hin zum Tode des Wirts führen. In Osteuropa hatten die Hoden von ca. 2,3 % der von LITVINCHUK (2018) untersuchten Seefrosch-Männchen solche Zysten. Als Zwischenwirte fungieren Schnecken (*Lymnaea stagnalis* und *Lymnaea palustris*). Die adulten Stadien befallen die Eingeweide von Graureihern (*A. cinerea*) und Rohrdommeln (*B. stellaris* und *I. minutus*). Infizierte Frösche zeigen eingeschränkte Reaktionen im Kontext des Migrations- und Abwehrverhaltens, sie wirken erschöpft und träge, bewegen sich kaum und haben die Augen oft halb geschlossen. In diesem Zustand werden sie schnell zur Beute von Prädatoren. Es wurden Fälle beschrieben, wo solche Frösche sogar Menschen folgten, ohne jegliche Anzeichen von Furcht (DUBININA 1950, DUBININ 1952, IVANOV et al. 2009, 2012, KIRILLOV et al. 2012a, MARUSHCHAK et al. 2017).

Neben Plattwürmern zählen Rundwürmer (Nematoda) zu den häufigsten Parasiten von Seefröschen. Bisher wurden ca. 20 parasitische Nematodenarten nachgewiesen: *Agamospirura* sp. (Larven), *Aplectana acuminata, Ascarops strongylina, Contracaecum longicaudatum* (Larven), *Cosmocerca commutata, Cosmocerca ornata, Gnathostoma hispidum* (Larven), *Eustrongylides excisus, Icosiella neglecta, Neoxysomatium brevicaudatum, Neoraillietnema praeputiale, Oswaldocmzia filiformis, Oxysomatium longispiculum, Paraplectana brumpti, Rhabdias bufonis, Rhabdias esculentarum, Rhabdias rubrovenosus, Spirocerca lupi, Spiroxys contortus, Strongyloides* sp. und *Thelandros tba* (Walton 1949, DUBININA 1950, MAZURMOVICH 1951, DUBININ 1952, BOSCHKOW 1965, MICHEV et al. 1998, SHIMALOV 2002, 2009, CHIKHLYAEV 2010a, b, INDIRYAKOVA 2011, ROMANOVA et al. 2013a, BURAKOVA et al. 2014, HERCZEG et al. 2016b, MARUSHCHAK et al. 2017, ZARIPOVA und FAYZULIN 2017, LADA et al. 2018, KUZMIN et al. 2020, MIKULÍČEK et al. 2021, siehe auch MICHEV et al. 1998). Manche dieser Parasiten können in Seefrosch-Populationen hohe Prävalenzen erreichen, so z. B. *C. ornata, G. hispidum, I. neglecta* und *O. filiformis*, die im Wolga-Delta bei ≥75 % der Tiere nachgewiesen werden konnten. *Gnathostoma hispidum* gehört zu den veterinärmedizinisch relevanten Arten, sie kann Erkrankungen (Gnathostomiasis) bei Schweinen und Rindern hervorrufen (DUBININA 1950).

Der zu den Kratzwürmern (Acanthocephala) zählende *Acanthocephalus ranae* gehört ebenfalls zu den Parasiten des Seefroschs (MAZURMOVICH 1951, BOSCHKOW 1965, MICHEV et al. 1998, SHIMALOV 2002, 2009, HERCZEG et al. 2016b, MARUSHCHAK et al. 2017, KUZMIN et al. 2020, siehe auch MICHEV et al. 1998). Weiterhin wurden zwei Egelarten (*Hemiclepsis marginata* und *Helobdella* sp.) bei Seefröschen im Wolga-Delta gefunden, wovon erstere als Vektor des Blutparasiten *Trypanosoma rotatorium* fungiert (DUBININA 1950). Untersuchungen aus England zeigten, dass Seefrösche mitunter wichtige Wirte für den Medizinischen Blutegel (*Hirudo medicinalis*) sein können (WILKIN und SCOFIELD 1990). In Südfrankreich gehört *Batracobdella algira* zu den permanenten Ektoparasiten, die sich auf Amphibien spezialisiert haben und gewöhnlich an Wasserfröschen zu finden sind (LECAPLAIN und NOËL 2015).

Im Blut, auf der Haut sowie im Verdauungstrakt einschließlich der Kloake von adulten Seefröschen und Seefrosch-Kaulquappen konnten verschiedene Protozoenarten nachgewiesen werden, namentlich *Balantidium duodeni, Balantidium elongatum, Balantidium entozoon, Balantidium giganteum, Cepedea dimidiata, Cepedea longa, Cepedea minor, Cepedea saharana, Cytamoeba bacterifera, Dactylosoma ranarum, Eutrichomastix batrachorum, Hepatozoon* cf. *magna, Lankesterella minima, Nyctoterus corniformis, Nyctoterus magnus, Opalina ranarum, Protoopalina intestinalis, Trichodina ranae, Trypanosoma rotatorium* und *Vorticella* sp. (DUBININA 1950, BANINA 1952, KRICHEVSKAYA 1961, WILBERT und SCHMEIER 1982, BURAKOVA et al. 2014), davon infizierten zwei Arten (*B. entozoon* und *N. corniformis*) im Wolga-Delta nahezu alle Individuen in einzelnen Populationen (DUBININA 1950).

Weiterhin wurden in europäischen Seefrosch-Populationen die amphibienpathogenen Viren *Ranavirus* und das Sindbis-Virus (*Alphavirus*) gefunden (KOZUCH et al. 1978, MILLER et al. 2011, GRAY und CHINCHAR 2015, RIJKS et al. 2016).

P o p u l a t i o n s ö k o l o g i e : *Pelophylax ridibundus* zählt zu den weit verbreiteten und häufigen Amphibienarten (KUZMIN 2012). Die höchsten Populationsdichten werden im südöstlichen Teil des Verbreitungsgebiets erreicht, hier wurden Populationen gefunden, in denen mehrere Hundert oder sogar mehrere Tausend Individuen lebten (Tab. 21). Entsprechend der ökologischen Gegebenheiten können die Abundanzen starken Schwankungen unterliegen, in Russland wurden z. B. Werte zwischen 19 und 5 000 Individuen pro Kilometer Uferlinie ermittelt (ZALEZHSKIY 1938, PISARENKO 1980, GORBATOVA 2012). In Mitteleuropa gelten in vielen Regionen Populationen mit mehr als 100 Tieren bereits als individuenreich (SOWIG et al. 2007b, ZAHN et al. 2019), in nur wenigen Populationen werden Abundanzen von 200–300 Adulti auf ca. 1 km Uferlinie oder 1 000 Adulti auf ca. 1 km² Wasserfläche erreicht (SCHIEMENZ und GÜNTHER 1994).

Auch allochthone Seefrosch-Populationen können hohe Abundanzen aufweisen, wie Beispiele aus dem Ural verdeutlichen (TOPORKOVA 1985, KAMKINA 2001, CHIBILYOV 2003, Tab. 21). So wurde im Mai 2016 in einem Gewässer in der Nähe der Thermalquelle im Kloster Achair (Oblast Omsk, W-Sibirien) 5 000 Individuen/km gezählt (BORKIN et al. 2021). Unter natürlichen Bedingungen, z. B. am Fluss Irtysch, 2 km nördlich des Dorfes Malyi Atmas, war die Populationsdichte um ca. eine Zehnerpotenz geringer (Tab. 21).

Bezogen auf die Wasserfläche wurden z. B. im Wolga-Delta Abundanzen von 600–3 100 (Mittelwert = 1 287) Individuen/ha ermittelt (IDELSON and VONYUKOV 1938). Im Umgebungsbereich des Dorfes Yamnoe (ebenfalls Wolga-Delta) betrug am 05. Mai 2004 die auf der Basis einer Linientaxierung geschätzte Flächenabundanz 738–1 033 Individuen/ha, wobei angenommen wurde, dass pro Meter Uferlinie 3 m² Wasserfläche als individuelles Territorium dienen (eigene Daten).

Tab. 21: Mittlere Individuendichten (in Klammern: Minimum–Maximum) von Seefrosch-Populationen (geschätzt als Anzahl adulter Individuen pro Kilometer Uferlinie) in verschiedenen Regionen des Verbreitungsgebiets. *allochthone Population, [1] nur in thermalen Wasserkörpern, [2] einschließlich *P.* cf. *bedriagae*

Gebiet	Abundanz	Referenzen
NW-Kasachstan[2]	1 510 (20–3 000)	TOPORKOVA (1966), eigene Daten
Wolga-Delta[2]	461 (96–1 600)	KUBANTSEV und KOLYAKIN (1988), eigene Daten
Untere Wolga[2]	456 (50–749)	SHAKHTARIN (2000), SPIRINA (2007), RYZHOV (2008), ZAKS (2013)
Obere Wolga	72 (1–360)	OKULOVA et al. (1997), PESTOV (2004)
Ukraine	332 (10–1 000)	SZCZERBAK und SZCZERBAN (1980), GONCHARENKO (1984), MISYURA und MARCHENKOVSKAYA (2001), BULAKHOV et al. (2007), SOBOLENKO (2010)
Weißrussland	173 (1–850)	PIKULIK (1985), DROBENKOV et al. (2006), eigene Daten
Litauen und Oblast Kaliningrad	585 (22–2 000)	BALČIAUSKAS et al. (1999), eigene Daten
St. Petersburg*[1, 2]	541 (12–1 000)	eigene Daten
Ural*[2]	1 122 (400–1 530)	TOPORKOVA (1985), KAMKINA (2001)
West-Sibirien*[2]	976 (65–5 000)	KURANOVA (2001), NIKONOVA (2016), BORKIN et al. 2021

In der Ukraine betrug die mittlere Abundanz 4 798 (Extrema: 50–33 333) Individuen/ha (SZCZERBAK und SZCZERBAN 1980, MISYURA und MARCHENKOVSKAYA 2001, SMIRNOV 2009, KUZMIN 2012), die höchsten Abundanzen werden in der Steppenzone erreicht (AVRAMOVA 1981). In Weißrussland wurden nur relativ geringe Abundanzwerte von 3,5–16,5 Individuen/ha ermittelt (PADUTOV 1982). Für den russischen Oblast Wolgograd geben ZAVYALOV et al. (2000) die Besiedlungsdichten mit 55–128 Individuen/ha an. Im südlichen Russland (Oblast Rostow) kann die Abundanz bis 1 800 Individuen/ha betragen (GUSKOV et al. 1983). In Sibirien sind die Dichten in der Regel gering, sie betrugen in Jakutsk nur ein Individuum/ha (BELIMOV und SEDALISCHEV 1980), im Bereich der Stadt Krasnojarsk bis zu 20,8 Individuen/ha (GORODILOVA 2008) und in West-Sibirien 0,6–160 Individuen/ha (BORISOVICH et al. 2002, RAVKIN et al. 2003).

Metamorphoslinge können Abundanzen von mehreren Zehntausend Individuen pro Hektar erreichen (KAMKINA 2001). Im europäischen Teil Russlands ergaben Schätzungen Werte bis zu 900 000 Individuen/ha (90 Individuen/m^2), dabei handelte es sich überwiegend um Metamorphoslinge (PISARENKO 1980). Die Kaulquappendichten können ebenfalls sehr hohe Werte annehmen. Für das

Wolga-Delta geben GORBUNOV et al. (1991) 9332 Individuen/m^2 an, das entspricht einer Biomasse von ca. 400 g/m^3. In Jakutsk (Sibirien) wurden dagegen Larvendichten von nur 6–10 Individuen/m^2 ermittelt (BELIMOV und SEDALISCHEV 1980).

Populationsstruktur und -dynamik. Geschlechterverhältnis: In den meisten Seefrosch-Populationen ist das quantitative Verhältnis zwischen Männchen und Weibchen annähernd ausgeglichen oder zugunsten der Weibchen verschoben (SHALDYBIN 1976, TOFAN 1979, PISARENKO 1980, TOPORKOVA 1985, BADMAEVA und MARMAKOVA 1990, KLIMOV et al. 2000, ZAMALETDINOV et al. 2008, SOBOLENKO 2010, SAVCHUK 2012, ZHELEV et al. 2014c, 2015). Populationen, in denen die Männchen quantitativ dominieren, scheinen vergleichsweise selten zu sein (IDELSON und VONYUKOV 1938, SZCZERBAK und SZCZERBAN 1980, KLIMOV et al. 2000, MIKULÍČEK et al. 2015). Verschiedene Studien deuten darauf hin, dass in verunreinigten Gewässern prozentual mehr Weibchen vorkommen (SPIRINA 2007, FAYZULIN 2008b, MAXIMOV 2010, ZHELEV et al. 2014c). Bei der Betrachtung von Geschlechterverhältnissen ist zu beachten, dass diese Werte entscheidend vom Zeitpunkt der Untersuchungen abhängen können (MAKRUZE 1961). So dominieren im Frühjahr während der Laichzeit in der Regel männliche Tiere, während sich danach das beobachtete Verhältnis zwischen beiden Geschlechtern wieder ausgleicht (KULIKOVA et al. 2015, eigene Daten).

Unisexuelle *P. ridibundus*-Linien wurden aus verschiedenen Teilen Mitteleuropas beschrieben, wo Seefrösche (Männchen und Weibchen) syntop mit der hybridogenetischen Hybridform *P. esculentus* leben. In solchen Mischpopulationen kann das Geschlechterverhältnis mitunter extrem zugunsten eines Geschlechts verschoben sein. Neben Populationen, in denen augenscheinlich nur männliche Seefrösche vorkommen (MEINECKE 1980), wurden in den Niederlanden, in Deutschland, Polen und auf den Inseln Bornholm und Wolin Populationen gefunden, in denen neben *P. esculentus* offensichtlich ausschließlich *ridibundus*-Weibchen lebten (SCHULZ 1973, PLÖTNER und GRUNWALD 1991, FOG 1994, RYBACKI 1994a, b, RYBACKI und BERGER 2001).

Altersstruktur: Zur Altersstruktur von Seefrosch-Populationen liegen verschiedene Studien vor, die auf skelettochronologischen Analysen basieren (z. B. SHALDYBIN 1976, GONCHARENKO 1979, OKULOVA et al. 1997, MISYURA und MARCHENKOVSKAYA 2001, IVANOVA 2002, 2017, OKULOVA und BOGDANOV 2002, REMINNYI 2007, SAVCHUK 2009, 2012, SOCHA und OGIELSKA 2010, FOMINYKH und LYAPKOV 2011, MIKHAILOVA et al. 2011, USOVA 2014, ZHELEV et al. 2014c, ROMANOVA et al. 2020). Mit dieser Methode ist es möglich, ähnlich wie in der Dendrochronologie (Bestimmung des Alters von Bäumen anhand der Jahresringe), das Alter von Fröschen anhand von jährlichen

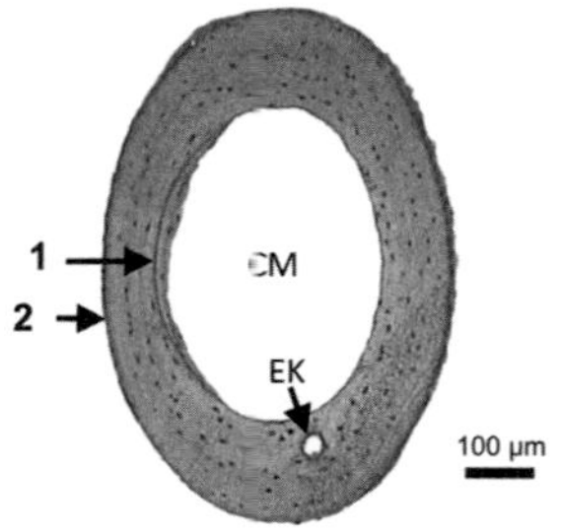

Abb. 42: Querschnitt des proximalen Phalangenknochens der 4. Zehe der Hintergliedmaße eines zweijährigen *P. ridibundus*. Die Jahresringe sind durch Pfeile gekennzeichnet (die Zahlen entsprechen dem Alter). CM – Knochenmarkshöhle (Cavitas medullaris), EK– Ernährungskanal. Aus SOCHA und OGIELSKA (2010), verändert.

Wachstumszonierungen an Knochenquerschnitten zu bestimmen, wobei die Daten nicht immer exakt die Altersstruktur einer Population widerspiegeln (GÜNTHER 1990, Abb. 42).

In polnischen Populationen waren die Männchen mit 2–6 Jahren (mittleres Alter: 3,7 Jahre) jünger als die Weibchen, deren Alter zwischen 3 und 7 Jahren variierte (mittleres Alter 4,4 Jahre). Der Altersdurchschnitt aller Tiere (Männchen und Weibchen) betrug 4,1 Jahre (SOCHA und OGIELSKA 2010). Das Alter bulgarischer Tiere, die wie die polnischen ebenfalls im Laichgewässer gesammelt wurden, lag bei 2–3 (Männchen) bzw. 2–5 Jahren (Weibchen), wobei mehr als 50 % der Tiere (Männchen und Weibchen) älter als 2 Jahre waren (ZHELEV et al. 2014c). Ähnliche Altersangaben liegen für ukrainische Tiere vor, auch hier waren die meisten Tiere zwischen 3 und 7 Jahre alt (REMINNYI 2007, SAVCHUK 2009, 2012, USOVA 2010, MIKHAILOVA et al. 2011, IVANOVA 2017). In anderen Populationen vollenden offensichtlich nur wenige Tiere das 3. Lebensjahr (SCHMELLER 1999, PLÖTNER 2001), was möglicherweise mit suboptimalen Umweltbedingungen (Gewässerverschmutzung, hohe Prädatorendichte etc.) im Zusammenhang stehen könnte.

Unter natürlichen Bedingungen werden Seefrösche nur selten älter als 6 oder 7 Jahre (TOPORKOVA 1985, ALEKSANDROVSKAYA und KOTOVA 1986, Übersicht bei GÜNTHER 1990). Basierend auf skelettochronologischen Untersuchungen waren die ältesten der von SOCHA und OGIELSKA (2010) gefundenen Tiere 7 Jahre (Weibchen) und 6 Jahre (Männchen) alt, das Maximalalter der von SHALDYBIN (1976) untersuchten Individuen aus dem Wolga-Kama-Gebiet betrug 11 Jahre und IVANOVA (2017) ermittelten bei einem 95,8 mm großen, aus dem Ural stammenden Seefrosch ebenfalls ein Alter von 11 Jahren. Ein wahrscheinlich 13 Jahre altes Individuum fanden ČAVLOVIĆ et al. (2018) in Kroatien.

Turnover: Die Ergebnisse eines Fang-Wiederfang-Experiments, das in einer *ridibundus-esculentus*-Männchen-Population (bei Frankfurt/O., Deutschland) durchgeführt wurde, deuten darauf hin, dass hier der größte Teil der Seefrosch-Männchen nur einmal am Reproduktionsgeschehen teilnimmt (PLÖTNER 2001). Nach den KRL und LM der in den Laichgewässern gefangenen Männchen zu urteilen, befanden sich die meisten sexuell aktiven Tiere im 2. Lebensjahr. Neben Verdriftung als Folge von regelmäßigen Überflutungen der Aue und Emigration ist vor allem eine hohe Mortalität, insbesondere während der Paarungszeit und Überwinterung, als Ursache für die hohe Turnover-Rate der Population in Betracht zu ziehen.

Eine hohe Sterblichkeit wurde vor allem während der Embryonal- und Larvalentwicklung einschließlich Metamorphose verzeichnet, unter Laborbedingungen variierte die Mortalität zum Zeitpunkt des Schlupfes zwischen 0 und 8 % und lag zum Zeitpunkt, an dem die Larven mit der selbstständigen Nahrungsaufnahme begannen, zwischen 7 und 17 % (BERGER et al. 1994). Nach den vorliegenden Daten dürften zwischen 6–24 % der Individuen im Verlauf der Embryonal- und Larvalentwicklung sterben (BERGER 1967, RUCHIN 2008, LUQUET et al. 2011).

Reproduktion und Ontogenese. Reproduktionsperiode: Nach dem Verlassen der Winterquartiere sitzen Seefrösche meist in Gruppen an den Gewässerufern (GORBUNOV et al. 1991). Die Laichperiode beginnt in Abhängigkeit von den herrschenden Wetterverhältnissen nach 5–16 Tagen (BANNIKOV 1957, TARASCHUK 1959, GORODILOVA 2008), die ersten Paare können bereits bei Temperaturen von 10–11 °C beobachtet werden (TARASCHUK 1959, GORODILOVA 2008). Die Paarung findet immer im Wasser statt.

Der jahreszeitliche Beginn und die Dauer der Reproduktionsperiode variieren entsprechend der klimatischen Verhältnisse, in der Regel beginnt sie Ende März/Anfang April und erreicht ihre höchste Intensität in den Monaten Mai und Juni (ZALEZHSKIY 1938, BANNIKOV 1957, MENZIES 1962, BELIMOV und SEDALISCHEV 1980, SZCZERBAK und SZCZERBAN 1980, PIKULIK 1985, PRUS und SMOLYANINOVA 1989, BADMAEVA und MARMAKOVA 1990, GÜNTHER 1990, KLIMOV et al. 2000, KAMKINA 2001, MISYURA und MARCHENKOVSKAYA 2001, CHIBILYOV 2003, KOTSERZHINSKAYA 2003, BELOVA 2006, GORODILOVA 2008). Sofern die Monate März und April kalt und sonnenscheinarm sind, verschiebt sich der Beginn der Reproduktionsperiode in den Monat Mai (GÜNTHER 1990). In klimatisch ungünstigen Regionen ist die Reproduktionsperiode nur kurz, so z. B. im nördlichen Kasachstan, wo sich Seefrösche innerhalb von 2 Wochen fortpflanzen (PRUS und SMOLYANINOVA 1989).

Seefrosch-Weibchen laichen nur einmal pro Jahr. Verpaarte Weibchen beginnen in der Regel Mitte bis Ende April mit der Ablage der Laichballen (GORBUNOV et al. 1991). Im europäischen Teil Russlands erstreckt sich die Eiablage gewöhnlich von der zweiten Aprilhälfte bis Mitte Juni (PTUSHENKO 1934, BANNIKOV 1957, BADMAEVA und MARMAKOVA 1990, LADA und TEPLYAKOV 2014). In anderen Gebieten (z. B. im Oblast Swerdlowsk, Ural) erfolgt die Laichabgabe von Ende April bis Anfang Juli (IVANOVA 1995), in Jakutsk (Sibirien) beginnt sie in der zweiten Dekade des Monats Juni und hält bis in die dritte August-Dekade an (BELIMOV und SEDALISCHEV 1980). In den Thermalquellen des Urals kann sie sich über eine Periode von mehr als 3 Monaten hinziehen (BANNIKOV 1957, IVANOVA 1995, PRUS und SMOLYANINOVA 1989, CHIBILYOV 2003, GORODILOVA 2008, LADA und TEPLYAKOV 2014), in den Thermalquellen Kamtschatkas beginnen Seefrösche Ende April mit dem Laichgeschäft (BUKHALOVA und VELIGURA 2007).

Nach GÜNTHER (1990) laicht der größte Teil der mitteleuropäischen Seefrösche im Mai, jedoch dürfte sich mit zunehmender Erwärmung auch bei dieser Art die Reproduktionsperiode in Richtung Erstfrühling (April) verschieben. Nach DENISOVA (1969) finden die ersten Eiablagen bei mittleren Wassertemperaturen von ca. 16–19 °C statt, allerdings sprechen Freilandbeobachtungen dafür, dass manche Tiere mitunter auch bei suboptimalen Wassertemperaturen (<10 °C) laichen (SZCZERBAK und SZCZERBAN 1980).

E i e r u n d E m b r y o n a l e n t w i c k l u n g : Je nach Körpergröße und physiologischem Zustand der Weibchen kann die Zahl der abgegebenen Eier erheblich variieren (Tab. 22), im Mittel liegen die Werte zwischen ca. 4 500 und 6 500 Eier/Tier (BELOVA 1959, OPATRNÝ 1968a, BERGER und UZZELL 1980, BULAKHOV et al. 2007, IVANOVA und ZHIGALSKIY 2011); der „Rekord" liegt bei 16 156 Eiern und wurde von einem 130 mm langen und 252 g schweren Tier aufgestellt (JUSZCZYK 1974). Ähnliche Mengen werden mit durchschnittlich 1 250–6 390 Eier pro Weibchen (Extrema 620–13 252 Eier) offensichtlich auch in den allochthonen Populationen Englands, des Urals, Sibiriens und Kamtschatkas erreicht (MENZIES 1962, IVANOVA 1995, 2002, IVANOVA und PASTUKHOVA 2001, CHIBILYOV 2003, GORODILOVA 2008, 2010, FOMINYKH und LYAPKOV 2011, BELOUSOVA 2013).

Nach den Ergebnissen von Studien an ukrainischen und polnischen Fröschen werden im Mittel 66–106 Eier pro Gramm LM gebildet (BERGER und UZZELL 1980, BULAKHOV et al. 2007). Bezogen auf die LM kann die prozentuale Ovarienmasse zwischen 13 und 21 % variieren ($\bar{x} = 16$ %), wie Untersuchungen an 15 polnischen Seefroschweibchen mit KRL zwischen 95 und 130 mm und LM von 93–252 g ergaben (JUSZCZYK 1974). Einen Wert von ca. 20 % ermittelte GÜNTHER (1990) an einem 104 g schweren Weibchen aus einem Havel-Weiher in Brandenburg (Deutschland). Die Befunde von BANNIKOV und DENISOVA (1956) sowie BELOVA (1959) deuten darauf hin, dass die Fruchtbarkeit bei älteren Weibchen (KRL >120 mm) im weiteren Lebensverlauf langsam abnimmt, obwohl einzelne Weibchen mitunter noch Eier in hoher Zahl produzieren (Tab. 22).

Die Laichablage erfolgt gewöhnlich an submersen oder emersen Pflanzen in Flachwasserbereichen bis zu einer Wassertiefe von 1,5 m (PRUS und SMOLYANINOVA 1989, CHIBILYOV 2003, BELOVA 2006, BULAKHOV et al. 2007, GORODILOVA 2010, KUZMIN 2012). Mitunter sinken die Eier auf den Gewässergrund

Tab. 22: Eizahlen von Seefrosch-Weibchen aus dem Wolga-Delta, differenziert nach Kopf-Rumpf-Längen (KRL). Nach DENISOVA (1969).

KRL (mm)	**Eizahl**
91–95	3 916–3 989
106–109	4 540–5 195
110–115	5 408–6 818
116–119	7 969–9 360
120–126	3 614–11 237
128	2 935

(GÜNTHER 1990). Der Laich wird nicht als einzelner Ballen, sondern in Form mehrerer Laichklumpen abgegeben, die in einem Radius von 1–3 m abgesetzt werden und jeweils ca. 150–400 Eier umfassen (PIKULIK 1985). Bei hohen Individuendichten zählte dieser Autor stellenweise zwischen 20 und 38 solcher Laichklümpchen pro Quadratmeter.

Der Dotter der Eier ist relativ klein mit Durchmessern von 1,2–2,6 mm (im Mittel 1,5–2,3 mm), auf der Oberseite ist er gräulich, bräunlich oder schwärzlich gefärbt, während die untere Hälfte weißlich oder gelblich ist (OPATRNÝ 1968a, DENISOVA 1969, BELIMOV und SEDALISCHEV 1980, BERGER und UZZELL 1980, SZCZERBAK und SZCZERBAN 1980, GONCHARENKO 1984, PRUS und SMOLYANINOVA 1989, GÜNTHER 1990, BELOVA 2006, GORODILOVA 2008, 2010, BELOUSOVA 2013). Nach der Ablage quillt die gallertige Hülle auf und die Eier erreichen einen Durchmesser von 5–8 mm, später dann von 8–10 mm (DENISOVA 1969, SZCZERBAK und SZCZERBAN 1980, PRUS und SMOLYANINOVA 1989, BULAKHOV et al. 2007, BELOUSOVA 2013).

Embryonalentwicklung: Unter Embryonalentwicklung wird die Entwicklung des Keimes von der Befruchtung über die Furchung, Blastulation, Gastrulation, Neurulation und Organogenese bis zur ersten selbstständigen Nahrungsaufnahme der Larve verstanden. Befruchtete Eier erkennt man daran, dass der dunkle Pol nach oben gerichtet ist, während der helle in Richtung Gewässergrund zeigt.

Die Dauer der Embryonalentwicklung ist, wie bei allen poikilothermen Organismen, auch beim Seefrosch von der Umgebungstemperatur abhängig (BERGER 1967, GÜNTHER 1974). Bei Tagestemperaturen um 25 °C und Nachttemperaturen um 15 °C ist die Embryonalentwicklung nach 5–8 Tagen abgeschlossen (GÜNTHER 1990). Die in der Literatur veröffentlichten Daten zur Beziehung zwischen Temperatur und Geschwindigkeit der Embryonalentwicklung sind jedoch nur bedingt vergleichbar, da (1) die Temperaturmessungen nicht exakt erfolgten, (2) im Versuchsverlauf geringe Temperaturschwankungen nicht auszuschließen waren (BERGER 1967) und (3) die Bestimmung der Embryonal- und Larvalstadien in verschiedenen Studien nach unterschiedlichen Schemata erfolgte. Dennoch sollen im Folgenden einige konkrete Daten genannt werden.

In den von BERGER (1967) durchgeführten Experimenten benötigten befruchtete Eier bei einer Wassertemperatur von ca. 15 °C im Mittel 23–24 Tage bis zum Erreichen des Stadiums 25 (definiert nach MICHNIEWSKA-PREDYGIER und PIGOŃ 1957: Verlust der äußeren Kiemen, Ausbildung des Spiraculums), bei 20 °C verkürzte sich dieser Zeitraum auf 12,5 Tage. Nach GÜNTHER (1990), dessen Einteilung der Entwicklungsstadien auf IWASAWA und MORITA (1980) basierte, wird das Stadium 24 (freischwimmend, selbstständige Nahrungsaufnahme) bei einer Temperatur von 20 °C bereits nach etwa 8 Tagen erreicht.

Unter natürlichen Bedingungen kann eine weitgehend normale Embryonalentwicklung bei Wassertemperaturen zwischen ca. 11 °C und 31,5 °C stattfinden (SZCZERBAK und SZCZERBAN 1980, YAKOVLEV 1990), nach MAZIN und DETLAF (1985) liegt das Temperaturoptimum für frühe Embryonalstadien zwischen 15,5 und 28,0 °C. Die Ergebnisse älterer Experimente (GÜNTHER 1974) weisen darauf hin, dass sich bei Wassertemperaturen von 11,5 °C nur noch wenige (im konkreten Fall ca. 3,7 %) der Embryonen zu freischwimmenden Larven (Stadium 24 nach GOSNER 1960) entwickeln, dafür wurden mehr als 20 Tage benötigt. Oberhalb von 33 °C fand keine normale Embryonalentwicklung statt, d. h., alle Embryonen verendeten. Hohe Temperaturen (38 °C) können bereits bei kurzzeitiger Einwirkung (7 min) zu Entwicklungsstörungen führen, wie die Versuche von ANDRONIKOV (1988) zeigten.

Unter Laborbedingungen betrug die Embryonensterblichkeit bei optimaler Temperatur 0–8 % im Schlupfstadium und 7–17 % im Stadium des Beginns der aktiven Nahrungsaufnahme (BERGER et al. 1994). In der Summe variierte die Embryonal- und Larvalsterblichkeit im Labor zwischen 6 und 24 % (BERGER 1967, RUCHIN 2008, LUQUET et al. 2011). Unter natürlichen Bedingungen schwankte die embryonale Mortalität zwischen 11,8 und 52,0 % (PRUS und SMOLYANINOVA 1989, GORODILOVA 2008).

Larvalentwicklung und Metamorphose: Nach OGIELSKA (2009) beginnt die Larvalphase mit Stadium 21 (GOSNER 1960), wenn die Larven ihre Eihüllen verlassen und endet mit Stadium 24. Ab Stadium 25 sollte dann nicht mehr von Larven, sondern von Kaulquappen gesprochen werden. GÜNTHER (1990) versteht unter Larvalentwicklung im engeren Sinn den Zeitraum zwischen selbstständiger Nahrungsaufnahme der (freischwimmenden) Larven und dem Beginn der Metamorphose (Durchbruch der ersten Vorderextremität, Gosner-Stadium 42). Aus Gründen der besseren Vergleichbarkeit mit den an anderen Amphibien erhobenen Befunden sollte zwischen einem separaten prälarvalen Stadium (vom Schlupf bis zum Beginn der aktiven Ernährung) und dem eigentlichen (darauffolgenden) Larvalstadium differenziert werden.

Nach dem Verlassen der Eihüllen bewegen sich die Larven nur wenig und legen nur kurze Strecken zurück, oft auf spiralförmigen Bahnen (GÜNTHER 1990). Zu diesem Zeitpunkt sind sie etwa 5–8 mm lang (KRSL: gemessen vom Kopfanfang bis zur Schwanzspitze), die KRL variiert zwischen 3 und 4 mm (PRUS und SMOLYANINOVA 1989, BELOUSOVA 2013). Unter Laborbedingungen können Seefroschkaulquappen 0,3–0,5 mm pro Tag wachsen und 6–7 mg an Lebendmasse zunehmen (IVANOVA 1995). Die Dauer der Larvalperiode ist sehr variabel und hängt von verschiedenen Faktoren ab, z. B. der Temperatur, dem Nahrungsangebot, der Larvendichte und genetischen Faktoren (eigene Daten).

Unter experimentellen Bedingungen bei Temperaturen von ca. 15 °C dauerte die Larvalentwicklung 56 Tage, wird die Embryonalentwicklung noch dazugerechnet, 66 Tage. Bei Temperaturen von 20 °C wurden Werte von 53 Tagen (zuzüglich Embryonalentwicklung 55–73 Tage) ermittelt (BERGER 1967, RUCHIN und LOBACHEV 2004, RUCHIN 2008). Nach GÜNTHER (1990) können sich Kaulquappen im Labor bereits nach 5 Wochen zu Jungfröschen umwandeln. Dagegen können ungünstige ökologische Verhältnisse (Nahrungsmangel, zu niedrige oder zu hohe Temperaturen, zu hohe Schad- und Nährstoffbelastungen etc.) die Entwicklung so weit verzögern, dass manche Larven nicht in die Metamorphose eintreten oder diese abschließen.

Im Verlauf der Larvalentwicklung finden gravierende morphologische und physiologische Änderungen statt (vgl. GÜNTHER 1990). Mit Beginn der Larvalphase (Gosner-Stadium 21) sind bereits Melanophoren sichtbar, die für das typische Chromatophorenmuster der späteren Kaulquappen verantwortlich zeichnen. Im weiteren Entwicklungsverlauf streckt sich der Schwanz und bildet dorsal und ventral einen Flossensaum aus, der posterior spitz zuläuft. Ab Gosner-Stadium 23 werden die äußeren Kiemen von der Opercularfalte überwachsen und die inneren Kiemen gebildet. Dieser Prozess endet während des Stadiums 25 mit der Verschmelzung der posterioren Bereiche des Operculums zu einer schmalen Öffnung, dem Spiraculum (Atemloch), das sich auf der linken Körperseite befindet. Zeitgleich mit dem Verschluss des Operculums entwickelt sich aus dem länglichen Mundschlitz der quergestellte Mund mit den hornigen Kiefern und Hornzähnchen. Nach Bildung des Darmes einschließlich Afters (etwa im Stadium 24) können die Larven bereits frei schwimmen und selbstständig Nahrung aufnehmen.

Kaulquappen können KRL von ca. 40 mm und KRSL von ca. 70–90 mm erreichen, in manchen Gewässern sogar von 70–80 bzw. 90–105 mm (BANNIKOV 1957, OPATRNÝ 1968a, BORKIN et al. 1981, PRUS und SMOLYANINOVA 1989, YAKOVLEV 1990, BERGER und BERGER 1992, BELOVA 2006, BULAKHOV et al. 2007). Nach VERSHININ (1981) beträgt die LM unmittelbar vor Beginn der Metamorphose (Durchbruch der vorderen Extremitäten, Beginn der Schwanzresorption) durchschnittlich 4,1 g (N = 109).

Mehrfach wurde über Riesenwuchs von Seefroschkaulquappen (giant tadpoles) berichtet, wobei nicht immer mit Sicherheit gesagt werden kann, ob es sich tatsächlich um *P. ridibundus* handelte, da eine eindeutige Differenzierung zwischen Wasserfroschkaulquappen nur mittels genetischer Methoden möglich ist, was in den meisten Fällen nicht erfolgte. BORKIN et al. (1981) fanden 13 Riesenquappen in drei verschiedenen Gewässern in Lettland. Die KRL dieser Tiere variierten zwischen 42 und 58 mm, die KRSL zwischen 100 und 165 mm. Einige der Tiere besaßen bereits vollständig entwickelte Hoden, ein Individuum trat in die Metamorphose ein, beendete diese aber nicht.

Der Beginn der Metamorphose ist regional und individuell verschieden und von den jeweils herrschenden Wetterbedingungen abhängig. In natürlichen Habitaten können von der Befruchtung der Eier bis zum Beginn der Metamorphose zwischen 2 und 4 Monate vergehen (BANNIKOV 1957, TARASCHUK 1959, SZCZERBAK und SZCZERBAN 1980, TOPORKOVA 1985, YAKOVLEV 1990, IVANOVA 1995, BELOVA 2006, BULAKHOV et al. 2007). Nach BANNIKOV (1943) dauerte diese Entwicklungsphase in der Umgebung Moskaus 110–120 Tage, in Kiew dagegen 90–100 Tage. Im nördlichen Kasachstan begannen die Kaulquappen 60–80 Tage nach dem Schlupf zu metamorphosieren (PRUS und SMOLYANINOVA 1989). Für die Resorption des Schwanzes werden ca. 4–5 Tage benötigt (BANNIKOV 1957, RUCHIN und LOBACHEV 2004, eigene Daten).

Da nicht alle Tiere einer Population gleichzeitig metamorphosieren, können Metamorphoslinge über mehrere Wochen beobachtet werden. BANNIKOV (1957) gibt die Zeitspanne vom Erscheinen des ersten bis zum letzten Metamorphosling mit 14–26 Tagen an. In vielen Populationen treten die ersten Metamorphoslinge bereits in den Monaten Juni/Juli auf, in manchen beginnt die Metamorphose aber erst im August (SZCZERBAK und SZCZERBAN 1980, VERSHININ 1981, PRUS und SMOLYANINOVA 1989, IVANOVA 1995, IVANOVA und PASTUKHOVA 2001, BELOVA 2006, BUKHALOVA und VELIGURA 2007, FOMINYKH und LYAPKOV 2010, BELOUSOVA 2013, eigene Daten). Im europäischen Teil Russlands erscheinen die ersten Metamorphoslinge gewöhnlich im Juli und die letzten im September, Nachzügler können noch bis Anfang November beobachtet werden (ZALEZHSKIY 1938, PTUSHENKO 1934, KLIMOV et al. 2000).

Im Altai wurden Metamorphoslinge von September bis Oktober beobachtet (YAKOVLEV 1990), die Larvalentwicklung kann sich hier bis zum Ende des folgenden Frühjahrs oder sogar Beginn des Sommers hinziehen (YAKOVLEV l.c.). In Jakutsk (Sibirien) überwintern die Kaulquappen eines Jahrgangs und metamorphosieren erst im Frühling oder Sommer des Folgejahres. Hier besaßen die überwinternden Kaulquappen bereits Hinterextremitäten (BELIMOV und SEDALISCHEV 1980). Im nördlichen Kasachstan waren solche Tiere mit KRSL bis 83 mm länger als Tiere, die sich normal entwickelten, d. h. vor ihrer ersten Überwinterung metamorphosierten. Letztere erreichten KRSL von maximal 69 mm (PRUS und SMOLYANINOVA 1989). Überwinternde Seefrosch-Kaulquappen wurden auch in Großbritannien, Moldawien, im europäischen Teil Russlands (Moskau), dem Ural und in Thermalquellen in Rumänien und Kamtschatka gefunden (MENZIES 1962, DENISOVA 1969, TOFAN 1981, PRUS und SMOLYANINOVA 1989, IVANOVA 1995, IVANOVA und PASTUKHOVA 2001, KAMKINA 2001, KURANOVA 2001, FOMINYKH und LYAPKOV 2010, SAS et al. 2010, eigene Daten). Die Ursachen für eine solche Entwicklungsverzögerung liegen zum einen in einer verlängerten Reproduktionsperiode und zum anderen in einer länger dauernden Metamorphose bei niedrigen Temperaturen (IVANOVA 1995). Bei Temperaturen von 6 °C stellen die Kaulquappen ihre Aktivität ein, sinken die Temperaturen auf 5 °C verstecken sie sich im Schlamm des Gewässergrunds und stellen die Entwicklung ein (BELIMOV und SEDALISCHEV 1980). Bei Wassertemperaturen von 1–2 °C sterben die Tiere (DENISOVA 1969).

Entwicklung nach der Metamorphose: Nach Abschluss der Metamorphose sind eurasische Seefrösche gewöhnlich zwischen ca. 17 und 36 mm lang (OPATRNÝ 1968a, ZALEZHSKIY 1938, MENZIES 1962, GONCHARENKO 1979, SZCZERBAK und SZCZERBAN 1980, BORKIN et al. 1981, PRUS und SMOLYANINOVA 1989, BERGER und BERGER 1992, SOCHA und OGIELSKA 2010). Im Wolga-Delta liegt die mittlere KRL unmittelbar nach der Metamorphose (Juli) bei 26 mm, vor der ersten Überwinterung erreichen die Jungtiere KRL von 30–39 mm, sehr selten bis 55 mm (eigene Daten). Geringere Werte gibt DENISOVA (1969) für den Oblast Woronesch an, in der Regel waren die Tiere vor der ersten Überwinterung 20–30 mm lang, als maximale KRL werden 32–34 mm genannt.

Auf Kamtschatka wurden für Metamorphoslinge KRL zwischen 22 und 70 mm ermittelt (BUKHALOVA und VELIGURA 2007), im Altai betrugen die mittlere KRL 27,0 mm und die Extremwerte 21,3–32,4 mm (YAKOVLEV 1990). Im Ural wiesen Individuen, die nicht überwinterten, mittlere KRL von 23,6–26,7 mm auf (17,5–28,7 mm), während die Länge überwinternder Tiere 27,4 mm betrug (Wertebereich 19,1–38,0 mm) (VERSHININ 1981, IVANOVA und PASTUKHOVA 2001). In Nord-Kasachstan betrug die mittlere KRL juveniler Frösche vor ihrer 1. Überwinterung ca. 22 mm, überwinternde Larven waren ca. 31 mm lang (PRUS und SMOLYANINOVA 1989). Nach IVANOVA (1995) lag die mittlere LM bei ca. 1,6 g.

Die Geschlechtsreife wird in der Regel im Alter von 2 Jahren (Männchen) bzw. 3 Jahren (Weibchen) und mit KRL von ca. 50 mm erreicht (Tab. 23), bis zu diesem Zeitpunkt ist ein intensives Wachstum zu verzeichnen. In bestimmten Regionen der Ukraine werden die Tiere in der Regel nach der dritten bis vierten Überwinterung geschlechtsreif, also im Alter von 3–4 Jahren (REMINNYI 2007, USOVA 2010, 2014, MIKHAILOVA et al. 2011).

Tab. 23: Minimalwerte der Kopf-Rumpf-Längen (KRL) geschlechtsreifer Seefrosch-Männchen und -Weibchen.

Gebiet/Region	KRL (mm) Männchen	KRL (mm) Weibchen	Referenz
Ukraine	48	45	SZCZERBAK und SZCZERBAN (1980), REMINNYI (2010)
Region Samara, Russland	50	58	FAYZULIN et al. (2013b)
Udmurtien, Russland	53	58	eigene Daten
St. Petersburg (allochthone Individuen)	61	76	MILTO et al. (2022)
Ural (allochthone Individuen)	–	52	IVANOVA und ZHIGALSKIY (2011)
Kamtschatka (allochthone Individuen)	66	60	ESINA (2006), eigene Daten

Die Schallblasen der Männchen sind bei KRL von etwa 58–60 mm ausgebildet (OPATRNÝ 1966, 1970). Die Hornschwielen auf den 1. Fingern entwickeln sich bei einer Länge von etwa 65 mm. Dagegen zeigten Untersuchungen von RYBACKI und FOG (unveröff.), die im August auf der Insel Bornholm durchgeführt wurden, dass viele Männchen mit KRL von 57–65 mm noch nicht geschlechtsreif waren. In einer 12 Individuen umfassenden Stichprobe hatten nur 4 Tiere mit KRL von 60, 61, 64 und 65 mm gut ausgebildete Schallblasen und Hornschwielen. Unter den anderen Tieren mit KRL von 57 mm und 60–65 mm, hatten 2 keine und 7 nur schwach sichtbare Hornschwielen, die Schallblasen waren bei 7 Individuen ebenfalls nur unvollständig entwickelt. Im Pieńkowskie-See (Pommern, Polen) lagen die KRL männlicher Tiere mit gut ausgebildeten sekundären Geschlechtsmerkmalen zwischen 62 und 68 mm ($\bar{x}$ = 65,6 mm), während nicht-geschlechtsreife Tiere KRL von 46–55 mm aufwiesen (BERGER und RYBACKI, unveröff. Daten).

Nach BERGER (2008) zeigten beide Geschlechter im 1. Lebensjahr bei gleichen Haltungsbedingungen ähnliche Wachstumsraten und erreichten KRL von 55–60 mm. Danach wuchsen die Weibchen schneller. Am Ende des 2. Lebensjahrs lagen die KRL weiblicher Tiere bei ca. 80 mm, die männlicher bei 78 mm; nach 5 Jahren bei 91 mm (Weibchen) und 86 mm (Männchen). Da das Wachstum von vielen Faktoren abhängig ist, können solche Befunde nicht verallgemeinert werden.

Verhalten. Tages- und Jahresaktivität: Die Aktivitätsmuster von Seefröschen hängen weitgehend von der Witterung ab (WEIDENBERG 1999). In wärmeren Jahresabschnitten (in der Regel von Mai bis Ende August) sind Seefrösche ganztägig aktiv und nehmen sowohl im Wasser als auch an Land Nahrung auf. Während der Paarungszeit rufen die Männchen ganztägig, d. h. am Tage und in der Nacht (SZCZERBAK und SZCZERBAN 1980, GORBUNOV et al. 1991, LENNÉ und SCHNEIDER 1995, WEIDENBERG 1999, IVANOV et al. 2009). Bei regnerischem und windigem Wetter halten sich Seefrösche bevorzugt im Wasser auf (BELIMOV und SEDALISCHEV 1980).

In den nördlichen Bereichen des Verbreitungsgebietes (55–60° N) werden die Winterquartiere ab Mitte September aufgesucht, in südlichen gewöhnlich ab November (ZALEZHSKIY 1938, BANNIKOV 1943, HEYM 1974, BELIMOV und SEDALISCHEV 1980, SZCZERBAK und SZCZERBAN 1980, USHAKOV und GARANIN 1980, VERSHININ 1981, GORBUNOV et al. 1991, BELOVA 2006, GORODILOVA 2008, SOBOLENKO 2010), wobei Beginn und Dauer der Überwinterung maßgeblich von der Temperatur abhängen. In der Regel können ab Wassertemperaturen von 5–8 °C und Bodentemperaturen von ca. 6 °C keine Tiere mehr beobachtet werden (BANNIKOV 1943, BELIMOV und SEDALISCHEV 1980, GORODILOVA 2008).

Tiere, die Thermalquellen besiedeln (s. o.), sind mitunter auch während der Wintermonate aktiv (PIKULIK 1985, COVACIU-MARCOV et al. 2003, BUKHALOVA und VELIGURA 2007, IFTIME und IFTIME 2017). So beobachteten wir im November 2002 (der Boden war bereits mit Schnee bedeckt) in der Umgebung von Nischni Nowgorod (Russland) am Ufer eines Thermalkanals, der durch die Abwässer einer städtischen Kläranlage gespeist wird, juvenile und adulte Seefrösche, die Guppys (*Poecilia reticulata*) jagten. Wahrscheinlich bestimmt nicht nur die Wassertemperatur, sondern auch die Verfügbarkeit von Nahrung die Aktivität der Frösche im Winter. Dafür spricht, dass wir in dem bis 21 °C warmen St. Petersburger Thermalfluss Krasnen'kaya, dessen Quelle ein Wärmekraftwerk ist, von Ende September bis Anfang Mai keine aktiven Seefrösche beobachten konnten.

Die ersten Frösche können wieder ab Februar beobachtet werden, bei Lufttemperaturen >9 °C und Wassertemperaturen >5 °C. Mitte April/Anfang Mai haben dann alle Tiere ihre Winterquartiere verlassen (IDELSON und VONYUKOV 1938, PTUSHENKO 1934, ZALEZSHKIY 1938, BANNIKOV 1943, TARASCHUK 1959, SZCZERBAK und SZCZERBAN 1980, YAKOVLEV 1990, GORBUNOV et al. 1991, BORKIN 1998, BELOVA 2006, GORODILOVA 2008). In der Ukraine (Kiew) dauert die Winterruhe 150–180 Tage, im europäischen Teil Russlands bei Moskau 210–230 Tage (BANNIKOV 1943, DENISOVA 1969), im Oblast Lipezk 135–180 Tage (KLIMOV et al. 2000), im nördlichen Kasachstan ca. 135 Tage (PRUS und SMOLYANINOVA 1989), und in Jakutien etwa 250 Tage (BELIMOV und SEDALISCHEV 1980).

Orientierung und Wanderverhalten: Im Vergleich zu der sympatrisch verbreiteten Wasserfroschart *P. lessonae* und der Hybridform *P. esculentus* legen Seefrösche in der Regel nur kurze Distanzen auf dem Landweg zurück, z. B., um die Winterquartiere aufzusuchen (HEYM 1974, HOLENWEG PETER et al. 2001). Nur vereinzelt wurden Landwanderungen über längere Distanzen (5–12 km) beobachtet (KIREEV 1973, BYKOV et al. 2009).

Bei relativ kleinen Laichgewässern kann es während der Reproduktionsperiode zu hohen Aggregationen fortpflanzungsbereiter Tiere kommen, später verteilen sich diese entlang von Gewässern, die für die Fortpflanzung nicht geeignet sind, wie temporäre Kleingewässer oder Flüsse (MENZIES 1962). In der ersten August-Dekade beobachteten GORBUNOV et al. (1991) im Wolga-Delta Massenmigrationen juveniler Individuen. Offenbar besitzen Seefrösche eine gewisse Präferenz für das Gewässer, in dem sie aus den Eiern schlüpften (OGURTSOV 2005). Außerhalb der Reproduktionsperiode ist eine solche Bindung weniger deutlich ausgeprägt. Der individuelle Aktionsradius um das „eigene“ Reproduktionsgewässer liegt bei ca. 0,5 km, in diesem Bereich verfügen die Tiere über ein gutes Orientierungsvermögen, wahrscheinlich werden vor allem stationäre Landmarken zur Orientierung genutzt (SHAKHPORONOV und OGURTSOV 2008a, b, SHAKHPORONOV 2011a, b, 2012).

Territorial- und agonistisches Verhalten: Die Männchen zeigen während der Reproduktionsperiode ein ausgeprägtes Territorialverhalten, wobei die Größen der Territorien von der Individuendichte und der Gewässerstruktur abhängen (PRUS und SMOLYANINOVA 1989). Weiterhin spielt die individuelle Fitness für die Größe der besetzten und gegenüber Eindringlingen verteidigten Territorien eine wichtige Rolle. In einem Freilandexperiment (FISCHER 1996), das in zwei 35 und 50 m^2 großen, ca. 50 und. 75 cm tiefen Folienteichen durchgeführt wurde, besetzten die einzelnen Seefrosch-Männchen unterschiedlich große Territorien, deren flächenmäßige Ausdehnung sich im Verlauf der Beobachtungszeit änderte. FISCHER (l. c.) gibt für zwei über einen Zeitraum von 7 Tagen beobachtete Tiere Territorialgrößen von 8,7 ± 2,15 m^2 und 7,0 ± 1,84 m^2 an. Nach GÜNTHER (1990) sind im Bundesland Brandenburg (Deutschland) die Territorien des Seefroschs zwischen ca. 0,5 und 6 m^2 groß.

Beobachtungen unter seminatürlichen Bedingungen sprechen dafür, dass individuelle Territorien nur über kurze Zeiträume von 2–7 Tagen aufrechterhalten werden (FISCHER 1996, WEIDENBERG 1999). Territoriale Männchen verteidigen ihrer Territorien gegenüber Artgenossen (MENZIES 1962, WEIDENBERG 1999), gewöhnlich nähert sich der Inhaber des Territoriums dem Eindringling und vertreibt diesen durch lautes Rufen (Territorialrufe). Unterschreitet der Eindringling die Individualdistanz von ca. 20–30 cm (TUNNER 1976), kann es zu kurzen Kämpfen kommen, wobei sich die Kontrahenten anspringen und versuchen, sich gegenseitig unter Wasser zu drücken (KLÖCKNER 1982, eigene Beobachtungen). Solche Kämpfe dauern in der Regel nur 10–30 s, mitunter sind an diesen mehrere Männchen beteiligt (GÜNTHER 1990).

Kämpfe finden nicht nur zwischen Männchen statt, sondern können auch zwischen Weibchen oder Männchen und Weibchen stattfinden. Mitunter geht das Aggressionsverhalten in Klammerverhalten über, besonders dann, wenn die Größe der beiden Kontrahenten sehr unterschiedlich ist (TUNNER 1976). Nach TUNNER (l. c.) betragen die Individualdistanzen an Land 30–50 cm und im Wasser 20–30 cm.

Fluchtverhalten: Werden Seefrösche während des Sonnenbadens gestört, geben sie einen kurzen „Pfiff" ab und tauchen dann zum Gewässergrund, um sich dort im Schlamm zu verstecken (WAHL 1969, TUNNER und HÖDL 1978). Die Fluchtdistanz gegenüber Menschen beträgt ca. 3–4 m. Nach ca. 1–3 min kehren die Frösche langsam und vorsichtig an die Wasseroberfläche zurück, wobei zuerst die Augen aus dem Wasser schauen (eigene Beobachtungen).

Paarungsverhalten und akustische Kommunikation: In Mitteleuropa können die ersten Seefrosch-Rufe gewöhnlich ab Ende April/Anfang Mai vernommen werden (GÜNTHER 1990). Im europäischen Teil Russlands beginnt die Rufaktivität ebenfalls Ende April/Anfang Mai und hält bis in die Sommermonate (Juli/August) an (PTUSHENKO 1934, KLIMOV et al. 2000). Die letzten Rufe registrierte PTUSHENKO (1934) hier Anfang November. Im Wolga-Delta können die ersten Rufe gewöhnlich Anfang April vernommen werden, bis Mitte April haben sich bereits größere Rufgruppen (Chöre) gebildet.

Entsprechend des Rufverhaltens und der Rufaktivität untergliederten LENNÉ und SCHNEIDER (1995) im Einklang mit WAHL (1969) die Reproduktionsperiode des Seefroschs in eine Vor-, Haupt- und Nachlaichzeit. Nach SCHNEIDER (2005) rufen die Männchen zu Beginn der Vorlaichzeit am Morgen und am Abend bis in die Nacht hinein, wobei sich kurze (ca. 1 min lange) Perioden, in denen die Männchen intensiver rufen, mit längeren (ca. 10–15 min) Phasen geringerer oder ausbleibender Rufaktivität abwechseln. Im Verlauf der Vorlaichzeit nimmt die Dauer der Perioden mit intensiver Rufaktivität zu und die derer mit geringer Rufaktivität ab, sodass am Ende der Vorlaichzeit das zeitliche Verhältnis beider Perioden umgekehrt ist.

Während der Hauptlaichzeit, in der die Männchen ganztägig rufen (SZCZERBAK und SZCZERBAN 1980, GORBUNOV et al. 1991, IVANOV et al. 2009), bilden Seefrösche oft Rufgemeinschaften, in denen individuelle Territorien ausgebildet werden und vielfältige lokomotorische, agonistische und akustische Aktivitäten stattfinden. Die zeitliche Existenz solcher Rufgemeinschaften und die Zahl der daran beteiligten Männchen können stark variieren und stehen wahrscheinlich im direkten Zusammenhang mit ökologischen Faktoren und der Populationsdichte. Eigene Beobachtungen an einer in der Oder-Aue bei Lebus (Bundesland

Brandenburg, Deutschland) lebenden *ridibundus-esculentus*-Männchen-Population deuten darauf hin, dass der Wasserstand eine maßgebliche Rolle für die Ausbildung und Persistenz von Rufgruppen spielt, da die Anzahl und Lage vegetationsreicher, mikroklimatisch günstiger, d. h. flacher und sich schnell erwärmender Bereiche, die als Reproduktionsstätten geeignet sind, vom Wasserstand abhängig ist. Sowohl die Position der Rufgruppe in einem Gewässer als auch die Individuendichte innerhalb der Rufgruppe können sich im Verlauf einer Reproduktionsperiode ändern. In manchen Jahren werden offenbar keine Rufgruppen gebildet, die Tiere besetzten dann Reviere in den Flachwasserbereichen entlang der Gewässerufer (GÜNTHER 1990, PLÖTNER 2005).

Durch lautstarkes, intensives Rufen signalisieren die Männchen ihre Paarungsbereitschaft und machen gleichzeitig ihren Territorialanspruch geltend. Unter seminatürlichen Bedingungen (siehe oben) wurden die Territorien 2–7 Tage aufrechterhalten und gegen Eindringlinge verteidigt (FISCHER 1996, WEIDENBERG 1999, zum agonistischen Verhalten siehe oben). Auch GÜNTHER (1990) berichtet, dass manche Männchen nur kurzzeitig Territorien in verschiedenen Bereichen einer Rufgruppe oder in verschiedenen Rufgemeinschaften besetzen. Wieder andere Männchen halten sich abseits der Rufgruppen auf und/oder besetzen überhaupt kein Territorium (eigene Daten). Die Paarungsrufe der Männchen locken die paarungsbereiten Weibchen zu geeigneten Laichplätzen. Die Frage, ob auch bei Wasserfröschen die Weibchen in der Lage sind, über den Ruf (bzw. bestimmte Rufparameter) die „Qualität" (Fitness) des Männchens instinktiv zu „beurteilen" (Übersicht bei WELLS 2007), wurde bisher nicht untersucht und kann daher auch nicht beantwortet werden.

Möglicherweise trägt das Rufverhalten im Kontext agonistischer und lokomotorischer Aktivitäten dazu bei, die Fitness der Population zu maximieren, da aufgrund hoher Energieverluste schwächere Männchen nicht in der Lage sein dürften, Reviere über längere Zeiträume zu verteidigen und sich zu paaren. Von verschiedenen Froscharten ist bekannt, dass die Männchen über unterschiedliche Paarungsstrategien verfügen, deren Erfolg offensichtlich von der Individuendichte abhängt (Übersicht bei WELLS 2007). So gibt es neben territorialen Männchen (Rufern) auch sogenannte Satelliten, die sich in der Nähe eines territorialen Männchens aufhalten, aber selbst nicht rufen. Hohe Individuendichten können den Fortpflanzungserfolg der Satelliten erhöhen, da die Rufer vor allem mit der Verteidigung ihrer Territorien beschäftigt sind und daher nicht auf die Satelliten und sich nähernde Weibchen achten, die von den im Verborgenen agierenden Satelliten quasi abgefangen werden. Manche Tiere wechseln je nach Situation ihre Paarungsstrategie, d. h., sie bilden zu bestimmten Zeiten Territorien aus und agieren zu anderen als Satelliten. Ob bzw. in welchem Maße solche Rufer-Satelliten-Interaktionen auch bei Wasserfröschen ausgeprägt sind, zählt ebenfalls zu den noch offenen Fragen.

Dringen paarungsbereite Weibchen in die Rufgruppen bzw. Reviere der Männchen ein, werden sie von den sich im näheren Umfeld befindenden Männchen angeschwommen. Unter Abgabe von Territorial- und Paarungsrufen versuchen die Männchen, durch kurze Sprünge auf den Rücken des Weibchens zu gelangen und dieses mit den Vorderbeinen in der Axillarregion zu umklammern (axillarer Amplexus, vgl. GÜNTHER 1990). Sexuell stark erregte Männchen klammern mitunter auch Individuen anderer Froscharten oder sogar Fische (YAKOVLEV 1990).

Die Nachlaichzeit ist ähnlich der Vorlaichzeit durch eine geringere Rufaktivität gekennzeichnet, wobei die Rufphasen im zeitlichen Verlauf abnehmen, am Ende geben die Frösche kaum noch Paarungsrufe, sondern vor allem Revierrufe ab (Schneider 2005).

Rufe und Rufverhalten: Neben dem Paarungsruf können sieben weitere Ruftypen unterschieden werden: drei unterschiedliche Revier- oder Territorialrufe (Typ I, II, III), Transitionalrufe, Befreiungsrufe, Alarm- oder Warnrufe und Schreckrufe (WAHL 1969, TUNNER und HÖDEL 1978, LENNÉ und SCHNEIDER 1995, SCHNEIDER 2005). Weibchen verfügen nur über einen Revierruf, einen Befreiungsruf und einen Schreckruf. Die folgenden Angaben zu den einzelnen Ruftypen und zum Rufverhalten basieren im Wesentlichen auf den sehr umfangreichen und detaillierten Untersuchungen von Schneider und Mitarbeitern (Übersicht bei SCHNEIDER 2005).

Das Rufverhalten des Seefroschs und die damit zusammenhängenden physikalischen und physiologischen Prozesse wurden ausführlich von SCHNEIDER (2005) beschrieben. Während des Rufens liegen viele Männchen auf der Wasseroberfläche, dabei hängen die Arme ins Wasser und die Hinterbeine sind gespreizt. Die Rufe werden in Serien abgegeben, oft schwimmen die Tiere dabei kurze Strecken. Bevor die Männchen mit dem Rufen beginnen, nehmen sie zusätzlich Luft in die Lunge auf, dadurch wirken sie „aufgeblasen". Durch Kontraktion der Flankenmuskulatur gelangt die Luft dann in den Mundraum. Da die Muskulatur des Mundbodens zunächst kontrahiert bleibt, strömt sie in die paarigen Schallblasen, die an den Enden der Mundspalte als große, ovale Blasen hervortreten. In einem quasi geschlossenen System aus Mundhöhle, Kehlkopf und Lunge erfolgt die Lautbildung, wenn die Luft den Kehlkopf durchströmt und dabei die Stimmbänder in Schwingungen versetzt. Kurz vor dem Abschluss eines Rufes senkt sich der Mundboden, sodass jetzt auch der Mundraum Luft aufnehmen kann. Unmittelbar nach dem Ende eines Rufes kollabieren die Schallblasen, weil die Vokalisationsluft in die Lunge zurückströmt. Bei der Abgabe einzelner Revierrufe werden die Schallblasen nur zum Teil gefüllt, folgen dagegen mehrere Revierrufe aufeinander, erreichen sie ihre maximale Ausdehnung. Die Lautstärke der Rufe nimmt mit der Füllung der Schallblasen zu.

Paarungsrufe: Die Paarungsrufe (Abb. 43) werden in Serien unterschiedlicher Länge abgegeben. Bei deutschen Seefröschen umfasst eine Rufserie zwischen 5 und 15 Rufe. Die Lautstärke der Rufe nimmt im Verlauf der Serie kontinuierlich zu und erreicht mit dem letzten Ruf die höchste Intensität. Am Ende einer Serie sind die Intervalle zwischen den Rufen nur kurz. Im Abstand von 1 m gemessen können Paarungsrufe einen Schalldruck von 110 dB erreichen (BRZOSKA 1982).

Charakteristisch für die „keckernden" (ä ä ä ä ä ä ä) Paarungsrufe des Seefroschs ist ihre Strukturierung in einzelne Impulsgruppen (IG), die durch Intervalle voneinander getrennt sind und dadurch auch ohne technische Hilfsmittel akustisch gut wahrnehmbar sind. Am Anfang einer IG ist die Amplitude der Einzelimpulse klein, sie steigt im zeitlichen Verlauf schnell an und erreicht ihr Maximum im mittleren Bereich. Die Zahl der IG pro Ruf ist von der Umgebungstemperatur abhängig (KUHN und SCHNEIDER 1984, Abb. 43), bei einer Wassertemperatur (WT) von 20 °C bestehen die Rufe deutscher Seefrösche im Mittel aus 7,2 IG und haben eine Dauer von 679 ± 187 ms (LENNÉ und SCHNEIDER 1995), für kasachische Frösche (wahrscheinlich handelte es sich um Hybriden zwischen

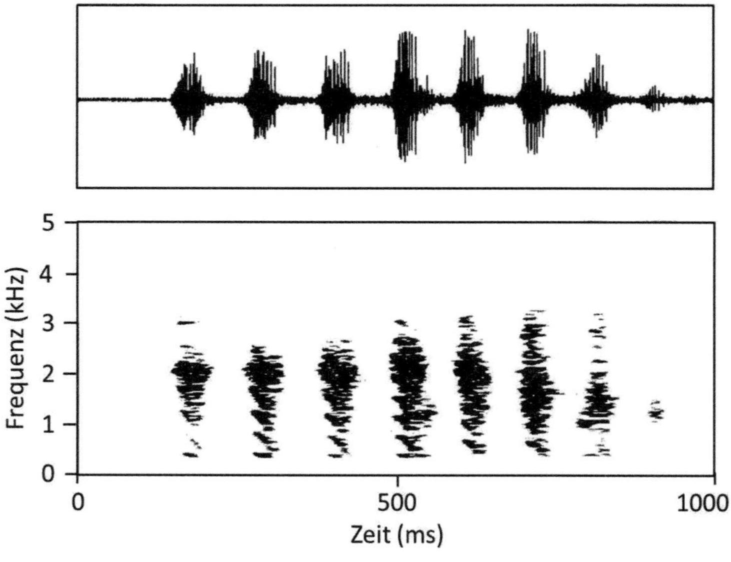

Abb. 43: Oszillogramm (oben) und zugehöriges Spektrogramm (unten) eines Paarungsrufs von *P. ridibundus* aus Nordhessen (Deutschland), der bei einer Wassertemperatur von 20,8°C aufgenommen wurde (aus LENNÉ und SCHNEIDER 1995).

P. ridibundus und *P.* cf. *bedriagae*) wurden 7,3 ± 2,1 IG bei einer mittleren Rufdauer von 745 ± 190 ms festgestellt (SCHNEIDER und SINSCH 1992).

Bei deutschen Seefröschen erhöhte sich die Zahl der IG von ca. 6 bei 18 °C WT auf ca. 12 bei 28 °C (SCHNEIDER 2005), bei kasachischen von ca. 5,6 bei 13 °C WT auf 10,3 bei ca. 26 °C (SCHNEIDER und EGIASARJAN 1991, SCHNEIDER 1997). Am Anfang einer Rufserie ist die Anzahl der IG pro Ruf häufig geringer als am Ende und korreliert mit einer erhöhten lokomotorischen Aktivität der Männchen. Auch unmittelbar bevor ein Weibchen geklammert wird, ist die Anzahl der IG erhöht (SCHNEIDER 1990).

Neben der Anzahl der IG pro Ruf korreliert auch die Anzahl der Impulsgruppen pro Sekunde positiv mit der WT, während zwischen der Impulsgruppendauer, dem Impulsgruppeintervall sowie der Impulsgruppenperiode und der WT eine negative Korrelation festgestellt wurde. Die Parameter Anzahl der Impulse pro Gruppe, Rufperiode, Rufintervall und Rufdauer sind wiederum temperaturunabhängig (JOERMANN et al. 1988, SCHNEIDER und EGIASARJAN 1991, LENNÉ und SCHNEIDER 1995, SCHNEIDER und SINSCH 1999, 2001).

Das Frequenzspektrum des Paarungsrufes liegt zwischen 500 und 3 800 Hz, das dominante Frequenzband zwischen 1 800 und 2 200 Hz (SCHNEIDER 2005). Je höher die Anzahl der IG ist, desto höher ist auch die Frequenz des zweiten Energiemaximums (LODÉ und PAGANO 2000, LODÉ 2001, ZAKS 2008, ZAKS und ERMAKOV 2012).

Revierrufe: Auch die Revierrufe werden oft in Serien abgegeben, spontan oder als Reaktion auf die Paarungsrufe eines anderen Männchens, meistens sind zuerst Typ-I-Rufe und danach Typ-II-Rufe zu hören. In der Vorlaichzeit sind häufig nur Revierrufe zu vernehmen (SCHNEIDER 2005).

Revierrufe vom Typ I bestehen aus Impulsen, die mehr oder weniger deutlich in Gruppen gegliedert sind. Ein Ruf beginnt mit einer Anzahl von Impulsen mit ansteigenden Amplituden, danach folgt der zweite Teil, der 2–4 Impulsgruppen umfasst. Charakteristisch für diesen Revierruf ist das Frequenzspektrum, das im ersten Teil des Rufes von 400–1 000 Hz reicht und dann einen wesentlich breiteren Bereich von 400–4 000 Hz mit zwei dominanten Frequenzbändern bei 1 000 Hz und 1 200 Hz umfasst (Abb. 44).

Revierrufe vom Typ II können ebenfalls in zwei Teile untergliedert werden, die allerdings nicht immer deutlich voneinander abgesetzt sind. Der erste Teil ist vergleichsweise lang und besteht aus Impulsen, deren Amplitude zumeist schnell ansteigt. Der zweite Teil umfasst 1–4 Impulsgruppen mit stark variierenden Amplituden der Einzelimpulse. Das für diesen Ruftyp charakteristische Frequenzspektrum enthält mehrere frequenzmodulierte Bänder. Diese Frequenzmodulation ist charakteristisch für Typ-II-Revierrufe und auch akustisch gut wahrnehmbar: von der Mitte des Rufs an fällt die Tonhöhe ab und steigt danach wieder an. Die Unterscheidung zwischen Typ-I- und Typ-II-Rufen ist mitunter erschwert, da manche Rufe (sogenannte Übergangsrufe) Anteile beider Ruftypen und mitunter sogar Merkmale des Paarungsrufes enthalten (SCHNEIDER 2005).

Der dritte, an ein langsames tiefes „Murren“ oder „Knurren“ erinnernde Ruftyp (Typ III) ist wesentlich seltener als die Typ-I- und Typ-II-Rufe und wird im Anschluss an die anderen Revierrufe oder an eine Serie von Paarungsru-

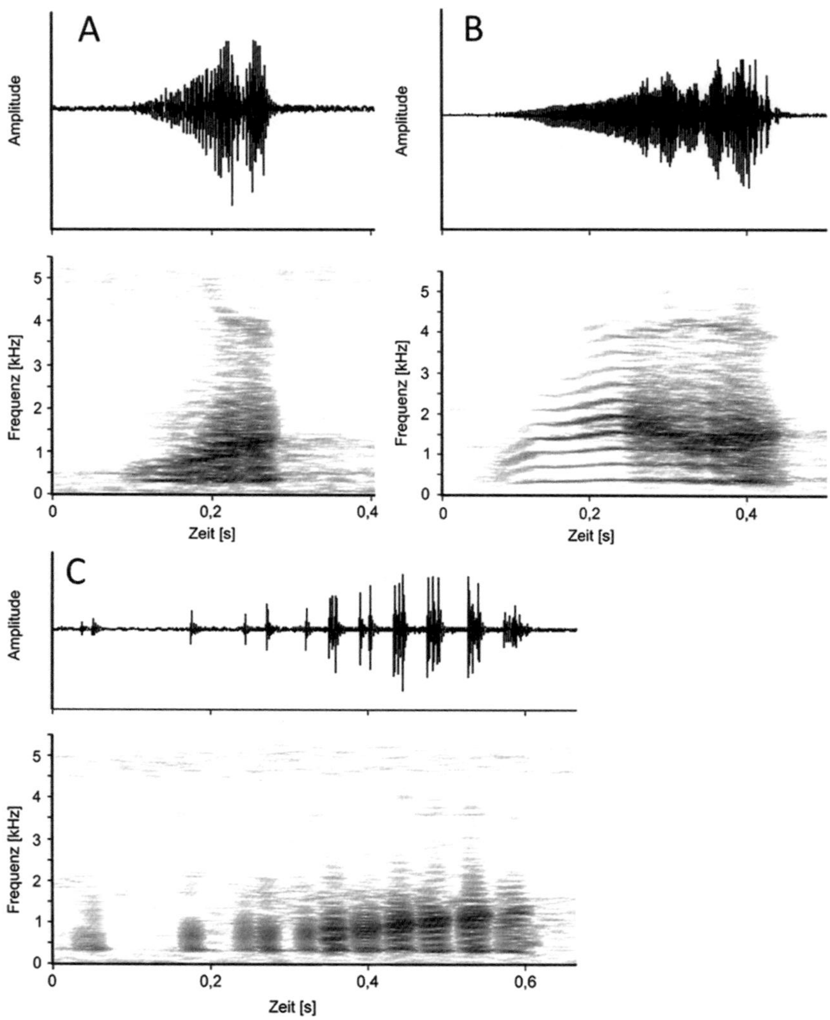

Abb. 44: Oszillogramm (oben) und Spektrogramm (unten) eines Revierrufs vom Typ I (A), Typ II (B) und Typ III (C). Aus SCHNEIDER (2005).

fen abgegeben. Typ-III-Rufe bestehen aus einer Serie von kurzen Impulsen, die durch unterschiedlich lange Intervalle gruppiert sein können. Gewöhnlich erreicht der Schalldruck (Amplitude) sein Maximum in der Mitte oder gegen Ende des Rufes. Typ-III-Rufe sind wesentlich leiser als Typ-I- und Typ-II-Rufe. Das Frequenzspektrum reicht von 250–1 000 Hz (SCHNEIDER und EGIASARJAN 1991, SCHNEIDER 2005).

Übergangsrufe: Übergangs- oder Transitionalrufe bestehen aus Komponenten der Revierrufe der Typen I-II, I-III, oder II-III (Schneider 1990). Während Übergangsrufe zwischen den Typen I und II relativ häufig sind, sind Rufe, die Komponenten der Typen II und III enthalten, nur selten zu hören (KUHN und SCHNEIDER 1984).

Befreiungsrufe: Diese Rufe werden sowohl von Männchen als auch Weibchen abgegeben (TUNNER 1976, SCHNEIDER und BRZOSKA 1981, SCHNEIDER 1990), um ein ungewolltes Klammern durch männliche Tiere abzuwehren. Weibchen äußern diesen Ruf, wenn sie noch nicht paarungsbereit sind oder bereits gelaicht haben (SCHNEIDER 1990). Befreiungsrufe bestehen aus 3–6 sehr kurzen Impulsen, deren Amplitude zuerst gering ist, dann deutlich ansteigt und zum Ende hin nur geringfügig variiert. Gegen Ende eines Rufes geht die Amplitude gewöhnlich wieder zurück. Die Impulse sind in Impulsgruppen angeordnet. Im Temperaturbereich zwischen 17 und 22 °C variiert die Dauer der Befreiungsrufe von 340–450 ms. Nach CHERNYSHOV (2005) besteht der Befreiungsruf bei kleineren Individuen aus weniger Impulsen und ist kürzer. Das Frequenzspektrum reicht geringfügig über 3 000 Hz hinaus, die Energiemaxima liegen zwischen 300 und 1 400 Hz (SCHNEIDER und BRZOSKA 1981).

Warn- und Schreckrufe: Der Warn- oder Alarmruf erklingt als kurzer „Pfiff" (besser als kurzes, scharfes „uik" zu beschreiben, vgl. STEMMLER-GYGER 1965), der bei plötzlicher Änderung des Verhaltens (z. B. bei Flucht) abgegeben wird. Der Hauptteil der Frequenzen liegt zwischen 2 und 4 kHz. Warnrufe werden nicht nur in offensichtlichen Schrecksituationen abgegeben, beispielsweise beim Fluchtsprung vom Ufer ins Wasser, sondern auch ohne ersichtliche Fluchtsituation, z. B. dann, wenn Frösche nach einem Insekt schnappen oder Männchen während der Paarungszeit ein Weibchen anspringen (TUNNER 1970, 1976). Der Schreckruf hingegen ist sehr schrill, hat eine Dauer von ca. 200–700 ms, und wird mit offenem Maul ausgestoßen, wenn ein Tier von einem Feind erfasst wird (WEBER 1975, TUNNER und HÖDL 1978). Der Frequenzumfang der Schreckrufe reicht über 8 kHz hinaus, die größte Intensität liegt bei 3–4 kHz.

Gefährdung und Schutz. Schutzstatus: IUCN Welt: nicht gefährdet (Least Concern) (KUZMIN et al. 2009b). *Pelophylax ridibundus* wird in Anhang V der FFH-Richtlinie und in Appendix III der Berner Konvention gelistet, in verschiedenen Ländern ist die Art geschützt. Die Bestandsentwicklung allochthoner Seefrosch-Populationen sollte, sofern möglich, kontrolliert werden (KUZMIN et al. 2009b).

Gefährdungsfaktoren: Die in den letzten Jahrzehnten beobachteten Bestandsrückgänge sind vor allem auf großräumige Meliorationsmaßnahmen sowie den Ausbau von Fließgewässern (Begradigungen und Vertiefungen) und damit die Zerstörung natürlicher, vegetationsreicher Still- und Flachwasserbereiche zurückzuführen. In landwirtschaftlich intensiv genutzten Gebieten dürfte die Verschmutzung von Gräben und Kanälen mit Gülle und Agrochemikalien einen negativen Einfluss auf die Bestandsentwicklung des Seefroschs haben (PLÖTNER 2020b), zumal *P. ridibundus* eine relativ geringe Toleranz gegenüber niedrigen Sauerstoffpartialdrücken des Wassers aufweist und sich auch außerhalb der Reproduktionsperiode im Gewässer oder im Uferbereich aufhält (TUNNER und NOPP 1979, BERGER 1982, PLÉNET et al. 1998). Außerdem scheint ein geringer Sauerstoffpartialdruck (PO_2 = 7 kPa) das Wachstum und die Entwicklung von *ridibundus*-Kaulquappen zu hemmen (PLÉNET et al. 2000).

Auch von wasserbaulichen Anlagen und steilwandigen Gruben können erhebliche Gefahren für den Seefrosch ausgehen. SCHNEEWEISS und WOLF (2016) fanden im Naturschutzgebiet „Rietzer See“ (Brandenburg, Deutschland) in einem Schacht eines Staubauwerks 808 adulte Wasserfrösche, von denen 203 bereits verendet waren; bei 90 % der Tiere handelte es sich um *P. ridibundus*. Die Tiere konnten den Schacht aus eigener Kraft nicht wieder verlassen. Die Autoren weisen darauf hin, dass aufgrund der Vielzahl solcher Bauwerke in der Kulturlandschaft mit beträchtlichen (in der Regel unbemerkten) Tierverlusten zu rechnen ist.

Vereinzelt fungieren Seefrösche noch immer als Studienobjekte im Rahmen der universitären Ausbildung (BULAKHOV et al. 2007, KUZMIN 2012) und auch ihre Schenkel werden in manchen Ländern noch regelmäßig verzehrt (DUDENKOV 2011). Heute dürften Fang und kulinarische Verwertung von Wasserfröschen, einschließlich von Seefröschen, in den Ländern der Europäischen Union kaum noch eine Rolle als Gefährdungsfaktor spielen, im Gegensatz zu früheren Jahren, wie folgende Zahlen verdeutlichen. So betrug allein in Frankreich das Gesamtvolumen der zwischen 1969 und 1982 importierten Froschschenkel 335 t, wobei der jährliche Import zwischen 13 t (1972) und 65 t (1969) schwankte. In den Jahren 1974 bis 1980 wurden aus dem Rajon Kilija (Oblast Odessa, Ukraine) 214,1 t lebende Seefrösche in andere europäische Länder exportiert; das Minimum betrug 4,2 t im Jahr 1979, das größte Exportvolumen wurde mit 62,4 t im Jahr 1975 erreicht (MASLOV 1990). Darüber hinaus wurden Wasserfrösche vermehrt auch in anderen Regionen gefangen und als Lebensmittel in verschiedene Länder exportiert, viele Tiere stammten aus dem europäischen Teil der ehemaligen UdSSR, Rumänien, Bulgarien und Ungarn sowie vom Balkan, speziell aus Griechenland, Serbien und Montenegro (NEVEU 1980, HONEGGER 1981, DUBOIS 1983, FLYAKS und BORKIN 1990, DŽUKIĆ et al. 2003). DŽUKIĆ et al. (l. c.) geben für den Zeitraum 1928 bis 1999 das Exportvolumen lebender Frösche für Serbien und Montenegro mit insgesamt 6.312,2 t an, bei einer durchschnittlichen Lebendmasse von 40 g würde dieser Wert etwa 157,8 Mio. Tieren entsprechen (PLÖTNER 2005).

Schutzmaßnahmen: Die wichtigste Schutzmaßnahme ist der Erhalt und die Renaturierung naturnaher Fließgewässer einschließlich der Auwälder (PLÖTNER 2001, 2005) sowie die Förderung der natürlichen Auendynamik. In stehenden Gewässern sollte der Schutz der Laichzonen und Röhrichtbestände oberste Priorität genießen. Im unmittelbaren Umgebungsbereich von individuenstarken, autochthonen Seefrosch-Populationen sind extensive Bewirtschaftungsmaßnahmen anzustreben, was den Einsatz von Pflanzenschutzmitteln und mineralischen Düngern ausschließt (vgl. PLÖTNER 2020b).

Anatolischer Wasserfroschkomplex

Von

ÇIĞDEM AKIN PEKŞEN und JÖRG PLÖTNER

Einführung. Basierend auf ausschließlich morphologischen Befunden wurde lange Zeit angenommen, dass in Anatolien (hier definiert als Gebiet der Türkei ohne Thrakien) nur eine einzige Wasserfroschart vorkommt, nämlich *Pelophylax ridibundus* (Pallas, 1771) (ehemals *Rana ridibunda*) (BOETTGER 1888, WERNER 1902, 1904, BODENHEIMER 1944, MERTENS 1952, BAŞOĞLU und ÖZETI 1973, ANDREN und NILSON 1976, GÜNTHER 1991, TOK et al. 2000). Später postulierten SCHNEIDER und Mitarbeiter auf der Grundlage bioakustischer und morphometrischer Daten, dass Anatolien nicht von *P. ridibundus*, sondern von *Pelophylax bedriagae* Camerano, 1882 besiedelt wird (z. B. SCHNEIDER et al. 1992, SCHNEIDER und SINSCH 1999, SINSCH und SCHNEIDER 1999, SCHNEIDER und SINSCH 2001), einer Art, die ursprünglich unter dem Namen *Rana levantina* Schneider, Sinsch und Nevo, 1992 beschrieben wurde (SCHNEIDER et al. 1992). Molekulare Daten zeigen jedoch zweifelsfrei, dass anatolische Wasserfrösche weder mit europäischen Seefröschen (*P. ridibundus* sensu stricto) noch mit dem im Nahen Osten (Israel, Westsyrien, Jordanien, wahrscheinlich Palästina und Nord-Ägypten) vorkommenden *P. bedriagae* identisch sind (z. B. PLÖTNER et al. 2001, 2010, 2012, AKIN et al. 2010b, AKIN PEKŞEN 2015).

Bereits 1988 postulierte ARIKAN, dass die im Beyşehir See lebenden Wasserfrösche eine eigenständige Form repräsentieren, die als „Unterart" des Eurasischen Seefroschs unter dem Namen *Rana ridibunda caralitana* beschrieben und später in den Rang einer distinkten Art (*Rana caralitana* bzw. *Pelophylax caralitanus*) erhoben wurde. Durch umfangreiche Untersuchungen der mitochondrialen DNA konnten zwar Argumente für die evolutive Eigenständigkeit dieser Form geliefert werden (PLÖTNER und OHST 2001, PLÖTNER et al. 2001, OHST 2001, AKIN et al. 2010b), allerdings reichen nach unserem Verständnis die bisher vorliegenden, taxonomisch und phylogeografisch relevanten Daten nicht aus, um verifizierbare Hypothesen zum systematischen Status von ARIKANs Wasserfrosch und den anderen, auf der Grundlage mitochondrialer DNA differenzierbaren anatolischen Formen (AKIN et al. 2010b, AKIN PEKŞEN 2015) aufstellen zu können. Deshalb fassen wir in diesem Kapitel die in Anatolien lebenden Wasserfrösche unter dem Hyperonym „Anatolischer Wasserfroschkomplex" (AWK) zusammen, unterscheiden jedoch nach den uns zur Verfügung stehenden mitochondrialen Daten zwischen fünf Formen bzw. Linien, für die folgende Namen Verwendung finden: cf. *bedriagae*, *caralitanus*, *cerigensis*, kilikische Linie 1, kilikische Linie 2 (auch zusammengefasst unter „kilikische Linien") und Euphrat-Linie (siehe AKIN et al. 2010b).

Aufgrund der engen Verwandtschaft dieser Linien, die ihren Ursprung im Pliozän oder Pleistozän haben (OHST 2001, AKIN et al. 2010b, PLÖTNER et al. 2010), und in Ermanglung effizienter Antihybridisationsmechanismen (PLÖTNER et al. 2010), gibt es in der Türkei verschiedene Zonen, in denen zwei oder mehrere dieser Formen zusammentreffen und hier auch hybridisieren (AKIN et al. 2010a, unveröff. Daten). Die genaue Lage und Ausdehnung solcher Sympatriezonen ist noch nicht ausreichend erforscht.

Diagnose. Eine eindeutige Diagnose der zum AWK gehörenden Formen ist nur mittels genetischer Marker möglich, da weder morphologisch-morphometrische noch biokaustische Parameter eine sichere Differenzierung der einzelnen Formen erlauben. Die bisher umfangreichste, auf mtDNA basierende Studie ergab, dass auf dem anatolischen Festland drei größere mitochondriale Haplogruppen bzw. Linien existieren, die auch als MHG4, 5 und 6 (MHG = Main Haplogroup) bezeichnet werden (AKIN et al. 2010b, PLÖTNER et al. 2010). Die MHG6 weist die größte genetische Diversität auf, sie kann in vier Untergruppen (a–d) unterteilt werden. Die Untergruppen 6a und 6b sind spezifisch für Formen, die unter den wissenschaftlichen Namen *Rana ridibunda caralitana* Arıkan, 1988 und *Rana cerigensis* Beerli, Hotz, Tunner, Heppich und Uzzell, 1994 beschrieben wurden. Für die Haplogruppe 6c wurde der provisorische Name *P.* cf. *bedriagae* vergeben (AKIN et al. 2010b), da diese mitochondriale Linie in Anatolien am weitesten verbreitet und für die Form charakteristisch ist, die oft mit *P. bedriagae* synonymisiert wurde und mitunter immer noch wird. Weiterhin können eine Euphrat-Linie (6d) und zwei kilikische Linien (MHG 4 und 5) abgegrenzt werden, die entsprechend ihrer Verbreitungsgebiete benannt wurden (AKIN et al. 2010b).

Synonyme. Die hier aufgeführte Liste enthält nur Synonyme anatolischer Wasserfroschformen, für die eine wissenschaftliche Beschreibung vorliegt und die in FROST (2021) gelistet werden. Aufgrund unzureichender und/oder widersprüchlicher Daten ist aus unserer Sicht der systematische Status dieser Formen nicht ausreichend gesichert und die Listung und nachfolgede Verwendung der Namen erfolgt daher unter Vorbehalt.

(1) *Pelophylax caralitanus* (MHG6, Untergruppe a; AKIN et al. 2010b)

Rana ridibunda caralitana Arikan, 1988: 82. Holotypus: ZDEU 18.1982.11, adultes Weibchen (KRL ca. 85 mm). – Terra typica: Beyşehir Gölü [Beyşehir See, früher Caralis-See]; Koordinaten, festgelegt von DUBOIS und OHLER (1994a): 37°40'N, 31°30'O, Konya, Türkei.

Rana esculenta caralitana – SCHNEIDER und SINSCH (1999: 58), wahrscheinlich unbeabsichtigter Fehler.
Rana bedriagae caralitana – JDEIDI et al. (2001a: 153).
Rana caralitana – JDEIDI et al. (2001b: 246).

(2) *Pelophylax cerigensis* (MHG6, Untergruppe b; AKIN et al. 2010b)
Rana cerigensis Beerli, Hotz, Tunner, Heppich und Uzzell, 1994: 3. Holotypus: MHNG 2543.92, adultes Männchen (KRL = 41 mm). – Terra typica: Olymbos, nördliches Karpathos, Griechenland (35°44'N/27°10'O), ca. 300 m ü. NHN.
Rana (*Pelophylax*) *cerigensis* – DUBOIS und OHLER (1994a: 180).

Englische Namen. *Pelophylax caralitanus* – Arikans water frog. *Pelophylax cerigensis* – Karpathos water frog.

Beschreibung. Maße und Lebensmassen: Die Kopf-Rumpf-Längen (KRL) und Lebendmassen (LM) zeigen linienspezifische Unterschiede. Auch bei anatolischen Wasserfröschen ist die KRL vom Alter der Tiere abhängig, wobei die Wachstumskurven populationsspezifische Unterschiede aufweisen (Abb. 45, ARISOY und BAŞKALE 2019) und die KRL aufeinanderfolgender Jahrgänge überlappen können (ERIŞMIŞ 2018).

Pelophylax caralitanus zählt zu den größten westpaläarktischen Wasserfroschformen, Männchen können KRL von ca. 110 mm und Weibchen von ca. 130 mm erreichen (ARIKAN 1988, ATATÜR et al. 1989–1990, ARIKAN et al. 1998, JDEIDI et al. 2001a). Die mittleren KRL männlicher Tiere lagen zwischen 73 und 90 mm, die weiblicher Individuen zwischen 74 und 98 mm (Tab. 24). Die von ERIŞMIŞ (2018) erhobenen Daten implizieren, dass bei *P. caralitanus* die KRL entsprechend der Bergmannschen Regel positiv mit der Höhenlage des Lebensraums korreliert.

Zu den KRL und LM von *Pelophylax cerigensis* (MHG6b) liegen nur wenige Daten vor. Basierend auf einer 76 Individuen umfassenden Stichprobe, die auf Karpathos erhoben wurde, ermittelten PAFILIS et al. (2019) KRL von 23–56 mm und LM von 1,5–22,3 g. Leider wurde in dieser Arbeit nicht zwischen Männchen, Weibchen und Jungtieren/Subadulten differenziert. Gleiches gilt für die Veröffentlichung von BEERLI et al. (1994), in der für 8 Individuen die mittlere KRL ($\bar{x} \pm \sigma$) mit 54,5 ± 12,2 mm angeben wird.

Männliche *P.* cf. *bedriagae* (MHG 6c) sind im Mittel 52–72 mm lang und können KRL von 111 mm erreichen. Die für weibliche Tiere berechneten arithmetischen Mittel variieren zwischen 64 und 81 mm (Tab. 24), das bisher bekannte Maximum beträgt 105 mm (AYAZ et al. 2007). In West-Anatolien und in der Schwarzmeerregion ist *P.* cf. *bedriagae* im Mittel kleiner, wahrscheinlich werden die Tiere aufgrund der hier herrschenden regen Fangtätigkeit, von Schad-

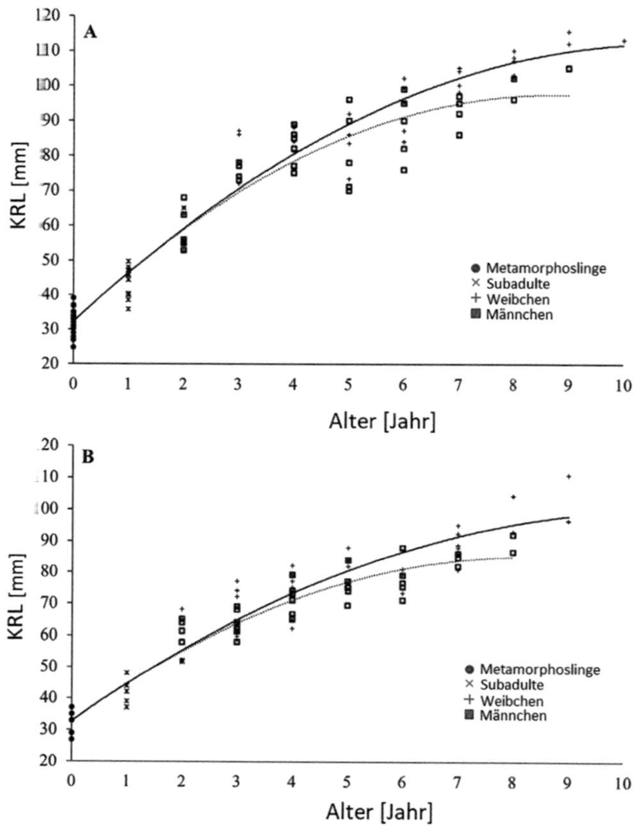

Abb. 45: Beziehung zwischen der KRL und dem Alter männlicher und weiblicher Frösche der *caralitanus*-Linie in zwei Populationen (A: Burdur, B: Işıklı). Nach ARISOY und BAŞKALE (2019), verändert.

stoffbelastungen durch Landwirtschaft und Industrie sowie einer Abnahme der Laichgewässer als Folge des Klimawandels nicht so alt und folglich auch nicht so groß wie in weitgehend unbelasteten Habitaten (AKIN PEKŞEN, unveröff.; siehe auch ERIŞMIŞ 2011).

Im Vergleich zu *P. caralitanus* und *P.* cf. *bedriagae* sind Individuen der kilikischen Linien und der Euphrat-Linie kleiner. Kilikische Wasserfrösche erreichen KRL von 89 mm (Männchen) und ca. 93 mm (Weibchen). Individuen der Euphrat-Linie können in naturnahen Lebensräumen ebenfalls über 90 mm lang werden, im Kemah-Strom (Provinz Bitlis) wurde ein 92 mm großes Männchen und in Tatvan (Provinz Bitlis) ein 93 mm großes Weibchen gefangen (Tab. 24).

In weitgehend natürlichen und ungestörten Lebensräumen werden Wasserfrösche offensichtlich älter und damit auch größer, wie folgende Beobachtungen zeigen. So wurde im zentralanatolischen Niğde-Çamardı ein cf. *bedriagae*-Männchen mit einer KRL von 107 mm gefunden und in Kayseri-Pınarbaşı (hier kommen sowohl die cf. *bedriagae*- als auch die *caralitanus*-Linie vor) ein 114 mm langes Weibchen. In Niğde-Çamardı betrugen die mittleren KRL männlicher Tiere 88,6 mm, in Kayseri-Pınarbaşı waren die Männchen im Mittel 58,2 mm und die Weibchen 77,4 mm lang (AKIN PEKŞEN, unveröff.).

Wie bei allen westpaläarktischen Wasserfröschen korreliert auch bei den anatolischen die LM mit der KRL. In der Provinz Denizli ermittelten BAŞKALE et al. (2018) für weibliche *P.* cf. *bedriagae* LM von 11,3–94,4 g und 8,7–75,9 g für männliche, die arithmetischen Mittel betrugen 45,3 g (Weibchen) und 31,9 g (Männchen). Ähnliche Werte veröffentlichten YILMAZ et al. (2005) für Individuen, die aus dem Fluss Yıldızlı bei Trabzon (NO-Anatolien) stammten. Hier betrugen die mittleren LM 41,6 ± 17,66 g (Weibchen) und 29,4 ± 12,05 g (Männchen). Für den Sülüklü-See (bei Manisa), in dem ebenfalls Individuen der Haplogruppe 6c (cf. *bedriagae*) leben, geben İSMAIL und ÇIÇEK (2017) die arithmetischen Mittel der LM für Weibchen mit 31 g und für Männchen mit 22 g an.

Äußere Merkmale: Die zum AWK zählenden Linien weisen eine hohe morphologische Variabilität auf. Eine Differenzierung der einzelnen mitochondrialen Linien ist nach ihrer äußeren Morphologie nicht möglich und auch die bisher durchgeführten morphometrischen Analysen führten zu keinen diagnostisch relevanten Indizes (AKIN PEKŞEN 2015, Tab. 25). Mittels multivariater statistischer Methoden (Hauptkomponenten- und Diskriminanzanalyse) analysierten SINSCH et al. (2002) verschiedene morphometrische Parameter von 138 Individuen, die von 12 Lokalitäten stammten und die mitochondrialen Linien 6a (*caralitanus*) und 6c (cf. *bedriagae*) repräsentierten. Die Autoren schlussfolgerten, dass mit einer Ausnahme alle untersuchten Populationen zur gleichen Art zählen und eine morphometrische Differenzierung zwischen *P. caralitanus* und *P.* cf. *bedriagae* nicht möglich ist. Die erwähnte Ausnahme betraf 11 *P.* cf. *bedriagae*-Individuen, die von der Schwarzmeerküste bei Ulubey (Ordu) stammten, und aus ungeklärter Ursache deutliche Unterschiede zu den übrigen Individuen aufwiesen. Die Ergebnisse von SINSCH et al. (2002) stehen im Widerspruch zu denen von JDEIDI et al. (2001a), die ebenfalls auf der Grundlage morphometrischer Parameter und mittels derselben statistischen Verfahren zeigen konnten, dass *P.* cf. *bedriagae* von *P. caralitanus* getrennt werden kann.

Tab. 24: Genetische Merkmale (mitochondriale DNA, Serumalbumin-Intron 1), Formzughörigkeit sowie Minima–Maxima (obere Zeile) und arithmetisches Mittel ± Standardabweichung (untere Zeile, in Klammern) der Kopf-Rumpf-Längen (KRL) anatolischer Wasserfrösche. Für bestimmte Datensätze liegen keine Angaben zu den Extrema oder den Standardabweichungen vor. *Stichprobenumfang N = 1. ANT: SAI1-Sequenzen, die für anatolische Wasserfrösche spezifisch sind, RID: *ridibundus*-ähnliche SAI1-Sequenzen, CIL: SAI1-Sequenzen, die für die kilikischen Linien spezifisch sind.

Population	DNA		Form	KRL (mm)		Referenz
	mt (MHG)	SAI1[1)]		Männchen	Weibchen	
Ağlasun	6a	–	*caralitanus*	63–84 (74,3)	72–92 (83,1)	BAŞKALE et al. (2017)
Akburun	6a	–	*caralitanus*	68–88 (77,9)	73–33 (82,4)	BAŞKALE et al. (2017)
Beyşehir-See	6a	ANT/ RID	*caralitanus*	57–97 (70,7 ± 12,08)	56–128 (74,2 ± 19,03)	ARIKAN (1988)
				42–109 (75,6 ± 3,04)	46–126 (92,0 ± 3,09)	ERIŞMIŞ u. CHINSAMY (2010)
				(90,4 ± 11,38)	(98,3 ± 12,76)	ERIŞMIŞ (2018)
				(75,6/80,6/90,4)	(89,4/92,0/98,3)	ARISOY u. BAŞKALE (2019)
				83,0*	81,5–117 (91,82)	AKIN PEKŞEN (unveröff.)
Eğirdir-See	6a	ANT	*caralitanus*	(86,4 ± 8,93)	(94,5 ± 12,15)	ERIŞMIŞ (2018)
				56–58 (56,9)	99,7–103,6 (101,1)	AKIN PEKŞEN (unveröff.)
Gencek-See	6a	–	*caralitanus*	50–98 (70,1 ± 23,90)		KAYA et al. (2002)
Gölcük	6a	–	*caralitanus*	67–83 (75,8)	74-91 (83,4)	BAŞKALE et al. (2017)
Hotamiş	6a	–	*caralitanus*			ARIKAN et al. (1994)

Population	DNA mt (MHG)	DNA SAI1[1)]	Form	KRL (mm) Männchen	KRL (mm) Weibchen	Referenz
Işikli-See	6a	ANT	*caralitanus*	(73,1 ± 4,83)	(82,5 ± 9,18)	ERIŞMIŞ (2018)
				(72,6)	(79,2)	ARISOY u. BAŞKALE (2019)
				56–101 (75,0 ± 14,66)		BUDAK et al. (2000)
Kirkgöz	6a	–	*caralitanus*	61–97 (74,1 ± 10,59)		DÜŞEN et al. (2004)
Suğla	6a	–	*caralitanus*	70–86 (76,3)	72–97 (81,1)	BAŞKALE et al. (2017)
Taşkesiği	6a	–	*caralitanus*	54–110 (85,2 ± 16,54)		DÜŞEN et al. (2004)
Tinaztepe	6a	–	*caralitanus*	73–95 (82,1 1 ± 8,09)		KAYA et al. (2002)
Üzümdere	6a	ANT	*caralitanus*	64–84 (72,6 ± 8,22)		KAYA et al. (2002)
Yağmapınar (Karapınar)	6a	–	*caralitanus*	55–75 (66,2 ± 6.51)	70-89 (77,4 ± 6,14)	TOSUNOĞLU et al. (2005)
Yaziköy	6a	–	*caralitanus*	67–87 (74,4)	73–91 (82,7)	BAŞKALE et al. (2017)
Olympos (Karpathos)	6b	ANT	*cerigensis*	(54,5 ± 12,2)		BEERLI et al. (1994)
Ornaz-Tal	6c	ANT	cf. *bedriagae*	50–96 (69,5)	50–103 (81,1)	BAŞKALE et al. (2018)
Porsuk-Stausee	6c	ANT	cf. *bedriagae*	(66,8 ± 3,14)	(71,2 ± 3,96)	ERIŞMIŞ et al. (2013)
				60,8-72,5 (71,1)	49,9–96,9 (77,4)	AKIN PEKŞEN (unveröff.)

Fortsetzung Tab. 24

Population	DNA		Form	KRL (mm)		Referenz
	mt (MHG)	SAI1[1)]		Männchen	Weibchen	
Halbinsel Reşadiye (Datça)	6c	ANT	cf. *bedriagae*	43–69 (51,5 ± 6,78)	42–82 (63,9 ± 12,12)	Tok (1999)
Süleymanli-See	6c	ANT	cf. *bedriagae*	45–84 (68,0)	57–105 (76,6)	Başkale et al. (2018)
				66,5–71,7 (69,1)	53,5–88,3 (71,4)	Akin Pekşen (unveröff.)
Sülüklü-See	6c	ANT	cf. *bedriagae*	50–73 (56,1 ± 7,68)	46–92 (64,5)	Çiçek et al. (2011)
				(59,8)	(59,8)	İsmail und Çiçek (2017)
Vali Recep Yazıcıoğlu Damm	6c	ANT	cf. *bedriagae*	44–72 (63,0)	51–86 (71,2)	Başkale et al. (2018)
Yayla-See (bei Denizli)	6c	ANT	cf. *bedriagae*	50–111 (71,8 ± 1,07)	51–105 (80,1 ± 0,88)	Ayaz et al. (2007)
Fluss Yıldızlı (bei Trabzon)	–	–	cf. *bedriagae*	38–83 (64,6 ± 11,09)	55–99 (74,6 ± 13,37)	Yilmaz et al. (2005)
Cinderesi, Ceyhan (Adana)	MHG4/5	CIL	sp.	64,4*	42,9–59,97 (53,6 ± 9,32)	Akin Pekşen (unveröff.)
Üçpınar (Kilis)	MHG4/5	CIL	sp.	58,1*	50,27–63,33 (55,28 ± 7,04)	Akin Pekşen (unveröff.)
Acigöl-See	6a/6c	ANT	Hybrid	45–81 (63,1)	45–90 (71,9)	Başkale et al. (2018)
Akdeğirmen-Stausee	6c	ANT/ RID	Hybrid	(69,7 ± 4,53)	(74,0 ± 4,17)	Erişmiş et al. (2013)

Population	DNA mt (MHG)	DNA SAI1[1]	Form	KRL (mm) Männchen	KRL (mm) Weibchen	Referenz
Akören-See (Afyon)	6a/6c	ANT/ RID	Hybrid	46–121 (74,3 ± 18,23)	44–122 (57,7 ± 14,24)	Kaya und Erişmiş (2001)
				42–98 (68,2 ± 5,04)	46–102 (77,0 ± 6,09)	Erişmiş (2011)
				44–98 (66,8 ± 6,74	45–102 (74,6 ± 5,31)	
				42–93 (63,3 ± 4,29)	44–97 (71,0 ± 5,72)	
				43,5–90 (62,7 ± 3,09)	45–91 (70,2 ± 1,69)	
				71,2-93,6 (80,1)	69,2-89,9 (79,6)	Akın Pekşen (unveröff.)
Akşehir	6a/6c	–	Hybrid	60–63 (61,3)	43–67 (56,3)	Akın Pekşen (unveröff.)
Bor (Niğde)	6a/6c/5	ANT/ CIL/ RID	Hybrid	71–86 76,7 ± 4,98	74–96 82,1 ± 7,20	Ayaz et al. (2006)
Çizmeburnu, Muş	6d	ANT/ RID	Hybrid	68,4–74,5 (72,2 ± 3,36)	83,0–84,8 (83,9± 1,27)	Akın Pekşen (unveröff.)
Dalaman	6a/6b/6c	ANT	Hybrid	42–70 53,2 ± 4,79	43–72 57,3 ± 6,60	Tok et al. (2000)
Dicle-Fluss (Batman)	6d	ANT/ RID	Hybrid	61,7–65,0 (63,4 ± 2,33)	76,5–87,5 (80,5± 6,08)	Akın Pekşen (unveröff.)
Emre Stausee	6c	ANT/ RID	Hybrid	(70,4 ± 2,59)	(73,7 ± 3,21)	Erişmiş et al. (2013)

Fortsetzung Tab. 24

Population	DNA		Form	KRL (mm)		Referenz
	mt (MHG)	SAI1[1)]		Männchen	Weibchen	
Erzurum	6c/6d	ANT/ RID	Hybrid	48–58 (62,8 ± 10,30)	41–91 (62,5 ± 15,89)	Ayaz et al. (2004)
Girdev-Plateau	6a/6b	ANT	Hybrid	49–88 (68,4 ± 17,64)		Düşen et al. (2004)
				–	47–52,2 (49,8)	Akın Pekşen (unveröff.)
İvriz-Ereğli	6a	ANT/ CIL	Hybrid	68–126 (100,2 ± 14,53)		Arikan et al. (1998)
Karamık-See	6a/6c	ANT	Hybrid	(82,3 ± 8,37)	(88,4 ± 9,81)	Erişmiş (2018)
				52,7*	52–59,9 (56,4)	Akın Pekşen (unveröff.)
Sinanpasa-Weiher	6a/6d	ANT/ RID	Hybrid	(67,8 ± 3,68)	(72,4 ± 3,83)	Erişmiş et al. (2013)
Çakıt-Fluss, Pozantı (Adana)	MHG4/5	ANT/ CIL/ RID	Hybrid	61,5–69,9 (64,9 ± 4,40)	92,5*	Akın Pekşen (unveröff.)
Solhan Şeref Fluss (Bingöl)	6d	ANT/ RID	Hybrid	56,1–63,4 (60,2 ± 3,70)	72,97–76,81 (74,9 ± 2,72	Akın Pekşen (unveröff.)
Straße von Şanlıurfa nach Harran	6d	ANT/ RID	Hybrid	60,8–85,1 (72,8 ± 11,67)	67,1*	Akın Pekşen (unveröff.)
Yenice (Mersin)	MHG4	ANT/ CIL	Hybrid	58,3*	62,1–72,0 (66,1 ± 5,79)	Akın Pekşen (unveröff.)

Tab. 25: Morphometrische Parameter (Minima–Maxima, arithmetisches Mittel ± Standardabweichung) anatolischer Wasserfrösche, differenziert nach den zur Haplogruppe 6 gehörenden Untergruppen a–d (AKIN PEKŞEN 2015). *Karpathos, nach BEERLI et al. (1994). CIL: Länge des Fersenhöckers (Callus internus), CW: Kopfbreite, KRL: Kopf-Rumpf-Länge, TL: Länge des Unterschenkels (Tibia), DPL: Länge der 1. Zehe (Digitus primus), N: Anzahl untersuchter Individuen.

Parameter	MHG6a	MHG6b		MHG6c	MHG6d	MHG 4/5
	caralitanus	cf. *cerigensis*	*cerigensis**	cf. *bedriagae*	Euphrat	Kilikien
N	71	3	8	476	145	52
KRL/CW	2,7–3,2 3,0 ± 0,14	2,8–3,0 2,9 ± 0,10	–	2,4–4,2 3,0 ± 0,23	2,7–3,5 3,0 ± 0,16	2,6–3,6 3,1 ± 0,2
KRL/TL	1,8–2,3 2,0 ± 0,11	1,8–2,1 2,0 ± 0,18	1,85 ± 2,2	1,5–2,3 1,9 ± 0,10	1,7–2,2 1,9 ± 0,09	1,8–2,1 2,0 ± 0,07
KRL/DPL	5,8–8,9 6,8 ± 0,62	6,0–6,8 6,4 ± 0,43	7,4 ± 1,1	5,8–8,7 6,9 ± 0,60	5,5–13,8 7,0 ± 0,86	6,1–8,4 7,4 ± 0,57
KRL/CIL	15,3–23,0 18,8 ± 1,86	18,1–20,3 19,1 ± 1,11	18,5 ± 2,2	14,8–24,6 18,8 ± 2,04	14,6–26,6 19,0 ± 2,25	15,1–21,8 18,7 ± 1,63
TL/CIL	7,8–13,2 9,5 ± 0,96	9,2–10,2 9,7 ± 0,50	–	6,7–14,9 9,7 ± 1,02	7,6–13,6 9,9 ± 1,19	7,8–11,8 9,5 ± 0,89
DPL/CIL	2,1–4,4 2,8 ± 0,42	2,8–3,2 3,0 ± 0,22	2,5 ± 0,3	1,8–4,4 2,7 ± 0,36	1,1–4,2 2,7 ± 0,49	1,8–3,4 2,5 ± 0,29

F ä r b u n g : Die dorsale Färbung und Zeichnung ist bei anatolischen Wasserfröschen aller genetisch differenzierbarer Linien sehr variabel. Die Grundfarbe der Oberseite ist grün oder braun, wobei der Farbton zwischen hell- und dunkelgrün, grünlich grau, olivgrün, grüngelb oder hell- und dunkelbraun variieren kann. Neben dorsal einfarbigen Tieren weisen viele Exemplare unregelmäßig geformte, grünliche, bräunliche oder schwärzliche Flecken auf, die auch auf Teilen der hinteren Extremitäten ausgebildet sind (TOK et al. 2000, SCHNEIDER 2001, eigene Daten). Frösche der *caralitanus*-Linie haben in der Regel eine braune oder grünbraune Oberseite, die mit braunen, unregelmäßig geformten Flecken verziert ist. Grüne Tiere kommen ebenfalls vor (KAYA et al. 2002, eigene Daten), nach SCHNEIDER (2001) sind solche Exemplare im Beyşehir-See im Vergleich zu braun gefärbten seltener anzutreffen.

Viele Tiere besitzen einen schmutzig weißen, hellgrünen, grünen, gelblich grünen oder dunkelgelben Dorsalstreifen, der an der Schnauzenspitze beginnt und am Os coccyges endet. Bei einigen Individuen ist der Streifen nur unvollständig ausgeprägt, d. h. nur in der vorderen oder hinteren Körperhälfte sichtbar. Nach eigenen Daten (AKIN PEKŞEN, unveröff.) besaßen innerhalb der *caralitanus*-Linie 27 % der untersuchten Individuen (N = 74) einen durchgängigen Dorsalstreifen, bei ca. 16 % der Tiere war nur ein rudimentärer Streifen vorhanden. Diese Befunde stimmen gut mit anderen Quellen überein, nach denen ca. 36–49 % der *P. caralitanus*-Individuen einen Dorsalstreifen aufwiesen (ARIKAN 1988, ATATÜR et al. 1989–90, BUDAK et al. 2000, JDEIDI et al. 2001a). In einer Population (Ivriz-Ereğli, Provinz Konya) hatten sogar 80 % der untersuchten Individuen einen solchen Streifen (ARIKAN et al. 1998).

Auch bei den anderen anatolischen Linien gehört der Dorsalstreifen zum Erscheinungsbild. Von 480 cf. *bedriagae*-Individuen, die aus unterschiedlichen Populationen stammten, besaßen 34,1 % einen vollständigen und 10,7 % einen unvollständigen Dorsalstreifen. Für die Euphrat-Linie (N = 146) wurden Werte von 49,6 % (vollständig) und 9,9 % (unvollständig) ermittelt. Bei kilikischen Wasserfröschen (N = 52) war eine vollständige Dorsallinie bei 42,3 % der Individuen vorhanden, bei 13,5 % war sie nur unvollständig ausgebildet (AKIN PEKŞEN, unveröff.).

Auch die Färbung der Unterseite ist bei anatolischen Wasserfröschen sehr variabel. Neben weiß oder grauweiß gefärbten gibt es auch Tiere mit einheitlich gelblich gefärbten Unterseiten. Oft sind der Bauch, die Kehle und die Unterseiten der Oberschenkel mit schwarzen, bräunlichen oder grünlichen Flecken oder Punkten besetzt (SCHNEIDER 2001, AKIN et al. 2010a). In manchen Populationen finden sich auf der Ventralseite des Körpers kleine, schwarz oder gelblich gefärbte Warzen, die mehr oder weniger hohe Dichten erreichen können. In Kapıkargın (Dalaman, Provinz Mugla) wiesen 87 % der von TOK et al. (2000) untersuchten Individuen solche warzigen Strukturen auf, wahrscheinlich handelte es sich hier um Hybride zwischen genetisch distinkten Linien (siehe Tab. 24). Auch im Fluss Dipsiz (Provinz Muğla-Yatağan) wurden vier Individuen der cf. *bedriagae*-Linie gefunden, deren Unterseiten mit schwarzen Warzen besetzt waren (AKIN PEKŞEN, unveröff.).

Frösche der *caralitanus*-Linie (MHG6a) sind auf der grundfarbig weißlichen Unterseite orangefarben pigmentiert, wobei die Farbmuster aus orangen Punkten und/oder wurmförmigen Flecken bestehen (ARIKAN 1988, ATATÜR et al. 1989–90). Solche Tiere kommen in einem Gebiet vor, dass von Eşmekaya im Norden, Kemer und Tefenni im Westen bis zum Avlan-See an der Mittelmeerküste im Süden reicht (AKIN et al. 2010a). Die orangefarbene Zeichnung ist zwar charakteristisch für die *caralitanus*-Linie, jedoch offenbar kein Alleinstellungsmerkmal, da auch Tiere mit orangefarbenen Unterseiten gefunden wurden, die nicht den diese Linie kennzeichnenden mitochondrialen Haplotyp 6a besaßen. Umgekehrt konnten Individuen mit hellen oder schwarz gefleckten Bäuchen und *caralitanus*-spezifischer mtDNA nachgewiesen werden (AKIN et al. 2010a, unveröff.). Darüber hinaus ist die Orangefärbung bei Juvenilen oft nur spärlich ausgeprägt oder nicht sichtbar (KAYA et al. 2002, eigene Daten).

Innerhalb der cf. *bedriagae*-Linie (MHG6c) ist die Färbung und Zeichnung der Unterseite extrem variabel, neben Tieren mit komplett weißen oder „schmutzig weißen" Bäuchen und Kehlen weisen viele gefleckte oder gepunktete Unterseiten auf. Die Farbe der Flecken bzw. Punkte reicht von braunen, schwarzen und grauen bis hin zu gelblichen und orangen Tönen, grüngelbliche oder grünbräunliche Zwischentöne kommen ebenfalls vor. Bei manchen Tieren ist nur die Kehle dunkel pigmentiert. Unter 314 Individuen, die im Akören-See gefangen wurden (hier konnte neben der mitochondrialen Linie 6c auch die Linie 6a nachgewiesen werden), befanden sich lediglich 12 Tiere (3,8 %) mit hell- oder dunkelgrün gepunkteten Bäuchen und Kehlen, die anderen hatten „schmutzig weiße" Unterseiten (KAYA und ERIŞMIŞ 2001). AYAZ et al. (2004) fanden in Erzurum nur zwei Tiere, die orange gepunktet waren, der überwiegende Teil (ca. 93,8 %) der untersuchten Tiere war auf der Ventralseite braunorange oder graubraun gezeichnet. Auch diese Befunde verdeutlichen die limitierte Aussagekraft von Farbmerkmalen im Kontext klassifikatorischer Fragestellungen (siehe auch AKIN et al. 2010a).

Eine hohe farbliche Variabilität der ventralen Körperbereiche ist auch bei den kilikischen Linien zu verzeichnen, neben einfarbig weiß gefärbten Unterseiten kommen unterschiedlich ausgebildete Fleckenmuster vor, wobei die Farbe der Flecken grau oder schwarz und auch gelblich orange, gelbbräunlich oder grünlich sein kann. Bei manchen Tieren ist nur ein Teil der Unterseite gefleckt oder gepunktet, mitunter weist lediglich die Kehle graue oder grünliche Punkte oder Flecken auf (AKIN PEKŞEN, unveröff.).

Bei Tieren der Euphrat-Linie (MHG6d) kann der Bauch einheitlich weiß gefärbt sein oder ein graues, schwarzes, grünliches, bräunliches oder grünbräunliches Fleckenmuster aufweisen, bei manchen Tieren ist nur etwa die Hälfte der Unterseite gefleckt bzw. marmoriert oder nur der Kehlbereich – ähnlich der Unterseite – schwarz, grünbräunlich, grünschwärzlich, grüngelblich, orange oder grau pigmentiert (AKIN PEKŞEN, unveröff.).

Schädel und Postcranialskelett: siehe Kapitel „Anatomie europäischer Wasserfrösche (Schädel und Postcranialskelett)".

Molekulare Merkmale. *Enzyme:* Die in Anatolien erhobenen enzymelektrophoretischen Daten spiegeln die hohe genetische Variabilität innerhalb des AWK wider (Übersicht in PLÖTNER und OHST 2001). In einer Stichprobe, die 20 türkische Populationen und 378 Exemplare umfasste, waren fünf von zwölf enzymcodierenden Loci polymorph; die höchsten mittleren Heterozygotiewerte (0,12–0,13) wurden in der Seenregion um Beyşehir festgestellt, in der *P. caralitanus* beheimatet ist, weiterhin in Çardak (Provinz Denizli) und in Ereğli (Provinz Konya) (JDEIDI 2000). Bisher wurden keine Allozyme gefunden, die für anatolische Wasserfrösche spezifisch sind und eine klare Differenzierung zwischen dem AWK und eurasischen Seefröschen (*P. ridibundus*) ermöglichen. Lediglich in einzelnen Populationen konnten segregierende Allele nachgewiesen werden, die bisher nicht bei *P. ridibundus* gefunden wurden (BEERLI et al. 1996, JDEIDI 2000).

Mitochondriale DNA (mtDNA): Auch die mtDNA anatolischer Wasserfrösche zeigt eine hohe Variabilität: Allein auf der Basis von 612 Sequenzen des *nd3*-Gens (340 bp) war es möglich, 116 Haplotypen zu differenzieren. Eine noch höhere Diversität wurde im *nd2*-Gen (1 038 bp) sichtbar. Hier konnten von 119 Sequenzen 80 Haplotypen unterschieden werden (AKIN et al. 2010b). Auf der Grundlage der mtDNA können die Formen des AWK sowohl von *P. ridibundus* als auch von *P. bedriagae* fehlerfrei differenziert werden (PLÖTNER et al. 2001, 2010, 2012, AKIN et al. 2010b).

Nukleäre DNA: Umfangreiche sequenzanalytische Untersuchungen des 1. Introns des Serumalbumin-Gens (SAI1) offenbarten ebenfalls eine hohe genetische Diversität (AKIN PEKŞEN, unveröff.). Dieser Marker ermöglicht eine klare Differenzierung zwischen anatolischen Wasserfröschen und *P. ridibundus* (PLÖTNER et al. 2009, 2012), allerdings konnten auch in Anatolien SAI1-Sequenzen nachgewiesen werden, die eine hohe Übereinstimmung mit den Sequenzen zeigten, die beim Eurasischen Seefrosch (*P. ridibundus*) gefunden wurden (AKIN PEKŞEN 2015). Darüber hinaus ist es möglich, den oben beschriebenen mitochondrialen Linien spezifische SAI1-Sequenzen zuzuordnen (AKIN PEKŞEN

2015). Auch der Internal-Transcribed-Spacer 2 (ITS2), ein nicht-codierendes, in mehreren Kopien vorliegendes Sequenzmotiv, das ribosomale RNA-Gene voneinander separiert, kann zur Differenzierung zwischen anatolischen und europäischen Wasserfröschen genutzt werden (OHST 2008).

HOLSBEEK et al. (2008) und SAGONAS et al. (2020) konnten zeigen, dass sich bestimmte polymorphe Mikrosatelliten, die ursprünglich für mittel- und westeuropäische Wasserfroscharten entwickelt worden waren, auch für genetische Studien an anatolischen Wasserfröschen eignen. Nicht-artspezifische Mikrosatelliten sollten allerdings immer einer Sequenzanalyse unterzogen werden, um sicherzustellen, dass die amplifizierten Repeats auch bezüglich ihrer Nukleotidmotive homolog sind (PLÖTNER, unveröff.). Mittels Mikrosatelliten können u. a. Hybridzonen charakterisiert, ihre Grenzen bestimmt und der Genfluss zwischen benachbarten Populationen analysiert werden. Darüber hinaus eignen sie sich zur Differenzierung zwischen autochthonen und allochthonen Arten (HOLSBEEK et al. 2008).

Umfangreiche phylogeografische Analysen, die auf dem nukleären Marker SAI1 und mitochondrialen Genen (*nd2* und/oder *nd3*) basierten, sprechen für einen weitverbreiteten Genfluss innerhalb des AWK (AKIN PEKŞEN 2015).

Karyotyp: 2n = 26 Chromosomen (ALPAGUT und FALAKALI 1995).

Das diploide Genom anatolischer Wasserfrösche besteht, wie bei allen westpaläarktischen Wasserfröschen, aus fünf größeren (I–V) und acht kleineren (VI–XII) Chromosomenpaaren (ALPAGUT und FALAKALI 1995). Ein Vergleich zwischen Tieren aus Izmir und Individuen vom Beyşehir-See (früher auch als Caralis-See bezeichnet) zeigte, dass in der Stichprobe aus Izmir (*P.* cf. *bedriagae*) Chromosomenpaar II metazentrisch und III submetazentrisch waren, in der Stichprobe aus Beyşehir (*P. caralitanus*) herrschten umgekehrte Verhältnisse. Weitere Unterschiede traten bei Chromosomenpaar IV zu Tage. Während dieses bei allen untersuchten Metaphaseplatten von Fröschen aus Izmir metazentrisch war, besaßen 45 % der Individuen aus Beyşehir neben einem metazentrischen ein submetazentrisches Chromosom. Populationsspezifische Differenzen wurden auch an den kleinen Chromosomen der Paare IX, X und XII festgestellt und ebenfalls als linienspezifische Polymorphismen interpretiert (ALPAGUT und FALAKALI 1995). Nach ALPAGUT KESKIN und FALAKALI MUTAF (2006) waren bei SW-anatolischen Individuen entweder 8 Chromosomen (bezogen auf den haploiden Satz) metazentrisch, 2 submetazentrisch und 3 subtelozentrisch oder 7 waren metazentrisch, 3 submetazentrisch und 3 subtelozentrisch. Letztere Konstellation ist nach Auffassung der Autoren charakteristisch für *P. caralitanus*.

ERGENE et al. (2010) zeigten, dass der haploide Chromosomensatz kilikischer Individuen von Mersin (SO-Anatolien) 7 metazentrische und 5 submetazentrische Chromosomen sowie 1 subtelozentrisches Chromosom umfasst. Dagegen besaßen Frösche aus dem Karasu-Becken (Provinz Erzurum, Ost-Anatolien) 6 metazentrische und 6 submetazentrische Chromosomen sowie 1 subtelozentrisches Chromosom (Canpolat et al. 2018). Die taxonomisch-systematische Relevanz dieser Befunde ist aufgrund unzureichender Daten noch unklar, ebenso inwieweit sich die hier beschriebenen karyologischen Merkmale auf molekularer Ebene widerspiegeln (vgl. Akin 2007, Akin et al. 2010a, b).

Sekundäre Konstriktionen beobachteten Alpagut Keskin und Falakali Mutaf (2006) an den langen Armen von Chromosom IX oder X und bewerteten dieses Merkmal als spezifisch für *P. caralitanus* bzw. *P.* cf. *bedriagae*. Weiterhin wurden die Meiose-Chromosomen analysiert, diese stammten, wie auch die Mitose-Präparate, von 91 Individuen aus 9 südwestanatolischen Populationen. Populationsspezifische Unterschiede konnten bei Metaphase-I-Chromosomen beobachtet werden; entweder waren während der Diakinese 11 Bivalente ringförmig und 2 stäbchenförmig ausgebildet oder 12 zeigten eine ringförmige und nur 1 Bivalent eine stäbchenförmige Struktur. Ob diese Unterschiede linienspezifisch sind, wie von Alpagut Keskin und Falakali Mutaf (l. c.) vermutet, muss weiterführenden Untersuchungen vorbehalten bleiben, zumal in einigen der untersuchten Populationen (z. B. in Akşehir und Eber) neben *caralitanus*- auch cf. *bedriagae*-spezifische mitochondriale Haplotypen nachgewiesen werden konnten und deshalb nicht ausgeschlossen werden kann, dass in diesen Populationen interlineare Hybriden leben (Tab. 24).

Merkmalsvariation. Auf den bei *P. caralitanus* beobachteten Altersdimorphismus bezüglich der Orange-Pigmentierung der Unterseite wurde bereits unter der Überschrift „Färbung" eingegangen. Daten zum Geschlechtsdimorphismus, zur geografischen und ökologischen Variation sowie zu Anomalien liegen für anatolische Wasserfrösche nicht vor.

Verbreitung. Verbreitungsgebiet: Aufgrund der weitgehend ungeklärten systematischen Verhältnisse beschreiben wir im Folgenden nicht die Verbreitungsmuster evolutionärer Einheiten, d. h. von Formen oder Spezies, sondern hauptsächlich die der mitochondrialen Haplogruppen 4, 5 und 6a–d (Akin et al. 2010b). Selbst wenn sich erweisen sollte, dass einzelne Haplogruppen Artspezifität besitzen, können aus diesen Mustern nur bedingt Rückschlüsse zum Verbreitungsgebiet einer Evolutionären Art gezogen werden, da bei westpaläarktischen Wasserfröschen der interspezifische Transfer mitochondrialer Genome als Folge von Hybridisierungsprozessen weit verbreitet ist (Plötner et al. 2008) und sich mtDNA aufgrund ihrer maternalen Vererbung nicht zur räumlichen Abgrenzung von Hybridzonen eignet.

Die MHG6 ist von Ost-Griechenland/West-Anatolien bis zum nördlichen Ufer des Kaspischen Meeres einschließlich der Typuslokalität von *P. ridibundus* (Atyrau, Kasachstan) verbreitet, während sich die kilikischen Gruppen (MHG 4 und 5) auf den südöstlichen Teil der Türkei östlich und westlich des Amanos-

Gebirges beschränken (Abb. 46). Im Nordosten Griechenlands und westlich des Kaspischen Meeres kommt MHG6 gemeinsam mit Haplotypen vor, die für den Eurasischen Seefrosch, *P. ridibundus*, charakteristisch sind (HOTZ et al. 2013, unveröff. Daten).

Wie oben bereits erwähnt, kann MHG6 in vier Untergruppen (6a–d) unterteilt werden. Haplotypen der Untergruppe 6a (*caralitanus*) wurden in einem Areal nachgewiesen, das vom 26.-August-Nationalpark im Norden (Provinz Afyonkarahisar) bis nach Kumluca (Provinz Antalya) im Süden reicht und auch die Küstenregion von Silifke (Provinz Mersin) bis Köyceğiz (Provinz Muğla) einschließt (Abb. 46). Im Westen verläuft die Verbreitungsgrenze dieser Haplogruppe in der Provinz Burdur (Yeşilova, Tefenni) (AKIN et al. 2010a, b), im Osten gelangen Nachweise bei Yahyalı und Sultansazlığı (Provinz Kayseri) (AKIN PEKŞEN, unveröff.).

Untersuchungen, die sich ausschließlich auf phänotypische Merkmale stützten (speziell die Färbung der Unterseite), indizieren, dass *P. caralitanus* nur in einem relativ kleinen, gewässerreichen Areal vorkommt, das sich von der Konya-Ebene bis nach Denizli erstreckt. Außer im Beyşehir-See wurden *caralitanus*-Phänotypen auch in den Seen Eğridir, Gencek und Suğla gefunden, ferner im Fluss Çarşamba und seinen Nebenflüssen (ATATÜR et al. 1989–90, KAYA et al. 2002), im Gölcük-See (Provinz Isparta) und im Hotamış-See (ARIKAN et al. 1994) sowie östlich von Ereğli (Provinz Konya) (ARIKAN et al. 1998). In der westlichen Provinz Denizli gelangen Nachweise im Işıklı-See bei Çivril und bei Çardak (BUDAK et al. 2000, JDEIDI et al. 2001a). DÜSEN et al. (2004) konnten *P. caralitanus* auch in der Provinz Antalya bei Kırkgöz, Taşkesiği (Korkuteli) und auf der Hochebene von Girdev (Elmalı) nachweisen.

Haplotypen der Gruppe 6b (*cerigensis*) wurden auf den Inseln Karpathos und Rhodos sowie in der Küstenregion Antalyas, in Girdev und in der Provinz Mugla nachgewiesen (AKIN et al. 2010b, TOLI et al. 2018). Auf Karpathos gelangen Wasserfroschnachweise bisher nur im nördlichen Teil der Insel bei Olympos (BEERLI et al. 1994) sowie bei Argoni und Nati (PAFILIS et al. 2019, TRAPP, mündl. Mitt.).

Haplotypen der Gruppe 6c (cf. *bedriagae*) kommen in ganz Anatolien vor, sie fehlen lediglich in der Küstenregion östlich von Antalya sowie westlich und östlich des Amanos-Gebirges. Weiterhin kommt diese Gruppe im östlichen Griechenland und am Nordufer des Kaspischen Meeres vor, ebenfalls auf mehreren Mittelmeerinseln entlang der anatolischen Küste, z. B. Chios, Lesbos und Samos (AKIN et al. 2010b, HOTZ et al. 2013).

Haplotypen der Untergruppe 6d (Euphrat-Linie) wurden im Einzugsgebiet von Tigris- und Euphrat in Nordost-Syrien gefunden, darüber hinaus im Osten und Nordosten Anatoliens sowie im Westen des Iran (AKIN et al. 2010b, AKIN PEKŞEN 2015).

Syntope Vorkommen von 6a- und 6c-Haplotypen bestehen in Südwest- und Zentralanatolien, in Süd-Anatolien konnten 6a- zusammen mit 6b-Haplotypen nachgewiesen werden. In der Gökova-Ebene (Silifke) überlappen die Haplogruppen 6a und 4. In Zamantı Suyu (Provinz Kayseri) wurde die Haplogruppe MHG4 zusammen mit Haplogruppe 6c gefunden und in Çiftlik (Provinz Niğde) kamen Haplotypen der Gruppen 6a, 6c und 5 syntop vor (AKIN PEKŞEN 2015).

Höhenverbreitung: Anatolische Wasserfrösche besiedeln Lagen von der Höhe des Meersspiegels bis >2000 m ü. NHN. Die Unterschiede in der Höhenlage spiegeln die geografischen Gegebenheiten in den Arealen der einzelnen Wasserfroschlinien wider (AKIN PEKŞEN, unveröff. Daten). Der höchste, bisher bekannte Fundort von *caralitanus*-spezifischen Haplotypen (6a) liegt auf 1724 m ü. NHN auf dem Girdev Plateu (Provinz Muğla), hier konnten auch *cerigensis*-spezifische Haplotypen (6b) nachgewiesen werden. *Pelophylax* cf. *bedriagae* (Haplogruppe 6c) dringt im nordöstlichen Anatolien in Höhen bis fast 2300 m ü. NHN vor (AKIN PEKŞEN, unveröff.), z. B. in Pazarcık (Provinz Kars, 2276 m ü. NHN), Göle (Provinz Ardahan, 1973 m ü. NHN) und im Teke Strom (Provinz Erzurum, 1928 m ü. NHN).

Die kilikischen Wasserfroschlinien (MHG 4 und 5) besiedeln die Küstengebiete von Adana, Mersin, Osmaniye und Antakya in Höhe des Meeresspiegels, MHG5 wurde aber auch auf 1530 m ü. NHN in Çiftlik (Provinz Niğde) gefun-

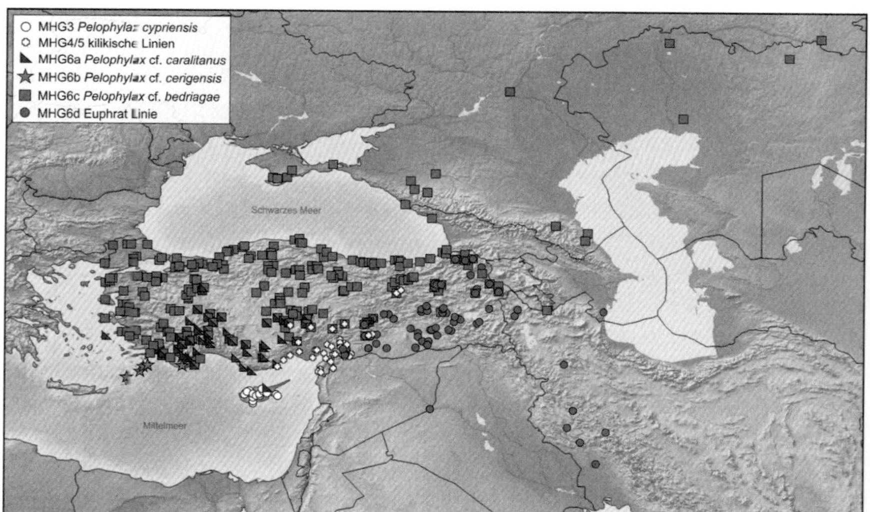

Abb. 46: Verbreitung der mitochondrialen Haplogruppen 3–6 einschließlich der Untergruppen 6a–d nach AKIN et al. (2010b) und AKIN PEKŞEN (2015). Da die kilikischen Linien 4 und 5 weiträumig überlappen, wurde für diese in der Darstellung ein einheitliches Symbol verwendet. Die Haplogruppe 3 ist spezifisch für *Pelophylax cypriensis* und auf Zypern beschränkt. Karte: Daniel Jablonski.

den und MHG4 auf 1206 m ü. NHN in Zamantı (Provinz Kayseri). Nachweise der Euphrat-Linie (MHG6d) gelangen in Kızıltepe (Provinz Mardin) auf 461 m ü. NHN; in Uzunova (Provinz Ardahan) wurden Vertreter dieser Linie auf einer Höhe von 1887 m ü. NHN gefunden (AKIN PEKŞEN, unveröff. Daten.)

Allochthone Populationen: Bevor geeignete molekulare Methoden bzw. Marker zur Verfügung standen, konnten anatolische Wasserfrösche in der Regel nicht von *P. ridibundus* und *Pelophylax kurtmuelleri* unterschieden werden. Daher ist die Historie der Einführung allochthoner Formen in Europa nur schwer zu rekonstruieren. Auf molekularen Daten basierende Evidenzen für persistierende Vorkommen anatolischer Wasserfrösche und/oder von Hybriden zwischen anatolischen und europäischen Formen liegen aus Belgien, Frankreich, der Schweiz und Deutschland vor. In Belgien wurde Individuen der *P.* cf. *bedriagae*-Linie erst in jüngerer Zeit eingeführt (KOK 2001). In Nordbelgien enthielten 54 % der von HOLSBEEK et al. (2008) beprobten Populationen (N = 87) allochthone Individuen und in 26 % wurden cf. *bedriagae*-spezifische genetische Marker gefunden.

Von 111 Individuen, die aus 15 französischen Wasserfroschpopulationen stammten, besaßen ca. 20 % mitochondriale Genome, die dem Genpool anatolischer Wasserfrösche zugeordnet werden konnten (OHST, unveröff. Daten). Hinweise auf genetische Einflüsse allochthoner Formen einschließlich anatolischer Individuen fanden PAGANO et al. (2003) auch in Populationen, die entlang der Rhône leben. Auch in einer schweizerischen Stichprobe (N = 33) besaßen 6 Individuen (18 %), die aus vier nicht weit voneinander liegenden Lokalitäten stammten, mitochondriale Genome, die für anatolische Wasserfrösche spezifisch sind (OHST 2008).

Im Südwesten Deutschlands ist seit den 1970er-Jahren eine Zunahme von „Seefröschen" zu beobachten, die ursprünglich als *P. ridibundus* angesprochen wurden (SOWIG et al. 2007b). Von 366 Wasserfröschen, die von 44 Lokalitäten stammten, hatten ca. 5 % mitochondriale Genome, wie sie für anatolische Wasserfrösche charakteristisch sind (OHST 2008). Solche Individuen sind wahrscheinlich aus den Nachbarländern Schweiz und Frankreich dem Rhein folgend nach Deutschland eingewandert. Dafür spricht u. a., dass Frösche mit Allelen, die für anatolische Formen spezifisch sind, in der Mehrzahl südlich von Karlsruhe nachgewiesen werden konnten (OHST, l. c.). Neben natürlicher Migration sind auch bewusste Einführungen allochthoner Wasserfrösche bekannt geworden, z. B. im Ruhrgebiet, wo solche Tiere nachweislich durch Mitarbeiter der Universität Bochum aussetzt worden sind (KORDGES 1988a, SCHRÖER 1997).

Bei zwei in Nord-Zypern, dem Verbreitungsgebiet von *P. cypriensis*, gefangenen Wasserfröschen wurden Sequenzen des 1. Serumalbum-Introns (SAI1) gefunden, die sonst nur bei *P. caralitanus* vorkommen (PLÖTNER et al. 2015). Beide Individuen besaßen neben einem *caralitanus*-spezifischen auch ein *cypriensis*-

spezifisches Intron, sie dürften folglich auf Hybridisierungen (*caralitanus* × *cypriensis*) zurückgehen. Es wird vermutet, dass die Vorfahren dieser Frösche nicht auf natürliche Weise Zypern erreichten (z. B. auf Treibgut), sondern – wahrscheinlich unbeabsichtigt – von Menschen eingeführt wurden, möglicherweise zusammen mit Karpfenbrut (PLÖTNER et al. 2015).

Auch in Italien wurde bei der Hybridform *Pelophylax hispanicus* eine SAI1-Sequenz gefunden, die für *P.* cf. *bedriagae* spezifisch ist (DUBEY und DUFRESNES 2017). Da den Autoren lediglich 13 Vergleichssequenzen von türkischen Wasserfröschen zur Verfügung standen, nahmen diese irrigerweise an, dass im Genpool Italienischer Hybriden das Genom einer ausgestorbenen Spezies quasi konserviert ist. Eine identische Sequenz wurde jedoch mehrfach in Anatolien und eine fast identische in der Ukraine gefunden (AKIN PEKŞEN 2015), sodass es sich bei den infrage stehenden Hybridfröschen keinesfalls um „Semi Living Fossils" handelt, wie von DUBEY und DUFRESNES (l. c.) in reißerischer Manier behauptet wird. Vielmehr dürfte dieses Intron bzw. Albumin-Allel, wie auch für ähnlich gelagerte Fälle dokumentiert (OHST 2008), durch Kreuzungen zwischen autochthonen *Pelophylax bergeri* und allochthonen (anatolischen) Fröschen, die in großer Zahl nach Italien importiert wurden und immer noch werden (AKIN und BILGIN 2010), in den *hispanicus*-Genpool gelangt sein.

Anatolische Wasserfrösche können sich aufgrund ihrer relativ breiten ökologischen Plastizität leicht an die ökologischen Gegebenheiten Westeuropas anpassen, hier besiedeln sie vor allem Flüsse und deren Auen, leben aber auch in Gartenteichen (OHST 2008, HOLSBEEK et al. 2008, 2010).

Arealdynamik: unbekannt.

Ökologie. Habitat: Anatolische Wasserfrösche sind semiaquatische Frösche, die eine Vielzahl fließender und stehender Gewässer wie Stauseen, Teiche, langsam fließende Bäche und Flüsse, Bewässerungskanäle, Gräben und sogar temporäre Gewässer bewohnen (BEERLI 1994, SCHNEIDER 2001, SCHNEIDER und SINSCH 2001, FRANZEN et al. 2008, ÖZ et al. 2009, AKIN et al. 2010a, BAŞKALE und ÇAPAR 2016, eigene Daten). ÖZALPAN (1966) berichtet über ein Wasserfroschvorkommen in einer heißen Quelle bei Edremit (Provinz Balikesir).

FRANZEN et al. (2008) fanden im Raum Dalyan-Köyceğiz, wo die mitochondrialen Linien 6a (*caralitanus*), 6b (*cerigensis*) und 6c (cf. *bedriagae*) vorkommen, Wasserfrösche in Ausgrabungstümpeln, wassergefüllten Baugruben, Restwassertümpeln im Schotterbett des Namnam-Flusses, Gezeitentümpeln (Lithotelmen) in Bachtälern (Toparlar, Westzuläufe zum Köyceğiz-See), Entwässerungsgräben sowie beschatteten Bachläufen in den *Liquidambar*-Wäldern bei Tepearası, südlich Köyceğiz und am Westufer des Sees. Nach FRANZEN et al. (l. c.) werden von den Fließgewässern lediglich sehr langsam strömende, teils stagnierende Gräben und Bäche, die oft nur während der niederschlagsreichen Winter- und

Frühjahrsmonate Wasser führen und danach bis auf einzelne Tümpel austrocknen, als Habitat und Wanderkorridor genutzt.

Typische Laichgewässer sind flach (50–150 cm), sonnenexponiert und verfügen über eine reiche Vegetation. Zu den für Wasserfroschhabitate charakteristischen Pflanzen zählen u. a. *Eleocharis palustris*, *Carex elata*, *Potamogeton* spp. und *Ceratophyllum submersum* (z. B. AYAZ et al. 2007). Andererseits wurden Wasserfrösche auch in weitgehend vegetationslosen Gewässern wie betonierten Kanalbetten gefunden, ebenso in Teichen, Bächen und Flüssen, die mit landwirtschaftlichen und industriellen Abwässern verschmutzt waren (FRANZEN et al. 2008, eigene Daten). BAŞKALE et al. (2017) fanden *P. caralitanus* in Wasserbecken, die als Viehtränken oder zur Bewässerung landwirtschaftlicher Nutzflächen dienten. Nach FRANZEN et al. (l. c.) werden permanente Laichgewässer temporären vorgezogen, letztere beherbergen vor allem Jungtiere und befinden sich oft in unmittelbarer Nähe zu permanenten Gewässern, z. B. Seen. Linienspezifische Habitatpräferenzen konnten bisher nicht nachgewiesen werden.

Nahrung: Anatolische Wasserfrösche ernähren sich hauptsächlich von terrestrischen Arthropoden (insbesondere Insekten und Spinnen). Zu ihrer Nahrung gehören weiterhin Weichtiere, Nematoden und Anneliden, aber auch kleine Wirbeltiere wie Fische, Vogelnestlinge, Kleinsäuger und anderen Amphibien einschließlich juveniler Wasserfrösche (YILMAZ und KUTRUP 2006, ÇIÇEK und MERMER 2006, 2007). Erwachsene Tiere sind Generalisten und opportunistische Räuber, ihre Nahrung wird wesentlich vom Spektrum der verfügbaren Beutetiere bestimmt. Eine Studie zum Nahrungsspektrum von *P. cerigensis*, die auf Analysen des Mageninhalts basierte, veröffentlichten PAFILIS et al. (2019). Danach ernähren sich Tiere, die in den Flüssen Argoni und Nati (Karpathos) leben, im Wesentlichen von Insekten (vor allem Coleopteren) und Spinnentieren. Darüber hinaus wurde im Magen eines Individuums der Schwanz einer Eidechse gefunden.

Untersuchungen zum Nahrungsspektrum von *P. caralitanus* führten ATATÜR et al. (1993) durch. In einer 19 Individuen umfassenden Stichprobe aus dem Beyşehir-See befanden sich neben Maulwurfsgrillen (*Gryllotalpa gryllotalpa*), die mit 72 % den Hauptteil der Nahrungstiere darstellten, auch Käfer (darunter ein Gaukler [*Cybister lateralimarginalis*]), eine Schwimmwanze (*Ilycoris cimicoides*), eine Langbeinfliege (*Dolichopus popularis*) und eine Schlammschnecke aus dem supraspezifischen Taxon Lymnaeidae. Die Nachweise aquatischer Beutetiere wie *C. lateralimarginalis*, *I. cimicoides* und der Schlammschnecke verdeutlichen, dass *P. caralitanus* seine Nahrung auch unter Wasser erbeutet (siehe FRANZEN et al. 2008).

Im Gegensatz zu den Adulten sind die Kaulquappen Herbi- und Detritivoren, d. h., sie fressen vor allem Algen, abgestorbene Pflanzenteile und anderes totes organisches Material.

Herpetozönose: In ihrem natürlichen Verbreitungsgebiet kommen anatolische Wasserfrösche häufig mit *Triturus anatolicus, Triturus ivanbureschi, Bombina bombina, Hyla orientalis, Pelobates syriacus* und *Bufotes sitibundus* syntop vor (AYAZ et al. 2007, ERIŞMIŞ 2011). AKIN PEKŞEN (unveröff.) fand Wasserfrösche zusammen mit *Rana macrocnemis* in West- und Zentralanatolien. In Mitteleuropa besiedeln anatolische Wasserfrösche die gleichen Lebensräume wie die endemischen Wasserfroschformen *P. ridibundus* und *Pelophylax esculentus* (OHST 2008, HOLSBEEK et al. 2008).

Feinde, Parasiten und Krankheiten: Zu den potenziellen Prädatoren anatolischer Wasserfrösche zählen verschiedene Säugetierarten (z. B. *Procyon lotor* und *Mustela putorius*), viele Vogelarten, insbesondere Reiher und Störche, aber auch Graugänse (*Anser anser*) und Zwergdommeln (*Ixobrychus minutus*), Wassernattern (*Natrix natrix, Natrix tessellata*), Schildkröten (*Emys orbicularis, Mauremys caspica*) und eine Reihe von Fischarten (AYAZ et al. 2007, ÇIÇEK und AYAZ 2011). Im Sülüklü-See (Manisa, Westanatolien) gehören *N. natrix, E. orbicularis, Gambusia holbrooki* und *Cyprinus carpio* zu den natürlichen Feinden der hier lebenden Wasserfrösche (*P.* cf. *bedriagae*). Insbesondere *G. holbrooki* und *C. carpio* fressen Froscheier, Embryonen und Larven früher Entwicklungsstadien (AYAZ et al. 2007, İSMAIL und ÇIÇEK 2017). In Schleiereulengewöllen aus der Ruinenstätte von Xanthos betrug der Anteil an Wasserfröschen 12 % (FRANZEN et al. 2008), wahrscheinlich handelte es sich hier um Tiere der mitochondrialen *cerigensis*-Linie (6b).

Neben Fischen und Wasservögeln ernähren sich auch karnivore Wasserinsekten (z. B. Libellenlarven, größere Wasserkäfer) von den Eiern und Larven anatolischer Wasserfrösche. Einige Fischarten (z. B. *Esox lucius*) fressen auch juvenile und adulte Exemplare (AYAZ et al. 2007). In der westlichen Ägäis-Region der Türkei sind Wasserfrösche (*P.* cf. *bedriagae*) außerdem durch den Europäischen Wels (*Siluris glanis*) und den Galizischen Sumpfkrebs (*Astacus leptodactylus*) bedroht; beide Arten wurden durch den Menschen eingeführt (BAŞKALE und KAYA 2012).

Zu den typischen Parasiten anatolischer Wasserfrösche zählen Helminthen, darunter befinden sich Vertreter der Trematoda (Saugwürmer), Nematoda (Fadenwürmer) und Acanthocephala (Kratzwürmer). Folgende Arten konnten nachgewiesen werden (Übersicht bei AMIN et al. 2012):

Digenea: *Brachycoelium salamandrae, Bucephalus polymorphus, Candidotrema loosi, Codonocephalus urniger, Diplodiscus subclavatus, Diplodiscus* sp., *Opistioglyphe ranae, Encyclometra colubrimurorum, Gorgodera cygnoides, Gorgoderina vitelliloba, Haematoloechus breviansa, Haematoloechus variegatus, Opisthioglyphe ranae, Plagiorchis* sp., *Pleurogenes claviger, Pleurogenoides medians, Pleurogenoides stromi, Pleurogenoides* sp., *Prosotocus confusus, Rauschiella* sp.;

Nematoda: *Abbreviata* sp. (Larven), *Centrorhynchus* sp., *Cosmocerca commutata, Cosmocerca ornata, Cosmocerca* sp., *Cosmocercoides* sp., *Eustrongylides excisus,*

Eustrongylides sp., *Foleyella* sp., *Icosiella neglecta* (neuerlich nachgewiesen von MIKULÍČEK et al. 2021), *Neoxysomatium brevicaudatum, Oswaldocruzia filiformis, Oswaldocruzia* sp., *Oxysomatium brevicaudatum, Neoxysomatium* sp., *Rhabdias bufonis*; Acanthocephala: *Acanthocephalus ranae, Centrorhynchus* sp., *Pomphorhynchus laevis, Pomphorhynchus spindletruncatus.*

Feldstudien zeigten, dass in vielen Populationen nahezu jeder Frosch mit mindestens einer parasitischen Wurmart infiziert war. So wurden in einer 13 Lokalitäten und 258 Individuen (147 Männchen, 111 Weibchen) umfassenden Stichprobe aus der Provinz Antalya bei 91,1 % der Tiere Wurminfektionen festgestellt. Bemerkenswert ist, dass hier die Prävalenz des Lungenparasiten *Rhabdias bufonis* bei männlichen Tieren mit 17,7 % signifikant höher war als bei weiblichen, von denen nur 3,6 % infiziert waren (DÜŞEN und ÖZ 2006). DEMIR et al. (2015) geben für eine gepoolte Stichprobe (43 Männchen und 11 Weibchen aus 7 westanatolischen Populationen) die Prävalenzrate mit 88,9 % an; 35,4 % der untersuchten Frösche wiesen eine Parasitenart auf, 47,9 % zwei Arten, 8,3 % drei Arten, 6,2 % vier Arten und bei einem Individuum (2,1 %) wurden fünf Wurmarten gefunden.

Egel (*Hirudo* sp., *Hirudo medicinalis*) zählen zu den Ektoparasiten anatolischer Wasserfrösche (YILDIRIMHAN et al. 2005 und darin zitierte Literatur, DEMIR et al. 2015). Darüber hinaus wurden in jüngster Zeit Infektionen mit dem parasitischen Copepoden *Lernaea cyprinacea* bei Kaulquappen der *caralitanus*-Linie im Karpuzçay-Bach (Antalya) festgestellt (INNAL et al. 2019).

Der Verdauungstrakt anatolischer Wasserfrösche wird von verschiedenen einzelligen Organismen besiedelt. So konnten ŞENLER und YILDIZ (2000a) aus dem Rektum von Fröschen, die in Van-Edremit gesammelt wurden, *Nyctotherus cordiformis* (Heterotricha, Ciliophora) isolieren. Weiterhin wiesen ŞENLER und YILDIZ (2000b) bei Tieren von derselben Lokalität fünf Arten des ebenfalls zu den Ciliophora gehörenden Taxons *Balantidium* nach. *Balantidium helene* war mit 50,21 % die häufigste Art im Rektum der untersuchten Individuen, danach folgten *Balantidium claperedei* (28,41 %), *Balantidium vanensis* (9,06 %), *Balantidium elongatum* (7,16 %) und *Balantidium giganteum* (4,98 %).

Der amphibienpathogene Hautpilz *Batrachochytrium dendrobatidis* (*Bd*) konnte ebenfalls bei anatolischen Wasserfröschen nachgewiesen werden. Nach OHST (mündl. Mitt.) wurden *Bd*-positive Individuen in SO-Anatolien am Kumaşır See und Yavur See (Provinz Kahramanmaraş), in Sakçagözü (Provinz Gaziantep), Eski Feke und Pozantı (Provinz Adana), Kilis, Kilis-Gaziantep Weg und Pazarcık (Vorkommensgebiet der kilikischen Linien) gefunden, weiterhin in Bucak (Provinz Burdur) und Gemiş (Provinz Denizli), wo *P. caralitanus* vorkommt. Nachweise infizierter Tiere gelangen auch in Dalaman (Provinz Muğla), im Verbreitungsgebiet der *cerigensis*-Linie, sowie im Dorf Yusufoğlan (Provinz Tokat) und am Sorgun Dam (Provinz Uşak), wo die cf. *bedriagae*-Linie vorkommt. ERIŞMIŞ et al. (2014) fanden *Bd* bei Wasserfröschen (wahrscheinlich *P. caralitanus*) im

26.-August-Nationalpark (Provinz Afyonkarahisar) und weiterhin in Beyşehir, der Typuslokalität von *P. caralitanus*.

Populationsökologie: Auf der Grundlage von Fang-Wiederfang-Experimenten, die in den Jahren 2010 bis 2014 im Zeitraum April bis August durchgeführt wurden, schätzten BAŞKALE et al. (2017) die Populationsgrößen dreier *P. caralitanus*-Populationen (Gölcük, Beyşehir-Kuşluca, Derebucak). Für den 81 ha großen Gölcük-See wird die Populationsgröße mit ca. 4300–6000 (95 %-Konfidenzintervall) Individuen angegeben, für einen ca. 80 ha umfassenden Uferbereich des Beyşehir-Sees bei Kuşluca mit ca. 1000–1500 Individuen und für ein künstlich angelegtes Gewässer bei Derebucak (<1 ha) mit 1193–1357 Individuen.

Im ca. 1,65 ha großen Akören-See (Provinz Afyonkarahisar) lebten nach den auf Fang-Wiederfang-Experimenten basierenden Schätzungen von KAYA und ERIŞMIŞ (2001) vor ca. 20 Jahren etwa 3000–3500 Wasserfrösche (*P.* cf. *bedriagae*). Untersuchungen, die im Jahr 2005 durchgeführt wurden (ERIŞMIŞ 2011), zeigten eine deutliche Abnahme der Individuendichte auf ca. 2000 Individuen (95 %-Konfidenzintervall: ca. 1900–2100 Individuen). Auch in den Folgejahren setzte sich dieser Trend fort, 2008 wurde der Bestand auf nur noch ca. 400–500 Individuen geschätzt (ERIŞMIŞ 2011).

Geschlechterverhältnis: Im Akören-See, der von *P.* cf *bedriagae* besiedelt wird, ermittelte ERIŞMIŞ (2011) in den Jahren 2005 bis 2008 Geschlechterverhältnisse (Männchen : Weibchen) von 1,15 : 1 bis 1,48 : 1. In einer zuvor durch (KAYA und ERIŞMIŞ (2001) erhobenen Stichprobe dominierten weibliche Tiere quantitativ, das Geschlechterverhältnis betrug etwa 1 : 3. ÇIÇEK et al. (2021) geben für eine gepoolte Stichprobe, die über mehrere Jahre in den Flussdelten Seyhan und Ceyhan erhoben wurde und 10295 Individuen aus verschiedenen Populationen umfasste, das Geschlechterverhältnis mit 1,55 : 1 an, in den einzelnen Teilstichproben variierten die Werte zwischen 0,37 : 1 und 1,76 : 1. Nach unseren mitochondrialen Daten dürfte es sich hier um Tiere der Haplogruppe 4 gehandelt haben.

Altersstruktur: ARISOY und BAŞKALE (2019) geben für männliche *P. caralitanus*, die in den Seen Burdur and Işıklı leben, das mittlere Lebensalter mit 5,2 ± 0,25 Jahren und für weibliche mit 4,6 ± 0,22 Jahren an. Die meisten Tiere befanden sich im 3. und 4. Lebensjahr (Abb. 47); das älteste Tier, ein Weibchen mit einer KRL von 113 mm, war 10 Jahre alt. ERIŞMIŞ (2018) führte Untersuchungen zur Altersstruktur von *P. caralitanus*-Populationen der Seen (1) Isikli, (2) Eğirdir, (3) Beyşehir und (4) Karamık durch und berechnete für die Männchen folgende arithmetischen Mittel und Standardabweichungen: (1) 3,7 ± 1,39 Jahre, (2) 5,4 ± 1,62 Jahre, (3) 5,6 ± 2,04 Jahre und (4) 4,9 ± 2,67 Jahre. Im Vergleich zu den männlichen Tieren waren die weiblichen im Mittel älter, die entsprechenden, für die einzelnen Populationen (s. o.) berechneten Werte betrugen (1) 4,80 ± 1,83 Jahre, (2) 6,2 ± 2,01 Jahre, (3) 6,3 ± 2,04 Jahre und (4) 5,3 ± 1,60 Jahre.

Im Sülüklü-See (Manisa, West-Anatolien; 38.565035°N, 27.532617°O) waren die von ÇIÇEK et al. (2011) mittels Skelettochronologie untersuchten männlichen Wasserfrösche (cf. *bedriagae*) im Mittel 2,5 ± 0,65 Jahre alt, das mittlere Alter der weiblichen Tiere betrug 2,95 ± 0,99 Jahre, das individuelle Alter variierte zwischen 2 und 4 Jahren (Männchen) bzw. 2 und 5 Jahren (Weibchen). Skelettochronologische Untersuchungen an Wasserfröschen aus der Provinz Denizli (hier kommt ebenfalls *P.* cf. *bedriagae* vor) ergaben für Weibchen ein mittleres Alter von 5,8 ± 0,26 Jahren, die Männchen waren im Mittel 5,6 ± 0,26 Jahre alt (BAŞKALE et al. 2018), das Höchstalter betrug bei beiden Geschlechtern 12 Jahre.

YILMAZ et al. (2005) geben das Höchstalter für männliche *P.* cf. *bedriagae*, die aus dem Fluss Yıldızlı bei Trabzon (NO-Anatolien) stammten, mit 7 Jahren und für weibliche mit 6 Jahren an. Das mittlere Alter dieser Tiere betrug 3,9 ± 1,37 Jahre (Männchen) und 3,7 ± 1,00 Jahre (Weibchen). Bei der Evaluation dieser Werte ist zu beachten, dass sich unter den männlichen Individuen auch einjährige Tiere befanden, die wahrscheinlich noch nicht geschlechtsreif waren, und nur 11 Weibchen in die Untersuchungen einbezogen wurden.

ERIŞMIŞ (2011) ermittelte die Altersstruktur der im Akören-See (Westanatolien) lebenden Wasserfroschpopulation (möglicherweise handelte es sich hier um Hybriden zwischen *P. caralitanus* und *P.* cf. *bedriagae*, AKIN PEKŞEN, unveröff.) und gibt das Alter für männliche Tiere mit 2–7 Jahren ($\bar{x} \pm \sigma = 4,8 \pm 1,08$ Jahre)

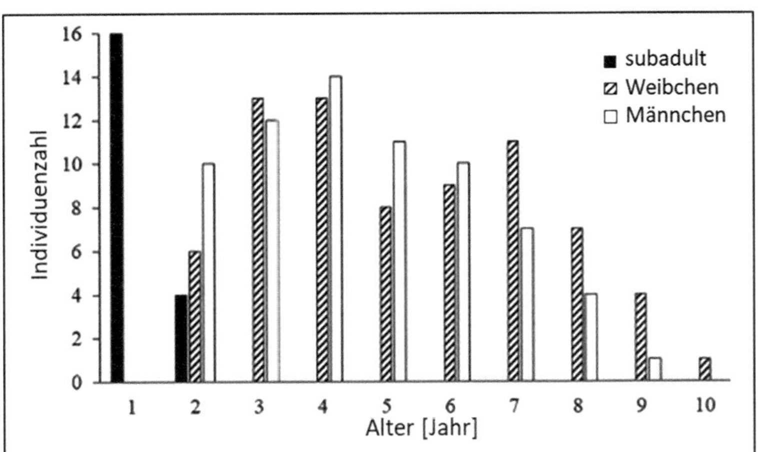

Abb. 47: Geschlechtsspezifische Altersstruktur in zwei *P. caralitanus*-Populationen. Nach ARISOY und BAŞKALE (2019), verändert.

und für weibliche mit 2–8 Jahren (5,7 ± 1,06 Jahre) an. Der Anteil subadulter Individuen lag in den einzelnen von 2005 bis 2008 erhobenen Stichproben zwischen ca. 22 und 29 %.

Reproduktion und Ontogenese. Reproduktionsperiode: Über die Fortpflanzungsbiologie anatolischer Wasserfrösche ist nur wenig bekannt, es kann jedoch davon ausgegangen werden, dass sich diese in ähnlicher Weise reproduzieren wie der Eurasische Seefrosch (*P. ridibundus*). Generell kann die Reproduktionsperiode in eine Vorlaichzeit, Hauptlaichzeit und Nachlaichzeit unterteilt werden (SCHNEIDER 2001). Beginn und Dauer der Reproduktionsperiode hängen von der geographischen Lage der Population und den dort herrschenden klimatischen Bedingungen ab. In den Küstengebieten der Ägäis reproduzieren sich Wasserfrösche gewöhnlich von Anfang März bis Ende April (ÇAYDAM 1974, zitiert in AYAZ et al. 2007), während sich die Reproduktionsperiode in Regionen mit kontinentalem Klima oder in höheren Lagen bis Ende Juni erstrecken kann. Nach BAŞOĞLU und ÖZETI (1973) finden in der Türkei die meisten Wasserfroschpaarungen im Mai und Juni statt.

In den Flussdelten Seyhan und Ceyhan (SO-Anatolien), in denen die kilikische Linie MHG4 vorkommt, gibt es offensichtlich zwei Reproduktionsperioden. Die Erste beginnt bei klimatisch günstigen Verhältnissen bereits Anfang Januar und endet in der Regel im März, kann sich aber je nach Klima und Höhenlage auch bis Anfang Juni hinziehen. Die zweite Reproduktionsperiode beginnt wahrscheinlich im August. Metamorphoslinge konnten in größerer Zahl im Mai und Anfang Juni beobachtet werden (ÇIÇEK et al. 2016).

Eier und Embryonalentwicklung: Die Eiablage erfolgt im offenen Wasser oder an Wasserpflanzen, ein Weibchen kann mehrere Gelege (Laichballen) produzieren. Die Zahl der pro Weibchen gelegten Eier wird von BAŞOĞLU und ÖZETI (1973) für *P.* cf. *bedriagae* mit 5 000–10 000 angegeben, der Eidurchmesser variierte zwischen 1,5 und 2,0 mm, mit Gallerthülle zwischen 7 und 8 mm (BAŞOĞLU und ÖZETI, l. c.). ERIŞMIŞ (2011) zählte bei einem 3 Jahre alten, ca. 64 mm großen Hybridweibchen aus dem Akören-See 1 255 Eier und bei einem 8 Jahre alten, etwa 98 mm großen Tier von der gleichen Lokalität 2 610 Eier. Im Sülüklü-See lag der Eidurchmesser zwischen 2,19 und 2,63 mm, das arithmetische Mittel und die Standardabweichung betrugen hier 2,41 ± 0,10 mm (İSMAIL und ÇIÇEK 2017). Geringere Werte wurden für Tiere aus Izmir (West-Anatolien) und Afyonkarahisar (Zentral-Anatolien) ermittelt. Für den Laich von Tieren aus Izmir gibt ÇAYDAM (1974) das arithmetische Mittel des Eidurchmessers mit 1,73 mm an. In Afyonkarahisar betrugen arithmetisches Mittel und Standardabweichung 1,62 ± 0,49 mm, die kleinsten Eier hatten hier einen Durchmesser von 1,30 mm und die größten von 2,55 mm (ERIŞMIŞ 2011).

In den Flussdelten Seyhan und Ceyhan (Vorkommensgebiet der kilikischen Linien) variierte der Eidurchmesser zwischen 1,7 und 2,1 mm (ÇIÇEK et al. 2016).

Daten zur Embryonalentwicklung anatolischer Wasserfrösche, d. h. für die Periode vom befruchteten Ei bis zum Schlupf der Larven (Stadium 21 nach GOSNER 1960), liegen nicht vor.

Larvalentwicklung und Metamorphose: Die Dauer der Larvalentwicklung hängt maßgeblich von den im jeweiligen Lebensraum herrschenden Umweltbedingungen ab, insbesondere von der Temperatur des Wassers, dem Nahrungsangebot und der Prädatorendichte. Vor diesem Hintergrund tragen die folgenden Angaben anekdotischen Charakter.

Während ihrer Feldstudien in den Flussdelten Seyhan und Ceyhan beobachteten ÇIÇEK et al. (2016) schon ab Ende März Individuen (westliche kilikische Linie, MHG4), die ihre Metamorphose abgeschlossen hatten. Dieser Befund korrespondiert mit dem Beginn der Laichzeit in dieser Region (s. o.) und den dort herrschenden, durch das Mittelmeer geprägten klimatischen Verhältnissen. Für den Akören-See (cf. *bedriagae*) gibt ERIŞMIŞ (2011) die Dauer der Larvalentwicklung mit 40–52 Tagen an, die KRL der untersuchten Metamorphoslinge lag zwischen 15,3 und 32,1 mm. Nach İSMAIL und ÇIÇEK (2017) vergehen im westanatolischen Sülüklü-See, der ebenfalls im Verbreitungsgebiet der cf. *bedriagae*-Linie liegt, zwischen Eiablage und dem Abschluss der Metamorphose ca. 2,5–3,0 Monate. Im Entwicklungsstadium 25 (nach GOSNER 1960) waren die Larven im Mittel 10,0 ± 0,02 mm lang. Im Juni konnten Wasserfroschlarven beobachtet werden, die bereits das Entwicklungsstadium 30 erreicht hatten. Im Juli befanden sich viele Larven in den Stadien 42–45, einige Tiere hatten die Metamorphose bereits abgeschlossen. Das Gros der Individuen beendete die Metamorphose im August, juvenile und frisch metamorphosierte Frösche konnten noch bis in den Dezember hinein beobachtet werden.

Entwicklung nach der Metamorphose: Männliche und weibliche *P. caralitanus* werden im 2. oder 3. Lebensjahr geschlechtsreif, wobei die Geschlechtsreife in höher gelegenen Lebensräumen später eintritt (ERIŞMIŞ 2018, ARISOY und BAŞKALE 2019). So waren im Işıklı-See (830 m ü. NHN) ca. 82 % der der von ERIŞMIŞ (2018) untersuchten männlichen Tiere und 87 % der weiblichen mit 2 Jahren geschlechtsreif, während in Höhenlagen von 885–1 125 m ü. NHN 91 % der Männchen und 93 % der Weibchen die Geschlechtsreife erst im 3. Lebensjahr erreichten. Die jährlichen Wachstumsraten sind bei *P. caralitanus* zwischen dem 1. und 2. Lebensjahr am höchsten und verringern sich danach bis zum 3.–4. Lebensjahr deutlich. Danach flachen die Wachstumskurven weiter ab, jedoch in deutlich geringerem Maße (Abb. 48). Nach ERIŞMIŞ (2018) wachsen *P. caralitanus*-Weibchen schneller als konspezifische Männchen.

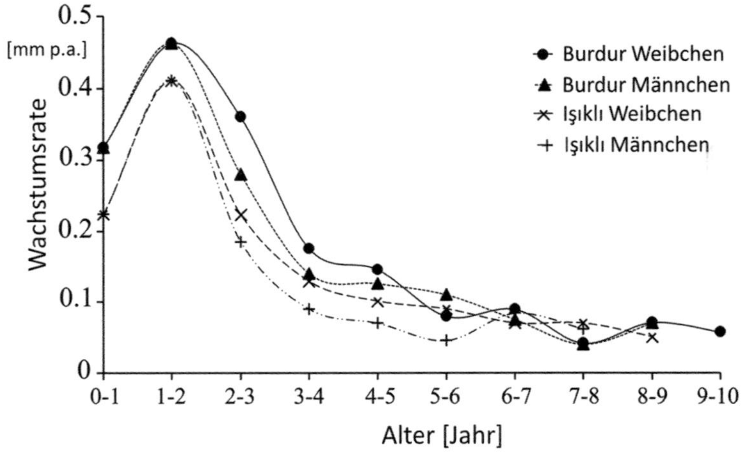

Abb. 48: Entwicklung der jährlichen geschlechts- und populationsspezifischen Wachstumsraten von *P. caralitanus*. Nach ARISOY und BAŞKALE (2019).

Nach BAŞKALE et al. (2018) tritt in der Provinz Denizli (SW-Anatolien) die Geschlechtsreife bei männlichen und weiblichen Fröschen der cf. *bedriagae*-Linie (Haplogruppe 6c) im Alter von 2 Jahren ein. Auch im Sülüklü-See, der auf einer Höhe von 612 m ü. NHN liegt, werden sowohl Männchen als auch Weibchen nach der zweiten Überwinterung, also in ihrem 2. Lebensjahr geschlechtsreif (ÇIÇEK et al. 2011). Nach KAYA und ERIŞMIŞ (2001) sind im Akören-See (Provinz Afyonkarahisar) bei männlichen Tieren sekundäre Geschlechtsmerkmale (Schalblasen, verdickte Daumenschwielen) ab einer KRL von ca. 43 mm erkennbar.

In den Flussdelten Seyhan und Ceyhan (Vorkommensgebiet der westlichen kilikischen Linie, MHG4) konnten keine Tiere im Amplexus beobachtet werden, die kleiner als 50 mm waren, obwohl schon ca. 45 mm lange Individuen sekundäre Geschlechtsmerkmale aufwiesen (ÇIÇEK et al. 2016). Nach TARKHNISVILI und GOKHELASHVILI (1999) pflanzen sich auch in kaukasischen Populationen (im Kaukasus kommen sowohl *P. ridibundus* als auch *P.* cf. *bedriagae* vor) Individuen erst ab KRL von 50 mm fort. Die kleinsten Tiere, die ERIŞMIŞ (2011) im Akören-See im Amplexus beobachten konnte, hatten KRL von ca. 57 mm (Männchen) und 68 mm (Weibchen). Bei diesen Tieren handelte es sich möglicherweise um Hybriden (siehe Tab. 24).

Verhalten. Daten zur Ethologie anatolischer Wasserfrösche liegen nur in unzureichendem Umfang vor. Im Folgenden werden anekdotische Beobachtungen wiedergegeben, die in diversen Publikationen lediglich am Rande Erwähnung finden.

Tages- und Jahresaktivität: Wie bei allen westpaläarktischen Wasserfröschen werden die Aktivitätsmuster auch bei den anatolischen Formen maßgeblich von klimatischen Faktoren bestimmt, die lokal und regional sehr verschieden sein können. Im westanatolischen Sülüklü-See, wo *P.* cf. *bedriagae* vorkommt, halten Wasserfrösche von Ende Dezember bis Ende Januar Winterruhe. Offensichtlich beziehen hier die Adulten ihre Winterquartiere vor den Juvenilen. Dafür spricht, dass bereits im Oktober nur noch wenige adulte Individuen beobachtet werden konnten (İSMAIL und ÇIÇEK 2017).

Paarungsverhalten und akustische Kommunikation: SCHNEIDER (2001) beobachtete im Beyşehir-See männliche *P. caralitanus*, die sich bevorzugt in flachen, mit Schilf und Binsen bewachsenen Uferregionen aufhielten und Individualdistanzen von 2–3 m wahrten. Die individuellen Rufstandorte veränderten sich im Verlauf eines Abends nur geringfügig. Der Autor erwähnt auch, dass es in Gewässern, in denen nur wenig emerse Vegetation vorhanden ist, zu Männchenkonzentrationen in vegetationsreichen Abschnitten kommen kann. Am Unterlauf des schnell fließenden Flusses Dimçayı, 10 km östlich von Alanya, riefen Männchen bei ca. 13 °C Wassertemperatur (WT) im flachen Wasser des Uferbereichs (SCHNEIDER, l. c.).

Rufe: Anatolische Wasserfrösche verfügen über das gleiche Rufrepertoire wie ihre europäischen Verwandten, neben Paarungsrufen umfasst dieses Revierrufe vom Typ I, II und III (SCHNEIDER 2001).

Paarungsrufe: Die Paarungsrufe werden in Serien abgegeben, die bei hoher Rufaktivität mehr als 30 Rufe umfassen können. Die einzelnen Rufe bestehen aus Impulsgruppen (IG), die durch Intervalle voneinander abgesetzt sind. Sowohl die Dauer der Intervalle als auch die der IG nehmen mit steigender WT ab (SCHNEIDER 2001). Als temperaturunabhängige Parameter erwiesen sich die Zahl der Impulse pro IG, die Zahl der IG pro Ruf, die Rufdauer (RD), das Rufintervall und die Rufperiode (SCHNEIDER und SINSCH 1999, SCHNEIDER 2001).

Für Paarungsrufe von *P. caralitanus* aus dem Beyşehir-See gibt JDEIDI (2000) die Zahl der IG/Ruf mit 6–12 an. Nach JDEIDI et al. (1999, 2001b) kann *P. caralitanus* auch auf der Grundlage seines Paarungsrufs (Abb. 49) als eigenständige Form charakterisiert werden. Dagegen postulierten SCHNEIDER und SINSCH (1999), dass sich der Paarungsruf lediglich zur Differenzierung zwischen anatolischen Wasserfröschen und *P. ridibundus* eignet und darüber hinaus keine systematisch relevanten Unterschiede zwischen den Rufen anatolischer Wasserfrösche einschließlich der von *P. caralitanus* und den Rufen von *P. bedriagae* bestehen. Aus diesen Befunden schlussfolgerten die Autoren, dass alle in Anatolien lebenden Frösche das Taxon *P. bedriagae* repräsentieren. Unterschiede in bestimmten Rufparametern (z. B. dem dominanten Frequenzbereich) zwischen *P. caralitanus* und Tieren anderer Linien werden auf die Unterschiede in den KRL zurückgeführt, da Individuen der *caralitanus*-Linie gewöhnlich länger sind als Tiere der anderen anatolischen Linien, was sich in bestimmten Rufparametern widerspiegelt (NEVO und SCHNEIDER 1983).

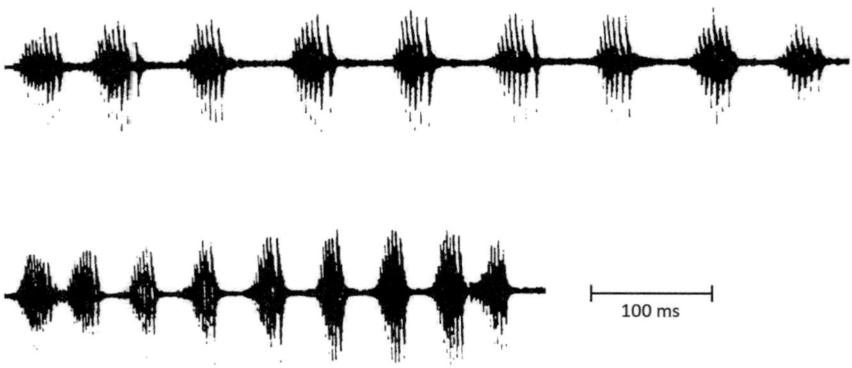

Abb. 49: Oszillogramme der Paarungsrufe eines *P. caralitanus*-Männchens aus dem Beyşehir-See (oben) und eines *P.* cf. *bedriagae*-Männchens aus Alanya (unten). Am Beyşehir-See erfolgten die Tonaufnahmen bei einer Wassertemperatur von ca. 21 °C und einer Lufttemperatur von 12 °C; in Alanya betrug die Temperatur des Wassers ca. 24 °C und die der Luft 14 °C. Aus SCHNEIDER (2001).

BEERLI et al. (1994) geben für Paarungsrufe von *P. cerigensis* (Abb. 50), die bei einer WT von 20 °C und einer LT von 18 °C aufgenommen wurden, folgende Parameter an: RD = 341 ± 44 ms, Anzahl der IG pro Ruf = 6,0 ± 0,9, Dauer der Impulsgruppen = 57,0 ± 5,0 ms, Intervall zwischen den IG = 41,0 ± 15 ms. Die einzelnen IG umfassten mehr als 100 Einzelimpulse.

Wie an anderer Stelle bereits erwähnt, ähnelt der Paarungsruf anatolischer Wasserfroschmännchen der cf. *bedriagae*-Linie (6c) den Rufen von *P. bedriagae* (SCHNEIDER und SINSCH 2001). Bei westtürkischen Fröschen bestanden die Rufe im Mittel aus 5–12 IG, je nach WT (JOERMANN et al. 1988). Spätere Analysen zeigten jedoch, dass die Zahl der IG nicht von der WT abhängig ist (SCHNEIDER und SINSCH 1999, 2001, SCHNEIDER 2001). JDEIDI (2000) gibt für

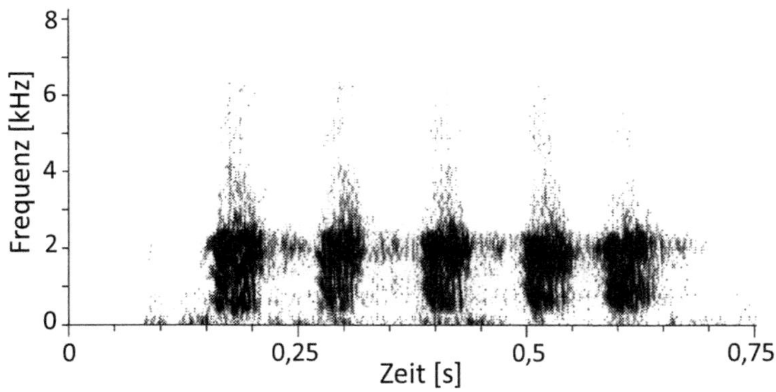

Abb. 50: Sonagramm des Paarungsrufes eines *P. cerigensis* von Olympos, Karpathos (Wassertemperatur: 20 °C, Lufttemperatur: 18 °C). Aus BEERLI et al. (1994), verändert.

die Paarungsrufe von Wasserfröschen, die in Ankara, Antakya, Bodrum, Hopa und Mersin aufgenommen wurden, die Zahl der IG mit 5–14 an. HAEFELI (2005) analysierte Paarungsrufe von Fröschen der cf. *bedriagae*-Linie aus Akçapınar und Özbası (SW-Anatolien), die unter Laborbedingungen bei WT von 14–31 °C und Lufttemperaturen von 14,5–31,5 °C aufgenommen wurden. Die mittlere Dauer der analysierten Rufe wird mit 606 ms angegeben, aufgrund der Temperaturabhängigkeit dieses Parameters ergibt sich nach dem von der Autorin veröffentlichten Regressionsmodell für eine WT von 20 °C ein Wert von 777,5 ms. Die mittlere Zahl der IG/Ruf betrug 12,5 und die mittlere Zahl der Impulse/IG 14,5.

Die von SCHNEIDER und SINSCH (2001) beschriebenen und als innerartliche Variabilität interpretierten lokalen Unterschiede in verschiedenen Rufparametern spiegeln möglicherweise linienspezifische Differenzen wider, vermutlich flossen auch Rufe von Hybridformen, die auf Kreuzungen zwischen genetisch distinkten Linien zurückgingen, in die Analysen ein. Indizien dafür liefern die vorliegenden molekularen Daten. So analysierten SCHNEIDER und SINSCH (l. c.) Paarungsrufe, die in Taşucu, südlich von Silifke, in der Provinz Mersin aufgenommen wurden. Nach unseren Daten kommen in dieser Region neben cf. *bedriagae*-spezifischen Haplotypen (6c) auch kilikische Haplotypen (MHG4) vor.

Weiterhin postulierten SCHNEIDER und SINSCH (2001), dass die im Fluss Kızılırmak bei Gülşehir lebenden Frösche nicht *P.* cf. *bedriagae* repräsentieren, sondern zum Taxon *P. ridibundus* gehören. Die von dieser Lokalität vorliegenden genetischen Daten (mtDNA, SAI1) sprechen dafür, dass es sich hier möglicherweise um Hybriden zwischen *P.* cf. *bedriagae* und *P. ridibundus* handelt. Dieses Beispiel verdeutlicht die unabdingbare Notwendigkeit genetischer Typisierungen im Kontext ethologischer, ökologischer, physiologischer wie auch morphologisch-morphometrischer Untersuchungen.

Gefährdung und Schutz. Schutzstatus: *Pelophylax caralitanus*: potenziell gefährdet (near threatened) (ÖZ et al. 2009). *Pelophylax cerigensis*: IUCN Welt (2020): stark gefährdet – critically endengered (IUCN SSC Amphibian Specialist Group 2020).

Anthropogene Gefährdungsfaktoren: In der Türkei werden noch immer Wasserfrösche in großen Mengen gefangen und als Nahrungsmittel exportiert, vor allem nach Frankreich und Italien, aber auch in die Schweiz, nach Albanien, Griechenland, Spanien, in den Libanon, nach Südkorea und China (AYAZ et al. 2007, AKIN und BILGIN 2010, https://phys.org/news/2017-10-turkey-frees-illegally-frogs-river.html). Gehandelt werden sowohl lebende Tiere als auch Froschschenkel, sogenannte Yoga- oder Babytypen (AKIN und BILGIN 2010). Neben ihrer Bedeutung als Delikatesse dienten anatolische Wasserfrösche in der Vergangenheit auch als „lebende Requisiten" für Gartenteiche und wurden in Zoohandlungen (z. B. in Belgien) zum Verkauf angeboten (HOLSBEEK et al. 2008, 2009, PAGANO et al. 2001a, 2003).

Im Jahr 2005 wurden 507 t Froschschenkel von türkischen Firmen hauptsächlich nach Frankreich exportiert (SEMERCIOĞLU 2006), 2009 belief sich das Exportvolumen auf 478 t, exportiert wurden sowohl lebende Tiere als auch gefrorenes und frisches Fleisch (BILGIN, AKIN und PLÖTNER, unveröff. Daten). Im Zeitraum 2000 bis 2017 lagen die „Froschernten" bei etwa 13 276 t und die Exporte von Fröschen und Froschfleisch bei ca. 10 299 t (ÇIÇEK et al. 2021, TÜİK Fisheries Statistics 2018). Zwischen 2000 und 2016 exportierte die Türkei 6 278 t Ganzkörper und 3 363 t Froschschenkel (TÜİK Fisheries Statistics 2018).

Die kommerziell genutzten Wasserfrösche stammen hauptsächlich aus den Provinzen Edirne, Balikesir, Bursa, Yalova, Isparta, Afyonkarahisar, Burdur, Konya, Antalya, Adana, Osmaniye, Hatay, Bingöl und Diyarbakır (AKIN und BILGIN 2010, ŞEREFLIŞAN und ALKAYA 2016). Die Recherchen von AKIN und BILGIN (2010) ergaben, dass das Fleisch von Tieren, die in der Mittelmeerregion, speziell in den Regionen Urfa und Antalya verbreitet sind, aufgrund seines besseren Geschmacks bevorzugt wird. Nach ÇIÇEK et al. (2021) machen die aus den Flussdelten Seyhan und Ceyhan (Provinzen Adana und Osmaniye) stammenden ca. 17 Mio. Frösche fast 34,4 % (4 500 t) des Gesamtvolumens der in der Türkei zwischen 1991 und 2017 gefangenen Frösche aus. Basierend auf einem Durchschnittspreis von 0,7 € pro kg lag der Handelswert von Fröschen und Froschprodukten in diesem Zeitraum bei etwa 7,2 Mio. €. Auf regionaler Ebene stellen Frösche daher einen wichtigen Wirtschaftsfaktor dar. In der Vergangenheit trugen türkische Firmen mit etwa 4 % zum jährlichen Importvolumen von Fröschen und Froschprodukten in die EU bei (ALTHERR et al. 2011).

In der Türkei wird Wasserfröschen, außer in der Fortpflanzungszeit (Mai bis Juni), ganzjährig nachgestellt. Die Fänger benötigen eine Lizenz der für die jeweilige Provinz zuständigen Behörde für Lebensmittel, Landwirtschaft und Viehzucht (KÜRÜM 2015). Im Allgemeinen wird diese Tätigkeit von Personen ausgeführt, die nur über ein geringes Einkommen verfügen und keinen festen Arbeitsplatz haben. Zum Fang, der nachts erfolgt, bilden sich Gruppen von 3–4 Personen (AKIN und BILGIN 2010, ÇIÇEK et al. 2021). Eine Person kann ca. 20–39 kg Frösche pro Nacht fangen, mitunter können es auch 60 kg sein. Aufgrund fehlender Kenntnisse zur Art- und Formzugehörigkeit werden die Frösche von den verarbeitenden und exportierenden Unternehmen der Einfachheit halber als „*Pelophylax esculentus*" zertifiziert, was eine genaue Evaluierung des Impacts solcher unkontrollierten Fangaktivitäten auf die Populationsdynamik der einzelnen Linien und den daraus resultierenden ökologischen und auch wirtschaftlichen Folgen unmöglich macht (BARAN et al. 1992, ÇIÇEK et al. 2021). Nach ÇIÇEK et al. (2021) nehmen in Südost-Anatolien die Wasserfroschpopulationen gegenwärtig um ca. 20 % pro Jahr ab. Computersimulationen legen nahe, dass die lokalen Populationen mit einer Wahrscheinlichkeit von >90 % innerhalb der nächsten 50 Jahre aussterben werden, sofern keine drastische Herabsetzung der Fangquoten erfolgt.

Neben dem intensiven Fang ist vielerorts auch die Verschmutzung und Zerstörung der natürlichen Lebensräume für Bestandsrückgänge verantwortlich (eigene Beobachtungen). SAYIM (2008) analysierte die akut-toxische Wirkung des Insektizids Malathion auf 5–7 mm lange *P.* cf. *bedriagae*-Larven, die sich in den Entwicklungsstadien 21–22 (GOSNER 1960) befanden. Malathion ist ein Dithiophosphorsäureester, der Acetylcholinesterase irreversibel inhibiert und in Verdacht steht, Tumore zu induzieren. Für den reinen Wirkstoff (95 %) wurde bei einer Einwirkzeit von 96 h ein LC50-Wert von 38 ppm (Konfidenzintervall: 35,1–48,2 ppm) ermittelt, der LC10-Wert betrug 29 ppm (16,4–32,0 ppm). Larven, die mit Malathion behandelt wurden, waren kleiner als unbehandelte und wiesen verschiedene Malformationen wie Deformationen des Schwanzes, Ödeme und abnorm gewundene Därme auf. Am Beginn der Experimente waren die behandelten Tiere hyperaktiv, was sich in schnellen, spiralförmigen Schwimmbewegungen und spontanen Zuckungen des Körpers äußerte. Später traten Gleichgewichtsstörungen auf, die meisten Larven schwammen in Seiten- oder Rückenlage, bis sie schließlich völlig bewegungslos waren.

DNA-Schädigungen als mögliche Folge anthropogen bedingter Umweltverschmutzungen untersuchten ERIŞMIŞ et al. (2013) und ERIŞMIŞ (2019) mittels Einzelzellgelelektrophorese (Comet-Assay) an *P. caralitanus* und *P.* cf. *bedriagae*. Obwohl Unterschiede im Grad und in der Anzahl geschädigter Erythrozyten zwischen einzelnen Populationen beobachtet wurden, lassen die veröffentlichten Daten keine statistisch belegbaren Zusammenhänge zwischen dem Auftreten bestimmter Noxen und DNA-Schädigungen erkennen.

Aus Sicht des Artenschutzes ist besonderes Augenmerk auf den Karpathos-Wasserfrosch (*P. cerigensis*) zu richten. Bereits BEERLI et al. (1994) wiesen darauf hin, dass das Überleben dieser Form auf Karpathos aufgrund menschlicher Aktivitäten (z. B. Entwaldung, Zerstörung und Verschmutzung aquatischer Lebensräume) akut gefährdet ist. Brände, die durch Einheimische zur Bewirtschaftung ihrer Ländereien gelegt und durch die auf der Insel herrschende Trockenheit begünstigt werden, stellen ebenfalls einen ernstzunehmenden Risikofaktor für die auf Karpathos verbliebenen Reliktpopulationen dar (SOTIROPOULOS et al. 2020).

Schutzmaßnahmen: Auch für anatolische Wasserfrösche sollte der Schutz der natürlichen Lebensräume, insbesondere der Laichgewässer an erster Stelle stehen. Um die Fangaktivitäten zu regulieren, wurde auf Initiative des Ministeriums für Ernährung, Landwirtschaft und Tierzucht der Türkei in Zusammenarbeit mit der Technischen Universität des Nahen Ostens (Labor für Biodiversität und Naturschutz) die Türkei in drei Regionen unterteilt (Mitteilung Nr. 2011/16). Die 1. Region umfasst den ägäischen, mediterranen und südöstlichen Küstenbereich Anatoliens, wo vom 1. März bis 30. April keine Wasserfrösche gefangen werden dürfen. Im östlichen Teil Zentralanatoliens und in Ost-Anatolien (Region 3) ist das Fangen von Fröschen zwischen dem 15. Mai und dem 15. Juli verboten. In der übrigen Türkei (Region 2) gilt dieses Verbot für den Zeitraum 1. April bis 31. Mai. In den Provinzen Muğla und Antalya dürfen aufgrund der nur hier vorkommenden *cerigensis*-Linie (6b) keine Wasserfrösche gefangen werden. Darüber hinaus schlagen ÇIÇEK et al. (2021) vor, den Fang und Export von Tieren, die weniger als 30 g wiegen, generell zu verbieten und die Fänger zu schulen, was nicht nur den Populationen zugutekommen würde, sondern auch helfen könnte, die Einkommen der Fänger mittelfristig zu sichern.

Vererbungsmodi hybridogenetischer Hybriden

Von

Jörg Plötner und Marcela Plötner

Bisher wurden innerhalb des europäischen Wasserfroschkomplexes drei Hybridformen entdeckt, die ihr Erbgut nicht nach den Mendelschen Regeln vererben, sondern in frühen Stadien der Keimzellenbildung (Gametogenese) ein komplettes elterliches Genom aus der Keimbahn ausschließen und das verbleibende Genom endoreduplizieren, welches danach eine Reduktionsteilung (Meiose) durchläuft. Dieser Vererbungsmodus verhindert eine Neukombination der mütterlichen und väterlichen Gene entsprechend der Mendelschen Regeln, das in die Gameten eingehende haploide Genom wird folglich klonal vererbt. Aus Kreuzungen zwischen Hybridform und Elternart, deren Genom ausgeschlossen wurde, entstehen wieder Hybriden (Tunner 1973, 1974, Abb. 51), die aus genetischer Sicht F_1-Hybriden (Primärbastarden) entsprechen. Ein analoger Reproduktionsmodus wurde zuerst bei mexikanischen Zahnkarpfen des Taxons *Poeciliopsis* entdeckt und als Hybridogenese bezeichnet (Schultz 1969). Nachweise hybridogenetischer Reproduktionsmodi gelangen auch bei weiteren Fischarten und Stabheuschrecken der Gattung *Bacillus* (Mantovani und Scali 1992, Suzuki et al. 2017, Übersicht bei Lamatsch und Stöck 2009).

Neben dem prominentesten und bisher am besten untersuchten Vertreter hybridogenetischer Wasserfroschformen, dem Teichfrosch, *Pelophylax esculentus* (Hybrid zwischen *Pelophylax lessonae* und *Pelophylax ridibundus*), wurden hybridogenetische Reproduktionsmodi auch für Grafs Hybridfrosch, *Pelophylax grafi* (Hybrid zwischen *Pelophylax perezi* und *P. ridibundus*), und den Italienischen Hybridfrosch, *Pelophylax hispanicus* (Hybrid zwischen *Pelophylax bergeri* und *P. ridibundus*), nachgewiesen (Graf et al. 1977, Uzzell und Hotz 1979). Während sowohl *P. grafi* als auch *P. hispanicus* immer das *ridibundus*-Genom (R) vererben, können die Keimzellen diploider Teichfrösche entweder das R- oder das *lessonae*-Genom (L) enthalten. Darüber hinaus sind viele Teichfrosch-Weibchen und einige Männchen in der Lage, neben haploiden auch diploide Gameten zu bilden, die entweder zwei Genome einer Elternart (LL bzw. RR) oder je ein L- und ein R-Genom (LR) besitzen (Uzzell et al. 1975, Berger et al. 1986, Mikulíček und Kotlík 2001, Christiansen 2009, Pruvost et al. 2013a, Mikulíček et al. 2015, Dedukh et al. 2015, 2017, 2020, Biriuk et al. 2016, Übersicht bei Günther 1983, Berger 1990, Plötner 2005, Tab. 26).

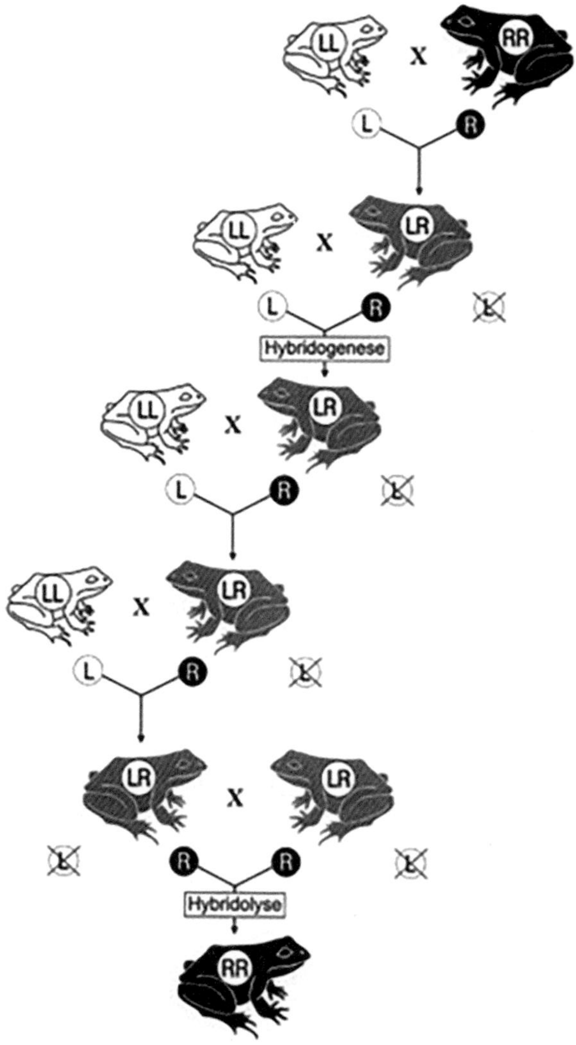

Abb. 51: Prinzip der Hybridogenese, dargestellt am Beispiel von Populationen, in denen der Teichfrosch (*P. esculentus*, Genotyp LR) und der Kleine Wasserfrosch (*P. lessonae*, LL) syntop vorkommen. Die somatischen Zellen diploider Teichfrösche (LR) enthalten je einen Chromosomensatz von *P. lessonae* (L) und *P. ridibundus* (R), den Elternarten des Teichfroschs. Dieser schließt während der Keimzellenbildung einen vollständigen elterlichen Chromosomensatz aus (in diesem Fall die L-Chromosomen) und gibt nur die R-Chromosomen an die nächste Generation weiter. Genetische Rekombination (Genaustausch zwischen dem L- und dem R-Genom) findet nicht statt, das R-Genom wird folglich klonal vererbt. Während aus Paarungen zwischen Teichfröschen und Kleinen Wasserfröschen (LR × LL) wieder Teichfrösche hervorgehen (Hybridogenese), können aus homotypischen Teichfrosch-Paarungen (LR × LR) wieder Seefrösche (RR) entstehen (Hybridolyse). Aus PLÖTNER (2005).

Tab. 26: Genomkomposition von Gameten (Spermien, Eizellen) diploider (LR) und triploider (LLR, RRL) Teichfrösche (*P. esculentus*). Die Reihenfolge spiegelt die Häufigkeiten der gebildeten Gameten wider, die in Klammern stehenden Typen werden vergleichsweise selten bzw. nur in wenigen Populationen gebildet. L: *lessonae*-Genom, R: *ridibundus*-Genom.

Genotyp	Gebildete Gameten Männchen	Weibchen
LR	R, L, (LR)	R, LR, (RR)
LLR	L, (LL), (R)	L, LL, (R)
RRL	R, (RR), (L)	R, RR, (L)

Aufgrund dieser ungewöhnlichen Reproduktionsmodi können sich hybridogenetische Hybridformen durch Rückkreuzungen mit nur einer Elternart fortpflanzen. Paaren sich beispielsweise Teichfrösche, die das R-Genom vererben, mit *P. lessonae* (Genotyp LL), entstehen wieder Teichfrösche (LR) (Abb. 51). Da bei den Elternarten die Vererbung nach den Mendelschen Regeln erfolgt (GRAF et al. 1977, UZZELL et al. 1980, SCHMELLER et al. 2001b), d. h. die mütterlichen und väterlichen Erbanlagen in jeder Generation neu kombiniert werden, besitzen hybridogenetische Hybriden folglich ein klonal und ein mendelisch vererbtes Genom, entsprechend werden sie auch als Hemiklone bezeichnet (KALLMAN zitiert in VRIJENHOEK et al. 1978). Von hemiklonaler Reproduktion wird gesprochen, wenn als Folge einer heterotypischen Paarung zwischen Hybrid und Elternart (z. B. zwischen *P. esculentus* und *P. lessonae*) ein klonal vererbtes mit einem nach den Mendelschen Regeln vererbten Genom kombiniert wird.

Über die molekular- und zytogenetischen Prozesse, die der hybridogenetischen Reproduktion bei Wasserfröschen zugrunde liegen, ist nur wenig bekannt. TUNNER und HEPPICH (1981) konnten mittels karyologischer und enzymelektrophoretischer Untersuchungen an diploiden Teichfrosch-Weibchen (LR) die zuvor von UZZELL et al. (1980) postulierte Hypothese untermauern, wonach der Genomausschluss (im konkreten Fall der Ausschluss des L-Genoms) prämeiotisch stattfindet. Auch bei diploiden Teichfrosch-Männchen, die in westeuropäischen Populationen des *lessonae-esculentus*-Systems (UZZELL und BERGER 1975) ebenfalls R-Gameten bilden (TUNNER 1973, 1974, 1979, GRAF und POLLS PELAZ 1989), wird das L-Genom prämeiotisch eliminiert (HEPPICH et al. 1982). Die eliminierten Chromosomen werden in kernähnliche Körperchen, sogenannte Mikrokerne oder Nucleus-Like-Bodies (NLB), eingeschlossen (Abb. 52), die durch Knospung aus Interphasekernen hervorgehen und nach Bildung einer Doppelmembran vom Nukleus separiert werden (OGIELSKA 1994b, SOMMER-

MEIER 2016, DEDUKH et al. 2017, 2019, 2020, CHMIELEWSKA et al. 2018). Die Größe der Mikrokerne variiert zwischen 0,8 und 4,0 µm, pro Zelle wurden 1–5 solcher Kerne beobachtet (CHMIELEWSKA et al. 2018). DEDUKH et al. (2020) konnten auf der Grundlage zentromerspezifischer Immunfärbungen zeigen, dass 96 % der untersuchten Mikronuklei ein wahrscheinlich vollständiges und bei diploiden Kaulquappen in den meisten Fällen *lessonae*-spezifisches Chromosom enthielten, in nur 9 % der Mikrokerne befanden sich *ridibundus*-Chromosomen. Die höchsten Zahlen solcher Mikrokerne beobachtete OGIELSKA (1994b) in den Gonaden (sowohl Ovarien als auch Testes) von Kaulquappen (*P. esculentus*), die sich in den Entwicklungsstadien 28–41 (GOSNER 1960) befanden. Auch während der Metamorphose (Stadium 42–46) waren Mikrokerne sichtbar, allerdings in geringerer Häufigkeit.

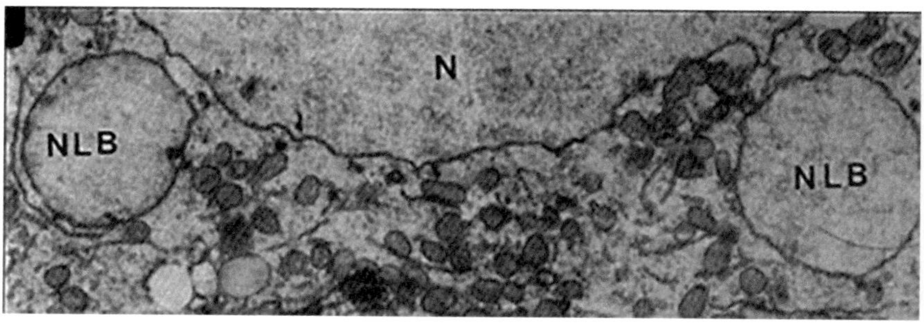

Abb. 52: Elektronenmikroskopische Aufnahme von Mikrokernen (Nucleus-Like-Bodies [NLB]) in der Keimbahn des Teichfroschs (*P. esculentus*). Mikrokerne entstehen durch Knospung vom Interphasekern (N), enthalten in der Regel ein Chromosom (DEDUKH et al. 2020) und werden nach Separation vom Zellkern im Zytoplasma durch Autophagie (Nukleophagie) abgebaut (CHMIELEWSKA et al. 2018). Foto: M. Ogielska.

Da in der Keimbahn diploider und triploider Teichfrösche regelmäßig aneuploide Zellen auftreten, die noch Chromosomen beider Elternarten enthalten (TUNNER und HEPPICH-TUNNER 1991, DEDUKH et al. 2020), besteht Grund zu der Annahme, dass der Genomausschluss bzw. die Elimination einzelner Chromosomen auch im Verlauf der mitotischen Teilungen der Gonozyten (Urkeimzellen, Primordialkeimzellen) stattfinden kann (VINOGRADOV et al. 1990, TUNNER und HEPPICH-TUNNER 1991, OGIELSKA 1994b, 2009, DEDUKH et al. 2020). Im Gegensatz zu anderen Organismen, für die mitotische Chromosomenelimination beschrieben worden ist, waren bei Teichfröschen bisher keine Unregelmäßigkeiten in der Ausbildung des Spindelapparates (z. B. Bildung einer unipolaren Spindel) feststellbar (OGIELSKA 1994b), allerdings konnten DEDUKH et al. (2020) fehlerhaft ausgerichtete Metaphase-Chromosomen beobachten, die keine oder nur eine irregulär ausgebildete Spindel besaßen. Fraglich ist, ob sich aus solchen Zellen fertile Gameten entwickeln und weiterhin, ob die bei *P. esculentus* im Vergleich zu seinen Elternarten länger andauernde Proliferation der Gonozyten (TUNNER und HEPPICH 1981, OGIELSKA 1994b) mit einem graduellen (selektiven) Genomausschluss im Zusammenhang steht (DEDUKH et al. 2020) oder lediglich eine Folge diverser Aberrationen ist (OGIELSKA 1994b), die sich aus der Aneuploidie solcher Zelllinien ergeben (siehe auch GÜNTHER und PLÖTNER 1988).

Neben einem prämeiotischen Genomausschluss kann die Elimination eines elterlichen Genoms wahrscheinlich auch in der Prophase der ersten Reifeteilung (Meiose I), noch vor dem Diplotänstadium erfolgen. In Populationen, in denen Seefrösche und ausschließlich männliche Teichfrösche leben (sog. *ridibundus-esculentus*-Männchen-Populationen, z. B. SCHULZ 1973, GÜNTHER 1975b, UZZELL et al. 1977, GÜNTHER und PLÖTNER 1988, RYBACKI 1994b), wurden neben Teichfrosch-Männchen mit prämeiotischem Genomausschluss auch Tiere gefunden, bei denen in späten meiotischen Prophase-I-Stadien und in der Metaphase I noch beide elterlichen Chromosomensätze sichtbar waren (DOLEŹÁLKOVÁ et al. 2016). Wie bei den oben erwähnten aneuploiden Gonozyten ist auch das Schicksal dieser Zellen unbekannt.

Die Endoreduplikation des verbliebenen (klonal vererbten) Genoms erfolgt in der Regel nach Abschluss der Genomelimination, ebenfalls vor Beginn der Meiose (TUNNER und HEPPICH-TUNNER 1991, CHMIELEWSKA et al. 2018). Vereinzelt wurden auch Duplikationen des R-Genoms während der Meiose beobachtet, allerdings nur bei weiblichen Tieren (TUNNER und HEPPICH-TUNNER 1991).

Offensichtlich sind auch epigenetische Prozesse am Genomausschluss beteiligt. So konnte SOMMERMEIER (2016) Cytosin-Methylierungen (5mC), Trimethylierung am Lysin 27 von Histon H3 (H3K27me3) und Phosphorylierung am Serin 139 der Histonvariante H2AX (γ-H2AX), einem Marker für Doppelstrangbrüche (KINNER et al. 2008), in germinalen Zellkernen von *P. esculentus*-Larven (Stadium 31–33, GOSNER 1960) nachweisen, nicht aber in den Kernen parentaler Larven, die sich im selben Entwicklungsstadium befanden. Im Gegensatz zu *P. lessonae* und *P. ridibundus* zeigten die Gonadenschnitte von *P. esculentus*-Larven stark kondensierte und deformierte Zellkerne einschließlich mikronukleärer Strukturen, die ein intensives anti-5mC-Signal aufwiesen und den von OGIELSKA (1994b) beschriebenen Mikrokernen entsprachen. Mittels Antikörper gegen acytiliertes Histon H4 (H4ac) und am Lysin 9 trimethyliertes Histon 3 (H3K9me3) konnten CHMIELEWSKA et al. (2018) den Nachweis erbringen, dass die in den Mikrokernen enthaltene DNA im Vergleich zum Zellkern in der Regel stärker heterochromatisiert und transkriptionell inaktiv war. Allerdings wurden anti-H3K9me3-Signale auch in den Zellkernen (oft in deren Peripherie) nicht nur von *P. esculentus*-, sondern auch von *P. lessonae*- und *P. ridibundus*-Larven beobachtet (SOMMERMEIER 2016), sodass fraglich erscheint, ob diese, für Heterochromatisierung bekannte Histonmodifikation (vgl. LEIN und REUTER 2005) mit dem Prozess der Genomeliminierung in Zusammenhang steht. Nach SOMMERMEIER (2016) findet eine Heterochromatisierung des eliminierten Genoms bereits im Zellkern statt und nicht, wie von CHMIELEWSKA et al. (2018) postuliert, erst in den Mikrokernen. Weiterhin sprechen die von SOMMERMEIER (2016) beobachteten anti-γ-H2A.X-Signale dafür, dass die heterochromatisierte DNA in fragmentierter Form vorlag. Unklar ist, ob eine Bildung von fakultativem Heterochromatin schon vor der Fragmentierung des eliminierten Genoms erfolgte oder ob dieses zuerst fragmentiert und danach heterochromatisiert wurde.

Angesichts der epigenetischen Befunde wäre denkbar, dass eine selektive Genominaktivierung und -fragmentierung die Folge einer stressinduzierten, geradezu explosionsartig verlaufenden Reaktivierung bestimmter Retroelemente sein könnte, die sowohl durch zytonukleäre Dysbalancen als auch durch strukturell- und/oder für interspezifische Hybridisierungen symptomatische, funktionell-genomische Inkompatibilitäten ausgelöst werden kann (Übersicht bei BELYAYEV 2014). Ein Indiz für diese Hypothese sind die beobachteten Doppelstrangbrüche, die u. a. durch Retroelemente erzeugt werden können (GASIOR et al. 2006). In Anlehnung an das von *Drosophila melanogaster* bekannte Hybriddysgenese-Modell diskutierten DEDUKH et al. (2015) die Möglichkeit, dass plasmatische Faktoren, speziell nichtcodierende RNAs, die an der Regulation der transkriptionellen Aktivität von Retroelementen beteiligt sind, eine Rolle für den Genomausschluss spielen könnten und postulierten, dass immer das elterliche Genom ausgeschlossen wird, dessen spezifische RNAs nicht im Ooplasma der Hybridform enthalten sind. Letztere Annahme dürfte nicht zutreffend sein, da nach BERGER (1971b, c) Hybridweibchen (LR), die auf Primärkreuzungen zwischen *P. lessonae*-Weibchen und *P. ridibundus*-Männchen zurückgehen und folglich *lessonae*-spezifisches Zytoplasma haben, nicht das L-, sondern ebenfalls das R-Genom vererben. Auch das häufige Vorkommen amphispermer Männchen, die sowohl L- als auch R-Gameten bilden (UZZELL et al. 1977, GÜNTHER und PLÖTNER 1988, VINOGRADOV et al. 1990, 1991, RAGGHIANTI et al. 2007, BIRIUK et al. 2016, DOLEŽÁLKOVÁ et al. 2016), spricht gegen diese Vermutung.

Die Tatsache, dass alle hybridogenetischen Wasserfroschformen ein R-Genom besitzen und in vielen Populationen ausschließlich dieses an die Nachkommen weitergegeben wird, führte zu der Überlegung, wonach das R-Genom den Ausschluss des zweiten elterlichen Genoms induzieren könnte (UZZELL et al. 1980, HOTZ et al. 1985). Im Vergleich zum R-Genom ist das Genom des Balkan-Wasserfroschs (*P. kurtmuelleri*), der Schwesterart des Europäischen Seefroschs (*P. ridibundus* sensu stricto), offensichtlich nicht fähig, klonale Gametogenesen zu induzieren (UZZELL et al. 1980, HOTZ et al. 1985). Darüber hinaus sind die Genome von *Pelophylax epeiroticus* und *Pelophylax shqipericus*, im Gegensatz zum L-Genom, gegen einen Genomausschluss resistent, d. h. aus Kreuzungen zwischen diesen Arten und *P. ridibundus* bzw. *P. esculentus* gehen keine hybridogenetischen Hybriden hervor (GUERRINI et al. 1997). Diese Befunde lassen den Schluss zu, dass hybridogenetische Gametogenesen erst durch das Zusammenwirken mehrerer und offenbar genomspezifischer Faktoren zustande kommen (Genom-Genom-Interaktionen) und nicht allein auf einem R-Genom-spezifischen Induktionssystem basieren.

Triploide Teichfrösche, die entweder zwei L-Genome und ein R-Genom (Genotyp LLR) oder umgekehrt, zwei R-Genome und ein L-Genom (RRL) besitzen, schließen in der Regel das haploid vorliegende Genom aus, d. h., LLR-Genotypen eliminieren das R-Genom während RRL-Genotypen das L-Genom ausschließen (GÜNTHER et al. 1979, GÜNTHER 1983, VINOGRADOV et al. 1990, CHRISTIANSEN et al. 2005, CHRISTIANSEN 2009, PRUVOST et al. 2013a, DEDUKH et al. 2015, 2020, Übersicht bei PLÖTNER 2005). In die Meiose treten somit Zellen mit einem diploiden Chromosomensatz ein, d. h. mit zwei L- oder zwei R-Genomen, die nach den Mendelschen Regeln segregieren und zwischen denen – im Unterschied zu den Verhältnissen bei den meisten LR-Individuen – Genaustausch stattfinden kann (GÜNTHER et al. 1979, CHRISTIANSEN et al. 2005, CHRISTIANSEN und REYER 2009). Genomduplikationen können – von Ausnahmen abgesehen – bei Triploiden nicht beobachtet werden (VINOGRADOV et al. 1990, DEDUKH et al. 2015, 2020).

Die LLR-Weibchen bilden neben haploiden L- auch diploide LL-Eier (CHRISTIANSEN 2009, PRUVOST et al. 2013a) und vererben mitunter sogar das R-Genom (CHRISTIANSEN et al. 2005, DEDUKH et al. 2015, 2020, BIRIUK et al. 2016). Über die gelegentliche Bildung diploider LR- oder RR-Gameten durch triploide *P. esculentus* berichten GÜNTHER et al. (1979) und BERGER et al. (1978). Auch CHRISTIANSEN (2009) konnte zeigen, dass RRL-Individuen neben R- zu einem geringen Anteil (0,2–0,3 %) RR-Gameten bilden. In einer französischen und einer ungarischen Wasserfroschpopulation wurden LLR-Männchen gefunden, die das R-Genom ausschließen und diploide Spermien mit zwei L-Chromosomensätzen bilden (GRAF und POLLS PELAZ 1989, POLLS PELAZ 1994, TUNNER und HEPPICH-TUNNER 1992, BRYCHTA und TUNNER 1994). Während bei den französischen Individuen die L-Genome im Verlauf der Gametogenese weder einer Endoreduplikation noch einer Reduktionsteilung unterliegen, werden diese bei den ungarischen LLR-Männchen des Donau-Beckens verdoppelt. Die dadurch entstehenden tetraploiden Spermatogonien (LLLL) durchlaufen eine quasinormale Meiose, in deren Ergebnis LL-Spermien entstehen. Die Reproduktion der LLR-Männchen erfolgt durch die Kombination diploider LL-Spermien mit haploiden R-Eiern, die im Fall der französischen Population von diploiden Teichfrosch-Weibchen (LR) stammen (Abb. 53) und in der ungarischen Population von Seefrosch-Weibchen (RR) geliefert werden. Die ausschließliche

Bildung von LL-Spermien wurde auch bei LLR-Hybriden in einigen slowakischen Wasserfroschpopulationen nachgewiesen (MIKULÍČEK und KOTLÍK 2001, MIKULÍČEK et al. 2015). Hier kommen LR- und in geringerem Maße auch RR-Weibchen als Donatoren des R-Genoms in Betracht.

Aus Paarungen zwischen Hybriden, die den gleichen Gametentyp bilden, können wieder die entsprechenden elterlichen Genotypen hervorgehen (Abb. 51), was durch Kreuzungsexperimente mehrfach gezeigt werden konnte (z.B. BERGER 1968, GÜNTHER 1973, TUNNER 1979, BINKERT et al. 1982, GÜNTHER und PLÖTNER 1988, HOTZ et al. 1992, VORBURGER 2001b, GUEX et al. 2002). Heterotypische Kreuzungen zwischen Hybrid und Elternart ermöglichen ebenfalls die Entstehung parentaler Individuen, sofern der Hybrid das gleiche Genom wie die an der Kreuzung beteiligte Elternart vererbt. In Analogie zum Terminus Hybridogenese wurden diese Reproduktionsmodi von GÜNTHER und PLÖTNER (1988) als Hybridolyse bezeichnet, da dadurch der Bestand an Bastarden in einer Population dezimiert wird und die in den Hybriden „gespeicherten" parentalen Gene wieder in den Genpool der Elternarten eingehen (vgl. auch UZZELL et al. 1977). Hybridolytisch entstandene Individuen zeigen jedoch häufig Entwicklungsstörungen und sterben in den meisten Fällen noch vor dem Erreichen der Geschlechtsreife (z.B. BERGER 1967, 1970, 1971b, 1973a, 1976, GÜNTHER 1969b, 1973, BLANKENHORN et al. 1971, TUNNER 1979, 2001, BERGER und TRUSZKOWSKI 1980, SOCHA und OGIELSKA 2010), was von verschiedenen Autoren (u.a. BERGER 1976, GRAF und MÜLLER 1979, UZZELL 1982b, BINKERT et al. 1982, GÜNTHER 1983) auf eine Anreicherung von Letalfaktoren in den klonal vererbten Genomen zurückgeführt wird (Mullers-Ratchet-Mechanismus, MULLER 1964).

Während bei Organismen mit Mendelscher Vererbung einer Akkumulation nachteiliger oder letaler Allele durch genetische Rekombination und Selektion entgegengewirkt wird, haben klonal vererbte Genome keine Möglichkeit, sich solcher Letalfaktoren zu entledigen. Ähnlich einer Ratsche, die sich Zahn um Zahn in nur eine Richtung drehen lässt, nimmt ihre Anzahl mit jeder Generation zu. Treffen zwei Klone mit den gleichen Letalfaktoren zusammen, werden diese homozygot und verursachen dann die beobachteten Entwicklungsstörungen. Zwar wäre die Anreicherung letaler Allele im Kontext genetischer Drift oder Gründereffekten aus theoretischer Sicht möglich, allerdings dürften dann über längere Zeiträume keine „neuen" Klone (mit anderen Letalfaktoren) durch immigrierende Tiere (Individuen der allotopen Elternart oder hybridogenetische Hybriden) in die Population gelangen, was eine vollständige Isolation voraussetzen würde. Ein solches Szenario erscheint für Wasserfrösche aufgrund weitgehend fehlender geografischer Isolationsbarrieren und ihres ausgeprägten Migrationsverhaltens (TUNNER 1992, HOLENWEG PETER 2001) unrealistisch (vgl. GRAF und POLLS PELAZ 1989). Da in den meisten Populationen verschiedene Klone koexistieren (HOTZ 1983, HOTZ et al. 2001), ist es zudem höchst unwahrscheinlich (wenn auch nicht gänzlich auszuschließen), dass alle bzw. nahezu alle Klone dieselben oder ähnliche Letalfaktoren tragen (GUEX et al. 2002).

Um die Mullers-Ratchet-Hypothese zu testen, führten GUEX et al. (l. c.) homotypische Kreuzungen mit Teichfröschen aus dem L-E-System durch (LR × LR), die aus unterschiedlichen Populationen stammten und das R-Genom klonal vererbten. Erwartet wurde, dass hybridolytisch erzeugte Individuen mit identischen R-Genomen nicht lebensfähig sind, da bei ihnen alle Letalfaktoren im homozygoten Zustand vorliegen, während Individuen mit unterschiedlichen Klonen zumindest eingeschränkt vital sein sollten. Diese Hypothese konnte nicht bestätigt werden. Bei Kaulquappen mit genetisch identischen R-Genomen waren im Vergleich zu Kaulquappen, die zwei verschiedene R-Genome besaßen, keine signifikanten Unterschiede in den getesteten Fitnessparametern feststellbar, alle Kaulquappen starben während der Larvalphase. Darüber hinaus zeigte die Nachkommenschaft aus der Kombination eines relativ alten Hemiklons (bei dem vergleichsweise viele Letalfaktoren im R-Genom akkumuliert worden sein sollten) mit einem jüngeren Hemiklon annähernd die gleiche Vitalität wie Individuen, bei denen ein klonal vererbtes R-Genom mit einem nach den Mendelschen Regeln vererbten R-Genom kombiniert wurde. Ähnliche Ergebnisse erzielten PRUVOST et al. (2013a). Auch hier war unter den parentalen, aus homotypischen Teichfrosch-Kreuzungen (LR × LR) oder heterotypischen Kreuzungen (LLR × LL) hybridolytisch entstandenen parentalen Genotypen (LL, RR), bei denen die klonal vererbten Genome relativ weit entfernter Populationen (z. B. Deutschland und der Slowakei) kombiniert worden waren, eine hohe Mortalität zu verzeichnen. Andererseits können gelegentlich auch unter natürlichen Bedingungen lebensfähige RR-Individuen (in der Regel Weibchen) aus homotypischen Teichfrosch-Kreuzungen entstehen (TUNNER 1978a, 2001, BINKERT et al. 1982, HOTZ et al. 1992, KOTLÍK et al. 1997, VORBURGER 2001b).

Neben der Mullers-Ratchet-Hypothese sind für die beobachteten Fitnessdefizite hybridolytisch entstandener parentaler Genotypen eine vermehrte Bildung von Gameten mit epigenetisch fehlprogrammierten und/oder rekombinierten Genomen sowie zytonukleäre Dysbalancen in Betracht zu ziehen. So legen zytogenetische Befunde (GÜNTHER 1975a, RAGGHIANTI et al. 2007, DOLEŽÁLKOVÁ et al. 2016), die Ergebnisse von Kreuzungsexperimenten (GÜNTHER und PLÖTNER 1988, CHRISTIANSEN 2009) und molekulargenetischer Untersuchungen (UZZELL und BERGER 1975, TUNNER und DOBROWSKY 1976, UZZELL et al. 1977, GÜNTHER und LÜBCKE 1979, TUNNER 1979, HEPPICH und TUNNER 1979, BINKERT et al. 1982, EIKHORST 1984, BERGER et al. 1986, PLÖTNER 1991, PLÖTNER und KLINKHARDT 1992, KOTLÍK et al. 1997, MEZHZHERIN und MOROZOV-LEONOV 1997, CHRISTIANSEN et al. 2005, CHRISTIANSEN 2009, ZALEŚNA et al. 2011, MIKULÍČEK et al. 2014, PLÖTNER 2022) nahe, dass zu einem gewissen Prozentsatz auch Rekombinationsprozesse zwischen dem L- und R-Genom während der Gametogenese von *P. esculentus* stattfinden. Davon zeugen ebenfalls die bereits erwähnten Gametogenese-Aberrationen einschließlich abnormal verlaufender Meiosen (GÜNTHER 1975a, MANCINO et al. 1987, BUCCI et al. 1990, OGIELSKA und WAGNER 1993) und die bei Teichfröschen häufig zu beobachtenden Fertilitätsstörungen bis hin zur Sterilität (z. B. GÜNTHER 1969b, 1970, 1973, GÜNTHER und PLÖTNER 1988, BERGER und GÜNTHER 1991–1992, BIRIUK et al. 2016). Darüber hinaus sprechen die unter dem Terminus „*Pelophylax esculentus*-Entwicklungssyndrom“ (OGIELSKA-NOWAK 1985, OGIELSKA 1994a, 2009) zusammengefassten Entwicklungsstörungen, die bei Teichfröschen in allen Stadien der Embryogenese beobachtet werden können, für Interaktionen zwischen genetisch unausgewogenen, partiell inkompatiblen (wahrscheinlich rekombinierten) Genomen und gegen eine ausschließlich klonale Gametenbildung (PLÖTNER 1991).

Hybriden, die partiell inkompatible Genome besitzen oder rekombinierte Gameten bilden, dürften einem erhöhten Selektionsdruck unterliegen, d. h., sie sterben entweder vor Erreichen der Geschlechtsreife und/oder sind nicht oder nur eingeschränkt fortpflanzungsfähig. Folglich dürften auf verschiedenen Ebenen wirkende Selektionsprozesse die Aufrechterhaltung und Stabilisierung klonaler Vererbungsmodi begünstigen (PLÖTNER 1991). Beobachtungen, wonach während der Gametogenese weiblicher Teichfrösche viele Oogonien und Oozyten degenerierten und nur solche, die das Diploten-Stadium erreichten, sich normal weiterentwickelten (OGIELSKA und WAGNER 1990, 1993, WAGNER und OGIELSKA 1993, OGIELSKA 1994b, SZYDŁOWSKI et al. 2016), weisen darauf hin, dass auf zellulärer Ebene wirkende Selektionsprozesse maßgeblich die Bildung klonaler Gameten fördern. Ähnliche Befunde liegen auch für Teichfrosch-Männchen vor. Im Vergleich zu *P. lessonae* und *P. ridibundus* nahm hier die Proliferation der Spermatogonien einen deutlich längeren Zeitraum in Anspruch (OGIELSKA und BARTMANSKA 1999). Während bei *P. lessonae* bereits vor der ersten Überwinterung Spermatiden ausgebildet waren, konnten bei *P. esculentus* zum gleichen Zeitpunkt ausschließlich sogenannte blasse (undifferenzierte) primäre Spermatogonien nachgewiesen werden, die in vielen Fällen degenerierten. Nur wenige dieser primären Spermatogonien differenzierten sich zu dunklen Spermatogonien, die die Ausgangsbasis für die Entstehung der Spermatozyten bilden. Vermutlich steht die Degeneration der blassen Spermatogonien (wie auch die Degeneration von Oogonien und Oozyten) im Zusammenhang mit Fehlern beim Genomausschluss, d. h. Zellen mit nicht korrekt oder unvollständig eliminierten Chromosomen unterliegen apoptotischen Prozessen (programmierter Zelltod). Bei Teichfrosch-Männchen muss offensichtlich erst eine gewisse Anzahl „funktionsfähiger“ Spermatogonien (wahrscheinlich mit nur einem parentalen Genom) akkumuliert werden, bevor diese in den Spermiogeneseprozess eintreten, was die beobachtete Verzögerung der Keimzellenentwicklung erklären würde (vgl. OGIELSKA und BARTMANSKA 1999).

Aufgrund der in diesem Kapitel dargestellten empirischen Beobachtungen und experimentellen Befunde postulierten GÜNTHER und PLÖTNER (1988), dass in der Keimbahn von Teichfröschen neben klonalen Gametogenesen auch solche stattfinden, an denen noch beide elterlichen Genome beteiligt sind, und auf verschiedenen Ebenen (Gene, regulatorische Netzwerke, Einzelzellen und Zellcluster, Gameten, Zygoten, diverse Ontogenesestadien) wirkende Selektionsprozesse eine weitgehend hybridogenetische Reproduktion der Hybridform und die Aufrechterhaltung ihres F_1-Status ermöglichen. Im folgenden Kapitel wird näher auf die Diversität hybridogenetischer Reproduktionsmodi und die daraus resultierende strukturelle Vielfalt von Wasserfroschpopulationen eingegangen.

Populationssysteme und Populationsgenetik

Von

JÖRG PLÖTNER, MARCELA PLÖTNER, LEO BORKIN und
SPARTAK N. LITVINCHUK

Hybridogenetische Wasserfrosch-Hybriden (*Pelophylax esculentus, Pelophylax grafi, Pelophylax hispanicus*) leben in der Regel mit nur einer Elternart zusammen und pflanzen sich durch Rückkreuzungen mit dieser fort. Nach der genotypischen Struktur solcher „gemischten" Populationen können folgende Populationssysteme unterschieden werden: (1) das *lessonae-esculentus*(L-E)-System, (2) das *ridibundus-esculentus*(R-E)-System, (3) das *bergeri-hispanicus*(B-H)-System und (4) das *perezi-grafi*(P-G)-System (UZZELL und BERGER 1975, GRAF et al. 1977, UZZELL und HOTZ 1979, Übersicht bei PLÖTNER 2005). Weiterhin wurden Populationen gefunden, in denen *Pelophylax ridibundus, Pelophylax lessonae* und *P. esculentus* gemeinsam vorkommen (R-L-E-Populationen). Im Gegensatz zu *P. grafi* und *P. hispanicus* ist *P. esculentus* auch in der Lage, reine Hybridpopulationen zu bilden (Übersicht bei PLÖTNER 2005), die mitunter als E-Populationen oder E-System bezeichnet werden. Verschiedentlich wurden Versuche unternommen, diese Systeme noch weiter zu differenzieren, um Unterschiede in den Anteilen der syntop vorkommenden Formen, der Ploidiegrade und der Geschlechterverhältnisse zum Ausdruck zu bringen (z. B. GÜNTHER 1975b, 1983, 1990, BERGER 1988, PLÖTNER und GRUNWALD 1991, TUNNER und HEPPICH-TUNNER 1992, LADA et al. 1995, SCHRÖER und GREVEN 1998, RYBACKI und BERGER 2001, PAGANO et al. 2001a, PLÖTNER 2005, BIRIUK et al. 2016, Tab. 27). Solche Klassifikationen sind jedoch nur sinnvoll, wenn sie auf der Grundlage solider Daten erfolgen, die nach Möglichkeit über mehrere Jahre erhoben werden sollten, und nicht auf nur wenigen Individuen basierende „Momentaufnahmen" widerspiegeln (PLÖTNER und SCHMELLER 2001, TUNNER 2001, BORKIN et al. 2002).

Neben den o. g. Populationssystemen leben vor allem im osteuropäischen Raum Populationen, in denen ausschließlich *P. lessonae*, nur *P. ridibundus* oder beide Arten syntop vorkommen, jedoch keine Hybriden. Für solche Populationen wurden entsprechend ihrer genotypischen Struktur die Bezeichnungen L-System, R-System und L-R-System verwendet. In Osteuropa befinden sich solche Populationen oft in unmittelbarer Nachbarschaft oder in der Nähe unterschiedlich strukturierter Elternart-Hybrid-Populationen (BORKIN et al. 1986,

2002, 2004, LADA et al. 1995, 2011a, b, 2016, BORISSOVSKY et al. 2001, RUCHIN et al. 2005a, 2009, 2010, SVININ et al. 2013, 2015, LITVINCHUK et al. 2015b, FAYZULIN et al. 2018). Populationen, in denen entweder nur *P. ridibundus* oder *P. lessonae* vorkamen, dominierten in der Russsichen Tiefebene mit einer Häufigkeit von 75 % (LADA et al. 2011a) und im Wolga-Becken mit ca. 72–84 % (RUCHIN et al. 2009, SVININ et al. 2020), für Naturschutzgebiete im mittleren Teil des Wolga-Beckens ermittelten FAYZULIN et al. (2018) einen Anteil von ca. 67 %. Die korrespondierenden Werte für gemischte Populationen mit Beteiligung von *P. esculentus*, d. h. L-E-, R-E- und L-R-E-Populationen, betrugen ca. 22 % in der Russische Tiefebene, ca. 13–28 % im Wolga-Becken und ca. 26 % in den im mittleren Teil des Beckens gelegenen Naturschutzgebieten. Sofern nicht anders vermerkt, basieren diese und folgende Angaben zu den prozentualen Anteilen der einzelnen Populationssysteme auf der Gesamtzahl aller differenzierten Systeme, d. h., in die Berechnungen gingen auch Populationen ein, in denen nur die Elternarten nachgewiesen werden konnten.

Populationen, in denen *P. lessonae* und *P. ridibundus* syntop vorkommen, aber offensichtlich nicht (oder nur selten) hybridisieren, wurden z. B. im Donau-Delta (GÜNTHER et al. 1991), im Einzugsbereich der Wolga und in der östlichen Ukraine gefunden (V. I. GARANIN, zitiert in BORKIN et al. 1979, BORISSOVSKY et al. 2001, BORKIN et al. 2002, 2004, RUCHIN et al. 2009, FAYZULIN et al. 2018). Dieses als „Wolga-Paradoxon" bezeichnete Phänomen (BORKIN et al. 1979, 2003) spricht dafür, dass hier genetische Inkompatibilitäten zwischen dem L- und dem R-Genom bestehen und/oder effiziente präzygote Antihybridisationsmechanismen zwischen *P. lessonae* und *P. ridibundus* ausgebildet sind (siehe auch PLÖTNER et al. 2010). Molekulargenetische Analysen auf der Grundlage mitochondrialer und nukleärer Marker ergaben, dass viele dieser Populationen in einer ausgedehnten Transitionszone liegen, in der die eurasische Seefrosch-Linie (*P. ridibundus*) und die anatolisch-westasiatische cf. *bedriagae*-Linie aufeinander treffen (SVININ et al. 2015, FAYZULIN et al. 2018). Nach FAYZULIN et al. (2018) entstehen in dieser Zone aus Paarungen zwischen *P. ridibundus* und *P. lessonae* lebensfähige Hybriden (*P. esculentus*), im Gegensatz zur Kombination *Pelophylax* cf. *bedriagae* × *P. lessonae*. Vitale und fertile Hybriden können auch aus Paarungen zwischen *P. ridibundus* und *P.* cf. *bedriagae* hervorgehen (HOTZ et al. 2013). Ob bzw. in welchem Ausmaß das Wolga-Paradoxon mit dem Vorkommen von *P.* cf. *bedriagae* in L-R-Populationen und der daraus resultierenden Introgression cf. *bedriagae*-spezifischer Gene in den *ridibundus*-Genpool in Beziehung steht, kann zum gegenwärtigen Zeitpunkt nicht gesagt werden. In diesem Kontext ist auch fraglich, ob der Terminus „L-R-Population" der genomischen Komposition solcher Mischpopulationen gerecht wird, deren Anteil im Wolga-Becken und in der russischen Tiefebene ca. 3 % beträgt (RUCHIN et al. 2009, LADA et al. 2011a) und in den Schutzgebieten im mittleren Teil des Wolga-Beckens ca. 8 % (FAYZULIN et al. 2018).

Tab. 27: Populationssysteme und -typen des europäischen Wasserfrosch-Komplexes, die in Mittel- und/oder Osteuropa gefunden wurden. L/LL: *P. lessonae*, R/RR: *P. ridibundus*, E: *P. esculentus*, LR: diploide *P. esculentus*, LLR: triploide *P. esculentus* mit zwei L-Genomen und einem R-Genom, RRL: triploide *P. esculentus* mit zwei R-Genomen und einem L-Genom. 2n: diploid, 3n: triploid. Aus TUNNER und HEPPICH-TUNNER (1992), GÜNTHER (1983), RYBACKI und BERGER (2001), PLÖTNER (2005), LADA et al. (2011a), BIRIUK et al. (2016) und eigene Daten.

System	Typ	LL		RR		LR		LLR/RRL	
		♂	♀	♂	♀	♂	♀	♂	♀
L-E	L-E_{2n}	x	x			x	x		
	L-$E_{2n,3n}$	x	x			x	x	x	x
	L-$E_{2n♀}$	x	x				x		
	L-$E_{2n♂}$	x	x			x			
	L-$E_{3n♂}$	x	x					x	
R-E	R-E_{2n}			x	x	x	x		
	R-$E_{2n,3n}$			x	x	x	x	x	x
	R-$E_{2n♂}$			x	x	x			
	$R_{♀}$-$E_{2n♂}$				x	x			
	R-$E_{2n♀}$			x	x		x		
	R-$E_{3n\ (LLR)♂}$			x	x			x	
	$R_{♂}$-$E_{2n,3n}$			x		x	x	x	x
	R-$E_{3n\ (LLR)♀}$			x	x				x
	R-$E_{2n,3n\ (LLR)♀}$			x	x	x	x		x
	$R_{♀}$-$E_{2n,3n}$				x	x	x	x	x
R-L-E	R-L-E_{2n}	x	x	x	x	x	x		
	R-L-$E_{2n,3n}$	x	x	x	x	x	x	x	x
	R-L-$E_{2n♀}$	x	x	x	x		x		
	R-L-$E_{2n♂}$	x	x	x	x	x			
E	E_{2n}					x	x		
	$E_{2n,3n}$					x	x	x	x
	$E_{2n,3n♂}$					x	x	x	

Die räumliche Verbreitung und Häufigkeit der verschiedenen Populationssysteme steht in engem Zusammenhang mit den recht unterschiedlichen Umweltansprüchen der einzelnen Wasserfroscharten und Hybridformen (KLEWEN 1988, LADA et al. 1995, 2011a, SCHRÖER und GREVEN 1998, RUCHIN et al. 2009, FAYZULIN et al. 2018, Übersicht bei GÜNTHER 1990, PLÖTNER 2005). So werden kleinere Gewässer, wie Weiher oder Gräben, vor allem von Populationen des L-E-Systems und reinen *esculentus*-Populationen besiedelt, während das R-E-System in der Regel in größeren Fließgewässern, Flussauen und Seen zu finden ist (GÜNTHER 1975b, RYBACKI und BERGER 1994, PLÖTNER 2005). Nach GROSSENBACHER (1988) dominiert *P. lessonae* in der Schweiz auf Böden mit hohem organischem Anteil (v. a. Torfmoore), *P. esculentus* dagegen auf stark mineralischen Böden (Sand, Kies). Im Wolga-Becken werden anthropogen beeinflusste Landschaften vor allem von *P. ridibundus* besiedelt, während *P. lessonae* in solchen Lebensräumen wesentlich seltener vorkommt (BORKIN et al. 2002, RUCHIN et al. 2009). Im Folgenden werden die einzelnen Populationssysteme, insbesondere ihre genomische Struktur und spezifischen Reproduktionsmodi, näher beschrieben.

L-E-System. Wie oben bereits erwähnt, kommen in den Populationen des L-E-Systems Kleine Wasserfrösche (*P. lessonae*) und hybridogenetische Teichfrösche (*P. esculentus*) syntop vor. Dieses Populationssystem ist in ganz Europa verbreitet, von Frankreich und den Niederlanden im Westen bis zum Einzugsgebiet der Wolga im Osten (UZZELL und BERGER 1975, BLANKENHORN 1977, WIJNANDS 1977, 1979, TUNNER 1979, GÜNTHER 1983, 1990, MONNEROT et al. 1985, BORKIN et al. 1986, 2002, CAUNE 1987, GREVEN et al. 1988, VANCEA et al. 1989, VINOGRADOV et al. 1988, 1990, TUNNER und HEPPICH-TUNNER 1991, GUBÁNYI 1992, GUBÁNYI und KORSÓS 1992, GUBÁNYI und CREEMERS 1994, LADA et al. 1995, 2011a, b, PAGANO et al. 1997, BORISSOVSKY et al. 2001, RYBACKI und BERGER 2001, MEZHZHERIN et al. 2005, RUCHIN et al. 2005a, 2009, 2010, MOROZOV-LEONOV et al. 2007, PRUVOST et al. 2013a, SVININ et al. 2013, 2015, 2020b, LITVINCHUK et al. 2015b, FAYZULIN et al. 2018, MILTO et al. 2022, eigene Daten). Nach Schätzungen von MOROZOV-LEONOV et al. (2007) liegt der Anteil der L-E-Populationen im europäischen Raum bei ca. 30 % aller Wasserfrosch-Populationen.

Ihre höchste Dichte erreichen L-E-Populationen in Mitteleuropa, ihr prozentualer Anteil nimmt nach Osten und Norden hin ab. In Polen gehören ca. 45 % der Wasserfrosch-Populationen zum L-E-System (RYBACKI und BERGER 2001), für den Einzugsbereich der Wolga geben RUCHIN et al. (2009) und SVININ et al. (2020b) Werte von 5–9 % an. Würden jedoch nur Populationen, in denen auch *P. esculentus* vorkommt, die Berechnungsgrundlage bilden, betrüge hier der Anteil der zum L-E-System zählenden Populationen ca. 32–42 %. Für die russische Tiefebene ermittelten LADA et al. (2011a) einen Anteil von 7 % auf der Basis aller Populationssysteme, einschließlich reiner R- und L- sowie L-R-Populationen; ohne diese ergäbe sich ein Wert von 31 %.

Innerhalb des L-E-Systems bestehen z. T. erhebliche Differenzen zwischen den Populationen hinsichtlich des Vorkommens und der Häufigkeit einzelner Genotypen, der Geschlechterverhältnisse und damit verbunden der Reproduktionsmodi (GÜNTHER 1975b, BERGER 1988, RYBACKI und BERGER 2001, HOFFMANN et al. 2015). Die bisher erhobenen Daten sprechen dafür, dass in Osteuropa der Hybridanteil in L-E-Populationen von West nach Ost tendenziell abnimmt: in West-Russland (Oblast Kaliningrad) betrug er im Mittel 57 % (Min.–Max.: 23–93 %, N = 8), in Weißrussland 53 % (6–94 %, N = 15), in der Ukraine 42 % (33–59 %, N = 6) und im Einzugsbereich der Wolga 38 % (7–83 %, N = 14) (BORKIN et al. 2002, RUCHIN et al. 2005a, LITVINCHUK et al. 2015b, SVININ et al. 2020, eigene Daten). In den bisher untersuchten ostdeutschen L-E-Populationen waren zwischen ca. 21 und 98 % der Individuen Teichfrösche (GÜNTHER 1975b, GÜNTHER und HÄHNEL 1976, PLÖTNER 1987, BERGER und GÜNTHER 1988, KRAGE et al. 2022).

Im Gegensatz zu den Verhältnissen in Westeuropa kommen in vielen mittel- und osteuropäischen Populationen neben diploiden auch triploide Hybriden vor (GÜNTHER 1973, 1974, 1975b, 1983, GÜNTHER und HÄHNEL 1976, GÜNTHER et al. 1979, EIKHORST 1984, BERGER und GÜNTHER 1988, VINOGRADOV et al. 1990, PLÖTNER et al. 1994, HOFFMANN et al. 2015 u. a.), deren somatische Zellen entweder zwei L-Genome und ein R-Genom besitzen (Genotyp LLR) oder umgekehrt, zwei R-Genome und ein L-Genom (RRL) (GÜNTHER et al. 1979, EIKHORST 1984, VINOGRADOV et al. 1990, KRAGE 2022, KRAGE et al. 2022) (Tab. 27). In ostdeutschen L-E-Populationen können triploide Individuen Häufigkeiten von mehr als 50 % erreichen (HOFFMANN et al. 2015), in polnischen (N = 68) waren bis zu 75 % der Teichfrösche triploid (RYBACKI und BERGER 2001). Dagegen konnten in osteuropäischen L-E-Populationen, mit Ausnahme des Oblast Kaliningrad (LITVINCHUK et al. 2015b), bisher keine triploiden Teichfrösche nachgewiesen werden. Empirisch erhobene Daten sprechen dafür, dass mit steigendem Hybridanteil (diploide + triploide Tiere, bezogen auf alle Individuen einschließlich *P. lessonae*) der Anteil triploider Genotypen überproportional zunimmt (PLÖTNER 2005).

Die in den Populationen des L-E-Systems lebenden diploiden Teichfrösche (Genotyp LR) vererben in der Regel das R-Genom (Abb. 53, Tab. 28). Untersuchungen an osteuropäischen Tieren ergaben, dass 88 % der diploiden Männchen (N = 112) und 80 % der diploiden Weibchen (N = 15) R-Gameten produzierten (eigene Daten). In mitteleuropäischen Populationen bilden LR-Weibchen neben haploiden R- auch diploide LR-Eier. Der Anteil diploider Eier unterliegt offensichtlich deutlichen interindividuellen Schwankungen, nach BERGER und GÜNTHER (1988) scheint in manchen L-E-Populationen ein mehr oder weniger großer Teil der LR-Weibchen überwiegend oder sogar ausschließlich LR-Gameten zu bilden. Neben LR-Eiern können diploide *esculentus*-Weibchen mitunter auch LL- oder RR-Eier produzieren (BERGER et al. 1986, BERGER 1988, BERGER und ROGUSKI 2002, CHRISTIANSEN 2009).

Aufgrund dieser Hybridogenesemodi entstehen diploide Teichfrösche (LR) vor allem durch Paarungen zwischen *P. lessonae*-Männchen und diploiden *P. esculentus*-Weibchen (LL♂ × LR♀) oder zwischen triploiden LLR-Männchen, die überwiegend haploide L-Gameten bilden, und LR-Weibchen (LLR♂ × LR♀). LLR-Genotypen, die in den meisten L-E-Populationen häufiger sein dürften als RRL-Genotypen (eigene Daten, KRAGE et al. 2022), gehen wiederum auf Paarungen zwischen *P. lessonae*-Männchen und LR-Weibchen (LL♂ × LR♀) oder Kreuzungen von LLR♂ × LR♀ zurück, wohingegen RRL-Hybriden aus Kreuzungen von LR♂ × LR♀ oder RRL♂ × LR♀ entstehen können (Übersicht bei GÜNTHER 1983, PLÖTNER 2005, Tab. 29). In Frankreich und im Donaubecken (nordwestliches Ungarn, südwestliche Slowakei) wurden Populationen gefunden, in denen neben *P. lessonae* und diploiden *P. esculentus*-Weibchen (LR) ausschließlich triploide LLR-Männchen vorkamen, die diploide LL-Spermien bildeten und sich durch Kreuzungen mit LR-Weibchen reproduzierten (GRAF und POLLS PELAZ 1989, Abb. 53).

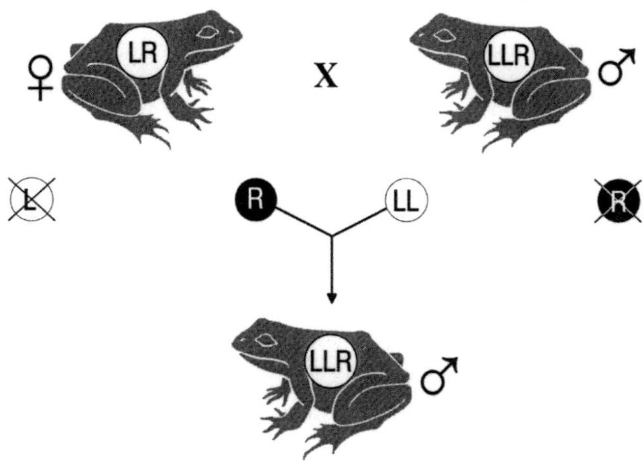

Abb. 53: Reproduktionsmodi triploider Hybridmännchen (Genotyp LLR) in einer französischen L-E-Population (Forst Fontainebleau, Seine-et-Marne). Hier bilden die LLR-Männchen diploide Spermien mit zwei *lessonae*-Chromosomensätzen (LL) und reproduzieren sich durch Rückkreuzungen mit diploiden LR-Weibchen, die das L-Genom eliminieren und haploide R-Gameten bilden. Aus PLÖTNER (2005), verändert.

Tab. 28: Häufigste Paarungskombinationen und die damit verbundenen Vererbungsmuster in mitteleuropäischen Populationen des L-E-Systems. Aus Kreuzungen zwischen diploiden *esculentus*-Männchen und *lessonae*-Weibchen (02) gehen in der Regel nur diploide *esculentus*-Weibchen (L_XR_X) hervor, da das klonal vererbte R-Genom Weiblichkeit-determinierende (X) Faktoren trägt. M: Männchen, W: Weibchen.

Nr.	Genotyp		Gameten		Zygote	Geschlecht
	M	W	Spermium	Eizelle		
01	L_XL_Y	L_XR_X	L_X	R_X	L_XR_X	W
			L_Y	R_X	L_YR_X	M
			L_X	L_XR_X	$L_XL_XR_X$	W
			L_Y	L_XR_X	$L_XL_YR_X$	M
02	L_YR_X	L_XL_X	R_X	L_X	L_XR_X	W
03	$L_XL_YR_X$	L_XR_X	L_X	R_X	L_XR_X	W
			L_Y	R_X	L_YR_X	M
			L_X	L_XR_X	$L_XL_XR_X$	W
			L_Y	L_XR_X	$L_XL_YR_X$	M

Neben den in Tab. 28 aufgeführten Paarungskombinationen ermöglichen weitere die Entstehung von Teichfröschen (Übersicht bei PLÖTNER 2005, siehe auch Tab. 29). In den meisten L-E-Populationen dürfte *P. esculentus* jedoch vorwiegend aus Paarungen der Kombinationen 01 ($L_XL_Y \times L_XR_X$) und 03 ($L_XL_YR_X \times L_XR_X$) hervorgehen. Diese Hypothese ergibt sich aus der Populationsstruktur (eigene Daten), d. h. der Häufigkeit der einzelnen Genotypen, den Ergebnissen von Kreuzungsexperimenten (z. B. GÜNTHER et al. 1979, BINKERT et al. 1982) und letztendlich auch aus der Tatsache, dass diploide Teichfrosch-Männchen (LR) oft gravierende Fertilitätsstörungen aufweisen (GÜNTHER 1973), im Vergleich zu *P. lessonae*-Männchen seltener kopulieren (BLANKENHORN 1977) und deshalb häufig nur einen geringen Reproduktionserfolg haben (vgl. BERGER und GÜNTHER 1988). In Populationen des L-E-Systems, in denen nur wenige bzw. keine triploiden Individuen vorkommen, entsteht *P. esculentus* (LR) hauptsächlich oder ausschließlich durch Kreuzungen zwischen *P. lessonae*-Männchen und diploiden *P. esculentus*-Weibchen (Kombination 01, Tab. 28).

Aus homotypischen Paarungen zwischen LLR-Individuen und aus heterotypischen Paarungen zwischen *P. lessonae* und LLR-Triploiden können wieder Kleine Wasserfrösche (LL-Genotypen) hervorgehen (GÜNTHER et al. 1979, BERGER und BERGER 1994, PRUVOST et al.2013b), wobei bei einigen der bisher durchgeführten Kreuzungen aus noch unbekannten Gründen die Anzahl männlicher LL-Nachkommen deutlich überwog (GÜNTHER et al. 1979, BERGER und GÜNTHER 1988). Nach PRUVOST et al. (2013b) war die Vitalität der LL-Nachkommen homotypischer LLR-Kreuzungen und heterotypischer Kreuzungen der Kombinationen LL × LLR bzw. LLR × LL im Vergleich zu homotypischen *P. lessonae*-Kreuzungen (LL × LL) signifikant geringer, demnach können auch Kreuzungen zwischen LL- und LLR-Genotypen zur Schwächung des reproduktiven Potenzials von *P. lessonae* beitragen. Darüber hinaus konnte BLANKENHORN (1977) zeigen, dass *P. lessonae*-Männchen (vor allem die älteren) sich bevorzugt mit größeren LR-Weibchen paaren, deshalb finden weniger homotypische *lessonae*-Paarungen statt und folglich entstehen auch weniger Kleine Wasserfrösche. Die Hybriden sind zudem konkurrenzstärker (LADA et al. 1995, SEMLITSCH und REYER 1992a), aggressiver (TUNNER 1976) und aufgrund ihrer hohen Heterozygotie auch ökologisch plastischer, d. h. sie weisen im Vergleich zu den Elternarten eine größere Toleranz gegenüber Schwankungen bestimmter Umweltfaktoren auf (SEMLITSCH und REYER 1992a), was auch im Spektrum der besiedelten Habitate zum Ausdruck kommt (Übersicht bei GÜNTHER 1990, PLÖTNER 2005, siehe auch Kapitel „*Pelophylax esculentus*"). Diese Befunde legen nahe, dass mit zunehmender Abundanz der Hybridform die Zahl der *lessonae*-Individuen abnimmt und deren Rolle als Lieferanten des L-Genoms von LLR-Hybriden übernommen wird. Neben anthropogen bedingten Veränderungen des natürlichen Lebensraums könnten alle diese Faktoren letztendlich zur Verdrängung des Kleinen Wasserfroschs und damit zu einer Transition von L-E-Populationen hin zu reinen Hybridpopulationen führen (GÜNTHER et al. 1979, PLÖTNER 1991). Gleichzeitig besteht die Möglichkeit, dass aus homotypischen LLR-Kreuzungen wieder fertile parentale Genotypen entstehen, was nach dem gegenwärtigen Kenntnisstand unter natürlichen Verhältnissen allerdings nur äußerst selten geschehen dürfte (GÜNTHER et al. 1979, EIKHORST 1984, CHRISTIANSEN et al. 2005).

In vielen mitteleuropäischen L-E-Populationen ist das Geschlechterverhältnis bei den triploiden Genotypen zugunsten der Männchen verschoben, während bei den diploiden Teichfröschen (LR) die Weibchen quantitativ dominieren (BERGER et al. 1988, PLÖTNER 2005, HOFFMANN und REYER 2013, KRAGE 2022, KRAGE et al. 2022). Nach PLÖTNER (2005) liegt in ostdeutschen L-E-Populationen der Anteil diploider Männchen (bezogen auf alle diploiden Teichfrösche) bei ca. 40 %, während bei den triploiden Individuen der Männchen-Anteil im Mittel ca. 60 % beträgt. Die quantitative Dominanz weiblicher Tiere unter den diploiden Teichfröschen resultiert mit hoher Wahrscheinlichkeit aus dem klonal vererbten R-Genom, das in der Regel Weiblichkeit-determinierende Faktoren (X) trägt (BERGER et al. 1988). Während aus Kreuzungen zwischen homogametischen Teichfrosch-Weibchen (L_XR_X) und heterogametischen *P. lessonae*-Männchen (L_XL_Y) oder triploiden $L_XL_YR_X$-Männchen (die wie *P. lessonae* ebenfalls

L-Gameten bilden) sowohl männliche Teichfrösche (L_YR_X) als auch weibliche (L_XR_X) hervorgehen können, führen Kreuzungen zwischen L_YR_X-Männchen (die wie die Weibchen das R_X-Genom vererben) und *P. lessonae*-Weibchen (L_XL_X) zu einer ausschließlich weiblichen L_XR_X-Nachkommenschaft (Tab. 28, Übersicht bei PLÖTNER 2005).

Über stark verschobene Geschlechterverhältnisse bei Teichfröschen bis hin zur Unisexualität ist mehrfach berichtet worden (Übersicht bei PLÖTNER 2005). Aus Österreich und Ungarn (Seewinkel, Neusiedlersee) wurde eine L-E-Population beschrieben, in der fast ausschließlich (>94 %) diploide *P. esculentus*-Weibchen vorkamen (TUNNER 1974, 1975, 1978a, 1979, 1980, 2001, TUNNER und DOBROWSKY 1976, GUBÁNYI und CREEMERS 1994). Die Ursache für den extremen Weibchenüberschuss ist bisher nicht geklärt. Auf der Grundlage von Kreuzungsexperimenten wurde spekuliert, dass hier bei Teichfröschen, die nach ihrem Genotyp eigentlich Männchen (XY) hätten sein müssen, weibliche Geschlechtsmerkmale ausgeprägt waren (HOTZ et al. 1993). Weiterhin ist aus Lettland, Weißrussland (Gebiete Brest, Gomel und Wizebsk), der nördlichen Ukraine (bei Tschernobyl, in der Nähe der Sperrzone) und West-Russland ein Populationstyp bekannt geworden, in dem neben *P. lessonae* ausschließlich männliche Teichfrösche (LR) leben (BORKIN et al. 1986, CAUNE 1987, VINOGRADOV et al. 1988, CAUNE und BORKIN 1993, LADA et al. 2011a, eigene Daten). Wahrscheinlich vererben solche Tiere, wie in L-E-Populationen üblich, das R-Genom, das in diesem speziellen Fall jedoch Männlichkeit-determinierende Faktoren tragen dürfte.

In Populationen, in denen keine triploiden Individuen vorkommen, kann sich *P. esculentus* nur durch Rückkreuzungen mit *P. lessonae* reproduzieren. Die reproduktive Abhängigkeit der Hybridform von der syntopen Elternart hat wiederholt die Frage aufgeworfen, welche Faktoren und Mechanismen für die strukturelle Stabilität und evolutive Dynamik eines solchen Reproduktionssystems verantwortlich sind. Nach einem von GRAF (1986) entwickelten Modell kann ein polymorphes Gleichgewicht zwischen *P. lessonae* und *P. esculentus* nur dann aufrechterhalten werden, wenn die Fitness der Nachkommen homotypischer *P. lessonae*-Kreuzungen geringer ist als die der Nachkommen heterotypischer Kreuzungen zwischen *P. lessonae*-Männchen und *P. esculentus*-Weibchen. Dem widersprechen HELLRIEGEL und REYER (2000) auf der Grundlage von diskreten Zeitmodellen mit überlappenden Generationen: Unter der Voraussetzung, dass sich Teichfroschweibchen vorzugsweise mit *lessonae*-Männchen paaren, könnten Hybrid und Elternart auch dann koexistieren, wenn ihre Fitness (speziell die Lebensfähigkeit, Fruchtbarkeit und Konkurrenzfähigkeit) annähernd gleich wäre. Auch die von SOM et al. (2000) durchgeführten Computersimulationen legen nahe, dass formspezifischen Paarungspräferenzen eine maßgebliche Bedeutung für die Aufrechterhaltung der genotypischen Struktur von L-E-Populationen zukommt. Verschiedene Beobachtungen sprechen dafür, dass bei Wasserfröschen die Paarbildung aktiv durch den weiblichen Partner beeinflusst wird, d. h., die Weibchen bestimmen maßgeblich, mit welchem Männchen (Genotyp) die Paarung vollzogen wird (ABT und REYER 1993, ROESLI und REYER 2000, ENGELER und REYER 2001). Nach den Ergebnissen von Laborexperimenten scheinen sowohl *P. lessonae-* als auch *P. esculentus*-Weibchen Männchen des Kleinen Wasserfroschs zu präferieren (ABT und REYER 1993, ROESLI und REYER 2000, ENGELER 1994, ENGELER und REYER 2001). Bei der Beurteilung und Verallgemeinerung dieses Befundes ist jedoch in Betracht zu ziehen, dass Wasserfrösche unter experimentellen Bedingungen mit hoher Wahrscheinlichkeit andere Verhaltensmuster zeigen als in ihrem natürlichen Lebensraum bzw. aufgrund der relativ monotonen Umweltbedingungen im Labor nicht ihr gesamtes Verhaltensrepertoire ausschöpfen. Dafür spricht u. a., dass sich viele der getesteten Weibchen gegenüber den dargebotenen Schlüsselreizen (Paarungsrufe) völlig indifferent verhielten und deshalb keine statistisch verwertbaren Daten lieferten (ROESLI und REYER 2000). Selbst wenn eine ethologisch und/oder physiologisch geartete Präferenz für *P. lessonae*-Männchen bestehen sollte, ist fraglich, ob bzw. inwieweit paarungsbereite Teichfrosch-Weibchen unter natürlichen Bedingungen in der Lage sind, zwischen einzelnen Männchen oder bestimmten Genotypen zu diskriminieren, zumal sexuell aktive Wasserfrosch-Männchen mehr oder weniger wahllos versuchen, jedes im Gewässer eintreffende Weibchen, gleich welcher Form, zu klammern und sich mit diesem zu paaren.

Die im Freiland regelmäßig stattfindenden heterotypischen Paarungen zwischen verschiedenen Arten bzw. Formen (GÜNTHER et al. 1991, AKIN et al. 2010a, PLÖTNER et al. 2010, HOTZ et al. 2012) deuten vielmehr darauf hin, dass bei Wasserfröschen die Paarbildung nicht selektiv vonstattengeht, sondern das im Experiment sichtbare Wahlverhalten der Weibchen im natürlichen Lebensraum durch das Sexualverhalten der Männchen gewissermaßen „überlagert" werden kann und wahrscheinlich nur unter spezifischen Bedingungen (z. B. bei geringen Männchendichten) zum Tragen kommt. Zwar können Weibchen den Amplexus durch Flucht oder aggressives Verhalten vermeiden, sich aus der Umklammerung eines Männchens befreien (GÜNTHER 1990, WEIDENBERG 1999) bzw. einen nicht gewollten Partner durch andere Männchen vertreiben lassen (BERGEN et al. 1997), unklar ist allerdings, ob das aktive Vermeiden der Paarung einem genetisch determinierten Wahlverhalten zuzuschreiben ist (Vermeidung eines genetisch ungeeigneten Partners) oder eher aus dem physiologischen Zustand des (nicht paarungsbereiten) Weibchens resultiert.

Aus unserer Sicht dürfte die Häufigkeit bestimmter Paarungskombinationen maßgeblich vom quantitativen Verhältnis und der räumlichen Verteilung der einzelnen Formen im Paarungsgewässer abhängen und damit weitgehend vom Zufall bestimmt sein, d. h., je höher der Anteil einer Form in der Population ist, desto größer ist die Wahrscheinlichkeit, dass diese Form auch zur Fortpflanzung gelangt. Dafür sprechen neben im Freiland gewonnenen Daten (GÜNTHER und

PLÖTNER 1989–90) auch die experimentellen Befunde von BERGEN et al. (1997), wonach bei gemischten Männchengruppen (*P. lessonae* und *P. esculentus*) kein signifikanter Unterschied zwischen beiden Formen bezüglich der Paarungshäufigkeiten mit *P. esculentus*-Weibchen zu verzeichnen war.

Nach einem von GUEX et al. (1993) entwickelten Modell kann die Stabilität von L-E-Populationen auch durch formspezifische Habitatpräferenzen und damit verbunden eine partielle ökologische Isolation (unvollständige räumliche Überlappung) von Elternart und Hybrid gewährleistet werden. Gestützt wird diese Hypothese durch feldbiologische Daten, die zeigten, dass *P. lessonae* und *P. esculentus* innerhalb desselben Lebensraumes nicht homogen verteilt waren, sondern deutliche Unterschiede zwischen einzelnen Gewässern bezüglich der Anteile beider Formen bestanden (WIJNANDS 1979, HOLENWEG PETER 1999).

B-H-System. In diesem auf der Apenninen-Halbinsel und Sizilien verbreiteten Populationssystem interagieren der Italienische Wasserfrosch (*Pelophylax bergeri*) und der Italienische Hybridfrosch (*Pelophylax hispanicus*). Das B-H-System ähnelt in wesentlichen Merkmalen L-E-Populationen, in denen keine triploiden Teichfrösche vorkommen (L-E_{2n}). Im B-H-System vererbt die Hybridform (Genotyp BR) ausschließlich das *ridibundus*-Genom (R) und reproduziert sich durch Kreuzungen mit ihrer syntopen Elternart *P. bergeri* (UZZELL und HOTZ 1979, HOTZ 1983). Die Bildung haploider Gameten mit einem *bergeri*-Genom (B) konnte für *P. hispanicus* bisher nicht nachgewiesen werden, das gleiche gilt für diploide BR-Gameten. Entsprechend waren alle bis heute untersuchten Italienischen Hybridfrösche diploid.

Pelophylax ridibundus kommt auf der Apenninen-Halbinsel nicht vor, damit stellt sich die Frage nach der Herkunft des R-Genoms. Als wahrscheinlichstes Szenario wird diskutiert, dass hybridogentische Teichfrösche (LR) als Transmitter des R-Genoms fungiert haben könnten, d. h. *P. hispanicus* aus Kreuzungen zwischen *P. bergeri* und *P. esculentus* entstanden ist (UZZELL und HOTZ 1979, HOTZ 1983, BERGER 1990). Nachweise mitochondrialer B-Genome in der Schweiz, Südfrankreich, Belgien, Österreich und Deutschland einschließlich Norddeutschlands (PLÖTNER 2005, HOLSBEEK et al. 2008, OHST 2008, DUBEY et al. 2014, HOFFMANN et al. 2015, ZANGL et al. 2020, eigene Daten) sprechen für eine ursprünglich nördlichere Verbreitung des Italienischen Wasserfroschs. Somit könnten die ersten hybridogenetischen *hispanicus*-Linien auch außerhalb des heutigen Italiens als Ergebnis von Kreuzungen zwischen *P. bergeri* und *P. ridibundus* entstanden und die Hybridform in Folge nach Italien eingewandert sein. Andererseits kann nicht ausgeschlossen werden, dass *P. ridibundus* in prähistorischen Epochen zumindest den nördlichen Teil der Apenninen-Halbinsel besiedelte und es hier zu Primärbastardierungen mit *P. bergeri* und zur Entstehung von BR-Hemiklonen kam. Ungeachtet der Frage nach dem geografischen Ursprung von *P. hispanicus*, sprechen die hohe geografische Variabilität genetischer Merkmale und die beobachteten Muster der klonalen Diversität dafür, dass auf der Apeninnen-Halbinsel Hemiklone sehr unterschiedlichen evolutiven Alters und multiplen Ursprungs koexistieren (HOTZ 1983), die aus phlylogenetischer Sicht als polyphyletische Gruppe angesehen werden können.

Über den genauen Entstehungszeitpunkt bzw. das Alter dieser Hybrid-Linien kann gegenwärtig nur spekuliert werden. Da Wasserfrösche, wie fast alle Amphibien, nicht in der Lage sind, Salzwasserbarrieren zu überwinden, da ihre Haut für Salzionen permeabel ist (Übersicht bei HOPKINS und BRODIE 2015), können Inseln nur über Landbrücken, durch Verdriften auf schwimmfähigen Materialien (z. B. Treibholz) oder mittels menschlicher Aktivitäten besiedelt werden (siehe STÖCK et al. 2008). Eine Besiedlung Siziliens hätte demnach während des letzten glazialen Maximums, d. h. vor ca. 21.000–18.000 Jahren, stattfinden können, da in dieser Epoche aufgrund eines im Vergleich zur Jetztzeit niedrigeren Meeresspiegels (ca. –130 m) eine Landverbindung zwischen Sizilien und dem Italienischen Festland bestand (ANTONIOLI et al. 2016). Diese Hypothese schließt jedoch nicht aus, dass die auf Sizilien lebenden Hemiklone noch wesentlich älter sein könnten (HOTZ 1983), zumal sizilianische *P. bergeri* nach Schätzungen von CANESTRELLI und NASCETTI (2008), die auf der Grundlage von Sequenzen des mitochondrialen Cytochrom-B-Gens erfolgten, möglicherweise seit ca. 0,72 ± 0,19 Mio. Jahren von den als konspezifisch angesehenen Festlandpopulationen separiert sind (siehe Kapitel „*Pelophylax bergeri*“).

P-G-System. In Südwesten Frankreichs (entlang der Atlantikküste) und im Nordosten Spaniens (Baskenland, Katalonien) wurden Populationen gefunden, in denen der Iberische Wasserfrosch (*Pelophylax perezi*) gemeinsam mit Grafs Hybridfrosch (*Pelophylax grafi*) vorkommt (GRAF et al. 1977, HOTZ und UZZELL 1983, UZZELL und TUNNER 1983, ARANO et al. 1993, 1994, HOTZ et al. 1994, SCHMELLER 1999). Die reproduktiven Modi dieses Populationssystems sind, wie die des B-H-Systems, denen des L-E-Systems (ohne Triploide) analog: der Hybrid eliminiert während der Gametogenese das *perezi*-Genom (P) und gibt nur ein haploides *ridibundus*-Genom (R) an die nächste Generation weiter (GRAF et al. 1977, HOTZ und UZZELL 1983, GRAF und POLLS PELAZ 1989). Wird das klonal vererbte R-Genom mit einem P-Genom kombiniert, entstehen wieder Grafs Hybridfrösche (PR).

Wie im L-E-System sind RR-Individuen, die aus homotypischen *P. grafi*-Kreuzungen hervorgehen, nicht lebensfähig (HOTZ et al. 1994). In vielen P-G-Populationen ist das Geschlechterverhältnis bei der Hybridform zugunsten der Weibchen verschoben (HOTZ et al. 1994, SCHMELLER 1999). Die Ursachen für den Weibchenüberschuss, der im Extremfall bis zu 90 % betragen kann, sind unbekannt. Zwar gehen aus Kreuzungen zwischen *P. grafi*-Männchen und *P. perezi*-Weibchen ausschließlich weibliche Nachkommen (Genotyp PR) hervor, da das klonal vererbte R-Genom offensichtlich auch im P-G-System Weiblichkeit-determinierende Faktoren trägt (vgl. BERGER et al. 1988), allein damit kann jedoch nicht der in einigen Populationen beobachteten Mangel an männlichen Tieren erklärt werden. Möglicherweise steht auch in bestimmten P-G-Populationen, wie in den *lessonae-esculentus*-Populationen des Pannonischen Beckens, das genetische Geschlecht nicht mit dem gonadal-genitalen Geschlecht im Einklang (vgl. BERGER et al. 1988, HOTZ et al. 1993).

Neben *P. perezi* und *P. grafi* wurden im Rhônetal, am Golf von Lyon, in einigen Populationen auch Seefrösche gefunden (SCHMELLER 1999, PAGANO et al. 2001a, b). Diese Populationen repräsentieren jedoch kein eigenständiges Populationssystem, da es sich bei diesen Seefröschen vermutlich nicht um endemische Individuen (*P. ridibundus* sensu stricto), sondern um allochthone Formen handelte (PAGANO et al. 2003). Die verschiedentlich erwähnte Existenz reiner *P. grafi*-Populationen (GÜNTHER 1990, SCHMELLER 1999, PAGANO et al. 2001a, b) ist schon aufgrund der oben beschriebenen Vererbungsmodi unwahrscheinlich.

Auch für das P-G-System stellt sich die Frage nach dem Ursprung des klonal vererbten R-Genoms, da die Areale von *P. perezi* und *P. ridibundus* nicht überlappen und deshalb *P. grafi* wahrscheinlich nicht aus Primärbastardierungen zwischen *P. perezi* und *P. ridibundus* entstanden ist. Als möglicher Transmitter des R-Genoms kommt auch hier der Teichfrosch (*P. esculentus*) infrage, d. h., *P. grafi* und damit letztendlich auch das P-G-System gehen wahrscheinlich auf Kreuzungen zwischen *P. esculentus* und *P. perezi* zurück (DUBOIS 1982, DUBOIS und GÜNTHER 1982, ARANO et al. 1994, PAGANO et al. 2001a, b). Der Ursprung hybridogenetischer *grafi*-Linien könnte in SW-Frankreich im Garonne-Becken liegen, wo *P. perezi* und *P. esculentus* sympatrisch verbreitet sind (HOTZ et al. 1994).

R-E-System. Populationen, in denen Seefrösche (*P. ridibundus*) gemeinsam mit hybridogenetischen Teichfröschen (*P. esculentus*) leben, wurden u. a. in Dänemark (einschließlich Bornholm und Christiansø), Deutschland, Moldawien, Polen (einschließlich der Insel Wolin), Rumänien, Russland, der Tschechischen Republik, der Ukraine, Österreich und Ungarn gefunden (GÜNTHER 1968, 1975b, 1983, UZZELL et al. 1977, BERGER 1983b, 1988, BORKIN et al. 1986, 1997, 2004, 2005b, 2006, 2008, GÜNTHER und PLÖTNER 1988, VANCEA et al. 1989, VINOGRADOV et al. 1990, 1991, PLÖTNER und GRUNWALD 1991, BERGER und GÜNTHER 1991–1992, GUBÁNYI 1992, TUNNER und HEPPICH-TUNNER 1992, OGIELSKA et al. 1994b, RYBACKI 1994a, b, LADA et al. 1995, 2011a, b, RYBACKI und FOG 1995, SCHRÖER und GREVEN 1998, RYBACKI und BERGER 2001, ZAVADIL et al., zitiert in RYBACKI und BERGER 2001, MEZHZHERIN et al. 2005, RUCHIN et al. 2005a, 2009, LITVINCHUK et al. 2015b, BIRIUK et al. 2016, DOLEŽÁLKOVÁ et al. 2016, HERCZEG et al. 2016a, DOLEŽÁLKOVÁ-KAŠTÁNKOVÁ et al. 2018, 2021, FAYZULIN et al. 2018, eigene Daten). In der Russischen Tiefebene beträgt der Anteil der zum R-E-System zählenden Populationen ca. 6 % bzw. 26 %, wenn nur die Populationen berücksichtigt werden, in denen auch Teichfrösche vorkommen (LADA et al. 2011a). Für das Wolga-Becken und die Schutzgebiete im mittleren Wolga-Becken betragen die entsprechenden Werte 0,2 % bzw. 1,5 % (RUCHIN et al. 2009) und 2,6 % bzw. 10 % (FAYZULIN et al. 2018).

Auch das R-E-System zeichnet sich durch eine hohe strukturelle (genotypische) Diversität aus, insbesondere hinsichtlich der populationsspezifischen Häufigkeiten von See- und Teichfröschen, der Anteile triploider Individuen und der Geschlechterverhältnisse. In einigen Populationen sind *P. ridibundus* oder *P. esculentus* unisexuell, d. h. nur mit einem Geschlecht vertreten (UZZELL et al. 1977, GÜNTHER und PLÖTNER 1988, RYBACKI 1994a, b, RYBACKI und BERGER 2001, BIRIUK et al. 2016, Tab. 27). Populationen, in denen neben Seefröschen beiderlei Geschlechts ausschließlich diploide Hybridmännchen leben (R-$E_{2n♂}$), wurden bisher in Deutschland (z. B. im Einzugsbereich von Elbe und Oder), Polen, der Tschechischen Republik, Lettland, Russland (Gebiet um Belgorod) und der Ukraine gefunden (SCHULZ 1973, GÜNTHER 1975b, UZZELL et al. 1977, BORKIN et al. 1987, RYBACKI 1994a, b, LADA et al. 2011a, BIRIUK et al. 2016, DOLEŽÁLKOVÁ et al. 2016, DOLEŽÁLKOVÁ-KAŠTÁNKOVÁ et al. 2018, 2021, eigene Daten). Da in diesen Populationen keine Teichfrosch-Weibchen vorkommen, können sich die Teichfrosch-Männchen (LR) nur durch Paarungen mit Seefrosch-Weibchen reproduzieren (UZZELL et al. 1977), indem sie ein L-Genom klonal vererben, das mit einem mendelisch vererbten R-Genom kombiniert wird. In Analogie zum XX/XY-System der Geschlechtsdetermination bei Säugetieren trägt dieses L-Genom offensichtlich einen oder mehrere Männlichkeit-determinierende(n) Y-Faktor(en) (UZZELL et al. 1977, GÜNTHER 1983, GÜNTHER und PLÖTNER 1988). Neben L- können solche Männchen auch Gameten bilden, die R-Genome enthalten, diese tragen offensichtlich Weiblichkeit-determinierende X-Faktoren (GÜNTHER 1983, GÜNTHER und PLÖTNER 1988, VINOGRADOV et al. 1990, 1991, RAGGHIANTI et al. 2007, BIRIUK et al. 2016). Folglich können aus heterotypischen Kreuzungen zwischen Hybridmännchen und *P. ridibundus*-Weibchen neben männlichen Teichfröschen (L_yR_x) auch weibliche Seefrösche (R_xR_x) hervorgehen (Abb. 54, UZZELL et al. 1977, GÜNTHER und PLÖTNER 1988, BERGER und GÜNTHER 1991–1992, DOLEŽÁLKOVÁ et al. 2016, DOLEŽÁLKOVÁ-KAŠTÁNKOVÁ et al. 2018, 2021). Der in einigen R-$E_{2n♂}$-Populationen bei *P. ridibundus* zu verzeichnende Weibchenüberschuss (PLÖTNER und GRUNWALD 1991, RYBACKI 1994b, HERCZEG et al. 2016a) resultiert wahrscheinlich aus solchen hybridolytischen Reproduktionsmodi.

Hybridmännchen, die in der Lage sind, beide elterlichen Genome klonal zu vererben, d. h., die sowohl L- als auch R-Spermien in teilweise recht unterschiedlichen Häufigkeiten bilden (UZZELL et al. 1977, GÜNTHER und PLÖTNER 1988, VINOGRADOV et al. 1990, 1991, RAGGHIANTI et al. 2007, BIRIUK et al. 2016), werden als „amphisperm" bezeichnet, ihr Anteil beträgt ca. 14–17 % (VINOGRADOV et al. 1991). Die Ergebnisse der von UZZELL et al. (1977) durchgeführten Kreuzungen und unveröffentlichte Befunde (DOLEŽÁLKOVÁ-KAŠTÁNKOVÁ,

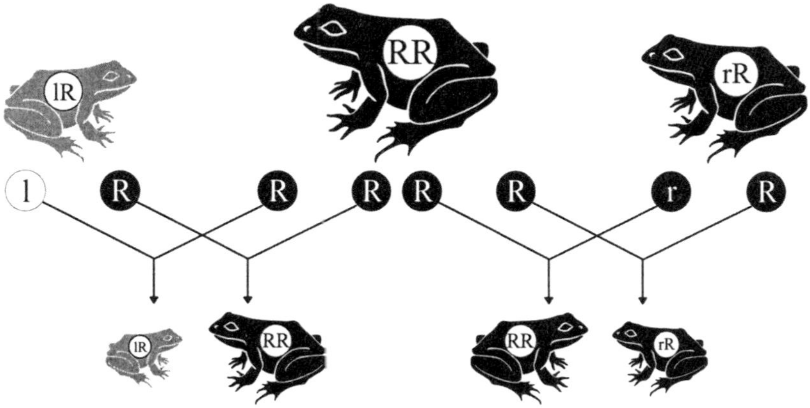

Abb. 54: Reproduktionsmodi in *ridibundus-esculentus*-Männchen-Populationen (R-$E_{2n♂}$). RR: *P. ridibundus*-Weibchen, rR: *P. ridibundus*-Männchen, lR: *P. esculentus*-Männchen. Aus PLÖTNER (2005). R: *ridibundus*-Genom mit Weiblichkeit-determinierenden Faktoren, r: *ridibundus*-Genom mit Männlichkeit-determinierenden Faktoren, l: *lessonae*-Genom mit Männlichkeit-determinierenden Faktoren.

mündl. Mitt.) lassen vermuten, dass in manchen R-$E_{2n♂}$-Populationen der Prozentsatz amphispermer Teichfrösche weit höher liegt.

Offensichtlich findet im R-E-System in der Keimbahn mancher Teichfrosch-Männchen ein Genaustausch zwischen dem L- und dem R-Genom statt (UZZELL et al. 1977, GÜNTHER 1983, GÜNTHER und PLÖTNER 1988, eigene Daten). Neben genetischen Daten ergaben auch die Ergebnisse eines Kreuzungsexperiments zwischen einem *ridibundus*-Weibchen und einem *esculentus*-Männchen (beide Tiere stammten aus der R-$E_{2n♂}$-Population „Alte Oder" bei Lebus, Deutschland) Hinweise auf genetische Rekombination. Neben *ridibundus*-Weibchen und *esculentus*-Männchen ging aus dieser Kreuzung auch ein *ridibundus*-Männchen hervor, dessen von seinem *esculentus*-Vater ererbtes R-Genom offensichtlich Männlichkeit-determinierende Y-Faktoren trug, die in solchen Populationen eigentlich auf dem L-Genom lokalisiert sein sollten (vgl. GÜNTHER und PLÖTNER 1988). Zu ähnlichen Befunden gelangten RAGGHIANTI et al. (2007), die aus einer Kreuzung zwischen einem diploiden, aus dem R-E-System stammenden *esculentus*-Männchen (LR), das R-Gameten bildete, und einem *lessonae*-Weibchen (LL) zwei LR-Weibchen und sechs LR-Männchen erhielten (normalerweise sollte eine solche Kreuzung zu einer rein weiblichen LR-Nachkommenschaft führen). Auch die bei vielen *P. esculentus*-Männchen beobachteten Meiose- und Fertilitätsstörungen bis hin zur Sterilität (GÜNTHER 1973, 1975a, GÜNTHER und PLÖTNER 1988, BIRIUK et al. 2016) sprechen dafür, dass bei Teichfröschen des

R-E-Systems neben hybridogenetischen Gametogenesen auch solche ablaufen, an denen noch beide elterlichen Genome beteiligt sind, wodurch genetische Rekombination ermöglicht wird. Das R-E-System kann also zu Recht als „leaky hybridogenetic system“ (UZZELL et al. 1977) bezeichnet werden.

Genetische Rekombination ist die Voraussetzung für Genfluss zwischen den parentalen Spezies, der nach dem gegenwärtigen Kenntnisstand unidirektional verläuft, d. h. vom L- zum R-Genom. Dafür spricht u. a., dass die bisher untersuchten Teichfrosch-Männchen identische L-Genome besaßen, obwohl sie aus verschiedenen R-$E_{2n♂}$-Populationen stammten (DOLEŽÁLKOVÁ-KAŠTÁNKOVÁ et al. 2018, eigene Daten).

R-E-Populationen, in denen neben diploiden auch triploide Hybriden vorkommen, wurden u. a. in Deutschland, Österreich, Russland, der Ukraine, auf der polnischen Insel Wolin und den dänischen Inseln Bornholm und Christiansø gefunden (GÜNTHER 1975b, RYBACKI 1994a, b, RYBACKI und BERGER 2001, BORKIN et al. 2004, 2005a, 2006, BIRIUK et al. 2016). In einer von GÜNTHER (1975b) analysierten ostdeutschen R-E-Population betrug der Anteil triploider Hybriden ca. 33 %, in einer österreichischen Population waren dagegen weniger als 2 % der Tiere triploid (TUNNER 2001). Unter den Triploiden weicht das Geschlechterverhältnis oft vom Erwartungswert (1:1) ab, in der östlichen Ukraine (bei Lugansk und Donezk) und im Oblast Rostow (Südwest-Russland) wurden R-E-Populationen gefunden, in denen triploide Weibchen quantitativ dominierten (BORKIN et al. 2006, BIRIUK et al. 2016).

In vielen R-E-Populationen besitzen die triploiden Individuen zwei R-Genome und ein L-Genom (Genotyp RRL) und vererben, von Ausnahmen abgesehen, das R-Genom (GÜNTHER und HÄHNEL 1976, BIRIUK et al. 2016). Somit können sie, ähnlich wie die LLR-Individuen im L-E- und E-System, die syntope Elternart (in diesem Fall *P. ridibundus*) funktionell ersetzen. Über R-E-Populationen, in denen alle Triploiden zwei L-Genome und ein R-Genom besitzen, berichten BIRIUK et al. (2016). In drei dieser Populationen, die bisher nur in der nordöstlichen Ukraine nachgewiesen werden konnten, waren alle LLR-Genotypen weiblichen Geschlechts. Da in zwei Populationen keine LR-Genotypen gefunden wurden, können solche LLR-Weibchen nur aus Kreuzungen mit RR-Männchen entstehen und müssen folglich Eier mit zwei L-Genomen bilden. Dem widersprechen jedoch die Ergebnisse von Analysen der Lampenbürstenchromosomen, nach denen haploide L-Gameten gebildet werden (DEDUKH et al. 2015). Bisher ist unklar, wann bei diesen Tieren die Verdopplung des L-Genoms erfolgt und welche molekular- und zytogenetischen Prozesse einer solchen zugrunde liegen. Als mögliche Ursachen werden eine Unterdrückung der Bildung des zweiten Polkörperchens und eine Endoreduplikation des L-Genoms vor der ersten Furchungsteilung der Zygote diskutiert.

Einen weiteren Spezialfall des R-E-Systems beschrieben TUNNER und HEPPICH-TUNNER (1992) aus Westungarn (Hanság). Hierbei handelte es sich um eine Population, in der neben Seefröschen ausschließlich triploide LLR-Männchen vorkamen, deren Anteil zwischen 5 und 10 % variierte (TUNNER 2001). Solche R-$E_{3n(LLR)♂}$-Populationen wurden in der Folgezeit auch in Niederösterreich gefunden (MACALKA 1992, TUNNER 2001). Die LLR-Hybriden bildeten hier diploide Spermien mit zwei L-Genomen (TUNNER und HEPPICH-TUNNER 1992, BRYCHTA und TUNNER 1994, TUNNER 2000, 2001). Obwohl das L-Genom in den somatischen Zellen doppelt vorlag, ähnelten die Hybriden in bestimmten morphologischen Merkmalen (KRL, Färbung außerhalb der Paarungszeit) und verschiedenen ethologischen Merkmalen (z. B. im Überwinterungsverhalten) Seefröschen. Nach TUNNER und HEPPICH-TUNNER (1992) könnten diese LLR-Männchen in benachbarten L-E-Populationen entstanden sein, und zwar aus Kreuzungen zwischen den dort sehr selten vorkommenden LR-Männchen, von denen einige ausschließlich diploide Spermien mit zwei L-Genomen bilden, und diploiden LR- oder RR-Weibchen, die das R-Genom vererben. TUNNER (2000) vermutet, dass die Ähnlichkeit mit *P. ridibundus*, insbesondere hinsichtlich der Körpergröße und ökologischer Präferenzen, für die Konkurrenzfähigkeit und folglich auch den Reproduktionserfolg der triploiden Hybridmännchen von Vorteil ist.

Abschließend soll noch auf einen ungewöhnlichen Populationstyp hingewiesen werden, der bisher nur in Lettland, im Mündungsbereich des Flusses Lielupe gefunden wurde. Es handelt sich dabei um eine Population, die nach BORKIN, zitiert in RYBACKI und BERGER (2001), aus Seefröschen (Männchen und Weibchen) und ausschließlich diploiden Teichfrosch-Weibchen besteht. Nach eigenen Beobachtungen ging diese Population aus einer R-L-E-Population hervor, wahrscheinlich infolge gravierender, von Rigaer Fabriken verursachter Umweltverschmutzungen, die im Jahr 1983 zum Verschwinden von *P. lessonae* führten und auch bei *P. ridibundus* und *P. esculentus* massive Bestandseinbrüche hervorriefen (CAUNE 1987). Unter diesem Gesichtspunkt ist fraglich, ob es sich hier um einen Spezialfall des R-E-Systems handelt oder doch eher um eine nicht weiter zu spezifizierende, genomisch instabile Reliktpopulation.

R-L-E-Populationen. Populationen, in denen *P. ridibundus, P. lessonae* und *P. esculentus* syntop vorkommen, sind in West- und Mitteleuropa vergleichsweise selten, Nachweise gelangen in Deutschland (KLÖCKNER 1982, SCHRÖER und GREVEN 1998, PRUVOST et al. 2013a), den Niederlanden (WIJNANDS 1977, 1979), der Tschechischen Republik (KOTLÍK und ŠULOVA 1994, ZAVADIL 1994), der Slowakei (MIKULÍČEK et al. 2015), in Polen (RYBACKI und BERGER 2001), Rumänien (VANCEA et al. 1989, GÜNTHER et al. 1991, SAS 2010), Serbien (SPASIC-BOSKOVIC et al. 1999, BORKIN et al. 2005b, KRIZMANIĆ und IVANOVIĆ 2010), Österreich (KAUFMANN et al. 2015) und Ungarn (GUBÁNYI 1992, HERCZEG et al. 2016a).

Im osteuropäischen Raum sind solche Populationen weit verbreitet, in der Russischen Tiefebene (östliche Ukraine und Russland) nimmt ihre Häufigkeit nach Süden und Osten hin zu. Im europäischen Teil Russlands, insbesondere in der zentralen Schwarzerderegion und im Einzugsgebiet der Wolga, dominieren R-L-E-Populationen quantitativ unter den Populationen, in denen ebenfalls *P. esculentus* vorkommt (BORKIN et al. 1986, 2002, LADA et al. 1995, 2001, 2011a, b, OKULOVA et al. 1997, BORISSOVSKY et al. 2001, PESTOV et al. 2001, RUCHIN et al. 2005a, 2009, SVININ et al. 2013, 2015, 2020b, LITVINCHUK et al. 2015b, FAYZULIN et al. 2018). Im Wolga-Becken wurden Häufigkeiten von 7–19 % (bezogen auf alle Wasserfrosch-Populationen) bzw. 56–68 % (sofern nur die Populationen berücksichtigt werden, in denen auch Hybriden vorkamen) ermittelt (RUCHIN et al. 2009, SVININ et al. 2020). In den Naturschutzgebieten an der mittleren Wolga waren R-L-E-Populationen mit Anteilen von 15 bzw. 60 % vertreten (FAYZULIN et al. 2018).

In Osteuropa wurden R-L-E-Populationen gefunden, in denen neben den Elternarten und diploiden Teichfröschen auch triploide Hybriden (LLR und RRL) vorkamen (RYBACKI und BERGER 2001, BORKIN et al. 2004). Weiterhin sind Populationen bekannt geworden, in denen die diploiden Hybriden unisexuell waren oder ein Geschlecht zahlenmäßig deutlich überwog. So wurden aus Serbien Populationen beschrieben, in denen neben *P. ridibundus* und *P. lessonae* offensichtlich nur weibliche Teichfrösche lebten (SPASIC-BOSKOVIC et al. 1999, BORKIN et al. 2005b, KRIZMANIĆ und IVANOVIĆ 2010). Auch in einigen kroatischen R-L-E-Populationen traten *P. esculentus*-Männchen nur ausnahmsweise auf (BERGER et al. 1988). Den umgekehrten Fall, d. h. R-L-E-Populationen, in denen offensichtlich nur männliche Hybriden leben, beschreiben LADA et al. (1995) für das Gebiet Orjol (zentrale Schwarzerderegion Russlands).

In R-L-E-Populationen können Teichfrösche aus Primärbastardierungen zwischen *P. lessonae* und *P. ridibundus* hervorgehen oder hybridogenetisch durch Rückkreuzungen mit ihren Elternarten entstehen (BERGER et al. 1988, GÜNTHER et al. 1991). Unklar ist, ob Primärbastarde (F_1-Hybride) in jedem Fall fertil sind und sich auch hybridogenetisch fortpflanzen. Nach PRUVOST et al. (2013a) bildeten die LR-Individuen einer R-L-E-Population von Herzberg (Ostdeutschland) ausschließlich Spermien, die ein klonal vererbtes R-Genom enthielten. Auch die von DEDUKH et al. (2019) für Kreuzungsexperimente verwendeten Hybridmännchen, deren Eltern aus R-L-E-Populationen der russischen Republik Mari El stammten, vererbten das R-Genom. Im Gegensatz zu den Männchen waren die Hybridweibchen steril, folglich kann *P. esculentus* in diesen Populationen entweder aus Primärbastardierungen (RR × LL) oder aus heterotypischen Kreuzungen zwischen LR-Männchen und LL-Weibchen entstehen.

Reine *esculentus*-Populationen. Populationen, in denen ausschließlich Teichfrösche (*P. esculentus*) leben, wurden in Dänemark, Deutschland, Westfrankreich, Lettland, den Niederlanden, Polen, Russland, Schweden, der Slowakei, Tschechien und der Ukraine gefunden (GÜNTHER 1969b, 1974, 1975b, 1990, HEYM 1974, KNUDSEN und SCHEEL 1975, UZZELL und BERGER 1975, EBENDAL 1979, GÜNTHER et al. 1979, BERGER und TRUSZKOWSKI 1980, EIKHORST 1981, 1984, EBENDAL und UZZELL 1982, BERGER 1983a, 1988, 1989, REGNIER und NEVEU 1986, BERGER und GÜNTHER 1988, VINOGRADOV et al. 1988, 1990, 1991, BLOMMERS-SCHLÖSSER 1990, PLÖTNER und KLINKHARDT 1992, FOG 1994, BERGER und BERGER 1994, OGIELSKA et al. 1994a, 1995b, 2001, RYBACKI 1994a, b, ZAVADIL 1994, LADA et al. 1995, 2011a, SCHRÖER 1996, SCHRÖER und GREVEN 1998, MIKULÍČEK und KOTLÍK 2001, BORKIN et al. 2002, 2004, 2006, MOROZOV-LEONOV et al. 2003, CHOLEVA et al. 2004, CHRISTIANSEN et al. 2005, ARIOLI 2007, JAKOB 2007, MEZHZHERIN et al. 2007, CHRISTIANSEN 2009, ARIOLI et al. 2010, JAKOB et al. 2010, PRUVOST et al. 2013a, eigene Daten). Auf der zu Dänemark gehörenden Insel Bornholm konnten ebenfalls solche Populationen nachgewiesen werden (RYBACKI 1994a, RYBACKI und FOG 1995).

Im Gegensatz zu den gemäßigten Klimazonen Europas sind reine Hybridpopulationen in der russischen Tiefebene relativ selten, ihr Anteil beträgt hier 0,7 % (LADA et al. 2011a) bzw. 3,1 %, wenn man nur die Populationen berücksichtigt, in denen auch *P. esculentus* vorkommt. Bei der Hybridform handelt es sich fast ausnahmslos um LR-Genotypen. Triploide Individuen (LLR, RRL) treten im Unterschied zu mittel- und nordeuropäischen Populationen hier nur sehr selten auf, die einzigen Nachweise gelangen bisher in der östlichen Ukraine bei Charkiw (BORKIN et al. 2004). Im Wolga-Delta konnten trotz intensiver, seit den 1980er-Jahren kontinuierlich durchgeführter Feldstudien in Verbindung mit DNA-Flow-Zytometrie keine Beweise für die Existenz reiner Hybridpopulationen erbracht werden (BORISSOVSKY et al. 2001, BORKIN et al. 2002, RUCHIN et al. 2005a, b, 2009, 2010, SVININ et al. 2013, FAYZULIN et al. 2018).

In mittel- und nordeuropäischen *esculentus*-Populationen kommen neben diploiden Hybriden (Genotyp LR) in der Regel auch triploide Individuen vor. Diese besitzen, wie im L-E-System, entweder zwei L-Genome und ein R-Genom oder zwei R-Genome und ein L-Genom. Im nördlichen Teil des Verbreitungsgebietes von *P. esculentus* ist der Anteil triploider Tiere besonders hoch (RYBACKI und BERGER 2001). Morphologische und molekulare Daten weisen darauf hin, dass in den meisten mitteleuropäischen Populationen LLR-Genotypen unter den Triploiden quantitativ dominieren (GÜNTHER und HÄHNEL 1976, GÜNTHER et al. 1979, GÜNTHER 1983, EIKHORST 1984, BERGER und GÜNTHER 1988, GÜNTHER und PLÖTNER 1989–90, PLÖTNER 1991, PLÖTNER und KLINKHARDT 1992, BERGER und BERGER 1994, RYBACKI 1994d, e, MIKULÍČEK und KOTLÍK 2001, BORKIN et al. 2004, TECKER et al. 2017, KRAGE 2022, KRAGE et al. 2022, eigene Daten), während in vielen (nicht allen) westpolnischen, einigen schwedischen und auf Bornholm lebenden Hybridpopulationen RRL-Individuen in der Mehrzahl sind (GÜNTHER et al. 1979, BERGER 1987, 1988, 1990, RYBACKI

1994a, RYBACKI und BERGER 2001, CHRISTIANSEN et al. 2005, CHRISTIANSEN 2009, CHRISTIANSEN und REYER 2010). Darüber hinaus ist in vielen mitteleuropäischen Hybridpopulationen unter den triploiden Tieren ein Männchenüberschuss zu verzeichnen (CHRISTIANSEN et al. 2005, JAKOB et al. 2010, KRAGE 2022 KRAGE et al. 2022), in einigen Populationen fehlen triploide Weibchen offenbar (MIKULÍČEK und KOTLÍK 2001). Im Gegensatz zu den triploiden dominieren unter den diploiden Individuen (LR) in vielen Populationen die Weibchen quantitativ (GÜNTHER und PLÖTNER 1989–90, FOG 1994, RYBACKI 1994a, d, MIKULÍČEK und KOTLÍK 2001, CHRISTIANSEN et al. 2005, KRAGE 2022 KRAGE et al. 2022). Welche ökologischen Faktoren die Häufigkeiten der einzelnen Genotypen in einer Population beeinflussen und ob ein Zusammenhang zwischen dem Anteil triploider Tiere und der Stabilität reiner *esculentus*-Populationen besteht, ist unbekannt (PLÖTNER 2005).

Nach GÜNTHER et al. (1979) können reine Hybridpopulationen als modifizierte L-E-Populationen betrachtet werden, da sich die hier oft zahlreich vorhandenen LLR-Männchen genetisch wie *P. lessonae* verhalten, indem sie das L-Genom vererben (GÜNTHER et al. 1979, GÜNTHER 1983, BERGER 1988, BERGER und GÜNTHER 1988, MIKULÍČEK und KOTLÍK 2001, CHRISTIANSEN 2009, PRUVOST et al. 2013b). Durch Paarungen mit den ebenfalls häufigen LR-Weibchen, deren Eier entweder ein R-Genom oder beide elterliche Genome (LR) enthalten (GÜNTHER et al. 1979, CHRISTIANSEN 2009), entstehen wieder vitale LR- und LLR-Genotypen (Kombinationen 4-1/4-2 und 4-4/4-5 in Tab. 29). Neue genetische Daten sprechen jedoch dafür, dass *esculentus*-Populationen dem R-E-System ähnlicher sind (PLÖTNER 2022), was auch in den Reproduktionsmodi zum Ausdruck kommt. So vererben einige diploide Männchen (LR) im E-System nicht das R-, sondern wie für Populationen des R-E-Systems charakteristisch, das L-Genom (CHRISTIANSEN 2009, Tab. 29). Amphispermie konnte ebenfalls nachgewiesen werden, speziell in Populationen, die ausschließlich aus diploiden Tieren bestehen (VINOGRADOV et al. 1991, LADA et al. 1995), ebenfalls die Bildung diploider LR-Spermien durch LR-Männchen, deren Häufigkeit in schwedischen Populationen mit hohen RRL-Anteilen ca. 22 % betrug (CHRISTIANSEN 2009).

Modellierungen, die auf der Basis der gebildeten (befruchtungsfähigen) Gameten erfolgten (CHRISTIANSEN 2009), ergaben für schwedische Populationen gute Übereinstimmungen mit den beobachteten Häufigkeiten der einzelnen Genotypen (LR-♂: 36–60 %, LLR-♂: 33–60 %, RRL-♂: 2–4 %, LR-♀: 15–28 %, LLR-♀: 26–44 %, RRL-♀: 39–45 %). Zu vergleichbaren Werten gelangten CHRISTIANSEN und REYER (2010), die neben schwedischen auch Populationen aus Dänemark einschließlich der Insel Bornholm, Deutschland und den baltischen Staaten in ihre Untersuchungen einbezogen. Aus Feldstudien ist bekannt, dass in reinen *esculentus*-Populationen offenbar keine Paarungspräferenzen bestehen, folglich ergeben sich die populationsspezifischen Wahrscheinlichkeiten der möglichen

Paarungskombinationen aus den jeweiligen Häufigkeiten der vorkommenden Genotypen (GÜNTHER und PLÖTNER 1989–90, RONDINELLI 2006).

RRL-Genotypen können aus Paarungen zwischen diploiden Weibchen und Männchen hervorgehen (Kombination 1-5, Tab. 29), aber auch aus Kreuzungen zwischen RRL-Männchen und LR-Weibchen (Kombination 7-3). In beiden Fällen würden nur weibliche Genotypen entstehen, sofern das R-Genom immer Weiblichkeit-determinierende Faktoren trägt. Entgegen dieser Erwartung konnten CHRISTIANSEN und REYER (2010) in schwedischen *esculentus*-Populationen auch geringe Anteile von RRL-Männchen nachweisen, die wahrscheinlich vor allem auf Kreuzungen zwischen diploiden Männchen, die LR-Spermien bilden, und LR-Weibchen, den Lieferanten des zweiten R-Genoms, zurückgingen (CHRISTIANSEN 2009). Weiterhin können auch Kreuzungen zwischen LLR-Männchen und RRL-Weibchen männliche RRL-Nachkommen hervorbringen, sofern die Weibchen neben haploiden R- auch diploide RR-Eier bilden (Kombination 6-5, Tab. 29).

Die Ursachen für die selektive Mortalität der elterlichen Genotypen (LL, RR), die aus homotypischen *esculentus*-Kreuzungen hervorgehen können (CHRISTIANSEN et al. 2005, PRUVOST et al. 2013b, REYER et al. 2015), sind unbekannt. Diskutiert werden eine Anreicherung letaler Mutationen in den klonal vererbten Genomen (Mullers Ratchet-Mechanismus, BERGER 1976, GRAF und MÜLLER 1979, UZZELL 1982b, BINKERT et al. 1982, GÜNTHER 1983) und die Vererbung aberranter (mutierter und/oder epigenetisch fehlgeprägter) Genome aufgrund gestörter Gametogenesen (PLÖTNER 2005, siehe auch Kapitel „Vererbungsmodi hybridogenetischer Hybriden"). Unter Laborbedingungen können aus homotypischen Hybridkreuzungen entstandene LL- und RR-Genotypen die Geschlechtsreife erreichten, nicht jedoch (oder nur ausnahmsweise) im Freiland, wo sie in der Regel noch vor Abschluss der Metamorphose, spätestens aber während der ersten Überwinterung sterben (BERGER 1988, CHRISTIANSEN et al. 2005, REYER et al. 2015).

Zur Langzeitdynamik und strukturellen Stabilität reiner Hybridpopulationen liegen kaum Daten vor. In einer westpolnischen Population war in einem Zeitraum von 5 Jahren ein Anstieg des Anteils triploider Individuen (wahrscheinlich RRL) von ca. 5 % auf 30 % zu verzeichnen (BERGER 1987, 1988). CHRISTIANSEN et al. (2005) vermuten, dass Selektionsprozesse für Diskrepanzen zwischen der beobachteten und erwarteten Häufigkeit von RRL-Individuen verantwortlich sind. Die Beobachtungen von EIKHORST (1984), wonach aus sieben von zwölf gesammelten Laichballen fast ausschließlich RRL-Individuen schlüpften, sich unter 22 im Gewässer gefangenen triploiden Kaulquappen jedoch nur ein RRL-Tier befand, unterstützen diese Hypothese. Nach JAKOB et al. (2010) spielen ökologische Faktoren für die genotypische Zusammensetzung reiner *esculentus*-Populationen eine untergeordnete Rolle, allerdings gilt diese Aussage nur für adulte Individuen mit einer KRL >45 mm. BERGER und ROGUSKI (2002) weisen

Tab. 29: Mögliche Paarungskombinationen, gebildete Gameten und Zygoten in reinen *P. esculentus*-Populationen. Das klonal vererbte *ridibundus*-Genom (R) trägt in diesen Populationen in der Regel Weiblichkeit-determinierende Faktoren (X). Die häufigsten und nach dem gegenwärtigen Kenntnisstand erfolgreichsten Kombinationen sind grau unterlegt, nur selten gebildete Gametentypen und daraus entstehende Zygoten wurden in Klammern gesetzt. M: Männchen, W: Weibchen. (†): nicht lebensfähig.

Kombination		**Gameten**		**F_1-Generation**	
M × W	**ID**	**Spermium**	**Eizelle**	**Zygote**	**Geschlecht**
$L_YR_X \times L_XR_X$	1-1	R_X	R_X	R_XR_X	W (†)
	1-2	L_Y	R_X	L_YR_X	M
	1-3	(L_YR_X)	R_X	$(R_XR_XL_Y)$	M
	1-4	(R_XR_X)	R_X	$(R_XR_XR_X)$	W (†)
	1-5	R_X	L_XR_X	$R_XR_XL_X$	W
	1-6	L_Y	L_XR_X	$L_XL_YR_X$	M
	1-7	(L_YR_X)	L_XR_X	$(L_XL_YR_XR_X)$	M (†)
	1-8	(R_XR_X)	L_XR_X	$(R_XR_XR_XL_X)$	M (†)
	1-9	R_X	(R_XR_X)	$(R_XR_XR_X)$	W (†)
	1-10	L_Y	(R_XR_X)	$(R_XR_XL_Y)$	M
	1-11	(L_YR_X)	(R_XR_X)	$(R_XR_XR_XL_Y)$	M (†)
	1-12	(R_XR_X)	(R_XR_X)	$(R_XR_XR_XR_X)$	W (†)
$L_YR_X \times L_XL_XR_X$	2-1	R_X	L_X	L_XR_X	W
	2-2	L_Y	L_X	L_XL_Y	M (†)
	2-3	(L_YR_X)	L_X	$(L_XL_YR_X)$	M
	2-4	(R_XR_X)	L_X	$(R_XR_XL_X)$	W
	2-5	R_X	L_XL_X	$L_XL_XR_X$	W
	2-6	L_Y	L_XL_X	$L_XL_XL_Y$	M (†)
	2-7	(L_YR_X)	L_XL_X	$(L_XL_XL_YR_X)$	M (†)
	2-8	(R_XR_X)	L_XL_X	$(L_XL_XR_XR_X)$	W (†)
$L_YR_X \times R_XR_XL_X$	3-1	R_X	R_X	R_XR_X	W (†)
	3-2	L_Y	R_X	L_YR_X	M
	3-3	(L_YR_X)	R_X	$(R_XR_XL_Y)$	M
	3-4	(R_XR_X)	R_X	$(R_XR_XR_X)$	W (†)

Kombination		Gameten		F_1-Generation	
M × W	ID	Spermium	Eizelle	Zygote	Geschlecht
$L_YR_X \times R_XR_XL_X$	3-5	R_X	(R_XR_X)	$(R_XR_XR_X)$	W (†)
	3-6	L_Y	(R_XR_X)	$(R_XR_XL_Y)$	M
	3-7	(L_YR_X)	(R_XR_X)	$(R_XR_XR_xL_Y)$	M (†)
	3-8	(R_XR_X)	(R_XR_X)	$(R_XR_XR_XR_X)$	W (†)
$L_XL_YR_X \times L_XR_Y$	4-1	L_X	R_X	L_XR_X	W
	4-2	L_Y	R_X	L_YR_X	M
	4-3	(L_XL_Y)	R_X	$(L_XL_YR_X)$	M
	4-4	L_X	L_XR_X	$L_XL_XR_X$	W
	4-5	L_Y	L_XR_X	$L_XL_YR_X$	M
	4-6	(L_XL_Y)	L_XR_X	$(L_XL_XL_YR_X)$	W (†)
	4-7	L_X	(R_XR_X)	$(R_XR_XL_X)$	W
	4-8	L_Y	(R_XR_X)	$(R_XR_XL_Y)$	M
	4-9	(L_XL_Y)	(R_XR_X)	$(L_XL_YR_XR_X)$	M (†)
$L_XL_YR_X \times L_XL_XR_X$	5-1	L_X	L_X	L_XL_X	W (†)
	5-2	L_Y	L_X	L_XL_Y	M (†)
	5-3	(L_XL_Y)	L_X	$(L_XL_XL_Y)$	M (†)
	5-4	L_X	L_XL_X	$(L_XL_XL_X)$	W (†)
	5-5	L_Y	L_XL_X	$(L_XL_XL_Y)$	M (†)
	5-6	(L_XL_Y)	L_XL_X	$(L_XL_XL_XL_Y)$	M (†)
$L_XL_YR_X \times R_XR_XL_X$	6-1	L_X	R_X	L_XR_X	W
	6-2	L_Y	R_X	L_YR_X	M
	6-3	(L_XL_Y)	R_X	$(L_XL_YR_X)$	M
	6-4	L_X	(R_XR_X)	$(R_XR_XL_X)$	W
	6-5	L_Y	(R_XR_X)	$(R_XR_XL_Y)$	M
	6-6	(L_XL_Y)	(R_XR_X)	$(L_XL_YR_XR_X)$	M (†)
$R_XR_XL_Y \times L_XR_X$	7-1	R_X	R_X	R_XR_X	W (†)
	7-2	(R_XR_X)	R_X	$(R_XR_XR_X)$	W (†)
	7-3	R_X	L_XR_X	$R_XR_XL_X$	W
	7-4	(R_XR_X)	L_XR_X	$(R_XR_XR_XL_X)$	W (†)

Forts. Tab. 29

Kombination		Gameten		F_1-Generation	
M × W	ID	Spermium	Eizelle	Zygote	Geschlecht
$R_XR_XL_Y$ × $L_XL_XR_X$	8-1	R_X	L_X	L_XR_X	W
	8-2	(R_XR_X)	L_X	$(R_XR_XL_X)$	W
	8-3	R_X	L_XL_X	$L_XL_XR_X$	W
	8-4	(R_XR_X)	L_XL_X	$(L_XL_XR_XR_X)$	W (†)
$R_XR_XL_Y$ × $R_XR_XL_X$	9-1	R_X	R_X	R_XR_X	W (†)
	9-2	(R_XR_X)	R_X	$(R_XR_XR_X)$	W (†)
	9-3	R_X	(R_XR_X)	$(R_XR_XR_X)$	W (†)
	9-4	(R_XR_X)	(R_XR_X)	$(R_XR_XR_XR_X)$	W (†)

zu Recht darauf hin, dass für eine umfassende Analyse von Populationsstrukturen und populationsdynamischen Prozessen nicht nur fortpflanzungsfähige Individuen betrachtet werden sollten, sondern auch die in einer Population gebildeten Gameten und die aus den Zygoten hervorgehenden Entwicklungsstadien (Embryonen, Larven, Metamorphoslinge).

Häufig finden sich in kleineren oder neu entstandenen Gewässern wie Tümpeln, Feldsöllen, Grubengewässern oder Gartenteichen Ansammlungen von Teichfröschen, die hier jedoch keine stabilen Populationen bilden, was bereits an den geringen Individuenzahlen und wenigen Nachkommen sichtbar ist. Über die weitere Entwicklung solcher Gründerpopulationen entscheiden vermutlich einzelne oder nur wenige Paarungen zwischen genetisch kompatiblen Genotypen und darüber hinaus auch die Anzahl der aus benachbarten Populationen regelmäßig einwandernden Individuen (BERGER 1988). Aber auch bei individuenstärkeren Aggregationen kann nicht zwingend von reproduktionsfähigen Populationen ausgegangen werden, insbesondere wenn in unmittelbarer Nachbarschaft Populationen des L-E- oder R-E-Systems vorkommen, die eine kontinuierliche Reproduktion der Hybridform gewährleisten (siehe BERGER 1990).

Der oft geringe Reproduktionserfolg reiner *esculentus*-Populationen ist nicht nur auf die bereits erwähnten Fertilitätsstörungen vieler Hybridmännchen zurückzuführen, sondern auch auf Fertilitätsmängel der Weibchen (GÜNTHER 1973, SCHULZ 1973, OGIELSKA und WAGNER 1993, OGIELSKA 1994a, DEDUKH et al. 2019). Es ist daher fraglich, ob die für den Teichfrosch ermittelten, im Vergleich zu seinen Elternarten im Durchschnitt höheren Eizahlen pro Weibchen (BERGER und UZZELL 1980, REYER et al. 1999; siehe auch Kapitel „*Pelophylax esculentus*“) den Reproduktionserfolg positiv beeinflussen, wie verschiedentlich angenommen wurde (z. B. HELLRIEGEL und REYER 2000, ENGELER und REYER 2001), zumal diese Zahlen in vielen Populationen wesentlich geringer ausfallen dürften (BERGER 1990). Auch muss die Eizahl nicht zwangsläufig mit dem Reproduktionserfolg in Zusammenhang stehen, da ein großer Teil des abgelegten Laichs entweder nicht befruchtungsfähig ist oder viele Embryonen und Larven bereits in frühen Entwicklungsstadien sterben (EIKHORST 1984, BERGER 1988, CHRISTIANSEN et al. 2005). Untersuchungen an dänischen Hybridpopulationen ergaben, dass sich nur aus 37 % der Eier Jungfrösche entwickelten, die gesund erschienen, wobei bezüglich des Entwicklungserfolgs erhebliche Unterschiede zwischen einzelnen Laichballen zu verzeichnen waren. Unter den Individuen, die im Zeitraum zwischen Gastrulation und Metamorphose starben, befanden sich neben den elterlichen Genotypen (17 %) vor allem aneuploide Genotypen (mindestens 25 %) und zu einem geringen Anteil auch tetraploide Larven (CHRISTIANSEN et al. 2005).

Die aus dem hohen Heterozygotiegrad resultierende ökologische Plastizität (GÜNTHER 1974) und eine damit verbundene, im Vergleich zu *P. lessonae* und *P. ridibundus* größere Toleranz gegenüber pessimalen Umweltbedingungen (SEMLITSCH und REYER 1992a), ermöglichen der Hybridform, Habitate zu besiedeln und Populationen in Gebieten zu etablieren, in denen die Elternarten keine geeigneten Lebensbedingungen vorfinden, z. B. in Siedlungsbereichen und strukturarmen Agrarlandschaften. Denkbar wäre, dass anthropogen bedingte Landschaftsveränderungen der Hybridform weniger schaden als ihren Elternarten und die Entstehung reiner Hybridpopulationen unter bestimmten Umständen sogar begünstigen könnten (BERGER 1987).

Pelophylax esculentus (Linnaeus, 1758) – Teichfrosch

Von

Jörg Plötner, Spartak N. Litvinchuk und Leo J. Borkin

Einführung. *Pelophylax esculentus* ist eine Hybridform, die ursprünglich aus Kreuzungen zwischen *Pelophylax ridibundus* (Genotyp RR) und *Pelophylax lessonae* (Genotyp LL) hervorgegangen ist und sich aufgrund ihrer hybridogenetischen Reproduktionsmodi durch Rückkreuzungen mit nur einer Elternart oder homotypische *esculentus*-Kreuzungen reproduzieren kann (siehe Kapitel „Vererbungsmodi hybridogenetischer Hybriden"). Neben diploiden Hybriden (Genotyp LR) leben in vielen Populationen auch triploide Teichfrösche, die entweder zwei L-Genome und ein R-Genom (Genotyp LLR) oder zwei R-Genome und ein L-Genom (Genotyp RRL) besitzen. Tetraploide Hybriden kommen äußerst selten vor, Nachweise gelangen in der östlichen Ukraine (Borkin et al. 2004, 2005b), der Slowakei (Pruvost et al. 2013a), Schweden (Arioli 2007, Jakob 2007, Jakob et al. 2010), Dänemark, Polen, Deutschland (Hoffmann et al. 2015) und Lettland (Borkin et al. 1979). Darüber hinaus wurden Individuen gefunden, die sich offensichtlich nicht hybridogenetisch fortpflanzten, z. T. steril waren oder rekombinierte Genome besaßen (Günther et al. 1991, Arioli 2007, Jakob 2007, Christiansen et al. 2005, Übersicht bei Plötner 2005). Die hohe genetische Variabilität von *P. esculentus* spiegelt sich u. a. in seiner Morphologie und seinen Reproduktionsmodi wider (siehe Kapitel „Populationssysteme und Populationsgenetik"). Aus wissenschaftlicher Sicht wäre es deshalb sinnvoll, die einzelnen Genotypen (LR, LLR, RRL, LLRR) separat zu betrachten. Eine solche Vorgehensweise ist hier leider nur ausnahmsweise möglich, da selbst in neueren Arbeiten keine Genotypisierungen erfolgten und deshalb oft unklar ist, um welche Genotypen es sich im konkreten Fall handelte. Sofern nur die äußere Morphologie berücksichtigt wurde, können selbst Verwechslungen zwischen *P. esculentus* und seinen Elternarten nicht ausgeschlossen werden, da die Wertebereiche (Min.–Max.) bestimmter Merkmale zwischen der Hybridform (insbesondere triploiden Genotypen) und ihren Elternarten überlappen können (z. B. Lada et al. 1995, Borissovsky et al. 2000, Ruchin et al. 2005a, Tecker et al. 2017, eigene Daten). Abschließend ist noch darauf hinzuweisen, dass in vielen Veröffentlichungen nicht zwischen *P. esculentus*, *P. lessonae* und *P. ridibundus* differenziert wurde, sondern lediglich von „Wasser- oder Grünfröschen" die

Rede ist, und deshalb in solchen Fällen nicht gesagt werden kann, um welche Formen es sich tatsächlich handelte.

Diagnose. *Pelophylax esculentus* zeigt eine hohe Variation in den äußeren morphologischen Merkmalen, vor allem der Färbung. Der Kopf ist ca. 2,6 bis 2,7-mal kleiner als der Rumpf, das Verhältnis zwischen Oberschenkel (Femur) und Schienbein (Tibia) variiert zwischen 0,8 und 1,6. Der Fersenhöcker (Callus internus) ist in der Regel gewölbt, jedoch nie halbkreisförmig, mitunter auch flach und dreieckförmig. Sein höchster Punkt ist nach distal verschoben, das Verhältnis zwischen Fersenhöcker und 1. Zehe (Digitus primus) liegt zwischen 1,3 und 3,0. Die Haut ist mehr oder weniger glatt. Die Schnauze läuft spitz zu. Wenn die Schienbeine senkrecht zur Körperachse positioniert werden, berühren sich die Fersen oder überlappen leicht. Die Rückenfärbung variiert von gelblich grün über grün bis braun, häufig sind dunkle (oft scharfrandige) Flecken oder kleinere Punkte ausgeprägt. Eine Vertebrallinie ist bei vielen Tieren vorhanden, die dorsolateralen Drüsenleisten sind im Allgemeinen gut sichtbar. Die Bauchseite ist weißlich oder gräulich gefärbt, oft weist sie ein graues oder schwärzliches Fleckenmuster auf. Im Vergleich zu den Weibchen besitzen männliche Tiere paarige, hell- bis dunkelgrau gefärbte Schallblasen und dunkle Daumenschwielen am ersten Finger der Vorderextremitäten.

Synonyme. Die hier aufgeführte Liste enthält sowohl echte Synonyme als auch eine Kombination von Artepitheta mit verschiedenen Gattungs- und Untergattungsnamen. Eine detaillierte nomenklatorische Analyse findet sich bei DUBOIS und OHLER (1994a, b) und FROST (2021).

Rana esculenta Linnaeus, 1758: 212. Lektotypus: adultes Weibchen, abgebildet in ROESEL VON ROSENHOF (1758) im unteren Teil von Tafel 13 unter dem Namen *Rana viridis aquaticae*, festgelegt durch DUBOIS und Ohler (1994a: 149). Bei dem einzigen noch verfügbaren Individuum aus der Typenserie (Nr. 136 nach WALLIN 2001: 12) handelt es sich um *Rana arvalis* (LÖNNBERG 1896, ANDERSSON 1900). – Terra typica restricta: Nürnberg [49°27'N, 11°04'O], Bayern, Deutschland, durch Festlegung eines Lektotypus (DUBOIS und OHLER 1994a). MERTENS und MÜLLER (1928: 19) grenzten die Typuslokalität auf Mitteldeutschland und Nürnberg ein, ohne jedoch ein namensgebendes Typusexemplar zu benennen.

Rana viridis Garsault, 1764: pl. 671. – Terra typica: Keine Angaben, vermutlich stammten die Tiere aus der Region Paris, Frankreich. DUBOIS und BOUR (2010: 27) argumentieren, dass *Rana viridis* Garsault, 1764 ein neuer Name ist und nicht eine spätere Verwendung des Namens *Rana viridis* Linnaeus, 1761.

Rana vulgaris Lacépède, 1788 [in 4°]: Synopsis methodica, [t.2, in 12°]: 457. Nomen novum für *Rana esculentus* LINNAEUS, 1758 (BONNATERRE 1789:

4, MERTENS und WERMUTH 1960: 54, DUBOIS und OHLER 1994a: 149). Nomen nicht verfügbar, da dieser Name in einer nicht der binominalen Nomenklatur folgenden Arbeit von ANONYMOUS (2005: 55) publiziert wurde. Im Übrigen verwendet LACÉPÈDE (1788: 503, in 4°) in seinem Text „La Grenouille commune“ den Namen *Rana esculenta* L..

Rana vulgaris Bonnaterre, 1789: 3. Nomen novum für *Rana esculentus* LINNAEUS, 1758. Da LACÉPÈDE (1788) anstelle lateinischer französische Artnamen verwendete, wurde sein Buch in das offizielle Verzeichnis abgelehnter und ungültiger Arbeiten der zoologischen Nomenklatur aufgenommen.

Rana viridis Eichwald, 1830: 234. Typusmaterial: Keine Angabe. – Terra typica: Wolhynien und Podolien, West-Ukraine. Nomen nudum (DUBOIS und OHLER 1994a: 156).

Rana viridis Duméril und Bibron, 1841: 343; nec *Rana viridis* LINNAEUS, 1761: 102; nec *Rana viridis* EICHWALD, 1830: 234. Namensgebender Typus. Lektotypus: adultes Weibchen, abgebildet in ROESEL VON ROSENHOF (1758) im unteren Teil von Tafel 13 unter dem Namen *Rana viridis aquaticae*, festgelegt durch DUBOIS und OHLER (1994a: 149). – Terra typica restricta: Nürnberg [49°27‘N, 11°04‘E], Bayern, Deutschland, festgelegt durch Bestimmung eines Lektotypus (DUBOIS und OHLER 1994a: 160). Nomen oblitum.

Pelophylax (*Pelophylax*) *esculentus* – FITZINGER (1843: 31).

Rana esculenta var. *lineata* Massalongo, 1854: 427; nec *Rana lineata* Schneider, 1799: 138. Typusmaterial: unbekannt. – Terra typica: Provinz Verona [45°27’N, 11°00’O], Veneto, Italien. Name besetzt durch *Rana lineata* Schneider, 1799: 138 (= *Lithodytes lineatus*). Subjektives Juniorsynonym von *Pelophylax esculentus* Linnaeus, 1758 (MERTENS und WERMUTH 1960: 54, DUBOIS und OHLER 1994a: 161).

Rana esculenta var. *vulgaris* Massalongo, 1854: 427; nec *Rana vulgaris* Lacépède, 1788: 457. Typusmaterial: unbekannt. – Terra typica: Provinz Verona [45°27’N, 11°00’O], Veneto, Italien. Name besetzt durch *Rana vulgaris* Lacépède, 1788. Subjektives Juniorsynonym von *Pelophylax esculentus* Linnaeus, 1758 (DUBOIS und OHLER 1994a: 161).

Rana esculenta var. *marmorata* Massalongo, 1854: 427; nec *Rana marmorata* Hallowell, 1861: 500; nec *Rana temporaria* var. *marmorata* Werner, 1897: 92. Typusmaterial: unbekannt. – Terra typica: Provinz Verona [45°27’N, 11°00’O], Veneto, Italien (MERTENS und WERMUTH 1960: 54). Zur Stabilisierung der Nomenklatur schlagen DUBOIS und OHLER (1994a: 161) vor, den Namen als subjektives Juniorsynonym von *Pelophylax esculentus* Linnaeus, 1758 zu behandeln und einen Neotypus festzulegen, da in der Provinz Verona zwei Wasserfroschtaxa (*Pelophylax lessonae* und *P. esculentus*) vorkommen. Juniorhomonym von *Rana marmorata* Fermin, 1765: 14.

Seniorhomonym von *Rana marmorata* Hallowell, 1861: 500 (= *Pelophylax nigromaculatus*).

Rana esculenta var. *roseo-virescens* Massalongo, 1854: 427. Typusmaterial: unbekannt. – Terra typica: Provinz Verona [45°27'N, 11°00'O], Veneto, Italien (MERTENS und WERMUTH 1960: 54). Zur Stabilisierung der Nomenklatur schlagen DUBOIS und OHLER (1994a: 161) vor, den Namen als subjektives Juniorsynonym von *Pelophylax esculentus* Linnaeus, 1758 zu behandeln und einen Neotypus festzulegen (siehe *Rana esculenta* var. *marmorata*).

Rana agrorum Gistel, 1868: 165. Typusmaterial: unbekannt. – Terra typica: keine Angaben, Typuslokalität durch DUBOIS und OHLER (1994a: 164) auf Deutschland begrenzt ohne Festlegung eines namensgebenden Typusexemplars. Zur Stabilisierung der Nomenklatur schlagen DUBOIS und OHLER (1994a: 161) vor, einen Neotypus aus Stuttgart oder Leipzig festzulegen, da diese Lokalitäten in der Arbeit von Gistel explizit erwähnt werden.

Rana esculenta var. *typicus* – KOCH (1872: 150).

Rana esculenta viridis – LATASTE (1880: 61).

Rana esculenta var. *viridis* – CAMERANO (1882: 686).

Rana esculenta forma typica – BOULENGER (1884: 221).

Rana (*Baliopygus*) *viridis* – SCHULZE (1891: 177).

Rana esculenta var. *concolor* Prazák, 1898: 208. Typusmaterial: nicht festgelegt. – Terra typica: Kroatien (zitiert in SCHREIBER 1875: 118 für seine *Rana esculenta* var. e, auf der *Rana esculenta* var. *concolor* basiert).

Rana esculenta var. *immaculata* Prazák, 1898: 208. Typusmaterial: nicht festgelegt. – Terra typica: Nicht benannt, wahrscheinlich Böhmen, Tschechische Republik.

Rana esculenta var. *grisescens* Prazák, 1898: 208. Typusmaterial: nicht festgelegt. – Terra typica: Nicht benannt, wahrscheinlich Böhmen, Tschechische Republik.

Rana esculenta var. *rubiginosa* Prazák, 1898: 209. Typusmaterial: nicht festgelegt. – Terra typica: Nicht benannt, wahrscheinlich Böhmen, Tschechische Republik (basierend auf SCHREIBER 1875: 119 *Rana esculenta* var. t).

Rana (*Rana*) *esculenta* – BOULENGER (1920: 9).

Rana esculenta esculenta – TERENTJEV (1923: 35).

Rana esculenta var. *hungarica* Toutain, 1966: 180–181. Typusmaterial: nicht benannt. – Terra typica: wahrscheinlich Ungarn. Nomen nudum. Der Name hat keine nomenklatorische Relevanz, da er nach 1961 geprägt wurde. Zur Stabilisierung der Nomenklatur synonymisieren DUBOIS und OHLER (1994b: 207) den Namen mit *Rana esculentus* Linnaeus, 1758.

Rana kl. *esculenta* – DUBOIS und GÜNTHER (1982: 290).

Rana (*Pelophylax*) kl. *esculenta* – DUBOIS (1992: 332).

Aus nomenklatorischer Sicht offenbaren sich zwei grundlegende Probleme. Erstens beschrieb LINNAEUS (1758: 212) *Rana esculenta* ohne Angaben zur Anzahl und Herkunft der von ihm untersuchten Exemplare. Auch seine Angaben zur Typuslokalität „Habitat in Europae fontibus" (fons, fontis – Quelle) sind sehr vage. Zweitens handelt es sich bei dem einzigen noch existierenden Individuum, das LINNAEUS für seine Artbeschreibung zur Verfügung stand, um ein Exemplar des Moorfroschs, *Rana arvalis* NILSSON, 1842; dieses befindet sich in der Zoologischen Sektion der Universität Uppsala (LÖNNBERG 1896: 35, eigene Daten). In seiner kurzen Artbeschreibung nahm LINNAEUS (1758: 212) jedoch Bezug auf die Beschreibung und Abbildung von *Rana viridis aquaticae* in ROESEL VON ROSENHOF (1758). Zur Stabilisierung der Nomenklatur legten DUBOIS und OHLER (1994a: 143 und 149, Abb. 5) entsprechend der Richtlinien des internationalen Codes für Zoologische Nomenklatur (Artikel 72.5.6 und 74.4) ein im unteren Teil von ROESEL VON ROSENHOFs Tafel 13 abgebildetes adultes Weibchen als Lektotypus von *Pelophylax esculentus* fest und grenzten die Typuslokalität auf Nürnberg (Deutschland) ein. Da ROESEL VON ROSENHOF in seinem wundervoll illustrierten Werk keine binären Namen verwendete, stehen die von ihm vergebenen Namen nicht für nomenklatorische Zwecke zur Verfügung.

FITZINGER (1843: 31) bezeichnete *Pelophylax* (*Rana*) *esculentus* als die Typusart („Typus") der Gattung (und Untergattung) *Rana* (*Pelophylax*). STEJNEGER (1907: 93) designierte *Rana esculenta* als Typusart („Typ") der Untergattung *Baliopygus* SCHULZE, 1891 „1890". Eine solche Bezeichnung wurde jedoch von DUBOIS und OHLER (1994a: 183) abgelehnt, weil SCHULZE (1891: 177) *Pelophylax esculentus* nicht unter den Arten dieses supraspezifischen Taxons aufführte.

DUMÉRIL und BIBRON (1841: 343) benutzten in ihrer „Erpétologie générale" den Namen „*Rana viridis*. Roësel" für ihren „La Grenouille verte". Aufgrund der sich aus den Nomenklaturregeln ergebenden Unzulässigkeit des von ROESEL VON ROSENHOF (1758) vergebenen Namens sollte die Urheberschaft dieser „*Rana viridis*" jedoch auf diese berühmten französischen Herpetologen übertragen werden. Wie im Fall von *Pelophylax esculentus* bezeichneten DUBOIS und OHLER (1994a: 143 und 149, Abb. 5) adulte Weibchen, die im oberen Teil von ROESEL VON ROSENHOFs Tafel 13 dargestellt sind, als Lektotypus von *Rana viridis* Duméril et Bibron, 1841 mit Nürnberg als Typuslokalität. Dadurch wurde dieser Name zu einem objektiven Juniorsynonym für *Pelophylax esculentus* Linnaeus, 1758.

Offensichtlich basierend auf der von MERTENS und WERMUTH (1960: 54–55) für *Rana esculenta* im weiteren Sinne, einschließlich *Rana lessonae*, publizierten Synonymieliste, nennt GÜNTHER (1990: 154) *Rana alpina* Risso, 1826, *Rana maritima* Risso, 1826, *Rana esculenta* var. *sylvatica* Koch, 1872 und *Rana fluviatilis* Bonaparte, 1840 als Synonyme von *Rana esculentus* Linnaeus, 1758. Während *Rana fluviatilis* möglicherweise ein Synonym von *Rana hispanica* Bonaparte, 1839 ist (DUBOIS und OHLER 1994a: 159), schlugen DUBOIS und OHLER (1994a: 155) vor, dass *Rana alpina* Risso, 1826 (nec *Rana alpina* Laurenti, 1768) aufgrund RISSO's (1826: 93) Beschreibung der Färbungsmerkmale und der räumlichen Verbreitung (alpine Seen in den Alpes-Maritimes) faktisch *Rana temporaria* Linnaeus, 1758 zugeordnet werden sollte. *Rana esculenta* var. *sylvaticus* Koch, 1872 (nec *Rana sylvatica* Le Conte, 1825) wird als subjektives Seniorsynonym von *Rana lessonae* Camerano, 1882 angesehen (DUBOIS und OHLER 1994a: 165).

An dieser Stelle soll nicht unerwähnt bleiben, dass die Synonymie von *P. esculentus* (und anderer Wasserfroschformen) mit Vorbehalt zu betrachten ist, da Typusexemplare in vielen Fällen fehlen und, sofern vorhanden, bislang nicht mittels molekularer Techniken untersucht wurden, um ihren Hybrid- oder Artstatus belegen zu können. Die meisten der im 19. und frühen 20. Jahrhundert beschriebenen Formen wurden oft nur nach Färbungsmerkmalen oder auf der Grundlage ihrer geografischen Herkunft differenziert, viele der in dieser Zeit tätigen Naturforscher verwendeten den Namen *Rana esculenta* für alle Wasserfrösche, die im klimatisch gemäßigten (paläarktischen) Eurasien verbreitet waren.

Der systematische Status von *P. esculentus* ist nicht unumstritten. Einige Zoologen betrachten *P. esculentus* als eigenständiges, seit mehreren Tausend Jahren bestehendes Taxon (BÖHME und GÜNTHER 1979), dass sich – im Gegensatz zu Mendelischen Hybriden wie beispielsweise Mischlingen zwischen Raben- und Nebelkrähe (*Corvus corone* und *Corvus cornix*) – durch Rückkreuzungen mit nur einer Elternart oder auch homotypische Kreuzungen (*esculentus* × *esculentus*) reproduziert. Einigkeit herrscht, dass es sich bei *P. esculentus* um keine Art im Sinne des Biologischen oder Evolutionären Artkonzepts handelt, sondern um eine Hybridform, die sich aufgrund ihrer weitgehend hybridogenetischen Reproduktionsmodi klar von Mendelischen Hybriden („normalen“ Artbastarden) unterscheidet (Übersicht bei GÜNTHER 1990, PLÖTNER 2005, siehe auch Kap. „Vererbungsmodi hybridogenetischer Hybriden“).

Um hybridogenetische Hybridformen von gewöhnlichen Hybriden nomenklatorisch zu differenzieren, führten DUBOIS und GÜNTHER (1982) das sogenannte Kleptonkonzept ein. Der Terminus „Klepton“ leitet sich vom griechischen Wort für Dieb ab, seine Verwendung im nomenklatorischen Kontext beruht auf dem Faktum, dass hybridogenetische Hybriden für die eigene Fortpflanzung die Gameten anderer Arten oder Formen benötigen, also quasi stehlen. Zur Kennzeichnung solcher Hybridformen wird zwischen Gattungs- und Artnamen das Kürzel „kl.“ eingefügt (z. B. *Pelophylax* kl. *esculentus*). Prinzipiell ist es nicht falsch, sich diesem Konzept anzuschließen, allerdings können innerhalb des Taxons *P. esculentus* neben hybridogenetischen seltener auch Mendelische Hybriden auftreten, die rekombinierte Genome besitzen (GÜNTHER 1975a, UZZELL et al. 1975, GÜNTHER und HÄHNEL 1976, TUNNER 1979, PAGANO et al. 1997, PLÖTNER und KLINKHARDT 1992, PAGANO und SCHMELLER 1998, SVININ et al. 2013, 2015, 2021). Die strikte Anwendung des Kleptonkonzepts würde somit konsequenterweise eine Differenzierung zwischen hybridogenetischen und nicht-hybridogenetischen Hybriden erfordern, was in der Praxis nicht durchführbar ist. Darüber hinaus fallen nach BOGART (2003) und FROST et al. (2006) Kleptons nicht unter die der zoologischen Systematik zugrundeliegenden, binären Nomenklatur und auch die Bestimmungen des Internationalen Codes der Zoologischen Nomenklatur (4. Ausgabe) gelten nicht für Namen von Hybriden (Artikel 1.3.3.3). Da jedoch nach Artikel 17.2 der Nomenklaturregeln Namen verwendet werden dürfen, die für Taxa vergeben wurden, die sich später als Hybridformen entpuppten, sollte nach unserem Verständnis *Pelophylax esculentus* (Linnaeus, 1758) als Name akzeptiert und verwendet werden. Aus unserer Sicht kann *P. esculentus* durchaus als eigenständige evolutionäre Linie angesehen werden, die sich am Beginn eines Speziationsprozesses befindet (Hybridspeziation, HOFFMANN et al. 2015), zumal das Areal von *P. esculentus* nicht deckungsgleich mit den Verbreitungsgebieten seiner Elternarten ist und hybridogenetische Teichfrösche unter bestimmten Voraussetzungen in der Lage sind, reine Hybridpopulationen zu bilden, sich also auch in Abwesenheit ihrer Elternarten reproduzieren können (siehe Kapitel „Populationssysteme und Populationsgenetik").

Englische Namen. Edible frog.

Beschreibung. Maße und Lebendmassen: Teichfrosch-Männchen können KRL von ca. 100 mm und Weibchen von 120 mm erreichen (GÜNTHER 1990, 1996a, eigene Daten). Nach GÜNTHER (1996a) liegt die KRL des größten Teils der adulten Männchen zwischen 55 und 75 mm, während weibliche Tiere gewöhnlich zwischen 65 und 85 mm lang sind. Wie bei ihren Elternarten korreliert auch bei der Hybridform die KRL mit dem Alter (OKULOVA et al. 1997, KURTYAK 2004b, SAVCHUK 2009, REMINNYI 2010, SOCHA und OGIELSKA 2010, Abb. 55). Geschlechtsspezifische Unterschiede sind gewöhnlich nur schwach ausgeprägt, im Mittel sind weibliche Tiere größer als männliche (BERGER 1977, LADA et al. 1995, RUCHIN et al. 2005a, KORSHUNOV 2010, PESKOV und PETRENKO 2014, PYSANETS 2014); in einigen Populationen (vor allem in der Ukraine) waren die Männchen mit Werten zwischen 55,5 und 84,5 mm im Mittel größer als die Weibchen, die zwischen 51,5 und 76,6 mm variierten (KURTYAK 2004a, MIKITINEZ und SURYADNA 2007, KORSHUNOV 2010, REMINNYI 2010, PESKOV et al. 2012, PESKOV und PETRENKO 2014). Als Maxima wurden hier 101 mm für Männchen und 102 mm für Weibchen ermittelt (SURYADNA 2005). In Russland variierten die mittleren KRL männlicher Tiere zwischen 63,3 und 75,8 mm und die der Weibchen zwischen 63,8 und 84,8 mm, die Maximalwerte betrugen 86,9 mm (Männchen) und 105,2 mm (Weibchen) (LADA et al. 1995, RUCHIN et al. 2005a, MILTO et al. 2022). An polnischen Tieren ermittelte Berger (1977) Wertebereiche von 54–115 mm (Weibchen) und 51–86 mm (Männchen).

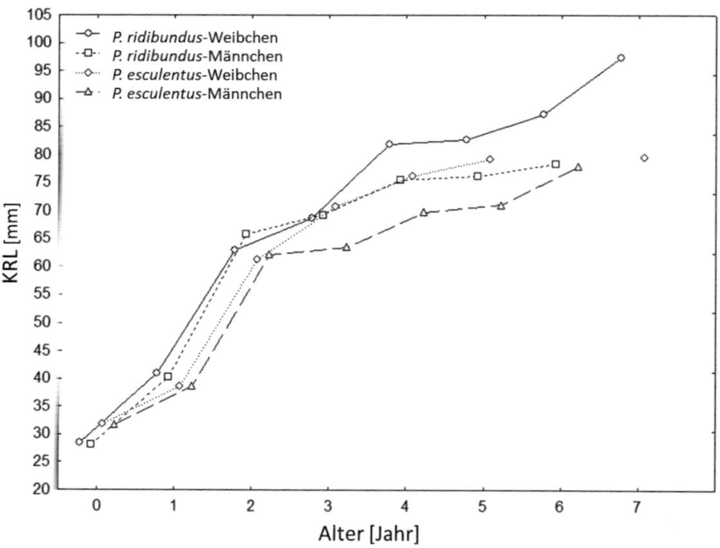

Abb. 55: Beziehung zwischen dem Alter und der Kopf-Rumpf-Länge (KRL) männlicher und weiblicher *P. esculentus* und *Pelophylax ridibundus*. Nach SOCHA und OGIELSKA (2010), verändert.

Die Lebendmasse (LM) korreliert ebenfalls mit dem Alter und damit auch der KRL der Individuen, weiterhin besteht eine Abhängigkeit vom Ernährungszustand, der Füllmenge des Magen-Darm-Trakts und bei Weibchen auch von der Ovarialmasse, die wie bei allen Wasserfröschen saisonalen Schwankungen unterliegt (eigene Daten). BERGER (1977) gibt für polnische Teichfrosch-Männchen (N = 31) die mittlere LM mit 30,7 g an (Wertebereich 15,0–54,0 g), für weibliche Tiere (N = 99) berechnete der Autor ein arithmetisches Mittel von 56,3 g, die Extrema betrugen 17,0 und 150,0 g. Als Maximalwerte nennt GÜNTHER (1996a) etwa 100 g für Männchen und 150 g für Weibchen. In der südlichen Ukraine variierte die LM der Männchen zwischen 16 und 52 g (arithmetisches Mittel = 27,9 g) und die der Weibchen zwischen 14 und 38 g (23,5 g) (MIKITINEZ und SURYADNA 2007).

Ä u ß e r e M e r k m a l e : Aufgrund ihrer überwiegend hybridogenetischen Reproduktionsmodi (vgl. Kapitel „Vererbungsmodi hybridogenetischer Hybriden“) liegen viele Merkmale des Teichfroschs im intermediären Bereich zwischen denen seiner Elternarten. Anhand des Fersenhöckers, dessen Form zwar gewölbt, in der Regel jedoch nicht symmetrisch wie bei *P. lessonae* geformt ist (vgl. Abb. 56), sowie auf der Basis verschiedener morphometrischer Indizes (Tab. 30), können die meisten Teichfrösche eindeutig von *P. lessonae* und *P. ridibundus* differenziert werden. Es treten jedoch auch immer wieder Exemplare auf, die morphologisch einer der Elternarten ähneln und nur mittels karyologischer, zytomorphologischer und/oder genetischer Methoden eindeutig bestimmt werden können. In solchen Fällen handelt es sich in der Regel um triploide Tiere, die entweder zwei Chromosomensätze des Kleinen Wasserfroschs (LL) und einen Chromosomensatz des Seefroschs (R) in ihren somatischen Zellen besitzen (sogenannte LLR-Hybriden), oder um Tiere, die zwei R-Chromosomensätze und einen L-Chromosomensatz haben (RRL-Hybriden) (siehe auch Kapitel „Populationssysteme und Populationsgenetik").

Bedingt durch sogenannte Gen-Dosis-Effekte weisen LLR-Genotypen oft einen *lessonae*-ähnlichen und RRL-Individuen einen *ridibundus*-ähnlichen Phänotyp auf (KIERZKOWSKI et al. 2011, TECKER et al. 2017, KRAGE 2022, KRAGE et al.

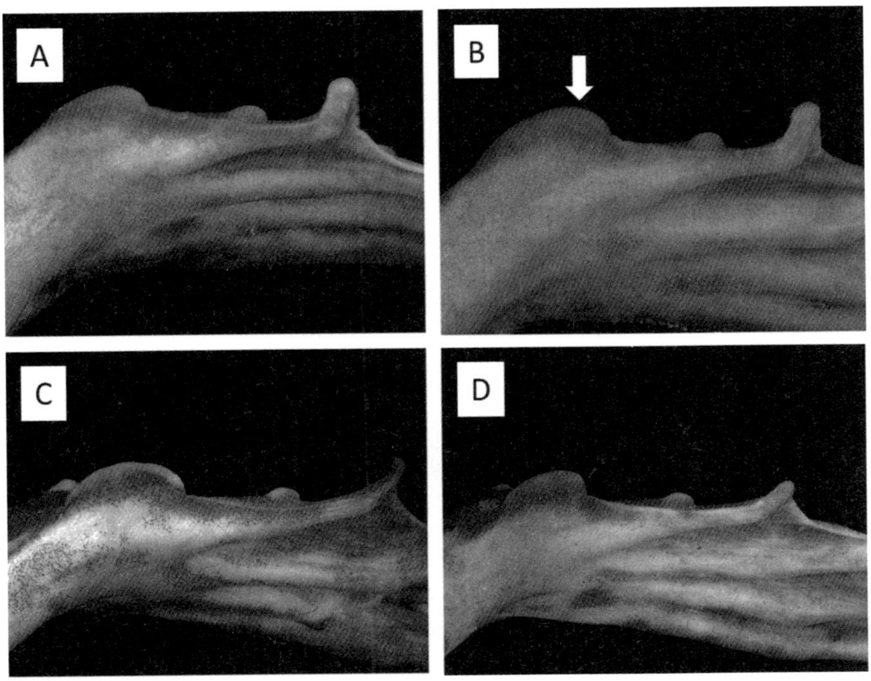

Abb. 56: Typische Ausprägungen des Fersenhöckers (Callus internus) bei *Pelophylax esculentus*. Der höchste Punkt (weißer Pfeil) ist gewöhnlich in Richtung Zehenspitze (distal) verschoben (Bild A, B und D). Bei manchen Tieren (vor allem LLR-Genotypen) ist der Fersenhöcker symmetrisch ausgebildet (Bild C), aber nur selten so stark gewölbt wie bei *P. lessonae*. Aus PLÖTNER (2010).

Tab. 30: Minimum–Maximum und arithmetisches Mittel ± Standardabweichung (in Klammern) morphometrischer Indizes diploider (LR) und triploider (LLR, RRL) Teichfrösche (*P. esculentus*). Länderkürzel: DE: Deutschland, PL: Polen, RO: Rumänien, RU: Russland. Morphometrische Parameter: KRL: Kopf-Rumpf-Länge, TL: Länge des Unterschenkels (Tibia), DPL: Länge der 1. Zehe (Digitus primus), CIL: Länge des Fersenhöckers (Callus internus). M: Männchen, W: Weibchen. k. A.: keine Angabe.

Genotyp	Herkunft	Geschlecht	KRL/CIL	DPL/CIL	TL/CIL	Referenz
LR	Ostseeküste (PL)	k. A.	k. A.	1,8–2,2 (2,1 ± 0,17)	6,8–8,8 (7,9 ± 0,55)	KIERZKOWSKI et al. (2011)
	Ostdeutschland	k. A.	10,1–22,3 (16,0)	1,3–2,9 (2,2)	6,2–10,6 (7,8)	PLÖTNER (2005)
	Westfalen (DE)	M	14,6–27,0 (18,2 ± 2,19)	1,8–4,0 (2,4 ± 0,38)	6,3–13,0 (8,4 ± 1,19)	SCHRÖER (1997)
		W	14,2–29,5 (18,8 ± 2,14)	1,7–3,7 (2,5 ± 0,36)	5,9–14,5 (8,7 ± 1,16)	
	Donau-Delta (RO)	k. A.	14,8–18,5 (17,4)	2,1–2,8 (2,4)	7,3–9,3 (8,6)	PLÖTNER (2005)
	Lettland	M	13,9–18,9 (16,1)	1,7–2,6 (2,2)	6,3–8,6 (7,3)	CAUNE und BORKIN (1993)
	Südliche Ukraine	k. A.	k. A.	1,4–3,0 (2,0)	5,2–10,7 (7,4)	SURYADNA (2005)
	Zentrale Schwarzerde Region (RU)	k. A.	14,5–18,7 (15,0)	1,6–2,7 (2,2)	5,7–9,1 (7,2)	LADA et al. (1995)
	Udmurtien (RU)	k. A.	12,9–16,6 (14,7 ± 0,35)	1,9–2,2 (2,0 ± 0,04)	6,4–8,0 (7,1 ± 0,18)	BORISSOVSKY et al. (2000)

	Mordwinien (RU)	M	k. A.	1,8–2,5 (2,2 ± 0,05)	6,4–8,1 (7,5 ± 0,13)	RUCHIN et al. (2005a)
LR		W	k. A.	2,2–2,4 (2,3 ± 0,05)	7,2–8,1 (7,7 ± 0,19)	
	Wolga (RU)	k. A.	13,2–17,7 (15,0 ± 0,13)	1,7–2,4 (2,1 ± 0,02)	6,6–8,7 (7,4 ± 0,06)	SVININ et al. (2021)
LLR	Ostseeküste (PL)	k. A.	k. A.	1,6–2,3 (k. A.)	5,9–9,1 (k. A.)	KIERZKOWSKI et al. (2011)
	Münsterland (DE)	M	14,9–15,8 (15,1 ± 0,45)	1,7–2,4 (2,1 ± 0,30)	6,0–8,2 (7,2 ± 1,04)	TECKER et al. (2017)
		W	14,2–18,0 (16,3 ± 1,90)	2,0–3,5 (2,6 ± 0,77)	7,5–8,7 (8,1 ± 0,61)	
RRL	Ostseeküste (PL)	k. A.	k. A.	1,9–2,8 (2,3 ± 0,23)	6,6–9,7 (8,3 ± 0,95)	KIERZKOWSKI et al. (2011)
	Münsterland (DE	M	19,7	3,0	9,7	TECKER et al. (2017)
		W	18,2–19,8 (19,0 ± 1,14)	2,9–3,0 (3,0 ± 0,06)	9,7–10,4 (10,1 ± 0,51)	

2022), da bei triploiden Genotypen eines der beiden elterlichen Genome zweifach vorhanden ist und somit auch die artspezifischen Allelprodukte (Proteine, spezifische RNAs) in höherer Konzentration (theoretisch im Verhältnis 2:1) vorliegen sollten. So haben LLR-Individuen häufig einen relativ großen, mitunter auch symmetrisch geformten Fersenhöcker und während der Paarungszeit eine gelblich gefärbte Oberseite (TECKER et al. 2017, KRAGE 2022, KRAGE et al. 2022). Darüber hinaus sind solche Tiere oft kleinwüchsiger als diploide Teichfrösche (LR) und ihr Paarungsruf kann Ähnlichkeiten mit dem von *P. lessonae* aufweisen (HOFFMANN und REYER 2013). In Analogie zu LLR-Individuen zeigen RRL-Individuen oft einen seefroschähnlichen Phänotyp (KORSHUNOV 2010, KRAGE 2022), da hier *ridibundus*-spezifische Allele im Verhältnis 2:1 dominieren und folglich mehr Seefrosch-spezifische Genprodukte gebildet werden. Auf Gen-Dosis-Effekten beruhende Merkmalsausprägungen dürften die Hauptursache für Fehlbestimmungen sein, d. h. Verwechslungen zwischen LLR-Individuen und *P. lessonae* bzw. RRL-Individuen und *P. ridibundus*.

Da nicht alle triploiden Teichfrösche klar ausgeprägte bzw. quantifizierbare Gen-Dosis-Effekte zeigen, ist es nicht möglich, den Genotyp triploider Tiere allein auf der Grundlage der äußeren Morphologie zu bestimmen (PLÖTNER 1991, 2010, PLÖTNER et al. 1994, KIERZKOWSKI et al. 2011, 2013, TECKER et al. 2017, KRAGE 2022, KRAGE et al. 2022). TUNNER (2000) beschreibt Triploide, bei denen Merkmale des Kleinen Wasserfroschs mit typischen Seefrosch-Merkmalen kombiniert waren. Diese Tiere besaßen einen großen, an *P. lessonae* erinnernden Fersenhöcker, entsprachen in der Körperlänge aber eher *P. ridibundus*. Während der Fortpflanzung waren sie gelbgrün gefärbt, ähnlich den *P. lessonae*-Männchen; im Spätsommer, Herbst und vor allem nach der Winterruhe waren sie auf den ersten Blick jedoch kaum von Seefröschen zu unterscheiden. Gegen einen generellen Gen-Dosis-Effekt spricht ebenfalls die Tatsache, dass bei verschiedenen morphometrischen Indizes, die eine klare Differenzierung zwischen *P. lessonae* und *P. ridibundus* ermöglichen (Tab. 30), mehr oder weniger große Überschneidungen zwischen den Werten diploider und triploider *P. esculentus* sichtbar sind (GÜNTHER 1975b, PLÖTNER 1991, PLÖTNER et al. 1994, TECKER et al. 2017, KRAGE 2022, KRAGE et al. 2022). Die Ergebnisse der von KORSHUNOV (2010) durchgeführten statistischen Analysen der KRL ließen ebenfalls keine klaren Gen-Dosis-Effekte erkennen: So waren sowohl bei den Männchen als auch den Weibchen nicht die RRL-, sondern die LR-Individuen im Mittel am längsten (LR-Männchen: $\bar{x} = 66,6$ mm, Min. = 47,3 mm, Max. = 82,1 mm; LR-Weibchen: $\bar{x} = 72,2$ mm, Min. = 54,3 mm, Max. = 91,3 mm). Die RRL-Individuen lagen mit Werten von 56,4–75,5 mm ($\bar{x} = 65,7$ mm) für die Männchen und 50,4–74,2 mm ($\bar{x} = 65,8$ mm) für die Weibchen im intermediären Bereich, während die LLR-Individuen erwartungsgemäß am kleinsten waren (Männchen: $\bar{x} = 55,5$ mm, Min. = 52,8 mm, Max. = 58,9 mm; Weibchen: $\bar{x} = 64,6$ mm, Min. = 47,9 mm, Max. = 80,0 mm). Auch osteologische Merkmale, speziell die Ausprägung der Frontoparietalia und Ilia, erlauben keine Differenzierung zwischen diploiden und triploiden Hybriden (BÖHME und GÜNTHER 1979).

Färbung: Die dorsale Färbung ist bei Teichfröschen sehr variabel: neben grünen, hellbraunen, beigen, gräulichen, bräunlich grünen und olivgrünen kommen auch blaue und goldfarbene Tiere vor (GÜNTHER 1990, NEKRASOVA 2002a, MIKITINEZ und SURYADNA 2007, FAYZULIN et al. 2013b, KUZMIN 2013, eigene Daten). Bei Tieren mit braunen bzw. bronzefarbenen Oberseiten sind häufig auch grün gefärbte Partien am Kopf oder an den Körperseiten sichtbar. In der Südukraine hatten die meisten Teichfrösche hellbraune (35 %) und beige (26 %) Dorsalfärbungen (MIKITINEZ und SURYADNA 2007). In der Nordukraine war bei 59,6 % der untersuchten Individuen die Oberseite grün gefärbt, 38,6 % hatten eine grünbraune und 1,8 % eine braune Färbung (NEKRASOVA 2002a). In der russischen Republik Mari El zeigten 70,2 % der Männchen und 62,5 % der Weibchen eine grüne Färbung. Unter den Männchen befanden sich weiterhin 16,4 % grünbraune und 13,4 % braune Phänotypen, für die Weibchen betrugen die korrespondierenden Werte jeweils 18,75 % sowohl für grünbraune als auch braune Phänotypen (SVININ 2016).

Die meisten Teichfrösche besitzen einen mehr oder weniger stark ausgeprägten Dorsal- oder Vertebralstreifen, der von der Schnauze bis zur Kloake verläuft. Nach BERGER und ŚMIEŁOWSKI (1982) wird dieses Merkmal von einem autosomalen Gen codiert und offensichtlich von einem Allel gesteuert, das dominant vererbt wird, d.h. Tiere, die dieses Allele besitzen, haben auch einen Vertebralstreifen. In Lettland besaßen 67 % der Teichfrösche einen Vertebralstreifen (BORKIN et al. 1979). In den Wald- und Steppenwaldzonen der Ukraine war bei den meisten Tieren (49–56 % der Männchen und 78–84 % der Weibchen) ebenfalls ein solcher Streifen vorhanden (SURYADNAYA 2001, SURYADNA 2005, MIKITINEZ und SURYADNA 2007). In der Nordukraine zeigten 97,8 % der Jungtiere und 100 % der adulten Frösche einen Vertebralstreifen (NEKRASOVA 2002a, b). In der russischen Republik Mari El besaßen alle der von SVININ (2016) untersuchten Teichfrösche einen Dorsalstreifen, bei 9,5 % der Männchen und 6,3 % der Weibchen war der Streifen unterbrochen, ein zickzackförmiger Streifen wurde bei 10,8 % der Männchen, jedoch nie bei einem Weibchen beobachtet. Tiere mit einem Zickzackstreifen wurden auch in der Nordukraine gefunden, NEKRASOVA (2002a) beziffert ihren Anteil mit 22 %.

Bei den meisten Teichfröschen befinden sich dunkelbraune oder schwarze Pigmentflecken auf der Oberseite des Rückens. In der russischen Republik Mari El, wo 94,6 % der Männchen und 93,8 % der Weibchen gefleckt waren, betrug die mittlere Anzahl dorsaler Flecken 21,9 (Min. = 11, Max. = 38) bei männlichen und 23,1 (13–37) bei weiblichen Tieren (SVININ 2016). NEKRASOVA (2002a) ermittelte für nordukrainische Populationen einen durchschnittlichen Wert von 26,2 Flecken/Tier. Nach SURYADNA (2005) dominieren in der Ukraine Tiere mit zahlreichen kleinen Flecken, ihr Anteil betrug 45,1 % (Männchen) und 30,7 % (Weibchen). Der Prozentsatz der Männchen mit zahlreichen größeren Dorsalflecken lag bei 21,5 %, der der Weibchen betrug 36,6 %. Bei 9,2 % der Männchen und 18,0 % der Weibchen war die Dorsalseite mit nur wenigen größeren Flecken besetzt, 18,1 % der Männchen und 13,6 % der Weibchen besaßen eine geringe Anzahl kleiner Flecken, der Anteil fleckenloser Tiere betrug 6,1 % (Männchen) und 1,1 % (Weibchen).

Die Färbung der Unterseite kann von rein weiß, über eine leichte Graumarmorierung bis hin zu einer intensiven schwarzgrauen Fleckung variieren (GÜNTHER 1996a, MIKITINEZ und SURYADNA 2007, KUZMIN 2013). Frösche mit intensiv gefleckten Unterseiten wurden beispielsweise in der Süd-Ukraine gefunden (22 % der Weibchen und 16 % der Männchen), bei 45 % der Männchen und 26 % der Weibchen zeigte neben dem Bauch auch die Kehle eine solches Muster (SURYADNA 2005). In der nördlichen Ukraine wiesen die Unterseiten (Bauch und Kehle) bei 58,5 % der von NEKRASOVA (2002a, b) untersuchten Individuen keine dunklen Punkte oder Flecken auf, 30,1 % zeigten eine eher schwache Pigmentierung und lediglich 9,4 % waren stark pigmentiert. Auch in der russischen Republik Mari El waren der überwiegende Teil der Männchen (53,8 %) und mehr als ein Drittel der Weichen (37,5 %) auf der Unterseite ungefleckt, 26,2 % der männlichen und 50 % der weiblichen Tiere wiesen sowohl auf dem Bauch als auch der Kehle eine deutliche Pigmentierung auf. Weiterhin war bei 7,7 % der Männchen zwar der Bauch, jedoch nicht die Kehle pigmentiert und umgekehrt waren bei 12,3 % der Männchen und 12,6 % der Weibchen nur die Kehlen pigmentiert (SVININ 2016).

Die Oberseite der Extremitäten weist in den meisten Fällen größere dunkle Flecken oder Bänder auf. So besaßen 15–22 % der von SURYADNA (2005) untersuchten ukrainischen *P. esculentus* dunkle Flecken an den Hinterbeinen, bei 7–14 % waren durchgehende Querbänder ausgebildet und 71 % zeigten unterbrochene Bänder. Nach NEKRASOVA (2002a, b) sind in der nördlichen Ukraine auf Arm, Oberschenkel und Schienbein der Tiere im Mittel jeweils drei Flecken oder Bänder vorhanden, die Gesamtzahl der Bänder auf den Hinterextremitäten (Oberschenkel, Unterschenkel und Fuß bis zur 5. Zehe) wird mit 10 angegeben.

Die Iris ist in der Regel goldfarben, sie kann aber auch gelb oder grün (mitunter auch smaragdgrün) gefärbt sein (OKULOVA et al. 1997).

Schädel und Postcranialskelett: Die erste vergleichende osteologische Studie an mitteleuropäischen Wasserfroschfröschen führten BÖHME und GÜNTHER (1979) durch. Die meisten Frontoparietalia der untersuchten Teichfrösche zeigten im Vergleich zu den Elternarten intermediäre Merkmale, manche waren allerdings *lessonae*- oder *ridibundus*-ähnlich ausgeprägt und wurden deshalb als „L-Typus" bzw. „R-Typus" bezeichnet. Die Autoren weisen darauf hin, dass nicht in jedem Fall die osteologischen Merkmale mit der äußeren

Morphologie (Färbung, morphometrische Merkmale) übereinstimmten, d. h., dass *lessonae*-ähnliche diploide Teichfrösche den R-Typus besaßen und umgekehrt, phänotypisch mehr zu *ridibundus* tendierende, den L-Typus. Später verglich ROČEK (1980) das Os frontoparietale von *P. esculentus* mit denen anderen Froscharten der Gattungen *Rana* und *Pelophylax*.

Nach BÖHME und GÜNTHER (1979) eignen sich die Ilia nur bedingt für eine Differenzierung zwischen *P. lessonae, P. ridibundus* und *P. esculentus*, lediglich *P. lessonae* kann in den meisten Fällen auf der Grundlage charakteristischer Merkmale des Iliums identifiziert werden. Dagegen schreiben BEEBEE et al. (2005), dass *P. esculentus* bezüglich der Morphologie des Iliums im intermediären Bereich zwischen *P. lessonae* und *P. ridibundus* liegt, aber grundsätzlich von beiden Elternarten getrennt werden kann. Eine Unterscheidung zwischen *P. esculentus* und *P. lessonae* soll in den meisten Fällen nach der Form des Iliumkorpus und den Winkeln seiner Ränder, in Kombination mit der Knollen- und Vexillumform, möglich sein. Die Variation des Iliums mitteleuropäischer Wasserfrösche, darunter *P. esculentus*, wurde von BLAIN et al. (2015) untersucht. Weitere Informationen können den Kapiteln „Anatomie europäischer Wasserfrösche (Schädel und Postkranialskelett)" und „Kleiner Wasserfrosch – *Pelophylax lessonae*" entnommen werden.

Molekulare Merkmale. Immunologische Tests: KOTHBAUER und SCHENKEL-BRUNNER (1978) untersuchten die immunchemischen Eigenschaften der Eier schweizerischer *P. esculentus* mittels Hämagglutinationstests. Die Ergebnisse standen im Einklang mit der Hybridnatur von *P. esculentus*, d. h., sofern die verwendeten Agglutinine bei *P. esculentus*-Eiern eine Immunreaktion hervorriefen, war eine solche auch bei den Eiern einer der Elternarten (entweder *P. lessonae* oder *P. ridibundus*) oder in einem Fall auch bei beiden nachweisbar.

Auf der Grundlage zweidimensionaler Kreuzimmunelektrophoresen analysierten PLÖTNER et al. (1988) die zwischen deutschen Teichfröschen und anderen Anurenspezies bestehenden antigenen Beziehungen als Maß des Verwandtschaftsgrades.

Proteine und Enzyme: Die Analyse von Eiweißen mittels Elektrophorese ist eine der effizientesten und kostengünstigsten Methoden zur Differenzierung zwischen *P. esculentus* und seinen Elternarten. Neben Serumalbumin (TUNNER 1970, 1972, 1973, ENGELMANN 1973, TUNNER und UZZELL 1974, WIJNANDS und VAN GELDER 1975, WIJNANDS 1976, 1977, 1978, EBENDAL 1977, HEMMER 1977, 1979, GÜNTHER und LÜBCKE 1979, KOREF-SANTIBANEZ und GÜNTHER 1980, BORKIN et al. 1986) wurden vor allem polymorphe Enzyme elektrophoretisch analysiert (ENGELMANN 1974, UZZELL und BERGER 1975, KAWAMURA und NISHIOKA 1979, UZZELL und HOTZ 1979, BALLETTO et al. 1986, PLÖTNER 1991, GÜNTHER et al. 1991, PLÖTNER und KLINKHARDT 1991, KOTLÍK und ŠŮLOVÀ 1994, MOROZOV-LEONOV und MEZHZHERIN 1995, MEZHZHERIN und MOROZOV-LEONOV 1996, SCHRÖER 1997, SCHRÖER und GREVEN 1998, MOROZOV-LEONOV 1998, SCHMELLER 1999, SPASIC-BOSKOVIC et al. 1999, PAGANO et al. 2001a, b, MOROZOV-LEONOV et al. 2003, MEZHZHERIN et al. 2009a, KRIZMANIĆ und IVANOVIĆ 2010, ROSTOVSKAYA 2011, DOLEŽÁLKOVÁ-KAŠTÁNKOVÁ et al. 2018). Als Beispiel für solche Marker sei der *ldhB*-Locus genannt, der eine Untereinheit (B) des Enzyms Laktatdehydrogenase codiert und oft als Standardmarker zur Differenzierung zwischen *P. esculentus* und seinen Elternarten verwendet wurde (GÜNTHER und HÄHNEL 1976, VOGEL und CHEN 1976, 1977, GÜNTHER und KOREF-SANTIBAÑEZ 1983, MEZHZHERIN und MOROZOV-LEONOV 1994, LODÉ und PAGANO 2000, MEZHZHERIN et al. 2007, 2009a, 2012). *LdhB* wird nicht nur in somatischen Zellen, sondern auch in Eizellen exprimiert, was zur Genotypisierung dieser genutzt werden kann (GRAF et al. 1977, HEPPICH et al. 1982, HOTZ und UZZELL 1983, HOTZ et al. 1985, SCHMELLER et al. 2001b, MEZHZHERIN et al. 2005, MIKULÍČEK et al. 2015, LITVINCHUK et al. 2015b, BIRIUK et al. 2016, SVININ et al. 2021).

CHEN und STUMM-ZOLLINGER (1986) analysierten mittels Isotopenmarkierung und Elektrophorese die Proteinsynthesemuster von *P. esculentus*-Eizellen und frühen Embryonen. Die beobachteten Muster stimmten mit denen von *P. ridibundus* überein, unterschieden sich aber deutlich von den *lessonae*-spezifischen Mustern. Die Ergebnisse entsprachen den Erwartungen, die sich aus den klonalen Vererbungsmodi des Teichfroschs ergaben (Elimination des *lessonae*-Genoms und Weitergabe des *ridibundus*-Genoms, siehe Kapitel „Vererbungsmodi hybridogenetischer Hybriden“).

DNA. *Mitochondriale DNA:* Aufgrund der maternalen Vererbung der Mitochondrien besitzen Teichfrösche entweder die mtDNA des Kleinen Wasserfroschs (*P. lessonae*) oder die des Seefroschs (*P. ridibundus*). PLÖTNER et al. (2008) wiesen bei ca. 90 % der Teichfrösche (N = 335) *lessonae*-spezifische mtDNA nach, MIKULÍČEK et al. (2014) ermittelten einen Anteil von ca. 84 % (N = 162).

SPOLSKY und UZZELL (1984) analysierten die mtDNA von Wasserfröschen (*P. lessonae, P. ridibundus, P. esculentus*) mittels Restriktionsanalyse und fanden vier Typen von Mitogenomen (A–D). Typ A wurde nur bei *P. ridibundus* und *P. esculentus* gefunden, während die Typen B und C ausschließlich bei *P. lessonae* und *P. esculentus* auftraten. Typ D wurde bei *P. esculentus* und *P. lessonae* in der Schweiz gefunden (SPOLSKY und UZZELL 1986, HOTZ et al. 1992), dieser Haplotyp dürfte für den Italienischen Wasserfrosch (*Pelophylax bergeri*) spezifisch sein. Dafür spricht neben der zwischen D und den *lessonae*-spezifischen Haplotypen B und C berechneten Sequenzdivergenz von 3,4 % auch die Tatsache, dass die meisten schweizerischen Teich- und Kleinen Wasserfrösche *bergeri*-spezifische mtDNA besitzen (PLÖTNER 2005, DUBEY et al. 2014). Auch MONNEROT et al. (1985) konnten zeigen, dass Teichfrösche entweder *lessonae*- oder *ridibundus*-

spezifische Mitogenome haben können. Während die Restriktionsmuster französischer *P. esculentus* mit denen von *P. lessonae* übereinstimmten, zeigte die mtDNA österreichischer Individuen entweder *lessonae*-spezifische oder *ridibundus*-spezifische Muster.

Einzelne mitochondriale Gene oder Gensegmente des Teichfroschs wurden u. a. von SUMIDA et al. (2000), PLÖTNER et al. (2008), MIKULÍČEK et al. (2014), DUBEY et al. (2014), LEUENBERGER et al. (2014), HOFFMANN et al. (2015), HAWLITSCHEK et al. (2015) und RADOJIČIĆ et al. (2015) sequenziert. Eine fast vollständige Sequenz eines *P. esculentus*-Mitogenoms veröffentlichten HOFMAN et al. (2012). Auch dieses aus Spytkowice (Polen) stammende Tier besaß *lessonae*-spezifische mtDNA, die sich jedoch durch 28 bzw. 34 Nukleotid- und daraus resultierend 3 Aminosäuresubstitutionen von den mtDNA zweier, ebenfalls aus Polen stammender *P. lessonae* unterschied.

Nukleäre DNA: Die ersten Untersuchungen nukleärer DNA europäischer Wasserfrösche (einschließlich *P. esculentus*) basierten auf Restriktionsanalysen, dem sogenannten DNA-Fingerprinting (PLÖTNER et al. 1994). Mittels der AFLP(amplified fragment length polymorphism)-Methode analysierten MIKULÍČEK et al. (2014) die nukleären Genome von *P. lessonae, P. ridibundus* und *P. esculentus.*

Nukleotid-Basensequenzen liegen u. a vom 1. Intron des Serumalbumingens (SAI1) vor (PLÖTNER et al. 2009, HAUSWALD et al. 2012), weiterhin von dem respiratorischen Gen *uqcrfs1* und dem in meiotische Prozesse involvierten Gen *mnd1* (TECKER et al. 2017). Prinzipiell eignen sich diese Marker zur Differenzierung zwischen *P. esculentus* und seinen Elternarten, jedoch nicht in allen Teilen seines Verbreitungsgebiets (DOLEŽÁLKOVÁ-KAŠTÁNKOVÁ, mündl. Mitt., eigene Daten). Problematisch ist vor allem die Differenzierung europäischer Wasserfrösche ausschließlich auf der Grundlage von SAI1-Amplikonlängen (z. B. LEUENBERGER 2013, MAYER et al. 2013, ERMAKOV et al. 2019), weil dieser Marker ausgeprägte intra- und interspezifische Längenpolymorphismen aufweist. Eine exakte Artdiagnose ist nur auf der Grundlage von Sequenzvergleichen gewährleistet, da nicht alle Hybriden nach Amplifikation und elektrophoretischer Trennung der SAI1-Segmente im Agarosegel eine kurze (schneller laufende), *lessonae*-spezifische und eine längere (langsamer laufende), *ridibundus*-spezifische Bande zeigen (Abb. 38).

Verschiedene Autoren (ZAKS et al. 2013, IVANOV et al. 2015, ZAMALETDINOV et al. 2015, SVININ et al. 2015) analysierten Restriktionspolymorphismen von SAI1-Amplifikaten, wahrscheinlich ist diese als PCR-RFLP bezeichnete Methode zur Differenzierung der europäischen Wasserfroschformen des *P. esculentus*-Komplexes besser geeignet als ausschließlich auf PCR basierende Analysen, da hier nicht Längenpolymorphismen, sondern spezifische Sequenzmotive (Schnittstellen spezifischer Restriktasen) analysiert werden. Auch PATRELLE et al. (2011) verwendeten die PCR-RFLP zur Analyse eines 271 bp langen Segments des Internal Transcribed Spacers 2 (ITS2). Die nach Behandlung mit den Enzymen *Hae*II, *Sma*I und *Kpn*I und anschließender elektrophoretischer Trennung der entstandenen DNA-Fragmente im Agarosegel sichtbaren Bandenmuster ermöglichten eine klare Differenzierung zwischen *P. lessonae, P. ridibundus* und *P. esculentus* (Abb. 39). Diese Methode wurde auch im Rahmen einer Studie zu den Verbreitungsmuster weißrussischer Wasserfrösche verwendet (KULIKOVA et al. 2012, 2013, 2015).

Wie bereits in den Kapiteln „*P. lessonae*“ und „*P. ridibundus*“ ausgeführt, kann die Hybridform auch mittels polymorpher Mikrosatelliten von ihren Elternarten differenziert werden (z. B. GARNER et al. 2000, ZEISSET et al. 2000, HOTZ et al. 2001, CHRISTIANSEN 2005, HOLSBEEK et al. 2008, 2009, ARIOLI et al. 2010).

Inzwischen liegen mehrere gewebespezifische Transkriptome mitteleuropäischer Wasserfrösche sowie Genomsequenzen von *P. lessonae* und *P. ridibundus* vor (unveröff. Daten), damit ist die Grundlage für die Entwicklung weiterer nukleärer Marker gegeben.

Karyotyp: 2n = 26 Chromosomen, 3n = 39 Chromosomen.

Der haploide Chromosomensatz besteht bei *P. esculentus* wie bei seinen Elternarten aus 5 größeren und 8 kleineren Paaren, Heterosomen fehlen (ULLERICH 1967, GÜNTHER 1970, MÉSZÁROS 1973, IVANOV und MEDYANOV 1973, KNUDSEN und SCHEEL 1975, ALEKSANDROVSKAYA 1976, EBENDAL 1977, HEPPICH 1978, MÉSZÁROS und BARTOS 1978, HEPPICH und TUNNER 1979, KOREF-SANTIBAÑEZ 1979, KOREF-SANTIBANEZ und GÜNTHER 1980, BIRSHTEIN 1981, SCHEMPP und SCHMID 1981, HEPPICH et al. 1982, CAUNE 1987, BUCCI et al. 1990, TUNNER und HEPPICH-TUNNER 1991, MIURA et al. 1997, SPASIC-BOSKOVIC et al. 1999, SURYADNAYA 2003, SURYADNA 2005, MANILO und RADCHENKO 2008, REMINNYI 2010, ZALEŚNA et al. 2011).

Triploide Wasserfrösche wurden auf der Grundlage von Karyotypanalysen bereits in der ersten Hälfte des vergangenen Jahrhunderts entdeckt (HERTWIG und HERTWIG 1920, WICKBOM 1945). Spätere Untersuchungen (z.B. GÜNTHER 1975b) zeigten, dass Triploidie beim Teichfrosch keine Ausnahmeerscheinung darstellt, sondern in einigen Regionen in nahezu allen Wasserfroschpopulationen vorkommt. Für ostdeutsche Populationen des L-E- und E-Systems gibt GÜNTHER (1975b) die Häufigkeit triploider Teichfrösche mit 14,8–83,0 % an, hohe Anteile triploider Genotypen wurden auch in Polen, Dänemark und Schweden beobachtet (RYBACKI und BERGER 2001, CHRISTIANSEN et al. 2005, 2010, HOFFMANN et al. 2015).

Vereinzelt wurden auch tetraploide Individuen nachgewiesen (BORKIN et al. 1979, 2004, ARIOLI 2007, JAKOB 2007, JAKOB et al. 2010, HOFFMANN et al. 2015). Ein pentaploides Tier mit drei *lessonae*- und zwei *ridibundus*-Genomen (LLLRR) beschrieben HERMANIUK et al. (2013), dieses entstand aus einer Kreuzung zwischen einem *P. lessonae*-Männchen und einem diploiden (LR) *P. esculentus*-Weibchen.

Mittels spezifischer Färbungen (Ag-NOR, Chromomycin A_3) und Fluoreszenz-in-situ-Hybridisation (FISH) unter Verwendung von 28SrDNA-Sonden wurden interstitielle Nukleolus-Organisator-Regionen (NOR, oder sekundäre Einschnürungen) an den langen Armen des Chromosomenpaares X (mitunter auch als Chromosomenpaar IX klassifiziert) beschrieben (GÜNTHER 1970, ALEKSANDROVSKAYA 1976, KOREF-SANTIBAÑEZ 1979, KOREF-SANTIBANEZ und GÜNTHER 1980, SURYADNAYA 2003, OGIELSKA et al. 2004, BIRIUK et al. 2015, BIRIUK 2017, ZALEŚNA et al. 2017). In Polen besaßen 14 diploide Individuen NOR auf nur einem Chromosom des Paares X. Drei Triploide zeigten zwei statt der zu erwartenden drei NOR. Zwei weitere triploide Individuen besaßen lediglich eine NOR auf diesem Chromosom. Weitere NOR wurden auch an den kurzen Armen von Chromosom II von neun triploiden *P. esculentus* gefunden (ZALEŚNA et al. 2017). Chinacrin-Färbungen (Q-staining) ergaben keine Bandmuster mit Ausnahme eines dunklen Bandes in den Bereichen der NOR (eigene Daten).

Entsprechend seines Hybridcharakters weisen die aus somatischen Zellkernen gewonnenen Karyogramme des Teichfroschs Merkmale beider Elternarten (*P. lessonae* und *P. ridibundus*) auf. Konkrete Informationen können den entsprechenden Artkapiteln und der darin zitierten Literatur entnommen werden.

Nukleärer DNA-Gehalt (Genomgröße, in Pikogramm [pg]): Mittels Mikrodensitometrie bestimmten MAZIN und BORKIN (1979) den DNA-Gehalt von Erythrozytenkernen dreier diploider *P. esculentus* aus Kiew (Ukraine) und geben die durchschnittliche Genomgröße mit 14,1 ± 0,4 pg an. Die gleiche Methode wurde für indirekte Bestimmungen des DNA-Gehalts an polnischen *P. esculentus* verwendet (OGIELSKA-NOWAK 1978, OGIELSKA et al. 2001, 2004, HERMANIUK et al. 2013).

Eine wesentlich präzisere, auf DNA-Durchflusszytometrie basierende Methode zur Bestimmung des DNA-Gehalts, wurde am Institut für Zytologie der Russischen Akademie der Wissenschaften St. Petersburg entwickelt (BORKIN et al. 1987, 2002, 2003, 2004, 2005a, b, LADA et al. 1995, 2009, 2011a, b, 2016, OKULOVA et al. 1997, BORISSOVSKY et al. 2001, LITVINCHUK et al. 2005, 2007, 2008, 2015b, RUCHIN et al. 2005a, 2010, SVININ et al. 2013, 2015, 2021, BIRIUK et al. 2015, 2016, BIRIUK 2017, DEDUKH et al. 2017, 2019, FAYZULIN et al. 2018, MILTO et al. 2022). Nach BIRIUK et al. (2016) beträgt die durchschnittliche Genomgröße diploider Individuen 14,95 pg, für LLR-Triploide wurden Werte von 21,57–22,08 pg und für RRL-Triploide von 22,44–23,37 pg ermittelt. Diese Werte korrespondieren gut mit den von BORKIN et al. (2004) publizierten Genomgrößen, die von 154 LR-, 46 LLR- und 41 RRL-Genotypen bestimmt wurden. Danach hat das Genom diploider Individuen im arithmetischen Mittel eine Größe von 14,96 ± 0,08 pg (Min. = 14,72 pg, Max. = 15,15 pg), für die triploiden Genotypen wurden folgende Werte ermittelt: LLR: 21,77 ± 0,15 pg (21,46–22,03 pg), RRL: 22,93 ± 0,16 pg (22,64–23,25 pg).

Zytomorphologie: Neben der direkten Bestimmung der Chromosomenzahl (GÜNTHER 1970, PLÖTNER und KLINKHARDT 1992) oder einer indirekten Messung des DNA-Gehalts der roten Blutkörperchen (OGIELSKA-NOWAK 1978, OGIELSKA et al. 2001, 2004) wurde der Ploidiegrad in der Vergangenheit oft auch auf der Grundlage zytomorphologischer Parameter bestimmt (UZZELL und BERGER 1975, GÜNTHER 1977 u. a). Da die Erythrozyten polyploider Wasserfrösche in ihren Kernen mehr als zwei Chromosomensätze enthalten, sollten im Vergleich zu diploiden Hybriden (LR) sowohl der Zellkern als auch die gesamte Zelle größer sein, bei Triploiden um ca. ein Drittel. An einem luftgetrockneten Blutausstrich (Abb. 57) können die Erythrozyten mit geringem technischem Aufwand unter einem Lichtmikroskop mittels Okularmikrometer vermessen werden. In den meisten Fällen ist es mit dieser einfachen Methode möglich, zwischen diploiden und polyploiden Hybriden zu differenzieren, allerdings sollten bestimmte grundlegende Zusammenhänge unbedingt beachtet werden. Prinzipiell sollten nur Werte annähernd gleich große Tiere verglichen werden, da die Erythrozytengröße positiv mit der KRL korreliert (POLLS PELAZ und GRAF 1988) und folglich altersspezifische Differenzen auftreten können, wie die Untersuchungen von BLOMMERS-SCHLÖSSER (1990) zeigten: Während die Erythrozytenlänge diploider subadulter und adulter Tiere (2n) zwischen 22,9 und 28,2 µm variierte, wiesen juvenile Tiere der gleichen Ploidiestufe Werte von 21,8–25,5 µm auf. Für Triploide (3n) betrugen die Wertebereiche 27,4–33,7 µm (Adulte) und 25,0–31,9 µm (Juvenile). Auch ökologische Faktoren, wie der Sauerstoffgehalt des Gewässers, können die Erythrozytengröße beeinflussen (SCHMELLER et al. 2001a). Folglich sollten bei der Bestimmung des Ploidiegrades mittels Erythrozytenmessungen nie Daten aus verschiedenen Populationen und unterschiedlichen Altersgruppen oder Größenklassen gepoolt werden.

Nach PLÖTNER (2005) variiert das arithmetische Mittel der Länge diploider Erythrozyten ostdeutscher *P. esculentus* zwischen ca. 20 und 26 µm und die nach der Ellipsenformel (Länge × Breite × $\pi/4$) berechnete Fläche zwischen ca. 207 und 308 µm². Für triploide Erythrozyten betrugen die korrespondierenden Werte ca. 26–31 µm und ca. 301–423 µm². Ähnliche Werte ermittelte GOLANNEK (1998) für Teichfrösche aus dem Raum Bonn (Deutschland). Bei potenziell diploiden Erythrozyten lagen die für 50 Zellen pro Blutausstrich berechneten mittleren Längen zwischen 21,5 und 25,9 µm und bei triploiden Zellen zwischen 27,6 und 29,0 µm. POLLS PELAZ und GRAF (1988) geben die mittlere Erythrozytenlänge für diploide Teichfrösche mit 23,6 µm und den Wertebereich (Min.–Max.) mit 22,7–25,4 µm an, Kernmessungen ergaben Werte von 9,0 µm (arithmetisches Mittel) und 7,5–9,8 µm (Min.–Max.). Für adulte triploide Individuen wurden für die Erythrozytenlänge und die Länge des Nukleus folgende

Werte ermittelt: 29,8 µm (27,1–31,7 µm) und 11,5 µm (9,9–12.0 µm). Zu beachten ist, dass in den meisten Studien die zytomorphologischen Daten nicht durch karyologische Analysen oder Messungen des DNA-Gehalts verifiziert wurden und Erythrozytenmaße die Ploidie nicht in jedem Fall korrekt widerspiegeln (UZZELL et al. 1975, BERGER et al. 1978, PLÖTNER und KLINKHARDT 1992, OGIELSKA et al. 2001).

Zusammenfassend kann gesagt werden, dass sich zytomorphologische Daten mit ausreichender Genauigkeit zur Ploidiebestimmung von Teichfröschen eignen. Allerdings können keine allgemeingültigen Werte zur Differenzierung zwischen diploiden und triploiden Genotypen angegeben werden, diese sind viel-

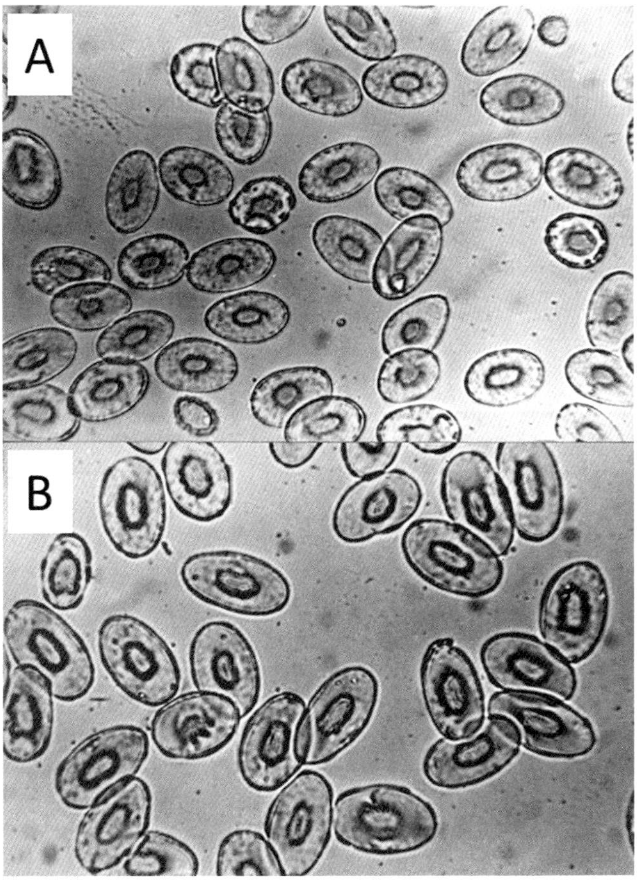

Abb. 57: Blutausstriche eines diploiden (A) und triploiden (B) *P. esculentus*-Weibchens. Fotos: R. Günther.

mehr für jede Stichprobe auf der Grundlage von Häufigkeitsverteilungen und/oder Regressionsanalysen (Beziehung zwischen Erythrozytenlänge und -breite) separat zu bestimmen. Von jedem Tier sollten mindesten 20 normal geformte (ellipsoide) und nach dem Zufallsprinzip ausgewählte Erythrozyten vermessen werden (Plötner 2005). Aus unserer Sicht sind die Erythrozytenlängen für die Bestimmung der Ploidie besser geeignet als die -flächen (siehe auch Plötner 2005). Eine Differenzierung zwischen LLR- und RRL-Genotypen ist mittels zytomorphologischer Methoden nicht möglich, sondern erfordert molekulare, densitometrische oder karyologische Techniken.

Merkmalsvariation. Aufgrund verschiedener Genomkompositionen zeigen Teichfrösche eine hohe phänotypische Variabilität. Neben „typischen" Exemplaren treten immer wieder Hybriden auf, die morphologisch einer ihrer Elternarten ähneln und nur mittels genetischer Methoden eindeutig bestimmt werden können. In der Regel handelt es sich in solchen Fällen um triploide Tiere (s. o.).

Geschlechts- und Altersdimorphismus: Geschlechtsunterschiede offenbaren sich in verschiedenen, äußerlich sichtbaren Merkmalen. So besitzen Männchen paarige Schallblasen, die im Schnauzeneck hinter den Kiefern platziert sind, und dunkle Brunstschwielen (verhornte Hautstellen an der Innenseite des 1. Fingers), die zur Paarungszeit aufgrund hormoneller Einflüsse besonders deutlich hervortreten und dem Männchen einen festeren Halt beim Amplexus (Umklammerung des Weibchens) ermöglichen.

Ukrainische Teichfrosch-Männchen hatten im Vergleich zu weiblichen Tieren längere und dickere Arme (Peskov et al. 2009, Peskov und Petrenko 2014). Der Kopf des Weibchens war im Verhältnis zur KRL kürzer und breiter als der des Männchens (Peskov et al. 2009). Nach Peskov und Petrenko (2014) sind bei gleicher Körperlänge die durchschnittlichen Längen von Auge, Unterarm, Schienbein, Fuß, Hintergliedmaßen und 1. Finger sowie der Augenabstand, die Breite des Handgelenks und die Durchmesser des Ellenbogens, Knies und Sprunggelenks bei Männchen signifikant größer als bei Weibchen. Sexualdimorphismen bestimmter Körperproportionen wurden auch in Stichproben aus Weißrussland, der Ukraine und der Republik Mari El (Russland) gefunden, jedoch nicht bei Tieren aus dem russischen Oblast Kaliningrad (Nekrasova 2002a, Suryadna 2005, Mikitinez und Suryadna 2007, Lada 2008, 2012, Svinin 2016).

Eine alters- oder KRL-abhängige Variabilität wurde von verschiedenen Autoren beschrieben (Okulova et al. 1997, Kurtyak 2004b, Savchuk 2009, Reminnyi 2010). Die größten Tiere sind jedoch nicht unbedingt auch die ältesten. Skelettochronologische Studien zeigten zudem, dass sich die Verteilungen der KRL verschiedener Altersgruppen innerhalb einer Population überlagern können (Savchuk 2009). Die Wachstumsbeziehungen verschiedener morphometrischer Parameter analysierten PESKOV et al. (2012). Die Autoren konnten sowohl isometrisches Wachstum als auch positive und negative Allometrie nachweisen, wobei offenbar Unterschiede zwischen männlichen und weiblichen Individuen bestanden.

Geografische und ökologische Variation: KRL und morphometrische Indizes diploider Teichfrösche zeigen nur eine geringe geografische Variabilität. LADA (2008, 2012) analysierte 13 morphometrische Parameter von Tieren aus 16, in der russischen Tiefebene (von der Ukraine bis zur Wolga) lebenden Populationen. Bei männlichen Tieren wurden die höchsten Werte der Indizes KRL/DPL und TL/DPL (Tab. 30) in den südwestlichen, zentralen und östlichen Teilen des Untersuchungsgebiets festgestellt, die niedrigsten dagegen in den nördlicheren Populationen (Lettland, im russischen Oblast Tambow und der zu Russland gehörenden Republik Mordwinien).

Nach PISANETS (2007) bestehen zwischen Tieren aus Transkarpatien (Ukraine) und Individuen aus dem Wolga-Becken (Udmurtien und Mordwinien), die von KURTYAK (2004b), BORISSOVSKY et al. (2000) und RUCHIN et al. (2005a) untersucht wurden, Differenzen in den Indizes FL (Länge des Oberschenkels)/TL, KRL/TL, TL/CIL und DPL/CIL. Im Gegensatz zur udmurtischen Probe überschnitten sich die Wertebereiche des Index DPL/CIL von *P. esculentus* aus Mordwinien und dem zentralen Schwarzerde-Gebiet Russlands mit den für die Elternarten ermittelten Werten.

SURYADNA (2005) gibt an, dass Teichfrösche im Nordwesten der Ukraine etwas größer als in anderen Landesteilen sind, weiterhin wurden Unterschiede in bestimmten morphologischen Merkmalen zwischen nördlichen und südlichen Populationsgruppen gefunden. Teichfrösche, deren Dorsalseite Brauntöne zeigte und die eine größere Zahl von Bändern an den Vorder- und Hintergliedmaßen aufwiesen, wurden in der Stadt Kiew wesentlich häufiger beobachtet als in außerstädtischen Lebensräumen (NEKRASOVA 2002b). Die Häufigkeit verschiedener dorsaler Muster variierte je nach Population (NEKRASOVA 2002a, b, SURYADNA 2005, MIKITINEZ und SURYADNA 2007).

Die interspezifische und geografische Variation des thermischen Widerstandes der Skelettmuskulatur wurde von LITVINCHUK et al. (2007) untersucht. Weder bei diploiden noch bei triploiden *P. esculentus* konnten bezüglich der Hitzeresistenz des Muskels Heterosiseffekte festgestellt werden, bei Temperaturen von 39, 40 und 41 °C entsprachen die gemessenen Werte in etwa denen von *P. lessonae* und *P. ridibundus*. Allerdings zeigte die Hybridform bei der höchsten Testtemperatur von 42 °C eine geringere Hitzeresistenz (10,0–12,2 min) als ihre Elternarten (16,3–18,4 min). Zwischen diploiden und triploiden Individuen, die aus den gleichen, in der Region Charkiw (Ukraine) gelegenen Gewässern stammten, waren keine Unterschiede feststellbar, eine Differenzierung zwischen LLR- und RRL-Genotypen war ebenfalls nicht möglich.

Anomalien: Deformationen und Fehlbildungen von Gliedmaßen (Syndaktylie, Klinodaktylie, Ektrodaktylie, Bifurkation, Ektromelie, Krümmung), Mehrfachbildungen von Beinen und Zehen (Polymelie und Polydaktylie), Verkürzungen einer oder mehrerer Extremitäten (Brachymelie) sowie Augen- und Farbanomalien sind für Teichfrösche und Teichfrosch-Larven oft beschrieben worden (GÜNTHER 1990, 1996a, GUEX et al. 2001, NEKRASOVA 2002b, KURTYAK 2004a, 2005, 2010, BORKIN et al. 2012, BEZMAN-MOSEYKO et al. 2014, SVININ 2016) und dürften in vielen Fällen aus genomischen und/oder epigenetischen Inkompatibilitäten resultieren, wie sie für Hybridformen charakteristisch sind. Weiterhin implizieren die Untersuchungen des französischen Forschers Jean Rostand zur sogenannte „Anomalie P" (P steht für Polydaktylie), dass Missbildungen offensichtlich auch durch Pathogene (wahrscheinlich teratogene Viren) hervorgerufen werden können (DUBOIS 1979 und darin zitierte Literatur). In einer westfranzösischen Wasserfroschpopulation (Champdieu), die über mehrere Jahre beprobt wurde, variierte die Häufigkeit von Polydaktylie unter juvenilen Individuen (≤ 1 Jahr) zwischen 0 und 3,1 %, für adulte und subadulte Tiere wurden Prävalenzen von 0–6,3 % ermittelt (DUBOIS 1979).

SVININ et al. (2019b, d) konnten erstmalig im Jahr 2016 das Auftreten von „Anomalie P" im Naturschutzgebiet „Privolzhskaya Lesostep" (Oblast Pensa, Russland) nachweisen. Die beobachteten Aberrationen entsprachen denen, die bereits von Rostand beschrieben wurden. Beobachtet wurden symmetrische Polydaktylie, Brachymelie, Verformung der Hinterextremitäten, Ödeme an den Hinterextremitäten und die Bildung kleiner zusätzlicher Gliedmaßen an den Oberschenkeln, weiterhin Unterkieferhypoplasie, unbewegliche Hinterextremitäten und eine offene Operkularkammer. Die Prävalenz betrug 24,7 % (N = 384). In 4,7 % der Fälle handelte es sich um „schwere Formen" von „Anomalie P", in 20 % um „leichtere" (Polydaktylie). Im Labor zeigte sich, dass Mollusken (*Planorbarius corneus*) als Zwischenwirte (Vektoren) für den Erreger fungierten, als Verursacher der beobachteten Anomalien wurden Trematoden in Betracht gezogen (SVININ et al. 2019a, c, 2020).

In manchen Populationen ist ein hoher Prozentsatz der Individuen von Anomalien betroffen. Untersuchungen, die im Jahr 2001 in den ukrainischen Transkarpaten (Dorf Minai) durchgeführt wurden, ergaben für Anomalien der Gliedmaßen eine Prävalenz von 66 % (KURTYAK 2004a). In Transnistrien wurden bei 62 % der Teichfrösche, die mit *P. ridibundus* zusammen lebten, Anomalien der hinteren Extremitäten festgestellt, einige Tiere wiesen mehrere Anomalien auf (BEZMAN-MOSEYKO et al. 2014). In Kiew (Ukraine) traten Gliedmaßenanomalien und verletzte Tiere viel häufiger auf als in benachbarten Städten (NEKRASOVA 2002b).

Degenerierte und atrophierte Hoden (Abb. 58) können bei vielen Teichfrosch-Männchen beobachtet werden und sind Ausdruck des Hybridcharakters von

P. esculentus (GÜNTHER 1969b, 1970, 1973, BERGER 1971a, JUSZCZYK 1971, KAWAMURA und NISHIOKA 1986, GÜNTHER und PLÖTNER 1988, OGIELSKA und BARTMANSKA 1999, REYER et al. 2003, LITVINCHUK 2018). Querschnitte durch Hodenkanälchen zeigten, dass diese bei *P. esculentus* im Vergleich zu seinen Elternarten ein größeres Volumen besaßen und damit der Anteil des spermatogenen Gewebes geringer war (GÜNTHER 1990). In Lettland fanden CAUNE und BORKIN (1993) 8 *P. esculentus*-Männchen mit stark reduzierten Hoden (die Längen betrugen nur 1–2 mm). In der Westukraine zeigten 44 % der Männchen Hodenanomalien (REMINNYI 2005). Monorchie, asymmetrisch ausgeprägte, abnorm geformte und/oder zu kleine Hoden beobachtete LITVINCHUK (2018) bei 61 % adulter osteuropäischer Teichfrosch-Männchen (N = 586), wobei der Anteil der diploiden Tiere mit Hodenanomalien mit 63 % fast doppelt so hoch war wie bei den triploiden (34 %). Bei Tieren mit asymmetrisch entwickelten Hoden ist der linke häufiger größer als der rechte. Ein Zusammenhang zwischen der Häufigkeit von Hodenanomalien und geografischen Parametern (Koordinaten) konnte nicht nachgewiesen werden. Dennoch wiesen mehrere Proben aus dem südlichen Teil des Verbreitungsgebietes eine erhöhte Anzahl von Hodenanomalien auf. So wurde beispielsweise im Beryozovsky-Wald (Oblast Odessa, Ukraine) eine große Anzahl männlicher Tiere gefunden, die keine (33 %), asymmetrische (55 %) und/oder anormal geformte Hoden (67 %) aufwiesen. Auch unter moldawischen Teichfröschen waren Männchen mit Hodenanomalien weit verbreitet, ihr Anteil lag zwischen 67 und 89 %. Hodenzysten wurden im Oblast Charkiw (Ukraine) bei 2,7 % der Männchen und in der Stadt Tiraspol (Moldawien) bei 20,0 % festgestellt.

Abb. 58: Hoden von *P. ridibundus* (links), *P. esculentus* (Mitte) und *P. lessonae* (links). Im Vergleich zu seinen Elternarten sind die Hoden der Hybridform oft atrophiert und enthalten nur wenige Spermien. Foto: R. Günther.

Im Dorf Lisovschina (Oblast Schytomyr, Ukraine) wurden 7 Männchen mit stark reduzierten Hoden gefunden, die zudem schwarz gefärbte Areale aufwiesen (eigene Daten). Möglicherweise wurde diese Anomalie durch Metazerkarien des parasitischen Wurms *Codonocephalus urnigerus* verursacht, die in der Lage sind, Form und Farbe von Froschhoden zu verändern, was im Extremfall eine Kastration zur Folge haben kann.

Hermaphroditische Teichfrösche wurden mehrfach beschrieben. REMINNYI (2005) fand zwei Exemplare (0,1 %) im ukrainischen Oblast Winnyzja. Von 37 *P. esculentus* aus Kirischi (ukrainische Unterkarpaten) waren zwei (5,4 %) Hermaphroditen (eigene Daten). Weiterhin enthielt eine 40 Tiere umfassende, aus der russischen Republik Mari El stammende Stichprobe ein hermaphroditisches Individuum (LITVINCHUK 2017, DEDUKH et al. 2019, SVININ et al. 2021).

Auch genetisch bedingte Farbanomalien treten regelmäßig auf, bereits DOUGLASS (1891) fand „blaue Frösche" bei Forchheim, denen die gelben Pigmente fehlten. Nach DUBOIS (1979) befanden sich unter ca. 882 juvenilen Wasserfröschen, die aus zwei französischen Populationen stammten, 3,5 % blaue Exemplare und unter rund 304 adulten Fröschen 6,25 % mit dieser Farbanomalie. VOGT (1981) beschreibt einen blau bis blaugrün gefärbten „Wasserfrosch" von den Schwetzinger Wiesen, auffallend war ferner ein hellblauer Dorsalstreifen und die einfarbig weiße, ungefleckte Unterseite. In den Siedlungen Kozinka und Zgurovka (Oblast Kiew, Ukraine) beobachtete NEKRASOVA (2014) mehrere *P. esculentus* mit türkisgrüner oder blauer Rückenfärbung. In den Umgebungen der Stadt Swetlogorsk und der Siedlung Pionerski (Oblast Kaliningrad, Russland) wurden ebenfalls drei „blaue" *P. esculentus* beobachtet (LITVINCHUK et al. 2015b). BRINGSØE (2020) fand im August 2017 ein blau gefärbtes Weibchen in einem Außenbezirk von Kopenhagen (Dänemark).

Der Blauton kann stark variieren, neben intensiv dunkel- und hellblauen Farben zeigen manche Individuen nur ein schwaches Blau oder sind blaugrün gefärbt (DUBOIS 1979, MICHALSKI 2021). Mitunter ist es schwierig zu entscheiden, ob die Farbe mehr zu einem Grün- oder Blauton tendiert (GÜNTHER 1990, eigene Daten).

Albinismus kommt bei Wasserfröschen nur selten vor (DUBOIS 1979). In der Umgebung von Kiew (Ukraine) fand SHARLEMAN (1914, 1917) einen albinotischen Wasserfrosch, bei dem es sich vermutlich um *P. esculentus* handelte. Die Oberseite dieses Tieres war pfirsichgelb gefärbt und mit unregelmäßig verteilten, schwärzlichen Flecken und Punkten verziert. Der Bauch war gelblichweiß, die Pupillen schwarz. Nach einiger Zeit hatte sich die Farbe des Frosches drastisch verändert, die Oberseite erschien nun einheitlich graubraun. WILLIGES (1971) fing in Cröllwitz bei Halle/Saale (Sachsen-Anhalt, Deutschland) eine flavistische Larve mit roten Augen und REUTER (1955) beschreibt aus der Umgebung Tharandts (Sachsen, Deutschland) albinotische Larven, Jungtiere und Frösche mit dunklen Augen. In Nordwest-Sachsen fanden MEYER und GROSSE (1997) albinotische Teichfrosch-Larven, die metamorphosierten und bezüglich ihrer Entwicklung keine Unterschiede zu normal gefärbten Tieren zeigten.

Melanotische Teichfrösche stellen wie albinotische sehr seltene Ausnahmen dar (DUBOIS 1979). Berichte über melanotische Exemplare lieferten bereits VAILLANT (1895) und BOULENGER (1897). Ebenfalls selten sind Frösche mit schwarzer Iris („black-eyed frogs"). DUBOIS (1979) differenziert zwischen zwei Typen dieser Färbungsanomalie: Bei Typ 1 sind die Augen vollständig „schwarz" (dunkel-kastanienbraun) gefärbt, die oberen Bereiche des Körpers weisen eine dunkel-schokoladenbraune Färbung auf, die Haut der unteren Bereiche ist mehr oder weniger transparent. Individuen (vor allem adulte) vom Typ 2 weisen neben Melanin noch andere Pigmente auf, bei manchen Tieren ist nur ein Auge vollständig schwarz, das andere ist partiell schwarz gefärbt und teilweise goldfarben (DUBOIS 1968), was für das Vorhandensein von Iridophoren spricht. Zum Zeitpunkt der Metamorphose scheint die Körperfarbe dieser Tiere ausschließlich durch Melanin bestimmt zu werden, danach können andere Pigmente auftreten, die eine mehr oder weniger normale Färbung des gesamten Körpers bewirken, vor allem (aber nicht nur) bei Fröschen mit einem teilweise goldenen Auge (DUBOIS und VACHARD 1971, DUBOIS 1979). In einer von 1950 bis 1976 beprobten Population (Champdieu, Loire, Frankreich) befanden sich unter 4651 Tieren 8 (0,2 %) „black-eyed-frogs" (DUBOIS 1979 und darin zitierte Literatur). Im Gebiet der Staatlichen Teichwirtschaft Ahlhorn (Landkreis Oldenburg, Niedersachsen, Deutschland) wurde ebenfalls ein Teichfrosch-Weibchen gefunden, dessen Iriden beidäugig einheitlich schwärzlich gefärbt waren, sodass sich die Pupillen kaum abzeichneten und das Tier „knopfäugig" wirkte (FISCHER 1999).

Verbreitung: Terra typica restricta: Nürnberg (49°27'N, 11°04'E), Bayern, Deutschland (DUBOIS und OHLER 1994a).

Verbreitungsgebiet: Das Areal von *P. esculentus* (Abb. 59) deckt sich weitgehend mit dem des Kleinen Wasserfroschs, allerdings kommt die Hybridform auch in Gebieten vor, in denen *P. lessonae* fehlt oder nur punktuell anzutreffen ist (z. B. in Norddeutschland und Dänemark). Im Norden verläuft die Grenze von Schweden und Estland über die nordwestlichen und nördlichen Regionen Russlands, dann nach Osten und Südosten bis in die Republik Udmurtien, wo sie sich gen Süden wendet. Der genaue Verlauf der nordöstlichen Arealgrenze ist nicht bekannt, gleiches trifft für die östliche und südöstliche Grenze zu (vgl. GÜNTHER 1997a).

Die südliche Arealgrenze folgt in Höhe des 44. Breitengrades dem Lauf der Donau und erstreckt sich von NW-Bulgarien über N-Serbien und N-Kroatien bis nach N-Italien. Die westliche Verbreitungsgrenze liegt in Frankreich. Bei den französischen Teichfröschen ist jedoch unklar, ob es sich um autochthone Individuen handelt, da in Frankreich in der Vergangenheit mehrfach allochthone

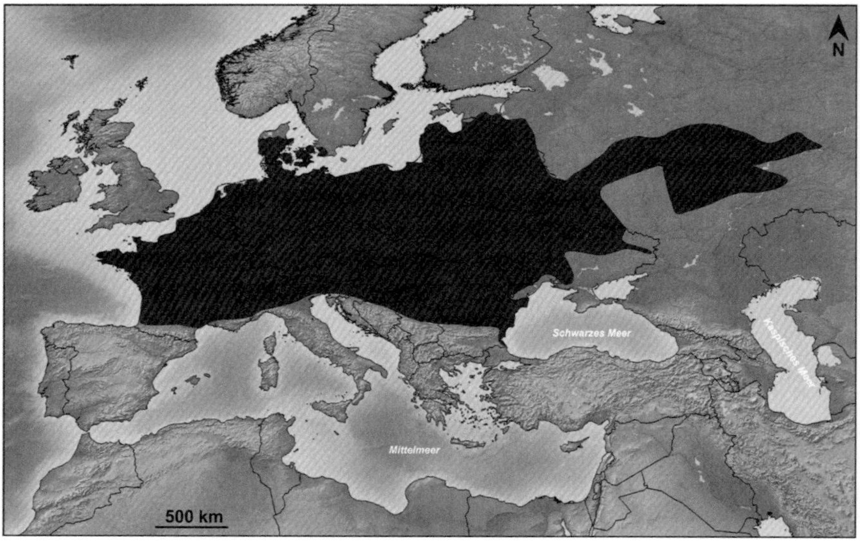

Abb. 59: Verbreitungsgebiet von *P. esculentus*. Karte: Daniel Jablonski.

Wasserfrösche ausgesetzt wurden. Autochthone *P. esculentus*-Populationen fehlen in weiten Teilen des Balkans (Albanien, Mazedonien, Griechenland, europäischer Teil der Türkei; Serbien und Bulgarien werden nur im äußersten Norden besiedelt), auf der Iberischen Halbinsel sowie in Finnland und Norwegen. In Schweden wird nur der süd- und südöstliche Küstenstreifen bis ca. 60°N besiedelt. Für Großbritannien kann nicht ausgeschlossen werden, dass hier neben nachweislich allochthonen auch autochthone Individuen leben (BOULENGER 1884, WYCHERLEY et al. 2003).

H ö h e n v e r b r e i t u n g : *Pelophylax esculentus* bevorzugt Lebensräume der Tiefebene, die meisten Fundorte liegen unterhalb 500 m ü. NHN, nur selten werden 700 m ü. NHN überschritten (JEDICKE 1992, GÜNTHER 1996a, TWELBECK et al. 1996, SOWIG et al. 2007c, ZAHN und WAGENSONNER 2019). In den ostdeutschen Mittelgebirgen (Gebiet der ehemaligen DDR) wurde *P. esculentus* in Höhen von 800 m ü. NHN (Thüringer Wald), 750 m ü. NHN (Vogtland) und 600 m ü. NHN (Erzgebirge) nachgewiesen (SCHIEMENZ und GÜNTHER 1994). In Baden-Württemberg lag das höchste, inzwischen erloschene Vorkommen in Hierholz am Südrand des Schwarzwaldes in einer Höhe von 900 m ü. NHN (FRITZ und KÜSTER 2003). In Tschechien werden die Ausläufer der Karpaten bis 710 m ü. NHN besiedelt (ZAVADIL 1994).

Vereinzelte Nachweise oberhalb 1 000 m ü. NHN gelangen in den Alpen. In Bayern wurde *P. esculentus* im Soilasee am Laber (Landkreis Garmisch-Partenkirchen) auf 1 317 m ü. NHN beobachtet, weitere Sicht- oder Rufnachweise auf Höhen >1 000 m ü. NHN liegen aus den Landkreisen Oberallgäu und Traunstein vor (ZAHN und WAGENSONNER 2019). Auch in den Schweizer Alpen sind Vorkommen >700 m ü. NHN die Ausnahme, der höchste Fundort (1 000 m ü. NHN) liegt im Jura (GROSSENBACHER 1988). Für Österreich geben CABELA und GRILLITSCH (2001) den Maximalwert für den Plöckenpass (Kärnten) mit 1 240 m ü. NHN an.

Allochthone Populationen: Seit 2008 werden von rund 50 Lokalitäten in der finnischen Stadt Turku Wasserfrösche gemeldet. Alle erfassten und untersuchten Individuen wurden als *P. esculentus* identifiziert (HOOGESTEGER et al. 2013). Bioakustische Untersuchungen ergaben Hinweise auf Vorkommen allochthoner Teichfrösche in Südengland (WYCHERLEY et al. 2003). Alle in Spanien gefundenen Tiere gehen mit Sicherheit auf Aussetzungen zurück (ARANO et al. 1995).

Ökologie. Habitat: Aufgrund seines hohen Heterozygotiegrades weist der Teichfrosch eine große ökologische Plastizität auf und ist deshalb in der Lage, verschiedenste Habitate zu besiedeln (BERGER 1977, Übersicht bei GÜNTHER 1990, PLÖTNER 2005). Neben offenen Landschaften (Agrargebiete, Steppen, Siedlungen) gehören auch lichte Laub- und Mischwälder zu seinem Lebensraum.

Fortpflanzungsgewässer: Gräben, Kanäle und langsam fließende Flüsse zählen ebenso zum Habitatspektrum dieser Hybridform wie meso- bis eutrophe Seen, Weiher, Teiche, Sölle, Bergbaurestgewässer einschließlich Kiesgruben, Moorgewässer und künstlich angelegte Wasserspeicher (HEYM 1974, ALEKSANDROVSKAYA und BYKOV 1980, GÜNTHER 1990, 1996a, RYBACKI und BERGER 1994, KUZMIN et al. 1996, BORISSOVSKY et al. 2001, KOTSERZHINSKAYA 2003, PLÖTNER 2005, RUCHIN et al. 2005b, 2009, SURYADNA 2005, RUCHIN und RYZHOV 2006, RYABOV 2006, PISANETS 2007, SOWIG et al. 2007c, KORSHUNOV 2008, 2010, REMINNYI 2010, KUZMIN 2013, KAUFMANN et al. 2015, ZAHN und WAGENSONNER 2019). Große, kühle Seen und schnellfließende Gewässer werden in der Regel gemieden (KORSHUNOV 2008, REMINNYI 2010), ebenso Gewässer, die vegetationslos sind, keine freien Wasserflächen aufweisen oder vollständig im Schatten liegen (GÜNTHER 1996a, Zahn 1996a). Vegetationsarme Gewässer werden zwar besiedelt (ZAHN 1996b, eigene Daten), in vegetationsreichen und besonnten Gewässern sind die Reproduktionsraten jedoch wesentlich höher (ZAHN 1996a).

Im Gegensatz zu seinen Elternarten kann *P. esculentus* selbst noch in stark anthropogen beeinflussten, mitunter sogar schadstoffbelasteten Habitaten leben

(GÜNTHER 1996a, KUZMIN 2013, eigene Daten). Auch in Brackwasserhabitaten konnten Teichfrösche nachgewiesen werden (GÜNTHER 1990, 1996a, PLÖTNER 2005), allerdings trifft das nicht für Gewässer mit höheren Salzgehalten zu. Nach Beobachtungen im russischen Oblast Kaliningrad liegt der Grenzwert bei ca. 0,8 ‰ (LITVINCHUK et al. 2015b). Einen fast 9fach höheren Wert (7,1 ‰) ermittelte PLÖTNER (veröffentlicht in GÜNTHER 1990) in einem unmittelbar an der Ostseeküste, zwischen Deich und Düne gelegenen Feuerlöschteich in Dierhagen-Ost (Halbinsel Fischland-Darß, Deutschland), in dem sich regelmäßig mehrere Dutzend Teichfrösche aufhielten.

Auch fischereiwirtschaftlich genutzte Gewässer beherbergen mitunter individuenstarke Teichfrosch-Populationen. Dabei handelt es sich vor allem um Teiche, die extensiv bewirtschaftet werden, naturnahe, für Fische nur schwer zugängliche Flachwasserzonen aufweisen oder ausschließlich mit Jungfischen besetzt sind (GÜNTHER 1996a, SOWIG et al. 2007c). Unter solchen Bedingungen dürften sich auch die regelmäßigen Futtergaben günstig auf die Entwicklung der Kaulquappen auswirken, denen damit eine zusätzliche Nahrungsquelle zur Verfügung gestellt wird. In intensiv bewirtschafteten, strukturarmen Teichen findet dagegen keine (oder nur selten) Reproduktion statt, das Gleiche gilt für Teiche, die mit Forellen besetzt sind (GÜNTHER 1996a, SOWIG et al. 2007c). ZAHN (1996a) berichtet, dass Teichfrösche zwar in vegetationslosen Gewässern laichten, jedoch keine Reproduktion beobachtet werden konnte, wenn sich darin Fische befanden.

Optimale Teichfrosch-Gewässer zeichnen sich durch eine ausgeprägte Sub- und Emersvegetation aus, u. a. finden sich hier Bestände von *Juncus bulbosus, Sphagnum cuspidatum* und *Potamogeton natans* (HEYM 1974). Dichte Schilf- oder Wasserschwaden-Bestände werden in der Regel gemieden (GÜNTHER 1996a). Flachwasserzonen und Plätze zum Sonnen (z. B. aus dem Wasser herausragende Äste oder Baumstämme) sind weitere Charakteristika von Teichfrosch-Habitaten (GÜNTHER 1990, 1996a, SOWIG et al. 2007c).

Trocknen die Gewässer im Spätsommer aus, konzentrieren sich die Tiere an den verbliebenen, oft schlammigen und vegetationsfreien Restlöchern (eigene Beobachtungen). Generell ist zwischen Laich- und Wohngewässern zu differenzieren, da nicht alle Gewässer, in bzw. an denen Teichfrösche angetroffen werden (z. B. temporäre Kleingewässer), auch zur Reproduktion dienen (GÜNTHER 1996a, ZAHN 1996a).

Terrestrisches Habitat: Außerhalb der Laichzeit gehen einige Individuen zur terrestrischen Lebensweise über und halten sich oft in der unmittelbaren Umgebung der Gewässer auf. Feuchte Wiesen und Weiden sowie Grasland und Staudenfluren feuchter bis nasser Standorte zählen zu den bevorzugten Landlebensräumen des Teichfroschs (GÜNTHER 1996a, SOWIG et al. 2007c). Einzelne Tiere sind mitunter auch in Gärten anzutreffen, wo sie unter Stauden

Quartier beziehen (SCHIEMENZ und GÜNTHER 1994, PLÖTNER 2005, SOWIG et al. 2007c). Nach BLAB (1982) verstecken sich Wasserfrösche, deren Laichgewässer in besonders heißen und niederschlagsarmen Sommern trockenfallen, untertags an nassen Stellen.

Auf der Suche nach neuen Lebensräumen und während der saisonalen Wanderungen werden auch terrestrische Habitate durchquert, die im Grunde keine Rolle als Landhabitat für *P. esculentus* spielen, z. B. Felder, Unkrautfluren und Abraumhalden (SCHIEMENZ und GÜNTHER 1994). Oft handelt es sich dabei um juvenile Tiere (GÜNTHER 1996a). Juvenile Teichfrösche leben in der Regel semiaquatisch, oft abseits der Aufenthaltsorte adulter und subadulter Tiere, die für Jungfrösche potenzielle Prädatoren darstellen.

Winterquartiere: Die Überwinterung kann sowohl im Wasser als auch auf dem Land erfolgen (BERGER 1970, 1977, 1982, HEYM 1974, GÜNTHER 1996a), wobei nach BERGER (1977) Tiere, die in kleineren Gewässern leben, an Land überwintern, während Individuen, die größere Gewässer besiedeln, die Wintermonate im Wasser verbringen. Die Ansprüche an das terrestrische Winterquartier entsprechen denen von *P. lessonae* (HOLENWEG und REYER 2000). Im östlichen Teil des Verbreitungsgebietes überwintern Teichfrösche meist an Land unter Wurzeln, in Löchern, Höhlungen oder im Waldboden (NEKRASOVA 2002a, KORSHUNOV 2008, 2010, eigene Daten). Kürzere Frostperioden werden offensichtlich toleriert. GÜNTHER (1996a) berichtet, dass Tiere, die mindestens 24 Stunden in Eis eingefroren waren, nach dem Auftauen weiterlebten. Nach eigenen Beobachtungen scheint die Hybridform allerdings weniger frostresistent zu sein als ihre Elternart *P. lessonae*.

Die Toleranz gegenüber niedrigen Sauerstoffspannungen des Wassers ist bei *P. esculentus* höher als bei seiner Elternart *P. ridibundus* (TUNNER und NOPP 1979). Sauerstoffmangel kann vor allem in den Wintermonaten auftreten, wenn sich auf dem Gewässer für einen längeren Zeitraum eine geschlossene Eisdecke bildet. Damit kann die Hybridform auch in Gewässern überwintern, die für Seefrösche ungeeignet sind.

Nahrung: Das Nahrungsspektrum ist variabel und hängt von der Menge und Verfügbarkeit der Beutetiere und weiterhin von der Jahreszeit, dem Lebensraum sowie dem Alter der Frösche ab. Generell erbeuten Wasserfrösche (einschließlich *P. esculentus*) alle Tiere, deren sie habhaft werden können. Allerdings müssen die Beutetiere eine gewisse Größe haben, sehr kleine Organismen (z. B. Fruchtfliegen) lösen kein Beutefangverhalten aus, sondern werden lediglich durch „Wischen“ mit den Vorderextremitäten vertrieben (LUNDBERG und WEIDAUER 1971). Wasserfrösche erkennen ihre Beute visuell und fangen sie mit der Zunge. Die Größe der Beutetiere ist positiv mit der KRL der Frösche korreliert. Aus ökologischer Sicht können die hauptsächlichen Beutetiere des Teichfroschs als aktiv fliegende und schreitende oder rennende phyto- und zoophage Atmobionten charakterisiert werden (KULAKOVA et al. 2011, LADA et al. 2018). Adulte Individuen ernähren sich hauptsächlich von terrestrischen Wirbellosen, meist fliegenden Insekten, die sich (vor allem in Dürreperioden) in der Nähe von Gewässern sammeln (KORSHUNOV 2008, KULAKOVA et al. 2011).

Zum Beutespektrum des Teichfroschs zählen Coleopteren, Odonaten, Hymenopteren, Ephemeropteren, Anisopteren, Cicadelliden, Homopteren, Orthopteren, Lepidopteren, Hemipteren, Diplopoden, Trichopteren und Dipteren (KORSHUNOV 2008, KULAKOVA et al. 2009, 2011, PAUNOVIĆ et al. 2010, FAYZULIN et al. 2013, KUZOVENKO und FAYZULIN 2013, KUZMIN 2013, LADA et al. 2018). Manchmal werden auch Regenwürmer (Lumbricidae), Spinnen und Gastropoden gefressen (JUSZCZYK 1950, GÜNTHER 1990, 1996a, KULAKOVA et al. 2009, SAS et al. 2009, FAYZULIN et al. 2013b, KUZOVENKO und FAYZULIN 2013, KUZMIN 2013, KARAICA und BUJ 2016). Aquatische Evertebraten nehmen nach FAYZULIN et al. (2013b) und KUZOVENKO und FAYZULIN (2013b) einen Anteil von ca. 16–24 % der Nahrung ein, wobei das quantitative Verhältnis zwischen aquatischen und terrestrischen Beutetieren im Jahresverlauf starken Schwankungen unterliegen kann (SAS et al. 2009). Neben Wirbellosen gehören auch Wirbeltiere zur Beute von *P. esculentus*, u. a. Amphibien (einschließlich Wasserfrösche) und kleine Säugetiere (z. B. *Sorex araneus*) (JUSZCZYK 1950, SAS et al. 2009, PAUNOVIĆ et al. 2010, KUZMIN 2013).

Die Larven des Teichfroschs ernähren sich, wie auch die seiner Elternarten, von Algen und Detritus, insbesondere abgestorbenen Pflanzenteilen (GÜNTHER 1990 und darin zitierte Literatur). In Gefangenschaft könne Teichfrosch-Larven mit gekochtem Blattsalat und ballaststoffreichem Fischfutter ernährt werden.

Herpetozönose: Der Teichfrosch kann mit praktisch allen sympatrisch verbreiteten Amphibienarten vergesellschaftet sein, sofern diese stehende Gewässer zur Reproduktion nutzen. Neben seinen Elternarten (*P. lessonae* und *P. ridibundus*) wurden folgende Arten zusammen mit *P. esculentus* nachgewiesen: *Salamandra salamandra, Salamandra atra, Ichthyosaura alpestris, Lissotriton helveticus, Lissotriton vulgaris, Triturus carnifex, Triturus cristatus, Triturus dobrogicus, Triturus marmoratus, Bombina bombina, Bombina variegata, Alytes obstetricans, Pelobates fuscus, Pelobates balcanicus, Pelobates vespertinus, Bufo bufo, Bufo spinosus, Bufotes viridis, Epidalea calamita, Hyla arborea, Hyla orientalis, Rana arvalis, Rana dalmatina* und *Rana temporaria* (ZAVADIL 1994, GÜNTHER 1996a, CABELA und GRILLITSCH 2001, ZAHN und WAGENSONNER 2019, eigene Daten).

Feinde, Parasiten und Krankheiten: Teichfrösche und ihre Kaulquappen zählen zum Nahrungsspektrum zahlreicher Vertebraten und Evertebraten. Neben Fischen, Reptilien, Vögeln und Säugetieren werden juvenile Exemplare auch von Amphibien einschließlich Angehörigen des eigenen Taxons gefressen (Übersicht bei GÜNTHER 1990). Mitunter können Prädatoren die Populationsdynamik nachhaltig beeinflussen. Ein Beispiel dafür ist die invasive Fischart *Perccottus glenii*, die im russischen Oblast Kaliningrad die Individuenzahlen in einigen Populationen signifikant reduzierte (eigene Daten). Solche Bestandsrückgänge können innerhalb weniger Jahre vonstattengehen, wie ein Beispiel aus der Umgebung der Stadt Swetlogorsk veranschaulicht. In einer im Sommer 2014 noch individuenreichen Teichfrosch-Population (LITVINCHUK et al. 2015b) wurden 4 Jahre später nur noch wenige Tiere angetroffen. Für diese Entwicklung waren wahrscheinlich die zahlreich im Gewässer beobachteten invasiven Fischarten verantwortlich, die von lokalen Fischern eingesetzt worden waren.

P a r a s i t e n : Die Helminthenfauna des Teichfroschs ist artenreich, im Vergleich zu seinen Elternarten ähnelt das Spektrum mehr dem von *P. lessonae*. Plattwürmer (Plathelminthes) bilden die Hauptgruppe aller Parasiten des Teichfroschs. Unter ihnen sind Trematoden durch 25 Arten vertreten: *Acanthocephalus ranae*, *Alaria alata* (Larven), *Brandesia turgida*, *Codonocephalus urnigerus* (Larven), *Diplodiscus subclavatus*, *Encyclometra colubrimurorum* (Larven), *Gorgodera microovata*, *Gorgodera pagenstecheri*, *Gorgodera varsoviensis*, *Gorgoderina vitelliloba*, *Halipegus ovocaudatus*, *Neodiplostomum spathoides* (Larven), *Opistioglyphe ranae*, *Opisthodiscus diplodiscoides*, *Paralepoderma cloacicola* (Larven), *Pharyngostomum cordatum* (Larven), *Pleurogenes claviger*, *Pleurogenoides medians*, *Pneumonoeces asper*, *Pneumonoeces odeningi*, *Pneumonoeces schulzei*, *Pneumonoeces variegates*, *Prosotocus confusus*, *Skrjabinoeces similis*, *Strigea strigis* (Larven) und *Tylodelphys excavata* (Larven) (BJELIĆ-ČABRILO et al. 2009, CHIKHLYAEV et al. 2009, 2012a, b, REZVANTSEVA et al. 2010a, b, 2011, KIRILLOV et al. 2012a, REZVANTSEVA 2012a, b, CHIKHLYAEV und FAYZULIN 2016, LADA et al. 2018, BENOVICS et al. 2022). Von diesen Würmern kann der Dunkersche Muskelegel, die Metazerkarie des parasitischen Saugwurms *Alaria alata*, auch Menschen und Karnivoren infizieren (KIRILLOV et al. 2012a, 2014). Nach BJELIĆ-ČABRILO et al. (2009) wies *O. ranae* die höchste Prävalenz auf, während, gemessen an der Zahl parasitischer Individuen pro Frosch, *P. medians* quantitativ dominierte.

Fadenwürmer (Nematoda) sind nach dem gegenwärtigen Kenntnisstand durch 5 Arten repräsentiert: *Aplectana acuminata*, *Cosmocerca ornata*, *Icosiella neglecta*, *Oswaldocruzia filiformis* und *Rhabdias bufonis* (BJELIĆ-ČABRILO et al. 2009, CHIKHLYAEV et al. 2009, REZVANTSEVA et al. 2010a, b, 2011, REZVANTSEVA 2012b, CHIKHLYAEV und FAYZULIN 2016, LADA et al. 2018, MIKULÍČEK et al. 2021).

K r a n k h e i t e n : ARIEL et al. (2009) berichten über Infektionen mit dem *Ranavirus* in einer dänischen Teichfrosch-Population und ein damit assoziiertes Massensterben (an nur einem Wochenende starben ca. 1 200 Tiere). Auch in den Niederlanden konnten durch Ranaviren hervorgerufene massive Sterbeereignisse nachgewiesen werden (RIJKS et al. 2016, SAUCEDO et al. 2018). Infektionen mit dem amphibienpathogenen Pilz *Batrachochytrium dendrobatidis* wurden mehrfach beobachtet (OHST 2008, OHST et al. 2011, 2013, KOLENDA et al. 2017a). Auch Tumorerkrankungen (Fibrom der Bukkalhöhle, Hypernephrom [Karzinom] der Niere, Adenom und Adenokarzinom der Haut, Leberhepatom, Sarkom der Beine) sind von Wasserfröschen (vermutlich *P. esculentus*) bekannt geworden (BALLS 1962).

Populationsökologie: Die Abundanzen des Teichfroschs korrelieren mit verschiedenen ökologischen Parametern, insbesondere der Vegetation der Laich- und Wohngewässer, sowie der Gewässergröße und -struktur (Vorhandensein flacher, besonnter Bereiche). Während die Teichfrosch-Bestände in vielen Teilen West- und Mitteleuropas in den letzten Jahrzehnten starke Einbußen hinnehmen mussten, ist die Hybridform im osteuropäischen Raum lokal oft noch sehr häufig (eigene Daten). In der Ukraine wurden mittlere Abundanzen von 8–690 Tieren/km Uferlänge ermittelt, in Russland bis 240 Individuen/km (ALEKSANDROVSKAYA und BYKOV 1980, GUSEVA 1992, OKULOVA et al. 1997, KOTSERZHINSKAYA 2003, KURTYAK 2004a, BULAKHOV et al. 2007, SOBOLENKO 2010), die individuenstärksten Populationen (lokal mehr als 10 adulte Tiere pro Meter Uferlinie) wurden im August 2018 im Oblast Kaliningrad (Otradnoe) gefunden (eigene Daten). Nach Schätzungen von LADA et al. (2018) lagen im Oblast Woronesch die Abundanzen männlicher Teichfrösche während der Reproduktionsperiode zwischen 1,7 und 4,0 Individuen pro Kilometer. In Litauen betrugen die mittleren Abundanzen bis zu 40 Individuen/Hektar Wasserfläche (BALČIAUSKAS et al. 1999).

Geschlechterverhältnis: Neben Populationen mit nahezu ausgeglichenen Geschlechterverhältnissen (z. B. in der südlichen Ukraine und den russischen Oblasten Kaliningrad und Iwanowo; OKULOVA et al. 1997, SURYADNA 2005, eigene Daten), dominieren in vielen Gebieten männliche Tiere. Im Oblast Moskau betrug das Verhältnis Männchen:Weibchen ca. 2:1, während für den Oblast Nischni Nowgorod ein Wert von 3:1 und für die Republiken Mordwinien und Tatarstan Werte von 4:1 ermittelt wurden (eigene Daten). Für die Republik Udmurtien geben BORISSOVSKY et al. (2000) das Geschlechterverhältnis mit 2:1 an, ein Verhältnis von 6:1 nennt SVININ (2016) für die russische Republik Mari El.

Untersuchungen in der Zentralukraine weisen auf einen Zusammenhang zwischen Geschlechterverhältnis und Populationssystem hin. In Populationen, in denen *P. esculentus* mit *P. ridibundus* (R-E) oder *P. ridibundus* und *P. lessonae* (R-L-E) zusammenlebt, war ein Männchenüberschuss zu verzeichnen, wohingegen in *lessonae-esculentus*-Populationen (L-E) das Geschlechterverhältnis bei *P. esculentus* fast ausgeglichen war (NEKRASOVA 2002a, NEKRASOVA et al. 2004). In einigen Mischpopulationen mit *P. ridibundus* kommen mitunter nur *P. esculentus*-Männchen vor, solche Populationen wurden in Deutschland, Polen, der Tschechischen Republik, Lettland, Russland und der Ukraine gefunden. Über einen weiteren Spezialfall des R-E-Systems berichten TUNNER und HEPPICH-TUNNER (1992). Hierbei handelte es sich um eine Population, in der neben Seefröschen ausschließlich triploide LLR-Männchen vorkamen, deren Anteil zwischen 5 und 10 % variierte (TUNNER 2001; siehe auch Kapitel „Populationssysteme und Populationsgenetik").

R-E- und R-L-E-Populationen, in denen unter den Hybriden weibliche Tiere quantitativ dominieren, wurden im ukrainischen Oblast Transkarpatien angetroffen (ALEKSANDROVSKAYA und BYKOV 1980; einige Daten). BORKIN et al. (2004, 2006) und BIRIUK et al. (2016) fanden im russischen Oblast Rostow und in den ukrainischen Oblasten Donezk und Luhansk R-E-Populationen, in denen triploide LLR-Weibchen in der Mehrzahl waren.

In L-E-Populationen ist das Geschlechterverhältnis bei diploiden (LR) Tieren oft zugunsten der Weibchen und bei triploiden (LLR) zugunsten der Männchen verschoben (PLÖTNER 2005, KRAGE 2022, KRAGE et al. 2022). Die quantitative Dominanz weiblicher Tiere unter den diploiden Teichfröschen dürfte aus der klonalen Vererbung des R-Genoms durch LR-Genotypen resultieren. Während aus Kreuzungen zwischen homogametischen *P. esculentus*-Weibchen (L_XR_X) und heterogametischen *P. lessonae*-Männchen (L_XL_Y) sowohl männliche als auch weibliche Teichfrösche hervorgehen können, führen Kreuzungen zwischen LR-Männchen (die R_X-Gameten bilden) und *P. lessonae*-Weibchen (L_XL_X) zu einer ausschließlich weiblichen (L_xR_x) Nachkommenschaft (siehe Kapitel „Populationssysteme und Populationsgenetik"). Eine zum L-E-System zählende Population, in der neben *P. lessonae* fast ausschließlich diploide *P. esculentus*-Weibchen (>90 %) vorkamen, wurde aus Österreich (Seewinkel, Neusiedlersee) beschrieben (TUNNER 1974, 1976, 1978a, 1979, 1980, TUNNER und DOBROWSKY 1976). Die Ursache für diesen extremen Weibchenüberschuss ist bisher nicht geklärt. Die Ergebnisse von Kreuzungsexperimenten lassen vermuten, dass manche Individuen, die nach ihrem Genotyp eigentlich Männchen (XY) sein müssten, weibliche Geschlechtsmerkmale ausprägen (HOTZ et al. 1993).

Populationen, in denen neben *P. lessonae* nur männliche Teichfrösche vorkamen, wurden in Lettland, im Osten Weißrusslands, in der nördlichen Ukraine (bei Tschernobyl) und im Westen Russlands gefunden (BORKIN et al. 1986, CAUNE 1987, VINOGRADOV et al. 1988, CAUNE und BORKIN 1993, LADA et al. 2011a, eigene Daten). Die Reproduktion der Teichfrosch-Männchen erfolgt hier durch heterotypische Paarungen mit *P. lessonae*-Weibchen, die R-Genome tragen hier wahrscheinlich Männlichkeit-determinierende Faktoren.

Altersstruktur: Skelettochronologische Studien, die auf den jährlichen Wachstumringen („lines of arrested growth“ = LAG) der Knochen basieren, wurden von OKULOVA et al. (1997), SAVCHUK (2009), REMINNYI (2010) und SOCHA und OGIELSKA (2010) veröffentlicht. Danach erreichen Teichfrösche ein Lebensalter von 4–8 Jahren. Im ukrainischen Oblast Tscherniwzi fanden sich *P. esculentus* im Alter von 3–5 Jahren am häufigsten unter den adulten Individuen (SAVCHUK 2009, REMINNYI 2010). Für Teichfrösche aus einer polnischen *P. ridibundus-esculentus*-Population (Wasservogel-Schutzgebiet Milicz-Teiche im Barycz-Flusstal) geben SOCHA und OGIELSKA (2010) das mittlere Alter mit 3,7 ± 1,01 Jahren an, wobei das durchschnittliche Lebensalter der Männchen (N = 60) mit 3,5 ± 1,03 Jahren geringer war als das der Weibchen (N = 29), deren mittleres Alter 3,9 ± 0,94 betrug. Während die meisten Weibchen zwischen 3 und 5 Jahre alt waren, befand sich der größte Teil der Männchen im Alter von 2–5 Jahren. Nur 6,8 % der untersuchten Tiere waren älter als 5 Jahre. Die Autorinnen weisen darauf hin, dass die größten Individuen nicht immer auch die ältesten sein müssen. So war ein 5 Jahre altes Weibchen mit einer KRL von 83,7 mm größer als ein 7 Jahre altes Tier gleichen Geschlechts, das eine KRL von 79,5 mm aufwies.

In einer in Kroatien gesammelten Stichprobe (N = 54) war das älteste Tier 10 Jahre alt, das mittlere Alter betrug 5,1 ± 1,75 Jahre (ČAVLOVIĆ et al. 2018). L. BERGER, zitiert in GÜNTHER (1990, 1996a), hielt in seiner Zuchtanlage in Poznań (Polen) ein Weibchen, das ein Alter von 14 Jahren erreichte.

Reproduktion und Ontogenese. Reproduktionsperiode: In Mitteleuropa pflanzen sich Teichfrösche gewöhnlich im späten Frühjahr zwischen Ende April und Ende Juni fort, wobei Beginn und Dauer der Reproduktionsperiode entscheidend von den Wetterverhältnissen bestimmt werden (BLAB 1982, GÜNTHER 1996a, ABT TIETJE und REYER 2004, BERGER 2008). In der Ukraine beginnt die Fortpflanzung Ende April/Anfang Mai, etwa eine Woche nach der Winterruhe, und findet Ende Mai/Anfang Juli ihren Abschluss (KOTSERZHINSKAYA 2003, KORSHUNOV 2010, REMINNYI 2010, REMINNYI und MATVIYCHUK 2018). Die Laichzeit beträgt hier maximal 4 Wochen (KORSHUNOV 2010).

Eier und Embryonalentwicklung: In Abhängigkeit vom Alter und der Körpergröße legen Teichfrosch-Weibchen ca. 3 000–8 000 Eier (JUSZCZYK 1987, GÜNTHER 1990). BERGER (1977) gibt die mittlere Eizahl/Weibchen mit 5 325 an, ABT TIETJE und REYER (2004) beziffern für eine 46 Laichballen umfassenden Stichprobe, die in der Schweiz erhoben wurde, die mittlere Eizahl mit 1 070 ± 750 Eiern. Bei einem 115 mm langen Weibchen wurden 11 334 Eier gezählt (BERGER und UZZELL 1980). Im Labor gehaltene Tiere (N = 97) bildeten im Mittel nur 2 680 Eier (BERGER 1977). Es wurden jedoch wiederholt auch adulte Weibchen (KRL >70 mm) gefunden, die unterentwickelte (weitgehend funktionsunfähige) Ovarien mit nur wenigen Eizellen aufwiesen (GÜNTHER 1970, 1973, BERGER und UZZELL 1980). Der Laich wird in mehreren (2–12) Portionen, die ca. 100–500 Eier umfassen, in seichtem Wasser (<50 cm) an sonnenexponierten Stellen, ca. 5–30 cm unter der Wasseroberfläche an Pflanzen oder

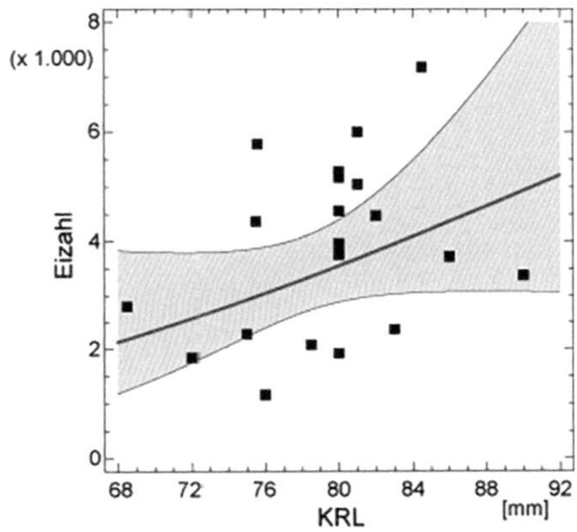

Abb. 60: Beziehung zwischen der KRL polnischer Teichfrosch-Weibchen und der Eizahl (Daten aus BERGER 2008). Funktionsgleichung: Eizahl = EXP(11,09–232,6/KRL).

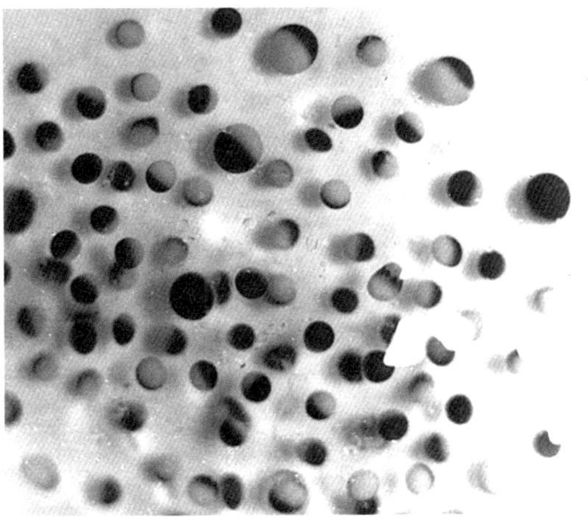

Abb. 61: Laich von *P. esculentus*. Typisch sind die oft deutlich sichtbaren individuellen Größenunterschiede der Eier. Während kleine und mittelgroße Eier in der Regel ein haploides Genom enthalten, sind die großen Eier diploid. Foto: R. Günther.

seltener auch im freien Wasser abgelegt (WAHL 1969, GÜNTHER 1990, 1996a, BERGER 2008). Die Eizahl korreliert auch bei *P. esculentus* positiv mit der KRL (BERGER und UZZELL 1980, BERGER 2008, Abb. 60).

Charakteristisch für den Laich von *P. esculentus* sind die oft sehr unterschiedlichen Eigrößen innerhalb desselben Laichballens (Abb. 61). Bei vielen Tieren (nicht bei allen) können die Eier in diskrete Größenklassen (klein, mittel, groß) eingeteilt werden, wobei sowohl die Anzahl der Klassen (manche Tiere bilden nur „kleine" und „mittelgroße" Eier, andere nur „mittelgroße" und „große") als auch deren Grenzen und Mittelwerte interindividuell variieren (z. B. BERGER und UZZELL 1980, BERGER et al. 1986, EIKHORST 1984, 1987, BERGER 1994, CZARNIEWSKA et al. 2011). Die Ursache dafür liegt offensichtlich in der Zunahme der Eidurchmesser mit der KRL der Weibchen (BERGER und UZZELL 1980, CZARNIEWSKA et al. 2011). Deshalb ist es nicht möglich, allgemeingültige Grenzwerte für einzelne Größenklassen anzugeben (siehe Tab. 31), sondern diese müssen für jeden Laichballen individuell bestimmt werden (CZARNIEWSKA et al. 2011). Bei den meisten der von EIKHORST (1987) untersuchten Laichballen (N = 15), die aus einer „reinen" *esculentus*-Population von Lehnstadt (Niedersachsen, Deutschland) stammten, war keine Differenzierung nach spezifischen Größenklassen möglich. Vergleiche der einzelnen Laichballen zeigten eine hohe Variabilität bezüglich der Eigrößen und deren Verteilungen.

„Kleine" und „mittelgroße" Eier sind in der Regel haploid, während „große" Eier ein diploides Genom enthalten (UZZELL et al. 1975, BERGER et al. 1978,

Tab. 31: Mittelwerte und Extrema (in Klammern) der Durchmesser „kleiner", „mittlerer" und „großer" Eier aus Teichfrosch-Laichballen verschiedener Länder. Aus BERGER und UZZELL (1980)[a] und CZARNIEWSKA et al. (2011)[b].

Herkunft		**Eigröße** (mm)	
	klein	**mittel**	**groß**
Dänemark	–	1,41[b]	1,73[b]
		(1,37–1,46)	(1,72–1,74)
Deutschland	1,43[b]	1,61[b]	1,94[b]
	(1,16–1,60)	(1,30–1,93)	(1,62–2,23)
Österreich	1,13[b]	1,28[b]	–
	(1,10–1,18)	(1,19–1,40)	
Polen	1,07–1,24[a]	1,43–1,50[a]	1,76–2,04[a]
	1,24[b]	1,51[b]	1,87[b]
	(0,99–1,55)	(1,22–1,80)	(1,48–2,15)

BERGER und ROGUSKI 1978, BERGER 1979 u. a.). Entsprechend werden in Populationen mir hohen Anteilen triploider Tiere prozentual mehr „große" Eier gebildet (CZARNIEWSKA et al. 2011).

Mitunter enthält der Laich des Teichfroschs unpigmentierte Eier (GÜNTHER 1990, 1996a, PABIJAN et al. 2004, eigene Daten), die sich zwar teilweise furchen, aus denen aber oft keine lebensfähigen Larven hervorgehen (GÜNTHER 1996a). GÜNTHER (l. c.) beobachtete die Entwicklung von 50 normal pigmentierten und 200 pigmentlosen Eiern, die aus demselben Laichballen stammten. Während sich alle „normalen" Eier zu Larven entwickelten, starben ca. 90 % der unpigmentierten während der Gastrulation oder Neurulation ab. Die übrigen entwickelten sich jedoch weiter und zeigten etwa ab Stadium 24 (vgl. GÜNTHER 1990, S. 57, entspricht Stadium 24–25 nach GOSNER 1960) eine zunehmende Pigmentierung zuerst des Schwanzes, dann des ganzen Körpers und wandelten sich nach einigen Monaten zu normal gefärbten Jungfröschen um. Ähnliche Beobachtungen publizierten PABIJAN et al. (2004). Dieses Phänomen wird auch als temporärer Albinismus bezeichnet.

Bei konstanten Temperaturen von ca. 20 °C dauerte die Embryonalentwicklung 5–6 Tage und bei 30 °C 2,5 Tage (GÜNTHER 1974). Bei Temperaturen unter 11 °C stagnierte die Entwicklung und bei Temperaturen >32 °C überlebten nur wenige Keime.

Embryonen, die aus homotypischen *esculentus*-Kreuzungen entstehen, weisen häufig diverse Entwicklungsstörungen (z. B. Exogastrulation, Mikrozephalie, Augenlosigkeit, Schwanz- und Körperdeformationen) und eine hohe Mortalität auf, viele der Embryonen sterben bereits während des Blastula- oder Gastrula-Stadiums (OGIELSKA 1994a). Entsprechend können die Schlupfraten verschiedener Laichballen stark variieren. Die von EIKHORST (1987) für 12 Laichballen ermittelten Schlupfraten (Gosner-Stadium 25) variierten zwischen 5,7 und 95,9 %, wobei die Werte von 5 Laichballen unter 15 % lagen. Die mittlere, über alle Laichballen berechnete Schlupfrate betrug 37,7 %.

Larvalentwicklung und Metamorphose: Frisch geschlüpfte Larven heften sich vertikal an Pflanzen, Steine und andere Strukturelemente, im Aquarium auch an die Wände, und verharren dort die meiste Zeit bewegungslos bis zur völligen Resorption des embryonalen Dottersacks (GÜNTHER 1996a, eigene Daten). Entsprechend der Eigröße treten auch bei den Larven direkt nach dem Schlupf z.T. starke Größendifferenzen auf, nach GÜNTHER (1990, 1996a) können die Extreme zwischen 5 und 10 mm variieren.

Die Dauer der Larvalphase variiert in Abhängigkeit von verschiedenen ökologischen Faktoren, vor allem der Temperatur und dem Nahrungsangebot, sowie genetischen Faktoren, zwischen 5 und 12 Wochen (ABT TIETJE und REYER 2004, GÜNTHER 1996a) Unter vergleichbaren Umweltbedingungen kann sie beim Teichfrosch mitunter längere Zeit in Anspruch nehmen als bei seinen Elternarten (ALTWEGG 2002, MILTO 2011, eigene Daten). In bestimmten Regionen Russlands und der Ukraine können Teichfroschlarven noch bis in den Oktober hinein beobachtet werden (MILTO 2011, REMINNYI und MATVIYCHUK 2018). In wärmeren Gewässern verläuft die Entwicklung im allgemeinen schneller, allerdings auf Kosten einer geringeren LM zum Zeitpunkt der Metamorphose (ABT TIETJE und REYER 2004).

Den Einfluss des Nahrungsangebots auf die Larvalentwicklung untersuchte SEMLITSCH (1993b). Diploide Larven, die in Gruppen von je 5 Tieren bei Temperaturen von 23–25 °C aufgezogen wurden und nur wenig Nahrung erhielten, zeigten im gruppenspezifischen Mittel tägliche Massezunahmen von 7,5 ± 3,73 mg bis 13,1 ± 1,33 mg. Bei vergleichsweise hohem Nahrungsangebot lagen die analogen Werte zwischen 9,5 ± 1,85 mg und 33,6 ± 2,99 mg. Die innerhalb der beiden Versuchsansätze (geringes und hohes Nahrungsangebot) festgestellte hohe interindividuelle Variabilität verdeutlicht, dass neben dem Nahrungsangebot weitere ökologische, aber auch genetische Faktoren das larvale Wachstum von Teichfröschen bestimmen.

Neben der LM zum Zeitpunkt der Metamorphose beeinflusst das Nahrungsangebot auch die Entwicklungsgeschwindigkeit. Während die Larven bei geringem Nahrungsangebot im Mittel 108 Tage bis zum Beginn der Metamorphose (Durchbruch der 1. Vorderextremität, Gosner-Stadium 42) benötigten, trat diese bei hohem Nahrungsangebot bereits nach 50 Tagen ein (SEMLITSCH 1993b). Darüber hinaus wiesen SEMLITSCH und REYER (1992a) experimentell nach, dass die Dauer der Larvalentwicklung durch interspezifische Konkurrenz verzögert werden kann. Unter Konkurrenzbedingungen, d. h. bei Anwesenheit von *Hyla arborea*- und *Epidalea calamita*-Kaulquappen, benötigten Teichfrosch-Kaulquappen im Mittel 56,2 Tage bis zum Beginn der Metamorphose, während Tiere, die konkurrenzlos aufgezogen wurden, ca. 5 Tage früher metamorphosierten. Dieser Effekt resultierte mit hoher Wahrscheinlichkeit aus einer konkurrenzbedingten Reduktion der als Nahrung verfügbaren Biomasse.

Kurz vor Beginn der Metamorphose können die Larven Gesamtlängen (vom Mundfeld bis zur Schwanzspitze gemessen) von ca. 45–80 mm erreichen (BORKIN et al. 1982 und darin zitierte Literatur, GÜNTHER 1996a). Larven aus der Umgebung von Poznań, die im Freiland gesammelt und bis zur Metamorphose im Labor gehalten wurden, erreichten Längen von 85–112 mm, die arithmetische Mittel variierten zwischen 92 und 96 mm, das größte Exemplar wies eine Länge von 163 mm auf (BORKIN et al. 1981).

Bereits DÜRIGEN (1897) erwähnt das gelegentliche Auftreten von Riesenlarven. MILTO (2011) fand im Oblast Pskow (Russland) drei solcher „gigantischen" Exemplare, von denen eines eine KRL von 63 mm und eine Schwanzlänge von 105 mm aufwies. Das Tier besaß gut entwickelte paarweise Ovarien, die mit Oogonien gefüllt waren. Riesenlarven sind auch aus Polen und Lettland bekannt geworden (BORKIN et al. 1981, 1982, LUSIS und CAUNE 1984). GRÖGER (1978), zitiert in GÜNTHER (1996a), fand im Raum Bitterfeld (Ostdeutschland) mehrere Wasserfrosch-Riesenlarven (wahrscheinlich *P. esculentus*), von denen das größte Exemplar 183 mm maß. Die Lebensdauer solcher Larven kann mehr als 1 Jahr betragen (BORKIN et al. 1982).

Im Freiland variiert die KRL nach Abschluss der Metamorphose, d. h. nach dem Einschmelzen des Larvenschwanzes, zwischen 12 und 30 mm (GÜNTHER 1996a). SOCHA (2005) gibt die mittlere KRL zum Zeitpunkt der Metamorphose (ein genaues Gosner-Stadium wird nicht genannt) für männliche und weibliche Individuen mit 13,8 mm an. Unter Laborbedingungen wurden für F_1-Hybriden aus Kreuzungen zwischen *P. ridibundus*-Weibchen und *P. lessonae*-Männchen Werte von 10,5–21,0 mm ermittelt (ALEKSANDROVSKAYA 1976).

Die LM der Metamorphoslinge wird wie die KRL sowohl von genetischen als auch ökologischen Faktoren beeinflusst (z. B. SEMLITSCH und REYER 1992a, SEMLITSCH 1993a,b, ABT TIETJE und REYER 2004, eigene Daten) und kann Werte zwischen ca. 250 und 2000 mg annehmen. In dem o. g., von SEMLITSCH (1993b) durchgeführten Experiment, variierten die gruppenspezifischen Mittelwerte zum Zeitpunkt der Metamorphose zwischen 288 ± 63,9 mg (geringes Nahrungsangebot) und 552 ± 45,1 mg (großes Nahrungsangebot). SEMLITSCH und REYER (1992a) geben für Tiere, die unter Konkurrenzbedingungen gehalten wurden (s. o.), die über alle Versuchsgruppen gemittelte LM mit 367,9 mg an, innerhalb der einzelnen Gruppen variierten die arithmetischen Mittel zwischen 261,3 und 605,1 mg. Bei Abwesenheit von *Hyla arborea*- und *Epidalea calamita*-Larven war das Gesamtmittel mit 743,6 mg mehr als doppelt so hoch wie unter Konkurrenzbedingungen, und die gruppenspezifischen Mittelwerte lagen zwischen 483,3 und 955,0 mg.

Auch die Dynamik des Gewässers kann die Konstitution der Metamorphoslinge beeinflussen. Die von SEMLITSCH und REYER (l. c.) durchgeführten Experimente zeigten, dass Teichfrösche in austrocknenden Gewässern zum Zeitpunkt der Metamorphose ca. 30 % leichter waren als Tiere, die sich in Gewässern mit konstanten Wasserständen entwickelten. Die experimentell gewonnenen Befunde verdeutlichen die große ökologische Plastizität (physiologische Reaktionsbreite) von Teichfrosch-Larven, sind jedoch für natürliche Lebensräume aufgrund der hier herrschenden ökologischen Komplexität nicht verallgemeinerbar..

Entwicklung nach der Metamorphose: Nach SOCHA und OGIELSKA (2010) variierten die KRL männlicher Tiere vor der 1. Überwinterung zwischen 28,9 und 34,7 mm und die weiblicher zwischen 27,1 und 34,8 mm, die arithmetischen Mittel betrugen 32,1 ± 2,16 mm (Männchen) und 31,8 ± 2,24 mm (Weibchen). Unter günstigen ökologischen Bedingungen können Teichfrösche schon bis zur 1. Überwinterung KRL von ca. 40 mm und LM von 14 g erreichen und sich bereits im Folgejahr fortpflanzen (BERGER 1973a, GÜNTHER

1990, 1996a). Nach ALTWEGG und REYER (2003) hatten größere Metamorphoslinge im Vergleich zu kleineren bessere Überlebenschancen, wuchsen schneller und waren auch bei Eintritt der Geschlechtsreife größer. Später metamorphosierende Individuen zeigten eine geringere Überlebensrate und wuchsen langsamer als Frösche, die zu einem früheren Zeitpunkt die Metamorphose abgeschlossen hatten. Ein kompensatorisches Wachstum findet offenbar nicht statt.

Im 1. Lebensjahr weist das Gros der Teichfrösche KRL von 45–65 mm und LM von 20–40 g auf (GÜNTHER 1996a). Die kleinsten bekannt gewordenen geschlechtsreifen Männchen waren 43–45 mm lang und wogen ca. 10 g (GÜNTHER 1996a, KUZMIN 2013), bei den Weibchen betrugen die korrespondierenden Werte 55 mm und 25 g (GÜNTHER 1996a). In der Regel sind beide Geschlechter aber erst nach der zweiten Überwinterung fortpflanzungsfähig und nehmen nach der dritten zum ersten Mal am Reproduktionsgeschehen teil (GÜNTHER 1996a, SAVCHUK 2009, REMINNYI 2010).

Verhalten. Tages- und Jahresaktivität: Der Teichfrosch ist sowohl tag- als auch nachtaktiv, seine zirkadiane Rhythmik wird im Wesentlichen durch die Wetterbedingungen (insbesondere die Temperatur) bestimmt. In der Ukraine wurden während der Reproduktionsperiode zwei Aktivitätspeaks ermittelt: zwischen 12 und 16 Uhr und zwischen 19 und 22 Uhr (REMINNYI und MATVIYCHUK 2018). Nach der Laichzeit sitzen die adulten Tiere tagsüber meist am Gewässerufer oder auf schwimmenden Objekten, wo sie nach Beute Ausschau halten. Im Herbst (September bis Oktober) nimmt bei Temperaturen ab ca. 9 °C die Aktivität ab (KUZMIN 1999, KORSHUNOV 2010), in künstlich angelegten Winterquartieren drangen die Versuchstiere bei Temperaturen zwischen 8 und 4 °C in das angebotene Substrat (Torfmoos) ein (HEYM 1974). Nach WEIDENBERG (1999) besteht zwischen lokomotorischer Aktivität und WT eine signifikant positive Korrelation ($r = 0{,}42$; $p = 0{,}02$).

Die Jahresaktivität variiert entsprechend des Breitengrades und der Klimazonen. Im ukrainischen Oblast Winnyzja wurden 1997 die ersten Tiere am 10. März und 1996 die letzten am 04. November registriert (REMINNYI und MATVIYCHUK 2018). In der Niederlausitz (Ostdeutschland) beobachtete HEYM im Jahr 1974 den ersten Teichfrosch am 24. März und im Jahr 1971 den letzten am 10. Oktober (HEYM 1974). In der Ukraine sucht *P. esculentus* im September/Oktober die Winterquartiere auf, etwa eine Woche später als *P. ridibundus* (KORSHUNOV 2010). Die Überwinterung dauert hier ca. 6 Monate (KORSHUNOV l. c.) und endet, je nach Wetterlage, zwischen März und Mai, die ersten Tiere können bei Temperaturen von 6–8 °C in den Laichgewässern angetroffen werden (SURYADNA 2005, KORSHUNOV 2010, FAYZULIN et al. 2013b).

Orientierung und Wanderverhalten: Teichfrösche (vor allem juvenile und subadulte Exemplare) zeichnen sich durch eine ausgeprägte Migrationsfreudigkeit aus und gehören unter den Amphibien zu den Erstbesiedlern neu entstandener Gewässer. Sie können bei ihren Wanderungen, die sowohl auf dem Land- als auch dem Wasserweg erfolgen und oft durch Regen ausgelöst werden, Distanzen von mehreren Kilometern zurücklegen (JUSZCZYK 1951, GÜNTHER 1968, 1974, VAN GELDER und HOEDEMAEKERS 1971, HEYM 1974, BLAB 1982, TUNNER 1992). Untersuchungen an einer *ridibundus-esculentus*-Männchen-Population in der Oderaue bei Frankfurt (Ostdeutschland) zeigten andererseits, dass viele der hier lebenden Teichfrosch-Männchen eine enge Bindung an ihr angestammtes Gewässer hatten (PLÖTNER 2001, PELZ 2002). So lag der Anteil der Individuen, die innerhalb einer Reproduktionsperiode das Gewässer wechselten, nur zwischen 14,6 und 26,9 %. Auch zwischen aufeinanderfolgenden Reproduktionsperioden nahmen nicht mehr als 30 % der Tiere einen Gewässerwechsel vor. Die ausgeprägte Ortstreue der in dieser Population lebenden Teichfrösche kommt auch in den Ergebnissen von Versetzungsexperimenten zum Ausdruck. Von 14 in benachbarte Gewässer versetzten Tieren kehrten 9 (64,3 %) in das Gewässer zurück, in dem sie ursprünglich gefangen worden waren (PELZ 2002). Zu ähnlichen Befunden gelangte HOLENWEG PETER (1999) an einer schweizerischen Wasserfroschpopulation. Sowohl innerhalb eines Jahres als auch zwischen zwei aufeinanderfolgenden Jahren nahmen weniger als 20 % der markierten Teichfrösche einen Gewässerwechsel vor. Auch in dieser Population kehrten viele experimentell versetzte Tiere in ihr „Heimatgewässer" zurück, wobei die Rückkehrwahrscheinlichkeit mit steigender Versetzungsdistanz abnahm. Während bei Distanzen von 75 m ca. 60 % der versetzten Tiere wieder in ihrem „Heimatgewässer" gefangen werden konnten, betrug die Wiederfangrate bei einer Distanz von 112,5 m nur noch 25 %. Bei Distanzen >150 m tendierte die Rückkehrwahrscheinlichkeit gegen Null (siehe auch HOLENWEG PETER et al. 2001). Ein weiteres Beispiel für die enge Gewässerbindung des Teichfroschs publizierte ZAHN (1996b). In einer, mehrere Gewässer umfassenden *lessonae-esculentus*-Population hatten von 26 markierten und wiedergefangenen Tieren sechs (23 %) einen Gewässerwechsel vollzogen. GÜNTHER (1996a) weist ebenfalls auf die Gewässertreue des Teichfroschs hin und schreibt, dass sich die meisten Tiere nicht weiter als 10 m von ihren Wohngewässern entfernen.

Saisonale Wanderungen zwischen den terrestrischen Winterquartieren und den Laichgewässern finden vor allem im Frühjahr (Anfang März bis Ende April) und im Herbst (Ende September bis Anfang November) statt. Beginn und Dauer dieser Wanderungen hängen maßgeblich von den Wetterbedingungen ab, oft wandern die Frösche in feuchtwarmen Nächten. In einer *lessonae-esculentus*-Population im Kottenforst bei Bonn (Deutschland) begannen die Herbstwanderungen im letzten Drittel des Monats September, erstreckten sich bis Ende Oktober/Anfang November und erreichten ihren Höhepunkt gewöhnlich in der ersten Oktoberhälfte, mitunter bereits in den letzten Septembertagen (BLAB 1982). Die Herbstwanderungen erfolgten nicht kontinuierlich, sondern schubweise.

Ausgelöst durch einen deutlichen Abfall der Lufttemperatur, insbesondere wenn die Tagesminima an mehreren Tagen in Folge unter 10 °C sanken, verließen die Tiere die Gewässer, oft an wärmeren Tagen, die auf die Kälteeinbrüche folgten.

Stoffwechselbedingtes Verhalten: Freilandbeobachtungen zum stoffwechselbedingten Verhalten, speziell zur Nahrungssuche, zum Nahrungserwerb und zur Nahrungsaufnahme, verdanken wir LUNDBERG und WEIDAUER (1971). Danach stellt der Teichfrosch den Kontakt mit der Beute vor allem optisch her. Während des Wartens verändern die Tiere ihre Position durch Wenden des Körpers um 90° (seltener auch 180°), solche „Wendemanöver“ erfolgen am Tage etwa aller 2–3 min und in der Nacht in Intervallen zwischen 20 und 30 min. Nach längerem vergeblichem Warten wird oft ein größerer Ortswechsel vorgenommen, wodurch die Wahrscheinlichkeit, auf eine Beute zu treffen, optimiert wird. LUNDBERG und WEIDAUER (l. c.) bezeichneten den Teichfrosch deshalb als „Wechsel-Warte-Jäger“.

Territorial- und agonistisches Verhalten: Im Frühjahr, vor Beginn der Reproduktionsperiode, kann man Teichfrösche oft in größerer Dichte an sonnenexponierten Stellen beobachten, GÜNTHER (1996a) zählte bis zu 40 Individuen/m². Mit Beginn der Vorlaichzeit (WAHL 1969) kommt es zur Bildung individueller Territorien, die gegenüber Artgenossen verteidigt werden. Eindringende Individuen werden von den Inhabern der Territorien attackiert, sofern sich der Eindringling nicht zurückzieht, können sich heftige Kämpfe entwickeln. Dabei versuchen die Kontrahenten sich gegenseitig unter Wasser zu drücken, indem sie sich bespringen oder versuchen, die Extremitäten des Gegners mit dem Maul zu fassen und ihn auf diese Weise unter die Wasseroberfläche zu ziehen (WAHL 1969, KLÖCKNER 1982, WEIDENBERG 1999). Nach WEIDENBERG (l. c.) geht aus solchen Kämpfen in der Regel der Inhaber eines Territoriums als Sieger hervor. Mitunter „patrouillierten“ territoriale Männchen auch außerhalb ihrer Reviere, möglicherweise auf der Suche nach paarungsbereiten Weibchen. Während des Amplexus versucht der männliche Partner unverpaarte Männchen, die dem Paar zu nahe kommen, zu vertreiben, indem er seine Schallblasen aufbläst oder die „Störenfriede“ mit den Hinterbeinen wegstößt (GÜNTHER 1996a). Eine detaillierte Beschreibung des Aggressionsverhaltens findet sich bei TUNNER (1976).

Das Territorialverhalten der Teichfrosch-Männchen (im Kontext des Paarungsverhaltens) weist entsprechend der individuellen Konstitution große interindividuelle Unterschiede auf (FISCHER 1996, WEIDENBERG 1999). In einem von FISCHER (1996) durchgeführten Freilandexperiment nahmen die Tiere im Beobachtungszeitraums (23.05.–30.05.1996) wiederholt Ortswechsel vor, d. h. sie wechselten zwischen den beiden 35 m² und 50 m² großen, durch einen wenige Meter breiten Landstreifen getrennten Versuchsteichen, oder änderten ihre Position innerhalb eines Teiches. Im Vergleich zu den aus derselben Population stammenden *P. ridibundus*-Männchen besetzten die *P. esculentus*-Männchen nur kurzzeitig Territorien. Ein Männchen zeigte eine besonders hohe lokomotorische Aktivität (pro Tag wurden bis zu 22 m^2 der Wasserfläche durchschwommen) und verhielt sich sowohl gegenüber *P. esculentus*- als auch *P. ridibundus*-Männchen äußerst aggressiv. Die Flächen der innerhalb eines Teichs beanspruchten individuellen Aufenthaltsräume variierten im Mittel zwischen 4,75 und 10,7 m^2, wobei keine klar voneinander abgrenzbaren (statischen) Territorien erkennbar waren. Übereinstimmend mit diesen Ergebnissen schreibt GÜNTHER (1996a), dass nicht alle *P. esculentus*-Männchen feste Territorien besetzen und verteidigen, sondern manche auch dynamische Territorien bilden und andere wiederum sich weder an Revierkämpfen noch an Rufgemeinschaften beteiligen. WAHL (1969) gibt die maximale Größe statischer Territorien mit 1 m^2 an, WEIDENBERG (1999) mit 1–1,5 m^2.

Wahrscheinlich hängt das Territorialverhalten sowohl von der Gewässerstruktur (insbesondere dem Vorhandensein vegetationsreicher, sonnenexponierter Flachwasserzonen) als auch der Individuendichte ab. Darüber hinaus ist zu erwarten, dass Verhaltensunterschiede entsprechend der genetischen Komposition auch zwischen diploiden und triploiden Tieren bestehen, Untersuchungen zu dieser Problematik stehen bisher aus.

Schutzverhalten: HORAT und SEMLITSCH (1994) konnten experimentell zeigen, dass Teichfrosch-Kaulquappen (Gosner-Stadien 28–33) versuchen, das Risiko, einem Predator zum Opfer zu fallen (im Experiment simuliert mittels Fischaroma, das von juvenilen *Esox lucius* gewonnen wurde), durch Verringerung ihrer Schwimmaktivität zu minimieren. Dadurch wird weniger Nahrung aufgenommen, was letztendlich wieder zu einem Anstieg der Schwimmaktivität im Kontext der Nahrungssuche führt.

Paarungsverhalten und akustische Kommunikation: Das Fortpflanzungsverhalten von *P. esculentus* entspricht weitgehend dem seiner Elternarten. Die jährliche Rufperiode kann sich je nach Witterung von Ende März/Anfang April bis Mitte Juli erstrecken (HEYM 1974, WAHL 1969, GÜNTHER 1996a). WAHL (1969) unterteilt die Reproduktionsperiode in eine Vorlaichzeit, Laichzeit und Nachlaichzeit. Bereits während der Vorlaichzeit kommt es gewöhnlich zur Bildung von Rufgruppen (oft von mehreren pro Gewässer), die sich wieder auflösen und neu strukturieren können. In Gewässern, in denen keine vegetationsreichen Flachwasserzonen oder schwimmende Algenteppiche vorhanden sind (z. B. in Moorgewässern), werden keine Rufgruppen gebildet. Die Tiere verteilen sich in solchen Fällen entlang der Peripherie, wo ins Wasser ragende Ufervegetation (z. B. *Sphagnum*-Polster) Deckung bietet (eigene Beobachtungen). Generell unterliegt das Paarungs- und Territorialverhalten einer hohen individuellen Variabilität und wird von einer Vielzahl ökologischer und populationsbiologischer Faktoren beeinflusst (vgl. HOFFMANN et al. 2013), sodass die an einzelnen Tieren und Populationen erzielten Befunde nur bedingt verallgemeinerungsfähig sind.

Zur eigentlichen Paarungszeit (Hauptlaichzeit) rufen die Männchen ganztägig, danach sind ihre Rufe vor allem in der Dämmerung und an bewölkten Tagen zu hören. Wie bei anderen Wasserfroschformen wird auch beim Teichfrosch die Rufaktivität wesentlich durch die Temperatur des Wassers (WT) und der Luft (LT) beeinflusst (WAHL 1969, GÜNTHER 1990, FISCHER 1996, WEIDENBERG 1999). Bei WT unterhalb 10–12 °C kommt die Rufaktivität gänzlich zum Erliegen (WAHL 1969, SCHNEIDER 1990), ein merklicher Rückgang ist bereits bei Temperaturen (WT und LT) unterhalb 16 °C zu verzeichnen (WEIDENBERG 1999). Das Maximum der Rufaktivität wird bei Temperaturen über 20 °C erreicht, insbesondere wenn starke Sonnenstrahlung herrscht (SCHNEIDER 1996). In der Vor- und Nachlaichzeit rufen die Männchen bei Temperaturen zwischen ca. 17 und 22 °C am intensivsten, in der Hauptlaichzeit wird die Rufaktivität weniger von höheren WT beeinflusst, die Tiere rufen deshalb am Tag und in der Nacht etwa gleich stark (WAHL 1969).

Der Frage, ob die lokomotorische Aktivität mit dem Fortpflanzungserfolg korreliert, untersuchte WEIDENBERG (1999) an männlichen Teich- und Seefröschen, die aus einer *ridibundus-esculentus*-Männchen-Population stammten. Die Beobachtungen erfolgten unter seminatürlichen Bedingungen in künstlichen Versuchsteichen, die auch FISCHER (1996) für seine Experimente genutzt hatte. Während für die Seefrosch-Männchen eine signifikant positive Korrelation zwischen lokomotorischer Aktivität und Anzahl der Klammerversuche bestand, konnte für die Teichfrosch-Männchen eine solche Beziehung nicht nachgewiesen werden. Zwischen lokomotorischer Aktivität und Rufaktivität (Summe der gemessenen Rufzeit) sowie lokomotorischer Aktivität und agonistischem Verhalten bestanden ebenfalls keine statistisch gesicherten Korrelationen. Dagegen korrelierte die Rufaktivität signifikant positiv mit der Anzahl der Klammerversuche, der Zahl der ausgetragenen Kämpfe und dem Dominanzstatus der Tiere.

Beobachtungen in einer schweizerischen *lessonae-esculentus*-Population (BLANKENHORN 1977) zeigten, dass sich junge *P. esculentus*-Männchen vorzugsweise im Randbereich des Gewässers aufhielten, während mittelgroße (ältere) und große (alte) Männchen individuelle Territorien im zentralen Teil besetzten und diese gegen Eindringliche verteidigten. Die Weibchen hielten sich in der Nähe des Ufers auf, von wo aus sie sich den rufenden Männchen näherten. Teichfrosch-Männchen tendierten dazu, sich mit etwa gleichgroßen oder größeren Weibchen zu paaren, neben homospezifischen *esculentus*-Paarungen finden auch heterospezifische Paarungen zwischen *P. esculentus*-Männchen und sehr großen *P. lessonae*-Weibchen statt (LADA 1995, eigene Daten). GÜNTHER und PLÖTNER (1989–90) konnten in einer reinen *esculentus*-Population keine Genotyp-spezifischen Paarungspräferenzen nachweisen, d. h. die beobachteten Paarungskombinationen

(z. B. zwischen triploiden Männchen und diploiden Weibchen) entsprachen den Erwartungswerten, die auf der Grundlage der in der Population beobachteten, geschlechtsspezifischen Häufigkeiten der einzelnen Genotypen berechnet wurden, d. h. der Anzahl diploider (LR) und triploider (wahrscheinlich LLR) Männchen und Weibchen.

Die Laichballen werden in seichtem (30–70 cm, maximal 150 cm tiefem) Wasser, in dichten Pflanzenbeständen (z. B. *Ceratophyllum, Myriophyllum*) oder auf überschwemmten Wiesen abgelegt. Gelegentlich wird der Laich an untergetauchte Äste geheftet. Die Eiablage erfolgt in der Regel nachts, Paarungen können mitunter auch am Tag beobachtet werden (KORSHUNOV 2010). Manche Weibchen laichen bereits wenige Stunden nach Paarungsbeginn, zwischen den einzelnen Laichakten werden Pausen von 10–30 min eingelegt (GÜNTHER 1996a). Derselbe Autor beschreibt das Laichverhalten eines Weibchens wie folgt: „Zum Laichen tauchte das Weibchen etwa 5–10 cm unter die Wasseroberfläche und versuchte, an den Pflanzen Halt zu finden, das Männchen führte keine Schwimmstöße aus. Dann war das Weibchen bestrebt, den Vorderkörper tiefer zu halten als den Hinterkörper und beide Tiere drückten die Augen zu. Nach 20–60 s signalisierte das Weibchen den Austritt der Eier indem es den ganzen Körper versteifend ein „Hohlkreuz" machte und den Kopf nach oben gegen den des Männchens drückte. Gleichzeitig führte das Männchen alternierende Bewegungen mit den Hinterbeinen aus. Dabei bildeten die Füße eine seitliche Begrenzung für den austretenden Laich (sowie eine potenzielle Barriere gegen das seitliche Wegdriften des Spermas). Nach Abgabe eines Laichklümpchens mit maximal 250 Eiern verblieb das Paar an der Stelle oder es schwamm oder kroch wenige cm fort, um dort weitere 30 s bis 2 min zu verharren. Dann stieg es zur Oberfläche und beide Partner öffneten dabei wieder die Augen."

Paarungsrufe: Der Paarungsruf des Teichfroschs wird in Serien abgegeben, er besteht aus sehr kurzen Impulsen, die in regelmäßig gegliederten Impulsgruppen (IG) angeordnet sind (Abb. 62). Die erste IG ist kürzer und umfasst weniger Impulse als die anderen Gruppen, die letzte dagegen ist länger und weist mehr Impulse als (SCHNEIDER 2005). Im Vergleich zu den Rufen des Kleinen Wasserfroschs (*P. lessonae*) kommt bei den Paarungsrufen des Teichfroschs die Impulsgruppenstruktur deutlicher zum Ausdruck, da die Zahl der Impulse höher ist und die IG meistens durch kurze Intervalle voneinander getrennt sind. Bei WT von 20 °C beträgt die Anzahl der Impulse/Gruppe 8–9 (WAHL 1969, SCHNEIDER 1990) und ist damit ca. 2,5-mal so hoch wie bei den Rufen von *P. lessonae*. Neben diesem sind weitere Rufparameter temperaturabhängig und können bei Kenntnis der WT auf der Grundlage linearer Gleichungen der allgemeinen Form $y = a + b \times WT$ geschätzt werden (Tab. 32). Die Zahl der IG/Ruf – ein Parameter, der nicht temperaturabhängig ist – kann intra- und interindividuell stark variieren. SCHNEIDER (1996) gibt den Mittelwert ($\bar{x} \pm \sigma$)

mit 20,0 ± 6,12 an, entsprechend variiert auch die Länge der Paarungsrufe (siehe WAHL 1969, GÜNTHER 1969a, 1990).

Bereits WAHL (l. c.) konnte zeigen, dass bestimmte Rufparameter neben der WT auch von der Tiergröße beeinflusst werden, darüber hinaus spielt der Genotyp eine entscheidende Rolle. Für die Paarungsrufe triploider LLR-Genotypen, die bei 11 °C LT und 21 °C WT abgegeben wurden und zwei Rufserien mit 24 und 15 Rufen umfassten, ermittelten SCHNEIDER und TUNNER (1982) mittlere Rufdauern von 1 048,3 und 1 149,4 ms mit Wertebereichen von 794–1 608 ms und 794–1 484 ms. Die Zahl der IG/Ruf variierte in der 1. Serie zwischen 15 und 33 ($\bar{x} = 20,2$), für die zweite Serie betrugen die entsprechenden Werte 16–29 ($\bar{x} = 21,1$). Eine Impulsgruppe kann aus 6–10 Impulsen bestehen, die von SCHNEIDER und TUNNER (l. c.) analysierten Rufe ergaben Mittelwerte von 6,90, 7,62 und 8,96 Impulsen/IG. Die mittlere Impulsfrequenz betrug 166,97 Impulse/s mit einem Minimum von 124,3 und einem Maximum von 208,1. Aufgrund der geringeren IG-Zahl waren bei gleicher WT die Paarungsrufe triploider (LLR) Teichfrösche kürzer als die des Kleinen Wasserfroschs (*P. lessonae*), darüber hinaus enthielten die IG im Vergleich zu *lessonae*-Rufen mehr Einzelimpulse (siehe auch HOFFMANN und REYER 2013) und auch die Impulsfrequenz wies höhere Werte auf.

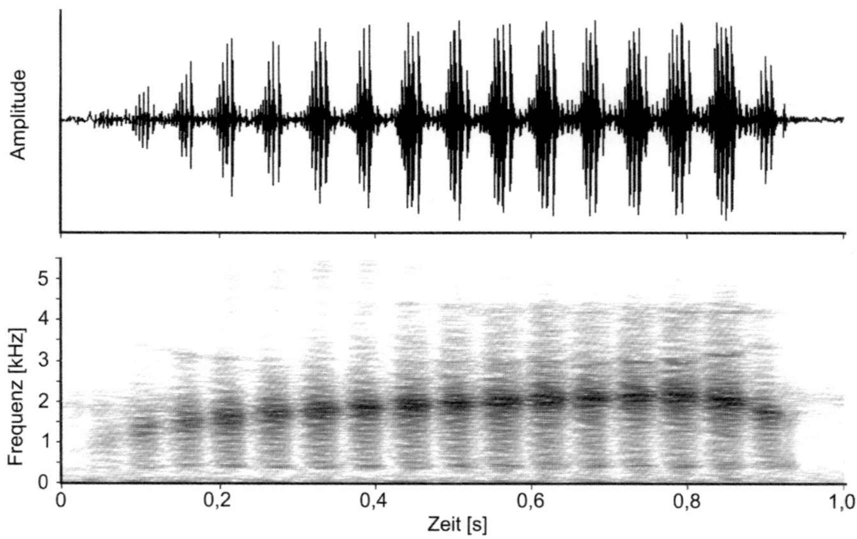

Abb. 62: Oszillogramm (oben) und Spektrogramm (unten) eines Paarungsrufes von *P. esculentus*. WT = 20,3 °C. Aus SCHNEIDER (2005).

Tab. 32: Temperaturabhängige Parameter (y) des Paarungsrufes von *P. esculentus* (nach SCHNEIDER 1996). Die Rufe wurden von Ende April bis Ende Juli 1992 in einer *lessonae-esculentus*-Population bei Volmershoven (Deutschland) aufgenommen. Da keine Bestimmung der Ploidie erfolgte, kann nicht ausgeschlossen werden, dass neben den Rufen diploider Tiere auch Rufe triploider in die Analysen eingingen. Auf der Grundlage der ermittelten linearen Regressionsgleichungen wurden die mittleren Werte der temperaturabhängigen Parameter (y) für Wassertemperaturen (WT) von 15 °C und 20 °C berechnet. N: Anzahl analysierter Rufe, *r*: Regressionskoeffizient. IG: Impulsgruppe, IGD: Impulsgruppendauer, IGI: Impulsgruppenintervall, IGP: Impulsgruppenperiode.

Parameter (y)	**N**	*r*	**Regressionsgleichung**	$y_{15°C}$	$y_{20°C}$
Impulse/Gruppe	105	–0,34	y = 12,45 – 0,17WT	9,9	9,05
IG/s (Hz)	106	0,87	y = –6,66 + 1,22WT	11,6	17,74
Rufdauer (ms)	106	–0,53	y = 2 168,11 – 52,46WT	1 381,2	1 118,9
Rufintervall (ms)	82	–0,39	y = 3 380,46 – 87,17WT	2 972,9	1 637,1
Rufperiode (ms)	82	–0,53	y = 5 505,25 – 139,87WT	3 407,2	2 707,8
IGD (ms)	105	–0,84	y = 96,99 – 2,35WT	61,74	49,99
IGI (ms)	103	–0,53	y = 25,45 – 0,79WT	13,6	9,65
IGP (ms)	103	–0,90	y = 122,12 – 3,13WT	75,17	59,52

Mittels multivariater statistischer Methoden konnten HOFFMANN und REYER (2013) die Rufe diploider und triploider (LLR, RRL) Genotypen diskriminieren. In einer schwedischen *P. esculentus*-Population zeigten die erfassten Rufparameter jedoch keine statistisch gesicherten genotypspezifischen Unterschiede. Weiterhin wiesen sowohl die Rufe von LLR- als auch RRL-Genotypen größere Übereinstimmungen mit den Rufen diploider (LR) Individuen auf als mit den Rufen der Elternart, deren Genom doppelt vorlag, d.h. *P. lessonae* im Fall der LLR-Genotypen und *P. ridibundus* im Fall der RRL-Genotypen.

Der dominante Frequenzbereich liegt am Anfang eines Paarungsrufs bei ca. 1 000–1 400 Hz, steigt dann bis auf ca. 2 200 Hz an, bleibt einige Zeit auf dieser Höhe und fällt im letzten Drittel wieder in den Ausgangsbereich zurück (SCHNEIDER 2005, Abb. 62). Der Frequenzumfang reicht nach WAHL (1969) bis 7,4 kHz.

Territorialrufe: Die Territorialrufe (Revierrufe) können in drei Typen unterteilt werden (SCHNEIDER 2005, Abb. 63). Typ-I-Rufe dauern zwischen 226 und 304 ms und bestehen aus 45–58 Impulsen, wobei die Zahl der Impulse pro Ruf nicht von der Rufdauer abhängt. Typ-II-Rufe variieren zwischen 260 und 404 ms (Mittelwert = 322,4 ms) und sind im Mittel 70,8 ms länger als Typ-I-Rufe. Sie bestehen aus 62–78 Impulsen. Beide Rufe haben annähernd den gleichen Frequenzumfang (bis ca. 6 kHz), unterscheiden sich aber in ihren

Frequenzmustern. Im Vergleich zu Typ I fällt die Frequenz beim Territorialruf II zu Beginn der zweiten Hälfte kurzzeitig ab und steigt erst gegen Ende des Rufes wieder an (WAHL 1969).

Territorialrufe vom Typ III (Befreiungsruf Typ I nach WAHL 1969) sind mit 540–840 ms relativ lang, enthalten aber nur 9–14 Impulse. Ihr Frequenzspektrum ist kontinuierlich und reicht bis 7,5 kHz. Die Energiemaxima verteilen sich auf 200–800 Hz und 1 000–2 800 Hz (WAHL 1969, Abb. 63).

Die Territorialrufe (Typ I und Typ II) triploider *P. esculentus* (Genotyp LLR) bestehen aus sehr schnell aufeinanderfolgenden Impulsen, bei der Mehrzahl ist eine Untergliederung in Impulsgruppen deutlich ausgebildet (SCHNEIDER und

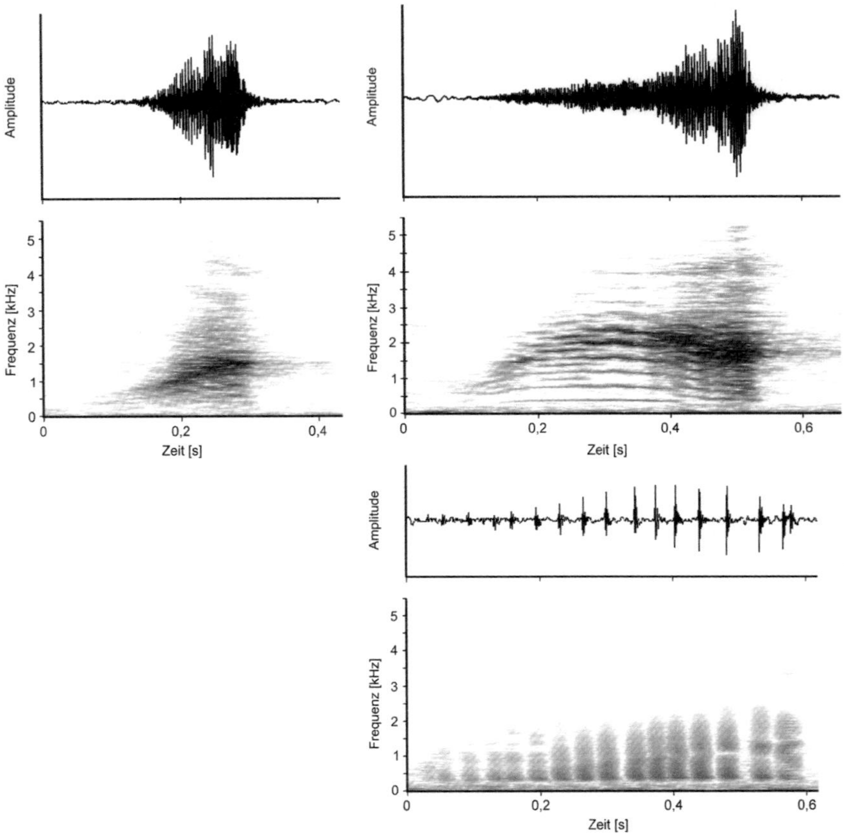

Abb. 63: Oszillogramme (oben) und Spektrogramme (unten) von Territorialrufen (A: Typ I, B: Typ II, C: Typ III) des Teichfroschs (*P. esculentus*), aufgenommen bei einer Wassertemperatur von 20 °C. Aus SCHNEIDER (2005).

TUNNER 1982). Ihre durchschnittliche Dauer wird mit 344,96 ms bei einem Wertebereich von 230–464 ms angegeben.

Befreiungsrufe: Die bei intensiver und ungewollter Klammerung ausgelösten Befreiungsrufe (Befreiungsruf Typ II nach WAHL 1969) bestehen aus einer Serie von 18–20, kurz aufeinanderfolgenden Impulsen. Ihre Dauer liegt zwischen 264 und 417 ms (WAHL 1969). Die Befreiungsrufe der Weibchen haben die gleiche Struktur wie die der Männchen, sind jedoch leiser (SCHNEIDER und BRZOSKA 1981, SCHNEIDER 2005).

Schreckrufe: Als Abwehrreaktion werden mitunter Schreckrufe ausgestoßen, die als „hoher Pfiff" beschrieben werden können (WAHL 1969).

Gefährdung und Schutz. Schutzstatus: IUCN Welt: nicht gelistet. FFH-EU (1992): Anhang V.

Anthropogene Gefährdungsfaktoren: Obwohl *P. esculentus* nicht als gefährdet gilt, waren auch bei dieser Hybridform in den vergangenen Dekaden Bestandsrückgänge zu verzeichnen, die primär auf die Zerstörung und Verschmutzung der Laichgewässer und Landlebensräume zurückzuführen sind (FOG et al. 1997, zitiert in ARIEL et al. 2009, LJUBISAVLJEVIC et al. 2003, SOWIG et al. 2007c, PLÖTNER 2020a). Inzwischen wird die Bestandsentwicklung von *P. esculentus*, zumindest regional, auch durch den Klimawandel negativ beeinflusst, da viele Laichgewässer in warmen und trockenen Jahren wenig oder kein Wasser führen und dadurch bereits etliche Gewässer verlandet sind (z. B. im Bundesland Brandenburg, Deutschland; SCHÖNBRODT und FISCHER 2021, eigene Daten).

Da Teichfrösche während ihrer saisonalen Wanderungen oft Straßen überqueren, befinden sie sich regelmäßig unter den Verkehrsopfern (BLAB 1982). Gefahren gehen auch von bestimmten Bauwerken aus (z. B. steilwändige Betonkanäle und Gruben, offene Schächte), in die wandernde Tiere fallen und darin dann verenden können (ZECH 1993). Auf analoge Gefahren, die von wasserbaulichen Anlagen ausgehen, weisen SCHNEEWEISS und WOLF (2016) hin. Auch Gartenteiche und künstliche Wasserbecken können während langanhaltender Frostperioden zur tödlichen Falle für Tiere werden, die im Schlamm überwintern (Erstickungstod), wenn nicht für eine ausreichende Zufuhr an atmosphärischem Sauerstoff gesorgt wird.

In jüngerer Zeit wurde aus Dänemark und den Niederlanden über hohe Mortalitäten bei Wasserfröschen im Zusammenhang mit *Ranavirus*-Infektionen berichtet (ARIEL et al. 2009, KIK et al. 2011, RIJKS et al. 2016). Die Einführung bestimmter Fischarten (z. B. *Perccottus glenii*) kann sich ebenfalls negativ auf die Populationsdynamik des Teichfroschs auswirken (eigene Daten). In manchen

Ländern (z. B. Serbien) dürfte auch der professionell betriebene Fang zum Rückgang des Teichfroschs beitragen (LJUBISAVLJEVIC et al. 2003).

LADA (1998) betonte die Notwendigkeit, Populationen, die nur aus diploiden Teichfröschen bestehen, aufgrund ihrer strukturellen Einzigartigkeit zu schützen. Solche Populationen wurden im russischen Oblast Belgorod und im benachbarten Oblast Charkiw (Ost-Ukraine) gefunden (VINOGRADOV et al. 1991, LADA et al. 1995). Ein seit 1988 durchgeführtes Monitoring in einer dieser, in der Stadt Borisowka (Oblast Belgorod) lebenden Populationen ergab, dass seit den 1990er-Jahren die Individuenzahl deutlich rückläufig war, offensichtlich aufgrund einer starken Eutrophierung zweier, als Laichgewässer dienender, 3 200 m² und 400 m² großen Teiche (LADA 1999). Im Jahr 2003 befanden sich die Gewässer bereits in einem für adulte Wasserfrösche pessimalen Zustand (LADA et al. 2011c). Dieses Beispiel verdeutlicht, dass anthropogen bedingte Umweltveränderungen, oft unbemerkt, zu einem Verlust genetischer Diversität führen und damit das „evolutive Potenzial" einer Art (oder wie in diesem Fall einer Hybridform) verringern können. Für den Teichfroschs stellen auch allochthone Wasserfroscharten eine erstzunehmende Bedrohung dar, insbesondere für die in spezifischen Populationssystemen manifestierte, einzigartige genetische Diversität (PLÖTNER 2005).

Schutzmaßnahmen: siehe Kapitel „*Pelophylax lessonae*".

Pelophylax grafi (Crochet, Dubois, Ohler und Tunner, 1995) – Grafs Hybridfrosch

von

JÖRG PLÖTNER und DIRK SCHMELLER

Einführung. Bei *Pelophylax grafi* handelt es sich um eine hybridogenetische Hybridform, die ein Genom von *Pelophylax perezi* (P-Genom) und ein Genom von *Pelophylax ridibundus* (R-Genom) besitzt und sich durch Rückkreuzungen mit *P. perezi* fortpflanzt, indem sie das P-Genom während der Gametogenese aus der Keimbahn eliminiert und nur das R-Genom klonal vererbt (GRAF et al. 1977, GRAF und POLLS PELAZ 1989 u. a.). Unklar ist, ob *P. grafi* durch Primärbastardierungen zwischen *P. perezi* und *P. ridibundus* entstanden ist oder das R-Genom von hybridogenetischen Teichfröschen (*Pelophylax esculentus*) stammt, d. h. *P. grafi* auf Kreuzungen zwischen *P. perezi* und *P. esculentus* zurückgeht (DUBOIS 1982, DUBOIS und GÜNTHER 1982). Die Lebensweise dieser Hybridform, einschließlich ihrer Ökologie, Reproduktionsbiologie und Ethologie ist noch weitgehend unerforscht.

Diagnose. Relativ große Hybridform, die sich morphologisch nur schwer von ihrer syntop vorkommenden Elternart *P. perezi* differenzieren lässt. Metatarsaltuberkel etwas höher als bei *P. perezi*, die Schwimmhäute reichen direkt bis an die Zehenspitze. Im Vergleich zu *P. perezi* und *P. ridibundus* unterscheidet sich Grafs Hybridfrosch durch einen geringeren Intervomerabstand, längere Vomerinzahnkämme und einen geringeren Wert des Quotienten zwischen Vomerinzahnkammlänge und Intervomerabstand. Eine eindeutige Determination dieser Hybridform ist nur auf der Grundlage molekularer Marker möglich.

Synonyme.

Rana (*Pelophylax*) kl. *grafi* Crochet, Dubois, Ohler und Tunner, 1995: 17. Holotypus: MNHN 1993.3374, adultes Weibchen (KRL = 111,0 mm), gesammelt von Jean-Daniel Graf im März 1976. – Terra typica: Gorges de l'Aiguillon, zwischen Lussan (44°09'N, 4°22'O) und La Bastide, im Fluss Gard, Frankreich.

Rana kl. *grafi* (CROCHET et al. 1995: 18).

Englische Namen. Graf's hybrid frog.

Beschreibung. Maße und Lebendmassen: Männchen und Weibchen können Kopf-Rumpf-Längen (KRL) von ca. 80 mm erreichen (GÜNTHER 1990, SCHMELLER 1999), nur selten kommen größere Tiere vor (HOTZ et al. 1994). Bei dem größten, bisher bekannt gewordenen Exemplar handelt es sich um den Holotypus, ein Weibchen mit einer KRL von 111 mm (CROCHET et al. 1995). SCHMELLER (1999) konnte zeigen, dass zwischen der KRL und dem Alter der Tiere eine signifikant positive Korrelation besteht ($r = 0{,}56$; $p < 0{,}001$), allerdings ist aufgrund der hohen Streuung der Einzelwerte eine exakte Altersbestimmung anhand der KRL nicht möglich (Tab. 33).

Tab. 33: Altersspezifische arithmetische Mittel ($\bar{x}$), Standardfehler (σ_n), Minima und Maxima der Kopf-Rumpf-Längen (KRL) südfranzösischer *P. grafi*. Nach SCHMELLER (1999), verändert.

Lebensjahr	KRL ($\bar{x}$) (mm)	σ_n	Minimum (mm)	Maximum (mm)
1.	40,4	1,18	22,3	66,1
2.	54,1	1,41	35,0	81,4
3.	63,8	4,58	36,2	80,3
4.	80,4	1,61	77,2	82,2

Färbung: Die Oberseite von *P. grafi* ist braun oder grün gefärbt und bei vielen Individuen mit wenigen, unregelmäßig geformten bräunlichen, grünlichen oder schwarzen Flecken besetzt. Oft ist eine gelbliche oder hellgrüne Vertebrallinie vorhanden, die an der Schnauzenspitze beginnt und sich bis zum Os coccygis erstreckt. Die dorsolateralen Drüsenleisten sind bräunlich, grünlich oder auch kupferfarben. Der Bauch ist weißlich, mitunter auch dunkel marmoriert. Die Schallblasen der Männchen sind graugrün (FERRER I RIU und FILELLA SUBIRÀ 2011).

Äußere Merkmale: In der einschlägigen Fachliteratur finden sich nur wenige Angaben zur äußeren Morphologie dieser hybridogenetischen Hybridform. Im Feld ist *P. grafi* optisch nicht von *P. perezi* zu unterscheiden. Nach CROCHET et al. (1995) ist der Fersenhöcker bei *P. grafi* im Vergleich zum Iberischen Wasserfrosch höher, außerdem sollen die Schwimmhäute zwischen den Zehen großflächiger ausgeprägt und die Schwimmhaut zwischen der 3. und 4. Zehe länger sein (Abb. 64, Tab. 34). Die von CROCHET et al. (l. c.) publizierten diagnostischen Indizes des Munddachs (vgl. Tab. 1, S. 28) können nur an totem (alkoholkonserviertem) Material bestimmt werden.

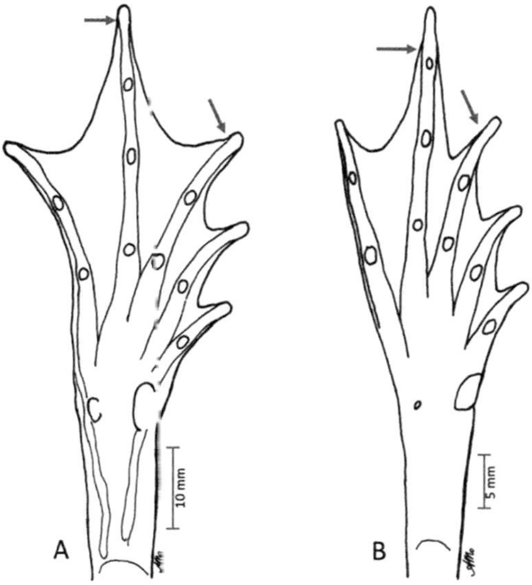

Abb. 64: Ventralansicht des rechten Fußes von *P. grafi* (A) im Vergleich zu *P. perezi* (B). Die Zeichnungen entsprechen den Abb. 3C u. 4C in Crochet et al. (1995) und beziehen sich auf den Holotypus von *P. grafi* (MNHN 1993.3374) und den Lektotypus von *P. perezi* (MCZ 6832). Die Darstellungen implizieren, dass die Schwimmhäute bei *P. grafi* bis an die Zehnspitzen reichen (Pfeile), was bei *P. perezi* nicht der Fall sein soll.

Schädel und Postcranialskelett: siehe Kapitel „Anatomie europäischer Wasserfrösche (Schädel und Postcranialskelett)".

Molekulare Merkmale. *Enzyme:* Mittels elektrophoretischer Untersuchungen konnte gezeigt werden, dass *P. grafi* entsprechend seines Hybridcharakters spezifische, enzymcodierende Allele beider Elternarten besitzt (Graf et al. 1977, Günther und Koref-Santibanez 1983, Arano et al. 1994, Hotz et al. 1994, Schmeller 1999, Lode und Pagano 2000, Pagano et al. 2001a, b, 2008). Darüber hinaus weist er aufgrund seiner hybridogenetischen Reproduktionsweise eine hohe genetische Diversität auf, was u. a. in der Anzahl der Allele und der beobachteten Heterozygotie (H_o) zum Ausdruck kommt (Hotz et al. 1994). Enzymelektrophoretische Untersuchungen an Wasserfröschen aus dem

Tab. 34: Morphometrische Parameter ($\bar{x} \pm \sigma$; Min.–Max.) von *P. grafi* und *P. perezi*. Parameter, die auf der Grundlage eines U-Tests (Mann-Whitney) signifikante Unterschiede zeigten, wurden grau unterlegt. Nach CROCHET et al. (1995), verändert. Siehe auch Tab. 1, S. 28. AA: Abstand zwischen den Augen (gemessen am hinteren Augenrand), ATA: Abstand zwischen Trommelfell (Tympanum) und Auge (Oculus), HL: Länge des Fersenhöckers (Callus internus), KB: Kopfbreite, KRL: Kopf-Rumpf-Länge, NA: Abstand zwischen den Nasenlöchern (Nares), TD: Durchmesser des Trommelfells, SH (3–4): Länge der Schwimmhaut zwischen der 3. und 4. Zehe (Digitus tertius u. D. quartus), SH (4–5): Länge der Schwimmhaut zwischen der 4. und 5. Zehe (Digitus quartus u. D. quintus), UL: Länge des Unterschenkels (Tibia), ZL (4): Länge der 4. Zehe (Digitus quartus). Aus der Originalarbeit (CROCHET et al. 1995) geht leider nicht hervor, wie die Parameter SH (3–4) und SH (4–5) gemessen wurden.

Parameter	*P. grafi*	*P. perezi*
ZL(4)/KRL	0,54 ± 0,042 0,46–0,59	0,56 ± 0,053 0,48–0,63
KB/KRL	0,351 ± 0,024 0,306– 0,393	0,341 ± 0,012 0,322–0,359
AA/KRL	0,314 ± 0,017 0,179–0,230	0,236 ± 0,021 0,192–0,268
HL/KRL	0,054 ± 0,006 0,048–0,065	0,051 ± 0,006 0,038–0,059
NA/KRL	0,058 ± 0,007 0,046–0,069	0,069 ± 0,009 0,053–0,084
UL/KRL	0,531 ± 0,037 0,459–0,574	0,507 ± 0,034 0,445–0,557
TD/NA	1,86 ± 0,19 1,61–2,22	1,34 ± 0,30 1,00–2,00
TD/KRL	0,106 ± 0,005 0,099–0,111	0,091 ± 0,008 0,081–0,108
TD/ATA	2,16 ± 0,21 1,83–2,39	2,86 ± 0,71 1,79–4,25
ATA/KRL	0,050 ± 0,006 0,044–0,059	0,034 ±0,011 0,021–0,049
SH(4–5)/KRL	0,364 ± 0,034 0,312–0,405	0,339 ± 0,034 0,291–0,400
SH(3–4)/ZL(4)	0,67 ± 0,03 0,617–0,715	0,59 ± 0,06 0,435–0,648
SH(3–4)/KRL	0,358 ± 0,026 0,312–0,386	0,330 ± 0,035 0,284–0,397
SH(3–4)/SH(4–5)	0,987 ± 0,033 0,945–1,06	0,976 ± 0,046 0,899–1,05

Ebro-Delta ergaben für *P. grafi* eine mittlere Allelzahl pro Locus von 1,92 und für *P. perezi* von 1,67 (analysiert wurden 9 polymorphe Loci). Die korrespondierenden H_o-Werte betrugen 0,5 (*P. grafi*) und 0,16 (*P. perezi*). SCHMELLER et al. (2005) ermittelten für südfranzösische *P. grafi* H_o-Werte von 0,204–0,245, wobei in die Berechnungen auch monomorphe Loci einbezogen wurden. Nach HOTZ et al. (1994) ist die genetische Diversität des klonal vererbten R-Genoms nur gering.

Die Ergebnisse proteinelektrophoretischer Untersuchungen an Oozyten standen im Einklang mit den oben beschriebenen hybridogenetischen Reproduktionsmodi von *P. grafi* (HOTZ et al. 1994, SCHMELLER 1999).

Mitochondriale DNA: Alle von OHST (2008) untersuchten Individuen aus der Camargue (Frankreich) besaßen *perezi*-spezifische mtDNA. Untersuchungen an katalanischen *P. grafi* ergaben den gleichen Befund (SÁNCHEZ-MONTES et al. 2016).

Nukleäre DNA: Auf der Grundlage polymorpher Mikrosatelliten konnten SÁNCHEZ-MONTES et al. (2016) zwischen *P. grafi*, *P. perezi* und *P. ridibundus* differenzieren. Eigene, ebenfalls auf Mikrosatelliten basierende Befunde (SCHMELLER, unveröff.), die an französischen Wasserfröschen gewonnen wurden, erlaubten aufgrund von Introgressionen keine eindeutige Determination der einzelnen Formen. Auch das von SÁNCHEZ-MONTES et al. (2016) verwendete, ca. 530 bp lange Segment des Gens Tyrosinase (*tyr*) erwies sich als ungeeignet zur Differenzierung zwischen der Hybridform, *P. perezi* und *P. ridibundus*, da die analysierten Sequenzen keine artspezifischen Unterschiede zeigten, d. h. sowohl bei *P. perezi* als auch *P. ridibundus* vorkamen. SCHMELLER (1999) gibt für eine 222 Individuen umfassende *P. grafi*-Stichprobe den mittels Flusszytometrie bestimmten mittleren AT-Gehalt pro Zelle mit 3,527 pg an.

Karyotyp und Zytomorphologie: Karyologische Untersuchungen an *P. grafi* wurden bisher nicht durchgeführt, es ist jedoch davon auszugehen, dass auch Grafs Hybridfrosch 2n = 26 Chromosomen besitzt. Weder die flusszytometrischen Untersuchungen noch die Vermessung der Erythrozyten ergaben Hinweise auf das Vorkommen triploider *P. grafi* (SCHMELLER 1999, SCHMELLER et al. 2001a). Die mittlere Fläche der Erythrozyten betrug ca. 194 µm² und lag damit im Wertebereich diploider Individuen. Nach SCHMELLER et al. (2001a) wird die Erythrozytengröße bei *P. grafi* durch den Habitattyp, die KRL und den Sauerstoffgehalt des Gewässers beeinflusst. Darüber hinaus nimmt die Erythrozytenfläche von Nord nach Süd zu. Zwischen verschiedenen Altersklassen konnten dagegen keine signifikanten Unterschiede bezüglich der Zellflächen festgestellt werden.

Anomalien: Auch bei *P. grafi* konnte die „Anomalie P" (Polydaktylie) nachgewiesen werden (DUBOIS 2014). Über weitere Anomalien ist nichts bekannt.

Verbreitung, Terra typica: Gorges de l'Aiguillon, zwischen Lussan (44°09'N, 4°22'O) und La Bastide, im Fluss Gard, Frankreich.

Verbreitungsgebiet: *P. grafi* besiedelt tiefer gelegene Gebiete im Süden und Südwesten Frankreichs und den Nordosten Spaniens (Abb. 65). In Frankreich konzentrieren sich die Nachweise entlang der Mittelmeer- und Atlantikküste. Die östlichsten Vorkommen befinden sich bei Cannes (HOTZ et al. 1994). In Spanien folgt die Arealgrenze dem Verlauf des Ebro, die südlichsten Populationen wurden im Ebro-Delta gefunden (ARANO et al. 1994, HOTZ et al. 1994, SÁNCHEZ-MONTES et al. 2016). Nach FERRER I RIU und FILELLA SUBIRÀ (2011) konnte *P. grafi* im Baskenland, in Navarra, Aragonien und Katalonien nachgewiesen werden. In Katalonien besiedelt *P. grafi* die Einzugsgebiete des Ebro und seines Nebenflusses Segre, weiterhin das Llobregat-Delta und verschiedene Küstenregionen (Alt und Baix Empordà) (HOTZ et al. 1994, ARANO und LLORENTE 1995, RIVERA et al. 2011, FERRER I RIU und FILELLA SUBIRÀ 2011). Nach SÁNCHEZ-MONTES et al. (2016) kommt *P. grafi* auch in der Region La Garrotxa (Oix im Llierca-Becken) und am Oberlauf des Llobregats vor.

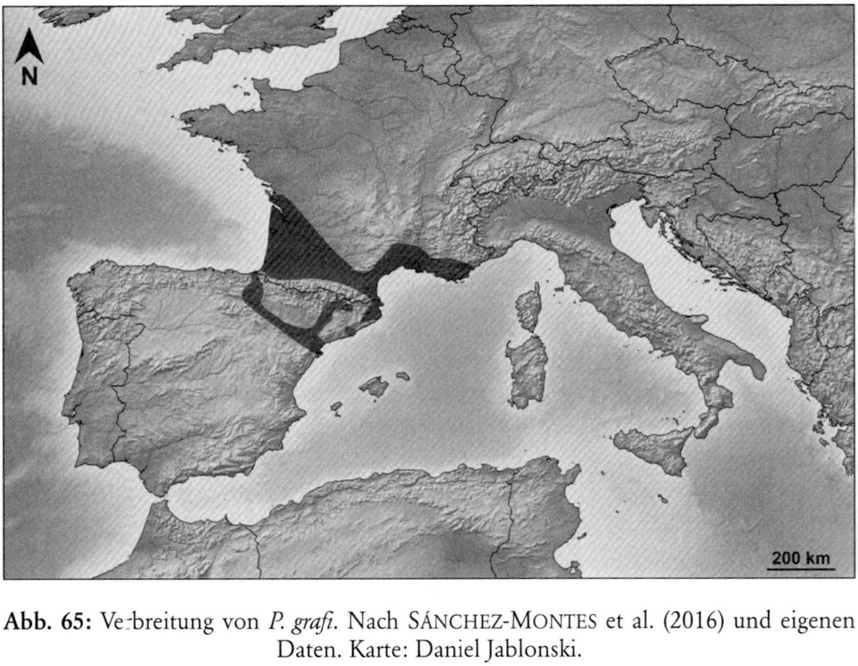

Abb. 65: Verbreitung von *P. grafi*. Nach SÁNCHEZ-MONTES et al. (2016) und eigenen Daten. Karte: Daniel Jablonski.

Höhenverbreitung: Nach eigenen Daten besiedelt *P. grafi* Höhenlagen bis 200 m ü. NHN.

Allochthone Populationen: sind nicht bekannt.

Ökologie. Habitat: Grafs Hybridfrosch weist wie alle hybridogenetischen Hybridformen eine hohe ökologische Plastizität auf. Das Spektrum der besiedelten Habitate reicht von Teichen und Tümpeln über Seen und Sümpfe bis hin zu Gräben, Kanälen und Flüssen (MORAND und JOLY 1995, SCHMELLER 1999, PAGANO et al. 2001a, SCHMELLER et al. 2007). Im Ebro-Delta (Spanien) wurde *P. grafi* auch auf Reisfeldern gefunden (HOTZ et al. 1994) und im Rhone-Delta besiedelt er selbst künstliche Brackwassertümpel im Küstenbereich. Die pH-Werte der Gewässer lagen in südfranzösischen *perezi-grafi*-Populationen (P–G) zwischen 5,3 und 6,8 (SCHMELLER et al. 2007).

Offensichtlich toleriert *P. grafi* auch Gewässer mit höheren Salzkonzentrationen. In Salin-de-Giraud (43°22.23 N, 4°48.33 O, Frankreich) wurde die Hybridform in einem Gewässer mit einem Salzgehalt von 20.000 µS/cm (ca. 11,7 ‰) gefunden (SCHMELLER et al. 2007). Auch GRIMAL (2014) erwähnt Brackwasserkanäle als Lebensraum von P–G-Populationen.

Feinde, Parasiten und Krankheiten: Das Spektrum der Fressfeinde, Parasiten und Krankheiten dürfte weitgehend dem von *P. perezi* und anderen Wasserfroschformen entsprechen; für *P. grafi* liegen keine spezifischen Daten vor. In der Camargue wurden mehrfach Reiher beobachtet, die Wasserfrösche erbeuteten (SCHMELLER, unveröff.). In katalanischen Populationen konnten BARGALLO et al. (2016) Infektionen mit dem amphibienpathogenen Hautpilz *Batrachochytrium dendrobatidis* nachweisen.

Herpetozönose: *P. grafi* kommt syntop mit *P. perezi*, *Pelophylax lessonae*, *P. ridibundus* und *P. esculentus* vor (PAGANO et al. 1997, 2001a, DAF et al. 2006). Das zahlenmäßige Verhältnis zwischen *P. perezi* und *P. grafi* wird durch ökologische Faktoren und formspezifische Habitatpräferenzen und -toleranzen bestimmt (SCHMELLER et al. 2007).

Populationsökologie: Aufgrund der hybridogenetischen Vererbungsmodi (klonale Vererbung eines R-Genoms, das Weiblichkeit-determinierende Faktoren trägt) ist in P–G-Populationen das Geschlechterverhältnis zugunsten der *grafi*-Weibchen verschoben. HOTZ et al. (1994) fanden in fast allen untersuchten Populationen ausschließlich Hybridweibchen. In Südfrankreich variierte das Verhältnis männlicher zu weiblicher Tiere zwischen 1:2 und 1:13 (SCHMELLER et al. 2007).

Skelettochronologische Untersuchungen an südfranzösischen Populationen zeigten, dass der größte Teil der *grafi*-Individuen nicht älter als 2 Jahre wird (SCHMELLER 1999). 44,8 % der untersuchten Individuen (Männchen und Weibchen) befanden sich in ihrem 1., 47,0 % im 2., 6,6 % im 3. und 1,6 % im 4. Lebensjahr. Bezogen auf die adulten Individuen befanden sich 83 % der untersuchten *P. grafi*-Männchen und knapp die Hälfte der weiblichen Tiere (48 %) im 2. Lebensjahr, lediglich 16 % der Weibchen und 11 % der Männchen waren älter als 2 Jahre. Von den juvenilen und subadulten Tiere hatten 71 % das 1. und 29 % das 2. Lebensjahr erreicht. Die Ergebnisse weisen darauf hin, dass bei *P. grafi* im Vergleich zu *P. perezi* die Weibchen früher geschlechtsreif werden. Sowohl Männchen als auch Weibchen können die Geschlechtsreife unter optimalen Umweltbedingungen bereits im 1. Lebensjahr erreichen.

SCHMELLER et al. (2007) geben das mittlere Alter für Tiere, die von 1996 bis einschließlich 1998 in der Rhone-Niederung, im Rhone-Delta und entlang der Mediterranen Küstenlinie Südwest-Frankreichs gesammelt wurden, mit 1,62 ± 0,79 Jahren und das Höchstalter mit 6 Jahren an.

Reproduktion und Ontogenese. Reproduktionsperiode: In Katalonien pflanzt sich *P. grafi* gewöhnlich von Mitte März bis Juli fort (FERRER I RIU und FILELLA SUBIRÀ 2011). Weitere Daten zu Beginn und Dauer der Reproduktionsperiode konnten nicht in Erfahrung gebracht werden.

Eier und Embryonalentwicklung: In einem Freigehege setzten zwei *P. grafi*-Weibchen zwischen Ende März und Mitte Juli 6–10 separate Laichballen ab (HOTZ et al. 1994). Die einzelnen Ballen enthielten zwischen 150 und 300 Eier, die Gesamtzahl der pro Weibchen und Reproduktionsperiode abgegebenen Eier wird mit 4018–4421 angegeben. Aus experimentell befruchteten Eiern, die bei 20 ± 1 °C im Labor inkubiert wurden, schlüpften die Larven (Gosner-Stadium 25) nach 9 Tagen (PATRELLE 2010).

Larvalentwicklung und Metamorphose: Experimentell erzeugte *P. grafi* nahmen unter Laborbedingungen (Raumtemperatur; 7 Individuen pro Tank bei einer Füllmenge von 40 l Leitungswasser, das entspricht einer Dichte von 0,175 Larven pro Liter; ad libitum Fütterung) im Mittel 0,022 ± 0,005 g pro Tag zu und metamorphosierten nach 59,4 ± 2,44 Tagen. Die mittlere LM betrug zu diesem Zeitpunkt 1,31 ± 0,291 g (PATRELLE 2010). In den von HOTZ et al. (1994) durchgeführten Kreuzungsexperimenten metamorphosierten Hybridlarven (N = 5) nach 37–43 Tagen.

Entwicklung nach der Metamorphose: Nach Abschluss der Metamorphose variierte die KRL von Individuen, die aus experimentellen Kreuzungen hervorgegangen waren, zwischen 15,0 und 18,2 mm (HOTZ et al. 1994).

Grafs Hybridfrosch wächst offenbar schneller als seine Elternart *P. perezi*, wobei die Wachstumskurve im 1. Lebensjahr besonders steil ansteigt. In Gefangenschaft erreichten weibliche Tiere innerhalb von 3 Jahren KRL von ca. 87 mm und LM von mehr als 80 g (HOTZ et al. 1994).

Verhalten. Daten zur Tages- und Jahresaktivität, zur Orientierung und zum Wanderverhalten sowie zum Territorial- und agonistischen Verhalten liegen nicht vor.

Paarungsverhalten und akustische Kommunikation: Der Paarungsruf von *P. grafi* besteht aus einzelnen Impulsgruppen (IG) (Abb. 66). Rufe französischer Individuen, die bei Wassertemperaturen von ca. 20 °C aufgenommen wurden (LODÉ 2001), enthielten im Mittel 8,8 IG und die mittlere Rufdauer betrug 533,55 ms. Das dominante Frequenzband lag bei ca. 2000–2400 Hz (LODÉ und PAGANO 2000, LODÉ 2001). Mittels Clusteranalyse konnte LODÉ (2001) zeigen, dass die Paarungsrufe von *P. grafi* denen von *P. perezi* stärker ähneln und nicht, wie von GÜNTHER (1990) behauptet, eine höhere Ähnlichkeit mit den Rufen von *P. ridibundus* aufweisen.

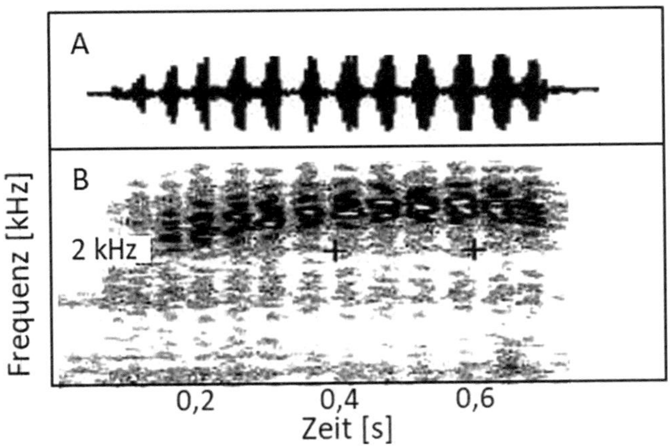

Abb. 66: Oszillogramm (A) und Sonagramm (B) eines Paarungsrufs von *P. grafi*. Nach LODÉ (2001), verändert.

Gefährdung und Schutz. Schutzstatus: IUCN Welt (2021): –. FFH-EU (1992): –.

SCHMELLER et al. (2007) weisen darauf hin, dass allochthone *P. ridibundus* eine potenzielle Gefahr für *P. grafi* und auch *P. perezi* darstellen, da Seefrösche schneller wachsen, im Mittel älter werden und dadurch wahrscheinlich auch konkurrenzstärker sind. Weiterhin wird vermutet, dass durch Kreuzungen zwischen *P. ridibundus* und *P. perezi* allochthone (*ridibundus*-spezifische) Allele in den endemischen *grafi*-Genpool gelangen (SCHMELLER 1999, 2004, 2005) und dadurch neue, nicht oder nur unzureichend adaptierte R-Klone entstehen, wodurch die genetische Struktur und damit möglicherweise auch die Stabilität von P–G-Populationen beeinflusst werden könnte.

Pelophylax hispanicus (Bonaparte, 1839) – Italienischer Hybridfrosch

Von

JÖRG PLÖTNER und SPARTAK N. LITVINCHUK

Einführung. Basierend auf proteinelektrophoretischen Daten postulierten UZZELL und HOTZ (1979), dass in Italien und auf Sizilien eine hybridogenetische Hybridform lebt, die ein Genom des Italienischen Wasserfroschs (*Pelophylax bergeri*, damals als „southern Italian non-hybrid" bezeichnet) und ein Genom des Eurasischen Seefroschs (*Pelophylax ridibundus*) besitzt und wie ein großer Teil der Teichfrösche (*Pelophylax esculentus*) das *ridibundus*-Genom (R-Genom) klonal vererbt. Nachfolgende Untersuchungen (HOTZ und BRUNO 1980, BERGER et al. 1982, HOTZ 1983, UZZELL 1983, HOTZ et al. 1985, GÜNTHER und PLÖTNER 1994) bestätigten diese Hypothese, allerdings betrachten bis heute nicht alle Zoologen *P. hispanicus* als eigenständige Hybridform, sondern synonymisieren ihn mit *P. esculentus* (z. B. BALLETTO et al. 1986, PAOLUCCI et al. 1987, TOGNARELLI et al. 2014). Auch wird in verschiedenen Arbeiten nicht zwischen der Hybridform und ihrer syntopen Elternart differenziert (z. B. SEBASTI und CARPENETO 2004, De DONATO et al. 2017), sodass oft nicht gesagt werden kann, für welche Form (*P. bergeri* und/oder *P. hispanicus*) die publizierten Ergebnisse zutreffen.

Über die Biologie des Italienischen Hybridfroschs ist vergleichsweise wenig bekannt, es kann jedoch davon ausgegangen werden, dass in vielen Themenbereichen weitgehende Übereinstimmungen mit *P. esculentus* bestehen, insbesondere bezüglich seiner Ökologie und seines Verhaltens.

Diagnose. Mittelgroße Wasserfroschform, die nur mittels molekularer Marker zweifelsfrei vom Italienischen Wasserfrosch (*P. bergeri*) unterschieden werden kann. Die Oberseite ist grün oder braun und in der Regel mit dunklen Punkten oder unregelmäßig geformten Flecken besetzt. Die Schallblasen der Männchen sind dunkelgrau gefärbt. Die Kopf-Rumpf-Länge entspricht ca. der zweifachen Tibialänge, der Fersenhöcker (Callus internus) ist flach, das Verhältnis zwischen Tibialänge und Länge des Fersenhöckers >8,5, das Verhältnis zwischen Länge der 1. Zehe und Callus internus-Länge >5,8.

Synonyme.
Rana hispanica Bonaparte, 1839. Holotypus: Individuum, dargestellt unten rechts auf Tafel 81 in BONAPARTE (1839) (entspricht Abb. 6, S. 153, in DUBOIS und OHLER 1994a). – Terra typica: Sizilien.
Rana fluviatilis Bonaparte, 1840: 443. Namensgebender Typus: unbekannt. – Terra typica: Flüsse der Lombardei, Italien (DUBOIS und OHLER 1994a: 159).
Rana (*Pelophylax*) kl. *hispanica* – DUBOIS und OHLER (1994a: 157).

Englische Namen. Italian hybrid, southern hybrid, Italian edible frog.

Beschreibung. Maße und Lebendmassen: TOGNARELLI et al. (2014) berechneten für männliche Tiere (N = 14), die aus der mittleren und westlichen Toskana stammten, eine mittlere Kopf-Rumpf-Länge (KRL) von 56,5 ± 6,31 mm, die Extrema betrugen 46,0–64,8 mm. Für zwei weibliche Individuen wurden KRL von 39,7 mm und 74,8 mm gemessen. Die LM der Männchen variierten zwischen 10,3 und 29,7 g ($\bar{x}$ = 20,5 ± 5,94 g), die Weibchen waren zwischen 5,7 g und 37,3 g schwer. DE DONATO et al. (2017) geben für 3 *hispanicus*-Stichproben, die im Fluss Neto (Kalabrien) gesammelt wurden, folgende Werte ($\bar{x}$ ± σ) für die KRL an: 61 ± 16 mm, 65 ± 17 mm und 59 ± 15 mm. Die LM betrugen 22,2 ± 15,8 g, 27,5 ± 20,1 g und 20,1 ± 16,0 g; zum Geschlecht der untersuchten Tiere werden keine Angaben gemacht. Die KRL der von BERGER (2008) vermessenen Männchen variierten zwischen 60 und 64 mm ($\bar{x}$ = 62,2 mm) und die der Weibchen zwischen 58 und 66 mm (x– = 62,7 mm). Für eine 27 Individuen (Männchen und Weibchen) umfassende Stichprobe von Adrano (Sizilien) geben PAOLUCCI et al. (1987) die mittlere KRL mit 60,9 ± 1,13 mm an. Die KRL 2- bis 3-jähriger Wasserfrösche (die Formzugehörigkeit wurde nicht weiter spezifiziert) aus dem Parco Regionale del Matese (Caserta) variierte zwischen 49 und 61 mm (VOLLONO und GUARINO 2002).

Äußere Merkmale: Phänotypisch unterscheidet sich *P. hispanicus* nur unwesentlich von dem sympatrisch verbreiteten *P. bergeri*. Die bisher betrachteten morphometrischen Indizes (Tab. 10, Kapitel „*P. bergeri*") erlaubten keine sichere Differenzierung zwischen den beiden Formen (vgl. UZZELL und HOTZ 1979, GÜNTHER und PLÖTNER 1994, PLÖTNER 2005).

Färbung: Auch bezüglich der Färbung stimmen *P. hispanicus* und *P. bergeri* weitgehend überein. Allerdings sind die Flecken auf den Oberschenkeln beim Italienischen Hybridfrosch kleiner und nicht so intensiv gelb oder orange gefärbt wie bei *P. bergeri*. Ein weiterer Unterschied betrifft die Pigmentierung der Schallblasen, diese sind bei männlichen *P. hispanicus* dunkelgrau und nicht weißlich wie bei *P. bergeri* (UZZELL und HOTZ 1979).

Schädel und Postcranialskelett: siehe Kapitel "Anatomie europäischer Wasserfrösche (Schädel und Postcranialskelett)".

Molekulare Merkmale. Proteine und nukleäre DNA: Entsprechend seines Hybridcharakters und des in *bergeri-hispanicus*-Populationen herrschenden hemiklonalen Reproduktionsmodus besitzt der Italienische Hybridfrosch molekulare Merkmale beider Elternarten, d.h. sowohl von *P. bergeri* als auch von *P. ridibundus* (UZZELL und HOTZ 1979, HOTZ und BRUNO 1979–80, PAOLUCCI et al. 1987, HOTZ 1983, UZZELL 1983, GÜNTHER und PLÖTNER 1994). Darüber hinaus fanden sowohl HOTZ (1983) als auch GÜNTHER und PLÖTNER (1994) bei mehreren *hispanicus*-Individuen eine Elektromorphe des Enzyms Aspartat-Aminotransferase (Aat), die weder bei *P. bergeri* noch bei *P. ridibundus* nachgewiesen werden konnte und damit als spezifisch für die Hybridform angesehen wurde. Dagegen lieferten die Untersuchungen von PAOLUCCI et al. (1987) keinen Hinweis auf die Existenz eines *hispanicus*-spezifischen *aat*-Allels. SANTUCCI et al. (2000) konnten auf der Grundlage von 25 Allozymloci zeigen, dass bei der Hybridform die geografische Variation des *bergeri*-Genoms der bei der Elternart (*P. bergeri*) beobachteten entspricht. Mit 16 verschiedenen Haplotypen zeigte das klonal vererbte R-Genom eine relativ hohe genetische Variabilität.

Zur Differenzierung zwischen *P. hispanicus* und *P. bergeri* eignen sich sowohl polymorphe Enzyme als auch nukleäre DNA-Sequenzen, z.B. das repetitive, in den Zentromeren lokalisierte Sequenzmotiv *Rr*S1 (BUCCI et al. 2000, TOGNARELLI et al. 2014). Um *Rr*S1-Sequenzen darzustellen, wird zuerst genomische DNA mit dem Restriktionsenzym *Stu*I geschnitten und anschließend mit der Digoxigenin-markierten Sonde p*Rr*300*Stu*I (RAGGHIANTI et al. 1995) hybridisiert. Im Autoradiogramm (Abb. 67) sind bei den *hispanicus*-spezifischen Proben im Bereich von ca. 200–800 bp deutlich sichtbare Banden ausgeprägt, die sich in ihrer Länge um jeweils ca. 100 bp unterscheiden. Dagegen sind bei den Proben von *P. bergeri* unterhalb von 800 bp keine Banden sichtbar.

BRUNI et al. (2020) differenzierten die Hybridform von ihren Elternarten auf der Grundlage von neun Mikrosatelliten und PCR-basierten Analysen von Längenpolymorphismen des Serumalbumin-Introns-1 nach der von HAUSWALDT et al. (2012) beschriebenen Methode.

Mitochondriale DNA: Die mt-Genome von *P. hispanicus* sind mit denen von *P. bergeri* identisch (unveröff. Daten), mitochondriale Sequenzen eignen sich folglich nicht zur Differenzierung der beiden Formen. In Gebieten, in denen allochthone Seefrösche vorkommen, kann *P. hispanicus ridibundus*-spezifische Mitogenome besitzen (BRUNI et al. 2020). Voraussetzung für solche Introgressionen sind Kreuzungen zwischen *P. bergeri*-Männchen und allochthonen *P. ridibundus*-Weibchen. Ob sich die auf diese Weise entstandenen Hybriden ebenfalls hybridogenetisch fortpflanzen können, ist unbekannt.

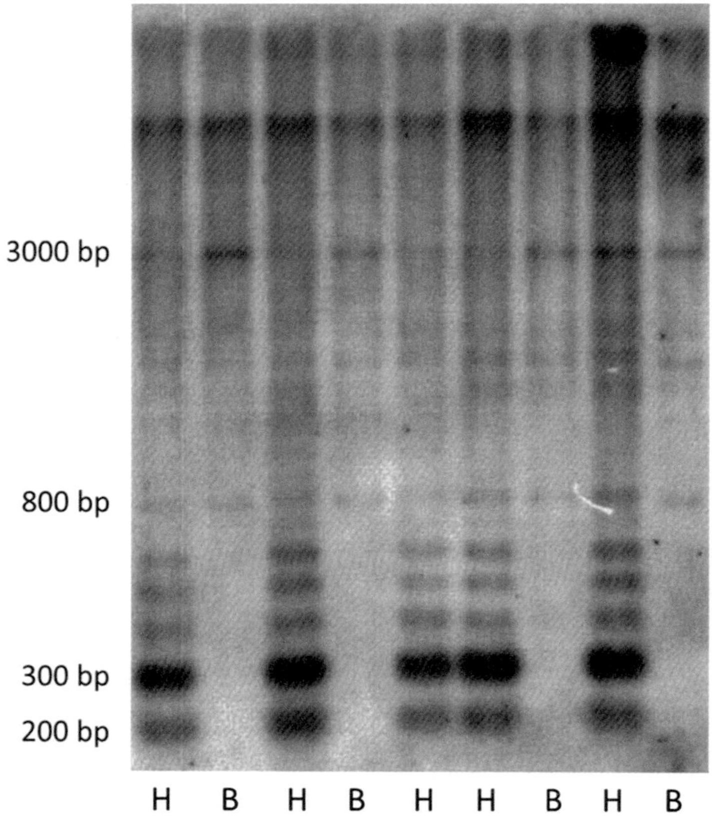

Abb. 67: Autoradiogramm (Southern Blot) *Stu*I-geschnittener und mit der Sonde p*Rr*-300*Stu*I (RAGGHIANTI et al. 1995) hybridisierter genomischer DNA italienischer Wasserfrösche (B: *P. bergeri*, H: *P. hispanicus*). Nach TOGNARELLI et al. (2014), verändert.

Karyotyp: 2n = 26 Chromosomen (BUCCI et al. 2000).

Mittels spezifischer Färbungen (Ag-NOR) wurden interstitielle Nukleolus-Organisator-Regionen (NOR oder sekundäre Einschnürungen) an den langen Armen des Chromosomenpaares X beschrieben. Quinacrin-Färbungen (Q-Banding) ergaben keine Bandmuster mit Ausnahme eines dunklen Bandes in den NOR-Bereichen (eigene Daten).

BUCCI et al. (2000) konnten mithilfe von In-situ-Hybridisierungsexperimenten zeigen, dass in somatischen Zellen der *Rr*S1-Satellit in den Zentromerregionen der großen Chromosomenpaare I–V und des subtelozentrischen Chromosoms

VIII lokalisiert ist, allerdings nur bei einem Partner der jeweiligen Paare. Bei Spermatozyten, die sich im Metaphase-I-Stadium befanden, zeigten die Zentromerbereiche der Bivalente I–V und VIII ein starkes, *ridibundus*-spezifisches Fluoreszenzsignal. Diese Ergebnisse stehen im Einklang mit der genomischen Komposition des Italienischen Hybridfroschs und dessen Vererbungsmodus (Ausschluss des *bergeri*-Genoms und Weitergabe des *ridibundus*-Genoms).

Nukleärer DNA-Gehalt (Genomgröße): 14,97–15,25 pg (ROSANOV, J.M., mündl. Mitt.).

Verbreitung. Terra typica: Sizilien (bisher ohne genaue Festlegung eines Ortes und der entsprechenden Koordinaten (DUBOIS und OHLER 1994a)).

Verbreitungsgebiet: Das Verbreitungsgebiet von *P. hispanicus* entspricht dem von *P. bergeri* und umfasst weite Teile Italiens einschließlich der Inseln Ponza, Zannone, Elba und Giglio, weiterhin Sizilien und Korsika (siehe Kapitel *P. bergeri*, Abb. 21). DUFRESNES und DUBEY (2020) konnten mittel RAD-Tag-Sequenzierung *P. hispanicus*-ähnliche Populationen in der westlichen Schweiz und in angrenzenden Regionen Frankreichs nachweisen.

Höhenverbreitung: *Pelophylax hispanicus* besiedelt sowohl das Tiefland als auch Gebirgsregionen bis ca. 1800 m ü. NHN. Bei den folgenden Angaben ist zu berücksichtigen, dass in den hier zitierten Arbeiten nicht zwischen *P. hispanicus* und *P. bergeri* differenziert wurde, aufgrund der wahrscheinlich arealweiten Syntopie beider Formen die Angaben aber für den Italienischen Hybridfrosch zutreffen dürften.

Auf Korsika) liegt die obere Grenze der vertikalen Verbreitung bei etwa 500 m ü. NHN (ESCORIZA 2007), im Aurunci-Gebirge (zentralitalienische Region Latium) wurden Frösche auf einer Höhe von 750 m ü. NHN gefunden (ROMANO et al. 2007). BOLOGNA et al. (2000) geben für die Provinz Rieti (Monti della Laga, Lazio) die Grenze der Vertikalverbreitung mit 1600 m ü. NHN an. In den Abruzzen konnten Italienische Hybridfrösche in Höhenlagen von 730 m ü. NHN (Megliano de‘ Marsi, Provinz L'Aquilla; UZZELL und HOTZ 1979) und 1817 m ü. NHN (Lago Pantaniello sul M. Greco; BRUNO 1995) nachgewiesen werden. In der Toskana werden Höhen bis 1400 m ü. NHN besiedelt (PIAZZINI et al. 2005), in Umbrien (Sibillini-Berge) bis 1330 m (FIACCHINI et al. 2013), in Caserta (Parco Regionale del Matese) bis 1199 m (GUARINO et al. 2002), in Kalabrien (Sila Grande) und Basilikata (Appennino Lucano National Park) bis 1550 m (TRIPEPI et al. 1996, ROMANO et al. 2012) und auf Sizilien (Monte Soro) bis 1770 m (TURRISI 2008). TALARICO et al. (2004) geben für den in Süditalien gelegenen Pollino-Nationalpark die Höhenverbreitung für Wasserfrösche mit 110–1845 m ü. NHN an.

Allochthone Populationen: sind nicht bekannt.

Ökologie. Habitat: Prinzipiell besiedelt *P. hispanicus* die gleichen Habitate wie *P. bergeri*. HOTZ und BRUNO (1979–80) berichten, dass in Süditalien neben stehenden Gewässern auch schnellfließende Bäche als Lebensraum dienen. *Pelophylax hispanicus* ist ebenfalls in anthropogen beeinflussten oder von Menschenhand geschaffenen, vegetationsarmen Gewässern zu finden, z. B. in Lehm- und Kiesgruben oder Kanälen (UZZELL und HOTZ 1979). In Kalabrien besiedelt *P. hispanicus* auch die Küstenbereiche, so beobachtete D. MONAKHOV (pers. Mitt.) Jungfrösche, die auf Kieselsteinen am Strand der Stadt Scalea, an der Mündung eines kleinen Baches, nach Fliegen jagten.

Feinde, Parasiten und Krankheiten: Als Fressfeinde kommen vor allem Vögel (insbesondere Reiher und Störche), Wasserschildkröten, bestimmte Schlangenarten (z. B. Ringelnatter und Würfelnatter) und Fische, darunter auch allochthone Arten in Betracht. So ernähren sich der ursprünglich aus den Vereinigten Staaten stammende Östliche Moskitofisch (*Gambusia holbrooki*) und der asiatische Blaubandbärbling (*Pseudorasbora parva*) von Laich und Larven des Italienischen Hybridfroschs (BRUNI et al. 2016). Der als invasiv geltende Louisianakrebs (*Procambarus clarkii*) zählt ebenfalls zu den Feinden von *P. hispanicus* (BRUNI et al., l. c.).

Auch beim Italienischen Hybridfrosch sind Infektionen mit parasitischen Würmern weit verbreitet (COMAS et al. 2014). In einer 117 Individuen umfassenden Stichprobe vom Unterlauf des Flusses Beltrame (Kalabrien) befanden sich lediglich 18 Tiere (15,4 %), die keine Wurminfektionen aufwiesen. Die infizierten Individuen beherbergten 1–19 Parasiten, die 1–4 Helminthenspezies repräsentierten. Mit 61,5 % hatten Infektionen mit *Icosiella neglecta* die höchste Prävalenz, weiterhin wurden folgende Spezies nachgewiesen: *Diplodiscus subclavatus*, *Gorgodera cygnoides*, *Pleurogenes claviger*, *Rhabdias* sp., *Oswaldocruzia filiformis* und *Pomphorhynchus laevis*. Die Untersuchung zeigte auch, dass die Parasitenlast mit steigendem Lebensalter zunimmt, da bei größeren und damit auch älteren Tieren höhere Prävalenzen festgestellt wurden. COMBES et al. (1973) wiesen für korsische Wasserfrösche (zu dieser Zeit wurden die in Italien und auf Korsika lebenden Wasserfrösche noch unter dem wissenschaftlichen Namen *Rana esculenta* geführt) folgende 11 Helminthenarten nach: *Haematoloechus variegatus*, *Haematoloechus similis*, *Opisthioglyphe ranae*, *Pleurogenoides medians*, *Pleurogenoides stromi*, *Opisthodiscus nigrivasis*, *Gorgodera microovata*, *Rhabdias* cf. *bufonis*, *Seuratascaris numidica*, *Prosotocus fuelleborni* und *Bothriocephalus* sp.. Wahrscheinlich zählen auch *Cosmocera ornata* und *Seuratascaris numidica* zum Parasitenspektrum des Italienischen Hybridfroschs (De DONATO et al. 2017), da jedoch auch in dieser Arbeit nicht zwischen *P. hispanicus* und *P. bergeri* differenziert wurde, sollte diese Annahme verifiziert werden. Nachweise des parasitischen Lungenwurms

Rhabdias esculentarum gelangen CIPRIANI et al. (2012) bei Tieren vom Lago di Vico (Zentralitalien) und süditalienischen Individuen aus Oppido.

Über Infektionen mit dem protozoischen Hautparasiten *Amphibiocystidium (Dermocystidium) ranae* berichten PASCOLINI et al. (2003). In Umbrien wiesen zwischen 14 und 17 % der untersuchten Individuen U-förmige Hautzysten auf, die Infektionsrate war bei der Hybridform im Vergleich zu *P. bergeri* geringer.

Zu den Blutparasiten korsischer *P. hispanicus* gehören *Trypanosoma loricatum*, *Trypanosoma rotatorium*, *Trypanosoma neveulemairei*, *Trypanosoma* sp., *Haemogregarina magna*, *Haemogregarina hortai*, *Lankesterella minima*, *Dactylosoma ranarum*, *Aegyptianella bacterifera* und Microfilarien von *Icosiella neglecta* (BARTA et al. 1989). Als Vektoren dieser Schmarotzer kommen Egel des Taxons *Batracobdella*, Gnitzen (*Lasiohelea*, Ceratopogonidae) und Mücken in Betracht.

Der amphibienpathogene Hautpilz *Batrachochytrium dendrobatidis* konnte ebenfalls bei Italienischen Hybridfröschen nachgewiesen werden (SIMONCELLI et al. 2005, TESSA et al. 2013).

Herpetozönose: Da sich *P. hispanicus* den Lebensraum mit *P. bergeri* teilt, sind die Herpetozönosen beider Formen identisch (siehe Kapitel „*Pelophylax bergeri*"). An der tyrrhenischen Küste kommen Wasserfrösche (*P. hispanicus* und *P. bergeri*) zusammen mit *Triturus carnifex*, *Lissotriton vulgaris*, *Bufo bufo*, *Hyla intermedia* und *Rana dalmatina* vor (SEBASTI und CARPANETO 2004).

Reproduktion und Ontogenese. Die vorliegenden Daten zur Reproduktionsbiologie und Ontogenese des Italienischen Hybridfroschs sind sehr fragmentarisch und bedürfen daher vertiefender Untersuchungen. Im Nationalpark „Appennino Lucano, Val d'Agri e Lagonegrese" (Süd-Italien) findet die Laichabgabe von Ende Februar bis Mitte Mai statt (ROMANO et al. 2012). In der Umgebung Neapels beginnt die Reproduktionsperiode Ende März/Anfang April und kann sich bis Anfang Juli hinziehen (RASTOGI et al. 1983). Letztere Autoren untersuchten auch saisonale Modifikationen der Ovarien, allerdings ohne zwischen *P. bergeri* und *P. hispanicus* zu differenzieren. Das Maximum der relativen Ovarialmasse wurde nach der Überwinterung im März festgestellt, im Mittel betrug es ca. 24 g/100 g LM. Mit Beginn der Laichzeit (Ende März/Anfang April) ging die Ovarialmasse naturgemäß stark zurück und erreichte im Juli bis August ihr Minimum von ca. 2 g/100 g LM. Von September bis November war dann eine deutliche Zunahme zu verzeichnen, danach war der Zuwachs vergleichsweise gering. In Abhängigkeit von der LM enthalten die Laichballen zwischen ca. 1 400 und 3 500 Eier.

Auch die testikuläre Aktivität unterliegt einer zirkannulen Rhythmik (RASTOGI et al. 1981). Während der Wintermonate war eine Abnahme der Hodenmasse zu verzeichnen, ab Januar nahm diese wieder zu und erreichte im September ihr Maximum. Entsprechend vollzog sich die Entwicklung der Hodenkanälchen, deren Durchmesser im August ein Maximum aufwies und im Februar am geringsten war. Der Testosterongehalt des Blutplasmas erreichte Mitte März (zur Hauptlaichzeit) sein Maximum, was mit der Intensität der Ausbildung der Daumenschwielen korrespondierte. Danach nahm der Testosterongehalt wieder ab, wobei der Rückgang bis etwa Mitte April einen steilen Verlauf nahm und danach abflachte, bis im August/September das Minimum erreicht wurde.

Verhalten. Das Verhalten des Italienischen Hybridfroschs ist bislang weitgehend unerforscht. MORI et al. (2013) beschreiben eine ungewöhnliche Weise des Nahrungserwerbs, nähere Informationen finden sich im Kapitel „*Pelophylax bergeri*".

Die Rufe des Italienischen Hybridfroschs ähneln denen des Teichfroschs (*P. esculentus*). Bei Tieren aus dem Lago di Conza waren die Paarungsrufe (Abb. 68) zwischen 590 und 1 470 ms lang und bestanden aus 12–34 Impulsgruppen (GÜNTHER und PLÖTNER 1994).

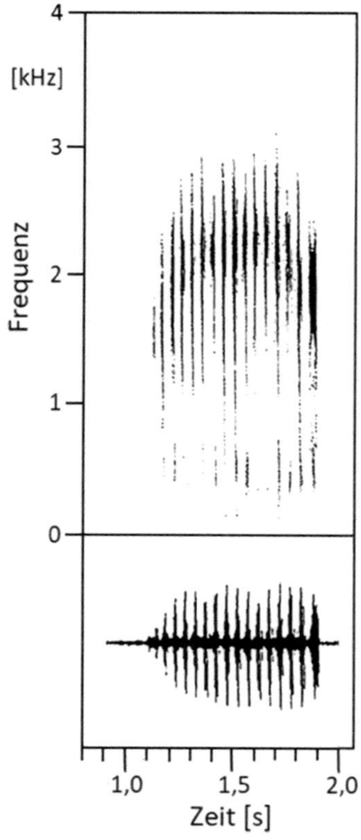

Abb. 68: Paarungsruf des Italienischen Hybridfroschs (*Pelophylax hispanicus*). Aus GÜNTHER und PLÖTNER (1994), verändert.

Gefährdung und Schutz. Schutzstatus: IUCN Welt (2020): –. FFH-EU (1992): –.

Anthropogene Gefährdungsfaktoren: *Pelophylax hispanicus* ist wie seine Elternart *P. bergeri* durch anthropogene Beeinträchtigungen seiner Lebensräume gefährdet, obwohl die Hybridform aufgrund ihres hohen Heterozygotiegrades weniger empfindlich auf negativ wirkende Umweltfaktoren (z. B. Gewässerverschmutzungen im weiteren Sinn) reagiert (BUCCI et al. 2000). Insbesondere der Klimawandel und die damit verbundenen geringeren Niederschlagsmengen im Spätsommer und Frühherbst werden mit Bestandsrückgängen in Verbindung gebracht (Austrocknung der Laichgewässer), aber auch die Nutzung von Laichgewässern zur Bewässerung landwirtschaftlicher Kulturen (LUDOVISI et al. 2014). MOSCONI et al. (2005) beobachteten bei männlichen Fröschen, die in landwirtschaftlich genutzten Gebieten leben, Veränderungen endokriner Funktionen, z. B. signifikant erhöhte Titer der Schilddrüsenhormone T3 und T4 und des Sexualhormons Östradiol im Vergleich zu Tieren, die aus naturnahen Lebensräumen stammten. Die Autoren führen diese Befunde auf chemische Substanzen (endokrine Disruptoren) zurück, die durch diverse Agrochemikalien (z. B. Pestizide) in die Laichgewässer und Landlebensräume gelangen.

In der Toskana fanden signifikante Rückgänge der Wasserfroschbestände statt, als Ursachen werden die Verschmutzung und Zerstörung der Biotope, die Zunahme der Bevölkerungsdichte und die Verwendung toxisch wirkender Substanzen in der Landwirtschaft genannt (VANNI und NISTRI 2006). In Umbrien (Zentralitalien) traten in einer mit Pestiziden belasteten, landwirtschaftlich genutzten Zone, vermehrt Infektionen mit *Amphibiocystidium ranae* auf. Außerdem wurden vergleichsweise große Kaulquappen gefunden, die mittlere LM dieser Tiere betrug 6,6 ± 1,63 g und war damit ca. 4-mal höher als gewöhnlich (PASCOLINI et al. 2003, FAGOTTI et al. 2005).

Da *P. hispanicus* sich nur durch Kreuzungen mit seiner Elternart *P. bergeri* reproduzieren kann (siehe Kapitel „Vererbungsmodi hybridogenetischer Hybriden"), sind Bestandrückgänge bei der Elternart immer auch mit Abundanzabnahmen bei der Hybridform verbunden. Als ein weiterer Gefährdungsfaktor gelten allochthone Wasserfrösche, die auf der Apenninen-Halbinsel inzwischen weit verbreitet sind (DOMENEGHETTI et al. 2013, LAGHI et al. 2013, BISCONTI et al. 2019, BRUNI et al. 2020, RAZZETTI et al. 2020). Allochthone Wasserfrösche konkurrieren mit endemischen Formen nicht nur um Ressourcen und können die Ausbreitung spezifischer Krankheiterreger fördern, sondern sind auch in der Lage, die genetische Struktur endemischer Populationen nachhaltig zu verändern (siehe OHST 2008).

Literatur

ABT, G. und H.-U. REYER (1993): Mate choice and fitness in a hybrid frog: *Rana esculenta* females prefer *Rana lessonae* males over their own. Behavioral Ecology and Sociobiology **32**: 221–228.

ABT TIETJE, G. und H.-U. REYER (2004): Larval development and recruitment of juveniles in a natural population of *Rana lessonae* and *Rana esculenta*. Copeia **2004**: 638–646.

ADAMOPOULOU, C. und A. LEGAKIS (2016): First account on the occurrence of selected invasive alien vertebrates in Greece. BioInvasions Records **5**: 189–196.

ADRIAN, M. I. und M. DELIBES (1987): Food habits of the otter (*Lutra lutra*) in two habitats of the Doñana National Park, SW Spain. Journal of Zoology **212**: 399–406.

AGUILAR, F., GARCÍA, J. und R. VICO (2011): Albinisme en exemplars de granota verda ibérica (*Pelophylax perezi*) a Tarragona. Butlletí de la Societat Catalana d'Herpetologia **19**: 145–148.

AKEF, M. S. A. und H. SCHNEIDER (1989): The eastern form of *Rana ridibunda* (Anura: Ranidae) inhabits the Nile delta. Zoologischer Anzeiger **223**: 129–138.

AKIN, Ç. (2007): Detection of species boundaries in the *Rana ridibunda* complex of Southwestern Turkey using mitochondrial ND3 marker. Master Thesis, Middle East Technical University, Ankara, Turkey, unveröff..

AKIN, Ç. und C. C. BILGIN (2010): [Preliminary report on the collection, processing and export of water frogs in Turkey]. (Presented to KKGM). ODTÜ, Ankara, Turkey (in türkisch).

AKIN, Ç., BILGIN, M. und C. C. BILGIN (2010a): Discordance between ventral colour and mtDNA haplotype in the water frog *Rana* (*ridibunda*) *caralitana*, 1988 Arikan. Amphibia-Reptilia **31**: 9–12.

AKIN, Ç., BILGIN, C. C., BEERLI, P., WESTAWAY, R., OHST, T., LITVINCHUK, S. N., UZZELL, T., BILGIN, M., HOTZ, H., GUEX, G.-D. und J. PLÖTNER (2010b): Phylogeographic patterns of genetic diversity in eastern Mediterranean water frogs were determined by geological processes and climate change in the Late Cenozoic. Journal of Biogeography **37**: 2111–2124.

AKIN PEKŞEN, Ç. (2015): Molecular evolution and phylogeography of the eastern Mediterranean water frog (*Pelophylax*) complex. PhD thesis. The Graduate School of Natural and Applied Sciences of Middle East Technical University, Ankara.

AKULENKO, N. M. (1998): The seasonal dinamics of the quantity and functional activity of the macrophages and pigment cells in the anuran liver. Vestnik zoologii **32**: 86–93.

ALCALDE, L. und N. G. BASSO (2013): Old and new hypotheses about the homology of the compound bones from the cheek and otico-occipital regions of the anuran skull. Zoology **116**: 232–245.

ALEKSANDROVSKAYA, T. O. (1976): A contribution to the taxonomy of green frogs of the Moscow district. Zoologicheskiy Zhurnal, Moskva **55**: 1362–1367 (in russisch).

ALEKSANDROVSKAYA, T. O. (1981): [Analysis of sexual dimorphism in the marsh frog (*Rana ridibunda*) within its areal.] In: DAREVSKY, I.S. (Hrsg.): The Problems of Herpetology, Leningrad, S. 5–6 (in russisch).

ALEKSANDROVSKAYA, T. O. und A. V. BYKOV (1980): [Peculiarities of distribution of green frogs in the European part of the USSR.] In: VORONOV, G. A. (Hrsg.): VII Vsesoyuznaya Zoogeograficheskaya Konferentsiya. Moskva, Nauka, S. 279–281 (in russisch).

ALEKSANDROVSKAYA, T. O. und E. L. KOTOVA (1986): Preliminary data about age characteristics of *Rana ridibunda* Pallas from Armenia. Proceedings of the Zoological Institute, USSR, Academy of Sciences, Leningrad **157**: 177–181 (in russisch).

ALEKSEEV, S. K. und A. V. ROGULENKO (2004): [Biodiversity of terrestrial and semiaquatic vertebrates of the Zhizdrinskiy part of the "Ugra" National Park.] Izvestiya Kaluzhskogo Obschestva Izucheniya Prirody Mestnogo Kraya, Kaluga **6**: 41–46 (in russisch).

ALEKSEEV, S. K. und M. N. SIONOVA (2002): [Impact of urbanization on amphibians in the Kaluga province.] Izvestiya Kaluzhskogo Obshchestva Izucheniya Prirody Mestnogo Kraya, Kaluga **5**: 155–168 (in russisch).

ALEKSEEV, S. K., KORZIKOV, V. A. und A. B. RUCHIN (2015): On the nutrition of some semi-aquatic amphibian species (Amphibia: Anura) in the northwestern upper Oka region. Current Studies in Herpetology, Saratov **15**: 77–81 (in russisch).

ALPAGUT, N. und B. FALAKALI (1995): Karyotype analysis of two *Rana ridibunda* (Ranidae; Anura) populations in Turkey. Israel Journal of Zoology **41**: 523–531.

ALPAGUT KESKIN, N. und B. FALAKALI MUTAF (2006): Rod-shaped bivalents indicate assemblage among Anatolian water frog populations. Amphibia-Reptilia **27**: 47–53.

ALTHERR, S., GOYENECHEA, A. und D. SCHUBERT (2011): Canapés to Extinction – the International trade in frogs' legs and its ecological impact. A report by Pro Wildlife, Defenders of Wildlife and Animal Welfare Institute (Hrsg.). Munich, Germany, and Washington, DC, USA.

ÁLVAREZ, R., HONRUBIA, M. P. und M. P. HERRÁEZ (1995): Skeletal malformations induced by the insecticides ZZ-Aphox and Folidol during larval development of *Rana perezi*. Archives of Environmental Contamination and Toxicology **28**: 349–356.

ÁLVAREZ, J., SALVADOR, A., LÓPEZ, P. und J. MARTÍN (1991). Desarrollo larvario de la Rana común (*Rana perezi*) (Anura: Ranidae) en charcas temporales del Noroeste de la Península Ibérica. Doñana, Acta Vertebrata **18**: 123–132.

AMIN, O. M., DÜŞEN, S. und M. C. OĞUZ (2012): Review of the helminth parasites of Turkish anurans (Amphibia). SCI Parasitology **13**: 1–16.

ANASTÁCIO, P. M. und F. FERRAND D' ALMEIDA (1995): Food habits of *Rana perezi*. Ciência Biologica Ecology and Systematics **15**: 21–31.

ANDRÉN, C. und G. NILSON (1976): Observations on the Herpetofauna of Turkey in 1968–1973. British Journal of Herpetology **5**: 575–584.

ANDRÉN, C., HENRIKSON, L., OLSSON, M. und G. NILSON (1988): Effects of pH and aluminium on embryonic and early larval stages of Swedish brown frogs *Rana arvalis*, *R. temporaria* and *R. dalmatina*. Holarctic Ecology **11**: 127–135.

ANDREONE, F., CORTI, C., SINDACO, R. und A. ROMANO (2009): *Pelophylax bergeri*. The IUCN Red List of Threatened Species 2009: e.T58560A11803808.

ANDRZEJEWSKI, H., CZOPEK, J., SIANKOWA, L. und H. SZARSKI (1962): The vascularization of respiratory surfaces in amphibians reaching large body size (*Rana esculenta* L., *R. pipiens sphenocephala* Cope, and *R. grylio* Stejneger). Studia Societatis Scientiarum Toruńensis, Sectio E, Zoologia 6: 163–177.

ANDRONIKOV, V. B. (1988): Threshold temperature of thermal lesions in frog's muscles and species-specific cells and tissues thermal resistance. Zoologicheskiy Zhurnal, Moskva **67**: 1205–1213 (in russisch).

ANONYMOUS (1962): Opinion 642. Suppression under the plenary powers of eleven specific names of Reptilia and Amphibia with validation of thirteen specific names with their original author and date. Bulletin of Zoological Nomenclature **19**: 280–283.

ANONYMOUS (2005): Opinion 2104 (Case 3226). Lacepède, B. G. É. de la V., 1788, Histoire Naturelle des Quadrupèdes Ovipares: rejected as a non-binominal work. Bulletin of Zoological Nomenclature **62**: 55.

ANTONIOLI, F., LO PRESTI, V., MORTICELLI, M. G., BONFIGLIO, L. A., MANNINO, M. A., PALOMBO, M. R., SANNINO, G., FERRANTI, L., FURLANI, S., LAMBECK, K., CANESE, S., CATALANO, R., CHIOCCI, F. L., MANGANO, G., SCICCHITANO, G. und R. TONIELLI (2016): Timing of the emergence of the Europe-Sicily bridge (40–17 cal ka BP) and its implication for the spread of modern humans. In: HARFF, J., BAILY, G. und F. LÜTH (Hrsg.): Geology and Archaeology: Submerged Landscapes of the Continental Shelf. Geological Society, London, Special Publications **411**: 111. http://doi.org/10.1144/SP411.1

ANTÚNEZ, A., REAL, R. und J. M. VARGAS (1988): Análisis biogeográfico de los anfibios de la vertiente sur de la Cordillera Bética. Miscellania Zoològica **12**: 261–272.

ARANO, B. und G. LLORENTE (1995): Hybridogenetic processes involving *R. perezi*: distribution of the P-RP system in Catalonia. In: LLORENTE, G. A., MONTORI, A., SANTOS, X. und M. A. CARRETERO (Hrsg.): Scientia Herpetologica. 7th Ordinary General Meeting of Societas Europaea Herpetologica, Barcelona, S. 41–44.

ARANO, B., LLORENTE, G., GARCÍA-PARÍS, M. und P. HERRERO (1995): Species translocation menaces Iberian waterfrogs. Conservation Biology **9**: 196–198.

ARANO, B., LLORENTE, G., HERRERO, P. und B. SANCHIZ (1994): Current studies on Iberian water frogs. Zoologica Poloniae **39**: 365–375.

ARANO, B., LLORENTE, G. A., MONTORI, A., BUCKLEY, D. und P. HERRERO (1998): Diversification in north-west African water frogs: molecular and morphological evidence. Herpetological Journal **8**: 57–64.

ARAÚJO, C. V. M., SHINN, C., MOREIRA-SANTOS, M., LOPES, I., ESPÍNDOLA, E. L. G. und R. RIBEIRO (2014): Copper driven avoidance and mortality in temperate and tropical tadpoles. Aquatic Toxicology **146**: 70–75.

ARIEL, E., KIELGAST, J., SVART, H. E., LARSEN, K., TAPIOVAARA, H., JENSEN, B. B. und R. HALOPAINEN (2009): Ranavirus in wild edible frogs *Pelophylax* kl. *esculentus* in Denmark. Diseases of Aquatic Organisms **85**: 7–14.

ARIKAN, H. (1988): On a new form of *Rana ridibunda* (Anura Ranidae) from Turkey. İstanbul Üniversitesi Fen Fakültesi Biyoloji Dergi **53**: 81–87.

ARIKAN, H. (1989): [Investigation of *Rana ridibunda* (Anura: Ranidae) populations in Anatolia regarding the number of blood cells]. Doğa Tr Zooloji D.C. **13**: 54–59 (in türkisch).

ARIKAN, H. (1990): [Morphological and serological studies on *Rana ridibunda* populations (Anura, Ranidae)]. Turkish Journal of Biology **14**: 40–83 (in türkisch).

ARIKAN, H., ÖZETI, N., ÇEVIK, I. E. und M. TOSUNOĞLU (1994): Distribution of *Rana ridibunda caralitana* (Anura: Ranidae) in Lake District. Turkish Journal of Zoology **18**: 141–145.

ARIKAN, H., OLGUN, K., ÇEVIK, I. E. und C. V. Tok (1998): A taxonomical study on the *Rana ridibunda* Pallas, 1771 (Anura: Ranidae) population from İvriz-Ereğli (Konya). Turkish Journal of Zoology **22**: 181–184.

ARIOLI, M. (2007): Reproductive patterns and population genetics in pure hybridogenetic water frog populations of *Rana esculenta*. PhD thesis, University of Zurich. http://www.dissertationen.uzh.ch

ARIOLI, M., JAKOB, C. und H.-U. REYER (2010): Genetic diversity in water frog hybrids (*Pelophylax esculentus*) varies with population structure and geographic location. Molecular Ecology **19**: 1814–1828.

ARISOY, A. G. und E. BAŞKALE (2019): Body size, age structure and survival rates in two populations of the Beyşehir frog *Pelophylax caralitanus*. Herpetozoa **32**: 195–201.

ARRIBAS, R., DÍAZ-PANIAGUA, C. und I. GOMEZ-MESTRE (2014): Ecological consequences of amphibian larvae and their native and alien predators on the community structure of temporary ponds. Freshwater Biology **59**: 1996–2008.

ARTAEV, O. N. und L. M. PETYAEVA (2015): [Amphibians and reptiles of the Mordovia Nature Reserve: Species abundance and seasonal population dynamics in some habitats based on soil trap surveys in 2014]. Proceedings of the Mordovia State Nature Reserve, Saransk **14**: 192–199 (in russisch).

ATATÜR, M. K., ARIKAN, H. und A. MERMER (1989–90): A taxonomical investigation on *Rana ridibunda* PALLAS (Anura, Ranidae) populations from the lake district - Anatolia. Istanbul Üniversitesi Fen Fakültesi Biyoloji Dergisi **54**: 79–83.

ATATÜR, M. K., ARIKAN, H. und A. MERMER (1993): A preliminary study on the feeding biology of a *Rana ridibunda* (Anura, Ranidae) population from Beyşehir Lake. Turkish Journal of Biology **17**: 127–131.

AVRAMOVA, O. S. (1981): [Use of irrigation canals in the steppe zone of Ukraine for the breeding of water frogs.] In: DAREVSKY, I. S. (Hrsg.): The Problems of Herpetology, Leningrad, S. 4 (in russisch).

AYAZ, D., TOK, C. V., ATATÜR, M. K. und A. MERMER (2004): Ranid frog specimens collected from the vicinity of Erzurum, NE Anatolia. E.U. Journal of Fisheries & Aquatic Sciences **21**: 103–106.

AYAZ, D., TOK, C. V., MERMER, A., TOSUNOĞLU, M., AFSAR, M. und K. CIÇEK (2006): A new locality for *Rana ridibunda caralitana* Arıkan, 1988 (Anura: Ranidae) in the Central Anatolia. E. U. Journal of Fisheries & Aquatic Sciences **23**: 181–183.

AYAZ, D., TOK, C. V., MERMER, A., TOSUNOĞLU, M., AFSAR, M. und K. CIÇEK (2007): Population size of the marsh frog (*Rana ridibunda* Pallas, 1771) in lake Yayla (Denizli, Turkey). Turkish Journal of Zoology **31**: 255–260.

AYTBAEVA, B. T. und K.Y. ATAKHANOVA (1989): [Peculiarities of the expression and variability of morphological characters of marsh frogs in mine water discharge areas.] In: BEGALIEV, A. B. (Hrsg.): Vliyanie Genotipa i Kompleksa Ekologicheskikh Faktorov na Zhiznedeyatelnost' Organizmov, KarGU, Karaganda, S. 7–12 (in russisch).

BADMAEVA, V. I. und G. N. MARMAKOVA (1990): [Habitat distribution and quantitative survey of the marsh frog in the Iki-Buturlinskiy District of the autonomous Kalmyk Socialist Soviet Republic.] In: ZHUKOVA, T. I. (Hrsg.): Fauna i Ekologiya Nekotorykh Vidov Bespozvonochnykh i Pozvonochnykh Zhivotnykh Predkavkaz'ya, Kubanskiy GU, Krasnodar, S. 43–54 (in russisch).

BÁEZ, M. und R. LUIS (1994): Datos sobre el desarrollo larvario de *Rana perezi* (Seoane, 1885) (Anura, Ranidae) en Tenerife (Islas Canarias). Vieraea **23**: 155–164.

BAIER, F. und H.-J. WIEDL (2010): The re-evaluated conservation status of the mountain populations of the highly endangered Cyprus grass snake, *Natrix natrix cypriaca* (Hecht, 1930), with miscellaneous natural history notes. Salamandra **46**: 16–23.

BAIER, F., SPARROW, D. J. und H.-J. WIEDL (2013): The Amphibians and Reptiles of Cyprus. 2. überarbeitete Auflage. Edition Chimaira, Frankfurt a. M.

BALÁŽ, V., VÖRÖS, J., CIVIŠ, P., VOJAR, J., HETTYEY, A., SÓS, E., DANKOVICS, R., JEHLE, R., CHRISTIANSEN, D. G., CLARE, F., FISHER, M. C., GARNER, T. W. und J. BIELBY (2014): Assessing risk and guidance on monitoring of *Batrachochytrium dendrobatidis* in Europe through identification of taxonomic selectivity of infection. Conservation Biology **28**: 213–223.

BALČIAUSKAS, L., TRAKIMAS, G., JUŠKAITIS, R., ULEVIČIUS, A. und L. BALČIAUSKIENE (1999): Atlas of Lithuanian Mammals, Amphibians and Reptiles. Vilnius, Akstis (in litauisch).

BALDAEV, K. F. (2008): About behavior and nutrition in green frogs. Scientific Papers of the State Nature Reserve "Bolshaya Kokshaga", Yoskar-Ola **3**: 410–412 (in russisch).

BALINT (SZEIBEL), N., CITREA, L., MEMETEA, A., JURJ, N. und N. CONDURE (2008): Feeding ecology of the *Pelophylax ridibundus* (Anura, Ranidae) in Dobromir, Romania. Biharean Biologist **2**: 27–37.

BALINT, N., INDREI, C., LANC, R. und A. URSUŢ (2010): On the diet of the *Pelophylax ridibundus* (Anura, Ranidae) in Ţicleni, Romania. South-Western Journal of Horticulture, Biology and Environment **1**: 57–66.

BALLETTO, E., CHERCHI, M. A., SALVIDIO, S., LATTES, A., MALACRIDA, A., GASPERI, G. und G. DORIA (1986): Area effect in south western European green frogs (Amphibia, Ranidae). Bolletino di Zoologia **53**: 97–109.

BALLS, M. (1962): Spontaneous neoplasms in Amphibia: A review and descriptions of six new cases. Cancer Research **22**: 1142-1154.

BANINA, N. N. (1952): [Parasitic protozoa (Protociliata) of anurans of the Soviet Union.] Uchyonye Zapiski Leningradskogo Gosudarstvennogo Universiteta. Seriya Biologicheskikh Nauk, Leningrad **28**: 188–215 (in russisch).

BANNIKOV, A. G. (1943): The ecological conditions of activity of the anurans as a factor limiting the distribution of the species. Zoologicheskiy Zhurnal, Moskva **22**: 340–344 (in russisch).

BANNIKOV, A. G. (1954): [Materials on the biology of amphibians and reptiles of southern Dagestan.] Uchyonye Zapiski Moskovskogo Gorodskogo Pedagogicheskogo Instituta Imeni V. P. Potyomkina, Moskva **28**: 75–88 (in russisch).

BANNIKOV, A. G. (1957): [On peculiarities of the breeding and development timing of anurans of different ecological groups.] Uchyonye Zapiski Moskovskogo Gorodskogo Pedagogicheskogo Instituta Imeni V. P. Potyomkina, Moskva **65**: 103–107 (in russisch).

BANNIKOV, A. G. und M. N. DENISSOVA (1943): [Diurnal and nocturnal cycles of activity in *Rana ridibunda* Pall. in southern Daghestan.] Zoologicheskiy Zhurnal, Moskva **22**: 33–37 (in russisch).

BANNIKOV, A. G. und M. N. DENISOVA (1956): [Essays on Amphibian Biology.] Moscow (in russisch).

BARAN, Ü., YILMAZ, I., KUMLUTAŞ, Y. und R. KETE (1992): [Population record of the marsh frog (*Rana ridibunda*)]. Turkish Journal of Zoology **16**: 289–299 (in türkisch).

BARBADILLO, L. J. (1987): La guía de Incafo de los anfibios y reptiles de la Península Ibérica, Islas Baleares y Canarias. Incafo, Madrid.

BARBADILLO, L. J., LACOMBA, J. I., PÉREZ-MELLADO, V., SANCHO, V. und L. F. LÓPEZ-JURADO (1999): Anfibios y reptiles de la Península Ibérica, Baleares y Canarias. GeoPlaneta, Barcelona.

BARBOUR, T. und A. LOVERIDGE (1929): Typical reptiles and amphibians. Bulletin of the Museum of Comparative Zoology. Cambridge, Massachusetts **69**: 203–360.

BARGALLÓ, F., MARTÍNEZ-SILVESTRE, A. und D. FERNANDEZ (2016): Detección de *Batrachochytrium dendrobatidis* en anfibios asintomáticos en Cataluña. Boletín de la Asociación Herpetológica Española **27**: 151–153.

BARKHATOV, A. S. und S. R. YUSUPOV (2019): Morpho-genetic structure of urban marsh frog *Pelophylax ridibundus* populations. In: VESELKIN, D. V. und A. G. VASILEV (Hrsg.): Ecology and Evolution: New Challenges. Proceedings of the International Symposium Dedicated to the 100th Anniversary of the Russian Academician S.S. Shwartz, Russia, Ekaterinburg, April 1–5, 2019. Ekaterinburg, S. 304–306 (in russisch).

BARNI, S., BONCOMPAGNI, E., GROSSO, A., BERTONE, V., FREITAS, I., FASOLA, M. und C. FENOGLIO (2007): Evaluation of *Rana* snk *esculenta* blood cell response to chemical stressors in the environment during the larval and adult phases. Aquatic Toxicology **81**: 45–54.

BARRIO, C. (1991): Intento de depredación por parte de *Rana perezi* sobre *Passer domesticus*. Boletín de la Asociación Herpetológica Española **2**: 16–17.

BARTA, J. R., BOULARD, Y. und S. S. DESSER (1989): Blood parasites of *Rana esculenta* from Corsica: Comparison of its parasites with those of eastern North American ranids in the context of host phylogeny. Transactions of the American Microscopical Society **108**: 6–20.

BAŞKALE, E. und U. KAYA (2012): Decline of Levantine frog *Pelophylax bedriagae* Camerano, 1882 in the western Aegean region of Turkey: Changes in population size and implication for conservation. Zoology in the Middle East **57**: 69–76.

BAŞKALE, E. und D. ÇAPAR (2016): Detection probability and habitat selection of the Beyşehir frog, *Pelophylax caralitanus* (ARIKAN 1988), in southwestern Anatolia, Turkey. Russian Journal of Herpetology **23**: 205–214.

BAŞKALE, E., SÖZBILEN, D. und F. POLAT (2017): Population ecology and distribution of *Pelophylax caralitanus* (Arıkan, 1988), in the Lakes District, southwestern Anatolia, Turkey. Herpetozoa **29**: 143–153.

BAŞKALE, E., ULUBELI, S. A. und Y. KASKA (2018): Age structures and growth parameters of the Levantine frog, *Pelophylax bedriagae*, at different localities in Denizli, Turkey. Acta Herpetologica **13**: 147–154.

BAŞOĞLU, M. und N. ÖZETI (1973): The amphibians of Turkey. Ege Üniversitesi Fen Fakültesi Kitaplar Serisi No. 50, Izmir.

BASTAKOV, V. A. (1986): Preference by youngs-of-the year of the edible frog (*Rana esculenta* complex) for their own reservoir ground smell. Zoologicheskiy Zhurnal, Moskva **65**: 1864–1868 (in russisch).

BAYTIMIROVA, E. A. (2013): The assessment of impregnating spermatozoid capacity in marsh frog, *Pelophylax ridibundus* (Pallas, 1771) in anthropogenically modified landscapes. In: ANANJEVA, N. B., SYROMYATNIKOVA, E. V. und I. V. DORONIN (Hrsg.): Modern Herpetology: Problems and Ways of Their Solutions. Zoological Institute of the Russian Academy of Sciences, Saint Petersburg. S. 52–56.

BAYTIMIROVA, E. A. und V. A. VERSHININ (2014): Assessment of impregnating ability of spermatozoa and hermaphroditism case of a marsh frog (*Pelophylax ridibundus* Pallas, 1771) in the conditions of anthropogenously changed landscapes. In the World of Scientific Discoveries **10**: 25–40.

BEA, A., MONTORI, A. und X. PASCUAL (1994): Herpetofauna dels Aiguamols de l'Empordà. In: Els Sistemes Naturals dels Aiguamols de l'Empordà. Treballs de l'Institució Catalana d'Història Natural **13**: 359–407.

BEDRIAGA, J. VON (1891 (1889)): Die Lurchfauna Europas. I. Anura. Froschlurche. Extrait du Bulletin de la Société Impériale des Naturalistes de Moscou, Nouv. Ser. **3**: 210–422, 466–622.

BEEBEE, T. J. C., BUCKLEY, J., EVANS, I., FOSTER, J. P., GENT, A. H., GLEED-OWEN, C. P., KELLY, G., ROWE, G., SNELL, C., WYCHERLEY, J. T. und I. ZEISSET (2005): Neglected native or undesirable alien? Resolution of a conservation dilemma concerning the pool frog *Rana lessonae*. Biodiversity and Conservation **14**: 1607–1626.

BEERLI, P. (1994): Genetic isolation and calibration of an average protein clock in western Palearctic water frogs of the Aegean region. Inaugural-Diss., Universität Zürich.

BEERLI, P., HOTZ, H. und T. UZZELL (1996): Geological dated sea barriers calibrate a protein clock for Aegean water frogs. Evolution **50**: 1676–1687.

BEERLI, P., UZZELL, T. und P. LYMBERAKIS (2009): *Pelophylax cretensis*, Cretan frog. The IUCN Red List of Threatened Species. e.T58581A11788512.

BEERLI, P., HOTZ, H., TUNNER, H., HEPPICH, S. und T. UZZELL (1994): Two new water frog species from the Aegean islands Crete and Karpathos (Amphibia, Salientia, Ranidae). Notulae Naturae, The Academy of Natural Sciences of Philadelphia **470**: 1–9.

BELIMOV, G. T. und V. T. SEDALISCHEV (1980): [The lake frog (*Rana ridibunda*) (Amphibia, Anura) in water bodies of Yakutsk.] Vestnik zoologii **3**: 74–75 (in russisch).

BELCHEVA, R. G., MICHAILOVA, P. V. und T. S. SOFIANIDOU (1985): Karyological studies on *Rana epeirotica* and *Rana ridibunda* (Anura, Amphibia) from Greece. Comptes rendus de l' Académie bulgare des Sciences **38**: 1387–1390.

BELLATI, A., BASSU, L., NULCHIS, V. und C. CORTI (2019): Detection of alien *Pelophylax* species in Sardinia (western Mediterranean, Italy). BioInvasions Records **8**: 8–25.

BELLATI, A., CHIOCCHIO, A., RAZZETTI, E., BISCONTI, R. und D. CANESTRELLI (2023): A hotchpotch of water frogs in northern Italy. Biological Invasions **25**: 2737–2745.

BELLATI, A., MIRABELLA, I., BASSU, L., DELAUGERRE, M., NULCHIS, V., COSSU, I. M., FRAU, S. und C. CORTI (2018): *Pelophylax bergeri* (Anura: Ranidae) in the Western Mediterranean. In: TRIPEPI, S., BERNABÒ, I., BRUNELLI, E., MACIRELLA, R. und E. SPERONE (Hrsg.): XII° Congresso Nazionale Societas Herpetologica Italica, Rende (Cosenza), Abstracts: 28.

BELLATI, A., RAZZETTI, E., RESTEGHINI, M., SACCHI, R., PELLITTERI-ROSA, D., CASIRAGHI, M., BERNINI, F., GALEOTTI, P. und M. FASOLA (2013): First molecular characterization of invasive alien populations of *Pelophylax kurtmuelleri* (Gayda, 1940) and new records from Italy. In: SCILLITANI, G., LIUZZI, C., LORUSSO, L., MASTROPASQUA, F. und P. VENTRELLA (Hrsg): Atti IX Congresso Nazionale della Societas Herpetologica Italica. Pineta, Conversano (Bari). S. 287–289.

BELOUSOVA, I. N. (2013): [Species composition and peculiarities of ecology of anurans in Kamchatka.] In: GORLACHEV, V. Y. (Hrsg.): Ekologiya Kamchatki i Ustiychivoe Razvitie Regiona. KamGU im. Vitusa Beringa, Petropavlovsk-Kamchatskiy, S. 24–32 (in russisch).

BELOVA, Y. V. (2006): [The lake frog as a character representative of the amphibians.] In: SHKHAGAPSOEV, S.K. (Hrsg.): Biologicheskoe Raznoobrazie Kavkaza. Chast' 2. KBGSKhA, Nalchik, S. 34–35 (in russisch).

BELOVA, Y. V. (2009): Interrelation of polymorphism phenomenon in populations of the lake frog with the inhabitancy transformation. Estestvennye Nauki, Astrakhan **4**: 9–15 (in russisch).

BELOVA, Z. V. (1959): [To the study of fertility of *Rana ridibunda* Pall.] Uchyonye Zapiski Moskovskogo Gorodskogo Pedagogicheskogo Instituta Imeni V. P. Potyomkina, Kafedra Zoologii, Moskva **104**: 75–88 (in russisch).

BELOVA, Z. V. (1964a): [Qualitative characterisation of the diet of marsh frog tadpoles.] In: TERENTJEV, P. V. (Hrsg.): Voprosy Gerpetologii, Leningrad, S. 10–11 (in russisch).

BELOVA, Z. V. (1964b): [Comparison of the diet of adult and larval marsh frogs.] In: Vtoraya Nauchnaya Konferentsiya Zoologov Pedagogicheskikh Institutov RSFSR. Krasnodar, Krasnodarskiy GPU, S. 126–127 (in russisch).

BELOVA, Z. V. (1964c): Nutrition of tadpoles *Rana ridibunda* Pall. in different zones of the Volga delta. Bulleten' Moskovskogo Obshchestva Ispytateley Prirody, Otdelenie Biologii, Moskva **69**: 40–46 (in russisch).

BELOVA, Z. V. (1964d): On the feeding habits of the tadpoles of *Rana ridibunda* Pall. in the Volga delta. Zoologicheskiy Zhurnal, Moskva **43**: 1188–1192 (in russisch).

BELOVA, Z. V. (1965): [Food composition of marsh frog tadpoles in the Volga delta.] Transactions of the Astrakhan State Wildlife Preserve, Astrakhan **10**: 359–374.

BELYAYEV, A. (2014): Bursts of transposable elements as an evolutionary driving force. Journal of Evolutionary Biology **27**: 2573–2584.

BENOVIC; B., MIKULÍČEK, P., ŽÁKOVICOVÁ, Z., PAPEŽÍK, P. und C. PANTOJA (2022): Hidden in plain sight: novel molecular data reveal unexpected genetic diversity among paramphistome parasites (Digenea: Paramphistomoidea) of European water frogs. Parasitology **149**: 1424–1438.

BERGEN, K., SEMLITSCH, R. D. und H.-U. REYER (1997): Hybrid female matings are directly related to the availability of *Rana lessonae* and *Rana esculenta* males in experimental populations. Copeia No. **2**: 275–283.

BERGER, L. (1964): Is *Rana esculenta lessonae* CAMERANO a distinct species? Annales Zoologici, Warszawa **22**: 45–61.

BERGER, L. (1966): Biometrical studies on the population of green frogs from the environs of Poznań. Annales Zoologici, Warszawa **23**: 303–324.

BERGER, L. (1967): Embryonal and larval development of F_1-generation of green frogs different combinations. Acta Zoologica Cracoviensia **12**: 123–160.

BERGER, L. (1968): Morphology of F_1-generation of various crosses within *Rana esculenta*-complex. Acta Zoologica Cracoviensia **13**: 301–324.

BERGER, L. (1970): Some characteristics of the crosses within *Rana esculenta* complex in postlarval development. Annales Zoologici, Warszawa **27**: 373–416.

BERGER, L. (1971a): Sex ratio in the F_1 progeny within forms of *Rana esculenta* complex. Genetica Polonica **12**: 87–101.

BERGER, L. (1971b): Viability, sex and morphology of F_2 generation within forms of *Rana esculenta* complex. Zoologica Poloniae **21**: 345–393.

BERGER, L. (1971c): Inheritance of sex and phenotype in F_1 and F_2 crosses within *Rana esculenta* complex. Genetica Polonica **12**: 517–521.

BERGER, L. (1973a): Sexual maturity of males within forms of *Rana esculenta* complex. Zoologica Poloniae **22**: 177–188.

BERGER, L. (1973b): Systematics and hybridization in European green frogs of *Rana esculenta* complex. Journal of Herpetology **7**: 1–10.

BERGER, L. (1976): Hybrids of B_2-generations of European water frogs (*Rana esculenta* complex). Annales Zoologici, Warszawa **33**: 201–214.

BERGER, L. (1977): Systematics and hybridization in the *Rana esculenta* complex. In: TAYLOR, D. H. und S. I. GUTTMAN (Hrsg.): The Reproductive Biology of Amphibians. Plenum Press, New York and London, S. 367–388.

BERGER, L. (1979): Egg size as an index of phenotype in progeny of *Rana esculenta* females. Mitteilungen aus dem Zoologisches Museum in Berlin **55**: 187–202.

BERGER, L. (1982): Hibernation of the European water frogs (*Rana esculenta* complex). Zoologica Poloniae **29**: 57–72.

BERGER, L. (1983a): Western Palearctic water frogs (Amphibia, Ranidae): systematics, genetics and population compositions. Experentia **39**: 127–130.

BERGER, L. (1983b): [Systematics and genetic systems of the green frogs of Europe.] Przegląd Zoologiczny **28**: 47–61 (in polnisch).

BERGER, L. (1987): Impact of agricultural intensification on Amphibia. In: VAN GELDER, J. J., STRIJBOSCH, H. und P. J. M. BERGERS (Hrsg.): Proceedings of the 4th Ordinary General Meeting of the Societas Europaea Herpetologica, Nijmegen, S. 79–82.

BERGER, L. (1988): An all-hybrid water frog population persisting in agrocenoses of central Poland (Amphibia, Salientia, Ranidae). Proceedings of the Academy of Natural Sciences of Philadelphia **140**: 202–219.

BERGER, L. (1990): On the origin of genetic systems in European water frog hybrids. Zoologica Poloniae **35**: 5–27.

BERGER, L. (1994): Some peculiar phenomena in European water frogs. Zoologica Poloniae **39**: 267–280.

BERGER, L. (2000): [Amphibien und Reptilien Polens]. Państwowe Wydawnictwo Naukowe, Warszawa (in polnisch).

BERGER, L. (2008): European green frogs and their protection. Ecological Library Foundation, Poznań.

BERGER, L. und W. A. BERGER (1992): Progeny of water frog populations in central Poland. Amphibia-Reptilia **13**: 135–146.

BERGER, L. und W. A. BERGER (1994): Persistence of all-hybrid water frog populations (*Rana* kl. *esculentus*) in northern Germany. Genetica Polonica **35**: 73–80.

BERGER, L., und E. CZARNIEWSKA (2002): [Characteristics of western Palearctic water frogs]. Przegląd Zoologiczny **46**: 189–202 (in polnisch).

BERGER, L. und R. GÜNTHER (1988): Genetic composition and reproduction of water frog populations (*Rana* kl. *esculenta* Synklepton) near nature reserve Serrahn, GDR. Archiv für Naturschutz und Landschaftsforschung, Berlin **28**: 265–280.

BERGER, L. und R. GÜNTHER (1991–1992): Inheritance patterns of water frog males from the environments of nature reserve Steckby, Germany. Zoologica Poloniae **37**: 87–99.

BERGER, L., HOTZ, H. und H. ROGUSKI (1986): Diploid eggs of *Rana esculenta* with two *Rana ridibunda* genomes. Proceedings of the Academy of Natural Sciences of Philadelphia **138**: 1–13.

BERGER, L. und H. ROGUSKI (1978): Ploidy of progeny from different egg size classes of *Rana esculenta* L.. Folia Biologica, Kraków **26**: 231–248.

BERGER, L. und H. ROGUSKI (2002): Characteristics of diploid and triploid kin-tadpoles of Polish water frogs (*Rana esculenta* complex). Biology Letters **39**: 29–42.

BERGER, L., ROGUSKI, H. und T. UZZELL (1978): Triploid F_2 progeny of water frogs (*Rana esculenta* complex). Folia Biologica, Kraków **26**: 135–151.

BERGER, L. und M. RYBACKI (1992): Sperm competition in European water frogs. Alytes **10**: 113–116.

BERGER, L. und J. ŚMIEŁOWSKI (1982): Inheritance of vertebral stripe in *Rana ridibunda* Pall. (Amphibia, Ranidae). Amphibia-Reptilia **3**: 145–151.

BERGER, L. und J. TRUSZKOWSKI (1980): Viability and inheritance of characters in water frogs (*Rana esculenta* complex) in agrocenozes. Genetica Polonica **21**: 309–323.

BERGER, L. und T. UZZELL (1980): The eggs of European water frogs (*Rana esculenta* complex) and their hybrids. Folia Biologica, Kraków **28**: 3–25.

BERGER, L., UZZELL, T. und H. HOTZ (1982): Crossing experiments between some Western Palearctic species of water frogs (Salientia: Ranidae). Vertebrata Hungarica **21**: 33–45.

BERGER, L., UZZELL, T. und H. HOTZ (1988): Sex determination and sex ratio in western Palearctic water frogs: XX and XY female hybrids in the Pannonian basin? Proceedings of the Academy of Natural Sciences of Philadelphia **140**: 220–239.

BERGER, L., UZZELL, T. und H. HOTZ (1994): Postzygotic reproductive isolation between Mendelian species of European water frogs. Zoologica Poloniae **39**: 209–242.

BERSCHICK, P. (1997): One primer pair amplifies small subunit ribosomal DNA from mitochondria, plastids and bacteria. BioTechniques **23**: 494–498.

BERTIN, L. (1946): Le peuplement des îles atlantiques en vertébrés hétérothermes. Memoirs, Societé de Biogéographie **8**: 87–104.

BESHKOV, V. A. und D. T. DUSHKOV (1981): [Materials on the batrachophagy and herpetophagy of snakes in Bulgaria.] Ecologiya, Sofia **9**: 43–50 (in bulgarisch).

BEZMAN-MOSEYKO, O. S., BORKIN, L. J., ROSANOV, J. M. und S. N. LITVINCHUK (2014): Mass hindlimb deformities of green frogs (*Pelophylax esculentus* complex) in Pridnestrovie: causes and bioindication. In: VERSHININ, V. L., DUBOIS, A., HENLE, K. und M. PUKI (Hrsg.): Anomalii i Patologii Amfibiy i Reptiliy: Metodologiya, Evolyutsionnoe Znachenie, Vozmozhnost' Otsenki Zdorov'ya Sredy. Ekaterinburg, S. 13–19 (in russisch).

BINKERT, J., BORNER, P. und P. S. CHEN (1982): *Rana esculenta* complex: An experimental analysis of lethality and hybridogenesis. Experentia **38**: 1283–1292.

BIRIUK, O. V. (2017): [Cytogenetic peculiarities of spermatogenesis in diploid and triploid hemiclonal hybrids of the *Pelophylax exculentus* complex.] Dissertation, Kharkiv National University named by V. N. Karazin (in ukrainisch).

BIRIUK, O. V., ROSANOV, J. M., LITVINCHUK, S. N. und R. A. PASYNKOVA (2015): Variability of nucleolus organizer regions sizes in green frog karyotypes. The Journal of V. N. Karazin Kharkiv National University, Biology **25**: 145–155 (in russisch).

BIRIUK, O. V., SHABANOV, D. A., KORSHUNOV, A. V., BORKIN, L. J., LADA, G. A., PASYNKOVA, R. A., ROSANOV, J. M. und S. N. LITVINCHUK (2016): Gamete production patterns and mating systems in water frogs of the hybridogenetic *Pelophylax esculentus* complex in north-eastern Ukraine. Journal of Zoological Systematics and Evolutionary Research **54**: 215–225.

BIRSHTEIN, V. Y. (1981): [Peculiarities of differential staining of anuran chromosomes in some species of the genera *Rana* and *Bufo*.] Zoologicheskiy Zhurnal, Moskva **60**: 246–255 (in russisch).

BISCHOFF, W. (1985): Die Herpetofauna der Kanarischen Inseln. I. Allgemeine Bemerkungen über den Archipel und seine Herpetofauna. Herpetofauna, Weinstadt **7**: 11–22.

BISCONTI, R., ALOISE, G., CIPRIANI, P. und D. CANESTRELLI (2014): Predation by the Italian pool frog *Pelophylax lessonae bergeri* on the Valais shrew, *Sorex antinorii*. Herpetological Notes **7**: 159–160.

BISCONTI, R., MARTINO, G., CHIOCCHIO, A., SICLARI, A. und D. CANESTRELLI (2019): Balkan marsh frogs *Pelophylax kurtmuelleri* (Gayda, 1940) introduced in the Aspromonte National Park, southern Italy. BioInvasions Records **8**: 26–33.

BISERKOV, V. und B. NAUMOV (2012): Changes after 1948 in the habitats of amphibians and reptiles in the area of the Srebarna lake biosphere reserve. In: UZUNOV, Y., GEORGIEV, B. B., VARADINOIVA, E., IVANOVA, N., PEHLIVANOV, L. und V. VASILEV (Hrsg.): Ecosystems of the Biosphere Reserve 'Srebarna Lake', 2012. Amphibians and Reptiles, S. 163–183.

BJELIĆ-ČABRILO, O., POPOVIĆ, E. und A. PAUNOVIĆ (2009): Helminthofauna of *Pelophylax* kl. *esculentus* (Linne, 1758) from Petrovaradinski Rit March (Serbia). Helminthologia **46**: 107–111.

BLAB, J. (1982): Zur Wanderdynamik der Frösche des Kottenforstes bei Bonn – Bilanzen der jahreszeitlichen Einbindung (Amphibia: Salientia: Randae). Salamandra **18**: 9–28.

BLAIN, H.-A., LÓZANO-FERNÁNDEZ, I. und G. BÖHME (2015): Variation in the ilium of central European water frogs *Pelophylax* (Amphibia, Ranidae) and its implications for species-level identification of fragmentary anuran fossils. Zoological Studies **54**: 1–9.

BLANKENHORN, H. J. (1977): Reproduction and mating behavior in *Rana lessonae-Rana esculentus* mixed populations. In: TAYLOR, D., DOUGLAS, H. und S. I. GUTTMAN (Hrsg.): The Reproductive Biology of Amphibians. Plenum Press, New York and London, S. 389–410.

BLANKENHORN, H. J., HEUSSER, H. und P. VOGEL (1971): Drei Phänotypen von Grünfröschen aus dem *Rana esculenta*-Komplex in der Schweiz. Revue suisse de Zoologie **78**: 1242–1247.

BLOMMERS-SCHLÖSSER, R. M. A. (1990): On the occurrence and identity of triploids of *Rana* kl. *esculenta* Linnaeus and *R. lessonae* Camerano in The Netherlands (Anura: Ranidae). Bijdraden tot de Dierkunde **60**: 199–207.

BOBROV, V. V. und D. V. SEMENOV (2013): Amphibians and reptiles of Moscow and Moscow Province: modern status and conservation. Vestnik Tambovskogo Gosudarstvennogo Universiteta, Estestvennye i Tekhnicheskie Nauki, Tambov **18**: 2984–2987 (in russisch).

BOBROVA, A. A., MAKARYAN, R. M., SHEIKO, V. P. und D. A. SHABANOV (2014): Impaired fertility in interspecific hybrids of green frogs from the Seversko-Donetskiy center of *Pelophylax esculentus* complex diversity. Biologia ta Valeologia, Kharkiv **16**: 7–15 (in ukrainisch).

BOBYLYOV, Y. P. (2009): Variability of trophic niche of anuran populations in Samara-River region. In: PAKHOMOV, A. E. (Hrsg.): Zoocenosis-2009. Biodiversity and Role of Animals in Ecosystems. DNU, Dnipropetrovsk, S. 261–262 (in ukrainisch).

BODENHEIMER, F. S. (1944): Introduction into the knowledge of the amphibia and reptilia of Turkey. Istanbul Üniversitesi Fen Fakültesi Mecmuası, Seri B **9**, 1–78.

BÖHME, G. (1977): Zur Bestimmung quartärer Anuren Europas an Hand von Skelettelementen. Wissenschaftliche Zeitschrift der Humboldt-Universität zu Berlin, Mathematisch-Naturwissenschaftliche Reihe **26**: 283–300.

BÖHME, G. und R. GÜNTHER (1979): Osteological studies in the European water frogs *Rana ridibunda*, *Rana lessonae* and *Rana "esculenta"* (Anura, Ranidae). Mitteilungen aus dem Museum für Naturkunde in Berlin **55**: 203–215.

BÖHME, M. und A. ILG (2003): fosFARbase. www.wahre-staerke.com.

BÖHME, W. und H. WIEDL (1994): Status and zoogeography of the herpetofauna of Cyprus, with taxonomic and natural history notes on selected species (genera *Rana*, *Coluber*, *Natrix*, *Vipera*). Zoology in the Middle East 10: 31–52.

BOETTGER, O. (1879): Amphibien aus Südportugal. Zeitschrift für die gesamten Naturwissenschaften, Halle, **52**: 497–534.

BOETTGER, O. (1880): Die Reptilien und Amphibien von Syrien, Palaestina und Cypern. Bericht der Senckenbergischen Naturforschenden Gesellschaft in Frankfurt am Main: 132–219.

BOETTGER, O. (1888): Verzeichnis der von Hrn. E. v. Oertzen aus Griechenland und aus Kleinasien mitgebrachten Batrachier und Reptilien. Sitzungsberichte der Königlich Preußischen Akademie der Wissenschaften zu Berlin **5**: 139–186.

BOGART, J. P. (2003): Genetics and systematics of hybrid species. In: SEVER, D. M. (Hrsg.): Reproductive Biology and Phylogeny of Urodela (Amphibia). Science Publishers Inc., New Hampshire, S. 109–134.

BOGDAN, H. V., COVACIU-MARCOV, S.-D., CUPSA, D., CICORT-LUCACIU, A.-S. und I. SAS (2012): Food composition of a *Pelophylax ridibundus* (Amphibia) population from a thermal habitat in Banat region (southwestern Romania). Acta Zoologica Bulgarica **64**: 253–262.

BOGDAN, H. V., COVACIU-MARCOV, S.-D., GACEU, O., CICORT-LUCACIU, A.-S., FERENŢI, S. und I. SAS-KOVÁCS (2013): How do we share food? Feeding of four amphibian species from an aquatic habitat in south-western Romania. Animal Biodiversity and Conservation **36**: 89–99.

BOGOMYAKOVA, M. E., GRIGOROV, A. S., DEGTYAREVA, E. K., ZININA, V. V., IVANNIKOV, R. I. und D. E. MOTOVILOV (2013): [Ecology and diversity of green frogs in the vicinities of Zvenigorod biological station.] Kursovaya Rabota. Pervyi Kurs. Moscow, Moscow State University, Biological Faculty (in russisch).

BOLKAY, S. (1908): Ueber die Artberechtigung des Flussfrosches (*Rana ridibunda* Pall.). Lacerta **13**: 49–51.

BOLKAY, S. J. (1919): Elements of the comparative osteology of the tailless batrachians. Glasnika Zemaljskog Muzeja u Bosni i Hercegovini, Sarejevo **31**: 275–357.

BOLOGNA, M., CAPULA, M. und G. M. CARPANETO (2000): Anfibi e Rettili del Lazio. Fratelli Palombi Editori, Roma.

BOLSHAKOV, V. N. und N. L. IVANOVA (2013): [The marsh frog (*Rana ridibunda* Pall.) as an object of monitoring of reservoir-culler at Reftinskaya GRES.] Izvestiya Orenburgskogo Gosudarstvennogo Agrarnogo Universiteta, Orenburg **1**: 245–247 (in russisch).

BONK, M. und M. PABIJAN (2010): Changes in a regional batrachofauna in south-central Poland over a 25 year period. North-Western Journal of Zoology **6**: 225–244.

BONNATERRE, M. (1789): Tableau Encyclopédique et Méthodique des Trois Régnes de la Nature. Erpétologie. Paris. S. XXVIII+71.

BORISOVA, V. I. (1988): [Studies on the geographical distribution of amphibian helminths.] Parazitologiya, Moskva **22**: 471–475 (in russisch).

BORISOVICH, O. B ., TSYBULIN, S. M., TOROPOV, K. V., FOMIN, B. N., GRAZHDAN, K. V. und I. N. BOGOMOLOVA (2002): [Amphibians and reptiles of the plain and foothill-lowland landscapes of the Upper Priobie.] Sibirskiy Ekologicheskiy Zhurnal, Novosibirsk **9**: 425–440 (in russisch).

BORISSOVSKY, A. G. (2012a): The pool frog – *Rana lessonae* Camerano, 1882. In: BARANOVA, O. G. (Hrsg.): Krasnaya Kniga Udmurtskoy Respubliki. Perfektum, Cheboksary, S. 113 (in russisch).

BORISSOVSKY, A. G., BORKIN, L. J., LITVINCHUK, S. N. und J. M. ROSANOV (2000): [Morphometric characteristics of green frogs (*Rana esculentus* complex) of Udmurtia.] Vestnik Udmurtskogo Universiteta, Izhevsk (Zoologiya, Fiziologiya, Ekologiya) **2000**: 70–75 (in russisch).

BORISSOVSKY, A. G., BORKIN, L. J., LITVINCHUK, S. N. und J. M. ROSANOV (2001): Distribution of green frogs (*Rana esculenta* complex) in Udmurtia. Messenger of Udmurt University **2001**: 51–63 (in russisch).

BORKIN, L. (1998): [Class Amphibia.] In: ANANJEVA, N., BORKIN, L., DAREVSKY, I. und N. ORLOV (Hrsg.): Zemnovodnye i Presmykayushchiesya. Entsiklopediya Prirody Rossii. ABF, Moskva, S. 19–174 (in russisch).

BORKIN, L. J., BERGER, L. und R. GÜNTHER (1981): On giant tadpoles of the green frogs of the *Rana esculenta* complex. Proceedings of the Zoological Institute, Academy of Science of the USSR, Leningrad **101**: 29–47 (in russisch).

BORKIN, L. J., BERGER, L. und R. GÜNTHER (1982): Giant tadpoles of water frogs within *Rana esculenta* complex. Zoologica Poloniae **29**: 103–127.

BORKIN, L. J., BEZMAN-MOSEYKO, O. S. und S. N. LITVINCHUK (2012): Evaluation of animal deformity occurrence in natural populations (an example of amphibians). Proceedings of the Zoological Institute RAS, St. Petersburg **316**: 324–343 (in russisch).

BORKIN, L. J., CAUNE, I. A., PIKULIK, M. M. und T. M. SOKOLOVA (1986): Distribution and structure of green frog complex in the USSR. In: ROČEK, Z. (Hrsg.): Studies in Herpetology. Proceedings of the European Herpetological Meeting (3rd Ordinary General Meeting of the Societas Europaea Herpetologica), Prague, S. 675–678.

BORKIN, L. J., GANNIBAL, B. K., HOCHNADEL, V. I., LITVINCHUK, S. N. und A. G. MOSEYKO (2021): Peter Simon Pallas (1741–1811) and the nature of Omsk Province (historical and scientific expedition of the St. Petersburg Association of Scientists & Scholars across Omsk Province, 2016). St. Petersburg, Evropeisky Dom (in russisch).

BORKIN, L. J., GARANIN, W. I., TICHENKO, N. T. und I. A. CAUNE (1979): Some results in the green frogs survey in the USSR. Mitteilungen aus dem Zoologischen Museum in Berlin **55**: 153–170.

BORKIN, L. J., KORSHUNOV, A. V., LADA, G. A., LITVINCHUK, S. N., ROSANOV, J. M., SHABANOV, D. A. und A. I. ZINENKO (2004): Mass occurrence of polyploid green frogs (*Rana esculenta* complex) in eastern Ukraine. Russian Journal of Herpetology **11**: 194–213.

BORKIN, L. J., LADA, G. A., LITVINCHUK, S. N., MELNIKOV, D. A. und J. M. ROSANOV (2006): The first record of mass triploidy in hybridogenic green frog *Rana esculentus* in Russia (Rostov Oblast). Russian Journal of Herpetology **13**: 77–82.

BORKIN, L. J. und S. N. LITVINCHUK (2015): Herpetological field research in the western part of Kazakhstan: P. S. Pallas and present. In: BORKIN, L. J. und A. V. GOLUBEV (Hrsg.): Priroda Zapadnogo Kazakhstana i Petr Simon Pallas (Polevye Issledovaniya 2012). Europeisky Dom, Sankt-Peterburg, S. 53–79 (in russisch).

BORKIN, L. J., LITVINCHUK, S. N., MANNAPOVA, E. I., PESTOV, M. V. und J. M. ROSANOV (2002): The distribution of green frogs (*Rana esculenta* complex) in Nizhny Novgorod Province, central European Russia. Russian Journal of Herpetology **9**: 195–208.

BORKIN, L. J., LITVINCHUK, S. N., ROSANOV, J. M., DŽUKIĆ, G. und M. L. KALEZIĆ (2005a): Genome size variation in the Balkan anurans. In: ANANJEVA, N. und O. TSINENKO (Hrsg.): Herpetologia Petropolitana. Proceedings of the 12th Ordinary General Meeting of the Societas Europaea Herpetologica, Saint-Petersburg, S. 16–19.

BORKIN, L. J., LITVINCHUK, S. N., ROSANOV, J. M., LADA, G. A., RUCHIN, A. B., FAYZULIN, A. I. und R. I. ZAMALETDINOV (2003): [The *Rana esculenta* hybridogenic complex: does the "Volga Paradox" exist?] In: BAKIEV, A. G., MALENEV, A. L. und O.L. NOSKOVA (Hrsg.): Tret'ya Konferentsiya Gerpetologov Povolzh'ya, Tol'yatti, S. 7–12 (in russisch).

BORKIN, L. J. und M. M. PIKULIK (1986): The occurence of polymely and polydactyly in natural populations of anurans of the USSR. Amphibia-Reptilia **7**: 205–216.

BORKIN, L. J. und N. D. TIKHENKO (1979): Some aspects of morphological variability, color polymorphisms, growth, population structure and daily activity of the pond frog, *Rana lessonae* on the northern border of its range. In: ANANJEVA, N. B. und L.

J. BORKIN (Hrsg.): Ekologiya i Sistematika Amphibiy i Reptiliy, Leningrad, S. 18–54 (in russisch).

BORKIN, L. J., VINOGRADOV, A. E., ROSANOV, J. M. und I. A. CAUNE (1987): [Hemiclonal inheritance in the hybridogenic *Rana esculenta* complex: evidence from DNA flow cytometry.] Doklady Akademii Nauk SSSR, Moskva **295**: 1261–1264 (in russisch).

BORKIN, L. J., ZINENKO, A. I., KORSHUNOV, A. V., LADA, G. A., LITVINCHUK, S. N., ROSANOV, J. M. und D. A. SHABANOV (2005b): [Mass polyploidy in the *Rana esculenta* hybridogenic complex (Ranidae, Anura, Amphibia) in eastern Ukraine.] In: PISANETS, E. (Hrsg.): Proceeding of the 1th Conference of the Ukrainian Herpetological Society. Zoomuseum NMNH NAS of Ukraine, Kyiv, S. 23–26 (in russisch).

BOSCH, J., TEJEDO, M., BEJA, P., MARTÍNEZ-SOLANO, I., SALVADOR, A., GARCÍA-PARÍS, M., RECUERO GIL, E. und T. BEEBEE (2009): *Pelophylax perezi*. The IUCN Red List of Threatened Species. e.T58692A11812894.

BOSCHKOW, D. (1965): [On the helminth fauna of *Rana ridibunda* Pall. In the Srebărna Reserve (Silistra District)]. Izvestiya na Zoologicheskiya Institut s Muzey **19**: 151–166 (in bulgarisch).

BOULENGER, G. A. (1884): On the origin of the edible frog in England. The Zoologist, London, third ser. **8**: 265–269.

BOULENGER, G. A. (1885): A description of the German river-frog (*Rana esculenta*, var. *ridibunda*, Pallas). Proceedings of the Zoological Society of London **43**: 666–671.

BOULENGER, G. A. (1886): Reptilia and Batrachia (1885). Zoological Record **22**: 1–26.

BOULENGER, G. A. (1891): A contribution to the knowledge of the races of *Rana esculenta* and their geographical distribution. Proceedings of the Zoological Society of London **1891**: 374–384.

BOULENGER, G. A. (1897): The tailless Batrachiens of Europe. Part I. Adlard and Son, London.

BOULENGER, G. A. (1920): A monograph of the South Asian, Papuan, Melanesian and Australian frogs of the genus *Rana*. Records of the Indian Museum, Calcutta **20**: 1–226.

BRANDT, T. (2019): Überwinterung von Wasserfröschen in der Weser. Feldherpetologisches Magazin 11: 40–41.

BRESSI, N. (1999): Habitat fragmentation, metapopulation dynamics and declining amphibian populations: a field study of green frogs, *Rana* (*Pelophylax*) synklepton *esculentus* Linne, 1758. In: MIAUD C. und R. GUYETANT (Hrsg.): Current Studies in Herpetology. Proceedings of the 9th Ordinary General Meeting of the Societas Europaea Herpetologica, 25–29. August 1998, Le Bourget du Lac, France, S. 71–78.

BRESSI, N. (2006): *Pelophylax ridibundus* (Pallas, 1771) in Italia, dalla rarefazione all'espansione e *Pelophylax kurtmuelleri* (Gayda, 1940), nuova specie per la Slovenia. Atti del museo civico di storia naturale di Trieste **53**: 3–10.

BRINGSØE, H. (1985): A check-list of Peloponnesian amphibians and reptiles, including new records from Greece. Annales Musei Goulandris **7**: 271–318.

BRINGSØE, H. (2020): A case of blue coloration and color change in *Pelophylax esculentus* (Linnaeus, 1758) (Anura: Ranidae) in Denmark. Russian Journal of Herpetology **27**: 231–234.

BRIZZI, R., DELFINO, G. und S. JANTRA (2005): Structure and functional significance of the nuptial thumb pads in *Rana esculentus* and *R. perezi*. In: ANANJEVA, N. und O. TSINENKO (Hrsg.): Herpetologia Petropolitana. Proceedings of the 12th Ordinary General Meeting of the Societas Europaea Herpetologica, 12–16 August 2003, Saint-Petersburg, Russia, S. 258–262.

BROGGI, M. F. (1996): Die Feuchtgebiete der Insel Andros mit ihren Amphibien und hydrophilen Reptilien (Amphibia, Reptilia; Kykladen, Griechenland). Herpetozoa **8**: 135–144.

BROGGI, M. F. (2000): Herpetological notes on the islands of Milos and Sifnos (Cyclades, Greece). Herpetozoa **13**: 89–93.

BROGGI, M. F. (2007): Herpetological notes on the island of Amorgos (Cyclades, Greece). Herpetozoa **20**: 94–96.

BROGGI, M. F. (2011): The semi-aquatic herpetofauna of Serifos (Cyclades, Greece) including conservation aspects (Amphibia: Reptilia). Herpetozoa **24**: 13–22.

BRUNI, G., MIRABELLA, I., DOMENEGHETTI, D., FASOLA, M. und A. BELLATI (2020): Will there be a second extinction? Molecular identification of multiple alien water frogs (*Pelophylax ridibundus* sensu lato) in Tuscany, Central Italy, reveals genetic pollution within a unique hybridogenetic system. Herpetological Journal **30**: 147–158.

BRUNO, S. (1988): L'erpetofauna delle isole di Cres, Krk e Ada (Jugoslavia-Albania). Bulletin d'écologie. Paris **19**: 265–281.

BRUNO, S. (1989): Introduction to a study of the herpetofauna of Albania. The British Herpetological Society Bulletin **29**: 16–41.

BRUNO, S. (1995): Rettili, anfibi e pesci del Parco Nazionale d'Abruzzo e dintorni. Liste preliminari degli organismi viventi del Parco Nazionale d'Abruzzo. Numero 4. Roma.

BRZOSKA, J. (1980): Quantitative studies on the elicitation of the electrodermal response by calls and synthetic acoustical stimuli in *Rana lessonae* Camerano, *Rana r. ridibunda* Pallas and the hybrid *Rana "esculenta"* L. (Anura, Amphibia). Behavioural Processes **5**: 113–141.

BRZOSKA, J. (1982): Vocal response of male European water frogs (*Rana esculenta* complex) to mating and territorial calls. Behavioural Processes **7**: 37–47.

BRYCHTA, B. H. und H. G. TUNNER (1994): Flow cytometric analysis of spermatogenesis in triploid *Rana esculenta*. Zoologica Poloniae **39**: 507.

BUCCI, S., RAGGHIANTI, M., GUERRINI, F., CERRINI, V., MANCINO, G., MOROSI, A., MOSSONE, M. und R. PASCOLINI (2000): Negative environmental factors and biodiversity: The case of the hybridogenetic green frog system from lake Trasimeno. Italian Journal of Zoology **67**: 365–370.

BUCCI, S., RAGGHIANTI, M., MANCINO, G., BERGER, L., HOTZ, H. und T. UZZELL (1990): Lampbrush and mitotic chromosomes of the hemiclonally reproducing hybrid *Rana esculentus* and its parental species. Journal of Experimental Zoology **255**: 37–56.

BUCCI, S., RAGGHIANTI, M., MANCINO, G., PETRONI, G., GUERRINI, F. und S. GIAMPAOLI (1999): *Rana*/Pol III: A family of SINE-like sequences in the genome of western Palearctic water frogs. Genome **42**: 504–511.

BUCKLEY, D., ARANO, B., HERRERO, P., LLORENTE, G. A. und M. ESTEBAN (1994): Moroccan water frogs vs *Rana perezi*: allozyme studies show up their differences. Zoologica Poloniae **39**: 377–385.

BUDAK, A., TOK, C. V. und D. AYAZ (2000): On specimens of *Rana ridibunda* Pallas, 1771 (Anura: Ranidae) collected from Işikli Lake (Çivril-Denizli). Turkish Journal of Zoology **24**: 135–137.

BÜHLER, C., CIGLER, H. und M. LIPPUNER (2007): Amphibienlarven–Bestimmung. Fauna Helvetica 17, CSCF, Neuenburg und KARCH, Neuenburg.

BÜLBÜL, U., MATSUI, M., KUTRUP, B. und K. ETO (2011): Taxonomic relationships among Turkish water frogs as revealed by phylogenetic analyses using mtDNA gene sequences. Zoological Science **12**: 930–936.

BUENO-TENA, F. (1994): Alimentación del visón americano (*Mustela vison* Schreber) en el río Voltoya (Ávila, Cuenca del Duero). Doñana, Acta Vertebrata **21**: 5–13.

BUKHALOVA, R. V. und E. M. VELIGURA (2007): Lake frog *Rana ridibunda* (Pallas, 1771) in Paratunka valley (southeastern Kamchatka). In: TOKRANOV, A. M. (Hrsg.): Conservation of Biodiversity of Kamchatka and Coastal Waters. Petropavlovsk-Kamchatskiy, S. 51–58 (in russisch).

BULAKHOV, V. L., GASSO, V. Y. und A. Y. PAKHOMOV (2007): Biological Diversity of Ukraine. The Dnipropetrovsk Region. Amphibians and Reptiles (Amphibia et Reptilia). Dnipropetrovsk, Dnipropetrovsk National University Press (in ukrainisch).

BURA, M., BĂNĂŢEAN-DUNEA, I., PISTRILĂ, D. und D. NICA (2007): Biometric study to *Rana ridibunda* frog species nearness to Timişoara locality. Lucrări Ştiinţifice Zootehnie şi Biotehnologii, Timişoara **40**: 13–16.

BURAKOVA, A. V., RAVILOV, R. K., GERASIMOV, V. V. und R. I. ZAMALETDINOV (2008): On the distribution of the chlamydiosis in urban populations of amphibians. In: ANANJEVA, N. B., DANILOV, I. G., DUNAYEV, E. A., ISHCHENKO, V. G., LADA, G. A., LITVINCHUK, S. N., ORLOVA, V.-F., SMIRINA, E. M., TUNIYEV, B. S. und R. G. KHALIKOV (Hrsg.): The Problems of Herpetology, St. Petersburg, S. 60–63 (in russisch).

BURAKOVA, A. V., VERSHININ, V. L. und M. E. GREBENNIKOV (2014): The analysis of parasitic complexes of lake frog *Pelophylax ridibundus* Pallas, 1771 (Anura, Ranidae) depending on population specifics of the host. Rossiyskiy Paraziticheskiy Zhurnal, Moskva **2014**: 8–15 (in russisch).

BURGHELEA, C., ZAHARESCU, D. und A. PALANCA (2013): Phenotypic indicators of developmental instability in an endemic amphibian from an altered landscape (Monegros, NE Spain). Amphibia-Reptilia **34**: 505–516.

BURGHELEA, C. I., ZAHARESCU, D. G. und A. PALANCA-SOLER (2010): Dietary overview of *Pelophylax perezi* from Monegros rice fields (northeast Spain). Herpetological Journal **20**: 219–224.

BURNY, J. und H. PARRENT (1985): Les Grenouilles vertes de la Belgique et des régions limitrophes Données chorologiques et écologiques. Alytes **4**: 12–33.

BUTOV, G. S. und L. N. HITSOVA (2003): [Peculiarities of amphibian and reptile nutrition in anthropogenic biotopes of Voronezh City.] Vestnik Voronezhskogo Gosudarstvennogo Universiteta. Seriya Khimiya, Biologiya, Farmatsiya. Voronezh **2003**: 108–115 (in russisch).

BYKOV, A. V., LINDEMAN, G. V. und V. A. LOPUSHKOV (2009): Fauna of mammals, birds, reptiles, and amphibians of clayey semidesert in Transvolga region. In: TISHKOV, A. A. (Hrsg.): Animals of Clayey Semidesert in Transvolga Region (Fauna Conspecta and Ecological Characteristics). KMK Scientific Press, Moscow, S. 13–61 (in russisch).

CABELA, A., H. GRILLITSCH (2001): *Rana esculenta* Linnaeus, 1758 – Teichfrosch. In: CABELA, A., GRILLITSCH, H. und F. TIEDEMANN (Hrsg.): Atlas zur Verbreitung und Ökologie der Amphibien und Reptilien in Österreich. Auswertung der herpetofaunistischen Datenbank der Herpetologischen Sammlung des Naturhistorischen Museums in Wien. Umweltbundesamt, Naturhistorisches Museum, Wien, S. 429–441.

CABELA, A., GRILLITSCH H. und F. TIEDEMANN (2001): Atlas zur Verbreitung und Ökologie der Amphibien und Reptilien in Österreich: Auswertung der Herpetofaunistischen Datenbank der Herpetologischen Sammlung des Naturhistorischen Museums in Wien. Umweltbundesamt, Wien.

CABELA, A. und F. TIEDEMANN (1985): Atlas der Amphibien und Reptilien Österreichs (Stand 1984). Neue Denkschriften des Naturhistorischen Museums in Wien, Wien, **4**: 1–80.

CALDAS, A. (2010): Anfíbios de Portugal. Norprint, Quercus, Lisbon.

CALDERÓN, J. und E. COLLADO (1976): Selectividad en la predación de la lechuza común (*Tyto alba*) sobre *Rana ridibunda*. Doñana, Acta Vertebrata **3**: 129–136.

CALDERÓN, J., DELIBES, M. und R. RIVAS (1982): Variation annuelle de l'etat reproducteur de *Rana perezi* dans la réserve biologique de Doñana. Bulletin de la Société Herpétologique de France **22**: 35–37.

CAMERANO, L. (1882): Recherches sur les variations de la *Rana esculenta* et du *Bufo viridis* dans le bassin de la Méditerranée. Compte Rendu de la Association Française pour l'Avancement des Sciences **10**: 680–692.

CAMPRODON, J., MALUQUER-MARGALEF, J., ORDEIX, M. und F. PAUNÉ (1999): Sobre un caso de necrofagia en *Rana perezi*. Boletín de la Asociación Herpetológica Española **10**: 20.

CANESTRELLI, D. und G. NASCETTI (2008): Phylogeography of the pool frog *Rana (Pelophylax) lessonae* in the Italian peninsula and Sicily: multiple refugia, glacial expansions and nuclear-mitochondrial discordance. Journal of Biogeography **35**: 1923–1936.

CANPOLAT, E., ŞIŞMAN, T., TEPE, Y. und H. TÜRKEZ (2018): Karyotypic characteristics of *Pelophylax ridibundus*. Süleyman Demirel Üniversitesi Eğirdir Su Ürünleri Fakültesi Dergisi **14**: 253–264 (in türkisch).

CAPULA, M., SACCHI, R., und R. RAZZETTI (2007): *Pelophylax* klepton *esculentus* (Linnaeus, 1758). In: LANZA, B., ANDREONE, F., BOLOGNA, M., CORTI, C. und E. RAZZETTI

(Hrsg.): Fauna d'Italia, Amphibia, Vol. XLII, Edizioni Calderini de Il Sole 24 ORE Editoria Specializzta S.r.l., Bologna, S. 386–392.

CARRERA-MORO, M. P., ZAPATERO-RAMOS, L. M. und C. CASTAÑO-FERNÁNDEZ (1987): Protozoos parásitos de anfibios anuros de las Islas Canarias. Revista Ibérica de Parasitología **47**: 113–119.

CASOLA, C., MARRACCI, S., BUCCI, S., RAGGHIANTI, M., MANCINO, G., HOTZ, H., UZZELL, T. und G.-D. GUEX (2004): A hAT-related family of interspersed repetitive elements in genomes of western Pelaearctic water frogs. Journal of Zoological Systematics and Evolutionary Research **42**: 234–244.

CAUNE, I. A. (1981): [Distribution and taxonomy of green frogs in Latvia.] In: DAREVSKY, I.S. (Hrsg.): The Problems of Herpetology, Leningrad, S. 144 (in russisch).

CAUNE, I. A. (1987): [Systematics and distribution of the hybridogenetic *Rana esculenta* complex in Latvia.] Dissertation, Zoologicheskiy Institut Akademii Nauk SSSR, Leningrad (in russisch).

CAUNE, I. A. und L. J. BORKIN (1993): A new kind of unisexual-bisexual population system in European green frogs (*Rana esculenta* complex). Arkhiv Zoologicheskogo Muzeya, Moscow State University **30**: 34–52 (in russisch).

CAUNE, I. A. und V. A. VILNITIS (1989): Methods of numeric taxonomy in research of green frogs (*Rana esculenta* complex) in Latvia. In: ZORENKO, T.A. (Hrsg.): Aktual'nye Problemy Zoologii. Riga, Latviyskiy Gosudarstvennyi Universitet Imeni P. Stuchki, S. 139–162 (in russisch).

CAUT, S., ANGULO, E., DÍAZ-PANIAGUA, C. und I. GÓMEZ-MESTRE (2013): Plastic changes in tapole trophic ecology revealed by stable isotope análisis. Oecologia **173**: 95–105.

CAVACIU-MARCOV, S.-D., CUPŞA, D. und I. GHIRA (2000): Trophical spectrum of a *Rana ridibunda* Pallas, 1771 population from Cefa (Jud. Bihor, România). Studii şi Cercetari, Biol., Bacău **5**: 107–113.

ČAVLOVIĆ, K., BUJ, I., KARAICA, D., JELIĆ, D. und L. CHOLEVA (2018): Composition and age structure of the *Pelophylax esculentus* complex (Anura; Ranidae) population in inland Croatia. Salamandra **54**: 11–20.

ÇAYDAM, Ö. (1974): [Studies on the reproductive biology of the anuran species *Bufo bufo*, *Bufo viridis* (Bufonidae), *Rana ridibunda* (Ranidae), *Pelobates syriacus* (Pelobatidae) and *Hyla arborea* (Hylidae) in Izmir]. Ege Üniversitesi Fen Fakültesi İlmi Raporlar Serisi **198**: 1–22 (in türkisch).

CAYUELA, H., BESNARD, A., BÉCHET, A., DEVICTOR, V. und A. OLIVIER (2012): Reproductive dynamics of three amphibian species in Mediterranean wetlands: the role of local precipitation and hydrological regimes. Freshwater Biology **57**: 2629–2640.

CHE, J., PANG, J., ZHAO, H., WU, G., ZHAO, E. und Y. ZHANG (2007): Phylogeny of Raninae (Anura: Ranidae) inferred from mitochondrial and nuclear sequences. Molecular Phylogenetics and Evolution **43**: 1–113.

CHEKE, A. S. und R. E. ASHCROFT (2017): Mammals and butterflies new to Amorgos (Kiklades), with notes on reptiles and amphibians. Parnassiana Archives **5**: 11–27.

CHEN, P. S. und E. STUMM-ZOLLINGER (1986): Patterns of protein synthesis in oocytes and early embryos of *Rana esculenta* complex. Roux's Archives of Developmental Biology **195**: 1–9.

CHERNYSHOV, K. I. (2005): Variability of advertisement calls and release calls of green frogs in the Moscow oblast', Russia. In: ANANJEVA, N. und O. TSINENKO (Hrsg.): Herpetologia Petropolitana, Proceedings of the 12th Ordinary General Meeting of the Societas Europaea Herpetologica 12–16 August 2003, Saint-Petersburg, S. 20–26.

CHIBILYOV, E. A. (2003): Fauna of amphibians and reptiles of city of Chelyabinsk and his vicinities. In: Zhivotnye v Antropogennom Landshafte. Astrakhan, Astrakhanskiy GU, S. 70–73 (in russisch).

CHIKHLYAEV, I. V. (2009): [On helmints of the pool frog, *Rana lessonae* Camerano, 1882 in Samara.] Vestnik Mordovskogo Universiteta, Biologicheskie Nauki, Saransk **2009**: 96–98 (in russisch).

CHIKHLYAEV, I. V. (2010a): [Helminth fauna of the marsh frog *Rana ridibunda* (Amphibia, Anura) from a stormwater drain in Tolyatti.] In: SPIRIDONOV, S. N. (Hrsg.): Problemy Izucheniya i Sokhraneniya Pozvonochnykh Zhivotnykh Antropogennykh Vodoyomov. Progress, Saransk, S. 184–187 (in russisch).

CHIKHLYAEV, I. V. (2010b): [On helminthes of the marsh frog *Rana ridibunda* Pallas, 1771 from "Scherbakovskiy" national park (Volgograd Province).] In: RUCHIN, A. B. (Hrsg.): Zoologicheskie Issledovaniya v Regionakh Rossii i na Sopredel'nykh Territoriyakh, Saransk, S. 143–145 (in russisch).

CHIKHLYAEV, I. V. und A. I. Fayzulin (2016): Materials for the helminth fauna of the edible frog *Pelophylax esculentus* (Linnaeus, 1758) in the Volga basin. Vestnik of Saint Petersburg University. Series 3. Biology, St. Petersburg **3**: 175-180 (in russisch).

CHIKHLYAEV, I. V., KIRILLOV, A. A. und N. Y. KIRILLOVA (2012a): Trematodes (Trematoda) of amphibia from the middle Volga region. Report 2. Order Plagiorchiida. Parazitologiya, Moskva **46**: 290–313 (in russisch).

CHIKHLYAEV, I. V., KIRILLOV, A. A. und N. Y. KIRILLOVA (2012b): Trematodes (Trematoda) of amphibia from the middle Volga region. Report 1. Orders Fasciolida, Hemiurida, Paramphistomida and Strigeida. Parazitologiya, Moskva **46**: 171–192 (in russisch).

CHIKHLYAEV, I. V., KIRILLOVA, N. Y. und A. A. KIRILLOV (2018): Ecological analysis of trematodes (Trematoda) of marsh frog, *Pelophylax ridibundus* (Ranidae, Anura) from various habitats of the national park «Samarskaya luka» (Russia). Nature Conservation Research **3** (Suppl.1): 36–51 (in russisch).

CHIKHLYAEV, I. V., RUCHIN, A. B. und A. I. FAYZULIN (2015): [Helmints of anurans of the Mordovskiy Nature reserve.] Trudy Mordovskogo Gosudarstvennogo Prirodnogo Zapovednika im. P. G. Smiridovicha, Saransk-Pushta **14**: 376–388 (in russisch).

CHIKHLYAEV, I. V., ZAMALETDINOV, R. I., FAYZULIN, A. I. und A. E. KUZOVENKO (2009): Trophic relationships and fauna of helminth of *Rana esculenta* complex (Anura, Amphibia) of urbanized territories of Volga Basin. Praci Ukrainskogo Gerpetologichnogo Tovaristva, Kyiv **2**: 102–109 (in russisch).

CHIMINELLO, A. und M. GENERANI (1992): *Hyla arborea* L., *Pelobates fuscus insubricus* C. and *Rana esculenta* "complex" feeding habits during the breeding period in some rice-fields of the Po Plane (Piemont, North Italy). In: KORSÓS, Z. und I. KISS (Hrsg.): Proceedings of the 6th Ordinary General Meeting of the Societas Europaea Herpetologica, Budapest, Hungary, S. 115–120.

CHKHIKVADZE, V. M. (1984): [Review of fossil tailed and anuran amphibians of the USSR.] Izvestiya Akademii Nauk GSSR, Tbilisi **10**: 5–13 (in russisch).

CHMIELEWSKA, M., DEDUKH, D., HACZKIEWICZ, K., ROZENBLUT-KOŞCISTY, B., KAŹMIERCZAK, M., KOLENDA, K., SERWA, E., PIETRAS-LEBIODA, A., KRASIKOVA, A. und M. OGIELSKA (2018): The programmed DNA elimination and formation of micronuclei in germ line cells of the natural hybridogenetic water frog *Pelophylax esculentus*. Scientific Reports **8**: 7870. DOI:10.1038/s41598-018-26168-z

CHOLEVA, L., KOTLÍK, P. und M. FLAJŠHANS (2004): [Triploide Wasserfrösche (*Rana* kl. *esculenta*) in der Tschechischen Republik.] In: BRYJA, J. und J. ZUKAL (Hrsg.): Zoologické Dny Brno 2004. Sborník abstraktů z konference 12.–13. února 2004. Brno, S. 126–127 (in tschechisch).

CHRISTIANSEN, D. G. (2005): A microsatellite-based method for genotyping diploid and triploid water frogs of the *Rana esculenta* hybrid complex. Molecular Ecology Notes **5**: 190–193.

CHRISTIANSEN, D. G. (2009): Gamete types, sex determination and stable equilibria of all-hybrid populations of diploid and triploid edible frogs (*Pelophylax esculentus*). BMC Evolutionary Biology **9**: 135.

CHRISTIANSEN, D. G., FOG, K., PEDERSEN, B. V. und J. J. BOOMSMA (2005): Reproduction and hybrid load in all-hybrid populations of *Rana esculenta* water frogs in Denmark. Evolution **59**: 1348–1361.

CHRISTIANSEN, D. G. und H.-U. REYER (2009): From clonal to sexual hybrids: genetic recombination via triploids in all-hybrid populations of water frogs. Evolution **63**: 1754–1768.

CHUPROV, S. M. (2013): Atlas of Amphibians and Reptiles of Krasnoyarsk Region. Krasnoyarsk (in russisch).

ÇIÇEK, K. und D. AYAZ (2011): Food composition of the European pond turtle (*Emys orbicularis*) in Lake Sülüklü (Western Anatolia, Turkey). Journal of Freshwater Ecology **26**: 571–578.

ÇIÇEK, K., AYAZ, D., AFSAR, M., BAYRAKÇI, Y., AKIN PEKŞEN, Ç., CUMHURIYET, O., İSMAIL, İ. B., KÜRÜM, V., ÜSTÜNDAĞ, E., MUTLU, H. S., TOK, C. V., BILGIN, C. C. und H. AKÇAKAYA (2016): [Population biology of Anatolian water frogs (*Pelophylax* spp.) in the Eastern Mediterranean and study of the impact of frog trade on the population.] TUBİTAK **1001**, 112T913: 1–135 (in türkisch).

ÇIÇEK, K., AYAZ, D., AFSAR, M., BAYRAKÇI, Y., AKIN PEKŞEN, Ç., CUMHURIYET, O., İSMAIL, İ. B., YENMIŞ, M., ÜSTÜNDAĞ, E., TOK, C. V., BILGIN, C. C. und H. AKÇAKAYA (2021): Unsustainable harvest of water frogs in southern Turkey for the European market. Oryx **55**: 364–372.

ÇIÇEK, K., AYAZ, D., KUMAŞ, M., MERMER, A. und Ş. D. ENGIN (2011): Age structure of Levant water frog, *Pelophylax bedriagae*, in Lake Sülüklü (Western Anatolia, Turkey). Basic and Applied Herpetology **25**: 73–80.

ÇIÇEK, K. und A. MERMER (2006): Feeding biology of the marsh frog, *Rana ridibunda* Pallas 1771, (Anura, Ranidae) in Turkey's Lake District. North-Western Journal of Zoology **2**: 57–72.

ÇIÇEK, K. und A. MERMER (2007) Food composition of the marsh frog, *Rana ridibunda* Pallas, 1771, in Thrace. Turkish Journal of Zoology **31**: 83–90.

CICORT-LUCACIU, A.-Ş., CUPŞA, D., ILIEŞ, D., ILIEŞ, A., BAIAŞ, Ş. und I. SAS (2011): Feeding of two amphibian species (*Bombina variegata* and *Pelophylax ridibundus*) from artificial habitats from Pădurea Craiului Mountains (Romania). North-Western Journal of Zoology **7**: 297–303.

CICORT-LUCACIU, A.-Ş., PELLE, C. und I. T. BORMA (2013): Note on the food composition of a *Pelophylax ridibundus* (Amphibia) population from the Dubova locality region, south-western Romania. Biharean Biologist **7**: 33–36.

CIPRIANI, P., MATTIUCCI, S., PAOLETTI, M., SANTORO, M. und G. NASCETTI (2012): *Rhabdias esculentarum* n. sp. (Nematoda: Rhabdiasidae) from green frogs of the *Rana esculenta* species complex in Italy: molecular evidence, morphological description and genetic differentiation from its congeners in frogs and toads. Systematic Parasitology **82**: 131–146.

CLAVERO, M., PRENDA, J. und M. DELIBES (2005): Amphibian and reptile consumption by otters (*Lutra lutra*) in a coastal area in southern Iberian Peninsula. Herpetological Journal **15**: 125–131.

COGĂLNICEANU, D., SZÉKELY, P., SAMOILĂ, C., IOSIF, R., TUDOR, M., PLĂIAŞU, R., STĂNESCU F. und L. ROZYLOWICZ (2013): Diversity and distribution of amphibians in Romania. ZooKeys **296**: 35–57.

COMAS, M., RIBAS, A., MILAZZO, C., SPERONE, E. und S. TRIPEPI (2014): High levels of prevalence related to age and body condition: host-parasite interactions in a water frog *Pelophylax* kl. *hispanicus*. Acta Herpetologica **9**: 25–31.

COMBES, C., LEGER, N. und D. VIDAL (1973): Inventaire des Helminthes de *Rana esculenta* L. (Amphibien, Anoure) dans l 'île de Corse. Annales de Parasitologie (Paris) **48**: 761–766.

COSTA, L. (1984): Alimentación de la pagaza piconegra (*Gelochelidon nilotica*) en las Marismas del Guadalquivir. Doñana, Acta Vertebrata **11**: 185–195.

COSTA, S., LOPES, I., PROENÇA, D. N., RIBEIRO, R. und P. V. MORAIS (2016): Diversity of cutaneous microbiome of *Pelophylax perezi* populations inhabiting different environments. Science of the Total Environment **572**: 995–1004.

COVACIU-MARCOV, S.-D., CUPŞA, D. und I. GHIRA (2000): Trophical spectrum of a *Rana ridibunda ridibunda* Pallas 1771 population from Cefa (Jud. Bihor, România). Studii si Cercetări, Biologie **5**: 107–113.

COVACIU-MARCOV, S.-D., GHIRA, I., ARDELEANU, A. und D. COGALNICEANU (2003): Studies on the influence of thermal water from Western Romania upon amphibians. Biota **4**: 9–20.

COYNE, J. A. und H. A. ORR (1997): "Patterns of speciation in *Drosophila*" revisited. Evolution **51**: 295–303.

CRESPO, E. G., OLIVEIRA, M. E. und M. PAILLETTE (1989): Un cas d'accouplement dorsal inverse chez *Rana perezi*. Alytes **7**: 113–114.

CROCHET, P.-A., DUBOIS, A., OHLER, A. und H. G. TUNNER (1995): *Rana (Pelophylax) ridibunda* Pallas, 1771, *Rana (Pelophylax) perezi* Seoane, 1885 and their associated klepton (Amphibia, Anura): morphological diagnoses and description of a new taxon. Bulletin du Muséum National d'Histoire Naturelle, Paris **17**: 11–30.

CRUZ, M. J. und R. REBELO (2005): Vulnerabilitiy of southwest Iberian amphibians to an introduced crayfish, *Procambarus clarkii*. Amphibia-Reptilia **26**: 293–303.

CRUZ, M. J., SEGURADO, P., SOUSA, M. und R. REBELO (2008): Collapse of the amphibian community of the Paul do Boquilobo Natural Reserve (central Portugal) after the arrival of the exotic American crayfish *Procambarus clarkii*. Herpetological Journal **18**: 197–204.

CURT, J. und P. GALÁN (1982): Esos anfíbios y reptiles Gallegos. J. Curt, Pontevedra.

CZARNIEWSKA, E. und R. PLEWA (2009): Expression of 5S rDNA in the oocytes of water frogs. BMC Research Notes **2**: 10.

CZARNIEWSKA, E., RYBACKI, M., PABIJAN, M. und L. BERGER (2011): Large eggs and ploidy of green frog populations in Central Europe. Amphibia-Reptilia **32**: 149–158.

CZERNAY, A. (1851): Beobachtungen gesammelt auf Reisen im Charkowschen und den anliegenden Gouvernements in den Jahren 1848 und 1849. Bulletin de la Société impériale des naturalistes de Moscou **24**: 269–282.

DAF, O. S., PAGANO, A. und T. LODÉ (2006): Taxonomic diversity and sympatry among water frogs from southern France: evidence for new assemblages. Amphibia-Reptilia **27**: 295–299.

DANDOVA, R., KOTLIK, P. und V. ZAVADIL (1995): Ein Fall von Albinismus beim Kleinen Wasserfrosch (*Rana lessonae*). Salamandra **31**: 57–59.

DAREVSKY, I. S., KUPRIYANOVA, L. A. und T. UZZELL (1985): Parthenogenesis in reptiles. In: GANS, C. und F. BILLETT (Hrsg.): Biology of Reptiles. Volume 15. Development B. New York- Chichester-Brisbane-Toronto-Singapore: A Wiley-Interscience Publication, John Wiley und Sons, S. 411–526.

DASZAK, P., BERGER, L., CUNNINGHAM, A. A., HYATT, A. D., GREEN, D. E. und R. SPEARE (1994): Emerging infectious diseases and amphibian population declines. Emerging Infectious Diseases **5**: 735–748.

DAVID, A., DIMANCEA, N., PAL, A. und K. CSERVID (2008): The analysis of the trophic spectrum of a *Pelophylax ridibundus* population from Vadu area, Constanta county, Romania. Herpetologica Romanica **2**: 21–26.

DAWLEY, R. M. und J. P. BOGART (Hrsg.) (1989): Evolution and Ecology of Unisexual Vertebrates. New York State Museum Bulletin 466.

De Donato, C., Barca, D., Milazzo, C., Santoro, R., Giglio, G., Tripepi, S. und E. Sperone (2017): Is trace element concentration correlated to parasite abundance? A case study in a population of the green frog *Pelophylax* synkl. *hispanicus* from the Neto River (Calabria, southern Italy). Parasitology Research **116**: 1745–1753.

Dedukh, D., Litvinchuk, S., Rosanov, J., Mazepa, G., Saifitdinova, A., Shabanov, D. und A. Krasikova (2015): Optional endoreplication and selective elimination of parental genomes during oogenesis in diploid and triploid hybrid European water frogs. PLoS ONE **10**: e0123304.

Dedukh, D., Litvinchuk, S., Rosanov, J., Shabanov, D. und A. Krasikova (2017): Mutual maintenance of di- and triploid *Pelophylax esculentus* hybrids in R-E systems: results from artificial crossings experiments. BMC Evolutionary Biology **17**: 220.

Dedukh, D., Litvinchuk, J., Svinin, A., Litvinchuk, S., Rosanov, J. und A. Krasikova (2019): Variation in hybridogenetic hybrid emergence between populations of water frogs from the *Pelophylax esculentus* complex. PLoS ONE **14**: e0224759.

Dedukh, D., Mazepa, G., Shabanov, D., Rosanov, J., Litvinchuk, S., Borkin, L., Saifitdinova, A. und A. Krasikova (2013): Cytological maps of lampbrush chromosomes of European water frogs (*Pelophylax esculentus* complex) from the Eastern Ukraine. BMC Genetics **14**: 26.

Delgado, M. J., Gutiérrez, P. und M. Alonso-Bedate (1989): Seasonal cycles in testicular activity in the frog, *Rana perezi*. General and Comparative Endocrinology **73**: 1–11.

Delgado, M. J., Gutiérrez, P. und M. Alonso-Bedate (1990): Annual ovarain cycle and plasma levels of 17β-estradiol in the frog *Rana perezi*. Physiological Zoology **63**: 373–387.

Delibes, M. (1975): Alimentación del milano negro (*Milvus migrans*) en Doñana (Huelva, España). Ardeola **21**: 183–207.

Delibes, M., Aymerich, M. und L. Cuesta (1984): Feeding of the Egyptian mongoose or ichneumon in Spain. Acta Theriologica **29**: 205–218.

Demir, S., Yakar, O., Yildirimhan, H. S. und S. Birlik (2015): Helminth parasites of the levantine frog (*Pelophylax bedriagae* Camerano, 1882) from the western part of Turkey. Helminthologia **52**: 71–76.

Denisova, M. N. (1969): [Order Anura.] In: Bannikov, A. G. (Hrsg.): Zhizn' Zhivotnykh. Zemnovodnye i Presmykayushchiesya. Tom 4, Chast' 2. Prosveschenie, Moskva, S. 63–134 (in russisch).

Díaz-Paniagua, C. (1985): Larval diets related to morphological characters of five anuran species in the Biological Reserva of Doñana (Huelva, Spain). Amphibia-Reptilia **6**: 307–332.

Díaz-Paniagua, C. (1987): Tadpole distribution in relation to vegetal heterogeneity in temporary ponds. Herpetological Journal **1**: 167–169.

Díaz-Paniagua, C. (1988): Temporal segregation in larval amphibian communities in temporary ponds at a locality in SW Spain. Amphibia-Reptilia **9**: 15–26.

DÍAZ-PANIAGUA, C. (1992): Variability in timing of larval season in an amphibian community in SW Spain. Ecography **15**: 267–272.

DÍAZ-PANIAGUA, C., PORTHEAULT, A., und C. GÓMEZ RODRÍGUEZ (2007): Depredadores de los anfibios adultos de Doñana: Análisis cualitativo. In: GOSÁ, A., EGAÑA-CALLEJO, A. und X. RUBIO (Hrsg.): Herpetologia iberiarraren egoera – Estado actual da Herpetologia Ibérica – Estado actual de la Herpetología Ibérica: Lehen Herpetologia Kongressua Euskal Herrian, IX Congresso Luso-Espanhol, XIII Congreso Español de Herpetología. Munibe. Suplemento 25, Gehigarria. S. 148–157.

DÍAZ-PANIAGUA, C., RODRÍGUEZ, C., PORTHEAULT, A. und W. DE VRIES (2005): Los anfibios de Doñana. Organismo Autónomo de Parques Nacionales, Madrid.

DIEGO-RASILLA, F. J., LUENGO, R. M. und J. B. PHILLIPS (2010): Light-dependent magnetic compass in Iberian green frog tadpoles. Naturwissenschaften **97**: 1077–1088.

DIEGO-RASILLA, F. J. und J. B. PHILLIPS (2007): Magnetic compass orientation in larval Iberian greenfrogs, *Pelophylax perezi*. Ethology **113**: 474–479.

DINESMAN, L. G. (1952): [On cannibalism in amphibians.] Byulleten' Moskovskogo Obshchestva Ispytateley Prirody, Otdelenie Biologii, Moskva **57**: 42–45 (in russisch).

DINESMAN, L. G. und M. L. KALETSKAYA (1952): [Methods for quantifying amphibians and reptiles.] In: KUCHERUK, V. V. (Hrsg.): Metody Uchyota Chislennosti i Geograficheskogo Raspredeleniya Nazemnykh Pozvonochnykh, Moskva, S. 329–341 (in russisch).

DINH, V. H., MUKATOVA, M. D. und S. A. SKOLKOV (2013): On possibility of use of lake frog (*Rana ridibunda*) as a raw material. Vestnik Astrakhanskogo Gosudarstvennogo Tekhnologicheskogo Universiteta. Rybnoe Khozyaystvo, Astrakhan **2013**: 190–193 (in russisch).

DOBROKHOTOV, B.P. (1961): [The ecology of the squacco heron (*Ardeola ralloides* Scop.) in the Volga River delta.] Transactions of the Astrakhan State Preserve, Astrakhan **5**: 250–261 (in russisch).

DOCAMPO, L. und M. MILAGROSA-VEGA (1988): Aplicación de un método estadístico al dimorfismo sexual del crecimiento relativo de *Rana perezi* (Seoane, 1885). Cuadernos de Investigación Biológica **13**: 53–65.

DOCAMPO, L. und M. MILAGROSA-VEGA (1990): Contribución al estudio de la alimentación de *Barbus bocagei* (Steindachner, 1866), *Phoxinus phoxinus* (Linnaeus, 1758) y *Rana perezi* (Seoane, 1885) en los ríos de Bizkaia. Scientia gerundensis **16**: 61–73.

DOENGINGK, A. (1857): Uebersicht periodischer Erscheinungen aus dem Thierreiche der Umgegend Kischinew's. Bulletin de la Société impériale des naturalistes de Moscou, seconde partie, **30**: 249–254.

DOLEŽÁLKOVÁ, M., SEMBER, A., MAREC, F., RÁB, P., PLÖTNER, J. und L. CHOLEVA (2016): Is premeiotic genome elimination an exclusive mechanism for hemiclonal reproduction in hybrid males of the genus *Pelophylax*? BMC Genetics **17**: 100.

DOLEŽÁLKOVÁ-KAŠTÁNKOVÁ, M., MAZEPA, G., JEFRIES, D. L., PERRIN, N., PLÖTNER, M., PLÖTNER, J., GUEX, G.-D., MIKULÍČEK, P., POUSTKA, A. J., GRAU, J. und L. CHOLEVA (2021): Capture and return of sexual genomes by hybridogenetic frogs provide clonal genome enrichment in a sexual species. Scientific Reports **11**: 1633. https://doi.org/10.1038/s41598-021-81240-5

DOLEŽÁLKOVÁ-KAŠTÁNKOVÁ, M., PRUVOST, N. B. M., PLÖTNER, J., REYER, H.-U., JANKO, K. und L. CHOLEVA (2018): All-male hybrids of a tetrapod *Pelophylax esculentus* share its origin and genetics of maintenance. Biology of Sex Differences **9**: 13.

DOLMEN, D. (1997): The green frogs of Norway. Memoranda Societatis Fauna et Flora Fennica **73**: 125.

DOMENEGHETTI, D., BRUNI, G., FASOLA, M. und A. BELLATI (2013): Discovery of alien water frog (gen. *Pelophylax*) in Umbria, with first report of *P. shqipericus* for Italy. Acta Herpetologica **8**: 171–176.

DE DONATO, C., BARCA, D., MILAZZO, C., SANTORO, R., GIGLIO, G., TRIPEPI, S. und E. SPERONE (2017): Is trace element concentration correlated to parasite abundance? A case study in a population of the green frog *Pelophylax* synkl. *hispanicus* from the Neto River (Calabria, southern Italy). Parasitology Research **116**: 1745–1753.

DOTSENKO, I. B. (2006): The lake frog (*Rana ridibunda*) saltwater populations in vicinities of Odessa. Zbirnyk Prac' Zoologichnogo Muzeyu, Kyiv **38**: 80–83 (in russisch).

DOUGLASS, G. N. (1891): On the herpetology of the Grand Duchy of Baden. The Zoologist **15**: 13–20, 53–59, 138–144, 179–184, 255–260, 338–341, 380–391.

DROBENKOV, S. M., NOVITSKY, R. V., KOSOVA, L. V., RYZHEVICH K. K. und M. M. PIKULIK (2006) The amphibians of Belarus. Advances in Amphibian Research in the Former Soviet Union **10**: Pensoft, 168 S.

DUBEY, S. und C. DUFRESNES (2017): An extinct vertebrate preserved by its living hybridogenetic descendant. Scientific Reports **7**: 12768. https://doi.org/10.1038/s41598-017-12942-y

DUBEY, S., LEUENBERGER, J. und N. PERRIN (2014): Multiple origins of invasive and 'native' water frogs (*Pelophylax* spp.) in Switzerland. Biological Journal of the Linnean Society **112**: 442–449.

DUBEY, S., MADDALENA, T., BONNY, L., JEFFRIES, D. L. und C. DUFRESNES (2019): Population genomics of an exceptional hybridogenetic system of *Pelophylax* water frogs. BMC Evolutionary Biology **19**: 164.

DUBININ, V. B. (1952): [Fauna of vertebrate-parasitic worm larvae from the Volga River delta.] Paraziticheskiy Sbornik Zoologicheskogo Instituta Akademii Nauk SSSR **14**: 213–265 (in russisch).

DUBININA, M. N. (1950): [Ecological study of parasitic fauna of the marsh frog (*Rana ridibunda* Pall.) in the Volga River delta.] Paraziticheskiy Sbornik Zoologicheskogo Instituta Akademii Nauk SSSR **12**: 300–350 (in russisch).

DUBOIS, A. (1968): Sur deux anomalies de la Grenouille verte (*Rana esculenta*). Bulletin Mensuel de la Société Linnéenne de Lyon **37**: 316–320.

DUBOIS, A. (1979): Anomalies and mutations in natural populations of the *Rana "esculenta"* complex (Amphibia, Anura). Mitteilungen aus dem Zoologischen Museum in Berlin **55**: 59–87.

DUBOIS, A. (1982): Notes sur les Grenouilles vertes (groupe de *R.* kl. *esculenta* L. (1758), Introduction. Alytes **1**: 42–49.

DUBOIS, A. (1987): Miscellanea taxinomica batrachologica (I). Alytes **5**: 7–95.

DUBOIS, A. (1992): Notes sur la classification des Ranidae (Amphibiens Anoures). Bulletin Mensuel de la Société Linnéenne de Lyon **61**: 305–352.

DUBOIS, A. (1994): Keratodont formulae in anuran tadpoles: proposals for a standardization. Journal of Zoological Systematics and Evolutionary Research **32**: 297–318.

DUBOIS, A. (2014): The anomaly P in Palaearctic green frogs of the genus *Pelophylax* (Ranidae). In: VERSHININ, V. L., DUBOIS, A., HENLE, K. und M. PUKI (Hrsg.): Anomalii i Patologii Amfibiy i Reptiliy: Metodologiya, Evolyutsionnoe Znachenie, Vozmozhnost' Otsenki Zdorov'ya Sredy. Ekaterinburg, S. 96–104.

DUBOIS, A. und R. BOUR (2010): The nomenclatural status of the nomina of amphibians and reptiles created by Garsault (1764), with a parsimonious solution to an old nomenclatural problem regarding the genus *Bufo* (Amphibia, Anura), comments on the taxonomy of this genus, and comments on some nomina created by Laurenti (1768). Zootaxa **2447**: 1–52.

DUBOIS, A. und R. GÜNTHER (1982): Klepton and synklepton: two new evolutionary systematics categories in zoology. Zoologische Jahrbücher, Abteilung für Systematik, Ökologie und Geographie der Tiere, Jena **109**: 290–305.

DUBOIS, A. und A. OHLER (1994a): Frogs of the subgenus *Pelophylax* (Amphibia, Anura, Genus *Rana*): a catalogue of available scientific names, with comments on name-bearing types, complete synonymies, proposed common names, and maps showing all type localities. Zoologica Poloniae **39**: 139–204.

DUBOIS, A. und A. OHLER (1994b): Catalogue of names of frogs of the subgenus *Pelophylax* (Amphibia, Anura, genus *Rana*): a few additions and corrections. Zoologica Poloniae 39: 205–208.

DUBOIS, A. und D. VACHARD (1971): Sur une anomalie pigmentaire de la grenouille verte (*Rana esculenta*) et de quelques autres amphibiens Anoures et Urodèles. In: Bulletin mensuel de la Société linnéenne de Lyon, 40e année, février 1971, S. 40–52.

DUBROVSKIY, Y. V. und A. V. BUDAK (2009): [Trophic relations of anurans in fish ponds in Kiev City and its surroundings.] In: SPIRIDONOV, S. N. (Hrsg.): Problemy Izucheniya i Sokhraneniya Pozvonochnykh Zhivotnykh Antropogennykh Vodoyomov. Progress, Saransk, S. 32–35 (in russisch).

DUBROVSKIY, Y. V. und A. A. PETRUSENKO (1996): [Ecological analysis of food composition of amphibians inhabiting water bodies in the Middle Pridneprov'e.] Vestnik Ekologii **1996**: 44–57 (in russisch).

DUDENKOV, D. V. (2011): [Amphibians and Reptiles in the Collection of the Vladimir-Suzdal Museum-Reserve.] Vladimir (in russisch).

DÜRIGEN, B. (1897): Deutschlands Amphibien und Reptilien. Eine Beschreibung und Schilderung sämtlicher in Deutschland und angrenzenden Gebieten vorkommenden Lurche und Kriechtiere. Creuz'sche Verlagsbuchhandlung, Magdeburg.

DÜŞEN, S. und M. ÖZ (2006): Helminths of the marsh frog, *Rana ridibunda* Pallas, 1771 (Anura: Ranidae), from Antalya province, southwestern Turkey. Comparative Parasitology **73**: 121–129.

DÜŞEN, S., ÖZ, M., TUNÇ, M. R., KUMLUTAŞ, Y. und H. DURMUŞ (2004): Three new localities for *Rana bedriagae caralitana* Arıkan, 1988 (Anura: Ranidae) in the west Mediterranean region. Turkish Journal of Zoology **28**: 115–117.

DUFRESNES, C. und S. DUBEY (2020): Invasion genomics supports an old hybrid swarm of pool frogs in Western Europe. Biological Invasions **22**: 205–210.

DUFRESNES, C., DENOËL, M., DI SANTO, L. und S. DUBEY (2017a): Multiple uprising invasions of *Pelophylax* water frogs, potentially inducing a new hybridogenetic complex. Scientific Reports **7**: 6506.

DUFRESNES, C., DI SANTO, L., LEUENBERGER, J., SCHUERCH, J., MAZEPA, G., GRANDJEAN, N., CANESTRELLI, D., PERRIN, N. und S. DUBEY (2017b): Cryptic invasion of Italian pool frogs (*Pelophylax bergeri*) across Western Europe unraveled by multilocus phylogeography. Biological Invasions **19**: 1407–1420.

DUFRESNES, C., LEUENBERGER, J., AMRHEIN, V., BÜHLER, C., THIÉBAUD, J., BOHNENSTENGEL, T. und S. DUBEY (2018): Invasion genetics of marsh frogs (*Pelophylax ridibundus* sensu lato) in Switzerland. Biological Journal of the Linnean Society **123**: 402–410.

DUFRESNES, C. und G. MAZEPA (2020): Hybridogenesis in water frogs. eLS 1: 718–726.

DUGUET, R. und F. MELKI (2003): Les amphibiens de France, Belgique et Luxembourg. Ed. Biotope, collection ACEMAV, 480 S.

DUMÉRIL, A. M. C. und G. BIBRON (1841): Erpétologie Genérale ou Histoire Naturelle Complète des Reptiles. Volume 8. Paris: Librarie Enclyclopedique de Roret.

DUSHIN, A. I. (1974): [Nutrition of two species of frogs in fish ponds of the Republic Mordovia.] Ecologiya, Sverdlovsk **6**: 87–90 (in russisch).

DUYSEBAEVA, T. N., BEREZOVIKOV, N. N., BRUSHKO, Z. K., KUBYKIN, R. A. und V. A. KHROMOV (2005): Marsh frog (*Rana ridibunda* Pallas, 1771) in Kazakhstan: range changing and recent distribution. Current Studies in Herpetology, Saratov **3/4**: 29–59 (in russisch).

DŽUKIĆ, G. (1991): [Fauna of Durmitor.] Sveska 4. Vodozemci i Gmizavci. Gradja za Faunu Vodozemaca i Gmizavca Durmitora (Amphibia, Reptilia), Titograd (in serbisch).

DŽUKIĆ, G., KALEZIĆ, M. und K. LJUBISAVLJEVIĆ (2003): [Protection and Conservation of Green Frogs in Serbia and Montenegro.] Savezni sekretarijat za rad, zdravstvo i socijalno staranje, Sektor za životnu sredinu, Beograd (in serbisch).

EBENDAL, T. (1977): Karyotype and serum protein pattern in a Swedish population of *Rana lessonae* (Amphibia, Anura). Hereditas **85**: 75–80.

EBENDAL, T. (1979): Distribution, morphology and taxonomy of the Swedish green frogs (*Rana esculenta* complex). Mitteilungen aus dem Zoologisches Museum in Berlin **55**: 143–152.

EBENDAL, T. und T. UZZELL (1982): Ploidy and immunological distance in Swedish water frogs (*Rana esculentus* complex). Amphibia-Reptilia **3**: 125–133.

EDWARDS, S. J., HOOD, M. W., SHAW, J. H., RAYBURN, J. D., KIRBY, M. D., HANFMAN, D. T. und J. A. ZIDAR (1982): Index-Catalogue of Medical and Veterinary Zoology. Suppl. 23, Part 7. Parasite-Subject Catalogue Hosts, Missouri.

EGEA-SERRANO, A. (2014). *Rana* común – *Pelophylax perezi*. In: Enciclopedia Virtual de los Vertebrados Españoles ano 2014.

EGEA-SERRANO, A. (2015): La *Rana* commún (*Pelophylax perezi*) en las islas Baleares e islas Canarias. Boletín de la Asociación Herpetológica Española **26**: 23–26.

EGEA-SERRANO, A., TEJEDO, M. und M. TORRALVA (2008): Analysis of the avoidance of nitrogen fertilizers in the water column by juvenile Iberian water frog, *Pelophylax perezi* (Seoane, 1885), in laboratory conditions. Bulletin of Environmental Contamination and Toxicology **80**: 178–183.

EGEA-SERRANO, A., TEJEDO, M. und M. TORRALVA (2009): Populational divergence in the impact of three nitrogenous compounds and their combination on larvae of the frog *Pelophylax perezi* (Seoane, 1885). Chemosphere **76**: 869–877.

EHL, S., VENCES, M. und M. VEITH (2019): Reconstructing evolution at the community level: A case study on Mediterranean amphibians. Molecular Phylogenetics and Evolution **134**: 211–225.

EICHWALD, E. (1830): Naturhistorische Skizze von Lithauen, Volhynien und Podolien in geognostisch-mineralogischer, botanischer und zoologischer Hinsicht. Wilna, auf Kosten des Verfassers, in Commission bei Leopold Voss in Leipzig. Gedruckt bei Joseph Zawadzki.

EICHWALD, E. (1831): Zoologia Specialis. Pars Zoographica,Vilnae.

EIKHORST, R. (1981): Populationsgenetische Untersuchungen an Grünfröschen der Bremer Umgebung. Beiträge zur Naturkunde Niedersachsens **34**: 104–111.

EIKHORST, R. (1984): Untersuchungen zur Verwandtschaft der Grünfrösche. Verbreitung, Struktur und Stabilität von reinen *Rana esculenta*-Populationen. Dissertation, Universität Bremen.

EIKHORST, R. (1987): Der Laich des Teichfrosches *Rana esculenta* LINNAEUS, 1758 in einer reinen Bastardpopulation (Anura: Ranidae). Salamandra **23**: 122–131.

EIKHORST, R. und U. RAHMEL (1986): Zur Verbreitung des Kleinen Teichfrosches *Rana lessonae* Camerano, 1872 und des Seefrosches *Rana ridibunda* Pallas, 1771 in Niedersachsen. Salamandra **22**: 79–92.

ENGELER, B. (1994): Experimental determination of mate choice of *Rana lessonae* and *R. esculenta* females. Master's thesis, Universität Zürich, unveröff..

ENGELER, B. und H.-U. REYER (2001): Choosy females and indiscriminate males: mate choice in mixed populations of sexual and hybridogenetic water frogs (*Rana lessonae, Rana esculenta*). Behavioral Ecology **12**: 600–606.

ENGELMANN, W.-E. (1973): Zur Frage der verwandtschaftlichen Beziehungen europäischer Grünfrösche (Gattung *Rana*). Eine vergleichende elektrophoretische Untersuchung der Serumproteine. Zoologisches Jahrbuch Systematik **100**: 183–196.

ENGELMANN, W.-E. (1974): Vergleichende Enzymuntersuchungen der Seren mitteleuropäischer Raniden (Amphibia, Anura). Experientia **30**: 870–872.

ENGELMANN, W.-E., FRITSCHE, J., GÜNTHER, R. und F. J. OBST (1985): Lurche und Kriechtiere Europas. Neumann Verlag, Leipzig, Radebeul.

ENGELMANN, W.-E., FRITSCHE, J., GÜNTHER, R. und F. J. OBST (1986): Lurche und Kriechtiere Europas. Enke Verlag, Stuttgart.

ERGENE, S., HASAN UÇAR, A., KAYA, F., AYMAK, C. und Y. KAÇAR (2010): [A cytogenetic study on *Rana ridibunda* from the region Mersin.] Anadolu Doğa Bilimleri Dergisi **1**: 32–38 (in türkisch).

ERIŞMIŞ, U. C. (2011): Abundance, demography and population structure of *Pelophylax ridibundus* (Anura: Ranidae) in 26-August National Park (Turkey). North-western Journal of Zoology **7**: 5–16.

ERIŞMIŞ, U. C. (2018): Age, size, and growth of the Turkish endemic frog *Pelophylax caralitanus* (Anura: Ranidae). The Anatomical Record **301**: 1224–1234.

ERIŞMIŞ, U. C. (2019): Evaluation of DNA damage by Comet Assay in populations of endemic Beyşehir frog *Pelophylax caralitanus* (Arıkan, 1988). Ege Journal of Fisheries and Aquatic Sciences **36**: 109–114.

ERIŞMIŞ, U. C. und A. CHINSAMY (2010): Ontogenetic changes in the epiphyseal cartilage of *Rana* (*Pelophylax*) *caralitana* (Anura: Ranidae). The Anatatomical Record **293**: 1825–1837.

ERIŞMIŞ U. C., CIGERCI, I. H. und M. KONUK (2013): Evaluation of DNA damage in Eurasian Marsh Frogs (*Pelophylax ridibundus*) by Comet Assay for determination of possible pollution in the different lakes in Central Anatolia, Turkey. The Bulletin of Environmental Contamination and Toxicology **90**: 660–665.

ERIŞMIŞ, U. C., KONUK, M., YOLDAS, T., AGYAR, P., YUMUK, D. und S. E. KORCAN (2014): Survey of Turkey's endemic amphibians for chytrid fungus *Batrachochytrium dendrobatidis*. Diseases of Aquatic Organisms **111**: 153–157.

ERMAKOV, O. A. (2005): [The pool frog, *Rana lessonae* Camerano, 1882.] In: IL'IN, V. Y. (Hrsg.): Krasnaya Kniga Penzenskoy Oblasti. Tom 2. Zhivotnye. Penza, S. 104 (in russisch).

ERMAKOV, O. A., FAYZULIN, A. I., ASKENDEROV, A. D. und A. J. IVANOV (2016b): Molecular-genetic characteristics of marsh frog from the Republic of Dagestan (based on mitochondrial and nuclear DNA data). Izvestiya Samarskogo Nauchnogo Tsentra Rossiyskoy Akademii Nauk, Samara **18**: 95–97 (in russisch).

ERMAKOV, O. A., FAYZULIN, A. I., ZAKS, M. M., KAYBELEVA, E. I. und F. F. ZARIPOVA (2014): Distribution «western» and «eastern» forms of marsh frog *Pelophylax ridibundus* s. l. in the Samara and Saratov region (on data of analysis of mtDNA and nDNA). Izvestiya Samarskogo Nauchnogo Tsentra Rossiyskoy Akademii Nauk, Samara **16**: 409–412 (in russisch).

ERMAKOV, O., IVANOV, A., TITOV, S., SVININ, A. und S. N. LITVINCHUK (2019): New multiplex PCR method for identification of East European green frog species and their hybrids. Russian Journal of Herpetology **26**: 367–370.

ERMAKOV, O. A., SIMONOV, E. P., IVANOV, A. J., ZAMALETDINOV, R. I. und A. I. FAYZULIN (2016a): Genetic characteristics of marsh frog (*Pelophylax ridibundus* complex) from the western Caucasus based on mitochondrial and nuclear DNA data. Transactions of Papanin Institute for Biology of Inland Waters RAS, Yaroslavl **73**: 70–76 (in russisch).

ERMAKOV, O. A., ZAKS, M. M. und S. V. TITOV (2013): Diagnostics and distribution of "western" and "eastern" forms of marsh frog *Pelophylax ridibundus* s. l. in the Penza Province (on data of analysis of mtDNA cytochrome oxidase gene). Vestnik Tambovskogo Gosudarstvennogo Universiteta, Estestvennye i Tekhnicheskie Nauki, Tambov **18** (6-1): 2999–3002 (in russisch).

ESCORIZA, D. (2007): Els Amfibis de Còrsega i Sardenya. Treballs de la Societat Catalana d'Herpetología, núm. 4. Societat Catalana d'Herpetologia, Barcelona.

ESINA, V. P. (2006): [Ecology of Anurans in Kamchatka.] Diploma. Petropavlovsk-Kamchatsky, Kamchatka State Tekhnical University, unveröff. (in russisch).

ESTEBAN, M., GARCÍA-PARÍS, M. und J. CASTANET (1996): Use of bone histology in estimating the age of frogs (*Rana perezi*) from a warm temperate climate area. Canadian Journal of Zoology **74**: 1914–1921.

FAGOTTI, A., MOROSI, L., DI ROSA, I., CLARIONI, R., SIMONCELLI, F., PASCOLINI, R., PELLEGRINO, R., GUEX, G.-D. und H. HOTZ (2005): Bioaccumulation of organochlorine pesticides in frogs of the *Rana esculenta* complex in central Italy. Amphibia-Reptilia **26**: 93–104.

FALK, J. P . (1785): Beiträge zur topographischen Kenntniß des Rußischen Reichs. Bd. 3. Saint-Petersburg. S. 285–514.

FARQUHAR, K. und J. R. DOWNIE (1999): Habitat and prey selection in the lake frog, *Rana levantina* in northern Cyprus. British Herpetological Society Bulletin **67**: 28–32.

FAYZULIN, A. I. (2008a): Seasonal track record trophic niches to populations of the lake frog (Anura, Amphibia) of the middle Volga. Izvestiya Samarskogo Nauchnogo Tsentra Rossiyskoy Akademii Nauk **10**: 452–455 (in russisch).

FAYZULIN, I. A. (2008b): Amphibians as bioindicators of environment condition in Middle Volga region: Sex-age related structure of populations. Izvestiya Samarskogo Nauchnogo Tsentra Rossiyskoy Akademii Nauk **9**: 271–274 (in russisch).

FAYZULIN, A. I. (2012): Occurrence and morphological variety of populations of marsh frog (Anura, Amphibia) of the middle Volga. Izvestiya Samarskogo Nauchnogo Tsentra Rossiyskoy Akademii Nauk **14**: 150–154 (in russisch).

FAYZULIN, A. I. (2014): Analysis of morphological abnormalities under anthropogenic transformation of habitats tailless amphibians. In: VERSHININ, V. L., DUBOUS, A., HENLE, K. und M. PUKI (Hrsg.): Anomalii i Patologii Amfibiy i Reptiliy: Metodologiya, Evolyutsionnoe Znachenie, Vozmozhnost' Otsenki Zdorov'ya Sredy. Ekaterinburg, S. 171–178 (in russisch).

FAYZULIN, A. I. und I. V. CHIKHLYAEV (2001): [Characteristization of polymorphisms of the marsh frog (*Rana ridibunda*) in Samarskaya Luka.] Samarskaya Luka **11**: 314–318 (in russisch).

FAYZULIN, A. I., CHIHLYAEV, I. V., KRIVOSHEEV, V. A. und A. E. KUZOVENKO (2010): The analysis of food spectrum of a lake frog (*Rana ridibunda*) in the urbanization territory of the middle Volga region. Izvestiya Samarskogo Tsentra Rossiyskoy Akademii Nauk **12**: 129–132 (in russisch).

FAYZULIN, A. I., CHIHLYAEV, I. V. und A. E. KUZOVENKO (2013a): Features polymorphism pool frog *Pelophylax lessonae* (Camerano, 1882) urban area middle Volga. Izvestiya Samarskogo Nauchnogo Tsentra Rossiyskoy Akademii Nauk, Samara **15**: 158–163 (in russisch).

FAYZULIN A. I., CHIKHLYAEV, I. V. und A. E. KUZOVENKO (2013b): Amphibians of the Samara Region. Togliatti: «Kassandra» Publishing house (in russisch).

FAYZULIN, A. I., KUKUSHKIN, O. V., IVANOV, A. Y. und O. A. ERMAKOV (2017): Preliminary data on the molecular genetic structure of *Pelophylax ridibundus* (Amphibia: Anura: Ranidae) from the southern part of the Crimean Peninsula, based on mitochondrial and nuclear DNA analyses. Current Studies in Herpetology, Saratov **17**: 56–65 (in russisch).

FAYZULIN, A. I. und A. E. KUZOVENKO (2012): Amphibians as bioindicators of environment condition in the middle Volga region: phenetic structure of population. Izvestiya Samarskogo Nauchnogo Tsentra Rossiyskoy Akademii Nauk, Samara **14**: 829–833 (in russisch).

FAYZULIN, A. I., KUZOVENKO, A. E., CHIHLAEV, I. V. und I. A. ISAEVA (2012): The analysis of food spectrum of a pool frog (*Rana lessonae*) in the urbanized territory of the middle Volga region. Izvestiya Samarskogo Nauchnogo Tsentra Rossiyskoy Akademii Nauk, Samara **14**: 139–143 (in russisch).

FAYZULIN, A. I., ZAMALETDINOV, R. I., LITVINCHUK, S. N., ROSANOV, J. M., BORKIN, L. J., ERMAKOV, O. A., RUCHIN, A. B., LADA, G. A., SVININ, A. O., BASHINSKY, I. V. und I. V. CHIKHLYAEV (2018): Species composition and distributional peculiarities of green frogs (*Pelophylax esculentus* complex) in protected areas of the middle Volga region (Russia). Nature Conservation Research **3** (Suppl. 1): 1–16 (in russisch).

FAYZULIN, A. I., ZARIPOVA, F. F. und I. M. KHUSAYNOVA (2013c): Polymorphism on the basis of striata in the populations of a marsh frog *Rana ridibunda* Pallas, 1771 (Anura, Amphibia) in the Republic of Bashkortostan. Izvestiya Samarskogo Nauchnogo Tsentra Rossiyskoy Akademii Nauk, Samara **15**: 452–458 (in russisch).

FE, L. und C. YE (2016): Amphibians of China. Vol. 1. Science Press, Bejing.

FELSENSTEIN, J. (1985): Confidence limits on phylogenies: an approach using the bootstrap. Evolution **39**: 783–791.

FEDERICI, S., CLEMENZI, S., FAVELLI, M., TESSA, G., ADREONE, F., CASIRAGHI, M. und A. CROTTINI (2008): Identification of the pathogen *Batrachochytrium dendrobatidis* in amphibian populations of a plain area in the Northwest of Italy. Herpetological Notes **1**: 33–37.

FERENŢI, S., COVACIU-MARCOV, S.-D. und R.-M. BLAGA-LUNGULESCU (2009b): The comparative analysis of the trophic spectrum of some populations of *Pelophylax ridibundus* and *Pelophylax* kl. *esculentus* from Arad County, Romania. Herpetologica Romanica **3**: 31–39.

FERENŢI, S., DIMANCEA, N., DAVID, A., ŢÂNŢAR, A. und D. DĂRĂBAN (2009a): Data on the feeding of a *Rana ridibunda* population from Sarighiol de Deal, Tulcea County, Romania. Biharean Biologist **3**: 45–50.

FERNÁNDEZ-CARDENETE, J. R., LUZON-ORTEGA, J. M., PEREZ-CONTRERAS, J., PLEGUEZUELOS, J. M. und J. M. TIERNO DE FIGUEROA (2000): Nuevos limetes altitudinales para seis especies de herpetos de la Penísula Ibérica. Boletin de la Asociación Herpetologica Española **11**: 20–21.

FERRER I RIU, J. und E. FILELLA SUBIRÀ (2011): Atles dels amfibis i els rèptils del cap de Creus. Treballs de la Societat Catalana d'Herpetologia, núm. 7, Barcelona.

FIACCHINI, D., GAGGI, A. und A. M. PACI (2013): Rana di Berger/Rana di Uzzell *Pelophylax bergeri* (Günther, In ENGELMANN, FRITZSCHE, GÜNTHER & OBST, 1986) *Pelophylax* klepton *hispanicus* (Bonaparte, 1839). In: FIACCHINI, D. (Hrsg.): Atlante degli Anfibi e dei Rettili del Parco Nazionale dei Monti Sibillini, Edition: 2013/Collana di Quaderni Scientifico-Divulgativi, n. 16. Parco Nazionale dei Monti Sibillini, S. 56–57.

FIORAMONTI, E., SEMLITSCH, R. D., REYER, H.-U. und K. FENT (1997): Effects of triphenyltin and pH on the growth and development of *Rana lessonae* and *Rana esculenta* tadpoles. Environmental Toxicology and Chemistry **16**: 1940–1947.

FISCHER, VON, J. (1873): Die Reptilien u. Amphibien des St. Petersburger Gouvernements. Zoologischer Garten, Frankfurt am Main **14**: 324–328.

FISCHER, K.-U. (1996): Ethologische und genetische Untersuchungen an Wasserfröschen. Wissenschaftliche Hausarbeit zur ersten wissenschaftlichen Staatsprüfung für das Amt des Studienrates. Humboldt-Universität zu Berlin, unveröff.

FITZINGER, L. J. F. J. (1843): Systema Reptilium. Fasciculus Primus. Wien: Braumüller et Seidel.

FLINDT, R., HEMMER, H. und R. JAEGER (1968): Das Serumeiweißbild mitteleuropäischer Anuren. Zoologisches Jahrbuch Physiologie **74**: 155–163.

FLYAKS, N. L. und L. J. BORKIN (2004): Morphological abnormalities and heavy metal concentrations in anurans of contaminated areas, eastern Ukraine. Applied Herpetology **1**: 229–264.

FOG, K. (1988): Reinvestigation of 1300 amphibian localities recorded in the 1940s. Memoranda Societas pro Fauna et Flora Fennica **64**: 134–135.

FOG, K. (1994): Water frogs in Denmark: population types and biology. Zoologica Poloniae **39**: 305–330.

FOMINYKH, A. S. (2008): Feeding of a lake frog (*Rana ridibunda*) in sewage dump areas of metallurgic factory in winter. In: ANANJEVA, N. B., DANILOV, I. G., DUNAYEV, E. A., ISHCHENKO, V. G., LADA, G. A., LITVINCHUK, S. N., ORLOVA, V. F., SMIRINA, E. M., TUNIYEV, B. S. und R. G. KHALIKOV (Hrsg.): The Problems of Herpetology, St. Petersburg, S. 408–411 (in russisch).

FOMINYKH, A. S. (2009): On distribution limits of marsh frog (*Rana ridibunda* Pallas, 1771) in middle Ural region. Current Studies in Herpetology, Saratov **9**: 70–74 (in russisch).

FOMINYKH, S. F. und E. I. CHERNYAK (Hrsg.) (2012): [Tomsk museums. University Museums: Materials for the encyclopaedia "Museums and Museum Business of the Tomsk Region".] Izdatel'stvo Tomskogo Universiteta, Tomsk, S. 29–383 (in russisch).

FOMINYKH, A. S., FAYZULIN, A. I., YUMAGULOVA, G. P., ZARIPOVA, F. F., YAKOVLEVA, T. I., KHABIBULIN, V. F. und R. D. SALIKHOVA (2010): [Formation and conditions of the range of the marsh frog *Rana ridibunda* in the southern Urals (Republic of Bashkortostan).] In: ROZENBERG, G. S. und S. V. SAKSONOV (Hrsg.): Teoreticheskie Problemy Ekologii i Evolyutsii. Teoriya Arealov: Vidy, Soobschestva, Ekosistemy (V Lyubischevskie Chteniya). IEVB RAN, Tolyatti, S. 202–208 (in russisch).

FOMINYKH, A. S. und S. M. LYAPKOV (2010): [Formation of new characteristics of larval and post-metamorphic growth and development of the marsh frog under heated water body conditions.] In: SPIRIDONOV, S. N. (Hrsg.): Problemy Izucheniya i Sokhraneniya Pozvonochnykh Zhivotnykh Antropogennykh Vodoyomov. Progress, Saransk, S. 174–178 (in russisch).

FOMINYKH, A. S. und S. M. LYAPKOV (2011): The formation of new characteristics in life cycle of the marsh frog (*Rana ridibunda*) in thermal pond conditions. Zhurnal Obschey Biologii, Moskva **72**: 403–421 (in russisch).

FOMINYKH, A. S. und S. M. LYAPKOV (2012): The formation of new characteristics in the life cycle of the marsh frog (*Rana ridibunda*) in thermal ponds. Biology Bulletin Reviews **2**: 211–225.

FORSELIUS, S. (1962): Distribution and reproductive behaviour of *Rana esculenta* L. in the coastal area of N. Uppland. C. Sweden. Zoologiska Bidrag från Uppsala **35**: 517–528.

FRANK, T., SACDANAKU, E., DUDA, M. und F. BEGO (2018): Amphibian and reptile fauna of the Vjosa River, Albania. Acta ZooBot Austria **155**: 323–336.

FRANZEN, M., BUSSMANN, M., KORDGES, T. und B. THIESMEIER (2008): Die Amphibien und Reptilien der Südwest-Türkei. Laurenti-Verlag, Bielefeld.

FREYTAG, G. E. (1974): Klasse Amphibia – Lurche. In: STRESEMANN, E. (Hrsg.): Exkursionsfauna für die Gebiete der DDR und der BRD. Band 3, Wirbeltiere. Volk und Wissen, Volkseigener Verlag Berlin, S. 84–107.

FRIELINGHAUS, M. und S. HEIM (1998): Feuchtbiotope (Sölle) in der Agrarlandschaft Ostdeutschlands am Beispiel der Lebuser Platte. Archiv für Acker- u. Pflanzenbau u. Bodenkunde **42**: 359–374.

FRITZ, K. und M. KÜSTER (2003): Amphibien und Reptilien im Hotzenwald. In: KÖRNER, H. (Hrsg.): Der Hotzenwald. Beiträge zur Natur und Kultur einer Landschaft im Südschwarzwald. Lavori, Freiburg i. Breisgau. S. 107–130.

FRITZSCH, B., PAN, N., JAHAN, I., DUNCAN, J. S., KOPECKY, B. J., ELLIOTT, K. L., KERSIGO, J. und T. YANG (2013): Evolution and development of the tetrapod auditory system: an organ of corti-centric perspective. Evolution und Development **15**: 63–79.

FROST, D. R. (2021): Amphibian Species of the World: an Online Reference. Version 6.0 (Date of access). Electronic Database accessible at https://amphibiansoftheworld.amnh.org/index.php, American Museum of Natural History, New York, USA.

FROST, D. R., GRANT, T., FAIVOVICH, J., BAIN, R. H., HAAS, A., HADDAD, C. F. B., DE SÁ, R. O., CHANNING, A., WILKINSON, M., DONNELLAN, S. C., RAXWORTHY, C. J., CAMPBELL, J. A., BLOTTO, B. L., MOLER, P., DREWES, R. C., NUSSBAUM, R. A., LYNCH, J. D., GREEN, D. M. und W. C. WHEELER (2006): The amphibian tree of life. Bulletin of the American Museum of Natural History **297**: 1–370.

GABRIEL, M. (1987): Ein albinotischer Seefrosch *Rana ridibunda* Pallas, 1771 aus Šibenik, Jugoslawien. Salamandra **23**: 280–281.

GALÁN, P. (1997a). Colonization of spoil benches of an opencast lignite mine in northwest Spain by amphibians and reptiles. Biological Conservation **79**: 187–195.

GALÁN, P. (1997b): Declive de poblaciones de anfíbios en dos embalses de la Coruña (Noroeste de España) por introducción de especies exóticas. Boletín de la Asociación Herpetológica Española **8**: 38–40.

GALÁN, P. und G. FERNÁNDEZ-ARIAS (1993): Anfíbios y Réptiles de Galícia. Edicións Xerais de Galícia, Vigo.

GARANIN, V. I. (1964): [On the role of amphibians in the life of birds.] In: POPOV, V. A. (Hrsg.): Prirodnye Resursy Volzhsko-Kamskogo Kraya (Zhivotnyi Mir). Nauka, Moskva, S. 112–128 (in russisch).

GARANIN, V. I. (1983): [Amphibians and Reptiles of the Volga-Kama region.] Nauka, Moskva (in russisch).

GARANIN, V. I. (2000): The distribution of amphibians in the Volga-Kama region. Advances in Amphibian Research in the Former Soviet Union **5**: 79–132.

GARCÍA, P. und I. MATEOS (2010): *Pelophylax perezi* (Iberian Green Frog). Polydactyly. Herpetological Review **4**: 65–66.

GARCÍA-PARÍS, M. (1985): Los anfibios de España. Ministerio de Agricultura, Pesca y Alimentación, Madrid.

GARCÍA-PARÍS, M. (1991): Primeros datos sobre *Rana catesbeiana* Shaw, 1802 (Anura: Ranidae) en España. Revista Española de Herpetología **5**: 89–92.

GARCÍA-PARÍS, M. (1997): *Rana perezi* Seoane, 1885. In: GASC, J.-P., CABELA, A., CRNOBRNJA-ISAILOVIC, J., DOLMEN, D., GROSSENBACHER, K., HAFFNER, P., LESCURE, J., MARTENS, H., MARTÍNEZ RICA, J. P., MAURIN, H., OLIVEIRA, M. E., SOFIANIDOU, T. S., VEITH, M. und A. ZUIDERWIJK (Hrsg.): Atlas of Amphibians and Reptiles in Europe. Societas Europaea Herpetologica, Muséum National D'Histoire Naturelle, Paris, S. 152–153.

GARCIA-PORTA, J., LITVINCHUK, S. N., CROCHET, P. A., ROMANO, A., GENIEZ, P. H. LO-VALVO, M., LYMBERAKIS, P. und S. CARRANZA (2012): Molecular phylogenetics and historical biogeography of the west-palearctic common toads (*Bufo bufo* species complex). Molecular Phylogenetics and Evolution **63**: 113–130.

GARCÍA-PARÍS, M., MONTORI, A. und P. HERRERO (2004): Fauna Ibérica, vol. 24. Amphibia. Lissamphibia. Museo Nacional de Ciencias Naturales y Consejo Superior de Investigaciones Científicas, Madrid.

GARNER, T. W. J., GAUTSCHI, B., RÖTHLISBERGER, S. und H.-U. REYER (2000): A set of CA repeat microsatellite markers derived from the pool frog, *Rana lessonae*. Molecular Ecology **9**: 2173–2175.

GARZÓN, P., PALACIOS, F. und C. IBÁÑEZ (1984): Primeros datos sobre la alimentación del jabalí (*Sus scrofa baeticus* Thomas, 1912) en el Parque Nacional de Doñana. II Reunión Iberoamericana Conservación Zoología Vertebrados, S. 466–475.

GASIOR, S. L., WAKEMAN, T. P., XU, B. und P. L. DEININGER (2006): The human line-1 retrotransposon creates DNA double-strand breaks. Journal of Molecular Biology **357**: 1383–1393.

GAUPP, E. (1896): A. Ecker's und R. Wiederheim's Anatomie des Frosches. Auf Grund eigener Untersuchungen durchaus neu bearbeitet. Erste Abtheilung. Lehre vom Skelet und vom Muskelsystem. Friedrich Vieweg und Sohn, Braunschweig, (3.Auflage).

GAVETTI, E. und F. ANDREONE (1993): Revised catalogue of the herpetological collection in Turin University. 1. Amphibia. Cataloghi. Museo Regionale di Scienze Naturali, Torino **10**: 1–187.

GAVRILOVIĆ, V., CVETKOVIĆ, D. D., DJUKIĆ, G. und S. PETKOVSKI (1999): Comparative morphological study of *Rana balcanica* and *Rana ridibunda*. Contributions to the Zoogeography and Ecology of the Eastern Mediterranean Region **1**: 205–210.

GELDER VAN, J. J. und H. C. M. HOEDEMAEKERS (1971): Sound activity and migration during the breeding period of *Rana temporaria* L., *R. arvalis* Nilsson, *Pelopates fuscus* Laur., and *Rana esculenta* L.. Journal of Animal Ecology **40**: 559–568.

GENIEZ, P., GROSSELET, O. und P.-A. CROCHET, P.-A. (2012): *Pelophylax perezi* (Seoane, 1885). In: LESCURE, J. und J.-C. DE MASSARY (Hrsg.): Atlas des Amphibiens et Reptiles de France. Biotope, Mèze; Muséum national d'Histoire naturelle, Paris: 130–131.

GEORGI, J. G. (1801): Geographisch-physikalische und naturhistorische Beschreibung des Rußischen Reichs, zur Uebersicht bisheriger Kenntnisse von demselben. Teil 3, Bd. 7. Königsberg, S. 1681–2222.

GEORGIEV, D. (2008): Size of the marsh frog in the diet of Eurasian otter in southern Bulgaria. Hystrix, the Italian Journal of Mammalogy **19**: 55–59.

GERD, C. (1925): [Nature Lover's Corner.] Brockhaus und Euphron, Leningrad (in russisch).

GHIRA, I., UJVAROSI, L. und G. MARA (1997): Trophical spectrum of *Rana ridibunda* and its importance in trophical web in the Crişul Repede/Sebes-Köros river ecosystems. In: SARKANY-KISS, A. und J. HAMMAR (Hrsg.): The Criş/Köros Rivers' Valleys. «Tiscia» - Monograph Series, S. 361–367.

GHIURCA, D. und L. ZAHARIA (2006): Data regarding the trophic spectrum of a population of *Rana esculenta* complex from Bacău County. Analele Universităţii din Oradea, Fascicula Biologie **13**: 29–31.

GIBBSON, A. R. und J. B. FALLS (1979): Thermal biology of the common garter snake *Thamnophis sirtalis* (L.). II: The effects of melanism. Oecologia **43**: 99–109.

GLOS, J., GRAFE, T. U., RÖDEL, M.-O. und K. E. LINSENMAIR (2003): Geographic variation in pH tolerance of two populations of the European common frog, *Rana temporaria.* Copeia, **2003**: 650–656.

GOLANNEK, K. (1998): Morphologische und elektrophoretische Untersuchungen zur Populationsstruktur der Wasserfrösche (Anura: Ranidae) im Bonner Raum. Diplomarbeit, Rheinische Friedrich-Wilhelms-Universität zu Bonn, unveröff.

GÓMEZ-MESTRE, I. und C. DÍAZ-PANIAGUA (2011): Invasive predatory crayfish do not trigger inducible defences in tadpoles. Proceedings of the Royal Society B: Biological Sciences **278**: 3364–3370.

GÓMEZ-MESTRE, I. und C. KELLER (2003): Experimental assessement of turtle predation on larval anurans. Copeia, **2003**: 349–356.

GONCHARENKO, A. E. (1979): [The dependence of the size of some amphibians on their age.] Vestnik zoologii **4**: 79–82 (in russisch).

GONCHARENKO, A. E. (1984): [Basic breeding parameters of the marsh frog in the south Bug River drainage.] In: ISCHENKO, V. G. (Hrsg.): Vid i Ego Produktivnost' v Areale. Chast' V. Voprosy Gerpetologii, Sverdlovsk, S. 12–13 (in russisch).

GONZÁLEZ DE LA VEGA, J. P. (1988): Anfibios y reptiles de la provincia de Huelva. Ertisa, Huelva.

GONZÁLEZ DE LA VEGA, J. P. (1994): Hallazgo de un ejemplar de *Rana perezi* con cinco extremidades, otro con línea vertebral de color azul, además de une pequeña población con un color de fundo azul turquesa. In: III Congreso Luso-Español y VII Español de Herpetologia, Badajoz.

GONZÁLEZ DE LA VEGA, J. P. (2007): Depredación de escorpión común (*Buthus occitanus*) sobre juvenil de rana común (*Pelophylax perezi*) en el Andévalo onubense (Huelva). Boletín de la Asociación Herpetológica Española **18**: 95–96.

GONZALO, A., CABIDO, C., GALÁN, P., LÓPEZ, P. und J. MARTÍN (2006): Predator, but not conspecific, chemical cues influence pond selection by recently metamorphosed Iberian green frogs, *Rana perezi.* Canadian Journal of Zoology **84**: 1295–1299.

GONZALO, A., LÓPEZ, P. und J. MARTÍN (2007): Iberian green frog tadpoles may learn to recognize novel predators from chemical alarm cues of conspecifics. Animal Behaviour **74**: 447–453.

GONZALO, A., LÓPEZ, P. und J. MARTÍN (2009): Learning, memorizing and apparant forgetting of chemical cues from new predators by Iberian green frog tadpoles. Animal Cognition **12**: 745–750.

GONZALO, A., LÓPEZ, P. und J. MARTÍN (2010): Risk level of chemical cues determines retention of recognition of new predators in Iberian green frog tadpoles. Behavioral Ecology and Sociobiology **64**: 1117–1123.

GONZALO, A., LÓPEZ, P. und J. MARTÍN (2013): Adaptive forgetting in Iberian green frog tadpoles (*Pelophylax perezi*): Learned irrelevance and latent inhibition may avoid predator misidentification. Journal of Comparative Psychology **127**: 56–62.

GORBATOVA, M. V. (2012): [Ecology and morphology of frogs of forest-steppe ecosystems of European Russia.] In: DYOGTEVA, S. V. (Hrsg.): Aktual'nye Problemy Biologii i Ecologii, Syktyvkar, S. 75–77 (in russisch).

GORBUNOV, A. K., SEMENOVA, N. N., IVANOV, V. M. und Y. S. CHUYKOV (1991): [Amphibians and reptiles.] In: BASHMAKOVA, E. A. (Hrsg.): Astrakhanskiy Zapovednik. Agropromizdat, Moskva, S. 112–117 (in russisch).

GORODILOVA, S. N. (2008): [Materials on the distribution and breeding of the marsh frog (*Rana ridibunda*) in the southern part of Central Siberia.] In: BARANOV, A. A. (Hrsg.): Fauna i Ekologiya Zhivotnykh Sredney Sibiri i Dal'nego Vostoka. Vypusk 5. Krasnoyarskiy GPU, Krasnoyarsk, S. 142–156 (in russisch).

GORODILOVA, S. N. (2010): Symbiotic amphibian (Amphibia) coexistence in Nazarovo forest-steppe (Middle Siberia). Vestnik Krasnoyarskogo Gosudarstvennogo Agrarnogo Universiteta, Krasnoyarsk **2010**: 87–92 (in russisch).

GOSNER, K. L. (1960): A simplified table for staging anuran embryos and larvae with notes on identification. Herpetologica **16**: 183–190.

GRAF, J. D. (1986): Population genetics of the *Rana esculenta* complex: a model. In: ROČEK, Z. (Hrsg.): Studies in Herpetology. Proceedings of the European Herpetological Meeting (3rd Oridinary General Meeting of the Societas Europaea Herpetologica), Prague, S. 175–180.

GRAF, J.-D., KARCH, F. und M.-C. MOREILLON (1977): Biochemical variation in the *Rana esculenta* complex: A new hybrid form related to *Rana perezi* and *Rana ridibunda*. Experientia **33**: 1582–1584.

GRAF, J.-D. und W. P. Müller (1979): Experimental gynogenesis provides evidence of hybridogenetic reproduction in the *Rana esculenta* complex. Experentia **35**: 1574–1576.

GRAF, J.-D. und M. POLLS PELAZ (1989): Evolutionary genetics of the *Rana esculenta* complex. In: DAWLEY, R. M. und J. P. BOGART (Hrsg.): Evolution and Ecology of Unisexual Vertebrates. Bulletin 466, New York State Museum, S. 289–301.

GRANT, V. (1981): Plant Speciation. Second edition. New York: Columbia University Press. (Russische Version: 1984).

GRAU, J. (2016): Contribution and evolutionary dynamics of transposable elements in frogs. Dissertation, Humboldt-Universität zu Berlin.

GRAU, J. H., POUSTKA, A. J., MEIXNER, M. und J. PLÖTNER (2014): LTR retroelements are intrinsic components of transcriptional networks in frogs. BMC Genomics **15**: 626.

GRAY, M. J. und V. G. CHINCHAR (2015): Ranaviruses. Lethal Pathogens of Ectothermic Vertebrates. Springer, Heidelberg, New York, London.

GREGORY, P. T. und L. A. ISAAC (2004): Food habits of the grass snake in southeastern England: Is *Natrix natrix* a generalist predator? Journal of Herpetology **38**: 88–95.

GREVEN, H., GLANDT, D. und I. SCHINDELMEISER (1988): Zur Kenntnis der Wasserfrösche Nordrhein-Westfalens. I. Untersuchungen an einer *Rana esculenta*/*Rana lessonae*-Population des Teichgutes Hausdülmen. In: GÜNTHER, R. und R. KLEWEN (Hrsg.): Beiträge zur Biologie und Bibliographie (1960–1987) der europäischen Wasserfrösche. Jahrbuch für Feldherpetologie, Beiheft 1, S. 105–116.

GRIMAL, F. (2014): Statut du complexe des grenouilles vertes *Pelophylax* sp. sur l'Étang de Berre (Bouches-du-Rhône). LPO PACA, Faune-PACA publication n°48.

GRÖGER, R. (1978): Beiträge zur Erfassung der Amphibienfauna des Kreises Bitterfeld und der Dübener Heide. Diplomarbeit, Martin-Luther-Universität Halle-Wittenberg, unveröff.

GROSSENBACHER, K. (1988): Verbreitung der Wasserfrösche in der Schweiz. In: GÜNTHER, R. und R. KLEWEN (Hrsg.): Beiträge zur Biologie und Bibliographie (1960–1987) der europäischen Wasserfrösche. Jahrbuch für Feldherpetologie, Beiheft 1, S. 129–134.

GROSSMANN, G. und H. KNÜWER (2011): Frösche als Beute des Gänsesägers (*Mergus merganser*). Zeitschrift für Feldherpetologie **18**: 267–268.

GUARINO, F. M., GAETANO, O. und N. MAIO (2002): Gli Anfibi e i Rettili del Parco Regionale del Matese. In: GUARINO, F. M. und O. GAETANO (Hrsg.): I Vertebrati ectotermi del Parco Regionale del Matese, S. 9–23.

GUBÁNYI, A. (1992): Distribution of green frogs (*Rana esculentus* complex, Anura: Ranidae) in Hungary. In: KORSOS, Z. und I. KISS (Hrsg.): Proceedings of the 6th Ordinary General Meeting of the Societas Europaea Herpetologica 19–23 August 1991. Hungarian Natural History Museum, Budapest, Hungary, S. 205–210.

GUBÁNYI, A. und R. C. CREEMERS (1994): Population structure of water frogs in a floodplain of the river Danube (Szigetkoz) in Hungary. Zoologica Poloniae **39**: 441–445.

GUBÁNYI, A. und Z. KORSÓS (1992): Morphological analysis of two Hungarian water frog (*Rana lessonae-esculentus*) populations. Amphibia-Reptilia **13**: 235–242.

GUERRINI, F., BUCCI, S., RAGGHIANTI, M., MANCINO, G., HOTZ, H., UZZELL, T. und L. BERGER (1997): Genomes of two water frog species resist germ line exclusion in interspecies hybrids. Journal of Experimental Zoology **279**: 163–176.

GÜNTHER, R. (1968): Morphologische und ökologische Untersuchungen zur Unterscheidung von *Rana esculenta* L. und *Rana ridibunda* Pall. Zoologisches Jahrbuch Systematik **95**: 229–264.

GÜNTHER, R. (1969a): Paarungsrufe und reproduktive Isolationsmechanismen bei europäischen Anuren der Gattung *Rana* (Amphibia). Forma et Functio **1**: 263–284.

GÜNTHER, R. (1969b): Untersuchungen zum Artproblem an europäischen Anuren der Gattung *Rana* (Amphibia). Dissertation A, Humboldt-Universität zu Berlin.

GÜNTHER, R. (1970): Der Karyotyp von *Rana ridibunda* Pall. und das Vorkommen von Triploidie bei *Rana esculenta* L. (Anura, Amphibia). Biologisches Zentralblatt **89**: 327–342.

GÜNTHER, R. (1973): Über die verwandtschaftlichen Beziehungen zwischen den europäischen Grünfröschen und den Bastardcharakter von *Rana esculenta* L. (Anura). Zoologischer Anzeiger Leipzig **190**: 250–285.

GÜNTHER, R. (1974): Neue Daten zur Verbreitung und Ökologie der Grünfrösche (Anura, Ranidae) in der DDR. Mitteilungen aus dem Zoologisches Museum in Berlin **50**: 287–298.

GÜNTHER, R. (1975a): Untersuchungen der Meiose bei Männchen von *Rana ridibunda* Pall., *Rana lessonae* Cam. und der Bastardform „*Rana esculenta*“ L. (Anura). Biologisches Zentralblatt **94**: 277–294.

GÜNTHER, R. (1975b): Zum natürlichen Vorkommen und zur Morphologie triploider Teichfrösche, „*Rana esculenta*“, L., in der DDR (Anura, Ranidae). Mitteilungen aus dem Zoologischen Museum in Berlin **51**: 145–158.

GÜNTHER, R. (1977): Die Erythrozytengröße als Kriterium zur Unterscheidung diploider und triploider Teichfrösche, *Rana „esculenta“* L. (Anura). Biologisches Zentralblatt **96**: 457–466.

GÜNTHER, R. (1978): Zur Larvenmorphologie von *Rana ridibunda* Pall., *R. lessonae* Cam. und deren Bastard *R. „esculenta“* L. (Anura, Ranidae). Mitteilungen aus dem Zoologischen Museum in Berlin **54**: 161–179.

GÜNTHER, R. (1982): Ergebnisse experimenteller Kreuzungen zwischen Wasserfröschen (Anura, Ranidae) aus verschiedenen Ländern Europas und Mittelasiens. Vertebrata Hungarica **21**: 157–167.

GÜNTHER, R. (1983): Zur Populationsgenetik der mitteleuropäischen Wasserfrösche des *Rana esculenta*-Synkleptons (Anura, Ranidae). Zoologischer Anzeiger **211**: 43–54.

GÜNTHER, R. (1985): Anura. In: ENGELMANN, W.-E., FRITZSCHE, J., GÜNTHER, R. und F. J. OBST (Hrsg.): Lurche und Kriechtiere Europas. Neumann Verlag Leipzig, Radebeul, S. 113–184.

GÜNTHER, R. (1990): Die Wasserfrösche Europas. Die Neue Brehm-Bücherei 600, A. Ziemsen Verlag, Wittenberg-Lutherstadt.

GÜNTHER, R. (1991): Europäische Wasserfrösche (Anura, Ranidae) und biologisches Artkonzept. Mitteilungen aus dem Zoologischen Museum in Berlin **67**: 39–53.

GÜNTHER, R. (1996a): Teichfrosch – *Rana* kl. *esculenta* LINNAEUS, 1758. In: GÜNTHER, R. (Hrsg.): Die Amphibien und Reptilien Deutschlands. Gustav Fischer, Jena, S. 455–475.

GÜNTHER, R. (1996b): Kleiner Wasserfrosch – *Rana lessonae* CAMERANO, 1882. In: GÜNTHER, R. (Hrsg.): Die Amphibien und Reptilien Deutschlands. Gustav Fischer, Jena, S. 475–489.

GÜNTHER, R. (1996c): Seefrosch – *Rana ridibunda* PALLAS, 1771. In: GÜNTHER, R. (Hrsg.): Die Amphibien und Reptilien Deutschlands. Gustav Fischer, Jena, S. 490–507.

GÜNTHER, R. (1997a): *Rana* kl. *esculenta* Linnaeus, 1758. In: GASC, J.-P., CABELA, A., CRNOBRNJA-ISAILOVIC, J., DOLMEN, D., GROSSENBACHER, K., HAFFNER, P., LESCURE, J., MARTENS, H., MARTÍNEZ RICA, J. P., MAURIN, H., OLIVEIRA, M. E., SOFIANIDOU, T. S., VEITH, M. und A. ZUIDERWIJK (Hrsg.): Atlas of Amphibians and Reptiles in Europe. Societas Europaea Herpetologica, Muséum National D‘Histoire Naturelle, Paris, S. 138–139.

GÜNTHER, R. (1997b): *Rana lessonae* Camerano, 1882. In: GASC, J.-P., CABELA, A., CRNOBRNJA-ISAILOVIC, J., DOLMEN, D., GROSSENBACHER, K., HAFFNER, P., LESCURE, J., MARTENS, H., MARTÍNEZ RICA, J. P., MAURIN, H., OLIVEIRA, M. E., SOFIANIDOU, T. S., VEITH, M. und A. ZUIDERWIJK (Hrsg.): Atlas of Amphibians and

Reptiles in Europe. Societas Europaea Herpetologica, Muséum National D'Histoire Naturelle, Paris, 148–149.

GÜNTHER, R. (1997c): *Rana ridibunda* Pallas, 1771. In: GASC, J.-P., CABELA, A., CRNOBRNJA-ISAILOVIC, J., DOLMEN, D., GROSSENBACHER, K., HAFFNER, P., LESCURE, J., MARTENS, H., MARTÍNEZ RICA, J. P., MAURIN, H., OLIVEIRA, M. E., SOFIANIDOU, T. S., VEITH, M. und A. ZUIDERWIJK (Hrsg.): Atlas of Amphibians and Reptiles in Europe. Societas Europaea Herpetologica, Muséum National D'Histoire Naturelle, Paris, 154–155.

GÜNTHER, R. und S. HÄHNEL (1976): Untersuchungen über den Genfluß zwischen *Rana ridibunda* und *Rana lessonae* sowie die Rekombinationsrate bei der Bastardform *Rana „esculenta"* (Anura, Ranidae). Zoologischer Anzeiger, Jena **197**: 23–38.

GÜNTHER, R. und S. KOREF-SANTIBANEZ (1983): Die LDH-B-Isoenzyme von Wasserfröschen (Anura, Ranidae) aus verschiedenen Teilen Europas und Mittelasiens. Zoologischer Anzeiger, Jena **210**: 369–374.

GÜNTHER, R. und S. LÜBCKE (1979): Serological studies in water frogs from the GDR, Bulgaria, and the Soviet Union. Mitteilungen aus dem Zoologischen Museum in Berlin **55**: 225–229.

GÜNTHER, R. und J. PLÖTNER (1988): Zur Problematik der klonalen Vererbung bei *Rana* kl. *esculenta* (Anura). In: GÜNTHER, R. und R. KLEWEN (Hrsg.): Beiträge zur Biologie und Bibliographie (1960–1987) der europäischen Wasserfrösche. Jahrbuch für Feldherpetologie, Beiheft 1, S. 23–46.

GÜNTHER, R. und J. PLÖTNER (1989–90): Mating pattern in pure hybrid populations of water frogs, *Rana* kl. *esculenta* (Anura, Ranidae). Alytes **8**: 90–98.

GÜNTHER, R. und J. PLÖTNER (1994): Morphometric, enzymological and bioacoustic studies in Italian water frogs (Amphibia, Ranidae). Zoologica Poloniae **39**: 387–415.

GÜNTHER, R., PLÖTNER, J. und I. TETZLAFF (1991): Zu einigen Merkmalen der Wasserfrösche (*Rana* synkl. *esculenta*) des Donau-Deltas. Salamandra **27**: 246–265.

GÜNTHER, R., UZZELL, T. und L. BERGER (1979): Inheritance patterns in triploid *Rana „esculenta"* (Amphibia, Salientia). Mitteilungen aus dem Zoologischen Museum in Berlin **55**: 35–57.

GUIBÉ, J. (1950 [1948]): Catalogue des Types d'Amphibiens du Muséum National d'Histoire Naturelle. Paris: Imprimerie Nationale.

GUEX, G.-D., BEERLI, P., BARBOUR, A. D. und H. HOTZ (1993): A dynamic model to describe equilibrium conditions in mixed populations of a hemiclonal hybrid and its sexual host in European water frogs. In: CATZEFLIS, F. M. und M. GAUTIER (Hrsg.): Evolution 93. Fourth Congress of the European Society for Evolutionary Biology. Montpellier, S. 158.

GUEX, G.-D., HOTZ, H. und R. D. SEMLITSCH (2002): Deleterious alleles and differential viability in progeny of natural hemiclonal frogs. Evolution **56**: 1036–1044.

GUEX, G.-D., HOTZ, H., UZZELL, T., SEMLITSCH, R. D., BEERLI, P. und R. PASCOLINI (2001): Developmental disturbances in *Rana esculenta* tadpoles and metamorphs. Mitteilungen aus dem Museum für Naturkunde in Berlin, Zoologische Reihe **77**: 79–86.

GUIDALLI, F., SCALI, S. und A. CARETTONI (2000): Diet and trophic niche overlap of two ranid species in northern Italy. Italian Journal of Zoology **67**: 67–72.

GUSEVA, A. Y. (1992): [To the research of herpetofauna of Ivanovo Province.] In: Voprosy Inventarizatsii Fauny, Ivanovo, S. 49–59 (in russisch).

GUSKOV, E. P., LUKINA, G. P. und V. A. KONEVA (1983): [Fieldbook of Amphibians and Reptiles of the oblast Rostov.] Izdatel'stvo Rostovskogo Universiteta, Rostov (in russisch).

HAACKE, H. (1999): Limnologische Charakterisierung ausgewählter Ackerholformen (Sölle) des norddeutschen Jungmoränengebietes als Grundlage von Schutzmaßnahmen. Dissertation, Humboldt-Universität zu Berlin.

HADJIOANNOU, L. (1998): Climate of Cyprus, climatic trends and desertification. National Awareness Seminar (NAS) on desertification and land degradation in Nicosia, Zypern, 21.09.1998, unveröff. Manuskript.

HAEFELI, C. (2005): Variation in advertisement calls among geographically isolated water frogs. Diplomarbeit, Universität Zürich, unveröff.

HAIDACHER, S. und G. FACHBACH (1991): Experimentelle Säuretoleranzanalysen von Laich und Larven heimischer Amphibien. Salamandra **27**: 108–118.

HARRIS, D. J., BATISTA, V. und M. A. CARRETERO (2003): Diversity of 12S mitochondrial DNA sequences in Iberian and north-west African water frogs across predicted geographic barriers. Herpetozoa **16**: 81–83.

HASEGAWA, M., KISHINO, H. und T. YANO (1985): Dating of the human-ape splitting by a molecular clock of mitochondrial DNA. Journal of Molecular Evolution **22**: 160–174.

HASSL, A. und D. HASSL (1988): Ein Coccidium im Blut von *Rana perezi* Seoane, 1885 (Sporozoa: Coccidida/Anura: Ranidae). Salamandra **24**: 75–76.

HAUSWALDT, J. S., HÖER, M., OGIELSKA, M., CHRISTIANSEN, D. G., DZIEWULSKA-SZWAJKOWSKA, D., CZERNICKA, E. und M. VENCES (2012): A simplified molecular method for distinguishing among species and ploidy levels in European water frogs (*Pelophylax*). Molecular Ecology Resources **12**: 797–805.

HAWLITSCHEK, O., MORINIÈRE, J., DUNZ, A., FRANZEN, M., RÖDDER, D., GLAW, F. und G. HASZPRUNAR (2015): Comprehensive DNA barcoding of the herpetofauna of Germany. Molecular Ecology Resources **16**: 242–253.

HAXHIU, I. (1986): Studium për bretkosat e gjelbra të vendit tonë. [Study about the green frogs of our country.] Buletin I Shkenvace Të Natyres Nr. **3**: 47–55 (in albanisch).

HAXHIU, I. (1994): The herpetofauna of Albania. Amphibia: Species composition, distribution, habitats. Zoologisches Jahrbuch Systematik **121**: 321–334.

HELLRIEGEL, B. und H.-U. REYER (2000): Factors influencing the composition of mixed populations of a hemiclonal hybrid and its sexual host. Journal of Evolutionary Biology **13**: 906–918.

HEMMER, H. (1973): Das Serumeiweißbild von *Rana ridibunda perezi* im Rahmen des *Rana esculenta-lessonae-ridibunda*-Komplexes (Salientia, Ranidae). Salamandra **9**: 168–172.

HEMMER, H. (1977): Studien an einer nordwestdeutschen Grünfroschpopulation als Beitrag zur Bestimmungsproblematik und zur Rolle der Selektion im *Rana esculenta*-Komplex. Salamandra **13**: 166–173.

HEMMER, H. (1979): Contribution to diagnostic problems and selection within the *Rana esculenta* complex. Mitteilungen aus dem Zoologisches Museum in Berlin **55**: 125–129.

HEMMER, H. und B. KADEL (1980): Studien am Wasserfrosch – *Rana perezi* (SEOANE, 1885) – der Balearen (Amphibia, Anura, Ranidae). Bolletí de la Societat d'Història Natural de Les Balears **24**: 55–70.

HEPPICH, S. (1978): Hybridogenesis in *Rana esculenta*: C-band karyotypes of *Rana ridibunda*, *Rana lessonae* and *Rana esculenta*. Zeitschrift für zoologische Systematik und Evolutionsforschung **16**: 27–39.

HEPPICH, S. und H. G. TUNNER (1979): Chromosomal constitution and C-banding in homotypic *Rana esculenta* crosses. Mitteilungen aus dem Zoologisches Museum in Berlin **55**: 111–114.

HEPPICH, S., TUNNER, H. G. und J. GREILHUBER (1982): Premeiotic chromosome doubling after genome elimination during spermatogenesis of the species hybrid *Rana esculenta*. Theoretical and Applied Genetics **61**: 101–104.

HERCZEG, D., VÖRÖS, J., CHRISTIANSEN, D. G., BENOVICS, M. und P. MIKULÍČEK (2016a): Taxonomic composition and ploidy level among European water frogs (Anura: Ranidae) in eastern Hungary. Journal of Zoological Systematics and Evolutionary Research **55**: 129–137.

HERCZEG, D., VÖRÖS, J., VÉGVÁRI, Z., KUZMIN, Y. und D. R. BROOKS (2016b): Helminth parasites of the *Pelophylax esculentus* complex (Anura: Ranidae) in Hortobágy National Park (Hungary). Comparative Parasitology **83**: 36–48.

HERMANIUK, A., PRUVOST, N. B. M., KIERZKOWSKI, P. und M. OGIELSKA (2013): Genetic and cytogenetic characteristics of pentaploidy in water frogs. Herpetologica **69**: 36–45.

HERMANIUK, A., RYBACKI, M. und J. R. E. TAYLOR (2016): Low temperature and polyploidy result in larger cell and body size in an ectothermic vertebrate. Physiological and Biochemical Zoology **89**: 118–129.

HERMANIUK, A., RYBACKI, M. und J. R. E. TAYLOR (2017): Metabolic rate of diploid and triploid edible frog *Pelophylax esculentus* correlates inversely with cell size in tadpoles but not in frogs. Physiological and Biochemical Zoology **90:** 230–239.

HERNÁNDEZ, A. und E. SEVA (1985): Datos preliminares sobre la alimentación de la *Rana* común (*Rana perezi*) en la provincia de Alicante. Ayudas a la Investigación **3**: 37–46.

HERNÁNDEZ-GIL, V., DICENTA, F., ROBLEDANO, F., GARCÍA, M. L., ESTEVE, M. A. und L. RAMÍREZ (1993): Anfibios y reptiles de la Región de Murcia. Universidad de Murcia, Murcia.

HERNÁNDEZ NEVADO, G., REGUERA FEO, A. und A. RALLO GRUSS (1996): Relaciones en el sistema *Opisthodiscus nigrivasis* (V. Mehely, 1929) Odening, 1959 (Trematoda, Paramphistomidae) – *Rana perezi* SEOANE, 1885 (Amphibia, Ranidae) en humedales próximos a Reinosa (Cantabria, España). Boletín de la Real Sociedad Española de Historia Natural, Sección Biológica **92**: 157–160.

HERRERO, P., DE LA TORRE, J., ARANO, B., GOSÁLVEZ, J. und A. T. SUMNER (1995): Patterns of DNase sensitivity in the chromosomes of *Rana perezi* (Amphibia: Anura). Genome **38**: 339–343.

HERTWIG, G. und P. HERTWIG (1920): Triploide Froschlarven. Archiv für mikroskopische Anatomie **94**: 34–54.

HEYM, W.-D. (1974): Studien zur Verbreitung, Ökologie und Ethologie der Grünfrösche in der mittleren und nördlichen Niederlausitz. Mitteilungen aus dem Zoologischen Museum in Berlin **50**: 263–285.

HEYM, W.-D. und H.-J. PAEPKE (1978): Amphibien und Reptilien im Bezirk Cottbus. Natur und Landschaft im Bezirk Cottbus **1**: 41–51.

HIDALGO-VILA, J., DÍAZ-PANIAGUA, C., MARCHAND, M. A. und A. A. CUNNINGHAM (2012): *Batrachochytrium dendrobatidis* infection of amphibians in the Doñana National Park, Spain. Diseases of Aquatic Organisms **98**: 113–119.

HODAR, J. A., RUÍZ, I. und I. CAMACHO (1990): La alimentación de la *Rana* común (*Rana perezi* SEOANE, 1885) en el sureste de la Península Ibérica. Miscelánea Zoologica **14**: 145–153.

HOFFMANN, A., ABT TIETJE, G. und H.-U. REYER (2013): Spatial behavior in relation to mating systems: movement patterns, nearest-neighbor distances, and mating success in diploid and polyploid frog hybrids (*Pelophylax esculentus*). Behavioral Ecology and Sociobiology **69**: 501–517.

HOFFMANN, A., PLÖTNER, J., PRUVOST, N. B. M., CHRISTIANSEN, D. G., RÖTHLISBERGER, S., MIKULÍČEK, P., CHOLEVA, L., SAS-KOVÁCS, I., COGĂLNICEANU, D., SHABANOV, D., MOROZOV-LEONOV, S. und H.-U. REYER (2015): Genetic diversity and distribution patterns of diploid and polyploid hybrid water frog populations (*Pelophylax esculentus* complex) across Europe. Molecular Ecology **24**: 4371–4391.

HOFFMANN, A. und H.-U. REYER (2013): Genomic effects on advertisement call structure in diploid and triploid waterfrogs (Anura, *Pelophylax esculentus*). BMC Ecology **13**: 47.

HOFMAN, S., PABIJAN, M., DZIEWULSKA-SZWAJKOWSKA, D. und J. M. SZYMURA (2012): Mitochondrial genome organization and divergence in hybridizing central European water frogs of the *Pelophylax esculentus* complex (Anura, Ranidae). Gene **491**: 71–80.

HOFMAN, S., PABIJAN, M., OSIKOWSKI, A. und J. M. SZYMURA (2016a): Complete mitochondrial genome of the Greek marsh frog *Pelophylax cretensis* (Anura, Ranidae). Mitochondrial DNA Part A **27**, 3, 1995–1996. DOI: 10.3109/19401736.2014.974158.

HOFMAN, S., PABIJAN, M., OSIKOWSKI, A., LITVINCHUK, S. N. und J. M. SZYMURA (2016b): Phylogenetic relationships among four new complete mitogenome sequences of *Pelophylax* (Amphibia: Anura) from the Balkans and Cyprus. Mitochondrial DNA Part A **27**, 5, 3434–3437. DOI: 10.3109/19401736.2015.1025266.

HOFSTRA, J. und A. ZUIDERWIJK (1997). Albino kikkers in Nederland. Lacerta **55**: 165–169 (in niederländisch).

HOLENWEG PETER, A.-K. (1999): Dispersal and population dynamics in water frogs, *Rana lessonae*, *Rana ridibunda* and their hybridogenetic associate *R. esculenta*. Dissertation, Universität Zürich.

HOLENWEG PETER, A.-K. (2001): Survival in adults of the water frog *Rana lessonae* and its hybridogenetic associate *Rana esculenta*. Canadian Journal of Zoology **79**: 652–661.

HOLENWEG, A.-K. und H.-U. REYER (2000): Hibernation behavior of *Rana lessonae* and *R. esculenta* in their natural habitat. Oecologia **123**: 41–47.

HOLENWEG PETER, A.-K. REYER, H.-U. und G. ABT TIETJE (2001): Homing behavior of *Rana lessonae*, *Rana ridibunda* and their hybridogenetic associate *R. esculenta* after experimental displacement. Amphibia-Reptilia 22: 475–480.

HOLENWEG PETER, A.-K. REYER, H.-U. und G. ABT TIETJE (2002): Species and sex ratio differences in mixed populations of hybridogenetic water frogs: The influence of pond features. Écoscience **9**: 1–11.

HOLSBEEK, G., MAES, G. E., DE MEESTER L. und F. A. M. VOLCKAERT (2009): Conservation of the introgressed European water frog complex using molecular tools. Molecular Ecology **18**: 1071–1087.

HOLSBEEK, G., MERGEAY, J., HOTZ, H., PLÖTNER, J., VOLCKAERT, F. A. M. und L. DE MEESTER (2008): A cryptic invasion within an invasion and widespread introgression in the European water frog complex: consequences of uncontrolled commercial trade and weak international legislation. Molecular Ecology **17**: 5023–5035.

HOLSBEEK, G., MERGEAY, J., VOLCKAERT, F. A. M. und L. DE MEESTER (2010): Genetic detection of multiple exotic water frog species in Belgium illustrates the need for monitoring and immediate action. Biological Invasions **12**: 1459–1463.

HONEGGER, E. H. (1981): Threatened Amphibians and Reptiles in Europe. In: BÖHME, W. (Hrsg.): Handbuch der Reptilien und Amphibien Europas. Aula, Wiesbaden.

HOOGESTEGER, T., RAHKONEN, J. und A. KARHILAHTI (2013): Pool frog (*Pelophylax lessonae*) CAMERANO 1882 (Anura, Ranidae), an addition to the Finnish amphibian fauna. Memoranda Societatis pro Fauna et Flora Fennica **89**: 25–31.

HOOGMOED, M. S. (1975): On the presence of *Rana ridibunda ridibunda* Pallas in the Netherlands. Zoologische Bijdragen **17**: 72–76.

HOPKINS, G. R. und E. D. BRODIE, Jr (2015): Occurrence of amphibians in saline habitats: a review and evolutionary perspective. Herpetological Monographs **29**: 1–27.

HORAT, P. und D. SEMLITSCH (1994): Effects of predation risk and hunger on the behaviour of two species of tadpoles. Behavioral Ecology and Sociobiology **34**: 393–401.

HOTZ, H. (1974): Ein Problem aus vielen Fragen – europäische Grünfrosche (*Rana esculenta*-Komplex) und ihre Verbreitung. Natur und Museum **104**: 262–272.

HOTZ, H. (1983): Genetic diversity among water frog genomes inherited with and without recombination. Inaugural-Dissertation, Universität Zürich.

HOTZ, H., BEERLI, P. und C. SPOLSKY (1992): Mitochondrial DNA reveals formation of nonhybrid frogs by natural matings between hemiclonal hybrids. Molecular Biology and Evolution **9**: 610–620.

HOTZ, H., BEERLI, P., UZZELL, T., GUEX, G.-D., PRUVOST, N. B. M., SCHREIBER, R. und J. PLÖTNER (2013): Balancing a cline by influx of migrants: a genetic transition in water frogs of eastern Greece. Journal of Heredity **104**: 57–71.

HOTZ, H., BERGER, L., UZZELL, T., TUNNER, H. G., BEERLI, P. und G.-D. GUEX (1993): Sex determination, sex linkage, and two kinds of unisexuality among XX and XY genotypes in western Palearctic water frogs. In: CATZEFLIS, F. M. und M. GAUTIER (Hrsg.): Evolution 93. Fourth Congress of the European Society for Evolutionary Biology, Montpellier, S. 181.

HOTZ, H. und S. BRUNO (1979–80): Il problema delle rane verdi e l'Italia (Amphibia, Salientia). Accademia Nazionale delle Scienze detta dei XL. Memorie di Scienze Fisiche e Naturali **6**: 49–112.

HOTZ, H., MANCINO, G., BUCCI-INNOCENTI, S., RAGGHIANTI, M., BERGER, L. und T. UZZELL (1985): *Rana ridibunda* varies geographically in inducing clonal gametogenesis in interspecies hybrids. Journal of Experimental Zoology **236**: 199–210.

HOTZ, H. und D. SEMLITSCH (2000): Differential performance among LDH-B genotypes in *Rana lessonae* tadpoles. Evolution **54**: 1750–1759.

HOTZ, H., SEMLITSCH, R. D., GUTMANN, E., GUEX, G.-D. und P. BEERLI (1999): Spontaneous heterosis in larval life-history traits of hemiclonal frog hybrids. Proceedings of the National Academy of Sciences **96**: 2171–2176.

HOTZ, H. und T. UZZELL (1982): Biochemically detected sympatry of two water frog species: two different cases in the Adriatic Balkans (Amphibia: Ranidae). Proceedings of the Academy of Natural Sciences of Philadelphia **134**: 50–79.

HOTZ, H. und T. UZZELL (1983): Interspecific hybrids of *Rana ridibunda* without germ line exclusion of the parental genome. Experentia **39**: 538–540.

HOTZ, H., UZZELL., T. und L. BERGER (1994): Hemiclonal hybrid water frogs associated with the sexual host species *Rana perezi*. Zoologica Poloniae **39**: 243–266.

HOTZ, H., UZZELL, T. und L. BERGER (1997): Linkage groups of protein-coding genes in western Palearctic water frogs reveal extensive evolutionary conservation. Genetics **147**: 255–270.

HOTZ, H., UZZELL., T., GÜNTHER, R., TUNNER, H. G. und S. HEPPICH (1987): *Rana shqiperica*, a new European water frog species from the Adriatic Balkans (Amphibia, Salientia, Ranidae). Notulae Naturae **468**: 1–3.

HOTZ, H., UZZELL, T., GUEX, G.-D., ALPERS, D., SEMLITSCH, R. D. und P. BEERLI (2001): Microsatellites: a tool for evolutionary genetic studies of western Palearctic water frogs. Mitteilungen aus dem Museum für Naturkunde in Berlin, Zoologische Reihe **77**: 43–50.

IDELSON, M. S. und I. K. VONYUKOV (1938): [The diet of the marsh frog (*Rana ridibunda* Pallas) in the Volga River floodplain and its signigficance in the predation of juvenile fish (based on materials of the experimental pond "Loschina" in 1936).] Reports of the Scientific Station of Fisheries of Volga and Caspian Sea (Formerly Ichtyological Laboratory), Astrakhan **8**: 3–29 (in russisch).

IFTIME, A. und O. IFTIME (2012): A case of amphibians breeding in sulfurous water in Romania. Herpetozoa **25**: 81–83.

IFTIME, A. und O. IFTIME (2017): *Pelophylax ridibundus* (Pallas, 1771) winter activity in thermal sulphurous water in Dobroudja (SE Romania). Herpetozoa **29**: 201–202.

IL'INA, O. V. (2003): [Relationships of the invasive species *Rana ridibunda* Pall. with autochthonous species of brown frogs (*Rana arvalis* Nilss., *Rana temporaria* L.).] In: STRUKOVA, T. V. (Hrsg.): Problemy Global'noy i Regional'noy Ekologii. Akademkniga, Ekaterinburg, S. 70–72 (in russisch).

INDIRYAKOVA, T. A. (2011): [Comparative characterisation of the helminth fauna of aquatic ecosystems in Ulyanovsk Province.] Vestnik Ul'yanovskoy Gosudarstvennoy Sel'skokhozyaystvennoy Akademii, Ul'yanovsk **1**: 70–75 (in russisch).

INNAL, D., SÖZBILEN, D. und O. ÖZMEN (2019): Prevalence and pathology of *Lernaea cyprinacea* (Crustacea: Lernaeidae) parasitizing tadpoles of *Pelophylax bedriagae* (Anura: Ranidae) in Antalya, Turkey. Phyllomedusa **18**:177–183.

ISMAIL, I. B. und K. ÇIÇEK (2017): Population size, age structure and life cycle of Levant water frog, *Pelophylax bedriagae* (Camerano, 1882) (Amphibia: Anura: Ranidae) in lake Sülüklü (Manisa). Ege Journal of Fisheries and Aquatic Sciences **34**: 169–177.

IRELAND, D. (1989): Report and recommendations for Creta Sun lagoons – Gouves, Crete. The Royal Society for the Protection of Birds.

IVANOV, A. Y., Korzikov, V. A., ALEKSEEV, S. K. und O. A. ERMAKOV (2015): Molecular and genetic characteristic of Marsh frogs of *Pelophylax ridibundus* s.l. from top Pooche. In: VASILEVICH, F. I., SPITSIN, V. V. und S. V. POPOV (Hrsg.): Modern Problems of Zoology, Ecology and Conservancy. Sel'skokhozyaystvennye Tekhnologii, Moskva, S. 228–232 (in russisch).

IVANOV, A. Y., RUCHIN, A. B., FAYZULIN, A. I., CHIKHLYAEV, I. V., LITVINCHUK, S. N., KIRILLOV, A. A., SVININ, A. O. und O. A. ERMAKOV (2019): The first record of natural transfer of mitochondrial DNA from *Pelophylax* cf. *bedriagae* into *P. lessonae* (Amphibia, Anura). Nature Conservation Research **4**: 125–128.

IVANOV, V. G. und N. N. MEDYANOV (1973): A comparative karyology of frogs of the *Rana* genus (Amphibia, Anura, Ranidae). Tsitologiya, Leningrad **15**: 920–928 (in russisch).

IVANOV, V. M., KALMYKOV, A. P., SEMYONOVA, N. N., FEDOROVICH, V. V. und O. Y. PARSHINA (2012): Lake frog behavior and viability changes under the influence of helminthic invasion. Current Studies in Herpetology, Saratov **12**: 49–55 (in russisch).

IVANOV, V. M., SEMYONOVA, N. N. und A. P. KALMYKOV (2009): [Effect of helminths on amphibian behavior in the Volga delta.] Al'manakh Sovremennoy Nauki i Obrazovaniya, Tambov **5**: 60–61 (in russisch).

IVANOVA, N. L. (1995): [Ecological pecularities of the marsh frog (*Rana ridibunda* Pall.), introduced into cooling ponds.] Ekologiya, Sverdlovsk **1995**: 473–476 (in russisch).

IVANOVA, N. L. (2002): Marsh frog (*Rana ridibunda* Pall.) in cooling ponds in the Middle Urals. Russian Journal of Ecology **33**: 125–128.

IVANOVA, N. L. (2017): Growth characteristics and rates of the mash frog *Pelophylax ridibundus* Pall. introduced into water bodies of the Middle Urals. Izvestiya RAN, Seriya Biologicheskaya, Moskva **4**: 413–417 (in russisch).

IVANOVA, N. L. und M. V. PASTUKHOVA (2001): Some aspects of the ecology of reproduction of *Rana ridibunda*, introduced into water bodies in the Middle Urals. In: ANANJEVA, N. B., DAREVSKY, I. S., DUNAEV, E. A., IORDANSKY, N. N., KUZMIN, S. L. und V. F. ORLOVA (Hrsg.): The Problems of Herpetology, Puschino-Moscow, S. 107–109 (in russisch).

IVANOVA, N. L. und O. A. ZHIGALSKIY (2011): [Demographic pecularities of populations of the marsh frog (*Rana ridibunda* Pall.) introduced into water bodies of the Middle Urals.] Ekologiya, Ekaterinburg 2011: 361–368 (in russisch).

IVASHECHKINA, T. S. und T. Y. KOLPAKOVA (2015): Some ecological and biological features of the marsh frog (*Rana ridibunda* Pallas, 1771) in Omsk. In: Studenceskiy Nauchnyy Forum - 2015. Omsk. S. 1–5. https://files.scienceforum.ru/pdf/2015/10192.pdf (in russisch).

IWASAWA H. und Y. MORITA (1980): Normal stages of development in the frog, *Rana brevipoda porosa* (Cope). Zoological Magazine **89**: 65–75.

JABLONSKI, D. (2011): Reptiles and amphibians of Albania with new records and notes on occurrence and distribution. Acta Societatis Zoologicae Bohemicae **75**: 223–238.

JABLONSKI, D., BURSEY, C. R., CHRISTOPHORYOVÁ, J., MIKULÍČEK, P. und S. R. GOLDBERG (2018): *Pelophylax shqipericus* (Albanian pool frog). Endoparasite. Herpetological Review **49**: 518.

JABLONSKI, D. und E. TZORAS (2011): *Pelophylax kurtmuelleri* (Balkan water frog) and *Pelophylax epeiroticus* (Epirus water frog). Defense behavior. Herpetological Review **50**: 548–549.

JAKOB, C. (2007): Structure and dynamics of pure hybridogenetic water frog populations of *Rana esculenta* in southern Sweden. Dissertation, Universität Zürich.

JAKOB, C., ARIOLI, M. und H. U. REYER (2010): Ploidy composition in all-hybrid frog populations in relation to ecological conditions. Evolutionary Ecology Research **12**: 633–652.

JAKOB, C., POIZAT, G., VEITH, M., SEITZ, A. und A. J. CRIVELLI (2003): Breeding phenology and larval distribution of amphibians in a Mediterranean pond network with unpredictable hydrology. Hydrobiologia **499**: 51–61.

JAKOB, C., VEITH, M., SEITZ, A. und A. J. CRIVELLI (1998): Données préliminaires sur la communauté d'amphibiens de la Reserve Naturelle de Roque-Haute dans le sud d la France. Ecologia Mediterranea **24**: 235–240.

JAŚKO, P. und M. PABIJAN (2021): Recent shifts in taxonomic compositions of water frog populations (Anura: *Pelophylax*) inhabiting fish ponds in southern Poland. Amphibia-Reptilia **42**: 59–72.

JDEIDI, T. B. (2000): Enzyme polymorphism, morphometric, and bioacoustic studies in the water frog (*Rana ridibunda*) complex in Turkey. PhD Thesis, Middle East Technical University, Ankara.

JDEIDI, T., BILGIN, C. C. und M. KENCE (1999): Geographic variation and taxonomy of water frogs in Turkey. III. International Symposium on Genetics, Systematics and Ecology of Western Palearctic Water Frogs. Berlin, Germany. Abstract, unveröff.

JDEIDI, T., BILGIN, C. C. und M. KENCE (2001a): New localities extend the range of *Rana bedriagae caralitana* Arikan, 1988 (Anura: Ranidae) further west and suggest species status. Turkish Journal of Zoology **25**: 153–158.

JDEIDI, T., BILGIN, C. C. und M. KENCE (2001b): Morphometric and bioacoustic studies in the water frog (*Rana ridibunda*) complex in Turkey. Journal of Morphology **248**: 245. (ICVM, Jena, Abstract).

JEDICKE, E. (1992): Die Amphibien Hessens. Ulmer, Stuttgart.

JEFFRIES, D. L., LAVANCHY, G., SERMIER, R., SREDL, M. J., MIURA, I., BORZÉE, A., BARROW, L. N., CANESTRELLI, D., CROCHET, P.-A., DUFRESNES, C., FU, J., MA, W.-J., GARCIA, C. M., GHALI, K., NICIEZA, A. G., O'DONNELL, R. P., RODRIGUES, N., ROMANO, A., MARTÍNEZ-SOLANO, Í., STEPANYAN, I., ZUMBACH, S., BRELSFORD, A. und N. PERRIN (2018): A rapid rate of sex-chromosome turnover and non-random transitions in true frogs. Nature Communications **9**: 4088.

JELIĆ, M., VUCIĆ, M., KLOBUČAR, G., KORLEVIĆ, P., DIKIĆ, D., FRANJEVIĆ, D. und D. JELIĆ (2015): Molecular study on water frogs (genus *Pelophylax*) in Croatia – preliminary results. In: Book of Abstracts of 12th Croatian Biological Congress. Sveti Martin na Muri, S. 71.

JIMÉNEZ, M. S., ZAPATERO, L. M. und C. CASTAÑO (2001): Parasites of *Rana perezi* Seoane, 1885 in Avila Province, Spain. Research and Reviews in Parasitology **61**: 73–78.

JIMÉNEZ-CAZALLA, F. J. (2011): Albinismo en un adulto de *Pelophylax perezi* en el sur de Cádiz (SO de la Península Ibérica). Boletín de la Asociación Herpetológica Española **22**: 62–65.

JØRGENSEN, K. (1999): Latterfrøer i Fælledparken! Nordisk Herpetologisk Forening **42**: 54–62.

JOERMANN, G., BARAN, I. und H. SCHNEIDER (1988): The mating call of *Rana ridibunda* (Amphibia: Anura) in western Turkey: bioacoustic analysis and taxonomic consequences. Zoologischer Anzeiger **220**: 225–232.

JUSZCZYK, W. (1950): The food of the *Rana esculenta* L. in the natural water reservoirs and the artificial fish ponds. Bulletin international de l'Académie Polonaise des Sciences et des Lettres. Classe des Sciences Mathématiques et Naturelles. Série B: Sciences Naturelles (II): 31–80.

JUSZCZYK, W. (1951): The migration of the aquatic frog *Rana esculenta* L.. Extrait du Bulletin international de l'Académie Polonaise des Sciences et des Lettres. Classe des Sciences Mathématiques et Naturelles. Série B: Sciences Naturelles (II): 341–369.

JUSZCZYK, W. (1971): The morphometric structure of populations of green frogs from southern Poland. Acta Biologica Cracoviensia Series: Zoologia **14**: 197–212.

JUSZCZYK, W. (1974): [Native amphibians and reptiles.]. Państwowe Wydawnictwo Naukowe, Warszawa (in polnisch).

JUSZCZYK, W. (1985): [Native amphibians and reptiles.]. Państwowe Wydawnictwo Naukowe, Warszawa (in polnisch).

JUSZCZYK, W. (1987):[Native amphibians and reptiles. Part 2: amphibians]. Państwowe Wydawnictwo Naukowe, Warszawa (in polnisch).

KACZMARSKI, M. und K. KNIOŁA (2016): Exceptionally large female Marsh Frog *Pelophylax ridibundus* – an observation from south-western Wielkopolska. Przegląd Przyrodniczy **XXVII**: 116–119 (in polnisch).

KAHN, R. H. (1917): Über Bau und Bedeutung der dehnbaren Bauchmuskelsehnen der Frösche als Geschlechtsmerkmal. Pflüger's Archiv für die gesamte Physiologie des Menschen und der Tiere, Bonn **169**: 483–491.

KALUGINA, O. S. (2010): [Distribution and peculiarities of color pattern of *Rana ridibunda* in floodplain areas of lake Podgornoe (Beysky District, Republic Khakassia).] Ekologiya Yuzhnoy Sibiri i Sopredel'nykh Territoriy **1**: 68 (in russisch).

KAMAEV, I. O. und A. O. SVININ (2010): [Nutritional spectrum of the pool frog (*Rana lessonae* Camerano, 1882) in the Mari-El Republic.] In: ZHUKOVA, L. A. (Hrsg.): Printsipy i Sposoby Sokhraneniya Bioraznoobraziya, Yoshkar-Ola, S. 361–363 (in russisch).

KAMKINA, I. N. (2001): Amphibian populations in the City of Nizhny Tagil. In: ANANJEVA, N. B., DAREVSKY, I. S., DUNAEV, E. A., IORDANSKY, N. N., KUZMIN, S. L. und V. F. ORLOVA (Hrsg.): The Problems of Herpetology, Puschino-Moscow, S. 115–117 (in russisch).

KARAICA, D. und I. BUJ (2016): Comparative morphology and ecology of the *Pelophylax esculentus* complex in Croatia. Salamandra **52**: 161–170.

KARAICA, D., BUJ, I., ČAVLOVIĆ, K. und V. MIČETIĆ STANKOVIĆ (2016): Comparative morphology and ecology of the *Pelophylax esculentus* complex in Croatia. Salamandra **52**: 161–170.

KARAMAN, S. (1921) Beiträge zur Herpetologie von Jugoslawien (Kroatien, Slavonien und die benachbarten adriatischen Inseln). Glasnik der Kroatischen Naturwissenschaftlichen Gesellschaft in Zagreb **33**: 194–208.

KARAMAN, S. (1948): Beitrag zur Herpetofauna Nordserbiens. Prorodoslovna istrazivanja, Zagreb **24**: 51–73.

KASHIWAGI, A. (1994): Phylogenetic relationships of the *Rana esculenta* group clarified by electrophoretic analyses of serum transferins. Scientific Report of the Laboratory for Amphibian Biology, Hiroshima University **13**: 241–249.

KASTSCHENKO, N. T. und V. G. ŠIPAĆEV (1914): Une nouvelle grenouille géante (*Rana florinskii* sp. n.) de la Sibérie occidentale. Annuaire du Musée Zoologique de l'Académy Impériale des Sciences de St.-Pétersbourg **18** (1913): 233–236 (in russisch).

KATSIYIANNIS, P. und E. TZORAS (2020): First record of *Pelophylax kurtmuelleri* preying on *Hyla arborea* in Greece. Parnassiana Archives **8**: 17–18.

KAUFMANN, P., MALETZKY, A. und M. KYEK (2015): Populationssysteme, Habitatnutzung und Gefährdung der Wasserfrösche (*Pelophylax* sp.) im österreichischen Bundesland Salzburg und Teilen Oberösterreichs. Zeitschrift für Feldherpetologie **22**: 1–20.

KAURI, H. (1946): Die Verbreitung der Amphibien und Reptilien in Estland. Kungliga Fysiografiska Sällskapets i Lund Förhandlingar, Lund **16**: 1–20.

KAURI, H. (1954): Über die systematische Stellung der europäischen grünen Frösche *Rana esculenta* L. und *R. ridibunda* Pall. Acta universitatis Lundensis: Medicin samt matematiska och naturvetenskapliga ämnen, Kungl. Fysiografiska Sällskapets Handlingar, Lunds Universitets Årsskrift N.F., Gleerup, Lund.

KAWAMURA, T. und M. NISHIOKA (1979): Isolating mechanisms among the water frog species distributed in the Palearctic region. Mitteilungen aus dem Zoologischen Museum in Berlin **55**: 171–185.

KAWAMURA, T. und M. NISHIOKA (1986): Hybridization experiments among *Rana lessonae*, *Rana ridibunda* and *Rana esculenta*, with special reference to hybridogenesis. Scientific Report of the Laboratory for Amphibian Biology, Hiroshima University **8**: 117–271.

KAWAMURA, T., NISHIOKA, M. und M. KURAMOTO (1972): Interspecies hybrids between Japanese and European pond frogs. Scientific Report of the Laboratory for Amphibian Biology, Hiroshima University **1**: 277–301.

KAYA, U., ÇEVIK, İ. E. und U. C. ERIŞMIŞ (2002): New distributional records for *Rana bedriagae caralitana* in Anatolia. Turkish Journal of Zoology **26**: 381–383.

KAYA, U. und U. C. ERIŞMIŞ (2001): Marsh frogs, *Rana ridibunda* in lake Akören-26 August national park (Afyon): a preliminary study of population size and a taxonomical evaluation. Turkish Journal of Zoology **25**: 31–34.

KAYBELEVA, E. I., ZAVIALOV, E. V. und V. G. TABACHISHIN (2004): Ecologo-caryological pecularities of the marsh frogs on the north of the Lower Volga region. Povolzhskiy Ekologicheskiy Zhurnal, Saratov **2004**: 318–319 (in russisch).

KAYBELEVA, E. I., ZAVIALOV, E. V. und V. G. TABACHISHIN (2009): Features of interpopulation variability of chromosome instability in *Rana* (*Pelophylax*) *ridibunda* from northern lower-Volga region. Izvestiya Samarskogo Nauchnogo Tsentra Rossiyskoy Akademii Nauk, Samara **11**: 65–69 (in russisch).

KAYBELEVA, E. I., ZAVIALOV, E. V. und V. G. TABACHISHIN (2010): Features of the interpopulational karyotype variability of *Rana* (*Pelophylax*) *ridibunda* in the northern lower-volga region. Current Studies in Herpetology, Saratov **10**: 57–60 (in russisch).

KHLUS, L. M. und N. A. SMIRNOV (2004): [Morphometric structure of populations of *Rana ridibunda* Pallas, 1771 (Amphibia: Anura: Ranidae) in the vicinities of the town Yampol.] In: KRAVCHENKO, N. O. und O. O. ZELENS'KA (Hrsg.): Prirodnychi Nauky na Mezhi Stolit' (do 70-richchya Pryrodnycho-Geografichnogo Fakul'tetu NDPU). Nizhyn, S. 98–99 (in russisch).

KIERZKOWSKI, P., KOSIBA, P., RYBACKI, M., SOCHA, M. und M. OGIELSKA (2011): Genome dosage effect and colouration features in hybridogenetic water frogs of the *Pelophylax esculentus* complex. Amphibia-Reptilia **34**: 493–504.

KIERZKOWSKI, P., PAŚKO, Ł., RYBACKI, M., SOCHA, M. und M. OGIELSKA (2011): Genome dosage effect and hybrid morphology – the case of the hybridogenetic water frogs of the *Pelophylax esculentus* complex. Annales Zoologici Fennici **48**: 56–66.

KIK, M., MARTEL, A., SPITZEN-VAN DER SLUIJS, A., PASMANS, F., WOHLSEIN, P., GRÖNE, A. und J. M. RIJKS (2011): Ranavirus-associated mass mortality in wild amphibians, The Netherlands, 2010: A first report. The Veterinary Journal **190**: 284–286.
KINNER, A., WU, W., STAUDT, C. und G. ILIAKIS (2008): Gamma-H2AX in recognition and signaling of DNA double-strand breaks in the context of chromatin. Nuceleic Acids Research **36**: 5678–5694.
KIREEV, V. A. (1973): [New data on the distribution of some amphibian and reptile species in Kalmykia.] In: DAREVSKY, I. S. (Hrsg.): The Problems of Herpetology, Leningrad, S. 97–98 (in russisch).
KIREEV, V. A. (1983): [Animal World of Kalmykia. Amphibians and Reptiles.] Kalmytskoe Knizhnoe Izdatel'stvo, Elista (in russisch).
KIRILLOV, A. A., KIRILLOVA, N. Y. und I. V. CHIKHLYAEV (2012a): Trematodes of Land Vertebrates of the Middle Volga Region. Kassandra, Togliatti (in russisch).
KIRILLOV, A. A., KIRILLOVA, N. Y. und I. V. CHIKHLYAEV (2012b): [Metacerkaria and mesocerkaria of trematodes from terrestrial vertebrates of the Middle Volga region.] Trudy Tsentra Parazitologii, Moskva **47**: 99–119 (in russisch).
KIRILLOV, A. A., KIRILLOVA, N. Y. und I. V. CHIKHLYAEV (2014): Epidemiologic and epizootologic capacity of vertebrates helminths from Middle Volga region. Samarskaya Luka, Samara **23**: 191–200 (in russisch).
KIRILLOVA, N. Y. und A. A. KIRILLOV (2015): Reproductive structure of a hemipopulation of *Cosmocerca ornata* (Nematoda: Cosmocercidae) in marsh frogs *Pelophylax ridibundus* (Pallas, 1771) (Anura: Ranidae) of several phenotypes. Current Studies in Herpetology, Saratov **15**: 55–62 (in russisch).
KIRILLOVA, N. Y., KIRILLOV, A. A. und I. V. CHIKHLYAEV (2008): Analysis of vertebrate animals helmintofauna from south of Middle Volga region and its forming factors. In: GALAKTIONOV, K. V. und A. A. DOBROVOLSKIY (Hrsg.): Parasitology in XXI century – Problems, Methods, Solutions. Proceedings of the IV Congress of the Russian Society of Parasitologists – Russian Academy of Sciences, Vol. 2, St. Petersburg, S. 40–44 (in russisch).
KIRIN, D. und G. BUCHVAROV (2002): Biodiversity and trematod assemblages in *Rana ridibunda* Pallas from the district of Troyan town. Experimental Pathology and Parasitology **518**: 7–12.
KLEWEN, R. (1988): Verbreitung und Ökologie der Wasserfrösche in Nordrhein-Westfalen und ihre Bestandssituation im Ballungsraum Duisburg/Oberhausen. In: GÜNTHER, R. und R. KLEWEN (Hrsg.): Beiträge zur Biologie und Bibliographie (1960–1987) der europäischen Wasserfrösche. Jahrbuch für Feldherpetologie, Beiheft 1: 73–96.
KLIMOV, S. M., KLIMOVA, N. I. und V. N. ALEKSANDROV (2000): [Amphibians and Reptiles of the oblast Lipetsk.] LGPU, Lipetsk (in russisch).
KLEMMER, K. (1976): The Amphibia and Reptilia of the Canary Islands. In: KUNKEL, G. (Hrsg.): Biogeography and Ecology in the Canary Islands, Den Haag, S. 433–456.
KLOCKENHOFF, H. und F. KRAPP (1977): Brut und Zugvögel auf Ostkreta im Frühjahr 1976. Bonner Zoologische Beiträge **28**: 331–368.

KLÖCKNER, P. (1982): Beiträge zur Fortpflanzungsbiologie einheimischer Grünfrösche der Gattung *Rana* (Amphibia: Ranidae). Braunschweiger Naturkundliche Schriften **1**: 341–366.

KNUDSEN, K. und J. J. SCHEEL (1975): Contribution to the systematics of European green frogs. Bulletin de la Société zoologique de France **100**: 677–679.

KOCH, C. (1872): Formen und Wandlungen der ecaudaten Batrachier des Unter-Main und Lahn-Gebietes. Bericht der Senckenbergischen Naturforschenden Gesellschaft in Frankfurt am Main 1871–72: 122–183.

KOCHER, T. D., THOMAS, W. K., MEYER, A., EDWARDS, S. V., PÄÄBO, S., VILLABLANCA, F. X. und A. C. WILSON (1989): Dynamics of mitochondrial DNA evolution in animals: Amplification and sequencing with conserved primers. Proceedings of the National Academy of Sciences **86**: 6196–6200.

KOENIG, D. (1995): Die Verbreitung des Seefrosches (*Rana ridibunda*) im Kreis Dithmarschen (Schleswig-Holstein). Elaphe N. F. **3**: 47.

KOK, P. J. R. (2001): Note sur l' introduction de *Rana bedriagae* Camerano, 1882 (Anura, Ranidae) en Belgique et ses possibles implications sur la batrachofaune indigéne. Les Naturalistes Belges **82**: 25–30.

KOLENDA, K., NAJBAR, A., OGIELSKA, M. und V. BALÁŽ (2017a): *Batrachochytrium dendrobatidis* is present in Poland and associated with reduced fitness in wild populations of *Pelophylax lessonae*. Diseases of Aquatic Organisms **124**: 241–245.

KOLENDA, K., PIETRAS-LEBIODA, A., HOFMAN, S., OGIELSKA, M. und M. PABIJAN (2017b): Preliminary genetic data suggest the occurrence of the Balkan water frog, *Pelophylax kurtmuelleri*, in southwestern Poland. Amphibia-Reptilia **38**: 187–196.

KOLODINA, A. S., PYATOVA, M. V., RAVKOVSKAYA, E. A. und G. A. LADA (2016): To the question on nutrition and helminths of pool frog (*Pelophylax lessonae*) in the conditions of Tambov province. Tambov University Reports, Series Natural and Technical Sciences, Tambov **21**: 1791–1796 (in russisch).

KOLYAKIN, N. N. (1994): [The marsh frog in an environment of an industrial city.] In: KUBANTSEV, B. S. (Hrsg.): Ekologicheskaya i Morfologicheskaya Izmenchivost' Zivotnykh pod Vliyaniem Antropicheskikh Faktorov. Peremena, Volgograd, S. 83–92 (in russisch).

KOLYUSHEV, I. I. (1959): [The vertebrate fauna of the Soviet Carpathians.] Nauchnye Zapiski Uzhgorodskogo Universiteta, Uzhgorod **40**: 3–19 (in russisch).

KONRAD, A. und K. BACHMANN (1980): Hybridization within the *Rana ridibunda* complex of North Africa. Amphibia-Reptilia **1**: 41–48.

KORDGES, T. (1988a): Zur Wasserfroschproblematik in Ballungsräumen - eine Essener Fallstudie. In: GÜNTHER, R. und R. KLEWEN (Hrsg.): Beiträge zur Biologie und Bibliographie (1960–1987) der europäischen Wasserfrösche. Jahrbuch für Feldherpetologie, Beiheft 1: 97–104.

KORDGES, T. (1988b): Beobachtungen am Epirusfrosch (*Rana epeirotica*), dem neuen griechischen Wasserfrosch. In: GÜNTHER, R. und R. KLEWEN (Hrsg.): Beiträge zur Biologie und Bibliographie (1960–1987) der europäischen Wasserfrösche. Jahrbuch für Feldherpetologie, Beiheft 1: 135–143.

KOREF-SANTIBAÑEZ, S. (1979): The karyotypes of *Rana lessonae* CAMERANO, *Rana ridibunda* PALLAS and the hybrid form *Rana „esculenta“* LINNÉ (Anura). Mitteilungen aus dem Zoologisches Museum in Berlin **55**: 115–124.

KOREF-SANTIBANEZ, S. und R. GÜNTHER (1980): Karyological and serological studies in *Rana lessonae, R. ridibunda* and in their hybrid *R."esculenta"* (Amphibia, Anura). Genetica **52/53**: 195–207.

KORSHUNOV, A. V. (2008): Ecological patterns of biotopic distribution of *Pelophylax esculentus* complex in Kharkiv region. The Journal of V. N. Karazin Kharkiv National University, Biology **8**: 48–57 (in russisch).

KORSHUNOV, O. V. (2010): [Ecological pattern of distribution of *Pelophylax esculentus* complex in biotopes of the upper Seversky Donets river basin.] Dissertation, V. N. Karazin's Kharkiv National University (in russisch).

KORZIKOV, V. A., GLUSCHENKO, A. M. und A. B. RUCHIN (2014): Trophology five species of anurans larvae (Amphibia: Anura) from different habitatsnorthwest top Poochya. Current Studies in Herpetology, Saratov **14**: 119–125 (in russisch).

KOSAREVA, N. A. (1970): [Materials for the ecology of the marsh frog in Volgograd oblast.] In: MARKOV, G. S. (Hrsg.): Voprosy Morphologii, Ekologii i Parazitologii Zhivotnykh. Volgograd, S. 50–56 (in russisch).

KOSKA, S. (2016): Genska raznolikost i stupanj hibridizacije zelenih žaba roda *Pelophylax* Fitzinger, 1843 (Anura: Ranidae) s područja Crne Mlake. [Genetic diversity and degree of hybridization of green frogs of the genus *Pelophylax* Fitzinger, 1843 (Anura: Ranidae) from the area of Crna Mlaka.] Diplomarbeit, Universität Zagreb, unveröff. (in kroatisch).

KOTHBAUER, H. und H. SCHENKEL-BRUNNER (1978): Immunochemical investigations on water frog eggs: comparative studies on *Rana ridibunda*, *Rana lessonae* and their hybrid *Rana esculenta*. International Journal of Immunogenenetics **5**: 275–277.

KOTLÍK, P. und K. ŠŮLOVÀ (1994): Syntopic occurence of three taxa of water frogs in Czech Republic. Zoologica Poloniae **39**: 417–424.

KOTLÍK, P., RÁB, P. und K. ŠULOVÀ (1997): Allozymes give evidence for interbreeding between the hemiclonal hybrid frog *Rana esculenta* and its parental species *R. ridibunda* and *R. lessonae* at a syntopic locality. Gene Families and Isozymes **30**: 41–42.

KOTSERZHINSKAYA, I. M. (2003): Herpetofauna of National Park "Desnyansko-Starogutskiy" and adjacent territories. Nature Reserves in Ukraine, Kaniv **9**: 45–51 (in russisch).

KOVAR, R., BRABEC, M., VITA R. und R. BOCEK (2009): Spring migration distances of some Central European amphibian species. Amphibia-Reptilia **30**: 367–378.

KOZHEVNIKOVA, G. A. und G. A. LADA (2016): On polydactyly in the marsh frog *Pelophylax ridibundus* (Pallas, 1771) in Tambov province. Tambov University Reports, Series Natural and Technical Sciences, Tambov **21** (General Biology): 265–268 (in russisch).

KOZUCH, O., LABUDA, M. und J. NOSEK (1978): Isolation of sindbis virus from the frog *Rana ridibunda*. Acta Virologica, Prague **221**: 78.

KRAGE, S. (2022): Morphologisch-morphometrische und genetische Untersuchungen an Wasserfröschen (*Pelophylax* spp.) im Müritz-Nationalpark. Bachelor-Thesis, Hochschule für nachhaltige Entwicklung Eberswalde, unveröff..

KRAGE, S., SCHREIBER, R., JOHN, S., PLÖTNER, M. und J. PLÖTNER (2022): Morphologisch-morphometrische und genetische Untersuchungen an Wasserfröschen (*Pelophylax* spp.) im Müritz-Nationalpark (Mecklenburg-Vorpommern) unter besonderer Berücksichtigung des Kleinen Wasserfroschs (*Pelophylax lessonae*). Zeitschrift für Feldherpetologie **29**: 184–208.

KRATOCHVIL, H. (1984): Biometrische Messungen an Grünfröschen (Amphibia: Ranidae) im Bereich Niederösterreich und Burgenland. Verhandlungen der Zoologisch-Botanischen Gesellschaft in Österreich **122**: 29–34.

KRAUSSE, A. (1913): Die sardinischen Amphibien und Reptilien. Archiv-Naturgeschichte **79A**: 42–43

KREFFER, L. (2007): Tree *Rana*. POD@RCIS 8. www.podarcis.nl

KREMER, B. (2010): Depredación intraespecífica sobre larvas y juvelines en *Pelophylax perezi*. Boletín de la Asociación Herpetológica Española **21**: 61–62.

KRICHEVSKAYA, I. E. (1961): [Parasitofauna of tadpoles and juveniles of the marsh frog (*Rana ridibunda*) in the Volga delta.] Trudy Astrakhanskogo Zapovednika, Astrakhan **5**: 336–349 (in russisch).

KRIVOSHEEV, V. A. (2008): [Fauna inventory: Amphibians and reptiles of the oblast Ulyanovsk.] Artishok, Ulyanovsk (in russisch).

KRIZMANIĆ, I. I. (2008a): Water frogs (*Rana esculenta* complex) in Serbia – morphological data. Archives of Biological Sciences, Belgrade **60**: 449–457.

KRIZMANIĆ, I. I. (2008b): Basic morphological characteristics of the *Rana* (*Pelophylax*) synklepton *esculenta* complex in relation to legal regulations in Serbia. Archives of Biological Sciences, Belgrade **60**: 629–629.

KRIZMANIĆ, I. I. und A. T. IVANOVIĆ (2010): Population system of the *Pelophylax esculentus* complex in the southern part of its range. Folia Zoologica **59**: 215–222.

KUBANTSEV, B. S. und N. N. KOLYAKIN (1988): [Composition and distribution of amphibians in the northern districts of the Lower Volga region.] In: TERTYSHNIKOV, M. F. (Hrsg.): Zhivotnyi Mir Predkavkaz'ya i Sopredelnykh Territoriy. SGPI, Stavropol, S. 54–59 (in russisch).

KUBANTSEV, B. S. und T. I. ZHUKOVA (1982): [Some ecological results of anthropogenic impacts on marsh frog populations and habitats.] Ekologiya, Sverdlovsk **6**: 46–51 (in russisch).

KUC, I. und T. SULGOSTOWSKA (1988): Helminth fauna of *Rana ridibunda* Pallas, 1771 from Gocławski Canal in Warszawa (Poland). Acta Parasitologica Poloniae **33**: 267–272.

KUCHEROV, E. V., MIGRANOV, M. G., YAFAEVA, Z. S., DYACHENKO, I. P., BAYANOV, M. G., MAMATOV, A. F., BURZYANTSEV, A. V. und P. P. FEDICHKIN (1984): [Animals in need of conservation and sustainable use.] In: KUCHEROV, E. I. (Hrsg.): Krasnaya Kniga Bashkirskoy ASSR. Redkie Rasteniya i Zhivotnye. Problemy ikh Okrany. Bashkirskoe Knizhnoe Izdatel'stvo, Ufa, S. 136–190 (in russisch).

KUHN, B. und H. SCHNEIDER (1984): Mating and territorial calls of the frog *Rana ridibunda* and their temperature-dependent variability. Zoologischer Anzeiger **212**: 273–305.

KÜHNEL, K.-D., RIECK, W., KLEMZ, C., NABROWSKY, H. und A. BIEHLER (1991): Rote Liste der gefährdeten Amphibien und Reptilien von Berlin. In: AUHAGEN, A., PLATEN, R. und R. SUKOPP (Hrsg.): Rote Listen der gefährdeten Pflanzen und Tiere in Berlin. Schwerpunkt Berlin (West), S. 143–156.

KÜHNEL, K.-D., SCHARON, J., KITZMANN, B. und B. SCHONERT (2017): Rote Liste und Gesamtartenliste der Lurche (Amphibia) von Berlin. In: Der LANDESBEAUFTRAGTE FÜR NATURSCHUTZ UND LANDSCHAFTSPFLEGE/SENATSVERWALTUNG FÜR UMWELT, VERKEHR UND KLIMASCHUTZ (Hrsg.): Rote Listen der gefährdeten Pflanzen, Pilze und Tiere von Berlin. doi: 10.14279/depositonce-5847.

KÜRÜM, V. (2015): [Statistics of the frog trade in Turkey.] [Republik Türkei, Ministerium für Land- und Forstwirtschaft, Generaldirektorat für Fischerei und Aquakultur, Ankara, Türkei] (in türkisch).

KUKUSHKIN, O. V., IVANOV, A. Y. und O. A. ERMAKOV (2018): Genetic heterogeneity of the marsh frog (*Pelophylax* (*ridibundus*) complex; Anura, Ranidae) population in Crimea revealed by mitochondrial and nuclear DNA analyses. University Proceedings of Volga region, Natural Sciences, Zoology **3**: 32–54 (in russisch).

KULAKOVA, E. Y., LADA, G. A. und M. V. REZVANTSEVA (2009): Taxonomical composition of the food components in the diet of water frogs (*Rana esculenta* complex) of Khopyor State Reserve (Novokhopyorsk District, Voronezh Province). Tambov University Reports, Series Natural and Technical Sciences, Tambov **14**: 549–554 (in russisch).

KULAKOVA, E. Y., LADA, G. A. und M. V. REZVANTSEVA (2011): Diet of water frogs (*Rana esculenta* complex) in the mixed REL-population system in Chopyor Reserve (Voronezh Province). In: ANANJEVA, N. B. (Hrsg.): The Problems of Herpetology, St. Petersburg, S. 124–128 (in russisch).

KULIKOVA, E. A., AXENOVA, E. A., KORZUN, E. V. und M. N. KOLOSKOV (2013): The distribution of green frogs (*Pelophylax esculentus* complex) in Belarus. In: ANANJEVA, N. B., SYROMYATNIKOVA, E. V. und I. V. DORONIN (Hrsg.): Modern Herpetology: Problems and Ways of their Solutions, St. Petersburg, S. 101–104 (in russisch).

KULIKOVA, E. A., AXENOVA, E. A. und N. V. LUKHANINA (2012): Evaluation of species belonging and distribution of green frogs (*Pelophylax esculentus* complex) by PCR-RELP-based method in central and southern Belarus. In: ANANJEVA, N. B. und R. B. NOVITSKY (Hrsg.): The Problems of Herpetology, Minsk, S. 135–137 (in russisch).

KULIKOVA, E. A., PIETRAS-LEBIODA, A., KOLENDA, K. und M. OGIELSKA (2015): [Population structure of Central European water frogs (*Pelophylax esculentus* complex) in the Pripyat River oxbows (Turov, Belarus).] In: Mologyuz' v Nauke, Minsk, S. 76 (in russisch).

KUMAR, S. STECHER, G., LI, M., KNYAZ, C. und K. TAMURA, (2016): MEGA X: Molecular Evolutionary Genetics Analysis across computing platforms. Molecular Biology and Evolution **35**: 1547–1549.

KURANOVA, V. N. (2001): Population dynamics in anuran amphibians at the south-west of Western Siberia. In: ANANJEVA, N. B ., DAREVSKY, I. S., DUNAEV, E. A., IORDANS-

KY, N. N., KUZMIN, S. L. und V. F. ORLOVA (Hrsg.): The Problems of Herpetology, Puschino-Moscow, S. 147–149 (in russisch).

KURTYAK, F. F. (2004a): [The amphibians of the flat Transkarpathians area: status of fauna and the analysis of problem groups.] Dissertation, Zoologicheskiy Institut Kyiv (in ukrainisch).

KURTYAK, F. F. (2004b): Changes of attitudes of morphological parameters in ontogenesis of *Rana* kl. *esculenta* (Amphibia). Naukovyi Vistnyk Uzhgorods'kogo Universitetu, Seriya Biologiya, Uzhgorod **14**: 184–187 (in ukrainisch).

KURTYAK, F. F (2005): Features of population frame green frogs *Rana esculentus* complex of the Zakarpatye lowland. Naukovyi Vistnyk Uzhgorods'kogo Universitetu, Seriya Biologiya, Uzhgorod **16**: 172–175 (in ukrainisch).

KURTYAK, F. F. (2010): Anomalies of development of faintnesses in unisex hybrid populations *Pelophylax* klepton *esculenta* (Linnaeus, 1758) (Amphibia, Anura, Ranidae) in the Transcarpathians Lowland. Naukovyi Vistnyk Uzhgorods'kogo Universitetu, Seriya Biologiya, Uzhgorod **28**: 132–134 (in ukrainisch).

KURTYAK, F. F. und L. V. KRUL'KO (2007): Rare colouring of lake frogs (Amphibia, Ranidae, *Pelophylax ridibundus* Pallas, 1771) from fences surrounding Uzhgorod. Naukovyi Vistnyk Uzhgorods'kogo Universitetu, Seriya Biologiya, Uzhgorod **21**: 62 (in ukrainisch).

KUSHNIRUK, V. A. (1964): [On overwintering of some amphibians under conditions of western provinces in Ukraine.] In: TERENTJEV, P. V. (Hrsg.): Voprosy Gerpetologii, Leningrad, S. 37–38 (in russisch).

KUZMIN, S. L. (1999): [Amphibians of the former USSR.] KMK, Moskva (in russisch).

KUZMIN, S. L. (2012): [Amphibians of the former USSR.] Vtoroe Izdanie. KMK, Moskva (in russisch).

KUZMIN, S. L. (2013): The Amphibians of the former Soviet Union. Pensoft, Sofia-Moscow.

KUZMIN, S., BEEBEE, T., ANDREONE, F., NYSTRÖM, P., ANTHONY, B. P., SCHMIDT, B., OGRODOWCZYK, A., OGIELSKA, M., COGALNICEANU, D., KOVÁCS, T., KISS, I., PUKY, M. und J. VÖRÖS (2009a): *Pelophylax lessonae.* In: The IUCN Red List of Threatened Species 2009: e.T58643A86643256. http://dx.doi.org/10.2305/IUCN.UK.2009.RLTS.T58643A11818386.en

KUZMIN, S. L., BOBROV, V. V. und E. A. DUNAEV (1996): Amphibians of Moscow province: distribution, ecology, and conservation. Zeitschrift für Feldherpetolgie, Magdeburg **3**: 19–72.

KUZMIN, S., TARKHNISHVILI, D., ISHCHENKO, V., DUJSEBAYEVA, T., TUNIYEV, B., PAPENFUSS, T., BEEBEE, T., UGURTAS, I. H., SPARREBOOM, M., RASTEGAR-POUYANI, N., DISI, A. M. M., ANDERSON, S., DENOËL, M. und F. ANDREONE (2009b): *Pelophylax ridibundus*. The IUCN Red List of Threatened Species: e.T58705A11825745. http://dx.doi.org/10.2305/IUCN.UK.2009.RLTS. T58705A11825745.en

KUZMIN, Y., DMYTRIEVA, I., MARUSHCHAK, O., MOROZOV-LEONOV, S., OSKYRKO, O. und O. NEKRASOVA (2020): Helminth species and infracommunities in frogs *Pe-*

lophylax ridibundus and *P. esculentus* (Amphibia: Ranidae) in Northern Ukraine. Acta Parasitologica **65**: 341–353.

KUZOVENKO, E. A. und A. I. FAYZULIN (2012): Trophic relations and fauna of helminths of *Rana esculenta* complex (Anura, Amphibia) of urbanized territories of Volga basin. In: ANANJEVA, N. B. und R. B. NOVITSKY (Hrsg.): The Problems of Herpetology, Minsk, S. 130–134 (in russisch).

KUZOVENKO, E. A. und A. I. FAYZULIN (2013): On feeding of water frogs (*Pelophylax esculentus* complex) in REL-population system in Samara Province. Tambov University Reports, Series Natural and Technical Sciences, Tambov **18**: 3022–3025 (in russisch).

KWET, A. (1993): Biologie, Ökologie und Schutz der Amphibien im NSG Federsee. Diplomarbeit, Univertsität Tübingen, unveröff.

KYRIAKOPOULOU-SKLAVOUNOU, P. (1980): Plasma albumin patterns of the species *Rana ridibunda* in Greece. Experientia **36**: 1171–1172.

KYRIAKOPOULOU-SKLAVOUNOU, P. (1992): Everything that we know about the water frog *Rana ridibunda* from Greece. In: KORSÓS, Z. und I. KISS (Hrsg.): Proceedings of the 6th Ordinary General Meeting of the Societas Europaea Herpetologica, Budapest, Hungary, S. 281–283.

KYRIAKOPOULOU-SKLAVOUNOU, P. und M. E . KATTOULAS (1980): Contribution to the reproductive biology of *Rana ridibunda* Pallas (Anura, Ranidae). Amphibia-Reptilia **11**: 23–30.

KYRIAKOPOULOU-SKLAVOUNOU, P., PAPAEVANGELOU, E. und N. KLADISIOS (2012): A scanning electrone microscopic study of the surface morphology of nuptial pads in male amphibians (Genus: *Bombina*, *Pelophylax*, *Rana*). Acta Herpetologica **7**: 81–90.

KYRIAKOPOULOU-SKLAVOUNOU, P., SJÖGREN, P. und H. JANSSON (1991): Discordant genetic and morphological differentiation between three *Rana ridibunda* populations from northern Greece. Hereditas **115**: 51–61.

LAANETU, N. (2012): [Amphibians, reptiles and mammals.] In: TIMM, T., RAUKAS, A., HABERMAN, J. und A. JANI (Hrsg.): Pskovsko-Chudskoe Ozero, Tartu, S. 379–389 (in russisch).

LACÉPÈDE, B. G. É. (1788): Histoire Naturelle des Quadrupèdes Ovipares et des Serpens, des Poisson et des Cetaces. 16mo version. Volume 2. Paris: Hôtel de Thou.

LACOMBA, J. I. und V. SANCHO (1999): Atlas de los anfibios y reptiles de la Comunidad Valenciana. Boletín de la Asociación Herpetológica Española **10**: 2–10.

LADA, G. A. (1995): [Central European green frogs (hybridogenic complex *Rana esculenta*): an introduction to the problem.] In: KOLONTAEV, V. M. (Hrsg.): Flora i Fauna Chernozemya, Tambov, S. 88–109 (in russisch).

LADA, G. A. (1998): [On the need of conservation unique "pure" populations of the diploid edible frog (*Rana esculenta* Linnaeus, 1758) in Belgorod and Kharkov regions.] In: IVANOV A. I., KHRYANIN A. I., CHISTYAKOVA, A. A. und L. A. NOVIKOVA (Hrsg.).: Problemy Okhrany i Ratsional'nogo Ispolzovaniya Prirodnykh Ekosistem i Biologicheskikh Resursov. Penza, S. 333–335 (in russisch).

LADA, G. A. (1999): Pure diploid hybridogenetic populations of *R.* kl. *esculenta* (Linnaeus, 1758) in Central Russia and Eastern Ukraine. In: 3rd International Symposium on «Genetics, Systematics and Ecology of Western Palearctic Water frogs»: Abstracts, Berlin, S. 11.

LADA, G. A. (2007): Geographic variation of the pool frog, *Rana lessonae* Camerano, 1882, in the Russian Plain's territory. In: LADA, G. A. (Hrsg.): Flora i Fauna Chernozemya, Tambov, S. 105–126 (in russisch).

LADA, G. A. (2008): Geographic variation of the edible frog *Rana esculenta* on the Russian Plain's territory. In: ANANJEVA, N. B., DANILOV, I. G., DUNAYEV, E. A., ISHCHENKO, V. G., LADA, G. A., LITVINCHUK, S. N., ORLOVA, V. F., SMIRINA, E. M., TUNIYEV, B. S. und R. G. KHALIKOV (Hrsg.): The Problems of Herpetology, Saint-Petersburg, S. 234–241 (in russisch).

LADA, G. A. (2012): [Anurans of the Russian Plain: Variability, Speciation, Distribution, Conservation.] Doctoral Thesis. Kazan State University (in russisch).

LADA, G. A., BORKIN, L. J., LITVINCHUK, S. N. und J. M. ROSANOV (2009): Green frog *Rana esculenta* complex (Amphibia, Ranidae) composition in Dnepropetrovsk Province (eastern Ukraine). Proceedings of the Ukrainian Herpetological Society, Kyiv **2**: 37–44 (in russisch).

LADA, G. A., BORKIN, L. J., LITVINCHUK, S. N. und J. M. ROSANOV (2011a): Types of population systems in green frogs (*Rana esculenta* complex) in the territory of the Russian Plain. In: ANANYEVA, N. B. (Hrsg.): The Problems of Herpetology, St. Petersburg, S. 142–148 (in russisch).

LADA, G. A., BORKIN, L. J., LITVINCHUK, S. N. und J. M. ROSANOV (2011b): Species composition and population systems of green frogs, *Rana esculenta* complex (Amphibia; Anura) in the Psyol' River Drainage. Praci Ukrainskogo Gerpetologichnogo Tovaristva, Kyiv **3**: 76–83 (in russisch).

LADA, G. A., BORKIN, L. J. und A. E. VINOGRADOV (1995): Distribution, population systems and reproductive behavior of green frogs (hybridogenetic *Rana esculenta* complex) in the central chernozem territory of Russia. Russian Journal of Herpetology **2**: 46–57.

LADA, G. A., GORDEEV, D. A., PRILIPKO, S. K., BORKIN, L. J., LITVINCHUK, S. N. und J. M. ROSANOV (2016): On the southern distributional limit of the pool frog, *Pelophylax lessonae* (Camerano, 1882): the first record in Volgograd region, Russia. Vestnik of Saint Petersburg University. Series 3. Biology, St. Petersburg **3**: 64–68 (in russisch).

LADA, G. A., MILTO, K. D. und Y. B. MALASHICHEV (2011c): Amphibians and reptiles of the "Les na Vorskle" and "Ostrasyev Yar» territories of the «Belogorye» Nature Reserve and their surroundings. Current Studies in Herpetology, Saratov **11**: 40–47 (in russisch).

LADA, G. A., MODNOV, A. S., REZVANTSEVA, M. V., KULAKOVA, E. Y., GONCHAROV, A. G. und D. S. AKSYONOV (2008): Albinism in pool frog, *Rana lessonae* Camerano, 1882, in the Khopyor Reserve (Novokhopyorsk District, Voronezh region). Current Studies in Herpetology, Saratov **8**: 58–61 (in russisch).

LADA, G. A., PYATOVA, M. V., KHOLOBURDINA, E. Y. und AKSYONOV, D. S. (2018): Ecological differentiation of three species of water frogs (*Pelophylax esculentus* complex) in mixed REL-population system. University Proceedings of Volga Region, Natural Sciences, Penza **3**: 13–32 (in russisch).

LADA, G. A. und A. A. TEPLYAKOV (2014): Characteristics of biology of marsh frog *Pelophylax ridibundus* (Pallas, 1771) in conditions of thermal pollution. Tambov University Reports, Series Natural and Technical Sciences, Tambov **19**: 194–196 (in russisch).

LAGHI, P., MISEROCCHI, D. und M. VALLI (2013): Determinazione genetica della presenza delle rane verdi alloctone *Pelophylax ridibundus* e *Pelophylax kurtmuelleri* (Amphibia, Anura, Ranidae) in due località della Romagna. Quaderni del Museo di Storia Naturale di Ferrara **1**: 75–78.

LAMATSCH, D. K . und M. STÖCK (2009): Sperm-dependent parthenogenesis and hybridogenesis in teleost fishes. In: SCHÖN, I., MARTENS, K. und P. VAN DIJK (Hrsg.): Lost sex! The Evolutionary Biology of Parthenogenesis. Springer, Dordrecht, S. 399–432.

LANZA, B. (1962): On the Introduction of *Rana ridibunda* Pallas and *Rana catesbeiana* Shaw in Italy. Copeia **1962**: 642–643.

LANZA, B. und C. CORTI (1993): Erpetofauna italiana: "acquisizioni" ed estinzioni nel corso del Novecento. Supplementi alla Ricerca Biologica della Selvaggina **21**: 5–49.

LARGEN, M. J. und S. LOADER (2016): *Pelophylax demarchii*. The IUCN Red List of Threatened Species: e.T29675A18406859. http://dx.doi.org/10.2305/IUCN.UK.2016-1.RLTS.T29675A18406859.en

LARIONOV, L. F. (1924): [Amphibians in the vicinities of Tyumen.] Izvestiya Tomskogo Universiteta, Tomsk **72**: 1–4 (in russisch).

LATASTE, F. (1880): Batraciens et reptiles recueillis en Chine par M. V. Collin de Plancy. Bulletin de la Société Zoologique de France **5**: 61–69.

LAUFER, H. (2001): Amphibien in den Poldern Altenheim (Oberrhein, Baden-Württemberg): Bestandsentwicklung und Auswirkungen von Hochwassern. In: KUHN, J., LAUFER, H. und M. PINTAR (Hrsg.): Amphibien in Auen. Zeitschrift für Feldherpetologie **8**: 203–214.

LAZAREVA, O. (2005): A comparative skeletochronological analysis of demography of four amphibian species (Anura, Ranidae) from the Ivanovo oblast', European Russia. In: ANANJEVA, N. und O. TSINENKO (Hrsg.): Herpetologia Petropolitana, St. Petersburg, S. 176–178.

LAZAREVA, O. G. (2006): A comparative analysis of age characteristics of four frog species. In: MOSKVITINA, N. S. (Hrsg.): Populyatsionnaya Ekologiya Zhivotnykh. Tomskiy Gosudarstvennyi Universitet, Tomsk, S. 237–239 (in russisch).

LECAPLAIN, B. und F. NOËL (2015): Branchiobdellidées et Hirudinées du Nord-Ouest de la France. Recherche, récolte et identification. Juillet 2015 – Document de travail – V2.

LEIN, S. und G. REUTER (2005): Heterochromatin and „gene silencing". Medizinische Genetik **17**: 254–259.

LEMAN, S., MORERE, J. J., MARTIN-BOUYER, L. und H. SALOMON (1995): Conservation of an amphibian community in the marsh of Charvas (Isere, France). In: LLORENTE,

G. A., MONTORI, A., SANTOS, X. und M. A. CARRETERO (Hrsg.). Scientia Herpetologica, Barcelona, S. 352–353.

LENNÉ, S. und H. SCHNEIDER (1995): Der Seefrosch in Nordhessen: Nachweis, Rufe und Rufverhalten. Hessische Faunistische Briefe **14**: 51–62.

LEUENBERGER, J. (2013): Monitoring the invasion of the marsh frog (*Pelophylax ridibundus*) within the populations of native water frogs in the natural reserve of the Grande Caricaie using genetic tools. Travail de Maîtrise universitaire ès Sciences en comportement, évolution et conservation. Master Thesis of Science in Behaviour, Evolution and Conservation, Universite de Lausanne, unveröff.

LEUENBERGER, J., GANDER, A., SCHMIDT, B. R. und N. PERRIN (2014): Are invasive marsh frogs (*Pelophylax ridibundus*) replacing the native *P. lessonae*/*P. esculentus* hybridogenetic complex in Western Europe? Genetic evidence from a field study. Conservation Genetics **15**: 869–878.

LI VIGNI, F., LICATA, F. und S. ANZA (2011): Waterfrog (*Pelophylax* sp.) found near Domusnovas in southwestern Sardinia, Italy. Herpetozoa **24**: 101–103.

LINDHOLM, A. (1902): Biologische Beobachtungen an einigen Batrachiern des Europäischen Russlands. Zoologischer Garten **43**: 390–403.

LINNAEUS, C. (1758): Systema Naturae per Regna Tria Naturae, Secundum Classes, Ordines, Genera, Species, cum Characteribus, Differentiis, Synonymis, Locis. 10th Edition. Volume 1. Stockholm, Sweden, L. Salvii.

LITVINCHUK, S. N. (2018): Testicular anomalies in the hybridogenetic frog *Pelophylax esculentus* (Amphibia: Anura: Ranidae). In: VERSHININ, V. L. und S. D. VERSHININA (Hrsg.): The Second International Conference "Amphibians and Reptiles Anomalies and Pathology: Methodology, Evolutionary Significance, Monitoring and Environmental Health", KnE Life Science, S. 92–96.

LITVINCHUK, S. N., BORKIN, L. J., LITVINCHUK, Y. S. und J. M. ROSANOV (2015b): Distribution and population systems of green frogs (*Pelophylax esculentus* complex) in Kaliningrad oblast', Russia (Baltic Sea region). Russian Journal of Herpetology **22**: 188–196.

LITVINCHUK, S. N., CROTTINI, A., FEDERICI, S., DE POUS, P., DONAIRE, D., ANDREONE, F., KALEZIĆ, M. L., DŽUKIĆ, G., LADA, G. A., BORKIN, L. J. und J. M. ROSANOV (2013): Phylogeographic patterns of genetic diversity in the common spadefoot toad, *Pelobates fuscus* (Anura: Pelobatidae), reveals evolutionary history, postglacial range expansion and secondary contact. Organisms, Diversity und Evolution **13**: 433–451.

LITVINCHUK, S. N., IVANOV, A. Y., LUKONINA, S. A. und O. A. ERMAKOV (2020): A record of alien *Pelophylax* species and widespread mitochondrial DNA transfer in Kaliningradskaya Oblast' (the Baltic coast, Russia). BioInvasions Records **9**: 599–617.

LITVINCHUK, S. N., PASHKOVA, I. M., ROSANOV, J. M. und L. J. BORKIN (2005): [Effect of hybridization and ploidy on the termoresistance of skeletal musculature in green frogs of the *Rana esculenta* complex (Anura, Amphibia).] In: RUCHIN, A. B. (Hrsg.): Aktualnye Problemy Ekologicheskoy Fiziologii, Biokhimii i Genetiki Zhivotnykh. Saransk, S. 136–138 (in russisch).

LITVINCHUK, S. N., PASHKOVA, I. M., ROSANOV, J. M. und L. J. BORKIN (2007): Heat resistance of the muscle in West-Palearctic green frogs of *Rana esculenta* complex. Biology Bulletin, Moscow **34**: 61–66.

LITVINCHUK, S. N., ROSANOV, J. M., BORKIN, L. J. und D. V. SKORINOV (2008): Molecular, biochemical and cytogenetic aspects of microevolution in anurans of Russia and adjacent countries. In: ANANJEVA, N. B. (Hrsg.): The Problems of Herpetology, St. Petersburg, S. 235–245 (in russisch).

LITVINCHUK, S. N., SKORINOV, D .V. und J. M. ROSANOV (2015a): Natural spontaneous autotriploidy in the genus *Pelophylax* (Anura: Ranidae). Russian Journal of Herpetology **22**: 318–320.

LITVINCHUK, Y. S. (2017): [Genome elimination and endoreduplication in hybridogenetic frogs of the *Pelophylax esculentus* complex in population systems of European Russia.] Magister Dissertation, St. Petersburg State University (in russisch).

LIZANA AVIA, M., CIUDAD PIZARRO, M. J. und V. PÉREZ-MELLADO (1986): Uso de los recursos tróficos en una comunidad ibérica de anfibios. Revista Española de Herpetología **1**: 207–271.

LIZANA, M., CIUDAD, M. J. und V. PÉREZ-MELLADO (1988): Distribución altitudinal de la herpetofauna en el macizo central de la Sierra de Gredos. Revista Española de Herpetología **3**: 55–67.

LIZANA, M., CIUDAD, M. J. und PÉREZ-MELLADO (1989): Actividad, reproducción y uso del espacio e uns comunidad de anfíbios. In: FONTANET, X. und N. HORTA (Hrsg.): Treballs d' Ictiologia i Herpetologia. Treballs Societat Catalana Ictiologia i Herpetologia 2, S. 92–127.

LJUBISAVLJEVIC, K., DZUKIC, G. und M. KALEZIC (2003): Green frogs are greatly endangered in Serbia and Montenegro. Froglog **58**. https://www.iucn-amphibians.org/wp-content/uploads/2018/10/Froglog58.pdf

LLORENTE G. A., BEGONA, A., CIVANTOS, E. und N. GARCIA-SERRA (1995): Extreme variability in the oral morphs of *Rana perezi* larvae: their dubious application in the diagnosis of the P-RP system. Revista Española de Herpetología **9**: 85–91.

LLORENTE, G. A., MONTORI, A., CARRETERO, M. A. und X. SANTOS (2002): *Rana perezi* Seoane, 1885. *Rana* comúm. In: PLEGUEZUELOS, J. M., MÁRQUEZ, R. und M. LIZANA (Hrsg.): Atlas y libro rojo de los anfíbios y reptiles de España. Dirección General de la Conservación de la Naturaleza-Asociación Herpetológica. Madrid, S. 126–128.

LLUCH, J., NAVARRO, P. und V. ROCA, V. (1985): Presencia en España de *Ratzia parva* (Stossich, 1904). Zoologica **9**: 25–29.

LLUCH, J., ROCA, V. und P. NAVARRO (1986a): Contribución al conocimiento de la helmintofauna de los herpetos ibericos. III. Digenea, Paramphistomidae, Hemiuridae, Gorgoderidae, Plagiorchiidae, Haematoloechidae y Cephalogonimidae de *Rana perezi* SEOANE, 1985 (Amphibia: Ranidae). Revista Ibérerica de Parasitologia **46**: 387–392.

LLUCH, J., ROCA, V. und P. NAVARRO (1986b): Helmintofauna de anfibios del Levante Ibérico. Trematodos de *Rana perezi* SEOANE, 1885. Boletín de la Real Sociedad Española de Historia Natural **81**: 43–49.

LLUCH, J., ROCA, V. und P. NAVARRO (1986c): Helmintofauna de los herpetos ibéricos. VII. Metacercarias de *Rana perezi* SEOANE, 1885 (Amphibia, Ranidae). Miscellania Zoològica **10**: 55–60.

LLUCH, J., ROCA, V. und P. NAVARRO (1986d): Contribucion al conocimiento de la helmintofauna de los herpetos ibericos. 2. Digenea Lecithodendriidae de *Rana perezi* SEOANE, 1885 (Amphibia: Ranidae). Revista Ibérica de Parasitología **46**: 229–236.

LODÉ, T. (2001): Character convergence in advertisement call and mate choice in two genetically distinct water frog hybridogenetic lineages (*Rana* kl. *esculenta*, *Rana* kl. *grafi*). Journal of Zoological Systematics and Evolutionary Research **39**: 91–96.

LODÉ, T. und A. PAGANO (2000): Variations in call and morphology in male water frogs: taxonomic and evolutionary implications. Comptes Rendus de l'Académie des Sciences de la vie/Life Sciences **323**: 995–1001.

LÖNNBERG, E. (1896): Linnean type-specimens of birds, reptiles, batrachians and fishes in the Zoological Museum of the R. University in Uppsala. Bihang till Kongliga Svenska Vetenskaps-Akademiens Handlingar **22**, AIV(1): 1–45.

LUDOVISI, A., ROSSI, R., PARACUCCHI, R., SELVAGGI, R., FAGOTTI, A., SIMONCELLI, F., PASCOLINI, R. und I. DI ROSA (2014): The delayed effects of meteorological changes on the water frogs in Italy. Hydrobiologica **730**: 139–152.

LUHANOV, S. P ., TZANKOV, N. D. und D. M. SIMEONOVSKA-NIKOLOVA (2014): Effects of environmental factors on mating call characteristics of the marsh frog *Pelophylax ridibundus* (Pallas, 1771) (Amphibia: Ranidae) in Bulgaria. Acta Zoologica Bulgarica **66**: 209–216.

LUIS, R. und M. BÁEZ (1987): Anomalías morfológicas de los anfibios de las Islas Canarias (Amphibia, Anura). Vieraea **17**: 295–296.

LUKANOV, S., TZANKOV, N. D. und D. SIMINOWSKA-NIKOLOVA (2013): A comparative study of the mating call of *Pelophylax ridibundus* and *Pelophylax kurtmuellerei* (Anura: Ranidae) from syntopic and allotropic populations. Journal of Natural History **49**: 257–272.

LUKANOV, S. P., TZANKOV, N. D. und B. Y. NAUMOV (2017): First documented records of *Pelophylax lessonae* (Camerano, 1882) (Amphibia: Ranidae) from Bulgaria. Acta Zoologica Bulgarica **69**: 483–488.

LUKONINA, S. A., IVANOV, A. Y., LITVINCHUK, S. N., SVININ, A. O., FAYZULIN, A. I. und O. A. ERMAKOV (2019): The eastern boundary of distributional range of *Pelophylax kurtmuelleri* haplotypes on the Russian Plain. In: DORONIN, I. V. (Hrsg.): Modern Herpetology: Problems and Ways of their Solutions. Zoological Institute RAS, Saint-Petersburg (in russisch).

LUNDBERG, U. und G. WEIDAUER (1971): Teichfrösche im Test. URANIA **34**: 18–21.

LUQUET, E., VORBURGER, C., HERVANT, F., JOLY, P., KAUFMANN, B., SCHMELLER, D. S., LÉNA, J. P., GROLET, O., KONECNY, L. und S. PLÉNET (2011): Invasiveness of an introduced species: the role of hybridization and ecological constraints. Biological Invasions **13**: 1901–1915.

LUSIS, J. J. und I. A. CAUNE (1984): Giant tadpoles of green frogs in Latvia. In: SLOKA, N. (Hrsg.): Faunisticheskie, Ekologicheskie and Etologiccheskie Issledovaniya Zhivotnykh. Latviyskiy Gosudarstvennyi Universitet im. P. Stuchki, Riga, S. 117–120 (in russisch).

LUTSCHINGER, G. (1988): Zur Überwinterung der Wasserfrösche in den Donau- und Marchauen. In: GÜNTHER, R. u. R. KLEWEN (Hrsg.): Beiträge zur Biologie und Bibliographie (1960–1987) der europäischen Wasserfrösche. Jahrbuch für Feldherpetologie, Beiheft 1: 153–160.

LYALYUSHKO, D. M. (1972): Orientation of *Rana esculenta* L.. Vestnik zoologii **4**: 41–45 (in russisch).

LYAPKOV, S. M. (2014a): *Pelophylax ridibundus* in Kamchatka thermal waters. Zoologicheskiy Zhurnal, Moskva **93**: 1427–1432 (in russisch).

LYAPKOV, S. M. (2014b): The marsh frog *Pelophylax ridibundus* in Kamchatka: distribution, habitats, and characteristics of population structure. In: TOKRANOV, A. M. (Hrsg.): Conservation of biodiversity of Kamchatka and coastal waters. Kamchatpress, Petropavlovsk-Kamchatsky, S. 62–66 (in russisch).

LYAPKOV, S. M., ERMAKOV, O. A. und S. V. TITOV (2018): Distribution and origin of two forms of the marsh frog *Pelophylax ridibundus* complex (Anura, Ranidae) from Kamchatka based on mitochondrial and nuclear DNA data. Biology Bulletin, Moscow **45**: 699–705.

LYMBERAKIS, P. und N. POULAKAKIS (2010): Three continents claiming an archipelago: The evolution of Aegean's herpetofaunal diversity. Diversity **2**: 233–255.

LYMBERAKIS, P., POULAKAKIS, N., MANTHALOU, G., TSIGENOPOULOS, C. S., MAGOULAS, A. und M. MYLONAS (2007): Mitochondrial phylogeography of *Rana* (*Pelophylax*) populations in the Eastern Mediterranean region. Molecular Phylogenetics and Evolution **44**: 115–125.

MACALKA, A. (1992): Verbreitung und Populationsstruktur der Wasserfrösche (*Rana ridibunda*, *Rana lessonae*, *Rana esculenta*) im Raum Wien – Untersuchungen zu Populationsdynamik, Ökologie und Ethologie. Diplomarbeit, Universität Wien, unveröff.

MAKRUZE, V. K. (1961): [Seasonal changes in the occrrence of male and female marsh frogs (*Rana ridibunda* Pall.).] Nauchnye Doklady Vysshey Shkoly, Biologicheskie Nauki, Moskva **1961**: 48–50 (in russisch).

MAKRUZE, V. K. (1964a): [Impact of grass snakes in spawning and fishery farms of the Volga delta.] Voprosy Ikhtiologii, Moskva **1964**: 736–745 (in russisch).

MAKRUZE, V. K. (1964b): *Rana ridibunda* Pall. and its role in spawning- and fishery managements in the Volga delta. Zoologicheskiy Zhurnal, Moskva **63**: 1511–1516 (in russisch).

MAKRUZE, V. K. (1964c): [Economic value of ichthyophagous birds, reptiles and amphibians in spawning and fishery farms of the Volga River delta.] Nauchnye Doklady Vysshey Shkoly, Biologicheskie Nauki, Moskva **1964**: 39–42 (in russisch).

MAKRUZE, V. K. (1964d): [Practical value of the marsh frog, grass and dice snakes in spawning and fishery managements in the Volga delta.] In: TERENTIEV, P. V. (Hrsg.): Voprosy Gerpetologii, Leningrad, S. 46–47 (in russisch).

MALKMUS, R. (1982a): Beitrag zur Verbreitung der Amphibien und Reptilien Portugals. Salamandra **18**: 218–299.

MALKMUS, R. (1982b): Die Bedeutung der Brunnen für den Amphibienbestand Portugals. Salamandra **18**: 205–217.

MALKMUS, R. (1984): Zur Verbreitung von *Rana perezi* und *Lacerta dugesii* auf den Azoren. Nachrichten des Naturwissenschaftlichen Museums der Stadt Aschaffenburg **92**: 37–70.

MALKMUS, R. (1985): Die Serra da Estrela (Portugal) unter besonderer Berücksichtigung ihrer Herpetofauna. Bonner zoologische Beiträge **36**: 105–144.

MALKMUS, R. (1990): Herpetofaunistische Daten aus Nordost-Portugal. Salamandra **26**: 165–176.

MALKMUS, R. (1991): Zur Herpetofauna der portugiesischen Litoralzone (Amphibia et Reptilia). Faunistische Abhandlungen. Staatliches Museum für Tierkunde Dresden **18**: 71–83.

MALKMUS, R. (1995): Die Amphibien und Reptilien Portugals, Madeiras und der Azoren. Die Neue Brehm-Bücherei Bd. 621, 2. Auflage. Westarp Wissenschaften, Hohenwarleben.

MALKMUS, R. (1997a): Verbreitung und Biotopwahl von *Rana perezi* auf den Azoren, Madeira und den Kanaren. Elaphe **5**: 77–80.

MALKMUS, R. (1997b): Beitrag zur Verbreitung der Amphibien und Reptilien des Transguadianalandes (Portugal). Faunistische Abhandlungen. Staatliches Museum für Tierkunde Dresden **21**: 115–129.

MALKMUS, R. (1999): Die Verbreitung der Amphibien und Reptilien in Südost-Portugal. Zeitschrift für Feldherpetologie **6**: 103–133.

MALKMUS, R. (2002): Zur Laichplatzwahl von *Rana perezi* in Portugal. Zeitschrift für Feldherpetologie 9: 109–111.

MALKMUS, R. (2004a): Amphibians and Reptiles of Portugal, Madeira and the Azores-Archipelago. A.R. Gantner Verlag, Ruggell.

MALKMUS, R. (2004b): Über den Einfluss von Eukalyptusaufforstungen auf Amphibien-Populationen in Portugal. Zeitschrift für Feldherpetologie **11**: 213–224.

MALKMUS, R. (2005). Die Herpetofauna eines mittelportugiesischen Karstgebietes. Zeitschrift für Feldherpetologie **12**: 211–236.

MALKMUS, R. (2006): Aliens auf der Iberischen Halbinsel – eine unterschätzte Bedrohung für die Herpetofauna. Elaphe **14**: 45–50.

MALKMUS, R. (2009): Bergbachkolke als Reproduktionsgewässer von *Pelophylax perezi* auf Madeira. Zeitschrift für Feldherpetologie **16**: 240–244.

MALKMUS, R. (2011): Die Herpetofauna der portugiesischen Küstenregion. Zeitschrift für Feldherpetologie **18**: 221–254.

MALKMUS, R. und W.-R. GROSSE (2009): Zur Gefräßigkeit der Grünfrösche (*Rana ridibunda*-Komplex). Amphibia **8**: 15–16.

Malkmus, R. und A. Loureiro (2012): Die Herpetofauna der Barroso-Region (Nordportugal). Zeitschrift für Feldherpetologie **19**: 225–252.

Malkmus, R., Loureiro, A. und N. Sillero (2015): Die Herpetofauna des Parque Natural do Douro Internacional (Nordost-Portugal). Zeitschrift für Feldherpetologie **22**: 223–252.

Malkmus, R. und U. Schwarzer (2000): Die Verbreitung der Amphibien und Reptilien in Südwest-Portugal. Zeitschrift für Feldherpetologie **7**: 37–75.

Mancino, G., Ragghianti, M., Bucci, S., Hotz, H., Berger, L. und T. Uzzell (1987): Cytogenetic perspectives in the genus *Rana*. Proceedings of the 4th Ordinary General Meeting of the Societas Europaea Herpetologica, Nijmegen: 263–265.

Máñez, M. (1983): Variaciones geográficas y estacionalesen la dieta del mochuelo común (*Athene noctua*) en España. XVI Congreso Internacional Fauna cinegética y silvestre. Trujillo **1981**: 617–634.

Manilo, V. V. (2005): [Mixoploidy in *Rana ridibundus ridibundus* and *Rana esculentus* (Anura, Amphibia) in the Ukrainian oblast Zhitomirskaya.] In: Pisanets, E. (Hrsg.): Proceeding of the 1th Conference of the Ukrainian Herpetological Society. Zoomuseum NMNH NAS of Ukraine, Kyiv, S. 99–104 (in russisch).

Manilo, V. V. und V. I. Radchenko (2008): Karyological research of Ecaudatas Amphibians Faunae of Ukraine.] Proceeding of the Ukranian Herpetological Society, Kyiv **1**: 29–38 (in russisch).

Manilo, V. V. und V. I. Radchenko (2010): Karyological study *Pelophylax ridibundus* (Anura, Amphibia) of the east part of Ukraine. Zbirnyk Prac' Zoologichnogo Muzeyu, Kyiv **41**: 111–121 (in russisch).

Mantovani, B. und V. Scali (1992): Hybridogenesis and androgenesis in the stick-insect *Bacillus rossius-grandii benazzii* (Insecta, Phasmatodea). Evolution **46**: 783–796.

Marík, J. (1995): Ein Fall von Albinismus beim Kleinen Wasserfrosch (*Rana lessonae*). Salamandra **31**: 57–60.

Marques, S. M., Antunes, S. C., Pissarra, H., Pereira, M. L., Gonçalves, F. und R. Pereira (2009): Histopathological changes and erythrocytic nuclear abnormalities in Iberian green frogs (*Pelophylax perezi*) from a uranium mine pond. Aquatic Toxicology **91**: 187–195.

Marques, S. M., Chaves, S., Gonçalves, F. und R. Pereira (2013): Differential gene expression in Iberian green frogs (*Pelophylax perezi*) inhabiting a deactivated uranium mine. Ecotoxicology and Environmental Safety **87**: 115–119.

Marracci, S., Casola, C., Bucci, S., Mancino, G. und M. Ragghianti (2008): Isolation and expression of RlY32, a germ cell-specific Y-box gene in *Rana*. Italian Journal of Zoology **75**: 1–9.

Marracci, S., Casola, C., Bucci, S., Ragghianti, M., Ogielska, M. und G. Mancino (2007): Differential expression of two vasa/PL10-related genes during gametogenesis in the special model system *Rana*. Development Genes and Evolution **217**: 395–402.

MARRACCI, S., MICHELOTTI, V., CASOLA, C., GIACOMA, C. und M. RAGGHIANTI (2011a): Daz- and Pumilio-like genes are asymmetrically localized in *Pelophylax* (*Rana*) oocytes and are expressed during early spermatogenesis. Journal of Experimental Zoology Part B, Molecular and Developmental Evolution **316**: 330–338.

MARRACCI, S., MICHELOTTI, V., GUEX, G.-D., HOTZ, H., UZZELL, T. und M. RAGGHIANTI (2011b): RrS1-like sequences of water frogs from Central Europe and around the Aegean Sea: chromosomal organization, evolution, possible function. Journal of Molecular Evolution **72**: 368–382.

MARRACCI, S. und M. RAGGHIANTI (2008): The hybridogenetic *Rana* (*Pelophylax*) *esculenta* complex studied in a molecular context. Italian Journal of Zoology **75**: 109–112.

MARTÍN, J., LUQUE-LARENA, J. J. und P. LÓPEZ (2005): Factors affecting escape behavior of Iberian green frogs (*Rana perezi*). Canadian Journal of Zoology **83**: 1189–1194.

MARTÍN, J., LUQUE-LARENA, J. J. und P. LÓPEZ (2006): Collective detection in escape responses of temporary groups of Iberian green frogs. Behavioral Ecology **17**: 222–226.

MARTÍN FRANQUELO, R. (1984): Ecología trófica del tejón (*Meles meles*) en la Reserva Biológica de Doñana. Tesina de Licenciatura, Universidad de Sevilla.

MARTÍNEZ, I. P., ÁLVARES, R. und M. P. HERRÁEZ (1996): Growth and metamorphosis of *Rana perezi* larvae in culture: effects of larval density. Aquaculture **142**: 163–170.

MARTÍNEZ, I. P., ÁLVARES, R., HERRÁEZ, I. und P. HERRÁEZ (1992): Skeletal malformations in hatchery reared *Rana perezi* tadpoles. The Anatomical Record **233**: 314–320.

MARTÍNEZ, I. P., HERRÁEZ, M. P. und R. ÁLVARES (1994): Response of hatchery-reared *Rana perezi* larvae fed different diets. Aquaculture **128**: 235–244.

MARTÍNEZ, I. P., REAL, M. und R. ÁLVARES (2004): Growth of *Rana perezi* Seoane, 1885 froglets fed on diets with different nutrient compositions. Aquaculture **241**: 387–394.

MARTÍNEZ-SILVESTRE, A., SOLER, J. und A. MONTORI (2016): Axantismo en *Pelophylax perezi*: nuevas citas en Cataluña. Boletín de la Asociación Herpetológica Española **27**: 53–55.

MARTÍNEZ-SOLANO, I., BARBADILLO, L. J. und M. LAPEÑA (2003): Effect of introduced fish on amphibian species richness and densities at a montane assemblage in the Sierra de Neila, Spain. Herpetological Journal **13**: 167–173.

MARTYANOV, N. M. (1881): [The Minusinsk public local museum. Catalog and brief description.] Tomsk (in russisch).

MARUSHCHAK, O. Y., NEKRASOVA, O. D. und O. S. OSKIRKO (2016): [A case of mass occurence of abnormal blue coloration in the marsh frog, *Pelophylax ridibundus* (Pallas, 1771), in Kiev.] In: KALYUZHNA, M. O., SINYAVS'KA, I. O., YAKOVLEV, E. B. und O. S. OSYRKO (Hrsg.): Abstract Book of the Conference of Young Zoologists – 2016, (Kiev, Institute of Zoology, November 16, 2016). (Zoological Courier, N° 10.), S. 10–11 (in ukrainisch). http://izan.kiev.ua/rmd/KMDZ16-abstr.pdf

MARUSHCHAK O. Y., KUZMIN, Y. I., OSKYRKO, O. S., DMYTRIEVA, I. G. und O. D. NEKRASOVA (2017): Investigation of morphological anomalies and inflammation by helminths of marsh frogs, *Pelophylax ridibundus* (Pallas, 1771), in separate populations of the Kiev City. Zbirnyk Prac' Zoologichnogo Muzeyu, Kyiv **48**: 38–45 (in russisch).

MARUYAMA, K., SAWADA, H., KIMURA, S., OHASHI, K., HIGUCHI, H. und Y. UMAZUME (1984): Connecting filamems in stretched skinned fibers of frog skeletal muscle. Journal of Cell Biology **99**: 1391–1397.

MASLOV, L. B. (1990): [Frogs on export: organisation of capture, storage, transportation.] In: SYROECHKOVSKIY, E. E. und N. I. SOLOMATINA (Hrsg.): Zookul'tura Amfibiy, Moskva, S. 30–37 (in russisch).

MASÓ, A. und M. PIJOAN (2011): Anfibios y reptiles de la Península Ibérica, Baleares y Canarias (Guias del Naturalista-Reptiles-Anfibios-Terrarios). Ediciones Omega, Barcelona.

MATEO, J. A., AYRES, C. und L. F. LÓPEZ-JURADO (2011): Los anfíbios y reptiles naturalizados en España: Historía y evolución de una problemática creciente. Boletín de la Asociación Herpetológica Española **22**: 2–42.

MATEOS, A. und E. LÁZARO (1986): Contribución al estudio de la alimentación de la garcilla bueyera (*Bubulcus ibis ibis* L.) en Extremadura. Alytes **4**: 49–68.

MAXIMOV, S. V. (2010): [Bioindication of habitat conditions using the terrestrial genus *Rana* in the southern non-black earth region of Russia (the example of the Bryanskaya oblast).] Dissertation, Bryansk State University (in russisch).

MAYER, M., HAWLITSCHEK, O., ZAHN, A. und F. GLAW (2013): Composition of twenty green frog populations (*Pelophylax*) across Bavaria, Germany. Salamandra **49**: 31–44.

MAYR, E. (1963): Animal Species and Evolution. Cambridge, Harvard University Press.

MAZEPA, G. (2013): Evolution of water frogs *Pelophylax* in Central Asia: how hybridization and mitochondrial introgression among ecologically divergent species promote occupation of novel environment. Master theses, Uppsala universitet, unveröff.

MAZIN, A. L. und L. J. BORKIN (1979): Nuclear DNA content in green frogs of the genus *Rana*. Mitteilungen aus dem Zoologisches Museum in Berlin **55**: 217–224.

MAZIN, A. L. und T. A. DETLAFF (1985): Dependence of the duration of one mitotic cycle during synchronous cleavage divisions (τ_0) on temperature in four species of the genus *Rana* and the limits of optimal temperatures for their reproduction and early development. Ontogenez, Moskva **16**: 382–388 (in russisch).

MAZURMOVICH, B. N. (1951): [Parasitic worms of amphibians: their relationships with hosts and external environment.] Uzdatel'stvo Kievskogo Gosudarstvennogo Universiteta im. T. G. Shevchenko, Kyiv (in russisch).

MERCHÁN, T., FERNÁNDEZ-BENEÍTEZ, J., NASCIMENTO-MONTANA, F. und M. LIZANA (2002): Nuevos datos sobre la distribución de anfibios en zonas bajas del suroeste de Castilla y León (Zamora y Salamanca). Boletín de la Asociación Herpetológica Española **13**: 7–11.

MEINECKE, T. (1980): Untersuchungen zum Vorkommen der Grünfrösche (*Rana ridibunda*, *Rana lessonae*, *Rana esculenta*) im Raum Herzberg am Harz und Northeim (Süd-Niedersachsen). Beiträge zur Naturkunde Niedersachsens **33**: 44–55.

MELIKHOVA, E. A. (1938): [A case of a green frog with no gonads.] Trudy Rostovskogo Oblastnogo Biologicheskogo Obschestva, Rostov-na-Donu **2**: 151–152 (in russisch).

MENZIES, J. I. (1962): The marsh frog (*Rana esculenta ridibunda* PALLAS) in England. British Journal of Herpetology **3**: 43–54.
MERTENS, R. (1925): Amphibien und Reptilien aus dem nördlichen und östlichen Spanien gesammelt von Dr. F. Haas. Abhandlungen der Senckenbergischen Naturforschenden Gesellschaft **39**: 27–129.
MERTENS, R. (1952): Amphibien und Reptilien aus der Türkei. Istanbul Üniversitesi Fen Fakültesi Mecmuası, Seri B 9, 41–75.
MERTENS, R. (1967): Die herpetologische Sektion des Natur-Museums und Forschungs-Institutes Senckenberg in Frankfurt a. M. nebst einem Verzeichnis ihrer Typen. Senckenbergiana Biologica **48** (A): 1–106.
MERTENS, R. und L. MÜLLER (1928): Liste der Amphibien und Reptilien Europas. Abhandlungen der Senckenbergischen Naturforschenden Gesellschaft **41**: 1–62.
MERTENS, R. und H. WERMUTH (1960): Die Amphibien und Reptilien Europas. Dritte Liste. W. Kramer, Frankfurt am Main.
MESLÉARD, F., GAUTHIER-CLERC, M. und P. LAMBRET (2016): Impact of the insecticide alphacypermetrine and herbicide oxadiazon, used singly or in combination, on the most abundant frog in French rice fields, *Pelophylax perezi*. Aquatic Toxicology **176**: 24–29.
MÉSZÁROS, B. (1973): Critical studies on karyotypes of eight anuran species from Hungary and some problems concerning the evolution of the order. Acta Biologica Debrecina **10–11**: 151–161.
MÉSZÁROS, B. und L. BARTOS (1978): The karyological investigations of the three ranid species (*Rana esculenta* L., *R. lessonae* Cam., *R. ridibunda* Pall.) to be found in Hungary. Acta Biologica Debrecina **15**: 239–256.
MEYER, A., ZUMBACH, S., SCHMIDT, B. und J.-C. MONNEY (2009): Auf Schlangenspuren und Krötenpfaden: Amphibien und Reptilien der Schweiz. Haupt Verlag, Bern.
MEYER, F. und W.-R. GROSSE (1997): Nachweis von Albinismus bei *Rana* kl. *esculenta* L. (Amphibia: Ranidae). Salamandra **33**: 75–78.
MEZHZHERIN, S. V. (1992): A new species of green frogs *Rana terentievi* sp. nova (Amphibia, Ranidae) from south Tadjikistan. Dopovidi Akademiï nauk Ukraïnskoï RSR. Mathematika, Prirodoznavstvo, Tekhnickni Nauki **5**: 150–153 (in russisch).
MEZHZHERIN, S. V. (1997): Genetic differentiation and species identity of marsh frog *Rana ridibunda* (Amphibia, Ranidae) from eastern Kazakhstan. Zoologicheskiy Zhurnal, Moskva **76**: 933–939 (in russisch).
MEZHZHERIN, S. V. und S. Y. MOROZOV-LEONOV (1994): Genetic defects upon inheritance and the Ldh-B locus variability in hybrid populations of *Rana esculenta* complex (Amphibia, Ranidae). Izvestiya Akademii Nauk, Seriya Biologicheskaya, Moskva **5**: 779–787 (in russisch).
MEZHZHERIN, S. V. und S. Y. MOROZOV-LEONOV (1996): [Genetic analysis of the structure of hybrid populations of green frogs of the *Rana esculenta* L. complex (Amphibia, Ranidae) from Volyn.] Tsitologiya i Genetika, Kyiv **30**: 48–53 (in russisch).

MEZHZHERIN, S. V., MOROZOV-LEONOV, S. Y., NEKRASOVA, O. D., KURTYAK, F. F., SHABANOV, D. A. und A. V. KORSHUNOV (2007): Evolutionary genetic aspects of the hybrid form *Rana* kl. *esculenta* (Amphibia, Ranidae) hemiclonal reproduction. Scientific Bulletin of the Uzhgorod University (Series Biology) **21**: 79–84 (in russisch).

MEZHZHERIN, S. V., MOROZOV-LEONOV, S. Y., NEKRASOVA, O. D., KURTYAK, F. F. und E. I. ZHALAY (2005): [Spatial structure of the hybridogenetic green frog complex *Rana esculenta* (Anura, Ranidae) in Ukraine.] In: PISANETS, E. (Hrsg.): Proceeding of the 1th Conference of the Ukrainian Herpetological Society. Zoomuseum NMNH NAS of Ukraine, Kyiv, S. 110–114 (in russisch).

MEZHZHERIN, S. V., MOROZOV-LEONOV, S. Y., NEKRASOVA, O. D., ROSTOVSKAYA, O. V. und L. Y. SOBOLENKO (2009b): [Genetic structure of hybrid populations and morphometry of green frogs of the *Rana esculenta* L., 1758 complex in West-Ukrainian region.] Scientific Bulletin of the Uzhgorod University (Series Biology) **26**: 5–13 (in russisch).

MEZHZHERIN, S. V., MOROZOV-LEONOV, S. Y., ROSTOVSKAYA, O. V. und O. D. NEKRASOVA (2012): Geographical genetic tendencies of the hybrid green frogs population structure *Pelophylax esculentus* complex (Linnaeus, 1758). In: ANANJEVA, N. B. und R. B. NOVITSKY (Hrsg.): The Problems of Herpetology, Minsk, S. 194–196 (in russisch).

MEZHZHERIN, S. V., MOROZOV-LEONOV, S. Y., ROSTOVSKAYA, O. V. und L. Y. SOBOLENKO (2009a): [Allozyme variation and geographical differentiation in populations of the pool frog *Rana* (*Pylophylax*) *esculenta* (= *lessonae*) in Ukraine.] Faktory Eksperimentalnoi Evolyutsii Organizmov, Kyiv **6**: 13–17 (in russisch).

MEZHZHERIN, S. V., MOROZOV-LEONOV, S. Y., ROSTOVSKAYA, O. V. und L. Y. SOBOLENKO (2010): Reconstruction of species area recolonization based on the geographical variation analysis of Ldh-B allozymes of a pond frog *Rana esculenta* (= *lessonae*). Reports of the National Academy of Sciences of Ukraine, Kyiv **2010** (2): 164–169.

MEZHZHERIN, S. V. und V. N. PESKOV (1992): [Biochemical variability and genetic differentiation of populations of the marsh frog *Rana ridibunda* Pallas.] Tsitologiya i Genetika, Kyiv **26**: 43–48 (in russisch).

MICHALSKI, G. (2021): Wasserfrösche in Blau. Feldherpetologisches Magazin, Heft 15: 61.

MICHEV, T., GEORGIEV, B. B., PETROVA, A. V. und M. P. STOYNEVA (Hrsg.) (1998): Biodiversity of the Srebarna Biosphere Reserve. Checklist and bibliography. Context & Pensoft, Sofia, S. 68.

MICHNIEWSKA-PREDYGIER, Z. und A. PIGOŃ (1957): [Early developmental stages in *Rana temporaria* L., *Rana terrestris* Andrz., *Rana esculenta* L., and *Bufo bufo* L.]. Studia Societatis Scientiarum Torunensis, Sectio E (Zoologia) **3**: 147–157 (in polnisch).

MIKHAILOVA, O. V., USOVA, O. E. und D. A. SHABANOV (2011): How to assess the population load, related with hemiclonal hybridization in *Pelophylax esculentus* complex population systems? Biologiya ta Valeologiya, Kharkiv **13**: 44–50 (in ukrainisch).

MIKITINEZ, G. I. und N. M. SURYADNA (2007): Distribution and morphological characteristics of green frogs of the lower Dnepr. Scientific Bulletin of the Uzhgorod University (Series Biology) **21**: 85–91 (in ukrainisch).

MIKULÍČEK, P., KAUTMAN, M., DEMOVIČ, B. und K. JANKO (2014): When a clonal genome finds its way back to a sexual species: evidence from ongoing but rare introgression in the hybridogenetic water frog complex. Journal of Evolutionary Biology **27**: 628–642.

MIKULÍČEK, P., KAUTMAN, M., KAUTMAN, J. und N. B. M. PRUVOST (2015): Mode of hybridogenesis and habitat preferences influence population composition of water frogs (*Pelophylax esculentus* complex, Anura: Ranidae) in a region of sympatric occurrence (western Slovakia). Journal of Zoological Systematics and Evolutionary Research **53**: 124–132.

MIKULÍČEK, P., KAUTMAN, J. und Z. VÍT (2001): *Rana ridibunda* albinos from eastern Slovakia living syntopically with other central European waterfrog taxa. Acta Rerum Naturalium Musei Nationalis Slovaci, Bratislava **47**: 90–94.

MIKULÍČEK, P. und P. KOTLÍK (2001) Two water frog populations from western Slovakia consisting of diploid females and diploid males of the hybridogenetic hybrid *Rana esculenta* (Anura, Ranidae). Mitteilungen aus dem Museum für Naturkunde in Berlin, Zoologische Reihe **77**: 59–64.

MIKULÍČEK, P., MEŠKOVÁ, M., CYPRICH, M., JABLONSKI, D., PAPEŽÍK, P., HAMIDI, D., AKIN PEKŞEN, Ç., VÖRÖS, J., HERCZEG, D. und M. BENOVICS (2021): Weak population-genetic structure of a widely distributed nematode parasite of frogs in the western Palearctic. Journal of Zoological Systematics and Evolutionary Research **59**: 1689–1702.

MIKULÍČEK, P. und P. PIŠUT (2012): Genetic structure of the marsh frog (*Pelophylax ridibundus*) populations in urban landscape. European Journal of Wildlife Research **58**: 833–845.

MILLER, D., GRAY, M. und A. STORFER (2011): Ecopathology of Ranaviruses infecting amphibians. Viruses **3**: 2351–2373.

MILTO, K. D. (2007): [Amphibians and reptiles of north-western Russia: a biodiversity assessment.] Dissertation, Zoological Institute of the Russian Academy of Sciences, St. Petersburg (in russisch).

MILTO, K. D. (2011): Towards the problem of giant tadpoles. In: ANANJEVA, N. B. (Hrsg.): The Problems of Herpetology, St. Petersburg, S. 178–186 (in russisch).

MILTO, K. D. und A. V. BARABANOV (2011): An annotated catalogue of the amphibian types in the collection of the Zoological Institute, Russian Academy of Sciences, St. Petersburg. Russian Journal of Herpetology **18**: 137–153.

MILTO, K. D., BARABANOV, A. V., BORKIN, L. J., ROSANOV, J. M. und S. N. LITVINCHUK (2022): Distribution and population systems of water frogs (the *Pelophylax esculentus* complex) in northwestern Russia. Russian Journal of Herpetology **29**: 298–316.

MÎNDRESCU, C. R. und G. GHIORGHIŢ (2008): The preliminary cytogenetic investigations in *Rana ridibunda* Pall. and *Rana esculenta* L. from the north of Moldavia. Analele Ştiinţifice ale Universităţii „Alexandru Ioan Cuza", Secţiunea Genetică şi Biologie Moleculară **9**: 65–70.

MISYURA, A. N. und A. A. MARCHENKOVSKAYA (2001): The state of amphibian populations under the conditions of technogenic influence. In: ANANJEVA, N. B., DANILOV, I. G., DUNAYEV, E. A., ISHCHENKO, V. G., LADA, G. A., LITVINCHUK, S. N., ORLOVA, V. F., SMIRINA, E. M., TUNIYEV, B. S. und R. G. KHALIKOV (Hrsg.): The Problems of Herpetology, St. Petersburg, S. 197–200 (in russisch).

MIURA, I. (1995): The late replication banding patterns of chromosomes are highly conserved in the genera *Rana*, *Hyla*, and *Bufo*. Chromosoma **103**: 567–574.

MIURA, I., OHTANI, M., NAKAMURA, M. und K. SAITOH (1997): Fluorescense replication banding of frog chromosomes. Cellular and Molecular Life Sciences **53**: 73–77.

MOLLOV, I. A. (2008): Sex based differences in the trophic niche of *Pelophylax ridibundus* (Pallas, 1771) (Amphibia: Anura) from Bulgaria. Acta Zoologica Bulgarica **60**: 277–284.

MOLLOV, I. A., BOYADZHIEV, P. S. und A. D. DONEV (2006): A synopsis of the studies on the trophic spectrum of the amphibians in Bulgaria. Animalia, Plovdiv **41**: 115–131.

MOLLOV, I. A., BOYADZHIEV, P. S. und A. D. DONEV (2010): Trophic role of the marsh frog *Pelophylax ridibundus* (Pallas, 1771) (Amphibia, Anura) in the aquatic ecosystems. Bulgarian Journal of Agricultural Science **16**: 298–306.

MONNEROT, M., DUBOIS, A. und H. TUNNER (1985): Mitochondrial DNA polymorphism among *Rana ridibunda*, *Rana lessonae* and *Rana* kl. *esculenta*: preliminary study. Alytes **4**: 101–112.

MONTORI, A., LLORENTE, G. A., CARRETERO, M. A., SANTOS, X., RICHTER-BOIX, A., FRANCH, M. und N. GARRIGA (2002): Bases para la gestión forestal en relación con la herpetofauna. In: CAMPRODON I., SUBIRACHS, J. und E. PLANA BACH (Hrsg.): Conservación de la biodiversidad, fauna vertebrada y gestión forestal. 2ª edición revisda y ampliada. Universitat de Barcelona, S. 275–335.

MORALES, J. J., LIZANA, M. und C. DEL ARCO (2002): Análisis de la distribución altitudinal de la herpetofauna en tierras de Segovia. Revista Española de Herpetología **16**: 29–42.

MORAND, A. und P. JOLY (1995): Habitat variability and space utilization by the amphibian communities of the French Upper-Rhone floodplain. Hydrobiologia **300/301**: 249–257.

MORESCALCHI, A. (1962): Osservazioni sul corredo cromosomico di *Rana esculenta* L. (Nota preliminare). Bolletino di Zoologia **29**: 601–608.

MORESCALCHI, A. (1967): Le Relazioni Tra il Cariotipo di Anuri Diplasioceli: I. Il Corredo Cromosomico di Alcuni Ranidae. Caryologia: International Journal of Cytology, Cytosystematics and Cytogenetics **20**: 65–85.

MORESCALCHI, A. (1971): Comparative karyology of the amphibia. Bolletino di Zoologia **38**: 317–320.

MORESCALCHI, A. und M. GALGANO (1973): Meiotic chromosomes and their taxonomic value in amphibia anura. Caldasia **11**: 41–50.

MORI, E., BRUNI, G., DOMENEGHETTI, D. und M. MENCHETTI (2013): *Pelophylax* synklepton *hispanicus* (Bonaparte, 1839) on the branches of a tree: description of an unusual behavior. Herpetological Notes **6**: 515–517.

MOROZOV-LEONOV, S. Y. (1998): [Genetic processes in hybrid populations of green frogs of the *Rana esculenta* L. complex in Ukraine.] Dissertation, Institut Klitynnoi Biologii i Genetichnoi Inzhenerii NAN Ukrainy, Kyiv (in ukrainisch).
MOROZOV-LEONOV, S. Y. und S. V. MEZHZHERIN (1995): [Analysis of genetic structure of hybrid populations of green frogs of *Rana esculenta* complex from the Danube river floodplain.] Tsitologiya i Genetika, Kiev **29**: 71–76 (in russisch).
MOROZOV-LEONOV, S. Y., MEZHZHERIN, S. V. und F. F. KURTYAK (2003): The genetic structure of the unisex hybrid *Rana esculenta* complex populations in the Transcarpathians lowland. Cytology and Genetics, Kyiv **37**: 43–47.
MOSCONI, G., DI ROSA, I., BUCCI, S., MOROSI, L., FRANZONI, M. F., POLZONETTI-MAGNI, A. M. und R. PASCOLINI (2005): Plasma sex steroid and thyroid hormones profile in male water frogs of the *Rana esculenta* complex from agricultural and pristine areas. General and Comparative Endocrinology **142**: 318–324.
MULLER, H. J. (1964): The relation of recombination to mutational advance. Mutation Research, Amsterdam **1**: 2–9.
MUTZ, T. (2002): Frühere und aktuelle Vorkommen von Wasserfröschen *Rana* (*Pelophylax*) auf Sardinien. Zeitschrift für Feldherpetologie **9**: 177–184.
MUTZ, T. (2009): Eine einfache Methode zur Bestimmung von Wasserfröschen (*Pelophylax* sp.) im Freiland, vorgestellt am Beispiel einer Population im Naturschutzgebiet »Heiliges Meer« bei Hopsten, Nordrhein-Westfalen. Zeitschrift für Feldherpetologie **16**: 201–218.
NABROWSKY, H. (1982): Praktische Erfahrungen beim Amphibien- und Reptilienschutz in Berlin – Hauptstadt der DDR. Feldherpetologische Mitteilungen **5**: 6–8.
NAOM (Naturwissenschaftliche Arbeitsgemeinschaft Oberhausen-Mosbach e.V.) (2014): Kreta-Wasserfrosch, *Pelophylax cretensis*. Ein zunehmend bedrohter Endemit Kretas. KRETAUmweltinfo, NLUK Info-Merkblatt-Nr. 476-14. http://www.kreta-umweltforum.de/Merkblaetter/476-14.pdf
NATCHEV, N., TZANKOV, N. und R. GEMEL (2011): Green frog invasion in the Black Sea: habitat ecology of the *Pelophylax esculentus* complex (Anura, Amphibia) population in the region of Shablenska Tuzla lagoon in Bulgaria. Herpetology Notes **4**: 347–351.
NAVARRO, P., GUERRERO, F., PÉREZ-MELLADO, V. und J. LLUCH (1995): Description of a new species: *Dorylaimus parasiticus*, a parasite of amphibians in the Iberian Peninsula (Nematoda: Dorylaimida). Journal of Zoology **237**: 169–177.
NAVARRO, P., IZQUIERDO, S., PÉREZ-SOLER, P., HORNERO, M. J. und J. LLUCH (1988): Contribución al conocimiento de la helmintofauna de los herpetos ibéricos. 8. Nematoda Ascaridida Skrjabin et Schultz, 1940 de *Rana* spp. Revista Ibérica de Parasitología **48**: 167–173.
NAVARRO, P. und J. LLUCH (1991): Helminth communities of two green frogs (*Rana perezi* and *Rana saharica*) from both shores of the Alboran Sea. Parasite **13**: 291–297.
NAVARRO, P., LLUCH, J. und S. IZQUIERDO (1989): *Strongyloides mascomai* sp. n. (Strongyloididae) un nouveau nematode parasite de *Rana perezi* SEOANE, 1885 (Amphibia:

Ranidae) de l'est de l'Espagne. Annales de Parasitologie Humaine et Comparée **64**: 315–318.

NEGOVETIC, S., ANHOLT, B. R., SEMLITSCH, R. D. und H.-U. REYER (2001): Specific responses of sexual and hybridogenetic European waterfrog tadpoles to temperature. Ecology **82**: 766–774.

NEI, M. (1972): Genetic distance between populations. The American Naturalist **106**: 283–292.

NEI, M. (1975): Molecular Population Genetics and Evolution. North Holland Publishing Company, Amsterdam, The Netherlands.

NEKRASOVA, O. D. (2002a): Interspecific variability and colouring polymorphism of green frogs *Rana esculenta* complex (Amphibia, Ranidae) in hybrid populations. Vestnik zoologii **36**: 47–54 (in russisch).

NEKRASOVA, O. D. (2002b): [Population structure and hybridization of green frogs of the *Rana esculenta* complex from urban territories of Middle Dnieper basin.] Dissertation, Schmalhausen Institute of Zoology of the National Academy of Sciences of Ukraine, Kiev (in russisch).

NEKRASOVA, O. D. (2002c): A rare colour variant of lake frog *Rana ridibunda* (Amphibia, Ranidae) found in Kyiv. Vestnik zoologii **36**: 80 (in russisch).

NEKRASOVA, O. D. (2013): [On the use of morphological features of green frogs, the example of *Pelophylax ridibundus* (Amphibia, Ranidae) of the Kiliya estuary.] In: KORNUS, A. O. (Hrsg.): Aktual'ni Problemy Doslidzhennya Dovkillya. 1. Sumy, S. 208–211 (in ukrainisch).

NEKRASOVA, O. D. (2014): Some aspects of anomaly's manifestation in amphibian coloration. In: VERSHININ V. L., DUBOIS A., HENLE C. und M. PUKI (Hrsg.): Anomalii i Patologii Amfibiy i Reptiliy: Metodologiya, Evolyutsionnoe Znachenie, Vozmozhnost' Otsenki Zdorov'ya Sredy. Ekaterinburg, S. 114–149 (in russisch).

NEKRASOVA, O. D. und V. V. KUIBIDA (2018): Researching malformations in frogs of the *Pelophylax esculentus* complex (Amphibia: Anura) in the natural populations of the Trakhtemyriv Peninsula (Ukraine). In: VERSHININ, V. L. und S. D. VERSHININA (Hrsg.): The Second International Conference on Amphibians and Reptiles Anomalies and Pathology: Methodology, evolutionary significance and environmental health". KnE Life Sciences, S. 117–122.

NEKRASOVA, O. D., MEZHZHERIN, S. V. und S. Y. MOROZOV-LEONOV (2004): Demographic structure of *Rana esculenta* (Amphibia, Ranidae) complex hybrid populations from the Middle Dnieper basin. Vestnik zoologii **38**: 47–56 (in russisch).

NEKRASOVA, O. D., MEZHZHERIN, S. V., MOROZOV-LEONOV, S. Y. und Y. M. SYTNIK (2007): A cases of mass polymelia in the lake frog (*Rana ridibunda* Pall., 1771) from Kyiv. Scientific Bulletin of the Uzhgorod University (Series Biology) **21**: 92–95 (in russisch).

NEKRASOVA, O. D. und S. Y. MOROZOV-LEONOV (2001): Diagnostics of frogs of *Rana esculenta* complex (Amphibia, Ranidae) in hybrid populations in the environs of Dnieper. Vestnik zoologii **35**: 45–50 (in russisch).

NEVEU, A. (2004): La raniculture est-elle une alternative à la récolte? Etat actuel en France: cueillette ou élevage? INRAE Productions Animales **17**: 167–175.

NEVEU, A. (2009): Suitability of European green frogs for intensive culture: Comparison between different phenotypes of the *esculenta* hybridogenetic complex. Aquaculture **295**: 30–37.

NEVEU, A. (2011): Influence of genotype of froglets belonging to the *Rana esculenta* hybridogenetic complex in relation to learning capacity to eat pellets. Aquaculture **310**: 343–349.

NEVO, E. und H. SCHNEIDER (1983): Structure and variation of *Rana ridibunda* mating call in Israel (Amphibia: Anura). Israel Journal of Zoology **32**: 45–60.

NICOLAS, V., MATAAME, A., CROCHET, P.-A., GENIEZ, P. und A. OHLER (2015): Phylogeographic patterns in North African water frog *Pelophylax saharicus* (Anura: Ranidae). Journal of Zoological Systematics and Evolutionary Research **53**: 239–248.

NICOLAOU, H., ZOGARIS, S. und P. PAFILIS (2014): Frog vs. lizard: an unusual feeding behavior in the Levantine marsh frog, *Pelophylax bedriagae* from Cyprus. North-Western Journal of Zoology **10**: 221–222.

NIKASHIN, I. A. (2007): [Ecological and morphological characters of marsh frog (*Rana ridibunda* Pall.) populations as a tool to assess anthropogenic impact on aquatic ecosystems (on the example of the Lipetsk Region).] Dissertation, Lipetskiy Gosudarstvennyi Pedagogicheskiy Universitet (in russisch).

NIKOLSKY, A. M. (1918): Amphibiens (Amphibia). Petrograd, (4) + 311 c. (Faune de la Russie et des Pays Limitrophes Fondée Principalement sur les Collections du Musée Zoologique de l'Académie des Sciences de Russie).

NIKONOVA, V. G. (2016): [Historical and scientific expedition „Along the route of Petr Pallas in the Omsk oblast".] In: SOLOVYOV, A. A. (Hrsg.): 245 Let Ekspeditsii Akademika Petra Simona Pallasa po Territorii Omskoy Oblasti. Havest, Omsk, S. 24–31 (in russisch).

NISHIOKA, M. und H. OHTANI (1984): Hybridogenetic reproduction of allotriploids between Japanese and European pond frogs. Zoological Science **1**: 291–316.

NISHIOKA, M. und M. SUMIDA (1992): Biochemical Differentiation of pond frogs distributed in the Palearctic region. Scientific Report of the Laboratory for Amphibian Biology, Hiroshima University **11**: 71–108.

NÖLLERT, A. und C. NÖLLERT (1992): Die Amphibien Europas. Bestimmung – Gefährdung – Schutz. Franckh-Kosmos Verlag, Stuttgart.

NOGALES, M., LUIS, R. und M. ALONSO (1989): Presencia de un *Gallotia galloti* (Sauria: Lacertidae) en estómago de *Rana perezi* (Amphibia, Ranidae). Tenerife. Revista Española de Herpetología **3**: 295–296.

NUNES, A. L., ORIZAOLA, G., LAURILA, A. und R. REBELO (2014): Rapid evolution of constitutive and inducible defenses against an invasive predator. Ecology **95**: 1520–1530.

NUSSBAUM, M. (1886): Über die Sekretion der Niere. Anatomischer Anzeiger **1**: 67–69.

ODINTSEV, O. A., IL'CHENKO, A. N. und T. Y. KOLPAKOVA (2011): [The marsh frog (*Rana ridibunda* Pall., 1771) – a new species in amphibian fauna of Omsk oblast'.] Estestvennye Nauki i Ekologiya, Omsk **15**: 123–128 (in russisch).

ÖZ, M., KASKA, Y., KUMLUTAŞ, Y., KAYA, U., AVCI, A., ÜZÜM, N., YENIYURT, C., AKARSU, F. und M. KASPAREK (2009): *Pelophylax caralitanus*. The IUCN Red List of Threatened Species 2009:e.T135806A4203649.

ÖZALPAN, A. (1966): Occurrence of *Rana ridibunda* in a hot spring near Edremit (Turkey). Nature **210**: 144.

OGIELSKA, M. (1994a): *Rana esculenta* developmental syndrom: fates of abnormal embryos from the first cleavage until spontaneous death. Zoologica Poloniae **39**: 447–459.

OGIELSKA, M. (1994b): Nucleus-like bodies in gonial cells of *Rana esculenta* (Amphibia, Anura) tadpoles – a putative way of chromosome elimination. Zoologica Poloniae **39**: 461–474.

OGIELSKA, M. (2009): Development and reproduction of amphibian species, hybrids, and polyploids. In: OGIELSKA, M. (Hrsg.): Reproduction of Amphibians. Science Publishers, Enfield (NH), Jersey, Plymouth, S. 343–410.

OGIELSKA, M. und J. BARTMAŃSKA (1999): Development of testes and differentiation of germ cells in water frogs of the *Rana esculenta*-complex (Amphibia, Anura). Amphibia-Reptilia **20**: 251–253.

OGIELSKA, M., KAZANA, K. und P. KIERZKOWSKI (2001): DNA content in erythrocyte nuclei of water frogs from a pure *Rana esculenta* population in Dębki (Gdańsk district, Poland). Mitteilungen aus dem Museum für Naturkunde in Berlin, Zoologische Reihe **77**: 65–70.

OGIELSKA, M., KIERZKOWSKI, P. und M. RYBACKI (2004): DNA content and genome composition of diploid and triploid water frogs belonging to the *Rana esculenta* complex (Amphibia, Anura). Canadian Journal of Zoology **82**: 1894–1901.

OGIELSKA, M., KUBICIUS, I., GRUSZKA, K., ODZIOMEK, B., PORÊBA, M., INDYK, M., KAZANA, K. und M. FERENC (1994b): Diploid-triploid, predominatly male pure *Rana esculenta* population in Wrocław-Nowy Dom. Zoologica Poloniae **39**: 501–502.

OGIELSKA, M. ROZENBLUT, B., BERGER, L. und P. KIERZKOWSKI (2006): Actual and skeletochronologically estimated age of species and hybrids of European water frogs. Zoologica Poloniae **51**: 51–61.

OGIELSKA, M. und E. WAGNER (1990): Oogenesis and development of the ovary in European green frog, *Rana ridibunda* (PALLAS). 1. Tadpole stages until metamorphosis. Zoologische Jahrbücher, Abteilung für Anatomie und Ontogenie der Tiere **120**: 211–221.

OGIELSKA, M. und E. WAGNER (1993): Oogenesis and ovary development in the natural hybridogenetic water frog, *Rana esculenta* L. I. Tadpole stages until metamorphosis. Zoologische Jahrbücher, Abteilung für allgemeine Zoologie und Physiologie der Tiere **97**: 349–368.

OGIELSKA, M., ZUBEK, M. und B. WYSOCKA (1994a): Biometrical studies of water frogs in fish ponds in Ruda Milicka. Zoologica Poloniae **39**: 485–491.

OGIELSKA-NOWAK, M. (1978): DNA-content in erythrocyte nuclei of diploid and triploid green frog hybrids of *Rana esculenta* L. complex. Zoologica Poloniae **27**: 109–115.

OGIELSKA-NOWAK, M. (1985): Stages of normal and spontaneous abnormal development of the natural hybrid, *Rana esculenta* L. (Amphibia, Anura). Zoologica Poloniae **32**: 37–62.

OGURTSOV, S. V. (2004): [Memory of the odour of a native waterbody as one of the mechanisms of chemosensory orientation in anurans.] Dissertation, Moscow State University (in russisch).

OGURTSOV, S. V. (2005): Basis of native pond fidelity in anuran amphibians: the case of chemical learning. In: ANANJEVA N. und O. TSINENKO (Hrsg.): Herpetologia Petropolitana, St. Petersburg, S. 198–200.

OGURTSOV, S. V. (2007): Influence of chemical exposition during larval development on postmetamorphic behaviour of juveniles of three anuran species. Current Studies in Herpetology, Saratov **7**: 88–97 (in russisch).

OGURTSOV, S. V. und V. A. BASTAKOV (2001): Reaction of joungs-of-the-year frogs and toads on the sources of native pond odour and the possibility of their imprinting during larval development. In: ANANJEVA, N. B., DAREVSKY, I. S., DUNAEV, E. A., IORDANSKY, N. N., KUZMIN, S. L. und V. F. ORLOVA (Hrsg.): The Problems of Herpetology, Puschino-Moscow, S. 205–207 (in russisch).

OHLER, A. (1988): Developmental rate of *Rana* synkl. *esculenta* (Ranidae, Anura) embryos from different crosses: consequences on the evolution of the populations. Alytes **7**: 115–123.

OHLER, A. (1991): Entwicklung, Ausprägung und Häufigkeit einer Polydaktylie assoziiert mit Brachymelie bei Larven eines *Rana ribunda*-Pärchens. Zoologische Jahrbücher, Abteilung für Anatomie und Ontogenie der Tiere **121**: 127–135.

OHST, T. (2001): Untersuchungen zur stammesgeschichtlichen Entwicklung des westpaläarktischen Wasserfroschkomplexes (Anura, Ranidae) auf der Grundlage von DNA-Sequenzen des mitochondrialen ND2- und ND3-Gens. Diplomarbeit, Humboldt-Universität zu Berlin, unveröff.

OHST, T. (2008): Genetische Einflüsse allochthoner Wasserfrösche auf endemische Wasserfroschpopulationen (*R.* kl. *esculenta* Komplex). Dissertation, Humboldt-Universität zu Berlin. https://edoc.hu-berlin.de/handle/18452/16509

OHST, T., GRÄSER, Y., MUTSCHMANN, F. und J. PLÖTNER (2011): Neue Erkenntnisse zur Gefährdung europäischer Amphibien durch den Hautpilz *Batrachochytrium dendrobatidis*. Zeitschrift für Feldherpetologie **18**: 1–17.

OHST, T., GRÄSER, Y. und J. PLÖTNER (2013): *Batrachochytrium dendrobatidis* in Germany: distribution, prevalences, and prediction of high risk areas. Diseases of Aquatic Organisms **107**: 49–59.

OKULOVA, N. M. und A. S. BOGDANOV (2002): Age and allometric variability of body dimentions in the green frogs *Rana ridibunda* and *Rana lessonae*. Advances in Amphibian Research in the Former Soviet Union, Moscow **7**: 181–193.

OKULOVA, N. M., BORKIN, L. Y., BOGDANOV, A. S. und A. Y. GUSEVA (1997): The green frogs in Ivanovo Province. Advances in Amphibian Research in the Former Soviet Union, Moscow **2**: 71–94.

OMAR, M., AMIN, O. M., DÜŞEN, S. und C. O. MEHMET (2012): Review of the helminth parasites of Turkish anurans (Amphibia). SCI Parasitology **13**: 1–16.

OPATRNÝ, E. (1966): [Body proportions of the marsh frog, *Rana ridibunda* Pallas 1771, and their changes during the growth of the individual.] Acta Universitatis Palackianae Olomucensis, Facultas Rerum Naturalium **22**: 153–166 (in tschechisch).

OPATRNÝ, E. (1968a): [A contribution to the understanding of the diet of our water frogs (*Rana ridibunda* Pallas, *Rana esculenta* Linné).] Acta Universitatis Palackianae Olomucensis, Facultas Rerum Naturalium **28**: 133–139 (in tschechisch).

OPATRNÝ, E. (1968b): [Annual cycle of the marsh frog *Rana ridibunda* Pallas 1771.] Acta Universitatis Palackianae Olomucensis, Facultas Rerum Naturalium **28**: 141–150 (in tschechisch).

OPATRNÝ, E. (1970): Bemerkungen zur Verbreitung, geographischen Variabilität und zum Geschlechtsdimorphismus des Seefrosches, *Rana ridibunda*. Acta Musei Reginaehradecensis, Series A - Scientiae Naturales **11**: 91–105.

ORIZAOLA, G. und A. LAURILA (2009a): Microgeographic variation in the effects of larval temperature environment on juvenile morphology and locomotion in the pool frog. Journal of Zoology **277**: 267–274.

ORIZAOLA, G. und A. LAURILA (2009b): Microgeographic variation in temperature-induced plasticity in an isolated amphibian metapopulation. Evolutionary Ecology **23**: 979–991.

ORIZAOLA, G. und A. LAURILA (2009c): Intraspecific variation of temperature-induced effects on metamorphosis in the pool frog (*Rana lessonae*). Canadian Journal of Zoology **87**: 581–588.

ORIZAOLA, G., QUINTELA, M. und A. LAURILA (2010): Climatic adaptation in an isolated and genetically impoverished amphibian population. Ecography **33**: 730–737.

ORLOV, N. L. und N. B. ANANJEVA (1995): Distribution of amphibians and reptiles and their relict populations in the Gulf of Finland and Lake Ladoga. Memoranda Societatis pro Fauna et Flora Fennica **71**: 109–112.

ORR, H. A., MASLY, J. P. und N. PHADNIS (2007): Speciation in *Drosophila*: From phenotypes to molecules. Journal of Heredity **98**: 103–110.

ORTIZ-SANTALIESTRA, M. E., FERNÁNDEZ-BENÉITEZ, M. J., LIZANA, M. und A. MARCO (2010): Adaptation to osmotic stress provides protection against ammonium nitrate in *Pelophylax perezi* embryos. Environmental Pollution **158**: 934–940.

ORUÇI, S. (2008): Data on geographical distribution and habitats of the *Rana epeirotica* in Albania. Natura Montenegrina, Posgorica **7**: 419–423.

PABIJAN, M., CZARNIEWSKA, E. und L. BERGER (2004): Amelanistic phenotypes in Western Palearctic water frogs from Poland. Herpetozoa **17**: 127–134.

PADUTOV, A. E. (1982): [Biomass and ratio of main food groups of frogs in meliorized and non-meliorized biotopes of Polesie.] In: SAVITSKIY, B. P. (Hrsg.): Zhivotnyi Mir

Belorusskogo Poles'ya. Okhrana i Ratsional'noe Ispol'zovanie. Gomel, S. 132–136 (in russisch).

PAFILIS, P. (2010): A brief history of Greek herpetology. Bonn zoological Bulletin **57**: 329–345.

PAFILIS, P., KAPSALAS, G., LYMBERAKIS, P., PROTOPAPPAS, D. und K. SOTIROPOULOS (2019): Diet composition of the Karpathos marsh frog (*Pelophylax cerigensis*): what does the most endangered frog in Europe eat? Animal Biodiversity and Conservation **42**: 1–8.

PAGANO, A., CROCHET, P. A., GRAF, J.-D., JOLY, P. und T. LODÉ (2001b): Distribution and habitat use of water frog hybrid complexes in France. Global Ecology und Biogeography **10**: 433–441.

PAGANO, A., DUBOIS, A., LESBARRÈRES, D. und T. LODÉ (2003): Frog alien species: a way for genetic invasion. Comptes Rendus Biologies **326**: 85–92.

PAGANO, A., JOLY, P und H. HOTZ (1997): Taxon composition and genetic variation of water frogs in the Mid-Rhône floodplain. Comptes Rendus de l'Académie des Sciences - Series III - Sciences de la Vie **320**: 759–766.

PAGANO, A., LESBARRERES, D., O'HARA, R., CRIVELLI, A., VEITH, M., LODÉ, T. und D. S. SCHMELLER (2008): Geographical and ecological distributions of frog hemiclones suggest occurence of both 'General-Purpose Genotype' and 'Frozen Niche Variation' clones. Journal of Zoological Systematics and Evolutionary Research **46**: 162–168.

PAGANO, A., LODÉ, T. und P. A. CROCHET (2001a): New contact zone and assemblages among water frogs of Southern France. Journal of Zoological Systematics and Evolutionary Research **39**: 63–67.

PAGANO, A. und D. SCHMELLER (1998): Is recombination less negligible than previously described in hybridogenetic water frogs? In: MIAUD, C. und R. GUYETANT (Hrsg.): Current Studies in Herpetology. Proceedings of the 9th Ordinary General Meeting of the Societas Europaea Herpetologica, 25–29 August 1998, Le Bourget du Lac, France, S. 351–356.

PAGES, J. M. (1984): Ecologie des Amphibiens du sud-ouest de la montagne noire. Alytes **3**: 56–69.

PALLAS, P. S. (1771): Reise durch verschiedene Provinzen des rußischen Reichs. Erster Theil. St. Petersburg.

PANCHENKO, I. M. (1983): [Some pecularities of breeding behaviour of the pool frog and the common toad.] In: ZAHAROV, A. A. (Hrsg.): Povedenie Zhivotnykh v Soobshchestvakh, Tom 2. Nauka, Moskva, S. 278–180 (in russisch).

PAOLUCCI, M., BORRIELLO, M., BOTTE, V., ZERANI, M. und A. P. MAGNI (1987): Taxonomic investigations on six populations of the water frog, *Rana esculenta* complex from peninsular Italy and Sicily. Bollettino di Zoologia **54**: 341–346.

PAPEŽÍK, P., KUBALA, M., JABLONSKI, D., DOLEŽÁLKOVÁ-KAŠTÁNKOVÁ, M., CHOLEVA, L., BENOVICS, M. und P. MIKULÍČEK (2021): Morphological differentiation of endemic water frogs (Ranidae: *Pelophylax*) from the southwestern Balkans. Salamandra **57**: 105–123.

PARENT, G. H. (1981): Materiaux pour une herpetofaune de l'Europe occidentale. Contribution a la revision chorologique de l'herpetofaune de la France et du Benelux. Bulletin Mensuel de la Société Linnéenne de Lyon **50**: 86–111.

PARIS, M. G. und C. MARTIN (1987): Amphibians of the Sierra de Guadarrama (1800–2430 m altidude). In: VAN GELDER, J. J., STRIJBOSCH, H. und P. J. M. BERGERS (Hrsg.): Proceedings of the 4th Ordinary General Meeting of the Societas Europaea Herpetologica, Nijmegen, S. 135–138.

PARRA, G., BRADNAM, K. und I. KORF (2007): CEGMA: a pipeline to accurately annotate core genes in eukaryotic genomes. Bioinformatics **23**: 1061–1067.

PASCOLINI, R., DASZAK, P., CUNNINGHAM, A. A., TEI, S., VAGNETTI, D., BUCCI, S., FAGOTTI, A. und I. DI ROSA (2003): Parasitism by *Dermocystidium ranae* in a population of *Rana esculenta* complex in Central Italy and description of *Amphibiosystidium* n. gen.. Diseases of Aquatic Organisms **56**: 65–74.

PATÓN D., JUARRANZ, A., SEQUEROSM, E., PÉREZ-CAMPO, R., LÓPEZ-TORRES, M. und G. BARJA DE QUIROGA (1991): Seasonal age and sex structure of *Rana perezi* assessed by skeletochronology. Journal of Herpetology **25**: 389–394.

PATRELLE, C. (2010): Les complexes d'hybridation chez les grenouilles vertes: identification génétique, exigences écologiques, et capacités d'acclimatation. Thèse de Doctorat de l'Université d'Angers.

PATRELLE, C., OHST, T., PICARD, D., PAGANO, A., SOURICE, S., DALLAY, M.-G. und J. PLÖTNER (2011): A new PCR-RFLP-based method for an easier systematic affiliation of European water frogs. Molecular Ecology Resources **11**: 200–205.

PAULOV, Š. und S. KMETOVÁ (1964): Notes of identification of the serum protein spectrum in frogs (family Ranidae). Folia Biologica, Praha **10**: 155–156.

PAUNOVIĆ, A., BJELIĆ-ČABRILO, O. und S. ŠIMIĆ (2010): The diet of water frogs (*Pelophylax esculentus*" complex") from the Petrovaradinski rit marsh (Serbia). Archives of Biological Science Belgrade **62**: 799–806.

PAVLOV, A. V., SVININ, A. O., LITVINCHUK, S. N. und V. A. ZABIYAKIN (2013): The annotated list of amphibians and reptiles being registered in the reserve in 2009–2012. Nauchnye Trudy Gosudarstvennogo Prirodnogo Zapovednika "Bol'shaya Kokshaga", Yoshkar-Ola **2013**: 216–232 (in russisch).

PELZ, B. (2002): Populationsbiologische Untersuchungen an einer Seefrosch-Teichfrosch-Männchen-Population (*Rana ridibunda* et *Rana esculenta*) in der Oderaue bei Lebus. Diplomarbeit, Humboldt-Universität zu Berlin, unveröff.

PENELL, A. und A. KUPFER (2018): Phänotypische Bestimmung von Kleinen Wasserfröschen und Teichfröschen (*Pelophylax lessonae* und *P. „esculentus"*) aus dem westlichen Federsee in Südwestdeutschland. RANA **19**: 74–83.

PÉREZ-MELLADO, V., VALAKOS, E. D., GIL, M. J., GUERRERO, F., LULCH, J., NAVARRO, P. und P. MARAGOU (1999): Herpetological notes from mainland and insular Greece. The British Herpetological Society Bulletin **67**: 33–38.

PESARAKLOO, A., RASTEGAR-POUYANI, E., RASTEGAR-POUYANI, N., KAMI, H., NAJIBZADEH, M., KHOSRAVANI, A. und H. ORAIE (2016): The first taxonomic revaluation of the Iranian water frogs of the genus *Pelophylax* (Anura: Ranidae) using sequences of the mitochondrial genome. Mitochondrial DNA: 1–7. http://dx.doi.org/10.3109/19401736.2015.1127362

PESKOV, V. N. und I. M. KOTZERHYNSKA (2004): Intrapopulational differentiation of the marsh frog *Rana ridibunda* (Amphibia, Anura) according to length and body proportions. Vestnik zoologii **38**: 47–55 (in russisch).

PESKOV, V. N., KOTSERZHINSKAYA, I. M. und N. A. PETRENKO (2012): interfeature variability and forming of sex and interspecific differences in late ontogenesis of green frogs *Rana esculenta* complex. In: ANANJEVA, N. B. und R. B. NOVITSKY (Hrsg.): The Problems of Herpetology, Minsk, S. 229–233 (in russisch).

PESKOV, V. N. und N. A. PETRENKO (2014): Sexual differences in morphometry of green (*Pelophylax*) and brown (*Rana*) frogs (Amphibia, Ranidae) of Ukraine fauna. Praci Ukrainskogo Gerpetologichnogo Tovaristva, Kyiv **5**: 90–104 (in russisch).

PESKOV, V. N., PETRENKO, N. A. und V. Y. REMINNYI (2009): [Interspecific differences and sexual dimorphism in body proportions of European green frogs (Amphibia, Anura, Ranidae) of Ukrainian fauna.] In: KUNAKH, V. A. (Hrsg.): Zoologichna Nauka u Suchasnomu Suspil'stvi. Fitosotsiotsentr, Kyiv, S. 369–374 (in russisch).

PESTOV, M. V. (2004): [Ecological and faunistic characteristic and problems of protection of amphibians and reptiles in the oblast Nizhny Novgorod.] Dissertation, Nizhegorodskiy Gosudarstvennyi Universitet, Nizhniy Novgorod (in russisch).

PESTOV, M. V., MANNAPOVA, E. I., USHAKOV, V. A. und D. P. KATUNOV (2002): [Materials for the cadastre of amphibians and reptiles of the oblast Nizhny Novgorod.] In: PESKOV, M. V. (Hrsg.): Materials to Cadastre of Amphibians and Reptiles of the Middle Volga River. Nizhny Novgorod, S. 9–72 (in russisch).

PIAZZINI, S., FAVILLI, L. und G. MANGANELLI (2005): Atlante degli Anfibi della Provincia di Siena (1999–2004). Sistema delle Riserve Naturali della Provincia di Siena Quaderni Naturalistici **1**: 1–112.

PIKULIK, M. M. (1985) : [Amphibians of Belarus.] Nauka i Tekhnika, Minsk (in russisch).

PISANETS, E. (2007): Amfibii Ukrainy (Spravochnik Opredelitel' Zemnovodnykh Ukrainy i Sopredel'nykh Territoriy). Zoologicheskiy Musey NNPM NAN Ukrainy, Kyiv (in russisch).

PISARENKO, S. S. (1980): [Pecularities of the ecology of the marsh frog in water bodies of the Sukhinichi fish farm in the oblast Kaluga.] Ekologiya, Sverdlovsk **1980**: 101–103 (in russisch).

PISARENKO, S. S. (1981): [Size range of victems in marsh frog cannibalism.] In: DAREVSKY, I. S. (Hrsg.): The Problems of Herpetology, Leningrad (in russisch).

PLEGUEZUELOS, J. M. (1997): Distribución y Biogeografia de los Anfibios y Reptiles de España y Portugal. Monografia de Herpetologia, Vol. 3, Universidad de Granada (Asociación Herpetologica Española).

PLEGUEZUELOS, J. M. (2002): Las especies introducidas de Anfíbios y Reptiles. In: PLEGUEZUELOS, J. M., MÁRQUEZ, R. und M. LIZANA (Hrsg.): Atlas y libro rojo de los anfíbios y reptiles de España. Dirección General de la Conservación de la Naturaleza-Asociación Herpetológica, Madrid, S. 501–532.

PLEGUEZUELOS, J. M., MÁRQUEZ, R. und M. LIZANA (Hrsg.) (2002): Atlas y libro rojo de los anfíbios y reptiles de España. Dirección General de la Conservación de la Naturaleza-Asociación Herpetológica Española, Madrid.

PLEGUEZUELOS, J. M. und M. MORENO (1989): Alimentación primaveral de *Natrix maura* (LINNÉ, 1758) (Ophidia, Colubridae) en el SE. de la Península Ibérica. Revista Española de Herpetología **3**: 221–236.

PLÉNET, S., JOLY, P. und A. PAGANO (1998): Is habitat requirement by an oxygen-dependent frog (*Rana ridibunda*) governed by its larval stage? Archiv für Hydrobiologie **143**: 107–119.

PLÉNET, S., PAGANO A., JOLY, P. und P. FOUILLET (2000): Variation of plastic responses to oxygen availability within the hybridogenetic *Rana esculenta* complex. Journal of Evolutionary Biology **13**: 20–28

PLITSI, P., KOUMAKI, M., BEI, V., PAFILIS, P. und R. M. POLYMENI (2016): Feeding ecology of the Balkan water frog (*Pelophylax kurtmuelleri*) in Greece with emphasis on habitat effects. North-Western Journal of Zoology **12**: 292–298.

PLÖTNER, J. (1987): Untersuchungen zur Populationsgenetik von Wasserfroschpopulationen mit unterschiedlichen Anteilen an hybridogenetischen Teichfröschen. Diplomarbeit, Humboldt-Universität zu Berlin, unveröff.

PLÖTNER, J. (1991): Populationsgenetische Untersuchungen an europäischen Wasserfröschen (Anura, Ranidae) aus verschiedenen Populationssystemen. Dissertation A, Humboldt-Universität zu Berlin.

PLÖTNER, J. (1998): Genetic diversity in mitochondrial 12S rDNA of western Palearctic water frogs (Anura, Ranidae) and implications for their systematics. Journal of Zoological Systematics and Evolutionary Research **36**: 191–201.

PLÖTNER, J. (2001): Struktur und Dynamik einer Seefrosch/Teichfrosch-Männchen-Population (*Rana ridibunda*, *Rana esculenta*) in der Oderaue bei Frankfurt/Oder. In: KUHN, J., LAUFER, H. und M. PINTAR (Hrsg.): Amphibien in Auen. Zeitschrift für Feldherpetologie **8**: 253–264.

PLÖTNER, J. (2005): Die westpaläarktischen Wasserfrösche. Laurenti, Bielefeld.

PLÖTNER, J. (2010): Möglichkeiten und Grenzen morphologischer Methoden zur Artbestimmung bei europäischen Wasserfröschen (*Pelophylax esculentus*-Komplex). Zeitschrift für Feldherpetologie **17**: 129–146.

PLÖTNER, J. (2018): Zur Bestandssituation und Gefährdung des Kleinen Wasserfroschs (*Pelophylax lessonae*) in Deutschland. Zeitschrift für Feldherpetologie **25**: 23–44.

PLÖTNER, J. (2020a): Teichfrosch (*Pelophylax esculentus*). In: Rote-Liste-Gremium Amphibien und Reptilien (2020): Rote Liste und Gesamtartenliste der Amphibien (Amphibia) Deutschlands. Naturschutz und Biologische Vielfalt **170**: 54–55.

PLÖTNER, J. (2020b): Seefrosch (*Pelophylax ridibundus*). In: Rote-Liste-Gremium Amphibien und Reptilien (2020): Rote Liste und Gesamtartenliste der Amphibien (Amphibia) Deutschlands. Naturschutz und Biologische Vielfalt **170**: 58–59.

PLÖTNER, J., AKIN PEKŞEN, Ç., BAIER, F., UZZELL, T. und C. C. BILGIN (2015): Genetic evidence for human-mediated introduction of Anatolian water frogs (*Pelophylax* cf. *bedriagae*) to Cyprus (Amphibia: Ranidae). Zoology in the Middle East **61**: 125–132.

PLÖTNER, J., BAIER, F., AKIN, Ç., MAZEPA, G., SCHREIBER, R., BEERLI, P., LITVINCHUK, S. N., BILGIN, C. C., BORKIN, L. und T. UZZELL (2012): Genetic data reveal that water frogs of Cyprus (genus *Pelophylax*) are an endemic species of Messinian origin. Zoosystematics and Evolution **88**: 261–283.

PLÖTNER, J., BECKER, C. und K. PLÖTNER (1994): Morphometric and DNA investigations into European water frogs (*Rana* kl. *esculenta* Synklepton (Anura, Ranidae)) from different population systems. Journal of Zoological Systematics and Evolutionary Research **32**: 193–210.

PLÖTNER, J. und C. GRUNWALD (1991): A mathematical model of the structure and the dynamics of *Rana ridibunda*/*esculenta*-♂♂-populations (Anura, Ranidae). Zeitschrift für zoologische Systematik und Evolutionsforschung **29**: 201–207.

PLÖTNER, J., GÜNTHER, R. und R. SCHADE (1988): Immunological investigations on relationships between Central European water frogs of the *Rana* kl. *esculenta* synklepton and other anuran taxa. Mitteilungen aus dem Zoologisches Museum in Berlin **64**: 323–330.

PLÖTNER, J. und M. KLINKHARDT (1992): Investigations on the genetic structure and the morphometry of a pure hybrid population of *Rana* kl. *esculenta* (Anura, Ranidae) in North Germany. Zoologischer Anzeiger **229**: 163–184.

PLÖTNER, J., KÖHLER F., UZZELL, T. und P. BEERLI (2007): Molecular Systematics of Amphibians. In: H. HEATWOLE (Hrsg.): Amphibian Biology, Vol. 7: Phylogeny and Systematics. Surrey Beatty und Sons, Chipping Norton, S. 2672–2756.

PLÖTNER, J., KÖHLER, F., UZZELL, T., BEERLI, P., SCHREIBER, R., GUEX, G.-D. und H. HOTZ (2009): Evolution of serum albumin intron-1 is shaped by a 5' truncated non-long terminal repeat retrotransposon in western Palearctic water frogs (Neobatrachia). Molecular Phylogenetics and Evolution **53**: 784–791.

PLÖTNER, J. und T. OHST (2001): New hypotheses on the systematics of the western Palearctic water frog complex (Anura, Ranidae). Mitteilungen aus dem Museum für Naturkunde in Berlin, Zoologische Reihe **77**: 5–21.

PLÖTNER, J., OHST, T., BÖHME, W. und R. SCHREIBER (2001): Divergence in mitochondrial DNA of Near Eastern water frogs with special reference to the systematic status of Cypriote and Anatolian populations (Anura, Ranidae). Amphibia-Reptilia **22**: 397–412.

PLÖTNER, J. und D. SCHMELLER (2001): Some remarks on current research on western Palearctic water frogs. Mitteilungen aus dem Museum für Naturkunde in Berlin, Zoologische Reihe **77**: 3–4.

PLÖTNER, J., UZZELL, T., BEERLI, P., AKIN, Ç., BILGIN, C. C., HAEFELI, C., OHST, T., KÖHLER, F., SCHREIBER, R., GUEX, G.-D., LITVINCHUK, S. N., WESTAWAY, R., REYER, H.-U., PRUVOST, N. und H. HOTZ (2010): Genetic divergence and evolution of reproductive isolation in eastern Mediterranean water frogs. In: GLAUBRECHT, M. (Hrsg.):

Evolution in Action. Case studies in Adaptive Radiation, Speciation and the Origin of Biodiversity. Special volume originating from contributions to the Priority Programme SPP 1127 "Radiations: Origins of Biological Diversity" of the DFG. Springer, Heidelberg, Berlin, S. 373–403.

PLÖTNER, J., UZZELL, T., BEERLI, P., SPOLSKY, C., OHST, T., LITVINCHUK, S. N., GUEX, G.-D., REYER, H.-U. und H. HOTZ (2008): Widespread unidirectional transfer of mitochondrial DNA: a case in western Palaearctic water frogs. Journal of Evolutionary Biology **21**: 668–681.

PLÖTNER, J. und A. ZAHN (2020): Kleiner Wasserfrosch (*Pelophylax lessonae*). In: Rote-Liste-Gremium Amphibien und Reptilien (2020): Rote Liste und Gesamtartenliste der Amphibien (Amphibia) Deutschlands. Naturschutz und Biologische Vielfalt **170**: 56–57.

PLÖTNER, M. (2022): New insights into the molecular basis of gametogenesis of the hybridogenetic water frog *Pelophylax esculentus*. Dissertation, Humboldt-Universität zu Berlin. https://doi.org/10.18452/25739

POLLO, J. C., VELASCO-MARCOS, J. C. und N. GONZÁLEZ-SANCHEZ (1998): La fauna herpetológica delespacio natural de los Arribes del Duero. Boletín de la Asociación Herpetológica Española **9**: 4–10.

POLOVIĆ, L. und N. ČAĐENOVIĆ (2014): The herpetofauna of the Great Ulcinj Beach area including Ada Island (Montenegro). Turkish Journal of Zoology **38**: 104–107.

POLLS PELAZ, M. (1994): Modes of gametogenesis among kleptons of the hybridogenetic water frog complex: an evolutionary synthesis. Zoologica Poloniae **39**: 123–138.

POLLS PELAZ, M. und J.-D. GRAF (1988): Erythrozyte size as an indicator of ploidy level in *Rana* kl. *esculenta* before and after the metamorphosis. Alytes **7**: 53–61.

POLLS PELAZ, M. und J.-D. GRAF (1989): Triploid all-male genealogies in a *Rana lessonae-Rana* kl. *esculentus* hybridogenetic population. In: HALLIDAY, T., BAKER, J. und L. HOSIE (Hrsg.): First World Congress of Herpetology, 11–19 September 1989, University of Kent at Canterbury, United Kingdom. Abstracts. (Milton Keynes, U.K.): Open University, (unpaginated).

POPIOŁEK, M., ROZENBLUT-KOŚCISTY, B., KOT, M. und M. OGIELSKA (2011): Endoparasitic helminths of water frog complex in Poland: Do differences exist between the parental species *Pelophylax ridibundus* and *Pelophylax lessonae*, and their natural hybrid *Pelophylax esculentus*? Helminthologia **48**: 108–115.

POPOV, P. T. (1973): Investigation of the karyotype of Amphibia Anura in Bulgaria. II. Karyotype of *Rana ridibunda* Pall. Natura, Plovdiv **6**: 121–125.

PORTSCHINSKY, I. (1872): [On the vertebrate fauna of the Gdov district, St. Petersburg Province.] Trudy Sankt-Petersburgskogo Obschestva Estestvoispytateley, Sankt-Petersburg **3**: 371–402 (in russisch).

PRAŽÁK, J. P. (1898): Systematische Übersicht der Reptilien und Batrachier Böhmens. Zoologisches Jahrbuch, Abteilung für Systematik, Geogaphie und Biologie der Tiere **22**: 173–234.

PRUS, L. N. und M. K. SMOLYANINOVA (1989): [Biology of the marsh frog (*Rana ridibunda*) of Karaganda and surroundings.] In: BIGALIEV, A. B. (Hrsg.): Vliyanie Genotipa i Kompleksa Ekologicheskikh Faktorov na Zhiznedeyatel'nost' Organizmov. Karaganda, S. 70–76 (in russisch).

PRUVOST, N. B. M., HOFFMANN, A. und H.-U. REYER (2013a): Gamete production patterns, ploidy, and population genetics reveal evolutionary significant units in hybrid water frogs (*Pelophylax esculentus*). Ecology and Evolution **3**: 2933–2946.

PRUVOST, N. B. M., HOLLINGER, D. und H.-U. REYER (2013b): Genotype-temperature interactions on larval performance shape population structure in hybridogenetic water frogs (*Pelophylax esculentus* complex). Functional Ecology **27**: 459–471.

PRUVOST, N. B. M., MIKULÍČEK, P., CHOLEVA, L. und H.-U. REYER (2015): Contrasting reproductive strategies of triploid hybrid males in vertebrate mating systems. Journal of Evolutionary Biology **28**: 189–204.

PSARYOV, A. M. und E. V. SAPRYGIN (2001): [On modern distribution and some morphometric characters of amphibians of Altayskiy kray.] In: Landshafty Zapadnoy Sibiri: Problemy Issledovaniy, Ekologiya i Ratsionalnoe Ispolzovanie. Biysk, S. 114–116 (in russisch).

PTUSHENKO, E. S. (1934): [Terrestrial vertebrates of the Kursk region. I. Amphibians and reptiles.] Bulletin de la Société impériale des naturalistes de Moscou, Seria Biologique **63**: 35–51 (in russisch).

PUJOL-BUXÓ, E. (2014): Depredación de *Pelophylax perezi* sobre un ejemplar adulto de *Hyla meridionalis*. Boletín de la Asociación Herpetológica Española **25**: 31–33.

PYSANETS, Y. (2014): Amphibians of Eastern Europe. Part II. Order Ecaudata. Zoological Museum NNPM NAS Ukraine, Kyiv.

PYSANETS, Y. und O. KUKUSHKIN (2016): Amphibians of the Crimea. National Academy of Sciences of Ukraine, Kyiv.

QUAAS, J. (2001): Anomalie beim Seefrosch. Jahresschrift Feldherpetologie/Ichthyofaunistik **6**: 117–118.

RADOJIČIĆ, J. M., KRIZMANIĆ, I., KASAPIDIS, P. und E. ZOUROS (2015): Extensive mitochondrial heteroplasmy in hybrid water frog (*Pelophylax* spp.) populations from Southeast Europe. Ecology and Evolution **5**: 4529–4541.

RADWAN, N. M. M. und H. SCHNEIDER (1988): Social behaviour, call repertory and variation in the calls of the pool frog, *Rana lessonae* (Anura: Ranidae). Amphibia-Reptilia **9**: 329–351.

RAGGHIANTI, M., BUCCI, S., CASOLA, C., MARRACCI, S. und G. MANCINO (2004): Molecular investigations in western Palearctic water frogs. Italian Journal of Zoology **71**: 17–23.

RAGGHIANTI, M., BUCCI, S., MARRACCI, S., CASOLA, C., MANCINO, G., HOTZ, H., GUEX, G.-D., PLÖTNER, J. und T. UZZELL (2007): Gametogenesis of intergroup hybrids of hemiclonal frogs. Genetical Research, Cambridge **89**: 39–45.

RAGGHIANTI, M., BUCCI, S., GUERRINI, F. und G. MANCINO (1999): Characterization of two repetitive DNA families (*RrS1* and *Rana*/Pol III) in the genomes of Palaearctic green water frogs. Italian Journal of Zoology **66**: 255–263.

RAGGHIANTI, M., GUERRINI, F., BUCCI, S., MANCINO, G., HOTZ, H., UZZELL, T. und G.-D. GUEX (1995): Molecular characterization of a centromeric satellite DNA in the hemiclonal hybrid frog *Rana esculenta* and its parental species. Chromosome Research **3**: 497–506.

RAICU, P. und C. GEORMĂNEANU (1977): Constitutive heterochromatin in *Rana ridibunda*. Journal of Heredity **68**: 343–344.

RASTOGI, R. K., IZZO-VITIELLO, I., DI MEGLIO, M., DI MATTEO, L., FRANZESE, R., DI COSTANO, M. G., MINUCCI, S. und G. CHIEFFI (1983): Ovarian activity and reproduction in the frog, *Rana esculenta*. Journal of Zoology, London **200**: 233–247.

RASTOGI, R. K., TAMMARO, L., DI MEGLIO, M., IELA, L., DI MATTEO, L. und G. CHIEFFI (1981): Circannual testicular rhythm in the green frog *Rana esculenta*. Bollettino di Zoologia **48**: 97–105.

RATNIKOV, V. Y. (2001): Osteology of Russisch toads and frogs for paleontological researches. Acta Zoologica Cracoviensia **44**: 1–23.

RATNIKOV, V. Y. (2009): Fossil remains of modern amphibian and reptile species as material for the study of their areas history. Trudy Nauchno-Issledovatelskogo Instituta Geologii Voronezhskogo Gosudarstvennogo Universiteta, Voronezh **59**: 1–91.

RAVKIN, Y. S., KURANOVA, V. N., TSYBULIN, S. M., BOGOMOLOVA, I. N., YUDKIN, V. A., TOROPOV, K. V., BULAKHOVA, N. A., BORISOVICH, O. B., PANOV, V. V. und A. K. DOBROTVORSKIY (2003): [Abundance, distribution and spatio-typological heterogeneity of amphibian and reptile populations in the oblasts Tomsk and Novosibirsk.] In: ERDAKOV, L. N. und O. N. CHERNYSHOVA (Hrsg.): Amfibii i Reptilii Zapadnoy Sibiri (Sokhranenie Bioraznoobraziya, Problemy Ekologicheskoy Etiki i Ekologicheskogo Obrazovaniya). Revik-K, Novosibirsk, S. 20–32 (in russisch).

RAZZETTI, E., PELLITTERI-ROSA, D., SACCHI, R., TISO, E. und F. BERNINI (2020): Primi dati sulla presenza di *Pelophylax kurtmuelleri* (Gayda, 1940) in Lombardia. Atti VIII Congresso Nazionale Societas Herpetologica Italica, Ianieri Edizioni, S. 341–347.

REAL, R. und A. ANTÚNEZ, A. (1991): Análisis e interpretación de las dimorfometrías en una población de *Rana perezi*. Anales de Biología **17**: 63–69.

REBEL, H. und R. STURANY (1905): Bericht über eine zoologische Studienreise nach Ost-Kreta. Zehnter Jahresbericht der Gesellschaft zur Förderung der Naturhistorischen Erforschung des Orients in Wien für das Jahr 1904. Selbstverlag der Gesellschaft, S. 6–18.

REBELO, R., CRUZ, M. J., SEGURADO, P., SOUSA, M. und E. G. CRESPO (2002): Colapso da comunidade de anfíbios da Reserva Natural do Paúl do Boquilobo após a introdução do langostim-vermelho-americano, *Procambarus clarkii*. VII Congr. Luso-Español de Herpetología, Évora: 78.

REGNIER, V. und A. NEVEU (1986): Structures spécifiques des peuplements en grenouilles du complexe *Rana esculenta* de divers milieux de l' Quest de la France. Acta Oecologica/ Oecologica Applicata **7**: 3–26.

REICHHOLF, J. H. (1991): Überwinterung von Seefröschen (*Rana ridibunda*) an einer Thermalquelle. Mitteilungen der Zoologischen Gesellschaft Braunau **5**: 263–267.

REICHHOLF, J. H. (1995): Herbstrufe von Seefröschen *Rana ridibunda*. Mitteilungen der Zoologischen Gesellschaft Braunau **6**: 291–292.

REMINGTON, C. L. (1968): Suture-zones of hybrid interaction between recently joined biotas. Evolutionary Biology **2**: 321–428.

REMINNYI, V. Y. (2005): Anomalies in development of gonads in the green frogs of the *Rana esculenta* complex (Amphibia, Ranidae) from Ukraine. Vestnik zoologii **39**: 59–65 (in russisch).

REMINNYI, V. Y. (2007): Age structure of reproductive part of population of march frog *Pelophylax ridibundus* (Ranidae, Amphibia). Zbirnyk Prac' Zoologichnogo muzeyu, Kyiv **39**: 63–68 (in ukrainisch).

REMINNYI, V. Y. (2010): [Amphibians of the Dnester-Dniper forest-steppe province: Species diversity, distribution, and age structure of populations.] Dissertation, Natsionalnyi Naukovo-Pryrodnychiy Muzey, Kyiv (in ukrainisch).

REMINNYI, V. Y. und O. A. MATVIYCHUK (2010): Priroda Vinnychchyny. Zemnovodni ta Plazuny. Vinnits'ka Oblasna Drukarnya, Vinnitsa (in ukrainisch).

RENOM, P. (1995). Coloración anómala de un individuo de *Rana perezi* en la provincia de Gerona. Boletín de la Asociación Herpetológica Española **6**: 9–10.

RESHETNIKOV, A. N. (2001): Influence of introduced fish *Perccottus glenii* (Odontobutidae) on amphibians in small waterbodies of Moscow region. Zhurnal Obshchey Biologii, Moskva **62**: 352–361 (in russisch).

REUSCH, J. (2015): Seefrosch – *Pelophylax ridibundus* (Pallas, 1771). Berichte des Landesamts für Umweltschutz Sachsen-Anhalt, Heft 4: 387–398.

REUTER, K. (1955): Weiße Frösche. Aquarien Terrararien **2**: 28–30.

REYER, H.-U., ARIOLI-JAKOB, C. und M. ARIOLI (2015): Post-zygotic selection against parental genotypes during larval development maintains all-hybrid populations of the frog *Pelophylax esculentus*. BMC Evolutionary Biology **15**: 131. DOI 10.1186/s12862-015-0404-3.

REYER, H.-U., FREI, G. und C. SOM (1999): Cryptic female choice: frogs reduce clutch size when amplexed by undesired males. Proceedings of the Royal Scociety of London **266**: 2101–2107.

REYER, H.-U., NIEDERER, B. und A. HETTYEY (2003): Variation in fertilisation abilities between hemiclonal hybrid and sexual parental males of sympatric water frogs (*Rana lessonae*, *R. esculenta*, *R. ridibunda*). Behavioral Ecology and Sociobiology **54**: 274–284.

REZVANTSEVA, M. V. (2012a): [Comparative characteristics of the helminth fauna of green frogs (*Rana esculenta* complex) in the eastern Central Chernozem region.] Dissertation, Institute of Problems of Ecology and Evolution by A. N. Severtsov (Russian Academy of Sciences), Moscow (in russisch).

REZVANTSEVA, M. V. (2012b): [An inventory of helminths in the oblasts Tambov and Voronezh.] In: LADA, G. A. (Hrsg): Regional'nye Kadastry Zhivotnogo i Rastitel'nogo Mira i Krasnye Knigi. Izdatel'stvo Pershina, Tambov, S. 66–74 (in russisch).

REZVANTSEVA, M. V., LADA, G. A., AKSENOV, D. S., SHABANOV, D. A., KORSHUNOV, A. V., CHIKHLYAEV, I. V., BORKIN, L. J., LITVINCHUK, S. N. und J. M. ROSANOV (2010b): Data on helminth fauna of green frogs (*Rana esculenta* complex) in the Kharkov Province. In: MOVSISYAN, S. O., ZINOV'EVA, S. V., PEL'GUNOV, A. M. und S. E. SPIRIDONOV (Hrsg.): The Theoretical and Practical Problems of Parasitology, Moscow, S. 308–312 (in russisch).

REZVANTSEVA, M. V., LADA, G. A., CHIKHLYAEV, I. V. und E. Y. KULAKOVA (2011): Helminth faunas of green frogs (*Rana esculenta* complex) in the Central Chernozem Territory of Russia. Russian Journal of Herpetology **18**: 1–6.

REZVANTSEVA, M. V., LADA, G. A. und E. Y. KULAKOVA (2010a): Age and sex peculiarities of helminthes' fauna of green frogs (*Rana esculenta* complex) on the east of Central Chernozem region. Tambov University Reports, Series Natural and Technical Sciences, Tambov **15**: 646–659 (in russisch).

RIBEIRO, R. (2008): *Rana perezi* Seoane, 1885. In: LOUREIRO, A., FERRAND DE ALMEIDA, N., CARRETERO, M. A. und O. S. PAULO (Hrsg.): Atlas dos Anfíbios e Répteis de Portugal. Instituto da Conservação da Natureza e da Biodiversidade, Lisboa, S. 126–127.

RICHTER-BOIX, A., LLORENTE, G. A. und A. MONTORI (2006a): A comparative analysis of the adaptive developmental plasticity hypothesis in six Mediterranean anuran species along a pond permanency gradient. Evolutionary Ecology Research **8**: 1139–1154.

RICHTER-BOIX, A., LLORENTE, G. A. und A. MONTORI (2006b): Breeding phenology of an amphibian community in a Mediterranean area. Amphibia-Reptilia **27**: 544–549.

RIJKS, J. M., SAUCEDO, B., SPITZEN-VAN DER SLUIJS, A., WILKIE, G. S., VAN ASTEN, A. J. A. M., VAN DEN BROEK, J., BOONYARITTICHAIKIJ, R., STEGE, M., VAN DER STERREN, F., MARTEL, A., PASMANS, F., HUGHES, J., GRÖNE, A., VAN BEURDEN, S. J. und M. J. L. KIK (2016): Investigation of amphibian mortality events in wildlife reveals an ongoing Ranavirus epidemic in the north of the Netherlands. PLOS ONE, https://doi.org/10.1371/journal.pone.0157473.

RISSO, A. (1826): Histoire naturelle des principales productions de l'Europe meridionale et particulierement de celles des environs de Nice et des Alpes maritimes. Tome troisieme. Paris: chez F.-G. Levrault, Libraire, (4)+XVI+480 S.

RIVAS, R. (1982): La Rana verde de charco (*Rana perezi* Lopez Seoane 1885) en Doñana. Tesina de Licenciatura, Universidad Autónoma de Madrid.

RIVERA, X., ARRIBAS, O. und F. MARTI (2001): Revisión de anomalías pigmentarias en las anfibios de la peninsula Ibérica y de Europa. Butlletí de la Societat Catalana d'Herpetologia **15**: 39–75.

RIVERA, X., ESCORIZA, D., MALUQUER-MARGALEF, J. und O. ARRIBAS (2011): Amfibis i rèptils de Catalunya, País Valencià i Balears. Lynx Edicions, Barcelona.

ROCA, V., LLUCH, J. und P. NAVARRO (1984): Sur la presence en Espagne de *Sonsinotrema tacapense* (SONSINO, 1894) BALOZET et CALLOT, 1938 (Trematoda: Lecithodendriidae) parasite d'amphibiens et de reptiles. Vie et Milieu **33**: 177–179.

ROČEK, Z. (1980): A contribution to the systematics of European ranid frogs (Amphibia, Ranidae) on the basis of the incrassatio frontoparietalis. Věstník Československé společnosti zoologické **44**: 219–229.

RODRÍGUEZ, C. F., BÉCARES, E., FERNÁNDEZ-ALÁEZ, M. und C. FERNÁNDEZ-ALÁEZ (2005): Loss of diversity and degradation of wetlands as a result of introducing exotic crayfish. Biological Invasions **7**: 75–85.

ROESEL VON ROSENHOF, A. J. (1758): Historia Natvralis Ranarvm Nostrativm in qua omnes earum proprietates./Die natürliche Historie der Frösche hiesigen Landes. Nürnberg.

ROESELI, M. und H.-U. REYER (2000): Male vocalization and female choice in the hybridogenetic *Rana lessonae/Rana esculenta* complex. Animal Behaviour **60**: 745–755.

ROMÁN, A. und J. MAYOL (1995): A natural reserve for the "ferreret" (*Alytes muletensis*) (SANCHÍZ and ADROVER, 1977) (Anura: Discoglossidae). In: LLORENTE, G., MONTORI, A., SANTOS, X. und M. A. CARRETER (Hrsg.): Scientia Herpetologica, S. 354–356.

ROMANO, A., MONTINARO, G., MATTOCCIA, M. und V. SBORDONI (2007): Amphibians of the Aurunci Mountains (Latium, Central Italy). Checklist and conservation guidelines. Acta Herpetologica **2**: 17–25.

ROMANO, A., BARTOLOMEI, R., CONTE, A. L. und E. FULCO (2012): Amphibians in Southern Apennine: Distribution, ecology and conservation notes in the "Appennino Lucano, Val d'Agri e Lagonegrese" National Park (Southern Italy). Acta Herpetologica **7**: 203–219.

ROMANOVA, E. B., FADEEVA, G. A., VERSHININA, K. S. und V. Y. NIKOLAEV (2013): Leukogram changes in the marsh frog (*Pelophylax ridibundus* (Pallas, 1771)) with helminthiases. Vestnik Nizhegorodskogo Universiteta im. N. I. Lobachevskogo, Nizhniy Novgorod **2013**: 141–147 (in russisch).

ROMANOVA, E. B., RYABININA, E. S. und S. M. LYAPKOV (2020): Body size, age, morphophysiological and cytogenetic characteristics in populations of *Pelophylax ridibundus* (Amphibia, Ranidae) from polluted thermal waters of Kamchatka. Zoologicheskiy Zhurnal, Moskva **99**: 924–937 (in russisch).

RONDINELLI, B. (2006): Female choice in all-hybrid populations of *Rana esculenta*. M.Sc. thesis, Universität Zürich, unveröff,.

ROSA, H. D. (1995): Estrutura e diferenciação genetica de populações de anuros da fauna portuguesa. Tese de doutoramento, Universidade de Lisboa.

ROSTOVSKAYA, O. V. (2011): [Geographical patterns of changes in the settlement structure of green frog hybrids of the *Pelophylax esculentus* complex (Linnaeus, 1758) in Ukraine.] Dissertation, Schmalhausen Institute of Zoology of the National Academy of Sciences of Ukraine, Kyiv (in russisch).

ROULIN, A. und S. DUBEY (2013): Amphibians in the diet of European barn owls. Bird Study **60**: 254–269.

RUCHIN, A. B. (2008): [Impact of light characteristics on development, groth and physiological-biochemical characters of fish and amphibians.] Dissertation, Mordovian State University, Saransk (in russisch).

RUCHIN, A. B., BORKIN, L. J., LADA, G. A., LITVINCHUK, S. N., ROSANOV, J. M. und M. K. RYZHOV (2005a): Morphological variation, genome size and population systems of the green frog (*Rana esculenta* complex) of Mordovia. Byulleten' Moskovskogo Obschestva Ispytateley Prirody, Otdel Biologicheskiy, Moskva **110**: 3–10 (in russisch).

RUCHIN, A. B., BORKIN, L. J., LADA, G. A., LITVINCHUK, S. N., ROSANOV, J. M. und M. K. RYZHOV (2005b): History of studies and distribution of the green frogs (*Rana esculentus* complex) in Mordovia. Bulleten' Moskovskogo Obshchestva Ispytatelei Prirody, Otdel Biologicheskiy, Moskva **110**: 3–11 (in russisch).

RUCHIN, A. B., BORKIN, L. J., LADA, G. A., LITVINCHUK, S. N., ROSANOV, J. M. und M. K. RYZHOV (2010): [On the fauna of green frogs (*Rana esculenta* complex) in Chuvashia.] Nauchnye Trudy Natsional'nogo Parka "Chavash Varmane", Cheboksary **3**: 102–110 (in russisch).

RUCHIN, A. B., KIRILLOV, A. A., CHIKHLYAEV, I. V. und N. Y. KIRILLOVA (2016): Paraziticheskie Chervi Nazemnykh Pozvonochnykh Mordovskogo Zapovednika. Seriya "Flora and Fauna Zapovednikov". Vypusk 124, Moskva (in russisch).

RUCHIN, A. B., LADA, G. A., BORKIN, L. J., LITVINCHUK, S. N., ROSANOV, J. M., RYZHOV, M. K. und R. I. ZAMALETDINOV (2009): On habitat distribution of three green frog species (*Rana esculenta* complex) in the Volga River basin. Povolzhkiy Ekologicheskiy Zhurnal, Saratov **2009**: 137–147 (in russisch).

RUCHIN, A. B. und E. A. LOBACHEV (2004): Influence of monochromatic light on growth and development of the lake frog, *Rana ridibunda*. Sovremennye Naukoyomkie Tekhnologii, Moskva **2004**: 13–16 (in russisch).

RUCHIN, A. B. und M. K. RYZHOV (2002): On the diet of the marsh frog (*Rana ridibunda*) in the Sura and Moksha watershed, Mordovia. Advances in Amphibian Research in the former Soviet Union **7**: 197–205.

RUCHIN, A. B. und M. K. RYZHOV (2003): [Trophic impact of the marsh frog *Rana ridibunda* (Anura, Ranidae) in wetland ecosystems.] In: Bioraznoobrazie i Rol' Biotsenoza v Estestvennykh i Antropogennykh Ekosistemakh, Dnepropetrovsk, S. 247–248 (in russisch).

RUCHIN, A. B. und M. K. RYZHOV (2006): [Amphibians and reptiles of Mordovia: species diversity, distribution, abundance.] Izdatel'stvo Mordovskogo Universiteta, Saransk (in russisch).

RYABOV, S. A. (2006): Amphibia of Tula area. Biodiversity of the Tula Region on the Boundary of Centuries, Tula **2006** (5): 40–52 (in russisch).

RYBACKI, M. (1986): [Water frog populations of the Dziwna and neighbouring areas]. Magisterarbeit, Allgemeine Zoologie, Universität Adam Mickiewicz in Poznań, unveröff. (in polnisch).

RYBACKI, M. (1994a): Water frogs (*Rana esculenta* complex) of the Bornholm Island, Denmark. Zoologica Poloniae **39**: 331–344.

RYBACKI, M. (1994b): Structure of water frog populations (*Rana esculenta* complex) of the Wolin island, Poland. Zoologica Poloniae **39**: 345–364.

RYBACKI, M. (1994c): Diploid males of *Rana esculenta* from natural populations in Poland producing diploid spermatozoa. Zoologica Poloniae **39**: 517–518.

RYBACKI, M. (1994d): Pure populations of a hybrid *Rana esculenta* from the German-Polish Usedom Island. Zoologica Poloniae **39**: 519–520.

RYBACKI, M. (1994e): Structure and reproduction of water frog populations, predominatly RLL triploids, from Wysoka Kamieńska, Poland. Zoologica Poloniae **39**: 521–522.

RYBACKI, M. (1994f): Changes in the body weight in adult and juvenile individuals of *Rana lessonae*. Zoologica Poloniae **39**: 523–525.

RYBACKI, M. (1998): [Genetic structure and reproduction of populations of green frogs inhabiting the islands of Wolin and Usedom.] Inaugural-Dissertation zur Erlangung der biologischen Doktorwürde der Universität Adam Mickiewicz in Poznań (in polnisch).

RYBACKI, M. (2018): [Marsh frog *Pelophylax ridibundus* Pallas, 1771.] In: GŁOWACIŃSKI, Z. und P. Sura (Hrsg.): Atlas płazów i gadów Polski. Status – rozmieszczenie – ochrona. Państwowe Wydawnictwo Naukowe, Warszawa, S. 81–83 (in polnisch).

RYBACKI, M. und L. BERGER (1994): Distribution and ecology of water frogs in Poland. Zoologica Poloniae **39**: 293–303.

RYBACKI, M. und L. BERGER (1997): [Amphibians of the General D. Chłapowski Landscape Park Chłapowskiego.]. Biuletyn Parków Krajobrazowych Wielkopolski **2**: 22–40 (in polnisch).

RYBACKI, M. und L. BERGER (2001): Types of water frog populations (*Rana esculenta* complex) in Poland. Mitteilungen aus dem Museum für Naturkunde in Berlin, Zoologische Reihe **77**: 51–57.

RYBACKI, M. und K. FOG (1995): Populations of green frogs (*Rana ridibunda* and *Rana* kl. *esculenta*) on Bornholm, Denmark. Memoranda Societatis pro Fauna et Flora Fennica **71**: 120–124.

RYZHOV, M. K. (2008): On taxonomic structure, distribution and number of species of amphibians and reptiles of Mordovia. In: ANANJEVA, N. B., DANILOV, I. G., DUNAYEV, E. A., ISHCHENKO, V. G., LADA, G. A., LITVINCHUK, S. N., ORLOVA, V. F., SMIRINA, E. M., TUNIYEV, B. S. und R. G. KHALIKOV (Hrsg.): The Problems of Herpetology, St. Petersburg, S. 364–368 (in russisch).

SABANEEV, L. (1874): [Vertebrates of the Middle Ural and their Geographical Distribution in the Provinces Permskaya and Orenburgskaya.] Moskva (in russisch).

SAGONAS, K., KARAMETA, E., KOTSAKIOZI, P. und N. POULAKAKIS (2020): Cross-species testing of nuclear markers in *Pelophylax* water frogs in Greece and examination of their power to detect genetic admixture. Amphibia-Reptilia **41**: 1–7.

SALVADOR, A. (1985): Guía de campo de los anfibios y reptiles de la Península Iberica, Islas Baleares y Canarias. S. García, León.

SALVADOR, A. und M. GARCÍA-PARÍS (2001): Anfibios Españoles. Identificación, historia natural y distribución. Canseco Editores, Talavera de la Reina.

SALVATERRA, T., ALVES, M. G., DOMINGUES, I., PEREIRA, R., RASTEIRO M. G., CARVALHO, R. A., SOARES, A. M. und I. LOPES (2013): Biochemical and metabolic effects of a short-term exposure to nanoparticles of titanium silicate in tadpoles of *Pelophylax perezi* (SEOANE). Aquatic Toxicology **128–129**: 190–192.

SAMOYLOVA, N. M. (2014): [The pool frog *Pelophylax lessonae* (Camerano, 1882).] In: CHICHKOV, B. M. (Hrsg.): Krasnaya Kniga Respubliki Bashkirtostan. Tom 2. Zhivotnye. Informreklama, Ufa, S. 80–81 (in russisch).

SÁNCHEZ-MONTES, G. und I. MARTÍNEZ-SOLANO (2011): Population size, habitat use and movement patterns during the breeding season in a population of Perez's frog (*Pelophylax perezi*) in central Spain. Basic and Applied Herpetology **25**: 81–96.

SÁNCHEZ-MONTES, G., RECUERO, E., GUTIÉRREZ-RODRÍGUEZ, J., GOMEZ-MESTRE, I. und I. MARTÍNEZ-SOLANO (2016): Species assignment in the *Pelophylax ridibundus* × *P. perezi* hybridogenetic complex based on 16 newly characterized microsatellite markers. Herpetological Journal **26**: 99–108.

SANTOS, F .J., SALVADOR, A. und C. GARCÍA (1986): Dieta de las larvas de *Pleurodeles waltl* y *Triturus marmoratus* (Amphibia: Salamandridae) en simpatría en dos charcas temporales de León. Revista Española de Herpetología **1**: 293–313.

SANTOS, X. und G. A. LLORENTE (1998): Sexual and size-related differences in the diet of the snake *Natrix maura* from the Ebro Delta (Spain). Herpetological Journal **8**: 161–165.

SANTOS, X., GONZÁLEZ-SOLÍS, J. und G. A. LLORENTE (2000): Variation in the diet of the viperine snake, *Natrix maura*, in reltion to prey availability. Ecography **23**: 185–192.

SANTUCCI, F., NASCETTI, G. und L. BULLINI (1996): Hybrid zones between two genetically differentiated forms of the pond frog, *Rana lessonae* in southern Italy. Journal of Evolutionary Biology **9**: 429–450.

SARMENTO, A. A. (1948): Vertebrados da Madeira. Mamíferos, Aves, Répteis, Batráquios. Junta Geral do Distrito Autónomo do Funchal.

SAS, I. (2009): The record of an unusual chromatine form of a *Pelophylax* (*Rana*) *lessonae* population from Romania. Biharean Biologist **3**: 167–169.

SAS, I. (2010): The *Pelophylax esculentus* complex in North-Western Romania: distribution of population systems. North-Western Journal of Zoology **6**: 294–308.

SAS, I., ANTAL, C. und S. D. COVACIU-MARCOV (2010): Tropics patch in the Holarctic: A new case of wintertime breeding of a *Pelophylax ridibundus* population in North-Western Romania. North-Western Journal of Zoology **6**: 128–133.

SAS, I., COVACIU-MARCOV, S. D., STRUGARIU, A., DAVID, A. und C. ILEA (2009): Food habit of *Rana* (*Pelophylax*) kl. *esculenta* females in a new recorded E-system population from a forested habitat in north-western Romania. Turkish Journal of Zoology **33**: 1–5.

SAS, I., KOVÁCS, S.-D., COVACIU-MARCOV, S. D., STRUGARIU, A., COVACI, R. und S. FERENŢI (2007): Food habits of a pool frog *Pelophylax lessonae* – edible frog *Pelophylax* kl. *esculentus* population from north-western Romania. Biota **8**: 1–2.

SAS, I., KOVÁCS, É. H., PETER, V., CUPŞA, D. und B. ANTAL (2004): [Feeding of a non-hibernating population of *Rana ridibunda* Pal. 1771.] Analele Universitatii din Oradea, Fascicula Biologie **11**: 83–90 (in rumänisch).

SAUCEDO, B., HUGHES, J., SPITZEN-VAN DER SLUIJS, A., KRUITHOF, N., SCHILLS, M., RIJKS, J. M., JACINTO-MALDONADO, M., SUAREZ, N., HAENEN, O. L. M., VOORBERGEN-LAARMAN, M., VAN DEN BROEK, J., GILBERT, M., GRÖNE, A., VAN BEURDEN, S. J. und M. H. VERRHEIJE (2018): Ranavirus genotypes in the Netherlands and their potential association with virulence in water frogs (*Pelophylax* spp.). Emerging Microbes & Infections. DOI 10.1038/s41426-018-0058-5.

SAVCHUK, G. G. (2009): Size, age, and sex structure of the reproductive part of the *Pelophylax esculenta* complex population under anthropogenic influence. In: Pryrodnychiy Almanakh, Kherson, S. 212–218 (in russisch).

SAVCHUK, G. G. (2012): Structure of the reproductive part of the *Pelophylax ridibundus* Pallas (Ranidae, Amphibia). In: ZHIGAREV, I. A. (Hrsg.): Behavior, Ecology and Evolution of Animals, Vol. 3. NP "Golos Gubernii", Ryazan, S. 235–241 (in russisch).

SAYIM, F. (2008): Acute toxic effects of malathion on the 21st stage larvae of the marsh frog. Turkish Journal of Zoology **32**: 99–106.

SCHÄTTI, B. und H. SIGG (1989): Die Herpetofauna der Insel Zypern. Teil 1: Die Herpetologische Erforschung/Amphibien. Herpetofauna **11**: 9–18.

SCHEMPP, W. und M. SCHMID (1981): Chromosome banding in Amphibia. VI. BrdU-replication patterns in Anura and demonstration of XX/XY sex chromosomes in *Rana esculenta*. Chromosoma **83**: 697–710.

SCHER, O. und A. THIÈRY (2005): Odonata, Amphibia and environmental characteristics in motorway stormwater retention ponds (Southern France). Hydrobiologia **551**: 237–251.

SCHIELZETH, S. (1991): Zur Verbreitung von *Rana perezi* und *Podarcis dugesii* auf Terceira, Azoren. Nachrichten des Naturwissenschaftlichen Museums der Stadt Aschaffenburg **98**: 115–123.

SCHIEMENZ, H. und R. GÜNTHER (1994): Verbreitungsatlas der Amphibien und Reptilien Ostdeutschlands (Gebiet der ehemaligen DDR). Natur & Text, Rangsdorf.

SCHLEICH, H. H. (1987): Contributions to the herpetology of Kouf National Park (NE-Libya) and adjacent areas. Spixiana **10**: 37–80.

SCHMELLER, D. (1999): Hemiklonale Vererbung im hybridogenetischen *Rana grafi*-Komplex (Anura, Ranidae). Dissertation, Universität Mainz.

SCHMELLER, D. (2004): Tying ecology and genetics of hemiclonally reproducing waterfrogs (*Rana*, Anura). Annales Zoologici Fennici **41**: 681–687.

SCHMELLER, D., CRIVELLI, A. und M. VEITH (2001a): Is triploidy indisputably determinable in hybridogenetic hybrids by planimetric analyses of erythrocytes? Mitteilungen aus dem Museum für Naturkunde in Berlin, Zoologische Reihe **77**: 71–77.

SCHMELLER, D. S., PAGANO, A., PLÉNET, S. und M. VEITH (2007): Introducing water frogs – Is there a risk for indigenous species in France? Comptes Rendus Biologies **330**: 684–690.

SCHMELLER, D., SEITZ, A., CRIVELLI, A., PAGANO, A. und M. VEITH (2001b): Inheritance in the water frog *Rana ridibunda* Pallas, 1771 – Is it Mendelian or hemiclonal? Mitteilungen aus dem Museum für Naturkunde in Berlin, Zoologische Reihe **77**: 39–42.

SCHMELLER, D., SEITZ, A., CRIVELLI, A. und M. VEITH (2005): Crossing species' range borders: interspecies gene exchange mediated by hybridogenesis. Proceedings of the Royal Society B **272**: 1625–1631.

SCHMID, M. (1978): Chromosome banding in Amphibia. II. Constitutive heterochromatin and nucleolus organizer regions in Ranidae, Microhylidae and Rhacophoridae. Chromosoma **68**: 131–148.

SCHMIDT, B. R., HOTZ, H., ANHOLT, B. R., GUEX, G.-D. und R. D. SEMLITSCH (1998): Factors contributing to the maintenance of the genetic polymorhism at the locus LDH-B in the pool frog, *Rana lessonae*. Canadian Journal of Zoology **76**: 795–804.

SCHMIDTLER, J. F . (1984): Zur Bestandssituation der Amphibien und hydrophilen Reptilien auf der Insel Zypern. Salamandra **20**: 43–49.

SCHNEEWEISS, N. und M. WOLF (2016): Staubauwerk als tödliche Falle für Wasserfrösche. Feldherpetologisches Magazin, Heft 6: 23–26.

SCHNEIDER, H. (1990): Reproductive behavior and biology of Central European water frogs. In: HANKE, W. (Hrsg.): Biology and Physiology of Amphibiens. Fortschritte der Zoologie **38**: 29–39.

SCHNEIDER, H. (1996): Paarungsrufe und Rufverhalten bei Tümpel- und Teichfröschen im Naturpark Kottenforst. Decheniana (Bonn) **149**: 124–138.

SCHNEIDER, H. (1997): Rufverhalten und Rufe des Seefrosches *Rana ridibunda* Pallas, 1771 in West-Kasachstan. Herpetofauna **19**: 189–202.

SCHNEIDER, H. (2001): Levantefrösche, *Rana bedriagae* Camerano, 1882, in der Türkei. Herpetofauna **23**: 24–33.

SCHNEIDER, H. (2005): Bioakustik der Froschlurche. Einheimische und verwandte Arten. Laurenti Verlag, Bielefeld.

SCHNEIDER, H. und J. BROZKA (1981): Die Befreiungsrufe der mitteleuropäischen Wasserfrösche. Zoologischer Anzeiger, Jena **206**: 189–202.

SCHNEIDER, H. und E. M. EGIASARJAN (1991): The structure of the calls of lake frogs (*Rana ridibunda*: Amphibia) in the terra typica restricta. Zoologischer Anzeiger **227**: 121–135.

SCHNEIDER, H. und I. HAXHIU (1992): The Distribution of the Epeirus frog (*Rana epeirotica*) in Albania. Amphibia-Reptilia **13**: 293–295.

SCHNEIDER, H. und I. HAXHIU (1994): Mating-call analysis and taxonomy of the water frogs in Albania (Anura: Ranidae). Zoologisches Jahrbuch Systematik **121**: 248–262.

SCHNEIDER, H. und G. JOERMANN (1988): Mating calls of water frogs (Ranidae) from Lake Skutari, Yugoslavia, and the relationship to water frogs of other regions. Zeitschrift für zoologische Systematik und Evolutionsforschung **26**: 261–275.

SCHNEIDER, H. und U. SINSCH (1992): Mating call variation in lake frogs referred to as *Rana ridibunda* Pallas, 1771. Zeitschrift für zoologische Systematik und Evolutionsforschung **30**: 297–315.

SCHNEIDER, H. und U. SINSCH (1999): Taxonomic reassessment of Middle Eastern water frogs: bioacoustic variation among populations considered as *Rana ridibunda*,

R. bedriagae or *R. levantina*. Journal of Zoological Systematics and Evolutionary Research **37**: 57–65.

SCHNEIDER, H. und U. SINSCH (2001): New bioacoustic records of *Rana bedriagae* Camerano, 1882 (Anura: Ranidae) from Turkey. Bonner Zoologische Beiträge **50**: 35–48.

SCHNEIDER, H. und U. SINSCH (2007): Contribution of Bioacoustics to the Taxonomy of the Anura. In: HEATWOLE, H. (Hrsg.): Amphibian Biology, Vol. 7: Phylogeny and Systematics. Surrey Beatty und Sons, Chipping Norton, S. 2893–2932.

SCHNEIDER, H., SINSCH, U. und E. NEVO (1992): The lake frogs in Israel represent a new species. Zoologischer Anzeiger **228**: 97–106.

SCHNEIDER, H., SINSCH, U. und T. S. SOFIANIDOU (1993): The water frogs of Greece. Bioacoustic evidence for a new species. Zeitschrift für zoologische Systematik und Evolutionsforschung **31**: 47–63.

SCHNEIDER, H. und T. S. SOFIANIDOU (1986): Bioacoustic study of water frogs (Ranidae) in Greece. In: ROČEK, Z. (Hrsg.): Studies in Herpetology. Proceedings of the European Herpetological Meeting (3rd Ordinary General Meeting of the Societas Europaea Herpetologica), Prague, S. 561–564.

SCHNEIDER, H. und T. S. SOFIANIDOU (1987): Hybrid types of water frogs living sympatrically with *Rana epeirotica* and *Rana ridibunda* in Greece. In: VAN GELDER, J. J., STRIJBOSCH, H. und P. J. M. BERGERS (Hrsg.): Proceedings of the 4th Ordinary General Meeting of the Societas Europea Herpetologica, Nijmegen: 247–252.

SCHNEIDER, H., SOFIANIDOU, T. S. und P. KYRIAKOPOULOU-SKLAVOUNOU (1984): Bioacoustic and morphometric studies in water frogs (genus *Rana*) of lake Ioannina in Greece, and description of a new species (Anura, Amphibia). Zeitschrift für zoologische Systematik und Evolutionsforschung **22**: 349–366.

SCHNEIDER, H. und D. STEINWARZ (1990): Mating call and territorial calls of the Spanish lake frog, *Rana perezi* (Ranidae, Amphibia). Zoologischer Anzeiger **225**: 265–277.

SCHNEIDER, H. und H. G. TUNNER (1982): Struktur des Paarungsrufes und der Revierrufe bei triploiden Teichfröschen (*Rana esculentus*) (Amphibia: Salientia: Ranidae). Salamandra **18**: 1–8.

SCHNEIDER, H., TUNNER, H. G. und W. HÖDL (1979): Beitrag zur Kenntnis des Paarungsrufes von *Rana lessonae* CAMERANO, 1882 (Anura, Amphibia). Zoologischer Anzeiger, Jena **202**: 20–28.

SCHÖNBRODT, T. und A. FISCHER (2021): Kleingewässer im Klimawandel – Beobachtungen am Beispiel der Amphibien im Raum Müncheberg (Brandenburg). RANA **22**: 4–19.

SCHOUTEN, J. (1985): Oecologische observaties van populaties van *Hyla meridionalis*, de Zuideuropese boomkiker, en *Rana perezi*, de Iberische meerkikker, in de Camargue, Frankrijk (vervolg). Lacerta **43**: 158–188 (in niederländisch).

SCHREIBER, E. (1875): Herpetologia Europeae. Eine systematische Bearbeitung der Amphibien und Reptilien, welche bisher in Europa aufgefunden sind. Friedrich Vieweg und Sohn, Braunschweig.

SCHREIBER, E. (1912): Herpetologia Europaea. Eine systematische Bearbeitung der Amphibien und Reptilien, welche bisher in Europa aufgefunden sind. 2. Auflage. Jena: Gustav Fischer.

SCHRÖER, T. (1996): Morphologie und Ploidiegrade von Wasserfröschen aus unterschiedlichen Populationssystemen in Nordost-Polen. Zeitschrift für Feldherpetologie **3**: 133–150.

SCHRÖER, T. (1997): Lassen sich Wasserfrösche phänotypisch bestimmen? – Eine Feld- und Laborstudie an 765 Wasserfröschen aus Westfalen. Zeitschrift für Feldherpetologie **4**: 37–54.

SCHRÖER, T. und H. GREVEN (1998): Verbreitung, Populationsstrukturen und Ploidiegrade von Wasserfröschen in Westfalen. Zeitschrift für Feldherpetologie **5**: 1–14.

SCHULTZ, R. J. (1969): Hybridization, unisexuality and polyploidy in the teleost *Poeciliopsis* (Poecilidae) and other vertebrates. The American Naturalist **103**: 605–619.

SCHULZ, U. (1973): Untersuchungen zur Verbreitung, Ökologie und Biometrie der Grünfrösche (Gattung *Rana*, Amphibia) im Nord-Ost-Harz und seinem Vorland. Diplomarbeit, Humboldt-Universität zu Berlin, unveröff..

SCHULZE, E. (1891): Amphibia europaea. Jahresbericht und Abhandlungen des Naturwissschaftlichen Vereins Magdeburg **1890**: 165–178.

SCHUBERT, W. (1995): Der Seefrosch erobert das bayerische Allgäu! Berichte des Naturwissenschaftlichen Vereins für Schwaben, Augsburg **99**: 70–72.

SEBASTI, S. und G. M. CARPANETO (2004): An ecological study on amphibian communities inhabiting the dewponds of a lowland deciduous forest along the Tyrrhenian coast (central Italy). Italian Journal of Zoology, Suppl. 2: 135–141.

SEEHAUSEN, O., BUTLIN, R. K., KELLER, I., WAGNER, C. E., BOUGHMAN, J. W., HOHENLOHE, P. A., PEICHEL, C. L., SAETRE, G. P., BANK, C., BRÄNNSTRÖM, A., BRELSFORD, A., CLARKSON, C. S., EROUKHMANOFF, F., FEDER, J. L., FISCHER, M. C., FOOTE, A. D., FRANCHINI, P., JIGGINS, C. D., JONES, F. C., LINDHOLM, A. K ., LUCEK, K., MAAN, M. E., MARQUES, D. A., MARTIN, S. H., MATTHEWS, B., MEIER, J. I., MÖST, M., NACHMAN, M. W., NONAKA, E., RENNISON, D. J., SCHWARZER, J., WATSON, E. T., WESTRAM, A. M. und A. WIDMER (2014): Genomics and the origin of species. Nature Reviews Genetics **15**: 176–192.

SEMERCIOĞLU, C. (2006): [Are frog legs tasty?] Hurriyet, 28.03.2006 (in türkisch).

SEMLITSCH, R. D. (1993a): Asymmetric competition in mixed populations of tadpoles of the hybridogenetic *Rana esculentus* complex. Evolution **47**: 510–519.

SEMLITSCH, R. D. (1993b): Adaptive genetic variation in growth and development of tadpoles of the hybridogenetic *Rana esculentus* complex. Evolution **47**: 1805–1818.

SEMLITSCH, R. D. (1993c): Effects of different predators on the survival and development of tadpoles from the hybridogenetic *Rana esculenta* complex. OIKOS **67**: 40–46.

SEMLITSCH, R. D. und H.-U. REYER (1992a): Performance of tadpoles from the hybridogenetic *Rana esculenta* complex: interactions with pond drying and interspecific competition. Evolution **46**: 665–672.

SEMLITSCH, R. D. und H.-U. REYER (1992b): Modification of anti-preditor behaviour in tadpoles by environmental conditioning. Journal of Animal Ecology **61**: 353–360.

ŞENLER, N. G. und I. YILDIZ (2000a): The ciliate fauna in the digestive system of *Rana ridibunda* (Amphibia: Anura) I: *Balantidium* (Balantidiidae, Trichostomatida). Turkish Journal of Zoology **24**: 33–43.

ŞENLER, N. G. und I. YILDIZ (2000b): The ciliate fauna in the digestive system of *Rana ridibunda* (Amphibia: Anura)-II *Nyctotherus* (Nyctotheridae: Heterotrichida). Turkish Journal of Zoology **24**: 245–252.

ŞEREFLISAN, H. und A. ALKAYA (2016): [Biology, economy, hunting and export regulations for edible frogs (Ranidae) in Turkey.] Türk Tarım - Gıda Bilim ve Teknoloji Dergisi **4**: 600–604 (in türkisch).

SERRA, J. A. und R. M. ALBUQUERQUE (1963): Anfibios de Portugal. Revista Portuguesa de Zoología Biología General **4**: 75–227.

SERRA, J. M. (1985): Rèptils I Amfibis de les Balears. – Manuals d'Introduccióa la Naturalesa, 6, Editoria Moll, Palma de Mallorca, 234 S.

SHAKHPORONOV, V. V. (2011a): [Orientation behavior of the mash frog (*Rana ridibunda* Pallas) in search for waters.] Dissertation, Moskovskiy Gosudarstvennyi Universitet (in russisch).

SHAKHPORONOV, V. V. (2011b): Patterns of orientation behavior in marsh frogs (*Rana ridibunda* Pall.) of southern populations. Biological Bulletin, Moscow **38**: 528–532.

SHAKHPORONOV, V. V. (2012): The influence of repeated experiments on the behavior of the marsh frog (*Rana ridibunda*) in field experiments of spatial orientation. Zoologicheskiy Zhurnal, Moskva **91**: 1340–1350 (in russisch).

SHAKHPORONOV, V. V. und S. V. OGURTSOV (2008a): Seasonal and geographical variability of orientation behavior in the marsh frog (*Rana ridibunda*) in search of its own water body. Zoologicheskiy Zhurnal, Moskva **87**: 1062–1076 (in russisch).

SHAKHPORONOV, V. V. und S. V. OGURTSOV (2008b): Pond search orientation in the marsh frog, *Rana ridibunda*. In: ANANJEVA, N. B., DANILOV, I. G., DUNAYEV, E. A., ISHCHENKO, V. G., LADA, G. A., LITVINCHUK, S. N., ORLOVA, V. F., SMIRINA, E. M., TUNIYEV, B. S. und R. G. KHALIKOV (Hrsg.): The Problems of Herpetology, St. Petersburg, S. 439–446 (in russisch).

SHAKHTARIN, G. Y. (2000): [Significance of some factors in distribution patterns of amphibians and reptiles on islands of Kuibyshev Reservoir.] In: RUSAKOV, A. V. (Hrsg.): Zhivotnyi Mir Yuzhnogo Urala i Severnogo Prikaspiya. Izdatel'stvo OGPU, Orenburg, S. 91–92 (in russisch).

SHALDYBIN, S. L. (1976): [Age and sex structure of anuran populations.] In: POPOV, V. A. (Hrsg.): Prirodnye Resursy Volzhsko-Kamskogo Kraya. Zhivotnyi Mir. Vypusk 4. Kazan, S. 112–117 (in russisch).

SHARLEMAN, E. (1914): [Water frog - albino.] Byulleteni Kharkovskogo Obschestva Lyubiteley Prirody, Kharkov **1**: 51–52 (in russisch).

SHARLEMAN, E. V. (1917): [Note on the fauna of reptiles and amphibians in the vicinity of Kiev.] In: Materialy k Poznamiyu Fauny Yugo-Zapada Rossii. Tom 2, Kyiv, S. 1–17 (in russisch).

SHEIKO, B. A. und A. P. NIKANOROV (2000): [Class Amphibia; Class Reptilia.] In: SHEIKO, B. A. (Hrsg.): Catalog of Vertebrates of Kamchatka and Adjacent Waters. Kamchatskiy Pechatnyi Dvor, Petropavlovsk-Kamchatskiy, S. 70–72 (in russisch).

SHIMALOV, V. V. (2002): The helminth fauna of amphibians of open channels in meliorated regions of the Belarusian Polesie. Parazitologiya, Moskva **36**: 304–309 (in russisch).

SHIMALOV, V. V. (2009): Helminth fauna of amphibians (Vertebrata: Amphibia) in the Republic of Belarus. Parazitologiya, Moskva **43**: 118–129 (in russisch).

SHINN, C., MARCO, A. und L. SERRANO (2008): Inter- and intra-specific variation on sensitivity of larval amphibians to nitrite. Chemosphere **71**: 507–514.

SHIRYAEV, K. A. (2013): [The pool frog, *Rana lessonae* Camerano, 1882.] In: BOLSHAKOV, L. V., SMIRNOVA, E. V. und O. V. SHVETS (Hrsg.): Krasnaya Kniga Tul'skoy Oblasti. Zhivotnye. Kvarta, Voronezh, S. 109 (in russisch).

SHLYAKHTIN, G. V. und O. N. NOSOVA (1988): [Comparative analisys of ecological niches of syntopic amphibian species.] In: TARASOV, A. O. (Hrsg.): Voprosy Ekologii i Okhrana Prirody v Nizhnem Povolzh'e. Struktura i Organizatsiya Populyatsiy i Ekosistem. Izdatel'stvo Saratovskogo Universiteta, Saratov, S. 81–88 (in russisch).

SHLYAKHTIN, G. V. und V. G. TABACHISHIN (2010): Seasonal diet variability of *Pelophylax ridibundus* (Pallas, 1771), in the northern lower-Volga region. Current Studies in Herpetology, Saratov **10**: 47–53 (in russisch).

SHLYAKHTIN, G. V., TABACHISHIN, V. G., ZAVYALOV, E. V. und I. E. TABACHISHINA (2005): [Animal world of the oblast Saratov.] Kniga 4. Amfibii i Reptilii. Izdatelstvo Saratovskogo Universiteta, Saratov (in russisch).

SILLERO, N. und R. RIBEIRO (2010): Reproduction of *Pelophylax perezi* in brackish water in Porto (Portugal). Herpetology Notes **3**: 337–340.

SIMONCELLI, F., FAGOTTI, A., DALL'OLIO, R., VAGNETTI, D. und R. PASCOLINIET (2005): Evidence of *Batrachochytrium dendrobatidis* infection in water frogs of the *Rana esculenta* complex in Central Italy. EcoHealth **2**: 307.

SINDACO, R. und R. ROSSI (2020): Annotated checklist of the herpetofauna (Amphibia, Reptilia) of Lefkada Island (Ionian Islands, Greece). Natural History Sciences **7**: 57–68.

SINSCH, U. und B. EBLENKAMP (1994): Allozyme variation among *Rana balcanica*, *R. levantina*, and *R. ridibunda* (Amphibia: Anura). Genetic differentiation corroborates the bioacoustically detected species status. Zeitschrift für zoologische Systematik und Evolutionsforschung **32**: 35–43.

SINSCH, U. und K. FRENKLER (2010): Bioakustischer Nachweis eines Seefroschvorkommens (*Pelophylax ridibundus*) im Neuwieder Becken. Zeitschrift für Feldherpetologie **17**: 37–49.

SINSCH, U. und H. SCHNEIDER (1996): Bioacoustic assessment of the taxonomic status of pool frog populations (*Rana lessonae*) with reference to a topotypical population. Journal of Zoological Systematics and Evolutionary Research **34**: 63–73.

SINSCH, U. und H. SCHNEIDER (1999): Taxonomic reassessment of Middle Eastern water frogs: Morphological variation among populations considered as *Rana ridibunda*, *R. bedriagae* or *R. levantina*. Journal of Zoological Systematics and Evolutionary Research **37**: 67–73.

SINSCH, U., SCHNEIDER, H., KAYA, U. und H. ARIKAN (2002): The water frogs (Anura: Ranidae) of Turkey: a morphometric view on systematics. Herpetological Journal **12**: 141–153.

SJÖGREN, P. (1988): Metapopulation biology of *Rana lessonae* Camerano on the northern periphery of its range. Acta Universitatis Upsaliensis: Comprehensive Summaries of Uppsala Dissertations from the Faculty of Science **157**: 1–35.

SJÖGREN, P. (1991a): Extinction and isolation gradients in metapopulations: the case of the pool frog (*Rana lessonae*). Biological Journal of the Linnean Society **42**: 135–147.

SJÖGREN, P. (1991b): Genetic variation in relation to demography of peripheral pool frog populations (*Rana lessonae*). Evolutionary Ecology **5**: 248–271.

SJÖGREN, P., ELMBERG, J. und S.-Å. BERGLIND (1988): Thermal preference in the pool frog *Rana lessonae*: impact on the reproductive behavior of a northern fridge population. Holarctic Ecology **11**: 178–184.

SJÖGREN-GULVE, P. (1994): Distribution and extinction patterns within a northern metapopulation of the pool frog, *Rana lessonae*. Ecology **75**: 1357–1367.

SJÖGREN-GULVE, P. und L. M. BERG (1999): Allozyme variation as a demographic predictor at high latitudes: the moor frog and the pool frog at 60°N. Hereditas **130**: 317–323.

SKORINOV, D. V. und S. N. LITVINCHUK (2016): Locating the Late Pleistocene refugia of the common newt (*Lissotriton vulgaris*) using GIS technology. Vestnik of Saint Petersburg University. Series 3, Biology, St. Petersburg **3**: 136–143 (in russisch).

SKORINOV, D. V., PASYNKOVA, R. A. und S. N. LITVINCHUK (2019): Nucleolar organizer and sex chromosomes: is there a correlation between them? (By the example of Anura). University Proceedings, Volga Region, Natural Sciences, Penza **2**: 164–178 (in russisch).

SKRZYPIEC, Z. (1964): Development of the reproduction organs of the female frog *Rana ridibunda* Pall. in the breeding season. Acta Biologica Cracoviensia, Series Zoologia **7**: 47–58.

SMIRNOV, N. A. (2009): Distribution and ecological peculiarities of marsh frog in the Prut-Dnister interfluer of Ukraine. Praci Ukraynskogo Gerpetologichnogo Tovaristva, Kyiv **2**: 75–80 (in russisch).

SMIRNOV, N. A. und L. M. KHLUS (2005): On the intrapopulative and interpopulative changablenes of *Rana ridibunda* Pall. (Anura, Ranidae). Naukovyi Vistnyk Chernivetskogo Universytetu, Biologiya, Chernivtsy **260**: 201–207 (in ukrainisch).

SMITH, E. P. (1939): On the introduction and distribution of *Rana esculenta* in East Kent. Journal of Animal Ecology **8**: 168–170.

SMITH, M. (1954): The British Amphibians and Reptiles. Collins, London.

SMOTHERMAN, M. und P. NARINS (2004): Evolution of the amphibian ear. In: MANLEY G. A., FAY, R. R. und A. N. POPPER (Hrsg.): Evolution of the vertebrate auditory system. Springer Handbook of Auditory Research, New York, S. 164–199.

SNEGIN, E., BARKHATOV, A. und E. SNEGINA (2019): Analysis of the genetic structure of the populations of marsh frog (*Pelophylax ridibundus*) in the impact territories of the city of Belgorod on the basis of microsatellite markers of DNA. Advances in Biological Sciences Research **7**: 300–302.

SNELL, C. und I. H. EVANS (2006): Discrimanation of moor frog (*Rana arvalis*) and common frog (*Rana temporaria*) individuals using RAPD technique. Herpetological Journal **16**: 363–369.

SNELL, C., TETTEH J. und I. H. EVANS (2005): Phylogeography of the pool frog (*Rana lessonae* Camerano) in Europe: evidence for native status in Great Britain and for an unusual postglacial colonization route. Biological Journal of the Linnean Society **85**: 41–51.

SNELL, C. A. (1983): Introduced frogs on the Isle of Sheppey. British Herpetological Society Bulletin **8**: 58.

SOBOLENKO, L. (2004): Biotop preference and the number of amphibians in Nature Reserve "Medobory". Visnyk of L'viv University, Biology Series **38**: 137–142 (in ukrainisch).

SOBOLENKO, L. Y. (2010): [Amphibians and reptiles of Western Podillya: fauna, ecology and distribution of species.] Dissertation, Schmalhausen Institute of Zoology of the National Academy of Sciences of Ukraine, Kyiv (in ukrainisch).

SOCHA, M. (2005): [Structure and reproduction of mixed populations of *Rana ridibunda-Rana esculenta* (Amphibia, Anura)]. Dissertation, Faculty of Natural Sciences, Universität Wroclaw, Polen (in polnisch).

SOCHA, M. und M. OGIELSKA (2010): Age structure, size and growth rate of water frogs from central European natural *Pelophylax ridibundus-Pelophylax esculentus* mixed populations estimated by skeletochronology. Amphibia-Reptilia **31**: 239–250.

SOFIANIDOU, T. S. (1996): Electrophoretic studies of hybrids of water frogs (*Rana epeirotica, R. balcanica*) in the Ionian zone of Greece. Israel Journal of Zoology **42**: 149–157.

SOFIANIDOU, T. S. und H. SCHNEIDER (1989): Distribution range of the Epirus frog *Rana epeirotica* (Amphibia: Anura) and the composition of the water frog populations in western Greece. Zoologischer Anzeiger **223**: 13–25.

SOFIANIDOU, T. S., SCHNEIDER, H. und B. ASIMAKOPOULOS (1987): Distribution of the water frog *Rana epeirotica* (Amphibia, Anura) in Greece. In: VAN GELDER, J. J., STRIJBOSCH, H. und P. J. M. BERGERS (Hrsg.): Proceedings of the 4th Ordinary General Meeting of the Societas Europea Herpetologica, Nijmegen, S. 365–367.

SOFIANIDOU, T. S., SCHNEIDER, H. und U. SINSCH (1994): Comparative electrophoretic investigation on *Rana balcanica* and *Rana ridibunda* from northern Greece. Alytes **12**: 93–108.

SOM, C., ANHOLT, B. R. und H.-U. REYER (2000): The effect of assortative mating on the coexistence of a hybridogenetic waterfrog and its sexual host. The American Naturalist **156**: 34–46.

SOMMERMEIER, A. (2016): Die Rolle von DNA-Methylierung bei der Genomeliminierung in den Keimzellen des hybriden Wasserfrosches *Pelophylax esculentus*. Projektarbeit, Humboldt-Universität zu Berlin, Lebenswissenschaftliche Fakultät, Institut für Biologie, unveröff.

SOTIROPOULOS, K., BEERLI, P., LYMBERAKIS, P. und T. UZZELL (2020): Karpathos Frog *Pelophylax cerigensis*. The IUCN Red List of Threatened Species 2020: e.T58567A89696593. https://dx.doi.org/10.2305/IUCN.UK.2020-3.RLTS.T58567A89696593.en

SOUČEK, Z., KOLMAN, P. und V. ZAVADIL (1993): Die Verbreitung der Anuren in Mittelböhmen III – Wasserfrösche (*Rana esculenta* - Synklepton). Bohemia centralis **22**: 7–34.

SOWIG, P. (1985): Beiträge zur Kenntnis der Verbreitung und Ökologie der Amphibien und Reptilien Kretas. Salamandra **21**: 252--262.

SOWIG, P., PLÖTNER, J. und K. FRITZ (2007a): Kleiner Wasserfrosch *Rana lessonae* CAMERANO, 1882. In: FRITZ K., LAUFER, H. und P. SOWIG (Hrsg.): Die Amphibien und Reptilien Baden-Württembergs. Ulmer, Stuttgart, S. 477–486.

SOWIG, P., PLÖTNER, J. und K. FRITZ (2007b): Seefrosch *Rana ridibunda* PALLAS, 1771. In: FRITZ K., LAUFER, H. und P. SOWIG (Hrsg.): Die Amphibien und Reptilien Baden-Württembergs. Ulmer, Stuttgart, S. 487–500.

SOWIG, P., PLÖTNER, J. und H. LAUFER (2007c): Teichfrosch *Rana esculenta* LINNAEUS, 1758. In: FRITZ K., LAUFER, H. und P. SOWIG (Hrsg.): Die Amphibien und Reptilien Baden-Württembergs. Ulmer, Stuttgart, S. 459–476.

SPASIC-BOSKOVIC, O., KRIZMANIC, I. und M. VUJOSEVIC (1999): Population composition and genetic variation of water frogs (Anura: Ranidae) from Yugoslavia. Caryologia **52**: 9–20.

SPEYBROECK, J. (2006): Herpetological trip to Milos and Skyros islands (Greece). https://www.hylawerkgroep.be/jeroen/index.php?id=21

SPIGONARDI, M. P., RESENDES, R. und R. T. CUNHA (2012): Preliminary morphometric data of *Pelophylax perezi* (Amphibia: Ranidae) in São Jorge Island (Azores). Relatórios e Comunicações do Departamento de Biologia **40**: 79–87.

SPIRINA, E. V. (2007): [Amphibians as a bioindicative test system for ecological assessment of aquatic environments.] Dissertation, Ulyanovsk State University (in russisch).

SPIRINA, E. V. (2009): [Morphological abnomalies in *Rana ridibunda* Pall. as indicators of environmental quality.] Izvestiya Orenburgskogo Universiteta, Biologicheskie Nauki, Orenburg **21**: 228–230 (in russisch).

SPOLSKY, C. und T. UZZELL (1984): Natural interspecies transfer of mitochondrial DNA in amphibians. Proceedings of the National Academy of Sciences USA **81**: 5802–5805.

SPOLSKY, C. und T. UZZELL (1986): Evolutionary history of the hybridogenetic hybrid frog *Rana esculenta* as deduced from mtDNA analyses. Molecular Biology and Evolution **3**: 44–56.

STAKH, V. O., BELOKON, M. M., KHAMAR, I. S. und Y. S. BELOKON (2013): [Species composition and genetic polymorphism in green frogs (*Pelophylax*) of the Shatsk National Nature Park and in water bodies of the Lviv region.] In: MATISHOV, D. G. (Hrsg.): Molecular Genetic Approaches in Taxonomy and Ecology. Abstracts of the Scientific Conference, March 25th–29th 2013, Rostov-on-Don, Russia, S. 92 (in russisch).

STAKH, V., BELOKON, M., KHAMAR, I., BELOKON, Y. und O. RESHETILO (2014): Morphological and genetic polymorphism of green frogs (*Pelophylax*) in water bodies of western Ukraine. Visnyk of the Lviv University, Series Biology **64**: 241–249 (in ukrainisch).

STAUFFER, H.-P. und R. D. SEMLITSCH (1993): Effects of visual, chemical and tactile cues of fish on the behavioural responses of tadpoles. Annimal Behaviour **46**: 355–364.

STEINWARZ, D. und H. SCHNEIDER (1991): Distribution and bioacoustics of *Rana perezi* Seoane, 1885 (Amphibia, Anura, Ranidae) in Tunesia. Bonner Zoologische Beiträge **42**: 283–297.

ŠTĚPÁNEK, O. (1934): [Notes on the herpetology of Crete.] Sborník zoologického oddělení Národního Musea v Praze I. 2, S. 7–10 (in tschechisch).

ŠTĚPÁNEK, O. (1944): Zur Herpetologie Griechenlands. Věstník české zoologické společnosti v Praze **9**: 123–147

STEJNEGER, L. (1907): Herpetology of Japan and adjacent territory. Smithsonian Institution, United States National Museum Bulletin **58** (July 22), Washington, p. I–XX, 577 S. (1996, reprinted).

STEMMLER-GYGER, O. (1965): Der Wasserfrosch *Rana esculenta* (Linnaeus) 1758. Aquaria **12**, Sonderbeilage, St. Gallen.

STILLE, B. und M. STILLE (2017): The herpetofauna of Corfu and adjacent islands. Frankfurt Contributions to Natural History/Frankfurter Beiträge zur Naturkunde, Band 65, Edition Chimaira.

STÖCK, M., SICILIA, A., BELFIORE, N., BUCKLEY, D., LO BRUTTO, S., LO VALVO, M. und M. ARCULEO (2008): Post-Messinian evolutionary relationships across the Sicilian channel: Mitochondrial and nuclear markers link a new green toad from Sicily to African relatives. BMC Evolutionary Biology **8**: 56–74.

STÖCK, M., USTINOVA, J., BETTO-COLLIARD, C., SCHARTL, M., MORITZ, C. und N. PERRIN (2012): Simultaneous Mendelian and clonal genome transmission in a sexually reproducing, all-triploid vertebrate. Proceedings of the Royal Society, Biological Sciences, London **279**: 1293–1299.

STRAUTMAN, F. I., SUKHOMLINOV, B. F., KUSHNIRUK, V. A. und N. D. CHUGUNOV (1964): [An electrophoretic study of blood proteins of various amphibian species.] In: TERENTJEV, P. V. (Hrsg.): Voprosy Gerpetologii, Leningrad, S. 62 (in russisch).

STRECK O. R. und N. WISNIEWSKI (1961): Verbreitung und Vorkommen der Lurche und Kriechtiere in der Mark Brandenburg. Märkische Heimat, Potsdam **5**: 260–270.

STRELKOV, P. P. (1964): [Nutrition and fishery value of the marsh frog in spawning and rearing farms in the Volga delta.] In: TERENTJEV, P. V. (Hrsg.): Voprosy Gerpetologii, Leningrad, S. 63–64 (in russisch).

STUGREN, S., ILUTA, L., AGADAKOS, N. und K. MARKOU (1986): Variations des caractères biométriques de la grenouille rieuse, *Rana ridibunda* Pallas, dans le sud-est de l'Europe. Studia Universitatis Babeş-Bolyai Biologia **31**: 30–34.

SUMIDA, M., OGATA, M. und M. NISHIOKA (2000): Molecular phylogenetic relationships of pond frogs distributed in the Palearctic region inferred from DNA sequences of mitochondrial 12S ribosomal RNA and cytochrome b genes. Molecular Phylogeny and Evolution **16**: 278–285.

SURYADNA, N. M. (2001): On finding a frog (Amphibia, Ranidae) of rare colouring from the territory of Ukraine. Vestnik zoologii **35**: 74 (in ukrainisch).

SURYADNA, N. M. (2005): [Green frogs of the fauna of Ukraine: Morphological variation, karyology and pecularities of biology.] Dissertation, Schmalhausen Institute of Zoology of the National Academy of Sciences of Ukraine, Kyiv (in ukrainisch).

[SURYADNA] SURIADNA, N. M., MYKYTYNETS, G. I., PUPIŅŠ, M. und V. Y. GASSO (2020): Population systems of Eurasian water frogs (*Pelophylax*) in the south of Ukraine. Biosystems Diversity **28**: 154–162.

SURYADNAYA, N. N. (2001): On the problem of species distinction of the green frogs, *Rana ridibunda*, *R. lessonae*, *R. esculenta*, in Ukraine. In: ANANJEVA, N. B., DANILOV, I. G., DUNAYEV, E. A., ISHCHENKO, V. G., LADA, G. A., LITVINCHUK, S. N., ORLOVA, V. F., SMIRINA, E. M., TUNIYEV, B. S. und R. G. KHALIKOV (Hrsg.): The Problems of Herpetology, Puschino-na-Oke, S. 285–286 (in russisch).

SURYADNAYA, N. N. (2003): The data on caryology of green frogs (*Rana ridibunda*, *R. lessonae*, *R. esculenta*) from Ukraine. Vestnik zoologii **37**: 33–40 (in russisch).

SUZUKI, S., ARAI, K. und H. MUNEHARA (2017): Karyological evidence of hybridogenesis in Greenlings (Teleostei: Hexagrammidae). PLoS ONE **12**: e0180626. https://doi.org/10.1371/journal

SVININ, O. A. (2012): [Morphological characteristics of marsh frog populations (*Pelophylax ridibundus* (Pallas, 1771)) in the city of Yoshkar-Ola.] In: Aktual'nye Problemy Biologii, Ekologii i Khimii. Yoshkar-Ola, S. 28–31 (in russisch).

SVININ, O. A. (2014): The occurrence of morphological anomalies in green frogs population systems (*Pelophylax* Fitzinger, 1843) from the north-eastern part of the areas. In: VERSHININ, V. L., DUBOIS, A., HENLE, C. und M. PUKI (Hrsg.): Anomalii i Patologii Amfibiy i Reptiliy: Metodologiya, Evolyutsionnoe Znachenie, Vozmozhnost' Otsenki Zdorov'ya Sredy. Ekaterinburg, S. 156–161 (in russisch).

SVININ, A. O. (2016): [Distribution, types of population systems and morphological variability of green frogs of the hybridogenetic *Pelophylax esculentus* complex in north-east of their ranges.] Dissertation, Kazanskiy Federalnyi Universitet (in russisch).

SVININ, A. O., BASHINSKIY, I. V., LITVINCHUK, S. N., NEYMARK, L. A., IVANOV, A. Y., ERMAKOV, O. A., VEDERNIKOV, A. A. und A. DUBOIS (2019a): A mollusk *Planorbarius corneus* is an intermediate host of the infectious agent of Rostand's "anomaly P" in green frogs. Russian Journal of Herpetology **26**: 349–353.

SVININ, A. O., BASHINSKIY, I. V., LITVINCHUK, S. N., NEYMARK, L. A., OSIPOV, V. V., KATSMAN, E. A., ERMAKOV, O. A., IVANOV, A. Y., VEDERNIKOV, A. A., DROBOT, G. P. und A. DUBOIS (2019b): First record of the Jean Rostand's "anomaly P" in the marsh frog, *Pelophylax ridibundus*, in central Russia. Alytes **37**: 31–45.

SVININ, A. O., BASHINSKIY, I. V., OSIPOV, V. V., NEYMARK, L. A., IVANOV, A.Y., ERMAKOV, O. A. und S. N. LITVINCHUK (2019d): New records of the anomaly P syndrome in two water frog species (*Pelophylax ridibundus* and *P. lessonae*) in Russia. Herpetozoa **32**: 277–281.

SVININ, A. O., IVANOV, A. Y., NEYMARK, L. A., VEDERNIKOV, A. A., ERMAKOV, O. A., LITVINCHUK, S. N. und I. V. BASHINSKIY (2019c): Is an infectious agent of the Rostand's anomaly a trematode species? In: Modern Herpetology: Problems and Ways of their Solutions. Zoological Institute RAS, Saint-Petersburg, S. 73 (in russisch).

SVININ, A. O., BASHINSKIY, I. V., LITVINCHUK, S. N., ERMAKOV, O. A., IVANOV, A. Y., NEYMARK, L. A., VEDERNIKOV, A. A., OSIPOV, V. V., DROBOT, G. P. und A. DUBOIS (2020): *Strigea robusta* causes polydactyly and severe forms of Rostand's anomaly P in water frogs. Parasites and Vectors **13**, 381. https://doi.org/10.1186/s13071-020-04256-2

SVININ, A. O., DEDUKH, D. V., BORKIN, L. J., ERMAKOV, O. A., IVANOV, A. Y., LITVINCHUK, Y. S., ZAMALETDINOV, R. I., MIKHAYLOVA, R. I., TRUBYANOV, A. B., SKORINOV, D. V., ROSANOV, Y. M. und S. N. LITVINCHUK (2021): Genetic structure, morphological variation, and gametogenic peculiarities in water frogs (*Pelophylax*) from northeastern European Russia. Journal of Zoological Systematics and Evolutionary Research **59**: 646–662.

SVININ, A. O., IVANOV, A. Y., ZAKS, M. M., LITVINCHUK, S. N., BORKIN, L. J., ROSANOV, J. M. und O. A. ERMAKOV (2015): Distribution of the "eastern" and "western" forms of the marsh frog, *Pelophylax ridibundus*, and their participation in the origin of hemiclonal hybrids, *P. esculentus* in Mari El Republic. Current Studies in Herpetology, Saratov **15**: 120–129 (in russisch).

SVININ, A. O., LITVINCHUK, S. N., BORKIN, L. J. und J. M. ROSANOV (2013): Distribution and types of population systems of green frogs (*Pelophylax* Fitzinger, 1843) in the Republic Mari El. Current Studies in Herpetology, Saratov **13**: 137–147 (in russisch).

SVININ, V. B. (1962): Adaptation of *Rana ridibunda* Pall. to its environment in hot springs. Zhurnal Obschey Biologii, Moskva **23**: 155–157 (in russisch).

SYROMYATNIKOVA, E., TESAKOV, A., MAYDA, S., KAYA, T. und G. SARAÇ (2019): Plio-pleistocene amphibians and reptiles from central Turkey: new faunas and faunal records with comments on their biochronological position based on small mammals. Fossil Imprint **75**: 343–358.

SZABOLCS, M., MIZSEI, E., JABLONSKI, D., VÁGI, B., MESTER, B., VÉGVÁRI, Z. und S. LENGYEL (2017): Distribution and diversity of amphibians in Albania: new data and foundations of a comprehensive database. Amphibia-Reptilia **38**: 435–448.

SZCZERBAK, N. N. (1966): Herpetologia Taurica. Naukova Dumka, Kyiv (in russisch).

SZCZERBAK, N. N. und M. I. SZCZERBAN (1980): [Amphibians and Reptiles of the Ukrainian Carpathians.] Naukova Dumka, Kyiv (in russisch).

SZYDŁOWSKI, P., CHMIELEWSKA, M., ROZENBLUT-KOŚCISTY, B. und M. OGIELSKA (2016): The frequency of degenerating germ cells in the ovaries of water frogs (*Pelophylax esculentus* complex). Zoomorphology **136**: 75–83.

TALARICO, E., SPERONE, E. und S. TRIPEPI (2004): Amphibians of the Pollino national park: distribution and notes on conservation. Italian Journal of Zoology, Suppl. 2: 203–208.

TAMURA, K., BATTISTUZZI, F. U., BILLING-ROSS, P., MURILLO, O., FILIPSKI, A. und S. KUMAR (2012): Estimating divergence times in large molecular phylogenies. Proceedings of the National Academy of Sciences USA **109**: 19333–19338.

TARASCHUK, V. I. (1959): Fauna Ukrainy. Tom 7. Zemnovodni ta Plazuny. Vydavnitstvo Akademii Nauk Ukrains'koy RSR, Kyiv (in ukrainisch).

TARKHNISHVILI, D. N. und R. K. GOKHELASHVILI (1999): The amphibians of the Caucasus (Advances in Amphibian Research in the Former Soviet Union 4). Pensoft Publications, Sofia.

TATIN, D. (2010): Les mares et amphibiens de la vallée du Calavon et du pays d'Apt: étude et premiéres mesures de gestion conservatoire. Courrier Scientifique du Parc Naturel Régional du Luberon **9**: 88–100.

TAYLOR, R. H. R. (1948): The distribution of reptiles and amphibia in the British Isles, with notes on species recently introduced. British Journal of Herpetology **1**: 1–38.

TAYLOR, R. H. R. (1963): The distribution of amphibians and reptiles in England and Wales, Scotland and Ireland and the Channel Isles: a revised survey. British Journal of Herpetology **3**: 95–101.

TECKER, A., GÖCKING, C., MENKE, N., SCHREIBER, R. und J. PLÖTNER (2017): Neue Daten zur Morphologie, Genetik und Verbreitung der Wasserfrösche (*Pelophylax* spp.) im Münsterland (NRW) unter besonderer Berücksichtigung des Kleinen Wasserfroschs (*Pelophylax lessonae*). Zeitschrift für Feldherpetologie **24**: 19–44.

TEGELSTRÖM, H. und P. SJÖGREN-GULVE (2004): Genetic differentiation among northern European pool frog (*Rana lessonae*) populations. Herpetological Journal **14**: 187–193.

TEIXEIRA, R. D., PEREIRA MELLO, S. C. R. und C. A. M. LIMA DOS SANTOS (2001): The world market for frog legs. Food and Agriculture Organization of the United Nations, FAO/GLOBEFISH Research Programme, Vol. 68, Rome.

TEMBROCK, G. (1983): Spezielle Verhaltensbiologie der Tiere. Band II: Wirbeltiere. Gustav Fischer, Jena.

TEMPLETON, A. R. (1989): The meaning of species and speciation: a genetic perspective. In: OTTE, D. und J. A. ENDLER (Hrsg.): Speciation and its consequences. Sinauer Associates, Sunderland, Massachusetts, S. 3–27.

TEPLITSKY, C., PLÉNET, S. und P. JOLY (2003): Tadpoles responses to risk of fish introduction. Oecologia **134**: 270–277.

TERENTJEV, P. V. (1923): [On the law of parallel rows in Amphibia.] In: DERJUGIN, K. M. (Hrsg.): Proceedings of the First Congress of the Russian Zoologists, Anatomists and Histologists in Petrograd 15-21 XII 1922. Petrograd, S. 33–35 (in russisch).

TERENTJEV, P. V. (1931): Biometrische Untersuchungen über die morphologischen Merkmale von *Rana ridibunda* Pall. Biometrica **23**: 23–51.

[TERENTIEW] TERENTJEV, P. (1935): Zur Kenntniss der Amphibien und Reptilien von Tschuwaschrepublik. Trudy obshchestva estestvoispytateley pri Kazanskom universitete, Kazan **52**: 39–59 (in russisch).

TERENTJEV, P. V. (1943): Correlations of indices of *Rana ridibunda* Pall.. Zoologicheskiy Zhurnal, Moskva **22**: 267–273 (in russisch).

TERENTJEV, P. V. (1962): [Character of geographical variation in green frogs.] Trudy Petergofskogo Biologicheskogo Instituta Leningradskogo Gosudarstvennogo Universiteta, Leningrad **19**: 98–121 (in russisch).

TERHIVUO, J. (1993): Provisional atlas and status of population for the herpetofauna of Finland in 1980–1992. Annales Zoologici Fennici **30**: 55–69.

TESSA, G., ANGELINI, C., BIELBY, J. BOVERO, S., GIACOMA, C. und T. W. J. GARNER (2013): The pandemic pathogen of amphibians, *Batrachochytrium dendrobatidis* (Phylum Chytridiomycota), in Italy. Italian Journal of Zoology **80**: 1–11.

THIESMEIER, B. und M. FRANZEN (2018): Amphibien bestimmen – am Land und im Wasser. Laurenti, Bielefeld (2. Auflage).

TÖRÖK, Z. (2003): Action plan for sustainable exploitation of *Rana ridibunda* stocks from the Danube Delta Biosphere Reserve (Romania). Froglog **60**: 2–3.

TOFAN, V. E. (1966): [The fauna of amphibians and reptiles of Moldova.] Dissertation, Leningrad State University (in russisch).

TOFAN, V. E. (1967): [Ecology and intraspecific variability of water frogs in Moldova.] Izvestiya Akademii nauk Moldavskoy SSR, Seriya Biologicheskikh i Khimicheskikh Nauk, Kishinyov **1**: 32–40 (in russisch).

TOFAN, V. E. (1979): [Sex composition of amphibian and reptile populations in Moldavia.] In: Novye Problem Zoologicheskoy Nauki i Ikh Otrazhenie v Vuzovskom Obrazovanii. Chast' 2. Stavropol, S. 350–351 (in russisch).

TOFAN, V. E. (1981): [Family Ranidae.] In: GANYA, I. M. (Hrsg.): Ryby, Zemnovodnye, Presmykayushchiesya. Zhivotnyi Mir Moldavii. Shtiintsa, Kishinev, S. 163–172 (in russisch).

TOGNARELLI, G., ZUFFI, M. A. L., MARRACCI, S. und M. RAGGHIANTI (2014): Surveys on populations of green frogs (*Pelophylax*) of Western Tuscany sites with molecular and morphometric methods. Amphibia-Reptilia **35**: 99–105.

TOK, C. V. (1999): [A morphological study on anuran species of Reşadiye (Datça) Peninsula (Anura: Bufonidae, Hylidae, Ranidae).] Turkish Journal of Zoology **23**: 565–581 (in türkisch).

TOK, C. V., ATATÜR, M. K. und D. AYAZ (2000): Morphological characterisation of a population of *Rana ridibunda* Pallas, 1771 in the Dalaman area, Turkey. Zoology in the Middle East **20**: 47–54.

TOLI, E. A., SIARABI, S., BOUNAS, A., PAFILIS, P., LYMBERAKIS, P. und K. SOTIROPOULOS (2018): New insights on the phylogenetic position and population genetic structure of the critically endangered Karpathos marsh frog *Pelophylax cerigensis* (Amphibia: Anura: Ranidae). Acta Herpetologica **13**: 117–123.

TOPORKOVA, L. Y. (1966): [On the beneficial role of amphibians.] In: SKALON, V. N. (Hrsg.): Okhrana i Ratsional'noe Ispol'zovanie Resursov Dikoy Zhivoy Prirody. Alma-Ata, S. 165–166 (in russisch).

TOPORKOVA, L. Y. (1985): [The development of a *Rana ridibunda* population.] In: DAREVSKY, I. S. (Hrsg.): The Problems of Herpetology, Leningrad, S. 212 (in russisch).

TORRALBA BURRIAL, A. und F. J. OCHARAN (2004): Frogs as prey of dragonflies. Notulae Odonatologicae **6**: 37–44.

TOSUNOĞLU, M., AYAZ, D. und B. GÖÇMEN (2005): On specimens of *Rana ridibunda* Pallas, 1771 (Anura: Ranidae) collected from Yagmapinar (Karapinar-Konya). Anadolu University Journal of Science and Technology **6**: 55–59.

TÓTH, T., KRECSÁK, L., MADSEN, T. und B. ÚJVÁRI (2002): Herpetofaunal locality records on the Greek island Corfu (Amphibia, Reptilia). Herpetozoa **15**: 149–169.

TRAPP, B. (2007): Amphibien und Reptilien des griechischen Festlandes. Natur und Tier, Münster.

TRIPEPI, S., ROSSI, F., SERRONI P. und E. BRUNELLI (1996): Distribuzione altitudinale degli Anfibi in Calabria. Studi Trentini di Scienze Naturali. Acta Biologica **71**: 97–101.

TRYJANOWSKI, P., SPARKS, T., RYBACKI, M. und L. BERGER (2006): Is body size of the water frog *Rana esculenta* complex responding to climate? Naturwissenschaften **93**: 110–113.

TSIORA, A. und P. KYRIAKOPOULOU-SKLAVOUNOU (2001): Male reproductive cycle of the water frog *Rana epeirotica* in northwestern Greece. Amphibia-Reptilia **22**: 291–302.

TSIORA, A. und P. KYRIAKOPOULOU-SKLAVOUNOU (2002a): A skeletochronological study of age and growth in relation to adult size in the water frog *Rana epeirotica*. Zoology **105**: 55–60.

TSIORA, A. und P. KYRIAKOPOULOU-SKLAVOUNOU (2002b): Female reproductive cycle of the water frog *Rana epeirotica* in northwestern Greece. Amphibia-Reptilia **23**: 269–280.

TÜİK (Turkish Statistical Institute): Fisheries Statistics 2018. Ankara, Turkey.

TUNNER, H. G. (1970): Das Serumeiweißbild einheimischer Wasserfrösche und der Hybridcharakter von *Rana esculenta*. In: RATHMAYER, W. (Hrsg.): Verhandlungen der Deutschen Zoologischen Gesellschaft, Stuttgart, S. 352–358.

TUNNER, H. G. (1972): Serologische und morphologische Untersuchungen zur Frage der Artabgrenzung bei Wasserfröschen aus der Umgebung von Mainz (Rhein-Main-Gebiet). Zeitschrift für zoologische Systematik und Evolutionsforschung **10**: 127–132.

TUNNER, H. G. (1973): Das Albumin und andere Bluteiweiße bei *Rana ridibunda* PALLAS, *Rana lessonae* CAMERANO, *Rana esculenta* LINNÉ und deren Hybriden. Zeitschrift für zoologische Systematik und Evolutionsforschung **11**: 219–233.

TUNNER, H. G. (1974): Die klonale Struktur einer Wasserfroschpopulation. Zeitschrift für zoologische Systematik und Evolutionsforschung **12**: 309–314.

TUNNER, H. G. (1976): Aggressives Verhalten bei *Rana ridibunda*, *Rana lessonae* und der hybriden *Rana esculenta*. Zoologischer Anzeiger, Jena **196**: 67–79.

TUNNER, H. G. (1978a): Zur Morphologie junger Wasserfrösche aus verschiedenen zusammengesetzten Populationen. Annalen des Naturhistorischen Museums in Wien **81**: 465–474.

TUNNER, H. G. (1978b): Kampfverhalten mitteleuropäischer Wasserfrösche (*Rana ridibunda*, *Rana lessonae*, *Rana esculenta* (Hybride)). Begleitveröffentlichung zum wissenschaftlichen Film CTI 1628 der BHWK. Wissenschaftlicher Film (Wien) **22**: 33–39.

TUNNER, H. G. (1979): The inheritance of morphology and electrophoretic markers from homotypic crosses of the hybridogenetic *Rana esculenta*. Mitteilungen aus dem Zoologischen Museum in Berlin **55**: 89–109.

TUNNER, H. G. (1980): Kreuzungsexperimente mit Wasserfröschen aus österreichischen und polnischen Mischpopulationen (*Rana lessonae* + *Rana esculenta*). Zeitschrift für zoologische Systematik und Evolutionsforschung **18**: 257–297.

TUNNER, H. G. (1992): Locomotory behaviour in water frogs from Neusiedlersee (Austria, Hungary). 15 km migration of *Rana lessonae* and its hybridogenetic associate *Rana esculenta*. In: KORSÓS, Z. und I. KISS (Hrsg.): Proceedings of the 6th Ordinary General Meeting of the Societas Europaea Herpetologica, Budapest, S. 449–452.

TUNNER, H. G. (1996): Der Teichfrosch *Rana esculenta* – Ein evolutionsbiologisch einzigartiger Froschlurch. Siapfia **47** (zugleich Kataloge des O. Ö. Landesmuseums N. F. 107): 87–102.

TUNNER, H. G. (2000): Evidence for genomic imprinting in unisexual triploid hybrid frogs. Amphibia-Reptilia **21**: 135–141.

TUNNER, H. G. (2001): Die Wasserfrösche. In: CABELA, A., GRILLITSCH, H. und F. TIEDEMANN (Hrsg.): Atlas zur Verbreitung und Ökologie der Amphibien und Reptilien Österreichs: Auswertung der Herpetofaunistischen Datenbank der Herpetologischen Sammlung des Naturhistorischen Museums in Wien. Umweltbundesamt, S. 703–715.

TUNNER, H. G. und M.-T. DOBROWSKY (1976): Zur morphologischen, serologischen und enzymologischen Differenzierung von *Rana lessonae* und der hybridogenetischen *Rana esculenta* aus dem Seewinkel und dem Neusiedlersee (Österreich, Burgenland). Zoologischer Anzeiger, Jena **197**: 6–22.

TUNNER, H. G. und S. HEPPICH (1981): Premeiotic genome exclusion during oogenesis in the common edible frog, *Rana esculenta*. Naturwissenschaften **68**: 207.

TUNNER, H. G. und S. HEPPICH (1982): A genetic analysis of water frogs from Greece: evidence for the existence of a cryptic species. Zeitschrift für zoologische Systematik und Evolutionsforschung **20**: 209–223.

TUNNER, H. G. und S. HEPPICH-TUNNER (1991): Genome exclusion and two strategies of chromosome duplication in oogenesis of a hybrid frog. Naturwissenschaften **78**: 32–34.

TUNNER, H. G. und S. HEPPICH-TUNNER (1992): A new population system of water frogs discovered in Hungary. In: KORSÓS, Z. und I. KISS (Hrsg.): Proceedings of the 6th Ordinary General Meeting of the Societas Europaea Herpetologica, Budapest, S. 453–460.

TUNNER, H. G. und W. Hödl (1978): Warn- oder Alarmruf und Schreckruf bei *Rana ridibunda ridibunda* (Salientia, Ranidae). Zoologischer Anzeiger **200**: 386–390.

TUNNER, H. G. und L. KÁRPÁTI (1997): The water frogs (*Rana esculenta* complex) of the Neusiedlersee region (Austria, Hungary) (Anura: Ranidae). Herpetozoa **10**: 139–148.

TUNNER, H. G. und H. NOPP (1979): Heterosis in the common European water frog. Naturwissenschaften **66**: 268.

TUNNER, H. G. und T. UZZELL (1974): Das Serumalbumin bei *Rana ridibunda perezi* (Salientia, Ranidae). Salamandra **10**: 137–139.

TURANI, B. und V. ALIKO (2017): Effects of temperature on in-vitro produced embryos and larval development of Albanian water frog, *Pelophylax shqipericus*. Albanian Journal of Agricultural Science **2017** (Special Edition): 421–426.

TURQUIER, V., VAUDRY, H., JÉGOU, S. und Y. ANOUAR (1999): Frog chromogranin a messenger ribonucleic acid encodes three highly conserved peptides. Coordinate regulation of proopiomelanocortin and chromogranin A gene expression in the pars intermedia of the pituitary during background color adaptation. Endocrinology **140**: 4104–4112.

TURRISI, G. F. (2008): Distribuzione altitudinale degli Anfibi e dei Rettili della Sicilia. In: Atlante della Biodiversità della Sicilia: Vertebrati terrestri. Collana Studi e Ricerche dell' ARPA Sicilia 6, Palermo, S. 353–355.

TWELBECK, R., JAECKEL U. und A. BITZ (1996): Teichfrosch – *Rana* kl. *esculenta* (Linnaeus, 1758), Kleiner Wasserfrosch – *Rana lessonae* (Camerano, 1882). In: BITZ, A., FISCHER K., SIMON L., THIELE R. und M. VEITH (Hrsg.): Die Amphibien und Reptilien in Rheinland-Pfalz. Gesellschaft für Naturschutz und Ornithologie Rheinland-Pfalz e. V., Landau, S. 273–284.

ULLERICH, F.-H. (1967): Weitere Untersuchungen über Chromosomenverhältnisse und DNS-Gehalt bei Anuren (Amphibia). Chromosoma (Berlin) **21**: 345–368.

USHAKOV, B. P. (1963): Cytophysiological analysis of intraspecies divergence of *Rana ridibunda* Pall In: USHAKOV, B. P. (Hrsg.): Problemy Tsitoekologii Zhivotnykh. Izdatel'stvo Akademii Nauk SSSR, Moskva-Leningrad, S. 145–157 (in russisch).

USHAKOV, V. A. und V. I. GARANIN (1980): [On the seasonal activity of amphibians and reptiles.] In: PETROV, V. S. (Hrsg.): Nazemnye i Vodnye Ekosistemy. Gorkiy, Izdatel'stvo GGU im. N. I. Lobachevskogo, S. 11–21 (in russisch).

USMANOVA, N. M., LITVINCHUK, S. N., KAZAKOVA, E. A. und V. I. KAZAKOV (2010): Variations in RM224 microsatellite in green frogs of genus *Rana*. Cell Tissue Biology **4**: 436–441.

USOVA, E. E. (2010): Determining the level of mature water frogs (*Pelophylax esculentus* complex; Amphibia, Ranidae) natural mortality by use of skeletochronology. The Journal of V. N. Karazin Kharkiv National University, Series: Biology **12**: 104–110 (in russisch).

USOVA, O. Y. (2014): The skeletochronological study of growth of green frogs from ponds situated in the National Nature Park “Gomolshansky lissy” and its environs. Biologiya ta Valeologiya, Kharkiv **16**: 51–61 (in ukrainisch).

USTINOVICH, E. A. (2004): [To the anuran fauna of the Republic of Khakassia.] In: KUCHERENKO, A. V. und N. A. EFANOVA (Hrsg.): Ekologiya Yuzhnoy Sibiri i Sopredel'nykh Territoriy. Tom 1. Krasnoyarsk, S. 114–115 (in russisch).

USTYUZHANINA, O. A. und A. B. STRELTSOV (2005): Variability and frequency of occurrence of the morph striata in *Rana ridibunda*, *R. lessonae*, and *R. esculenta* in Kaluga region. Zoologicheskiy Zhurnal, Moskva **84**: 699–706 (in russisch).

UŚCINOWICZ, S. (2004): Rapid sea level changes in the southern Baltic during late glacial and early Holocene. Polish Geological Institute Special Papers **11**: 9–18.

UZZELL, T (1978): Immunological distances between the serum albumins of *Rana ridibunda* and *Rana lessonae*. Proceedings of the Academy of Natural Sciences of Philadelphia **130**: 1–10.

UZZELL, T. (1979): Immunological variation in *Rana lessonae* (Amphibia, Salientia). Mitteilungen aus dem Zoologischen Museum in Berlin **55**: 29–33.

UZZELL, T. (1982a): Immunological relationships of western Palearctic water frogs. Amphibia-Reptilia **3**: 135–143.

UZZELL, T. (1982b): Introgression and stabilization in western Pelearctic species of water frogs. In: MOSSAKOWSKI, D. und G. ROTH (Hrsg.): Environmental Adaptation and Evolution. Gustav Fischer, Stuttgart, New York, S. 275–295.

UZZELL, T. (1983): An immunological survey of Italian water frogs (Salientia: Ranidae). Herpetologica **39**: 225–234.

UZZELL, T., ANDREONE, F., LYMBERAKIS, P., VOGRIN, M., HAXHIU, I., CRNOBRNJA ISAILOVIC, J., SINDACO, R. und A. ROMANO (2009): *Pelophylax kurtmuelleri*. The IUCN Red List of Threatened Species 2009: e.T58637A11817029.

UZZELL, T. und L. BERGER (1975): Electrophoretic phenotypes of *Rana ridibunda*, *Rana lessonae* and their hybridogenic associate *Rana esculenta*. Proceedings of the Academy of Natural Sciences of Philadelphia **127**: 13–24.

UZZELL, T., BERGER, L. und R. GÜNTHER (1975): Diploid and triploid progeny from a diploid female of *Rana esculenta* (Amphibia Salientia). Proceeding of the Academy of Natural Sciences of Philadelphia **127**: 81–91.

UZZELL, T. und J. CRNOBRNJA ISAILOVIC (2009): *Pelophylax shqipericus*. The IUCN Red List of Threatened Species 2009: e.T58715A11829016.

UZZELL, T., GÜNTHER, R. und L. BERGER (1977): *Rana ridibunda* and *Rana esculenta*: a leaky hybridogenetic system (Amphibia Salientia). Proceedings of the Academy of Natural Sciences of Philadelphia **128**: 147–171.

UZZELL, T. und H. HOTZ (1979): Electrophoretic and morphological evidence for two forms of green frogs (*Rana esculenta* complex) in peninsular Italy (Amphibia, Salientia). Mitteilungen aus dem Zoologischen Museum in Berlin **55**: 13–27.

UZZELL, T., HOTZ, H. und L. BERGER (1980): Genome exclusion in gametogenesis by an interspecific *Rana* hybrid: evidence from electrophoresis of individual oocytes. Journal of Experimental Zoology **214**: 251–259.

UZZELL, T., LYMBERAKIS, P. und I. HAXHIU (2009): *Pelophylax epeiroticus*. The IUCN Red List of Threatened Species 2009: e.T58592A11793456.

UZZELL, T. und H. G. TUNNER (1983): An immunological analysis of Spanish and French water frogs. Journal of Herpetology **17**: 320–326.

VAILLANT, L. (1895): Note sur un cas de mélanisme chez la Grenouille verte (*Rana esculenta* Linné). Bulletin de la Société Zoologique de France **20**: 29–30.

VALBONA, A. (2013): Physiological response to freezing in pool frog *Pelophylax lessonae* (Camerano, 1882). In: The 1st International Conference on Research and Education – Challenges Toward the Future (ICRAE2013), S. 1–7.

VALVERDE, J. A. (1967): Estructura de una comunidad mediterránea de vertebrados terrestres. Monografías de la Estación Biológica de Doñana. CSIC, Madrid.

VANCEA, Ş., FUHN, I. E. und B. STUGREN (1989): Sur la composition taxonomique du peuplement de grenouilles vertes (complexe *Rana esculenta* L.) de Roumanie. Studia Universitatis Babeş-Bolyai, Biologia **34**: 69–77.

VANNI, S. und A. NISTRI (2006): Atlante degli Anfibi e dei Rettili della Toscana. Museo di storia naturale "La Specola", Sezione di Zoologia. Direzione generale politiche territoriali e ambientali. Regione Toscana, Firenze.

VASILYAN, D., ZAZHIGIN, V. S. und M. BÖHME (2017): Neogene amphibians and reptiles (Caudata, Anura, Gekkota, Lacertilia, and Testudines) from the south of Western Siberia, Russia, and Northeastern Kazakhstan. PeerJ **5**: e3025.

VASILOPOULOU-KAMPITSI, M. (2012): [Phenology of mating calls of anuran amphibians in Crete.] Graduate Thesis, University of Crete, unveröff. (in griechisch).

VEGERINA, A. O., BIRIUK, O. V. und D. A. SHABANOV (2014): Comparison of spermatogenesis stability in hemiclonal interspecific hybrid *Pelophylax esculentus* and parental species *Pelophylax ridibundus* (Amphibia, Anura). Praci Ukrainskogo Gerpetologichnogo Tovaristva, Kyiv **5**: 20–28 (in russisch).

VEITH, M., KOSUCH, J. und M. VENCES (2003): Climatic oscillations triggered post-Messinian speciation of Western Palearctic brown frogs (Amphibia, Ranidae). Molecular Phylogenetics and Evolution **26**: 310–327.

VENCES, M., HAUSWALDT, J. S., STEINFARTZ, S., RUPP, O., GOESMANN, A., KÜNZEL, S., OROZCO-TERWENGEL, P., VIEITES, D. R., NIETO-ROMAN, S., HAAS, S., LAUGSCH, C., GEHARA, M., BRUCHMANN, S., PABIJAN, M., LUDEWIG, A.-K., RUDERT, D., ANGELINI, C., BORKIN, L. J., CROCHET, P.-A., CROTTINI, A., DUBOIS, A., FICETOLA, G. F., GALÁN, P., GENIEZ, P., HACHTEL, M., JOVANOVIC, O., LITVINCHUK, S. N., LYMBERAKIS, P., OHLER, A. und N. A. SMIRNOV (2013): Radically different phylogeographies and patterns of genetic variation in two European brown frogs, genus *Rana*. Molecular Phylogenetics and Evolution **68**: 657–670.

VERDIELL-CUBEDO, D. (2012): Inventario y estado de conservación de las charcas ganaderas en la Región de Murcia (SE Península Ibérica). Anales de Biología **34**: 1–8.

VERSHININ, V. L. (1981): [*Rana ridibunda* in Sverdlovsk City.] In: DAREVSKY, I. S. (Hrsg.): The Problems of Herpetology, Leningrad, S. 32–33 (in russisch).

VERSHININ, V. L. (2008): Morpha striata in the members of the genus *Rana* (Amphibia, Anura), the reasons of adaptability to environmental changes. Zhurnal Obschey Biologii, Moskva **69**: 65–71 (in russisch).

VERSHININ, V. L. und N. L. IVANOVA (2006): Peculiar features of the trophic relations of an introduced species *Rana ridibunda* (Pallas, 1771) depending on habitat conditions. Povolzhskiy Ekologicheskiy Zhurnal, Saratov **2006** (2/3): 119–128 (in russisch).

VERSHININ, V. L., SITNIKOV, I. A., VERSHININA, S. D., TROFIMOV, A. G., LEBEDINSKY, A. A. und I. J. MIURA (2019): Mitochondrial heteroplasmy in marsh frog (*Pelophylax ridibundus* Pallas, 1771). Russian Journal of Genetics **55**: 1041–1045.

VERVUST, B., BRECKO, J. und P. PAFILIS (2013): Preliminary data on the differentiation of Milos Island water frogs. Journal of Biological Research, Thessaloniki **20**: 290–295.

VIDAL, A. (1966): Estudio biológico de las islas Pitiusas. Publicaciones del Instituto de Biología Aplicada **40**: 81–112.

VINOGRADOV, A. E. und L. J. BORKIN (1993): Allometry of base pair specific-DNA contents in Tetrapoda. Hereditas **118**: 155–163.

VINOGRADOV, A. E., BORKIN, L. J., GÜNTHER, R. und J. M. ROSANOV (1990): Genome elimination in diploid and triploid *Rana esculenta* males: cytological evidence from DNA flow cytometry. Genome **33**: 619-627.

VINOGRADOV, A. E., BORKIN, L. J., GÜNTHER, R. und J. M. ROSANOV (1991): Two germ cell lineages with genomes of different species in one and the same animal. Hereditas **114**: 245-251.

VINOGRADOV, A. E., ROSANOV, J. M., CAUNE, I. A. und L. J. BORKIN (1988): [Elimination of one parental genome prior to premeiotic DNA synthesis in the hybridogenic hybrid *Rana esculenta*.] Tsitologiya, Leningrad **30**: 691–698 (in russisch).

VITÁČEK, Z., SOUČEK, Z. und J. MORAVEC (1994): [Seefrosch – *Rana ridibunda* (Pallas, 1771).] In: MORAVEC, J. (Hrsg.): Atlas of Czech Amphibians. Praha (Národní muzeum), S. 104–108 (in tschechisch).

VOGEL, P. und P. S. CHEN (1976): Genetic control of LDH isozymes in the *Rana esculenta* complex. Experentia **32**: 304–307.

VOGEL, P. und P. S. CHEN (1977): A further study of LDH isozymes in the *Rana esculenta* complex. Experentia **33**: 1285–1287.

VOGGENREITER, V. (1985): Ausgewählte Arealkarten von Pflanzen und Tieren der Insel Tenerife und ihre ökologisch-chronologische Interpretation. Bonner zoologische Beiträge **36**: 261–276.

VOGT, D. (1981): Die Amphibienfauna der Schwetzinger Wiesen (Rhein-Neckar-Kreis). Veröffentlichungen für Naturschutz und Landschaftspflege in Baden-Württemberg **54/54**: 423–445.

VOITURON, Y., EUGÈNE, M. und H. BARRÉ (2003): Survival and metabolic responses to freezing by the water frog (*Rana ridibunda*). Journal of Experimental Zoology **299A**: 118–126.

VOITURON, Y., JOLY, P., EUGÈNE, M. und H. BARRÉ (2005): Freezing tolerance of the European water frogs: the good, the bad, and the ugly. Ameriacan Journal of Physiology. Regulatory, Integrative and Comparative Physiology **288**: R1563–R1570.

VOJAR, J., HAVLÍKOVÁ, B., SOLSKÝ, M., JABLONSKI, D., IKOVIĆ, V. und V. BALÁŽ (2017): Distribution, prevalence, and amphibian hosts of *Batrachochytrium dendrobatidis* in the Balkans. Salamandra **53**: 44–49.

VOJTKOVA, L. und V. ROCA (1993): Parasites of the frogs and toads in Europe. Part I: Protozoa. Revista Española de Herpetología **7**: 37–45.

VOJTKOVA, L. und V. ROCA (1994): Parasites of the frogs and toads in Europe. Part II: Trematoda. Revista Española de Herpetología **8**: 7–18.

VOJTKOVA, L. und V. ROCA (1996): Parasites of the frogs and toads in Europe. Part III: Nematoda, Cestoda, Acanthocephala, Hirudinea, Crustacea and Insecta. Revista Española de Herpetología **10**: 13–27.

VOLLONO, C. und F. M. GUARINO (2002): Analisi scheletrocronologica in alcune specie di Anfibi e Rettili del Parco Regionale del Matese. In ODIERNA, G. und F. M. GUARINO (Hrsg.): I Vertebrati ectotermi del Parco Regionale del Matese. Centro stampa dell'Universita degli Studi di Napoli Federico II, S. 163–171.

VORBURGER, C. (2001a): Genomic imprinting or mutation and interclonal selection in triploid hybrid frogs? A comment on Tunner. Amphibia-Reptilia **22**: 263–265.

VORBURGER, C. (2001b): Non-hybrid offspring from matings between hemiclonal hybrid waterfrogs suggest occasional recombination between clonal genomes. Ecological Letters **4**: 628–636.

VORBURGER, C. und H.-U. REYER (2003): A genetic mechanism of species replacement in European waterfrogs? Conservation Genetics **4**: 141–155.

VOROBYOV, K. A. (1966): [Frogs attack birds.] Priroda, Moscow **66**: 81 (in russisch).

VOZNIYCHUK, O. P. und V. N. KURANOVA (2008): Amphibians and reptiles of Katun Nature Reserve and adjacent territories (the central Altai). The Current Studies in Herpetology, Saratov **8**: 101–117 (in russisch).

VRIJENHOEK, R. C., ANGUS, R. A. und R. J. SCHULTZ (1978): Variation and clonal structure in a unisexual fish. The American Naturalist **112**: 41–55.

VUCIĆ, M., JELIĆ, D., KLOBUČAR, G.I.V., PRKLJAČIĆ, B. und M. JELIĆ (2018): Molecular identification of species and hybrids of water frogs (genus *Pelophylax*) from lake Skadar, southeast Adriatic drainages (Amphibia: Ranidae). Salamandra **54**: 147–157.

VYACHINA, D. A. (2013): [Interspecific morphometric differences and sexual dimorphism in green frogs of the Central Park of Culture named by P. P. Belousov in the oblast Tula'.] In: YANCHUREVICH, O. V. (Hrsg.): Zoologicheskie Chteniya. GrGU im. Ya. Kupaly, Grodno, S. 80–82 (in russisch).

WAGNER, E. und M. OGIELSKA (1993): Oogenesis and ovary development in the natural hybridogenetic water frog, *Rana esculenta* L. II. After metamorphosis until adults. Zoologisches Jahrbuch Physiologie **97**: 369–382.

WAHL, M. (1969): Untersuchungen zur Bioakustik des Wasserfrosches *Rana esculenta* (L.). Oecologia, Berlin **3**: 14–55.

WALKER, S. F., BOSCH, J., GÓMEZ, V., GARNER, T. W., CUNNINGHAM, A. A., SCHMELLER, D. S., NINYEROLA, M., HENK, D. A., GINESTET, C., ARTHUR, C. P. und M. C. FISHER (2010): Factors driving pathogenicity vs. prevalence of amphibian panzootic chytridiomycosis in Iberia. Ecological Letters **13**: 372–382.

WALTON, A. C. (1949): Parasites of the Ranidae (Amphibia). VII. Transactions of the American Microscopical Society **68**: 49–54.

WARINGER-LÖSCHENKOHL, A. (1988): An experimental study of microhabitat selection and microhabitat shifts in European tadpoles. Amphibia-Reptilia **9**: 219–236.

WEBER, E. (1975): Schreckrufe von *Rana r. ridibunda* Pallas (Amphibia, Anura). Zeitschrift für Naturforschung C **30**: 695.

WEIDENBERG, K. (1999): Vergleichende Untersuchungen zum Paarungs- und Territorialverhalten von *Rana ridibunda*- und *Rana* kl. *esculenta*-Männchen. Diplomarbeit, Humboldt-Universität zu Berlin, unveröff.

WELLS, K. D. (2007): The Ecology and Behavior of Amphibians.The University of Chicago Press, Chicago and London.

WERNER, F. (1897): Die Reptilien und Amphibien Oesterreich-Ungarns und der Occupationsländer. Wien.

WERNER, F. (1902): Die Reptilien und Amphibienfauna von Kleinasien. Sitzungsberichte der kaiserlichen Akademie der Wissenschaften, mathematisch-naturwissenschaftliche Classe, Bd. CXI (111), Abt. I: 1057–1121.

WERNER, F. (1904): III. Reptilia und Amphibia für 1901. Archiv für Naturgeschichte, 70. Jahrgang, Bd. **2** (1): 1–72.

WERNER, F. (1930): Contribution to the knowledge of the reptiles and amphibians of Greece, especially the Aegean Islands. Occasional Papers of the Museum of Zoology, University of Michigan, No. **211**: 1–47.

WETTSTEIN, O. (1931): Herpetologie der Insel Kreta. Unter Mitwirkung von E. AHL, Berlin. Annalen des Naturhistorischen Museums in Wien **45**: 159–172.

WETTSTEIN, O. (1953): Herpetologia aegea. Sitzungsberichte der Akademie der Wissenschaften, Mathematisch-Naturwissenschaftliche Klasse. Wien, Abteilung 1, **162**: 651–833.

WETTSTEIN-WESTERSHEIMB, O. (1968): Zoologische Aufsammlungen auf Kreta: Amphibien und Reptilien. Annalen des Naturhistorischen Museums in Wien **72**: 405–408.

WICKBOM, T. (1945): Cytological studies on Dipnoi, Urodela, Anura, and *Emys*. Hereditas **31**: 241–346.

WIELSTRA, B., CRNOBRNJA-ISAILOVIĆ, J., LITVINCHUK, S. N., REIJNEN, B., SKIDMORE, A. K., SOTIROPOULOS, K., TOXOPEUS, A. G., TZANKOV, N., VUKOV, T. und J. W. ARNTZEN (2013): Tracing glacial refugia of *Triturus* newts based on mitochondrial DNA phylogeography and species distribution modeling. Frontiers in Zoology **10,** 13.

WIJNANDS, H. E. J. (1977): Distribution and habitat of *Rana esculenta* complex in The Neterlands. Netherlands Journal of Zoology **27**: 277–286.

WIJNANDS, H. E. J. (1978): Plasma albumins and biometrical characteristics of different forms of *Rana esculenta* complex. Zoologisches Jahrbuch Systematik **105**: 337–346.

WIJNANDS, H. E. J. (1979): Partial ecological isolation of *Rana lessonae* and *Rana esculenta* as a mechanism for maintenance of the hybrid form, *Rana esculenta* (Anura, Ranidae). Mitteilungen aus dem Zoologisches Museum in Berlin **55**: 131–142.

WIJNANDS, H. E. J. und J. J. VAN GELDER (1976): Biometrical and serological evidence for the occurrence of three phenotypes of green frogs (*Rana esculenta* complex) in the Netherlands. Netherlands Journal of Zoology **26**: 414–424.

WILBERT, N. und U. SCHMEIER (1982): Survey of the intestinal opalines and ciliates in Central European amphibians. Archiv für Protistenkunde **125**: 271–285.

WILCZYNSKI, W. und R. R. CAPRANICA (1984): The auditory system of anuran amphibians. Progress in Neurobiology **22**: 1–38.

WILEY, E. O. (1978): The evolutionary species concept reconsidered. Systematic Zoology **27**: 17–26.

WILKIN, P. J. und A. M. SCOFIELD (1990): The use of a serological technique to examine host selection in a natural population of the medicinal leech, *Hirudo medicinalis*. Freshwater Biology **23**: 165–169.

WILLIGES, W. (1971): Ein Fall von Flavismus bei *Rana esculenta* L.. Zoologischer Garten, N.F., Leipzig, **40**: 102–104.

WÜPPER G. (2008): Leckere Frösche und Schnecken werden knapp. WELT N24 Wirtschaft. https://www.welt.de/wirtschaft/article2194435/Leckere-Schnecken-und-Froesche-werden-knapp.html

WYCHERLEY, J., BEEBEE, T. und S. DORAN (2001): Regional accents in the Pool Frog? Development of new computer analytical techniques aids bioacoustic separation of Pool Frog populations and may elucidate the status of Norfolk Pool frogs. Mitteilungen aus dem Museum für Naturkunde in Berlin, Zoologische Reihe **77**: 25–30.

WYCHERLEY, J., DORAN, S. und T. J. C. BEEBEE (2002): Male advertisement call characters as phylogeographical indicators in European water frogs. Biological Journal of the Linnean Society **77**: 355–365.

WYCHERLEY, J., DORAN, S. und T. BEEBEE (2003): Tracing aliens: identification of introduced water frogs in Britain by male advertisement call characters. Herpetological Journal **13**: 43–50.

YAKOVLEV, V. A. (1987): [Dispersal of the marsh frog in the Altay.] In: IRISOV, E. A. (Hrsg.): Ischezayushchie, Redkie i Slabo Izuchennye Rasteniya i Zhivotnye Altayskogo Kraya i Problemy Ikh Okhrany. Barnaul, S. 100–101 (in russisch).

YAKOVLEV, V. A. (1990): [On the ecology of the marsh frog in the Altay.] Ekologiya, Sverdlovsk **1970**: 67–71 (in russisch).

YAKOVLEV, V. A. and N. P. MALKOV (1985): [New element in the amphibian fauna of the Altay.] In: DAREVSKY, I. S. (Hrsg.): The Problems of Herpetology, Leningrad, S. 244–245 (in russisch).

YARYOMENKO, I. I. (1959): [Materials on the species composition and ecology of amphibians of the Pre-Carpathian region.] Nauchnye Zapiski Uzhgorodskogo Gosudarstvennogo Universiteta, Uzhgorod **40**: 85–88 (in russisch).

YERMOKHIN, M. V., TABACHISHIN, V. G. und G. A. IVANOV (2017): Size-weight and sexual structure of *Pelophilax ridibundus* and *Bombina bombina* (Amphibia, Anura) populations in the floodplane of the Medveditsa river (Saratov region). Current Studies in Herpetology, Saratov **17**: 10–20 (in russisch).

YILDIRIMHAN, H. S., KARADENIZ, E., GÜRKAN, E. und M. KOYUN (2005): [Metazoon parasites of marsh frogs (*Rana ridibunda* PALLAS, 1771; Anura) from different regions of Turkey.] Türkiye Parazitoloji Dergisi **29**: 135–139 (in türkisch).

YILMAZ, Z. C. und B. KUTRUP (2006): Seasonal changes in the diet of *Rana ridibunda* Pallas, 1771 (Anura: Ranidae) from the Gorele River, Giresun, Turkey. In: VENCES, M., KÖHLER, J., ZIEGLER, T. und W. BÖHME (Hrsg.): Herpetologia Bonnenesis II. Proceedings of the 13th Congress of the Societas Europaea Herpetologica. Bonn, Germany: Forschungsmuseum A. Koenig and Societas Europaea Herpetologica, S. 201–204.

YILMAZ, N., KUTRUP, B., ÇOBANOĞLU, Ü. und Y. ÖZORAN (2005): Age determination and some growth parameters of a *Rana ridibunda* population in Turkey. Acta Zoologica Academiae Scientiarum Hungaricae **51**: 67–74.

YULDASHEVA, R. R. (2015): Ecology of *Rana ridibunda* in southern Urals (on the basis of the Beloretsk region). Nauchno-Issledovatel'skie Publikatsii: Priroda, Ekologiya i Narodnoe Khozyaystvo **1**: 7–10 (in russisch).

ZADOROZHNJAJA, V. J. (2013): The polymorphism characteristic in populations of Zaporozhian region lake frog *Pelophylax ridibundus*, Pall., 1771 (Amphibia, Ranidae). Visnyk Zoporiz'kogo Natsionalnogo Universitetu, Biologichny Nauki, Zaporizhzhya **2**: 33–45 (in ukrainisch).

ZAHN, A. (1990): Auswirkungen von Habitatqualität und Habitatverinselung auf Grünfroschpopulationen. Diplomarbeit, Ludwig-Maximilian-Universität München, unveröff.

ZAHN, A. (1996a): Habitat isolation and habitat quality – consequences for populations of the *Rana esculenta/lessonae*-complex (Amphibia, Anura, Ranidae). SPIXIANA **19**: 327–340.

ZAHN, A. (1996b): Beobachtungen zur Migration von Grünfröschen (*Rana lessonae*-kl. *esculenta*-Komplex). Mitteilungen des Landesverbandes für Amphibien- und Reptilienschutz in Bayern e.V. **15**: 45–48.

ZAHN, A. (2019): Kleiner Wasserfrosch *Pelophylax lessonae* (CAMERANO, 1882). In: ANDRÄ, E., ASSMANN, O., DÜRST, T., HANSBAUER, G. und A. ZAHN (Hrsg.): Amphibien und Reptilien in Bayern. Eugen Ulmer, Stuttgart, S. 294–301.

ZAHN, A. und I. WAGENSONNER (2019): Teichfrosch *Pelophylax esculentus* (LINNAEUS, 1758). In: ANDRÄ, E., ASSMANN, O., DÜRST, T., HANSBAUER, G. und A. ZAHN (Hrsg.): Amphibien und Reptilien in Bayern. Eugen Ulmer, Stuttgart, S. 286–293.

ZAHN, A., WAGENSONNER, I. und J. SPÄTH (2019): Seefrosch *Pelophylax ridibundus* (Pallas, 1771). In: Landesverband für Amphibien- und Reptilienschutz in Bayern e. V. (LARS), BUND Naturschutz in Bayern e. V. (BN), Landesbund für Vogelschutz in Bayern e. V. (LBV) und Bayrisches Landesamt für Umwelt (LfU) (Hrsg): Amphibien und Reptilien in Bayern. Eugen Ulmer, Stuttgart, S. 302–309.

ZAKS, M. M. (2008): [Bioacustic analysis of voice signals of green frogs of the *Rana esculenta* complex (preliminary data).] Izvestiya Penzenskogo Pedagogicheskogo Universiteta imeni V. G. Belinskogo, Sektor Molodykh Uchyonykh, Penza **6**: 178–181 (in russisch).

ZAKS, M. M. (2013): [Ecology of green frogs (*Rana esculenta* complex) in the oblast Penza: distribution, popupulation variability, and impact of anthropogenic factors.] Dissertation, Penza State University (in russisch).

ZAKS, M. M. und O. A. ERMAKOV (2012): The between-population variation of the acoustic signal of marsh frog *Pelophylax* (*Rana*) *ridibunda* in the Middle Volga. Izvestiya Penzenskogo Pedagogicheskogo Universiteta imeni V. G. Belinskogo, Estestvennye Nauki, Penza **29**: 213–215 (in russisch).

ZAKS, M. M., Bystrakova, N. V., Ermakov, O. A. und S. V. TITOV (2013): Molecular genetic and morphological characteristics of marsh frogs (*Pelophylax ridibundus*) from the Penza region. In: ANANJEVA, N. B., SYROMYATNIKOVA, E. V. und I. V. DORONIN (Hrsg.): Modern Herpetology: Problems and Ways of their Solutions. Zoological Institute of the Russian Acedemy of Sciences, Saint-Petersburg, S. 86–89 (in russisch).

ZALEŚNA, A., FLOREK, M., RYBACKI, M. und M. OGIELSKA (2017): Variability of NOR patterns in European water frogs of different genome composition and ploidy level. Comparative Cytogenetics **11**: 249–266.

ZALEŚNA, A., CHOLEVA, L., OGIELSKA, M., RÁBOVÁ, M., MAREC, F. und P. RÁB (2011): Evidence for integrity of parental genomes in the diploid hybridogenetic water frog *Pelophylax esculentus* by genomic in situ hybridization. Cytogenetic and Genome Research **134**: 206–212.

ZALEZHSKIY, G. V. (1938): [On the dynamics of some amphibian species.] Zbornik Rabot Nauchnykh Studencheskikh Kruzhkov, Biologiya, Moskva **2**: 3–28 (in russisch).

ZAMALETDINOV, R. I., BORKIN, L. J., LITVINCHUK, S. N. und J. M. ROSANOV (2005): On the green frogs complex structure in Volzhsko-Kamsky Zapovednik Raifa part. Transactions of Volzhsko-Kamsky National Nature Zapovednik, Kazan **6**: 326–333 (in russisch).

ZAMALETDINOV, R. I., FAIZULIN, A. I. und I. V . CHIKHLYAEV (2008): Results and prospects of research of amphibians, living in the urbanized territories of middle Volga region. In: ANANJEVA, N. B., DANILOV, I. G., DUNAYEV, E. A., ISHCHENKO, V. G., LADA, G. A., LITVINCHUK, S. N., ORLOVA, V. F., SMIRINA, E. M., TUNIYEV, B. S. und R. G. KHALIKOV (Hrsg.): The Problems of Herpetology, St. Petersburg, S. 130–135 (in russisch).

ZAMALETDINOV, R. I., KUZMINA, E. I., PAVLOV, A. V., FAYZULIN, D. A. und R. I. MIKHAJLOVA (2011): Comparative analysis of growth rate in pond green frogs in native and urbanization conditions. In: ANANJEVA, N. B. (Hrsg.): The Problems of Herpetology, St. Petersburg, S. 97–100 (in russisch).

ZAMALETDINOV, R. I., PAVLOV, A. V., ZAKS, M. M., IVANOV, A. Y. und O. A. ERMAKOV (2015): Molecular-genetic characteristic of *Pelophylax esculentus* complex from the eastern range of distribution (Volga region, Tatarstan Republic). Vestnik Tomskogo Gosudarstvennogo Universiteta, Biologiya, Tomsk **3**: 54–66 (in russisch).

ZANGL, L., DAILL, D., SCHWEIGER, S., GASSNER, G. und S. KOBLMÜLLER (2020): A reference DNA barcode library for Austrian amphibians and reptiles. PLOS ONE **15**: e0229353.

ZARIPOVA, F. F. und A. I. FAYIZULIN (2017): [Analysis of long-term dynamics of helminths composition of the marsh frog *Pelophylax ridibundus* (Pallas, 1771) in the southern Ural.] In: SENATOR, S. A., MUKHORTOVA, O. V. und S. V. SAKSONOV (Hrsg.): Ekologicheskiy Sbornik 6. Trudy Molodykh Uchyonykh Povolzhya. Kassandra, Tol'yatti, S. 160–163 (in russisch).

ZARIPOVA, F. F., YUMAGULOVA, G. R. und A. I. FAIZULIN (2009): Present state of population of lake frog *Rana ribunda* Pallas, 1771 (Anura, Amphibia) in the Republic of

Bashkortostan according to the polymorphism of spinal coloration patterns. Izvestiya Samarskogo Nauchnogo Tsentra Rossiyskoy Akademii Nauk **11**: 78–82 (in russisch).

ZAVADIL, V. (1994): On the distribution of water frogs (*Rana esculenta* Synklepton) in the Czech Republic with some notes from this territory. Zoologica Poloniae **39**: 425–439.

ZAVYALOV, E. V., PRESNYAKOV, V. A. und D. A. STOROZHILOVA (2000): [The herpetofauna of Krugly Island in the middle zone of the Volgograd reservoir.] Current Studies in Herpetology, Saratov **1**: 69–70 (in russisch).

ZAYTSEV, V. A. (2006): [Vertebrates of the north-eastern part of Central Russia (species, abundance, and changes).] KMK, Moskva (in russisch).

ZECH, R. (1993): Auswirkungen auf die Amphibienfauna durch industrielle Bauten, dargestellt an den Ergebnissen der Bergung im Graben 3 bei Lakoma (Kreis Cottbus) 1992. Naturschutz und Landschaftspflege in Brandenburg **2**: 19–21.

ZEISSET, I. und T. J. C. BEEBEE (1998): RAPD identification of north European water frogs. Amphibia-Reptilia **19**: 163–170.

ZEISSET, I. und T. J. C. BEEBEE (2001): Determination of biogeographical range: an application of molecular phylogeography to the European pool frog *Rana lessonae*. Proceedings of the Royal Society of London, Series B **268**: 933–938.

ZEISSET, I. und T. J. C. BEEBEE (2003): Population genetics of a successful invader: the marsh frog *Rana ridibunda* in Britain. Molecular Ecology **12**: 639–646.

ZEISSET, I. und T. J. C. BEEBEE (2007): Two clades of north European pool frogs *Rana lessonae* identified by cytochrome b sequence analysis. Herpetological Journal **17**: 255–260.

ZEISSET, I. und T. HOOGESTEGER (2018): A reassessment of the biogeographic range of northern clade pool frogs (*Pelophylax lessonae*) Herpetological Journal **28**: 63–72.

ZEISSET, I., ROWE, G. und T. J. C. BEEBEE (2000): Polymerase chain reaction primers for microsatellite loci in the north European water frogs *Rana ridibunda* and *R. lessonae*. Molecular Ecology **9**: 1171–1193.

ZHAO, E.-M. und K. A. ADLER (1993): Herpetology of China. (Contributions to Herpetology, Number 10). Society for the Study of Amphibians and Reptiles, Oxford, Ohio.

ZHELEV, Z., ARNAUDOV, A. und P. BOYADZHIEV (2014c): Colour polymorphism, sex ratio and age structure in the populations of *Pelophylax ridibundus* and *Pseudepidalea viridis* (Amphibia: Anura) from anthropogenically polluted biotopes in southern Bulgaria and their usage as bioindicators. Trakia Journal of Sciences **2014**: 1–12.

ZHELEV, Z., ARNAUDOV, A. und G. POPGEORGIEV (2013a): Linear dimensions within populations of *Pelophylax ridibundus* (Amphibia, Anura, Ranidae) from habitats with different levels of anthropogenic transformation in the region of Plovdiv, southern Bulgaria. Trakia Journal of Sciences **2013**: 28–32.

ZHELEV, Z., POPGEORGIEV, G. und Z. GEORGIEVA (2013b): Ecological status of the river Sazliyka and its tributaries (southern Bulgaria) as indicated by developmental stability of *Pelophylax ridibundus* (Amphibia: Ranidae). Acta Zoologica Bulgarica **65**: 371–380.

ZHELEV, Z., POPGEORGIEV, G. und N. H. MEHTEROV (2014a): Changes in the basic morphophysiological parameters in the populations of *Pelophylax ridibundus* (Amphibia: Ranidae) from anthropogenically polluted biotopes in southern Bulgaria. Part 1. Bulgarian Journal of Agricultural Science **20**: 1202–1210.

ZHELEV, Z. M. (2012): Erythrocyte pathologies in the peripheral blood of *Rana ridibunda* Pallas, 1771 (Amphibia, Anura, Ranidae) in populations inhabiting two river ecosystems with different types of anthropogenic pollution in southern Bulgaria. Globalnyi Nauchnyi Potentsial. Biologicheskie Nauki, St. Petersburg **4**: 13–19 (in russisch).

ZHELEV, Z. M., ARIF, M., POPGEORGIEV, G. S., RAUF, M. und N. H. MEHTEROV (2014b): Haematology of *Pelophylax ridibundus* (Amphibia: Ranidae) of striata and maculata morphs in populations living in conditions of anthropogenic pollution in southern Bulgaria. Open Journal of Animal Sciences **4**: 206–216.

ZHELEV, Z. M., ARNAUDOV, A. D. und P. S. BOYADZHIEV (2015): Ecological status of the Sazliyka River and its tributaries (Blatnitsa and Sokolitsa) as indicated by the color polymorphism and sexual composition of the populations *Pelophylax ridibundus* (Amphibia: Ranidae). Bulgarian Journal of Agricultural Science **21**: 1148–1156.

ZHUKOV, V. S. (2013): The first discovery of Eurasian marsh frog (*Pelophylax ridibundus*) in Middle Siberia. In: DOLGOVYKH, S. V. (Hrsg.): Biodiversity, Ecological Issues of Gorny Altai and its Neighbouring Regions: Present, Past, and Future. State University Press, Gorno-Altaisk, S. 72–73 (in russisch).

ZIMIĆ, A., VRHOVAC, B., ŠUNJE, E., ĆURIĆ, A. und K. STROIL (2020): Molecular identification of green frogs (Anura: Ranidae: *Pelophylax*) of Western Balkans (Bosnia & Herzegovina and Montenegro). In: Book of Abstracts. IV Symposium of Biologists and Ecologists of Republic of Srpska. Banja Luka, S. 152.

ZUIDERWIJK, A. (1997): Albinism and unusually-colored frogs in the Netherlands, 1995–96. In: NAAMP III Archive. The North American Amphibian Monitoring Program. Third Annual Meeting, S. 1–9.

ZUPKE, U. und M. SEYRING (2015): Kleiner Wasserfrosch – *Pelophylax lessonae* (Camerano, 1882). Berichte des Landesamtes für Umweltschutz Sachsen-Anhalt **4**: 399–418.

Namensregister

Das Register enthält die wissenschaftlichen Namen der in diesem Band behandelten Wasserfroscharten und deren Synonyma, nicht jedoch die deutschen Trivialnamen. Ebenfalls nicht aufgenommen sind Namen, die nur mittelbaren Bezug auf die hier behandelten Arten haben, z. B. von Nahrungstieren, Parasiten und Fressfeinden. Erfasst ist jede Namensnennung, wobei Artnamen, die eine Kapitelüberschrift darstellen, im betreffenden Kapitel nur noch summarisch, dafür in halbfett (z. B. **121–134**) erwähnt werden. Hinweise auf Namensnennungen in Abbildungen und Tabellen erscheinen kursiv.

Anschriften der Mitarbeiter

Dr. Çiğdem Akın Pekşen – Department of Molecular Biology and Genetics, Faculty of Science and Letters, Başkent University, Bağlıca Kampüsü Fatih Sultan Mahallesi Eskişehir Yolu 18.km, TR 06790, Etimesgut, Ankara, Turkey, cerigensis@gmail.com

Dr. Felix Baier – Max Planck Institute for Brain Research, Max-von-Laue-Straße 4, 60438 Frankfurt am Main, Germany, felixsbaier@gmail.com

Dr. Leo Borkin – Zoological Institute, Russian Academy of Sciences, Universitetskaya nab. 1, 199034 St. Petersburg, Russia, leo.borkin@zin.ru

Dr. Gaston-Denis Guex – Hauptstraße 2, Dätwil, CH-8452 Adlikon, Switzerland, guex@access.uzh.ch

Dr. Daniel Jablonski – Department of Zoology, Faculty of Natural Sciences, Comenius University in Bratislava, Ilkovičova 6, Mlynská dolina, 84215 Bratislava, Slovak Republic, daniel.jablonski@uniba.sk

Dr. Spartak N. Litvinchuk – Institute of Cytology, Russian Academy of Sciences, Tikhoretsky pr. 4, 194064 St. Petersburg , Russia, litvinchukspartak@yandex.ru

Kristin Mahlow-Tillack – Museum für Naturkunde, Leibniz-Institut für Evolutions- und Biodiversitätsforschung, Invalidenstraße 43, 10115 Berlin, Germany, kristin.mahlow@mfn.berlin

Rudolf Malkmus – Schulstraße 4, 97859 Wiesthal, Germany, rudolf.malkmus@senckenberg.de

Dr. Peter Mikulíček – Department of Zoology, Faculty of Natural Sciences, Comenius University in Bratislava, Ilkovičova 6, Mlynská dolina, 84215 Bratislava, Slovak Republic, peter.mikulicek@uniba.sk

Dr. Jörg Plötner – Museum für Naturkunde, Leibniz-Institut für Evolutions- und Biodiversitätsforschung, Invalidenstraße 43, 10115 Berlin, Germany, joerg.ploetner@mfn.berlin

Dr. Marcela Plötner – Wolfstraße 6a, 15345 Rehfelde, Germany, marcela.ploetner@gmx.de

Dr. Mariusz Rybacki – Nowa 1/ 2, 64-800 Chodzież, Poland, rybmar44@gmail.com

Dr. Dirk Schmeller – Laboratoire Écologie Fonctionnelle et Environnement, Université de Toulouse, CNRS, Toulouse INP, Université Toulouse 3 - Paul Sabatier (UPS), Toulouse, France, dirk.schmeller@toulouse-inp.fr

Farbtafel I

1 *Pelophylax perezi* (Andalusien, Spanien). Foto: Benny Trapp.

2 *Pelophylax shqipericus* (Virpazar, Montenegro) Foto: Daniel Jablonski.

3 *Pelophylax lessonae*-Männchen (Wuppertal, Deutschland), im Amplexus mit einem *P. esculentus*-Weibchen. Foto: Benny Trapp.

4 *Pelophylax lessonae* (Krasnokutsk, Ukraine). Foto: Spartak N. Litvinchuk.

5 *Pelophylax bergeri* (Sizilien). Foto: Benny Trapp.

6 *Pelophylax epeiroticus*, subadultes Weibchen aus Stjar (Albanien). Foto: Daniel Jablonski.

1

2

3

4

5

6

Farbtafel II

1 *Pelophylax cretensis,* grüne und bräunliche Farbvariante (Skinias, Kreta). Foto: Jörg Plötner.

2 *Pelophylax cypriensis*-Weibchen (Troodos, Zypern). Foto: Spartak N. Litvinchuk.

3 *Pelophylax kurtmuelleri* (Vagalat, Albanien). Foto: Daniel Jablonski.

4 *Pelophylax kurtmuelleri*-Männchen (Qazim Pali, Albanien). Foto: Daniel Jablonski.

5 *Pelophylax ridibundus*-Männchen (Poiana Marului, Rumänien). Foto: Daniel Jablonski.

6 *Pelophylax ridibundus* (Münster, Deutschland): Foto: Benny Trapp.

1

2

3

4

5

6

Farbtafel III

1 *Pelophylax cerigensis* (Karpathos). Foto: Benny Trapp.

2 *Pelophylax caralitanus* (Beysehir, Türkei). Fotos: Benny Trapp.

3 *Pelophylax* cf. *bedriagae* (Samos, Griechenland). Foto: Benny Trapp.

4 *Pelophylax esculentus*-Männchen (Bonn, Deutschland). Foto: Benny Trapp.

5 *Pelophylax grafi*-Männchen (Ebro-Delta, Spanien). Foto: Hansjürg Hotz.

6 *Pelophylax hispanicus*-Weibchen (bei Rom, Italien). Foto: Rainer Günther.

1

2

3

4

5

6